Qt 6 C++开发指南

王维波 栗宝鹏 侯春望 ◎ 著

人 民 邮 电 出 版 社
北 京

图书在版编目（CIP）数据

Qt 6 C++开发指南 / 王维波，栗宝鹏，侯春望著
. -- 北京 : 人民邮电出版社，2023.1
ISBN 978-7-115-60240-4

Ⅰ. ①Q… Ⅱ. ①王… ②栗… ③侯… Ⅲ. ①C++语言
—程序设计—指南 Ⅳ. ①TP312.8-62

中国版本图书馆CIP数据核字(2022)第207470号

内 容 提 要

本书以 Qt 6 为开发平台，系统介绍如何用 Qt C++开发应用程序。首先介绍 Qt C++应用程序的基本结构、界面可视化设计和布局管理方法、元对象系统的功能及其应用等基本内容，然后深入讲解常用界面组件、模型/视图结构、事件处理、对话框和多窗口程序设计、文件读写等功能的编程方法，以及数据库、多线程、网络、多媒体、图表、数据可视化、串口通信等功能模块的使用。本书内容丰富，辅以大量精心设计的完整示例程序，涵盖进行 GUI 程序设计所需掌握的各种技术主题。

本书适合具有 C++语言基础并希望使用 Qt C++开发 GUI 程序的读者阅读，可作为高校相关课程的教材，也可供 Qt C++开发者参考。

◆ 著　　　王维波　栗宝鹏　侯春望
　责任编辑　刘雅思
　责任印制　王　郁　胡　南

◆ 人民邮电出版社出版发行　　北京市丰台区成寿寺路 11 号
　邮编　100164　　电子邮件　315@ptpress.com.cn
　网址　https://www.ptpress.com.cn
　固安县铭成印刷有限公司印刷

◆ 开本：800×1000　1/16
　印张：39.25　　　　　2023 年 1 月第 1 版
　字数：1011 千字　　　2025 年 4 月河北第 12 次印刷

定价：139.80 元

读者服务热线：(010)81055410　印装质量热线：(010)81055316
反盗版热线：(010)81055315

前　言

1. 编写本书的目的

《Qt 5.9 C++开发指南》是我写的第一本书，于 2018 年 5 月出版，至 2022 年 7 月已经 31 次印刷。这本书是比较成功的一本书，但是写这本书是一件无心插柳的事情，而且因为是我写的第一本书，其中或多或少还存在一些问题，例如有读者反映写得不够详细、缺少专门介绍事件处理的章节等。

2020 年 12 月底，Qt 6.0 正式发布。Qt 6 是一个新的主版本，它对 Qt 的一些底层进行了重大革新，引入了新的图形架构、CMake 构建系统和其他很多新特性。Qt 6 舍弃了 Qt 5 中的一些类和接口函数，同时新增了一些类和接口函数，一些模块被完全重新改写，例如 Qt 6 的多媒体模块与 Qt 5 的完全不兼容。

Qt 5.15 是 Qt 5 的最后一个长期支持（long term supported，LTS）版本，Qt 6.0 在 2020 年 12 月发布时并不包含 Qt 5.15 中的所有模块，在后续发布的版本中又陆续增加了一些模块。Qt 6.1 在 2021 年 5 月发布，增加了 Charts、Data Visualization 等模块。Qt 6.2 在 2021 年 9 月发布，增加了 Multimedia、Serial Port 等模块。Qt 6.2 是 Qt 6 系列的第一个 LTS 版本，它补齐了 Qt 框架中的主要模块。

由于 Qt 6 与 Qt 5 存在较大差异，如果读者根据《Qt 5.9 C++开发指南》来学习 Qt 6 C++编程，难免会遇到各种问题。于是，在 Qt 6.0 发布时，我们就有了撰写《Qt 6 C++开发指南》的计划。本书是基于 Qt 6.2 的，它虽然是《Qt 5.9 C++开发指南》的升级版本，但并不是在其基础上进行的简单文字修改和程序升级，而几乎是完全重新编写的。为了使内容更符合循序渐进的学习过程，全书的章节内容被重新编排，并增加了一些新的章节，内容也更为详细，目的是使本书成为大家学习 Qt 6 C++编程的理想选择。

2. 本书内容概述

本书系统地介绍了使用 Qt C++开发应用程序所涉及的技术原理和主要功能模块的使用方法。全书共 18 章，章节内容基本是按照循序渐进的学习顺序编排的。

第 1 章是对 Qt 的介绍，使初学者对 Qt 有总体的了解。

第 2 章介绍 GUI 程序设计的基础，包括 GUI 应用程序的基本结构和工作原理、界面可视化设计方法、图标等资源的使用、CMake 构建系统等。通过第 2 章的内容就能够了解 Qt C++开发 GUI 应用程序的基本方法，后续的学习就只是各种界面组件和功能模块的使用了。

第 3 章介绍 Qt 框架中的一些底层功能和类，特别是元对象系统。元对象系统是 Qt 的核心功能，包含信号与槽、属性系统、对象树等功能。深入理解元对象系统的功能和使用方法，可以更灵活地运用 Qt 的编程功能。

第 4 章介绍常用界面组件的使用，学会了这些组件的使用，就可以设计一般的 GUI 应用程序了。

第 5 章至第 17 章介绍 GUI 应用程序开发中常用的一些编程方法和功能模块的使用，包括模型/视图结构、事件处理、对话框和多窗口程序设计、文件读写等功能的编程方法，以及数据库、多线程、网络、多媒体、串口通信等功能模块的使用。读者可以根据自己的需要学习相应的章节。

第 18 章介绍了 Qt 中辅助 GUI 应用程序开发的一些技术和工具软件的使用，包括设计多语言界面的应用程序，使用 Qt 样式表设计自定义界面效果，发布 Qt 编写的应用程序并制作安装文件。

本书的内容几乎是全部重新编写的，即使是《Qt 5.9 C++开发指南》中已有的一些章节和示例，也重新整理了文字表述，对相关程序进行了优化。相对于《Qt 5.9 C++开发指南》，本书变动较大的内容如下：

- 新增了第 6 章，详细介绍事件处理的编程方法。
- 新增了第 17 章，介绍串口通信编程，这对于工控相关专业人员编写上位机程序是比较实用的。
- 第 16 章的内容是全新的，因为 Qt 6 的多媒体模块是全新的，与 Qt 5 的多媒体模块完全不兼容。
- 第 10 章中增加了图像处理的编程内容，介绍用 QImage 实现简单的图像处理，以及打印功能的编程实现方法。
- 第 18 章中增加了对 Qt Install Framework 软件的介绍，使用该软件可以为发布的 Qt 应用程序制作安装文件。

本书包含大量完整的示例项目，读者可以从人民邮电出版社异步社区下载本书所有示例的源代码。同时，为了便于读者查看示例的运行效果，以及避免使用不同版本的 Qt 编译示例项目时可能出现错误，我们专门为本书示例编写了一个软件，将全书所有示例的可执行文件集成到这个软件里。通过运行此软件，读者可以浏览本书所有的示例，每个示例有简介和主要界面截图（如图 0 所示），双击一个示例节点就可以运行该示例的可执行文件。该软件用 Qt 6.2 开发，使用 Qt Install Framework 制作了安装文件。

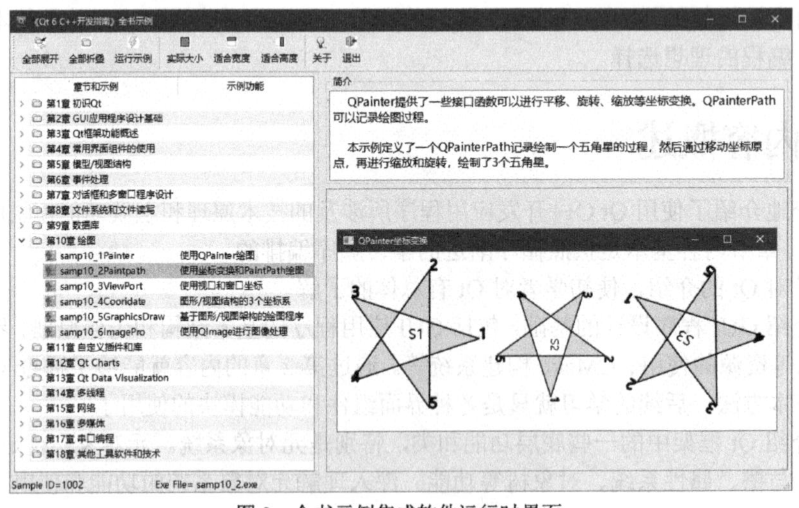

图 0　全书示例集成软件运行时界面

3. 本书特点和使用约定

本书只介绍 Qt C++编程，不涉及 Qt 支持的另一种语言 QML 的编程，也不涉及 Qt for Python 的编程，有关这些内容需要查看专门的书。Qt 的内容范围非常广泛，本书只介绍了 GUI 应用程序设计中常用的一些技术和功能模块。读者通过学习本书的内容并掌握 Qt C++开发 GUI 应用程序的方法后，就可以在实际开发中解决具体的问题，以及自学新的模块或类的使用。

本书包含大量示例项目，有些示例项目具有一定的难度，这也是本书的一大特点。学习编程需要动手实践，单纯看书是无法学会编程的。要想完全掌握本书的内容，将书中的示例自己编程实现一遍是最有效的方法。

本书不适合对 C++语言零基础的读者阅读。读者需要基本掌握 C++语言编程的基本原理并对类的概念和使用比较熟悉后，再学习本书的内容。

本书介绍 GUI 应用程序设计时，一般采用 Qt Designer 进行可视化界面设计，而不会采用纯代码方式设计用户界面，这是因为使用可视化方法设计用户界面效率更高，也更适合初级水平的编程者。当然，本书也介绍了创建界面和布局的代码的原理，读者了解这些原理后，就可以看懂以纯代码方式创建界面的程序。

Qt 6 中引入了 CMake 构建系统，本书第 2 章会介绍 CMake 构建系统的基本用法。CMake 功能强大，更适用于大型项目的管理。要完全掌握并灵活使用 CMake 比较难，因此本书的绝大部分示例仍使用 qmake 构建系统。

本书所有示例的开发环境和测试环境是 Qt 6.2.3 MinGW 64-bit，Qt 6.2.3 MSVC2019 64bit，Qt Creator 6.0.2，Windows 10。

4. 致谢

2016 年下半年，我没有什么研究项目要做，空闲时间比较多，想到多年前郝志杰老师给过我一个建议："何不写书？" 于是我决定写一本 Qt 编程方面的书，也就是后来出版的《Qt 5.9 C++开发指南》。写这本书没有任何项目支持，也就没有什么合同期限的约束，我完全依据自己的设想和节奏安排写作。我在写《Qt 5.9 C++开发指南》时并未对其抱有很大期望，只是因为自己有时间有兴趣有基础，就动手写了这本书。没想到这本书出版后大受欢迎，其销量超出了我的预期，甚至也超出了出版社的预期。

为此，非常感谢郝志杰老师，他的一个建议让我开启了一条新的道路。也非常感谢《Qt 5.9 C++开发指南》的编辑杨大可，他的"慧眼识珠"让我发现了自己的一项新技能。

受到《Qt 5.9 C++开发指南》成功的鼓舞，我又陆续写了 3 本书，分别是 2019 年出版的《Python Qt GUI 与数据可视化编程》、2021 年出版的《STM32Cube 高效开发教程（基础篇）》和 2022 年出版的《STM32Cube 高效开发教程（高级篇）》。这些书每年都重印数次，是同类书籍中比较受欢迎的。

这些书能取得成功，离不开人民邮电出版社几位编辑的信任和大力支持，特别要感谢杨海玲、刘雅思和吴晋瑜编辑。在确定图书选题后，她们给我充分的时间，使我能够对内容精雕细琢，确保内容质量。她们对书稿进行了专业的编辑加工，确保了图书的品质。

本书的工作主要由我们 3 位作者合作完成。另外，中国石油大学（华东）信息化建设处的王平老师也参与了本书的工作，她编写了部分章节的内容，并对全书的示例进行了全面的测试，提供了很多很好的修改意见。非常感谢王平老师，她为本书做出了很多贡献。

另外，我要感谢《Qt 5.9 C++开发指南》的广大读者，特别是提出了勘误和中肯意见的读者。在《Qt 5.9 C++开发指南》出版后，我并没有创建专门的读者 QQ 群，主要是担心自己维护不当，反遭读者厌弃。现在回想，即使我没有时间多参与，无法及时回答大家的问题，读者把 QQ 群作为一个互相交流学习的平台也是不错的。因此，我为本书创建了一个 QQ 群：580305948，欢迎读者加入。

一本书难以满足所有人的需求，有的人说内容太简单，有的人说内容太难，只是因为每个人的基础和学习能力不同。我总是尽心尽力地想把书写好，不敢有一点马虎和糊弄读者的心态，希望能对读者的学习和工作有所帮助，而不是浪费读者的时间和金钱。

每次看到读者评价我的书对他们的学习和工作有帮助，我就感到非常高兴。所以，最后要感谢读者，感谢读者的支持与肯定，也欢迎大家提出意见和建议，我们会持续改进。

王维波

2022 年 7 月

资源与支持

本书由异步社区出品，社区（https://www.epubit.com/）为您提供相关资源和后续服务。

配套资源

本书提供源代码。相关配套资源，您可以扫描右侧二维码并发送“60240”获取，也可在异步社区本书页面中单击“配套资源”，跳转到下载界面，按提示进行操作。注意：为保证购书读者的权益，该操作会给出相关提示，要求输入提取码进行验证。

提交勘误

作者和编辑尽最大努力来确保书中内容的准确性，但难免会存在疏漏。欢迎您将发现的问题反馈给我们，帮助我们提升图书的质量。

当您发现错误时，请登录异步社区，按书名搜索，进入本书页面，单击“提交勘误”，输入勘误信息，单击“提交”按钮即可。本书的作者和编辑会对您提交的勘误进行审核，确认并接受后，您将获赠异步社区的100积分。积分可用于在异步社区兑换优惠券、样书或奖品。

扫码关注本书

扫描下方二维码，您将会在异步社区微信服务号中看到本书信息及相关的服务提示。

与我们联系

我们的联系邮箱是contact@epubit.com.cn。

如果您对本书有任何疑问或建议，请您发邮件给我们，并请在邮件标题中注明本书书名，以便我们更高效地做出反馈。

如果您有兴趣出版图书、录制教学视频，或者参与图书技术审校等工作，可以发邮件给本书的责任编辑（liuyasi@ptpress.com.cn）。

如果您来自学校、培训机构或企业，想批量购买本书或异步社区出版的其他图书，也可以发邮件给我们。

如果您在网上发现有针对异步社区出品图书的各种形式的盗版行为，包括对图书全部或部分内容的非授权传播，请您将怀疑有侵权行为的链接通过邮件发给我们。您的这一举动是对作者权益的保护，也是我们持续为您提供有价值的内容的动力之源。

关于异步社区和异步图书

“异步社区”是人民邮电出版社旗下IT专业图书社区，致力于出版精品IT图书和相关学习产品，为作译者提供优质出版服务。异步社区创办于2015年8月，提供大量精品IT图书和电子书，以及高品质技术文章和视频课程。更多详情请访问异步社区官网 https://www.epubit.com。

“异步图书”是由异步社区编辑团队策划出版的精品IT专业图书的品牌，依托于人民邮电出版社的计算机图书出版积累和专业编辑团队，相关图书在封面上印有异步图书的LOGO。异步图书的出版领域包括软件开发、大数据、AI、测试、前端、网络技术等。

异步社区

微信服务号

目录

第1章

认识 Qt

Qt 是一个跨平台应用开发框架（framework），它是用 C++语言写的一套类库。使用 Qt 能为桌面计算机、服务器、移动设备甚至单片机开发各种应用（application），特别是图形用户界面（graphical user interface，GUI）程序。经过 30 多年的发展，Qt 的使用越来越广泛，功能越来越丰富，已成为跨平台应用开发的首选 C++框架。本章先介绍 Qt 的技术特点、Qt 6 的新特性等内容，再介绍 Qt 6 的安装，以及 Qt 自带的开发工具 Qt Creator 的基本使用方法。

1.1 Qt 简介

很多刚接触 Qt 的开发者会认为 Qt 是一种编程语言，或者将 Qt 的集成开发环境（integrated development environment，IDE）Qt Creator 当作 Qt，这些理解是错误的。Qt 实质上是用 C++编写的大型类库，它为跨平台应用开发提供了一个完整的框架。Qt 框架包含大量的类，支持 GUI、数据库、网络、多媒体等各种应用的编程。本节概要介绍 Qt 的功能和特点，包括其跨平台开发能力、许可类型、支持的开发语言，以及 Qt 6 的新特性。

1.1.1 Qt 的跨平台开发能力

Qt 的一个重要特点就是具有跨平台开发能力。我们可以使用 Qt 为计算机、移动设备、嵌入式设备、微控制单元（microcontroller unit，MCU，又称单片机）等目标设备开发程序。Qt 能用于如下一些设备和平台的应用开发。

- 桌面应用开发，支持的桌面操作系统包括 Windows、桌面 Linux 和 macOS。
- 手机和平板计算机等移动设备的应用开发，支持的移动操作系统包括 Android、iOS 和 Windows。
- 嵌入式设备的应用开发，支持的嵌入式操作系统包括 QNX、嵌入式 Linux 和 VxWorks 等。这些嵌入式设备一般具有能力较强的处理器和丰富的存储器资源，例如轿车的全液晶仪表盘。
- MCU 的应用开发，支持嵌入式实时操作系统 FreeRTOS 或无操作系统。MCU 的处理器能力较弱，存储器资源有限，各种 MCU 系统的硬件资源差异大，目前 Qt 只支持 NXP、Renesas、ST、Infineon 等公司的部分型号单片机开发板，实际产品的开发需要深度定制。

以上介绍的这些设备和操作系统称为目标平台，是运行用 Qt 开发的应用软件的平台。实际上，除了计算机和服务器，其他设备都可以归为嵌入式设备，嵌入式设备的软件开发需要使用交叉编译开发方式。因为嵌入式设备的硬件和软件资源有限，所以不能直接在嵌入式设备上进行软件开发，而是需要先在计算机上编写源程序，然后使用针对目标平台的编译器编译代码，再将编译出的二进制文件下载到目标设备上运行。例如我们为STM32单片机开发程序时，就是在计算机上用开发软件编写并编译程序，然后将编译好的二进制文件通过仿真器下载到STM32单片机上运行。

在交叉编译开发方式中，计算机称为主机，主机包括Windows、桌面Linux、macOS等不同的主机平台，Qt提供了安装在这3种主机平台上的对应版本。要针对某个目标平台开发应用，必须使用对应主机平台的Qt。例如，要开发在Windows计算机上运行的应用，就必须使用Windows平台上的Qt；要开发在苹果手机（iOS）上运行的应用，就必须使用苹果计算机（macOS平台）上的Qt。Qt的目标平台和主机平台的对应关系如表1-1所示。

表1-1 Qt的目标平台和主机平台的对应关系

目标设备	目标平台	主机平台
计算机	桌面Linux	桌面Linux
	macOS	macOS
	Windows	Windows
移动设备	Android	桌面Linux、macOS、Windows
	iOS	macOS
	手机Windows	Windows
嵌入式设备	嵌入式Linux	桌面Linux
	QNX	桌面Linux、Windows
	VxWorks	桌面Linux、Windows
	嵌入式Windows	Windows
单片机	FreeRTOS或无操作系统	Windows、桌面Linux

在一个主机平台上编写的Qt项目的源代码，在另一个主机平台或目标平台上经过重新编译，就可以得到在不同目标平台上运行的应用软件，这就是Qt的跨平台开发能力。用Qt编写的源代码经过编译后是在目标平台上运行的原生二进制代码，不像Java代码那样需要用虚拟机来运行，所以具有很高的运行效率。

Qt为开发多平台版本的应用软件提供了极大的支持，很多应用软件是用Qt开发的，例如WPS Office就是用Qt开发的，它有在Windows、macOS和Linux系统上运行的桌面版本，也有在iOS和Android系统上运行的移动版本。

熟悉了Qt框架的开发方法后，我们就可以为不同设备开发程序，不仅使用方便，还可以降低学习的时间成本。例如，用Qt开发桌面GUI程序的方法同样适用于用Qt为手机、嵌入式设备和MCU开发GUI程序，搭建好交叉编译开发环境即可。

1.1.2 Qt的许可类型和安装包

Qt的许可类型分为商业许可和开源许可，开源许可又分为GPLv2/GPLv3和LGPLv3。各种许可协议的主要特点如下。

（1）商业许可。商业许可需要付费，Qt公司目前采用的是按年付费的方式。商业许可允许开发者不公开项目的源代码。商业许可的Qt安装包里有更多的模块，某些模块只有在商业许可的版本中才有。

（2）开源许可。

- GPLv2/GPLv3许可。若用户编写的程序使用了GPL许可的Qt代码，则用户程序也必须使用GPL许可，也就是用户代码必须开源，但是允许商业化销售。GPLv3还要求用户公开相关硬件信息。

- LGPLv3 许可。若用户对使用 LGPL 许可的 Qt 代码进行修改后予以发布，则用户发布的代码必须遵循 LGPL 许可，也就是用户代码必须开源，但是允许商业化销售。若用户编写的程序只是以库的形式链接或调用了使用 LGPL 许可的 Qt 代码，则用户代码可以闭源，也可以商业化销售。

在开源许可协议中，LGPL 相对于 GPL 更宽松一些。若用户程序只是链接或调用 LGPL 许可协议的 Qt 代码，那么用户代码可以闭源；而用户程序只要用到了使用 GPL 许可协议的 Qt 代码，用户代码就必须开源。

Qt 的安装包、工具软件、开发框架中的不同模块都有各自的许可类型。若用户开发的代码可以开源，就可以放心使用 Qt 中各种开源许可的工具软件和模块；若用户不想公开自己的源代码，就不能使用 GPL 许可的 Qt 模块，使用 LGPL 许可的模块时要注意只能以库的形式链接或调用。

根据开发目标的不同，Qt 提供了 3 种安装包。安装包具有针对不同主机平台的版本，而且采用了不同的许可协议。

- Qt for Application Development：用于为计算机和移动设备开发应用的开发套件安装包，有商业和开源两种许可协议，具有 Windows、Linux、macOS 主机平台版本。
- Qt for Device Creation：用于为嵌入式设备开发应用的开发套件安装包，只有商业许可协议，具有 Windows 和 Linux 主机平台版本。
- Qt for MCUs：用于为 MCU 开发 GUI 程序的开发套件安装包，只有商业许可协议，具有 Windows 和 Linux 主机平台版本。图 1-1 是 Qt for MCUs 在 STM32F769 开发板上的示例的运行画面，在单片机上也可以开发类似于智能手机应用的 GUI 程序。

图 1-1 Qt fot MCUs 在 STM32F769 开发板上的示例的运行画面

Qt for Device Creation 和 Qt for MCUs 只有商业许可版本，但是可以申请免费试用版本。嵌入式设备和 MCU 的软件开发定制性很强，需要根据具体硬件设计驱动程序，即使是专业的开发人员也可能需要 Qt 公司的专业技术支持才可以完成开发工作。

Qt for Application Development 有开源许可版本，具有 Windows、Linux、macOS 主机平台版本，可以开发桌面应用，也可以开发手机或平板计算机的应用。Qt 的初学者使用这个版本较合适。本书重点介绍使用 Windows 版本的 Qt，并主要介绍用 C++开发 Windows 桌面应用。读者可在学会这些之后，再开发 Linux 和 macOS 的桌面应用，方法是类似的。若要开发嵌入式设备的 GUI 程序，搭建好交叉编译开发环境即可，Qt 类库中的各种类的编程接口是一样的。

1.1.3 Qt 支持的开发语言

1. C++和 QML

Qt 类库本身是用 C++语言编写的，所以 Qt 支持的基本开发语言是 C++。Qt 还对标准 C++语言进行了扩展，引入了信号与槽、属性等机制，为跨平台和 GUI 程序的对象间通信提供了极大的方便。

Qt 还提供了一种自创的编程语言 QML，它是类似于 JavaScript 的声明性语言。Qt 提供了一个用 QML 编写的库 Qt Quick，它类似于 Qt C++类库，区别是 Qt Quick 中的各种控件被称为 QML 类型（type）。

QML用于描述程序的用户界面，将用户界面描述为对象树，每个对象具有自己的各种属性。

QML适合为支持触摸屏操作的设备创建用户界面，这些设备如手机、嵌入式设备和MCU。用QML创建的用户界面具有现代感很强的界面显示和操作效果。还可以混合使用QML和C++编程，也就是用QML创建用户界面，用C++处理后台业务逻辑。

Qt的3种安装包都支持QML，Qt for MCUs目前不支持C++，只支持QML。因为MCU的资源有限，所以Qt for MCUs支持的是一个轻量化的QML控件库Qt Quick Ultralite。使用QML为MCU创建界面的代码会被转换为C++代码，MCU底层开发使用嵌入式C/C++。

2. Python

Qt C++类库可以被转换为Python绑定，我们可以用Python语言编程调用Qt类库进行GUI程序开发。Qt类库的Python绑定版本比较多，比较常用的是PyQt和PySide。

PyQt是Riverbank Computing公司开发的Qt类库的Python绑定，它出现得比较早，更新比较及时，是目前应用比较广泛的Qt类库的Python绑定。PyQt5是与Qt 5对应的版本，PyQt6是与Qt 6对应的版本。PyQt5和PyQt6都采用商业许可和GPLv3开源许可。

Qt for Python是Qt官方的一个项目，它产生的Qt类库的Python绑定是PySide2和PySide6。PySide2是Qt 5的Python绑定。为了与Qt的版本对应，Qt 6的Python绑定被直接命名为PySide6。其实最早的PySide1在2009年就推出了，对应Qt 4。但是Nokia公司将Qt卖给Digia公司后，PySide1缺少维护和更新，没有及时发布Qt 5对应的版本，所以很长一段时间里PyQt5的知名度更高。

2015年，Qt官方又开始重视Qt for Python项目，开始开发与Qt 5对应的PySide。2018年12月，对应Qt 5.12的PySide2正式发布。2020年12月，Qt 6.0发布的同时，对应Qt 6的PySide6也正式发布。现在PySide2和PySide6都能分别紧跟Qt 5和Qt 6的版本更新。

PySide采用商业许可和LGPLv3开源许可，相对于PyQt采用的GPLv3开源许可，LGPLv3开源许可对商业开发者更友好一些。

1.1.4 Qt 6新特性

Qt 5.0是在2012年发布的，经过多年的发展，Qt 5取得了巨大的成功。但是随着IT的发展，Qt 5的某些功能需要进行更新，例如C++语言标准已经发展到C++17，而Qt 5还是基于C++98标准。对Qt 5的简单修补已无法满足更新要求，所以诞生了Qt 6，它对Qt的一些底层进行了重大的更新，又尽量保持与Qt 5兼容。

Qt 6.0在2020年12月正式发布，它引入了很多新的特性，主要包括如下内容。

- 支持C++ 17标准。Qt 6要求使用兼容C++17标准的编译器，以便使用一些C++语言的新特性。
- Qt核心库的改动。设计了新的属性和绑定系统；字符串全面支持Unicode；修改了QList类的实现方式，将QVector类和QList类统一为QList类；QMetaType和QVariant是Qt元对象系统的基础，这两个类在Qt 6中几乎被完全改写。
- 新的图形架构。Qt 5中的3D图形API依赖OpenGL，但是现在的技术环境发生了很大的变化。在Linux平台上，Vulkan逐渐取代OpenGL，苹果公司主推其Metal，Microsoft公司则使用Direct 3D。为了使用不同平台上的3D技术，Qt 6中设计了3D图形的渲染硬件接口（rendering hardware interface，RHI）。RHI是3D图形系统的一个抽象层，使得Qt可以使用平台本地化的3D图形API。

- CMake 构建系统。Qt 6 支持 CMake 构建系统，并且建议新的项目使用 CMake，Qt 6 本身就是用 CMake 构建的。但是 Qt 公司声明，Qt 6 仍然会在整个生命周期内支持 qmake 构建系统。

Qt 6 还有许多其他方面的改进，例如对多媒体、网络、Qt Quick 3D 等模块的改进，感兴趣的读者可以查看 Qt 官网上的相关博客文章。Qt 6 尽量与 Qt 5 保持兼容，将 Qt 5 的项目程序移植到 Qt 6 一般只需少量的改动，Qt 官网上有关于移植到 Qt 6 的技术指导。

Qt 6 发布后，Qt 5 仍然在更新。Qt 5.15 是 Qt 5 系列的最后一个长期支持（long term supported，LTS）版本，如果用户不愿意升级到 Qt 6，使用 Qt 5.15 LTS 是比较好的选择。

Qt 6.0 在发布时并不包含 Qt 5.15 中的所有模块，在后续发布的版本中又逐渐增加模块。Qt 6.1 在 2021 年 5 月发布，增加了 Charts、Data Visualization 等模块。Qt 6.2 在 2021 年 9 月发布，增加了 Bluetooth、Multimedia、Serial Port 等模块。Qt 6.2 是 Qt 6 系列的第一个 LTS 版本，它补齐了 Qt 框架中的所有模块。

1.2 Qt 的安装

从 Qt 5.15 开始，Qt 的开源版本只提供在线安装软件，没有离线安装软件。使用在线安装软件可以安装 Qt 5.9 之后 Qt 5 和 Qt 6 的各种版本，非常方便。本书内容是基于 Windows 平台的 Qt 6.2 编写的，本节介绍 Qt 6.2 软件的安装。

1.2.1 本书使用的 Qt 版本

本书主要介绍如何用 Qt 框架和 C++语言开发 Windows 桌面应用，这是 Qt 初学者较容易学习的内容，也是 Qt 开发的基础。学会本书的内容后，在 Linux 和 macOS 平台上开发桌面应用可使用一样的编程方法。若要针对嵌入式设备开发程序，只需搭建好交叉编译开发环境和下载程序的连接，Qt 框架中各种类的编程使用方法是一样的。

本书不介绍使用 QML 编程，因为使用 QML 编程需要通过整本书的篇幅系统性地介绍，这超出了本书的主题和篇幅范围。本书也不介绍使用 Python 语言调用 PySide6 或 PyQt6 的编程，这也需要专门通过整本书的篇幅介绍。熟悉了 Qt C++类库的使用方法后可知，PySide6 或 PyQt6 中的类的使用方法也是基本一样的，因为它们使用的类都是一样的，只是 C++语言换成了 Python 语言。

Qt 6.2 包含 Qt 框架的所有模块，且是一个 LTS 版本，所以本书选择介绍这个版本的 Qt。本书内容是基于 64 位 Windows 10 操作系统的，需要安装 Windows 主机平台的 Qt 6.2，本书的所有示例都是采用 Qt 6.2 编写和测试的。

1.2.2 安装 Qt

我们可以从 Qt 官网下载开源版本的在线安装软件。Windows 平台的在线安装软件是一个可执行文件，安装软件有版本号，例如 qt-unified-windows-x86-4.2.0-online.exe。安装过程中会要求输入一个 Qt 账号，可提前在 Qt 官网申请账号。

在安装向导的前几步会被要求输入 Qt 账号、同意开源许可协议等，然后向导会出现图 1-2 所示的界面，要求设置安装路径和安装类型。我们可以设置“D:\Qt”作为 Qt 的安装根目录，并设置安装类型为 Custom installation（定制安装），因为我们要手动选择安装组件。

接下来会出现图 1-3 所示的选择安装组件的界面，界面中间的目录树中列出的是可以选择的安装组件。第一个一级节点 Additional libraries 下面是一些附加库的节点，如果勾选相应复选框就会安装这些附加库的源代码，一般不需要安装这些源代码。第二个一级节点 Qt 下面是可以安装的组件的节点，包含 Qt 各个版本的节点，其中最后一个是 Developer and Designer Tools（开发者和设计者工具）节点。

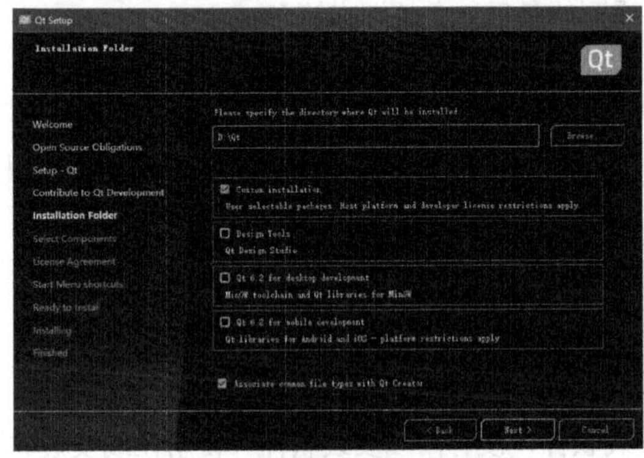

图 1-2 设置安装路径和安装类型

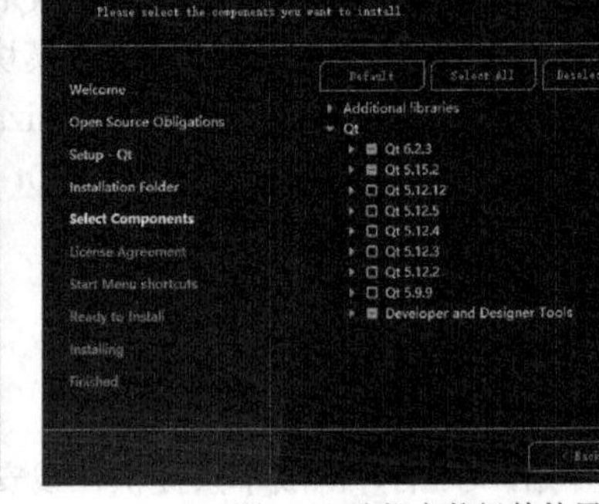

图 1-3 选择安装组件的界面

图 1-3 所示界面右侧有两个页面。点击 Component Information 页面可以显示目录树中当前选择的一个节点的基本信息，如果勾选了一个节点对应的复选框，会显示这个组件的安装包大小。点击 Select Categories 页面可以设置目录树中可供选择的内容，有 4 个复选框可用于选择 Qt 版本，点击 Filter 按钮后就可以刷新目录树的内容。Archive 复选框表示存档的版本，LTS 复选框表示长期支持版本，Latest releases 复选框表示最新发布的版本，Preview 复选框表示技术预览版本。默认情况下会显示最新发布的版本和技术预览版本，如果想要显示各种历史版本，就需要勾选 Archive 复选框。

这里准备安装 Qt 6.2.3，还准备安装 Qt 5.15.2，此处开发者和设计者工具也是需要安装的，所以图 1-3 的目录树中这 3 个节点下有选择的组件。安装 Qt 5.15.2 是为了测试以前编写的 Qt 5 程序，如果读者不需要考虑这样的问题，只安装 Qt 6.2.3 即可。

节点 Qt 6.2.3 下面的选择内容如图 1-4 所示，主要是 Qt 框架的各种开发套件（kit）、功能模块和附加的库。所谓开发套件就是 Qt 框架的源代码用某一种编译器编译后的库。在构建用户的 Qt 项目程序时，必须选择一种开发套件。图 1-4 中各节点的含义如下。

- WebAssembly(TP)。这是 Qt 框架的 WebAssembly 开发套件，TP 表示这是一个技术预览（technology preview）版本。WebAssembly（或 Wasm）是一种二进制字节码格式，它可以在 Web 浏览器的虚拟机上运行。我们可以将用 Qt 编写的程序编译为 WebAssembly 格式，发布到 Web 浏览器上运行，这样就不需要像常规发布应用那样附带 Qt 运行库。而且 WebAssembly 格式与原生机器码格式的程序的运行速度几乎是一样的，这为使用 Qt 开发 Web 应用提供了很好的技术方案。要使用 WebAssembly 套件，还需要单独安装将程序编译为 WebAssembly 格式的工具链，本书内容不涉及 WebAssembly，所以不需要安装。
- MSVC 2019 ARM64(TP)。这是用 MSVC 2019 ARM64 编译器编译的 Qt 开发套件。一般的 Windows 计算机采用 AMD64 架构，而不是 ARM64 架构，所以不需要安装这个套件。
- MSVC 2019 64-bit。这是用 MSVC 2019 64 位编译器编译的 Qt 开发套件。本书只在第 11 章介绍 Qt Creator 的 Widget 插件时才必须使用 MSVC 2019 64-bit 开发套件，其他示例都

使用 MinGW（minimalist GNU for Windows）开发套件。要使用这个套件，还必须单独安装 Visual Studio 2019，安装社区版即可。如果读者只是初学 Qt，不想安装庞大的 Visual Studio 2019，就不需要安装这个开发套件。

- MinGW 11.2.0 64-bit。这是用 MinGW 11.2.0 64 位工具集编译的 Qt 开发套件。MinGW 是 Windows 平台上使用的 GNU 工具集，包含 GNU C++编译器，可以在安装 Qt 时选择安装 MinGW。MinGW 的安装文件相对于 Visual Studio 2019 的要小得多，从学习目的角度来看使用 MinGW 是比较合适的，所以要选择安装这个开发套件。
- Android。这是为 Android 手机开发应用提供的 Qt 开发套件。要使用这个套件，还必须安装 Android 开发的一些工具链才能构建交叉编译开发环境，编译后的程序可下载到 Android 手机上安装和运行。本书内容不涉及 Android 手机应用的开发，所以不需要安装这个套件。
- Sources。这是 Qt 框架的源代码，若选择安装，需要占用约 3GB 的硬盘空间。
- Qt Quick 3D。这是 Qt 的一个模块，它为 Qt Quick 提供一些实现 3D 图形功能的 API。Qt Quick 是 QML 的控件库，本书内容不涉及用 QML 编程，所以不需要安装这个模块。
- Qt 5 Compatibility Module。这是为了兼容 Qt 5 而在 Qt 6 中专门设计的一个模块，它包含在 Qt 6 中移除的一些功能。在使用 Qt 6 编程时，若提示某个类或函数是 deprecated（强烈不赞成的）或 obsolete（淘汰的），就尽量不要使用这些类或函数。为了保持一定的兼容性，应该选择安装这个模块。
- Qt Shader Tools。Qt 着色器工具，这是用于 3D 图形着色的模块，只需占用十几 MB 的空间。
- Additional Libraries，这是 Qt 框架的一些附加模块。本书后面的章节会专门介绍其中一些模块的使用，例如第 12 章介绍 Qt Charts，第 16 章介绍 Qt Multimedia，所以选择全部安装。
- Qt Debug Information Files。这是 Qt 6 的调试信息文件，若选择安装，需要占用约 14GB 的硬盘空间。
- Qt Quick Timeline。这是 Qt Quick 的一个模块，在 Qt Design Studio 和 Qt Quick Designer 软件中会被用到。本书不涉及用 QML 和 Qt Quick 编程，所以不需要安装。

节点 Qt 5.15.2 下面的选择内容如图 1-5 所示。这里只安装了 MinGW 8.1.0 64-bit 开发套件，以及 Qt Charts 和 Qt Data Visualization 这两个附加模块。如果读者不需要使用 Qt 5，完全可以不安装 Qt 5。

节点 Developer and Designer Tools 下面的选择内容如图 1-6 所示。各节点的含义如下。

- Qt Creator 6.0.2。Qt Creator 是开发 Qt 程序的 IDE 软件，是必须安装的，默认自动安装。
- Qt Creator 6.0.2 CDB Debugger Support。为 Qt Creator 安装 CDB（console debugger）调试相关的文件，CDB 是 Windows 平台的调试器。要在 Qt Creator 中使用断点调试功能，需要安装 CDB Debugger Support。
- Debugging Tools for Windows。为调试 MSVC 编译的程序提供的调试器和工具，若不使用 MSVC 编译器可以不安装。
- Qt Creator 6.0.2 Debug Symbols。为在 Qt Creator 中进行程序调试提供的符号文件，需要占用约 1.5GB 的硬盘空间，可以不安装。
- Qt Creator 6.0.2 Plugin Development。为 Qt Creator 开发插件所需的一些头文件和库文件，需要安装。
- Qt Design Studio 2.3.1-community。Qt Design Studio 是 QML 编程设计界面的工具软件，若

安装需要占用约1.36GB硬盘空间。本书不涉及用QML编程，所以不需要安装。

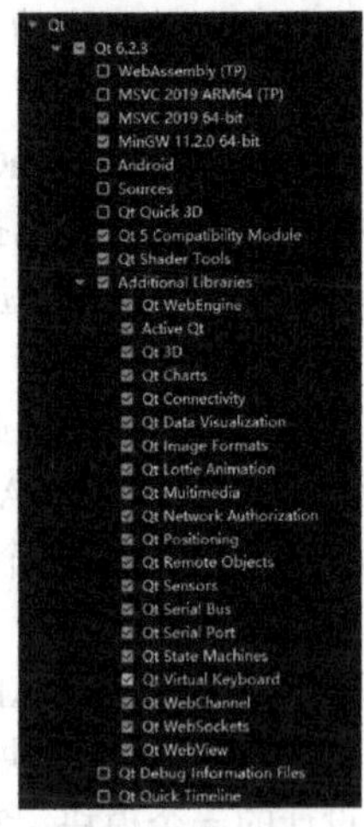

图1-4 节点Qt 6.2.3下面的选择内容

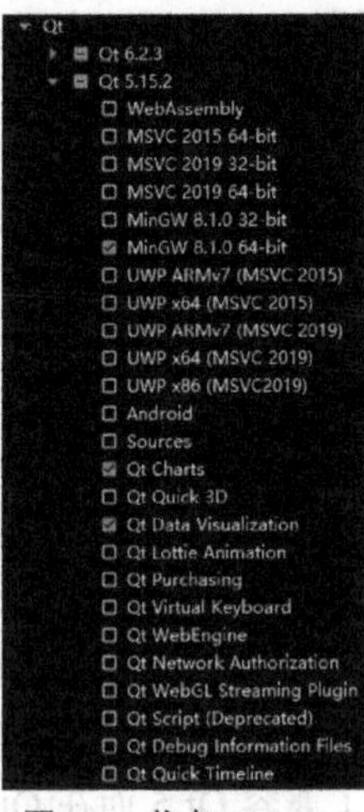

图1-5 节点Qt 5.15.2下面的选择内容

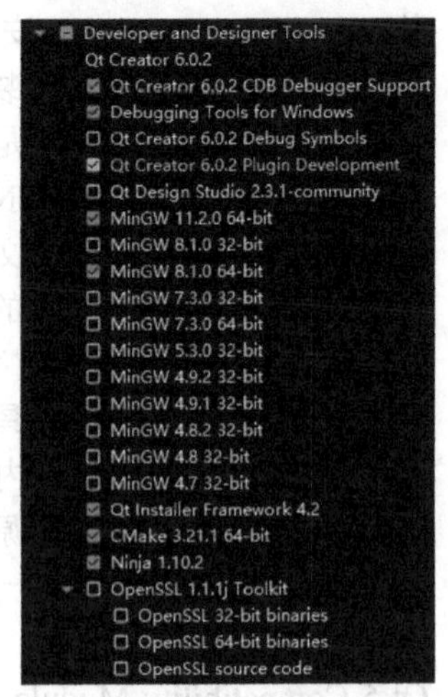

图1-6 节点Developer and Designer Tools下面的选择内容

- MinGW。目录树中列出了各种版本的MinGW，一般需要安装与开发套件对应版本的MinGW。前面我们安装了图1-4中的Qt 6.2.3的MinGW 11.2.0 64-bit开发套件，所以这里需要安装图1-6中的MinGW 11.2.0 64-bit。
- Qt Installer Framework 4.2。这是为发布应用软件制作安装包的工具软件。第18章会介绍这个工具软件的使用方法。
- CMake 3.21.1 64-bit。CMake是一个构建工具。Qt 6支持使用CMake构建项目，并且推荐使用CMake。CMake适合作为大型软件项目的构建工具，本书的示例还是使用Qt传统的qmake构建工具，但是书中也会介绍使用CMake构建项目的方法，所以需要安装。
- Ninja 1.10.2。Ninja是一个小型的构建系统，专注于构建速度。CMake可以和Ninja结合使用，Ninja的安装文件很小，安装即可。
- OpenSSL 1.1.1j Toolkit。安全套接字层（secure socket layer，SSL）是一种网络安全通信协议，使用SSL协议可以保障网络通信不被窃听，OpenSSL是实现了SSL协议的一个开源工具包。本书的内容不涉及OpenSSL的编程使用，所以暂时不需要安装。

选择好安装组件后，继续执行向导后面的操作，然后开始正式安装。由于是在线安装，安装过程可能需要较长时间，安装时间长短与网络速度有关。

1.2.3 安装后的Qt

我们设置的Qt安装根目录是D:\Qt，安装完成后，这个目录下的文件和目录结构如图1-7所示。

根目录下有一个可执行文件MaintenanceTool.exe，这是用于维护Qt安装内容的工具软件。通过运行该文件，我们可以为已安装的Qt添加、删除或升级组件，也可以卸载Qt，其运行界面与安装向导类似。

D:\Qt\5.15.2目录下是Qt 5.15.2的开发套件，它下面只有一个文件夹mingw81_64，其下是我们安装的MinGW 8.1.0 64-bit开发套件。

D:\Qt\6.2.3 目录下是 Qt 6.2.3 的开发套件，它下面有两个文件夹，mingw_64 文件夹下是 MinGW 64 位开发套件，msvc2019_64 文件夹下是 MSVC 2019 64 位开发套件。

每个版本的开发套件下有很多文件夹和文件，主要包括动态库、静态库、头文件等。每个开发套件下还有一些工具软件，主要是如下 3 个。

- Qt Assistant。一个独立的查看 Qt 帮助文档的软件。Qt Assistant 也集成在了 Qt Creator 中，在 Qt Creator 中可以方便地查看 Qt 的帮助文档。
- Qt Designer。一个独立的进行窗口界面可视化设计的软件。Qt Designer 也集成在了 Qt Creator 中，在 Qt Creator 中双击一个窗体（form）文件，就会自动打开内置的 Qt Designer 进行窗口界面可视化设计。
- Qt Linguist。一个编辑语言资源文件的软件。在开发多语言界面的应用时会用到这个软件，第 18 章会介绍其具体使用方法。

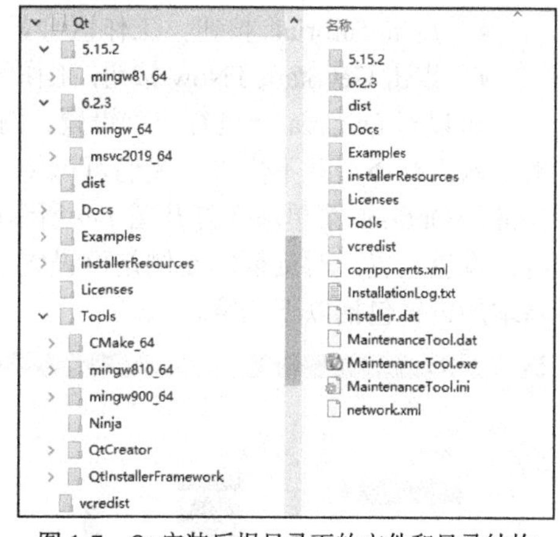

图 1-7 Qt 安装后根目录下的文件和目录结构

D:\Qt\Tools 目录下是安装的一些工具软件，包括 CMake、MinGW、Ninja、Qt Creator 和 Qt Installer Framework。

1.3 编写一个 Hello World 程序

安装 Qt 时会自动安装软件 Qt Creator，这是用于 Qt 程序开发的跨平台 IDE 软件。本节介绍如何使用 Qt Creator 编写一个简单的 Hello World 程序，包括 Qt 项目的创建、界面设计、构建和运行项目的基本过程。

1.3.1 Qt Creator 简介

Qt Creator 本身就是用 Qt 开发的，Windows 平台上的 Qt Creator 6.0.2 是基于 Qt 6.2.2，采用 MSVC 2019 64 位编译器编译的。点击 Qt Creator 菜单项 Help→About Qt Creator 可以查看 Qt Creator 使用的 Qt 开发套件信息。

Qt Creator 软件启动后的 Welcome 界面如图 1-8 所示，Qt Creator 的界面很简洁，上方是菜单栏，左侧是主工具栏，中间部分是工作区。主工具栏提供了项目文件编辑（Edit）、窗口界面设计（Design）、程序调试（Debug）、项目设置（Project）等功能按钮。根据左侧点击的工具栏的不同按钮，以及打开的不同文件，工作区会显示相应的工作界面。

图 1-8 是在左侧主工具栏点击 Welcome 按钮后显示的界面。工作区的左侧有 Projects、Examples、Tutorials、Get Started Now 几个按钮，点击某个按钮后会在工作区显示相应的内容。

- 点击 Projects 按钮，工作区会显示最近打开过的项目，以便快速选择项目。
- 点击 Examples 按钮，工作区会显示 Qt 自带的大量示例项目，点击某个项目就可以在 Qt Creator 中打开该项目源程序。

- 点击 Tutorials 按钮，工作区会显示各种教程。
- 点击 Get Started Now 按钮，工作区会切换到帮助界面，相当于在主工具栏上点击 Help 按钮。

可以对 Qt Creator 进行一些设置，例如，刚刚安装的 Qt Creator 的界面语言可能是中文，但是很多术语翻译得并不恰当，我们可以将 Qt Creator 的界面语言设置为英语。点击 Qt Creator 的 Tools→Options 菜单项会打开图 1-9 所示的选项设置对话框，Qt Creator 的大部分设置内容在这个对话框里设置。对话框的左侧是可设置的分组内容，点击某一组后右侧会出现具体的设置界面。基本的设置包括以下几组。

图 1-8　Qt Creator 的 Welcome 界面

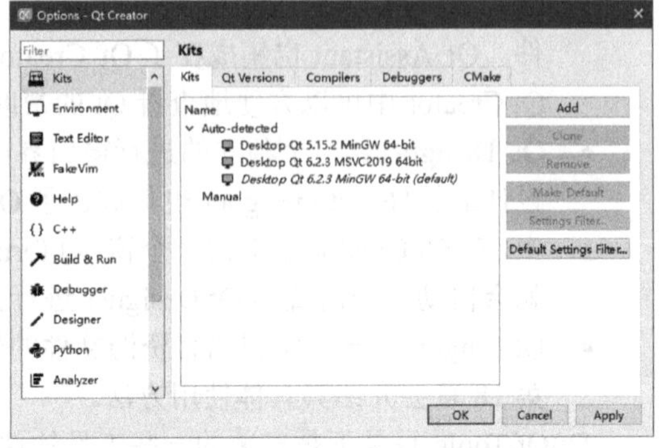

图 1-9　Qt Creator 的选项设置对话框

- Kits 设置。Kits 就是安装的 Qt 开发套件，我们在安装过程中选择了 3 个开发套件，所以图 1-9 中显示了这 3 个套件。Qt Creator 能自动检测到安装的套件，并设置好关联的编译器和调试器。
- Environment 设置。在 Interface 界面可以设置语言和主题，本书全部以英文界面的 Qt Creator 进行讲解，所以语言选择为 English，还将主题设置为 Flat Light。更改语言和主题后需要重新启动 Qt Creator 设置才会生效。
- Text Editor 设置。在对应界面可以设置文本编辑器的字体，设置各种类型文字的颜色，如关键字、数字、字符串、注释的颜色，也可以选择不同的配色主题。
- C++设置。在对应界面可以设置 C++代码样式，可以设置代码缩进方式和与按 Tab 键等效的空格数。

1.3.2　新建一个 GUI 项目

点击 Qt Creator 的菜单项 File→New File or Project，会出现图 1-10 所示的对话框。使用这个对话框可以创建多种类型的项目或文件。在对话框左侧的列表框中点击 Application(Qt)，中间的列表框中会列出可以创建的项目类型。

- Qt Widgets Application。基于界面组件的应用，也就是具有窗口的 GUI 程序，项目编程使用 C++语言。本书将此类项目称为 GUI 项目或应用项目，本书示例基本上都是此类项目。
- Qt Console Application。控制台应用，没有 GUI。一般是在学习 C/C++语言基础语法，只需简单的输入输出操作时才创建此类项目。
- Qt Quick Application。基于 Qt Quick 的应用，需要使用 QML 编程。

在图 1-10 所示的对话框中选择 Qt Widgets Application 后，点击 Choose 按钮，会出现图 1-11 所示的新建项目向导。在图 1-11 所示向导中，先选择一个目录，如 D:\Qt6Book\Samples\Chap01_Intro，再设置项目名称为 samp1_1。新建项目后，项目所在目录就是 D:\Qt6Book\Samples\Chap01_Intro\samp1_1\。

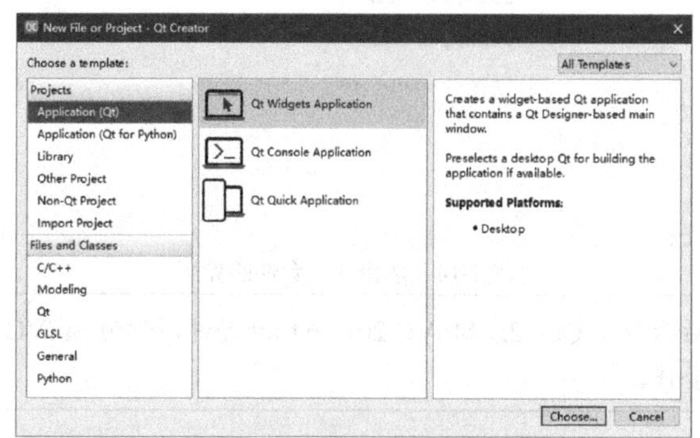

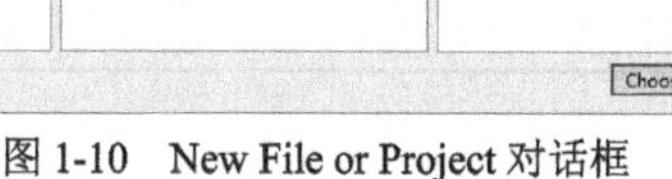
图 1-10 New File or Project 对话框

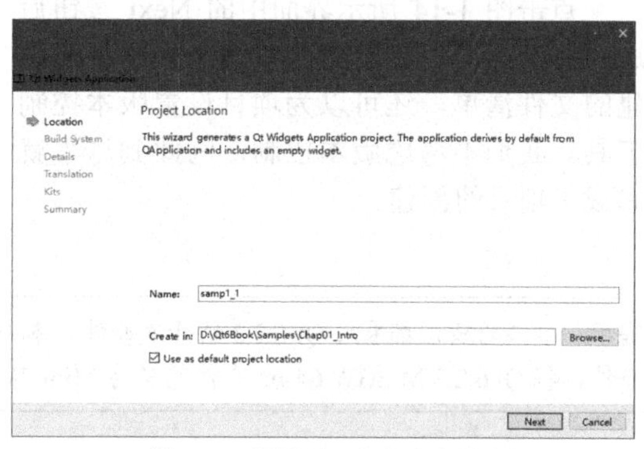

图 1-11 设置项目名称和存储路径

在图 1-11 中设置好项目名称和存储路径后，点击 Next 按钮，会出现图 1-12 所示的选择构建系统的界面。可以选择 qmake 或 CMake，默认是 qmake。这里选择 qmake 后点击 Next 按钮进入下一步，会出现图 1-13 所示的界面，用于设置窗口类名称，选择窗口基类。GUI 项目需要创建一个窗口，在 Base class 下拉列表框中选择一个窗口基类，有 3 种窗口基类可供选择。

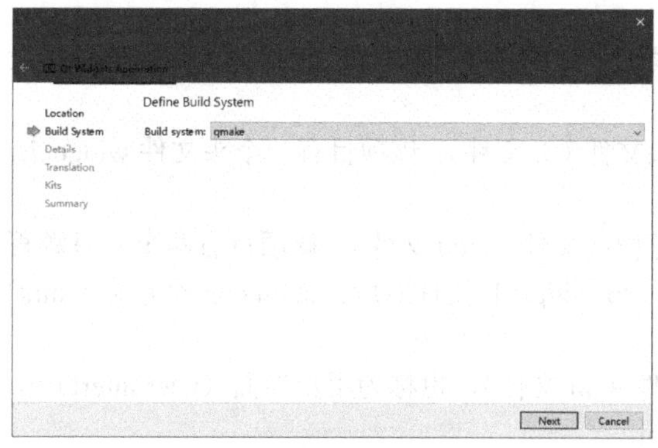

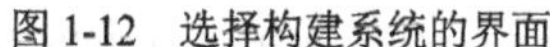
图 1-12 选择构建系统的界面

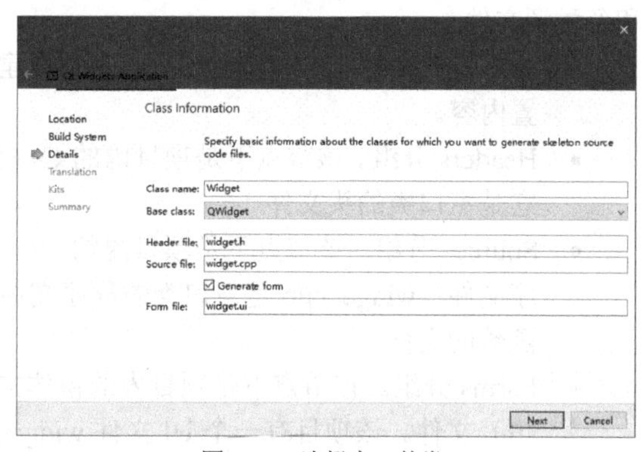

图 1-13 选择窗口基类

- QMainWindow 是主窗口类，主窗口类具有菜单栏、工具栏和状态栏。
- QWidget 是所有界面组件类的基类，QWidget 可以作为独立的窗口，就是一个空白的窗口。
- QDialog 是对话框类，窗口具有对话框的显示效果，例如没有最大化按钮。

选择某个窗口基类后，其他各编辑框的内容会被自动设置。我们选择 QWidget 作为窗口基类，并且勾选 Generate form 复选框。如果勾选了此复选框，Qt Creator 会创建窗体（form）文件，我们就可以使用 Qt Designer 可视化设计窗口界面。点击 Next 按钮，会出现选择翻译文件的界面，这个示例不需要设计多语言界面，所以使用默认的 None 即可。

接下来是图 1-14 所示的选择开发套件的界面。一个 Qt 项目必须选择一个开发套件，开发套件隐含了所用的编译器。这里安装了 3 个开发套件，其中 Qt 6.2.3 MinGW 64-bit 被设置为默认的开发套件，如无特殊说明，本书的项目一般都使用这个开发套件。

点击图 1-14 所示界面中的 Next 按钮后进入总结界面，显示项目存储路径和将要创建的文件清单，还可以为项目设置版本控制工具。我们不考虑版本控制，因此到这里就完成了项目的创建。

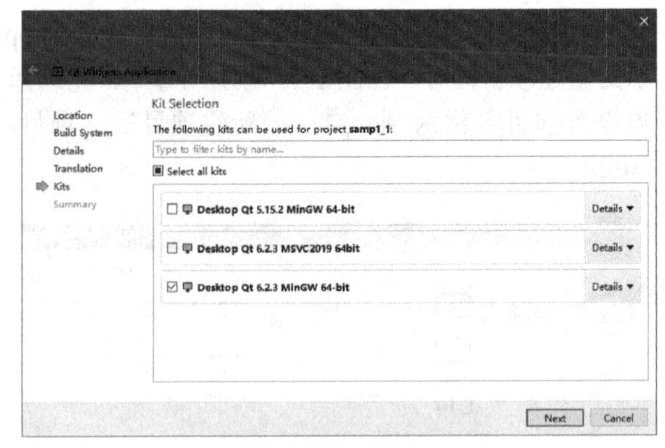

图 1-14 选择开发套件的界面

提示 本书的项目都采用 Qt 6.2.3 的开发套件。本书后面会将 Qt 6.2.3 MSVC 2019 64-bit 套件简称为 MSVC 套件，将 Qt 6.2.3 MinGW 64-bit 套件简称为 MinGW 套件。

1.3.3 项目的文件组成和管理

使用向导创建项目 samp1_1 之后，在 Qt Creator 的左侧工具栏上点击 Edit 按钮，会显示图 1-15 所示的界面。界面左侧有上下两个子窗口，上方的目录树显示了项目内文件的组织结构，目录树的顶层节点是项目名称节点 samp1_1。Qt Creator 可以打开多个项目，但是其中只有一个活动项目（active project），活动项目的项目名称节点的文字用粗体。在项目名称节点下面是项目内文件分组和各种源文件。

- samp1_1.pro 文件。这是使用 qmake 构建系统时的项目配置文件，包括关于项目的各种设置内容。
- Headers 分组。该节点下是项目内的 C++头文件（.h 文件），该项目有一个头文件 widget.h，它是窗口类的头文件。
- Sources 分组。该节点下是项目内的 C++源程序文件（.cpp 文件），该项目有两个 C++源程序文件：widget.cpp 是窗口类的程序文件，与 widget.h 文件对应；main.cpp 是包含 main() 函数的文件。
- Forms 分组。该节点下是项目内的窗体文件（.ui 文件），也称为用户界面（user interface，UI）文件。该项目有一个 UI 文件 widget.ui。

在图 1-15 中，左侧上下两个子窗口显示的内容可以通过其上方的一个下拉列表框选择，可以选择的显示内容包括 Projects、Open Documents、Bookmarks、File System、Class View、Outline 等，例如在图 1-15 中，上方的子窗口显示项目的文件目录树（Projects），下方显示打开的文档（Open Documents）。

双击文件目录树中的 UI 文件 widget.ui，会切换到图 1-16 所示的 Qt Creator 中内置的 Qt Designer，用于对 UI 文件进行界面可视化设计。窗口左侧是组件面板，具有多个分组的用于设计界面的组件。窗口中间是待设计的窗体，也就是文件 widget.ui 的显示效果。窗口右侧上方是对象检查器（Object Inspector），显示了窗体上所有组件的层次结构。窗口右侧下方是属性编辑器（Property Editor），在设计窗体上点击一个组件后，在属性编辑器里就可以显示和修改其属性。

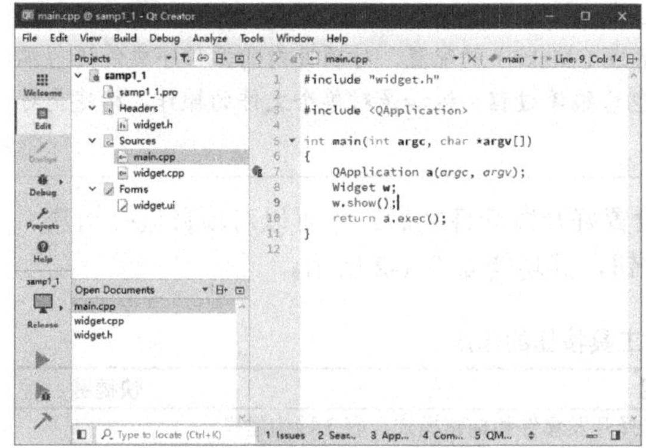

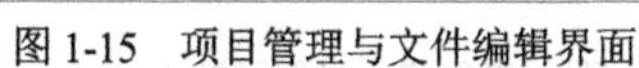
图 1-15 项目管理与文件编辑界面

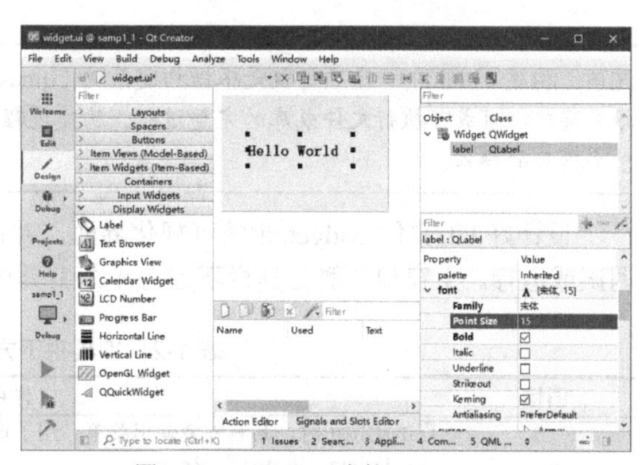

图 1-16 Qt Creator 中的 Qt Designer

从组件面板的 Display Widgets 分组里，将一个 Label（标签）拖放到设计的窗体上面。双击刚刚放置的标签，可以编辑其显示文字，将文字内容修改为“Hello World”。在属性编辑器里修改标签的 font 属性，将 Point Size 设置为 15，勾选 Bold 复选框。

1.3.4 项目的构建、调试与运行

点击主窗口左侧工具栏上的 Projects 按钮，会切换到图 1-17 所示的 Projects 设置界面。

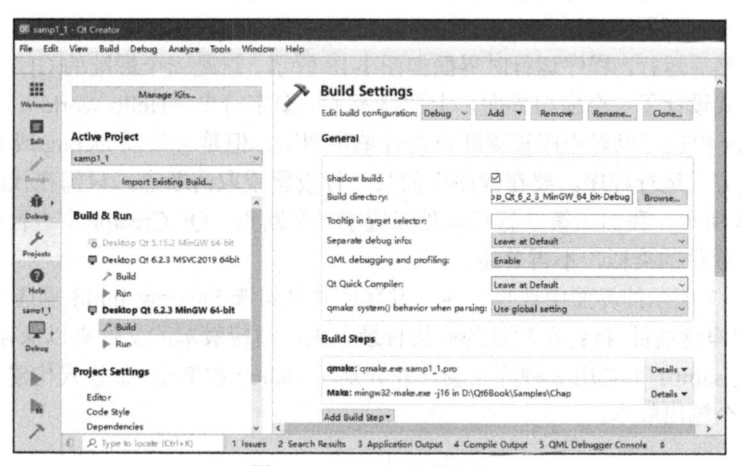

图 1-17 Projects 设置界面

界面左侧一栏的 Build & Run 下面显示了所有开发套件，点击某个套件其就会变为粗体字显示，表示这是当前使用的开发套件。开发套件有快捷菜单，可以为项目启用或禁用某个开发套件。

每个开发套件又有 Build 和 Run 两个设置界面。在 Build 设置界面上，有一个 Shadow build 复选框（见图 1-17）。如果勾选此复选框，构建项目后将在项目的同级目录下创建一个输出文件夹，文件夹名称包含套件和构建模式信息。如果不勾选此复选框，构建后 Qt Creator 将在项目的目录下创建文件夹 debug 和 release 用于存放输出文件。对于一般的示例项目不需要勾选 Shadow build 复选框，只有在需要输出多种构建版本的输出文件时才勾选此复选框。对于项目的 Build 和 Run 设置界面的其他选项都采用默认设置即可。

注意　构建（build）一个项目就是根据构建系统（qmake 或 CMake）的配置，对项目内的源程序文件进行编译和连接，生成可执行文件或库的完整过程。构建过程包含编译过程，编译是对单个文件的操作，构建是对整个项目的操作。

设计好 UI 文件 widget.ui 的可视化界面，并设置好开发套件之后，就可以对项目进行构建、调试或运行。主窗口左侧工具栏下方有 4 个工具按钮，其功能如表 1-2 所示。

表 1-2　工具栏下方工具按钮的作用

图标	作用	快捷键
	点击此按钮时，其右侧会弹出菜单，用于选择开发套件和构建模式，有 3 种构建模式：Debug、Profile 和 Release	
	直接运行程序，如果修改程序后未构建，会先构建项目。即使在程序中设置了断点，以此方式运行的程序也无法调试	Ctrl+R
	项目需要以 Debug 或 Profile 模式构建，点击此按钮开始以调试方式运行。可以在程序中设置断点。若是以 Release 模式构建项目，点击此按钮也无法进行调试	F5
	根据设置的构建模式，构建当前活动项目	Ctrl+B

为项目选择开发套件后，还需要设置项目的构建模式，3 种构建模式分别对应 3 种构建后的输出版本。Debug 是调试版本，二进制文件带有调试信息，编译时不进行优化；Release 是发行版本，不带有调试信息，针对运行速度对文件大小进行了优化；Profile 是介于 Debug 和 Release 之间的性能平衡版本，可用于调试。

构建项目，然后运行，程序运行时界面如图 1-18 所示。这是一个标准的 GUI 应用程序，我们采用可视化的方式设计了一个窗口界面，上面显示了一个字符串“Hello World”。

在 Qt Creator 中也可以对程序设置断点进行单步调试，但是必须以 Debug 或 Profile 模式构建项目，并以调试方式运行程序。要在程序中的某一行设置或取消断点，只需在代码行号左侧点击鼠标，如图 1-15 所示，我们在第 7 行代码处设置了一个断点。Qt Creator 中进行程序单步调试的方法与一般 IDE 软件的类似，不再赘述。

如果在图 1-17 所示的界面中选择其他开发套件并且勾选 Shadow build 复选框，用 Debug 和 Release 模式分别构建项目，将会在项目的同级目录下生成对应版本的文件夹以保存构建后的文件。图 1-19 表示示例 samp1_1 采用 3 种开发套件并分别用 Debug 和 Release 模式构建后生成的目录结构，共生成了 6 个输出版本。

图 1-18　示例 samp1_1 运行时界面

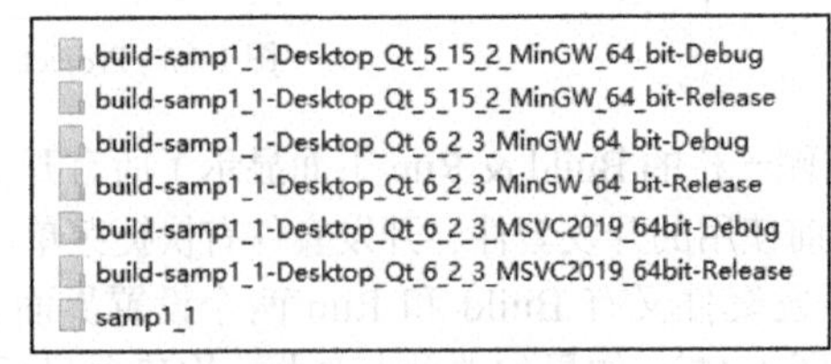

图 1-19　示例 samp1_1 构建后生成的不同输出版本

提示　除非特别说明，本书后面的示例项目都采用 Qt 6.2.3 MinGW 64-bit 开发套件，并且取消勾选 Shadow build 复选框。只有在第 11 章介绍设计 Qt Designer 的 widget 插件时才必须使用 MSVC 2019 64-bit 开发套件。

GUI 程序设计基础

本章介绍使用 Qt Creator 设计 GUI 程序的基本方法和原理。首先介绍进行可视化 UI 设计时，GUI 项目中各文件的作用和程序运行原理，特别是 UI 文件被转换为 C++类定义文件的过程和使用原理。然后介绍代码化 UI 设计的方法，并将其与可视化 UI 设计方法进行比较。本章还会介绍使用 CMake 构建系统管理 GUI 项目的方法，以及 Qt Creator 软件的使用技巧。

2.1 GUI 程序结构与运行机制

本节会再次介绍创建一个简单的 GUI 项目，详细分析 GUI 项目中各文件的内容和作用，包括项目文件的内容、UI 文件如何被转换为 C++类定义文件、窗口界面的创建和程序运行的基本原理等内容。

2.1.1 GUI 项目文件组成

在 Qt Creator 中新建一个 GUI 项目 samp2_1，在选择构建系统的界面（见图 1-12）选择 qmake 构建系统，在选择窗口基类的界面（见图 1-13）选择 QWidget 作为基类，并勾选 Generate form 复选框。创建后的项目管理目录树如图 2-1 所示。

这个项目包含以下一些文件。

- samp2_1.pro 是 qmake 构建系统的项目配置文件，其中存储了项目的各种设置内容。
- widget.ui 是 UI 文件，这是用于窗口界面可视化设计的文件。
- main.cpp 是主程序文件，包含 main()函数。
- widget.h 是窗口类定义头文件，它用到了 UI 文件 widget.ui 中的一个可视化设计的窗口界面。
- widget.cpp 是对应于 widget.h 的源程序文件。

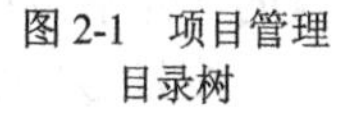

图 2-1 项目管理目录树

2.1.2 项目配置文件

在使用向导创建项目时，如果选择 qmake 构建系统，就会生成一个后缀为“.pro”的项目配置文件，文件名就是项目的名称。文件 samp2_1.pro 是本项目的项目配置文件，其内容如下：

```
QT       += core gui
greaterThan(QT_MAJOR_VERSION, 4): QT += widgets
CONFIG += c++11
```

```
SOURCES += main.cpp \
           widget.cpp
HEADERS += widget.h
FORMS   += widget.ui

# Default rules for deployment
qnx: target.path = /tmp/$${TARGET}/bin
else: unix:!android: target.path = /opt/$${TARGET}/bin
!isEmpty(target.path): INSTALLS += target
```

qmake是构建项目的工具软件，qmake的作用是根据项目配置文件中的设置生成Makefile文件，然后C++编译器就可以根据Makefile文件进行编译和连接。对于Qt项目，qmake还会自动为元对象编译器（meta-object compiler，MOC）和用户界面编译器（user interface compiler，UIC）生成构建规则。

Qt项目的配置文件是自动生成的，一般不需要手动修改，但是读者需要能够读懂项目配置文件的基本意义。配置文件中“#”用于标识注释语句。配置文件中有一些全大写的单词，这是qmake配置文件中的变量，一些常见变量的含义如表2-1所示。

表2-1 qmake配置文件中常见变量的含义

变量	含义
QT	项目中使用的Qt模块列表，在用到某些模块时需要手动添加
CONFIG	项目的通用配置选项
DEFINES	项目中的预处理定义列表，例如可以定义一些用于预处理的宏
TEMPLATE	项目使用的模板，项目模板可以是应用程序（app）或库（lib）。如果不设置就默认为应用程序
HEADERS	项目中的头文件（.h文件）列表
SOURCES	项目中的源程序文件（.cpp文件）列表
FORMS	项目中的UI文件（.ui文件）列表
RESOURCES	项目中的资源文件（.qrc文件）列表
TARGET	项目构建后生成的应用程序的可执行文件名称，默认与项目名称相同
DESTDIR	目标可执行文件的存放路径
INCLUDEPATH	项目用到的其他头文件的搜索路径列表
DEPENDPATH	项目其他依赖文件（如源程序文件）的搜索路径列表

其中一些变量用于对项目中包含的文件和路径进行管理，如HEADERS、FORMS、RESOURCES、INCLUDEPATH等，当我们向项目中添加文件时，Qt Creator会自动更新配置文件中的内容。在项目管理目录树中，右键点击项目节点可调出快捷菜单，点击Add Existing Files菜单项，可以将已有的文件添加到项目中。

变量QT可用于定义项目中用到的Qt模块。如果项目中需要用到Qt框架中的一些附加模块，需要在项目配置文件中将模块加入QT变量。例如要在项目中使用Qt SQL模块，就需要在项目配置文件中加入如下的一行语句：

```
QT += sql
```

qmake中提供替换函数（replace function）用于在配置过程中处理变量或内置函数的值，“$$”是替换函数的前缀，后面可以是变量名或qmake的一些内置函数。例如下面的一行语句：

```
qnx: target.path = /tmp/$${TARGET}/bin
```

其中的“$${TARGET}”就是替换函数，表示用变量TARGET的值替换。将“$${TARGET}”写成“$$TARGET”也是可以的。

要想了解 qmake 的更多细节内容，可以查看 Qt 帮助文档中的 qmake Manual 主题。

2.1.3 UI 文件

后缀为.ui 的文件是用于窗口界面可视化设计的文件，如 widget.ui。双击项目管理目录树中的文件 widget.ui，Qt Creator 会打开内置的 Qt Designer 对窗口界面进行可视化设计，如图 2-2 所示。

Qt Designer 有以下一些功能区域。

- 窗口左侧是组件面板，分为多个组，如 Layouts、Buttons、Display Widgets 等，界面设计的常用组件都可以在组件面板里找到。
- 窗口中间主要区域是待设计的窗体。如果要将某个组件放置到窗体上，从组件面板上拖动一个组件放置到窗体上即可。例如，放置一个标签（Label）和一个按钮（Push Button）到窗体上。
- 待设计窗体下方有 Action 编辑器（Action Editor）和信号与槽编辑器（Signals and Slots Editor）。Action 编辑器用于可视化设计 Action，信号与槽编辑器用于可视化地进行信号与槽的关联。
- 窗口上方有一个布局和界面设计工具栏，工具栏上的按钮主要用于实现布局和界面设计。
- 窗口右侧上方是对象检查器（Object Inspector），它用树状视图显示窗体上各组件的布局和层级关系。视图有两列，显示了每个组件的对象名称（objectName）和类名称。
- 窗口右侧下方是属性编辑器（Property Editor）。属性编辑器显示窗体上选中的组件或窗体的各种属性，可以在属性编辑器里修改这些属性的值。

提示　我们通常把处于设计阶段的 UI 称为窗体（form），处于运行阶段的 UI 称为窗口。

图 2-3 是选中窗体上放置的标签后属性编辑器的内容。最上方显示的文字“labDemo:QLabel”表示这个组件是一个 QLabel 类的组件，对象名称是 labDemo。属性编辑器的内容分为两列，Property 列是属性的名称，Value 列是属性的值。属性又分为多个组，实际上表示类的继承关系，例如在图 2-3 中，可以看出 QLabel 类的继承关系是 QObject→QWidget→QFrame→QLabel。

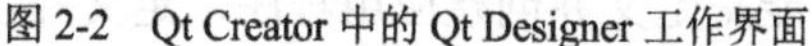
图 2-2　Qt Creator 中的 Qt Designer 工作界面

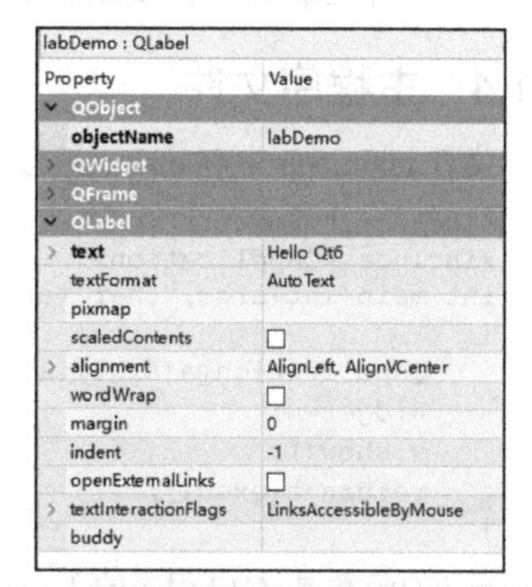

图 2-3　属性编辑器里显示的 labDemo 的属性

objectName 属性表示组件的对象名称，每个组件都需要一个唯一的对象名称，以便在程序中被引用。组件的命名应该遵循一定的规则，具体使用什么样的命名规则根据个人习惯而定，主要是要便于区分和记忆，也要便于与普通变量区分。在属性编辑器里可以修改组件的属性值，例如将 labDemo 的 text 属性修改为“Hello Qt6”，我们还修改了它的 font 属性。

提示 标准 C++语言里并没有 property 关键字，property 是 Qt 对标准 C++的扩展。property 属于 Qt 元对象系统的特性，第 3 章会详细介绍 Qt 的元对象系统。

我们在图 2-2 所示的窗体上放置了一个标签和一个按钮，修改了它们的一些属性，也修改了窗体的一些属性。窗体和组件修改的主要属性如表 2-2 所示。注意，修改窗体的字体后，窗体上所有组件的字体默认与窗体的字体相同。

表 2-2 窗体和组件修改的主要属性

对象名称	类名称	属性设置	备注
Widget	QWidget	windowTitle="First Demo" font.pointSize=10	设置窗口的标题，修改窗口的字体大小
btnClose	QPushButton	text="Close"	设置按钮的文字
labDemo	QLabel	text="Hello Qt6" font.pointSize=20 font.bold=true	设置标签显示的文字和字体

再为按钮 btnClose 增加一个功能，即点击此按钮时退出程序，可以使用信号与槽编辑器完成这个功能。点击图 2-4 工具栏上的添加按钮 会新增一行，按照图 2-4 的内容进行设置。这样的设置表示将按钮 btnClose 的 clicked()信号与窗口 Widget 的公有槽 close()关联起来。

构建项目并运行，图 2-5 是程序运行时界面，点击 Close 按钮可以关闭程序。标签的文字和字体被修改了，窗口标题也显示为所设置的标题，而我们并没有手动编写代码。

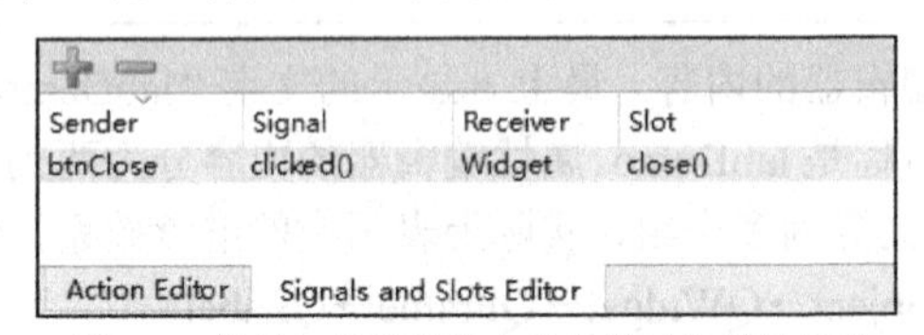

图 2-4 信号与槽编辑器中设计信号与槽的关联

图 2-5 示例 samp2_1 运行时界面

2.1.4 主程序文件

文件 main.cpp 中有 main()函数，下面是文件 main.cpp 的完整代码。

```
#include "widget.h"
#include <QApplication>
int main(int argc, char *argv[])
{
    QApplication a(argc, argv);          //定义并创建应用程序
    Widget w;                            //定义并创建窗口对象
    w.show();                            //显示窗口
    return a.exec();                     //运行应用程序，开始应用程序的消息循环和事件处理
}
```

main()函数是 C++程序的入口。它的主要功能是定义并创建应用程序，定义并创建窗口对象和显示窗口，运行应用程序，开始应用程序的消息循环和事件处理。

QApplication 是 Qt 的标准应用程序类，main()函数里的第一行代码定义了一个 QApplication

类型的变量 a，它就是应用程序对象。然后定义了一个 Widget 类型的变量 w，Widget 是本示例设计的窗口的类名称，定义变量 w 就是创建窗口对象，然后用 w.show()显示此窗口。

函数里最后一行用 a.exec()启动应用程序，开始应用程序的消息循环和事件处理。GUI 应用程序是事件驱动的，窗口上的各种组件接收鼠标或键盘的操作，并进行相应的处理。

2.1.5 窗口相关的文件

窗口界面设计和界面组件的事件处理是 GUI 程序设计的主要任务，在后面的示例中我们会介绍设计更复杂的界面。那么窗口的 UI 可视化设计结果是如何被转换为代码，窗口事件是如何与处理程序关联起来的呢？这些涉及窗口 UI 设计和程序运行的基本原理。本节分析窗口相关的各个文件的代码，解释程序运行的基本原理。

在 Qt Creator 的 Projects 设置界面，取消勾选 Shadow build 复选框，然后以 Release 模式构建项目。构建项目后，项目的根目录下会生成一个文件 ui_widget.h。这样，与窗口相关的文件有 4 个，各文件的说明如表 2-3 所示。

表 2-3 与窗口相关的 4 个文件

文件	说明
widget.h	定义了窗口类 Widget
widget.cpp	实现 Widget 类的功能的源程序文件
widget.ui	窗口 UI 文件，用于在 Qt Designer 中进行 UI 可视化设计。widget.ui 是一个 XML 文件，存储界面上各个组件的属性和布局内容
ui_widget.h	UI 文件经过 UIC 编译后生成的文件，这个文件里定义了一个类，类的名称是 Ui_Widget，用 C++语言描述 UI 文件中界面组件的属性设置、布局以及信号与槽的关联等内容

1. 文件 widget.h

文件 widget.h 是定义窗口类的头文件。在创建项目时，我们选择窗口基类是 QWidget，文件 widget.h 中定义了一个继承自 QWidget 的类 Widget，下面是文件 widget.h 的内容。

```
#include <QWidget>
QT_BEGIN_NAMESPACE
namespace Ui { class Widget; }                     //一个名字空间 Ui，包含一个类 Widget
QT_END_NAMESPACE

class Widget : public QWidget
{
    Q_OBJECT
public:
    Widget(QWidget *parent = nullptr);              //构造函数
    ~Widget();                                      //析构函数
private:
    Ui::Widget  *ui;                                //使用 Ui::Widget 类定义的一个对象指针
};
```

文件 widget.h 有几个重要的组成部分。

（1）窗口 UI 类 Ui::Widget 的声明。文件中有如下几行代码：

```
QT_BEGIN_NAMESPACE
namespace Ui { class Widget; }                      //一个名字空间 Ui，包含一个类 Widget
QT_END_NAMESPACE
```

上述代码声明了一个名称为 Ui 的名字空间（namespace），它包含一个类 Widget。注意，这个类 Widget 并不是本文件的代码里定义的类 Widget，而是文件 ui_widget.h 里定义的一个类，是用于描述可视化设计的窗口界面的，所以我们称 Ui::Widget 类是窗口 UI 类。这种声明相当于外部类型声明，需要了解对文件 ui_widget.h 的解释之后才能搞明白。

（2）窗口类 Widget 的定义。文件 widget.h 的主体部分是一个继承自 QWidget 的类 Widget 的定义。Widget 类中包含创建窗口界面，实现窗口上界面组件的交互操作，以及其他业务逻辑。

Widget 类定义的第一行语句插入了一个宏 Q_OBJECT，这是使用 Qt 元对象系统的类时必须插入的一个宏。插入了这个宏之后，Widget 类中就可以使用信号与槽、属性等功能。

Widget 类的 private 部分定义了一个指针，代码如下：

```
    Ui::Widget  *ui;
```

这个指针是用前面声明的名字空间 Ui 里的类 Widget 定义的，所以 ui 是窗口 UI 类的对象指针，它指向可视化设计的窗口界面。要访问界面上的组件，就需要通过这个指针来实现。

提示 如果一个文件的程序中用到 Qt 框架中的某个类，需要编写 include 语句，可以使用“#include <类名称>”的形式，例如“#include <QWidget>”。本书后面在展示文件的代码时，一般不显示 include 语句，如果在编译时提示找不到某个类，添加一个 include 语句即可。

---

2. 文件 widget.cpp

widget.cpp 是对应于文件 widget.h 的源程序文件，其完整代码如下：

```
#include "widget.h"
#include "ui_widget.h"
Widget::Widget(QWidget *parent): QWidget(parent), ui(new Ui::Widget)
{
    ui->setupUi(this);
}
Widget::~Widget()
{
    delete ui;
}
```

在这个文件的开头部分自动加入了如下的一行包含语句：

```
#include "ui_widget.h"
```

文件 ui_widget.h 是 UI 文件 widget.ui 被 UIC 编译后生成的文件，这个文件里定义了窗口 UI 类。Widget 类目前只有构造函数和析构函数。其中构造函数头部语句如下：

```
Widget::Widget(QWidget *parent): QWidget(parent), ui(new Ui::Widget)
```

这行代码的功能是运行父类 QWidget 的构造函数，创建一个 Ui::Widget 类的对象 ui。这个 ui 就是 Widget 类的 private 部分定义的指针变量 ui。

构造函数里只有一行代码：

```
    ui->setupUi(this);
```

它表示运行了 Ui::Widget 类的 setupUi()函数，并且以 this 作为函数 setupUi()的输入参数，而 this 就是 Widget 类对象的实例，也就是一个窗口。setupUi()函数里会创建窗口上所有的界面组件，并且以 Widget 窗口作为所有组件的父容器，这需要看了后面的代码才能明白。

所以，在文件 ui_widget.h 里有一个名字空间 Ui，里面有一个类 Widget，记作 Ui::Widget，它是窗口 UI 类。文件 widget.h 里的类 Widget 是完整的窗口类。在 Widget 类里访问 Ui::Widget 类的成员变量或函数需要通过 Widget 类里的指针 ui 来实现，例如构造函数里运行的 ui-> setupUi(this)。

3. 文件 widget.ui

文件 widget.ui 是窗口界面定义文件，是一个 XML 文件。它存储了界面上所有组件的属性设置、布局、信号与槽函数的关联等内容。用 Qt Designer 打开 UI 文件进行窗口界面可视化设计，保存修改后会重新生成 UI 文件，所以，我们不用关注文件 widget.ui 是怎么生成的，也不用关注此文件内容的意义。

4. 文件 ui_widget.h

在构建项目时，UI 文件 widget.ui 会被 Qt 的 UIC 编译为对应的 C++语言头文件 ui_widget.h。这个文件并不会出现在 Qt Creator 的项目管理目录树里，它是构建项目时的一个中间文件。文件 ui_widget.h 的完整内容如下。

```
/********************************************************************************
** Form generated from reading UI file 'widget.ui'
** Created by: Qt User Interface Compiler version 6.2.3
** WARNING! All changes made in this file will be lost when recompiling UI file!
********************************************************************************/
#ifndef UI_WIDGET_H
#define UI_WIDGET_H
#include <QtCore/QVariant>
#include <QtWidgets/QApplication>
#include <QtWidgets/QLabel>
#include <QtWidgets/QPushButton>
#include <QtWidgets/QWidget>

QT_BEGIN_NAMESPACE
class Ui_Widget
{
public:
    QLabel *labDemo;
    QPushButton *btnClose;
    void setupUi(QWidget *Widget)
    {
        if (Widget->objectName().isEmpty())
            Widget->setObjectName(QString::fromUtf8("Widget"));
        Widget->resize(271, 162);
        QFont font;
        font.setPointSize(10);
        Widget->setFont(font);
        labDemo = new QLabel(Widget);
        labDemo->setObjectName(QString::fromUtf8("labDemo"));
        labDemo->setGeometry(QRect(65, 40, 156, 35));
        QFont font1;
        font1.setPointSize(20);
        font1.setBold(true);
        labDemo->setFont(font1);
        btnClose = new QPushButton(Widget);
        btnClose->setObjectName(QString::fromUtf8("btnClose"));
        btnClose->setGeometry(QRect(160, 105, 81, 31));

        retranslateUi(Widget);
        QObject::connect(btnClose, &QPushButton::clicked, Widget,
qOverload<>(&QWidget::close));
        QMetaObject::connectSlotsByName(Widget);
    } // setupUi
```

```
    void retranslateUi(QWidget *Widget)
    {
        Widget->setWindowTitle(QCoreApplication::translate("Widget", "First Demo", nullptr));
        labDemo->setText(QCoreApplication::translate("Widget", "Hello Qt6", nullptr));
        btnClose->setText(QCoreApplication::translate("Widget", "Close", nullptr));
    } // retranslateUi

};

namespace Ui {
    class Widget: public Ui_Widget {};
} // namespace Ui
QT_END_NAMESPACE
#endif // UI_WIDGET_H
```

查看文件 ui_widget.h 的内容，发现它主要做了以下一些工作。

（1）定义了一个类 Ui_Widget，用于封装可视化设计的界面。注意，Ui_Widget 类没有父类，不是从 QWidget 继承而来的，所以 Ui_Widget 不是一个窗口类。

（2）Ui_Widget 类的 public 部分为界面上每个组件定义了一个指针变量，变量的名称就是 UI 可视化设计时为组件设置的对象名称。例如，为界面上的 QLabel 和 QPushButton 组件自动生成的定义是：

```
QLabel *labDemo;
QPushButton *btnClose;
```

（3）Ui_Widget 类中定义了一个函数 setupUi()，其输入输出参数定义如下：

```
void setupUi(QWidget *Widget)
```

它有一个输入参数 Widget，是 QWidget 类型的指针。函数 setupUi()的代码的第一部分是设置 Widget 的一些属性，例如：

```
if (Widget->objectName().isEmpty())
    Widget->setObjectName(QString::fromUtf8("Widget"));
Widget->resize(271, 162);
```

函数 setupUi()的输入参数 Widget 表示一个空的 QWidget 类型的窗口，它的对象名称被设置为"Widget"，也就是我们在 Qt Designer 中设计的窗体的对象名称。

函数 setupUi()的代码的第二部分是创建界面组件 labDemo 和 btnClose，并设置其属性。在创建界面组件 labDemo 和 btnClose 时用到了函数 setupUi()的输入参数 Widget，代码如下：

```
labDemo = new QLabel(Widget);
btnClose = new QPushButton(Widget);
```

这是将 Widget 作为 labDemo 和 btnClose 的父容器。在创建界面组件时必须为组件设置父容器，容器可以嵌套，没有父容器的界面组件就是独立的窗口。所以，这两行代码就是实现将 labDemo 和 btnClose 显示在 QWidget 类型的窗口 Widget 上。

接下来，setupUi()里调用了一个函数 retranslateUi()，其功能是设置界面上各组件的文字属性，如标签的文字、按钮的文字、窗口的标题等。界面上所有与文字设置相关的功能都集中在函数 retranslateUi()里，在设计多语言界面时会用到这个函数。

函数 setupUi()的最后部分是设置信号与槽的关联，有以下两行代码：

```
QObject::connect(btnClose, &QPushButton::clicked, Widget, qOverload<>(&QWidget::close));
QMetaObject::connectSlotsByName(Widget);
```

第一行是运行 connect()函数，就是图 2-4 所示的信号与槽编辑器中信号与槽关联的实现代码，也就是将按钮 btnClose 的 clicked()信号与窗口 Widget 的 close()槽函数关联起来。这样，当点击 btnClose 按钮时，就会运行 Widget 的 close()槽函数，而槽函数 close()的功能是关闭窗口。

第二行是设置槽函数的关联方式，用于将窗口上各组件的信号与槽函数自动连接，在后面介绍信号与槽时会详细解释其功能。

（4）定义名字空间 Ui，并定义一个从 Ui_Widget 继承的类 Widget，代码如下：

```
namespace Ui {
    class Widget: public Ui_Widget {};
}
```

文件 ui_widget.h 里封装界面的类是 Ui_Widget。再定义一个类 Widget 从 Ui_Widget 继承而来，并将其定义在名字空间 Ui 里，这样 Ui::Widget 与文件 widget.h 里的类 Widget 同名，但是用名字空间区分开。

5. 窗口的创建与初始化

再回过头来看文件 widget.h 里 Widget 类的定义，它定义了 Ui::Widget 类型的指针变量 ui，通过这个指针就可以访问界面上的所有组件，因为在 Ui::Widget 类中，界面组件对象都是公有成员。

在文件 widget.cpp 中，Widget 类的构造函数代码如下：

```
Widget::Widget(QWidget *parent): QWidget(parent), ui(new Ui::Widget)
{
    ui->setupUi(this);
}
```

构造函数创建了 Ui::Widget 类对象 ui，运行 ui->setupUi(this)进行窗口界面初始化，包括创建所有界面组件、设置属性、设置信号与槽的关联。this 是 Widget 实例对象，它是一个 QWidget 窗口，是 setupUi(this)中创建的所有界面组件的父容器。

在 Widget 类中编写程序时，可以通过 ui 指针访问窗口界面上的所有组件。我们稍微修改 Widget 类的构造函数，例如修改 labDemo 和 btnClose 的显示文字，代码如下：

```
Widget::Widget(QWidget *parent) : QWidget(parent) , ui(new Ui::Widget)
{
    ui->setupUi(this);
    ui->labDemo->setText("欢迎使用 Qt6");
    ui->btnClose->setText("关闭");
}
```

重新构建项目后运行，运行时界面如图 2-6 所示。

图 2-6 用程序修改了界面组件的属性

2.2 可视化 UI 设计

在 2.1 节，我们通过一个简单的示例分析了 Qt 创建的 GUI 项目的各个文件的作用，剖析了可视化设计的 UI 文件是如何被转换为 C++的类定义文件并创建窗口界面的。这些是使用 Qt Designer 可视化设计 UI 并使各个部分融合起来运行的基本原理。

本节介绍创建一个稍微复杂一点的示例项目 samp2_2，示例运行时界面如图 2-7 所示。这个示例的设计过程包含 GUI 应用程序设计的完整过程，其中涉及一些关键技术。

- UI 可视化设计的布局管理问题。使用布局管理可以使界面上的各个组件合理地分布，并且可随窗口大小变化而自动调整大小和位置。

- 在可视化设计 UI 时，设置组件的内建信号与窗体上其他组件的公有槽函数关联。
- 在可视化设计 UI 时，为组件的内建信号创建槽函数，并且使其与组件的信号自动关联。
- 创建资源文件，将图片文件导入资源文件，为界面上的组件设置图标。

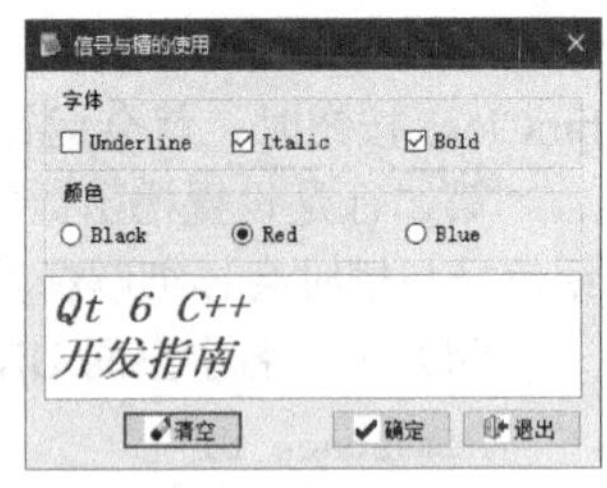

图 2-7 示例 samp2_2 运行时界面

2.2.1 窗口界面可视化设计

1. 创建项目和资源文件

通过 New File or Project 对话框创建一个 GUI 项目 samp2_2，在向导中选择 qmake 构建系统，窗口基类选择 QDialog，创建的窗口类名称会被自动设置为 Dialog，勾选其中的 Generate form 复选框，Qt Creator 会自动创建 UI 文件 dialog.ui。

在图 2-7 中，几个按钮具有对应的图标。在 Qt 项目中，图标存储在资源文件里。我们先在项目的根目录下创建一个文件夹 images，将需要用到的图标文件复制到此文件夹里，然后创建一个资源文件。

打开 New File or Project 对话框，选择 Qt 分组里的 Qt Resource File，然后按照向导的指引设置资源文件的文件名，并将其添加到当前项目里。本项目创建的资源文件名为 res.qrc，项目管理目录树里会自动创建一个 Resources 文件组。在资源文件名节点的快捷菜单中选择 Open in Editor 菜单项可以打开资源文件编辑器，如图 2-8 所示。

资源文件的主要功能是存储图标和图片文件，以便在程序里使用。在资源文件里首先需要建一个前缀（prefix），例如 icons，前缀表示资源的分组。在图 2-8 所示窗口右侧下方的功能区点击 Add Prefix 按钮就可以创建一个前缀，然后点击 Add Files 按钮添加图标文件。如果所选的图标文件不在本项目的子目录下，会提示需复制文件到项目的子目录下。所以，最好提前将图标文件放在项目的子目录下。

2. 窗口界面设计

在图 2-8 所示的项目管理目录树上，双击文件 dialog.ui 就可以打开 Qt Designer 对窗口界面进行可视化设计。图 2-9 是已经设计好的窗体，我们在界面设计中使用了布局管理功能。窗体中间的文本框是一个 QPlainTextEdit 组件，在组件面板的 Input Widgets 分组里有这种组件。

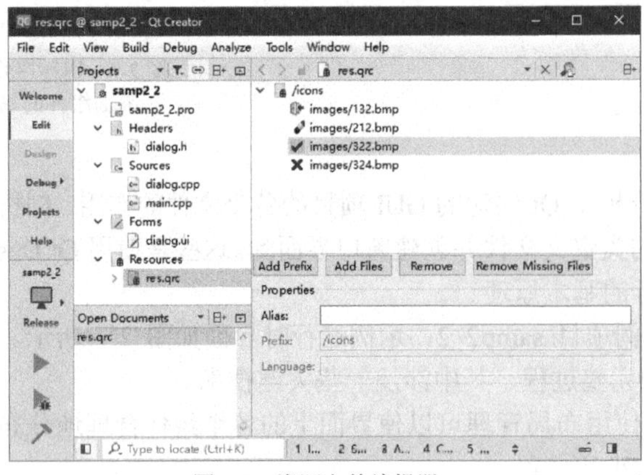

图 2-8 资源文件编辑器

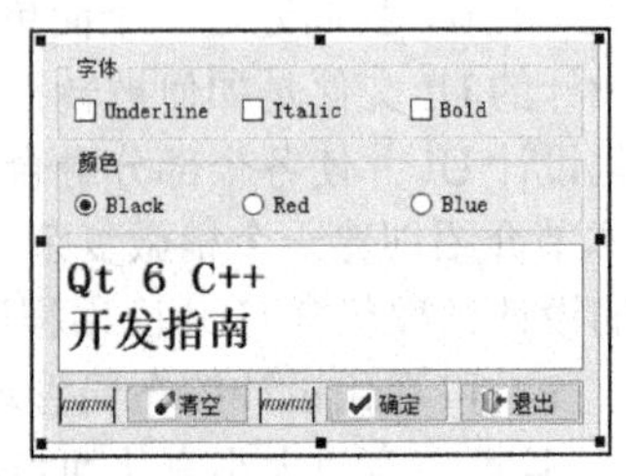

图 2-9 UI 文件 dialog.ui 设计时的界面

在UI可视化设计时，对于需要在程序中访问的界面组件，例如各个按钮、需要读取输入的编辑框、需要显示结果的标签等，应该修改其对象名称，以便在程序里区分。对于不需要在程序里访问的界面组件，例如用于组件分组的分组框、布局等，无须修改其对象名称，由Qt Designer自动命名即可。图2-9所设计窗体上各主要组件的名称、属性设置和说明如表2-4所示。

表2-4 dialog.ui中各主要组件的名称、属性设置和说明

对象名称	类名称	属性设置	说明
plainTextEdit	QPlainTextEdit	text="Qt 6 C++开发指南" font.PointSize=20	简单的多行文本编辑器。设计时双击组件可设置其显示的文字
chkBoxUnder	QCheckBox	text="Underline"	设置文字带有下划线
chkBoxItalic	QCheckBox	text ="Italic"	设置文字为斜体
chkBoxBold	QCheckBox	text ="Bold"	设置文字为粗体
radioBlack	QRadioButton	text ="Black" checked=true	设置文字颜色为黑色
radioRed	QRadioButton	text ="Red"	设置文字颜色为红色
radioBlue	QRadioButton	text ="Blue"	设置文字颜色为蓝色
btnClear	QPushButton	text ="清空"	清除编辑器中的文字
btnOK	QPushButton	text ="确定"	返回确定，并关闭窗口
btnExit	QPushButton	text ="退出"	退出程序
Dialog	Dialog	windowTitle="信号与槽的使用"	窗体，其对象名称与窗口类名称同名

要为一个QPushButton按钮设置图标，只需在属性编辑器里修改其icon属性。在icon属性值输入框的右端下拉列表框里选择Choose Resource，就可以从项目的资源文件中选择图标。

对于界面组件的属性设置，需要注意以下几点。

（1）对象名称是窗口上的组件的实例名称，界面上的每个组件需要有一个唯一的对象名称，程序里访问界面组件时都是通过其对象名称进行的，自动生成的槽函数名称里也有对象名称。所以，组件的对象名称设置好之后一般不要改动。若需要修改对象名称，涉及的代码需要相应改动。

（2）窗体的对象名称会影响窗口UI类的名称。dialog.ui被UIC编译后生成文件ui_dialog.h，窗体的对象名称与文件ui_dialog.h中定义的窗口UI类有关。一般不在Qt Designer里修改窗体的对象名称，除非是要重命名一个窗口，那么需要对窗口相关的4个文件都重命名。

（3）设置窗体的font属性后，界面上其他组件的默认字体就是窗体的字体，无须再单独设置，除非要为某个组件设置单独的字体，例如组件plainTextEdit的字体大小被单独设置为20。

（4）组件的属性都有默认值，一个组件的某个属性被修改后，属性编辑器里的属性名称会以粗体显示。如果要恢复属性的默认值，点击属性值右端的还原按钮即可。

2.2.2 界面组件布局管理

Qt的UI设计具有布局（layout）功能。所谓布局，就是指界面上组件的排列方式。使用布局可以使组件有规则地分布，并且使其随着窗口大小变化自动调整大小和相对位置。布局管理是UI设计的必备技巧，下面逐步讲解如何实现图2-9所示的界面效果。

1. 界面组件的层次关系

为了将界面上的各个组件的分布设计得更加美观，我们经常使用一些容器类组件。例如，将3个复选框（QCheckBox类）放置在一个分组框（QGroupBox类）里，这个分组框就是这3个复选框的容器，移动这个分组框就会同时移动其中的3个复选框。

图 2-10 是可视化设计 UI 时的界面，右侧对象检查器里显示了窗体上各组件的层次关系。分组框 groupBox_Font 是 3 个复选框的父容器，分组框 groupBox_Color 是 3 个单选按钮（QRadioButton 类）的父容器，而窗体 Dialog 是窗体上所有组件的顶层容器。

2. 布局管理

Qt 为 UI 设计提供了丰富的布局管理功能。在 Qt Designer 里，组件面板里有 Layouts 和 Spacers 两个分组，在上方的工具栏里有布局管理的按钮。图 2-10 中的窗体已经设置好了所有布局，在右侧的对象检查器里可以看到各布局的类型。

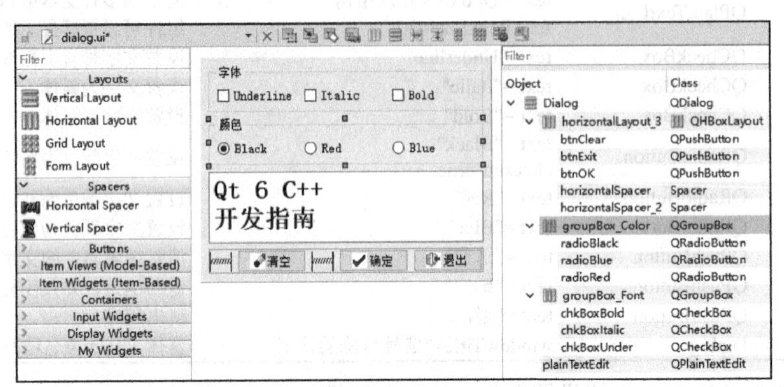

图 2-10　界面组件的层次关系和布局管理

组件面板上 Layouts 和 Spacers 两个分组里的布局组件的说明如表 2-5 所示。

表 2-5　组件面板上 Layouts 和 Spacers 两个分组里的布局组件的说明

布局组件	说明
Vertical Layout	垂直方向布局，组件自动在垂直方向上分布
Horizontal Layout	水平方向布局，组件自动在水平方向上分布
Grid Layout	网格布局，网格布局大小改变时，每个网格的大小都改变
Form Layout	表单布局，与网格布局类似，但是只有最右侧的一列网格会改变大小，适用于只有两列组件时的布局
Horizontal Spacer	用于水平间隔的非可视组件
Vertical Spacer	用于垂直间隔的非可视组件

Qt Designer 有一个工具栏，用于使界面进入不同的设计状态，或进行布局设计，工具栏上各按钮的说明如表 2-6 所示。

表 2-6　Qt Designer 工具栏上各按钮的说明

按钮及快捷键	说明
Edit Widget (F3)	界面设计进入编辑状态，就是正常的设计状态
Edit Signals/Slots (F4)	进入信号与槽的可视化设计状态
Edit Buddies	进入伙伴关系编辑状态，可以设置一个标签与一个组件构成伙伴关系
Edit Tab Order	进入 Tab 顺序编辑状态，Tab 顺序是在键盘上按 Tab 键时，输入焦点在界面各组件之间移动的顺序

续表

按钮及快捷键	说明
Lay Out Horizontally (Ctrl+H)	将窗体上所选组件水平布局
Lay Out Vertically (Ctrl+L)	将窗体上所选组件垂直布局
Lay Out Horizontally in Splitter	将窗体上所选组件用一个分割条（QSplitter 类）进行水平分割布局
Lay Out Vertically in Splitter	将窗体上所选组件用一个分割条进行垂直分割布局
Lay Out in a Form Layout	将窗体上所选组件按表单方式布局
Lay Out in a Grid	将窗体上所选组件按网格方式布局
Break Layout	解除窗体上所选组件的布局，也就是打散现有的布局
Adjust Size(Ctrl+J)	自动调整所选组件的大小

使用工具栏上的布局按钮时，只需在窗体上选中需要设计布局的组件，然后点击某个布局按钮。在窗体上选择组件的同时按住 Ctrl 键可以实现组件多选，选择某个容器组件相当于选择了其内部的所有组件。例如，在图 2-10 所示的窗体中，选中分组框 groupBox_Font，然后点击 Lay Out Horizontally 工具按钮，就可以使分组框内的 3 个复选框水平布局。

在图 2-10 所示的窗体上，分组框 groupBox_Font 里的 3 个复选框为水平布局，分组框 groupBox_Color 里的 3 个单选按钮为水平布局，下方放置的 3 个按钮为水平布局。

还需为窗体设置总的布局。选中窗体（即不选择任何组件），点击工具栏上的 Lay Out Vertically 按钮，使 4 个组件垂直分布。这样布局后，当窗体大小改变时，各个组件都会自动改变大小，且窗体纵向增大时，只有中间的文本框增大，其他 3 个布局组件不增大。最终设计好的窗体的组件布局如图 2-10 所示，从中可以清楚地看出组件的层次关系以及布局的设置。

在 Qt Designer 里可视化设计布局时，要善于利用水平/垂直分隔器（spacer），善于设置组件的最大、最小宽度/高度属性，善于设置布局的 layoutStretch、layoutSpacing 等属性来达到较好的布局效果。第 4 章会详细介绍各种布局的特性和使用方法。

提示 UI 可视化设计和布局就是放置组件并合理地布局，设计过程如同拼图，设计经验多了自然就熟悉了，所以本书后面的示例一般不会再具体描述窗口界面可视化设计的实现过程，读者看本书示例源程序里的 UI 文件即可。

3. 伙伴关系与 Tab 顺序

点击 Qt Designer 工具栏上的 Edit Buddies 按钮可以进入伙伴关系编辑状态，例如设计一个窗体时，进入伙伴关系编辑状态之后界面如图 2-11 所示。伙伴关系是指界面上一个标签和一个具有输入焦点的组件相关联。在图 2-11 所示的伙伴关系编辑状态下，选中一个标签，按住鼠标左键，然后将其拖向一个编辑框（QLineEdit 类），就可建立标签和编辑框的伙伴关系。

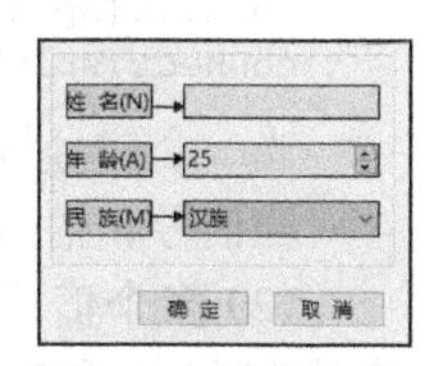

图 2-11 伙伴关系编辑状态

利用伙伴关系，可以在程序运行时通过快捷键将输入焦点切换到某个组件上。例如，在图 2-11 所示的界面上，设置“姓 名”标签的 text 属性为“姓 名(&N)”，其中符号“&”用来指定快捷字符，界面上并不显示“&”。这里指定快捷字符为 N，那么在程序运行时，用户按下 Alt+N 快捷键，输入焦点就会快速切换到“姓 名”标签关联的编辑框内。伙伴关系还可以用在编程中，示例 samp17_1 的编程中就使用了伙伴关系，使得程序的通用性更强。

点击 Qt Designer 工具栏上的 Edit Tab Order 按钮进入 Tab 顺序编辑状态，如图 2-12 所示。Tab 顺序是指在程序运行时，按下键盘上的 Tab 键时输入焦点的移动顺序。一个好的 UI，在按 Tab 键时焦点应该以合理的顺序在界面组件上移动。

进入 Tab 顺序编辑状态后，界面上会显示具有 Tab 顺序的组件的 Tab 顺序编号，依次按希望的顺序点击组件，就可以重排 Tab 顺序。没有输入焦点的组件是没有 Tab 顺序的，例如标签。

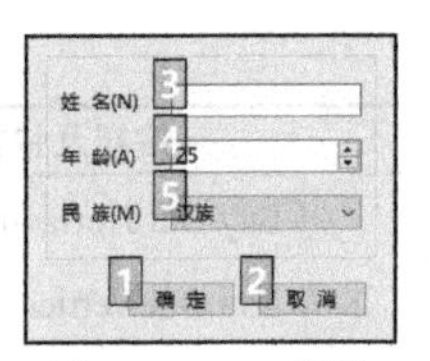

图 2-12 Tab 顺序编辑状态

2.2.3 信号与槽简介

信号与槽是 Qt 编程的基础，也是 Qt 的一大创新。有了信号与槽的编程机制，在 Qt 中处理界面上各个组件的交互操作就变得比较直观和简单。

信号（signal）是在特定情况下被发射的通知，例如 QPushButton 较常见的信号就是点击鼠标时发射的 clicked()信号。GUI 程序设计的主要工作就是对界面上各组件的信号进行响应，只需要知道什么情况下发射哪些信号，合理地去响应和处理这些信号就可以了。

槽（slot）是对信号进行响应的函数。槽就是函数，所以也称为槽函数。槽函数与一般的 C++ 函数一样，可以具有任何参数，也可以被直接调用。槽函数与一般的函数不同的是：槽函数可以与信号关联，当信号被发射时，关联的槽函数被自动运行。

信号与槽关联是用函数 QObject::connect()实现的，使用函数 connect()的基本格式如下：

```
QObject::connect(sender, SIGNAL(signal()), receiver, SLOT(slot()));
```

connect()是 QObject 类的一个静态函数，而 QObject 是大部分 Qt 类的基类，在实际调用时可以忽略前面的限定符部分，所以可以直接写为：

```
connect(sender, SIGNAL(signal()), receiver, SLOT(slot()));
```

其中，sender 是发射信号的对象的名称；signal()是信号，信号可以看作特殊的函数，需要带有括号，有参数时还需要指明各参数类型；receiver 是接收信号的对象的名称；slot()是槽函数，需要带有括号，有参数时还需要指明各参数类型。

SIGNAL 和 SLOT 是 Qt 的宏，分别用于指明信号和槽函数，并将它们的参数转换为相应的字符串。关于信号与槽的使用，有以下一些规则需要注意。

（1）一个信号可以连接多个槽函数，例如：

```
connect(spinNum, SIGNAL(valueChanged(int)), this, SLOT(addFun(int)));
connect(spinNum, SIGNAL(valueChanged(int)), this, SLOT(updateStatus(int)));
```

当一个信号与多个槽函数关联时，槽函数按照建立连接时的顺序依次运行。

当信号和槽函数带有参数时，在函数 connect()里要指明各参数的类型，但不用指明参数名称。

（2）多个信号可以连接同一个槽函数。例如在本示例中，3 个选择颜色的单选按钮的 clicked()信号关联到相同的自定义槽函数 do_setFontColor()。

```
connect(ui->radioBlack,SIGNAL(clicked()), this, SLOT(do_setFontColor()));
connect(ui->radioRed,  SIGNAL(clicked()), this, SLOT(do_setFontColor()));
connect(ui->radioBlue, SIGNAL(clicked()), this, SLOT(do_setFontColor()));
```

（3）一个信号可以连接另一个信号，例如：

```
connect(spinNum, SIGNAL(valueChanged(int)), this, SIGNAL(refreshInfo(int)));
```

这样，当发射一个信号时，也会发射另一个信号，以实现某些特殊的功能。

（4）严格的情况下，信号与槽的参数个数和类型需要一致，至少信号的参数不能少于槽的参数。如果参数不匹配，会出现编译错误或运行错误。

（5）在使用信号与槽的类中，必须在类的定义中插入宏 Q_OBJECT。

（6）当一个信号被发射时，与其关联的槽函数通常被立即运行，就像正常调用函数一样。只有当信号关联的所有槽函数运行完毕后，才运行发射信号处后面的代码。

函数 connect()有多种参数形式，有一种常用的形式是不使用 SIGNAL 和 SLOT 宏，而是使用函数指针。例如，在示例项目 samp2_1 的文件 ui_widget.h 中，函数 setupUi()中有如下的语句：

```
QObject::connect(btnClose, &QPushButton::clicked, Widget, qOverload<>(&QWidget::close));
```

3.3 节会详细介绍函数 connect()的几种参数形式和使用方法。

2.2.4 信号与槽的使用

1. 信号与槽编辑器的使用

Qt 的界面组件都是从 QWidget 继承而来的，都支持信号与槽的功能。每个类都有一些内建的信号和槽函数，例如 QPushButton 类的常用信号是 clicked()，在按钮被点击时此信号被发射。QDialog 是对话框类，它有以下几个公有的槽函数。

- accept()，功能是关闭对话框，表示肯定的选择，如对话框上的“确定”按钮。
- reject()，功能是关闭对话框，表示否定的选择，如对话框上的“取消”按钮。
- close()，功能是关闭对话框。

这 3 个槽函数都可以关闭对话框，但是表示的对话框的返回值不同，对话框的显示和返回值在 7.2 节详细介绍。在本示例中，我们希望将“确定”按钮与对话框的 accept()槽函数关联，将“退出”按钮与对话框的 close()槽函数关联。可以在 Action 编辑器里设置组件的内建信号与其他组件的公有槽函数关联，设计结果如图 2-13 所示。

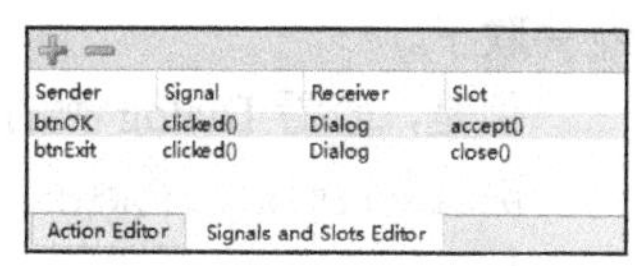

图 2-13 信号与槽编辑器

2. 为组件的信号生成槽函数原型和框架

下面介绍为窗体上设置字体的 3 个复选框的信号编写槽函数。选中窗体上的复选框 chkBoxUnder，在右键快捷菜单中点击菜单项 Go to slot，会出现图 2-14 所示的对话框。这个对话框显示了 QCheckBox 类的所有可用信号。复选框被勾选时会发射 clicked()和 clicked(bool)信号，其中带有参数的 clicked(bool)信号以复选框当前的选择状态作为参数。我们需要以复选框的选择状态作为参数，设置文字是否带有下划线，所以应该使用信号 clicked(bool)。

在 Go to slot 对话框中选择 clicked(bool)信号，然后点击 OK 按钮，在 Dialog 类的 private slots 部分会自动增加槽函数声明，函数名是根据发射信号的对象名和信号名称自动命名的。

```
void on_chkBoxUnder_clicked(bool checked);
```

同时，在文件 dialog.cpp 中会自动生成这个函数的代码框架，在此函数中添加如下的代码，实现对文本框文字下划线的控制。

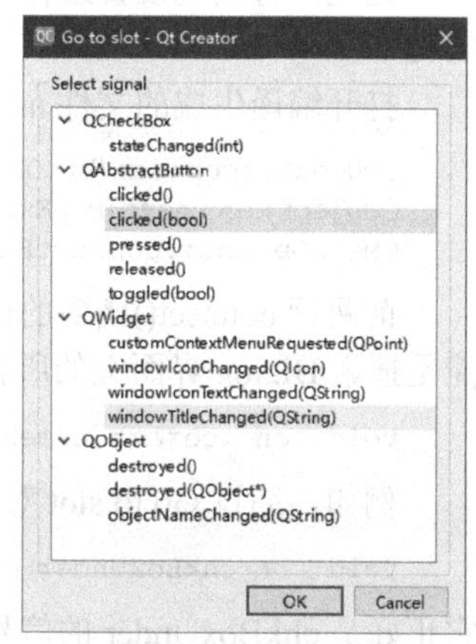

图 2-14 QCheckBox 组件的 Go to slot 对话框

```
void Dialog::on_chkBoxUnder_clicked(bool checked)
{//Underline 复选框
    QFont  font=ui->plainTextEdit->font();
    font.setUnderline(checked);
    ui->plainTextEdit->setFont(font);
}
```

以同样的方法为 Italic 和 Bold 两个复选框设计槽函数，为“清空”按钮的 clicked()信号生成槽函数，为这几个槽函数编写代码。

```
void Dialog::on_chkBoxItalic_clicked(bool checked)
{//Italic 复选框
    QFont  font=ui->plainTextEdit->font();
    font.setItalic(checked);
    ui->plainTextEdit->setFont(font);
}
void Dialog::on_chkBoxBold_clicked(bool checked)
{//Bold 复选框
    QFont  font=ui->plainTextEdit->font();
    font.setBold(checked);
    ui->plainTextEdit->setFont(font);
}
void Dialog::on_btnClear_clicked()
{//“清空”按钮
    ui->plainTextEdit->clear();
}
```

构建项目后运行，发现几个复选框的功能可用了，点击“清空”按钮可以清空文本框的内容，点击“确定”和“退出”按钮都可以关闭窗口，说明这几个组件的信号与对应的槽函数已经关联了。

但是，查看 Dialog 类的构造函数，它只有简单的一条语句。

```
Dialog::Dialog(QWidget *parent): QDialog(parent), ui(new Ui::Dialog)
{
    ui->setupUi(this);
}
```

这里没有发现设置组件信号与槽函数连接的 connect()函数的语句，那么这些关联是如何实现的呢？

打开编译生成的文件 ui_dialog.h，查看函数 setupUi()的代码，它的最后有如下几行语句：

```
QObject::connect(btnOK, &QPushButton::clicked, Dialog, qOverload<>(&QDialog::accept));
QObject::connect(btnExit, &QPushButton::clicked, Dialog, qOverload<>(&QDialog::reject));
QMetaObject::connectSlotsByName(Dialog);
```

前两行 connect()函数的语句就是图 2-13 中两个信号与槽连接的实现代码。最后一行语句的功能是搜索 Dialog 界面上的所有组件，将名称匹配的信号和槽关联起来，假设槽函数的名称是：

```
void  on_<object name>_<signal name>(<signal parameters>);
```

例如，通过 Go to slot 对话框，为复选框 chkBoxUnder 自动生成的槽函数是：

```
void  on_chkBoxUnder_clicked(bool checked);
```

它正好是 chkBoxUnder 的信号 clicked(bool)的槽函数。那么，函数 connectSlotsByName()就会将此信号和槽函数关联起来，相当于运行了下面的一条语句：

```
connect(chkBoxUnder, SIGNAL(clicked(bool)), this, SLOT(on_chkBoxUnder_clicked(bool)));
```

这就是用 Qt Designer 可视化设计某个组件的信号的槽函数，不用手动设置关联，在窗口类的构造函数里调用的 setupUi()函数里自动完成了关联。

3. 使用自定义槽函数

设置文字颜色的 3 个单选按钮是互斥选择的，即一次只有一个单选按钮被选中，虽然也可以采用 Go to slot 对话框为它们的 clicked()信号生成槽函数，但是这样就需要生成 3 个槽函数。我们换一种方式，即设计一个自定义槽函数，将 3 个单选按钮的 clicked()信号都与这个自定义槽函数关联。为此，在 Dialog 类的 private slots 部分增加如下的槽函数定义。

```
void  do_setFontColor();            //设置文字颜色的自定义槽函数
```

将鼠标光标移动到这个函数名上面，点击鼠标右键，在弹出的快捷菜单中选择 Refactor→Add Definition in dialog.cpp，就可以在文件 dialog.cpp 中自动生成该函数的代码框架。为该函数编写代码，具体如下。

```
void Dialog::do_setFontColor()
{//自定义槽函数，设置文字颜色
    QPalette  plet=ui->plainTextEdit->palette();
    if (ui->radioBlue->isChecked())
        plet.setColor(QPalette::Text,Qt::blue);
    else if (ui->radioRed->isChecked())
        plet.setColor(QPalette::Text,Qt::red);
    else if (ui->radioBlack->isChecked())
        plet.setColor(QPalette::Text,Qt::black);
    else
        plet.setColor(QPalette::Text,Qt::black);

    ui->plainTextEdit->setPalette(plet);
}
```

提示 我们把所有不是通过 Go to slot 对话框生成的槽函数都称为自定义槽函数。在本书中，自定义槽函数的函数名都以“do_”作为前缀。

由于这个槽函数是自定义的，因此它不会与界面上 3 个单选按钮的 clicked()信号自动关联。我们需要在 Dialog 类的构造函数中手动进行关联，代码如下：

```
Dialog::Dialog(QWidget *parent): QDialog(parent), ui(new Ui::Dialog)
{
    ui->setupUi(this);
    connect(ui->radioBlack,SIGNAL(clicked()),this,SLOT(do_setFontColor()));
    connect(ui->radioRed,  SIGNAL(clicked()),this,SLOT(do_setFontColor()));
    connect(ui->radioBlue, SIGNAL(clicked()),this,SLOT(do_setFontColor()));
}
```

构建项目后运行，点击这 3 个单选按钮就可以更改文字的颜色了。

2.2.5 为应用程序设置图标

项目被构建后生成的可执行文件具有默认的图标，如果需要为应用程序设置图标，可按如下步骤操作。

（1）将一个后缀为“.ico”的图标文件复制到项目根目录下，假设图标文件名是editor.ico。

（2）在项目配置文件（.pro文件）里用RC_ICONS设置图标文件名，即添加如下一行语句：

```
RC_ICONS = editor.ico
```

重新构建项目，生成的可执行文件以及窗口的图标就会换成设置的图标。

2.2.6　Qt项目构建过程基本原理

一个使用qmake构建系统的Qt项目，除了有项目配置文件，还有用Qt C++编写的头文件和源程序文件，以及窗口UI文件和资源文件。在构建项目的过程中，这3类文件会被分别编译为标准C++语言的程序文件，然后被标准C++编译器（如GNU C++编译器或MSVC编译器）编译成可执行文件或库。

示例项目samp2_2是一个比较完整的Qt项目，包含以上3类文件。我们在前面已经分析了UI文件被转换为C++程序文件，并自动实现信号与槽连接的过程。总结一下，Qt项目的构建过程可以用图2-15所示的基本过程来描述。

1. 元对象系统和MOC

Qt对标准C++语言进行了扩展，引入了元对象系统（meta-object system，MOS），所有从QObject继承的类都可以利用元对象系统提供的功能。元对象系统支持属性、信号与槽、动态类型转换等特性，第3章会详细介绍元对象系统的这些特性的使用方法。

我们在Qt Creator中编写程序时使用的C++语言，实际上是经过Qt扩展的C++语言。例如，在示例samp2_2的Dialog类的定义中插入一个宏Q_OBJECT，这是使用信号与槽机制的类必须插入的一个宏。Dialog类中的private slots部分用于定义私有槽，这是标准C++语言中没有的特性。

Qt提供了元对象编译器（MOC）。在构建项目时，项目中的头文件会先被MOC预编译。例如，以Release模式构建项目samp2_2后，文件夹release里的文件如图2-16所示。其中，moc_dialog.cpp是MOC读取文件dialog.h的内容后生成的一个元对象代码文件，文件moc_predefs.h里是一些宏定义。结合moc_dialog.cpp和moc_predefs.h，dialog.cpp和ui_dialog.h就可以被标准C++编译器编译。

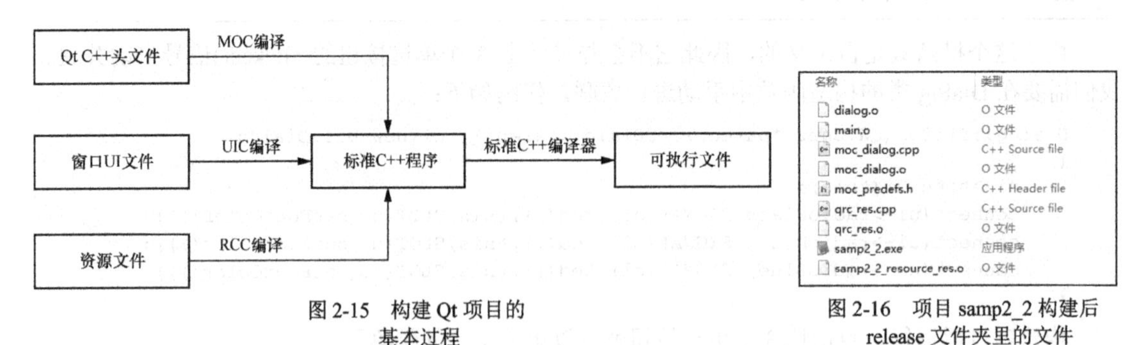

图2-15　构建Qt项目的基本过程

图2-16　项目samp2_2构建后release文件夹里的文件

2. UI文件和UIC

在构建项目时，可视化设计的窗口UI文件会被用户界面编译器（UIC）转换为一个C++源程序文件。例如示例项目samp2_1中的文件widget.ui被转换为文件ui_widget.h，我们已经详细分析过文件ui_widget.h的内容和作用。

UIC 编译生成的文件与 UI 文件在同一个文件夹里，例如 ui_widget.h 在项目 samp2_1 的根目录下。文件 ui_widget.h 之后会被标准 C++编译器编译。

3. 资源文件和 RCC

Qt 项目中的资源文件（.qrc 文件）会被资源编译器（RCC）转换为 C++程序文件。例如示例项目 samp2_2 中的资源文件是 res.qrc，经过 RCC 编译后生成的文件是 qrc_res.cpp（见图 2-16）。文件 qrc_res.cpp 之后会被标准 C++编译器编译。

4. 标准 C++编译器

标准 C++编译器就是开发套件中的编译器，例如其在 MinGW 套件中是 GNU C++编译器，在 MSVC 套件中是 Microsoft Visual C++编译器。

使用 MOC、UIC 和 RCC 编译各原始文件的过程称为预编译过程，预编译之后生成的是标准 C++语言的程序文件，它们被标准 C++编译器编译和连接，最终生成可执行文件。

2.3 代码化 UI 设计

窗口界面的可视化设计是对用户而言的，UI 文件都会被 UIC 转换为 C++程序文件。如果不使用 Qt Designer 进行 UI 可视化设计，直接编写 C++代码也是可以创建界面的，而且某些界面效果是可视化设计无法实现的。如果习惯了用纯代码的方式设计界面，就可以采用纯代码的方式创建界面。Qt 自带的示例项目基本都是用纯代码方式创建 UI。

本节介绍一个用纯代码方式设计 UI 的示例，通过示例说明用纯代码方式设计 UI 的基本原理。与前面的可视化 UI 设计相对应，我们称其为代码化 UI 设计。

2.3.1 示例功能概述

使用 New File or Project 对话框创建一个 GUI 项目 samp2_3。在向导中选择窗口基类为 QDialog，但是不勾选 Generate form 复选框。这样创建的项目里就没有窗口 UI 文件 dialog.ui。

该项目通过代码创建一个对话框，实现与示例 samp2_2 类似的界面和功能。本示例创建完成后的运行效果如图 2-17 所示，其界面和功能与示例 samp2_2 的相似。

图 2-17 示例 samp2_3 运行时界面

2.3.2 示例功能实现

1. Dialog 类的定义

实现功能后的文件 dialog.h 中 Dialog 类的完整定义如下。

```
class Dialog : public QDialog
{
    Q_OBJECT
private:
    QCheckBox   *chkBoxUnder;                                    //3 个复选框
    QCheckBox   *chkBoxItalic;
    QCheckBox   *chkBoxBold;
    QRadioButton    *radioBlack;                                 //3 个单选按钮
    QRadioButton    *radioRed;
    QRadioButton    *radioBlue;
```

```
    QPushButton     *btnOK;                           //3个按钮
    QPushButton     *btnCancel;
    QPushButton     *btnClose;
    QPlainTextEdit  *txtEdit;                         //文本框
    void  iniUI();                                    //UI创建与初始化
    void  iniSignalSlots();                           //初始化信号与槽的连接
private slots:
    void  do_chkBoxUnder(bool checked);               //Underline复选框
    void  do_chkBoxItalic(bool checked);              //Italic复选框
    void  do_chkBoxBold(bool checked);                //Bold复选框
    void  do_setFontColor();                          //设置文字颜色
public:
    Dialog(QWidget *parent = nullptr);
    ~Dialog();
};
```

Dialog类的private部分声明了界面上的各个组件的指针变量，这些界面组件都需要在Dialog类的构造函数里创建并在窗口上布局。private部分定义了两个函数，函数iniUI()创建所有界面组件并完成布局和属性设置，函数iniSignalSlots()完成所有的信号与槽的关联。

private slots部分声明了4个自定义槽函数，需要在函数iniSignalSlots()里将其与相应的信号连接。

注意，这个Dialog类里没有定义指向窗口界面的指针ui，因为它没有对应的窗口UI文件。

几个自定义槽函数的功能与示例samp2_2中的类似，只是在访问界面组件时无须使用ui指针，而是直接访问Dialog类里定义的界面组件的成员变量，例如do_chkBoxUnder()的代码如下：

```
void Dialog::do_chkBoxUnder(bool checked)
{
    QFont  font=txtEdit->font();
    font.setUnderline(checked);
    txtEdit->setFont(font);
}
```

其他几个自定义槽函数的代码就不展示了，可查看示例源程序文件。界面的创建，以及信号与槽函数的关联都在Dialog类的构造函数里完成，构造函数代码如下：

```
Dialog::Dialog(QWidget *parent) : QDialog(parent)
{
    iniUI();                                          //界面创建与布局
    iniSignalSlots();                                 //信号与槽的关联
    setWindowTitle("手工创建UI");                      //设置窗口标题
}
```

2. 界面组件的创建与布局

函数iniUI()实现界面组件的创建与布局，下面是函数iniUI()的完整代码。

```
void Dialog::iniUI()
{
//创建Underline、Italic、Bold 3个复选框，并水平布局
    chkBoxUnder= new QCheckBox("Underline");
    chkBoxItalic= new QCheckBox("Italic");
    chkBoxBold= new QCheckBox("Bold");
    QHBoxLayout *HLay1= new QHBoxLayout();
    HLay1->addWidget(chkBoxUnder);
    HLay1->addWidget(chkBoxItalic);
    HLay1->addWidget(chkBoxBold);
```

```
    //创建Black、Red、Blue 3个单选按钮，并水平布局
        radioBlack= new QRadioButton("Black");
        radioBlack->setChecked(true);
        radioRed= new QRadioButton("Red");
        radioBlue= new QRadioButton("Blue");
        QHBoxLayout *HLay2= new QHBoxLayout;
        HLay2->addWidget(radioBlack);
        HLay2->addWidget(radioRed);
        HLay2->addWidget(radioBlue);

    //创建"确定""取消""退出"3个按钮，并水平布局
        btnOK= new QPushButton("确定");
        btnCancel= new QPushButton("取消");
        btnClose= new QPushButton("退出");
        QHBoxLayout *HLay3= new QHBoxLayout;
        HLay3->addStretch();
        HLay3->addWidget(btnOK);
        HLay3->addWidget(btnCancel);
        HLay3->addStretch();
        HLay3->addWidget(btnClose);

    //创建文本框，并设置初始字体
        txtEdit= new QPlainTextEdit;
        txtEdit->setPlainText("Hello world\n手工创建");
        QFont  font=txtEdit->font();                        //获取字体
        font.setPointSize(20);                              //修改字体大小为20
        txtEdit->setFont(font);                             //设置字体

    //创建垂直布局，并设置为主布局
        QVBoxLayout *VLay= new QVBoxLayout(this);
        VLay->addLayout(HLay1);                             //添加字体类型组
        VLay->addLayout(HLay2);                             //添加文字颜色组
        VLay->addWidget(txtEdit);                           //添加txtEdit
        VLay->addLayout(HLay3);                             //添加按钮组
        setLayout(VLay);                                    //设置为窗口的主布局
}
```

函数iniUI()按顺序完成了如下的操作。

- 创建3个QCheckBox组件，这3个组件的指针已经定义为Dialog类的私有变量，然后创建1个水平布局HLay1，将这3个复选框添加到这个水平布局里。
- 创建3个QRadioButton组件和水平布局HLay2，将这3个单选按钮添加到这个水平布局里。
- 创建3个QPushButton组件和水平布局HLay3，将这3个按钮添加到这个水平布局里。
- 创建1个QPlainTextEdit组件，设置其文字内容和字体。
- 创建1个垂直布局VLay，将前面创建的3个水平布局和文本框依次添加到此布局里。设置垂直布局VLay为窗口的主布局。

布局对象就是这个布局内的所有组件的父容器，例如HLay1是3个复选框的父容器。最后创建的垂直布局VLay以窗口作为父容器，因为在创建VLay时以this作为其parent参数。而VLay是组件txtEdit和其他几个布局的父容器，所以，界面上这些组件都有父容器组件，且最终的容器就是窗口。

我们在Dialog类的析构函数中并没有使用delete指令显式地删除private部分定义的对象，因为在Qt中容器组件被删除时，其内部组件也会自动被删除。因此，窗口被删除时，窗口上的所有组件会自动被删除。

如此创建组件并设置布局后，就可以得到图2-17所示的运行时界面。这里完全采用代码实现组件创建与布局管理。布局管理的代码原理在4.2节会详细介绍。

3. 信号与槽的关联

Dialog类中定义的槽函数都是自定义槽函数，不会和组件的信号自动关联。函数iniSignalSlots()用于建立信号与槽的关联，其完整代码如下。

```
void Dialog::iniSignalSlots()
{
//3个设置颜色的单选按钮
    connect(radioBlue,  SIGNAL(clicked()),  this, SLOT(do_setFontColor()));
    connect(radioRed,   SIGNAL(clicked()),  this, SLOT(do_setFontColor()));
    connect(radioBlack, SIGNAL(clicked()),  this, SLOT(do_setFontColor()));
//3个设置字体的复选框
    connect(chkBoxUnder,  SIGNAL(clicked(bool)), this, SLOT(do_chkBoxUnder(bool)));
    connect(chkBoxItalic, SIGNAL(clicked(bool)), this, SLOT(do_chkBoxItalic(bool)));
    connect(chkBoxBold,   SIGNAL(clicked(bool)),  this, SLOT(do_chkBoxBold(bool)));
//3个按钮与窗口的槽函数关联
    connect(btnOK,      SIGNAL(clicked()),  this, SLOT(accept()));
    connect(btnCancel, SIGNAL(clicked()),  this, SLOT(reject()));
    connect(btnClose,  SIGNAL(clicked()),  this, SLOT(close()));
}
```

设计完成后，构建项目并运行，运行时界面如图2-17所示，且功能与示例samp2_2的相似。

从这个示例可以看出，采用纯代码方式创建UI比较复杂，需要对组件的布局有完整的规划，不如可视化设计直观，且编写代码的工作量大。对每组信号与槽都需要用connect()函数连接，不像可视化设计那样可以自动连接。所以，本书后面的示例几乎都采用可视化方法设计UI。

但是有些界面效果无法用可视化设计方法实现，例如在基于QMainWindow的窗口上无法可视化地在状态栏上添加QLabel、QSpinBox等组件，那么需要在窗口的构造函数里用代码创建这些组件，实现需要的界面效果。4.10节会介绍这种混合式创建UI的方法。

2.4 使用CMake构建系统

在Qt Creator的新建GUI项目的向导中需要选择构建系统，我们在前面的示例中都选择使用默认的qmake构建系统。在图1-12所示的界面，我们还可以选择另一个构建系统CMake。CMake是在Qt 6.0中引入的一个构建系统，Qt公司推荐在新的项目中使用CMake。

CMake是一个功能强大的跨平台的构建工具，它通过与平台和编译器无关的配置文件控制软件的构建过程，生成本地化的makefile文件或IDE项目，例如生成Visual Studio的项目。

CMake是Kitware公司在开发其开源项目VTK的过程中生产的一个副产品，目的是替代Make工具，Make是Linux操作系统里常用的一种构建工具。后来经过发展，CMake成为一个独立的开源软件。CMake特别适用于开源软件项目，Qt 6就是用CMake构建的。

本节介绍在Qt Creator中使用CMake作为构建系统时项目配置的基本原理，还会介绍如何使用工具软件cmake-gui为CMake源代码项目生成Visual Studio项目。

CMake功能强大，但是使用起来比较复杂，适用于大型软件项目。本节只简单介绍CMake的一些基本用法，在本书后面的示例项目中，我们还是使用qmake构建系统。

2.4.1 CMake 项目配置

使用 New File or Project 对话框创建一个 GUI 项目 samp2_4，在向导中选择构建系统 CMake，窗口基类选择 QDialog。项目创建完成后，项目管理目录树的内容如图 2-18 所示，我们选择的开发套件是 MinGW。

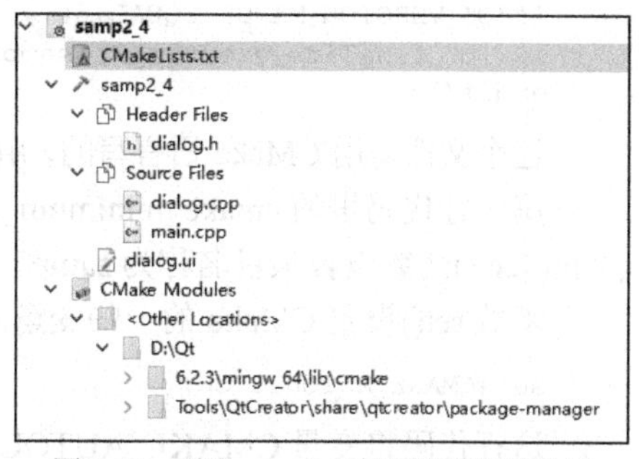

图 2-18 项目 samp2_4 的项目管理目录树

图 2-18 中顶层的节点 samp2_4 是 CMake 项目节点，它下面有 3 个节点：CMakeLists.txt 是 CMake 项目的配置文件；samp2_4 是 Qt 项目节点，它下面是项目中的 4 个源程序文件；CMake Modules 是项目用到的其他一些 CMake 模块，具体的模块就是一些后缀为“.cmake”的文件。

CMake 项目是用 CMake 语言写的一些文件，项目的主文件是 CMakeLists.txt，它被放置在 Qt 项目源程序文件的根目录下。双击目录树上的 CMakeLists.txt 节点，其内容如下。为避免太复杂，我们删除了部分适用于 Android 平台或 Qt 5 的代码。

```
cmake_minimum_required(VERSION 3.5)                 #需要的 CMake 最低版本
project(samp2_4 VERSION 0.1 LANGUAGES CXX)          #项目版本 0.1，编程语言是 C++

set(CMAKE_INCLUDE_CURRENT_DIR ON)
set(CMAKE_AUTOUIC ON)                               #UIC 能被自动执行
set(CMAKE_AUTOMOC ON)                               #MOC 能被自动执行
set(CMAKE_AUTORCC ON)                               #RCC 能被自动执行
set(CMAKE_CXX_STANDARD 11)                          #设置编译器需要满足的 C++语言标准，设置为 C++11
set(CMAKE_CXX_STANDARD_REQUIRED ON)                 #要求编译器满足 C++标准

find_package(Qt${QT_VERSION_MAJOR} COMPONENTS Widgets REQUIRED) #导入 Qt6::Widgets 模块
set(PROJECT_SOURCES                                 #设置变量 PROJECT_SOURCES 等于下面的列表
        main.cpp                                    #也就是项目的源文件列表
        dialog.cpp
        dialog.h
        dialog.ui
)

if(${QT_VERSION_MAJOR} GREATER_EQUAL 6)             #如果是 Qt 6 以上的版本
    qt_add_executable(samp2_4                       #创建可执行文件 samp2_4
        MANUAL_FINALIZATION                         #可选参数，手动结束创建目标的过程
        ${PROJECT_SOURCES}                          #文件列表来源于变量 PROJECT_SOURCES
    )
endif()

#在连接生成目标 samp2_4 时，需要利用前面用 find_package()导入的 Qt6::Widgets 模块
target_link_libraries(samp2_4 PRIVATE Qt${QT_VERSION_MAJOR}::Widgets)

set_target_properties(samp2_4 PROPERTIES
    MACOSX_BUNDLE_GUI_IDENTIFIER my.example.com
    MACOSX_BUNDLE_BUNDLE_VERSION ${PROJECT_VERSION}
    MACOSX_BUNDLE_SHORT_VERSION_STRING ${PROJECT_VERSION_MAJOR}.${PROJECT_VERSION_MINOR}
    MACOSX_BUNDLE TRUE
    WIN32_EXECUTABLE TRUE
```

```
)

if(QT_VERSION_MAJOR EQUAL 6)
    qt_finalize_executable(samp2_4)                #最后生成可执行文件 samp2_4
endif()
```

这个文件是用CMake语言写的，用到了大量的CMake函数，从注释可以大致看出代码的作用。第一行代码里的cmake_minimum_required()函数设置要求的CMake最低版本。第二行代码里的project()函数设置项目名称为samp2_4，版本号是0.1，使用的编程语言是C++。

函数set()设置CMake的一些变量的值，例如：

```
set(CMAKE_AUTOUIC ON)                              # UIC能被自动执行
```

这行代码将变量CMAKE_AUTOUIC设置为ON，表示由CMake自动设置规则，UIC能被自动调用。同样，也设置了MOC和RCC能被自动调用。

函数find_package()用于查找和导入Qt中的某个模块，函数target_link_libraries()用于设置连接时用到的Qt模块。要在CMake项目中用到Qt的某个模块，必须使用这两个函数导入和连接模块。程序中的这两个函数的语句相当于下面的代码，也就是分别导入和连接了Qt6::Widgets模块。

```
find_package(Qt6 COMPONENTS Widgets REQUIRED)
target_link_libraries(samp2_4 PRIVATE Qt6::Widgets)
```

函数qt_add_executable()用于创建可执行文件，并且设置依赖的源文件。上面的代码中将变量PROJECT_SOURCES设置为4个源文件的列表，然后在qt_add_executable()函数中使用了这个变量。程序中运行的qt_add_executable()函数的代码相当于如下的代码：

```
qt_add_executable(samp2_4                    #创建可执行文件 samp2_4
    MANUAL_FINALIZATION                      #可选参数，手动结束创建目标的过程
    main.cpp                                 #项目的源文件列表
    dialog.cpp
    dialog.h
    dialog.ui
    )
```

其中，第二行的MANUAL_FINALIZATION表示手动结束创建目标的过程，所以本文件最后运行了qt_finalize_executable(samp2_4)结束创建目标的过程。

CMake项目文件CMakeLists.txt的内容一般不需要我们手动修改，项目中新增文件时会自动更新源文件列表。只有用到Qt的某个附加模块时，才需要编写find_package()和target_link_libraries()函数语句。在Qt帮助文档里的模块介绍部分，会说明这两个函数的写法，例如对于Qt SQL模块，其写法如下：

```
find_package(Qt6 REQUIRED COMPONENTS Sql)
target_link_libraries(mytarget PRIVATE Qt6::Sql)
```

2.4.2 CMake项目构建

使用CMake管理Qt项目时，不需要对源文件进行特殊处理，这与使用qmake时一样。所以，我们把示例项目samp2_2中的dialog.h、dialog.cpp和dialog.ui这3个文件复制到本项目里，覆盖原来的文件即可。

如果把示例项目samp2_2中的资源文件res.qrc和images文件夹复制到本项目中，在图2-18

所示的项目管理目录树中，Qt 项目节点 samp2_4 的快捷菜单中的 Add Existing Files 菜单项无法使用，只能使用 Add New 菜单项新建一个资源文件。新建一个 Qt 资源文件 res.qrc，结束创建向导后，Qt Creator 会提示文件不会被自动添加到 CMakeLists.txt 文件里。所以，打开文件 CMakeLists.txt，修改设置变量 PROJECT_SOURCES 的语句，加入文件 res.qrc，即修改为如下的内容：

```
set(PROJECT_SOURCES
        main.cpp
        dialog.cpp
        dialog.h
        dialog.ui
        res.qrc      #手动添加资源文件名
)
```

这样修改后，在项目管理目录树中会增加节点 res.qrc，它与节点 dialog.ui 并列。然后在 Qt Designer 里打开 UI 文件 dialog.ui，修改窗口的标题和文本框文字。

设置项目的开发套件为 MinGW，选择构建模式为 Release。使用 CMake 管理 Qt 项目时，Qt Creator 的 Projects 设置界面如图 2-19 所示。设置界面没有 Shadow build 复选框，构建项目后总是生成一个与项目同层级的输出文件夹。在图 2-19 右侧下方有一个列表框，列出了 CMake 的很多参数，包括用到的 Qt 各种模块和工具的搜索路径。在切换开发套件后，这些搜索路径会自动变化。

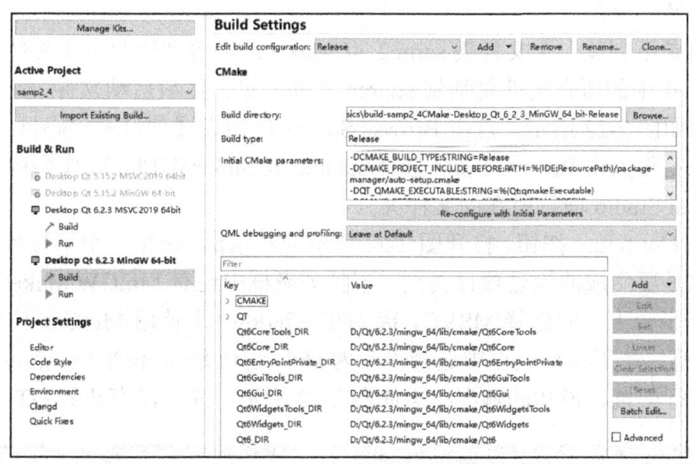

图 2-19 使用 CMake 构建系统时的 Projects 设置界面

项目构建后的输出文件夹里的内容如图 2-20 所示，这个文件夹里有可执行文件 samp2_4.exe，还有 Ninja 构建系统的文件，子目录 samp2_4_autogen 里有 MOC 和 UIC 编译生成的中间文件。

在 Qt Creator 里运行项目，运行时界面如图 2-21 所示，我们稍微修改了窗口的界面显示效果。

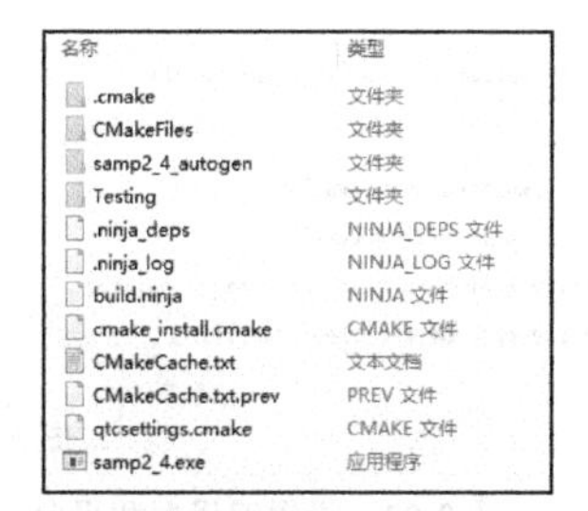

图 2-20 项目构建后输出文件夹里的内容

图 2-21 示例 samp2_4 运行时界面

2.4.3　使用 cmake-gui 生成 Visual Studio 项目

在示例 samp2_4 的根目录下只有 4 个源程序文件和 CMake 项目文件 CMakeLists.txt，这个项目文件的内容与操作系统和编译器无关。在 Qt Creator 中构建这个项目时，就是根据 CMakeLists.txt 生成了 Ninja 构建系统的文件，并用 MinGW 套件的 GNU C++编译器编译。我们也可以将项目 samp2_4 的开发套件切换为 MSVC，用 MSVC 编译器编译项目。

一些大型开源软件项目（如 VTK 和 OpenCV）使用的是 CMake 构建系统。在 Windows 上，我们可以用 CMake 工具为开源库的源代码生成一个 Visual Studio 解决方案，然后在 Visual Studio 里编译，生成在 Windows 平台上使用的动态库、静态库和头文件等。这些开源库比较庞大，构建和编译过程可能会超过一小时。

我们以示例 samp2_4 的 CMake 项目为例，为其源代码生成 Visual Studio 项目，然后在 Visual Studio 里编译生成可执行文件。这个过程与编译开源库的过程是基本一样的，但是耗费时间短，熟悉操作方法后，读者就可以自己在 Windows 上编译使用 CMake 构建系统的开源库的源代码。

我们需要使用 CMake 的一个工具软件 cmake-gui.exe，因为在安装 Qt 6 时选择安装了 64 位版本的 CMake（见图 1-6），cmake-gui 存储在下面的目录下。

```
D:\Qt\Tools\CMake_64\bin
```

在本章示例目录下创建一个文件夹 samp2_4CMakeGUI，再创建两个子文件夹 source 和 build。将示例项目 samp2_4 中的所有文件复制到 source 文件夹里。然后启动软件 cmake-gui，cmake-gui 初始配置后的界面如图 2-22 所示。点击 Browse Source 按钮设置项目源代码目录，也就是/samp2_4CMakeGUI/source；再点击 Browse Build 选择/samp2_4CMakeGUI/build 作为构建输出文件夹，也就是要生成的 Visual Studio 项目所在的文件夹。

再点击下方的 Configure 按钮，打开图 2-23 所示的对话框。在第一个下拉列表框中选择 Visual Studio 16 2019，这是要生成的构建项目类型。下拉列表框中还有 MinGW Makefiles、Ninja 等其他类型，在 Windows 平台上一般选择 MSVC，因为在 Windows 上使用 MinGW 构建大型软件库时经常会出现问题。在第二个下拉列表框中选择平台为 x64，也就是 64 位平台。点击对话框上的 Finish 按钮，软件就会进行配置，最初的输出结果如图 2-22 所示，提示没有找到 QT_DIR。

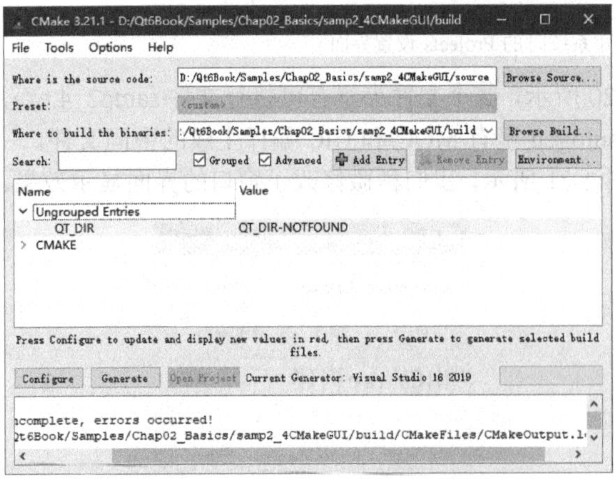

图 2-22　cmake-gui 初始配置后的界面

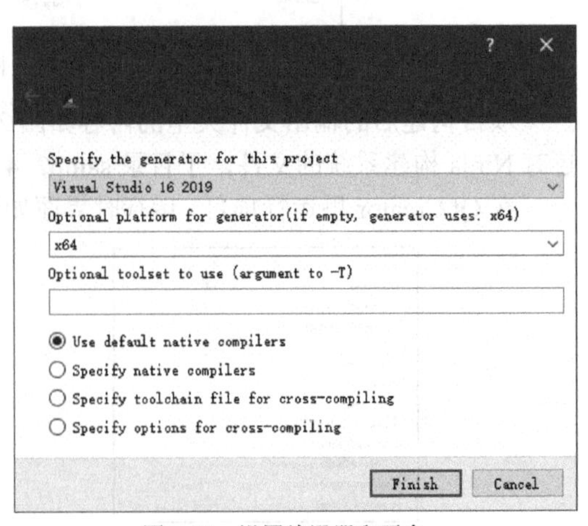

图 2-23　设置编译器和平台

在图 2-22 所示界面的中间是 CMake 的各种参数，与图 2-19 中的类似。若不知道如何设置 QT_DIR，可查看图 2-19 所示的界面，只有在 Qt Creator 中将项目的开发套件设置为 MSVC，才可以将图 2-19 所示界面中的参数值复制到图 2-22 所示界面中。例如，QT_DIR 要设置为 D:/Qt/6.2.3/msvc2019_64/lib/cmake/Qt6，点击图 2-22 所示界面中的 Configure 按钮就会直接配置，不会再出现图 2-23 所示的对话框。

配置后又出现错误提示，列表框中有错误的条目会以红色底色显示，这些错误一般是与 Qt 相关的一些路径没有找到。将图 2-19 所示界面中的同名参数的值复制到 cmake-gui 中，然后点击 Configure 按钮。如此多次配置，直到不出现错误，cmake-gui 中配置好的参数如图 2-24 所示。

配置完参数后，点击 Generate 按钮，cmake-gui 就会在/samp2_4CMakeGUI/build 目录下生成一个 Visual Studio 解决方案 samp2_4.sln，该目录下的文件如图 2-25 所示，其中还有在 Visual Studio 中编译后生成的一些文件和文件夹。在 Visual Studio 2019 中打开解决方案 samp2_4.sln，以 Release 模式构建项目，就会生成可执行文件 samp2_4.exe，其存储在图 2-25 中的 Release 目录下。在 Visual Studio 里运行项目时会出错，在文件夹里直接双击文件 samp2_4.exe 也无法运行，因为缺少 Qt 运行库。将文件 samp2_4.exe 复制到文件夹 D:/Qt/6.2.3/msvc2019_64/bin 里，双击文件即可运行，因为这个文件夹里包含 Qt 6.2.3 MSVC 2019 64 位套件的运行库。

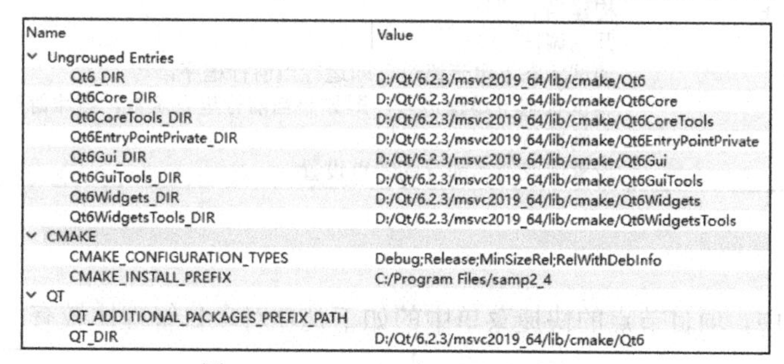

图 2-24 cmake-gui 中配置好的参数

图 2-25 cmake-gui 生成的 Visual Studio 解决方案

提示 如果要在 Visual Studio 中进行 Qt 项目开发，需要安装 Qt VS Tools 插件。可以在 Visual Studio Marketplace 里下载各种版本的 Qt VS Tools 插件。

在 Windows 平台上用 cmake-gui 为开源软件库生成 Visual Studio 解决方案，然后在 Visual Studio 里编译生成 Windows 平台的可执行文件或库，其操作过程与本示例的操作过程基本相同，只是耗费的时间可能比较长。

CMake 功能强大，但是要完全掌握其功能并且熟练使用它，需要仔细阅读其文档并不断实践，一般在大型软件项目中才使用 CMake。为了简便，本书后面的示例项目都采用 qmake 构建系统。

2.5 Qt Creator 使用技巧

Qt Creator 是我们在开发 Qt 应用程序时使用极频繁的一个软件，熟悉它的一些常用功能的使用技巧可以提高工作效率。

2.5.1　文本编辑器使用技巧

Qt Creator 中的文本编辑器可以打开任何文本文件，主要是 C++源程序文件和头文件。文本编辑器提供了一些常用的操作，通过文本编辑器的快捷菜单或 Qt Creator 的菜单可以实现这些操作。熟悉这些操作的快捷键可以提高工作效率。表 2-7 是对文本编辑器的一些快捷操作的总结。

表 2-7　文本编辑器的快捷操作

操作	快捷键	说明
Switch Header/Source	F4	在同名的头文件和源程序文件之间切换
Follow Symbol Under Cursor	F2	跟踪光标处的符号，若是变量，可跟踪到变量声明的地方；若是函数体或函数声明，可在这两者之间切换
Refactor/Rename Symbol Under Cursor	Ctrl+Shift+R	更改光标处的符号名称，这将在所有用到这个符号的地方进行替换
Refactor/Add Definition in .cpp		在源程序文件里为函数原型生成函数体
Auto-indent Selection	Ctrl+I	为选择的代码段自动进行缩进
Toggle Comment Selection	Ctrl+/	注释或取消注释所选代码段
Context Help	F1	为光标处的符号显示帮助文档的内容
Save All	Ctrl+Shift+S	保存所有文件
Find/Replace	Ctrl+F	调出查找/替换对话框
Find Next	F3	查找下一个
Build	Ctrl+B	构建当前项目
Start Debugging	F5	开始调试
Step Over	F10	调试状态下单步略过，即运行当前行程序语句
Step Into	F11	调试状态下跟踪进入，即如果当前行里有函数，就跟踪进入函数体
Toggle Breakpoint	F9	设置或取消当前行的断点设置

2.5.2　项目管理

在 Qt Creator 的项目管理目录树中，项目节点的快捷菜单中的如下几项对项目管理比较有用。

- Build：以增量方式构建项目。
- Rebuild：完全重新构建项目。
- Clean：清除项目构建过程中的所有中间文件。
- Run qmake：使用 qmake 重新构建项目。有些时候 UI 文件被修改了，构建项目时却没有出现相应变化，这时执行 Run qmake 重新构建项目，就会重新执行 UIC、MOC、RCC 等预编译器。

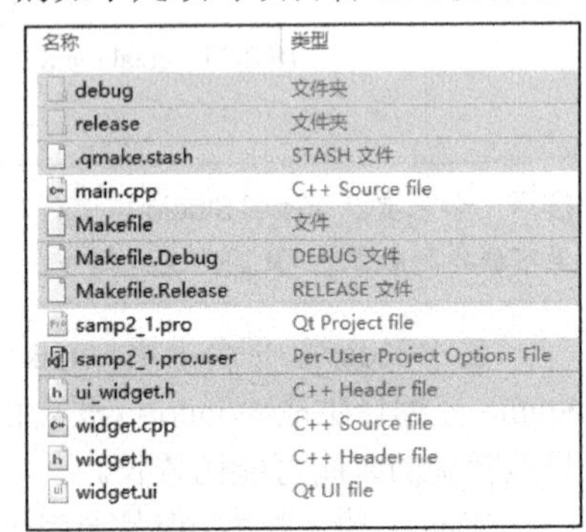

图 2-26　示例项目 samp2_1 中可被删除的文件和文件夹

Qt 项目被配置和编译后会生成较多中间文件，如果想只保留必要的项目源文件，可以删除这些中间文件。例如，示例项目 samp2_1 被配置和编译后的文件组成如图 2-26 所示，选中的文件和文件夹是可以被删除的。删除这些文件后，在 Qt Creator 中打开文件 samp2_1.pro 时会被要求重新配置开发套件。

2.5.3　代码模型

在 Qt Creator 中可以使用 Clang 代码模型，且默认是启用的。Clang 模型能对源程序进行分析，在编写代码时会提供函数提示、代码补全等功能，而且在编写代码时就会出现警告和错误提示，直接显示在代码行的右端，如图 2-27 所示。

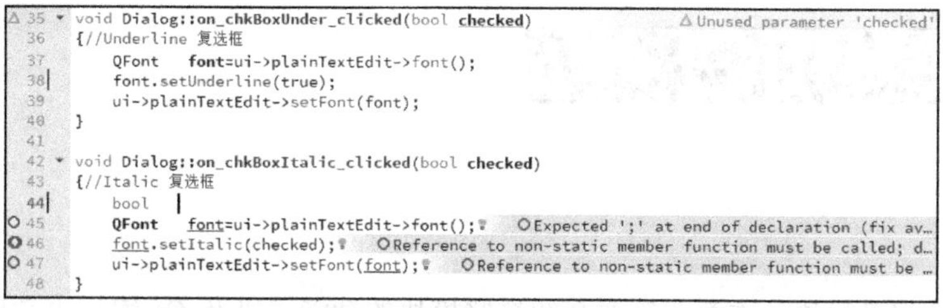

```
35  void Dialog::on_chkBoxUnder_clicked(bool checked)          ⚠ Unused parameter 'checked'
36  {//Underline 复选框
37      QFont   font=ui->plainTextEdit->font();
38      font.setUnderline(true);
39      ui->plainTextEdit->setFont(font);
40  }
41
42  void Dialog::on_chkBoxItalic_clicked(bool checked)
43  {//Italic 复选框
44      bool  |
45      QFont   font=ui->plainTextEdit->font();   ⊘Expected ';' at end of declaration (fix av…
46      font.setItalic(checked);   ⊘Reference to non-static member function must be called; d…
47      ui->plainTextEdit->setFont(font);   ⊘Reference to non-static member function must be …
48  }
```

图 2-27　使用 Clang 代码模型时出现的警告和错误提示

Clang 代码模型功能比较强大，但是对编程者的干预太多，例如在图 2-27 所示的示例中，想在光标处定义一个变量，变量名称还没有写完，就提示下面 3 行代码有错误，在定义完变量后这些错误提示会消失。对比较熟练的开发者来说，Clang 代码模型就比较累赘，而且很占用计算机资源。

我们可以禁用 Qt Creator 中的 Clang 代码模型，方法是点击 Help→About Plugins 菜单项，打开管理已安装插件的对话框，如图 2-28 所示，设置取消选用 ClangCodeModel 插件即可。取消选用一个插件只是在 Qt Creator 启动时不加载这个插件，以后若再想使用 ClangCodeModel 插件，重新选用即可。

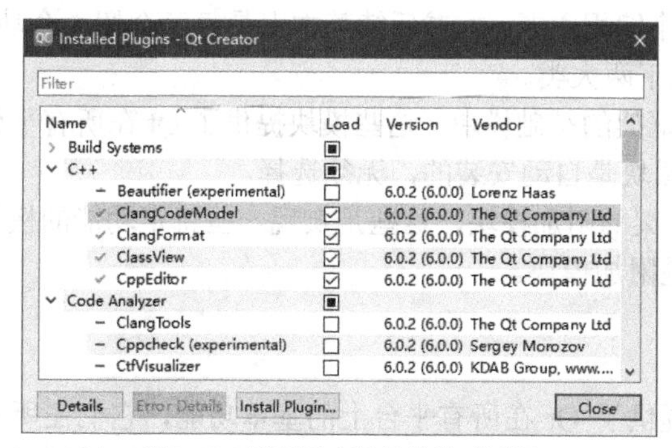

图 2-28　管理已安装插件的对话框

第3章

Qt 框架功能概述

Qt 框架包含很多模块，本章会简要介绍这些模块的功能，以及 Qt 编程中常用的一些全局定义。Qt 对标准 C++进行了扩展，引入了元对象系统，本章会介绍元对象系统的一些核心特性及其应用，包括属性系统、信号与槽、对象树等。本章还会介绍 Qt 编程中常用的一些类的使用方法，包括容器类、QVariant、QFlags 等。本章介绍的内容有助于读者更好地理解本书后续章节中示例程序的代码原理。

3.1 Qt 6 框架中的模块

Qt 是一个跨平台开发框架，它包含很多功能模块，在安装 Qt 6 时可以选择安装需要的模块（见图 1-4）。一个模块针对一个编程主题，本书后续基本上是每章介绍一个功能模块的编程使用方法。Qt 框架中的模块又分为以下两大类。

- Qt Essentials：Qt 框架的基础模块，这些模块提供了 Qt 在所有平台上的基本功能。在安装 Qt 时，这些基础模块是自动安装的，无须选择。
- Qt Addons：Qt 框架的附加模块，这些是实现一些特定功能的模块。如图 1-4 所示，安装时的可选组件都是附加模块。

3.1.1 Qt 基础模块

Qt 框架的基础模块提供了 Qt 在所有平台上的基本功能，它们在所有开发平台上都可用，在 Qt 6 所有版本上源代码和二进制代码是兼容的。Qt 6.2 框架的基础模块如表 3-1 所示。

表 3-1　Qt 6.2 框架的基础模块

模块	功能
Qt Core	这个模块是 Qt 框架的核心，定义了元对象系统对标准 C++进行扩展
Qt GUI	提供用于 GUI 设计的一些基础类，可用于窗口系统集成、事件处理、字体和文字处理等
Qt Network	提供实现 TCP/IP 网络通信的一些类
Qt Widgets	提供用于创建 GUI 的各种界面组件类
Qt D-Bus	D-Bus 是实现进程间通信（inter process communication，IPC）和远程过程调用（remote procedure call，RPC）的一种通信协议，这个模块提供实现 D-Bus 通信协议的一些类
Qt Test	提供一些对应用程序和库进行单元测试的类
Qt QML	提供用 QML 编程的框架，它定义了 QML 和基础引擎
Qt Quick	这个模块是用于开发 QML 应用程序的标准库，提供创建 UI 的一些基本类型
Qt Quick Controls	提供一套基于 Qt Quick 的控件，可用于创建复杂的 UI
Qt Quick Dialogs	提供通过 QML 使用系统对话框的功能
Qt Quick Layouts	提供用于管理界面布局的 QML 类型
Qt Quick Test	提供 QML 应用程序的单元测试框架

Qt Core 模块是 Qt 框架的核心，其他模块都依赖此模块。Qt GUI 模块提供用于开发 GUI 应用程序的必要的类。在创建 GUI 项目时，qmake 项目配置文件中会自动加入如下语句：

```
QT   += core  gui
```

3.1.2 Qt 附加模块

Qt 附加模块是一些能够实现特定功能的模块，用户安装 Qt 时可以选择性地安装这些附加模块。表 3-2 所示为 Qt 6.2 框架的附加模块，表中未列出一些过时的模块以及只用于 QML 编程的模块。

表 3-2 Qt 6.2 框架的附加模块

模块	功能
Active Qt	用于开发使用 ActiveX 和 COM 控件的 Windows 应用程序
Qt 3D	支持二维和三维图形渲染，用于开发近实时的仿真系统
Qt 5 Core Compatibility	提供一些 Qt 5 中有而 Qt 6 中没有的 API，这是为了兼容 Qt 5
Qt Bluetooth	提供访问蓝牙硬件的功能
Qt Charts	提供用于数据显示的一些二维图表组件
Qt Concurrent	提供一些类，使我们无须使用底层的线程控制就可以编写多线程应用程序
Qt Data Visualization	提供用于三维数据可视化显示的一些类
Qt Help	提供一些在应用程序中集成帮助文档的类
Qt Image Formats	支持附加图片格式的插件，格式包括 TIFF、MNG 和 TGA 等
Qt Multimedia	提供处理多媒体内容的一些类，处理方式包括播放音频和视频，通过麦克风和摄像头录制音频和视频
Qt Network Authorization	使 Qt 应用程序能访问在线账号或 HTTP 服务，而又不暴露用户密码
Qt NFC	提供访问近场通信（near field communication，NFC）硬件的功能
Qt OpenGL	提供一些便于在应用程序中使用 OpenGL 的类
Qt Positioning	通过 GPS 或 WiFi 定位，为应用程序提供定位信息
Qt Print Support	提供一些用于打印控制的类
Qt Remote Objects	提供一种进程间通信技术，可以在进程间或计算机之间方便地交换信息
Qt SCXML	用于通过 SCXML（有限状态机规范）文件创建状态机
Qt Sensors	提供访问传感器硬件的功能，传感器包括加速度计、陀螺仪等
Qt Serial Bus	提供访问串行工业总线（如 CAN 和 Modbus 总线）的功能
Qt Serial Port	提供访问兼容 RS232 引脚的串行接口的功能
Qt Shader Tools	提供用于三维图形着色的工具
Qt SQL	提供一些使用 SQL 操作数据库的类
Qt SVG	提供显示 SVG 图片文件的类
Qt UI Tools	提供一些类，可以在程序运行时加载用 Qt Designer 设计的 UI 文件以动态创建 UI
Qt Virtual Keyboard	实现不同输入法的虚拟键盘
Qt Wayland Compositor	实现了 Wayland 协议，能创建用户定制的显示服务
Qt WebChannel	用于实现服务器端（QML 或 C++应用程序）与客户端（HTML/ JavaScript 或 QML 应用程序）进行 P2P 通信
Qt WebEngine	提供一些类和函数，通过 Chromium 浏览器项目实现在应用程序中嵌入显示动态网页
Qt WebSockets	提供 WebSocket 通信功能。WebSocket 是一种 Web 通信协议，可实现客户端程序与远程主机的双向通信

Qt 的模块很多，针对开发各种应用程序提供了丰富的功能。本书后续各章会介绍 Qt 应用程序开发中的基本技术，并介绍一些附加模块（如 Qt SQL、Qt Charts、Qt Multimedia）的使用方法。

3.2 Qt 全局定义

头文件<QtGlobal>包含 Qt 框架中的一些全局定义，包括基本数据类型、函数和宏。一般的

Qt类的头文件都会包含这个头文件，所以用户程序中无须包含这个头文件就可以使用其中的定义。

3.2.1 数据类型定义

为了确保在各个平台上各种基本数据类型都有统一确定的长度，Qt为各种常见数据类型定义了类型符号，例如qint8就是signed char的类型定义：

```
typedef  signed char   qint8;
```

<QtGlobal>中定义的数据类型如表3-3所示。

表3-3 <QtGlobal>中定义的数据类型

Qt数据类型	POSIX标准等效定义	字节数
qint8	signed char	1
qint16	signed short	2
qint32	signed int	4
qint64	long long int	8
qlonglong	long long int	8
quint8	unsigned char	1
quint16	unsigned short	2
quint32	unsigned int	4
quint64	unsigned long long int	8
qulonglong	unsigned long long int	8
uchar	unsigned char	1
ushort	unsigned short	2
uint	unsigned int	4
ulong	unsigned long	8
qreal	double	8
qsizetype	ssize_t	8
qfloat16	—	2

qreal默认表示8字节double类型的浮点数，如果Qt使用-qreal float选项进行配置，就表示4字节float类型的浮点数。

qfloat16是Qt 5.9中增加的一种类型，用于表示16位的浮点数。qfloat16不是在头文件<QtGlobal>中定义的，要使用qfloat16，需要包含头文件<QFloat16>。

qsizetype是在Qt 5.10中增加的一种类型，等效于POSIX标准中的ssize_t，表示有符号整数。

3.2.2 函数

头文件<QtGlobal>中包含一些常用函数的定义，这些函数多以模板类型作为输入和输出参数类型，模板类型可以是表3-3中所示的各种整数类型。若以double或float类型作为参数类型，一般有两个overload型同名函数，例如qFuzzyIsNull(double d)和qFuzzyIsNull(float f)。

表3-4所示为<QtGlobal>中常用的全局函数定义，列出了函数的输入和输出参数。若存在double和float两种类型参数的overload型函数，只列出double类型参数的函数。

表3-4 < QtGlobal >中常用的全局函数定义

函数原型	功能
T qAbs(const T &value)	返回变量value的绝对值
const T &qBound(const T &min, const T &value, const T &max)	返回value限定在min～max的值
T qExchange(T &obj, U &&newValue)	将obj的值用newValue替换，返回obj的旧值

续表

函数原型	功能
int qFpClassify(double val)	返回 val 的分类，包括 FP_NAN（非数）、FP_INFINITE（正或负的无穷大）、FP_ZERO（零）等几种类型
bool qFuzzyCompare(double p1, double p2)	若 p1 和 p2 近似相等，返回 true
bool qFuzzyIsNull(double d)	若参数 d 约等于 0，返回 true
double qInf()	返回无穷大的数
bool qIsFinite(double d)	若 d 是一个有限的数，返回 true
bool qIsInf(double d)	若 d 是一个无穷大的数，返回 true
bool qIsNaN(double d)	若 d 为非数，返回 true
const T &qMax(const T &value1, const T &value2)	返回 value1 和 value2 中的较大值
const T &qMin(const T &value1, const T &value2)	返回 value1 和 value2 中的较小值
qint64 qRound64(double value)	将 value 近似为最接近的 qint64 类型整数
int qRound(double value)	将 value 近似为最接近的 int 类型整数

还有一些基础的数学运算函数在<QtMath>头文件中定义，如三角运算函数、弧度与角度的转换函数等，需要用到时可查看 Qt 帮助文档。

3.2.3 宏定义

<QtGlobal>头文件中定义了很多宏，以下这些宏是比较常用的。

- QT_VERSION 表示 Qt 版本。这个宏展开为数值形式 0xMMNNPP。例如 Qt 版本为 Qt 6.2.3，则 QT_VERSION 为 0x060203。
- Q_BYTE_ORDER 表示系统内存中数据的字节序。Q_BIG_ENDIAN 表示大端字节序，Q_LITTLE_ENDIAN 表示小端字节序。在需要判断系统字节序时可以用到这几个宏，例如：

```
#if Q_BYTE_ORDER == Q_LITTLE_ENDIAN
...
#endif
```

- Q_DECL_IMPORT 和 Q_DECL_EXPORT 分别用于在使用或设计共享库时导入或导出库的内容。
- Q_UNUSED(name)用于声明函数中未被使用的参数。当函数的输入参数在函数自身的代码里未被使用时，需要用这个宏声明，否则会出现编译警告。
- foreach(variable, container)用于遍历容器的内容，3.4 节会介绍其使用示例。
- qDebug(const char *message, ...)用于在 debugger 窗口显示信息。在 Qt Creator 中，debugger 窗口就是 Application Output 窗口。qDebug()输出数据的格式与 C 语言的 printf()函数的类似，可以格式化输出各种数据。qDebug()一般用于调试程序时显示一些中间信息。

3.3 Qt 的元对象系统

Qt 中引入了元对象系统对标准 C++语言进行扩展，增加了信号与槽、属性系统、动态翻译等特性，为编写 GUI 应用程序提供了极大的方便。本节介绍 Qt 元对象系统的一些核心功能，以及相关的一些类的使用方法。本节的内容稍微有点儿难度，初学者一般用不到，且示例代码中涉及 QString、QList 等类的用法，所以初学者可以在看过后面的章节后再来学习本节的内容。

3.3.1 元对象系统概述

Qt 的元对象系统的功能建立在以下 3 个方面。

- QObject 类是所有使用元对象系统的类的基类。
- 必须在一个类的开头部分插入宏 Q_OBJECT，这样这个类才可以使用元对象系统的特性。
- MOC 为每个 QObject 的子类提供必要的代码来实现元对象系统的特性。

构建项目时，MOC 会读取 C++源文件，当它发现类的定义里有 Q_OBJECT 宏时，它就会为这个类生成另一个包含元对象支持代码的 C++源文件，这个生成的源文件连同类的实现文件一起被标准 C++编译器编译和连接。Qt 项目的文件组成和构建过程见 2.2 节的详细介绍。

1. QObject 类

QObject 类是所有使用元对象系统的类的基类，也就是说，如果一个类的父类或上层父类是 QObject，它就可以使用信号与槽、属性等特性。QObject 类与元对象系统特性相关的一些接口函数如表 3-5 所示，表中只列出了函数的返回值类型。

表 3-5 QObject 类与元对象系统特性相关的函数

特性	函数	功能
元对象	QMetaObject *metaObject()	返回这个对象的元对象
	QMetaObject staticMetaObject	这是类的静态变量，不是函数，存储了类的元对象
类型信息	bool inherits()	判断这个对象是不是某个类的子类的实例
动态翻译	QString tr()	类的静态函数，返回一个字符串的翻译版本
对象树	QObjectList &children()	返回子对象列表
	QObject *parent()	返回父对象指针
	void setParent()	设置父对象
	T findChild()	按照对象名称，查找可被转换为类型 T 的子对象
	QList<T> findChildren()	返回符合名称和类型条件的子对象列表
信号与槽	QMetaObject::Connection connect()	设置信号与槽关联
	bool disconnect()	解除信号与槽的关联
	bool blockSignals()	设置是否阻止对象发射任何信号
	bool signalsBlocked()	若返回值为 true，表示对象被阻止发射信号
属性系统	QList<QByteArray> dynamicPropertyNames()	返回所有动态属性名称
	bool setProperty()	设置属性值，或添加动态属性
	QVariant property()	返回属性值

元对象系统的特性是通过 QObject 的一些函数来实现的。

（1）元对象（meta object）。每个 QObject 及其子类的实例都有一个元对象，这个元对象是自动创建的。静态变量 staticMetaObject 就是这个元对象，函数 metaObject()返回这个元对象指针。所以，获取一个对象的元对象有两种方式，示意代码如下：

```
QPushButton *btn= new QPushButton();
const QMetaObject *metaPtr= btn->metaObject();          //获取元对象指针
const QMetaObject  metaObj= btn->staticMetaObject;      //获取元对象
```

（2）类型信息。QObject 的 inherits()函数可以判断对象是不是从某个类继承的类的实例。

（3）动态翻译。函数 tr()用于返回一个字符串的翻译版本，在设计多语言界面的应用程序时需要用到 tr()函数，第 18 章会详细介绍多语言界面应用程序的设计。

（4）对象树（object tree）。对象树指的是表示对象间从属关系的树状结构。例如在一个窗口上，组件都有父容器，窗口是界面上所有组件的顶层容器。在图 2-10 中，右侧对象检查器里的目录树就体现了窗口上组件的层次关系，可以看作对象树。QObject 类的 parent()函数返回其父对象，children()函数返回其子对象，findChildren()函数可以返回某些子对象或所有子对象。窗口和窗口上的组件就构成对象树，窗口可以访问任何一个界面组件。对象树中的某个对象被删除时，它的子对象会被自动删除，所以，一个窗口被删除时，它上面的所有界面组件也会被自动删除。

（5）信号与槽。通过在一个类的定义中插入宏 Q_OBJECT，我们就可以使用 Qt 扩展的 C++ 语言特性编程，例如在一个类中定义属性、类信息、信号和槽函数。

（6）属性系统。在类的定义代码中可以用宏 Q_PROPERTY 定义属性，QObject 的 setProperty() 函数会设置属性的值或定义动态属性；property()函数会返回属性的值。

2. QMetaObject 类

每个 QObject 及其子类的实例都有一个自动创建的元对象，元对象是 QMetaObject 类型的实例。元对象存储了类的实例所属类的各种元数据，包括类信息元数据、方法元数据、属性元数据等，所以，元对象实质上是对类的描述。

QMetaObject 类的主要接口函数如表 3-6 所示，表中列出了函数原型，但是省略了输入参数以及函数前后的 const 关键字。当函数的参数太多，在表格中不便于显示时，我们就用“****”替代表示。注意，表格中的“这个元对象”指的是一个 QObject 实例的元对象，“这个类”指的是元对象所描述的类。

表 3-6 QMetaObject 类的主要接口函数

分组	函数原型	功能
类的信息	char *className()	返回这个类的类名称
	QMetaType metaType()	返回这个元对象的元类型
	QMetaObject *superClass()	返回这个类的上层父类的元对象
	bool inherits(QMetaObject *metaObject)	返回 true 表示这个类继承自 metaObject 描述的类，否则返回 false
	QObject *newInstance(****)	创建这个类的一个实例，可以给构造函数传递最多 10 个参数
类信息元数据	QMetaClassInfo classInfo(int index)	返回序号为 index 的一条类信息的元数据，类信息是在类中用宏 Q_CLASSINFO 定义的一条信息
	int indexOfClassInfo(char *name)	返回名称为 name 的类信息的序号，序号可用于 classInfo()函数
	int classInfoCount()	返回这个类的类信息条数
	int classInfoOffset()	返回这个类的第一条类信息的序号
构造函数元数据	int constructorCount()	返回这个类的构造函数的个数
	QMetaMethod constructor(int index)	返回这个类的序号为 index 的构造函数的元数据
	int indexOfConstructor(char *constructor)	返回一个构造函数的序号，constructor 包括正则化之后的函数名和参数名
方法元数据	QMetaMethod method(int index)	返回序号为 index 的方法的元数据
	int methodCount()	返回这个类的方法的个数，包括基类中定义的方法，方法包括一般的成员函数，还包括信号和槽
	int methodOffset()	返回这个类的第一个方法的序号
	int indexOfMethod(char *method)	返回名称为 method 的方法的序号
枚举类型元数据	QMetaEnum enumerator(int index)	返回序号为 index 的枚举类型的元数据
	int enumeratorCount()	返回这个类的枚举类型个数
	int enumeratorOffset()	返回这个类的第一个枚举类型的序号
	int indexOfEnumerator(char *name)	返回名称为 name 的枚举类型的序号
属性元数据	QMetaProperty property(int index)	返回序号为 index 的属性的元数据
	int propertyCount()	返回这个类的属性的个数
	int propertyOffset()	返回这个类的第一个属性的序号
	int indexOfProperty(char *name)	返回名称为 name 的属性的序号

续表

分组	函数原型	功能
信号与槽	int indexOfSignal(char *signal)	返回名称为 signal 的信号的序号
	int indexOfSlot(char *slot)	返回名称为 slot 的槽函数的序号
静态函数	bool checkConnectArgs(****)	检查信号与槽函数的参数是否兼容
	void connectSlotsByName(QObject *object)	迭代搜索 object 的所有子对象，将匹配的信号和槽连接起来
	bool invokeMethod(****)	运行 QObject 对象的某个方法，包括信号、槽或成员函数
	QByteArray normalizedSignature(char *method)	将方法 method 的名称和参数字符串正则化，去除多余空格。函数返回的结果可用于 checkConnectArgs()、indexOfConstructor()等函数

通过 QMetaObject 类的这些函数，我们可以在运行时获取一个 QObject 对象的类信息和各种元数据。例如，函数 className()可返回类的名称，函数 superClass()可返回其父类的元对象，函数 newInstance()可以创建元对象所描述类的一个新的实例。

类的元数据又分为多种类型，且有专门的类来描述。例如，函数 property()返回属性的元数据，属性元数据用 QMetaProperty 类描述，它的接口函数描述了属性的各种特性，如函数 name()返回属性名称，函数 type()返回属性数据类型。

3.3.2 运行时类型信息

通过使用 QObject 和 QMetaObject 提供的以下一些接口函数，我们可以在运行时获得一个对象的类名称以及其父类的名称，判断其是否从某个类继承而来。要实现这些功能，我们并不需要C++编译器的运行时类型信息（run-time type information，RTTI）支持。

（1）函数 QMetaObject::className()。这个函数可在运行时返回类名称的字符串，例如：

```
QPushButton *btn= new QPushButton();
const QMetaObject *meta= btn->metaObject();                    //获取对象的元对象指针
QString str= QString(meta->className());                       //str= "QPushButton"
```

（2）函数 QObject::inherits()。这个函数可以判断一个对象是不是继承自某个类的实例，顶层的父类是 QObject。例如：

```
QPushButton *btn= new QPushButton();
bool result= btn->inherits("QPushButton");                    //true
result= btn->inherits("QObject");                             //true
result= btn->inherits("QWidget");                             //true
result= btn->inherits("QCheckBox");                           //false
```

如果一个类是多重继承的，其中一个父类是 QObject，那么 inherits("QObject")会返回 true。

（3）函数 QMetaObject::superClass()。这个函数返回该元对象所描述类的父类的元对象，通过父类的元对象可以获取父类的一些元数据，例如：

```
QPushButton *btn= new QPushButton();
const QMetaObject *meta= btn->metaObject();
QString str1= QString(meta->className());                     //str1="QPushButton"

const QMetaObject *metaSuper= btn->metaObject()->superClass();
QString str2= QString(metaSuper->className());                //str2="QAbstractButton"
```

QPushButton 的父类是 QAbstractButton，所以 str1 是“QPushButton”，str2 是“QAbstractButton”。

（4）函数 qobject_cast()。这个函数是头文件<QObject>中定义的一个非成员函数，对于 QObject 及其子类的对象，可以使用函数 qobject_cast()进行动态类型转换。如果自定义的类要支持函数 qobject_cast()，那么自定义的类需要直接或间接继承自 QObject，且在类定义中插入宏 Q_OBJECT。

例如，下面的代码段演示了函数 qobject_cast()的作用。

```
QObject *btn= new QPushButton();      //创建 QPushButton 对象，但使用 QObject 类型指针
const QMetaObject *meta= btn->metaObject();
QString str1= QString(meta->className());                    //str1= "QPushButton"

QPushButton *btnPush= qobject_cast<QPushButton*>(btn);     //转换成功
const QMetaObject *meta2= btnPush->metaObject();
QString str2= QString(meta2->className());                   //str2= "QPushButton"

QCheckBox *chkBox= qobject_cast<QCheckBox*>(btn);            //转换失败，chkBox 是 nullptr
```

在第一行代码中，程序创建的是 QPushButton 类对象，用一个 QObject 类型指针 btn 指向这个对象。获取 btn 的元对象，元对象的 className()的返回值是“QPushButton”。

第二部分使用函数 qobject_cast()将 btn 转换为 QPushButton 类型指针：

```
QPushButton *btnPush= qobject_cast<QPushButton*>(btn);      //转换成功
```

这个转换是成功的，因为 btn 就是 QPushButton 对象指针。但是，如果将 btn 转换为 QCheckBox 对象指针就会失败，因为 QCheckBox 不是 QPushButton 的父类。

标准 C++语言中有类似的强制类型转换函数 dynamic_cast()，使用 qobject_cast()的好处是不需要 C++编译器开启 RTTI 支持。

3.3.3 属性系统

1. 属性定义

属性是 Qt C++的一个扩展的特性，是基于元对象系统实现的，标准 C++语言中没有属性。在 QObject 的子类中，我们可以使用宏 Q_PROPERTY 定义属性，其格式如下：

```
Q_PROPERTY(type name
            (READ getFunction [WRITE setFunction] |
             MEMBER memberName [(READ getFunction | WRITE setFunction)])
            [RESET resetFunction]
            [NOTIFY notifySignal]
            [REVISION int | REVISION(int[, int])]
            [DESIGNABLE bool]
            [SCRIPTABLE bool]
            [STORED bool]
            [USER bool]
            [BINDABLE bindableProperty]
            [CONSTANT]
            [FINAL]
            [REQUIRED])
```

宏 Q_PROPERTY 定义一个值类型为 type，名称为 name 的属性，用 READ、WRITE 关键字分别定义属性的读取、写入函数，还有一些其他关键字用于定义属性的一些操作特性。属性值的类型可以是 QVariant 支持的任何类型，也可以是自定义类型。

宏 Q_PROPERTY 定义属性的一些主要关键字的含义如下。

- READ：指定一个读取属性值的函数，没有 MEMBER 关键字时必须设置 READ。

- WRITE：指定一个设置属性值的函数，只读属性没有WRITE配置。
- MEMBER：指定一个成员变量与属性关联，使之成为可读可写的属性，指定后无须再设置READ和WRITE。
- RESET：是可选的，用于指定一个设置属性默认值的函数。
- NOTIFY：是可选的，用于设置一个信号，当属性值变化时发射此信号。
- DESIGNABLE：表示属性是否在Qt Designer的属性编辑器里可见，默认值为true。
- USER：表示这个属性是不是用户可编辑的属性，默认值为false。通常一个类只有一个USER设置为true的属性，例如QAbstractButton的checked属性。
- CONSTANT：表示属性值是一个常数，对于一个对象实例，READ指定的函数返回值是常数，但是每个实例的返回值可以不一样。具有CONSTANT关键字的属性不能有WRITE和NOTIFY关键字。
- FINAL：表示所定义的属性不能被子类重载。

例如，下面是QWidget类定义属性的一些例子。

```
Q_PROPERTY(bool focus READ hasFocus)
Q_PROPERTY(bool enabled READ isEnabled WRITE setEnabled)
Q_PROPERTY(QCursor cursor READ cursor WRITE setCursor RESET unsetCursor)
```

2. 属性的使用

在Qt类库中，很多基于QObject的类都定义了属性，特别是基于QWidget的界面组件类。Qt Designer的属性编辑器显示了一个界面组件的各种属性，我们可以在进行UI可视化设计时修改组件的属性值。可读可写的属性通常有一个用于读取属性值的函数，函数名一般与属性名相同；还有一个用于设置属性值的函数，函数名一般是在属性名前面加“set”。例如QLabel有一个text属性，这个属性对应的读取和设置属性值的函数定义如下：

```
QString  QLabel::text()                                    //读取属性值的函数
void  QLabel::setText(const QString &)                     //设置属性值的函数
```

在编程时，我们一般是使用属性的读取和设置函数来访问属性值。

QObject类提供了两个函数直接通过属性名字符串来访问属性，其中QObject::property()函数读取属性值，QObject::setProperty()函数设置属性值。例如下面一段代码：

```
bool  isFlat= ui->btnProperty->property("flat").toBool(); //通过属性名读取属性值
ui->btnProperty->setProperty("flat", !isFlat);             //通过属性名设置属性值
```

其中，ui->btnProperty表示窗口上的一个QPushButton按钮。注意，QObject::property()函数的返回值是QVariant类型，需要转换为具体的类型。

QMetaObject类的一些函数可以提供元对象所描述类的属性元数据，这些函数如表3-6所示。属性元数据用QMetaProperty类描述，它有各种函数可反映属性的一些特性，例如下面的一段代码：

```
const QMetaObject *meta= ui->spinBoy->metaObject();        //获取一个SpinBox的元对象
int index= meta->indexOfProperty("value");                 //获取属性value的序号
QMetaProperty prop= meta->property(index);                 //获取属性value的元数据
bool res= prop.isWritable();                               //属性是否可写，值为true
res= prop.isDesignable();                                  //属性是否可设计，值为true
res= prop.hasNotifySignal();                  //属性是否有反映属性值变化的信号，值为true
```

其中，ui->spinBoy表示窗口上的一个QSpinBox组件。当一个SpinBox的value属性值发生变化

时，它会发射 valueChanged()信号，所以函数 hasNotifySignal()的返回值为 true。QMetaProperty 类还有很多其他函数，具体内容可以查看 Qt 帮助文档，这里就不详细列出来了。

3. 动态属性

函数 QObject::setProperty()设置属性值时，如果属性名称不存在，就会为对象定义一个新的属性并设置属性值，这时定义的属性称为动态属性。动态属性是针对类的实例定义的，所以只能使用函数 QObject::property()读取动态属性的属性值。

可以根据需要灵活使用动态属性。例如，一个窗口上有多个组件与数据库表的字段关联，这些组件用于输入数据，如果某些字段是必填字段，我们就可以在初始化界面时为这些字段的关联显示组件定义一个新的 required 属性，并设置值为 true，如：

```
editName->setProperty("required", "true");
comboSex->setProperty("required", "true");
checkAgree->setProperty("required", "true");
```

然后，我们就可以使用样式表，将 required 属性值为 true 的组件的背景色设置为亮绿色。第 18 章会详细介绍 Qt 样式表。

```
*[required="true"] {background-color: lime}
```

4. 附加的类信息

元对象系统还支持使用宏 Q_CLASSINFO()在类中定义一些类信息，类信息有名称和值，值只能用字符串表示，例如：

```
class QMyClass : public QObject
{
      Q_OBJECT
      Q_CLASSINFO("author", "Wang")
      Q_CLASSINFO("company", "UPC")
      Q_CLASSINFO("version ", "3.0.1")
  public:
      ...
};
```

使用 QMetaObject 的一些函数可以获取类信息元数据（见表 3-6）。一条类信息用 QMetaClassInfo 类描述，这个类只有两个函数，函数原型定义如下：

```
char *QMetaClassInfo::name()          //返回类信息的名称
char *QMetaClassInfo::value()         //返回类信息的值
```

3.3.4 信号与槽

第 2 章已经初步介绍了信号与槽的使用方法。信号与槽是 Qt 的核心特性，也是它区别于其他 C++开发框架的重要特性。信号与槽是对象间通信所采用的机制，也是由 Qt 的元对象系统支持而实现的。

Qt 使用信号与槽机制实现对象间通信，它隐藏了复杂的底层实现。完成信号与槽的关联后，发射信号的对象并不需要知道 Qt 是如何找到槽函数的。信号与槽的基本特点和使用方法在 2.2 节已介绍，本节对信号与槽的特点和用法做一些补充。

1. connect()函数的不同参数形式

函数 connect()有一种成员函数形式，还有多种静态函数形式。一般使用静态函数形式。

静态函数 QObject::connect()有多种参数形式，其中一种参数形式的函数原型是：

```
QMetaObject::Connection  QObject::connect(const QObject *sender, const char *signal,
                         const QObject *receiver, const char *method,
                         Qt::ConnectionType type = Qt::AutoConnection)
```

使用这种参数形式的connect()函数进行信号与槽函数的连接时，一般用法如下：

```
connect(sender, SIGNAL(signal()), receiver, SLOT(slot()));
```

这里使用了宏SIGNAL()和SLOT()指定信号和槽函数，如果信号和槽函数带有参数，还需注明参数类型，如：

```
connect(spinNum, SIGNAL(valueChanged(int)), this, SLOT(updateStatus(int)));
```

另一种参数形式的静态函数QObject::connect()的原型是：

```
QMetaObject::Connection  QObject::connect(const QObject *sender, const QMetaMethod &signal,
                         const QObject *receiver, const QMetaMethod &method,
                         Qt::ConnectionType type = Qt::AutoConnection)
```

对于具有默认参数的信号，即信号名称是唯一的，不存在参数不同的其他同名的信号，可以使用这种函数指针形式进行关联，如：

```
connect(lineEdit, &QLineEdit::textChanged, this, &Widget::do_textChanged);
```

QLineEdit有一个信号textChanged(QString)，不存在参数不同的其他textChanged()信号，自定义窗口类Widget里有一个槽函数do_textChanged(QString)。这样就可以用上面的语句将此信号与槽关联起来，无须出现函数参数。当信号的参数比较多时，这种写法简单一些。

某些信号的参数具有默认值，例如QCheckBox的clicked()信号的定义如下：

```
void  QCheckBox::clicked(bool checked = false)
```

在QCheckBox组件的Go to slot对话框中会出现两个同名的信号：clicked()和clicked(bool)。

如果在一个窗口类Widget里设计了如下的两个自定义槽函数：

```
void do_checked(bool checked);
void do_checked_NoParam();
```

那么使用如下代码进行信号与槽的连接是没有问题的。

```
connect(ui->checkBox, &QCheckBox::clicked, this, &Widget::do_checked);
connect(ui->checkBox, &QCheckBox::clicked, this, &Widget::do_checked_NoParam);
```

第一行代码会自动使用checkBox的clicked(bool)信号与do_checked(bool)连接，第二行代码会自动使用checkBox的clicked()信号与do_checked_NoParam()连接。

如果在窗口类Widget里设计了如下的两个自定义槽函数：

```
void do_click(bool checked);
void do_click( );
```

那么使用如下的代码进行信号与槽的连接时，编译会出现错误。

```
connect(ui->checkBox, &QCheckBox::clicked, this,  &Widget::do_click);
```

这是因为QCheckBox的clicked()信号是overload型信号，do_click()是overload型槽函数，信号与槽函数无法匹配。这时需要使用模板函数qOverload()来明确参数类型，如果写成下面的语句在编译时就没有问题。

```
connect(ui->checkBox, &QCheckBox::clicked, this, qOverload<bool>(&Widget::do_click));
connect(ui->checkBox, &QCheckBox::clicked, this, qOverload<>(&Widget::do_click));
```

第一行语句是将信号 clicked(bool)与槽函数 do_click(bool)连接，第二行语句是将信号 clicked()与槽函数 do_click()连接。模板函数 qOverload()的作用是明确 overload 型函数的参数类型。

因此，对于 overload 型信号，只要槽函数不是 overload 型，就可以使用传递函数指针的 connect()来进行信号与槽的关联，Qt 会根据槽函数的参数自动确定使用哪个信号。我们在设计槽函数的时候一般也不会设计成 overload 型的。

UI 文件经过 MOC 编译转换为 C++头文件时，在 Action 编辑器里设置的信号与槽的连接会在函数 setupUi()中自动生成 connect()函数的语句。例如示例 samp2_2 中，文件 ui_dialog.h 中函数 setupUi()里为界面上的“确定”和“退出”两个按钮生成的 connect()的语句如下：

```
QObject::connect(btnOK, &QPushButton::clicked, Dialog, qOverload<>(&QDialog::accept));
QObject::connect(btnExit, &QPushButton::clicked, Dialog, qOverload<>(&QDialog::close));
```

这里 Qt 使用 qOverload()模板函数是为了保险。因为 QDialog::accept()和 QDialog::close()都不是 overload 型函数，所以不使用 qOverload()模板函数也是没有问题的。

不管是哪种参数形式的 connect()函数，最后都有一个参数 type，它是枚举类型 Qt::ConnectionType，默认值为 Qt::AutoConnection。枚举类型 Qt::ConnectionType 表示信号与槽的关联方式，有以下几种取值。

- Qt::AutoConnection（默认值）：如果信号的接收者与发射者在同一个线程中，就使用 Qt::DirectConnection 方式，否则使用 Qt::QueuedConnection 方式，在信号发射时自动确定关联方式。
- Qt::DirectConnection：信号被发射时槽函数立即运行，槽函数与信号在同一个线程中。
- Qt::QueuedConnection：在事件循环回到接收者线程后运行槽函数，槽函数与信号在不同的线程中。
- Qt::BlockingQueuedConnection：与 Qt::QueuedConnection 相似，区别是信号线程会阻塞，直到槽函数运行完毕。当信号与槽函数在同一个线程中时绝对不能使用这种方式，否则会造成死锁。

还有一个作为 QObject 成员函数的 connect()，其函数原型定义如下：

```
QMetaObject::Connection  QObject::connect(const QObject *sender, const char *signal,
                        const char *method, Qt::ConnectionType type = Qt::AutoConnection)
```

这个函数里没有表示接收者的参数，接收者就是对象自身。例如，使用静态函数 connect()设置连接的一条语句如下：

```
connect(spinNum, SIGNAL(valueChanged(int)), this, SLOT(updateStatus(int)));
```

this 表示窗口对象，updateStatus()是窗口类里定义的一个槽函数。如果使用成员函数 connect()，就可以写成如下的语句：

```
this->connect(spinNum, SIGNAL(valueChanged(int)), SLOT(updateStatus(int)));
```

2. disconnect()函数的使用

函数 disconnect()用于解除信号与槽的连接，它有 2 种成员函数形式和 4 种静态函数形式，具体的函数原型见 Qt 帮助文档。函数 disconnect()有以下几种使用方式，示意代码中 myObject 是发射信号的对象，myReceiver 是接收信号的对象。

（1）解除与一个发射者所有信号的连接，例如：

```
disconnect(myObject, nullptr, nullptr, nullptr);                  //静态函数形式
myObject->disconnect();                                           //成员函数形式
```

（2）解除与一个特定信号的所有连接，例如：

```
disconnect(myObject, SIGNAL(mySignal()), nullptr, nullptr);        //静态函数形式
myObject->disconnect(SIGNAL(mySignal()));                          //成员函数形式
```

（3）解除与一个特定接收者的所有连接，例如：

```
disconnect(myObject, nullptr, myReceiver, nullptr);                //静态函数形式
myObject->disconnect(myReceiver);                                  //成员函数形式
```

（4）解除特定的一个信号与槽的连接，例如：

```
disconnect(lineEdit, &QLineEdit::textChanged, label,  &QLabel::setText); //静态函数形式
```

3. 使用函数 sender()获取信号发射者

sender()是 QObject 类的一个 protected 函数，在一个槽函数里调用函数 sender()可以获取信号发射者的 QObject 对象指针。如果知道信号发射者的类型，我们就可以将 QObject 指针转换为确定类型对象的指针，然后使用这个确定类的接口函数。例如，界面上一个 QPushButton 按钮 btnProperty 的 clicked()信号的槽函数代码如下：

```
void Widget::on_btnProperty_clicked()
{
    QPushButton *btn= qobject_cast<QPushButton*>(sender());        //获取信号的发射者
    bool  isFlat= btn->property("flat").toBool();
    btn->setProperty("flat", !isFlat);
}
```

在上述代码中，sender()是信号发射者，也就是界面上的 QPushButton 按钮 btnProperty。程序先通过 qobject_cast()函数将 sender()函数值转换为 QPushButton 对象，然后获取其 flat 属性值，反转后再设置 flat 属性的值。常规编程时需要通过 ui->btnProperty 访问界面上的按钮 btnProperty，在这段代码里实现了访问按钮 btnProperty，但是没有出现其对象名称，这在某些场景下是非常有用的。

4. 自定义信号及其使用

在自己设计的类里也可以自定义信号，信号就是在类定义里声明的一个函数。例如，在下面的自定义类 TPerson 的 signals 部分定义一个信号 ageChanged()。

```
class TPerson : public QObject
{
    Q_OBJECT
private:
    int  m_age= 10;
public:
    void  incAge();
signals:
    void  ageChanged( int  value);
}
```

信号函数必须是无返回值的函数，但是可以有输入参数。信号函数无须实现，而只需在某些条件下被发射。例如，函数 incAge()中会发射信号 ageChanged()，其代码如下：

```
void TPerson::incAge()
{
    m_age++;
    emit ageChanged(m_age);                   //发射信号
}
```

当私有变量 m_age 的值变化时，程序用 Qt C++中的关键字 emit 发射信号 ageChanged()。至于

是否有与此信号关联的槽函数，信号发射者并不关注。如果在使用 TPerson 类对象的程序中为此信号关联了槽函数，那么在信号 ageChanged()被发射后，关联的槽函数就会运行。

3.3.5 对象树

使用 QObject 及其子类创建的对象（统称为 QObject 对象）是以对象树的形式来组织的。创建一个 QObject 对象时若设置一个父对象，它就会被添加到父对象的子对象列表里。一个父对象被删除时，其全部子对象就会被自动删除。

这种对象树的结构对于窗口上的对象管理特别有用。界面组件都有父对象，也就是组件的容器组件。对于不可见的 QObject 对象（如表示快捷方式的 QShortcut 对象）也可以设置窗口作为父对象。窗口是一个窗口对象树的最上层节点。当用户关闭并删除一个窗口时，窗口上的所有对象都会被自动删除。

QObject 类的构造函数里有一个参数 parent，用于设置对象的父对象。QObject 类有一些函数可以在运行时访问对象树中的对象，这些函数如表 3-5 所示。

（1）函数 children()。这个函数返回对象的子对象列表，其函数原型定义如下：

```
const QObjectList  &QObject::children()
```

函数的返回值是 QObjectList 类型，就是 QObject 类型指针列表，定义如下：

```
typedef QList<QObject*> QObjectList;
```

对于界面上的容器类组件，容器内的所有组件（包括内部的布局组件）都是其子对象。例如在图 2-10 中，界面上“颜色”分组框的对象名称是 groupBox_Color，这个分组框里有 3 个单选按钮，运行 groupBox_Color->children()返回的对象列表中却有 4 个对象，因为还有一个水平布局对象。

假设窗口上一个分组框 groupBox_Btns 里有 4 个水平布局的 QPushButton 按钮，可以通过下面的代码修改这些按钮的文字。

```
QObjectList objList=ui->groupBox_Btns->children();          //获取分组框的子对象列表
for(int i=0;i<objList.size(); i++)                          //列表中有 5 个元素
{
    const QMetaObject *meta= objList.at(i)->metaObject();//获取元对象
    QString className= QString(meta->className());          //子对象类名称
    if ( className == "QPushButton")                        //子对象类名称是 QPushButton
    {
        QPushButton *btn= qobject_cast<QPushButton*>(objList.at(i));
        QString str= btn->text();
        btn->setText(str+"*");
    }
}
```

注意，分组框 groupBox_Btns 里虽然有 4 个 QPushButton 按钮，但是 children()函数返回的列表 objList 中有 5 个元素，因为还有一个水平布局对象。所以在操作 QPushButton 按钮时，需要通过对象的元对象的 className()函数获取对象的类名称，判断对象类型后再操作。

（2）函数 findChild()。这个函数用于在对象的子对象中查找可以转换为类型 T 的子对象，其函数原型定义如下：

```
template <typename T> T  QObject::findChild(const QString &name = QString(),
                              Qt::FindChildOptions options = Qt::FindChildrenRecursively)
```

参数 name 是子对象的对象名称；参数 options 表示查找方式，默认值 Qt::FindChildrenRecursively

表示在子对象中递归查找，也就是会查找子对象的子对象，若设置为 Qt::FindDirectChildrenOnly 表示只查找直接子对象。

例如，我们要查找窗口上对象名称为 btnOK 的 QPushButton 按钮，代码如下：

```
QPushButton *btn = this->findChild<QPushButton *>("btnOK");
```

默认是递归查找，只要窗口上有按钮 btnOK，就可以找到这个对象。

（3）函数 findChildren()。这个函数用于在对象的子对象中查找可以转换为类型 T 的子对象，可以指定对象名称，还可以使用正则表达式（QRegularExpression）来匹配对象名称。如果不设置要查找的对象名称，就返回所有能转换为类型 T 的对象。两种参数形式的函数原型定义如下：

```
template <typename T>  QList<T> QObject::findChildren(const QString &name = QString(),
                            Qt::FindChildOptions options = Qt::FindChildrenRecursively)
template <typename T>  QList<T> QObject::findChildren(const QRegularExpression &re,
                             Qt::FindChildOptions options = Qt::FindChildrenRecursively)
```

例如，下面代码的功能可以替代前面介绍函数 children()时的示例代码的功能。

```
QList<QPushButton*> btnList= ui->groupBox_Btns->findChildren<QPushButton*>();
for(int i=0; i<btnList.size(); i++)
{
    QPushButton *btn= btnList.at(i);
    QString str= btn->text();
    btn->setText(str+"*");
}
```

btnList 是分组框 groupBox_Btns 中所有 QPushButton 对象的列表，不包含水平布局对象，所以在访问 btnList 中的对象时无须再做类型判断。

3.3.6　元对象系统功能测试示例

1. 创建自定义类 TPerson

本节设计一个示例项目 samp3_1，演示元对象系统的一些功能的使用方法。首先使用向导创建一个 GUI 项目，选择窗口基类为 QWidget。然后用向导创建一个自定义 C++类 TPerson。打开 New File or Project 对话框，选择 C/C++组的 C++ Class，会出现一个向导，如图 3-1 所示。

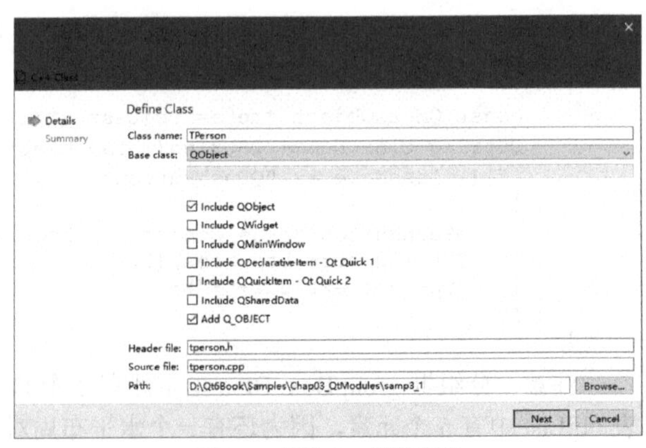

图 3-1　创建 C++类的向导

在图 3-1 所示的向导中，设置要创建的类名称为 TPerson，选择基类为 QObject，勾选 Include QObject 和 Add Q_OBJECT 复选框，因为要使用元对象系统，类的定义中需要插入宏 Q_OBJECT。结束向导设置后，Qt Creator 会创建文件 tperson.h 和 tperson.cpp，且会自动创建 TPerson 类的基本框架。

提示　本书中自定义的类都以“T”作为前缀，例如 TPerson，以便和 Qt 框架里的类区分开。但是使用向导创建 GUI 项目时，窗口的类名称使用自动设置的类名称，例如基于 QWidget 的窗口类是 Widget。

文件tperson.h中TPerson类的完整定义代码如下：

```
class TPerson : public QObject
{
    Q_OBJECT
    Q_CLASSINFO("author","Wang")                                          //定义附加的类信息
    Q_CLASSINFO("company","UPC")
    Q_CLASSINFO("version","2.0.0")
    Q_PROPERTY(int age READ age WRITE setAge NOTIFY ageChanged)          //定义属性age
    Q_PROPERTY(QString name MEMBER m_name)                               //定义属性name
    Q_PROPERTY(int score MEMBER m_score)                                 //定义属性score
private:
    int  m_age =10;
    int  m_score =79;
    QString  m_name;
public:
    explicit TPerson(QString aName, QObject *parent = nullptr);
    ~TPerson();                                                          //析构函数
    int     age();
    void    setAge(int value);
    void    incAge();
signals:
    void    ageChanged( int  value);                                     //自定义信号
public slots:
};
```

TPerson是QObject的子类，在类定义的开头需要插入宏Q_OBJECT，这样TPerson就获得了元对象系统支持，能使用信号与槽、属性等功能。

TPerson使用宏Q_CLASSINFO定义了3种附加类信息，使用宏Q_PROPERTY定义了3个属性，还定义了1个信号ageChanged()，在age属性的值变化时会发射信号ageChanged()。下面是TPerson类的实现代码：

```
TPerson::TPerson(QString aName,QObject *parent) : QObject(parent)
{//构造函数
    m_name= aName;
}
TPerson::~TPerson()
{//析构函数里显示信息，可以看到对象是否被删除
    qDebug("TPerson对象被删除了");
}
int TPerson::age()
{//返回age属性的值
    return  m_age;
}
void TPerson::setAge(int value)
{//设置age属性的值
    if ( m_age != value)
    {
        m_age= value;
        emit ageChanged(m_age);    //发射信号
    }
}
void TPerson::incAge()
{
    m_age++;
    emit ageChanged(m_age);    //发射信号
}
```

函数 setAge()用于设置 age 属性的值，属性值变化时发射信号 ageChanged()。函数 incAge()是一个单独的接口函数，与属性无关，修改变量 m_age 的值时也会发射信号 ageChanged()。

TPerson 的析构函数里用 qDebug()输出一条信息，这样可以看到 TPerson 对象是否被删除，以及是什么时候被删除的。

2. *元对象系统特性的使用*

示例 samp3_1 运行时界面如图 3-2 所示，窗口的 UI 设计见项目源文件 widget.ui，这里不再赘述。

我们在窗口类 Widget 中增加了一些定义。Widget 类的定义代码如下，这里省略了 Go to slot 对话框生成的槽函数的定义。

图 3-2 示例 samp3_1 运行时界面

```
class Widget : public QWidget
{
    Q_OBJECT
private:
    TPerson  *boy;
    TPerson  *girl;
public:
    Widget(QWidget *parent = nullptr);
    ~Widget();
private slots:
    void   do_ageChanged(int  value);
    void   do_spinChanged(int arg1);
private:
    Ui::Widget *ui;
};
```

Widget 类定义了两个 TPerson 指针变量，并且定义了两个自定义槽函数。Widget 类的构造函数和析构函数代码如下：

```
Widget::Widget(QWidget *parent) :QWidget(parent), ui(new Ui::Widget)
{
    ui->setupUi(this);
    boy= new TPerson("王小明", this);
    boy->setProperty("score",95);                              //设置属性值
    boy->setProperty("age",10);
    boy->setProperty("sex","Boy");                             //sex 是动态属性
    connect(boy,SIGNAL(ageChanged(int)),this,SLOT(do_ageChanged(int)));

    girl= new TPerson("张小丽", this);
    girl->setProperty("score",81);                             //设置属性值
    girl->setProperty("age",20);
    girl->setProperty("sex","Girl");                           //sex 是动态属性
    connect(girl,&TPerson::ageChanged,this,&Widget::do_ageChanged);

    ui->spinBoy->setProperty("isBoy",true);                    //isBoy 是动态属性
    ui->spinGirl->setProperty("isBoy",false);                  //isBoy 是动态属性
    connect(ui->spinGirl,SIGNAL(valueChanged(int)), this,SLOT(do_spinChanged(int)));
    connect(ui->spinBoy, &QSpinBox::valueChanged,  this,&Widget::do_spinChanged);
}

Widget::~Widget()
{//析构函数
    delete ui;
}
```

注意，在创建对象 boy 和 girl 时使用了 this 作为它们的父对象，即

```
boy = new TPerson("王小明", this);
girl= new TPerson("张小丽", this);
```

this 就是窗口对象，这样 boy 和 girl 就被加入了窗口的对象树，虽然这两个对象不是可见的界面组件。在 Widget 类的析构函数里并没有用 delete 显式地删除 boy 和 girl，但是在关闭窗口时，在 Qt Creator 下方的 Application Output 窗口里可看到两行"TPerson 对象被删除了"，这是 TPerson 的析构函数里用 qDebug()输出的信息，说明 boy 和 girl 被自动删除了。

如果在创建对象 boy 和 girl 时不传递 this 作为它们的父对象，关闭窗口时就看不到这两条信息，也就是 boy 和 girl 没有被自动删除。这种情况下，需要在 Widget 类的析构函数里用 delete 显式地删除 boy 和 girl。所以，在编程时要注意为 QObject 对象设置父对象，以便它们能被自动删除，否则可能出现未被删除的对象，从而造成内存泄漏。

提示 对于未加入 QObject 对象树的对象，为避免对象未被删除而出现内存泄漏，可以使用智能指针定义对象指针，例如可以使用 QScopedPointer 定义对象指针。

创建 TPerson 类型对象 boy 和 girl 后，使用函数 setProperty()设置了 score 和 age 属性的值，这两个属性是在 TPerson 类里定义的。程序中还设置了 sex 属性的值。

```
boy->setProperty("sex","Boy");
girl->setProperty("sex","Girl");
```

属性 sex 在 TPerson 类里没有被定义过，所以这个属性是动态属性。

创建对象 boy 和 girl 后，将它们的 ageChanged()信号与槽函数 do_ageChanged()关联。程序中使用了两种参数形式的 connect()函数，因为 TPerson 只有一个 ageChanged()信号，具有默认的函数参数，所以使用两种方式都是可以的。

为界面上的组件 spinBoy 和 spinGirl 各设置一个动态属性 isBoy，分别赋值为 true 和 false。

```
ui->spinBoy->setProperty("isBoy",true);                  //isBoy 是动态属性
ui->spinGirl->setProperty("isBoy",false);                //isBoy 是动态属性
```

使用函数 connect()将这两个 SpinBox 的 valueChanged()信号与槽函数 do_spinChanged()相关联，这里也使用了两种参数形式的 connect()函数。

自定义槽函数 do_ageChanged()与 TPerson 对象 boy 和 girl 的 ageChanged()信号关联，其代码如下：

```
void Widget::do_ageChanged( int value)
{
    Q_UNUSED(value);
    TPerson *person = qobject_cast<TPerson *>(sender());    //获取信号发射者
    QString hisName= person->property("name").toString();   //姓名
    QString hisSex= person->property("sex").toString();     //动态属性 sex 的值
    int hisAge= person->age();                              //通过接口函数获取年龄数据
//      int hisAge= person->property("age").toInt();        //通过属性获取年龄数据
    QString str= QString("%1, %2, 年龄=%3").arg(hisName).arg(hisSex).arg(hisAge);
    ui->textEdit->appendPlainText(str);
}
```

这里使用了函数 QObject::sender()获取信号发射者。因为信号发射者是 TPerson 类对象 boy 或 girl，所以用函数 qobject_cast()将信号发射者转换为具体的 TPerson 类型：

```
TPerson *person = qobject_cast<TPerson *>(sender());
```

这样得到信号发射者 TPerson 类型的对象指针 person，它指向 boy 或 girl。

使用 TPerson 对象指针 person，程序里通过函数 property()获取 name 属性的值，也可以获取动态属性 sex 的值。因为在 TPerson 类中，name 属性只用 MEMBER 关键字定义了一个私有变量来存储这个属性的值，所以只能用函数 property()读取此属性的值，也只能用函数 setProperty()设置此属性的值。

获取年龄数据时直接用了接口函数：

```
int hisAge= person->age();
```

当然也可以使用函数 property()获取年龄数据：

```
int hisAge= person->property("age").toInt();
```

定义 age 属性时用 READ 和 WRITE 指定了公共的接口函数，所以既可以通过 property()和 setProperty()函数分别进行属性的读写，也可以通过接口函数进行读写。直接使用接口函数时执行速度更快。

界面上两个 SpinBox 用于设置 boy 和 girl 的年龄，它们的 valueChanged(int)信号与自定义槽函数 do_spinChanged(int)关联，该槽函数代码如下：

```
void Widget::do_spinChanged(int arg1)
{
    QSpinBox *spinBox = qobject_cast<QSpinBox *>(sender());      //获取信号发射者
    if (spinBox->property("isBoy").toBool())          //根据动态属性判断是哪个 SpinBox
        boy->setAge(arg1);
    else
        girl->setAge(arg1);
}
```

这里也使用了函数 sender()获取信号发射者，并且将其转换为 QSpinBox 类型对象 spinBox。然后根据 spinBox 的动态属性 isBoy 的值判断是哪个 SpinBox，以确定调用 boy 或 girl 的 setAge()函数。这种编写代码的方式一般用于为多个同类型组件的同一信号编写一个槽函数，在槽函数里根据信号来源分别处理，这样可以避免为每个组件分别编写槽函数而形成代码冗余。

界面上“元对象信息”按钮的槽函数代码如下：

```
void Widget::on_btnClassInfo_clicked()
{//“元对象信息”按钮
    QObject *obj= boy;
//    QObject *obj= girl;
//    QObject *obj= ui->spinBoy;
    const QMetaObject *meta= obj->metaObject();
    ui->textEdit->clear();
    ui->textEdit->appendPlainText(QString("类名称：%1\n").arg(meta->className()));
    ui->textEdit->appendPlainText("property");
    for (int i= meta->propertyOffset(); i<meta->propertyCount(); i++)
    {
        const char* propName= meta->property(i).name();
        QString propValue= obj->property(propName).toString();
        QString str= QString("属性名称=%1，属性值=%2").arg(propName).arg(propValue);
        ui->textEdit->appendPlainText(str);
    }
//获取类信息
    ui->textEdit->appendPlainText("");
    ui->textEdit->appendPlainText("classInfo");
```

```
    for (int i= meta->classInfoOffset(); i<meta->classInfoCount(); ++i)
    {
        QMetaClassInfo classInfo= meta->classInfo(i);
        ui->textEdit->appendPlainText(
            QString("Name=%1; Value=%2").arg(classInfo.name()).arg(classInfo.value()));
    }
}
```

代码里定义了一个 QObject 对象指针 obj 指向 TPerson 对象 boy，然后获取其元对象 meta。可以修改本函数的第一行代码，使 obj 指向不同的 QObject 对象，例如 girl 或 ui->spinBoy。

QMetaObject 类可以获取元对象所描述类的属性定义。注意，QMetaObject::propertyCount()返回元对象描述的类中定义的属性个数，但是其中不包括对象的动态属性，所以在图 3-2 所示的界面中，文本框内并没有显示对象 boy 的动态属性 sex 的值。

在 TPerson 类中用宏 Q_CLASSINFO 定义的类信息可以通过元对象访问，一条类信息用一个 QMetaClassInfo 类对象表示，它只有 name()和 value()两个接口函数。

3.4 容器类

Qt 提供了多个基于模板的容器类，这些容器类可用于存储指定类型的数据项。例如常用的字符串列表类 QStringList 可用来操作一个 QList<QString>列表。

Qt 的容器类比标准模板库（standard template library，STL）中的容器类更轻巧、使用更安全且更易于使用。这些容器类是隐式共享和可重入的，而且它们进行了速度和存储上的优化，因而可以减小可执行文件大小。此外，它们是线程安全的，即它们作为只读容器时可被多个线程访问。

容器类是基于模板的类，例如常用的容器类 QList<T>，T 是一种具体的类型，可以是 int、float 等简单类型，也可以是 QString、QDate 等类。T 必须是一种可赋值的类型，即 T 必须提供一个默认的构造函数、一个可复制构造函数和一个赋值运算符。

Qt 的容器类分为顺序容器（sequential container）类和关联容器（associative container）类。

容器迭代器（iterator）用于遍历容器内的数据项，有 STL 类型的迭代器和 Java 类型的迭代器。STL 类型的迭代器效率更高，Java 类型的迭代器是为了向后兼容。Qt 还提供了一个宏 foreach 用于遍历容器内的所有数据项。

3.4.1 顺序容器类

Qt 6 的顺序容器类有 QList、QVector、QStack 和 QQueue。Qt 6 中对 QList 和 QVector 的改动较大，Qt 6 中的 QVector 是 QList 的别名，即 QVector 就是 QList。另外，QList 的底层实现采用了 Qt 5 中 QVector 的机制。

1. QList 类

QList 是 Qt 中较常用的容器类，它用连续的存储空间存储一个列表的数据，可以通过序号访问列表的数据。在列表的始端或中间插入数据会比较慢，因为这需要移动大量的数据以腾出存储位置，在列表的末端添加数据会很快。

使用 QList<T>定义一个元素类型为 T 的列表，定义列表时还可以初始化列表数据或列表大小。

```
QList<float> list;                      //定义一个 float 类型的数据列表
QList<int> list= {1,2,3,4,5};           //初始化列表数据
```

```
QList<int> list(100);                        //初始化列表元素个数为100，所有元素的默认值为0
QList<QString> strList(10, "pass");          //初始化字符串列表有10个元素，每个元素初始化为"pass"
```

向列表末端添加数据操作比较快，可以使用流操作符“<<”或函数 append()向列表添加数据。QList 提供索引方式访问列表数据，如同访问数组一样，也可以使用函数 at()来访问，例如：

```
QList<QString> list;
list<<"Monday"<<"Tuesday"<<"Wednesday"<<"Thursday";
list.append("Friday");
QString str1= list[0];                   // str1="Monday"
QString str2= list.at(1);                // str2="Tuesday"
```

QList 用于数据操作的常用函数如下，函数的详细参数见 Qt 帮助文档。

- append()：在列表末端添加数据。
- prepend()：在列表始端加入数据。
- insert()：在某个位置插入数据。
- replace()：替换某个位置的数据。
- at()：返回某个索引对应的元素数据。
- clear()：清除列表的所有元素，元素个数变为 0。
- size()：返回列表的元素个数，即列表长度。
- count()：统计某个数据在列表中出现的次数，不带任何参数的 count()等效于 size()。
- resize()：重新设置列表的元素个数。
- reserve()：给列表预先分配内存，但是不改变列表长度。
- isEmpty()：如果列表元素个数为 0，该函数返回 true，否则返回 false。
- remove()、removeAt()、removeAll()、removeFirst()、removeLast()：从列表中移除数据。
- takeAt()、takeFirst()、takeLast()：从列表中移除数据，并返回被移除的数据。

QList 是 Qt 中常用的容器类，很多函数的输入参数或返回值是 QList 列表，例如前面介绍的 QObject::findChildren()函数，其返回值就是对象类型指针的列表。还有一些情况下是将某种 QList 列表用 typedef 定义为一种等效类型，例如前面介绍的 QObject::children()函数，它的返回值类型是 QObjectList，而 QObjectList 的定义是：

```
typedef QList<QObject*> QObjectList;
```

所以，QObjectList 就是 QObject 类型指针的 QList 列表。

2. QStack 类

QStack 是 QList 的子类。QStack<T>是提供类似于栈的后进先出（LIFO）操作的容器，push()和 pop()是其主要的接口函数。例如：

```
QStack<int> stack;
stack.push(10);
stack.push(20);
stack.push(30);
while (!stack.isEmpty())
     cout << stack.pop() << Qt::endl;
```

上述程序运行后会依次输出 30、20、10。

3. QQueue 类

QQueue 是 QList 的子类。QQueue<T>是提供类似于队列的先进先出（FIFO）操作的容器，enqueue()和 dequeue()是其主要操作函数。例如：

```
QQueue<int> queue;
queue.enqueue(10);
queue.enqueue(20);
queue.enqueue(30);
while (!queue.isEmpty())
    cout << queue.dequeue() << Qt::endl;
```

上述程序运行后会依次输出 10、20、30。

3.4.2 关联容器类

Qt 还提供关联容器类 QSet、QMap、QMultiMap、QHash、QMultiHash。QMultiMap 和 QMultiHash 支持一个键关联多个值，QHash 类和 QMultiHash 类使用哈希（hash）函数进行查找，查找速度更快。

1. QSet 类

QSet 是基于哈希表的集合模板类，它存储数据的顺序是不确定的，查找值的速度非常快。QSet<T>内部就是用 QHash 类实现的。定义 QSet<T>容器和输入数据的示例代码如下：

```
QSet<QString> set;
set << "dog" << "cat" << "tiger";
```

测试一个值是否包含于某个集合，可以用 contains()函数，例如：

```
if (!set.contains("cat"))
    ...
```

2. QMap 类

QMap<Key, T>定义字典（关联数组），一个键映射到一个值。QMap 是按照键的顺序存储数据的，如果不在意存储顺序，使用 QHash 会更快。

定义 QMap<QString, int>类型字典变量和赋值的示例代码如下：

```
QMap<QString, int> map;
map["one"] = 1;
map["two"] = 2;
map["three"] = 3;
```

也可以使用函数 insert()赋值，或使用 remove()移除键值对，例如：

```
map.insert("four", 4);
map.remove("two");
```

要查找某个值，可以使用运算符“[ ]”或函数 value()，例如：

```
int num1 = map["one"];
int num2 = map.value("two");
```

如果在映射表中没有找到指定的键，会返回一个默认的构造值。例如，如果值的类型是字符串，会返回一个空的字符串。

在使用函数 value()查找值时，还可以指定一个默认的返回值，例如：

```
timeout = map.value ("TIMEOUT",30) ;
```

这表示如果在 map 里找到键“TIMEOUT”，就返回关联的值，否则返回值 30。

3. QMultiMap 类

QMultiMap<Key, T>定义一个多值映射表，即一个键可以对应多个值。QMultiMap 的使用示例如下：

```
QMultiMap<QString, int> map1, map2, map3;
map1.insert("plenty", 100);
map1.insert("plenty", 2000);                          // map1.size() == 2
map2.insert("plenty", 5000);                          // map2.size() == 1
map3 = map1 + map2;                                   // map3.size() == 3
```

QMultiMap 不提供“[ ]”运算符，可以使用函数 value()访问最新插入的键的单个值。如果要获取一个键对应的所有值，可以使用函数 values()，返回值是 QList<T>类型。

```
QList<int> values = map.values("plenty");
for (int i = 0; i < values.size(); ++i)
    cout << values.at(i) << Qt::endl;
```

4. QHash 类

QHash 是基于哈希表的实现字典功能的模板类，查找 QHash<Key, T>存储的键值对的速度非常快。QHash 与 QMap 的功能和用法相似，区别如下。

- QHash 比 QMap 的查找速度快。
- 在 QMap 上遍历时，数据项是按照键排序的，而 QHash 的数据项是任意顺序的。
- QMap 的键必须提供“<”运算符，QHash 的键必须提供“==”运算符和一个名为 qHash()的全局哈希函数。

3.4.3 遍历容器的数据

迭代器为遍历访问容器里的数据项提供了统一的方法，Qt 提供两类迭代器：STL 类型的迭代器和 Java 类型的迭代器。STL 类型的迭代器效率更高，Java 类型的迭代器是为了向后兼容。Qt 6 的程序设计推荐使用 STL 类型的迭代器，所以我们只介绍 STL 类型的迭代器。

1. STL 类型的迭代器概述

每一个容器类有两个 STL 类型的迭代器（见表 3-7）：一个用于只读访问，另一个用于读写访问。无须修改数据时要尽量使用只读迭代器，因为其速度更快。

表 3-7 STL 类型的迭代器

容器类	只读迭代器	读写迭代器
QList<T>、QStack<T>、QQueue<T>	QList<T>::const_iterator	QList<T>::iterator
QSet<T>	QSet<T>::const_iterator	QSet<T>::iterator
QMap<Key, T>、QMultiMap<Key, T>	QMap<Key, T>::const_iterator	QMap<Key, T>::iterator
QHash<Key, T>、QMultiHash<Key, T>	QHash<Key, T>::const_iterator	QHash<Key, T>::iterator

注意，定义只读迭代器和读写迭代器时的区别是使用了不同的关键字，const_iterator 定义只读迭代器，iterator 定义读写迭代器。此外，还可以使用 const_reverse_iterator 和 reverse_iterator 定义相应的反向迭代器。

STL 类型的迭代器是数组的指针，所以，“++”运算符表示迭代器指向下一个数据项，“*”运算符返回数据项内容。STL 类型的迭代器直接指向数据项，STL 类型的迭代器指向位置示意如图 3-3 所示。

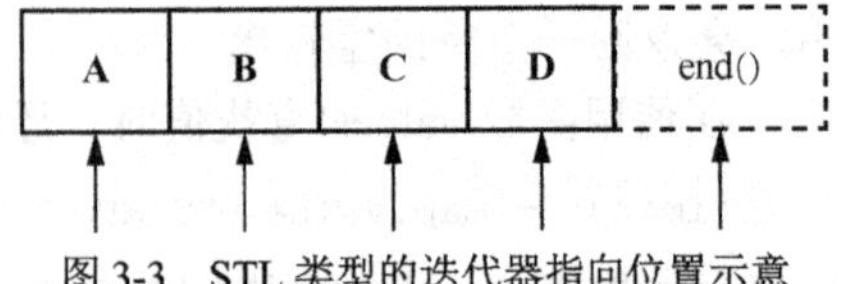

图 3-3 STL 类型的迭代器指向位置示意

函数 begin()使迭代器指向容器的第一个数据项，函数 end()使迭代器指向一个虚拟的表示末尾位置的数据项，end()表示的数据项是无效的，一般用作循环结束条件。

下面以 QList 和 QMap 为例说明 STL 类型的迭代器的用法，其他容器类的迭代器的用法与之类似。

2. 顺序容器类的迭代器用法

下面的代码会将 QList<QString> list 里的数据项逐项输出。

```
QList<QString> list;
list << "A" << "B" << "C" << "D";
QList<QString>::const_iterator i;
for (i = list.constBegin(); i != list.constEnd(); ++i)
    qDebug() << *i;
```

函数 constBegin()和 constEnd()是用于只读迭代器的，表示起始位置和结束位置。

若使用反向读写迭代器，并将上面示例代码中 list 的数据项都改为小写，代码如下：

```
QList<QString>::reverse_iterator i;
for (i = list.rbegin(); i != list.rend(); ++i)
    *i = i->toLower();
```

函数 rbegin()和 rend()用于反向迭代器，表示反向的起始位置和结束位置。迭代器变量 i 就是一个指针，指向列表中的元素，例如这段代码里 i 就是 QString 类型指针，所以可以使用 QString 的接口函数 toLower()。

3. 关联容器类的迭代器用法

对于关联容器类 QMap 和 QHash，迭代器的“*”操作符表示返回数据项的值。如果想返回键，需要使用函数key()。对应地，可用函数 value()返回一个项的值。例如，下面的代码会将QMap<int, int> map 中所有项的键和值输出。

```
QMap<int, int> map;
 ...
QMap<int, int>::const_iterator i;
for (i = map.constBegin(); i != map.constEnd(); ++i)
    qDebug() << i.key() << ':' << i.value();
```

Qt 中很多函数的返回值为 QList 或 QStringList 类型，要遍历这些返回的容器类，必须先复制。由于 Qt 使用了隐式共享，这样的复制并不会产生太大开销。例如下面的代码是正确的。

```
const QList<int> sizes = splitter->sizes();
QList<int>::const_iterator i;
for (i = sizes.begin(); i != sizes.end(); ++i)
    ...
```

隐式共享（implicit sharing）是对象的管理方法。一个对象被隐式共享，意味着只传递该对象的一个指针给使用者，而不实际复制对象数据，只有在使用者修改数据时，才会实际复制共享对象给使用者。例如在上面的代码中，splitter->sizes()返回的是一个 QList<int>列表对象 sizes，但是实际上并不将 splitter->sizes()表示的列表的内容完全复制给变量 sizes，而只是传递给它一个指针。只有当 sizes 发生数据修改时，才会将共享对象的数据复制给 sizes，这样避免了不必要的复制，可减少资源占用。

对于 STL 类型的迭代器，隐式共享还涉及另外一个问题，即当有一个迭代器在操作一个容器变量时，不要去复制这个容器变量。

4. 使用 foreach 遍历容器数据

如果只是想遍历容器中所有的项，可以使用宏 foreach，这是<QtGlobal>头文件中定义的一个宏。foreach 的用法如下，其中变量 variable 的类型必须是容器 container 的元素类型。

```
foreach (variable, container)
```

使用 foreach 的代码比使用迭代器更简洁。例如，使用 foreach 遍历 QList<QString>的代码如下：

```
QList<QString> list;
...
QString str;
foreach (str, list)
    qDebug() << str;
```

用于迭代的变量也可以在 foreach 语句里定义，foreach 语句也可以使用花括号，可以使用 break 退出迭代，示例代码如下：

```
QList <QString> list;
...
foreach (const QString str, list)
{
    if (str.isEmpty())
        break;
    qDebug() << str;
}
```

对于 QMap 和 QHash，foreach 会自动访问键值对里的值，所以无须调用 values()函数。如果需要访问键则可以使用函数 keys()，示例代码如下：

```
QMap<QString, int> map;
...
foreach (const QString str, map.keys())
    qDebug() << str << ':' << map.value(str);
```

对于多值映射，可以使用两重 foreach 语句，示例代码如下：

```
QMultiMap<QString, int> map;
...
foreach (const QString str, map.uniqueKeys())
{
    foreach (int i, map.values(str))
        qDebug() << str << ':' << i;
}
```

注意，foreach 遍历容器时创建了容器的副本，所以不能修改原来容器中的数据项。

提示　foreach 是在 C++ 11 规范出现之前引入 Qt 的，而 C++ 11 中引入了基于范围的循环，所以从 Qt 5.7 开始，Qt 就建议不要使用 foreach。但是 foreach 简单、好用，本书的示例程序中还是会使用它。

3.5　其他常用的基础类

Qt 框架的 API 中经常用到 QVariant 和 QFlags，它们是很基础的类，理解它们的功能和操作方法对于理解和使用 Qt API 比较有用。本书后面的示例中偶尔会使用 QRandomGenerator 类产生随机数。本节简单介绍这几个类的基本功能和接口函数，便于读者理解后面的程序。

3.5.1　QVariant 类

QVariant 是 Qt 中的一种万能数据类型，它可以存储任何类型的数据。Qt 类库中很多函数的返回值是 QVariant 类型的，例如 QObject::property()函数，它的定义如下：

```
QVariant  QObject::property(const char *name)
```

函数 property()通过属性名称返回属性值，而各种属性的数据类型是不同的，所以用 QVariant 作为这个函数的返回值类型。

一个 QVariant 变量在任何时候只能存储一个值，可以使用它的 toT 函数将数据转换为具体类型的数据，这些 toT 函数如 toBool()、toDouble()、toFloat()、toString()、toInt()、toUInt()、toTime()、toStringList()等。还可以使用函数 value()返回某种类型的数据。

可以在定义 QVariant 变量时，通过其构造函数为其赋初值。QVariant 有很多参数形式的构造函数，基本覆盖 toT 函数涉及的类型，还可以使用函数 setValue()给 QVariant 变量赋值。示例代码如下：

```
QVariant  var(173);
QString str= var.toString();                                   //str="173"
int val= var.value<int>();                                     //val=173

QStringList strList;
strList<<"One"<<"Two"<<"Three";
var.setValue(strList);                                         //给 var 赋值一个字符串列表
QStringList value= var.toStringList();                         //转换为字符串列表
```

对于 Qt GUI 模块中的一些类型，QVariant 没有相应的 toT 函数，例如没有 toColor()、toFont()这样的函数，但是这些类型的值可以赋值给 QVariant 变量，之后通过 QVariant::value()函数来得到指定类型的值。例如：

```
QFont font= this->font();                                     //窗口的字体
QVariant  var= font;                                          //赋值给一个 QVariant 变量
QFont font2= var.value<QFont>();                              //转换为 QFont 类型
```

3.5.2 QFlags 类

QFlags<Enum>是一个模板类，其中 Enum 是枚举类型。QFlags 用于定义枚举值的或运算组合，在 Qt 中经常用到 QFlags 类。例如，QLabel 有一个 alignment 属性，其读写函数分别定义如下：

```
Qt::Alignment  alignment()
void  setAlignment(Qt::Alignment)
```

alignment 属性值是 Qt::Alignment 类型，Qt 帮助文档中显示的 Qt::Alignment 信息有如下表示：

```
enum  Qt::AlignmentFlag                                        //枚举类型
flags  Qt::Alignment                                           //标志类型
```

这表示 Qt::Alignment 是 QFlags<Qt::AlignmentFlag>类型，但是 Qt 中并没有定义实际的类型 Qt::Alignment，也就是不存在如下的定义：

```
typedef  QFlags<Qt::AlignmentFlag>  Qt::Alignment              //这样的定义实际不存在
```

Qt::AlignmentFlag 是枚举类型，其有一些枚举常量，详见 Qt 文档。

Qt::Alignment 是一个或多个 Qt::AlignmentFlag 类型枚举值的组合，是一种特性标志。所以，我们把 Qt::Alignment 称为枚举类型 Qt::AlignmentFlag 的标志类型。

给窗口上的 QLabel 组件 label 设置对齐方式，可以使用如下的代码：

```
ui->label->setAlignment(Qt::AlignLeft |Qt::AlignVCenter);
```

这实际上是创建了一个 Qt::Alignment 类型的临时变量，相当于如下的代码：

```
QFlags<Qt::AlignmentFlag> flags= Qt::AlignLeft | Qt::AlignVCenter;
ui->label->setAlignment(flags);
```

QFlags 类支持或、与、异或等位运算，所以也可以这样写代码：

```
QFlags<Qt::AlignmentFlag> flags= ui->label->alignment();      //获取 alignment 属性值
flags  = flags | Qt::AlignVCenter;                            //增加垂直对齐
ui->label->setAlignment(flags);                               //设置 alignment 属性值
```

这里主要是要区分帮助文档中 enum Qt::AlignmentFlag 和 flags Qt::Alignment 的意义，不要把 QLabel 的 setAlignment()函数的输入参数认为是枚举类型，它实际上是标志类型。

QFlags 类有一个函数 testFlag()可以测试某个枚举值是否包含在此标志变量中，例如：

```
QFlags<Qt::AlignmentFlag> flags= ui->label->alignment();      //获取 alignment 属性值
bool isLeft = flags.testFlag(Qt::AlignLeft);                  //是否包含 Qt::AlignLeft
```

3.5.3 QRandomGenerator 类

1. 随机数发生器和随机数种子

Qt 6 中已经舍弃了 Qt 5 中产生随机数的函数 qrand()和 qsrand()，取而代之的是 QRandomGenerator 类，它可以产生高质量的随机数。在创建 QRandomGenerator 对象（称为随机数发生器）时可以给构造函数提供一个数作为随机数种子。如果两个随机数种子相同，则产生的随机数序列是完全相同的；如果两个随机数种子不同，则产生的随机数序列是完全不同的。

QRandomGenerator 有多种参数形式的构造函数，其中的一种函数原型定义如下：

```
QRandomGenerator(quint32 seedValue = 1)
```

参数 seedValue 是随机数种子。如果创建两个随机数发生器时参数 seedValue 的值相同，则生成的随机数序列是完全相同的。所以，一般要确保随机数种子不同，也就是随机数种子要有随机性。

```
QRandomGenerator *rand1= new QRandomGenerator(QDateTime::currentMSecsSinceEpoch());
QRandomGenerator *rand2= new QRandomGenerator(QDateTime::currentSecsSinceEpoch());
for(int i=0; i<5;i++)
    qDebug("R1=%u, R2=%u",rand1->generate(), rand2->generate());
```

在上面这段代码中，创建 rand1 和 rand2 时使用了不同的随机数种子，QDateTime 的两个静态函数与当前时间有关，是变化的。所以，rand1 和 rand2 产生的随机数序列是完全不同的，每次运行代码时生成的随机数序列也是不同的。

QRandomGenerator 有一个静态函数 securelySeeded()可以创建一个随机数发生器，其函数原型如下：

```
QRandomGenerator  QRandomGenerator::securelySeeded()
```

这个函数使用静态函数 QRandomGenerator::system()表示的系统随机数发生器生成的随机数作为种子，创建一个随机数发生器。所以，用于创建这个随机数发生器的种子是随机的。如果只是短期内使用随机数发生器，且生成的随机数的数据量比较小，就不要使用函数 securelySeeded()单独生成随机数发生器，而可以使用静态函数 QRandomGenerator::global()表示的全局的随机数发生器。

2. 全局的随机数发生器

QRandomGenerator 有两个静态函数会返回随机数发生器，可以直接使用这两个函数返回的随机数发生器，无须给它们设置种子进行初始化。

```
QRandomGenerator  *QRandomGenerator::system()
QRandomGenerator  *QRandomGenerator::global()
```

静态函数 system()返回系统随机数发生器。这个发生器利用操作系统的一些特性产生随机数，在常用的操作系统上，使用这个发生器的随机数生成密码是安全的。这个发生器是线程安全的，可以在任何线程里使用。这个发生器可能会使用硬件的随机数发生器，所以不要用它生成大量的随机数，可以用它生成的随机数作为新建 QRandomGenerator 对象的种子。

静态函数 global()返回全局的随机数发生器，这个发生器是 Qt 自动用静态函数 securelySeeded()设置种子初始化的。程序中一般使用全局的随机数发生器即可，例如：

```
quint32  rand= QRandomGenerator::global()->generate();
```

3. QRandomGenerator 的接口函数

QRandomGenerator 生成随机数的几个基本函数定义如下：

```
quint32  QRandomGenerator::generate()                    //生成 32 位随机数
quint64  QRandomGenerator::generate64()                  //生成 64 位随机数
double   QRandomGenerator::generateDouble()              //生成[0,1)区间内的浮点数
```

注意，函数 generateDouble()生成的是区间[0,1)内的浮点数，包括 0，但不包括 1。

QRandomGenerator 还支持括号运算符，例如：

```
QRandomGenerator rand(QDateTime::currentSecsSinceEpoch());
for(int i=0; i<5;i++)
    qDebug("number =%u",rand());
```

程序中的 rand()等同于 rand.generate()。

QRandomGenerator 的 fillRange()函数可以生成一组随机数，可将其填充到列表或数组里，例如：

```
QList<quint32> list;
list.resize(10);      //设置列表长度
QRandomGenerator::global()->fillRange(list.data(), list.size());
//生成随机数并将其填充到列表里

quint32 array[10];
QRandomGenerator::global()->fillRange(array);        //生成随机数并将其填充到数组里
```

QRandomGenerator 的 bounded()函数可以生成指定范围内的随机数，它有很多种参数类型，例如：

```
double  bounded(double highest)                        //生成区间[0,highest)内的随机双精度浮点数
quint32  bounded(quint32 highest)                      //生成区间[0,highest)内的 quint32 随机数
quint32  bounded(quint32 lowest, quint32 highest)      //随机数区间为[lowest,highest)
int  bounded(int highest)                              //生成区间[0,highest)内的 int 随机数
int  bounded(int lowest, int highest)                  //生成区间[lowest,highest)内的 int 随机数
quint64  bounded(quint64 highest)                      //生成区间[0,highest)内的 quint64 随机数
qint64  bounded(qint64 lowest, qint64 highest)         //随机数区间为[lowest,highest)
```

使用函数 bounded()时要注意生成随机数的区间，例如 bounded(quint32 lowest, quint32 highest)生成的随机数区间为[lowest, highest)，它包含下界，但不包含上界。例如下面的代码会生成区间[60,100]内的随机数。

```
for(int i=0; i<10;i++)
{
    quint32 score = QRandomGenerator::global()->bounded(60,101);
    qDebug("score =%u",score);
}
```

第4章

常用界面组件的使用

GUI 程序的主要特点就是有窗口界面，界面上有各种组件可实现交互操作。Qt 为 GUI 程序设计提供了丰富的界面组件，这些界面组件统称为 widget 组件。本章介绍设计 GUI 应用程序时常用的各种界面组件的使用方法，这是设计 GUI 应用程序的基础。

4.1 界面组件概述

在 Qt 类库中，所有界面组件类的直接或间接父类都是 QWidget。QWidget 的父类是 QObject 和 QPaintDevice，所以 QWidget 是多重继承的类。QObject 支持元对象系统，其信号与槽机制为 GUI 编程中对象间通信提供了极大的便利。QPaintDevice 是能使用 QPainter 类在绘图设备上绘图的类。

所有从 QWidget 继承而来的界面组件被称为 widget 组件，它们是构成 GUI 应用程序的窗口界面的基本元素。界面组件可以从窗口系统接收鼠标事件、键盘事件和其他事件，然后在屏幕上绘制自己。

在使用 Qt Designer 进行 UI 可视化设计时，窗口左侧有一个组件面板，其中有 GUI 设计中常用的各种界面组件。本节先概要介绍这些组件的名称和功能，以及它们的类继承关系。然后介绍 QWidget 类作为界面组件和独立窗口时的主要属性和接口函数，以便读者了解界面组件和窗口的一些通用特性。

4.1.1 常用的界面组件

1. 按钮类组件

图 4-1 所示的是组件面板中 Buttons 分组的组件，这是一些按钮类组件。这些按钮类组件的类继承关系如图 4-2 所示。其中，QAbstractButton 是一个抽象类，它定义了按钮类的一些共有特性，但是不能用于创建实例对象。常用的 4 种按钮是普通按钮（QPushButton 类）、工具按钮（QToolButton 类）、单选按钮（QRadioButton 类）和复选框（QCheckBox 类）。

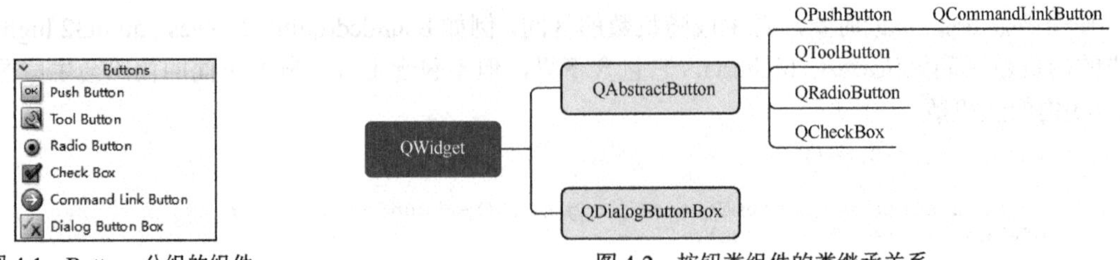

图 4-1　Buttons 分组的组件　　　　图 4-2　按钮类组件的类继承关系

QCommandLinkButton 的功能类似于 QRadioButton，用于多个互斥项的选择，例如在向导对话框中作为一组互斥选择按钮。

QDialogButtonBox 是一个复合组件类，可以设置为多个按钮的组合，例如包含 OK 和 Cancel 按钮，或 Yes、No 和 Cancel 按钮。这个组件可以放在对话框上，作为对话框的选择按钮。

2. 输入类组件

图 4-3 所示的是组件面板中 Input Widgets 分组的组件，这是用于在界面上获取输入的一些组件，例如获取输入的文字、数字、日期和时间等数据。这些组件当然也可以作为数据显示组件。

输入类组件对应的类及其功能如表 4-1 所示。输入类组件的类继承关系如图 4-4 所示。

表 4-1 输入类组件的功能

组件类名称	组件名称	功能
QComboBox	下拉列表框	也称为组合框，用于从下拉列表中选择一项，也可以直接输入文字
QFontComboBox	字体下拉列表框	自动从系统获取字体名称列表，用于选择字体
QLineEdit	编辑框	用于输入单行文字
QTextEdit	文本编辑器	QTextEdit 是一个“所见即所得”的文本编辑器，支持富文本格式，使用类似于 HTML 的标记，或 Markdown 格式。一般用于处理较大的富文本文档
QPlainTextEdit	纯文本编辑器	QPlainTextEdit 是一个纯文本编辑器，支持多段落纯文本文档。一个段落就是一个带格式的字符串，每个字符都可以有自己的属性，例如字体和颜色
QSpinBox	整数输入框	用于输入整数或离散型数据的输入框
QDoubleSpinBox	浮点数输入框	用于输入浮点数的输入框
QDateEdit	日期编辑框	用于编辑日期数据的编辑框
QTimeEdit	时间编辑框	用于编辑时间数据的编辑框
QDateTimeEdit	日期时间编辑框	用于编辑日期时间数据的编辑框
QDial	表盘	一种模仿表盘的输入组件，用于在设定的范围内输入和显示数值
QScrollBar	卷滚条	卷滚条通常用于实现在大的显示区域内滑动，以显示部分区域的内容。图 4-3 中的 Horizontal Scroll Bar 和 Vertical Scroll Bar 对应的类均是 QScrollBar
QSlider	滑动条	滑动条具有设定的数值范围，拖动滑块就可以设置输入的值。图 4-3 中的 Horizontal Slider 和 Vertical Slider 对应的类均是 QSlider
QKeySequenceEdit	按键序列编辑器	当这个编辑器获得输入焦点后，可记录用户设置的按键序列，一般用这个编辑器获取用户设置的快捷键序列

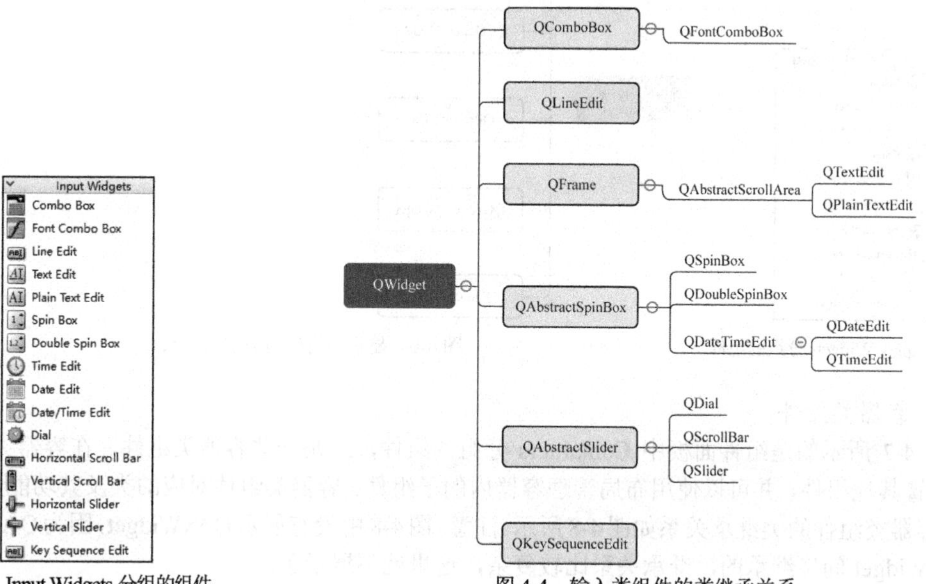

图 4-3 Input Widgets 分组的组件

图 4-4 输入类组件的类继承关系

3. 显示类组件

图4-5所示的是组件面板中Display Widgets分组的组件，这些组件用于显示字符串、数值、文本等内容。显示类组件一般只能显示内容，而不能编辑、输入内容。

显示类组件对应的类，及其功能如表4-2所示。显示类组件的类继承关系如图4-6所示。注意，图4-5中的Horizontal Line和Vertical Line对应的类均是QFrame，将QFrame类的frameShape属性设置为HLine或VLine，并设置frameShadow属性为Sunken，就具有了水平线条或垂直线条的效果，它们一般在界面上用作分隔线。

表4-2 显示类组件的功能

组件类名称	组件名称	功能
QLabel	标签	用于显示文字、图片等内容
QTextBrowser	文本浏览器	用于显示富文本格式的内容，具有只读属性，可以根据文本内的超链接进行跳转
QGraphicsView	图形视图组件	图形/视图架构中的视图组件，10.3节会详细介绍这个组件的用法
QCalendarWidget	日历组件	用于显示日历，并显示所设置的日期。可以在日历上选择一个日期，所以QCalendarWidget可以作为输入组件
QLCDNumber	LCD数值显示组件	模仿LCD显示效果的数值显示组件，可显示整数和浮点数
QProgressBar	进度条	用于表示某个操作的进度，进度一般用百分数表示，有水平和垂直两种方向
QOpenGLWidget	OpenGL显示组件	用于在Qt应用程序中显示OpenGL图形
QQuickWidget	QML显示组件	用于自动加载QML文件，并显示QML文件的场景

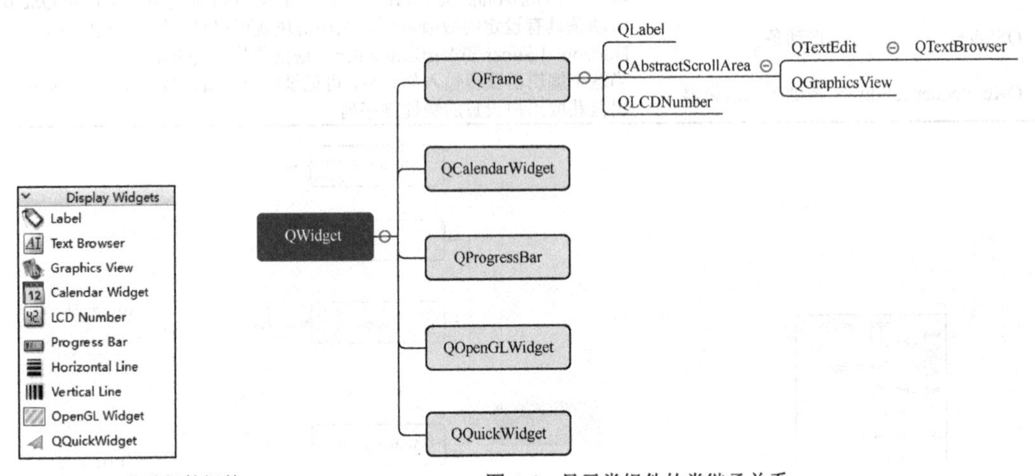

图4-5 Display Widgets分组的组件

图4-6 显示类组件的类继承关系

4. 容器类组件

图4-7所示的是组件面板中Containers分组的组件，这是一些容器类组件。在容器类组件上可以放置其他组件，并可以使用布局管理容器内的子组件。容器类组件对应的类及其功能如表4-3所示。容器类组件的类继承关系如图4-8所示。注意，图4-8中没有展示QAxWidget，因为QAxWidget是从QWidget间接继承的，继承关系比较复杂，这里就不展示了。

表 4-3 容器类组件的功能

组件类名称	组件名称	功能
QGroupBox	分组框	具有标题和边框的容器组件
QScrollArea	卷滚区域	具有水平和垂直卷滚条的容器组件，可以容纳大面积的显示内容，通过卷滚条可实现在显示范围内移动
QToolBox	工具箱	垂直方向的多页容器组件，每个页面有标签栏，每个页面就是一个 QWidget 组件，在其上可以放置任何界面组件
QTabWidget	带标签栏的多页组件	QTabWidget 有一个标签栏，每个页标签对应一个页面，每个页面就是一个 QWidget 组件，可以在页面上放置任何界面组件
QStackedWidget	堆叠多页组件	QStackedWidget 是类似于 QTabWidget 的多页组件，但是没有标签栏，只有两个按钮，用于在页面之间切换
QFrame	框架组件	QFrame 是所有具有边框的界面组件的父类，它定义了边框形状、边框阴影、边框线宽等属性。QFrame 可以直接作为容器组件
QWidget	界面组件	QWidget 可以作为容器组件，QWidget 组件没有父组件时就是独立的窗口
QMdiArea	MDI 工作区组件	QMdiArea 是 MDI 显示区域，在 MDI 应用程序中，QMdiArea 用于管理多文档窗口，7.4 节会详细介绍这个类的用法
QDockWidget	停靠组件	QDockWidget 是可以在 QMainWindow 窗口的上、下、左、右区域停靠的组件，也可以浮动在窗口上方
QAxWidget	ActiveX 显示组件	QAxWidget 用于显示 ActiveX 控件，只有 Windows 平台上才有这个组件

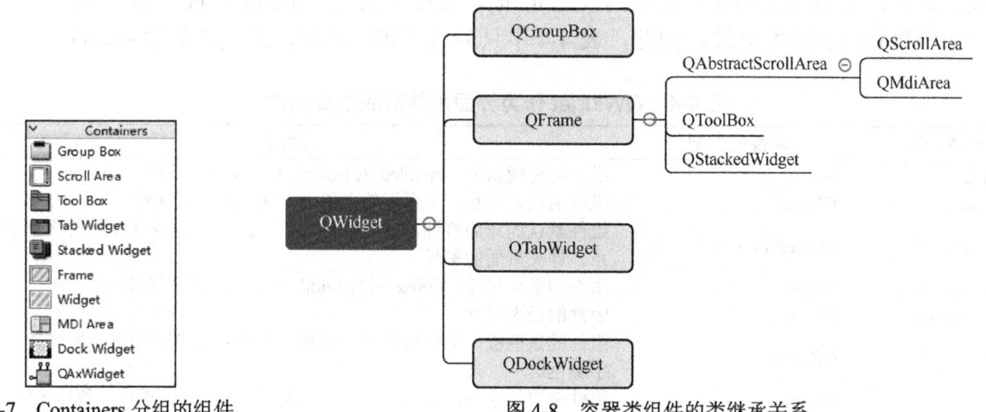

图 4-7 Containers 分组的组件　　图 4-8 容器类组件的类继承关系

5. Item 组件

图 4-9 所示的是组件面板中 Item Views 和 Item Widgets 分组的组件，这些组件对应的类的继承关系如图 4-10 所示，QAbstractItemView 的父类是 QAbstractScrollArea。Item Views 分组的组件用于模型/视图结构，每一种视图组件需要相应的一种模型用于存储数据，第 5 章会详细介绍这些组件的使用方法。Item Widgets 组件类是相应 Item Views 组件类的子类，它们直接使用项（item）存储数据，称为相应视图类的便利类（convenience class），例如，QListWidget 是 QListView 的便利类，QTreeWidget 是 QTreeView 的便利类。

6. 其他界面组件

还有一些界面组件并没有出现在 Qt Designer 的组件面板里，例如常用的菜单栏（QMenuBar 类）、菜单（QMenu 类）、工具栏（QToolBar 类）、状态栏（QStatusBar 类）等组件，对应的几个类都是直接从 QWidget 继承而来的，本章后面会详细介绍这些类的使用方法。

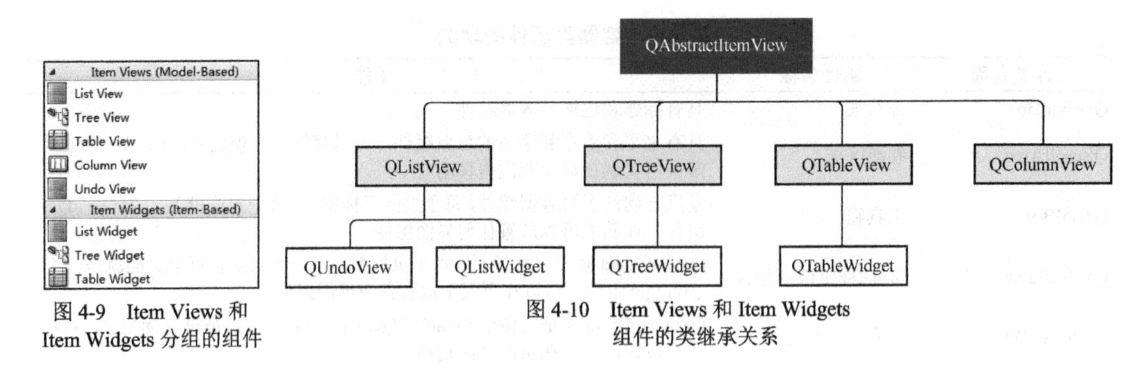

图4-9　Item Views 和 Item Widgets 分组的组件

图4-10　Item Views 和 Item Widgets 组件的类继承关系

4.1.2　QWidget 类的主要属性和接口函数

QWidget 是所有界面组件类的基类，所以，QWidget 定义的一些属性、接口函数、信号和槽是所有界面组件共有的。了解了 QWidget 的基本特性，通常就能了解界面组件的通用特性。

1. QWidget 作为界面组件时的属性

在 Qt Designer 中设计界面时，在窗体上放置一个 QWidget 组件，属性编辑器里会显示 QWidget 组件的属性。QWidget 作为界面组件时的主要属性如表 4-4 所示。一个属性一般有一个读取函数和一个设置函数，例如属性 font 的读取函数是 font()，设置函数是 setFont()，根据属性名称就大致能写出读取函数和设置函数名称，因此，表 4-4 中只列出了属性名称、属性值类型和功能。

表 4-4　QWidget 作为界面组件时的主要属性

属性名称	属性值类型	功能
enabled	bool	组件的使能状态，enabled 为 true 时才可以操作组件
geometry	QRect	组件的几何形状，表示组件在界面上所占的矩形区域
sizePolicy	QSizePolicy	组件默认的布局特性，这个特性与组件的水平、垂直方向尺寸变化有关系，详见后面的解释
minimumSize	QSize	组件的最小尺寸，QSize 包含 width 和 height 两个属性
maximumSize	QSize	组件的最大尺寸
palette	QPalette	组件的调色板，调色板定义了组件一些特定部分的颜色，如背景色、文字颜色等
font	QFont	组件使用的字体。QFont 定义了字体名称、大小、粗体、斜体等特性
cursor	QCursor	鼠标光标移动到组件上时的形状
mouseTracking	bool	若设置为 true，只要鼠标在组件上移动，组件就接收鼠标移动事件；否则，只有在某个鼠标键被按下时，组件才接收鼠标移动事件
tabletTracking	bool	是否开启平板跟踪，默认值是 false，表示只有当触笔与平板计算机接触时，组件才接收平板事件
focusPolicy	Qt::FocusPolicy	组件的焦点策略，表示组件获取焦点的方式
contextMenuPolicy	Qt::ContextMenuPolicy	组件的上下文菜单策略，上下文菜单是指在组件上点击鼠标右键时弹出的快捷菜单
acceptDrops	bool	组件是否接收拖动来的其他对象
toolTip	QString	鼠标移动到组件上时，在光标处显示的简短提示文字
statusTip	QString	鼠标移动到组件上时，在主窗口状态栏上临时显示的提示文字，显示 2 秒后自动消失
autoFillBackground	bool	组件的背景是否自动填充，如果组件使用样式表设定了背景色，这个属性会被自动设置为 false
styleSheet	QString	组件的样式表。样式表用于定义界面显示效果，第 18 章会详细介绍样式表的使用方法

组件的 sizePolicy 属性是 QSizePolicy 类型，它定义了组件在水平和垂直方向的尺寸变化策略。例如，图 4-11 所示为窗体上一个 QPushButton 按钮的默认 sizePolicy 属性。

Horizontal Policy 表示组件在水平方向的尺寸变化策略，Vertical Policy 表示组件在垂直方向的尺寸变化策略，其值都是枚举类型 QSizePolicy::Policy，各枚举常量的含义如下。

- QSizePolicy::Fixed：固定尺寸，QWidget 的 sizeHint()函数返回组件的建议尺寸作为组件的固定尺寸，即便使用了布局管理，组件也不会放大或缩小。
- QSizePolicy::Minimum：最小尺寸，组件缩小到最小尺寸之后就不再缩小。使用 sizeHint()函数的返回值作为最小尺寸，或使用 minimumSize 属性设置的值作为最小尺寸。
- QSizePolicy::Maximum：最大尺寸，组件放大到最大尺寸之后就不再放大。使用 sizeHint()函数的返回值作为最大尺寸，或使用 maximumSize 属性设置的值作为最大尺寸。
- QSizePolicy::Preferred：首选尺寸，使用 sizeHint()函数的返回值作为最优尺寸，组件仍然可以缩放，但是放大时不会超过 sizeHint()函数返回的尺寸。
- QSizePolicy::Expanding：可扩展尺寸，sizeHint()函数的返回值是可变大小的尺寸，组件可扩展。
- QSizePolicy::MinimumExpanding：最小可扩展尺寸，sizeHint()函数的返回值是最小尺寸，组件可扩展。
- QSizePolicy::Ignored：忽略尺寸，sizeHint()函数的返回值被忽略，组件占据尽可能大的空间。

在使用尺寸策略时，QWidget 的 sizeHint()函数会起到很大作用，在组件的父组件尺寸变化时，sizeHint()返回组件的建议尺寸。组件的 sizePolicy 属性有默认值，例如，QLineEdit 的水平策略是 Expanding，垂直策略是 Fixed，也就是水平方向可扩展，垂直方向是固定尺寸；QTextEdit 的水平策略是 Expanding，垂直策略是 Expanding，也就是水平方向和垂直方向都是可扩展的。

一般不需要修改组件的 sizePolicy 属性，使用其默认值即可。对一个容器内的子组件使用布局管理时，布局方式和组件的 sizePolicy 属性共同决定了组件改变尺寸的方式。

在图 4-11 中，QSizePolicy 还有 Horizontal Stretch（水平延展）属性和 Vertical Stretch（垂直延展）属性，分别表示水平延展因子和垂直延展因子，它们都是整数值，取值范围是 0～255。默认值是 0，表示组件保持默认的宽度或高度。

图 4-12 展示了一个分组框中 3 个按钮水平布局在按钮的水平延展因子设置为不同值时的显示效果。在第一个分组框中，3 个按钮的水平延展因子都是 0，表示 3 个按钮的宽度平均。在第二个分组框中，前两个按钮的水平延展因子都是 0，Button3 的水平延展因子是 1，表示分组框宽度增大时，Button1 和 Button2 达到合适宽度后就不再增大，而 Button3 占据右边所有水平区域。在第三个分组框中，3 个按钮的水平延展因子分别是 1、1、2，相当于把总宽度分成四等份，Button3 的宽度是 Button1 的 2 倍。

sizePolicy	[Minimum, Fixed, 0, 0]
Horizontal Policy	Minimum
Vertical Policy	Fixed
Horizontal Stretch	0
Vertical Stretch	0

图 4-11 一个 QPushButton 按钮的 sizePolicy 属性

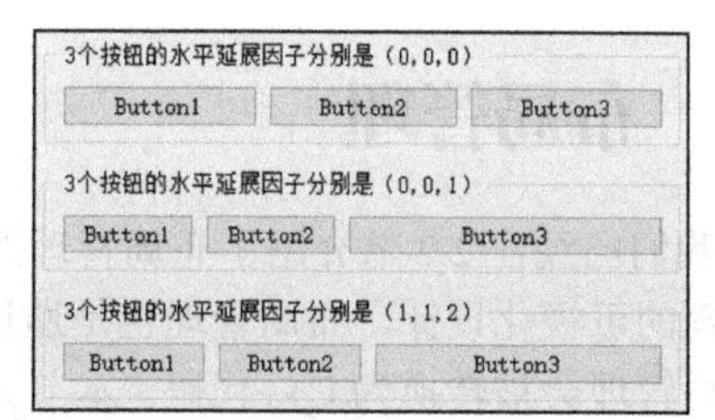

图 4-12 按钮的水平延展因子设置为不同值时的显示效果

垂直延展因子的作用也是类似的。在使用布局管理时，可以在布局的属性设置中设置延展因子，实现同样的效果。

2. QWidget 作为窗口时的属性

QWidget 可以作为独立的窗口，其子类 QMainWindow、QDialog 也是常用的窗口类。QWidget 作为窗口时有一些与窗口相关的属性，具体如表 4-5 所示。第 7 章介绍对话框和多窗口程序设计时我们会详细介绍其中一些属性的用法。

表 4-5 QWidget 作为窗口时的主要属性

属性	属性值类型	功能
windowTitle	QString	窗口标题栏上的文字，若要利用 windowModified 属性，需要在标题文字中设置占位符“[*]”
windowIcon	QIcon	窗口标题栏上的图标
windowOpacity	qreal	窗口的不透明度，取值范围是 0.0～1.0。0.0 表示完全透明，1.0 表示完全不透明。默认值是 1.0
windowFilePath	QString	窗口相关的含路径的文件名，这个属性只在 Windows 平台上有意义，如果没有设置 windowTitle 属性，程序将自动获取不含路径的文件名作为窗口标题
windowModified	bool	表示窗口里的文档是否被修改，若该属性值为 true，窗口标题中的占位符“[*]”会显示为“*”
windowModality	Qt::WindowModality	窗口的模态，这个属性只在 Windows 平台上有意义，表示窗口是否处于上层
windowFlags	Qt::WindowFlags	窗口的标志，是枚举类型 Qt::WindowFlag 的一些值的组合

3. QWidget 的其他接口函数

当 QWidget 作为独立的窗口时，有如下一些与窗口显示有关的公有槽函数。

```
bool  close()                       //关闭窗口
void  hide()                        //隐藏窗口
void  show()                        //显示窗口
void  showFullScreen()              //以全屏方式显示窗口
void  showMaximized()               //窗口最大化
void  showMinimized()               //窗口最小化
void  showNormal()                  //全屏、最大化或最小化操作之后，恢复正常大小显示
```

QWidget 中定义的信号只有 3 个，定义如下：

```
void  customContextMenuRequested(const QPoint &pos)
void  windowIconChanged(const QIcon &icon)
void  windowTitleChanged(const QString &title)
```

其中，customContextMenuRequested()信号是在组件上点击鼠标右键时被发射的，一般用于创建组件的快捷菜单，4.11 节会介绍如何为组件创建快捷菜单。

QWidget 类还定义了大量与事件处理相关的函数，第 6 章会详细介绍事件处理。

4.2 布局管理

我们已经在 2.2 节介绍了布局管理的可视化设计方法，使用 Qt Designer 可以很方便地进行布局管理的可视化设计。布局管理也是通过一些类实现的，UI 文件经过 MOC 编译后，可视化设计的布局管理会被转换为 C++代码。本节介绍布局管理相关的类，以及布局可视化设计的代码原理，这有助于读者理解布局管理的实现原理。在少数无法通过可视化方法进行布局设计的情况下，我们就可以通过编程实现布局管理。

4.2.1 布局管理相关的类

在 Qt Designer 的组件面板里有用于布局管理的两组组件，如图 4-13 所示。在布局管理中还常用到分割条，分割条对应的类是 QSplitter。布局管理类的继承关系如图 4-14 所示。

图 4-13 中 Layouts 分组的 4 个组件对应的布局管理类都继承自 QLayout 类。QLayout 的父类是 QObject 和 QLayoutItem，QLayoutItem 没有父类。因为 QLayout 不是从 QWidget 继承而来的，所以布局管理类对象并不是窗口上可见的界面组件。

Layouts
Vertical Layout
Horizontal Layout
Grid Layout
Form Layout
Spacers
Horizontal Spacer
Vertical Spacer

图 4-13　Layouts 和 Spacers 分组的组件

从 QLayout 继承而来的几个类是常用的布局管理类，有各自的功能特点。

- QVBoxLayout：垂直布局，使多个组件垂直方向自动布局。
- QHBoxLayout：水平布局，使多个组件水平方向自动布局。
- QGridLayout：网格布局，使多个组件按行和列实现网格状自动布局。
- QFormLayout：表单布局，与 QGridLayout 功能类似，适用于两列组件的布局管理。
- QStackedLayout：堆叠布局，这个类对应的组件并没有出现在图 4-13 所示的组件面板中。QStackedLayout 用于管理多个 QWidget 类对象，也就是多个页面，但任何时候只有一个页面可见。QStackedLayout 的管理效果与 QStackedWidget 的相似，只是它没有切换页面的按钮，需要另外编程处理页面切换。

表单布局只适用于两列组件的布局，例如第一列是 QLabel 组件，第二列是 QLineEdit、QComboBox 等输入组件，构成一种输入表单。表单布局可以看作网格布局的一种简化形式，网格布局可以管理更复杂的多行多列组件。

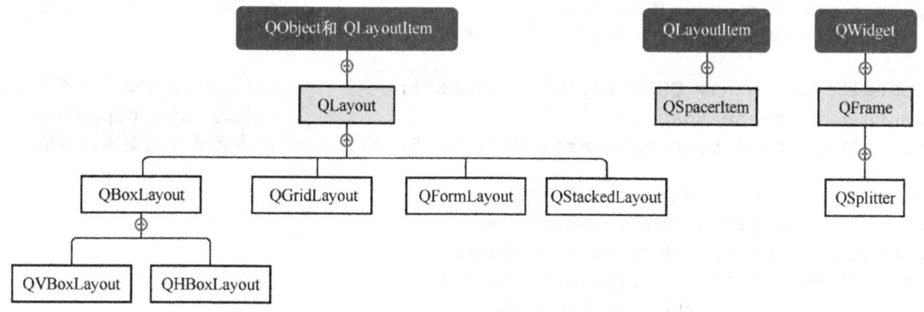

图 4-14　布局管理类的继承关系

即使是同样管理两列组件的布局，表单布局和网格布局也稍微有些差异，如图 4-15 所示。图 4-15 中的 GroupBox1 使用了表单布局，当 GroupBox1 的高度大于最合适的尺寸时，内部的组件的垂直间距不会再增大，下方多余的空间是空白的。GroupBox2 使用了网格布局，当 GroupBox2 的高度增大时，内部的组件在垂直方向上是均匀分布的。

QSpacerItem 从 QLayoutItem 继承而来，图 4-13 中 Horizontal Spacer 和 Vertical Spacer 对应的类均是 QSpacerItem。QSpacerItem 可以用于在布局中占位，或填充剩余空间。

分割条组件类 QSplitter 是从 QWidget 继承而来的，所以它是一个可见的界面组件。分割条一般用于水平或垂直分割来显示两个容器类组件。

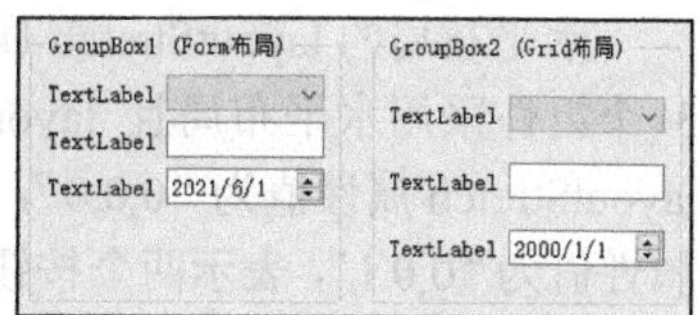

图 4-15　表单布局和网格布局的差别

4.2.2　布局可视化设计及其代码原理

我们在2.2节已经介绍过Qt Designer工具栏上布局管理相关按钮的作用，使用可视化方法设计布局是非常方便的，完成几个示例项目的界面设计后，就基本能掌握布局可视化设计的方法。本节介绍各种布局可视化设计的一些方法和技巧及其底层代码原理。

1. 使用容器组件

在可视化设计界面时，最好将一组需要布局管理的组件放置在一个容器组件里，然后对容器内的组件设置一种布局方式。这样，当容器的大小变化时，容器内组件的大小和位置就能相应自动变化。在设计复杂的界面时，内部有布局的容器组件也可以作为其他容器组件的子组件。

使用布局管理的组件也可以不放在某个容器组件里，而是直接使用布局管理。对于不使用容器组件的布局，其自身就相当于一个容器组件，可以和其他组件再次进行上层布局。

2. 水平布局

任何布局类对象在可视化设计时都有layoutLeftMargin、layoutTopMargin、layoutRightMargin和layoutBottomMargin这4个边距属性，这4个边距属性用于设置布局组件与父容器的4个边距的最小值，单位是像素。水平布局和垂直布局还有一个属性layoutSpacing，表示组件的最小间距。图4-16展示了一个分组框内3个按钮水平布局及其属性，我们修改了4个边距属性的值以及layoutSpacing的值。

构建项目时，窗口UI文件被MOC预编译后生成一个头文件，例如mainwindow.ui对应的MOC预编译结果文件是ui_mainwindow.h。在MOC预编译结果文件的函数setupUi()中会发现如下的代码，其用于创建图4-16中的分组框、3个按钮和水平布局。为使代码更易懂，我们省略了每个对象调用setObjectName()函数设置对象名称的代码。

```
groupBox = new QGroupBox(MainWindow);                    //创建groupBox，将窗口作为父容器
groupBox->setGeometry(QRect(260, 310, 341, 43));

horizontalLayout = new QHBoxLayout(groupBox);            //在groupBox里创建水平布局
horizontalLayout->setSpacing(10);                        //设置layoutSpacing
horizontalLayout->setContentsMargins(5, 5, 5, 5);        //设置4个边距属性的值

pushButton = new QPushButton(groupBox);
horizontalLayout->addWidget(pushButton);
pushButton_2 = new QPushButton(groupBox);
horizontalLayout->addWidget(pushButton_2);
pushButton_3 = new QPushButton(groupBox);
horizontalLayout->addWidget(pushButton_3);
```

从上述代码可以看到，创建水平布局对象horizontalLayout时，groupBox是作为其父组件的。然后horizontalLayout运行函数setSpacing()以设置组件的最小间距，运行函数setContentsMargins()设置4个边距的值。按钮被创建后，horizontalLayout运行函数addWidget()将按钮添加到布局里。

在图4-16中的属性编辑器里，水平布局还有一个layoutStretch属性，图4-16中的默认值是“0,0,0”，表示3个子组件使用默认的延展因子，也就是3个按钮宽度平均。

水平布局的layoutStretch属性可以灵活控制各组件的宽度占比。图4-17展示了一个分组框中3个组件采用水平布局且layoutStretch属性值不同时的显示效果。第一个分组框中水平布局的layoutStretch属性值为“0,0,0”，表示3个组件宽度平均。第二个分组框中水平布局的layoutStretch属性值为“0,0,1”，表示两个按钮达到合适宽度后就不再增大，下拉列表框占据右边所有水平空间。第三个分组框中水平布局的layoutStretch属性值为“1,1,2”，这相当于把宽度分为四等份，两个按

钮等宽，下拉列表框的宽度是其中一个按钮的 2 倍。

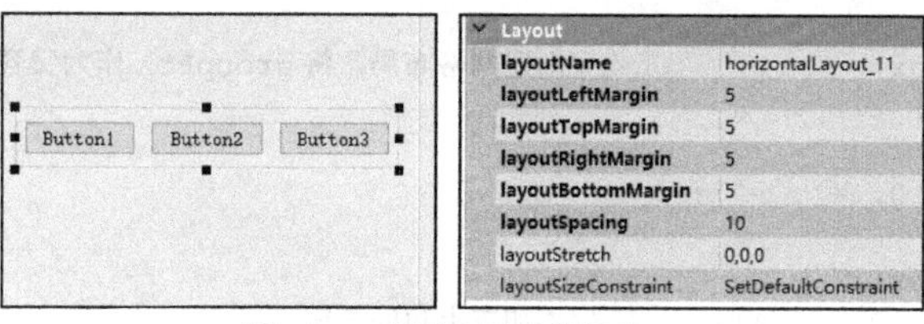

图 4-16 水平布局及其属性

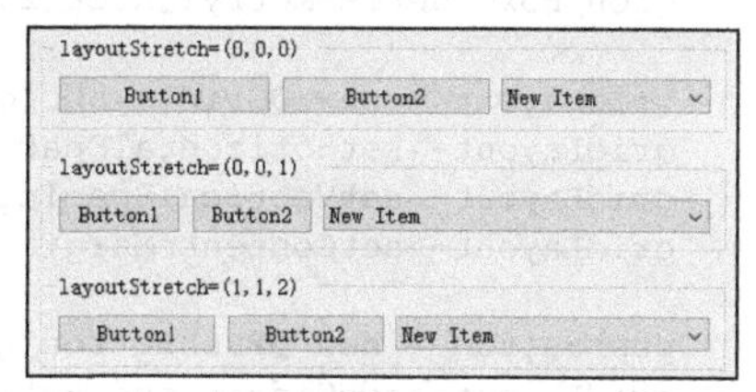

图 4-17 水平布局的 layoutStretch 属性值不同时的显示效果

对于水平布局的 layoutStretch 属性实现的效果，还可以通过设置单个组件的 sizePolicy 属性中的 Horizontal Stretch 来实现。在可视化设计布局时，可以通过配合设置组件的 sizePolicy、minimumSize、maximumSize 属性，以实现灵活的布局效果。

3. 网格布局

可视化设计网格布局时一般是在一个容器组件内先摆放组件，使各组件的位置和大小与期望的效果大致相同，然后点击工具栏上的网格布局按钮进行网格布局。

图 4-18 所示的网格布局的属性设置如图 4-19 所示。网格布局是划分为行和列的，除了 4 个边距属性，网格布局还有几个特有的属性。

- layoutHorizontalSpacing：水平方向上组件的最小间距。
- layoutVerticalSpacing：垂直方向上组件的最小间距。
- layoutRowStretch：各行的延展因子，与垂直布局的 layoutStretch 属性功能相同。
- layoutColumnStretch：各列的延展因子，与水平布局的 layoutStretch 属性功能相同。
- layoutRowMinimumHeight：各行的最小高度，单位是像素，若值是 0 则表示自动设置。
- layoutColumnMinimumWidth：各列的最小宽度，单位是像素，若值是 0 则表示自动设置。
- layoutSizeConstraint：布局的尺寸限制方式，其值是枚举类型 QLayout::SizeConstraint，默认设置为 QLayout::SetDefaultConstraint，也就是将父组件的最小尺寸作为网格布局的最小尺寸。

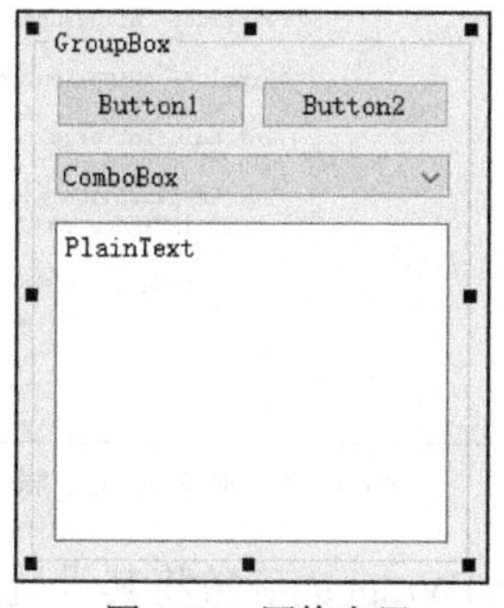

图 4-18 网格布局

Layout	
layoutName	gridLayout
layoutLeftMargin	10
layoutTopMargin	10
layoutRightMargin	9
layoutBottomMargin	9
layoutHorizontalSpacing	7
layoutVerticalSpacing	12
layoutRowStretch	0,0,0
layoutColumnStretch	0,0
layoutRowMinimumHeight	0,0,0
layoutColumnMinimumWidth	0,0
layoutSizeConstraint	SetDefaultConstraint

图 4-19 网格布局的属性

UI 文件经过 MOC 预编译后，可以在生成的头文件里找到实现网格布局的代码。例如，对于图 4-18 所示的分组框的网格布局，函数 setupUi()中的实现代码如下。为使代码更易懂，我们省略了每个对象调用 setObjectName()函数设置对象名称的代码。

```
groupBox = new QGroupBox(MainWindow);                    //创建 groupBox，将窗口作为父容器
groupBox->setGeometry(QRect(290, 160, 200, 230));

gridLayout = new QGridLayout(groupBox);                  //创建网格布局，将 groupBox 作为父容器
gridLayout->setHorizontalSpacing(7);
gridLayout->setVerticalSpacing(12);
gridLayout->setContentsMargins(10, 10, -1, -1);

pushButton = new QPushButton(groupBox);
gridLayout->addWidget(pushButton, 0, 0, 1, 1);          //添加左上角的按钮
pushButton_2 = new QPushButton(groupBox);
gridLayout->addWidget(pushButton_2, 0, 1, 1, 1);
comboBox = new QComboBox(groupBox);
comboBox->addItem(QString());
gridLayout->addWidget(comboBox, 1, 0, 1, 2);            //添加下拉列表框
plainTextEdit = new QPlainTextEdit(groupBox);
gridLayout->addWidget(plainTextEdit, 2, 0, 1, 2);
```

QGridLayout 类添加组件的函数是 addWidget()，其函数原型定义如下：

```
void  QGridLayout::addWidget(QWidget *widget, int fromRow, int fromColumn, int rowSpan,
                       int columnSpan, Qt::Alignment alignment = Qt::Alignment())
```

其中，widget 是需要添加到布局中的组件，fromRow 和 fromColumn 表示组件所在的行号和列号，rowSpan 和 columnSpan 表示组件占用的行数和列数，alignment 表示默认的对齐方式。

图 4-18 所示的网格布局有 3 行 2 列，添加左上角按钮 pushButton 的语句是：

```
gridLayout->addWidget(pushButton, 0, 0, 1, 1);
```

这表示将 pushButton 添加到网格布局的 0 行 0 列的位置，pushButton 占用 1 行 1 列。

添加下拉列表框组件 comboBox 的语句是：

```
gridLayout->addWidget(comboBox, 1, 0, 1, 2);
```

这表示将 comboBox 添加到网格布局的 1 行 0 列的位置，comboBox 占用 1 行 2 列。

在设计网格布局的时候，并不意味着每个网格里都必须有组件，网格可以空着，也可以使用水平或垂直间隔组件占位。

4. 分割条

实现分割条功能的类是 QSplitter，分割条可以实现水平分割或垂直分割，一般是在两个可以自由改变大小的组件之间进行分割。图 4-20 所示为在一个窗体上对两个组件采用水平分割布局的效果，一个分组框和一个 QPlainTextEdit 组件水平分割布局。可视化设计时同时选中这两个组件，再点击工具栏上的 Lay Out Horizontally in Splitter 按钮即可。

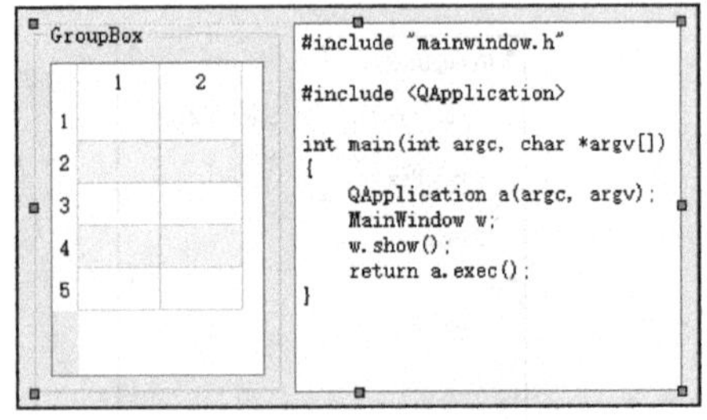

图 4-20 水平分割布局

QSplitter 是界面组件，所以可以使用 QMainWindow::setCentralWidget()函数将其设置为主窗口的中心组件，也就是填充满主窗口的工作区。QSplitter 布局组件有以下几个属性。

- orientation：方向，即水平分割或垂直分割。
- opaqueResize：如果值是 true，表示拖动分割条时，组件是动态改变大小的。
- handleWidth：进行分割操作的拖动条的宽度，单位是像素。

- childrenCollapsible：表示进行分割操作时，子组件的大小是否可以变为 0。

图 4-20 中的 UI 文件被 MOC 预编译后生成 C++头文件，其中的函数 setupUi()中有如下的代码，它创建了图 4-20 中的分割条和两个子组件。

```
splitter = new QSplitter(Form);                         //创建 splitter，窗口对象是 Form
splitter->setOrientation(Qt::Horizontal);
splitter->setOpaqueResize(true);
splitter->setHandleWidth(8);
splitter->setChildrenCollapsible(true);

groupBox = new QGroupBox(splitter);
groupBox->setMinimumSize(QSize(150, 0));                //设置最小宽度
splitter->addWidget(groupBox);                          //添加到分割布局中
plainTextEdit = new QPlainTextEdit(splitter);
splitter->addWidget(plainTextEdit);                     //添加到分割布局中
```

由代码可见，创建分割布局就是将分割条对象 splitter 作为两个组件 groupBox 和 plainTextEdit 的父容器组件。我们在可视化设计 UI 时还为 groupBox 设置 minimumSize.Width 属性值为 150，这样在分割操作时，groupBox 达到最小宽度后就不能再缩小。

可视化设计的窗口 UI 文件最后是经过 MOC 预编译成 C++程序的，所以可视化设计的布局都有对应的代码，理论上可以采用纯代码方式创建界面，但是纯代码方式相对于可视化设计方式效率太低，且界面复杂时编码难度大。所以，应尽量使用 Qt Designer 可视化设计窗口界面，当某些界面效果不能通过可视化设计实现时，可以通过添加代码来补充创建界面。

4.3 QString 字符串操作

字符串是编程中常用的一种数据类型，Qt 中有一个类 QString 用于字符串操作。本节会介绍 QString 的功能和常用接口函数，还会介绍使用 QLabel 和 QLineEdit 组件显示和输入字符串，以及字符串与数值数据的转换。

4.3.1 QString 简介

QString 是 Qt 中的一个类，用于存储字符串，QString 没有父类。QString 存储的是一串字符，每个字符是一个 QChar 类型的数据。QChar 使用的是 UTF-16 编码，一个字符包含 2 字节数据。对于超过 65535 的 Unicode 编码，QString 使用两个连续的 QChar 字符表示。UTF-16 是一种 Unicode 编码，能表示汉字，在 QString 字符串中一个汉字是一个字符。

QString 类定义了大量的接口函数用于字符串操作。QString 在 Qt 类库中应用非常广泛，很多函数的参数是 QString 类型。QString 使用隐式共享减少内存占用，也就是只有在修改一个字符串的时候，这个字符串才会被复制。

字符集与编码

ASCII 是基本的字符集，用 1 字节编码，数字 0～127 表示 128 个字符，包括英语中的大小写字母、数字 0～9、标点符号、换行符、制表符、退格符等。Latin1 字符集是对 ASCII 字符集的扩展，也是用 1 字节编码，它用 128～255 表示拉丁字母表中特殊语言字符的编码。

ASCII 和 Latin1 都是用 1 字节编码的，最多只有 256 个字符，无法表示汉语、日语等其他语言里的字符，因此又出现了 Unicode 编码。Unicode 编码增加一个或多个高字节对 Latin1 字节进行扩展。当这些高字节数据为 0 时，低字节数据就是 Latin1 字符。Unicode 支持大多数国家/地区语言文字的编码，所以被广泛使用。

Unicode 有多种存储方案，其中 UTF-8 最少用 1 字节编码，可以使用 1～4 字节编码；UTF-16 最少用 2 字节编码，可以使用 2 字节或 4 字节编码。UTF-8 可以兼容 Latin1 编码，所以被广泛使用。Qt Creator 存储的 C++语言头文件和源程序文件都默认使用 UTF-8 编码。

1. QString 字符串的创建和初始化

QString 是一个类，有多种构造函数，定义 QString 字符串的较简单方式是给它的构造函数传递一个 const char *类型的数据。例如，下面的代码定义了一个 QString 对象 str，并且初始化其字符串内容为“Hello Qt”。

```
QString str = "Hello Qt";
```

在 Qt Creator 中，所有源程序文件都默认使用 UTF-8 编码进行保存，所以，赋值语句右侧的“Hello Qt”是一个 C 语言标准的 const char *类型的字符串，以“\0”作为结束符。QString 会使用其静态函数 fromUtf8()将这个 const char *类型的数据转换为 UTF-16 编码的字符串。

2. QString 字符串的索引

QString 在被创建和初始化后，其存储的字符串就是一个 QChar 字符数组，可以使用元素索引操作符“[ ]”或接口函数 at()访问每个字符。QString 字符串内字符的索引序号是从 0 开始的。

```
QString str= "dimple,酒窝";
QChar ch0= str[0];          //ch0='d'
QChar ch7= str.at(7);       //ch7='酒'
```

在 QString 字符串中，每个字符都是 QChar 类型，是用 UTF-16 编码的，一个汉字也是一个字符。所以，在上面这段代码里，ch0 是字符“d”，ch7 是字符“酒”。

4.3.2 QChar 的功能

1. QChar 类的主要接口函数

QString 字符串中的每个字符都是 QChar 类型的，QChar 也是一个类，它采用 UTF-16 编码表示字符。QChar 定义了很多接口函数用于字符操作，QChar 类的主要接口函数如表 4-6 所示。这些函数的输入参数都为空，都是对 QChar 对象所表示的字符进行操作。

表 4-6 QChar 类的主要接口函数

函数原型	功能
bool isDigit()	判断字符是否为 0～9 的数字
bool isLetter()	判断字符是否为字母
bool isLetterOrNumber()	判断字符是否为字母或数字
bool isLower()	判断字符是否为小写字母
bool isUpper()	判断字符是否为大写字母
bool isMark()	判断字符是否为记号
bool isNonCharacter()	判断字符是否为非文字字符
bool isNull()	判断字符编码是否为 0x0000，也就是“\0”

续表

函数原型	功能
bool isNumber()	判断字符是否为一个数，表示数的字符不仅包括数字 0～9，还包括数字符号①、②等
bool isPrint()	判断字符是否为可打印字符
bool isPunct()	判断字符是否为标点符号
bool isSpace()	判断字符是否为分隔符号，分隔符号包括空格、制表符
bool isSymbol()	判断字符是否为符号，如特殊符号★、▲
char toLatin1()	返回与 QChar 字符等效的 Latin1 字符，如果无等效字符则返回 0
QChar toLower()	返回字符的小写形式字符，如果字符不是字母，则返回其本身
QChar toUpper()	返回字符的大写形式字符，如果字符不是字母，则返回其本身
char16_t unicode()	返回字符的 16 位 Unicode 编码数值

2. QChar 字符与 Latin1 字符的转换

QChar 的函数 toLatin1()用于将 QChar 字符转换为 Latin1 字符，也就是将 UTF-16 编码的字符转换为 1 字节 Latin1 编码的字符。只有当 QChar 字符的编码为 0～255 时，函数 toLatin1()的转换才有意义。

QChar 还有一个静态函数 QChar::fromLatin1()，它用于将 Latin1 字符转换为 QChar 字符，其函数原型定义如下：

```
QChar  QChar::fromLatin1(char c)
```

QChar 有一个构造函数与这个静态函数功能相同，这个构造函数定义如下：

```
QChar::QChar(char ch)
```

例如，运行下面的一段代码后，字符串 str 的内容会由“Dimple”变成“Pimple”。

```
QString str= "Dimple";
QChar chP= QChar::fromLatin1('P');          //使用静态函数
//QChar chP= QChar('P');                    //使用构造函数
str[0]= chP;                                //替换了 str 中的第一个字符
```

3. QChar 字符的 Unicode 编码

QChar 字符是 UTF-16 编码的字符，QChar 的接口函数 unicode()用于返回字符的 UTF-16 编码，也就是 char16_t 类型的数。我们可以通过这个函数获取任何一个字符的 UTF-16 编码，例如一个汉字的 UTF-16 编码。也可以通过 char16_t 类型的编码构造 QChar 字符，静态函数 QChar::fromUcs2()可以实现这样的功能，其函数原型定义如下。其中，参数 c 是一个字符的 UTF-16 编码。

```
QChar  QChar::fromUcs2(char16_t c)
```

QChar 有一个构造函数与这个静态函数功能相同，这个构造函数定义如下：

```
QChar::QChar(char16_t ch)
```

例如，运行下面的一段代码后，字符串 str 的内容由“Hello,北京”变为了“Hello,青岛”。

```
QString str= "Hello,北京";
str[6]= QChar(0x9752);                  //'青'，使用构造函数
str[7]= QChar::fromUcs2(0x5C9B);        //'岛'，使用静态函数
```

注意，如果字符的 UTF-16 编码超过了 Latin1 编码的范围，也就是超过了 255，就不能直接传递字符用于构造 QChar 对象。例如，不能将替换 str[6]的代码写成下面的语句：

```
str[6]= QChar('青');    //错误的代码
```

虽然这行代码编译没有错误，但是程序运行结果错误，得到的结果不是期望的字符串。这是

因为 Qt 的源程序文件采用的是 UTF-8 编码，源代码中的“青”是 2 字节 UTF-8 编码，而 QChar 没有这种类型参数的构造函数。

4. QChar 的逻辑运算符

QChar 类还定义了逻辑运算符，用于两个 QChar 对象的比较。两个 QChar 对象的逻辑比较就是两个 QChar 字符的 UTF-16 编码大小的比较。例如，运行下面的一段代码后，字符串 str 中的汉字“河”会被替换为“湖”。这里用到了 QChar 与 UTF-16 编码的转换，还用到了 QChar 的逻辑判断运算符。

```
QString HuStr= "河 to 湖";                       //临时字符串,用于获取两个汉字的 Unicode 编码
QChar He= QChar::fromUcs2(HuStr[0].unicode());//获取'河'的 UTF-16 编码, 再构造 QChar 字符
QChar Hu= QChar(HuStr[3].unicode());           //获取'湖'的 UTF-16 编码, 再构造 QChar 字符
QString str= "他们来自于河南或河北";
for(int i=0; i<str.size(); i++)
{
    if (str.at(i) == He)                       //如果是'河'
        str[i]=Hu;                             //替换为'湖'
}
```

4.3.3 QChar 主要功能测试

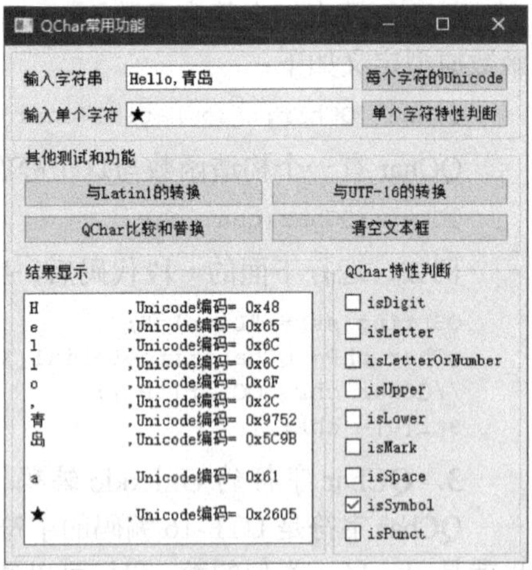

本节介绍创建示例项目 samp4_01，以测试 QChar 的一些功能，窗口基类选择 QWidget。图 4-21 所示为示例 samp4_01 运行时界面，界面上组件的命名、属性设置和布局见 UI 文件 widget.ui。

图 4-21　示例 samp4_01 运行时界面

1. 获取字符的 Unicode 编码

标题为“每个字符的 Unicode”的按钮的槽函数代码如下：

```
void Widget::on_btnGetChars_clicked()
{
    QString str= ui->editStr->text();
//读取输入的字符串
    if (str.isEmpty())                              //判断字符串是否为空
        return;
    ui->plainTextEdit->clear();
    for(qint16 i=0; i<str.size(); i++)
    {
        QChar ch= str.at(i);                        //获取单个字符
        char16_t  uniCode= ch.unicode();            //获取 QChar 字符的 UTF-16 编码
        QString chStr(ch);                          //将 QChar 字符转换为 QString 字符串
        QString info= chStr+ QString::asprintf("\t,Unicode 编码= 0x%X",uniCode);
        ui->plainTextEdit->appendPlainText(info);
    }
}
```

这段程序的功能是读取界面上 QLineEdit 组件 editStr 里输入的字符串，提取字符串中的每个 QChar 字符，并获取其 UTF-16 编码，然后在文本框中显示出来。图 4-21 显示了字符串“Hello,青岛”中每个字符的 Unicode 编码。从代码和运行结果可以看到，字符串中的每个字符是一个 QChar 字符，一个汉字也是一个 QChar 字符，汉字的编码大于 0xFF，有两个有效字节。

QLineEdit 和 QPlainTextEdit 的接口函数的参数都是 QString 字符串，所以，即使是要在 QPlainTextEdit 组件中显示一个字符，也需要将这个字符转换为 QString 字符串。代码里使用了 QString 的一种形式的构造函数，即通过 QChar 构造字符串，代码如下：

```
QString chStr(ch);                                    //将 QChar 字符转换为 QString 字符串
```

2. 判断 QChar 字符的特性

QChar 提供了一些接口函数（见表 4-6）用于判断字符的特性。标题为“单个字符特性判断”的按钮的槽函数代码如下：

```
void Widget::on_btnCharJudge_clicked()
{
    QString str= ui->editChar->text();                //读取 QLineEdit 组件里输入的字符串
    if (str.isEmpty())
        return;
    QChar ch= str[0];                                 //只提取第一个字符
    char16_t  uniCode= ch.unicode();                  //获取 QChar 字符的 UTF-16 编码
    QString chStr(ch);      //将 QChar 字符转换为 QString 字符串
    QString info = chStr+ QString::asprintf("\t,Unicode 编码= 0x%X\n",uniCode);
    ui->plainTextEdit->appendPlainText(info);
//使用 QChar 的接口函数判断字符的特性
    ui->chkDigit->setChecked(ch.isDigit());           //是否为数字 0～9
    ui->chkLetter->setChecked(ch.isLetter());         //是否为字母
    ui->chkLetterOrNumber->setChecked(ch.isLetterOrNumber());    //是否为字母或数字
    ui->chkUpper->setChecked(ch.isUpper());           //是否为大写字母
    ui->chkLower->setChecked(ch.isLower());           //是否为小写字母
    ui->chkMark->setChecked(ch.isMark());             //是否为记号
    ui->chkSpace->setChecked(ch.isSpace());           //是否为分隔符号
    ui->chkSymbol->setChecked(ch.isSymbol());         //是否为符号
    ui->chkPunct->setChecked(ch.isPunct());           //是否为标点符号
}
```

程序从界面上的 QLineEdit 组件 editChar 读取输入的字符串后，提取其中的第一个字符构造 QChar 对象 ch，获取其 Unicode 编码并显示。然后调用 QChar 的一些接口函数判断字符的特性，更新界面上对应的复选框的勾选状态。

我们可以输入不同的字符进行测试，获取其 Unicode 编码，并看它属于哪种类型的字符。如果输入任何一个汉字，会看到 isLetter、isLetterOrNumber 两个复选框被勾选；如果输入一个符号“《”，会看到只有 isPunct 复选框被勾选；如果输入符号“∞”，会看到只有 isSymbol 复选框被勾选。

3. 其他测试和功能

“其他测试和功能”分组框里的几个按钮实现了其他一些测试功能，包括 Latin1 字符转换为 QChar 字符，UTF-16 编码字符转换为 QChar 字符，QChar 字符的逻辑比较等。这些按钮的槽函数的主要代码与前面讲解中举例的代码相同，这里就不再解释了。

```
void Widget::on_btnConvLatin1_clicked()
{// “与 Latin1 的转换”按钮
    QString str= "Dimple";
    ui->plainTextEdit->clear();
    ui->plainTextEdit->appendPlainText(str);
    QChar chP=QChar::fromLatin1('P');                 //使用静态函数
    //    QChar chP=QChar('P');                       //使用类的构造函数
    str[0]= chP;
    ui->plainTextEdit->appendPlainText("\n"+str);
```

```
}

void Widget::on_btnConvUTF16_clicked()
{// “与 UTF-16 的转换” 按钮
    QString str= "Hello,北京";
    ui->plainTextEdit->clear();
    ui->plainTextEdit->appendPlainText(str);             //原来的字符串
    str[6]= QChar(0x9752);                               //'青'
    str[7]= QChar::fromUcs2(0x5C9B);                     //'岛'
    ui->plainTextEdit->appendPlainText("\n"+str);        //替换汉字后的字符串
}

void Widget::on_btnCompare_clicked()
{// “QChar 比较和替换” 按钮
    QString str= "他们来自于河南或河北";
    ui->plainTextEdit->clear();
    ui->plainTextEdit->appendPlainText(str);
    QString HuStr= "河 to 湖";    //临时用字符串
    QChar He= QChar::fromUcs2(HuStr[0].unicode());
//获取'河'的 UTF-16 编码，再转换为 QChar 字符
    QChar Hu= QChar(HuStr[3].unicode());          //获取'湖'的 UTF-16 编码,再转换为 QChar 字符
    for(qint16 i=0; i<str.size(); i++)
    {
        if (str.at(i) == He)                              //如果是'河'，就替换为'湖'
            str[i]= Hu;
    }
    ui->plainTextEdit->appendPlainText("\n"+str);
}

void Widget::on_btnClear_clicked()
{// “清空文本框” 按钮
    ui->plainTextEdit->clear();
}
```

4.3.4 QString 字符串常用操作

QString 定义了很多用于字符串操作的接口函数，本节介绍 QString 一些常用接口函数的使用方法。QString 的接口函数很多都是具有不同参数形式的同名函数，也就是 overload 型函数。在介绍函数功能时，我们一般只介绍某种常用参数形式的函数，对于其他的参数形式可查看 Qt 帮助文档。

1. 字符串拼接

使用加号运算符可以直接将两个 QString 字符串拼接为一个字符串。

```
QString str1= "洋洋", str2= "得意";
QString str3= str1 + str2;                        //str3 ="洋洋得意"
str1= str2 + str1;                                //str1 ="得意洋洋"
```

函数 append()在当前字符串的后面添加字符串，函数 prepend()在当前字符串的前面添加字符串。

```
QString str1= "卖", str2= "拐";
QString str3= str1;
str1.append(str2);                                //str1 ="卖拐"
str3.prepend(str2);                               //str3 ="拐卖"
```

2. 字符串截取

（1）函数 front()和 back()。函数 front()返回字符串中的第一个字符，相当于 at(0)；函数 back()返回字符串中的最后一个字符。

```
QString str1= "Hello,北京";
QChar ch1= str1.front();                                    //ch1 ='H'
QChar ch2= str1.back();                                     //ch2 ='京'
```

（2）函数 left()和 right()。函数 left()从字符串中提取左边 n 个字符，函数 right()从字符串中提取右边 n 个字符，n 为设定参数。

```
QString str1= ui->lineEdit->text();      //编辑框的内容是"G:\Qt6Book\QtSamples\qw.cpp"
QString str2= str1.left(2);                                 //str2 ="G:"
str2= str1.right(3);                                        //str2 ="cpp"
```

（3）函数 first()和 last()。函数 first()从字符串中提取最前面的 n 个字符，函数 last()从字符串中提取最后面的 n 个字符，n 为设定参数。first()与 left()功能相同，last()与 right()功能相同，first()和 last()是 Qt 6.0 中引入的函数，执行速度更快。

```
QString str1= "G:\\Qt6Book\\QtSamples\\qw.cpp";           //使用了转义字符“\\”
QString str2= str1.first(2);                                //str2 ="G:"
str2= str1.last(3);                                         //str2 ="cpp"
```

注意，在程序里直接输入字符串时，符号‘\’是转义字符的引导符，所以这段程序在给 str1 赋值的字符串中使用“\\”表示一个字符‘\’。如果直接从界面上的 QLineEdit 等组件中获取输入字符串，则不用关注是否存在转义字符，Qt 会自动处理。

（4）函数 mid()。函数 mid()用于返回字符串中的部分字符串，其函数原型定义如下：

```
QString  QString::mid(qsizetype pos, qsizetype n = -1)
```

其中，pos 是起始位置，n 是返回字符串中的字符个数。如果不指定参数 n，就返回从 pos 开始到末尾的字符串，如果 pos+n 超过了字符串的边界，返回的字符串就为 null。

```
QString str1= "G:\\Qt6Book\\QtSamples\\qw.cpp";
int N= str1.lastIndexOf("\\");                              //获取最后一个‘\’出现的位置
QString str2= str1.mid(N+1);                                //str2 ="qw.cpp"
```

（5）函数 sliced()。sliced()与 mid()的功能相同，也是返回字符串的片段。sliced()是 Qt 6.0 中引入的函数，它有两种不同的参数形式，其函数原型定义如下：

```
QString  QString::sliced(qsizetype pos, qsizetype n)   //返回从位置pos开始的n个字符的字符串
QString  QString::sliced(qsizetype pos)                //返回从位置 pos 开始到末尾的字符串
```

在函数 sliced()中，如果设置的参数会导致超出字符串的边界，则函数的行为是不确定的，但如果是在边界内，则 sliced()的执行速度比 mid()的快。

```
QString str1= "G:\\Qt6Book\\QtSamples\\qw.cpp";
int N= str1.lastIndexOf("\\");                              //获取最后一个‘\’出现的位置
QString str2= str1.sliced(N+1);                             //str2 ="qw.cpp"
str2= str1.sliced(N+1, 2);                                  //str2 ="qw"
```

（6）函数 section()。函数 section()的原型定义如下：

```
QString  QString::section(const QString &sep, qsizetype start, qsizetype end = -1,
                          QString::SectionFlags flags = SectionDefault)
```

其功能是从字符串中提取以 sep 作为分隔符，从 start 段到 end 段的字符串，例如：

```
QString str2, str1= "学生姓名,男,2003-6-15,汉族,山东";
str2= str1.section(",",0,0);                //str2 ="学生姓名", 第一段的编号为 0
str2= str1.section(",",1,1);                //str2 ="男"
str2= str1.section(",",0,1);                //str2 ="学生姓名, 男"
str2= str1.section(",",4,4);                //str2 ="山东"
```

3. 存储相关的函数

（1）函数 isNull()和 isEmpty()。这两个函数都会判断字符串是否为空，但是稍有差别。如果是一个空字符串，也就是只有“\0”，则 isNull()返回 false，而 isEmpty()返回 true。只有未被赋值时，isNull()才返回 true。

```
QString str1, str2="";
bool N= str1.isNull();                      //N =true，未赋值
N= str2.isNull();                           //N =false，已被赋值，不为 null
N= str1.isEmpty();                          //N =true
N= str2.isEmpty();                          //N =true
```

QString 只要被赋值了，就会在字符串的末尾自动加上“\0”。所以，如果只是要判断字符串内容是否为空，应该使用函数 isEmpty()。

（2）函数 count()、size()和 length()。函数 size()和 length()都返回字符串中的字符个数，它们的功能相同。不带有任何参数的函数 count()与这两个函数功能相同，此外，count()还有带参数的形式，可统计某个字符串在当前字符串中出现的次数。

```
QString str1= "NI 好";
int N= str1.count();                        //N =3
N= str1.size();                             //N =3
N= str1.length();                           //N =3
```

（3）函数 clear()。函数 clear()清空当前字符串，使字符串为 null。

```
QString str1="";
bool N= str1.isNull();                //N =false，字符串已被赋值，不为 null
N= str1.isEmpty();                    //N =true，字符串内容为空
str1.clear();
N= str1.isNull();                     //N =true，运行 clear()后，字符串变为 null
```

（4）函数 resize()。函数 resize()改变字符串长度，该函数的一种函数原型定义如下：

```
void  QString::resize(qsizetype size)
```

如果参数 size 大于字符串当前长度，就扩充字符串，但新增的字符是不确定的；如果参数 size 小于字符串当前长度，字符串会缩短为 size 个字符，多余的字符丢失。

函数 resize()还有另一种参数形式，即可以用一个字符填充字符串中扩充的位置，其原型定义如下：

```
void  QString::resize(qsizetype size, QChar fillChar)
```

函数 resize()可用于预分配字符串的长度，也可以在字符串内容初始化时用给定的字符进行填充，例如：

```
QString str1;
bool chk= str1.isNull();                   //chk =true
str1.resize(5,'0');                        //str1 ="00000"
```

（5）函数 fill()。函数 fill()将字符串中的每个字符都用一个新字符替换，且可以改变字符串长度，函数原型定义如下：

```
QString  &QString::fill(QChar ch, qsizetype size = -1)
```

其中，ch 是要设置的字符，size 是设置的字符串新的长度，如果不设置 size 参数的值，表示保持字符串长度不变。

```
QString str1= "Hello";
str1.fill('X');                          //str1 ="XXXXX"
str1.fill('A',2);                        //str1 ="AA"
str1.fill(QChar(0x54C8),3);              //str1 ="哈哈哈", 0x54C8是'哈'的UTF-16编码
```

注意，在传递某个字符构造 QChar 对象时，对于 ASCII 字符可以直接使用字符，但是对于汉字不能直接使用字符，而要用汉字的 Unicode 编码构造 QChar 对象。

4. 搜索和判断

（1）函数 indexOf()和 lastIndexOf()。函数 indexOf()的功能是在当前字符串内查找某个字符串首次出现的位置，其函数原型定义如下：

```
qsizetype  QString::indexOf(const QString &str, qsizetype from = 0,
                            Qt::CaseSensitivity cs = Qt::CaseSensitive)
```

参数 str 是要查找的字符串，参数 from 是开始查找的位置，参数 cs 指定是否区分大小写。参数 cs 的取值 Qt::CaseInsensitive 表示不区分大小写，取值 Qt::CaseSensitive 表示区分大小写。

函数 lastIndexOf()的功能则是在当前字符串内查找某个字符串最后出现的位置。

```
QString str1= "G:\\Qt6Book\\QtSamples\\qw.cpp";
int N= str1.indexOf("Qt");                          //N =3
N= str1.lastIndexOf("\\");                          //N =20
```

（2）函数 contains()。函数 contains()判断当前字符串是否包含某个字符串，可指定是否区分大小写。

```
QString str1= "G:\\Qt6Book\\QtSamples\\qw.cpp";
bool N= str1.contains(".cpp");                      //N =true, 默认区分大小写
N= str1.contains(".CPP");                           //N =false, 默认区分大小写
N= str1.contains(".CPP", Qt::CaseInsensitive);      //N =true, 不区分大小写
```

（3）函数 endsWith()和 startsWith()。函数 startsWith()判断是否以某个字符串开头，函数 endsWith()判断是否以某个字符串结束。

```
QString str1= "G:\\Qt6Book\\QtSamples\\qw.cpp";
bool N= str1.endsWith(".CPP", Qt::CaseInsensitive); //N =true, 不区分大小写
N= str1.endsWith(".CPP", Qt::CaseSensitive);        //N =false, 区分大小写
N= str1.startsWith("g:");                           //N =false, 默认区分大小写
```

（4）函数 count()。带有参数的 count()统计当前字符串中某个字符串出现的次数，可以设置是否区分大小写。

```
QString str1= "G:\\Qt6Book\\QtSamples\\qw.cpp";
int N= str1.count("Qt");                            //N =2, 默认区分大小写
N= str1.count("QT");                                //N =0, 默认区分大小写
N= str1.count("QT", Qt::CaseInsensitive);           //N =2, 不区分大小写
```

5. 字符串转换和修改

（1）函数 toUpper()和 toLower()。函数 toUpper()将字符串内的字母全部转换为大写字母，toLower()将字符串内的字母全部转换为小写字母。

```
QString str1= "Hello, World", str2;
str2= str1.toUpper();                           //str2 ="HELLO, WORLD"
str2= str1.toLower();                           //str2 ="hello, world"
```

（2）函数 trimmed()和 simplified()。函数 trimmed()会去掉字符串首尾的空格，函数 simplified()不仅会去掉字符串首尾的空格，还会将中间连续的空格用单个空格替换。

```
QString str1= "   Are     you    OK?   ", str2;
str2= str1.trimmed();                           //str2 ="Are     you    OK?"
str2= str1.simplified();                        //str2 ="Are you OK?"
```

（3）函数 chop()。函数 chop()去掉字符串末尾的 n 个字符，n 是输入参数。如果 n 大于或等于字符串实际长度，字符串内容就变为空。

```
QString str1= "widget.cpp";
str1.chop(4);      //str1 ="widget"，去掉了最后 4 个字符
```

（4）函数 insert()。函数 insert()在字符串中的某个位置插入一个字符串，它修改当前字符串的内容，并返回字符串对象的引用。函数 insert()的一种原型定义如下：

```
QString  &QString::insert(qsizetype pos, const QString &str)
```

参数 pos 表示需要插入的位置，如果 pos 大于字符串长度，字符串会自动补空格扩充长度。

```
QString str1= "It is great";
int N= str1.lastIndexOf(" ");                   //最后一个空格的位置
str1.insert(N, "n't");                          //str1 ="It isn't great"
```

（5）函数 replace()。函数 replace()的一种原型定义如下：

```
QString  &QString::replace(qsizetype pos, qsizetype n, const QString &after)
```

其功能是从字符串的 pos 位置开始替换 n 个字符，替换后的字符串是 after。该函数会修改当前字符串的内容，并返回字符串对象的引用。替换后的字符串 after 的长度可以小于 n 或大于 n，例如：

```
QString str1= "It is great";
int N= str1.lastIndexOf(" ");                   //最后一个空格的位置
QString subStr= "wonderful";
str1.replace(N+1, subStr.size(), subStr);       //str1 ="It is wonderful"
str1.replace(N+1, subStr.size(), "OK!");        //str1 ="It is OK!"
```

函数 replace()还有另一种参数形式，即可以替换字符串中所有特定的字符，其函数原型定义如下：

```
QString  &QString::replace(QChar before, QChar after,
                           Qt::CaseSensitivity cs = Qt::CaseSensitive)
```

其功能是将字符串中的所有字符 before 替换为字符 after，可以设置是否区分大小写，例如：

```
QString str1= "Goooogle";
str1.replace('o', 'e');                         //str1 ="Geeeegle"
```

（6）函数 remove()。其功能是从字符串的 pos 位置开始移除 n 个字符，一种原型定义如下：

```
QString  &QString::remove(qsizetype pos, qsizetype n)
```

如果 n 超出了字符串的长度，就把 pos 后面的字符都移除，例如：

```
QString str1= "G:\\Qt6Book\\QtSamples\\qw.cpp";
int N= str1.lastIndexOf("\\");
str1.remove(N+1, 20);                   // str1 ="G:\Qt6Book\QtSamples\"
```

函数 remove()还有另一种参数形式，即可以移除字符串中某个字符出现的所有实例，例如：

```
QString str1= "你的，我的，他的";
QString DeStr= "的";
QChar   DeChar= QChar(DeStr[0].unicode()); //获取汉字'的'的 Unicode 编码，再创建 QChar 对象
str1.remove(DeChar);                        //str1 ="你，我，他"
```

4.3.5 QString 字符串常用功能测试

为了演示 QString 常用的字符串操作函数，我们编写了示例项目 samp4_02，图 4-22 所示为示例运行时界面。创建项目时选择窗口基类为 QWidget，界面主体部分使用了水平分割条布局。

在图 4-22 所示界面中，“输入”分组框里有两个下拉列表框用于选择输入字符串，还有一个 SpinBox 用于输入数字，只有在测试函数 section()的时候才需要用到 SpinBox 中输入的数字。

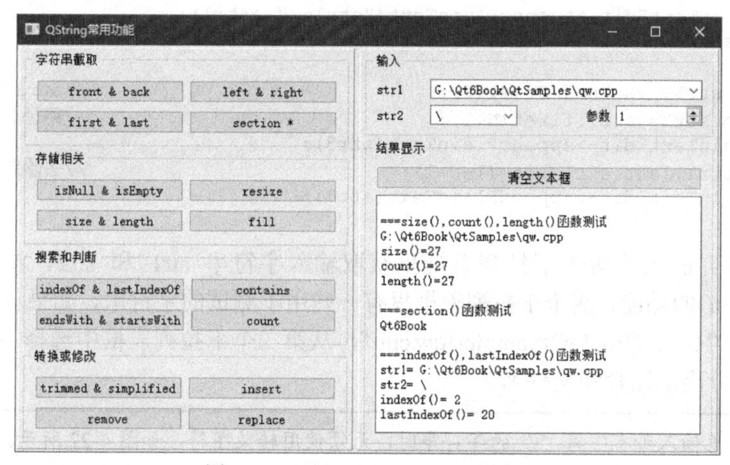

图 4-22 示例 samp4_02 运行时界面

我们为每个按钮的 clicked()信号编写了槽函数，每个按钮测试 QString 的一个或多个接口函数，测试信息都显示在右侧的 QPlainTextEdit 组件里。为了便于显示逻辑值，在窗口类 Widget 中定义了一个私有函数 showBoolInfo()，这个函数的实现代码如下：

```
void Widget::showBoolInfo(QString str, bool CheckValue)
{
    if(CheckValue)
        ui->plainTextEdit->appendPlainText(str+"= true");
    else
        ui->plainTextEdit->appendPlainText(str+"= false");
}
```

在前面讲解 QString 的接口函数时，我们已经给出了一些代码片段。本示例程序中，按钮的响应代码与前面的相似，只是添加了界面的输入和输出功能。例如标题为“isNull & isEmpty”的按钮主要是测试函数 isNull()和 isEmpty()，其槽函数代码如下，显示逻辑值时使用了函数 showBoolInfo()。

```
void Widget::on_pushButton_18_clicked()
{//测试 isNull()和 isEmpty()函数
    ui->plainTextEdit->appendPlainText("\n===isNull()函数测试");
    QString str1, str2="";
    ui->plainTextEdit->appendPlainText("QString str1, str2=""");
```

```
    showBoolInfo("str1.isNull()",  str1.isNull());
    showBoolInfo("str1.isEmpty()", str1.isEmpty());
    showBoolInfo("\nstr2.isNull()",str2.isNull());
    showBoolInfo("str2.isEmpty()", str2.isEmpty());
    str2.clear();
    ui->plainTextEdit->appendPlainText("\nstr2.clear()后");
    showBoolInfo("\nstr2.isNull()", str2.isNull());
    showBoolInfo("str2.isEmpty()",  str2.isEmpty());
}
```

标题为“first & last”的按钮的槽函数代码如下：

```
void Widget::on_pushButton_23_clicked()
{//测试 first()和 last()函数
    ui->plainTextEdit->appendPlainText("\n===first(), last()函数测试");
    QString str1= ui->comboBox1->currentText();           //获取 str1 输入
    QString str2= ui->comboBox2->currentText();           //获取 str2 输入
    ui->plainTextEdit->appendPlainText("str1= " +str1);
    ui->plainTextEdit->appendPlainText("str2= " +str2);

    int N= str1.lastIndexOf(str2);                        //str2 出现的最后位置
    QString str3= str1.first(N+1);                        //路径名称,带最后的“\”
    ui->plainTextEdit->appendPlainText(str3);
    str3= str1.last(str1.size()-N-1);                     //去除路径的文件名
    ui->plainTextEdit->appendPlainText(str3);
}
```

这段程序从界面上的两个下拉列表框里获取输入字符串 str1 和 str2，测试函数 first()、lastIndexOf()、last()的功能。两个下拉列表框里有一些用于测试的字符串，如果从第一个下拉列表框中选择 str1 为“G:\Qt6Book\QtSamples\qw.cpp”，从第二个下拉列表框中选择 str2 为“\”，那么程序的功能就是分离出路径和文件名。

注意 在界面组件里输入带有字符‘\’的字符串时，无须使用转义字符，如图 4-22 所示，因为 Qt 会自动处理。而在代码里直接写入的字符串中需要用到字符‘\’时，需要写成转义字符的形式，如同前面的一些代码片段中展示的那样。

图 4-22 所示界面中的测试按钮比较多，它们的槽函数代码就不全部展示了，其主要代码在前面的代码片段中都介绍过，读者自己打开示例源文件查看即可。

4.3.6 QString 字符串与数值的转换

程序有时候需要进行字符串与数值的转换。例如，从界面上的一个 QLineEdit 组件读取到一个字符串“3.14”，需要将其转换为浮点数 3.14 后才能进行数值计算，计算出的结果又需要转换为字符串才能在 QLineEdit 或 QLabel 组件上显示。

QString 提供了一些用于字符串与数值之间进行转换的函数，可以很方便地进行整数、浮点数与字符串的转换，还可以进行进制的转换，例如将一个整数显示为二进制或十六进制字符串。

1. 字符串转换为整数

QString 有一些接口函数用于将字符串转换为整数，这几个函数的定义如下：

```
int     toInt(bool *ok = nullptr, int base = 10)
uint    toUInt(bool *ok = nullptr, int base = 10)
long    toLong(bool *ok = nullptr, int base = 10)
```

```
ulong   toULong(bool *ok = nullptr, int base = 10)
short    toShort(bool *ok = nullptr, int base = 10)
ushort  toUShort(bool *ok = nullptr, int base = 10)
qlonglong   toLongLong(bool *ok = nullptr, int base = 10)
qulonglong  toULongLong(bool *ok = nullptr, int base = 10)
```

这几个函数的输入参数都一样。变量 ok 如果不为 null，就作为转换结果是否成功的返回变量，false 表示转换失败，true 表示转换成功。变量 base 表示使用的进制，默认值为 10，也就是十进制。base 可以设置为 2～36，常用的是二进制、八进制、十六进制；base 还可以设置为 0，表示使用 C 语言的表示法，字符串以“0x”开头就是十六进制的，否则就是十进制的。

如果转换成功，这些函数的返回值是转换后的结果整数；如果转换失败，返回值是 0。如果要判断转换是否成功，不要根据返回值是否为 0 来判断，而是要传递参数 ok，根据 ok 的返回值来判断。

```
QString str= "153";
int  N= str.toInt();                          //默认为十进制转换，N =153

bool ok= false;
str= "FF";
N= str.toInt(&ok,16);                         //按十六进制转换，ok =true，N =255

str= "10110111";                              //二进制字符串
N= str.toInt(&ok,2);                          //按二进制转换，ok =true，N =183

str= "0x5F";                                  //C 语言的十六进制字符串
N= str.toInt(&ok,0);                          //按 C 语言规则转换，ok =true，N =95
```

2. 字符串转换为浮点数

QString 有两个函数用于将字符串转换为浮点数，两个函数的原型定义如下，其中的参数 ok 用于获取返回值，表示转换是否成功。

```
float   toFloat(bool *ok = nullptr)
double  toDouble(bool *ok = nullptr)
```

3. 函数 setNum()

函数 setNum()用于将整数或浮点数转换为字符串。setNum()是 overload 型函数，有很多种参数形式。将 int 类型整数转换为字符串的函数 setNum()的原型定义如下：

```
QString  &setNum(int  n, int base = 10)
```

它的功能是将整数 n 转换为字符串，默认是转换为十进制字符串。如果 base 等于 16，就将整数 n 转换为十六进制字符串。

其他参数形式的函数 setNum()中，参数 n 可以是 short、uint、long 等各种整数类型。

```
int N= 243;
QString str;
str.setNum(N);                                //十进制，   str= "243"
str.setNum(N,16);                             //十六进制，str= "f3"
str.setNum(N,2);                              //二进制，   str= "11110011"
```

将浮点数转换为字符串的函数 setNum()的原型定义如下：

```
QString  &setNum(float n,  char format = 'g', int precision = 6)
QString  &setNum(double n, char format = 'g', int precision = 6)
```

其中，参数 n 是待转换的浮点数，format 是格式字符，precision 表示精度位数。浮点数格式字符的含义如表 4-7 所示，对于不同的格式字符，函数 setNum()中参数 precision 的含义不同。

表 4-7 浮点数格式字符的含义

格式字符	格式字符的含义	精度位数的含义
e	科学记数法，用小写字母 e，如 2.3e+2、-2.4e-5	基数的小数点后的有效位数
E	科学记数法，用大写字母 E，如 2.3E+2、-2.4E-5	基数的小数点后的有效位数
f	自然记数法，如 123.55、-23.4303	小数点后的有效位数
g	使用 e 或 f，哪种简洁就用哪种	小数点前后的数字位数之和
G	使用 E 或 f，哪种简洁就用哪种	小数点前后的数字位数之和

在下面这段程序中，函数 setNum()每种参数转换得到的字符串 str 的结果写在了注释里，从中可以看出精度位数的作用。

```
QString str;
double  num= 1245.2783;
str.setNum(num,'f',5);                          //小数点后 5 位，str= "1245.27830"
str.setNum(num,'E',5);                          //基数的小数点后 5 位，str= "1.24528E+03"
str.setNum(num,'g',5);                          //整数和小数总共 5 位，str= "1245.3"
str.setNum(num,'g',3);                          //整数和小数总共 3 位，str= "1.25e+03"
```

4. 静态函数 number()

QString 有一个静态函数 number()，其参数形式和功能与成员函数 setNum()的相似。静态函数 number()有多种参数形式，主要分为整数和浮点数两类，其函数原型定义如下：

```
QString  QString::number(long n, int base = 10)
QString  QString::number(double n, char format = 'g', int precision = 6)
```

使用静态函数 QString::number()时，需要获取其返回的字符串，示例代码如下：

```
int N= 245;
QString str= QString::number(N);               //转换为十进制字符串，str ="245"
str= QString::number(N,16);                     //转换为十六进制字符串，str ="f5"
double  num= 365.263;
str= QString::number(num,'f',4);                //小数点后 4 位，str ="365.2630"
str= QString::number(num,'E',4);                //小数点后 4 位，str ="3.6526E+02"
```

5. 静态函数 asprintf()

QString 的静态函数 asprintf()用于构造格式化输出各种数据的字符串，类似于标准 C 语言中的函数 printf()。函数 asprintf()的原型定义如下：

```
QString  QString::asprintf(const char *cformat, ...)
```

其中，cformat 是格式化字符串，后面可以有任意多个变量。格式化字符串的用法与 C 语言中的 printf()的用法一样，可以使用转义字符，也可以指定数据宽度和小数位数等。但要注意，cformat 格式化字符串中支持汉字，但是替换格式化字符串中的%s 只能用 UTF-8 编码的字符串，也就是变量的字符串中不能有汉字，否则会出现乱码。

```
QString str1= QString::asprintf("Year=%d,\tMonth=%2d,\tDay=%2d",2021,6,12);
QString UPC= "UPC";
//QString UPC= "石油大学";                        //如果这个字符串中有汉字，str2 会出现乱码
QString str2= QString::asprintf("Hello,欢迎来到 %s",UPC.toLocal8Bit().data());
double pi= M_PI;                                //圆周率常数 M_PI，在<QtMath>中定义
QString str3= QString::asprintf("Pi= %.10f",pi); //Pi= 3.1415926536
```

运行这段代码后，3 个字符串的内容分别是：

```
Year=2021,    Month= 6,    Day=12
Hello,欢迎来到 UPC
Pi= 3.1415926536
```

注意，函数 asprintf()中替换%s 的只能是 char*类型的字符串，而不能是 QString 字符串。所以，在代码中运行 UPC.toLocal8Bit().data()，就是将 QString 型变量 UPC 的 UTF-16 编码的字符串转换为本地 8 位编码的 QByteArray 型数据，再得到 QByteArray 数据的 char 类型指针。

如果写成下面的代码，会出现编译警告信息，且运行时 str2 无法得到预想的字符串。

```
QString UPC= "UPC";
QString str2= QString::asprintf("Hello,欢迎来到 %s",UPC);  //错误的代码，无法得到正确结果
```

6. 函数 arg()

arg()是 QString 的成员函数，有多种参数形式。函数 arg()用于格式化输出各种数据的字符串，其功能与静态函数 asprintf()的类似，使用起来更灵活。例如，运行下面的一段代码后，字符串 str1 的内容是“2021 年 08 月 03 日”。

```
int Y=2021, M=8, D=3;
int base= 10;                                   //十进制
QChar ch('0');                                  //用于填充的字符
QString str1= QString("%1 年%2 月%3 日").arg(Y).arg(M,2,base,ch).arg(D,2,base,ch);
```

字符串“%1 年%2 月%3 日”中的%1、%2、%3 是占位符，表示要用后面的函数 arg()生成的字符串替代。函数 arg()根据输入的数据和设置输出 QString 字符串，例如对于 int 类型的输入数据，函数 arg()的原型定义如下：

```
QString  arg(int a, int fieldWidth = 0, int base = 10, QChar fillChar = QLatin1Char(' '))
```

其中，a 是要转换为字符串的整数；fieldWidth 是转换成的字符串占用的最少空格数；base 是转换成的字符串显示进制，默认是十进制；fillChar 是当 fieldWidth 大于实际数位宽度时使用的填充字符，默认用空格。

在上面的代码中，arg(M, 2, base, ch)表示使用 2 位宽度显示变量 M 的值，使用填充字符‘0’。所以，如果 M=8，则转换成的字符串是“08”；如果 M=12，则转换成的字符串是“12”。

格式字符串中占位符出现的顺序可以打乱，甚至可以重复出现，例如，最后一行代码如果是：

```
QString str1= QString("%1 年度: %3/%2/%1").arg(Y).arg(M,2,base,ch).arg(D,2,base,ch);
```

那么，str1 的内容为“2021 年度: 03/08/2021”。

函数 arg()还有以 QString 作为输入参数类型的，其函数原型定义如下：

```
QString  arg(const QString &a, int fieldWidth = 0, QChar fillChar = QLatin1Char(' '))
```

变量 a 是 QString 类型，其字符串中可以有汉字。例如：

```
QString name= "张三";
int age= 25;
QString str2= QString("他名叫%1, 今年%2 岁").arg(name).arg(age);
```

运行这段代码后，字符串 str2 的内容是“他名叫张三, 今年 25 岁”。所以，使用 arg()输出代表字符串的变量时字符串中可以有汉字，而 asprintf()输出字符串变量时字符串中是不能有汉字的。

函数 arg()也可以把浮点数转换为字符串，其函数原型定义如下：

```
QString  arg(double a, int fieldWidth = 0, char format = 'g', int precision = -1,
             QChar fillChar = QLatin1Char(' '))
```

其中，格式字符 format 和精度位数 precision 的含义如表 4-7 所示。示例代码如下：

```
double pi= M_PI;                          //圆周率常数M_PI，在<QtMath>中定义
int precision= 8;
QString str3= QString("pi=%1").arg(pi,0,'f',precision); //pi=3.14159265
```

运行这段代码后，字符串 str3 的内容是“pi=3.14159265”。

4.3.7 QString 字符串与数值转换示例

1. 示例功能和程序原理

示例项目 samp4_03 会演示 QString 字符串与数值转换的编程方法，程序运行时界面如图 4-23 所示。界面上使用 QLineEdit 组件作为字符串输入和输出组件，QLineEdit 有两个函数分别用于读取和设置界面上显示的字符串，其函数原型定义如下：

```
QString  QLineEdit::text()                        //获取编辑框中显示的字符串
void  QLineEdit::setText(const QString &)         //设置编辑框中显示的字符串
```

在图 4-23 所示界面中，“计算总价”按钮的功能是从两个编辑框中读入数量和单价，计算出总价后再显示到“总价”编辑框里。这个按钮的槽函数代码如下：

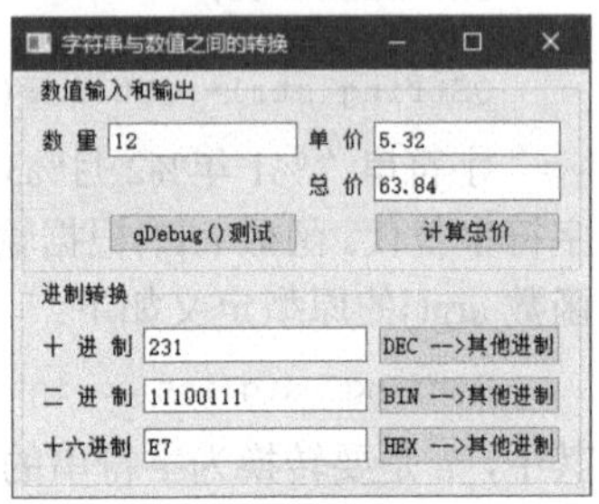

图 4-23 示例 samp4_03 运行时界面

```
void Widget::on_btnCal_clicked()
{// “计算总价”按钮
    int num= ui->editNum->text().toInt();
    //数量：字符串转换为整数
    float price= ui->editPrice->text().toFloat();
   //单价：字符串转换为浮点数
    float total= num*price;
    QString str;
    str= str.setNum(total,'f',2);           //浮点数，有2位小数
    ui->editTotal->setText(str);
}
```

在下方的“进制转换”分组框里，3 个按钮分别读取对应编辑框内的字符串，再将其转换为其他进制的字符串并显示。例如，标题为“DEC -->其他进制”的按钮，其功能就是读取其左侧编辑框中的十进制字符串，将字符串转换为整数后，再把这个整数转换为二进制字符串和十六进制字符串显示出来。

3 个进行进制转换的按钮的槽函数代码如下，代码中用到的 QString 相关接口函数在前面都介绍过，这里不再解释代码原理了。

```
void Widget::on_btnDec_clicked()
{//读取十进制字符串，将其转换为其他进制显示
    int val= ui->editDec->text().toInt();           //读取十进制字符串，将其转换为整数
    QString str= QString::number(val,16);           //显示为十六进制字符串
    str= str.toUpper();                             //转换为大写字母
    ui->editHex->setText(str);
    str= QString::number(val,2);                    //显示为二进制字符串
    ui->editBin->setText(str);
}

void Widget::on_btnBin_clicked()
{//读取二进制字符串，将其转换为其他进制显示
    bool ok;
    int val= ui->editBin->text().toInt(&ok,2);      //读取二进制字符串，将其转换为整数
```

```
    QString str= QString::number(val,10);                  //显示为十进制字符串
    ui->editDec->setText(str);
    str= QString::number(val,16);                          //显示为十六进制字符串
    str= str.toUpper();                                    //转换为大写字母
    ui->editHex->setText(str);
}

void Widget::on_btnHex_clicked()
{//读取十六进制字符串，将其转换为其他进制显示
    bool ok;
    int val= ui->editHex->text().toInt(&ok,16);            //读取十六进制字符串，将其转换为整数
    QString str= QString::number(val,10);                  //显示为十进制字符串
    ui->editDec->setText(str);
    str= QString::number(val,2);                           //显示为二进制字符串
    ui->editBin->setText(str);
}
```

2. 使用 qDebug()输出信息

图 4-23 所示的界面上还有一个标题为“qDebug()测试”的按钮，这个按钮的功能是测试一些临时代码，并且使用 qDebug()输出信息，以便观察程序运行结果。

对于本示例界面上的其他几个按钮，只演示了 QString 很少的几个接口函数的使用方法，而且没有覆盖各种参数情况。4.3.6 节介绍了 QString 用于字符串与数值转换的各种函数，4.3.6 节的代码片段都经过实际编程测试，以确保正确性。这些代码片段就是在“qDebug()测试”按钮的槽函数里编程测试的，例如，为了测试 QString::setNum()函数，这个按钮的槽函数代码如下：

```
void Widget::on_btnDebug_clicked()
{ //“qDebug()测试”按钮
//=====setNum()函数，浮点数
    QString str;
    double  num= 1245.2783;
    qDebug("num= %f",num);
    str.setNum(num,'f',5);                         //小数点后 5 位，str ="1245.27830"
    qDebug("str= %s",str.toLocal8Bit().data());
    str.setNum(num,'E',5);                         //基数的小数点后 5 位，str ="1.24528E+03"
    qDebug("str= %s",str.toLocal8Bit().data());
    str.setNum(num,'g',5);                         //整数和小数总共 5 位，str ="1245.3"
    qDebug("str= %s",str.toLocal8Bit().data());
    str.setNum(num,'g',3);                         //整数和小数总共 3 位，str ="1.25e+03"
    qDebug("str= %s",str.toLocal8Bit().data());
}
```

这里使用宏函数 qDebug()将一些调试信息输出，以便查看程序运行结果。qDebug()输出的信息显示在 Qt Creator 工作区下方的 Application Output 窗口里，如图 4-24 所示。

图 4-24 使用宏函数 qDebug()输出调试信息

使用 qDebug()输出一些信息非常方便，便于测试一些简单的代码片段。例如在本节中，为测试 QString 的各种接口函数，我们可以在“qDebug()测试”按钮的槽函数里编写不同的代码片段，测试过的代码就注释掉。我们也可以将需要测试的代码片段编写为函数，对它们分别调用以进行测试。

宏函数 qDebug()输出数据的格式与 C 语言的函数 printf()的类似，可以格式化输出各种数据，

qDebug()的函数原型定义如下：

```
qDebug(const char *message, ...)
```

注意，qDebug()的格式化字符串中的提示文字可以有汉字，但是%s 替换的字符串中不能有汉字。如果要把一个 QString 类型的字符串在 qDebug()中用%s 替换显示，需要将 QString 字符串转换为 char*类型的字符串，示例代码如下：

```
QString str;
double  num= 1245.2783;
str.setNum(num,'f',5);                          //小数点后 5 位，str ="1245.27830"
qDebug("str= %s",str.toLocal8Bit().data());
```

宏函数 qDebug()一般用于在开发过程中输出调试信息。如果要生成项目的发布版本，通常希望程序中所有 qDebug()语句都不再输出任何内容。要达到此目的，只需在项目的配置文件（.pro 文件）中增加如下的一行语句，然后重新构建项目。

```
DEFINES += QT_NO_DEBUG_OUTPUT
```

4.4 QSpinBox 和 QDoubleSpinBox

QSpinBox 和 QDoubleSpinBox 是常用的数值输入和输出组件，我们将它们统称为 SpinBox。从 SpinBox 读取的数据就是数值（整数或浮点数），设置数值就可以直接显示。QSpinBox 用于输入和输出整数，一般显示为十进制数，也可以按其他进制显示，而且可以设置显示的前缀和后缀。QDoubleSpinBox 用于显示和输入浮点数，可以设置显示的小数位数，也可以设置显示的前缀和后缀。

4.4.1 QSpinBox 类和 QDoubleSpinBox 类

1．属性和接口函数

QSpinBox 和 QDoubleSpinBox 都是 QAbstractSpinBox 的子类，具有很多相同的属性，只是参数类型不同。在 Qt Designer 里进行 UI 可视化设计时就可以设置这些属性，并能立刻看到显示效果。QSpinBox 和 QDoubleSpinBox 的主要属性如表 4-8 所示，下面主要以 QSpinBox 为例进行说明。

表 4-8 QSpinBox 和 QDoubleSpinBox 的主要属性

属性名称	功能
prefix	数字显示的前缀，例如“$”
suffix	数字显示的后缀，例如“kg”
buttonSymbols	编辑框右侧调节按钮的符号，可以设置不显示调节按钮
text	只读属性，SpinBox 里显示的全部文字，包括前缀和后缀
cleanText	只读属性，不带前缀和后缀且去除了前后空格的文字
minimum	数值范围的最小值
maximum	数值范围的最大值
singleStep	点击编辑框右侧上下调节按钮时的单步改变值，例如 1 或 0.1
stepType	步长类型，单一步长或自适应步长
value	当前显示的值
displayIntegerBase	QSpinBox 特有属性，显示整数使用的进制，例如 10 表示十进制
decimals	QDoubleSpinBox 特有属性，显示数值的小数位数，例如 2 表示显示两位小数

一个属性在类的接口中一般有一个读取函数和一个设置函数，例如 QSpinBox 的 value 属性对应的读取函数和设置函数的定义如下：

```
int   QSpinBox::value()                                //读取数值
void  QSpinBox::setValue(int val)                      //设置数值
```

表 4-8 中各个属性对应的读取函数和设置函数就不逐一列举了，在 Qt 帮助文档里查找 QSpinBox 类，可以看到所有属性及其读取函数和设置函数的详细描述。

从 Qt 5.12 开始，QSpinBox 和 QDoubleSpinBox 新增了一个 stepType 属性，表示步长变化的方式，属性值是枚举类型 QAbstractSpinBox::StepType，有两个枚举常量。

- QAbstractSpinBox::DefaultStepType：默认步长，也就是使用属性 singleStep 设置的固定步长。
- QAbstractSpinBox::AdaptiveDecimalStepType：自适应十进制步长，表示将自动连续调整步长值为 10^n，其中 n 为大于或等于 0 的整数。例如，value 属性值为 10 以下时，singleStep 属性值为 1；value 属性值为 100～999 时，singleStep 属性值为 10。

QSpinBox 类的接口函数主要是属性相关的读写函数，此外，QSpinBox 还有一个函数 setRange()，其函数原型定义如下，可同时设置最小值和最大值。

```
void  QSpinBox::setRange(int minimum, int maximum)
```

2. 信号

QSpinBox 有两个特有的信号，信号定义如下：

```
void  QSpinBox::valueChanged(int i)
void  QSpinBox::textChanged(const QString &text)
```

信号 valueChanged()在 value 属性值变化时被发射，传递的参数 i 是变化之后的数值。

信号 textChanged()在显示的文字发生变化时被发射，例如数值变化导致文字变化，prefix 或 suffix 属性变化导致文字变化。

4.4.2 示例程序

创建一个 GUI 项目 samp4_04，选择窗口基类为 QWidget。UI 可视化设计时界面如图 4-25 所示，界面上组件的命名和布局请查看 UI 文件 widget.ui。

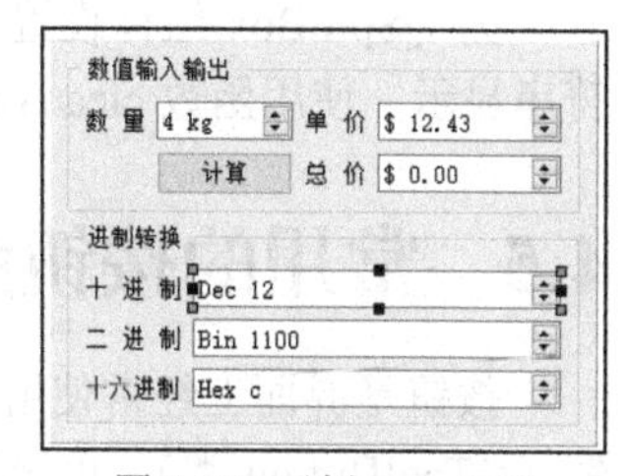

图 4-25 示例 samp4_04 设计时界面

“数值输入输出”分组框里放置了一个 QSpinBox 组件和两个 QDoubleSpinBox 组件，给它们分别设置了前缀和后缀，QDoubleSpinBox 组件的 decimals 属性设置为 2，也就是显示两位小数。

“进制转换”分组框里是 3 个 QSpinBox 组件，maximum 属性都设置为 65535，分别设置了前缀，设置 displayIntegerBase 属性值分别为 10、2 和 16，使它们用不同的进制显示数。显示十进制数的 QSpinBox 组件的 stepType 设置为 AdaptiveDecimalStepType，以测试自适应步长的效果。

Widget 类的构造函数以及标题为“计算”的按钮的槽函数代码如下：

```
Widget::Widget(QWidget *parent) : QWidget(parent), ui(new Ui::Widget)
{
    ui->setupUi(this);
    connect(ui->spinNum,SIGNAL(valueChanged(int)), this,SLOT(on_btnCal_clicked()));
    connect(ui->spinPrice,SIGNAL(valueChanged(double)), this,SLOT(on_btnCal_clicked()));
```

```
}
void Widget::on_btnCal_clicked()
{// “计算” 按钮
    int num= ui->spinNum->value();                          //读取数量，是整数
    float price= ui->spinPrice->value();                    //读取单价，是浮点数
    float total= num*price;
    ui->spinTotal->setValue(total);                         //直接显示浮点数
}
```

按钮 btnCal 的 clicked()信号的槽函数 on_btnCal_clicked()是用 Go to slot 对话框生成的。在 Widget 的构造函数里，我们将 spinNum 和 spinPrice 的 valueChanged()信号与这个槽函数关联，这样，在界面上调整“数量”和“单价”这两个 SpinBox 的值时，就会运行槽函数 on_btnCal_clicked()。

对于“进制转换”分组框里的 3 个 QSpinBox 组件，使用 Go to slot 对话框为它们的 valueChanged()信号创建槽函数。3 个 QSpinBox 组件的槽函数代码如下：

```
void Widget::on_spinDec_valueChanged(int arg1)
{// “十进制” SpinBox
    qDebug(ui->spinDec->cleanText().toLocal8Bit().data()); //显示数值的十进制字符串
    ui->spinBin->setValue(arg1);                           //设置整数，自动以二进制显示
    ui->spinHex->setValue(arg1);                           //设置整数,自动以十六进制显示
}
void Widget::on_spinBin_valueChanged(int arg1)
{// “二进制” SpinBox
    qDebug(ui->spinBin->cleanText().toLocal8Bit().data());  //显示数值的二进制字符串
    ui->spinDec->setValue(arg1);
    ui->spinHex->setValue(arg1);
}
void Widget::on_spinHex_valueChanged(int arg1)
{// “十六进制” SpinBox
    qDebug(ui->spinHex->cleanText().toLocal8Bit().data());  //显示数值的十六进制字符串
    ui->spinDec->setValue(arg1);
    ui->spinBin->setValue(arg1);
}
```

为 QSpinBox 组件设置进制属性 displayIntegerBase 后，组件会将当前值自动以相应进制的字符串显示。使用函数 cleanText()可以返回数值的字符串，例如可以得到一个数的十六进制字符串。

4.5 常用的按钮组件

按钮是界面上经常使用的组件，常用的 4 种按钮组件是普通按钮（QPushButton 类）、工具按钮（QToolButton 类）、单选按钮（QRadioButton 类）、复选框（QCheckBox 类），它们都有共同的父类 QAbstractButton（见图 4-2），所以它们有一些共有的特性。例如，QAbstractButton 具有 checkable 和 checked 属性，所以，这 4 种按钮都是可复选的，通过设置属性，普通按钮也可以实现复选框或单选按钮的功能。

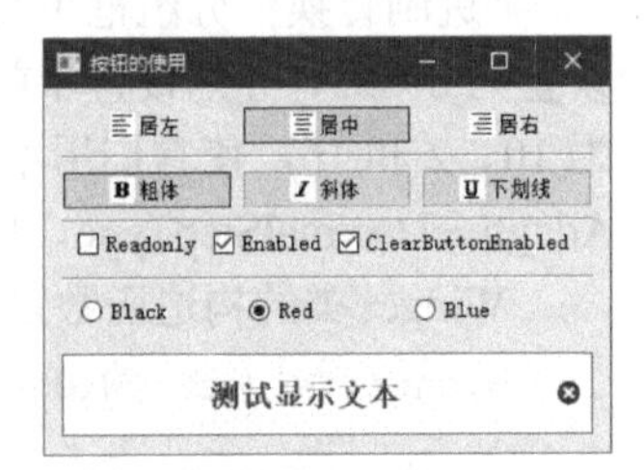

图 4-26 示例 samp4_05 运行时界面

本节设计一个示例项目 samp4_05，演示 3 种按钮的使用方法，特别是普通按钮的一些特殊用法。示例运行时界面如图 4-26 所示。界面最上面一行的 3 个普通按钮用于设置文字对齐方式，这 3 个按钮只能选用一个，功能类似于单选按钮。下面一行也是 3 个普通按

钮，用于设置粗体、斜体、下划线这 3 种字体样式，功能类似于复选框。再下面一行的 3 个复选框用于控制下方的编辑框的属性。最下面的 3 个单选按钮用于设置编辑框的文字颜色。

4.5.1 各按钮类的接口详解

1. 按钮的属性

QAbstractButton 是抽象类，不能用于创建实际的按钮对象，但它是几个按钮类的父类，所以它定义的属性、接口函数和信号是几个实际的按钮类共有的。图 4-27 展示了 UI 可视化设计时界面上标题为“居左”的 QPushButton 按钮的属性，从中可以看到 QAbstractButton 定义的共有属性以及 QPushButton 定义的特有属性。

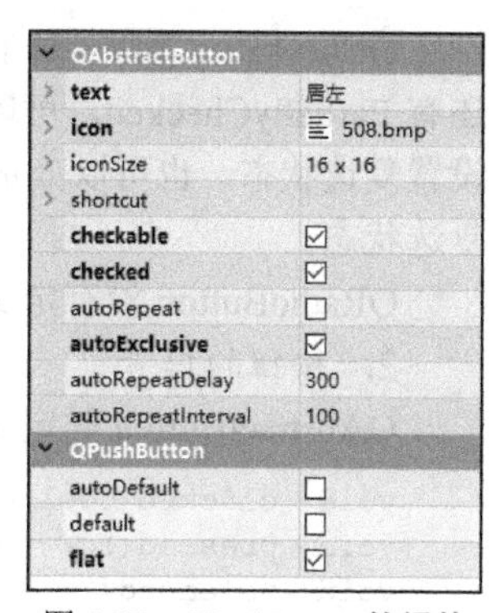

图 4-27 QPushButton 按钮的属性

QAbstractButton 类的主要属性如表 4-9 所示。

表 4-9 QAbstractButton 类的主要属性

属性	属性值类型	功能
text	QString	按钮的显示文字
icon	QIcon	按钮的图标
shortcut	QKeySequence	按钮的快捷键
checkable	bool	按钮是否可复选
checked	bool	按钮是否复选的状态
autoExclusive	bool	在一个布局或一个容器组件内的同类按钮是否是互斥的。如果是互斥的，当其中一个按钮的 checked 属性被设置为 true 时，其他按钮的 checked 属性被自动设置为 false
autoRepeat	bool	是否自动重复。如果值为 true，那么在按钮处于按下状态时，将自动重复发射 clicked()、pressed()、released()信号。初次重复的延迟时间由属性 autoRepeatDelay 决定，重复的周期由属性 autoRepeatInterval 决定，时间单位都是毫秒

由表 4-9 可知，按钮都具有控制复选状态的属性。3 种常用按钮的外观不一样，用于复选控制的几个属性的默认值与其默认功能是匹配的。

- QPushButton 的 checkable 属性默认值是 false，它一般作为普通按钮使用。
- QRadioButton 和 QCheckBox 的 checkable 属性默认值是 true，它们有复选状态。
- QCheckBox 的 autoExclusive 属性默认值是 false，所以复选框一般用于非互斥的选项。
- QRadioButton 的 autoExclusive 属性默认值是 true，所以单选按钮一般用于互斥的选项。

QPushButton 还新增了图 4-27 所示的 3 个属性，这 3 个属性如表 4-10 所示。

表 4-10 QPushButton 的新增属性

属性	属性值类型	功能
autoDefault	bool	按钮是否为自动默认按钮
default	bool	按钮是否为默认按钮
flat	bool	当 flat 属性值为 true 时，按钮没有边框，只有被点击或复选时才显示按钮边框

只有当按钮所在的窗口基类是 QDialog 时，autoDefault 和 default 属性才有意义。在对话框上，如果一个按钮的 default 属性为 true，它就是默认按钮，按下 Enter 键就相当于点击了默认按钮。如果一个按钮的 autoDefault 属性为 true，它就是自动默认按钮，当它获得焦点时，它就会变成默认按钮。

QCheckBox 增加了一个 tristate 属性，表示是否允许有 3 种复选状态，即除了 Checked 和 Unchecked，还有 PartiallyChecked。可以分别用 QAbstractButton 定义的函数 isChecked()和 setChecked()读取和设置复选状态，也可以分别用 QCheckBox 中定义的函数 checkState()和 setCheckState()读取和设置复选状态。

QRadioButton 没有定义新的属性。

2. 按钮的信号

QAbstractButton 类定义了如下几个信号，信号发射的时机见注释。

```
void  clicked(bool checked = false)          //点击按钮时
void  pressed()                              //按下 Space 键或鼠标左键时
void  released()                             //释放 Space 键或鼠标左键时
void  toggled(bool checked)                  //按钮的 checked 属性值变化时
```

按钮常用的信号是 clicked()。如果按钮是可复选的，还可以使用 clicked(bool)信号，bool 类型参数是点击按钮后 checked 属性的值。

当按钮的 checked 属性值变化时，按钮会发射 toggled(bool)信号，bool 类型参数是变化之后的 checked 属性的值。点击按钮或运行函数 setChecked()会导致 checked 属性值发生变化。

QPushButton 和 QRadioButton 没有定义新信号。QCheckBox 定义了一个新信号，定义如下：

```
void  QCheckBox::stateChanged(int state)
```

当复选框的复选状态变化时，组件发射此信号。如果复选框的 tristate 属性设置为 false，也就是只有两种复选状态时，stateChanged()信号和 toggled()信号的作用是一样的。

4.5.2 示例程序功能实现

1. UI 可视化设计

本示例的窗口基类是 QWidget，UI 可视化设计时界面如图 4-28 所示。

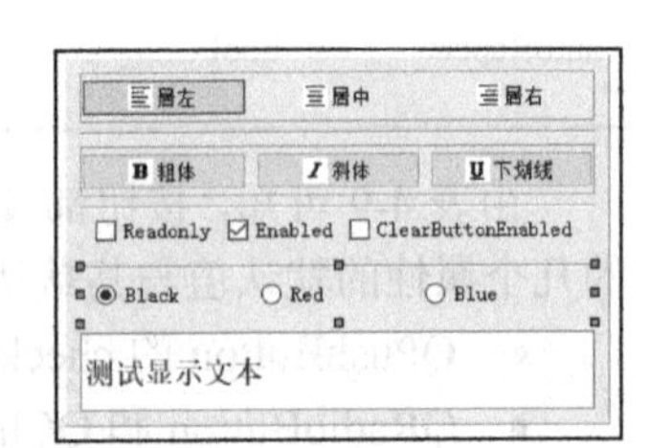

图 4-28 示例 samp4_05 的设计时界面

一个布局或一个容器组件内的同类型按钮为一组，QAbstractButton 的 autoExclusive 属性对一组内的按钮有效。在图 4-28 所示界面中，设置对齐方式的 3 个按钮通过水平布局设置为一组，设置字体的 3 个按钮也通过水平布局设置为一组。这两组 QPushButton 的主要属性设置如表 4-11 所示。

表 4-11 两组 QPushButton 的主要属性设置

按钮分组	属性设置	描述
对齐方式按钮	checkable=true autoExclusive=true flat=true	3 个按钮以平面效果显示，可以被复选，且具有互斥性，功能类似于单选按钮
字体按钮	checkable= true autoExclusive=False	按钮可以被复选，但不具有互斥性，功能类似于复选框

在图 4-28 所示界面中，3 个复选框在一个分组框里水平布局，3 个单选按钮在一个分组框里水平布局。把分组框的 flat 属性设置为 true，分组框就只显示上面的一条边框线。

2. 程序功能实现

在 QPushButton 的 Go to slot 对话框中，有 clicked()和 clicked(bool)两个信号。选择对齐方式的

3 个按钮是互斥的，点击的按钮自然被选中，无须传递 checked 属性值，所以选择 clicked()信号来创建槽函数。设置字体的 3 个按钮是可以被选中多个的，所以选择 clicked(bool)信号来创建槽函数。

对于设置编辑框属性的 3 个复选框，应该选择 clicked(bool)信号来创建槽函数。对于设置颜色的 3 个单选按钮，应该选择 clicked()信号来创建槽函数。为每个槽函数编写代码，完成后的代码如下：

```
void Widget::on_btnAlign_Left_clicked()
{// “居左” 按钮
    ui->editInput->setAlignment(Qt::AlignLeft);
}
void Widget::on_btnAlign_Center_clicked()
{// “居中” 按钮
    ui->editInput->setAlignment(Qt::AlignCenter);
}
void Widget::on_btnAlign_Right_clicked()
{// “居右” 按钮
    ui->editInput->setAlignment(Qt::AlignRight);
}

void Widget::on_btnFont_Bold_clicked(bool checked)
{// “粗体” 按钮
    QFont font= ui->editInput->font();
    font.setBold(checked);
    ui->editInput->setFont(font);
}
void Widget::on_btnFont_Italic_clicked(bool checked)
{// “斜体” 按钮
    QFont font= ui->editInput->font();
    font.setItalic(checked);
    ui->editInput->setFont(font);
}
void Widget::on_btnFont_UnderLine_clicked(bool checked)
{// “下划线” 按钮
    QFont font= ui->editInput->font();
    font.setUnderline(checked);
    ui->editInput->setFont(font);
}

void Widget::on_chkBox_Readonly_clicked(bool checked)
{//Readonly 复选框
    ui->editInput->setReadOnly(checked);
}
void Widget::on_chkbox_Enable_clicked(bool checked)
{//Enabled 复选框
    ui->editInput->setEnabled(checked);
}
void Widget::on_chkBox_ClearButton_clicked(bool checked)
{//ClearButtonEnabled 复选框
    ui->editInput->setClearButtonEnabled(checked);
}

void Widget::on_radioBlack_clicked()
{//Black 单选按钮
    QPalette plet= ui->editInput->palette();
    plet.setColor(QPalette::Text, Qt::black);
    ui->editInput->setPalette(plet);
}
void Widget::on_radioRed_clicked()
```

```
{//Red 单选按钮
    QPalette plet= ui->editInput->palette();
    plet.setColor(QPalette::Text, Qt::red);
    ui->editInput->setPalette(plet);
}
void Widget::on_radioBlue_clicked()
{//Blue 单选按钮
    QPalette plet= ui->editInput->palette();
    plet.setColor(QPalette::Text, Qt::blue);
    ui->editInput->setPalette(plet);
}
```

QLineEdit 有一个属性 clearButtonEnabled，如果设置为 true，在编辑框的右端就会出现一个小的圆形按钮（见图 4-26），点击这个按钮就可以清除编辑框的内容。

4.6 QSlider 和 QProgressBar

在 Qt Designer 的组件面板里有几个滑动型数值输入组件，包括滑动条（QSlider 类）、卷滚条（QScrollBar 类）和表盘（QDial 类），对应的 3 个类具有同一个父类 QAbstractSlider（见图 4-4），所以它们具有一些共有的特性。例如 QSlider 和 QScrollBar 都有 orientation 属性，可以设置为水平方向或垂直方向。

进度条（QProgressBar 类）是用于显示数值的组件，特别适用于显示百分比进度。

本节介绍这几个滑动型数值输入和显示组件的使用方法，图 4-29 所示的是本节示例 samp4_06 运行时界面。

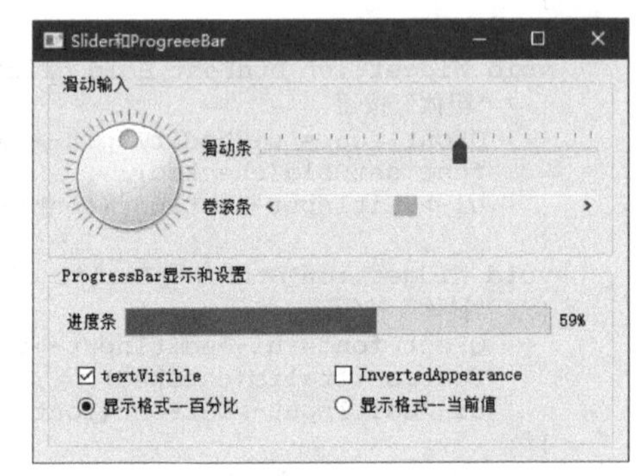

图 4-29 示例 samp4_06 运行时界面

4.6.1 各组件类的主要属性和接口函数

1. QAbstractSlider 类的属性

QAbstractSlider 是 QSlider、QScrollBar 和 QDial 的父类，它定义了这几个类共有的一些属性和接口函数。图 4-30 展示了 UI 可视化设计时本示例界面上的 QSlider 组件的属性。QAbstractSlider 定义的主要属性如表 4-12 所示。

表 4-12 QAbstractSlider 定义的主要属性

属性	属性值类型	功能
minimum	int	数据范围的最小值，默认值是 0
maximum	int	数据范围的最大值，默认值是 99
singleStep	int	拖动滑动条上的滑块，或按下卷滚条两端的按钮时变化的最小数值，默认值是 1
pageStep	int	输入焦点在组件上时，按下 PgUp 或 PgDn 键时变化的数值，默认值是 10
value	int	组件的当前值，拖动滑块时自动改变此值
sliderPosition	int	滑块的位置，若 tracking 属性值为 true，sliderPosition 值就等于 value 值
tracking	bool	如果设置为 true，改变 value 值同时会改变 sliderPosition 值
orientation	Qt::Orientation	滑动条或卷滚条的方向，可以设置为水平方向或垂直方向
invertedAppearance	bool	显示方式是否反向，默认值为 false，水平的滑动条或卷滚条由左向右数值增大
invertedControls	bool	反向按键控制，若设置为 true，则按下 PgUp 或 PgDn 键时调整数值的方向相反

QAbstractSlider 的接口函数主要是这些属性的读写函数，还有一个常用的函数 setRange()用于设置组件的最小值和最大值，函数原型定义如下：

```
void  QAbstractSlider::setRange(int min, int max)
```

2. QAbstractSlider 类的信号

QAbstractSlider 定义了几个信号，信号函数定义如下，信号触发时机见注释。

```
void  actionTriggered(int action)             //滑动条触发一些动作时
void  rangeChanged(int min, int max)          //minimum 或 maximum 属性值发生变化时
void  sliderMoved(int value)                  //用户按住鼠标拖动滑块时
void  sliderPressed()                         //在滑块上按下鼠标时
void  sliderReleased()                        //在滑块上释放鼠标时
void  valueChanged(int value)                 //value 属性值变化时
```

actionTriggered(int action)信号在滑动条触发一些动作时被发射，action 表示动作的类型，用枚举类型 QAbstractSlider::SliderAction 的值表示，如 SliderToMinimum 表示滑动到最小值。

value 属性值改变时，组件会发射 valueChanged()信号，可以通过拖动滑块改变 value 属性的值，也可以在程序中运行函数 setValue()改变 value 属性的值。

用鼠标拖动滑块移动时，组件会发射 sliderMoved(int value)信号，参数 value 是组件的当前值。如果 tracking 属性设置为 true，在拖动滑块时组件还会发射 valueChanged()信号；如果 tracking 属性设置为 false，则只有在拖动结束并释放鼠标时组件才发射 valueChanged()信号。

3. QSlider 类

QSlider 一般用作滑动输入数值数据的组件，QSlider 类新定义的属性有两个。

- tickPosition：标尺刻度的显示位置，属性值是枚举类型 QSlider::TickPosition。
- tickInterval：标尺刻度的间隔值，若设置为 0，会在 singleStep 和 pageStep 之间自动选择。

4. QScrollBar 类

QScrollBar 没有定义新的属性。QScrollBar 一般与文本编辑器或容器组件组合使用，以便在一个大的显示范围内移动，例如 QPlainTextEdit 组件显示的文本超过编辑框的大小后，就会自动出现水平卷滚条或垂直卷滚条。

5. QDial 类

QDial 表示表盘式的组件，通过旋转表盘获得输入值，QAbstractSlider 定义的一些属性对 QDial 没有影响，例如 orientation 属性。QDial 定义了 3 个新的属性。

- notchesVisible：表盘外围的小刻度线是否可见。
- notchTarget：表盘刻度间的间隔像素值。
- wrapping：表盘上首尾刻度是否连贯。如果设置为 false，表盘的最小值和最大值刻度之间有一定的空间，否则，表盘刻度是一整圈连续的。默认值是 false。

6. QProgressBar 类

QProgressBar 表示进度条组件，一般以百分比数据来显示进度。QProgressBar 的父类是 QWidget，它与 QAbstractSlider 类没有继承关系。图 4-31 展示了本示例中窗体上的 QProgressBar 组件的属性，其中几个不易理解的属性如下。

- textDirection：文字的方向，这表示垂直进度条的文字的阅读方向，包括从上往下和从下往上两种选项。这个属性对于水平进度条无意义。

- format：显示文字的格式，“%p%”显示百分比，“%v”显示当前值，“%m”显示总步数。默认为“%p%”。

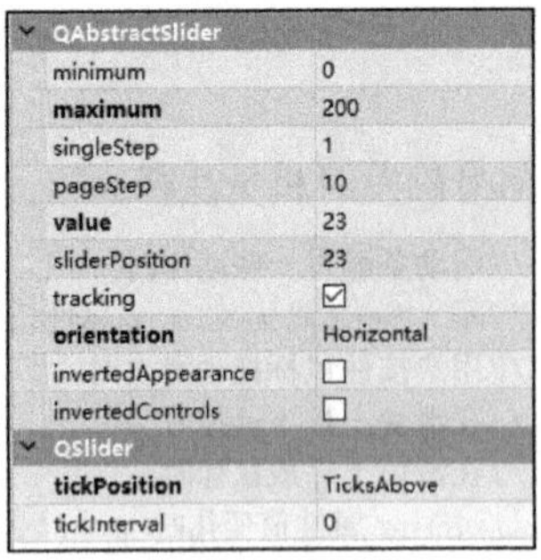

QAbstractSlider	
minimum	0
maximum	200
singleStep	1
pageStep	10
value	23
sliderPosition	23
tracking	☑
orientation	Horizontal
invertedAppearance	☐
invertedControls	☐
QSlider	
tickPosition	TicksAbove
tickInterval	0

图 4-30　本示例界面上的 QSlider 组件的属性

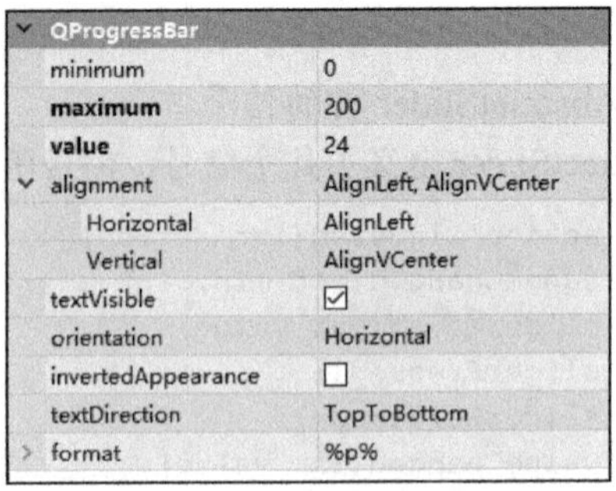

QProgressBar	
minimum	0
maximum	200
value	24
alignment	AlignLeft, AlignVCenter
Horizontal	AlignLeft
Vertical	AlignVCenter
textVisible	☑
orientation	Horizontal
invertedAppearance	☐
textDirection	TopToBottom
format	%p%

图 4-31　QProgressBar 组件的属性

QProgressBar 类的接口函数主要是属性的读写函数。QProgressBar 还有两个常用的与属性读写无关的函数，定义如下：

```
void  QProgressBar::setRange(int minimum, int maximum)  //设置范围
void  QProgressBar::reset()                             //将进度条复位,也就是使进度值为0
```

4.6.2　示例程序功能实现

示例 samp4_06 的窗口基类是 QWidget，界面的 UI 可视化设计不再赘述，查看源文件 widget.ui 即可。“滑动输入”分组框里的 3 个滑动类组件作为输入组件，当它们的值变化时，会改变进度条的值。“ProgressBar 显示和设置”分组框中的几个复选框和单选按钮用于设置进度条的一些属性。

为了测试 QProgressBar 的 format 属性的显示效果，将进度条的 maximum 属性值设置为 200，表盘、滑动条和卷滚条的 maximum 属性值也设置为 200。

需要为表盘、滑动条和卷滚条这 3 个组件的 valueChanged()信号关联槽函数，如果使用 Go to slot 对话框生成槽函数框架，将生成 3 个槽函数，并且每个槽函数的代码是相同的。为此，我们在窗口类 Widget 中自定义一个槽函数 do_valueChanged()，然后在 Widget 类的构造函数中将 3 个组件的 valueChanged()信号与这个自定义槽函数关联。

文件 widget.c 中的主要代码如下，程序比较简单，所以不再做解释。

```
Widget::Widget(QWidget *parent) :  QWidget(parent),  ui(new Ui::Widget)
{
    ui->setupUi(this);
   //将表盘、滑动条、卷滚条的 valueChanged()信号与自定义槽函数关联
    connect(ui->slider,SIGNAL(valueChanged(int)),   this, SLOT(do_valueChanged(int)));
    connect(ui->scrollBar,SIGNAL(valueChanged(int)),this, SLOT(do_valueChanged(int)));
    connect(ui->dial,SIGNAL(valueChanged(int)),     this, SLOT(do_valueChanged(int)));
}
void Widget::do_valueChanged(int value)
{//自定义槽函数
    ui->progressBar->setValue(value);                   //设置进度条的 value
}
void Widget::on_chkBox_Visible_clicked(bool checked)
{//textVisible 复选框
    ui->progressBar->setTextVisible(checked);
}
```

```
void Widget::on_chkBox_Inverted_clicked(bool checked)
{//InvertedAppearance 复选框
    ui->progressBar->setInvertedAppearance(checked);
}
void Widget::on_radio_Percent_clicked()
{// "显示格式--百分比" 单选按钮
    ui->progressBar->setFormat("%p%");              //进度条显示百分比
}
void Widget::on_radio_Value_clicked()
{// "显示格式--当前值" 单选按钮
    ui->progressBar->setFormat("%v");               //进度条显示数值
}
```

4.7 日期时间数据

日期和时间是经常遇到的数据类型。本节介绍日期时间数据的表示方法，以及如何在界面上获取和显示日期时间数据。Qt 定义了 3 个类用于表示和处理日期时间数据。

- QTime：表示时间数据的类，时间数据如 12:04:35。
- QDate：表示日期数据的类，日期数据如 2021-9-15。
- QDateTime：表示日期时间数据的类，日期时间数据如 2021-09-16 17:22:43。

这 3 个类都没有父类，它们只用于存储日期时间数据，并定义接口函数用于数据处理。为了在界面上输入和显示日期时间数据，Qt 定义了几个用于日期时间数据处理的界面组件类。在 Qt Designer 组件面板的 Input Widgets 和 Display Widgets 分组里可以找到这几个组件类。

- QTimeEdit：编辑和显示时间的组件类。
- QDateEdit：编辑和显示日期的组件类。
- QDateTimeEdit：编辑和显示日期时间的组件类。
- QCalendarWidget：一个用日历形式显示和选择日期的组件类。

本节介绍这些日期时间数据类以及相关的界面组件类的使用方法。本节设计的示例项目 samp4_07 运行时界面如图 4-32 所示。可以获取系统的当前日期和时间，并转换为字符串显示，也可以将字符串转换为日期时间数据。

图 4-32 示例 samp4_07 运行时界面

4.7.1 表示日期时间数据的类

1. QTime 类

QTime 是用于存储和操作时间数据的类，时间数据包含小时、分钟、秒、毫秒。QTime 总是使用 24 小时制，不区分 AM/PM。QTime 有一种构造函数可以初始化时间数据，函数定义如下：

```
QTime::QTime(int h, int m, int s = 0, int ms = 0)
```

其中，参数 h、m、s、ms 分别表示小时、分钟、秒、毫秒。

还可以使用静态函数 QTime::currentTime()创建一个 QTime 对象，并且将其初始化为系统当前时间。

QTime 类的一些主要接口函数如表 4-13 所示。这些函数有完整的函数原型定义，其中某些函数是 overload 型函数，表 4-13 中只给出常用的一种参数形式，“当前时间”指的是 QTime 对象所表示的时间。

表 4-13　QTime 类的主要接口函数

函数原型	功能
int hour()	返回当前时间的小时数据
int minute()	返回当前时间的分钟数据
int second()	返回当前时间的秒数据
int msec()	返回当前时间的毫秒数据
bool setHMS(int h, int m, int s, int ms = 0)	设置时间的小时、分钟、秒、毫秒数据
int msecsSinceStartOfDay()	返回从时间 00:00:00 开始的毫秒数
QTime addSecs(int s)	当前时间延后 s 秒之后的时间。s 为正表示延后，s 为负表示提前
int secsTo(QTime t)	返回当前时间与一个 QTime 对象 t 相差的秒数
QString toString(const QString &format)	将当前时间按 format 设置的格式转换为字符串

图 4-32 中标题为“qDebug--Time”的按钮用于测试 QTime 类的一些接口函数，其槽函数代码如下。这里使用 qDebug()输出信息，读者可以修改代码，测试 QTime 的其他接口函数。

```
void Widget::on_btnDebugTime_clicked()
{
    QTime TM1(13,24,5);                                    //定义变量，初始化设置时间
    QString str= TM1.toString("HH:mm:ss");
    qDebug("Original time= %s", str.toLocal8Bit().data());
    QTime TM2= TM1.addSecs(150);                           //延后 150 秒
    str= TM2.toString("HH:mm:ss");
    qDebug("150s later, time= %s", str.toLocal8Bit().data());

    TM2= QTime::currentTime();                             //获取当前时间
    str= TM2.toString("HH:mm:ss zzz");
    qDebug("Current time= %s", str.toLocal8Bit().data());
    qDebug("Hour= %d",    TM2.hour());
    qDebug("Minute= %d", TM2.minute());
    qDebug("Second= %d", TM2.second());
    qDebug("MSecond= %d",TM2.msec());
}
```

这段程序中用到QTime类的成员函数toString()，其涉及时间数据的格式化问题，函数toString()中格式字符的含义如表 4-16 所示。在示例程序运行时点击“qDebug--Time”按钮，在 Qt Creator 的 Application Output 窗口里会显示如下的内容。所显示的当前时间与程序运行的时刻有关。

```
Original time= 13:24:05
150s later, time= 13:26:35
Current time= 01:20:27 997
Hour= 1
Minute= 20
Second= 27
MSecond= 997
```

2. QDate 类

QDate 是用于存储和操作日期数据的类。日期数据包含年、月、日数据。可以在定义 QDate 变量时初始化日期数据，也可以使用静态函数 QDate::currentDate()获取系统的当前日期创建一个 QDate 变量。

QDate 类定义了很多接口函数来对日期数据进行处理，QDate 类的主要接口函数如表 4-14 所示。这些函数有完整的函数原型定义，其中某些函数是 overload 型函数，表 4-14 中只给出常用的一种参数形式，“当前日期”指的是 QDate 变量所表示的日期。

表 4-14 QDate 类的主要接口函数

函数原型	功能
int year()	返回当前日期的年数据
int month()	返回当前日期的月数据，数值为 1～12
int day()	返回当前日期的日数据，数值为 1～31
int dayOfWeek()	返回当前日期是星期几，数字 1 表示星期一，数字 7 表示星期天
int dayOfYear()	返回当前日期在一年中是第几天，数字 1 表示第一天
bool setDate(int year, int month, int day)	设置日期的年、月、日数据
void getDate(int *year, int *month, int *day)	通过指针变量，返回当前日期的年、月、日数据
QDate addYears(int nyears)	返回一个 QDate 变量，其日期是在当前日期基础上加 nyears 年
QDate addMonths(int nmonths)	返回一个 QDate 变量，其日期是在当前日期基础上加 nmonths 个月
QDate addDays(qint64 ndays)	返回一个 QDate 变量，其日期是在当前日期基础上加 ndays 天
qint64 daysTo(QDate d)	返回当前日期与一个 QDate 变量 d 相差的天数。如果 d 值早于当前日期，返回值为负
QString toString(const QString &format)	将当前日期按 format 设置的格式转换为字符串

QDate 还有一个静态函数 isLeapYear()可以判断某年是否为闰年，这个静态函数定义如下：

```
bool  QDate::isLeapYear(int year)
```

图 4-32 中标题为“qDebug--Date”的按钮用于测试 QDate 类的一些接口函数，其槽函数代码如下：

```
void Widget::on_btnDebugDate_clicked()
{
    QDate DT1(2021,7,6);                                    //初始化日期
    QString str= DT1.toString("yyyy-MM-dd");
    qDebug("DT1= %s", str.toLocal8Bit().data());
    QDate DT2;
    DT2.setDate(2021,8,25);                                 //设置日期
    str= DT2.toString("yyyy-MM-dd");
    qDebug("DT2= %s",str.toLocal8Bit().data());
    qDebug("Days between DT2 and DT1= %d", DT2.daysTo(DT1));//DT2 与 DT1 相差的天数

    DT2= QDate::currentDate();                              //获取当前日期
    str= DT2.toString("yyyy-MM-dd");
    qDebug("Current date= %s", str.toLocal8Bit().data());
    qDebug("Year= %d",  DT2.year());
    qDebug("Month= %d", DT2.month());
    qDebug("Day= %d",   DT2.day());
    qDebug("Day of week= %d",DT2.dayOfWeek());              //1 表示星期一，7 表示星期天
}
```

在示例程序运行时点击“qDebug--Date”按钮，在 Application Output 窗口里会显示如下的内容。

```
DT1= 2021-07-06
DT2= 2021-08-25
Days between DT2 and DT1= -50
Current date= 2021-08-29
Year= 2021
Month= 8
```

```
Day= 29
Day of week= 7
```

3. QDateTime 类

QDateTime 是表示日期时间数据的类，包含日期数据和时间数据。QDateTime 综合了日期和时间的操作，很多函数与 QDate 和 QTime 的相似。QDateTime 类的主要接口函数如表 4-15 所示，与 QDate 和 QTime 相似的一些函数没有列出。这些函数有完整的函数原型定义，其中某些函数是 overload 型函数，表 4-15 中只给出常用的一种参数形式。

表 4-15 QDateTime 类的主要接口函数

函数原型	功能
QDate date()	返回当前日期时间数据的日期数据
QTime time()	返回当前日期时间数据的时间数据
qint64 toMSecsSinceEpoch()	返回与 UTC 时间 1970-01-01T00:00:00.000 相差的毫秒数
void setMSecsSinceEpoch(qint64 msecs)	设置与 UTC 时间 1970-01-01T00:00:00.000 相差的毫秒数 msecs 作为当前的日期时间数据
qint64 toSecsSinceEpoch()	返回与 UTC 时间 1970-01-01T00:00:00.000 相差的秒数
void setSecsSinceEpoch(qint64 secs)	设置与 UTC 时间 1970-01-01T00:00:00.000 相差的秒数 secs 作为当前的日期时间数据
QString toString(const QString &format)	将当前日期时间按 format 设置的格式转换为字符串
QDateTime toUTC()	将当前时间转换为 UTC 时间

QDateTime 有两个静态函数可返回系统当前时间，这两个静态函数定义如下：

```
QDateTime  QDateTime::currentDateTime()              //返回系统的当前日期时间，本地时间
QDateTime  QDateTime::currentDateTimeUtc()           //返回系统的当前日期时间，UTC 时间
```

图 4-32 中标题为“qDebug--DateTime”的按钮用于测试 QDateTime 的一些接口函数，其槽函数代码如下：

```
void Widget::on_btnDebugDateTime_clicked()
{
    QDateTime  DT1= QDateTime::currentDateTime();        //系统当前日期时间
    QString str= DT1.toString("yyyy-MM-dd hh:mm:ss");
    qDebug("DT1= %s",str.toLocal8Bit().data());

    QDate dt= DT1.date();                                //日期部分
    str= dt.toString("yyyy-MM-dd");
    qDebug("DT1.date()= %s",str.toLocal8Bit().data());
    QTime tm= DT1.time();                                //时间部分
    str= tm.toString("hh:mm:ss zzz");
    qDebug("DT1.time()= %s",str.toLocal8Bit().data());

    qint64 MS= DT1.toSecsSinceEpoch();                   //转换为秒数
    qDebug("DT1.toSecsSinceEpoch()= %lld",MS);
    MS += 120;
    DT1.setSecsSinceEpoch(MS);                           //加 120 秒以后
    str= DT1.toString("yyyy-MM-dd hh:mm:ss");
    qDebug("DT1+120s= %s",str.toLocal8Bit().data());
}
```

在示例程序运行时点击“qDebug--DateTime”按钮，在 Application Output 窗口里会显示如下的内容。

```
DT1= 2021-08-29 01:55:10
DT1.date()= 2021-08-29
```

```
DT1.time()= 01:55:10 870
DT1.toSecsSinceEpoch()= 1630173310
DT1+120s= 2021-08-29 01:57:10
```

4. 日期时间数据与字符串的转换

QTime、QDate 和 QDateTime 都有一个函数 toString()，用于将当前的日期时间数据转换为字符串。例如，QDateTime 的函数 toString()的一种常用的函数原型定义如下：

```
QString  QDateTime::toString(const QString &format, QCalendar cal = QCalendar())
```

其中，format 是格式化字符串，cal 是日历类型，使用默认值就可以。

QTime、QDate 和 QDateTime 都有静态函数 fromString()，用于将字符串转换为相应类的对象。例如，静态函数 QDateTime::fromString()的一种常用的函数原型定义如下：

```
QDateTime  QDateTime::fromString(const QString &string, const QString &format,
                                  QCalendar cal = QCalendar())
```

其中，string 是字符串表示的日期时间，format 是日期时间字符串的格式定义，cal 是日历类型。

函数 toString()和 fromString()中的参数 format 是格式化字符串，包含一些特定的字符，用于表示日期和时间的各个部分，表 4-16 所示的是用于表示日期时间的常用格式字符及其含义。

表 4-16 用于表示日期时间的常用格式字符及其含义

格式字符	含义
d	天，不补零显示，1～31
dd	天，补零显示，01～31
M	月，不补零显示，1～12
MM	月，补零显示，01～12
yy	年，两位显示，00～99
yyyy	年，4 位显示，如 2016
h	小时，不补零显示，0～23 或 1～12（如果显示 AM/PM）
hh	小时，补零两位显示，00～23 或 01～12（如果显示 AM/PM）
H	小时，不补零显示，0～23（即使显示 AM/PM）
HH	小时，补零显示，00～23（即使显示 AM/PM）
m	分钟，不补零显示，0～59
mm	分钟，补零显示，00～59
s	秒，不补零显示，0～59
ss	秒，补零显示，00～59
z	毫秒，不补零显示，0～999
zzz	毫秒，补零 3 位显示，000～999
AP 或 A	使用 AM/PM 显示
ap 或 a	使用 am/pm 显示

在设置日期时间字符串的显示格式时，还可以使用填字符，甚至使用汉字，例如：

```
QDate   DT(2021,8,29);
QString str= DT.toString("yyyy年MM月dd日");
```

这样得到的字符串 str 的内容是“2021 年 08 月 29 日”。

4.7.2 日期时间数据的界面组件

1. QDateTimeEdit 及其子类

Qt Designer 的 Input Widgets 分组里有 3 个用于编辑日期时间数据的界面组件。从图 4-4 所示的类继承关系可以看到，QDateTimeEdit 是 QTimeEdit 和 QDateEdit 的父类，而 QDateTimeEdit 的

父类是 QAbstractSpinBox。所以，日期时间编辑框的特性与 QSpinBox 的有些相似，只是日期时间编辑框里提供了多个输入段，例如，QTimeEdit 有小时、分钟、秒 3 个输入段，当光标落在某个段时，点击编辑框右端的上下调节按钮，就可以调节这个段的数值。

图 4-33 展示了属性编辑器中显示的 QDateTimeEdit 的属性，一些属性的含义如下。

- currentSection：光标所在的日期时间输入段，是枚举类型 QDateTimeEdit::Section。
- currentSectionIndex：用序号表示的光标所在的段。
- calendarPopup：是否允许弹出一个日历选择框。当设置为 true 时，编辑框右端的上下调节按钮变成一个下拉按钮，点击按钮时会出现一个日历选择框，用于在日历上选择日期。
- displayFormat：日期时间数据的显示格式，格式字符的含义如表 4-16 所示。

QDateTimeEdit 的常用接口函数就是读取或设置日期时间数据的函数，这些函数定义如下：

```
QDateTime  dateTime()                                   //返回编辑框的日期时间数据
void  setDateTime(const QDateTime &dateTime)            //设置日期时间数据
QDate date()                                            //返回编辑框的日期数据
void  setDate(QDate date)                               //设置日期数据
QTime time()                                            //返回编辑框的时间数据
void  setTime(QTime time)                               //设置时间数据
```

QDateTimeEdit 有如下 3 个信号，信号被发射的时机见注释。

```
void  dateChanged(QDate date)                           //日期发生变化时
void  timeChanged(QTime time)                           //时间发生变化时
void  dateTimeChanged(const QDateTime &datetime)        //日期或时间发生变化时
```

QDateEdit 和 QTimeEdit 都是 QDateTimeEdit 的子类，它们也都具有这些接口函数，区别是它们单独用于输入日期或时间。

2. QCalendarWidget 类

QCalendarWidget 是一个用于选择日期的日历组件，也就是图 4-32 所示界面右侧的日历组件。在日历上选择年和月后，就会显示该月的月历，在月历上点击某一天，就可选择具体的日期。在 UI 可视化设计时，QCalendarWidget 的属性如图 4-34 所示。这些属性的作用都比较直观，就不再解释了。

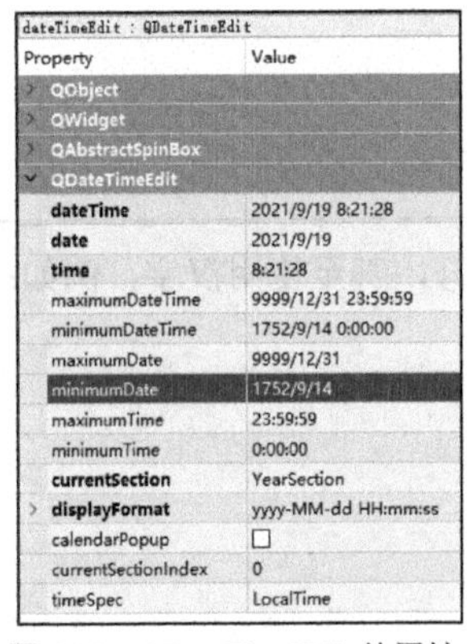

图 4-33　QDateTimeEdit 的属性

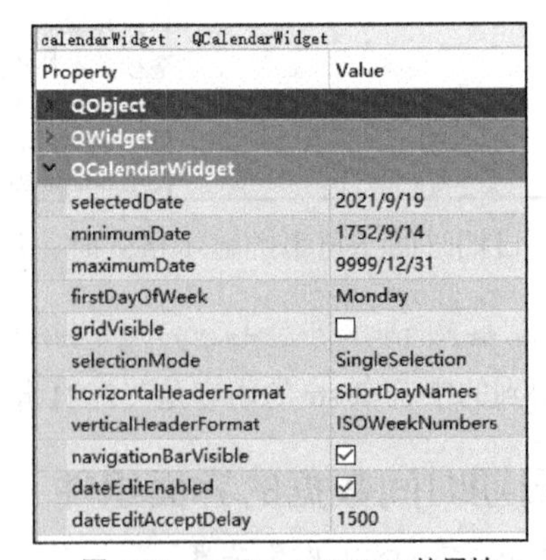

图 4-34　QCalendarWidget 的属性

QCalendarWidget 的几个常用接口函数定义如下，函数的作用见注释。

```
void  showToday()                                    //显示系统当前日期的月历
void  showSelectedDate()                             //显示所选日期的月历
QDate selectedDate()                                 //返回选择的日期
void  setSelectedDate(QDate date)                    //设置选择的日期
```

QCalendarWidget 定义了 4 个信号，其函数原型定义如下，信号发射时机见注释。

```
void  activated(QDate date)                          //在日历组件上按 Enter 键，或双击一个日期时
void  clicked(QDate date)                            //在日历组件上点击一个有效日期时
void  currentPageChanged(int year, int month)        //当前显示的月历变化时
void  selectionChanged()                             //当前选择的日期变化时
```

选择的日期变化时，QCalendarWidget 会发射 selectionChanged()信号，可以通过点击实现选择日期变化，或者调用函数 setSelectedDate()实现选择日期变化。

4.7.3 示例程序功能实现

示例 samp4_07 的窗口基类是 QWidget，窗口界面可视化设计结果请查看 UI 文件 widget.ui。用宏函数 qDebug()显示测试信息的 3 个按钮的槽函数代码已经在前面展示过，这里就不再展示了。其他几个按钮 clicked()信号的槽函数以及 QCalendarWidget 组件的 selectionChanged()信号的槽函数代码如下：

```
void Widget::on_btnGetTime_clicked()
{//“读取当前日期时间”按钮
    QDateTime curDateTime= QDateTime::currentDateTime();    //读取当前日期时间
    ui->timeEdit->setTime(curDateTime.time());               //设置时间
    ui->editTime->setText(curDateTime.toString("hh:mm:ss"));
    ui->dateEdit->setDate(curDateTime.date());               //设置日期
    ui->editDate->setText(curDateTime.toString("yyyy-MM-dd"));
    ui->dateTimeEdit->setDateTime(curDateTime);              //设置日期时间
    ui->editDateTime->setText(curDateTime.toString("yyyy-MM-dd hh:mm:ss"));
}

void Widget::on_btnSetTime_clicked()
{//“设置时间 fromString”按钮
    QString str= ui->editTime->text();                      //读取字符串表示的时间数据
    str= str.trimmed();                                     //去掉可能的多余空格
    if (!str.isEmpty())
    {
        QTime tm= QTime::fromString(str,"hh:mm:ss");        //将字符串转换为 QTime 数据
        ui->timeEdit->setTime(tm);                          //设置时间
    }
}

void Widget::on_btnSetDate_clicked()
{//“设置日期 fromString”按钮
    QString str= ui->editDate->text();                      //读取字符串表示的日期
    str= str.trimmed();
    if (!str.isEmpty())
    {
        QDate dt= QDate::fromString(str,"yyyy-MM-dd");     //将字符串转换为 QDate 数据
        ui->dateEdit->setDate(dt);                         //设置日期
    }
}
```

```
void Widget::on_btnSetDateTime_clicked()
{//“日期时间 fromString”按钮
    QString str= ui->editDateTime->text();                  //读取字符串表示的日期时间
    str= str.trimmed();
    if (!str.isEmpty())
    {
        QDateTime datetime= QDateTime::fromString(str,"yyyy-MM-dd hh:mm:ss");
        ui->dateTimeEdit->setDateTime(datetime);            //设置日期时间
    }
}

void Widget::on_calendarWidget_selectionChanged()
{//日历组件的 selectionChanged()信号的槽函数
    QDate dt= ui->calendarWidget->selectedDate();           //读取选择的日期时间
    QString str= dt.toString("yyyy年M月d日");
    ui->editCalendar->setText(str);
}
```

QTime、QDate、QDateTime 各自都有一个静态函数 fromString()，用于将字符串按照格式定义转换为相应的 QTime、QDate、QDateTime 数据，格式字符的含义如表 4-16 所示。在使用静态函数 fromString()时一定要注意日期时间字符串与格式定义的对应关系，日期时间字符串中不能出现与格式定义不匹配的内容，否则会导致转换失败。

4.8 QTimer 和 QElapsedTimer

QTimer 是软件定时器，其父类是 QObject。QTimer 的主要功能是设置以毫秒为单位的定时周期，然后进行连续定时或单次定时。启动定时器后，定时溢出时 QTimer 会发射 timeout()信号，为 timeout()信号关联槽函数就可以进行定时处理。

QElapsedTimer 用于快速计算两个事件的间隔时间，是软件计时器。QElapsedTimer 没有父类，其计时精度可以达到纳秒级。QElapsedTimer 的主要用途是比较精确地确定一段程序运行的时长。

图 4-35 示例 samp4_08 运行时界面

本节介绍这两个类的使用方法，图 4-35 所示的是本节的示例项目 samp4_08 的运行时界面。程序可以设置定时周期和定时器的工作方式（连续定时或单次定时），定时溢出时用静态函数 QTime::currentTime()获取系统的当前时间，并在 3 个 QLCDNumber 组件上显示。点击“开始”按钮可以启动一个定时器和一个计时器，点击“停止”按钮会结束定时，并通过计时器确定从开始到停止的流逝时长。

4.8.1 QTimer 类

QTimer 的父类是 QObject，支持 Qt 的元对象系统。所以，QTimer 虽然不是一个界面组件类，但是它也有属性、信号和槽。

1. 主要属性和接口函数

QTimer 类的主要属性如表 4-17 所示。

表 4-17 QTimer 类的主要属性

属性	属性值类型	功能
interval	int	定时周期，单位是毫秒
singleShot	bool	定时器是否为单次定时，true 表示单次定时
timerType	Qt::TimerType	定时器精度类型
active	bool	只读属性，返回 true 表示定时器正在运行，也就是运行 start()函数启动了定时器
remainingTime	int	只读属性，到发生定时溢出的剩余时间，单位是毫秒。若定时器未启动，属性值为-1，若已经发生定时溢出，属性值为 0

属性 timerType 表示定时器的精度类型，设置函数 setTimerType()的原型定义如下：

```
void  QTimer::setTimerType(Qt::TimerType atype)
```

参数 atype 是枚举类型 Qt::TimerType，有以下几种枚举值，默认值是 Qt::CoarseTimer。

- Qt::PreciseTimer：精确定时器，精度尽量保持在毫秒级。
- Qt::CoarseTimer：粗糙定时器，定时误差尽量在定时周期值的 5%以内。
- Qt::VeryCoarseTimer：非常粗糙的定时器，精度保持在秒级。

QTimer 有几个公有槽函数用于启动和停止定时器，其函数原型定义如下：

```
void  QTimer::start()                      //启动定时器
void  QTimer::start(int msec)              //启动定时器，并设置定时周期为msec，单位是毫秒
void  QTimer::stop()                       //停止定时器
```

2. timeout()信号

QTimer 只有一个 timeout()信号，其原型定义如下：

```
void  QTimer::timeout()
```

用函数 start()启动定时器后，定时溢出时 QTimer 就会发射 timeout()信号。如果是连续定时，就会周期性地定时溢出和周期性地发射 timeout()信号。如果是单次定时，只会发生一次定时溢出和发射一次 timeout()信号。要对定时溢出事件进行处理，需要编写一个槽函数与 timeout()信号关联。

3. 静态函数 singleShot()

QTimer 有一个静态函数 singleShot()，用于创建和启动单次定时器，并且将定时器的 timeout()信号与指定的槽函数关联。这个函数有多种参数形式，其中一种函数原型定义如下：

```
void  QTimer::singleShot(int msec, Qt::TimerType timerType,
                         const QObject *receiver, const char *member)
```

其中，参数 msec 是定时周期，单位是毫秒；timerType 是定时器精度类型；receiver 是接收定时器的 timeout()信号的对象；member 是与 timeout()信号关联的槽函数的指针。

例如，用下面的代码创建并启动一个单次定时器，定时周期是 1000 毫秒，do_timer_shot()是在窗口类 Widget 里自定义的一个槽函数，与定时器的 timeout()信号关联。

```
QTimer::singleShot(1000, Qt::PreciseTimer, this, &Widget::do_timer_shot);
```

4.8.2 QElapsedTimer 类

QElapsedTimer 用于快速计算两个事件的间隔时间，它没有父类，不支持 Qt 的元对象系统，所以只有接口函数。QElapsedTimer 的主要接口函数定义如下：

```
void   start()                                   //复位并启动计时器
qint64  elapsed()                                //返回流逝的时间，单位：毫秒
qint64  nsecsElapsed()                           //返回流逝的时间，单位：纳秒
qint64  restart()                                //重新启动计时器
```

函数 elapsed()的返回值是自上次运行 start()之后计时器的运行时间，单位是毫秒。

函数 nsecsElapsed()的返回值也是自上次运行 start()之后计时器的运行时间，单位是纳秒。

函数 restart()返回从上次启动计时器到现在的时间，单位是毫秒，然后重启计时器。相当于先后运行了 elapsed()和 start()。

QElapsedTimer 的计时精度比较高，可以达到纳秒级，所以它一般用于精确计量一段程序的运行时长，例如通过统计程序运行时长比较算法的性能。

4.8.3 示例程序功能实现

示例 samp4_08 的窗口基类是 QWidget，窗口界面可视化设计结果请查看 UI 文件 widget.ui。要特别注意一点，界面最上层布局是垂直布局，为了防止“定时器”和“定时器精度”两个分组框在垂直方向自动放大，将这两个分组框的 sizePolicy 属性的 Vertical Policy 设置为 Fixed，因为其默认值是 Preferred。

界面设计用到了 QLCDNumber 组件，这是模仿 LCD 数值显示的组件，可以显示整数或浮点数。界面上使用了 3 个 QLCDNumber 组件，分别显示小时、分钟、秒数据，显示小时数据的 QLCDNumber 组件的属性如图 4-36 所示。

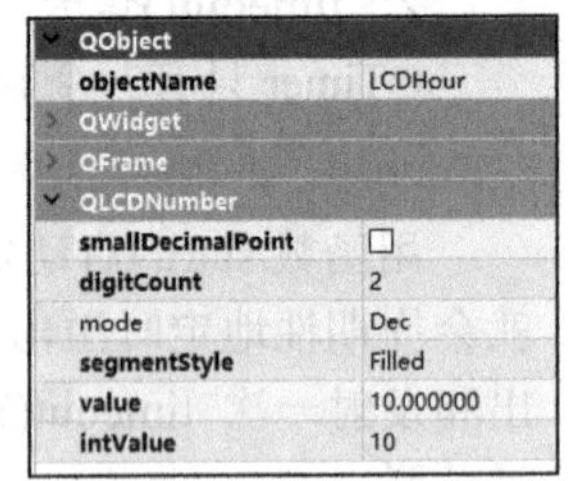

图 4-36 QLCDNumber 组件的属性

QLCDNumber 的关键属性是 digitCount 和 smallDecimalPoint，digitCount 表示显示的数字位数，smallDecimalPoint 表示是否显示小数点。如果 digitCount 设置为 2，smallDecimalPoint 设置为 false，就只显示两位整数，那么可显示的数值范围是 0～99。界面上 3 个 QLCDNumber 组件分别显示小时、分钟、秒数据，最多是两位整数，所以设置的 digitCount 属性都是 2。

由于 QTimer 和 QElapsedTimer 都不是界面组件，因此需要在 Widget 类里定义变量。文件 widget.h 中 Widget 类的定义代码如下：

```
class Widget : public QWidget
{
    Q_OBJECT
private:
    QTimer   *m_timer;                          //定时器
    QElapsedTimer  m_counter;                   //计时器
public:
    Widget(QWidget *parent = nullptr);
private slots:
    void  do_timer_timeout();                   //自定义槽函数，与定时器的 timeout()信号关联
    void  do_timer_shot();                      //与单次定时器关联的槽函数
private:
   Ui::Widget *ui;
};
```

Widget 类里定义了两个自定义槽函数。do_timer_timeout()用于与定时器 m_timer 的 timeout()信号关联，do_timer_shot()用于在使用静态函数 QTimer::singleShot()动态创建单次定时器时作为定时器的 timeout()信号关联的槽函数。

提示 在显示 Widget 类的定义代码时，我们省略了 Widget 类的析构函数的定义以及用 Go to slot 对话框生成的槽函数的定义，在后面的示例中，在显示窗口类的定义代码时我们都将如此处理，除非析构函数里需要自己编写代码时才会显示析构函数。

Widget 类的构造函数代码如下。我们在构造函数里创建了 QTimer 对象 m_timer，并且将它的 timeout()信号与自定义槽函数 do_timer_timeout()关联。

```
Widget::Widget(QWidget *parent) : QWidget(parent), ui(new Ui::Widget)
{
    ui->setupUi(this);
//“定时器”和“定时器精度”分组框在垂直方向上设置为固定尺寸
    ui->groupBox->setSizePolicy(QSizePolicy::Preferred, QSizePolicy::Fixed);
    ui->groupBox_3->setSizePolicy(QSizePolicy::Preferred, QSizePolicy::Fixed);

    m_timer= new QTimer(this);                    //创建定时器
    m_timer->stop();                              //先停止定时器
    m_timer->setTimerType(Qt::CoarseTimer);       //定时器精度
    ui->radioCoarse->setChecked(true);
    connect(m_timer, SIGNAL(timeout()), this, SLOT(do_timer_timeout()));
}
```

点击“开始”和“停止”按钮分别可以控制定时器 m_timer 的启动和停止。与定时器 m_timer 操作相关的两个按钮的槽函数以及自定义槽函数 do_timer_timeout()的代码如下。

```
void Widget::on_btnStart_clicked()
{//“开始”按钮
    m_timer->setInterval(ui->spinBoxIntv->value());           //设置定时器的周期
    if (ui->radioContiue->isChecked())
        m_timer->setSingleShot(false);                         //设置为连续定时
    else
        m_timer->setSingleShot(true);                          //设置为单次定时
    //设置定时器精度
    if (ui->radioPrecise->isChecked())
        m_timer->setTimerType(Qt::PreciseTimer);
    else if (ui->radioCoarse->isChecked())
        m_timer->setTimerType(Qt::CoarseTimer);
    else
        m_timer->setTimerType(Qt::VeryCoarseTimer);

    m_timer->start();                                      //启动定时器
    m_counter.start();                                     //启动计时器
    ui->btnStart->setEnabled(false);
    ui->btnOneShot->setEnabled(false);
    ui->btnStop->setEnabled(true);
}

void Widget::on_btnStop_clicked()
{//“停止”按钮
    m_timer->stop();                                       //定时器停止
    int tmMsec= m_counter.elapsed();                       //流逝的时间，单位：毫秒
    int ms= tmMsec % 1000;                                 //余数，单位：毫秒
    int sec= tmMsec/1000;                                  //单位：整秒
    QString str= QString("流逝的时间：%1 秒，%2 毫秒").arg(sec).arg(ms,3,10,QChar('0'));
    ui->labElapsedTime->setText(str);
```

```
    ui->btnStart->setEnabled(true);
    ui->btnOneShot->setEnabled(true);
    ui->btnStop->setEnabled(false);
}

void Widget::do_timer_timeout()
{//与定时器的 timeout()信号关联的槽函数
    QApplication::beep();                                   //使系统“嘀”一声
    QTime curTime= QTime::currentTime();                    //获取当前时间
    ui->LCDHour->display(curTime.hour());                   //LCD 显示　小时
    ui->LCDMin->display(curTime.minute());                  //LCD 显示　分钟
    ui->LCDSec->display(curTime.second());                  //LCD 显示　秒
    if (m_timer->isSingleShot())                            //如果是单次定时，显示流逝的时间
    {
        int tmMsec= m_counter.elapsed();                    //毫秒数
        QString str= QString("流逝的时间：%1 毫秒").arg(tmMsec);
        ui->labElapsedTime->setText(str);
        ui->btnStart->setEnabled(true);
        ui->btnOneShot->setEnabled(true);
        ui->btnStop->setEnabled(false);
    }
}
```

do_timer_timeout()是与定时器 m_timer 的 timeout()信号关联的槽函数，每次定时溢出时就会运行这个函数。这个函数的功能是用 3 个 QLCDNumber 组件显示系统当前的时间。如果定时器是单次定时，还会显示流逝的时间，流逝的时间应该等于定时器的定时周期。如果将定时周期设置为 1000ms，采用单次定时，可以测量不同定时器精度下的流逝时间。精度设置为 PreciseTimer 时，时间误差一般不超过 2ms；精度设置为 CoarseTimer 时误差可达到 20ms。

点击“停止”按钮时，停止连续定时的定时器，并且显示从点击“开始”按钮到点击“停止”按钮的间隔时间。

还可以使用静态函数 QTimer::singleShot()启动单次定时器，标题为“动态创建单次定时器”的按钮的槽函数以及相关的自定义槽函数 do_timer_shot()的代码如下。

```
void Widget::on_btnOneShot_clicked()
{//“动态创建单次定时器”按钮
    int intv= ui->spinBoxIntv->value();                     //定时周期
    QTimer::singleShot(intv, Qt::PreciseTimer, this, &Widget::do_timer_shot);
    m_counter.start();                                      //启动计时器
    ui->btnOneShot->setEnabled(false);
}

void Widget::do_timer_shot()
{//与动态创建的单次定时器的 timeout()信号关联的槽函数
    QApplication::beep();
    int tmMsec= m_counter.elapsed();                        //流逝的时间，单位：毫秒
    QString str= QString("流逝的时间：%1 毫秒").arg(tmMsec);
    ui->labElapsedTime->setText(str);
    ui->btnOneShot->setEnabled(true);
}
```

槽函数 on_btnOneShot_clicked()里动态创建并启动了一个单次定时器，核心代码如下：

```
QTimer::singleShot(intv, Qt::PreciseTimer, this, &Widget::do_timer_shot);
```

所创建的单次定时器的定时精度是 Qt::PreciseTimer，可以精确到毫秒，timeout()信号关联的

槽函数是窗口类 Widget 中的自定义槽函数 do_timer_shot()。

当单次定时溢出时，槽函数 do_timer_shot()就会被运行，这个函数里会获取计时器的流逝时间并显示，该时间应该等于动态创建的单次定时器的定时周期。若定时周期设置为 1000ms，显示的流逝时间误差一般不超过 2ms。

4.9 QComboBox

QComboBox 是下拉列表框组件，它可以提供下拉列表供用户选择输入，也可以提供编辑框用于输入文字，所以 QComboBox 也被称为组合框。下拉列表框的下拉列表的每个项（item，或称为列表项）可以存储一个或多个 QVariant 类型的用户数据，用户数据并不显示在界面上。

本节介绍 QComboBox 类的接口和编程使用方法，图 4-37 所示的是本节示例项目 samp4_09 运行时界面，它还使用了一个 QPlainTextEdit 组件用于显示多行文字信息。

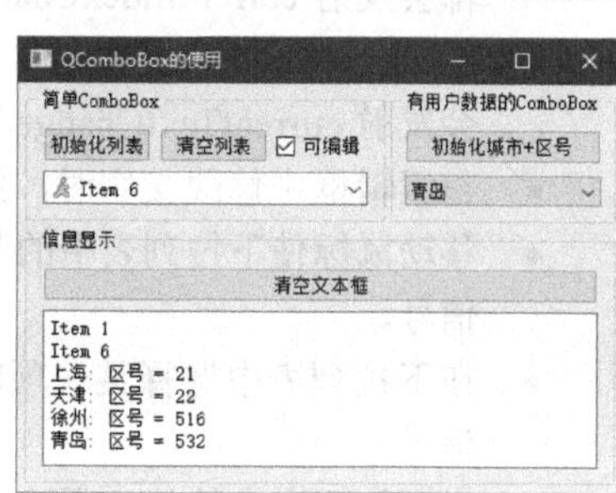

图 4-37 示例 samp4_09 运行时界面

4.9.1 QComboBox 类

1. QComboBox 类的属性和接口函数

QComboBox 类的主要属性如表 4-18 所示。

表 4-18 QComboBox 类的主要属性

属性	属性值类型	功能
editable	bool	是否可编辑。如果值为 false，就只能从下拉列表里选择；如果值为 true，会显示一个编辑框允许输入文字
currentText	QString	当前显示的文字
currentIndex	int	当前选中项的序号，序号从 0 开始。-1 表示没有项被选中
maxVisibleItems	int	下拉列表中显示的项的最大条数，默认值为 10。如果下拉列表里项的条数超过这个值，会自动出现卷滚条
maxCount	int	下拉列表里项的最大条数
insertPolicy	InsertPolicy	用户编辑的新文字插入列表的方式，是枚举类型 QComboBox::InsertPolicy，默认值是 InsertAtBottom，也就是插入列表的末尾。如果值是 NoInsert，就表示不允许插入
placeholderText	QString	占位文字。当 currentIndex 属性值为-1 时下拉列表框显示的文字。这个文字不会出现在下拉列表里
duplicatesEnabled	bool	是否允许列表中出现重复的项
modelColumn	int	下拉列表中的数据在数据模型中的列编号，默认值为 0

QComboBox 使用模型/视图结构存储和显示下拉列表的数据，下拉列表的数据实际上存储在 QStandardItemModel 模型里，下拉列表是用 QListView 的子类组件显示的。modelColumn 属性表示下拉列表显示的数据在模型中的列编号，默认值为 0。关于模型/视图结构的详细原理见第 5 章。

QComboBox 的接口函数中的一部分是这些属性的读写函数，另一部分主要是操作列表的函数，例如添加、插入或移除列表项，后面会结合示例实现代码介绍这些操作列表的函数。

2. QComboBox 的信号

QComboBox 定义的几个信号的函数原型如下，函数中的参数 index 是项的序号，text 是项的文字。

```
void  activated(int index)
void  currentIndexChanged(int index)
void  currentTextChanged(const QString &text)
void  editTextChanged(const QString &text)
void  highlighted(int index)
void  textActivated(const QString &text)
void  textHighlighted(const QString &text)
```

说明如下。

- 选择下拉列表的一个项时，即使选择的项没有发生变化，组件也会发射 activated()信号。
- 当 currentIndex 属性变化时，不管是用户在界面操作还是程序导致 currentIndex 变化，组件都会发射 currentIndexChanged()信号。
- 当 currentText 属性变化时，不管是用户在界面操作还是程序导致 currentText 变化，组件都会发射 currentTextChanged()信号。
- 在编辑框中修改文字时，组件会发射 editTextChanged()信号。
- 移动鼠标使下拉列表中的某一项被高亮显示但还没有完成选择时，组件会发射 highlighted()信号。
- 在下拉列表中选择某一项时，即使选择的项没有发生变化，组件也会发射 textActivated()信号。
- 当下拉列表中的某一项被高亮显示但还没有完成选择时，组件会发射 textHighlighted()信号。

4.9.2 示例程序功能实现

1. 可视化设计时编辑列表

本节示例项目 samp4_09 的窗口基类是 QWidget，窗口界面可视化设计结果见 UI 文件 widget.ui。

QComboBox 的主要功能是提供下拉列表供选择输入。在 Qt Designer 中进行 UI 可视化设计时，在窗体上放置一个 QComboBox 组件后，双击此组件，会出现图 4-38 所示的对话框，用于对组件的下拉列表进行编辑。在这个对话框中，我们可以添加、移除、上移、下移列表项，对每个列表项可以设置文字和图标。

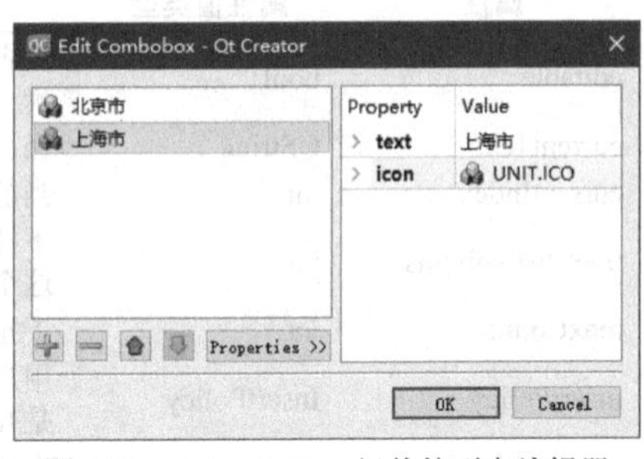

图 4-38 QComboBox 组件的列表编辑器

2. 对列表的操作

下拉列表框有一个下拉列表供用户选择输入，QComboBox 提供了一些接口函数用于操作列表内容，包括添加项、插入项、移除项等。

（1）添加一个项。函数 addItem()用于向列表添加一个项，它有两种参数形式，其函数原型定义如下：

```
void  addItem(const QString &text, const QVariant &userData = QVariant())
void  addItem(const QIcon &icon, const QString &text, const QVariant &userData = QVariant())
```

使用函数 addItem()添加项时，除了可以设置文字，还可以设置图标，或设置 QVariant 类型数据作为项的用户数据。

图 4-37 所示界面上的“初始化列表”按钮用于初始化左边的下拉列表框的列表内容，其代码如下，为界面上的 QComboBox 组件 comboBox 初始化列表内容，并为每个项设置了图标。

```
void Widget::on_btnIniItems_clicked()
{//“初始化列表”按钮
    QIcon  icon;
    icon.addFile(":/images/icons/aim.ico");                        //从资源文件中获取图标
    ui->comboBox->clear();                                          //清除列表
    for (int i=0; i<20; i++)
        ui->comboBox->addItem(icon,QString("Item %1").arg(i)); //带有图标
//      ui->comboBox->addItem(QString("Item %1").arg(i));       //不带有图标
}
```

图 4-37 所示界面右侧的 QComboBox 组件的列表项使用了用户数据，“初始化城市+区号”按钮的槽函数代码如下：

```
void Widget::on_btnIni2_clicked()
{//“初始化城市+区号”按钮
//QMap 自动按照 key 排序
    QMap<QString, int> City_Zone;
    City_Zone.insert("北京",10);
    City_Zone.insert("上海",21);
    City_Zone.insert("天津",22);
    City_Zone.insert("大连",411);
    City_Zone.insert("锦州",416);
    City_Zone.insert("徐州",516);
    City_Zone.insert("福州",591);
    City_Zone.insert("青岛",532);
    ui->comboBox2->clear();
    foreach(const QString &str, City_Zone.keys())
        ui->comboBox2->addItem(str,City_Zone.value(str));
}
```

上述代码里定义了一个关联容器 QMap<QString, int> City_Zone，用于存储<城市,区号>映射表。为 City_Zone 填充数据后，给 comboBox2 添加列表项的语句是：

```
ui->comboBox2->addItem(str, City_Zone.value(str));
```

城市名称作为列表显示的文字，区号作为项的用户数据，但是在界面上只能看到城市名称。

注意　将 City_Zone 的内容添加到列表之后，下拉列表里显示的顺序与源程序中设置 City_Zone 的顺序不一致，因为 QMap<Key, T>容器会自动按照 Key 排序。

（2）添加多个项。函数 addItems()可以一次性向列表添加多个项，其函数原型定义如下：

```
void  addItems(const QStringList &texts)
```

它用一个字符串列表作为输入参数，字符串列表的每一项作为下拉列表的一项。示例代码如下：

```
ui->comboBox->clear();
QStringList strList;
strList<<"北京"<<"上海"<<"天津"<<"河北省"<<"山东省"<<"山西省";
ui->comboBox->addItems(strList);
```

用函数 addItems()添加的列表项只有文字，没有图标和用户数据。

（3）插入项。函数 insertItem()可以向列表插入一个项，insertItems()可以一次插入多个项，其函数原型定义如下：

```
void  insertItem(int index, const QString &text, const QVariant &userData = QVariant())
void  insertItem(int index, const QIcon &icon, const QString &text,
                        const QVariant &userData = QVariant())
void  insertItems(int index, const QStringList &list)
```

这几个函数中的参数与 addItem()和 addItems()中同名参数的意义相同，只是多了一个参数 index，表示插入项的位置序号。如果 index 大于列表的总项数，就插入列表末尾。

（4）移除项和清除列表。函数 removeItem()用于移除列表中的某个项，函数 clear()用于清除整个列表的内容，其函数原型定义如下：

```
void  removeItem(int index)                                //移除序号为 index 的项
void  clear()                                              //清除整个列表
```

（5）访问列表项。在下拉列表中选择一个项之后就有了当前项，可以获得当前项的序号、文字和用户数据，还可以通过序号访问列表中的某个项。QComboBox 中用于项的访问的一些函数定义如下，各函数的基本功能见注释。

```
int  count()                                               //返回列表中项的总数
int  currentIndex()                                        //返回当前项的序号
QString  currentText()                                     //返回当前项的文字
QVariant  currentData(int role = Qt::UserRole)             //返回当前项的用户数据
QString  itemText(int index)                               //返回序号为 index 项的文字
QIcon  itemIcon(int index)                                 //返回序号为 index 项的图标
QVariant  itemData(int index, int role = Qt::UserRole)     //返回序号为 index 项的用户数据
void  setItemText(int index, const QString &text)          //设置序号为 index 项的文字
void  setItemIcon(int index, const QIcon &icon)            //设置序号为 index 项的图标
void  setItemData(int index, const QVariant &value, int role = Qt::UserRole)
```

用函数 currentData()或 itemData()访问用户数据时有一个角色参数 role，默认值是 Qt::UserRole，表示用户数据。在使用函数 addItem()添加项时，若传递了用户数据，用户数据的 role 值就是 Qt::UserRole。

实际上，一个项可以设置不止一个用户数据，用函数 setItemData()可以为一个项设置更多的用户数据，例如设置第二个用户数据时，传递 role 的值为 1+Qt::UserRole 即可。

3. 对信号的处理

QComboBox 有多个信号，我们应该根据程序要实现的功能选择合适的信号进行处理。对于图 4-37 中“简单 ComboBox”分组框里的组件 comboBox，我们为其 currentTextChanged()信号编写槽函数，代码如下：

```
void Widget::on_comboBox_currentTextChanged(const QString &arg1)
{
    ui->plainTextEdit->appendPlainText(arg1);
}
```

函数中传递的参数 arg1 就是变化之后的文字。如果是通过下拉列表选择，arg1 就是新的当前项的文字；如果是在编辑框里修改文字，arg1 就是编辑框里最新的文字。

对于图 4-37 中右边的组件 comboBox2，因为它的项包含用户数据，所以我们为其 currentIndex Changed()信号编写槽函数，代码如下：

```
void Widget::on_comboBox2_currentIndexChanged(int index)
{
    Q_UNUSED(index);
    QString city= ui->comboBox2->currentText();                //当前文字
    QString zone= ui->comboBox2->currentData().toString();     //当前用户数据
```

```
    ui->plainTextEdit->appendPlainText(city+": 区号 = "+zone);
}
```

函数中传递的参数 index 是当前项的序号，但是程序中没有使用这个参数，而是直接通过 currentText()获得当前项的文字，通过 currentData()获得当前项的用户数据。用户数据是 QVariant 类型，可以存储任意类型的数据。

4.10 QMainWindow 和 QAction

QMainWindow 是主窗口类，具有菜单栏、工具栏、状态栏等主窗口常见的界面元素。要设计主窗口上的菜单栏、工具栏、按钮的下拉菜单、组件的快捷菜单等，需要用到 QAction 类。QAction 对象就是实现某个功能的“动作”，我们称其为 Action。在 UI 可视化设计时，我们可以设计很多 Action，然后用 Action 创建菜单项和工具按钮。

本节设计一个示例项目 samp4_10，窗口基类选择为 QMainWindow，示例运行时界面如图 4-39 所示。这个示例实现的是一个简单的文本编辑器，窗口中间工作区是一个 QPlainTextEdit 组件。

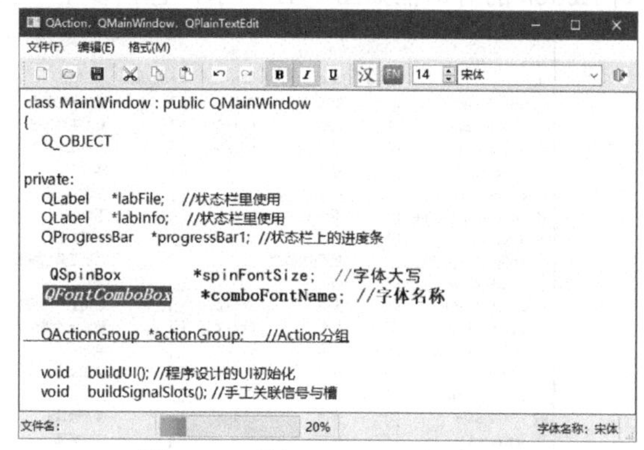

图 4-39　示例 samp4_10 运行时界面

本示例的设计和实现过程涉及较多的技术点。

- 可视化设计 Action，通过 Action 可视化设计菜单栏和工具栏。设计可复选的 Action，如设置粗体、斜体、下划线的 3 个 Action；设计分组互斥型可复选的 Action，如选择界面语言的两个 Action。
- 在 UI 可视化设计时，将设计好的 Action 与 QPlainTextEdit 组件的公有槽关联，实现剪切、复制、粘贴、撤销等常见的编辑操作。
- 根据 QPlainTextEdit 组件里当前选择内容的变化，更新相关 Action 的状态，例如，更新剪切、复制、粘贴等编辑操作 Action 的 enabled 属性。
- 在窗口类的构造函数里，通过编写代码创建 UI 可视化设计无法实现的界面功能，其中包括：在工具栏上创建用于设置字体大小的 QSpinBox 组件和用于选择字体的 QFontComboBox 组件，因为这两个组件在 UI 可视化设计时无法放置到工具栏上；创建 QActionGroup 分组对象，将选择界面语言的两个 Action 添加到分组，实现互斥选择；在窗口的状态栏上添加 QLabel 和 QProgressBar 组件，因为在 UI 可视化设计时不能在状态栏上放置任何组件。

4.10.1 窗口界面可视化设计

1. 创建项目

创建一个 GUI 项目，在向导中选择窗口基类为 QMainWindow，新建窗口类的名称会自动被设置为 MainWindow。本示例的窗口上有菜单栏和工具栏，会用到大量图标，所以还需要创建资源文件，以及导入需要用到的图标。

2. 设计 Action

QAction 的父类是 QObject，所以支持 Qt 的元对象系统。在 UI 可视化设计时就可以创建 Action，使用设计好的 Action 可以创建菜单项和工具按钮。Qt Designer 界面下方有一个 Action 编辑器，可以在这个编辑器里可视化设计 Action。图 4-40 是本示例设计好的 Action 列表。根据图标和文字就大致可以知道每个 Action 的功能。

在 Action 编辑器的上方有一个工具栏，通过工具栏可以新建、复制、粘贴、删除 Action，还可以设置 Action 列表的显示方式。若要编辑某个 Action，在列表里双击该 Action 即可。新建或编辑 Action 的对话框如图 4-41 所示，包括以下一些设置内容。

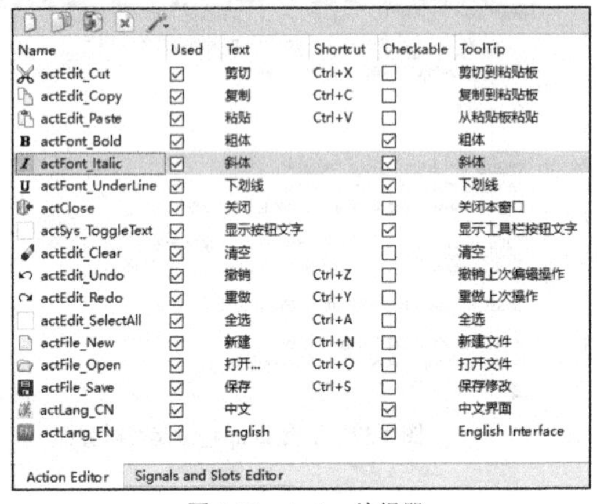

Name	Used	Text	Shortcut	Checkable	ToolTip
actEdit_Cut	☑	剪切	Ctrl+X	☐	剪切到粘贴板
actEdit_Copy	☑	复制	Ctrl+C	☐	复制到粘贴板
actEdit_Paste	☑	粘贴	Ctrl+V	☐	从粘贴板粘贴
actFont_Bold	☑	粗体		☑	粗体
actFont_Italic	☑	斜体		☑	斜体
actFont_UnderLine	☑	下划线		☑	下划线
actClose	☑	关闭		☐	关闭本窗口
actSys_ToggleText	☑	显示按钮文字		☑	显示工具栏按钮文字
actEdit_Clear	☑	清空		☐	清空
actEdit_Undo	☑	撤销	Ctrl+Z	☐	撤销上次编辑操作
actEdit_Redo	☑	重做	Ctrl+Y	☐	重做上次操作
actEdit_SelectAll	☑	全选	Ctrl+A	☐	全选
actFile_New	☑	新建	Ctrl+N	☐	新建文件
actFile_Open	☑	打开...	Ctrl+O	☐	打开文件
actFile_Save	☑	保存	Ctrl+S	☐	保存修改
actLang_CN	☑	中文		☑	中文界面
actLang_EN	☑	English		☑	English Interface

图 4-40　Action 编辑器

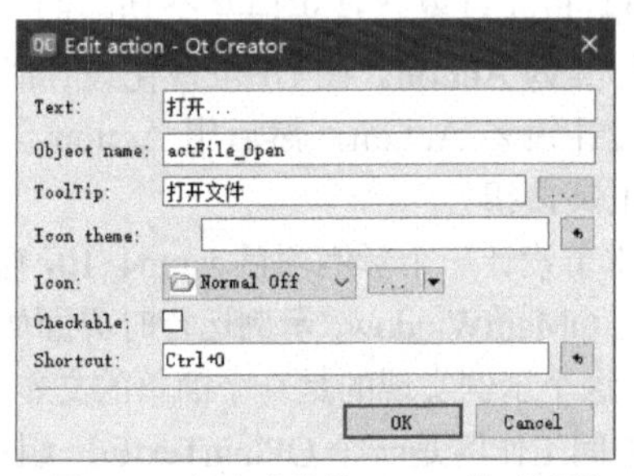

图 4-41　新建或编辑 Action 的对话框

- Text：Action 的显示文字，该文字会作为菜单项标题或工具按钮标题显示。若该标题后面有...（用于表示有打开对话框的操作），如“打开...”，则工具按钮标题会自动去除...。
- Object name：Action 的对象名称。应该遵循自身的命名规则，例如以“act”开头表示是一个 Action，并且应在名称中体现分组，如图 4-40 中的 Action 的名称。
- ToolTip：当鼠标移动到菜单项或工具按钮上短暂停留时，在光标处显示的提示文字。
- Icon：Action 的图标，点击其右边的按钮可以从资源文件里选择图标。
- Checkable：Action 是否可以被复选，如果勾选此复选框，那么该 Action 就有复选状态。
- Shortcut：Action 的快捷键，将光标定位到其旁边的编辑框里，按下需要设置的快捷键即可。

在 Action 编辑器里点击一个 Action 后，属性编辑器就会显示这个 Action 的属性，图 4-42 展示了 actFile_Open 的属性。其中有几个文字属性需要区分，图 4-42 中有几个属性没有出现在图 4-41 所示的对话框中。部分说明如下。

- text：这是用 Action 创建菜单项时菜单项的显示文字，也就是图 4-41 所示对话框中设置的 Text。
- iconText：这是用 Action 创建工具按钮时按钮上显示的文字。在图 4-41 所示对话框中设置了 Text 属性后，iconText 就自动等于 Text。如果 Text 设置的文字有...，iconText 的文字会自动去除...。
- toolTip：图 4-41 所示对话框中设置的 ToolTip 文字就是这个属性的值。

- statusTip：这是鼠标移动到菜单项或工具按钮上时，在主窗口下方状态栏的临时消息区显示的文字，显示两秒后自动消失。statusTip 一般是对 Action 比较详细的描述，默认为空。
- shortcutContext：这是 Action 的快捷键的有效响应范围，默认值为 WindowShortcut，表示 Action 关联的组件是当前窗口的子组件时快捷键有效；如果值为 ApplicationShortcut，表示只要应用程序有窗口显示，快捷键就有效。
- autoRepeat：表示当快捷键被一直按下时，Action 是否自动重复执行。
- menuRole：这个属性在 macOS 上才有意义，表示 Action 创建的菜单项的作用。
- iconVisibleInMenu：表示在菜单项上是否显示 Action 的图标。
- shortcutVisibleInContextMenu：表示在使用 Action 创建右键快捷菜单时，是否显示快捷键。
- priority：表示 Action 在 UI 上的优先级，默认值为 NormalPriority。如果设置为 LowPriority，当工具栏的 toolButtonStyle 属性设置为 Qt::ToolButtonTextBesideIcon 时，按钮上将不显示 Action 的文字。

3. 设计菜单栏和工具栏

QMainWindow 类窗口上有菜单栏、工具栏和状态栏，这 3 种界面组件对应的类分别是 QMenuBar、QToolBar 和 QStatusBar，它们都是直接从 QWidget 继承而来的。在 UI 可视化设计时，使用窗体的右键快捷菜单可以添加或删除菜单栏、工具栏和状态栏。一个主窗口上最多有一个菜单栏和一个状态栏，可以有多个工具栏。

创建 Action 之后，就可以利用 Action 设计菜单栏和工具栏。设计完成的窗体效果如图 4-43 所示。窗体最上方是菜单栏，菜单栏下方是工具栏，最下方是状态栏。我们在中间工作区放置了一个 QPlainTextEdit 组件，将其对象名称设置为 textEdit。

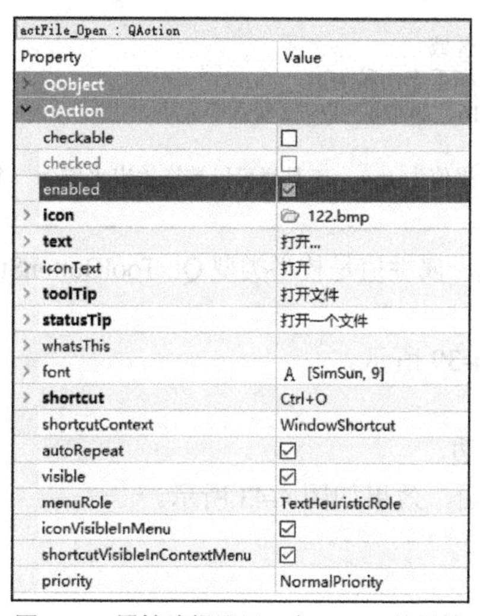

图 4-42 属性编辑器里一个 Action 的属性

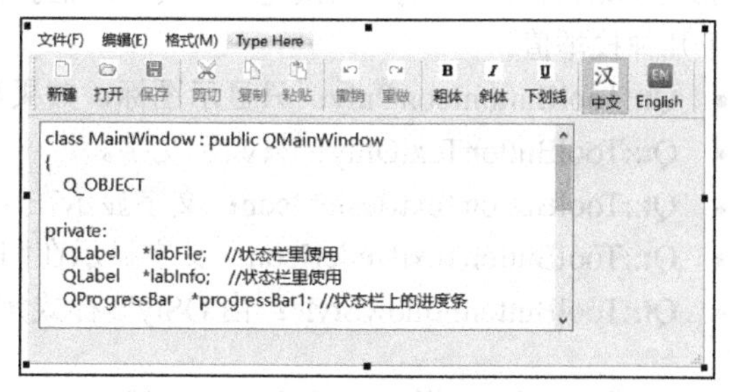

图 4-43 已完成可视化设计的窗体效果

要设计菜单栏，双击菜单栏上的“Type Here”，会出现一个编辑框，在编辑框里输入所要设计菜单的分组名称，如“文件(&F)”，然后按 Enter 键，这样就可创建一个“文件(F)”菜单分组。在程序运行时通过快捷键 Alt+F 可以便捷地打开“文件”菜单。同样，可以创建“编辑(E)”“格式(M)”菜单分组。

创建菜单分组后，从 Action 编辑器的列表中将一个 Action 拖放到某个菜单分组下，就可以创建一个菜单项。双击菜单上的 Add Separator 可以创建一个分隔条，然后将其拖放到需要的位置即可。如果需要移除某个菜单项或分隔条，点击鼠标右键调出快捷菜单，再点击 Remove 菜单项即可移除。如果要为一个菜单项创建下一级菜单，点击菜单项右边的图标，拖放 Action 到下一级菜单上就可以创建菜单项。菜单栏设计完成的结果如图 4-44 所示。

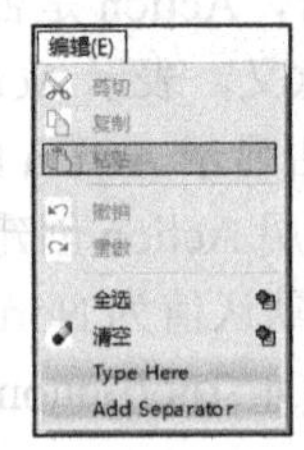

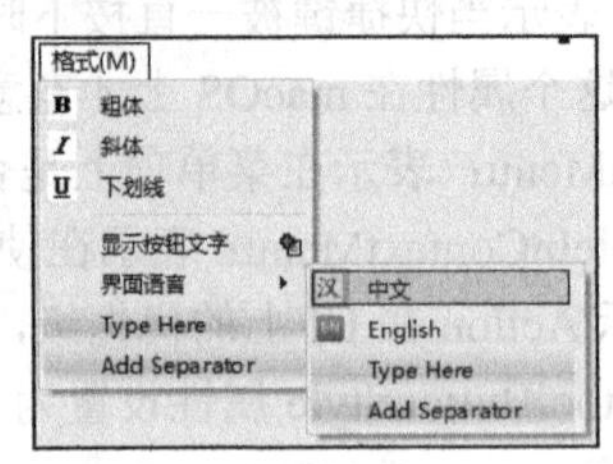

图 4-44　设计完成后的菜单栏各分组下的菜单项

工具栏上的按钮也是通过 Action 创建的。将一个 Action 拖放到窗体的工具栏上，就会新建一个工具按钮。通过工具栏的快捷菜单，可以在工具栏上添加分隔条或移除工具按钮。如果需要创建多个工具栏，可在窗体上点击鼠标右键，在快捷菜单中点击 Add Tool Bar 即可新建一个工具栏。

工具栏对应的是 QToolBar 类，选择一个工具栏后，在属性编辑器里可以设置其属性。QToolBar 类的主要属性如表 4-19 所示。

表 4-19　QToolBar 类的主要属性

属性名称	属性值类型	含义和作用
movable	bool	工具栏是否可移动
allowedAreas	Qt::ToolBarAreas	工具栏可以放置的窗口区域
orientation	Qt::Orientation	工具栏的方向，有水平和垂直两种方向
iconSize	QSize	图标大小，一般是 16×16、24×24、32×32 像素等大小
toolButtonStyle	Qt::ToolButtonStyle	工具按钮样式
floatable	bool	工具栏是否可浮动，如果值为 true，工具栏可以被拖放出来作为一个浮动的窗口

属性 toolButtonStyle 的取值决定了工具按钮显示的样式，属性值是枚举类型 Qt::ToolButtonStyle，有以下几种枚举值。

- Qt::ToolButtonIconOnly：只显示图标，效果如图 4-39 所示。
- Qt::ToolButtonTextOnly：只显示文字。
- Qt::ToolButtonTextBesideIcon：文字显示在图标旁边。
- Qt::ToolButtonTextUnderIcon：文字显示在图标下面，效果如图 4-43 所示。
- Qt::ToolButtonFollowStyle：由 QStyle 样式定义。

4.10.2　QAction 类

QAction 类的大部分接口函数是用于属性读写的函数，这些接口函数就不具体介绍了，查看 Qt 帮助文档即可。QAction 定义了一些信号和公有槽，在设计程序时非常有用。

1. QAction 的信号

QAction 定义了一些信号，其函数原型定义如下，信号发射的时机见注释。

```
void  changed()                              //Action 的 text、toolTip、font 等属性值变化时
void  checkableChanged(bool checkable)       //checkable 属性值变化时
void  enabledChanged(bool enabled)           //enabled 属性值变化时
void  hovered()                              //鼠标移动到用此 Action 创建的菜单项或工具按钮上时
void  toggled(bool checked)                  //checked 属性值变化时
void  triggered(bool checked = false)        //点击用此 Action 创建的菜单项或工具按钮时
void  visibleChanged()                       //visible 属性值变化时
```

当我们点击由 Action 创建的菜单项/工具按钮或按下 Action 的快捷键时，QAction 对象发射 triggered()信号。如果 Action 的 checkable 属性值为 true，还会发射 triggered(bool)信号，bool 类型参数表示当前复选状态。triggered()信号是较常用的，一般会为 triggered()或 triggered(bool)信号编写槽函数，点击菜单项或工具按钮时，就会运行相关 Action 的 triggered()或 triggered(bool)信号关联的槽函数。

当 Action 的 checked 属性值变化时，Action 会发射 toggled(bool)信号。点击菜单项或工具按钮可以使 checked 属性值发生变化，在程序中运行 QAction::setChecked()函数也可以使 checked 属性值发生变化。

2. QAction 的公有槽

QAction 定义了一些公有槽，这些公有槽可以在程序中直接被调用，也可以在 UI 可视化设计时在信号与槽编辑器里设置其与其他组件的信号关联。QAction 的公有槽函数原型定义如下：

```
void  hover()                  //触发 hovered()信号
void  trigger()                //触发 triggered()信号
void  resetEnabled()           //复位 enabled 属性为默认值
void  setChecked(bool)         //设置 checked 属性的值
void  setDisabled(bool b)      //设置 enabled 属性的值，若 b=true，设置 enabled=false
void  setEnabled(bool)         //设置 enabled 属性的值
void  setVisible(bool)         //设置 visible 属性的值
void  toggle()                 //反转 checked 属性的值
```

hover()和 trigger()用于触发相应的信号，其他槽函数用于设置 Action 的一些属性，例如设置 enabled 或 checked 属性的值。

3. 编辑类 Action 的功能实现

“编辑”分组的 Action 可实现对窗口上的 QPlainTextEdit 组件 textEdit 的一些编辑操作，如剪切、复制、粘贴、撤销等。QPlainTextEdit 提供了实现这些编辑操作的公有槽，如 cut()、copy()、paste()、undo()等，将这些 Action 的 triggered()信号和 textEdit 相应的公有槽关联即可。

图 4-45 展示了信号与槽编辑器里设置的信号与槽关联，对于所有编辑操作，Action 的 triggered()信号都与 textEdit 相应的公有槽建立了关联。另外，textEdit 有 3 个信号和 3 个 Action 的公有槽 setEnabled()关联了，用于自动设置这几个 Action 的 enabled 属性值。例如，textEdit 的 undoAvailable(bool)信号与 actEdit_Undo 的公有槽 setEnabled(bool)关联，这样就可以自动更新 actEdit_Undo 的使能状态。

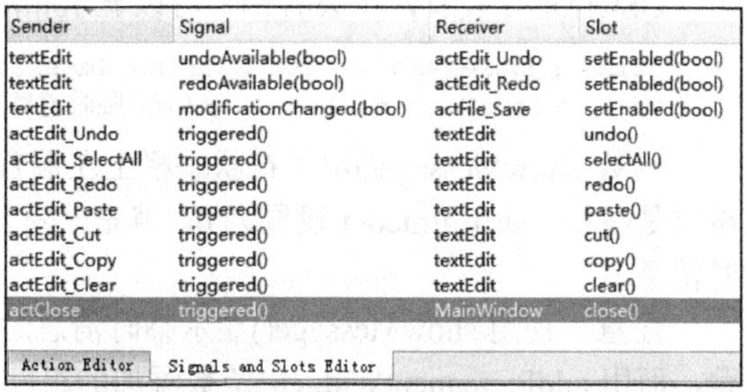

Sender	Signal	Receiver	Slot
textEdit	undoAvailable(bool)	actEdit_Undo	setEnabled(bool)
textEdit	redoAvailable(bool)	actEdit_Redo	setEnabled(bool)
textEdit	modificationChanged(bool)	actFile_Save	setEnabled(bool)
actEdit_Undo	triggered()	textEdit	undo()
actEdit_SelectAll	triggered()	textEdit	selectAll()
actEdit_Redo	triggered()	textEdit	redo()
actEdit_Paste	triggered()	textEdit	paste()
actEdit_Cut	triggered()	textEdit	cut()
actEdit_Copy	triggered()	textEdit	copy()
actEdit_Clear	triggered()	textEdit	clear()
actClose	triggered()	MainWindow	close()

Action Editor　Signals and Slots Editor

图 4-45　信号与槽编辑器里设置的信号与槽关联

4.10.3 QToolBar 类

在 UI 可视化设计时，可以用 Action 可视化地创建工具栏上的按钮，但是不能可视化地在工具栏上放置其他组件。QToolBar 提供了接口函数，可以通过代码在工具栏上添加组件，从而灵活地设计工具栏。常用的几个函数定义如下：

```
void    addAction(QAction *action)      //添加一个 Action，并根据 Action 的设置自动创建工具按钮
QAction  *addWidget(QWidget *widget)                                //添加一个界面组件
QAction  *insertWidget(QAction *before, QWidget *widget)           //插入一个界面组件
QAction  *addSeparator()                                            //添加一个分隔条
QAction  *insertSeparator(QAction *before)                          //插入一个分隔条
```

QToolBar 定义了一些信号，这些信号基本都是某个属性值变化时发射的信号，我们就不列出来了。

4.10.4 QStatusBar 类

1. 添加组件

主窗口上的状态栏对应的是 QStatusBar 类，在 UI 可视化设计时，不能在状态栏上放置任何组件，而只能通过其接口函数向状态栏添加组件。QStatusBar 有两个函数用于添加组件，其函数原型定义如下。

```
void   addWidget(QWidget *widget, int stretch = 0)                //添加正常组件
void   addPermanentWidget(QWidget *widget, int stretch = 0)      //添加永久组件
```

其中，参数 widget 可以是从 QWidget 继承来的任何组件，一般是适合放置在状态栏上的组件，如 QLabel、QSpinBox、QProgressBar 等。参数 stretch 是延展因子，用于确定组件所占的空间。

函数 addWidget()添加的组件按添加的先后顺序，从状态栏左端开始从左到右排列，也就是左对齐。函数 addPermanentWidget()添加的组件按添加的先后顺序从左到右排列，但是为右对齐，也就是最后添加的组件在状态栏右端。

使用 addWidget()或 addPermanentWidget()添加组件后，就可以在组件上显示信息了，例如添加的是一个 QLabel 组件，就在这个 QLabel 组件上显示信息即可。

2. 显示临时消息

QStatusBar 类有两个公有槽，可以显示和清除临时消息，定义如下：

```
void   showMessage(const QString &message, int timeout = 0)     //显示临时消息
void   clearMessage()        //清除临时消息
```

函数 showMessage()用于在状态栏上左端首位置显示字符串信息，显示持续时间是 timeout，单位是毫秒。如果 timeout 设置为 0，就是一直显示，直到被 clearMessage()清除，或显示下一条临时消息。

注意，使用 showMessage()显示临时消息时，状态栏上用 addWidget()添加的组件会被临时隐藏，而用 addPermanentWidget()函数添加的组件会保持不变。

3. 自动显示 Action 的 statusTip

如果一个 Action 的 statusTip 属性不为空，当鼠标移动到由这个 Action 创建的菜单项或工具按钮上时，状态栏上就会自动显示这个 Action 的 statusTip 属性的内容；当鼠标移出时，状态栏上的临时消息就会被自动清除。使用这个功能无须编写任何代码，只需要设置 Action 的 statusTip 属性。

4.10.5 混合式 UI 设计

我们在第 2 章介绍过可视化 UI 设计和代码化 UI 设计，一般情况下，尽量用可视化方式设计界面。如果一部分界面无法用可视化方式设计完成，就需要编写部分代码，在窗口类的构造函数里用代码创建这部分界面，我们称这种设计方式为混合式 UI 设计。

对本示例来说，在 UI 可视化设计时，只能将 Action 拖放到工具栏上创建按钮，而不能将其他组件拖放到工具栏上，例如不能将一个 QSpinBox 组件拖放到工具栏上。图 4-39 所示界面的工具栏上设置字体大小的 SpinBox 和字体下拉列表框就需要在 MainWindow 类的构造函数中用代码创建。

在 UI 可视化设计时，状态栏上也不能放置任何组件，图 4-39 所示界面的状态栏上的两个 QLabel 组件和一个 QProgressBar 组件也是在 MainWindow 类的构造函数中用代码创建的。

图 4-39 所示的界面中，选择界面语言的"汉语"和"English"两个工具按钮是互斥的，但是在可视化设计时，QAction 没有任何属性可以实现这样的功能。需要创建一个 QActionGroup 对象，并设置为互斥的，将两个 Action 添加到所创建的 actionGroup 里，才可以实现两个 Action 互斥选择的功能。这个功能也是在 MainWindow 类的构造函数中通过代码实现的。

为了实现本示例的界面效果，先在 MainWindow 类中增加一些定义。以下是定义 MainWindow 类的代码，省略了 Go to slot 对话框生成的槽函数的定义。

```
class MainWindow : public QMainWindow
{
    Q_OBJECT
private:
    QLabel    *labFile;                                    //添加到状态栏里
    QLabel    *labInfo;                                    //添加到状态栏里
    QProgressBar    *progressBar1;                         //进度条，添加到状态栏里
    QSpinBox         *spinFontSize;                        //字体大小，添加到工具栏上
    QFontComboBox   *comboFontName;                        //字体名称，添加到工具栏上
    QActionGroup    *actionGroup; //Action 分组，用于"汉语"和"English"两个工具按钮的互斥选择
    void    buildUI();                                      //以代码化方式创建 UI
    void    buildSignalSlots();                             //手动关联信号与槽
public:
    MainWindow(QWidget *parent = nullptr);
private slots:
    void do_fontSize_changed(int fontSize);               //改变字体大小的 SpinBox 的响应
    void do_fontSelected(const QFont &font);              //选择字体的 FontComboBox 的响应
private:
    Ui::MainWindow *ui;
};
```

所有需要在 MainWindow 的构造函数里动态创建的界面组件都需要在 MainWindow 里定义变量，且都应定义为指针变量，这些组件如状态栏上的 QLabel 组件 labFile、工具栏上的 QSpinBox 组件 spinFontSize。

某些动态创建的组件还需要关联槽函数，为此定义了两个自定义槽函数。

- do_fontSize_changed()：用于与 spinFontSize 的 valueChanged()信号关联。
- do_fontSelected()：用于与 comboFontName 的 currentFontChanged()信号关联。

MainWindow 类里定义了两个私有函数，其中 buildUI()用于动态创建界面组件，buildSignalSlots()用于建立信号与自定义槽函数的关联。MainWindow 的构造函数以及这两个私有函数的代码如下。

```
MainWindow::MainWindow(QWidget *parent) : QMainWindow(parent), ui(new Ui::MainWindow)
{
    ui->setupUi(this);
    buildUI();                                              //动态创建界面组件
    buildSignalSlots();                                     //为动态创建的组件关联信号与槽
    ui->mainToolBar->setToolButtonStyle(Qt::ToolButtonIconOnly);  //工具按钮只显示图标
    this->setCentralWidget(ui->textEdit);                   //textEdit 填充满工作区
}

void MainWindow::buildUI()
{
//创建状态栏上的组件
    labFile= new QLabel(this);                              //用于显示当前文件名
    labFile->setMinimumWidth(150);
    labFile->setText("文件名: ");
    ui->statusBar->addWidget(labFile);                     //添加到状态栏

    progressBar1= new QProgressBar(this);                   //状态栏上的进度条
    progressBar1->setMaximumWidth(200);
    progressBar1->setMinimum(5);
    progressBar1->setMaximum(50);
    progressBar1->setValue(ui->textEdit->font().pointSize());
    ui->statusBar->addWidget(progressBar1);                //添加到状态栏

    labInfo= new QLabel(this);        //用于显示字体名称
    labInfo->setText("选择字体名称: ");
    ui->statusBar->addPermanentWidget(labInfo);            //添加到状态栏

//为 actLang_CN (汉语) 和 actLang_EN (英语) 创建 ActionGroup, 实现互斥选择
    actionGroup = new QActionGroup(this);
    actionGroup->addAction(ui->actLang_CN);
    actionGroup->addAction(ui->actLang_EN);
    actionGroup->setExclusive(true);                       //互斥选择
    ui->actLang_CN->setChecked(true);

//创建工具栏上无法可视化设计的一些组件
    spinFontSize = new QSpinBox(this);                     //设置字体大小的 SpinBox
    spinFontSize->setMinimum(5);
    spinFontSize->setMaximum(50);
    spinFontSize->setValue(ui->textEdit->font().pointSize());
    spinFontSize->setMinimumWidth(50);
    ui->mainToolBar->addWidget(spinFontSize);              //添加到工具栏

    comboFontName = new QFontComboBox(this);               //字体下拉列表框
    comboFontName->setMinimumWidth(150);
    ui->mainToolBar->addWidget(comboFontName);             //添加到工具栏
    ui->mainToolBar->addSeparator();                       //工具栏上增加分隔条
    ui->mainToolBar->addAction(ui->actClose);              //"退出"按钮
}

void MainWindow::buildSignalSlots()
{
    connect(spinFontSize,SIGNAL(valueChanged(int)),this,SLOT(do_fontSize_changed(int)));
    connect(comboFontName,&QFontComboBox::currentFontChanged,
            this, &MainWindow::do_fontSelected);
}
```

构造函数里调用函数 buildUI()动态创建了所需的界面组件，并调用函数 buildSignalSlots()为动

态创建的组件设置信号与槽关联，然后用 QMainWindow::setCentralWidget()函数将 textEdit 设置为中心组件，也就是使其填充满主窗口的工作区。

在动态创建界面组件时都传递了 this 指针，也就是用窗口作为所创建组件的父容器，将其加入窗口的对象树，这样窗口被删除时，其所有子组件会被自动删除。

如果几个 Action 的 checkable 属性设置为 true，但其中只能有一个 Action 的 checked 属性可以被设置为 true，就需要将它们添加到一个 QActionGroup 对象里，并且将它们设置为互斥的。buildUI()函数里为选择界面语言的两个 Action 创建了一个 QActionGroup 对象 actionGroup。

4.10.6 QPlainTextEdit 的使用

1. QPlainTextEdit 的信号和槽

创建了窗口界面后，示例需要实现的其他功能主要就是对 QPlainTextEdit 组件 textEdit 的操作了。QPlainTextEdit 类已经定义了 cut()、copy()、paste()等用于编辑操作的槽函数，在设计 Action 时，我们直接将几个 Action 的 triggered()信号与 textEdit 的公有槽设置了关联，如图 4-45 所示。

QPlainTextEdit 的信号定义如下，各信号的触发条件见注释。

```
void  blockCountChanged(int newBlockCount)               //段落数变化时
void  copyAvailable(bool yes)                            //有文字被选择或取消选择时
void  cursorPositionChanged()                            //光标位置变化时
void  modificationChanged(bool changed)                  //文档的修改状态变化时
void  redoAvailable(bool available)                      //redo 操作状态变化时
void  selectionChanged()                                 //选择的内容变化时
void  textChanged()                                      //文档内容变化时
void  undoAvailable(bool available)                      //undo 操作状态变化时
void  updateRequest(const QRect &rect, int dy)           //需要更新显示时
```

在图 4-45 中，textEdit 的几个信号与相应 Action 的公有槽 setEnabled()关联，这样就可以自动改变 Action 的使能状态。例如，redoAvailable()信号与 actEdit_Redo 的公有槽 setEnabled()关联就可以自动更新 actEdit_Redo 的使能状态。

当有文字被选择或取消选择时，QPlainTextEdit 组件发射 copyAvailable()信号，可以为此信号编写槽函数，以控制 actEdit_Cut、actEdit_Copy 和 actEdit_Paste 的使能状态。

当选择的内容变化时，QPlainTextEdit 组件发射 selectionChanged()信号，可以为此信号编写槽函数，根据选择文字的字体状态更新 actFont_Bold、actFont_Italic 和 actFont_Underline 的 checked 属性值。

2. 两个自定义槽函数的代码

用于设置字体大小和选择字体的两个组件关联的是自定义槽函数，这两个槽函数代码如下：

```
void MainWindow::do_fontSize_changed(int fontSize)
{//设置字体大小的 SpinBox
    QTextCharFormat fmt =ui->textEdit->currentCharFormat();
    fmt.setFontPointSize(fontSize);                        //设置字体大小
    ui->textEdit->mergeCurrentCharFormat(fmt);
    progressBar1->setValue(fontSize);                      //状态栏上显示
}

void MainWindow::do_fontSelected(const QFont &font)
{//选择字体的 FontComboBox
    labInfo->setText("字体名称: "+font.family());           //状态栏上显示
    QTextCharFormat fmt =ui->textEdit->currentCharFormat();
```

```
    fmt.setFont(font);
    ui->textEdit->mergeCurrentCharFormat(fmt);
}
```

3. 其他 Action 的功能实现

Action 的主要信号是 triggered()或 triggered(bool)，在点击菜单项或工具按钮时，关联的 Action 就发送此信号。用于设置粗体、斜体、下划线的 3 个 Action 的 checkable 属性为 true，选择 triggered(bool)信号设计槽函数更合适，信号传递的 bool 类型参数表示 Action 的复选状态。对于其他 Action 可以选择 triggered()信号生成槽函数。在 Action 的 Go to slot 对话框中，选择信号为 Action 创建槽函数。

```
void MainWindow::on_actFont_Bold_triggered(bool checked)
{ //粗体
    QTextCharFormat fmt =ui->textEdit->currentCharFormat();
    if(checked)
        fmt.setFontWeight(QFont::Bold);
    else
        fmt.setFontWeight(QFont::Normal);
    ui->textEdit->mergeCurrentCharFormat(fmt);
}

void MainWindow::on_actFont_Italic_triggered(bool checked)
{ //斜体
    QTextCharFormat fmt =ui->textEdit->currentCharFormat();
    fmt.setFontItalic(checked);
    ui->textEdit->mergeCurrentCharFormat(fmt);
}

void MainWindow::on_actFont_UnderLine_triggered(bool checked)
{ //下划线
    QTextCharFormat fmt =ui->textEdit->currentCharFormat();
    fmt.setFontUnderline(checked);
    ui->textEdit->mergeCurrentCharFormat(fmt);
}

void MainWindow::on_actFile_Save_triggered()
{ //保存文件
    ui->textEdit->document()->setModified(false);        //表示已经保存过了，改变修改状态
    labFile->setText("文件已保存");                        //状态栏上显示
}

void MainWindow::on_actSys_ToggleText_triggered(bool checked)
{ //是否显示工具按钮文字
    if (checked)
        ui->mainToolBar->setToolButtonStyle(Qt::ToolButtonTextUnderIcon);
    else
        ui->mainToolBar->setToolButtonStyle(Qt::ToolButtonIconOnly);
}
```

actFile_Save 的槽函数代码并没有实际进行文件操作，而只是将 textEdit 的文档的修改状态设置为 false。如果在文本编辑器里修改了内容，文档的修改状态又会变为 true。文档的修改状态的变化会导致 textEdit 发射 modificationChanged()信号，从而自动改变 actFile_Save 的使能状态。

我们没有为切换界面语言的两个 Action 编写槽函数代码，第 18 章会介绍它们的实现代码。

4. QPlainTextEdit 的信号的应用

在图 4-45 中，textEdit 的几个信号与几个 Action 的公有槽 setEnabled()建立了关联，可以自动控制 Action 的使能状态。我们还为 textEdit 的两个信号编写槽函数，以分别实现对其他几个 Action

的 enabled 和 checked 属性的控制。

```
void MainWindow::on_textEdit_copyAvailable(bool b)
{//copyAvailable()信号的槽函数，更新 3 个 Action 的 enabled 状态
    ui->actEdit_Cut->setEnabled(b);
    ui->actEdit_Copy->setEnabled(b);
    ui->actEdit_Paste->setEnabled(ui->textEdit->canPaste());
}

void MainWindow::on_textEdit_selectionChanged()
{//selectionChanged()信号的槽函数，更新 3 种字体样式的 checked 状态
    QTextCharFormat fmt= ui->textEdit->currentCharFormat();
    ui->actFont_Bold->setChecked(fmt.font().bold());                //粗体
    ui->actFont_Italic->setChecked(fmt.fontItalic());               //斜体
    ui->actFont_UnderLine->setChecked(fmt.fontUnderline());         //下划线
}
```

4.11 QToolButton 和 QListWidget

Qt 中用于处理项数据（item data）的组件有两类：一类是 Item Views 组件，包括 QListView、QTreeView、QTableView 等；另一类是 Item Widgets 组件，包括 QListWidget、QTreeWidget、QTableWidget 等。这些类的继承关系如图 4-10 所示。Item Views 组件用于模型/视图结构，第 5 章会详细介绍。

Item Widgets 组件使用起来稍微复杂一点。它们直接将数据存储在每一个项里，例如，QListWidget 的每一行是一个项，QTreeWidget 的每个节点是一个项，QTableWidget 的每一个单元格是一个项。一个项存储了文字、文字的格式定义、图标、用户数据等内容。

本节主要介绍 QListWidget 的使用方法，还涉及工具箱（QToolBox 类）和工具按钮（QToolButton 类）的使用方法，另外会介绍如何使用 Action 创建工具按钮的下拉菜单和 QListWidget 组件的快捷菜单。编写的示例程序 samp4_11 运行时界面如图 4-46 所示。

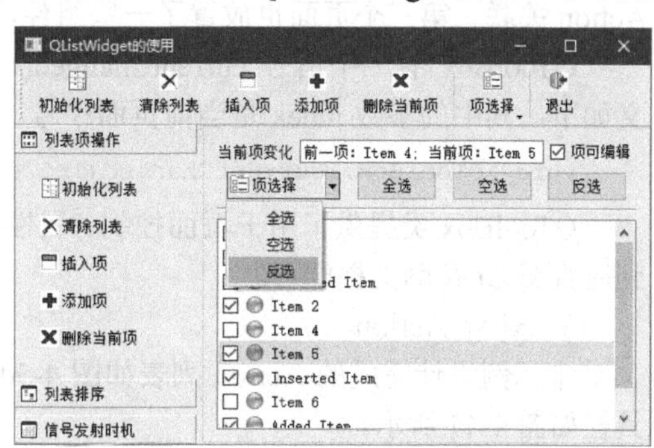

图 4-46 示例 samp4_11 运行时界面

4.11.1 窗口界面可视化设计

1. *界面布局和设计方法*

本示例的窗口类从 QMainWindow 继承而来，在 Qt Designer 里设计完成的窗体界面如图 4-47 所示，与图 4-46 所示的运行时界面有一些区别。图 4-47 中工作区上的按钮都是工具按钮，在设计时没有为这些按钮设置标题和图标，图中按钮上显示的文字是按钮的对象名称。图 4-46 所示的运行时界面效果是在窗口类的构造函数里添加代码后实现的，本示例使用了混合式 UI 设计。

在可视化设计界面时，我们删除了窗体上的菜单栏和状态栏，只保留了工具栏。工作区左侧是一个工具箱，创建了 3 个页面，工作区右侧是一个分组框，这两个组件使用了水平分割布局。

QToolButton 有一个 setDefaultAction()函数，可以使按钮与 Action 关联，按钮的文字、图标、

toolTip 等属性都将自动从关联的 Action 复制而来。点击一个工具按钮时就会运行关联 Action 的 triggered()信号的槽函数，效果与点击工具栏上的按钮一样。实际上，工具栏上的按钮就是根据 Action 自动创建的工具按钮。

在 Qt Designer 里并不能直接为一个工具按钮设定一个 Action，而需要在窗口类的构造函数里编写代码，为界面上的各个工具按钮设置关联的 Action。图 4-46 所示界面工具栏上的“项选择”按钮具有下拉菜单，这个功能也不能在 UI 可视化设计时实现，而需要编写代码实现。

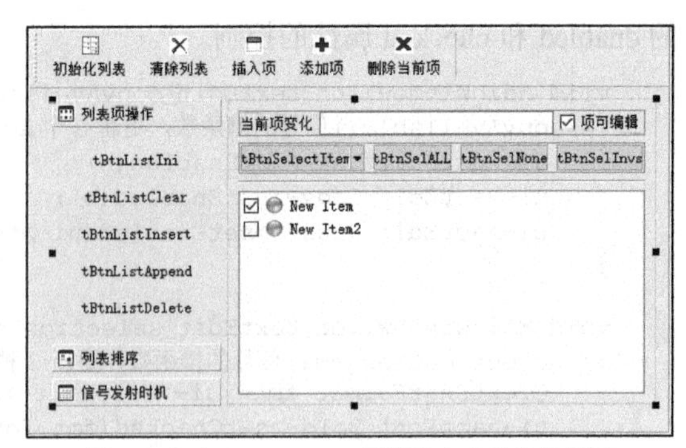

图 4-47　在 Qt Designer 里设计完成的窗体界面

2. QToolBox 组件

QToolBox 是工具箱组件类，工具箱是一种垂直分页的多页容器组件。在 UI 可视化设计时，在工具箱组件上点击鼠标右键调出快捷菜单，可以分别使用 Insert Page 和 Delete Page 菜单项添加和删除页面。点击某个页面的标题栏，该页面就变为工具箱的当前页面。当界面上组件 toolBox 的第二个页面是当前页面时，属性编辑器里显示的内容如图 4-48 所示，toolBox 的第二个页面的界面设计结果如图 4-49 所示。

工具箱的每个页面就是一个 QWidget 组件，在页面的工作区可以放置任何其他界面组件。图 4-47 中，工具箱的第一个页面里放置了几个工具按钮，并设置为网格布局。第二个页面放置了一个复选框和两个工具按钮，也设置为网格布局，如图 4-49 所示，这里的两个工具按钮不需要与 Action 关联。第三个页面也放置了一些组件，运行时界面如图 4-54 所示。

QToolBox 有一个信号 currentChanged()，在切换当前页面时组件发射此信号，其函数原型定义如下，其中的参数 index 是当前页面序号。

```
void  QToolBox::currentChanged(int index)
```

QToolBox 类提供了用于页面控制、属性访问的各种接口函数，这里就不详细介绍了，需要用到时查阅 Qt 帮助文档即可。

3. 设计 Action

本示例设计完成的 Action 列表如图 4-50 所示。利用这些 Action 设计工具栏，设计完成的工具栏如图 4-47 所示。

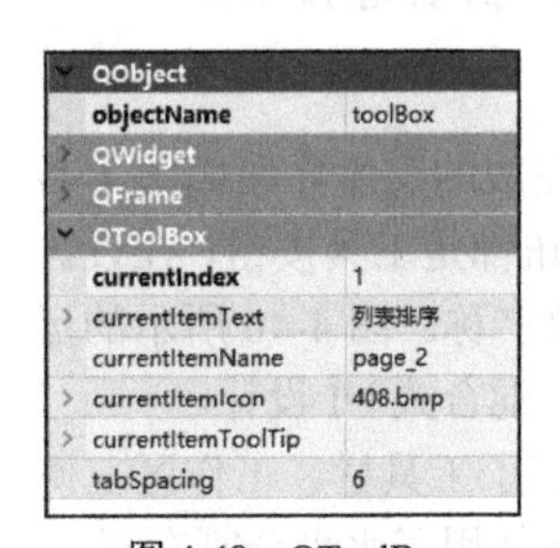

QObject	
objectName	toolBox
QWidget	
QFrame	
QToolBox	
currentIndex	1
currentItemText	列表排序
currentItemName	page_2
currentItemIcon	408.bmp
currentItemToolTip	
tabSpacing	6

图 4-48　QToolBox 组件的属性

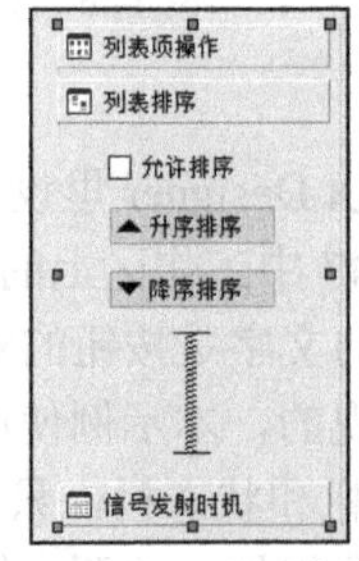

图 4-49　QToolBox 组件的第二个页面的界面设计结果

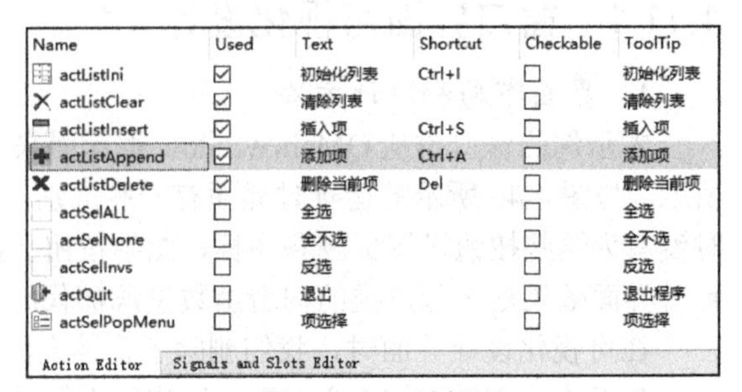

Name	Used	Text	Shortcut	Checkable	ToolTip
actListIni	☑	初始化列表	Ctrl+I	☐	初始化列表
actListClear	☑	清除列表		☐	清除列表
actListInsert	☑	插入项	Ctrl+S	☐	插入项
actListAppend	☑	添加项	Ctrl+A	☐	添加项
actListDelete	☑	删除当前项	Del	☐	删除当前项
actSelALL	☐	全选		☐	全选
actSelNone	☐	全不选		☐	全不选
actSelInvs	☐	反选		☐	反选
actQuit	☐	退出		☐	退出程序
actSelPopMenu	☐	项选择		☐	项选择

Action Editor　Signals and Slots Editor

图 4-50　本示例设计完成的 Action 列表

actSelPopMenu 用于“项选择”工具按钮，也就是窗口上具有下拉菜单的两个按钮。将 actSelPopMenu 的功能设置为与 actSelInvs 的完全相同。如图 4-51 所示，在信号与槽编辑器里，将 actSelPopMenu 的 triggered() 信号与 actSelInvs 的公有槽 trigger()连接。

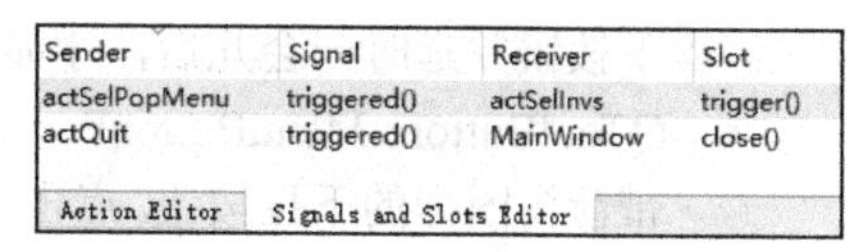

图 4-51 在信号与槽编辑器中设置的关联

4. QListWidget 组件

在窗口右侧的分组框里放置一个 QListWidget 组件，再放置其他几个按钮和编辑框，组成图 4-47 所示的界面。QListWidget 是列表组件，每一行是一个 QListWidgetItem 类型的对象，称为项或列表项。

双击界面上的 QListWidget 组件，可以打开图 4-52 所示的编辑器。在这个编辑器里可以添加、删除、上移、下移列表项，也可以设置每个列表项的属性，包括文字、字体、文字对齐方式、背景色、前景色等。QListWidgetItem 有一个标志变量 flags，用于设置列表项的特性，flags 是枚举类型 Qt::ItemFlag 的枚举值的组合。

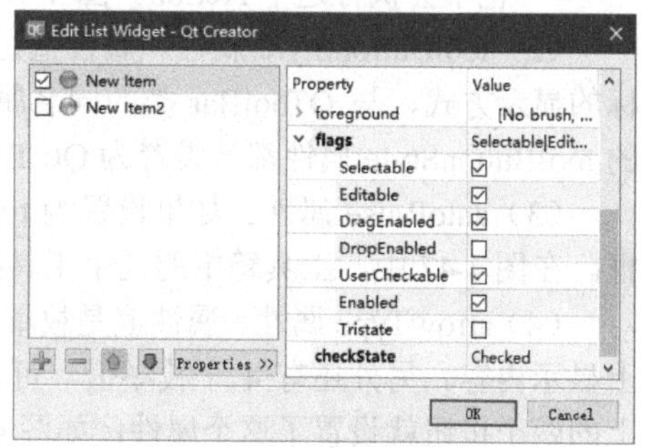

图 4-52 QListWidget 组件的项编辑器

图 4-52 中所示的 flags 可以设置如下一些特性。

- Selectable：列表项可被选择，对应枚举值 Qt::ItemIsSelectable。
- Editable：列表项可被编辑，对应枚举值 Qt::ItemIsEditable。
- DragEnabled：列表项可以被拖动，对应枚举值 Qt::ItemIsDragEnabled。
- DropEnabled：列表项可以接收拖放的项，对应枚举值 Qt::ItemIsDropEnabled。
- UserCheckable：列表项可以被复选，若为 true，列表项前面会出现一个复选框，对应枚举值 Qt::ItemIsUserCheckable。
- Enabled：列表项可用，对应枚举值 Qt:: ItemIsEnabled。
- Tristate：自动改变列表项的复选状态，对应枚举值 Qt::ItemIsAutoTristate。该特性对 QTreeWidget 的节点有效，对 QListWidget 的列表项无效。

QListWidget 组件的列表项一般是在程序里动态创建的，后面会演示如何通过程序进行添加、插入、删除列表项等操作。

4.11.2 QToolButton 与界面补充创建

1. QToolButton 的属性

一个工具按钮关联一个 Action 后，按钮的文字、图标、toolTip 等属性都将自动从关联的 Action 复制而来。但是在 UI 可视化设计时，我们无法为工具按钮设置关联的 Action。

在 UI 可视化设计时，对象名称为 tBtnSelectItem 的工具按钮的属性如图 4-53 所示。

QToolButton 有几个新定义的属性。

（1）popupMode 属性。属性值是枚举类型 QToolButton::ToolButtonPopupMode。当按钮有下拉菜单时，这个属性决定了弹出菜单的模式。几个枚举值的含义如下。

- QToolButton::DelayedPopup：按钮上没有任何附加的显示内容。如果按钮有下拉菜单，按下按钮并延时一会儿后，才显示下拉菜单。

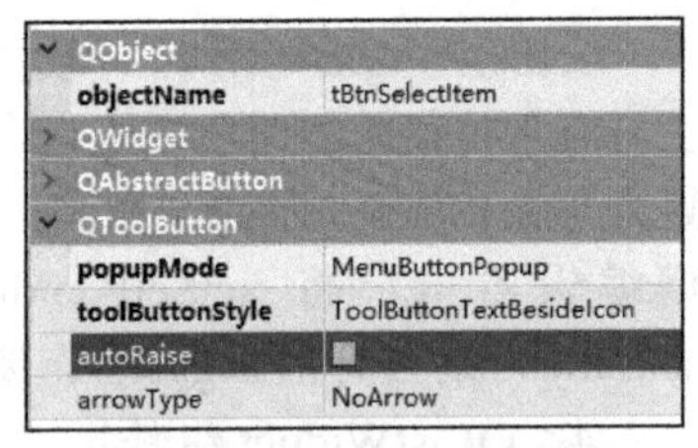

图 4-53 QToolButton 的属性

- QToolButton::MenuButtonPopup：会在按钮右侧显示一个带箭头图标的下拉按钮。点击下拉按钮才显示下拉菜单，点击工具按钮会执行按钮关联的 Action，而不会显示下拉菜单。图 4-46 中列表组件上方的“项选择”按钮就设置为这种模式。
- QToolButton::InstantPopup：会在按钮的右下角显示一个很小的下拉箭头图标，点击按钮就会立刻显示下拉菜单，即使工具按钮关联了一个 Action，也不会执行这个 Action。图 4-46 中工具栏上的“项选择”按钮就设置为这种模式。

（2）toolButtonStyle 属性。属性值是枚举类型 Qt::ToolButtonStyle，表示工具按钮上文字与图标的显示方式，与 QToolBar 类的同名属性的含义是一样的。在图 4-47 中，界面上几个工具按钮的 toolButtonStyle 属性都被设置为 Qt::ToolButtonTextBesideIcon。

（3）autoRaise 属性。如果设置为 true，按钮就没有边框，鼠标移动到按钮上时才显示按钮边框。在图 4-47 中，工具箱中的几个工具按钮的 autoRaise 属性都被设置为 true。

（4）arrowType 属性。属性值是枚举类型 Qt::ArrowType。默认值是 Qt::NoArrow，不会在按钮上显示内容。另外还有 4 个枚举值，可以在按钮上显示表示方向的箭头图标。工具箱第二个页面上的两个按钮就设置了这个属性，如图 4-49 所示。

2. QToolButton 的其他接口函数

除了与属性读写相关的一些接口函数，QToolButton 类还有两个主要的函数。

（1）setDefaultAction()函数。这个函数用于为工具按钮设置关联的 Action。设置关联的 Action 后，工具按钮的文字、图标、toolTip 等属性都与 Action 的一样，工具按钮的 triggered()信号自动关联 Action 的 triggered()信号。这个函数的原型定义如下：

```
void  QToolButton::setDefaultAction(QAction *action)
```

在 UI 可视化设计期间，无法为工具按钮设置 Action，而只能通过代码设置。所以，我们需要在窗口类的构造函数里编写代码为界面上的工具按钮设置关联的 Action。

（2）setMenu()函数。这个函数用于为工具按钮设置下拉菜单，其函数原型定义如下：

```
void  QToolButton::setMenu(QMenu *menu)
```

QMenu 是菜单类，它直接从 QWidget 继承而来。在 Qt Designer 里，我们可以通过 Action 设计窗口的菜单栏，但是不能可视化设计下拉菜单或某个组件的快捷菜单。要为工具按钮设计下拉菜单，需要通过代码动态创建 QMenu 对象，然后通过函数 setMenu()将其设置为工具按钮的下拉菜单。

3. 代码补充创建界面

为了在可视化设计完成的界面基础上实现图 4-46 所示的界面效果，我们在窗口类 MainWindow 中定义了两个私有函数，其中函数 setActionsForButton()用于为工具按钮设置关联的 Action，函数 createSelectionMenu()用于创建下拉菜单，并将其设置为工具按钮的下拉菜单。在 MainWindow 类的构造函数里调用这两个函数，就可以创建图 4-46 所示的界面。

```
MainWindow::MainWindow(QWidget *parent) :  QMainWindow(parent), ui(new Ui::MainWindow)
{
    ui->setupUi(this);
    setCentralWidget(ui->splitter);                                    //设置中心组件
    ui->listWidget->setContextMenuPolicy(Qt::CustomContextMenu);      //定制快捷菜单
```

```
    setActionsForButton();
    createSelectionMenu();
}

void MainWindow::setActionsForButton()
{//为各个 QToolButton 类按钮设置 Action
    ui->tBtnListIni->setDefaultAction(ui->actListIni);              //初始化列表
    ui->tBtnListClear->setDefaultAction(ui->actListClear);          //清除列表
    ui->tBtnListInsert->setDefaultAction(ui->actListInsert);        //插入项
    ui->tBtnListAppend->setDefaultAction(ui->actListAppend);        //添加项
    ui->tBtnListDelete->setDefaultAction(ui->actListDelete);        //删除当前项
    ui->tBtnSelALL->setDefaultAction(ui->actSelALL);                //全选
    ui->tBtnSelNone->setDefaultAction(ui->actSelNone);              //空选
    ui->tBtnSelInvs->setDefaultAction(ui->actSelInvs);              //反选
}

void MainWindow::createSelectionMenu()
{
//创建下拉菜单
    QMenu* menuSelection= new QMenu(this);                          //创建下拉菜单
    menuSelection->addAction(ui->actSelALL);                        //全选
    menuSelection->addAction(ui->actSelNone);                       //空选
    menuSelection->addAction(ui->actSelInvs);                       //反选
//listWidget 上方的"项选择"按钮
    ui->tBtnSelectItem->setPopupMode(QToolButton::MenuButtonPopup);  //菜单弹出模式
    ui->tBtnSelectItem->setToolButtonStyle(Qt::ToolButtonTextBesideIcon);
    ui->tBtnSelectItem->setDefaultAction(ui->actSelPopMenu);        //关联 Action
    ui->tBtnSelectItem->setMenu(menuSelection);                     //设置下拉菜单
//工具栏上的"项选择"按钮,具有下拉菜单
    QToolButton  *aBtn= new QToolButton(this);
    aBtn->setPopupMode(QToolButton::InstantPopup);              //立刻显示下拉菜单
    aBtn->setToolButtonStyle(Qt::ToolButtonTextUnderIcon);
    aBtn->setDefaultAction(ui->actSelPopMenu);                  //关联 Action
    aBtn->setMenu(menuSelection);                               //设置下拉菜单
    ui->mainToolBar->addWidget(aBtn);                           //在工具栏上添加按钮
//在工具栏上添加分隔条和"退出"按钮
    ui->mainToolBar->addSeparator();
    ui->mainToolBar->addAction(ui->actQuit);
}
```

QMenu 是管理菜单的类，它的父类是 QWidget，菜单实际上是一种窗口。创建菜单主要会用到以下几个函数。

```
void  QWidget::addAction(QAction *action)                   //添加 Action，创建菜单项
QAction  *QMenu::addMenu(QMenu *menu)                       //添加菜单，创建子菜单
QAction  *QMenu::addSeparator()                             //添加一个分隔条
```

QWidget::addAction()是 QMenu 的父类 QWidget 中定义的函数，它会添加 Action，并自动创建菜单项。QMenu 中还定义了多种参数形式的 addAction()函数，通过已设计好的 Action 创建菜单项是较简单的。

显示菜单可以使用函数 exec()，其函数原型定义如下：

```
QAction  *QMenu::exec(const QPoint &p, QAction *action = nullptr)
```

参数 p 表示菜单的左上角坐标。在点击鼠标右键显示快捷菜单时，一般使用鼠标光标的当前位置 QCursor::pos()作为参数 p 的值。点击工具按钮显示下拉菜单的功能是由工具按钮内部的代码

完成的，无须另外编写代码。

在函数 createSelectionMenu()里，我们将菜单 menuSelection 设置为两个工具按钮的下拉菜单，但是这两个工具按钮弹出下拉菜单的模式不一样，具体请参见前面对 QToolButton 的 popupMode 属性的讲解。

4.11.3 QListWidget 的操作

1. QListWidgetItem 类的主要接口函数

QListWidget 组件的列表项是 QListWidgetItem 对象。在 UI 可视化设计时，通过图 4-52 所示的编辑器可以对每个项进行设置。QListWidgetItem 类没有父类，所以没有属性，但是它有一些读取函数和设置函数，主要的接口函数如表 4-20 所示。后面会结合示例的源代码解释这些函数的作用。

表 4-20 QListWidgetItem 类的主要接口函数

读取函数	设置函数	数据类型	设置函数的功能
text()	setText()	QString	设置项的文字
icon()	setIcon()	QIcon	设置项的图标
data()	setData()	QVariant	为项的不同角色设置数据，可设置用户数据
flags()	setFlags()	Qt::ItemFlags	设置项的特性，是枚举类型 Qt::ItemFlag 的枚举值的组合
checkState()	setCheckState()	Qt::CheckState	设置项的复选状态
isSelected()	setSelected()	bool	设置为当前项，相当于点击了这个项

2. QListWidget 的主要接口函数

在 QListWidget 组件上点击一个项，这个项就是当前项，其所在的行就是当前行。QListWidget 类的主要接口函数如表 4-21 所示，表中只列出了函数的返回值类型，省略了函数的输入参数。某些函数有多种参数形式，使用时可查阅 Qt 帮助文档。

表 4-21 QListWidget 类的主要接口函数

分组	函数名	功能
添加或删除项	void addItem()	添加一个项
	void addItems()	根据一个字符串列表的内容，一次添加多个项
	void insertItem()	在某一行前面插入一个项
	void insertItems()	根据一个字符串列表的内容，一次插入多个项
	QListWidgetItem *takeItem()	从列表组件中移除一个项，并返回这个项的对象指针，但是并不从内存中删除这个项
	void clear()	移除列表中的所有项，并且从内存中删除对象
项的访问	QListWidgetItem *currentItem()	返回当前项，返回 nullptr 表示没有当前项
	void setCurrentItem()	设置当前项
	QListWidgetItem *item()	根据行号返回一个项
	QListWidgetItem *itemAt()	根据屏幕坐标返回项，例如鼠标在列表组件上移动时，可以用这个函数返回光标所在的项
	int currentRow()	返回当前行的行号，返回-1 表示没有当前行
	void setCurrentRow()	设置当前行
	int row()	返回一个项所在行的行号
	int count()	返回列表组件中项的个数
排序	void setSortingEnabled()	设置列表是否可排序
	bool isSortingEnabled()	列表是否可排序
	void sortItems()	对列表进行排序，可指定排序方式为升序或降序

3. 添加或删除项

几个与添加或删除项有关的 Action 的槽函数代码如下。

```
void MainWindow::on_actListIni_triggered()
{//“初始化列表”Action
    QListWidgetItem *aItem;
    QIcon aIcon;
    aIcon.addFile(":/images/icons/check2.ico");              //设置图标
    bool chk= ui->chkBoxListEditable->isChecked();           //是否可编辑

    ui->listWidget->clear();                                  //清除列表
    for (int i=0; i<10; i++)
    {
        QString str= QString("Item %1").arg(i);
        aItem= new QListWidgetItem();
        aItem->setText(str);                                  //设置文字
        aItem->setIcon(aIcon);                                //设置图标
        aItem->setCheckState(Qt::Checked);                    //设置为 checked
        if (chk)    //可编辑，设置 flags
            aItem->setFlags(Qt::ItemIsSelectable | Qt::ItemIsEditable
                        |Qt::ItemIsUserCheckable |Qt::ItemIsEnabled);
        else        //不可编辑，设置 flags
            aItem->setFlags(Qt::ItemIsSelectable |Qt::ItemIsUserCheckable
                        |Qt::ItemIsEnabled);
        ui->listWidget->addItem(aItem);                       //添加一个项
    }
}

void MainWindow::on_actListClear_triggered()
{//“清除列表”Action
    ui->listWidget->clear();
}

void MainWindow::on_actListInsert_triggered()
{//“插入项”Action
    QIcon aIcon(":/images/icons/check2.ico");                 //定义图标变量并直接赋值
    bool chk= ui->chkBoxListEditable->isChecked();           //是否可编辑
    QListWidgetItem* aItem= new QListWidgetItem("Inserted Item");
    aItem->setIcon(aIcon);                                    //设置图标
    aItem->setCheckState(Qt::Checked);                        //设置为 checked
    if (chk)    //可编辑，设置 flags
        aItem->setFlags(Qt::ItemIsSelectable | Qt::ItemIsEditable
                    |Qt::ItemIsUserCheckable |Qt::ItemIsEnabled);
    else
        aItem->setFlags(Qt::ItemIsSelectable |Qt::ItemIsUserCheckable
                    |Qt::ItemIsEnabled);
    ui->listWidget->insertItem(ui->listWidget->currentRow(),aItem);    //插入一个项
}

void MainWindow::on_actListAppend_triggered()
{//“添加项”Action
    QIcon aIcon(":/images/icons/check2.ico");                 //定义图标
    bool chk= ui->chkBoxListEditable->isChecked();           //是否可编辑
    QListWidgetItem* aItem= new QListWidgetItem("Added Item");
    aItem->setIcon(aIcon);                                    //设置图标
    aItem->setCheckState(Qt::Checked);                        //设置为 checked
    if (chk)                                                  //可编辑，设置 flags
```

```
        aItem->setFlags(Qt::ItemIsSelectable | Qt::ItemIsEditable
                        |Qt::ItemIsUserCheckable |Qt::ItemIsEnabled);
    else
        aItem->setFlags(Qt::ItemIsSelectable |Qt::ItemIsUserCheckable
                        |Qt::ItemIsEnabled);
    ui->listWidget->addItem(aItem);                          //添加一个项
}

void MainWindow::on_actListDelete_triggered()
{// "删除当前项" Action
    int row= ui->listWidget->currentRow();                   //当前行的行号
    QListWidgetItem* aItem= ui->listWidget->takeItem(row);   //移除指定行的项
    delete aItem;    //需要手动删除对象
}
```

QListWidget 组件中的每一行是一个 QListWidgetItem 对象，要在列表中添加或插入一个项，一般是先创建一个 QListWidgetItem 对象，设置其文字、图标等特性，然后用函数 addItem()或insertItem()将该对象加入列表。

QListWidgetItem 的函数 setFlags()用于设置项的一些特性，如是否可选、是否可编辑、是否有复选框等，其函数原型定义如下：

```
void  QListWidgetItem::setFlags(Qt::ItemFlags flags)
```

参数 flags 是 Qt::ItemFlags 类型的标志变量，也就是枚举类型 Qt::ItemFlag 的各种枚举值的组合。各个枚举值的含义见对图 4-52 的说明。

注意，QListWidget 的 takeItem()函数的功能只是从列表中移除一个项，并不会删除这个QListWidgetItem 对象，如果要彻底删除这个项，需要使用 delete 显式地删除它。

4. 遍历列表

可以通过 QListWidget 的接口函数遍历整个列表，并操作每个项。示例中创建的每个项都被设置为可复选的，也就是每个项前面都会出现一个复选框。我们设计了 3 个 Action 来实现列表项的全选、空选、反选等选择功能，其中，实现反选功能的 Action 的槽函数代码如下：

```
void MainWindow::on_actSelInvs_triggered()
{// "反选" Action
    QListWidgetItem *aItem;
    int cnt= ui->listWidget->count();                        //项的个数
    for (int i=0; i<cnt; i++)
    {
        aItem= ui->listWidget->item(i);                      //获取一个项
        if (aItem->checkState()!=Qt::Checked)
            aItem->setCheckState(Qt::Checked);
        else
            aItem->setCheckState(Qt::Unchecked);
    }
}
```

实现全选和空选功能的 Action 的槽函数代码与此类似，就不展示了。

5. 列表的排序

QListWidget 有一个属性 sortingEnabled，表示列表是否可排序，默认值为 false。注意，即使这个属性值为 false，也可以使用函数 sortItems()进行列表排序。如果 sortingEnabled 属性值为 true，通过运行 addItem()和 insertItem()新增的项将添加到列表的最前面。所以，如果要确保添加和插入项的操作正常，属性 sortingEnabled 应该设置为 false。

可以使用函数 sortItems()对列表进行排序，其函数原型定义如下：

```
void  QListWidget::sortItems(Qt::SortOrder order = Qt::AscendingOrder)
```

参数 order 表示排序方式，是枚举类型 Qt::SortOrder，有两种取值，其中 Qt::AscendingOrder 表示升序，Qt::DescendingOrder 表示降序。

如图 4-49 所示，窗口上工具箱第二个页面上的一些组件可实现列表排序操作，其中的复选框和两个工具按钮的槽函数代码如下。这两个工具按钮没有关联 Action，直接为其 clicked()信号编写槽函数。

```
void MainWindow::on_tBtnSortAsc_clicked()
{
    ui->listWidget->sortItems(Qt::AscendingOrder);      //升序排序
}
void MainWindow::on_tBtnSortDes_clicked()
{
    ui->listWidget->sortItems(Qt::DescendingOrder);     //降序排序
}
void MainWindow::on_chkBoxSorting_clicked(bool checked)
{
    ui->listWidget->setSortingEnabled(checked);         //是否允许排序
}
```

6. QListWidget 的信号

QListWidget 定义的信号比较多，各信号的定义如下。

```
void  currentItemChanged(QListWidgetItem *current, QListWidgetItem *previous)
void  currentRowChanged(int currentRow)                      //当前项发生了切换
void  currentTextChanged(const QString &currentText)         //当前项发生了切换
void  itemSelectionChanged()                                 //表示选择的项发生了变化
void  itemChanged(QListWidgetItem *item)        //项的属性发生了变化，如文字、复选状态等
void  itemActivated(QListWidgetItem *item)      //光标停留在某个项上，按 Enter 键时发射此信号
void  itemEntered(QListWidgetItem *item)                     //鼠标跟踪时
void  itemPressed(QListWidgetItem *item)                     //鼠标左键或右键按下
void  itemClicked(QListWidgetItem *item)                     //点击
void  itemDoubleClicked(QListWidgetItem *item)               //双击
```

在 QListWidget 组件上点击某个项而导致当前项发生切换时，组件会发射 4 个信号，表示当前项发生了变化，这 4 个信号是 currentItemChanged()、currentRowChanged()、currentTextChanged()和 itemSelectionChanged()，它们传递的参数不一样，应根据程序的需要选择合适的信号编写槽函数。

itemChanged()信号在项的属性发生变化时被发射，这些变化如修改了项的文字、图标或复选状态等。

点击一个项时，不管是否发生了当前项的切换，都会发射 itemPressed()和 itemClicked()信号。在一个项上点击鼠标右键时只会发射 itemPressed()信号，而不会发射 itemClicked()信号。

如果 QListWidget 的 mouseTracking 属性被设置为 true，当鼠标移动到某个项上时，组件就会发射 itemEntered()信号。mouseTracking 属性的默认值为 false。

在本示例中，我们为列表组件 listWidget 的 currentItemChanged()信号编写了槽函数，显示前一个项和当前项的标题。还为其他所有信号编写了槽函数，在一个文本框里显示信息，表示信号被发射了。我们可以通过程序进行各种测试，搞清楚各个信号的触发条件。其中几个信号的槽函数代码如下：

```
void MainWindow::on_listWidget_currentItemChanged(QListWidgetItem *current,
QListWidgetItem *previous)
{   //listWidget 的 currentItemChanged()信号的槽函数
    QString str;
    if (current != nullptr)                                    //需要检测指针是否为空
    {
        if (previous == nullptr)                               //需要检测指针是否为空
            str= "当前: "+current->text();
        else
            str= "前一项: "+previous->text()+"; 当前项: "+current->text();
        ui->editCutItemText->setText(str);
    }
    ui->plainTextEdit->appendPlainText("currentItemChanged()信号被发射");
}

void MainWindow::on_listWidget_currentRowChanged(int currentRow)
{//currentRowChanged()信号
    ui->plainTextEdit->appendPlainText(
          QString("currentRowChanged()信号被发射, currentRow=%1").arg(currentRow));
}
void MainWindow::on_listWidget_currentTextChanged(const QString &currentText)
{//currentTextChanged()信号
    ui->plainTextEdit->appendPlainText(
              "currentTextChanged()信号被发射, currentText="+currentText);
}
void MainWindow::on_listWidget_itemChanged(QListWidgetItem *item)
{// itemChanged()信号
    ui->plainTextEdit->appendPlainText("itemChanged()信号被发射, "+item->text());
}
void MainWindow::on_listWidget_itemSelectionChanged()
{// itemSelectionChanged()信号
    ui->plainTextEdit->appendPlainText("itemSelectionChanged()信号被发射");
}
```

程序运行时，对 listWidget 进行各种操作，例如点击并切换当前项，点击但不切换当前项，点击列表项前面的复选框，修改项的文字等。根据左侧文本框中显示的信息就可以知道列表组件发射了哪些信号。图 4-54 展示的是点击并切换当前项时发射信号的信息。

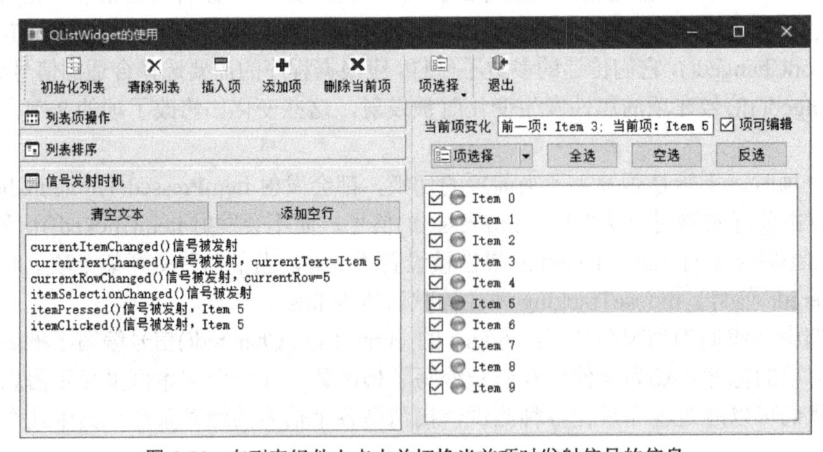

图 4-54　在列表组件上点击并切换当前项时发射信号的信息

4.11.4 创建右键快捷菜单

每个继承自 QWidget 的类都有 customContextMenuRequested()信号，在一个组件上点击鼠标右键时，组件发射这个信号，用于请求创建快捷菜单。如果为此信号编写槽函数，就可以创建和运行快捷菜单。

要使 QWidget 组件在点击鼠标右键时发射 customContextMenuRequested()信号，还需要设置其 contextMenuPolicy 属性，设置该属性的函数原型定义如下：

```
void  QWidget::setContextMenuPolicy(Qt::ContextMenuPolicy policy)
```

参数 policy 是枚举类型 Qt::ContextMenuPolicy，有如下几种枚举值。

- Qt::NoContextMenu：组件没有快捷菜单，由其父容器组件处理快捷菜单。
- Qt::PreventContextMenu：阻止快捷菜单，并且点击鼠标右键事件也不会交给父容器组件处理。
- Qt::DefaultContextMenu：默认的快捷菜单，组件的 QWidget::contextMenuEvent()事件被自动处理。某些组件有自己的默认快捷菜单，例如 QPlainTextEdit 的 contextMenuPolicy 属性默认设置为这个值，在无须任何编程的情况下，运行时点击鼠标右键就会出现一个标准的编辑操作快捷菜单，只是菜单文字是英文的。
- Qt::ActionsContextMenu：自动根据 QWidget::actions()返回的 Action 列表创建并显示快捷菜单。
- Qt::CustomContextMenu：组件发射 customContextMenuRequested()信号，由用户编程实现创建并显示快捷菜单。

本示例中创建了操作 listWidget 的一些 Action，可以用这些 Action 为 listWidget 创建快捷菜单。在 Qt Designer 里将 listWidget 的 contextMenuPolicy 属性设置为 Qt::CustomContextMenu，然后为其 customContextMenuRequested()信号编写槽函数，代码如下：

```
void MainWindow::on_listWidget_customContextMenuRequested(const QPoint &pos)
{
    Q_UNUSED(pos);
    QMenu* menuList= new QMenu(this);                              //创建菜单
    //添加 Action 将其作为菜单项
    menuList->addAction(ui->actListIni);
    menuList->addAction(ui->actListClear);
    menuList->addAction(ui->actListInsert);
    menuList->addAction(ui->actListAppend);
    menuList->addAction(ui->actListDelete);
    menuList->addSeparator();
    menuList->addAction(ui->actSelALL);
    menuList->addAction(ui->actSelNone);
    menuList->addAction(ui->actSelInvs);

    menuList->exec(QCursor::pos());                               //在鼠标光标位置显示快捷菜单
    delete menuList;                                              //菜单显示完后，需要删除对象
}
```

程序运行时首先创建一个 QMenu 类型的对象 menuList，然后利用 QMenu::addAction()函数添加已经设计好的 Action 作为菜单项。创建完菜单后，使用 QMenu::exec()函数显示快捷菜单：

```
menuList->exec(QCursor::pos());
```

这样会在鼠标光标当前位置显示快捷菜单，静态函数QCursor::pos()获取鼠标光标当前位置。快捷菜单的运行效果如图4-55所示。

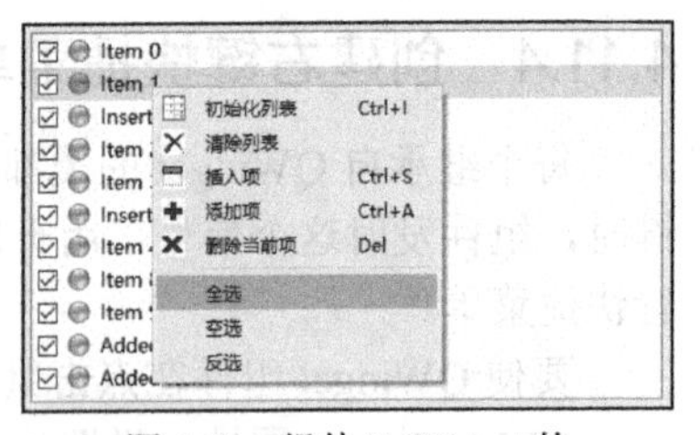

图4-55 组件listWidget的快捷菜单运行效果

4.12 QTreeWidget

QTreeWidget是一种Item Widget组件。QTreeWidget组件被称为树形组件，它的项（item）被称为节点，一个树形组件内的所有节点组成的结构称为目录树。树形组件适合显示具有层级结构的数据，例如Windows资源管理器中显示的文件系统就是一种典型的层级结构。

本节介绍QTreeWidget的使用方法，并设计一个示例项目samp4_12，示例运行时界面如图4-56所示。示例的窗口基类是QMainWindow，通过Action设计了菜单栏和工具栏，这个示例实现了一个简单的图片管理器，主要会演示以下几个组件的使用方法。

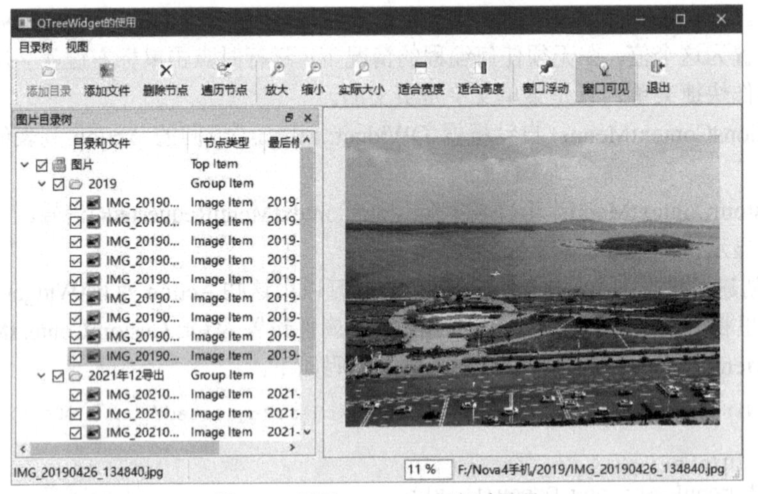

图4-56 示例samp4_12运行时界面

- QTreeWidget树形组件。示例使用树形组件管理目录和图片文件，可以添加或删除节点。对节点定义了类型，节点分为顶层节点、分组节点和图片节点，每个节点还存储一个用户数据，图片节点存储完整的图片文件名，以便点击节点时显示该图片。
- QDockWidget停靠组件。QDockWidget是可以在窗口上停靠或在桌面最上层浮动的组件。本示例会将一个树形组件放置在一个停靠组件上，设置其可以在窗口的左侧或右侧停靠，也可以浮动。
- QLabel标签组件。窗口右侧是一个QScrollArea组件，在它上面放置一个标签，为标签设置一个QPixmap对象显示图片。通过QPixmap的接口函数可进行图片缩放。

4.12.1 窗口界面可视化设计

1. 界面布局设计

工作区左侧是一个QDockWidget组件，对象名称是dockWidget。在dockWidget上放置一个

QTreeWidget 组件，对象名称是 treeWidget，用水平布局使 treeWidget 填充满停靠区。

工作区右侧是一个 QScrollArea 组件，对象名称是 scrollArea。scrollArea 里放置一个 QLabel 组件，对象名称是 labPic，可以利用 QLabel 的 pixmap 属性来显示图片。scrollArea 内部的组件采用水平布局，当图片较小时，labPic 显示的图片可以自动居于 scrollArea 的中央，当 labPic 显示的图片的大小超过 scrollArea 可显示区域的大小后，scrollArea 会自动显示水平或垂直方向的卷滚条，用于移动显示区域。

在窗口类 MainWindow 的构造函数里将 scrollArea 设置为主窗口工作区的中心组件后，dockWidget 与 scrollArea 之间会自动出现分割条。

2. QDockWidget 的属性

UI 可视化设计时 QDockWidget 组件的属性如图 4-57 所示。

它的几个主要属性的含义如下。

（1）floating 属性，停靠区组件是否处于浮动状态。通过函数 isFloating()可以返回此属性值，通过函数 setFloating(bool)可以设置此属性值。

（2）features 属性，停靠区组件的特性。函数 setFeatures()用于设置此属性值，其函数原型定义如下：

```
void  QDockWidget::setFeatures(QDockWidget::DockWidgetFeatures features)
```

参数 features 是枚举类型 QDockWidget::DockWidgetFeature 的枚举值的组合。从图 4-57 中可以看出各枚举值的意义，详细内容可查阅 Qt 帮助文档。

（3）allowedAreas 属性：允许停靠区域。函数 setAllowedAreas()用于设置这个属性值，其函数原型定义如下：

```
void  QDockWidget::setAllowedAreas(Qt::DockWidgetAreas areas)
```

参数 areas 是枚举类型 Qt::DockWidgetArea 的枚举值的组合，可以设置在窗口的左侧、右侧、顶部、底部停靠，也可以设置在所有区域都可停靠或不允许停靠。本示例设置为允许在左侧和右侧停靠。

（4）windowTitle 属性：停靠区窗口的标题。

图 4-57 中展示的最后两个属性并不是 QDockWidget 类中定义的属性，它们没有对应的读写函数，只是在 UI 可视化设计时被用到。例如，设置 docked 属性为 true，可以使 dockWidget 处于停靠状态；设置其为 false，则可以使 dockWidget 处于浮动状态。

3. QTreeWidget 组件的可视化设计

在 UI 可视化设计时，双击窗体上的 QTreeWidget 组件，可以打开组件的编辑器，编辑器有两个页面，可分别对 Columns 和 Items 进行设计。

Columns 页面用于设计树形组件的列。在编辑器里可以添加、删除、移动列，以及设置每一列的标题文字、字体、前景色、背景色、文字对齐方式、图标等。在 UI 可视化设计时，我们设置了两个列，标题分别为“节点”和“节点类型”，且两个列的标题文字对齐方式不同，如图 4-58 所示。

Items 页面用于设计树形组件的节点，如图 4-59 所示，窗口下方有一组按钮可以进行新增节点、新增下一级节点、删除节点、改变节点层级、平级移动节点等操作。

树形组件中的一行是一个节点，一个节点可以有多列，每一列可以单独设置文字、图标、复选状态等属性。图 4-59 中右侧的属性分为两组，Per column properties 组是节点的每一列单独设置的属性，包括文字、图标、字体、背景色、复选状态等；Common properties 组是节点各列共有的属性，只有一个 flags 属性，用于设置节点的标志，可以设置节点是否可选、是否可编辑、是否有复选框等。

图 4-57 QDockWidget 组件的属性

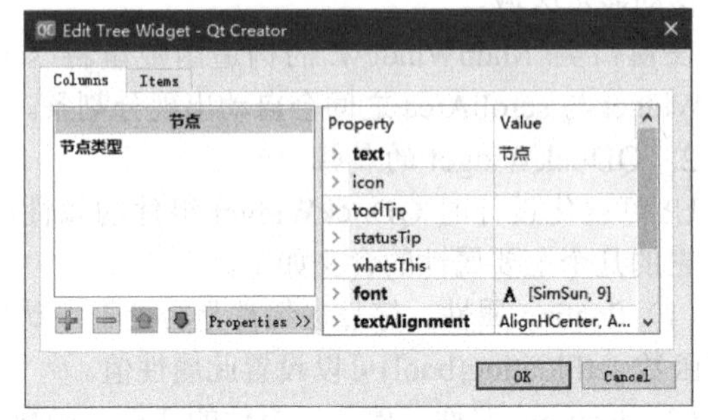

图 4-58 QTreeWidget 组件的编辑器（Columns 页面）

一个节点可以有多列，在图 4-59 所示的编辑器中可以设置一个节点每列的文字、图标等属性。树形组件的节点一般是动态创建的，我们在后面会结合 QTreeWidget 类的接口函数详细介绍节点的创建和属性设置的编程方法。

4. 设计 Action

本示例的功能大多采用 Action 实现，先设计好 Action，然后利用 Action 设计主菜单和工具栏。设计完成的 Action 如图 4-60 所示，后面再介绍主要的 Action 的功能实现代码。

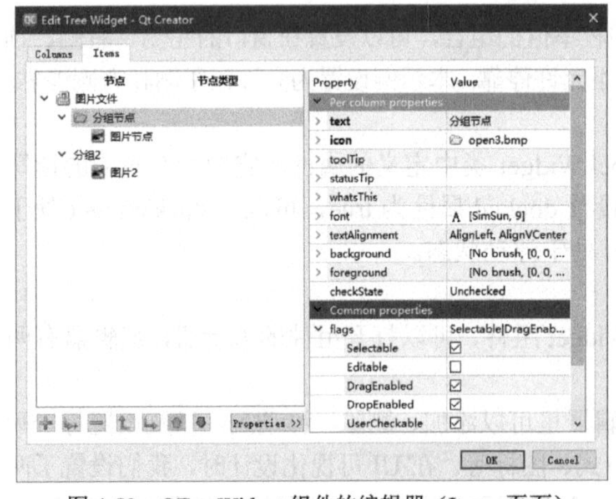

图 4-59 QTreeWidget 组件的编辑器（Items 页面）

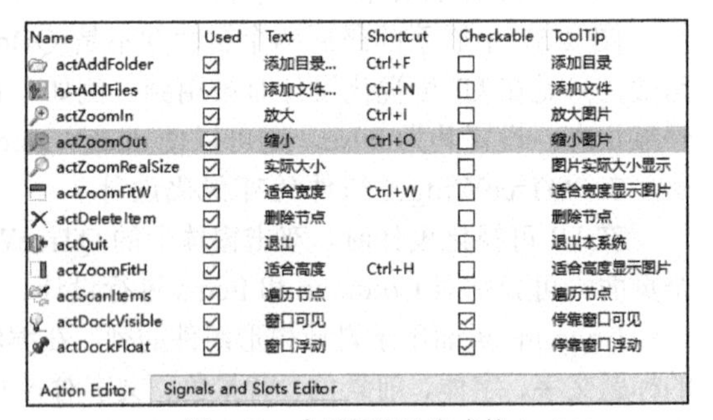

Name	Used	Text	Shortcut	Checkable	ToolTip
actAddFolder	☑	添加目录...	Ctrl+F	☐	添加目录
actAddFiles	☑	添加文件...	Ctrl+N	☐	添加文件
actZoomIn	☑	放大	Ctrl+I	☐	放大图片
actZoomOut	☑	缩小	Ctrl+O	☐	缩小图片
actZoomRealSize	☑	实际大小		☐	图片实际大小显示
actZoomFitW	☑	适合宽度	Ctrl+W	☐	适合宽度显示图片
actDeleteItem	☑	删除节点		☐	删除节点
actQuit	☑	退出		☐	退出本系统
actZoomFitH	☑	适合高度	Ctrl+H	☐	适合高度显示图片
actScanItems	☑	遍历节点		☐	遍历节点
actDockVisible	☑	窗口可见		☑	停靠窗口可见
actDockFloat	☑	窗口浮动		☑	停靠窗口浮动

Action Editor　Signals and Slots Editor

图 4-60 本示例设计完成的 Action

4.12.2 QTreeWidget 类

1. QTreeWidget 组件的显示结构

一个 QTreeWidget 组件的显示内容分为表头和目录树两部分，表头和目录树节点都是 QTreeWidgetItem 对象。我们以图 4-56 中 QTreeWidget 组件显示的内容为例，介绍树形组件的显示结构和目录树构造规律。

（1）表头。树形组件有表头，表头可以只是简单的文字，也可以设置为 QTreeWidgetItem 对象。当使用 QTreeWidgetItem 对象作为表头时，不仅可以设置表头每一列的文字，还可以设置字体、对齐方式、背景色、图标等显示特性。

如果只是简单地设置表头文字，可以使用函数 setHeaderLabels()将字符串列表的内容作为表头各列的标题，其函数原型定义如下：

```
void  QTreeWidget::setHeaderLabels(const QStringList &labels)
```

如果创建了 QTreeWidgetItem 对象作为表头，就可以使用函数 setHeaderItem()设置表头，还可以用函数 headerItem()返回表头的 QTreeWidgetItem 对象指针。

```
void  QTreeWidget::setHeaderItem(QTreeWidgetItem *item)       //设置表头节点
QTreeWidgetItem  *QTreeWidget::headerItem()                    //返回表头节点
```

如果使用 QTreeWidgetItem 对象作为表头，就可以通过 QTreeWidgetItem 的接口函数设置表头每一列的字体、对齐方式、背景色、图标等属性。

（2）顶层节点。目录树里一行就是一个节点，节点是 QTreeWidgetItem 对象。节点可以有子节点，子节点就是下一级的节点，子节点可以继续有其子节点，可以层层嵌套。

目录树里最上层的节点称为顶层节点，顶层节点没有父节点。目录树里可以有任意多个顶层节点，QTreeWidget 类中有如下一些用于顶层节点操作的接口函数。

```
int  topLevelItemCount()                                      //返回顶层节点的个数
void  addTopLevelItem(QTreeWidgetItem *item)                  //添加一个顶层节点
void  insertTopLevelItem(int index, QTreeWidgetItem *item)    //插入一个顶层节点
int  indexOfTopLevelItem(QTreeWidgetItem *item)               //返回一个顶层节点的索引号
QTreeWidgetItem  *topLevelItem(int index)                     //根据索引号获取一个顶层节点
QTreeWidgetItem  *takeTopLevelItem(int index)  //移除一个顶层节点，但是并不删除这个节点对象
```

获取一个顶层节点对象后，就可以访问它的所有子节点。

（3）次级节点。所有次级节点都直接或间接挂靠在某个顶层节点下面，顶层节点和次级节点都是 QTreeWidgetItem 类对象。一个节点可以访问它的所有直接子节点，可以通过递归的方法遍历其所有直接和间接子节点。所以，从顶层节点开始，就可以遍历整个目录树。

（4）隐藏的根节点。目录树中还有一个隐藏的根节点，其可以看作所有顶层节点的父节点。函数 invisibleRootItem()可以返回这个隐藏的根节点，其函数原型定义如下：

```
QTreeWidgetItem  *QTreeWidget::invisibleRootItem()
```

使用这个隐藏的根节点，就可以通过 QTreeWidgetItem 类的接口函数访问所有顶层节点，这样在实现一些对顶层节点和次级节点进行操作的函数时，可以使用相同的程序。

2. QTreeWidget 的其他接口函数

除了前面介绍的一些函数，QTreeWidget 还有如下一些常用的接口函数，各函数功能见注释。

```
int  columnCount()                                            //返回表头列数
void setColumnCount(int columns)                              //设置表头列数
void sortItems(int column, Qt::SortOrder order)               //将目录树按照某一列排序
int  sortColumn()                                             //返回用于排序的列的序号
QTreeWidgetItem  *currentItem()                               //返回当前节点
QList<QTreeWidgetItem *>  selectedItems()                     //返回选择的节点的列表
```

目录树上有一个当前节点，也就是通过点击鼠标或按键移动选择的节点。函数 currentItem()会返回当前节点，如果返回值为nullptr，就表示没有当前节点。

如果树形组件允许多选，函数 selectedItems()会返回选择的节点的列表。通过 QTreeWidget 的上层父类 QAbstractItemView 的 selectionMode 属性能够设置选择模式，可以设置为多选。

3. QTreeWidget 的公有槽

QTreeWidget 类有如下几个公有槽函数。

```
void  clear()        //清除整个目录树，但是不清除表头
void  collapseItem(const QTreeWidgetItem *item)              //折叠节点
void  expandItem(const QTreeWidgetItem *item)                //展开节点
void  scrollToItem(const QTreeWidgetItem *item, QAbstractItemView::ScrollHint hint =
EnsureVisible)
```

函数 collapseItem()将一个节点的所有子节点折叠起来。函数 expandItem()将一个节点完全展开，也就是展示其所有子节点。函数 scrollToItem()用于确保节点 item 可见，必要时自动移动树形组件的卷滚条。

4. QTreeWidget 的信号

QTreeWidget 类有如下几个信号，要注意这些信号触发条件的区别。

```
void  currentItemChanged(QTreeWidgetItem *current, QTreeWidgetItem *previous)
void  itemActivated(QTreeWidgetItem *item, int column)       //点击或双击节点时
void  itemChanged(QTreeWidgetItem *item, int column)
void  itemClicked(QTreeWidgetItem *item, int column)
void  itemCollapsed(QTreeWidgetItem *item)                   //节点折叠时
void  itemDoubleClicked(QTreeWidgetItem *item, int column)
void  itemEntered(QTreeWidgetItem *item, int column)         //鼠标光标移动到节点上时
void  itemExpanded(QTreeWidgetItem *item)                    //节点展开时
void  itemPressed(QTreeWidgetItem *item, int column)
void  itemSelectionChanged()
```

currentItemChanged()信号在当前节点发生变化时被发射，current 是当前节点，previous 是之前节点，这两个参数的值有可能为 nullptr。注意，即使当前点击的行没有变化，但是被点击节点的列发生了变化，组件也会发射此信号。

itemChanged()信号在节点的某一列的属性发生变化时被发射，例如文字变化、复选状态变化。

itemClicked()信号在点击节点时被发射，不管当前节点的行和列有没有变化都会触发此信号。用户在目录树上按下鼠标左键或右键时，组件会发射 itemPressed()信号。

itemSelectionChanged()信号在用户选择的节点发生变化时被发射，在当前节点切换或多选节点变化时都会触发此信号。

QTreeWidget 的信号比较多，一些信号的触发条件有细微的差别，通常需要实际测试才能理解信号触发的条件。在本示例中，我们通过 Go to slot 对话框为大部分信号创建了槽函数，在槽函数里用 qDebug()显示信息，表示信号被发射了。部分代码如下：

```
void MainWindow::on_treeFiles_itemChanged(QTreeWidgetItem *item, int column)
{
    Q_UNUSED(item);
    Q_UNUSED(column);
    qDebug("itemChanged() is emitted");
```

```
}
void MainWindow::on_treeFiles_itemSelectionChanged()
{
    qDebug("itemSelectionChanged() is emitted");
}
```

其他信号的槽函数代码与此类似。如果不希望 qDebug()输出信息，在项目的.pro 文件里增加如下的定义即可使 qDebug()失效。

```
DEFINES += QT_NO_DEBUG_OUTPUT
```

在目录树上点击节点使当前节点切换时，组件会发射 currentItemChanged()、itemSelectionChanged()、itemClicked()等多个信号。在程序设计时，要根据需要实现的功能选择合适的信号创建槽函数。本示例要实现在切换到一个图片节点时显示其图片，所以对 currentItemChanged()信号进行了处理，后面会显示其槽函数的具体代码。

4.12.3 QTreeWidgetItem 类

QTreeWidget 组件的表头和目录树节点都是 QTreeWidgetItem 类对象，对目录树节点的操作主要通过 QTreeWidgetItem 类的接口函数实现。QTreeWidgetItem 类没有父类，它只用来存储节点的数据和各种属性，绘制目录树由 QTreeWidget 实现。

1. 创建 QTreeWidgetItem 对象

QTreeWidgetItem 类有多种参数形式的构造函数，较简单的一种定义如下：

```
QTreeWidgetItem(int type = Type)
```

可以传递一个整数表示节点的类型，这个类型参数是一个自定义的数据。通过成员函数 type()可以返回这个类型，如何使用这个类型数据由用户程序决定。

使用这个构造函数创建节点后，还需要调用 QTreeWidgetItem 类的各种接口函数设置节点各列的文字、图标、复选状态等属性。然后，可以通过 QTreeWidget::addTopLevelItem()函数将创建的节点添加成目录树的顶层节点，或通过 QTreeWidgetItem::addChild()函数将其添加成一个节点的子节点。

在创建节点时，还可以传递字符串列表作为节点各列的文字，这种构造函数定义如下：

```
QTreeWidgetItem(const QStringList &strings, int type = Type)
```

可以直接在某个节点下创建子节点，这种构造函数定义如下：

```
QTreeWidgetItem(QTreeWidgetItem *parent, int type = Type)
```

其中，参数 parent 是创建节点的父节点，type 是创建的节点的类型。

还可以直接在树形组件里创建顶层节点，这种构造函数定义如下：

```
QTreeWidgetItem(QTreeWidget *parent, int type = Type)
```

其中，QTreeWidget 类型的参数 parent 是树形组件，type 是创建的节点的类型。

2. 访问节点各列数据的接口函数

创建一个节点后，可以设置节点每一列的文字、字体、对齐方式、复选状态等数据，按列设置数据的接口函数主要有以下几个，函数中的参数 column 是列的编号，0 表示第一列。

```
void  setBackground(int column, const QBrush &brush)            //设置背景色
void  setForeground(int column, const QBrush &brush)            //设置前景色
```

```
void  setText(int column, const QString &text)                  //设置文字
void  setTextAlignment(int column, int alignment)               //设置文字对齐方式
void  setToolTip(int column, const QString &toolTip)            //设置 toolTip 文字
void  setStatusTip(int column, const QString &statusTip)        //设置 statusTip 文字
void  setIcon(int column, const QIcon &icon)                    //设置图标
void  setCheckState(int column, Qt::CheckState state)           //设置复选状态
void  setFont(int column, const QFont &font)                    //设置字体
```

这些设置函数的作用见注释，就不具体解释了。相应地，还有读取函数，同样需要传递参数column，以返回某一列的数据。读取函数见 Qt 帮助文档里 QTreeWidgetItem 类的信息，就不列出了。

QTreeWidgetItem 还有一个函数 setData()可以为节点的某一列设置用户数据，这个数据是不显示在界面上的。例如在本示例中，我们将图片的完整文件名设置为节点的用户数据，这样，在点击节点时，就可以读取节点用户数据表示的完整文件名。设置和读取用户数据的函数定义如下：

```
void  setData(int column, int role, const QVariant &value)
QVariant  data(int column, int role)
```

参数 role 是用户数据角色，可以使用常量 Qt::UserRole 定义第一个用户数据，使用 1+Qt::UserRole 定义第二个用户数据。用户数据是 QVariant 类型，可以存储各种类型的数据。

3. 对节点整体特性进行操作的接口函数

QTreeWidgetItem 的一些接口函数用于设置或读取节点的整体特性，常用的有以下一些函数。

```
int  type()                              //返回在创建节点时设置的 type 参数
void  setExpanded(bool expand)           //使节点展开或折叠
bool  isExpanded()
void  setDisabled(bool disabled)         //设置是否禁用此节点
bool  isDisabled()
void  setHidden(bool hide)               //设置是否隐藏此节点
bool  isHidden()
void  setSelected(bool select)           //设置此节点是否被选中
bool  isSelected()
```

注意，函数 type()返回的是创建节点时传递的 type 参数，节点创建后就不能更改节点类型了。

还有一个函数 setFlags()用于设置节点的一些特性，也就是图 4-59 中设置的节点的 flags 属性。设置和读取 flags 的函数定义如下：

```
void  setFlags(Qt::ItemFlags flags)      //设置节点的标志
Qt::ItemFlags  flags()                   //读取节点的标志
```

参数 flags 是标志类型 Qt::ItemFlags，也就是枚举类型 Qt::ItemFlag 的组合。各枚举值意义如下：

```
Qt::NoItemFlags                          //没有任何标志
Qt::ItemIsSelectable                     //节点可以被选中
Qt::ItemIsEditable                       //节点可以被编辑
Qt::ItemIsDragEnabled                    //节点可以被拖动
Qt::ItemIsDropEnabled                    //节点可以接受拖来的对象
Qt::ItemIsUserCheckable                  //可以被复选，节点前面会出现一个复选框
Qt::ItemIsEnabled                        //节点可用
Qt::ItemIsAutoTristate                   //自动决定 3 种复选状态
Qt::ItemNeverHasChildren                 //不允许有子节点
Qt::ItemIsUserTristate                   //用户决定 3 种复选状态
```

4. 操作子节点的接口函数

一个节点可以有任意多个子节点，可以添加、插入或移除子节点。这里的子节点指一个节点的

直接子节点。QTreeWidgetItem 类中用于操作子节点的接口函数主要有以下几个，函数功能见注释。

```
void  addChild(QTreeWidgetItem *child)                //添加一个子节点
QTreeWidgetItem  *child(int index)                    //根据序号返回一个子节点
int  childCount()                                     //返回子节点的个数
int  indexOfChild(QTreeWidgetItem *child)             //返回一个子节点的索引号
void  insertChild(int index, QTreeWidgetItem *child)      //插入一个子节点
void  removeChild(QTreeWidgetItem *child)             //移除一个子节点
QTreeWidgetItem  *takeChild(int index)                //移除一个子节点，并返回这个节点的指针
```

注意，removeChild()和 takeChild()都是从目录树上移除一个子节点，但是这个节点对象并不会被自动从内存中删除。

5. 父节点

在目录树中，除了顶层节点，其他节点都有一个父节点，用函数 parent()可以返回父节点的指针。

```
QTreeWidgetItem  *parent()
```

如果 parent()函数返回的是 nullptr，就表示没有父节点。

虽然顶层节点没有直观的父节点，但是 QTreeWidget 类有一个函数 invisibleRootItem()可以返回目录树的隐藏根节点，这个隐藏根节点可以看作顶层节点的父节点，可以通过 QTreeWidgetItem 的接口函数操作所有顶层节点。

4.12.4 示例中 QTreeWidget 的操作

1. 本示例的目录树节点操作规则

本示例的目录树节点操作定义了如下的一些规则。

- 目录树的节点分为 3 种类型，即顶层节点、分组节点和图片节点。
- 创建窗口时初始化目录树，初始化的目录树只有一个顶层节点，这个顶层节点不能被删除，而且不允许新建顶层节点。
- 顶层节点下可以添加分组节点和图片节点。
- 分组节点下可以添加分组节点和图片节点，分组节点的层级数无限制。
- 图片节点是终端节点，可以在图片节点同级上再添加图片节点。
- 图片节点存储图片文件完整文件名作为用户数据。
- 点击一个图片节点时，显示其关联文件的图片。

为了便于后面说明代码的实现，我们把窗口类 MainWindow 的定义先列出来，关于自定义的枚举类型、变量、函数的功能后面再具体介绍。MainWindow 类中没有自定义槽函数。

```
class MainWindow : public QMainWindow
{
    Q_OBJECT
private:
//枚举类型 TreeItemType，创建节点时用作 type 参数，自定义的节点类型数据必须大于 1000
    enum    TreeItemType{itTopItem=1001, itGroupItem, itImageItem};
    enum    TreeColNum{colItem=0, colItemType, colDate}; //目录树列的序号
    QLabel  *labFileName;                                  //用于状态栏上显示文件名
    QLabel  *labNodeText;                                  //用于状态栏上显示节点标题
    QSpinBox *spinRatio;                                   //用于状态栏上显示图片缩放比例
    QPixmap  m_pixmap;                                     //当前的图片
    float    m_ratio;                                      //当前图片缩放比例
```

```
    void    buildTreeHeader();                              //构建目录树表头
    void    iniTree();                                      //初始化目录树
    void    addFolderItem(QTreeWidgetItem *parItem, QString dirName);  //添加目录节点
    QString getFinalFolderName(const QString &fullPathName);          //提取目录名称
    void    addImageItem(QTreeWidgetItem *parItem,QString aFilename);  //添加图片节点
    void    displayImage(QTreeWidgetItem *item);              //显示一个图片节点关联的图片
    void    changeItemCaption(QTreeWidgetItem *item);        //遍历改变节点标题
    void    deleteItem(QTreeWidgetItem *parItem, QTreeWidgetItem *item);//删除一个节点
public:
    MainWindow(QWidget *parent = nullptr);
private:
    Ui::MainWindow *ui;
};
```

2. 目录树初始化

在窗口类 MainWindow 的构造函数里，我们调用自定义函数 buildTreeHeader()重新构建目录树的表头，调用自定义函数 iniTree()初始化目录树。MainWindow 类的构造函数和相关函数代码如下：

```
MainWindow::MainWindow(QWidget *parent) :  QMainWindow(parent), ui(new Ui::MainWindow)
{
    ui->setupUi(this);
//创建状态栏上的组件
    labNodeText= new QLabel("节点标题",this);
    labNodeText->setMinimumWidth(200);
    ui->statusBar->addWidget(labNodeText);
    spinRatio= new QSpinBox(this);                  //用于显示图片缩放比例的 QSpinBox 组件
    spinRatio->setRange(0,2000);
    spinRatio->setValue(100);
    spinRatio->setSuffix(" %");
    spinRatio->setReadOnly(true);
    spinRatio->setButtonSymbols(QAbstractSpinBox::NoButtons);     //不显示右侧调节按钮
    ui->statusBar->addPermanentWidget(spinRatio);
    labFileName= new QLabel("文件名",this);
    ui->statusBar->addPermanentWidget(labFileName);
//初始化目录树
    buildTreeHeader();                                           //重新构建目录树表头
    iniTree();                                                   //初始化目录树
    setCentralWidget(ui->scrollArea);
}

void MainWindow::buildTreeHeader()
{//重新构建 treeFiles 的表头
    ui->treeFiles->clear();                              //清除所有节点,但是不改变表头
    QTreeWidgetItem*  header= new QTreeWidgetItem();     //创建节点
    header->setText(MainWindow::colItem,      "目录和文件");
    header->setText(MainWindow::colItemType,  "节点类型");
    header->setText(MainWindow::colDate,      "最后修改日期");
    header->setTextAlignment(colItem,      Qt::AlignHCenter | Qt::AlignVCenter);
    header->setTextAlignment(colItemType,  Qt::AlignHCenter | Qt::AlignVCenter);
    ui->treeFiles->setHeaderItem(header);                        //设置表头节点
}

void MainWindow::iniTree()
{//初始化目录树，创建一个顶层节点
    QIcon  icon(":/images/icons/15.ico");
    QTreeWidgetItem*  item= new QTreeWidgetItem(MainWindow::itTopItem);
    item->setIcon(MainWindow::colItem, icon);                     //设置第一列的图标
```

```
    item->setText(MainWindow::colItem, "图片");                  //设置第一列的文字
    item->setText(MainWindow::colItemType, "Top Item");        //设置第二列的文字
    item->setFlags(Qt::ItemIsSelectable | Qt::ItemIsUserCheckable
                    | Qt::ItemIsEnabled | Qt::ItemIsAutoTristate);
    item->setCheckState(MainWindow::colItem, Qt::Checked);    //设置为选中状态
    ui->treeFiles->addTopLevelItem(item);                      //添加顶层节点
}
```

在 MainWindow 的构造函数里，我们创建了在状态栏上用于信息显示的 3 个组件。其中，QSpinBox 组件 spinRatio 隐藏了右侧用于数值调节的两个按钮。

自定义函数 buildTreeHeader()重新构建了树形组件 treeFiles 的表头，演示了如何创建一个 QTreeWidgetItem 对象作为表头节点。

自定义函数 iniTree()里创建了一个节点，并将其添加到目录树中作为顶层节点。创建节点的语句是：

```
QTreeWidgetItem*  item= new QTreeWidgetItem(MainWindow::itTopItem);
```

它给 QTreeWidgetItem 的构造函数传递了一个参数 MainWindow::itTopItem，用于设置节点类型。用函数 QTreeWidgetItem::type()就可以返回这个节点类型。

MainWindow::itTopItem 是在 MainWindow 类里定义的枚举类型 TreeItemType 的一个枚举值。枚举类型 TreeItemType 定义了节点的类型，分别表示顶层节点、分组节点和图片节点，自定义的节点类型数值必须大于 1000。

3. 添加分组节点

actAddFolder 是用于添加分组节点的 Action，只有目录树上的当前节点类型是 itTopItem 或 itGroupItem 时才可以添加分组节点。actAddFolder 的 triggered()信号的槽函数以及相关自定义函数的代码如下：

```
void MainWindow::on_actAddFolder_triggered()
{// “添加目录” Action
    QString dir= QFileDialog::getExistingDirectory();       //选择目录
    if (dir.isEmpty())                                      //目录名称为空
        return;
    QTreeWidgetItem *parItem= ui->treeFiles->currentItem();
    if (parItem == nullptr)                                 //当前节点为空
        return;
    if (parItem->type() != itImageItem)                     //图片节点不能添加分组节点
        addFolderItem(parItem, dir);                        //在父节点下面添加一个分组节点
}

void MainWindow::addFolderItem(QTreeWidgetItem *parItem, QString dirName)
{//添加一个分组节点
    QIcon   icon(":/images/icons/open3.bmp");
    QString NodeText= getFinalFolderName(dirName);     //获取最后的文件夹名称
    QTreeWidgetItem *item= new QTreeWidgetItem(MainWindow::itGroupItem);
    item->setIcon(colItem, icon);                      //设置图标
    item->setText(colItem, NodeText);                  //最后的文件夹名称，设置第一列文字
    item->setText(colItemType, "Group Item");               //设置第二列文字
    item->setFlags(Qt::ItemIsSelectable | Qt::ItemIsUserCheckable
                | Qt::ItemIsEnabled | Qt::ItemIsAutoTristate);
    item->setCheckState(colItem, Qt::Checked);
    item->setData(colItem,Qt::UserRole,QVariant(dirName));  //设置用户数据，存储完整目录名称
    parItem->addChild(item);                                //添加到父节点下面
```

```
}

QString MainWindow::getFinalFolderName(const QString &fullPathName)
{//从一个完整目录名称里获取最后的文件夹名称
    int cnt= fullPathName.length();                     //字符串长度
    int i= fullPathName.lastIndexOf("/");               //最后一次出现的位置
    QString str= fullPathName.right(cnt-i-1);           //获取最后的文件夹名称
    return str;
}
```

actAddFolder 的槽函数里首先用文件对话框获取一个目录名称，再获取目录树的当前节点，然后调用自定义函数 addFolderItem()添加一个分组节点，新添加的节点将会作为当前节点的子节点。

函数 addFolderItem()根据传递来的父节点 parItem 和目录全称 dirName 创建并添加节点。首先用自定义函数 getFinalFolderName()获取目录全称的最后一级的文件夹名称，这个文件夹名称将作为新建节点的标题；然后创建一个节点，节点类型设置为 itGroupItem，表示分组节点，设置属性和用户数据，用户数据就是目录的全路径字符串；最后使用函数 QTreeWidgetItem::addChild()将创建的节点作为父节点的一个子节点添加到目录树中。

4. 添加图片节点

actAddFiles 是添加图片节点的 Action，目录树的当前节点为任何类型时这个 Action 都可用。actAddFiles 的 triggered()信号的槽函数以及相关自定义函数的代码如下：

```
void MainWindow::on_actAddFiles_triggered()
{//“添加文件”的 Action，添加图片节点
    QStringList files= QFileDialog::getOpenFileNames(this,"选择文件","","Images(*.jpg)");
    if (files.isEmpty())                                //一个文件都没选
        return;
    QTreeWidgetItem *parItem, *item;
    item= ui->treeFiles->currentItem();                 //当前节点
    if (item == nullptr)                                //如果是空节点
        item= ui->treeFiles->topLevelItem(0);           //取顶层节点

    if (item->type() == itImageItem)
    //如果当前节点是图片节点，取其父节点作为将要添加的图片节点的父节点
        parItem= item->parent();
    else                                                //否则取当前节点作为父节点
        parItem= item;
    for (int i= 0; i < files.size(); ++i)               //文件列表
    {
        QString aFilename= files.at(i);                 //获取一个文件名
        addImageItem(parItem, aFilename);               //添加一个图片节点
    }
    parItem->setExpanded(true);                         //展开父节点
}

void MainWindow::addImageItem(QTreeWidgetItem *parItem, QString aFilename)
{//添加一个图片节点
    QIcon   icon(":/images/icons/31.ico");
    QFileInfo fileInfo(aFilename);                      //QFileInfo 用于获取文件信息
    QString NodeText= fileInfo.fileName();              //不带有路径的文件名
    QDateTime birthDate= fileInfo.lastModified();       //文件的最后修改日期

    QTreeWidgetItem *item;
    item= new QTreeWidgetItem(MainWindow::itImageItem);    //节点类型为 itImageItem
    item->setIcon(colItem, icon);
```

```
        item->setText(colItem, NodeText);                              //第一列文字
        item->setText(colItemType, "Image Item");                      //第二列文字
        item->setText(colDate, birthDate.toString("yyyy-MM-dd"));      //第三列文字
        item->setFlags(Qt::ItemIsSelectable | Qt::ItemIsUserCheckable
                       | Qt::ItemIsEnabled | Qt::ItemIsAutoTristate);
        item->setCheckState(colItem,Qt::Checked);
        item->setData(colItem, Qt::UserRole, QVariant(aFilename)); //设置用户数据，存储完整文件名
        parItem->addChild(item);    //在父节点下面添加子节点
    }
```

在 actAddFiles 的槽函数里，静态函数 QFileDialog::getOpenFileNames()会显示打开文件对话框，用于选择多个 JPG 图片文件。

通过函数 QTreeWidget::currentItem()可以获得目录树的当前节点 item。item->type()将返回节点的类型，如果当前节点类型是 itImageItem（图片节点），就使用当前节点的父节点作为将要添加的图片节点的父节点，否则就用当前节点作为父节点。

然后遍历所选图片文件列表，调用自定义函数 addImageItem()逐一添加图片节点到父节点下。

自定义函数 addImageItem()根据图片文件名称，创建一个节点并将其添加到父节点下。在使用函数 setData()设置节点的用户数据时，将带有路径的图片文件名作为节点的用户数据，这个数据在点击节点打开图片时会用到。

在函数 addImageItem()里用到了 QFileInfo 类，这个类用于获取文件的各种信息，如不带有路径的文件名、文件的最后修改日期、文件大小等，第 8 章会详细介绍这个类的功能和用法。

5. 当前节点变化时的响应

目录树上当前节点变化时，组件会发射 currentItemChanged()信号。为此信号创建槽函数，实现当前节点类型判断、几个 Action 的使能控制、显示图片等功能，代码如下：

```
    void MainWindow::on_treeFiles_currentItemChanged(QTreeWidgetItem *current, QTreeWid
getItem *previous)
    {
        Q_UNUSED(previous);
        qDebug("currentItemChanged() is emitted");
        if (current == nullptr)                               //当前节点为空
            return;
        if (current == previous)                              //没有切换节点，只是列变化
            return;

        int var= current->type();                             //节点的类型
        switch(var)
        {
        case  itTopItem:                                      //顶层节点
            ui->actAddFolder->setEnabled(true);
            ui->actAddFiles->setEnabled(true);
            ui->actDeleteItem->setEnabled(false);             //不允许删除顶层节点
            break;
        case  itGroupItem:       //分组节点
            ui->actAddFolder->setEnabled(true);
            ui->actAddFiles->setEnabled(true);
            ui->actDeleteItem->setEnabled(true);
            break;
        case  itImageItem:       //图片节点
            ui->actAddFolder->setEnabled(false);              //图片节点下不能添加目录节点
            ui->actAddFiles->setEnabled(true);
            ui->actDeleteItem->setEnabled(true);
```

```
        displayImage(current);    //显示图片
    }
}
```

参数 current 是变化后的当前节点，通过 current->type()获得当前节点的类型，根据节点类型控制界面上 3 个 Action 的使能状态。如果当前节点是图片节点，还要调用函数 displayImage()显示节点关联的图片。关于函数 displayImage()的代码在后面介绍图片显示的部分再介绍。

6. 删除节点

除了顶层节点，选中的节点都可以被删除。actDeleteItem 是实现删除节点功能的 Action，其槽函数和相关自定义函数代码如下：

```
void MainWindow::on_actDeleteItem_triggered()
{
    QTreeWidgetItem *item= ui->treeFiles->currentItem();     //当前节点
    if(item == nullptr)
        return;
    QTreeWidgetItem *parItem= item->parent();                //当前节点的父节点
    deleteItem(parItem, item);
}

void MainWindow::deleteItem(QTreeWidgetItem *parItem, QTreeWidgetItem *item)
{//彻底删除一个节点及其子节点而递归调用的函数
    if (item->childCount() >0)                    //如果有子节点，需要先删除所有子节点
    {
        int count= item->childCount();            //子节点个数
        QTreeWidgetItem *tempParItem= item;       //临时父节点
        for (int i=count-1; i>=0; i--)           //遍历子节点
            deleteItem(tempParItem, tempParItem->child(i));    //递归调用自己
    }
//删除完子节点之后，再删除自己
    parItem->removeChild(item);                   //移除节点
    delete  item;                                 //从内存中删除对象
}
```

节点不能移除自己，所以需要获取其父节点，使用父节点的 removeChild()函数来移除节点。函数 removeChild()可以移除节点，但是不从内存中删除节点对象，所以还要用 delete 删除节点对象。

在删除节点时，还要考虑到节点可能有多重子节点，因此需要从下往上删除所有子节点。我们定义了一个函数 deleteItem()，这个函数是递归调用的，能彻底删除一个节点及其所有子节点。如果不是调用函数 deleteItem()来递归删除节点，而是直接删除当前节点，那么当前节点的所有子节点将不能被彻底删除，从而造成内存泄漏。

7. 节点的遍历

目录树的节点都是 QTreeWidgetItem 类对象，可以嵌套多层节点。有时需要在目录树中遍历所有节点，例如按条件查找某些节点、统一修改节点的标题等。遍历节点时需要用到 QTreeWidgetItem 类的一些关键函数，还需要设计递归调用的函数。

actScanItems 是工具栏上“遍历节点”按钮关联的 Action，其槽函数和相关自定义函数代码如下：

```
void MainWindow::on_actScanItems_triggered()
{//遍历节点
    for (int i=0; i< ui->treeFiles->topLevelItemCount(); i++)
    {
```

```
        QTreeWidgetItem *item= ui->treeFiles->topLevelItem(i);       //顶层节点
        changeItemCaption(item);                                     //更改节点标题
    }
}

void MainWindow::changeItemCaption(QTreeWidgetItem *item)
{//改变节点的标题
    QString str= "*" + item->text(colItem);                          //节点标题前加“*”
    item->setText(colItem,str);                                      //设置节点标题
    if (item->childCount()>0)                                        //如果有子节点
        for (int i=0; i<item->childCount(); i++)                     //遍历子节点
            changeItemCaption(item->child(i));                       //递归调用自己
}
```

槽函数的 for 循环访问所有顶层节点，获取一个顶层节点 item 之后，调用 changeItemCaption(item)改变这个节点及其所有子节点的标题。

函数 changeItemCaption()是一个递归调用函数，即在这个函数里会调用它自己。它的前两行代码更改传递来的节点 item 的标题，即在标题前加“*”。后面的代码根据 item->childCount()是否大于 0 来判断这个节点是否有子节点，如果有子节点，再逐一获取子节点，调用函数 changeItemCaption()修改子节点的标题。

4.12.5 用 QLabel 和 QPixmap 显示图片

1. 显示节点关联的图片

在目录树上点击一个节点后，如果节点类型为 itImageItem（图片节点），就会调用自定义函数 displayImage()显示节点关联的图片。函数 displayImage()的代码如下：

```
void MainWindow::displayImage(QTreeWidgetItem *item)
{
    QString filename= item->data(colItem,Qt::UserRole).toString();  //节点存储的文件名
    labFileName->setText(filename);                                  //状态栏显示
    labNodeText->setText(item->text(colItem));                       //状态栏显示
    m_pixmap.load(filename);                                         //从文件加载图片
    ui->actZoomFitH->trigger();                  //触发 triggered()信号，运行其关联的槽函数
    ui->actZoomFitH->setEnabled(true);
    ui->actZoomFitW->setEnabled(true);
    ui->actZoomIn->setEnabled(true);
    ui->actZoomOut->setEnabled(true);
    ui->actZoomRealSize->setEnabled(true);
}
```

QTreeWidgetItem 的函数 data()返回节点存储的用户数据，也就是用函数 setData()设置的用户数据。前面在添加图片节点时，我们将图片文件的带路径全名存储为节点的用户数据，函数 displayImage()的第一行语句就可以获取节点存储的图片文件全名。

m_pixmap 是在 MainWindow 类中定义的一个 QPixmap 类型的变量，函数 QPixmap::load()直接从一个文件加载图片。然后运行 ui->actZoomFitH->trigger()，这会触发 actZoomFitH 的 triggered()信号，运行其关联的槽函数，即 on_actZoomFitH_triggered()，以适合高度的形式显示图片。

2. 图片缩放与显示

有几个 Action 能实现图片的缩放与显示，包括适合宽度、适合高度、放大、缩小、实际大小等，部分槽函数代码如下：

```
void MainWindow::on_actZoomFitH_triggered()
{//以适合的高度显示图片
    int H= ui->scrollArea->height();
    int realH= m_pixmap.height();                    //原始图片的实际高度
    m_ratio= float(H)/realH;                         //当前显示比例，必须转换为浮点数
    spinRatio->setValue(100*m_ratio);                //状态栏上显示缩放百分比
    QPixmap pix= m_pixmap.scaledToHeight(H-30);      //图片缩放到指定高度
    ui->labPic->setPixmap(pix);                      //显示图片
}

void MainWindow::on_actZoomIn_triggered()
{//放大显示
    m_ratio= m_ratio*1.2;                            //在当前比例基础上乘 1.2
    spinRatio->setValue(100*m_ratio);                //状态栏上显示缩放百分比
    int w= m_ratio*m_pixmap.width();                 //显示宽度
    int h= m_ratio*m_pixmap.height();                //显示高度
    QPixmap pix= m_pixmap.scaled(w,h);               //图片缩放到指定高度和宽度，保持长宽比例
    ui->labPic->setPixmap(pix);
}

void MainWindow::on_actZoomRealSize_triggered()
{//以实际大小显示
    m_ratio= 1;
    spinRatio->setValue(100);
    ui->labPic->setPixmap(m_pixmap);
}
```

QPixmap 类存储图片数据，它有以下几个函数可以用来缩放图片。

- scaledToHeight(int height)：返回一个缩放后的图片副本，图片缩放到高度 height。
- scaledToWidth(int width)：返回一个缩放后的图片副本，图片缩放到宽度 width。
- scaled(int width, int height)：返回一个缩放后的图片副本，图片缩放到宽度 width 和高度 height，默认是不保持比例。

变量 m_pixmap 保存了图片的原始副本，要实现缩放只需调用 QPixmap 的相应函数，会返回缩放后的图片副本。在窗口上有一个 QLabel 组件 labPic 用于显示图片，使用 QLabel 的 setPixmap() 函数即可显示图片，其函数原型定义如下：

```
void  QLabel::setPixmap(const QPixmap &)
```

标签 labPic 放置在一个 QScrollArea 组件上，当 labPic 显示的图片超过 QScrollArea 组件的显示区域时，将自动出现水平或垂直卷滚条。

4.12.6 示例中 QDockWidget 的操作

程序运行时，窗口上的 QDockWidget 组件可以被拖动，在窗口的左、右两侧停靠或在桌面上浮动。工具栏上“窗口浮动”和“窗口可见”两个按钮可以用代码来控制停靠区是否浮动、是否可见，其槽函数代码如下：

```
void MainWindow::on_actDockFloat_triggered(bool checked)
{//“窗口浮动”按钮
    ui->dockWidget->setFloating(checked);
}
void MainWindow::on_actDockVisible_triggered(bool checked)
```

```
{//"窗口可见"按钮
    ui->dockWidget->setVisible(checked);
}
```

这两个槽函数都是 Action 的 triggered(bool)信号的槽函数，因为这两个 Action 都是可复选的，点击工具按钮会改变 Action 的复选状态，复选状态作为 triggered(bool)信号中的 bool 类型参数。

QDockWidget 类有如下几个信号，信号发射的时机见注释。

```
void  allowedAreasChanged(Qt::DockWidgetAreas allowedAreas)  //allowedAreas属性值变化时
void  dockLocationChanged(Qt::DockWidgetArea area)           //移动到其他停靠区时
void  featuresChanged(QDockWidget::DockWidgetFeatures features) //features属性值变化时
void  topLevelChanged(bool topLevel)                           //floating属性值变化时
void  visibilityChanged(bool visible)                          //visible属性值变化时
```

其中，topLevelChanged()信号在 floating 属性值变化时被发射，参数 topLevel 为 true 表示组件处于浮动状态；visibilityChanged()信号在停靠组件的 visible 属性值变化时被发射。为这两个信号编写槽函数就可以更新两个 Action 的复选状态，槽函数代码如下。其实在信号与槽编辑器中设置连接就可以实现这两个槽函数的功能，读者可以修改试试。

```
void MainWindow::on_dockWidget_visibilityChanged(bool visible)
{//停靠区 visible 属性值变化
    ui->actDockVisible->setChecked(visible);
}
void MainWindow::on_dockWidget_topLevelChanged(bool topLevel)
{//停靠区 floating 属性值变化
    ui->actDockFloat->setChecked(topLevel);
}
```

4.13 QTableWidget

QTableWidget 是一种 Item Widget 组件，它以表格形式显示和管理数据，我们称为表格组件。本节通过一个示例项目 samp4_13 介绍 QTableWidget 的使用方法，示例运行时界面如图 4-61 所示。

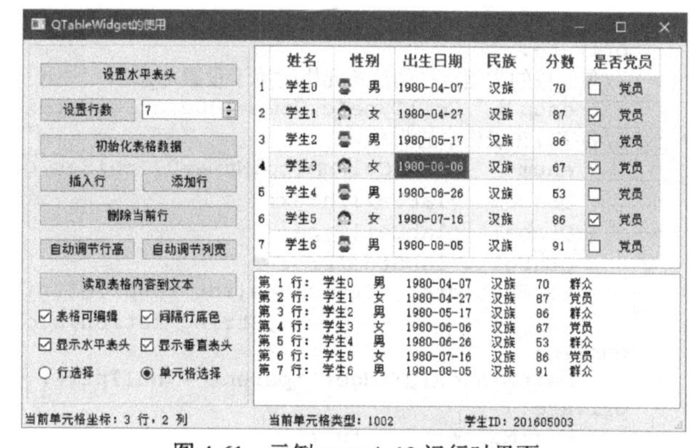

图 4-61 示例 samp4_13 运行时界面

程序界面的右上角是一个表格组件。表格的第一行称为水平表头（horizontal header），用于设置每一列的标题。第一列称为垂直表头（vertical header），也可以设置其标题，但一般使用默认的标题，也就是行号。水平表头和垂直表头一般是不可编辑的。除水平表头和垂直表头之外的表格区域是数据区，数据区呈规则的网格状，如同一个二维数组，一个网格称为单元格（cell）。每个单元格关联一个 QTableWidgetItem 对象，可以设置每个单元格的文字内容、字体、前景色、背景色、图标等，单元格还可以有复选框或设置为其他 widget 组件。每个单元格还可以存储用户数据。

4.13.1 窗口界面可视化设计和初始化

1. 窗口界面可视化设计

示例 samp4_13 的窗口基类是 QMainWindow。在 UI 可视化设计时，我们删除了主窗口上的菜单栏和工具栏，保留了状态栏。在图 4-61 所示的窗口上，右侧的一个 QTableWidget 组件和一个 QPlainTextEdit 组件组成垂直分割布局 splitter。左侧的按钮等组件都放在一个分组框 groupBox 里，采用网格布局。然后使 groupBox 与 splitter 水平分割布局。这是典型的三区分割的布局。

将窗体上的表格组件命名为 tableInfo，通过属性编辑器就可以设置表格的行数和列数以及其他一些属性，这些属性一般都是用来控制表格显示效果的，比较直观。

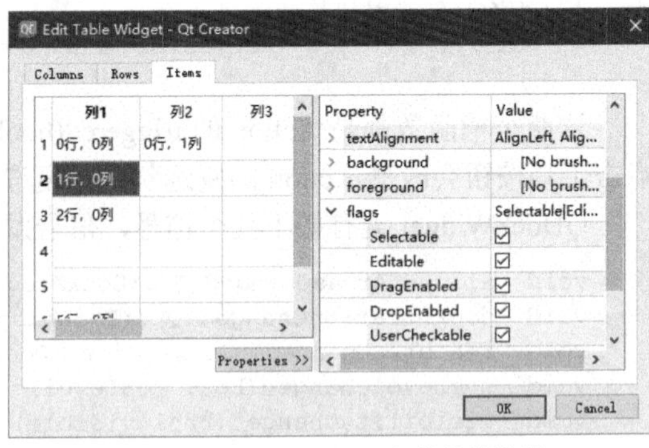

图 4-62 QTableWidget 组件的编辑器

在 UI 可视化设计时，双击窗体上的表格组件 tableInfo，会打开图 4-62 所示的编辑器。这个编辑器有 3 个页面，Columns 页面用于编辑水平表头，Rows 页面用于编辑垂直表头，Items 页面用于编辑表格的单元格。

表格组件数据区的每个单元格可以关联一个 QTableWidgetItem 对象，表头的单元格也是 QTableWidgetItem 对象。可以设置每个 QTableWidgetItem 对象的文字、字体、背景色、图标等特性。

2. 窗口类定义和初始化

下面是 MainWindow 类的定义代码，这个窗口类里没有自定义槽函数。

```
class MainWindow : public QMainWindow
{
    Q_OBJECT
private:
//单元格的类型，在创建单元格时用于设置 type
    enum    CellType{ctName=1000,ctSex,ctBirth,ctNation,ctPartyM,ctScore};
//各字段在表格中的列号
    enum    FieldColNum{colName=0, colSex,colBirth,colNation,colScore,colPartyM};
    QLabel  *labCellIndex;                          //状态栏上用于显示单元格的行号、列号
    QLabel  *labCellType;                           //状态栏上用于显示单元格的 type
    QLabel  *labStudID;                             //状态栏上用于显示单元格的 data
    void    createItemsARow(int rowNo,QString name,QString sex,QDate birth,
                    QString nation,bool isPM,int score);    //为某一行创建 items
public:
    MainWindow(QWidget *parent = nullptr);
private:
    Ui::MainWindow *ui;
};
```

在 MainWindow 类的构造函数中编写代码创建 3 个 QLabel 对象，并将其添加到状态栏上。代码如下：

```
MainWindow::MainWindow(QWidget *parent) :  QMainWindow(parent),  ui(new Ui::MainWindow)
{
    ui->setupUi(this);
//  状态栏初始化
    labCellIndex = new QLabel("当前单元格坐标：",this);
    labCellIndex->setMinimumWidth(250);
    labCellType=new QLabel("当前单元格类型：",this);
    labCellType->setMinimumWidth(200);
    labStudID=new QLabel("学生 ID：",this);
    labStudID->setMinimumWidth(200);
```

```
    ui->statusBar->addWidget(labCellIndex);                        //添加到状态栏
    ui->statusBar->addWidget(labCellType);
    ui->statusBar->addWidget(labStudID);
}
```

4.13.2 QTableWidget 类

1. 表格的行和列

QTableWidget 是 QTableView 的便利类，类的继承关系如图 4-10 所示。QTableWidget 的属性和接口函数主要是父类中定义的，第 5 章会详细介绍其父类的属性和接口函数。

QTableWidget 新增了两个属性，rowCount 表示数据区行数，columnCount 表示数据区列数。QTableWidget 还定义了如下的几个公有槽函数，用于插入或移除一行或一列。

```
void  insertColumn(int column)          //在列号为 column 的位置插入一个空列
void  removeColumn(int column)          //移除列号为 column 的一列
void  insertRow(int row)                //在行号为 row 的位置插入一个空行
void  removeRow(int row)                //移除行号为 row 的一行
```

2. 单元格关联的 QTableWidgetItem 对象

QTableWidget 表格的一个单元格一般关联一个 QTableWidgetItem 对象，我们称为项或表格项。一个项不仅存储了单元格需要显示的文字，还有文字的字体、对齐方式、背景色等定义，以及图标、是否有复选框等设置内容。QTableWidget 根据每个单元格的项绘制表格。

要为表格的一个单元格设置项，一般是先创建一个 QTableWidgetItem 对象 item，设置其各种属性，然后用函数 setItem()将 item 设置为某个单元格的项，其函数原型定义如下：

```
void  setItem(int row, int column, QTableWidgetItem *item)
```

其中，row 和 column 分别是单元格的行号和列号，item 是已创建的 QTableWidgetItem 对象指针。

要移除一个单元格关联的项，可以使用函数 takeItem()来实现，其函数原型定义如下：

```
QTableWidgetItem  *takeItem(int row, int column)
```

函数 takeItem()会移除单元格关联的项，并返回这个项的对象指针，但并不删除这个对象。若要释放对象占用的内存，需要用 delete 删除对象。

QTableWidget 定义了两个公有槽，可以用来清除整个表格或数据区的全部单元格的项。

```
void  clear()                    //清除表头和数据区的所有项
void  clearContents()            //清除数据区的所有项
```

3. 当前单元格和当前项

QTableWidget 表格数据区有一个当前单元格，也就是获得输入焦点的单元格。可以返回当前单元格的行号和列号，也可以通过行号和列号设置当前单元格。相关函数定义如下：

```
int  currentRow()                               //返回当前单元格的行号
int  currentColumn()                            //返回当前单元格的列号
void  setCurrentCell(int row, int column)       //通过行号和列号设置当前单元格
```

当前单元格关联的 QTableWidgetItem 对象就是当前项，可以返回当前项的对象指针。也可以设置某个 QTableWidgetItem 对象为当前项，以改变当前单元格的位置。相关的两个函数定义如下：

```
QTableWidgetItem  *currentItem()                    //返回当前单元格的项
void  setCurrentItem(QTableWidgetItem *item)        //设置当前项，改变当前单元格的位置
```

4. 单元格的索引

为表格的每个单元格关联一个项之后，可以在表格内通过行号和列号获取每个单元格的项，项也有自己的行号和列号。相关的3个函数定义如下：

```
QTableWidgetItem  *item(int row, int column)               //通过行号和列号返回项
int  row(const QTableWidgetItem *item)                      //返回一个项的行号
int  column(const QTableWidgetItem *item)                   //返回一个项的列号
```

5. 水平表头

水平表头的每个单元格可以设置一个项，相关的函数定义如下。

```
void  setHorizontalHeaderItem(int column, QTableWidgetItem *item)     //为某列设置项
QTableWidgetItem  *horizontalHeaderItem(int column)              //返回 column 列的表头项
QTableWidgetItem  *takeHorizontalHeaderItem(int column)          //移除 column 列的表头项
```

通过为水平表头的每个单元格设置项就可以定义表头的具体格式，例如使用不同的背景色。

如果只是设置表头文字而不需要设置任何特殊的格式，可以使用一个简化的函数来实现，函数定义如下：

```
void  setHorizontalHeaderLabels(const QStringList &labels)
```

这个函数使用一个字符串列表的每一行作为水平表头每一列的标题，使用默认的格式。

6. 垂直表头

默认情况下，垂直表头会自动显示行号，不需要专门操作。垂直表头的每个单元格可以设置一个项或直接设置标题文字，相关函数定义如下：

```
void  setVerticalHeaderItem(int row, QTableWidgetItem *item)        //设置 row 行的表头项
QTableWidgetItem  *verticalHeaderItem(int row)                       //返回 row 行的表头项
QTableWidgetItem  *takeVerticalHeaderItem(int row)                   //移除 row 行的表头项
void  setVerticalHeaderLabels(const QStringList &labels)   //用一个字符串列表设置表头标题
```

7. QTableWidget 的信号

QTableWidget 定义了较多的信号，信号函数定义如下，信号被发射的条件见注释。

```
void  cellActivated(int row, int column)                    //单元格被激活时
void  cellChanged(int row, int column)                      //单元格的数据内容改变时
void  cellClicked(int row, int column)                      //在单元格上点击鼠标时
void  cellDoubleClicked(int row, int column)                //在单元格上双击鼠标时
void  cellEntered(int row, int column)                      //鼠标移动到一个单元格上时
void  cellPressed(int row, int column)                      //在单元格上按下鼠标左键或右键时
void  currentCellChanged(int currentRow, int currentColumn, int previousRow, int
previousColumn)                                             //当前单元格发生切换时

void  itemActivated(QTableWidgetItem *item)
void  itemChanged(QTableWidgetItem *item)
void  itemClicked(QTableWidgetItem *item)
void  itemDoubleClicked(QTableWidgetItem *item)
void  itemEntered(QTableWidgetItem *item)
void  itemPressed(QTableWidgetItem *item)
void  currentItemChanged(QTableWidgetItem *current, QTableWidgetItem *previous)
void  itemSelectionChanged()                                //选择的项发生变化时
```

这些信号主要分为两大类，一类以单元格的行号和列号作为参数，另一类以 QTableWidgetItem 对象作为参数。例如，当前单元格发生切换时，会同时发射 currentCellChanged()信号和 currentItemChanged()信号。currentCellChanged()信号传递 4 个参数，即当前单元格的行号和列号以及之前单元格的行号和

列号；currentItemChanged()信号传递两个参数，即当前项和之前的项。用户编写处理程序时，根据处理需要选择其中一个信号进行处理即可。

itemSelectionChanged()信号在选择的项发生变化时被发射，如果表格允许多选单元格，当用户按住 Ctrl 键选择的单元格发生变化时，组件就会发射此信号。

4.13.3 QTableWidgetItem 类

QTableWidget 表格的每个单元格都需要关联一个 QTableWidgetItem 对象。QTableWidgetItem 类没有父类，它存储了单元格的文字及其格式定义，QTableWidget 就是根据每个单元格的项定义的各种属性绘制表格的。

1. 创建 QTableWidgetItem 对象

QTableWidgetItem 有多种参数形式的构造函数，其中的 3 种构造函数定义如下：

```
QTableWidgetItem(const QIcon &icon, const QString &text, int type = Type)
QTableWidgetItem(const QString &text, int type = Type)
QTableWidgetItem(int type = Type)
```

不管哪个构造函数，都需要传递一个参数 type 表示项的类型，类型由用户定义和使用。项被创建后，其类型就不能再改变，通过 QTableWidgetItem::type()函数可以返回项的类型。

创建 QTableWidgetItem 对象后，通过 QTableWidget::setItem()函数可以将其设置为某个单元格的项。

2. 项的设置

QTableWidgetItem 有一些接口函数用于设置项的文字、对齐方式、前景色、背景色等特性，这些函数的定义如下，函数作用见注释。

```
void  setText(const QString &text)                   //设置单元格显示的文字
void  setTextAlignment(int alignment)                //设置文字对齐方式
void  setBackground(const QBrush &brush)             //设置背景色
void  setForeground(const QBrush &brush)             //设置前景色，即文字的颜色
void  setFont(const QFont &font)                     //设置字体
void  setIcon(const QIcon &icon)                     //设置图标
void  setCheckState(Qt::CheckState state)            //设置复选状态
void  setToolTip(const QString &toolTip)             //设置 toolTip
void  setStatusTip(const QString &statusTip)         //设置 statusTip
```

如果项被设置为可复选的，在单元格里会出现一个复选框，函数 setCheckState()可设置项的复选状态。每个设置函数都有对应的读取函数，这里就不列出来了，读者可查阅 Qt 帮助文档。

函数 setFlags()可设置项的标志，也就是图 4-62 中单元格的 flags 属性，其函数原型定义如下：

```
void  setFlags(Qt::ItemFlags flags)
```

参数 flags 是标志类型 Qt::ItemFlags，是枚举类型 Qt::ItemFlag 的枚举值的组合。Qt::ItemFlag 的各枚举值表示项的特性，包括项是否可选、是否可编辑、是否可复选等。

除了设置项可见的文字和显示格式，还可以用函数 setData()设置用户数据，用户数据是不显示在表格中的。设置和读取用户数据的函数定义如下：

```
void  setData(int role, const QVariant &value)
QVariant  data(int role)
```

参数 role 是用户数据角色，可以使用常量 Qt::UserRole 定义第一个用户数据，使用 1+Qt::UserRole 定义第二个用户数据。用户数据是 QVariant 类型，可以存储各种类型的数据。

3. 与表格相关的接口函数

QTableWidgetItem 对象被设置为某个单元格的项之后，它就有了行号和列号，可以被选择，相关的函数定义如下：

```
int  row()                                    //返回项所在单元格的行号
int  column()                                 //返回项所在单元格的列号
void  setSelected(bool select)                //设置项的选中状态
bool  isSelected()                            //项是否被选中，也就是单元格是否被选中
QTableWidget  *tableWidget()                  //返回项所在的 QTableWidget 对象指针
```

4.13.4 示例中 QTableWidget 的操作

1. 设置水平表头

界面上的"设置水平表头"按钮实现对水平表头的设置，其 clicked()信号的槽函数代码如下：

```
void MainWindow::on_btnSetHeader_clicked()
{
    QStringList headerText;
    headerText<<"姓名"<<"性别"<<"出生日期"<<"民族"<<"分数"<<"是否党员";
//    ui->tableInfo->setHorizontalHeaderLabels(headerText);  //只设置标题
    ui->tableInfo->setColumnCount(headerText.size());        //设置表格列数
    for (int i=0; i<ui->tableInfo->columnCount(); i++)
    {
        QTableWidgetItem *headerItem= new QTableWidgetItem(headerText.at(i));  //创建 item
        QFont font= headerItem->font();                      //获取原有字体设置
        font.setBold(true);                                  //设置为粗体
        font.setPointSize(11);                               //字体大小
        headerItem->setForeground(QBrush(Qt::red));          //设置文字颜色
        headerItem->setFont(font);                           //设置字体
        ui->tableInfo->setHorizontalHeaderItem(i,headerItem); //设置表头单元格的 item
    }
}
```

水平表头各列的文字标题由一个 QStringList 对象 headerText 初始化存储，如果只是设置表头各列的标题，使用下面一行语句即可：

```
ui->tableInfo->setHorizontalHeaderLabels(headerText);
```

如果需要进行更加具体的格式设置，需要为表头的每个单元格创建一个 QTableWidgetItem 对象，并进行相应设置。

2. 初始化表格数据

界面上的"初始化表格数据"按钮根据表格的行数生成数据填充表格，并为每个单元格创建项，以及设置各种属性。下面是这个按钮的 clicked()信号的槽函数代码：

```
void MainWindow::on_btnIniData_clicked()
{
    QDate  birth(2001,4,6);                                  //初始化日期
    ui->tableInfo->clearContents();                          //只清除工作区，不清除表头
    for (int i=0; i<ui->tableInfo->rowCount(); i++)
    {
        QString strName= QString("学生%1").arg(i);
        QString strSex= ((i % 2)==0)? "男":"女";
        bool isParty= ((i % 2)==0)? false:true;
        int score= QRandomGenerator::global()->bounded(60,100);  //随机数范围为[60,100)
```

```
        createItemsARow(i, strName, strSex, birth,"汉族",isParty,score);  //为某一行创建items
        birth=birth.addDays(20);                                            //日期加20天
    }
}
```

在 for 循环里为表格的每一行生成需要显示的数据，然后调用自定义函数 createItemsARow()为表格一行的各个单元格创建项。函数 createItemsARow()的代码如下：

```
void MainWindow::createItemsARow(int rowNo,QString name,QString sex,QDate
birth,QString nation,bool isPM,int score)
{
    uint studID=202105000;                                          //学号基数
    //姓名
    QTableWidgetItem  *item= new QTableWidgetItem(name, MainWindow::ctName);//type为ctName
    item->setTextAlignment(Qt::AlignHCenter | Qt::AlignVCenter);
    studID  += rowNo;                                               //学号 =基数 + 行号
    item->setData(Qt::UserRole,QVariant(studID));                   //设置studID为用户数据
    ui->tableInfo->setItem(rowNo,MainWindow::colName,item);         //为单元格设置item
    //性别
    QIcon   icon;
    if (sex == "男")
        icon.addFile(":/images/icons/boy.ico");
    else
        icon.addFile(":/images/icons/girl.ico");
    item= new QTableWidgetItem(sex,MainWindow::ctSex);              //type为ctSex
    item->setIcon(icon);
    item->setTextAlignment(Qt::AlignHCenter | Qt::AlignVCenter);
    Qt::ItemFlags flags= Qt::ItemIsSelectable |Qt::ItemIsEnabled; //“性别”单元格不允许编辑
    item->setFlags(flags);
    ui->tableInfo->setItem(rowNo,MainWindow::colSex,item);
    //出生日期
    QString str= birth.toString("yyyy-MM-dd");                      //日期转换为字符串
    item= new  QTableWidgetItem(str,MainWindow::ctBirth);           //type为ctBirth
    item->setTextAlignment(Qt::AlignLeft | Qt::AlignVCenter);
    ui->tableInfo->setItem(rowNo,MainWindow::colBirth,item);
    //民族
    item= new  QTableWidgetItem(nation,MainWindow::ctNation); //type为ctNation
    item->setTextAlignment(Qt::AlignHCenter | Qt::AlignVCenter);
    ui->tableInfo->setItem(rowNo,MainWindow::colNation,item);
    //是否党员
    item= new  QTableWidgetItem("党员",MainWindow::ctPartyM);  //type为ctPartyM
    item->setTextAlignment(Qt::AlignHCenter | Qt::AlignVCenter);
    //“党员”单元格不允许编辑，但可以更改复选状态
    flags= Qt::ItemIsSelectable | Qt::ItemIsUserCheckable | Qt::ItemIsEnabled;
    item->setFlags(flags);
    if (isPM)
        item->setCheckState(Qt::Checked);                           //设置复选框
    else
        item->setCheckState(Qt::Unchecked);
    item->setBackground(QBrush(Qt::yellow));                        //设置背景色
    ui->tableInfo->setItem(rowNo,MainWindow::colPartyM,item);
    //分数
    str.setNum(score);
    item= new  QTableWidgetItem(str,MainWindow::ctScore);           //type为ctScore
    item->setTextAlignment(Qt::AlignHCenter | Qt::AlignVCenter);
    ui->tableInfo->setItem(rowNo,MainWindow::colScore,item);
}
```

这个表格的每一行有6个单元格，需要为每一个单元格创建一个QTableWidgetItem对象，并进行相应的设置。创建QTableWidgetItem对象所使用的构造函数原型为：

```
QTableWidgetItem(const QString &text, int type = Type)
```

其中，参数text作为单元格的显示文字，参数type作为项的类型。设置项的类型时使用了自定义枚举类型CellType的枚举值，用于表示单元格显示的数据字段。

对于“姓名”单元格，我们使用函数setData()设置了用户数据，存储的是学生ID。用户数据是不显示在界面上的，但是与单元格相关联。

```
item->setData(Qt::UserRole, QVariant(studID));                //设置 studID 为用户数据
```

对于“性别”单元格，我们使用setFlags()函数设置了项的特性，使其不能被编辑。

```
Qt::ItemFlags flags= Qt::ItemIsSelectable |Qt::ItemIsEnabled;  //“性别”单元格不允许编辑
```

而对于“党员”单元格，我们使用函数setFlags()设置其不能被编辑，但是可以被复选。可以被复选的单元格里会出现一个复选框，可以改变其复选状态。

```
flags= Qt::ItemIsSelectable | Qt::ItemIsUserCheckable | Qt::ItemIsEnabled;
```

设置好item的各种属性之后，需要用QTableWidget::setItem()函数将item设置为某个单元格的项，例如：

```
ui->tableInfo->setItem(rowNo, MainWindow::colName, item);
```

其中，rowNo是单元格的行号，MainWindow::colName是自定义枚举类型FieldColNum的一个枚举值，用于表示“姓名”列的列号。

3. 获取当前单元格的数据

表格的当前单元格发生切换时，表格会发射currentCellChanged()信号和currentItemChanged()信号，两个信号都可以用，只是传递的参数不同。我们为currentCellChanged()信号编写槽函数，用于获取当前单元格的数据，以及当前行的学生的学号信息，然后将其显示在状态栏上。代码如下：

```
    void MainWindow::on_tableInfo_currentCellChanged(int currentRow, int currentColumn,
int previousRow, int previousColumn)
    {
        Q_UNUSED(previousRow);
        Q_UNUSED(previousColumn);
        QTableWidgetItem* item= ui->tableInfo->item(currentRow,currentColumn);//获取 item
        if  (item == nullptr)
            return;
        labCellIndex->setText(QString::asprintf("当前单元格坐标：%d 行，%d 列",
                                                currentRow,currentColumn));
        int cellType= item->type();                                  //获取单元格的类型
        labCellType->setText(QString::asprintf("当前单元格类型：%d",cellType));

        item= ui->tableInfo->item(currentRow,MainWindow::colName);   //当前行第一列的 item
        uint ID= item->data(Qt::UserRole).toUInt();                  //读取用户数据
        labStudID->setText(QString::asprintf("学生 ID：%d",ID));       //学生 ID
    }
```

在currentCellChanged()信号中，传递的参数currentRow和currentColumn分别表示当前单元格的行号和列号，通过行号和列号就可以得到单元格的QTableWidgetItem对象item。

在获取了item之后，通过item->type()可以获取单元格的类型，这个类型对应的就是创建QTableWidgetItem对象时传递的类型参数。再获取同一行的“姓名”单元格的项，用QTableWidgetItem::data()

函数读取用户数据，也就是创建单元格时存储的学生 ID。

4. 插入、添加、删除行

下面是界面上"插入行""添加行""删除当前行"按钮的槽函数代码。在新增空行之后，会调用函数 createItemsARow()为新创建的空行的各单元格创建项。

```
void MainWindow::on_btnInsertRow_clicked()
{// "插入行"按钮
    int curRow= ui->tableInfo->currentRow();           //当前行的行号
    ui->tableInfo->insertRow(curRow);                  //插入一行，但不会自动为单元格创建 item
    createItemsARow(curRow, "新学生", "男",
                    QDate::fromString("2002-10-1","yyyy-M-d"),"苗族",true,80);
}
void MainWindow::on_btnAppendRow_clicked()
{// "添加行"按钮
    int curRow= ui->tableInfo->rowCount();             //当前行的行号
    ui->tableInfo->insertRow(curRow);                  //在表格末尾添加一行
    createItemsARow(curRow, "新生", "女",
                    QDate::fromString("2002-6-5","yyyy-M-d"),"满族",false,76 );
}
void MainWindow::on_btnDelCurRow_clicked()
{// "删除当前行"按钮
    int curRow= ui->tableInfo->currentRow();           //当前行的行号
    ui->tableInfo->removeRow(curRow);                  //删除当前行及其 items
}
```

5. 自动调整行高和列宽

以下这几个函数可以自动调整表格的行高和列宽，这几个函数是 QTableWidget 的父类 QTableView 中定义的函数，其函数原型定义如下：

```
void  resizeColumnToContents(int column)              //自动调整列号为 column 的列的宽度
void  resizeColumnsToContents()                       //自动调整所有列的宽度，以适应其内容
void  resizeRowToContents(int row)                    //自动调整行号为 row 的行的高度
void  resizeRowsToContents()                          //自动调整所有行的高度，以适应其内容
```

6. 其他属性控制

图 4-61 所示窗口左侧的面板上还有一些复选框和单选按钮用于设置表格的一些特性，程序中用到的一些函数是 QTableWidget 的父类 QTableView 或 QTableView 的父类 QAbstractItemView 中定义的函数。对这些函数我们暂时不做详细解释，有些函数在第 5 章会有具体解释。

（1）设置表格内容是否可编辑。editTriggers 属性表示整个表格是否可编辑，以及进入编辑状态的方式。窗口上的"表格可编辑"复选框的槽函数代码如下：

```
void MainWindow::on_chkBoxTabEditable_clicked(bool checked)
{
    if (checked)                          //允许编辑，双击或获取焦点后点击可进入编辑状态
        ui->tableInfo->setEditTriggers(QAbstractItemView::DoubleClicked
                                       | QAbstractItemView::SelectedClicked);
    else
        ui->tableInfo->setEditTriggers(QAbstractItemView::NoEditTriggers);    //不允许编辑
}
```

（2）是否显示水平表头和垂直表头。函数 horizontalHeader()返回水平表头对象，verticalHeader()返回垂直表头对象。表头对象是 QHeaderView 类，通过 QHeaderView 类的接口函数可以设置表头

的各种属性，例如设置是否显示表头。

```
void MainWindow::on_chkBoxHeaderH_clicked(bool checked)
{//是否显示水平表头
    ui->tableInfo->horizontalHeader()->setVisible(checked);
}
void MainWindow::on_chkBoxHeaderV_clicked(bool checked)
{//是否显示垂直表头
    ui->tableInfo->verticalHeader()->setVisible(checked);
}
```

（3）间隔行底色。函数 setAlternatingRowColors()用于设置表格的行是否用交替底色显示，若设置为 true，则会使用一种默认颜色错行设置为行的底色。

```
void MainWindow::on_chkBoxRowColor_clicked(bool checked)
{ //行的底色交替采用不同颜色
    ui->tableInfo->setAlternatingRowColors(checked);
}
```

（4）选择方式。函数 setSelectionBehavior()用于设置选择方式，有单元格选择、行选择等方式。

```
void MainWindow::on_rBtnSelectItem_clicked()
{//选择方式：单元格选择
    ui->tableInfo->setSelectionBehavior(QAbstractItemView::SelectItems);
}
void MainWindow::on_rBtnSelectRow_clicked()
{//选择方式：行选择
    ui->tableInfo->setSelectionBehavior(QAbstractItemView::SelectRows);
}
```

7. 遍历表格读取数据

“读取表格内容到文本”按钮可演示遍历表格所有单元格的方法。它将每个单元格的文字读出，同一行的单元格的文字用空格分隔开，组合成一行文字，然后将这一行文字添加到文本编辑器里显示。

```
void MainWindow::on_btnReadToEdit_clicked()
{
    QTableWidgetItem  *item;
    ui->textEdit->clear();
    for (int i=0; i<ui->tableInfo->rowCount(); i++)              //逐行处理
    {
        QString str= QString::asprintf("第 %d 行：  ",i+1);
        for (int j=0; j<ui->tableInfo->columnCount()-1; j++)  //逐列处理，最后一列单独处理
        {
            item= ui->tableInfo->item(i,j);                       //获取单元格的 item
            str= str+item->text()+"   ";                          //字符串拼接
        }
        item= ui->tableInfo->item(i,colPartyM);                   //最后一列
        if (item->checkState()==Qt::Checked)                      //根据 check 状态显示文字
            str= str +"党员";
        else
            str= str +"群众";
        ui->textEdit->appendPlainText(str);                       //添加到编辑框作为一行
    }
}
```

第5章

模型/视图结构

模型/视图（model/view）结构是进行数据存储和界面展示的一种编程结构。在这种结构里，模型存储数据，界面上的视图组件显示模型中的数据，在视图组件里修改的数据会被自动保存到模型里。模型/视图结构将数据存储和界面展示分离，分别用不同的类实现。本章介绍模型/视图结构的原理以及常用的模型类和视图组件类的使用方法。

5.1 模型/视图结构概述

模型/视图结构是一种将数据存储和界面展示分离的编程方法。模型存储数据，视图组件显示模型中的数据，在视图组件里修改的数据会被自动保存到模型里。模型的数据来源可以是内存中的字符串列表或二维表格型数据，也可以是数据库中的数据表，一种模型可以用不同的视图组件来显示数据，所以模型/视图结构是一种高效、灵活的编程结构。

本节介绍模型/视图结构的基本原理和一些基本概念，包括模型、视图、代理，还会介绍抽象模型类 QAbstractItemModel 和抽象视图类 QAbstractItemView 的常用接口。

5.1.1 模型/视图结构基本原理

GUI 程序的主要功能是可由用户在界面上编辑和修改数据，典型的如数据库应用程序。在数据库应用程序中，界面上的数据来源于数据库，用户在界面上修改数据，修改后的数据又保存到数据库。

将界面与原始数据分离，又通过模型将界面和原始数据关联起来，从而实现界面与原始数据的交互操作，这是处理界面与数据的一种较好的方式。Qt 使用模型/视图结构来处理这种关系，模型/视图的基本结构如图 5-1 所示，它包括以下几个部分。

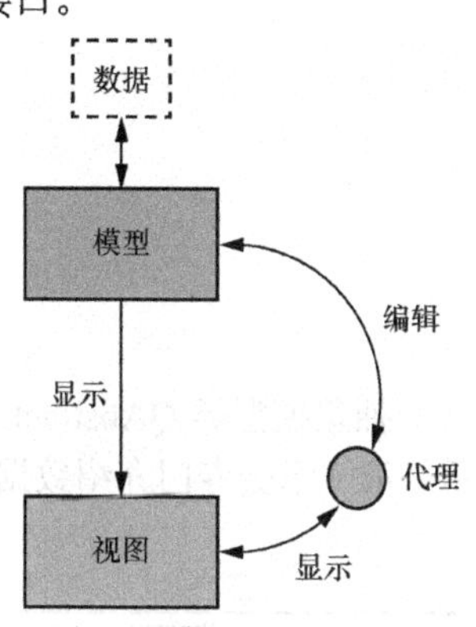

图 5-1　模型/视图基本结构

- 源数据（data）是原始数据，如数据库的一个数据表或 SQL 查询结果、内存中的一个字符串列表或磁盘文件系统结构等。
- 视图（view）也称为视图组件，是界面组件，视图从模型获得数据然后将其显示在界面上。Qt 提供一些常用的视图组件，如 QListView、QTreeView 和 QTableView 等。
- 模型（model）也称为数据模型，与源数据通信，并为视图组件提供数据接口。它从源数据提取需要的数据，用于视图组件进行显示和编辑。Qt 中有一些预定义的模型类，如 QStringListModel 是字符串列表的模型类，QSqlTableModel 是数据库中数据表的模型类。
- 代理（delegate）为视图与模型之间交互操作提供临时的编辑器。模型向视图提供数据是单向的，一般仅用于显示。当需要在视图上编辑数据时，代理会为编辑数据提供一个编辑器，这个编辑器获取模型的数据、接受用户编辑的数据后又将其提交给模型。例如在 QTableView 组件上双击一个单元格来编辑数据时，在单元格里就会出现一个 QLineEdit 组件，这个编辑框就是代理提供的临时编辑器。

由于通过模型/视图结构将源数据与显示和编辑界面分离，我们可以将一个模型在不同的视图中显示，也可以为一些特殊源数据设计自定义模型，或者在不修改模型的情况下设计特殊的视图组件。所以，模型/视图结构是一种高效、灵活的编程结构。

模型、视图和代理使用信号和槽进行通信。当源数据发生变化时，模型发射信号通知视图组件；当用户在界面上操作数据时，视图组件发射信号表示操作信息；在编辑数据时，代理会发射信号告知模型和视图组件编辑器的状态。

5.1.2 模型

所有基于项（item）的模型类都是基于 QAbstractItemModel 类的，这个类定义了视图组件和代理存取数据的接口。模型只是在内存中临时存储数据，模型的数据来源可以是其他类、文件、数据库或任何数据源。Qt 中几个主要的模型类的继承关系如图 5-2 所示。QAbstractItemModel 的父类是 QObject，所以模型类支持 Qt 的元对象系统。

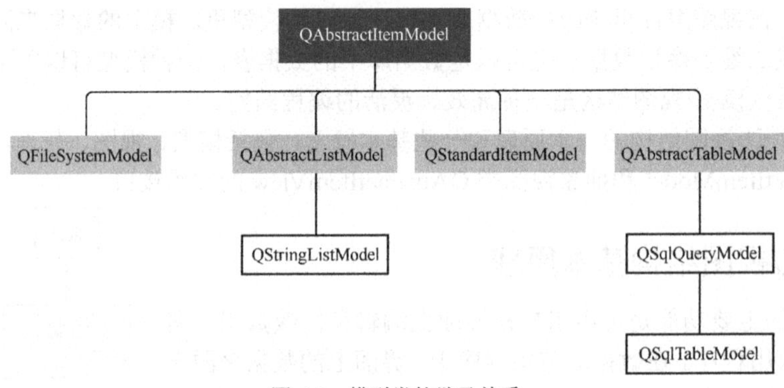

图 5-2 模型类的继承关系

抽象模型类 QAbstractItemModel 不能直接用于创建实例对象，常用的几个模型类如表 5-1 所示。第 9 章会专门介绍数据库相关的模型类。

表 5-1 常用的模型类

模型类	功能
QFileSystemModel	用于表示计算机上文件系统的模型类
QStringListModel	用于表示字符串列表数据的模型类
QStandardItemModel	标准的基于项的模型类，每个项是一个 QStandardItem 对象
QSqlQueryModel	用于表示数据库 SQL 查询结果的模型类
QSqlTableModel	用于表示数据库的一个数据表的模型类

5.1.3 视图

视图就是用于显示模型中的数据的界面组件，Qt 提供的视图组件主要有以下几个。

- QListView：用于显示单列的列表数据，适用于一维数据的操作。
- QTreeView：用于显示树状结构数据，适用于树状结构数据的操作。
- QTableView：用于显示表格数据，适用于二维表格数据的操作。
- QColumnView：用多个 QListView 显示树状结构数据，树状结构的一层用一个 QListView 显示。
- QUndoView：用于显示 undo 指令栈内数据的视图组件，是 QListView 的子类。

第 4 章介绍了 QListWidget、QTreeWidget 和 QTableWidget 这 3 个用于处理项数据的组件。这 3 个类分别是 3 个视图类的子类，称为视图类的便利类（convenience class）。这些类的继承关系如图 4-10 所示。

只需调用视图类的 setModel()函数为视图组件设置一个模型，模型的数据就可以显示在视图组件上。在视图组件上修改数据后，数据可以自动保存到模型里。

视图组件的数据来源于模型，视图组件不存储数据。便利类则为组件的每个节点或单元格创建一个项，用项存储数据，例如对于 QTableWidget 类这个便利类，表格的每个单元格关联一个 QTableWidgetItem 对象。便利类没有模型，它实际上是用项的方式替代了模型的功能，将界面与数据绑定。因此，便利类缺乏对大型数据源进行灵活处理的能力，只适用于小型数据的显示和编辑，而视图组件则会根据模型的数据内容自动显示，有助于减少编程工作量，使用起来也更灵活。

5.1.4 代理

代理能够在视图组件上为编辑数据提供临时的编辑器，例如在 QTableView 组件上编辑一个单元格的数据时，默认会提供一个 QLineEdit 编辑框。代理负责从模型获取相应的数据，然后将其显示在编辑器里，修改数据后又将编辑器里的数据保存到模型中。

QAbstractItemDelegate 是所有代理类的基类，作为抽象类，它不能直接用于创建对象。它有两个子类，即 QItemDelegate 和 QStyledItemDelegate，这两个类的功能基本相同，而 QStyledItemDelegate 能使用 Qt 样式表定义的当前样式绘制代理组件，所以，QStyledItemDelegate 是视图组件使用的默认的代理类。

对于一些特殊的数据编辑需求，例如只允许输入整数时使用 QSpinBox 作为代理组件更合适，需要从列表中选择数据时则使用 QComboBox 作为代理组件更好，这时就可以从 QStyledItemDelegate 继承创建自定义代理类。

5.1.5 模型/视图结构的一些概念

1. 模型的基本结构

在模型/视图结构中，模型为视图组件和代理提供存取数据的标准接口。QAbstractItemModel 是所有模型类的基类，不管底层的数据结构是如何组织数据的，QAbstractItemModel 的子类都以表格的层次结构展示数据，视图组件按照这种规则来存取模型中的数据，但是展示给用户的形式不一样。

图 5-3 所示的是模型的 3 种常见展示形式，分别是列表模型（list model）、表格模型（table model）和树状模型（tree model）。不管模型的表现形式是怎样的，模型中存储数据的基本单元都是项（item），每个项有一个行号和一个列号，还有一个父项（parent item）。3 个模型都有一个隐藏的根项（root item），列表模型的存储结构就是一列，表格模型的存储结构是规则的二维数组，树状模型的项可

以有子项，结构复杂一点。

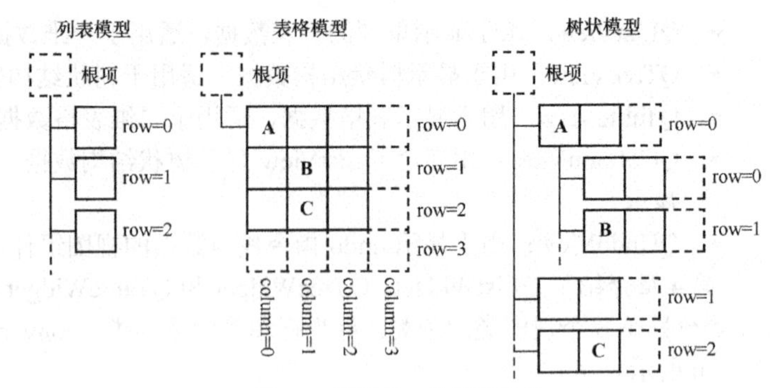

图5-3 模型的3种展示形式

2. 模型索引

为了确保数据的展示与数据存取方式分离，模型中引入了模型索引（model index）的概念。通过模型能访问的每个项都有一个模型索引，视图组件和代理都通过模型索引来获取数据。

QModelIndex 是表示模型索引的类。模型索引提供访问数据的临时指针，用于通过模型提取或修改数据。因为模型内部组织数据的结构可能随时改变，所以模型索引是临时的，例如对于一个 QTreeView 组件，获得一个节点的模型索引后又修改了模型的数据，那么前面获得的那个模型索引可能就不再指向原来那个节点了。

3. 行号和列号

模型的基本形式是用行和列定义的表格数据，但这并不意味着底层的数据是用二维数组存储的，使用行和列只是为了组件之间交互方便。一个模型索引包含行号和列号。

要获得一个模型索引，必须提供3个参数：行号、列号、父项的模型索引。例如，对于图5-3中的表格模型中的3个项A、B、C，获取其模型索引的示意代码如下：

```
QModelIndex indexA = model->index(0, 0, QModelIndex());
QModelIndex indexB = model->index(1, 1, QModelIndex());
QModelIndex indexC = model->index(2, 1, QModelIndex());
```

其中，indexA、indexB、indexC 都是 QModelIndex 类型的变量，model 是数据模型。在创建模型索引的函数中需要传递行号、列号和父项的模型索引。对于列表模型和表格模型，顶层节点总是用 QModelIndex()表示。

4. 父项

当模型为列表或表格结构时，使用行号、列号访问数据比较直观，所有项的父项就是顶层项。当模型为树状结构时情况比较复杂（树状结构中，项一般称为节点），一个节点有父节点，其也可以是其他节点的父节点，在构造节点的模型索引时，必须指定正确的行号、列号和父节点。

对于图5-3中的树状模型，节点A和节点C的父节点是顶层节点，获取模型索引的代码是：

```
QModelIndex indexA = model->index(0, 0, QModelIndex());
QModelIndex indexC = model->index(2, 1, QModelIndex());
```

但是，节点B的父节点是节点A，节点B的模型索引由下面的代码生成：

```
QModelIndex indexB = model->index(1, 0, indexA);
```

5. 项的角色

在为模型的一个项设置数据时，可以为项设置不同角色的数据。QAbstractItemModel 类定义了设置项的数据的函数 setData()，其函数原型定义如下：

```
bool  QAbstractItemModel::setData(const QModelIndex &index, const QVariant &value,
                                  int role = Qt::EditRole)
```

其中，index 是项的模型索引，value 是需要设置的数据，role 是设置数据的角色。

可以为一个项设置不同角色的数据，角色参数 role 用枚举类型 Qt::ItemDataRole 的枚举值表示。枚举类型 Qt::ItemDataRole 常用的一些枚举值及其含义如表 5-2 所示，表中的角色数据类型是指用于相应角色的数据的类型，例如，Qt::DisplayRole 角色的数据一般是 QString 类型的字符串。

表 5-2 枚举类型 Qt::ItemDataRole 常用的一些枚举值及其含义

枚举值	角色数据类型	含义
Qt::DisplayRole	QString	界面上显示的字符串，例如单元格显示的文字
Qt::DecorationRole	QIcon、QColor	在界面上起装饰作用的数据，如图标
Qt::EditRole	QString	界面上适合在编辑器中显示的数据，一般是文字
Qt::ToolTipRole	QString	项的 toolTip 字符串
Qt::StatusTipRole	QString	项的 statusTip 字符串
Qt::FontRole	QFont	项的字体，如单元格内文字的字体
Qt::TextAlignmentRole	Qt::Alignment	项的对齐方式，如单元格内文字的对齐方式
Qt::BackgroundRole	QBrush	项的背景色，如单元格的背景色
Qt::ForegroundRole	QBrush	项的前景色，如单元格的文字颜色
Qt::CheckStateRole	Qt::CheckState	项的复选状态
Qt::UserRole	QVariant	自定义的用户数据

在获取一个项的数据时也需要指定角色，以获取不同角色的数据。QAbstractItemModel 定义了函数 data()，可返回一个项的不同角色的数据，其函数原型定义如下：

```
QVariant  QAbstractItemModel::data(const QModelIndex &index, int role = Qt::DisplayRole)
```

通过为一个项的不同角色定义数据，可以告知视图组件和代理如何展示数据。例如，在图 5-4 中，项的 DisplayRole 角色数据是显示的字符串，DecorationRole 角色数据是用于装饰显示的元素（如图标），ToolTipRole 角色数据是就地显示的提示信息。不同的视图组件对各种角色数据的解释和展示可能不一样，也可能会忽略某些角色的数据。

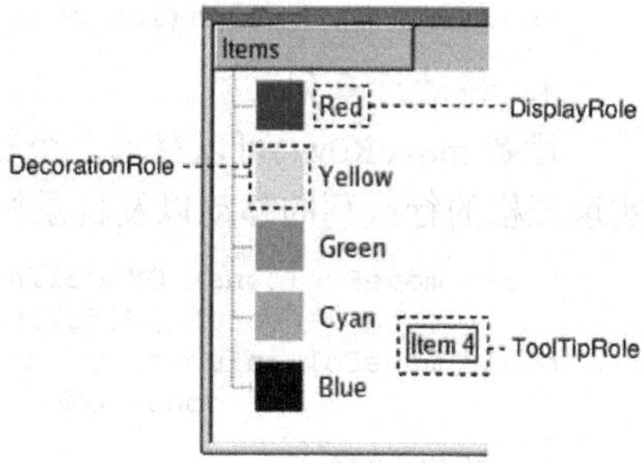

图 5-4 不同角色数据的展示形式

5.1.6 QAbstractItemModel 类

QAbstractItemModel 是所有模型类的直接或间接父类（见图 5-2），它定义了模型的通用接口函数，例如用于插入行、删除行、设置数据的函数。QAbstractItemModel 是抽象类，不能直接用于创建对象实例，各个具体的模型类实现了这些接口函数。

本节介绍 QAbstractItemModel 常用的接口函数，后面介绍具体模型类的使用方法时，就不再重复介绍这些函数了。注意，因为 QAbstractItemModel 是抽象类，所以它的很多函数都是虚函数，也就是函数名称前面有关键字 virtual，下面在显示函数原型时都省略了这个关键字。

注意 在模型/视图结构中，添加或删除数据都是由模型类的接口函数实现的，视图组件只是用于显示数据，没有操作数据的接口函数。在 QListView 或 QTableView 等视图组件上双击编辑一行字符串或一个单元格时由代理临时提供编辑器，编辑后的数据保存到模型里。

1. 行数和列数

函数 rowCount()返回行数，columnCount()返回列数，两个函数的原型定义如下：

```
int  rowCount(const QModelIndex &parent = QModelIndex())
int  columnCount(const QModelIndex &parent = QModelIndex())
```

这两个函数中都需要传递一个参数 parent，这是父项的模型索引。对于列表模型和表格模型，parent 使用默认的参数 QModelIndex()即可，得到的行数和列数就是模型的行数和列数。对于树状模型，parent 需要设置为父节点的模型索引，函数返回的是父节点下的节点的行数和列数。

2. 插入或删除行

可以用以下函数在模型中插入或删除一个或多个数据行。

```
bool  insertRow(int row, const QModelIndex &parent = QModelIndex())
bool  insertRows(int row, int count, const QModelIndex &parent = QModelIndex())
bool  removeRow(int row, const QModelIndex &parent = QModelIndex())
bool  removeRows(int row, int count, const QModelIndex &parent = QModelIndex())
```

参数 parent 是父项的模型索引。对于列表模型和表格模型，parent 使用默认的参数 QModelIndex()即可。对于树状模型，parent 需要设置为父节点的模型索引。

在使用函数 insertRow()时，如果参数 row 的值超过了模型的行数，新增的行就添加到模型的末尾。

3. 插入或删除列

可以用以下函数在模型中插入或删除一个或多个数据列。

```
bool  insertColumn(int column, const QModelIndex &parent = QModelIndex())
bool  insertColumns(int column, int count, const QModelIndex &parent = QModelIndex())
bool  removeColumn(int column, const QModelIndex &parent = QModelIndex())
bool  removeColumns(int column, int count, const QModelIndex &parent = QModelIndex())
```

4. 移动行或列

函数 moveRow()可以移动一个行，函数 moveColumn()可以移动一个列。使用这两个函数可以实现表格的行或列的移动以及目录树中的节点移动等操作。

```
bool  moveRow(const QModelIndex &sourceParent, int sourceRow,
               const QModelIndex &destinationParent, int destinationChild)
bool  moveColumn(const QModelIndex &sourceParent, int sourceColumn,
                  const QModelIndex &destinationParent, int destinationChild)
```

5. 数据排序

函数 sort()将数据按某一列排序，可指定排序方式，默认是升序方式。

```
void  sort(int column, Qt::SortOrder order = Qt::AscendingOrder)
```

6. 设置和读取项的数据

函数 setData()为一个项设置数据，函数 data()返回一个项的数据，其函数原型定义如下：

```
bool  setData(const QModelIndex &index, const QVariant &value, int role = Qt::EditRole)
QVariant  data(const QModelIndex &index, int role = Qt::DisplayRole)
```

这两个函数中都用模型索引定位项，都需要指定数据的角色。数据角色的含义如表 5-2 所示。

7. 清除一个项的数据

函数 clearItemData()用于清除一个项的所有角色的数据，函数定义如下：

```
bool  clearItemData(const QModelIndex &index)
```

QAbstractItemModel 的这些函数一般都是虚函数，子类会重新实现其需要用到的函数，以符合模型类的具体操作。

5.1.7 QAbstractItemView 类

QAbstractItemView 是所有视图组件类的父类（见图 4-10），它定义了视图组件类共有的一些接口。

1. 关联数据模型和选择模型

需要为视图组件设置数据模型才能构成完整的模型/视图结构，相关函数定义如下：

```
void  setModel(QAbstractItemModel *model)                    //设置数据模型
QAbstractItemModel   *model()                                 //返回关联的数据模型对象指针
```

不同的视图组件使用不同类型的模型，QListView 组件一般用 QStringListModel 对象作为数据模型，用于编辑字符串列表；QTableView 一般用 QStandardItemModel 对象作为数据模型，用于编辑表格数据。

提示 模型用于表示模型/视图结构中的概念，数据模型一般用于表示模型类的具体对象。

视图组件还可以设置选择模型，在界面上选择的项发生变化时，通过选择模型可以获取所有被选择项的模型索引。例如，QTableView 在允许选择多个单元格时，使用 QItemSelectionModel 类对象作为选择模型就比较有用，可以获得所有被选单元格的模型索引，从而能方便地对所选择的项进行处理。相关函数定义如下：

```
void  setSelectionModel(QItemSelectionModel
*selectionModel)     //设置选择模型
QItemSelectionModel   *selectionModel()
                     //返回关联的选择模型对象指针
```

2. 常用属性

QAbstractItemView 类定义了一些属性，这些属性是子类 QListView 和 QTableView 共有的。图 5-5 展示了在 UI 可视化设计时一个 QListView 组件的属性，其中包含 QAbstractItemView 的属性。

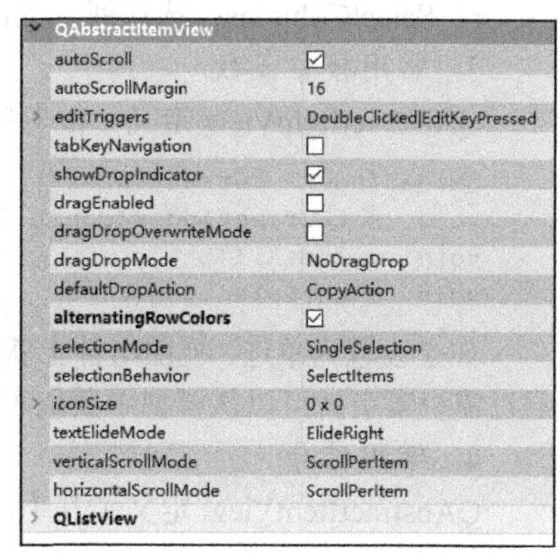

图 5-5 QAbstractItemView 的属性

（1）editTriggers 属性。表示视图组件是否可以编辑数据，以及进入编辑状态的方式。设置和读取该属性的函数定义如下：

```
void  setEditTriggers(QAbstractItemView::EditTriggers triggers)
QAbstractItemView::EditTriggers  editTriggers()
```

该属性值是标志类型 QAbstractItemView::EditTriggers，是枚举类型 QAbstractItemView::EditTrigger 的枚举值的组合。各枚举值的含义如下。

- NoEditTriggers：不允许编辑。
- CurrentChanged：当前项变化时进入编辑状态。
- DoubleClicked：双击一个项时进入编辑状态。
- SelectedClicked：点击一个已选择的项时进入编辑状态。
- EditKeyPressed：当平台的编辑按键被按下时进入编辑状态。
- AnyKeyPressed：任何键被按下时进入编辑状态。

- AllEditTriggers：发生以上任何动作时进入编辑状态。

视图组件类和模型类都没有 readonly 属性，如果要设置数据是只读的，用函数 setEditTriggers()设置视图组件为不允许编辑即可。

（2）alternatingRowColors 属性。这个属性设置各行是否交替使用不同的背景色。如果设置为 true，会使用系统默认的一种颜色。如果要自定义背景色，需要用 Qt 样式表。

（3）selectionMode 属性。这个属性表示在视图组件上选择项的操作模式，对于 QTableView 比较有意义。这个属性值是枚举类型 QAbstractItemView::SelectionMode，有以下几种枚举值。

- SingleSelection：单选，只能选择一个项，例如只能选择一个单元格。
- ContiguousSelection：连续选择，例如按住 Shift 键选择多个连续单元格。
- ExtendedSelection：扩展选择，例如可以按住 Ctrl 键选择多个不连续的单元格。
- MultiSelection：多选，例如通过拖动鼠标选择多个单元格。
- NoSelection：不允许选择。

（4）selectionBehavior 属性。这个属性表示点击鼠标时选择操作的行为，对于 QTableView 比较有意义。这个属性值是枚举类型 QAbstractItemView::SelectionBehavior，各枚举值含义如下。

- SelectItems：选择单个项，点击一个单元格时，就是选择这个单元格。
- SelectRows：选择行，点击一个单元格时，选择单元格所在的一整行。
- SelectColumns：选择列，点击一个单元格时，选择单元格所在的一整列。

3. 常用接口函数

QAbstractItemView 定义了很多接口函数，下面是常用的几个。

```
QModelIndex  currentIndex()        //返回当前项的模型索引，例如当前单元格的模型索引
void  setCurrentIndex(const QModelIndex &index)       //设置模型索引为 index 的项为当前项
void  selectAll()                  //选择视图中的所有项，例如选择 QTableView 组件中的所有单元格
void  clearSelection()             //清除所有选择
```

如果设置为单选，视图组件上就只有一个当前项，函数 currentIndex()返回当前项的模型索引，通过模型索引就可以从模型中获取项的数据。

4. 常用信号

QAbstractItemView 定义了几个信号，常用的几个信号定义如下，信号触发条件见注释。

```
void  clicked(const QModelIndex &index)                 //点击某个项时
void  doubleClicked(const QModelIndex &index)           //双击某个项时
void  entered(const QModelIndex &index)                 //鼠标移动到某个项上时
void  pressed(const QModelIndex &index)                 //鼠标左键或右键被按下时
```

这些信号函数都传递了一个模型索引 index，这是信号触发时的项的模型索引。例如 clicked()信号中的模型索引 index 表示点击的项的模型索引。

5.2 QStringListModel 和 QListView

QStringListModel 是处理字符串列表的模型类，其实例可以作为 QListView 组件的数据模型。结合使用这两个类，就可以在界面上显示和编辑字符串列表。

QStringListModel 内部存储了一个字符串列表，这个字符串列表的内容自动显示在关联的 QListView 组件上，在 QListView 组件上双击某一行时，可以通过默认的代理组件（QLineEdit 组

件）修改这一行字符串的内容，修改后的这行字符串自动保存到数据模型的字符串列表里。

在字符串列表中添加或删除行是通过 QStringListModel 的接口函数实现的，QListView 没有接口函数用于修改数据，它只是用作数据显示和编辑的界面组件。通过 QStringListModel 的接口函数修改字符串列表的内容后，关联的 QListView 组件会自动更新显示内容。

本节介绍编写一个示例项目 samp5_1，它采用 QStringListModel 作为数据模型，QListView 作为视图组件，构成模型/视图结构，编辑字符串列表。示例 samp5_1 运行时界面如图 5-6 所示。界面左侧实现了对数据模型的显示和操作，右侧的 QPlainTextEdit 组件显示数据模型中的字符串列表，以方便查看数据模型的内容是否与界面左侧 QListView 组件显示的内容一致。

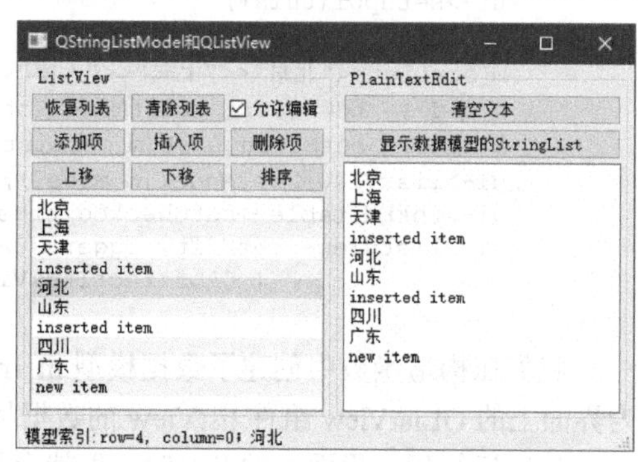

图 5-6 示例 samp5_1 运行时界面

5.2.1 QStringListModel 类

QStringListModel 是字符串列表数据的模型类，与 QListView 组件搭配组成模型/视图结构，适合处理字符串列表数据。QStringListModel 有两种参数形式的构造函数，定义如下：

```
QStringListModel(const QStringList &strings, QObject *parent = nullptr)
QStringListModel(QObject *parent = nullptr)
```

作为字符串列表数据的模型，QStringListModel 对象内部有一个字符串列表，对模型数据的修改就是对 QStringListModel 对象内部字符串列表的修改。可以在创建 QStringListModel 对象时传递一个 QStringList 对象初始化其内部字符串列表数据。

QStringListModel 新定义的函数只有两个，定义如下：

```
void  setStringList(const QStringList &strings)        //设置字符串列表，初始化模型数据
QStringList  stringList()                              //返回模型内部的字符串列表
```

函数 setStringList()传递一个字符串列表 strings，用于初始化模型内部的字符串列表的数据。函数 stringList()则返回模型内部的字符串列表。

QStringListModel 重新实现了 QAbstractItemModel 的一些函数，使其适用于对字符串列表数据的处理，QAbstractItemModel 类常用接口函数见 5.1.6 节的介绍。

5.2.2 示例程序功能实现

1. 窗口界面可视化设计

本示例窗口基类是 QMainWindow，在 UI 可视化设计时删除了主窗口上的菜单栏和工具栏，保留了状态栏。界面采用水平分割布局，左侧的分组框里是一些按钮和一个 QListView 组件，右侧的分组框里是两个按钮和一个 QPlainTextEdit 组件。窗口界面设计结果见 UI 文件 mainwindow.ui。

2. 模型/视图结构初始化

窗口类 MainWindow 中自定义的内容只有两个私有变量，定义如下：

```
QStringList  m_strList;                     //保存初始字符串列表内容
QStringListModel   *m_model;                //数据模型
```

下面是 MainWindow 类构造函数的代码。

```
MainWindow::MainWindow(QWidget *parent) : QMainWindow(parent), ui(new Ui::MainWindow)
{
    ui->setupUi(this);
    //初始化一个字符串列表的内容
    m_strList<<"北京"<<"上海"<<"天津"<<"河北"<<"山东"<<"四川"<<"重庆"<<"广东"<<"河南";
    m_model= new QStringListModel(this);                              //创建数据模型
    m_model->setStringList(m_strList);                                //初始化数据
    ui->listView->setModel(m_model);                                  //设置数据模型
    ui->chkEditable->setChecked(true);
    ui->listView->setEditTriggers(QAbstractItemView::DoubleClicked
                  | QAbstractItemView::SelectedClicked);
}
```

我们在构造函数中创建了数据模型 m_model 并初始化其字符串列表数据，再将 m_model 设置为界面上的 QListView 组件 listView 的数据模型，构造模型/视图结构。

程序运行后，界面上的 listView 里就会显示初始化的字符串列表的内容。

3. 数据模型的操作

图 5-6 所示界面左侧分组框里的一些按钮用于对数据模型进行操作，例如添加项、删除项、移动项等，这些按钮的槽函数代码如下：

```
void MainWindow::on_btnIniList_clicked()
{//"恢复列表"按钮
    m_model->setStringList(m_strList);                                 //重新载入
}
void MainWindow::on_btnListClear_clicked()
{//"清除列表"按钮
    m_model->removeRows(0,m_model->rowCount());                        //清除数据模型的所有项
}
void MainWindow::on_btnListAppend_clicked()
{ //"添加项"按钮
    m_model->insertRow(m_model->rowCount());                           //在末尾插入一个项
    QModelIndex index= m_model->index(m_model->rowCount()-1,0);        //获取刚插入项的模型索引
    m_model->setData(index,"new item",Qt::DisplayRole);
    ui->listView->setCurrentIndex(index);
}
void MainWindow::on_btnListInsert_clicked()
{//"插入项"按钮
    QModelIndex index= ui->listView->currentIndex();                   //当前项的模型索引
    m_model->insertRow(index.row());
    m_model->setData(index,"inserted item",Qt::DisplayRole);
    ui->listView->setCurrentIndex(index);
}
void MainWindow::on_btnListDelete_clicked()
{//"删除项"按钮
    QModelIndex index= ui->listView->currentIndex();                   //获取当前项的模型索引
    m_model->removeRow(index.row());
}
void MainWindow::on_btnListMoveUp_clicked()
{//"上移"按钮
    int curRow= ui->listView->currentIndex().row();                    //当前行的行号
    QModelIndex index= QModelIndex();
    m_model->moveRow(index,curRow,index,curRow-1);
```

```
}
void MainWindow::on_btnListMoveDown_clicked()
{// “下移” 按钮
    int curRow= ui->listView->currentIndex().row();           //当前行的行号
    QModelIndex index= QModelIndex();
    m_model->moveRow(index,curRow,index,curRow+2);
}
void MainWindow::on_btnListSort_clicked(bool checked)
{// “排序” 按钮
    if (checked)
        m_model->sort(0,Qt::AscendingOrder);                  //升序
    else
        m_model->sort(0,Qt::DescendingOrder);                 //降序
}
```

从上述代码可以看出，对数据的操作都是通过数据模型的接口函数实现的。在数据模型 m_model 中添加或删除项后，界面组件 listView 中会立刻自动将其显示出来。

4. 视图组件相关的代码

界面上“允许编辑”复选框设置组件 listView 的 editTriggers 属性，我们还为 listView 的 clicked()信号编写了槽函数，代码如下：

```
void MainWindow::on_chkEditable_clicked(bool checked)
{// “允许编辑” 复选框
    if (checked)                                               //可编辑
        ui->listView->setEditTriggers(QAbstractItemView::DoubleClicked
                                     | QAbstractItemView::SelectedClicked);
    else
        ui->listView->setEditTriggers(QAbstractItemView::NoEditTriggers);
}
void MainWindow::on_listView_clicked(const QModelIndex &index)
{//组件 listView 的 clicked()信号的槽函数
    QString  str1= QString::asprintf("模型索引:row=%d, column=%d; ",
                                 index.row(),index.column());
    QVariant var= m_model->data(index, Qt::DisplayRole);      //获取模型数据
    QString  str2= var.toString();
    ui->statusbar->showMessage(str1+str2);
}
```

在槽函数 on_listView_clicked()中，参数 index 是点击的项的模型索引。一个模型索引有行号和列号，通过模型索引可以获取数据模型中项的数据，代码如下：

```
QVariant var= m_model->data(index,Qt::DisplayRole);
```

这里获取的是项的 DisplayRole 角色的数据，也就是显示的文字。函数 data()返回的是 QVariant 类型的数据，其还需要转换为 QString 类型。

5. 在文本框中显示数据模型的内容

在对数据模型进行插入、添加、删除项操作后，内容会立即在 listView 上显示出来，这是数据模型与视图组件之间信号与槽的作用的结果，当数据模型的内容发生改变时，通知视图组件更新显示。在 listView 上双击一行进入编辑状态，修改一行的文字后，修改的文字也会保存到数据模型里。

数据模型内保存着最新的数据内容，对 QStringListModel 模型来说，通过函数 stringList()可以得到其最新的数据副本。窗口上有一个标题为“显示数据模型的 StringList”的按钮，它的功能就是

通过 QStringListModel::stringList()函数返回数据模型内部的字符串列表，并将其在组件 plainTextEdit 里逐行显示出来，以检验数据模型内的数据是否与 listView 上显示的完全一样。以下是这个按钮的槽函数代码。

```
void MainWindow::on_btnTextImport_clicked()
{// "显示数据模型的 StringList" 按钮
    QStringList tmpList= m_model->stringList();
    ui->plainTextEdit->clear();
    for (int i=0; i<tmpList.size(); i++)
        ui->plainTextEdit->appendPlainText(tmpList.at(i));
}
```

在这个示例中，QStringListModel 和 QListView 结合组成了模型/视图结构，对字符串列表数据进行编辑。在测试过程中发现不能为 listView 显示的列表显示图标和复选框，不能设置文字对齐方式，即使用函数 setData()设置了 DecorationRole、TextAlignmentRole 等角色的数据。这是因为 QStringListModel 内部仅保存字符串列表，并没有数据结构保存其他角色的数据。

第 4 章的示例 samp4_11 采用 QListWidget 设计了一个列表编辑器，每行是一个 QListWidgetItem 类型的项，可以设置图标和复选框。

对比这两个示例，可以发现它们的区别和适用场景。如果只是需要编辑字符串列表的内容，使用模型/视图结构比较方便。如果需要每一行带复选框的列表框，还是要使用 QListWidget。

5.3 QStandardItemModel 和 QTableView

QStandardItemModel 是基于项的模型类，每个项是一个 QStandardItem 对象，可以存储各种数据。QStandardItemModel 通常与 QTableView 组成模型/视图结构，实现二维数据的管理。本节设计一个示例项目 samp5_2，主要涉及如下 3 个类的使用方法。

- QStandardItemModel：基于项的模型类。它维护一个二维的项数组，每个项是一个 QStandardItem 对象，用于存储文字、字体、对齐方式等各种角色的数据。
- QTableView：二维表格视图组件类，基本显示单元是单元格。通过函数 setModel()设置一个 QStandardItemModel 类的数据模型之后，一个单元格显示数据模型中的一个项。
- QItemSelectionModel：项选择模型类。它是用于跟踪视图组件的单元格选择状态的类，需要指定一个 QStandardItemModel 类的数据模型。当在 QTableView 组件上选择一个或多个单元格时，通过项选择模型可以获得选中单元格的模型索引。

示例 samp5_2 运行时界面如图 5-7 所示，该示例具有如下一些功能。

- 打开一个纯文本文件，该文件是规范的二维数据文件，通过字符串处理获取表头和各行各列的数据，并导入到一个 QStandardItemModel 数据模型。
- 编辑、修改模型的数据，可以插入行、添加行、删除行。
- 可以设置数据模型中某个项的不同角色的数据，例如设置文字对齐方式、文字是否为粗体等。
- 通过项选择模型获取视图组件上的当前单元格，以及选择单元格的范围，对选择的单元格进行操作，例如设置选中单元格的文字对齐方式。
- 遍历数据模型的所有项，将数据模型的内容显示到 QPlainTextEdit 组件里。

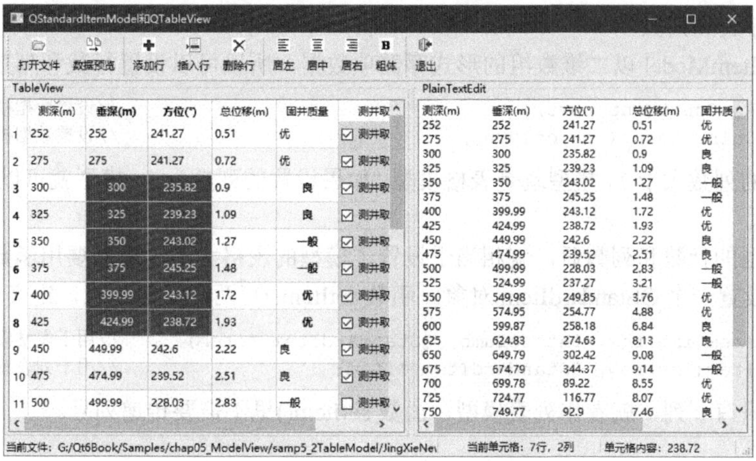

图 5-7 示例 samp5_2 运行时界面

5.3.1 QTableView 类

QTableView 继承自 QAbstractItemView 类，主要的属性和接口函数见 5.1.7 节的介绍。QTableView 新定义的属性主要用于控制显示效果，在 UI 可视化设计时就可以设置 QTableView 组件的各种属性。

QTableView 组件有水平表头和垂直表头，都是 QHeaderView 对象，可以设置和返回表头对象，相关函数定义如下：

```
void  QTableView::setHorizontalHeader(QHeaderView *header)     //设置水平表头
void  QTableView::setVerticalHeader(QHeaderView *header)       //设置垂直表头
QHeaderView  *QTableView::horizontalHeader()                   //返回水平表头对象指针
QHeaderView  *QTableView::verticalHeader()                     //返回垂直表头对象指针
```

当 QTableView 组件使用一个 QStandardItemModel 对象作为数据模型时，它会自动创建表头对象，垂直表头一般显示行号，水平表头一般显示列的标题。

5.3.2 QStandardItemModel 类

QStandardItemModel 是以项为基本数据单元的模型类，每个项是一个 QStandardItem 对象。项可以存储各种角色的数据，如文字、字体、对齐方式、图标、复选状态等。QStandardItemModel 可以存储图 5-3 中所示的 3 种模型的数据，如果以多行多列的二维数组形式存储项，就是表格模型；如果表格模型只有一列，就是列表模型；如果在存储项时为项指定父项，就可以构成树状模型。

如果一个 QStandardItemModel 对象是表格模型，将它设置为 QTableView 组件的数据模型后，视图组件就用表格的形式显示模型的数据，并且根据每个单元格的项定义的各种角色数据控制显示效果。

对数据的操作是通过 QStandardItemModel 类的接口函数实现的。QStandardItemModel 的父类是 QAbstractItemModel，QAbstractItemModel 类的主要接口函数见 5.1.6 节的介绍。QStandardItemModel 新定义了一些接口函数，下面分组介绍常用的一些接口函数。

1. 设置行数和列数

QStandardItemModel 以二维数组的形式存储项数据，所以可以设置行数和列数。

```
void  setRowCount(int rows)                                    //设置数据模型的行数
void  setColumnCount(int columns)                              //设置数据模型的列数
```

如果设置的列数大于 1，模型就是表格模型；如果设置的列数为 1，模型就可以看作列表模型。

2. 设置项

设置了模型的行数和列数后，就相当于设置了模型的表格大小，还需要用函数 setItem()为表格的每个单元设置一个 QStandardItem 对象。函数 setItem()有两种参数形式，定义如下：

```
void  setItem(int row, int column, QStandardItem *item)      //用于表格模型
void  setItem(int row, QStandardItem *item)                  //用于列表模型
```

如果模型只有一列，就看作列表模型，函数 setItem()里不需要传递列号。

3. 获取项

函数 item()根据行号和列号返回模型中某个单元的项，函数 itemFromIndex()根据模型索引返回某个单元的项，这两个函数定义如下：

```
QStandardItem  *item(int row, int column = 0)                 //根据行号和列号返回项
QStandardItem  *itemFromIndex(const QModelIndex &index)       //根据模型索引返回项
```

函数 indexFromItem()根据项返回其模型索引，其定义如下：

```
QModelIndex  indexFromItem(const QStandardItem *item)
```

4. 添加行或列

函数 appendRow()用于在模型最后添加一行，并且为添加行的每个单元设置 QStandardItem 对象。

```
void  appendRow(const QList<QStandardItem *> &items)          //用于表格模型
void  appendRow(QStandardItem *item)                          //用于列表模型
```

如果是表格模型，一行有多列，appendRow()函数里需要传递一个 QStandardItem 对象列表；如果是列表模型，只需传递一个 QStandardItem 对象。

函数 appendColumn()用于在模型中添加一列，一般只用于表格模型，其定义如下：

```
void  appendColumn(const QList<QStandardItem *> &items)       //在表格模型中添加列
```

5. 插入行或列

函数 insertRow()用于在模型中插入一行，有 3 种参数形式，其中的 2 种定义如下：

```
void  insertRow(int row, const QList<QStandardItem *> &items)   //用于表格模型
void  insertRow(int row, QStandardItem *item)                   //用于列表模型
```

上面这两种参数形式的函数分别用于表格模型和列表模型，会为新增的单元设置项。

下面这种参数形式的函数适用于树状模型，参数 parent 是父节点的模型索引，row 是插入位置的行号。这种参数形式的函数的功能是在父节点下面插入一个节点，但是没有为节点设置 QStandardItem 对象，需要再调用函数 setItem()为新插入的节点设置 QStandardItem 对象。

```
bool  insertRow(int row, const QModelIndex &parent = QModelIndex())      //用于树状模型
```

函数 insertColumn()用于在模型中插入列，只有表格模型或树状模型才需要插入列。

```
void  insertColumn(int column, const QList<QStandardItem *> &items)     //用于表格模型
bool  insertColumn(int column, const QModelIndex &parent = QModelIndex()) //用于树状模型
```

6. 移除行、列或项

可以从表格模型中移除一行或一列，模型的行数或列数就会相应减 1，但是移除的 QStandardItem 对象不会被删除，需要单独用 delete 删除。移除行或列的两个函数定义如下，返回值是被移除的 QStandardItem 对象列表。

```
QList<QStandardItem *>  takeRow(int row)                //移除一行，适用于表格模型
QList<QStandardItem *>  takeColumn(int column)          //移除一列，适用于表格模型
```

函数 takeItem()用于移除一个项，它适用于列表模型。

```
QStandardItem  *takeItem(int row, int column = 0)       //移除一个项，适用于列表模型
```

7. 水平表头和垂直表头

数据模型有水平表头，水平表头的列数等于表格模型的列数，表头的每个单元也是 QStandardItem 对象，可以用函数 setHorizontalHeaderItem()为表头的某一列设置项。

```
void  setHorizontalHeaderItem(int column, QStandardItem *item)    //为表头某列设置项
```

如果只是设置表头各列的文字，可以使用函数 setHorizontalHeaderLabels()，它用一个字符串列表的内容设置表头各列的文字。

```
void  setHorizontalHeaderLabels(const QStringList &labels)
//用字符串列表的内容设置水平表头各列的文字
```

还有函数可以用于返回表头某列的项，或移除表头某列的项，函数定义如下：

```
QStandardItem  *horizontalHeaderItem(int column)            //返回水平表头中的一个项
QStandardItem  *takeHorizontalHeaderItem(int column)        //移除水平表头中的一个项
```

同样，还有操作垂直表头的函数，定义如下：

```
void  setVerticalHeaderItem(int row, QStandardItem *item)
void  setVerticalHeaderLabels(const QStringList &labels)
QStandardItem  *verticalHeaderItem(int row)
QStandardItem  *takeVerticalHeaderItem(int row)
```

表格数据的垂直表头默认以行号作为文字，一般不需要处理。

8. 函数 clear()

QStandardItemModel 有一个接口函数 clear()，它用于清除模型内的所有项，行数和列数都会变为 0。

9. QStandardItemModel 的信号

QStandardItemModel 新定义了一个信号 itemChanged()，在任何一个项的数据发生变化时，此信号就会被发射。信号函数定义如下，其中的参数 item 是数据发生了变化的项。

```
void  itemChanged(QStandardItem *item)
```

5.3.3 QStandardItem 类

QStandardItemModel 数据模型中的每个项是一个 QStandardItem 对象。QStandardItem 存储了一个项的各种特性参数，还可以存储用户自定义数据。一个项可以添加子项，子项也是 QStandardItem 类型的对象，所以，QStandardItem 也可以作为树状模型的项。

1. 特性读写函数

QStandardItem 没有父类，它存储项的各种特性参数和设置内容，有一些成对的读写函数分别

用于读取和设置各种特性。常用的一些函数如表 5-3 所示，表中列出了函数名，并且以表格数据模型为例说明设置函数的功能。

表 5-3 QStandardItem 的常用接口函数

读取函数	设置函数	设置函数的功能
text()	setText()	设置项的显示文字，如单元格的文字
toolTip()	setToolTip()	设置 toolTip 文字，是鼠标处显示的提示信息
statusTip()	setStatusTip()	设置 statusTip 文字，是在状态栏上显示的提示信息
icon()	setIcon()	设置项的图标，如单元格内显示的图标
font()	setFont()	设置显示文字的字体，如单元格内文字的字体
textAlignment()	setTextAlignment()	设置显示文字的对齐方式
foreground()	setForeground()	设置项的前景色，如单元格中文字的颜色
background()	setBackground()	设置项的背景色，如单元格的背景色
isEnabled()	setEnabled()	设置项是否使能，若设置为 true，用户就可以交互操作这个项
isEditable()	setEditable()	设置项是否可以编辑
isSelectable()	setSelectable()	设置项是否可以被选择
isCheckable()	setCheckable()	设置项是否可复选，若设置为 true，会出现复选框
checkState()	setCheckState()	设置项的复选状态
isAutoTristate()	setAutoTristate()	设置是否自动改变 3 种复选状态，对于树状模型的节点比较有用
isUserTristate()	setUserTristate()	设置是否由用户决定 3 种复选状态
flags()	setFlags()	设置项的标志
row()	—	返回自身在父项的所有子项中的行号，对于表格模型，就是表格行号
column()	—	返回自身在父项的所有子项中的列号，对于表格模型，就是表格列号

表 5-3 中一般的函数功能都很简单，不用过多解释。函数 setFlags()用于设置项的标志，其函数原型定义如下：

```
void  QStandardItem::setFlags(Qt::ItemFlags flags)
```

参数 flags 是标志类型，是枚举类型 Qt::ItemFlag 的枚举值的组合。枚举类型 Qt::ItemFlag 的各枚举值的含义见 4.12.3 节的介绍，QTreeWidgetItem 类的 setFlags()函数也用到这个枚举类型。

2. 用户自定义数据

可以用 QStandardItem::setData()函数设置各种角色的数据，函数定义如下：

```
void  QStandardItem::setData(const QVariant &value, int role = Qt::UserRole + 1)
```

其中，参数 value 是需要设置的数据，role 是设置数据的角色，默认值是 Qt::UserRole + 1。

QStandardItem 的一些单独的函数相当于设置了项的一些固定角色的数据，例如函数 setText()设置了 Qt::DisplayRole 角色的数据，函数 setToolTip()设置了 Qt::ToolTipRole 角色的数据。所以，setData()一般用于设置用户自定义数据，可以设置多个用户数据，从 Qt::UserRole 递增角色数值即可。

函数 data()返回指定角色的数据，函数 clearData()清除用 setData()函数设置的所有角色的数据。

```
QVariant  QStandardItem::data(int role = Qt::UserRole + 1)
void  QStandardItem::clearData()
```

3. 管理子项的函数

一个 QStandardItem 对象可以添加子项，子项也是 QStandardItem 对象，这样就可以构造不限层级的树状结构，也就是图 5-3 中所示的树状模型。QStandardItem 以二维表格的形式管理子项，可以添加多行多列的子项。QStandardItem 管理子项的函数有如下这些。

```
void  appendRow(const QList<QStandardItem *> &items)          //添加一行多个项
void  appendRow(QStandardItem *item)                          //添加一行，只有一个项
```

```
void  appendColumn(const QList<QStandardItem *> &items)        //添加一列多个项
void  insertRow(int row, const QList<QStandardItem *> &items)  //插入一行多个项
void  insertRow(int row, QStandardItem *item)                  //插入一行，只有一个项
void  insertRows(int row, int count)              //在 row 行插入 count 个空行，未设置 item
void  insertColumn(int column, const QList<QStandardItem *> &items) //插入一列多个项
void  insertColumns(int column, int count)        //在column列插入count个空列,未设置item
void  removeColumn(int column)                    //删除序号为 column 的列
void  removeColumns(int column, int count)        //从 column 列开始，删除 count 个列
void  removeRow(int row)                          //删除序号为 row 的行，存储的项也被删除
void  removeRows(int row, int count)              //从 row 行开始，删除 count 个行
int  rowCount()                                   //返回子项的行数
int  columnCount()                                //返回子项的列数
bool  hasChildren()                               //这个项是否有子项
QStandardItem  *child(int row, int column = 0)    //根据行号和列号返回子项
```

QStandardItem 的很多函数与 QStandardItemModel 中的函数名称相同，功能也相同，只是操作对象不同。QStandardItemModel 管理的是模型的顶层项，如果是列表模型或表格模型（见图 5-3），各个项没有子项，QStandardItemModel 就直接管理模型中的所有项。如果是树状模型（见图 5-3），那么 QStandardItemModel 管理的就是所有顶层项（不是根项），也就是目录树中的一级节点，而各个一级节点的直接子节点则通过 QStandardItem 类来管理，依次递推下去，就可以形成不限层级的树状模型。

5.3.4 QItemSelectionModel 类

一个视图组件需要设置一个数据模型，还可以设置一个选择模型。QItemSelectionModel 是选择模型类，它的功能是跟踪视图组件上的选择操作，给出选择范围。例如，给 QTableView 组件设置一个选择模型后，在 QTableView 组件上选择多个单元格时，通过选择模型就可以得到所有被选单元格的模型索引。

1. 主要接口函数

需要用函数 setModel()为选择模型设置数据模型，函数定义如下：

```
void  QItemSelectionModel::setModel(QAbstractItemModel *model) //为选择模型设置数据模型
```

将数据模型、选择模型、视图组件这 3 种对象做好关联设置后，在视图组件上进行选择操作时，选择模型就可以跟踪视图组件上的选择操作。QItemSelectionModel 有一些接口函数可用于给出选择的项的模型索引等信息。

```
bool  hasSelection()                              //是否有被选择的项，例如被选择的单元格
QModelIndex  currentIndex()                       //返回当前项的模型索引，例如当前单元格
bool  isSelected(const QModelIndex &index)        //模型索引为 index 的项是否被选中
QModelIndexList  selectedIndexes()                //返回所有被选择项的模型索引列表，列表未排序
QModelIndexList  selectedRows(int column = 0)     //返回 column 列所有被选择项的模型索引列表
QModelIndexList  selectedColumns(int row = 0)     //返回 row 行所有被选择项的模型索引列表
```

其中，QModelIndexList 就是 QList<QModelIndex>，是模型索引列表。

QItemSelectionModel 有几个函数用于清除选择，例如取消选择 QTableView 表格中被选择的单元格，各函数的功能和触发的信号见注释。

```
void  clear()   //清除选择模型，会触发 selectionChanged()和 currentChanged()信号
void  clearCurrentIndex()                   //清除当前索引，会触发 currentChanged()信号
```

```
void  clearSelection()                        //清除所有选择，会触发 selectionChanged()信号
```

2. 信号

QItemSelectionModel 定义了几个信号。选择的当前项发生变化时会触发 currentChanged()信号，信号函数定义如下：

```
void  currentChanged(const QModelIndex &current, const QModelIndex &previous)
```

其中，current 是当前项的模型索引，previous 是之前项的模型索引。

选择发生变化时，例如在 QTableView 视图组件上选择多个单元格，或取消选择一些单元格，都会触发 selectionChanged()信号。信号函数定义如下：

```
void  selectionChanged(const QItemSelection &selected, const QItemSelection &deselected)
```

其中，selected 是被选择的项，deselected 是被取消选择的项，它们都是 QItemSelection 类型。QItemSelection 类的 indexes()返回一个模型索引列表。

5.3.5 示例程序功能实现

1. 界面设计

本示例的窗口从 QMainWindow 继承而来，工作区的 QTableView 和 QPlainTextEdit 组件采用水平分割布局。在 Action 编辑器中创建图 5-8 所示的一些 Action，用 Action 创建工具栏上的按钮。状态栏上的几个 QLabel 组件是在窗口的构造函数里创建的，用于显示当前文件名称、当前单元格行号和列号，以及当前单元格的内容。

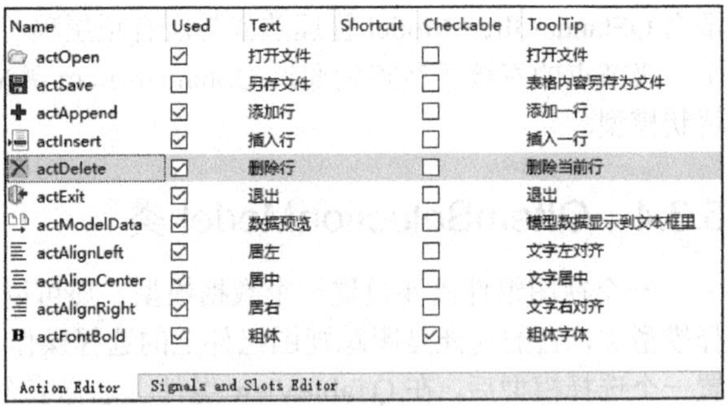

Name	Used	Text	Shortcut	Checkable	ToolTip
actOpen	☑	打开文件		☐	打开文件
actSave	☐	另存文件		☐	表格内容另存为文件
actAppend	☑	添加行		☐	添加一行
actInsert	☑	插入行		☐	插入一行
actDelete	☑	删除行		☐	删除当前行
actExit	☑	退出		☐	退出
actModelData	☑	数据预览		☐	模型数据显示到文本框里
actAlignLeft	☑	居左		☐	文字左对齐
actAlignCenter	☑	居中		☐	文字居中
actAlignRight	☑	居右		☐	文字右对齐
actFontBold	☑	粗体		☑	粗体字体

Action Editor Signals and Slots Editor

图 5-8 本示例创建的 Action

将窗口上的 QTableView 组件命名为 tableView，将 alternatingRowColors 属性设置为 true，其他属性都用默认值，即允许编辑、允许扩展选择多个单元格。

2. 窗口类定义和初始化

为了实现本示例的功能，我们在窗口类 MainWindow 里新增了一些变量和函数的定义，窗口类 MainWindow 的定义代码如下：

```
#define     FixedColumnCount    6                          //文件固定为 6 列
class MainWindow : public QMainWindow
{
    Q_OBJECT
private:
    //用于状态栏的信息显示
    QLabel  *labCurFile;                                   //当前文件
    QLabel  *labCellPos;                                   //当前单元格行列号
    QLabel  *labCellText;                                  //当前单元格内容
    QStandardItemModel  *m_model;                          //数据模型
    QItemSelectionModel *m_selection;                      //选择模型
    void    iniModelData(QStringList &aFileContent);       //从 StringList 初始化数据模型内容
public:
    MainWindow(QWidget *parent = 0);
private slots:
```

```
    //自定义槽函数，与 QItemSelectionModel 的 currentChanged()信号连接
    void do_currentChanged(const QModelIndex &current, const QModelIndex &previous);
private:
    Ui::MainWindow *ui;
};
```

MainWindow 中定义了数据模型变量 m_model 和选择模型变量 m_selection。

函数 iniModelData()用于在打开文件时，从一个 QStringList 变量的内容初始化数据模型的内容。

自定义槽函数 do_currentChanged()将会与选择模型 m_selection 的 currentChanged()信号关联，用于在视图组件上选择单元格发生变化时更新状态栏的信息。

MainWindow 类的构造函数代码如下：

```
MainWindow::MainWindow(QWidget *parent) : QMainWindow(parent), ui(new Ui::MainWindow)
{
    ui->setupUi(this);
    m_model = new QStandardItemModel(2,FixedColumnCount,this);     //创建数据模型
    m_selection = new QItemSelectionModel(m_model,this);  //创建选择模型，并设置数据模型
    //选择当前单元格变化时的信号与槽
    connect(m_selection,&QItemSelectionModel::currentChanged,
            this,&MainWindow::do_currentChanged);
    //为 tableView 设置数据模型和选择模型
    ui->tableView->setModel(m_model);                       //设置数据模型
    ui->tableView->setSelectionModel(m_selection);          //设置选择模型
    ui->tableView->setSelectionMode(QAbstractItemView::ExtendedSelection);
    ui->tableView->setSelectionBehavior(QAbstractItemView::SelectItems);
    setCentralWidget(ui->splitter);
    //创建状态栏组件
    labCurFile = new QLabel("当前文件: ",this);
    labCurFile->setMinimumWidth(200);
    labCellPos = new QLabel("当前单元格: ",this);
    labCellPos->setMinimumWidth(180);
    labCellPos->setAlignment(Qt::AlignHCenter);
    labCellText = new QLabel("单元格内容: ",this);
    labCellText->setMinimumWidth(150);
    ui->statusBar->addWidget(labCurFile);
    ui->statusBar->addWidget(labCellPos);
    ui->statusBar->addWidget(labCellText);
}
```

构造函数首先创建数据模型 m_model，创建选择模型时需要传递一个数据模型变量作为其参数。这样，选择模型 m_selection 就与数据模型 m_model 关联，用于跟踪数据模型的项选择操作。

创建数据模型和选择模型后，为界面上的视图组件 tableView 设置数据模型和选择模型：

```
ui->tableView->setModel(m_model);                           //设置数据模型
ui->tableView->setSelectionModel(m_selection);              //设置选择模型
```

构造函数里还将自定义槽函数 do_currentChanged()与 m_selection 的 currentChanged()信号关联，在视图组件 tableView 的当前单元格发生变化时，在状态栏上显示单元格的信息，槽函数代码如下：

```
void MainWindow::do_currentChanged(const QModelIndex &current, const QModelIndex &previous)
{
    Q_UNUSED(previous);
    if (current.isValid())
    {
        labCellPos->setText(QString::asprintf("当前单元格: %d 行, %d 列",
```

```
                    current.row(),current.column()));
        QStandardItem *aItem= m_model->itemFromIndex(current);
        //通过模型索引获得项的 QStandardItem 对象指针
        labCellText->setText("单元格内容： " +aItem->text());
        QFont   font= aItem->font();
        ui->actFontBold->setChecked(font.bold());
    }
}
```

在这个槽函数里，参数 current 是当前单元格的模型索引，通过这个模型索引，可以从数据模型中获取项的 QStandardItem 对象指针：

```
QStandardItem *aItem =m_model->itemFromIndex(current);
```

获得项的对象指针后，就可以通过 QStandardItem 的接口函数访问其各种属性，如文字、字体、对齐方式等。

3. 从文本文件导入数据

QStandardItemModel 的数据可以是程序生成的内存中的数据，也可以来源于文件。例如，在实际数据处理中，有些数据经常是以纯文本格式保存的，它们有固定的列数，每一列是一项数据，实际构成一个二维数据表。图 5-9 所示的是本示例程序要打开的一个纯文本文件的内容，文件的第一行是数据列的文字标题，相当于数据表的表头，以行存储数据，以制表符分隔每列数据。

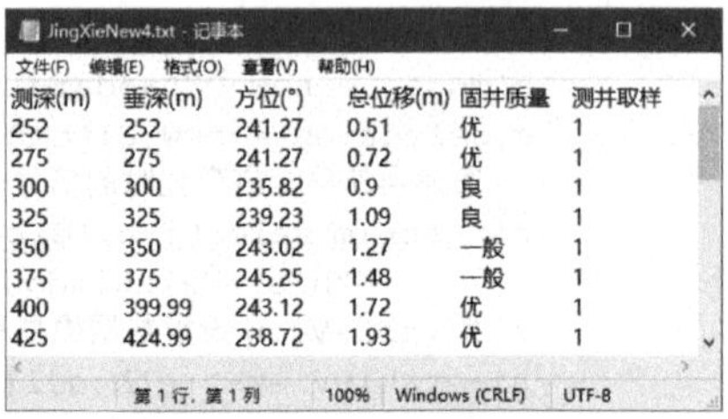

JingXieNew4.txt - 记事本

文件(F) 编辑(E) 格式(O) 查看(V) 帮助(H)

测深(m)	垂深(m)	方位(°)	总位移(m)	固井质量	测井取样
252	252	241.27	0.51	优	1
275	275	241.27	0.72	优	1
300	300	235.82	0.9	良	1
325	325	239.23	1.09	良	1
350	350	243.02	1.27	一般	1
375	375	245.25	1.48	一般	1
400	399.99	243.12	1.72	优	1
425	424.99	238.72	1.93	优	1

第1行，第1列　100%　Windows (CRLF)　UTF-8

图 5-9　纯文本格式的数据文件

在示例程序运行时，点击窗口工具栏上的“打开文件”按钮，需要选择一个这样的文件，将数据导入数据模型，然后就可以在界面上显示和编辑了。图 5-9 所示的数据有 6 列，第一列是整数，第二到四列是浮点数，第五列是文字，第六列是逻辑型变量（“1”表示 true）。

下面是“打开文件”按钮关联的槽函数代码：

```
void MainWindow::on_actOpen_triggered()
{
    QString curPath=QCoreApplication::applicationDirPath();     //获取应用程序的路径
    QString aFileName=QFileDialog::getOpenFileName(this,"打开一个文件",curPath,
                                    "数据文件(*.txt);;所有文件(*.*)");
    if (aFileName.isEmpty())
        return;

    QStringList aFileContent;
    QFile aFile(aFileName);
    if (aFile.open(QIODevice::ReadOnly | QIODevice::Text))     //以只读文本方式打开文件
    {
        QTextStream aStream(&aFile);                          //用文本流读取文件
        ui->plainTextEdit->clear();
        while (!aStream.atEnd())
        {
            QString str=aStream.readLine();                   //读取文件的一行
            ui->plainTextEdit->appendPlainText(str);
            aFileContent.append(str);
        }
        aFile.close();
        labCurFile->setText("当前文件： "+aFileName);          //状态栏显示
        ui->actAppend->setEnabled(true);
        ui->actInsert->setEnabled(true);
```

```
        ui->actDelete->setEnabled(true);
        ui->actSave->setEnabled(true);
        iniModelData(aFileContent);                          //用字符串列表内容初始化数据模型的数据
    }
}
```

这段程序在打开一个文件后，逐行读取文件的内容，并将其添加到一个临时的 QStringList 类型的变量 aFileContent 里。然后调用自定义函数 iniModelData()，用 aFileContent 的内容初始化数据模型的数据。下面是函数 iniModelData()的代码。

```
void MainWindow:: iniModelData(QStringList &aFileContent)
{
    int rowCnt= aFileContent.size();                          //文本行数，第一行是标题
    m_model->setRowCount(rowCnt-1);                           //实际数据行数
    QString header= aFileContent.at(0);                       //第一行是表头文字
    //以一个或多个空格、制表符等分隔符隔开的字符串，分割为一个 StringList
   QStringList headerList= header.split(QRegularExpression("\\s+"),Qt::SkipEmptyParts);
    m_model->setHorizontalHeaderLabels(headerList);           //设置表头文字

    //设置表格数据
    int j;
    QStandardItem   *aItem;
    for (int i=1;i<rowCnt;i++)
    {
        QString aLineText= aFileContent.at(i);                //获取数据区的一行
        //以一个或多个空格、制表符等分隔符隔开的字符串，分割为一个 StringList
        QStringList tmpList= aLineText.split(QRegularExpression("\\s+"),
                                                   Qt::SkipEmptyParts);
        for (j=0; j<FixedColumnCount-1; j++)
        { //不包含最后一列
            aItem= new QStandardItem(tmpList.at(j));
            m_model->setItem(i-1,j,aItem);
        }

        aItem= new QStandardItem(headerList.at(j));           //最后一列
        aItem->setCheckable(true);                            //设置为 Checkable
        aItem->setBackground(QBrush(Qt::yellow));
        if (tmpList.at(j) == "0")
            aItem->setCheckState(Qt::Unchecked);
        else
            aItem->setCheckState(Qt::Checked);
        m_model->setItem(i-1,j,aItem);
    }
}
```

传递来的参数 aFileContent 是文本文件所有行构成的字符串列表，文件的每一行是 aFileContent 的一行字符串，第一行是表头文字，数据从第二行开始。

获取字符串列表 aFileContent 的第一行文字，将其赋给字符串变量 header，然后用 QString::split() 函数将 header 的字符串分割成一个 QStringList 对象 headerList，再将其设置为数据模型的表头。

函数 QString::split()根据某个特定的符号将字符串进行分割，例如，header 是数据列的标题，每个标题之间通过一个或多个制表符分隔，其内容是：

```
测深(m)      垂深(m)      方位(°)      总位移(m)      固井质量      测井取样
```

通过上面的 split()函数的操作，得到一个字符串列表 headerList，它有 6 行，就是这 6 个列标

题。然后就可以用函数 setHorizontalHeaderLabels()将这个字符串列表设置为水平表头的内容。

同样，在逐行获取字符串后，也采用函数 split()进行分割，为每个数据创建一个 QStandardItem 类型对象，并将其赋给数据模型作为某行某列的项。

数据模型 m_model 以二维表格的形式存储项，每个项对应视图组件 tableView 的一个单元格。不仅可以设置项的显示文字，还可以设置图标、背景色等特性。用 QStandardItem::setData()函数还可以为项设置用户数据。

数据文件的最后一列是逻辑型数据，对应的项用 QStandardItem::setCheckable()函数设置为可复用的，那么在 tableView 上显示时，单元格里就会出现复选框。

4. 数据修改

当视图组件 tableView 设置为可编辑时，双击一个单元格就可以修改其内容，对于带有复选框的单元格，改变复选框的勾选状态就可以修改单元格关联项的复选状态。

在示例主窗口工具栏上有“添加行”“插入行”“删除行”按钮，可实现相应的编辑操作，这些操作都是直接针对数据模型的，数据模型被修改后，数据会直接在 tableView 上显示出来。

在数据模型的最后添加一行，其实现代码如下：

```
void MainWindow::on_actAppend_triggered()
{ //“添加行”按钮
    QList<QStandardItem*>    aItemList;
    QStandardItem    *aItem;
    for(int i=0; i<FixedColumnCount-1; i++)                          //不包含最后一列
    {
        aItem= new QStandardItem("0");
        aItemList<<aItem;       //添加到列表
    }
    //获取最后一列的表头文字
    QString str= m_model->headerData(m_model->columnCount()-1, Qt::Horizontal,
                        Qt::DisplayRole).toString();
    aItem= new QStandardItem(str);
    aItem->setCheckable(true);
    aItemList<<aItem;                                                   //添加到列表

    m_model->insertRow(m_model->rowCount(),aItemList);                 //插入一行
    QModelIndex curIndex=m_model->index(m_model->rowCount()-1,0);      //获取模型索引
    m_selection->clearSelection();
    m_selection->setCurrentIndex(curIndex,QItemSelectionModel::Select);
}
```

使用 QStandardItemModel::insertRow()函数插入一行，其函数原型是：

```
void  insertRow(int row, const QList<QStandardItem *> &items)
```

这表示在 row 行之前插入一行，若 row 值等于或大于总行数，则在最后添加一行。

“插入行”按钮的功能是在当前行的前面插入一行，实现代码与“添加行”的类似，就不展示了。

“删除行”按钮的功能是删除当前行，其槽函数代码如下：

```
void MainWindow::on_actDelete_triggered()
{//“删除行”按钮
    QModelIndex curIndex= m_selection->currentIndex(); //获取当前单元格的模型索引
    if (curIndex.row() == m_model->rowCount()-1)        //最后一行
        m_model->removeRow(curIndex.row());             //删除最后一行
    else
    {
```

```
        m_model->removeRow(curIndex.row());                     //删除一行，并重新设置当前选择项
        m_selection->setCurrentIndex(curIndex,QItemSelectionModel::Select);
    }
}
```

程序是从选择模型中获取当前单元格的模型索引，然后从模型索引中获取行号，再调用removeRow()删除指定的行。

5. 项的格式设置

工具栏上有 3 个设置单元格文字对齐方式的按钮，还有一个设置粗体的按钮。当在 tableView 中选择多个单元格时，可以同时设置多个单元格的格式，实质上设置的是单元格关联的项的特性。例如，“居左”按钮的代码如下：

```
void MainWindow::on_actAlignLeft_triggered()
{//设置文字居左对齐
    if (!m_selection->hasSelection())                           //没有选择的项
        return;
//获取选择的单元格的模型索引列表，可以多选
    QModelIndexList IndexList= m_selection->selectedIndexes();
    for (int i=0; i<IndexList.count(); i++)
    {
        QModelIndex aIndex= IndexList.at(i);                            //获取一个模型索引
        QStandardItem* aItem= m_model->itemFromIndex(aIndex);     //获取一个单元格的项
        aItem->setTextAlignment(Qt::AlignLeft | Qt::AlignVCenter);
    }
}
```

函数 QItemSelectionModel::selectedIndexes()返回选择单元格的模型索引列表，通过此列表可以获取每个选择的单元格的模型索引，通过模型索引就可以获取数据模型中的项，然后通过 QStandardItem 的接口函数就可以设置项的特性，例如用 setTextAlignment()函数设置文字对齐方式。

“粗体”按钮用于设置单元格的文字是否为粗体。在选择单元格时，actFontBold 的复选状态会根据当前单元格的字体是否为粗体自动更新。actFontBold 的 triggered(bool)信号的槽函数代码如下，与设置对齐方式的代码类似。

```
void MainWindow::on_actFontBold_triggered(bool checked)
{//设置字体为粗体
    if (!m_selection->hasSelection())
        return;
    //获取选择单元格的模型索引列表
    QModelIndexList selectedIndex= m_selection->selectedIndexes();
    for (int i=0; i<selectedIndex.count(); i++)
    {
        QModelIndex aIndex= selectedIndex.at(i);                          //获取一个模型索引
        QStandardItem* aItem= m_model->itemFromIndex(aIndex);      //获取项
        QFont font= aItem->font();
        font.setBold(checked);
        aItem->setFont(font);
    }
}
```

6. 遍历数据模型

在视图组件上的修改都会自动更新到数据模型里，点击工具栏上的“数据预览”按钮可以遍历数据模型，将模型的数据内容显示到组件 plainTextEdit 里，其实现代码如下：

```
void MainWindow::on_actModelData_triggered()
{//模型数据导出到 plainTextEdit 中显示
    ui->plainTextEdit->clear();
    QStandardItem   *aItem;
    QString str;
    //获取表头文字
    for (int i=0; i<m_model->columnCount(); i++)
    {
        aItem= m_model->horizontalHeaderItem(i);                    //获取表头的一个项
        str=str+aItem->text()+"\t";                                 //用制表符分隔文字
    }
    ui->plainTextEdit->appendPlainText(str);
    //获取数据区的每行
    for (int i=0; i<m_model->rowCount(); i++)
    {
        str="";
        for(int j=0; j<m_model->columnCount()-1; j++)
        {
            aItem= m_model->item(i,j);
            str= str+aItem->text()+QString::asprintf("\t");         //以制表符分隔
        }
        aItem= m_model->item(i, FixedColumnCount-1);                //最后一行是逻辑型数据
        if (aItem->checkState() == Qt::Checked)
            str= str+"1";
        else
            str= str+"0";
        ui->plainTextEdit->appendPlainText(str);
    }
}
```

本示例将 QStandardItemModel 模型和 QTableView 视图组件结合，用于编辑二维表格数据。如果 QStandardItemModel 存储的是一维数据，那么它可以和 QListView 组件结合，用于编辑列表数据，且对于每个列表项可以设置图标和复选框，比 5.2 节介绍的用 QStringListModel 作为数据模型的功能更丰富。

从原理上来讲，QStandardItemModel 也可以存储树状结构的项数据，与 QTreeView 结合以目录树形式显示数据，实现起来稍微复杂一点，我们就不设计示例来演示了。

5.4 自定义代理

在模型/视图结构中，代理的作用就是在视图组件进入编辑状态编辑某个项时，提供一个临时的编辑器用于数据编辑，编辑完成后再把数据提交给数据模型。例如，在 QTableView 组件上双击一个单元格时，代理会提供一个临时的编辑器，默认是 QLineEdit 编辑框，在这个编辑框里修改项的文字，按 Enter 键或焦点移动到其他单元格时完成编辑，编辑框内的文字会保存到数据模型。

QTableView 等视图组件的代理默认提供的编辑器是 QLineEdit 编辑框，在编辑框里可以输入任何数据，所以比较通用。但是在有些情况下，我们希望根据数据类型使用不同的编辑器，例如在示例 samp5_2 的数据中，第一列“测深”列是整数，使用 QSpinBox 组件作为编辑器更合适，“垂深”“方位”“总位移”这几列是浮点数，使用 QDoubleSpinBox 组件更合适，而“固井质量”列使用一个 QComboBox 组件从一个列表中选择输入更合适。若要实现这样的功能，就需要设计自定义代理。

5.4.1 自定义代理的功能

若要替换 QTableView 组件提供的默认代理组件，就需要为 QTableView 组件的某列或某个单元格设置自定义代理。自定义代理类需要从 QStyledItemDelegate 类继承，创建自定义代理类的实例后，再将其设置为整个视图组件或视图组件的某行或某列的代理，以替代默认代理的功能。

QAbstractItemView 类定义了设置自定义代理的 3 个函数，函数定义如下：

```
void  setItemDelegate(QAbstractItemDelegate *delegate)
void  setItemDelegateForColumn(int column, QAbstractItemDelegate *delegate)
void  setItemDelegateForRow(int row, QAbstractItemDelegate *delegate)
```

其中，delegate 是创建的自定义代理类的实例对象。函数 setItemDelegate()将 delegate 设置为整个视图组件的代理，函数 setItemDelegateForColumn()为视图组件的某一列设置自定义代理，函数 setItemDelegateForRow()为视图组件的某一行设置自定义代理。

QStyledItemDelegate 是视图组件使用的默认的代理类，自定义代理类需要从 QStyledItemDelegate 类继承。本节介绍如何设计自定义代理类，我们基于 QSpinBox、QDoubleSpinBox 和 QComboBox 创建了 3 个代理类，在示例 samp5_2 的基础上设计了示例 samp5_3，为窗口上的 QTableView 组件的前 5 列设置了相应的自定义代理，程序运行时单元格处于编辑状态的效果如图 5-10 所示。

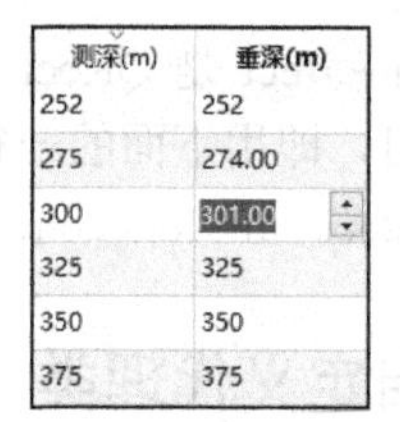

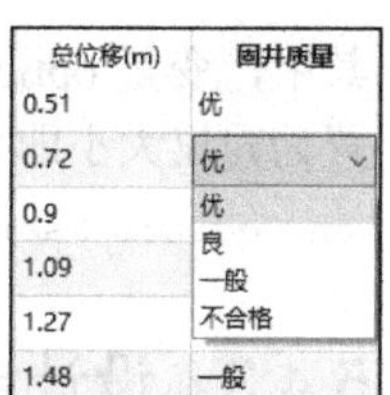

图 5-10 设置了自定义代理后单元格处于编辑状态的效果

5.4.2 QStyledItemDelegate 类

QStyledItemDelegate 是视图组件使用的默认代理类，一般使用 QStyledItemDelegate 作为自定义代理类的父类。要自定义一个代理类，必须重新实现 QStyledItemDelegate 中定义的 4 个虚函数。这 4 个函数是由模型/视图系统自动调用的。假设为 QTableView 组件的某一列设置了一个自定义代理，我们以此为例说明这 4 个函数的功能。

1. 函数 createEditor()

函数 createEditor()可创建用于编辑模型数据的界面组件，称为代理编辑器，例如 QSpinBox 组件，或 QComboBox 组件。其函数原型定义如下：

```
QWidget  *QStyledItemDelegate::createEditor(QWidget *parent,
                                   const QStyleOptionViewItem &option, const QModelIndex &index)
```

其中，parent 是要创建的组件的父组件，一般就是窗口对象；option 是项的一些显示选项，是 QStyleOptionViewItem 类型的，包含字体、对齐方式、背景色等属性；index 是项在数据模型中的模型索引，通过 index->model()可以获取项所属数据模型的对象指针。

在 QTableView 视图组件上双击一个单元格使其进入编辑状态时，系统就会自动调用 createEditor()创建代理编辑器，例如创建 QSpinBox 组件，然后将其显示在单元格里。

2. 函数 setEditorData()

函数 setEditorData()的功能是从数据模型获取项的某个角色（一般是 EditRole 角色）的数据，然后将其设置为代理编辑器上显示的数据。其函数原型定义如下：

```
void  QStyledItemDelegate::setEditorData(QWidget *editor, const QModelIndex &index)
```

参数 editor 就是前面用函数 createEditor()创建的代理编辑器，通过 index->model()可以获取项所属数据模型的对象指针，从而获取项的数据，然后将其显示在代理编辑器上。

3. 函数 setModelData()

完成对当前单元格的编辑，例如输入焦点移到其他单元格时，系统会自动调用函数 setModelData()，其功能是将代理编辑器里的输入数据保存到数据模型的项里。其函数原型定义如下：

```
void  QStyledItemDelegate::setModelData(QWidget *editor, QAbstractItemModel *model,
                                        const QModelIndex &index)
```

其中，editor 是代理编辑器，model 是数据模型，index 是所编辑的项在模型中的模型索引。

4. 函数 updateEditorGeometry()

视图组件在界面上显示代理编辑器时，需要调用 updateEditorGeometry()函数为组件设置合适的大小，例如在一个单元格里显示一个 QSpinBox 代理编辑器时，一般将其设置为单元格的大小。其函数原型定义如下：

```
void  QStyledItemDelegate::updateEditorGeometry(QWidget *editor,
                           const QStyleOptionViewItem &option, const QModelIndex &index)
```

其中，变量 option->rect 是 QRect 类型，表示代理编辑器的建议大小。一般将代理编辑器大小设置为建议大小即可，即用下面的一行代码：

```
editor->setGeometry(option.rect);
```

5.4.3 设计自定义代理类

首先将示例项目 samp5_2 复制为项目 samp5_3，我们将在项目 samp5_3 中设计 3 个自定义代理类。

1. 设计代理类 TFloatSpinDelegate

打开 New File or Project 对话框，选择新建 C++ Class，会出现图 3-1 所示的新建 C++类对话框。Class name 是要新建的类的名称，我们设置为 TFloatSpinDelegate，设置类名称后，下面的 Header file 和 Source file 编辑框里会自动设置好头文件名称和源程序文件名称。Base class 是基类名称，必须设置为 QStyledItemDelegate。在对话框上还有一些复选框，要勾选 Add Q_OBJECT 复选框，因为要在 TFloatSpinDelegate 类中插入 Q_OBJECT 宏。

结束创建 C++类的向导后，Qt Creator 就会自动创建类的头文件和源程序文件，并将其添加到项目里。头文件 tfloatspindelegate.h 中有 TFloatSpinDelegate 类的定义，但是只有构造函数，我们在其中再加入必须实现的 4 个函数的定义，TFloatSpinDelegate 类的完整定义如下：

```
#include <QStyledItemDelegate>
class TFloatSpinDelegate : public QStyledItemDelegate
{
    Q_OBJECT
public:
    explicit TFloatSpinDelegate(QObject *parent = nullptr);
    //自定义代理必须重新实现以下 4 个函数
    QWidget *createEditor(QWidget *parent, const QStyleOptionViewItem &option,
                          const QModelIndex &index)const;
    void setEditorData(QWidget *editor, const QModelIndex &index)const;
    void setModelData(QWidget *editor, QAbstractItemModel *model,
                          const QModelIndex &index)const;
    void updateEditorGeometry(QWidget *editor, const QStyleOptionViewItem &option,
```

```
                        const QModelIndex &index)const;
};
```

下面是源程序文件 tfloatspindelegate.c 中的实现代码。

```
QWidget *TFloatSpinDelegate::createEditor(QWidget *parent,
            const QStyleOptionViewItem &option, const QModelIndex &index) const
{
    Q_UNUSED(option);
    Q_UNUSED(index);
    QDoubleSpinBox *editor = new QDoubleSpinBox(parent);              //新建代理编辑器
    editor->setFrame(false);                                          //组件的属性设置
    editor->setMinimum(0);
    editor->setMaximum(20000);
    editor->setDecimals(2);                                           //显示两位小数
    return editor;
}

void TFloatSpinDelegate::setEditorData(QWidget *editor, const QModelIndex &index) const
{
    float value = index.model()->data(index, Qt::EditRole).toFloat();   //从模型获取数据
    QDoubleSpinBox *spinBox = static_cast<QDoubleSpinBox*>(editor);
    spinBox->setValue(value);                                         //设置为代理编辑器的值
}

void TFloatSpinDelegate::setModelData(QWidget *editor,
           QAbstractItemModel *model, const QModelIndex &index) const
{
    QDoubleSpinBox *spinBox = static_cast<QDoubleSpinBox*>(editor);
    float value = spinBox->value();
    QString str = QString::asprintf("%.2f",value);
    model->setData(index, str, Qt::EditRole);                         //保存到数据模型
}

void TFloatSpinDelegate::updateEditorGeometry(QWidget *editor,
           const QStyleOptionViewItem &option, const QModelIndex &index) const
{
    Q_UNUSED(index);
    editor->setGeometry(option.rect);                                 //设置组件的大小
}
```

函数 createEditor()里创建了一个 QDoubleSpinBox 组件作为代理编辑器，并且设置了其数值范围、小数位数等属性；函数 setEditorData()里获取了数据模型的数据，并将其显示到代理编辑器上；函数 setModelData()将代理编辑器里的数据保存到数据模型。

用同样的方法再设计自定义代理类 TSpinBoxDelegate，它使用 QSpinBox 组件作为代理编辑器，用于编辑整数数据。

2. 设计代理类 TComboBoxDelegate

再用新建 C++类向导创建一个类 TComboBoxDelegate，在 TComboBoxDelegate 类的定义中增加自定义代理类必须实现的 4 个函数。为了使 TComboBoxDelegate 类更通用，在 TComboBoxDelegate 类中再定义两个私有变量和一个公有函数。TComboBoxDelegate 类的完整定义如下：

```
class TComboBoxDelegate : public QStyledItemDelegate
{
    Q_OBJECT
private:
    QStringList  m_itemList;                             //选项列表
```

```
    bool    m_editable;                                    //是否可编辑
public:
    explicit TComboBoxDelegate(QObject *parent = nullptr);
    void    setItems(QStringList items, bool editable);   //初始化设置列表内容，是否可编辑
    //自定义代理必须重新实现以下4个函数
    QWidget *createEditor(QWidget *parent, const QStyleOptionViewItem &option,
                          const QModelIndex &index)const;
    void setEditorData(QWidget *editor, const QModelIndex &index)const;
    void setModelData(QWidget *editor, QAbstractItemModel *model,
                      const QModelIndex &index)const;
    void updateEditorGeometry(QWidget *editor, const QStyleOptionViewItem &option,
                      const QModelIndex &index)const;
};
```

自定义函数 setItems()用于设置变量 m_itemList 和 m_editable 的值，在函数 createEditor()里动态创建 QComboBox 组件时，用于设置下拉列表的内容以及是否可以编辑。这样，TComboBoxDelegate 就是比较通用的一个类，在第9章的示例 samp9_1 中就会用到这个类。文件 tcomboboxdelegate.cpp 中的实现代码如下：

```
void TComboBoxDelegate::setItems(QStringList items, bool editable)
{
    m_itemList=items;
    m_editable=editable;
}

QWidget *TComboBoxDelegate::createEditor(QWidget *parent,
                const QStyleOptionViewItem &option, const QModelIndex &index) const
{
    Q_UNUSED(option);
    Q_UNUSED(index);
    QComboBox *editor = new QComboBox(parent);
    editor->setEditable(m_editable);                        //是否可编辑
    for (int i=0; i<m_itemList.count(); i++)                //从字符串列表初始化下拉列表
        editor->addItem(m_itemList.at(i));
    return editor;
}

void TComboBoxDelegate::setEditorData(QWidget *editor, const QModelIndex &index) const
{
    QString str = index.model()->data(index, Qt::EditRole).toString();
    QComboBox *comboBox = static_cast<QComboBox*>(editor);
    comboBox->setCurrentText(str);
}

void TComboBoxDelegate::setModelData(QWidget *editor, QAbstractItemModel *model,
                                     const QModelIndex &index) const
{
    QComboBox *comboBox = static_cast<QComboBox*>(editor);
    QString str = comboBox->currentText();
    model->setData(index, str, Qt::EditRole);
}

void TComboBoxDelegate::updateEditorGeometry(QWidget *editor,
                const QStyleOptionViewItem &option,const QModelIndex &index) const
{
    Q_UNUSED(index);
    editor->setGeometry(option.rect);
}
```

5.4.4 使用自定义代理类

设计好 3 个自定义代理类后，我们就可以在程序中对界面上的 QTableView 组件使用自定义代理。首先要在 MainWindow 类中定义 3 个自定义代理对象变量，定义如下：

```
private:
    TSpinBoxDelegate    *intSpinDelegate;                          //用于编辑整数
    TFloatSpinDelegate *floatSpinDelegate;                         //用于编辑浮点数
    TComboBoxDelegate   *comboDelegate;                            //用于列表选择
```

在 MainWindow 的构造函数中创建这 3 个自定义代理对象，然后将其设置为 tableView 的某些列的代理。构造函数主要的代码如下，其中省略了创建状态栏上的 QLabel 组件等的一些不重要的代码。

```
MainWindow::MainWindow(QWidget *parent) : QMainWindow(parent), ui(new Ui::MainWindow)
{
    ui->setupUi(this);
    m_model = new QStandardItemModel(2,FixedColumnCount,this);        //创建数据模型
    m_selection = new QItemSelectionModel(m_model,this);               //创建选择模型
    connect(m_selection,&QItemSelectionModel::currentChanged,
            this,&MainWindow::do_currentChanged);
    ui->tableView->setModel(m_model);                                  //设置数据模型
    ui->tableView->setSelectionModel(m_selection);                     //设置选择模型
    ui->tableView->setSelectionMode(QAbstractItemView::ExtendedSelection);
    ui->tableView->setSelectionBehavior(QAbstractItemView::SelectItems);

    intSpinDelegate= new TSpinBoxDelegate(this);
    ui->tableView->setItemDelegateForColumn(0, intSpinDelegate);      //测深

    floatSpinDelegate = new TFloatSpinDelegate(this);
    ui->tableView->setItemDelegateForColumn(1, floatSpinDelegate);    //垂深
    ui->tableView->setItemDelegateForColumn(2, floatSpinDelegate);    //方位
    ui->tableView->setItemDelegateForColumn(3, floatSpinDelegate);    //总位移

    comboDelegate = new TComboBoxDelegate(this);
    QStringList strList;
    strList<<"优"<<"良"<<"一般"<<"不合格";
    comboDelegate->setItems(strList,false);
    ui->tableView->setItemDelegateForColumn(4, comboDelegate);        //固井质量
}
```

这样增加了自定义代理功能后，在编辑“测深”列时，会在单元格的位置出现一个 SpinBox 用于输入整数；在编辑第二到四列的浮点数时，会出现一个 DoubleSpinBox 用于输入浮点数；在编辑“固井质量”列时，会出现一个下拉列表框用于从下拉列表中选择一个字符串。

QTableView 的子类 QTableWidget 中也可以使用自定义代理。读者可以尝试将本节设计的自定义代理类文件复制到示例项目 samp4_13 中，稍加修改后，为 QTableWidget 组件的某些列设置自定义代理。

5.5 QFileSystemModel 和 QTreeView

QFileSystemModel 为本机的文件系统提供一个模型，结合使用 QFileSystemModel 和 QTreeView，可以以目录树的形式显示本机的文件系统，如同 Windows 的资源管理器一样。使用 QFileSystemModel 提供的接口函数，我们可以创建目录、删除目录、重命名目录，可以获得文件名称、目录名称、

文件大小等，还可以获得文件的详细信息。

要通过QFileSystemModel获得本机的文件系统，需要用QFileSystemModel的函数setRootPath()设置一个根目录，例如：

```
QFileSystemModel *model = new QFileSystemModel(this);
model->setRootPath(QDir::currentPath());              //设置应用程序的当前目录为模型的根目录
```

使用QFileSystemModel作为模型以及QTreeView、QListView、QTableView作为主要组件而设计的示例samp5_4运行时界面如图5-11所示。TreeView以目录树的形式显示本机的文件系统，在TreeView上点击一个目录时，右边的ListView和TableView显示该目录下的目录和文件。在TreeView上点击一个目录或文件节点时，下方的几个标签会显示当前节点的信息。

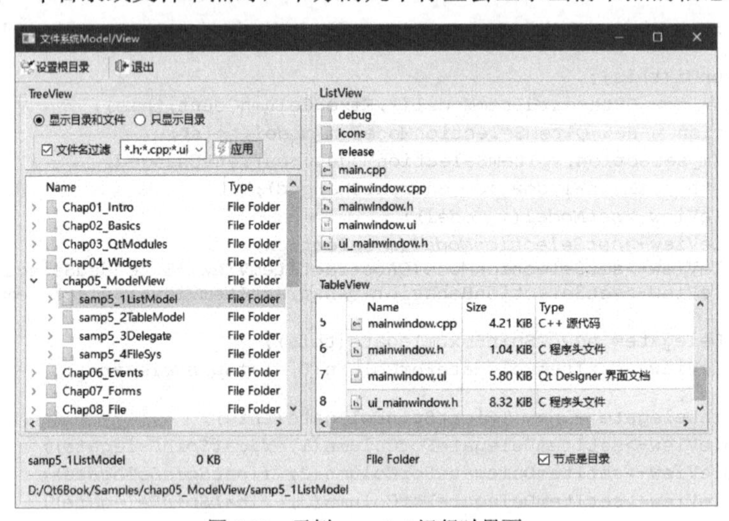

图5-11 示例samp5_4运行时界面

示例中可以设置QFileSystemModel模型的根目录，设置是否只显示目录，还可以对显示的文件根据文件名后缀进行过滤。

5.5.1 QFileSystemModel类

QFileSystemModel为本机的文件系统提供一个模型，可用于访问本机的文件系统。它提供了一些接口函数，这些接口函数可以设置显示选项，获取目录或文件信息，以及创建或删除文件夹等。

1. 设置根目录

函数setRootPath()用于设置一个根目录，QFileSystemModel模型就只显示这个根目录下的文件系统。

```
QModelIndex  setRootPath(const QString &newPath)
```

有两个函数用于返回QFileSystemModel的当前根目录。

```
QDir   rootDirectory()                              //以QDir类型返回当前根目录
QString  rootPath()                                 //以QString类型返回当前根目录
```

用函数index()可以根据完整的目录或文件名字符串，返回目录或文件在文件系统模型中的模型索引。

```
QModelIndex  index(const QString &path, int column = 0)     //返回目录或文件的模型索引
```

2. 设置模型选项

（1）模型项的过滤器。函数 setFilter()用于设置一个过滤器，以控制 QFileSystemModel 模型包含的文件系统的项的类型，例如是否显示文件，是否显示隐藏文件等。其函数原型定义如下：

```
void  setFilter(QDir::Filters filters)                       //设置模型数据项过滤器
```

参数 filters 是标志类型，是枚举类型 QDir::Filter 的枚举值组合。QDir::Filter 的常见枚举值如下。

- QDir::AllDirs：列出所有目录。函数 setFilter()设置的过滤器必须包含这个选项。
- QDir::Files：列出文件。
- QDir::Drives：列出驱动器。
- QDir::NoDotAndDotDot：不列出目录下的"."和".."特殊项。
- QDir::Hidden：列出隐藏的文件。
- QDir::System：列出系统文件。

（2）文件名过滤器。如果函数 setFilter()设置的过滤器允许列出文件，就可以用函数 setNameFilters()设置文件名过滤器，使模型只显示特定类型的文件，例如只显示文件名后缀为.jpg 的文件。

```
void  setNameFilters(const QStringList &filters)             //设置文件名过滤器
```

参数 filters 是允许的文件名字符串列表，一般用通配符表示，例如"*.jpg""*.h""*.cpp"等。

函数 setNameFilterDisables()可以设置未通过文件名过滤器过滤的项的显示方式，定义如下：

```
void  setNameFilterDisables(bool enable)
```

如果参数 enable 设置为 true，未通过文件名过滤器过滤的项只是被设置为禁用；如果参数 enable 设置为 false，未通过文件名过滤器过滤的项就被隐藏。

（3）模型选项。函数 setOption()可以设置模型的一些选项，函数定义如下：

```
void  setOption(QFileSystemModel::Option option, bool on = true)
```

参数 option 是枚举类型 QFileSystemModel::Option，各枚举值的含义如下。

- QFileSystemModel::DontWatchForChanges：不监视文件系统的变化，默认是监视。
- QFileSystemModel::DontResolveSymlinks：不解析文件系统的符号连接项，默认是解析。
- QFileSystemModel::DontUseCustomDirectoryIcons：不使用自定义的目录图标，默认是使用系统的图标。

3. 获取目录和文件的信息

QFileSystemModel 可以返回模型中某个项的一些信息，有如下几个函数：

```
QIcon  fileIcon(const QModelIndex &index)         //返回项的图标
QFileInfo  fileInfo(const QModelIndex &index)    //返回项的文件信息
QString  fileName(const QModelIndex &index)      //返回不含路径的文件名或最后一级文件夹名称
QString  filePath(const QModelIndex &index)      //返回项的路径或包含路径的文件名
QDateTime  lastModified(const QModelIndex &index)   //返回项的最后修改日期
bool  isDir(const QModelIndex &index)           //判断项是不是一个文件夹
qint64  size(const QModelIndex &index)           //返回文件的大小（字节数），若是文件夹，返回值为0
QString  type(const QModelIndex &index)         //返回项的类型描述文字
```

这些函数都需要一个模型索引 index 作为输入参数，表示模型中的一个项。在 TreeView 中点击一个节点时可以获得当前节点的模型索引。

4. 操作目录和文件

通过 QFileSystemModel 的接口函数，可以在文件系统中创建或删除文件夹，还可以删除文件。

```
QModelIndex  mkdir(const QModelIndex &parent, const QString &name)     //创建文件夹
bool  rmdir(const QModelIndex &index)                                   //删除文件夹
bool  remove(const QModelIndex &index)                                  //删除文件
```

用函数 mkdir()创建一个文件夹时需要指定一个父节点。函数 rmdir()用于删除模型索引 index 表示的文件夹，函数 remove()用于删除模型索引 index 表示的文件。注意，rmdir()和 remove()会从实际的文件系统中删除文件夹和文件。

如果不想修改文件系统，可以用函数 QFileSystemModel::setReadOnly()将模型设置为只读的。

5.5.2 QTreeView 类

QTreeView 是用于显示树状模型的视图组件，其与 QFileSystemModel 模型结合就可以显示本机的文件系统。QTreeView 组件的 Go to slot 对话框如图 5-12 所示。QTreeView 新定义了两个信号，在一个节点处展开子节点时会触发 expanded()信号，折叠子节点时会触发 collapsed()信号。在 QTreeView 组件上点击时，clicked()信号会传递当前节点的模型索引，通过这个模型索引就可以用 QFileSystemModel 类的接口函数对这个节点表示的文件夹或文件进行各种操作。

QTreeView 组件的 clicked()信号只能传递当前节点的模型索引，如果 QTreeView 组件允许多选操作，就需要使用 QItemSelectionModel 选择模型，通过选择模型获取所有被选节点的模型索引。

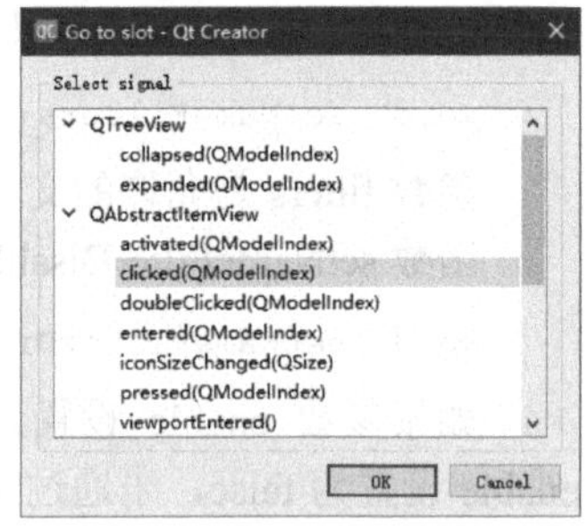

图 5-12 QTreeView 组件的 Go to slot 对话框

5.5.3 示例程序功能实现

示例 samp5_4 的窗口基类是 QMainWindow，我们删除了窗口上的菜单栏和状态栏，保留了工具栏。我们只设计了两个 Action，分别用于创建工具栏上的“设置根目录”按钮和“退出”按钮。

主窗口界面布局采用了两个分割条的设计，ListView 和 TableView 采用垂直分割布局，然后作为整体和左边的 TreeView 采用水平分割布局。水平分割布局再和下方显示信息的分组框在主窗口工作区中垂直布局。窗体可视化设计结果见示例项目中的 UI 文件 mainwindow.ui。

1. 模型/视图结构初始化

在窗口类 MainWindow 中只新定义了一个 QFileSystemModel 类型的私有变量 m_model。

```
private:
    QFileSystemModel  *m_model;                  //数据模型变量
```

在 MainWindow 类的构造函数中创建模型 m_model，并使其与界面上的视图组件关联，构建模型/视图结构。MainWindow 类的构造函数代码如下：

```
MainWindow::MainWindow(QWidget *parent) :  QMainWindow(parent),   ui(new Ui::MainWindow)
{
    ui->setupUi(this);
    //将分割布局的垂直方向尺寸策略设置为扩展的
    ui->splitterMain->setSizePolicy(QSizePolicy::Expanding,QSizePolicy::Expanding);
    //构建模型/视图结构
```

```
    m_model= new QFileSystemModel(this);
    m_model->setRootPath(QDir::currentPath());      //设置根目录
    ui->treeView->setModel(m_model);                //设置数据模型
    ui->listView->setModel(m_model);                //设置数据模型
    ui->tableView->setModel(m_model);               //设置数据模型
    //信号与槽关联，点击 treeView 的一个节点时，此节点设置为 listView 和 tableView 的根节点
    connect(ui->treeView, SIGNAL(clicked(QModelIndex)),
            ui->listView, SLOT(setRootIndex(QModelIndex)));
    connect(ui->treeView, SIGNAL(clicked(QModelIndex)),
            ui->tableView, SLOT(setRootIndex(QModelIndex)));
}
```

在创建 QFileSystemModel 模型 m_model 后，程序里用静态函数 QDir::currentPath()获取应用程序的当前路径，设置为模型的根目录。如果没有用函数 QDir::setCurrent()设置过当前路径，QDir::currentPath()返回的就是本机的整个文件系统的根目录。

3 个视图组件都使用函数 setModel()将 QFileSystemModel 模型 m_model 设置为自己的数据模型。

函数 connect()设置信号与槽关联，实现的功能是：在点击 treeView 的一个节点时，此节点就设置为 listView 和 tableView 的根节点。因为 treeView 的 clicked(QModelIndex)信号会传递当前节点的模型索引，将此模型索引传递给 listView 和 tableView 的公有槽 setRootIndex(QModelIndex)，listView 和 tableView 就会显示此节点下的目录和文件。

2. 显示节点信息

为窗口上的 treeView 的 clicked()信号编写槽函数，显示目录树上当前节点的一些信息。

```
void MainWindow::on_treeView_clicked(const QModelIndex &index)
{
    ui->chkIsDir->setChecked(m_model->isDir(index));        //是不是文件夹
    ui->labPath->setText(m_model->filePath(index));         //完整路径或文件名
    ui->labType->setText(m_model->type(index));             //类型描述文字
    ui->labFileName->setText(m_model->fileName(index));     //文件名或最后一级文件夹名称
    int sz=m_model->size(index)/1024;                       //目录的大小是 0
    if (sz<1024)
        ui->labFileSize->setText(QString("%1 KB").arg(sz));
    else
        ui->labFileSize->setText(QString::asprintf("%.1f MB",sz/1024.0));
}
```

函数的参数 index 是目录树上当前节点的模型索引，通过这个模型索引，就可以用 QFileSystemModel 的接口函数获取节点的各种信息。

3. 模型设置

窗口工具栏上有一个“设置根目录”按钮，它关联的槽函数代码如下：

```
void MainWindow::on_actSetRoot_triggered()
{ "设置根目录" 按钮
    QString dir = QFileDialog::getExistingDirectory(this, "选择目录", QDir::currentPath());
    if (!dir.isEmpty())
    {
        m_model->setRootPath(dir);
        ui->treeView->setRootIndex(m_model->index(dir));     //设置根目录
    }
}
```

界面上还有一些组件可以设置文件系统模型的一些特性，例如设置是否只显示目录，使用文

件名过滤。这些组件的相应槽函数代码如下：

```
void MainWindow::on_radioShowAll_clicked()
{//“显示目录和文件”单选按钮
    ui->groupBoxFilter->setEnabled(true);
    m_model->setFilter(QDir::AllDirs | QDir::Files |QDir::NoDotAndDotDot);
}

void MainWindow::on_radioShowOnlyDir_clicked()
{//“只显示目录”单选按钮
    ui->groupBoxFilter->setEnabled(false);
    m_model->setFilter(QDir::AllDirs | QDir::NoDotAndDotDot);         //不列出文件
}

void MainWindow::on_chkBoxEnableFilter_clicked(bool checked)
{ //“文件名过滤”复选框
    m_model->setNameFilterDisables(!checked);                         //文件名过滤
    ui->comboFilters->setEnabled(checked);
    ui->btnApplyFilters->setEnabled(checked);
}

void MainWindow::on_btnApplyFilters_clicked()
{//“应用”按钮，应用文件名过滤
    QString  flts= ui->comboFilters->currentText().trimmed();
    QStringList  filter= flts.split(";",Qt::SkipEmptyParts);
   m_model->setNameFilters(filter);
}
```

设置是否显示文件和目录的两个单选按钮的代码中使用了函数 QFileSystemModel::setFilter()，这个函数设置的参数中必须有 QDir::AllDirs。

“应用”按钮的槽函数代码中用到了函数 QString::split()，它将一个字符串按某个分隔符分隔为字符串列表，例如，字符串 flts 的内容是“*.h;*.cpp;*.ui”，分隔出的字符串列表就包含“*.h”“*.cpp”“*.ui”3 个字符串。使用函数 setNameFilters()就可以使目录树上只显示这些类型的文件。

使用 QFileSystemModel 模型和 QTreeView 等视图组件可以获取和显示本机上的文件系统，如果再使用第 8 章介绍的一些用于文件处理的类，就可以构造能实现特殊功能的文件处理应用程序，例如能进行文件的批量处理。

第6章

事件处理

GUI 应用程序是由事件（event）驱动的，点击鼠标、按下某个按键、改变窗口大小、最小化窗口等都会产生相应的事件，应用程序对这些事件进行相应的处理以实现程序的功能。本章介绍 Qt 事件系统的基本原理和处理流程，如何对特定事件进行处理，事件与信号的关系，事件拦截和事件过滤的处理方法，以及拖放操作相关事件的处理等内容。

6.1 Qt 的事件系统

窗口系统是由事件驱动的，Qt 为事件处理编程提供了完善的支持。QWidget 类是所有界面组件类的基类，QWidget 类定义了大量与事件处理相关的数据类型和接口函数。本节介绍 Qt 的事件系统的工作原理，包括事件的产生和派发、事件类型和事件处理等内容。

6.1.1 事件的产生和派发

1. 事件的产生

事件表示应用程序中发生的操作或变化，如移动鼠标、点击鼠标、按下按键等。在 Qt 中，事件是对象，是 QEvent 类或其派生类的实例，例如 QKeyEvent 是按键事件类，QMouseEvent 是鼠标事件类，QPaintEvent 是绘制事件类，QTimerEvent 是定时器事件类。

按事件的来源，可以将事件划分为 3 类。

- 自生事件（spontaneous event）：是由窗口系统产生的事件。例如，QKeyEvent 事件、QMouseEvent 事件。自生事件会进入系统队列，然后被应用程序的事件循环逐个处理。
- 发布事件（posted event）：是由 Qt 或应用程序产生的事件。例如，QTimer 定时器发生定时溢出时 Qt 会自动发布 QTimerEvent 事件。应用程序使用静态函数 QCoreApplication::postEvent() 产生发布事件。发布事件会进入 Qt 事件队列，然后由应用程序的事件循环进行处理。
- 发送事件（sent event）：是由 Qt 或应用程序定向发送给某个对象的事件。应用程序使用静态函数 QCoreApplication::sendEvent()产生发送事件，由对象的 event()函数直接处理。

窗口系统产生的自生事件自动进入系统队列，应用程序发布的事件进入 Qt 事件队列。自生事件和发布事件的处理是异步的，也就是事件进入队列后由系统去处理，程序不会在产生事件的地方停止进行等待。应用程序使用静态函数 QCoreApplication::postEvent()发布事件，这个函数的原型定义如下：

```
void  QCoreApplication::postEvent(QObject *receiver, QEvent *event,
                                  int priority = Qt::NormalEventPriority)
```

其中，receiver 是接收事件的对象，event 是事件对象，priority 是事件的优先级。

在程序中调用 QCoreApplication::postEvent()发布一个事件后，这个函数立刻就会退出，不会等到事件处理完之后再退出，所以，发布事件的处理是异步的。

应用程序使用静态函数 QCoreApplication::sendEvent()向某个对象定向发送事件，函数定义如下：

```
bool  QCoreApplication::sendEvent(QObject *receiver, QEvent *event)
```

其中，receiver 是接收事件的对象，event 是事件对象。这个函数是以同步模式运行的，也就是它需要等待对象处理完事件后才退出。

2. 事件的派发

GUI 应用程序的 main()函数代码一般是下面这样的结构。

```
int main(int argc, char *argv[])
{
    QApplication a(argc, argv);
    Widget w;
    w.show();
    return a.exec();
}
```

这段代码创建了一个 QApplication 对象 a，还创建了一个窗口 w，运行 w.show()显示窗口，最后运行 a.exec()，开始应用程序的事件循环。

函数 QApplication::exec()的主要功能就是不断地检查系统队列和 Qt 事件队列里是否有未处理的自生事件和发布事件，如果有事件就派发（dispatch）给接收事件的对象去处理。应用程序的事件循环还可以对队列中的相同事件进行合并处理，例如如果队列中有一个界面组件的多个 QPaintEvent 事件（绘制事件），应用程序就只派发一次 QPaintEvent 事件，因为界面只需要绘制一次。

注意，应用程序的事件循环只处理自生事件和发布事件，而不会处理发送事件，因为发送事件由应用程序直接派发给某个对象，是以同步模式运行的。

一般情况下，应用程序都能及时处理队列里的事件，用户操作时不会感觉到响应迟滞。但是在某些情况下，例如执行一个大的循环，并且在循环内进行大量的计算或数据传输，同时又要求更新界面显示内容，这时就可能出现界面响应迟滞甚至无响应的情况，这是因为事件队列未能被及时处理。

要解决这样的问题可以采用多线程方法，例如一般的涉及网络大量数据传输的程序都会使用多线程，将界面更新与网络数据传输分别用两个线程去处理，这样就不会出现界面无响应的情况。

另外一种简单的处理方法是在长时间占用 CPU 的代码段中，偶尔调用 QCoreApplication 的静态函数 processEvents()，将事件队列里未处理的事件派发出去，让事件接收对象及时处理，这样程序就不至于出现停滞的现象。这个函数的原型定义如下：

```
void  QCoreApplication::processEvents(QEventLoop::ProcessEventsFlags
                                      flags = QEventLoop::AllEvents)
```

参数 flags 是标志类型 QEventLoop::ProcessEventsFlags，它是枚举类型 QEventLoop::ProcessEventsFlag 的枚举值的组合。参数 flags 的默认值是 QEventLoop::AllEvents，表示处理队列中的所有事件。枚举类型 QEventLoop::ProcessEventsFlag 有以下几种枚举值。

- QEventLoop::AllEvents：处理所有事件。
- QEventLoop::ExcludeUserInputEvents：排除用户输入事件，如键盘和鼠标的事件。
- QEventLoop::ExcludeSocketNotifiers：排除网络 socket 的通知事件。
- QEventLoop::WaitForMoreEvents：如果没有未处理的事件，等待更多事件。

QCoreApplication 还有一个派发事件的静态函数 sendPostedEvents，定义如下：

```
void  QCoreApplication::sendPostedEvents(QObject *receiver = nullptr, int event_type = 0)
```

参数 receiver 是接收事件的对象，event_type 是事件类型。这个函数的功能是把前面用静态函数 QCoreApplication::postEvent()发送到 Qt 事件队列里的事件立刻派发出去。如果不指定 event_type，只指定 receiver，就派发所有给这个接收者的事件；如果 event_type 和 receiver 都不指定，就派发所有用 QCoreApplication::postEvent()发布的事件。

6.1.2 事件类和事件类型

事件是 QEvent 类或其派生类的实例，大多数的事件有其专门的类。QEvent 是所有事件类的基类，但它不是一个抽象类，它也可以用于创建事件。QEvent 有以下几个主要的接口函数。

```
void  accept()                          //接受事件，设置事件对象的接受标志（accept flag）
void  ignore()                          //忽略事件，清除事件对象的接受标志
bool  isAccepted()                      //是否接受事件，true 表示接受，false 表示忽略
bool  isInputEvent()                    //事件对象是不是 QInputEvent 或其派生类的实例
bool  isPointerEvent()                  //事件对象是不是 QPointerEvent 或其派生类的实例
bool  isSinglePointEvent()              //事件对象是不是 QSinglePointEvent 或其派生类的实例
bool  spontaneous()                     //是不是自生事件，也就是窗口系统的事件
QEvent::Type  type()                    //事件类型
```

其中，accept()和 ignore()在事件处理和事件传播时用到，后面会具体解释它们的作用。

函数 type()返回事件的类型，返回值是枚举类型 QEvent::Type。每个事件都有唯一的事件类型，也有对应的事件类，但是有的事件类可以处理多种类型的事件。例如，QMouseEvent 是鼠标事件类，用它创建的事件的类型可以是鼠标双击事件 QEvent::MouseButtonDblClick 或鼠标移动事件 QEvent::MouseMove 等。

常见的事件类型及其所属的事件类如表 6-1 所示。表里列出了一些常见的事件类型，更多的事件类型请查看 Qt 帮助文档中 QEvent 的详细信息。

表 6-1　常见的事件类型及其所属的事件类

事件类	事件类型	事件描述
QMouseEvent	QEvent::MouseButtonDblClick	鼠标双击
	QEvent::MouseButtonPress	鼠标按键按下，可以是左键或右键
	QEvent::MouseButtonRelease	鼠标按键释放，可以是左键或右键
	QEvent::MouseMove	鼠标移动
QWheelEvent	QEvent::QWheelEvent	鼠标滚轮滚动
QHoverEvent	QEvent::HoverEnter	鼠标光标移动到组件上方并悬停（hover），组件需要设置 Qt::WA_Hover 属性才会产生悬停类的事件
	QEvent::HoverLeave	鼠标光标离开某个组件上方
	QEvent::HoverMove	鼠标光标在组件上方移动
QEnterEvent	QEvent::Enter	鼠标光标进入组件或窗口边界范围内
QEvent	QEvent::Leave	鼠标光标离开组件或窗口边界范围，注意这个事件类型使用的事件类就是 QEvent
QKeyEvent	QEvent::KeyPress	键盘按键按下
	QEvent::KeyRelease	键盘按键释放
QFocusEvent	QEvent::FocusIn	组件或窗口获得键盘的输入焦点
	QEvent::FocusOut	组件或窗口失去键盘的输入焦点
	QEvent::FocusAboutToChange	组件或窗口的键盘输入焦点即将变化

续表

事件类	事件类型	事件描述
QShowEvent	QEvent::Show	窗口在屏幕上显示出来，或组件变得可见
QHideEvent	QEvent::Hide	窗口在屏幕上隐藏（例如窗口最小化），或组件变得不可见
QMoveEvent	QEvent::Move	组件或窗口的位置移动
QCloseEvent	QEvent::Close	窗口被关闭，或组件被关闭，例如 QTabWidget 的一个页面被关闭
QPaintEvent	QEvent::Paint	界面组件需要更新重绘
QResizeEvent	QEvent::Resize	窗口或组件改变大小
QStatusTipEvent	QEvent::StatusTip	请求显示组件的 statusTip 信息
QHelpEvent	QEvent::ToolTip QEvent::WhatsThis	请求显示组件的 toolTip 信息 请求显示组件的 whatsThis 信息
QDragEnterEvent	QEvent::DragEnter	在拖放操作中，鼠标光标移动到组件上方
QDragLeaveEvent	QEvent::DragLeave	在拖放操作中，鼠标光标离开了组件
QDragMoveEvent	QEvent::DragMove	拖放操作正在移动过程中
QDropEvent	QEvent::Drop	拖放操作完成，即放下拖动的对象
QTouchEvent	QEvent::TouchBegin QEvent::TouchCancel QEvent::TouchEnd QEvent::TouchUpdate	开始一个触屏事件序列（sequence） 取消一个触屏事件序列 结束一个触屏事件序列 触屏事件
QGestureEvent	QEvent::Gesture	手势事件，能识别的手势有轻触、放大、扫屏等
QNativeGestureEvent	QEvent::NativeGesture	操作系统检测到手势而产生的事件
QActionEvent	QEvent::ActionAdded QEvent::ActionChanged QEvent::ActionRemoved	运行 QWidget::addAction()函数时会产生这种事件 Action 改变时触发的事件 移除 Action 时触发的事件

从表 6-1 的内容可以看出，Qt 的事件类型非常丰富，除了常见的鼠标事件、键盘事件、窗口事件，还有拖放操作事件、触屏操作事件、手势事件等。还有一些用于图形/视图架构的事件类型没有在表 6-1 中列出，第 10 章会介绍图形/视图架构。

QEvent 中有几个函数会判断事件是不是某种类的实例，例如函数 isPointerEvent()会判断事件对象是不是 QPointerEvent 或其派生类的实例。QInputEvent 类及其派生类比较多，这些类的继承关系如图 6-1 所示。

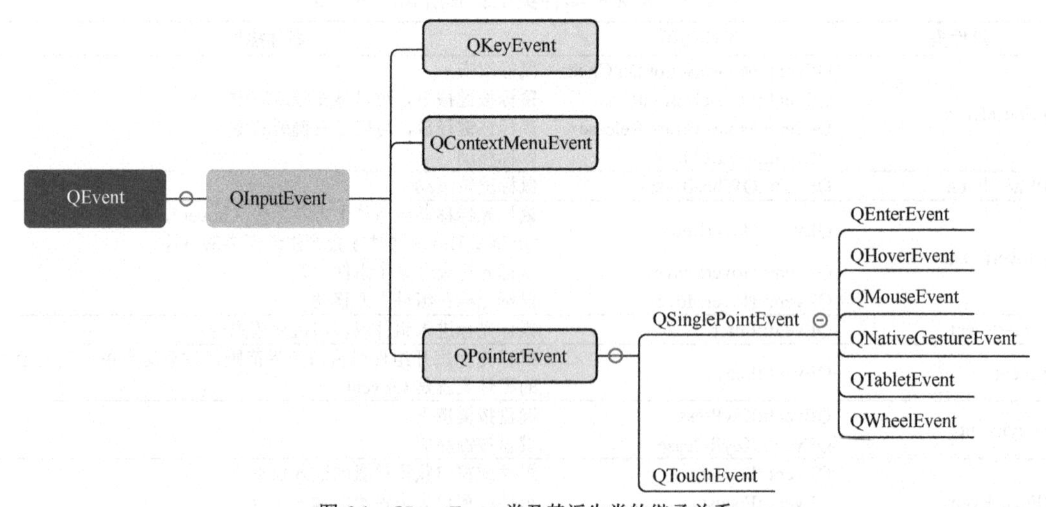

图 6-1 QInputEvent 类及其派生类的继承关系

6.1.3 事件的处理

1. 事件处理的基本过程

任何从 QObject 派生的类都可以处理事件，但其中主要是从 QWidget 派生的窗口类和界面组件类需要处理事件，因为大多数事件都是通过界面操作产生的，例如鼠标事件、按键事件等。

一个对象接收到应用程序派发来的事件后，首先会由函数 event()处理。event()是 QObject 类中定义的一个虚函数，其函数原型定义如下：

```
bool  QObject::event(QEvent *e)
```

其中，参数 e 是事件对象，通过 e->type()就可以得到事件的具体类型。

任何从 QObject 派生的类都可以重新实现函数 event()，以便在接收到事件时进行处理。如果一个类重新实现了函数 event()，需要在函数 event()的实现代码里设置是否接受事件。QEvent 类有两个函数，函数 accept()接受事件，表示事件接收者会对事件进行处理；函数 ignore()忽略事件，表示事件接收者不接受此事件。被接受的事件由事件接收者处理，被忽略的事件则传播到事件接收者的父容器组件，由父容器组件的 event()函数去处理，这称为事件的传播（propagation），事件最后可能会传播给窗口。

2. QWidget 类的典型事件处理函数

QWidget 类是所有界面组件类的基类，它重新实现了函数 event()，并针对一些典型类型的事件定义了专门的事件处理函数，函数 event()会根据事件类型自动去运行相应的事件处理函数。例如，如果事件类型是 QEvent::MouseMove，对应的事件处理函数是 mouseMoveEvent()；如果事件类型是 QEvent::Paint，对应的事件处理函数是 paintEvent()。这两个事件处理函数的定义如下：

```
void  QWidget::mouseMoveEvent(QMouseEvent *event)    //对应 QEvent::MouseMove 类型事件
void  QWidget::paintEvent(QPaintEvent *event)        //对应 QEvent::Paint 类型事件
```

这两个函数中的参数 event 就是具体事件类的对象。QWidget 中定义的典型事件处理函数都是受保护的虚函数，所以不能被外部类调用，但是可以被派生类重新实现。

如果一个自定义的类从 QWidget 派生而来，例如基于 QWidget 的窗口类 Widget，如果我们不重新实现函数 event()，而只是要对一个典型事件进行处理，就可以重新实现 QWidget 类中定义的典型事件的处理函数。例如，我们要在窗口上绘制背景图片，就可以在窗口类 Widget 中重新定义事件处理函数 paintEvent()，在这个函数的代码里实现绘制窗口背景图片。

QWidget 类中定义了很多典型事件的处理函数，这些函数都有一个参数 event，它是具体事件类的对象。这些典型事件的处理函数如表 6-2 所示，一个函数对应一个类型的事件，但是多个函数的参数 event 的类型可能是一样的，因为一个事件类可能会处理多个类型的事件（见表 6-1）。

表 6-2　QWidget 类中定义的典型事件的处理函数

事件处理函数名	对应的事件类型	参数 event 的类型	事件描述
mouseDoubleClickEvent()	QEvent::MouseButtonDblClick	QMouseEvent	鼠标双击
mousePressEvent()	QEvent::MouseButtonPress	QMouseEvent	鼠标按键按下，可以是左键或右键
mouseReleaseEvent()	QEvent::MouseButtonRelease	QMouseEvent	鼠标按键释放，可以是左键或右键
mouseMoveEvent()	QEvent::MouseMove	QMouseEvent	鼠标移动
wheelEvent()	QEvent::QWheelEvent	QWheelEvent	鼠标滚轮滚动
enterEvent()	QEvent::Enter	QEnterEvent	鼠标光标进入组件或窗口边界范围内
leaveEvent()	QEvent::Leave	QEvent	鼠标光标离开组件或窗口边界范围

续表

事件处理函数名	对应的事件类型	参数 event 的类型	事件描述
keyPressEvent()	QEvent::KeyPress	QKeyEvent	键盘按键按下
keyReleaseEvent()	QEvent::KeyRelease	QKeyEvent	键盘按键释放
focusInEvent()	QEvent::FocusIn	QFocusEvent	组件或窗口获得键盘的输入焦点
focusOutEvent()	QEvent::FocusOut	QFocusEvent	组件或窗口失去键盘的输入焦点
showEvent()	QEvent::Show	QShowEvent	窗口在屏幕上显示出来，或组件变得可见
hideEvent()	QEvent::Hide	QHideEvent	窗口在屏幕上隐藏（例如窗口最小化），或组件变得不可见
moveEvent()	QEvent::Move	QMoveEvent	组件或窗口的位置移动
closeEvent()	QEvent::Close	QCloseEvent	窗口被关闭，或组件被关闭
paintEvent()	QEvent::Paint	QPaintEvent	界面组件需要更新重绘
resizeEvent()	QEvent::Resize	QResizeEvent	窗口或组件改变大小
dragEnterEvent()	QEvent::DragEnter	QDragEnterEvent	在拖放操作中，鼠标光标移动到组件上方
dragLeaveEvent()	QEvent::DragLeave	QDragLeaveEvent	在拖放操作中，鼠标光标离开了组件
dragMoveEvent()	QEvent::DragMove	QDragMoveEvent	拖放操作正在移动过程中
dropEvent()	QEvent::Drop	QDropEvent	拖放操作完成，即放下拖动的对象

如果从 QWidget 或其派生类继承自定义了一个类，需要对表 6-2 中的某种类型的事件进行处理，那么只需重新实现表中与事件类型对应的事件处理函数。如果需要处理的事件在 QWidget 中没有定义事件处理函数，就需要重新实现函数 event()，判断事件类型后调用自己定义的事件处理函数。

6.1.4 典型事件处理示例

本节介绍编写一个示例 samp6_1，演示对典型事件的处理，也就是重新实现表 6-2 中的一些事件处理函数。创建一个 GUI 应用程序，窗口基类选择 QWidget。在 UI 可视化设计时，在窗体上放置了一个 QPushButton 和一个 QLabel，不使用任何布局。创建资源文件 res.rc，加载一个图片文件用于绘制窗口背景。在窗口类 Widget 中重新定义了一些事件处理函数，运行时界面如图 6-2 所示。

程序在函数 paintEvent()里将资源文件中的图片绘制在窗口上；在函数 keyPressEvent()里判断按键，用 W、S、A、D 键或上、下、左、右方向键移动按钮；在窗口上点击鼠标时，标签会移动到鼠标光标处，并显示事件的 4 个坐标函数的返回值。

图 6-2 示例 samp6_1 运行时界面

为了实现这些功能，在 Widget 类的 protected 部分重新定义几个事件处理函数，定义如下：

```
class Widget : public QWidget
{
    Q_OBJECT
protected:
    void  paintEvent(QPaintEvent *event);
    void  closeEvent(QCloseEvent *event);
//  void  keyReleaseEvent(QKeyEvent *event);
    void  keyPressEvent(QKeyEvent *event);
    void  showEvent(QShowEvent *event);
    void  hideEvent(QHideEvent *event);
    void  mousePressEvent(QMouseEvent *event);
public:
     Widget(QWidget *parent = 0);
private:
    Ui::Widget *ui;
};
```

在 Widget 类的构造函数里不需要添加代码进行处理，下面介绍各事件处理函数的代码。

1. 事件处理函数 paintEvent()

在窗口需要重绘时，应用程序会向窗口发送 QEvent::Paint 类型的事件，窗口对象会自动运行事件处理函数 paintEvent()。我们重新实现这个函数，在窗口上绘制背景图片，代码如下：

```
void Widget::paintEvent(QPaintEvent *event)
{
    Q_UNUSED(event);
    QPainter painter(this);
    painter.drawPixmap(0,0,this->width(), this->height(),
                          QPixmap(":/pics/images/background.jpg"));
//     QWidget::paintEvent(event);
}
```

这个函数的功能是将资源文件中的图片 background.jpg 绘制到窗口的整个区域，绘图时使用了窗口的画笔对象 painter，第 10 章介绍绘图时会详细介绍画笔的使用方法。

被注释的语句表示运行父类的 paintEvent()函数，以便父类执行其内建的一些操作。如果父类的事件函数里没有特殊的处理，可以不运行这行代码。

2. 事件处理函数 closeEvent()

当窗口被关闭，例如点击窗口右上角的关闭按钮或调用 QWidget 的 close()函数时，系统会产生 QEvent::Close 类型的事件，事件处理函数 closeEvent()会被自动运行。我们重新实现这个函数，使用一个对话框询问是否关闭窗口，代码如下：

```
void Widget::closeEvent(QCloseEvent *event)
{
    QString dlgTitle= "消息框";
    QString strInfo = "确定要退出吗？";
    QMessageBox::StandardButton  result=QMessageBox::question(this, dlgTitle, strInfo,
                   QMessageBox::Yes|QMessageBox::No |QMessageBox::Cancel);
    if (result == QMessageBox::Yes)
       event->accept();                                 //接受事件，窗口可以被关闭
    else
       event->ignore();                                 //忽略事件，窗口不能被关闭
}
```

这里使用了 QMessageBox 对话框询问是否关闭窗口，第 7 章会详细介绍这个对话框的用法。关闭窗口时就会触发 closeEvent()函数，出现图 6-3 所示的对话框。

图 6-3 窗口关闭时出现的询问对话框

这个函数中调用的 accept()和 ignore()是 QCloseEvent 的父类 QEvent 中定义的函数。accept()表示接受事件，窗口可以被关闭；ignore()表示不接受事件，事件被传播到父容器，但是窗口不再有父容器，所以是忽略事件，窗口不会被关闭。

3. 事件处理函数 mousePressEvent()

在窗口上点击鼠标按键时，会触发运行事件处理函数 mousePressEvent()。函数代码如下：

```
void Widget::mousePressEvent(QMouseEvent *event)
{
    if (event->button() == Qt::LeftButton)                //鼠标左键
    {
       QPoint  pt= event->pos();                          //点击点在窗口上的相对坐标
       QPointF relaPt= event->position();                 //相对坐标
       QPointF winPt= event->scenePosition();             //相对坐标
       QPointF globPt= event->globalPosition();           //屏幕或虚拟桌面上的绝对坐标
```

```
        QString str= QString::asprintf("pos()=(%d,%d)", pt.x(),pt.y());
        str= str + QString::asprintf("\nposition()=(%.0f,%.0f)", relaPt.x(),relaPt.y());
        str= str + QString::asprintf("\nscenePosition()=(%.0f,%.0f)",
                                    winPt.x(),winPt.y());
        str= str + QString::asprintf("\nglobalPosition()=(%.0f,%.0f)",
                                        globPt.x(),globPt.y());
        ui->labMove->setText(str);
        ui->labMove->adjustSize();                              //自动调整组件大小
        ui->labMove->move(event->pos());                        //标签移动到鼠标光标处
    }
    QWidget::mousePressEvent(event);
}
```

参数 event 是 QMouseEvent 类型，QMouseEvent 有几个接口函数表示按下的按键的信息和鼠标坐标信息。除了函数 pos()，其他函数都是 QMouseEvent 的父类 QSinglePointEvent 中定义的。

- 函数 button()：返回值是枚举类型 Qt::MouseButton，表示被按下的是哪个鼠标按键，有 Qt::LeftButton、Qt::RightButton、Qt::MiddleButton 等多种枚举值。
- 函数 buttons()：返回值是标志类型 Qt::MouseButtons，也就是枚举类型 Qt::MouseButton 的枚举值组合，可用于判断多个按键被按下的情况，例如判断鼠标左键和右键同时被按下的 if 语句如下所示。

```
if ((event->buttons() & Qt::LeftButton)  && (event->buttons() & Qt::RightButton))
```

- 函数 pos()：返回值是 QPoint 类型，是鼠标光标在接收此事件的组件上的相对坐标。
- 函数 position()：返回值是 QPointF 类型，是鼠标光标在接收此事件的组件上的相对坐标。
- 函数 scenePosition()：返回值是 QPointF 类型，是鼠标光标在接收此事件的窗口或场景上的相对坐标。
- 函数 globalPosition()：返回值是 QPointF 类型，是鼠标光标在屏幕或虚拟桌面上的绝对坐标。

在本示例中，接收 QMouseEvent 事件的是一个窗口，所以 pos()、position()和 scenePosition()返回的结果是相同的，都表示鼠标光标在窗口上的相对坐标，也就是相对于窗口左上角的位置。

4. 事件处理函数 keyPressEvent()或 keyReleaseEvent()

函数 keyPressEvent()在键盘上的按键按下时被触发运行，函数 keyReleaseEvent()在按键释放时被触发运行。为函数 keyPressEvent()编写如下代码：

```
void Widget::keyPressEvent(QKeyEvent *event)
{
    QPoint  pt= ui->btnMove->pos();
    if ((event->key()==Qt::Key_A) || (event->key()==Qt::Key_Left))
        ui->btnMove->move(pt.x()-20, pt.y());
    else if((event->key()==Qt::Key_D) || (event->key()==Qt::Key_Right))
        ui->btnMove->move(pt.x()+20, pt.y());
    else if((event->key()==Qt::Key_W)  || (event->key()==Qt::Key_Up))
        ui->btnMove->move(pt.x(),     pt.y()-20);
    else if((event->key()==Qt::Key_S) || (event->key()==Qt::Key_Down))
        ui->btnMove->move(pt.x(),     pt.y()+20);

    event->accept();      //接受事件，不会再传播到父容器组件
}
```

这个函数的参数 event 是 QKeyEvent 类型，它有两个主要的接口函数反映了按下的按键的信息。

- 函数 key()：返回值类型是 int 类型，表示被按下的按键，与枚举类型 Qt::Key 的枚举值对应。枚举类型 Qt::Key 包括键盘上所有按键的枚举值，如 Qt::Key_Escape、Qt::Key_Delete、

Qt::Key_Alt、Qt::Key_F1、Qt::Key_A 等，详见 Qt 帮助文档。

- 函数 modifiers()：返回值是枚举类型 Qt::KeyboardModifier 的枚举值组合，表示一些用于组合使用的按键，如 Ctrl、Alt、Shift 等按键。例如，判断 Ctrl+Q 快捷键是否被按下的语句如下。

```
if ((event->key()==Qt::Key_Q) && (event->modifiers() & Qt::ControlModifier))
```

这段程序是期望在按下 W、S、A、D 键或上、下、左、右方向键时，窗口上的按钮 btnMove 能上、下、左、右地移动位置。但是我们发现在使用函数 keyPressEvent()时，只有按下 W、S、A、D 键有效，如果使用的是函数 keyReleaseEvent()，则按下 W、S、A、D 键和上、下、左、右方向键都有效。这说明按下上、下、左、右方向键时不会产生 QEvent::KeyPress 类型的事件，只会在按键释放时产生 QEvent::KeyRelease 类型的事件。

5. 事件处理函数 showEvent()和 hideEvent()

在窗口显示/隐藏或组件的 visible 属性变化时，事件处理函数 showEvent()或 hideEvent()会被触发运行。重新实现这两个函数，代码如下：

```
void Widget::showEvent(QShowEvent *event)
{
    Q_UNUSED(event);
    qDebug("showEvent()函数被触发");
}
void Widget::hideEvent(QHideEvent *event)
{
    Q_UNUSED(event);
    qDebug("hideEvent()函数被触发");
}
```

程序运行时我们会发现，应用程序最小化或窗口关闭时会触发函数 hideEvent()，在系统任务栏上点击应用程序重新显示其窗口时，会触发函数 showEvent()。

6.2 事件与信号

事件和信号的区别在于，事件通常是由窗口系统或应用程序产生的，信号则是 Qt 定义或用户自定义的。Qt 为界面组件定义的信号通常是对事件的封装，例如 QPushButton 的 clicked()信号可以看作对 QEvent::MouseButtonRelease 类型事件的封装。

在使用界面组件为交互操作编程的时候，我们通常选择合适的信号，为该信号编写槽函数。但是 Qt 的界面组件只将少数事件封装成了信号，对于某些事件可能缺少对应的信号。例如，图 6-4 所示的 QLabel 的 Go to slot 对话框，这里显示了 QLabel 所有可用的信号，其中没有与鼠标双击事件对应的信号。

图 6-4 QLabel 的所有可用的信号

这种情况下，我们可以从 QLabel 继承定义一个新的标签类，通过自定义信号和事件处理，使新的标签类具有处理鼠标双击事件的信号。

6.2.1 函数 event()的作用

应用程序派发给界面组件的事件首先会由其函数 event()处理，如果函数 event()不做任何处理，组件就会自动调用 QWidget 中与事件类型对应的默认事件处理函数。从 QWidget 派生的界面组件类一般不需要重新实现函数 event()，如果要对某种类型事件进行处理，可以重新实现对应的事件处理函数，如 6.1 节介绍的那样。

QWidget 类针对一些典型事件编写了事件处理函数（见表 6-2），但是某些类型的事件没有对应的事件处理函数。例如，对于 QEvent::HoverEnter 和 QEvent::HoverLeave 类型的事件，QWidget 类中就没有对应的事件处理函数。这种情况下，如果要对 QEvent::HoverEnter 和 QEvent::HoverLeave 类型的事件进行处理，就需要自定义一个类，重新实现函数 event()，判断事件类型，针对 QEvent::HoverEnter 和 QEvent::HoverLeave 类型的事件进行相应的处理。

6.2.2 事件与信号编程示例

1. 示例功能概述

本节设计一个示例项目 samp6_2，演示如何针对事件设计自定义信号，以及如何针对事件设计自定义的事件处理函数。示例运行时界面如图 6-5 所示。

我们设计一个标签类 TMyLabel，它从 QLabel 继承而来。TMyLabel 为鼠标双击事件定义了信号 doubleClicked()，并且对 QEvent::HoverEnter 和 QEvent::HoverLeave 类型的事件进行了处理。鼠标光标移动到标签上（HoverEnter 事件）时，标签的文字变为红色；鼠标光标离开标签（HoverLeave 事件）时，标签的文字变为黑色。

图 6-5 示例 samp6_2 运行时界面

2. 设计新的标签类

新建一个 GUI 项目 samp6_2，窗口基类选择 QWidget。然后创建一个 C++类 TMyLabel，在类似于图 3-1 所示的界面中，设置基类为 QLabel，勾选 Add Q_OBJECT 复选框。Qt Creator 会自动创建文件 tmylabel.h 和 tmylabel.cpp，并将其添加到项目里。TMyLabel 类的定义代码如下：

```
class TMyLabel : public QLabel
{
    Q_OBJECT
public:
    TMyLabel(QWidget *parent = nullptr);                  //构造函数需要按此参数改写
    bool  event(QEvent *e);                               //重新实现 event()函数
protected:
    void  mouseDoubleClickEvent(QMouseEvent *event);     //重新实现鼠标双击事件的默认处理函数
signals:
    void  doubleClicked();                                //自定义信号
};
```

TMyLabel 类里重新定义了函数 event()和 mouseDoubleClickEvent()，定义了一个信号 doubleClicked()。

注意，TMyLabel 的构造函数需要改写为代码中的参数形式。使用创建 C++类向导自动生成的 TMyLabel 的构造函数没有任何参数，那样是有问题的，因为界面组件必须有一个父容器组件。

文件 tmylabel.cpp 里 TMyLabel 类的实现代码如下：

```
TMyLabel::TMyLabel(QWidget *parent):QLabel(parent)
{
    this->setAttribute(Qt::WA_Hover,true);              //必须设置这个属性，才能产生 hover 事件
}

bool TMyLabel::event(QEvent *e)
```

```
{
    if(e->type()== QEvent::HoverEnter)                //鼠标光标移入
    {
        QPalette plet= this->palette();
        plet.setColor(QPalette::WindowText, Qt::red);
        this->setPalette(plet);
    }
    else if (e->type()== QEvent::HoverLeave)          //鼠标光标移出
    {
        QPalette plet= this->palette();
        plet.setColor(QPalette::WindowText, Qt::black);
        this->setPalette(plet);
    }
    return QLabel::event(e);                          //运行父类的 event()，处理其他类型事件
}

void TMyLabel::mouseDoubleClickEvent(QMouseEvent *event)
{
    Q_UNUSED(event);
    emit doubleClicked();                            //发射信号
}
```

在构造函数里，我们将 TMyLabel 的 Qt::WA_Hover 属性设置为 true（默认值是 false）。这样，鼠标光标移入和移出 TMyLabel 组件时，才会分别产生 QEvent::HoverEnter 和 QEvent::HoverLeave 类型的事件。

函数 event()里会判断事件的类型，如果事件类型是 QEvent::HoverEnter，就把组件的文字颜色设置为红色，如果事件类型是 QEvent::HoverLeave，就把组件的文字颜色设置为黑色。注意，函数 event()里的最后一行代码是必需的，它表示要运行父类 QLabel 的 event()函数，因为在 TMyLabel 的 event()函数里只对两个事件进行了处理，对于其他典型事件，还需要交给父类去处理。

mouseDoubleClickEvent()是鼠标双击事件的默认处理函数，重新实现的这个函数里就发射了自定义信号 doubleClicked()。这样，我们就把鼠标双击事件转换为发射一个信号，如果要对 TMyLabel 组件的鼠标双击事件进行处理，只需为其 doubleClicked()信号编写槽函数即可。

3. 示例程序设计

设计好 TMyLabel 类的程序后，我们再设计窗口的程序。在 UI 可视化设计时，在窗体上放置一个 QLabel 组件，设置其对象名称为 lab，需要用提升法将它提升成 TMyLabel 类。在组件 lab 的快捷菜单中点击 Promote to 菜单项，会出现图 6-6 所示的对话框。

组件的基类名称是 QLabel，这是标签组件原来的类名称。在 Promoted class name 编辑框里输入 TMyLabel，也就是需要提升成的类名称，Header file 编辑框里会自动显示头文件名。勾选 Global include 复选框，点击 Add 按钮，会将此提升类的设置添加到上面的列表里，这样项目里其他 QLabel 组件提升为 TMyLabel 类时就可以直接应用此设置。最后，点击 Promote 按钮，此对话框会关闭，在属性编辑器里会看到，组件 lab 的类名称变成了 TMyLabel。

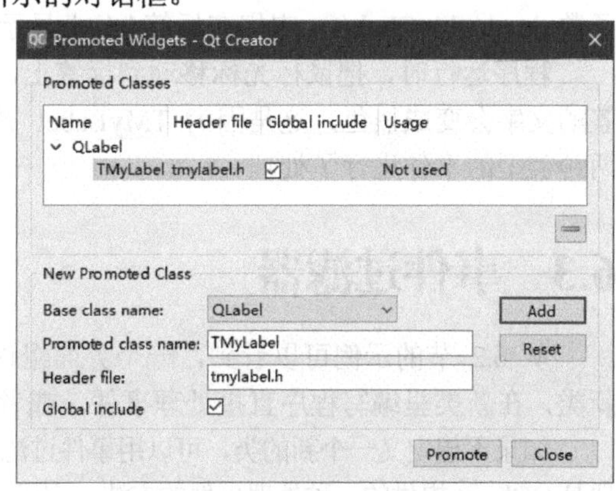

图 6-6 将 QLabel 组件提升为 TMyLabel 类

将组件 lab 提升为 TMyLabel 类后，打开 lab 的 Go to slot 对话框，可以发现对话框里并没有在

TMyLabel 中自定义的信号 doubleClicked()。使用提升法提升组件的类后，提升成的类里新定义的属性、信号等不会在 Qt Creator 环境里显示出来。

在窗口类 Widget 里增加两项定义，Widget 类的定义代码如下：

```
class Widget : public QWidget
{
    Q_OBJECT
public:
    Widget(QWidget *parent = nullptr);
protected:
    void  mouseDoubleClickEvent(QMouseEvent *event);    //在窗口上双击时的响应
private slots:
    void  do_doubleClick();                             //与 lab 的 doubleClicked()信号关联
private:
    Ui::Widget *ui;
};
```

Widget 类重新定义了函数 mouseDoubleClickEvent()，这是双击窗口时的事件响应函数。设计了一个自定义槽函数 do_doubleClick()，用于与界面组件 lab 的 doubleClicked()信号关联。

文件 widget.cpp 中的实现代码如下：

```
Widget::Widget(QWidget *parent)  : QWidget(parent)  , ui(new Ui::Widget)
{
    ui->setupUi(this);
    connect(ui->lab, SIGNAL(doubleClicked()), this,SLOT(do_doubleClick()));
}
void Widget::mouseDoubleClickEvent(QMouseEvent *event)
{//双击窗口时的响应
    Q_UNUSED(event);
    ui->lab->setText("窗口被双击了");
    ui->lab->adjustSize();
}
void Widget::do_doubleClick()
{//双击标签时的响应
    ui->lab->setText("标签被双击了，信号的槽函数响应");
    ui->lab->adjustSize();
}
```

在 Widget 类的构造函数里，标签 lab 的 doubleClicked()信号与自定义槽函数 do_doubleClick()关联。双击窗口时会触发窗口的事件处理函数 mouseDoubleClickEvent()，双击标签 lab 时会触发槽函数 do_doubleClick()，它们在标签 lab 上显示不同的文字。

程序运行时，把鼠标光标移动到标签上，标签的文字会变成红色；鼠标光标移出标签时，标签的文字会变成黑色，这是因为 TMyLabel 类先后对 QEvent::HoverEnter 和 QEvent::HoverLeave 两种类型的事件进行了处理。

6.3 事件过滤器

从 6.2 节的示例可以看到，一个界面组件如果要对事件进行处理，需要从父类继承定义一个新类，在新类里编写程序直接处理事件，或者将事件转换为信号。

如果不想定义一个新的类，可以用事件过滤器（event filter）对界面组件的事件进行处理。事件过滤器是 QObject 提供的一种处理事件的方法，它可以将一个对象的事件委托给另一个对象来监视并处理。

6.3.1 事件过滤器工作原理

6.1 节和 6.2 节已经介绍了事件产生、派发、传播和处理的基本原理，产生的事件会被派发给接收者，由接收者的 event()函数去处理。从 6.2 节的示例可以看到，如果要对一个标签的某些事件进行处理，需要重新定义一个标签类，在标签类里重新实现函数 event()或对应的事件处理函数。

QObject 还提供了另一种处理事件的方法：事件过滤器。它可以将一个对象的事件委托给另一个对象来监视并处理。例如，一个窗口可以作为其界面上的 QLabel 组件的事件过滤器，派发给 QLabel 组件的事件由窗口去处理，这样，就不需要为了处理某种事件而新定义一个标签类。

要实现事件过滤器功能，需要完成两项操作。

（1）被监视对象使用函数 installEventFilter()将自己注册给监视对象，监视对象就是事件过滤器。

（2）监视对象重新实现函数 eventFilter()，对监视到的事件进行处理。

installEventFilter()和 eventFilter()都是 QObject 类定义的公有函数。函数 installEventFilter()的原型定义如下：

```
void  QObject::installEventFilter(QObject *filterObj)
```

被监视的对象调用函数 installEventFilter()，将对象 filterObj 设置为自己的事件过滤器。

函数 eventFilter()的原型定义如下：

```
bool  QObject::eventFilter(QObject *watched, QEvent *event)
```

作为事件过滤器的监视对象需要重新实现函数 eventFilter()，参数 watched 是被监视对象，event 是产生的事件。这个函数有一个返回值，如果返回 true，事件就不会再传播给其他对象，事件处理结束；如果返回 false，事件会继续传播给事件接收者做进一步处理。

6.3.2 事件过滤器编程示例

使用事件过滤器可以比较灵活地实现对事件的处理，一般是用窗口对象作为界面上的一些组件的事件过滤器，这样就不需要为了处理某个事件而新定义一个类。

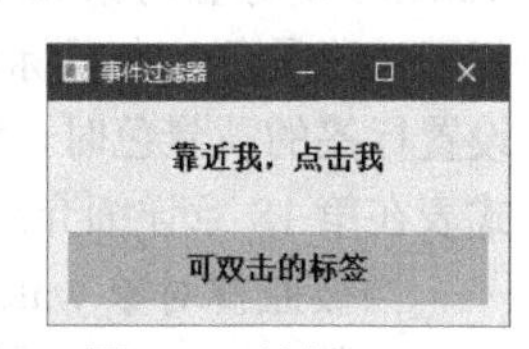

图 6-7 示例 samp6_3 运行时界面

本节用示例 samp6_3 演示事件过滤器的用法。示例运行时界面如图 6-7 所示，UI 可视化设计时就是用两个 QLabel 组件在窗口上垂直布局。窗口的基类是 QWidget，在窗口类 Widget 中重新定义了函数 eventFilter()，无须进行其他定义。Widget 类的构造函数以及函数 eventFilter()的代码如下：

```
Widget::Widget(QWidget *parent) : QWidget(parent) , ui(new Ui::Widget)
{
    ui->setupUi(this);
    ui->labHover->installEventFilter(this);                          //安装事件过滤器
    ui->labDBClick->installEventFilter(this);                        //安装事件过滤器
}

bool Widget::eventFilter(QObject *watched, QEvent *event)
{
//上面的 QLabel 组件的事件处理
    if (watched == ui->labHover)
    {
        if (event->type()== QEvent::Enter)                           //鼠标光标移入
            ui->labHover->setStyleSheet("background-color: rgb(170, 255, 255);");
```

```
        else if (event->type()== QEvent::Leave)              //鼠标光标离开
        {
            ui->labHover->setStyleSheet("");
            ui->labHover->setText("靠近我，点击我");
        }
        else if (event->type()== QEvent::MouseButtonPress)      //鼠标键按下
            ui->labHover->setText("button pressed");
        else if (event->type()== QEvent::MouseButtonRelease)   //鼠标键释放
            ui->labHover->setText("button released");
    }
//下面的QLabel组件的事件处理
    if (watched == ui->labDBClick)
    {
        if (event->type()== QEvent::Enter)                  //鼠标光标移入
            ui->labDBClick->setStyleSheet("background-color: rgb(85, 255, 127);");
        else if (event->type()== QEvent::Leave)              //鼠标光标离开
        {
            ui->labDBClick->setStyleSheet("");
            ui->labDBClick->setText("可双击的标签");
        }
        else if (event->type()== QEvent::MouseButtonDblClick)  //鼠标双击
            ui->labDBClick->setText("double clicked");
    }

    return QWidget::eventFilter(watched,event);          //运行父类的eventFilter()函数
//    return true;                                       //有问题，不能直接返回true
}
```

在 Widget 类的构造函数里，两个 QLabel 组件运行了函数 installEventFilter()，将窗口对象设置为自己的事件过滤器。这样，应用程序派发给这两个 QLabel 组件的事件就会被窗口对象监视和处理。

Widget 类重新实现了函数 eventFilter()，对被监视对象的事件进行处理。如果被监视对象 watched 是标签对象 labHover，在鼠标光标移入时设置它的背景色为亮蓝色，在鼠标光标移出时恢复默认背景色，在鼠标键按下时显示“button pressed”，在鼠标键释放时显示“button released”。设置标签的背景色时，我们使用了 QWidget 的 setStyleSheet()函数，这个函数用于设置样式表，样式表在第 18 章详细介绍。

当被监视对象 watched 是标签对象 labDBClick 时，代码的功能是相似的。

函数 eventFilter()最后一行代码是运行父类的 eventFilter()函数。不能用 return true 替代这一行代码。如果函数 eventFilter()直接返回 true，事件过滤器拦截的事件将不会传播给被监视对象，而在这个类的 eventFilter()函数里，我们只处理了被监视对象的少数几个事件，例如 QEvent::Paint 类型的事件就没有处理。如果直接返回 true，程序运行时界面上根本就不显示标签的文字。

提示 本示例中使用了 QEvent::Enter 和 QEvent::Leave 两个类型的事件，它们与示例 samp6_2 中用到的 QEvent::HoverEnter 和 QEvent::HoverLeave 类型的事件功能相似。只是使用 Hover 事件时，需要将组件的 mouseTracking 属性设置为 true，而使用 QEvent::Enter 和 QEvent::Leave 事件时无须设置这个属性。

6.4 拖放事件与拖放操作

拖放（drag and drop）操作是 GUI 应用程序中经常使用的一种操作，例如将视频文件拖放到一个视频播放软件上，软件就可以播放此文件。本节介绍拖放操作的基本原理，然后设计一个示

例程序，程序能接受从 Windows 资源管理器拖动来的 JPG 图片文件，并能显示图片。

6.4.1 拖放操作相关事件

拖放由两个操作组成：拖动（drag）和放置（drop）。被拖动的组件称为拖动点（drag site），接收拖动操作的组件称为放置点（drop site）。拖动点与放置点可以是不同的组件，甚至是不同的应用程序，也可以是同一个组件，例如一个目录树内的节点的拖放操作。

整个拖放操作可以分解为两个过程。

（1）拖动点启动拖动操作。被拖动组件通过 mousePressEvent()和 mouseMoveEvent()这两个事件处理函数的处理，检测到鼠标左键按下并移动时就可以启动拖动操作。启动拖动操作需要创建一个 QDrag 对象描述拖动操作，以及创建一个 QMimeData 类的对象用于存储拖动操作的格式信息和数据，并将其赋值为 QDrag 对象的 mimeData 属性。

（2）放置点处理放置操作。当拖动操作移动到放置点范围内时，首先触发 dragEnterEvent()事件处理函数，在此函数里一般要通过 QDrag 对象的 mimeData 数据判断拖动操作的来源和参数，以决定是否接受此拖动操作。只有被接受的拖动操作才可以被放置，并触发 dropEvent()事件处理函数。函数 dropEvent()用于处理放置时的具体操作，例如根据拖动来的文件类型执行相应的操作。

从这个过程可以看到，要实现完整的拖放操作需要对各种事件进行处理，拖动点和放置点最好是各自实现相关事件处理的类，如果要在同一个窗口上实现这些事件的处理，需要用到事件过滤器。

QWidget 类有一个属性 acceptDrops，如果设置为 true，那么对应的这个组件就可以作为一个放置点。属性 acceptDrops 的默认值为 false。QWidget 类中没有定义拖动操作相关的函数，所以一般的界面组件是不能作为拖动点的。QAbstractItemView 类定义了更多与拖动操作相关的函数，所以，QListWidget、QTreeWidget、QTableWidget 等组件既可以作为拖动点，也可以作为放置点。下一节会详细介绍这些组件的拖放操作。

6.4.2 外部文件拖放操作示例

1. 示例功能和窗口界面可视化设计

本节设计一个示例项目 samp6_4，演示一个放置点功能的实现。如图 6-8 所示，从 Windows 资源管理器中将一个 JPG 图片文件拖动到程序窗口上，程序会显示拖动事件的 mimeData 数据，并显示图片。程序窗口只接受 JPG 文件，其他格式文件一律不接受。

图 6-8 从 Windows 资源管理器中将一个 JPG 图片文件拖动到程序窗口上

示例 samp6_4 的窗口基类是 QWidget。在 UI 可视化设计时，在窗体上只放置一个 QPlainTextEdit 组件和一个 QLabel 组件，没有使用水平布局，而是固定大小。QLabel 组件的 scaledContents 属性设置为 true，使图片适应 QLabel 组件的大小。

2. 窗口类定义和初始化

在窗口类 Widget 中的 protected 部分定义了需要重新实现的 3 个事件处理函数，定义如下：

```
protected:
    void  dragEnterEvent(QDragEnterEvent *event);     //拖动文件进入窗口时触发的事件处理函数
```

```
    void  resizeEvent(QResizeEvent *event);        //窗口改变大小时触发的事件处理函数
    void  dropEvent(QDropEvent *event);            //拖动文件在窗口上放置时触发的事件处理函数
```

窗口类 Widget 的构造函数代码如下：

```
Widget::Widget(QWidget *parent) :   QWidget(parent),   ui(new Ui::Widget)
{
   ui->setupUi(this);
   ui->labPic->setScaledContents(true);               //图片适应组件大小
   this->setAcceptDrops(true);                        //由窗口接受放置操作
   ui->plainTextEdit->setAcceptDrops(false);          //不接受放置操作，由窗口去处理
   ui->labPic->setAcceptDrops(false);                 //不接受放置操作，由窗口去处理
}
```

注意，我们将界面上的组件 plainTextEdit 和 labPic 的 acceptDrops 属性都设置为 false，但是窗口的 acceptDrops 属性设置为 true，这样，在这两个组件上的拖放操作事件都会自动传播给窗口，由窗口去处理。所以，我们只需在 Widget 类中定义事件处理函数，而不需要将窗口注册为这两个界面组件的事件过滤器，从而简化了处理流程。

3. 函数 dragEnterEvent()的实现

从 Windows 资源管理器拖动一个 JPG 文件到本示例窗口上时，会触发窗口的 dragEnterEvent()事件处理函数，该函数的代码如下：

```
void Widget::dragEnterEvent(QDragEnterEvent *event)
{
    //显示 MIME 信息
    ui->plainTextEdit->clear();
    ui->plainTextEdit->appendPlainText("dragEnterEvent 事件 mimeData()->formats()");
    for(int i=0; i<event->mimeData()->formats().size(); i++)
        ui->plainTextEdit->appendPlainText(event->mimeData()->formats().at(i));

    ui->plainTextEdit->appendPlainText("\n dragEnterEvent 事件 mimeData()->urls()");
    for(int i=0; i<event->mimeData()->urls().size(); i++)
    {
        QUrl url= event->mimeData()->urls().at(i);                     //带路径文件名
        ui->plainTextEdit->appendPlainText(url.path());
    }

    if (event->mimeData()->hasUrls())
    {
        QString filename= event->mimeData()->urls().at(0).fileName(); //获取文件名
        QFileInfo fileInfo(filename);                                  //获取文件信息
        QString ext= fileInfo.suffix().toUpper();                      //获取文件后缀
        if (ext == "JPG")
            event->acceptProposedAction();                             //接受拖动操作
        else
            event->ignore();                                           //忽略事件
    }
    else
        event->ignore();
}
```

事件处理函数 dragEnterEvent()的主要功能一般是通过读取拖动事件的 mimeData 属性的内容，判断该拖动操作是不是所需的来源，以决定是否允许此拖动被放置。

函数 dragEnterEvent()的输入参数 event 是 QDragEnterEvent 类型指针，event->mimeData()返回一个 QMimeData 对象，这个对象记录了拖动操作数据源的一些关键信息。

多用途互联网邮件扩展（multipurpose internet mail extensions，MIME）被设计的最初目的是在发送电子邮件时附加多媒体数据，使邮件客户端程序能根据其类型进行处理。QMimeData 是对 MIME 数据的封装，在拖放操作和剪贴板操作中都用 QMimeData 类描述传输的数据。

一个 QMimeData 对象可能用多种格式存储同一数据。函数 QMimeData::formats()返回对象支持的 MIME 格式的字符串列表。示例程序将函数 formats()返回的格式全部显示出来。在本示例程序运行时，从 Windows 资源管理器中将一个 JPG 文件拖放到窗口上时，函数 formats()返回的格式列表如下：

```
application/x-qt-windows-mime;value="Shell IDList Array"
application/x-qt-windows-mime;value="UsingDefaultDragImage"
application/x-qt-windows-mime;value="DragImageBits"
application/x-qt-windows-mime;value="DragContext"
application/x-qt-windows-mime;value="DragSourceHelperFlags"
application/x-qt-windows-mime;value="InShellDragLoop"
text/uri-list
application/x-qt-windows-mime;value="FileName"
application/x-qt-windows-mime;value="FileContents"
application/x-qt-windows-mime;value="FileNameW"
application/x-qt-windows-mime;value="FileGroupDescriptorW"
```

其中，application/x-qt-windows-mime 是 Windows 平台上自定义的 MIME 格式；text/uri-list 是标准的 MIME 格式，表示 URL 或本机上的文件来源。本示例接收从 Windows 资源管理器拖动来的一个 JPG 文件，所以 MIME 的格式中有 text/uri-list。

知道 MIME 的数据格式是 text/uri-list 后，就可以用 QMimeData 的函数 urls()获取一个列表。程序中用代码显示了函数 urls()返回的列表的内容。函数 QMimeData::urls()返回的结果是 QUrl 类的列表数据，函数 QUrl::path()返回 URL 的路径，对于本机上的文件就是带路径的文件名。本示例在 Windows 上运行时返回的文件名类似于下面的字符串，在字符串开头有一个额外的“/”：

```
/C:/Users/wwb/Pictures/Saved Pictures/IMG_110946.jpg
```

QMimeData 对常见的 MIME 格式有相应的判断函数、获取数据的函数和设置函数，如表 6-3 所示。表中仅列出函数名，省略了函数的输入输出参数。

表 6-3 QMimeData 对常见 MIME 格式的判断、获取数据和设置函数

MIME 格式	判断函数	获取数据的函数	设置函数
text/plain	hasText()	text()	setText()
text/html	hasHtml()	html()	setHtml()
text/uri-list	hasUrls()	urls()	setUrls()
image/*	hasImage()	imageData()	setImageData()
application/x-color	hasColor()	colorData()	setColorData()

我们在函数 dragEnterEvent()中判断 MIME 数据格式以及来源文件是否为 JPG 文件，然后调用 QDragEnterEvent 的 acceptProposedAction()函数或 ignore()函数进行相应的处理。

- 函数 acceptProposedAction()表示接受拖动操作，允许后续的放置操作。
- 函数 ignore()表示不接受拖动操作，不允许后续的放置操作。

程序中用到了 QFileInfo 类，这个类用于获取文件信息，第 8 章会详细介绍这个类的功能。

4. 函数 dropEvent()的实现

当一个被接受的拖动操作在窗口上放置时，会触发事件处理函数 dropEvent()，函数的代码如下：

```
void Widget::dropEvent(QDropEvent *event)
{
    QString filename= event->mimeData()->urls().at(0).path();     //完整文件名
```

```
        filename= filename.right(filename.length()-1);           //去掉最左边的“/”
        QPixmap pixmap(filename);
        ui->labPic->setPixmap(pixmap);
        event->accept();
    }
```

在函数 dragEnterEvent()中被接受的拖动操作在放置时才会触发事件处理函数 dropEvent()，所以在此函数里无须再进行 MIME 格式判断。程序的关键是通过下面的代码获取拖动操作的源文件的完整文件名：

```
QString filename= event->mimeData()->urls().at(0).path();        //完整文件名
```

在 Windows 平台上，返回的字符串 filename 的开头有一个额外的“/”，通过字符串处理去掉此字符以得到正确的文件名，然后在窗口上的标签组件 labPic 上显示此图片。

5. 函数 resizeEvent()的实现

在窗口改变大小时，会触发事件处理函数 resizeEvent()，该函数代码如下：

```
void Widget::resizeEvent(QResizeEvent *event)
{
    QSize sz= ui->plainTextEdit->size();
    ui->plainTextEdit->resize(this->width()-10,sz.height());      //只改变宽度
    ui->labPic->resize(this->width()-10,this->height()-sz.height()-20);
    //改变宽度和高度
    event->accept();
}
```

在可视化设计本示例的窗口界面时，我们没有使用布局管理，那么在改变窗口大小时，界面上的两个组件不能自动改变大小。所以，我们重新实现了事件处理函数 resizeEvent()，在窗口大小改变时，根据窗口的宽度和高度来改变组件 plainTextEdit 的宽度以及改变组件 labPic 的宽度和高度，使它们随着窗口大小的改变而改变。

6.5 具有拖放操作功能的组件

Qt 类库中的一些类实现了完整的拖放操作功能，例如 QLineEdit、QAbstractItemView、QStandardItem 等类都有一个函数 setDragEnabled(bool)，当设置参数为 true 时，组件就可以作为一个拖动点，具有默认的启动拖动的操作。QAbstractItemView 类定义了拖放操作相关的各种函数，通过这些函数的设置，QListView、QTableView、QTreeView 及其对应的便利类都会具有非常方便的节点拖放操作功能。

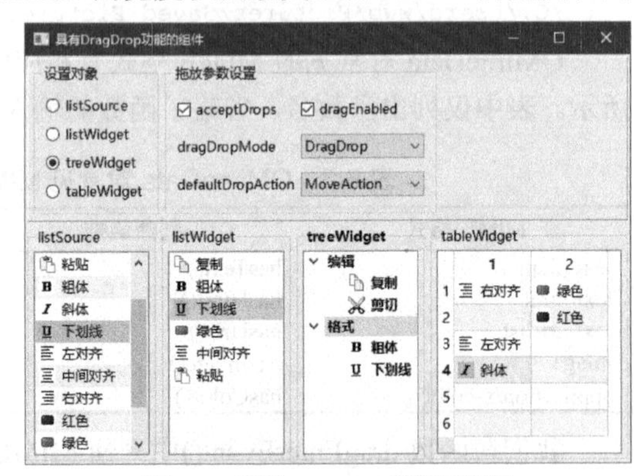

图 6-9 示例 samp6_5 运行时界面

本节设计一个示例项目 samp6_5，演示 QListWidget、QTableWidget、QTreeWidget 的拖放操作功能。示例运行时界面如图 6-9 所示，窗口上有 4 个具有拖放操作功能的界面组件。

- 标题为“listSource”的分组框里是一个 QListWidget 组件，对象名称为 listSource，在 UI 可视化设计时就设计好了十几个带图标的项。
- 标题为“listWidget”的分组框里是一个 QListWidget 组件，对象名称是 listWidget，在 UI 可视化设计时其内容为空。

- 标题为“treeWidget”的分组框里是一个 QTreeWidget 组件，对象名称是 treeWidget，在 UI 可视化设计时只设计了“编辑”和“格式”两个节点。
- 标题为“tableWidget”的分组框里是一个 QTableWidget 组件，对象名称是 tableWidget，在 UI 可视化设计时其内容为空。

在窗口上方还可以对这 4 个组件进行拖放操作相关的设置。在“设置对象”分组框里选择一个对象后，在“拖放参数设置”分组框里会显示这个组件的 4 个属性的值，也可以设置组件的这 4 个拖放操作属性。这 4 个属性影响组件的拖放操作特性，后面会结合代码具体解释这些属性的作用。

6.5.1　示例窗口类定义和初始化

本示例的窗口基类是 QWidget，窗口界面可视化设计结果见 UI 文件 widget.ui，界面设计不再赘述。在窗口类 Widget 中增加了一些定义，Widget 类的定义代码如下：

```
class Widget : public QWidget
{
    Q_OBJECT
private:
    int  getDropActionIndex(Qt::DropAction actionType);         //将枚举值转换为 index
    Qt::DropAction  getDropActionType(int index);               //将 index 转换为枚举值
    QAbstractItemView  *m_itemView= nullptr;                    //当前设置属性的组件
    void  refreshToUI(QGroupBox *curGroupBox);                  //将组件的属性显示到界面上
protected:
    bool  eventFilter(QObject *watched, QEvent *event);
public:
    Widget(QWidget *parent = nullptr);
private:
    Ui::Widget  *ui;
}
```

Widget 类里定义了一个 QAbstractItemView 类型的指针 m_itemView，用于指向界面上的 4 个项数据组件中的一个，作为当前设置属性的组件。Widget 类重新定义了事件过滤器函数 eventFilter()，这是为了将窗口作为 4 个项数据组件的事件过滤器，来处理它们的 QEvent::KeyPress 类型事件，在按下 Delete 键时删除组件中的当前项。Widget 类的构造函数代码如下：

```
Widget::Widget(QWidget *parent):   QWidget(parent),   ui(new Ui::Widget)
{
    ui->setupUi(this);
    //安装事件过滤器，由窗口处理 4 个项数据组件的事件
    ui->listSource->installEventFilter(this);
    ui->listWidget->installEventFilter(this);
    ui->treeWidget->installEventFilter(this);
    ui->tableWidget->installEventFilter(this);

    //设置 4 个项数据组件的拖放操作相关属性
    ui->listSource->setAcceptDrops(true);
    ui->listSource->setDragDropMode(QAbstractItemView::DragDrop);
    ui->listSource->setDragEnabled(true);
    ui->listSource->setDefaultDropAction(Qt::CopyAction);

    ui->listWidget->setAcceptDrops(true);
    ui->listWidget->setDragDropMode(QAbstractItemView::DragDrop);
    ui->listWidget->setDragEnabled(true);
    ui->listWidget->setDefaultDropAction(Qt::CopyAction);
```

```
    ui->treeWidget->setAcceptDrops(true);
    ui->treeWidget->setDragDropMode(QAbstractItemView::DragDrop);
    ui->treeWidget->setDragEnabled(true);
    ui->treeWidget->setDefaultDropAction(Qt::CopyAction);

    ui->tableWidget->setAcceptDrops(true);
    ui->tableWidget->setDragDropMode(QAbstractItemView::DragDrop);
    ui->tableWidget->setDragEnabled(true);
    ui->tableWidget->setDefaultDropAction(Qt::MoveAction);
}
```

构造函数主要完成了如下操作。

- 4 个可拖放操作组件调用函数 installEventFilter()，将窗口作为事件过滤器。
- 4 个可拖放操作组件分别设置了拖放操作的属性，其中 setAcceptDrops(true)使组件可以作为放置点接受放置操作，setDragEnabled(true)使组件可以作为拖动点启动拖动操作，另外两个函数的功能和参数在后面详细介绍。

6.5.2 拖放操作属性的显示

在窗口上的“设置对象”分组框里点击某个单选按钮时，右侧的“拖放参数设置”分组框里就会显示选中组件的拖放操作属性。这 4 个单选按钮的 clicked()信号的槽函数以及相关的两个自定义函数的代码如下：

```
void Widget::on_radio_Source_clicked()
{//listSource 单选按钮
    m_itemView= ui->listSource;                                  //当前设置属性的组件
    refreshToUI(ui->groupBox_1);                                 //属性刷新显示到界面上
}
void Widget::on_radio_List_clicked()
{//listWidget 单选按钮
    m_itemView= ui->listWidget;
    refreshToUI(ui->groupBox_2);
}
void Widget::on_radio_Tree_clicked()
{//treeWidget 单选按钮
    m_itemView= ui->treeWidget;
    refreshToUI(ui->groupBox_3);
}
void Widget::on_radio_Table_clicked()
{//tableWidget 单选按钮
    m_itemView= ui->tableWidget;
    refreshToUI(ui->groupBox_4);
}

void Widget::refreshToUI(QGroupBox * curGroupBox)
{//组件的属性显示到界面上
    ui->chkBox_AcceptDrops->setChecked(m_itemView->acceptDrops()); //acceptDrops 复选框
    ui->chkBox_DragEnabled->setChecked(m_itemView->dragEnabled()); //dragEnabled 复选框
    ui->combo_Mode->setCurrentIndex((int)m_itemView->dragDropMode()); //dragDropMode 下拉列表框
    int index= getDropActionIndex(m_itemView->defaultDropAction());
    ui->combo_DefaultAction->setCurrentIndex(index);       //defaultDropAction 下拉列表框

    QFont font= ui->groupBox_1->font();
    font.setBold(false);
```

```
    ui->groupBox_1->setFont(font);
    ui->groupBox_2->setFont(font);
    ui->groupBox_3->setFont(font);
    ui->groupBox_4->setFont(font);
    font.setBold(true);
    curGroupBox->setFont(font);                    //当前设置属性的组件所在分组框文字用粗体
}

int Widget::getDropActionIndex(Qt::DropAction actionType)
{//根据 Qt::DropAction 的枚举值，获取下拉列表框中的索引
    switch (actionType)
    {
    case Qt::CopyAction:
        return 0;
    case Qt::MoveAction:
        return 1;
    case Qt::LinkAction:
        return 2;
    case Qt::IgnoreAction:
        return 3;
    default:
        return  0;
    }
}
```

在某个单选按钮被点击时，设置私有变量 m_itemView 指向对应的界面组件，然后调用自定义函数 refreshToUI()，将所选组件的 4 个拖放操作相关属性值显示到界面上。获取属性值的 4 个函数中，函数 acceptDrops()是在 QWidget 类中定义的，其他 3 个函数都是在 QAbstractItemView 类中定义的。

- 函数 acceptDrops()：返回一个 bool 类型的值，表示组件是否可以作为放置点接受放置操作。
- 函数 dragEnabled()：返回一个 bool 类型的值，表示组件是否可以作为拖动点启动拖动操作。
- 函数 dragDropMode()：返回结果是枚举类型 QAbstractItemView::DragDropMode，表示拖放操作模式，各枚举值如表 6-4 所示。

表 6-4 枚举类型 QAbstractItemView::DragDropMode 的枚举值

枚举值	数值	描述
QAbstractItemView::NoDragDrop	0	组件不支持拖放操作
QAbstractItemView::DragOnly	1	组件只支持拖动操作
QAbstractItemView::DropOnly	2	组件只支持放置操作
QAbstractItemView::DragDrop	3	组件支持拖放操作
QAbstractItemView::InternalMove	4	组件只支持内部项的移动操作，例如目录树内节点的移动操作

- 函数 defaultDropAction()：返回结果是枚举类型 Qt::DropAction。当组件作为放置点时，它表示在完成拖放时数据操作的模式，各枚举值如表 6-5 所示。

表 6-5 枚举类型 Qt::DropAction 的枚举值

枚举值	数值	描述
Qt::CopyAction	1	将数据复制到放置点组件处
Qt::MoveAction	2	将数据从拖动点组件处移动到放置点组件处
Qt::LinkAction	4	在拖动点组件和放置点组件之间建立数据连接
Qt::IgnoreAction	0	对数据不进行任何操作

窗口上的 defaultDropAction 下拉列表框中列出了表 6-5 中所示的 4 个枚举值，因为枚举值对

应的数值不是连续的，所以用一个自定义函数 getDropActionIndex()将枚举值转换为下拉列表框中对应项的索引。

6.5.3 拖放操作属性的设置

选择一个设置对象后，就可以通过窗口上“拖放参数设置”分组框里的 4 个组件设置所选组件的拖放操作属性，相关代码如下：

```
void Widget::on_chkBox_AcceptDrops_clicked(bool checked)
{//acceptDrops 复选框
    m_itemView->setAcceptDrops(checked);
}
void Widget::on_chkBox_DragEnabled_clicked(bool checked)
{//dragEnabled 复选框
    m_itemView->setDragEnabled(checked);
}
void Widget::on_combo_Mode_currentIndexChanged(int index)
{//dragDropMode 下拉列表框
    QAbstractItemView::DragDropMode  mode= (QAbstractItemView::DragDropMode)index;
    m_itemView->setDragDropMode(mode);
}
void Widget::on_combo_DefaultAction_currentIndexChanged(int index)
{//defaultDropAction 下拉列表框
    Qt::DropAction actionType= getDropActionType(index);
    m_itemView->setDefaultDropAction(actionType);
}

Qt::DropAction Widget::getDropActionType(int index)
{//根据下拉列表框的索引，返回 Qt::DropAction 类型的枚举值
    switch (index)
    {
    case 0:
        return Qt::CopyAction;
    case 1:
        return Qt::MoveAction;
    case 2:
        return Qt::LinkAction;
    case 3:
        return Qt::IgnoreAction;
    default:
        return Qt::CopyAction;
    }
}
```

变量 m_itemView 指向需要设置属性的组件，可以通过 4 个接口函数设置拖放操作的属性。

- 函数 setAcceptDrops(bool)：设置为 true 时，组件作为放置点，可接受放置操作。
- 函数 setDragEnabled(bool)：设置为 true 时，组件作为拖动点，可以启动拖动操作。
- 函数 setDragDropMode(mode)：参数 mode 是枚举类型 QAbstractItemView::DragDropMode，各枚举值如表 6-4 所示，用于设置拖放操作模式。使用函数 setDragDropMode()设置拖放操作模式时，相当于用不同的组合调用了 setAcceptDrops()和 setDragEnabled()，例如运行下面的语句：

```
setDragDropMode(QAbstractItemView::DragOnly)
```

就相当于运行了 setAcceptDrops(false)和 setDragEnabled(true)。

- 函数 setDefaultDropAction(dropAction)：参数 dropAction 是枚举类型 Qt::DropAction，用于设置完成拖放操作时源组件的数据操作方式。各枚举值如表 6-5 所示。

6.5.4 通过事件过滤器实现项的删除

在 Widget 类的构造函数中，4 个可拖放操作组件通过函数 installEventFilter()将窗口作为自己的事件过滤器。Widget 类重新实现了函数 eventFilter()，对这 4 个组件的事件进行处理。

```
bool Widget::eventFilter(QObject *watched, QEvent *event)
{
    if (event->type() != QEvent::KeyPress)                          //不是 KeyPress 事件，退出
        return QWidget::eventFilter(watched,event);
    QKeyEvent *keyEvent= static_cast<QKeyEvent *>(event);
    if (keyEvent->key() != Qt::Key_Delete)                          //按下的不是 Delete 键，退出
        return QWidget::eventFilter(watched,event);

    if (watched == ui->listSource)
    {
        QListWidgetItem *item= ui->listSource->takeItem(ui->listSource->currentRow());
        delete  item;
    }
    else if (watched == ui->listWidget)
    {
        QListWidgetItem *item= ui->listWidget->takeItem(ui->listWidget->currentRow());
        delete  item;
    }
    else if (watched == ui->treeWidget)
    {
        QTreeWidgetItem *curItem= ui->treeWidget->currentItem();
        if (curItem->parent() != nullptr)
        {
            QTreeWidgetItem *parItem= curItem->parent();
            parItem->removeChild(curItem);
        }
        else
        {
            int index= ui->treeWidget->indexOfTopLevelItem(curItem);
            ui->treeWidget->takeTopLevelItem(index);
        }
        delete  curItem;
    }
    else if (watched == ui->tableWidget)
    {
        QTableWidgetItem *item= ui->tableWidget->takeItem(
                                ui->tableWidget->currentRow(),
                                ui->tableWidget->currentColumn());
        delete  item;
    }
    return true;     //表示事件已经被处理
}
```

这个函数只处理了 4 个项数据组件的 QEvent::KeyPress 类型的事件，且在按下的是 Delete 键时才处理。程序通过输入参数 watched 判断是哪个界面组件，然后删除该组件的当前项。

第 7 章

对话框和多窗口程序设计

在一个稍微复杂一点的应用程序中，除主界面窗口外，一般还有多个其他窗口或对话框。一般由主界面窗口调用这些窗口或对话框，并且与窗口或对话框交换数据，这就是多窗口的设计和调用，是设计一个完整的应用程序必不可少的功能。本章介绍多窗口应用程序的设计方法，包括如何使用 Qt 提供的标准对话框，如何设计和调用自定义对话框，如何设计类似于多页浏览器的多窗口程序，以及如何设计标准 MDI 应用程序等。

7.1 标准对话框

Qt 为应用程序设计提供了一些常用的标准对话框，如打开文件对话框、选择颜色对话框、信息提示和确认选择对话框、标准输入对话框等，我们在设计程序时可以直接调用这些对话框。

这些标准对话框类都提供了一些静态函数，通过这些静态函数就可以使用标准对话框的主要功能。Qt 预定义的各标准对话框类，及其主要静态函数的功能如表 7-1 所示。这里省略了函数的输入参数，只列出了函数的返回值类型。

表 7-1 Qt 标准对话框类及其主要静态函数的功能

对话框类	主要静态函数	函数功能
QFileDialog	QString getOpenFileName()	选择打开一个文件，返回选择文件的文件名
	QStringList getOpenFileNames()	选择打开多个文件，返回选择的所有文件的文件名列表
	QString getSaveFileName()	选择保存一个文件，返回保存文件的文件名
	QString getExistingDirectory()	选择一个已有的目录，返回所选目录的完整路径
	QUrl getOpenFileUrl()	选择打开一个文件，可选择打开远程网络文件
	void saveFileContent()	将一个 QByteArray 类型的字节数据数组的内容保存为文件
QColorDialog	QColor getColor()	显示选择颜色对话框用于选择颜色，返回值是选择的颜色
QFontDialog	QFont getFont()	显示选择字体对话框，返回值是选择的字体
QProgressDialog	—	显示进度变化的对话框，没有静态函数
QInputDialog	QString getText()	显示标准输入对话框，输入单行文字
	int getInt()	显示标准输入对话框，输入整数
	double getDouble()	显示标准输入对话框，输入浮点数
	QString getItem()	显示标准输入对话框，从一个下拉列表框中选择输入
	QString getMultiLineText()	显示标准输入对话框，输入多行字符串

续表

对话框类	主要静态函数	函数功能
QMessageBox	StandardButton information()	显示信息提示对话框
	StandardButton question()	显示询问并获取是否确认的对话框
	StandardButton warning()	显示警告信息提示对话框
	StandardButton critical()	显示错误信息提示对话框
	void about()	显示设置自定义信息的关于对话框
	void aboutQt()	显示关于 Qt 的对话框
QPrintDialog	—	打印机设置对话框，没有静态函数
QPrintPreviewDialog	—	打印预览对话框，没有静态函数

本节通过设计一个示例项目 samp7_1 演示如何使用这些对话框的常用功能，运行时界面如图 7-1 所示。窗口下方的文本框显示一些提示信息，某些对话框的设置结果应用于文本框的属性设置，如字体和颜色。本示例中不包含 QPrintDialog 和 QPrintPreviewDialog 这两个对话框的功能演示，在 10.4 节会详细介绍这两个对话框的使用方法。

创建项目 samp7_1 时选择的窗口基类是 QDialog，创建的窗口类是 Dialog。在这个窗口类里新增的自定义内容只有一个槽函数 do_progress_canceled()，在测试 QProgressDialog 时会用到。Dialog 类的构造函数里无须进行处理。

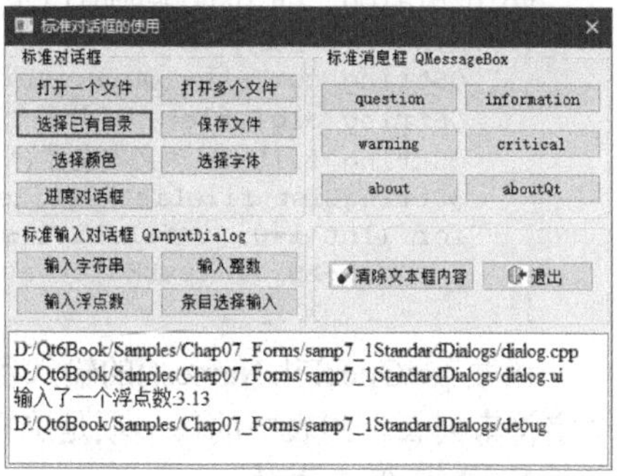

图 7-1 示例 samp7_1 运行时界面

7.1.1 QFileDialog 对话框

1. 选择打开一个文件

使用静态函数 QFileDialog::getOpenFileName()可以选择打开一个文件。窗口上的“打开一个文件”按钮的槽函数代码如下：

```
void Dialog::on_btnOpen_clicked()
{ //选择单个文件
    QString curPath= QDir::currentPath();                          //获取系统当前目录
    QString dlgTitle= "选择一个文件";                               //对话框标题
    QString filter= "文本文件(*.txt);;图片文件(*.jpg *.gif *.png);;所有文件(*.*)";
    QString fileName= QFileDialog::getOpenFileName(this,dlgTitle,curPath,filter);
    if (!fileName.isEmpty())
        ui->plainTextEdit->appendPlainText(fileName);
}
```

静态函数 QFileDialog::getOpenFileName()的原型定义如下：

```
QString  QFileDialog::getOpenFileName(QWidget *parent = nullptr,
                       const QString &caption = QString(), const QString &dir = QString(),
                       const QString &filter = QString(), QString *selectedFilter = nullptr,
                       QFileDialog::Options options = Options())
```

函数的返回值是所选择文件的文件名。所有输入参数都有默认值，这些参数的含义如下。

- parent 是对话框的父窗口，一般设置为调用对话框的窗口对象。
- caption 是对话框的标题，程序中设置为“选择一个文件”。
- dir 是打开对话框时的初始目录，程序中用静态函数 QDir::currentPath()获取当前目录。
- filter 是文件过滤器，设置选择不同后缀的文件，可以设置多组文件，如：

```
QString filter="文本文件(*.txt);;图片文件(*.jpg *.gif *.png);;所有文件(*.*)";
```

每组文件之间用两个分号隔开，同一组内不同后缀之间用空格隔开。

- selectedFilter是选择的文件过滤器，这个参数是返回值，表示选择文件时使用的文件过滤器。
- options是对话框选项，是枚举类型QFileDialog::Option的枚举值的组合，此枚举类型常用的一些枚举值的含义如下。
  - ✧ QFileDialog::ShowDirsOnly：只显示目录，默认是显示目录和文件夹。
  - ✧ QFileDialog::DontConfirmOverwrite：覆盖一个已经存在的文件时不提示，默认是要提示。只有在使用静态函数QFileDialog::getSaveFileName()选择保存文件时，此选项才有意义。
  - ✧ QFileDialog::ReadOnly：对话框显示的文件系统是只读的。

2. 选择打开多个文件

若要选择打开多个文件，应使用静态函数QFileDialog::getOpenFileNames()。“打开多个文件”按钮的槽函数代码如下：

```
void Dialog::on_btnOpenMulti_clicked()
{ //选择打开多个文件
    QString curPath= QDir::currentPath();
    QString dlgTitle= "打开多个文件";
    QString filter= "文本文件(*.txt);;图片文件(*.jpg *.gif *.png);;所有文件(*.*)";
    QStringList fileList= QFileDialog::getOpenFileNames(this,dlgTitle,curPath,filter);
    for (int i=0; i<fileList.size(); i++)
        ui->plainTextEdit->appendPlainText(fileList.at(i));
}
```

函数getOpenFileNames()的输入参数与函数getOpenFileName()的一样，其区别是返回值是一个字符串列表，列表中的每一项是选择的一个文件的文件名。

3. 选择保存文件

静态函数QFileDialog::getSaveFileName()用于选择保存一个文件，其函数原型定义如下：

```
QString  QFileDialog::getSaveFileName(QWidget *parent = nullptr,
                    const QString &caption = QString(), const QString &dir = QString(),
                    const QString &filter = QString(), QString *selectedFilter = nullptr,
                    QFileDialog::Options options = Options())
```

这个函数的输入参数与函数getOpenFileName()的相同，不再赘述。

在使用函数getSaveFileName()时，若选择的是一个已经存在的文件，会提示是否覆盖原有的文件。如果选择覆盖，会返回选择的文件名，但是并不会对文件进行实质操作，对文件的删除操作需要在选择文件之后编程实现。如果不希望出现覆盖提示，可在运行函数getSaveFileName()时设置参数options的值，将QFileDialog::DontConfirmOverwrite添加到参数options里。

窗口上“保存文件”按钮的槽函数代码如下：

```
void Dialog::on_btnSave_clicked()
{//保存文件
    QString curPath= QCoreApplication::applicationDirPath();
    QString dlgTitle= "保存文件";
    QString filter= "文本文件(*.txt);;h文件(*.h);;C++文件(.cpp);;所有文件(*.*)";
    QString fileName= QFileDialog::getSaveFileName(this,dlgTitle,curPath,filter);
    if (!fileName.isEmpty())
        ui->plainTextEdit->appendPlainText(fileName);
}
```

这段代码对选择的文件没有进行实质的保存操作，所以不会对选择的文件造成任何影响。

4. 选择已有目录

静态函数 QFileDialog::getExistingDirectory()用于选择一个已有的目录，其函数原型定义如下：

```
QString  QFileDialog::getExistingDirectory(QWidget *parent = nullptr,
                     const QString &caption = QString(), const QString &dir = QString(),
                     QFileDialog::Options options = ShowDirsOnly)
```

其中，参数 caption 是对话框标题；参数 dir 是初始路径；参数 options 默认值是 QFileDialog::ShowDirsOnly，表示对话框中只显示目录。函数的返回数据是选择的目录名称字符串。

窗口上“选择已有目录”按钮的槽函数代码如下：

```
void Dialog::on_btnSelDir_clicked()
{
    QString curPath= QCoreApplication::applicationDirPath();
    QString dlgTitle= "选择一个目录";
    QString selectedDir= QFileDialog::getExistingDirectory(this, dlgTitle, curPath);
    if (!selectedDir.isEmpty())
        ui->plainTextEdit->appendPlainText(selectedDir);
}
```

7.1.2 QColorDialog 对话框

QColorDialog 是选择颜色对话框，使用静态函数 QColorDialog::getColor()可以打开一个选择颜色对话框。该函数原型定义如下：

```
QColor  QColorDialog::getColor(const QColor &initial = Qt::white,
                     QWidget *parent = nullptr, const QString &title = QString(),
                     QColorDialog::ColorDialogOptions options = ColorDialogOptions())
```

其中，initial 是初始颜色；parent 是父窗口对象，一般是调用该对话框的窗口对象；title 是对话框标题；options 是对话框选项，是枚举类型 QColorDialog::ColorDialogOption 的枚举值的组合，各个枚举值的含义如下。

- QColorDialog::ShowAlphaChannel：允许用户选择颜色的 alpha 值。
- QColorDialog::NoButtons：不显示 OK 和 Cancel 按钮，这种情况一般用于弹出式显示颜色对话框，例如点击一个按钮时，在按钮下方显示颜色对话框，通过颜色对话框的信号和接口函数选择颜色。
- QColorDialog::DontUseNativeDialog：使用 Qt 自带的颜色对话框，而不使用操作系统的颜色对话框。

函数 getColor()的返回值是所选的颜色，通过函数 QColor::isValid()判断选择是否有效。如果在颜色对话框里取消了选择，则返回的颜色无效。

下面是“选择颜色”按钮的槽函数代码，所选择的颜色会设置为文本框的文字颜色。

```
void Dialog::on_btnColor_clicked()
{
    QPalette pal= ui->plainTextEdit->palette();
    QColor  iniColor= pal.color(QPalette::Text);        //现有的文字颜色
    QColor color= QColorDialog::getColor(iniColor,this,"选择颜色");
    if (color.isValid())    //选择有效
    {
        pal.setColor(QPalette::Text,color);             //设置选择的颜色
```

```
        ui->plainTextEdit->setPalette(pal);             //设置 palette
    }
}
```

7.1.3 QFontDialog 对话框

QFontDialog 是选择字体对话框，使用静态函数 QFontDialog::getFont()可以打开选择字体对话框，该函数的一种函数原型定义如下：

```
QFont  QFontDialog::getFont(bool *ok, QWidget *parent = nullptr)
```

参数 ok 是返回变量，表示选择操作是否有效；parent 是父容器对象。函数返回值是选择的字体对应的值。

另一种参数形式的 getFont()函数原型定义如下，它可以设置更多的参数，包括初始字体、对话框标题、对话框选项等。

```
QFont  QFontDialog::getFont(bool *ok, const QFont &initial,
                    QWidget *parent = nullptr, const QString &title = QString(),
                    QFontDialog::FontDialogOptions options = FontDialogOptions())
```

下面是窗口上"选择字体"按钮的槽函数代码，它用于为文本框设置字体，字体设置的内容包括字体名称、大小、是否粗体、是否斜体等。

```
void Dialog::on_btnFont_clicked()
{
    QFont iniFont= ui->plainTextEdit->font();           //获取文本框的字体
    bool   ok= false;                                   //作为返回值
    QFont font= QFontDialog::getFont(&ok,iniFont);      //选择字体
    if (ok)                                             //选择有效
        ui->plainTextEdit->setFont(font);
}
```

7.1.4 QProgressDialog 对话框

QProgressDialog 是用于显示进度的对话框，可以在循环操作中显示操作进度。QProgressDialog 没有静态函数，需要创建一个对话框实例然后显示，并且在操作进度显示过程中不断刷新对话框上的进度条。

窗口上的"进度对话框"按钮的槽函数代码如下：

```
void Dialog::on_btnProgress_clicked()
{
    QString labText= "正在复制文件...";
    QString btnText= "取消";
    int   minV=0, maxV=200;
    QProgressDialog dlgProgress(labText,btnText, minV, maxV, this);
    connect(&dlgProgress, SIGNAL(canceled()),this,SLOT(do_progress_canceled()));
    dlgProgress.setWindowTitle("复制文件");
    dlgProgress.setWindowModality(Qt::WindowModal);         //以模态方式显示对话框
    dlgProgress.setAutoReset(true);        //value()达到最大值时自动调用 reset()
    dlgProgress.setAutoClose(true);                         //调用 reset()时隐藏窗口

    QElapsedTimer msCounter;                                //计时器
    for(int i=minV; i<=maxV; i++)                           //用循环表示操作进度
    {
```

```
            dlgProgress.setValue(i);
            dlgProgress.setLabelText(QString::asprintf("正在复制文件,第 %d 个",i));
            msCounter.start();
            while(true)
            {
                if (msCounter.elapsed()>30)                          //运行时间 30ms
                    break;
            }
            if (dlgProgress.wasCanceled())                           //中途取消
                break;
        }
    }

void Dialog::do_progress_canceled()
{//与进度对话框 canceled()信号关联的槽函数
    ui->plainTextEdit->appendPlainText("**进度对话框被取消了**");
}
```

点击“进度对话框”按钮后会出现一个进度对话框，运行效果如图 7-2 所示。

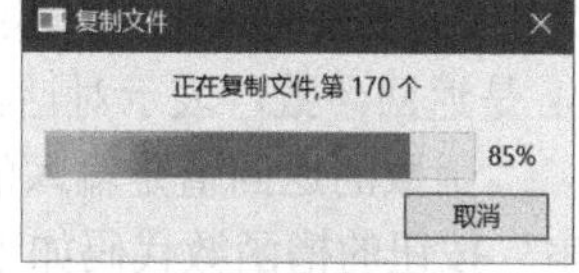

图 7-2 进度对话框

QProgressDialog 类的构造函数原型定义如下：

```
QProgressDialog(const QString &labelText, const QString &cancelButtonText, int minimum,
             int maximum, QWidget *parent = nullptr, Qt::WindowFlags f = Qt::WindowFlags())
```

其中，labelText 是信息标签显示的文字；cancelButtonText 是设置取消的按钮的标题；minimum 和 maximum 分别是进度条的最小值和最大值；parent 是父窗口对象；f 是窗口标志，有默认值。

QProgressDialog 有一个 canceled()信号，点击进度对话框上的“取消”按钮时会触发这个信号，程序中为此信号关联了自定义槽函数 do_progress_canceled()。

QProgressDialog 类的几个主要接口函数的功能如下。

- setAutoReset(bool)：若设置为 true，当进度条的值达到最大值时将自动调用函数 reset()。
- setAutoClose(bool)：若设置为 true，运行函数 reset()时对话框将自动隐藏。
- setValue(int)：为对话框上的进度条设置一个值，设置后进度条会自动刷新显示。
- reset()：使进度对话框复位，如果 autoClose()函数值为 true，将隐藏对话框。
- cancel()：使对话框取消，会触发 canceled()信号，并且 wasCanceled()函数返回 true。
- wasCanceled()：如果调用了函数 cancel()或者点击了对话框上的“取消”按钮，则此函数返回 true，表示对话框被取消。

在此示例程序中，我们设置进度对话框以模态方式显示。在一个 for 循环中，更新显示进度对话框上的进度条的数值和标签显示文字，并通过计时器使每一次循环运行约 30 毫秒。在循环中通过函数 wasCanceled()判断对话框是否取消，如果取消就自动退出。如果进度对话框被取消，会触发运行槽函数 do_progress_canceled()。

7.1.5 QInputDialog 标准输入对话框

QInputDialog 有单行文字输入、整数输入、浮点数输入、下拉列表框选择输入、多行文本输入等多种输入方式，图 7-3 所示为其中的 4 种输入方式的运行效果。

1. 输入文字

静态函数 QInputDialog::getText()显示一个对话框用于输入单行文字，其函数原型定义如下：

```
QString  QInputDialog::getText(QWidget *parent, const QString &title, const QString &label,
              QLineEdit::EchoMode mode = QLineEdit::Normal, const QString &text = QString(),
              bool *ok = nullptr, Qt::WindowFlags flags = Qt::WindowFlags(),
              Qt::InputMethodHints inputMethodHints = Qt::ImhNone)
```

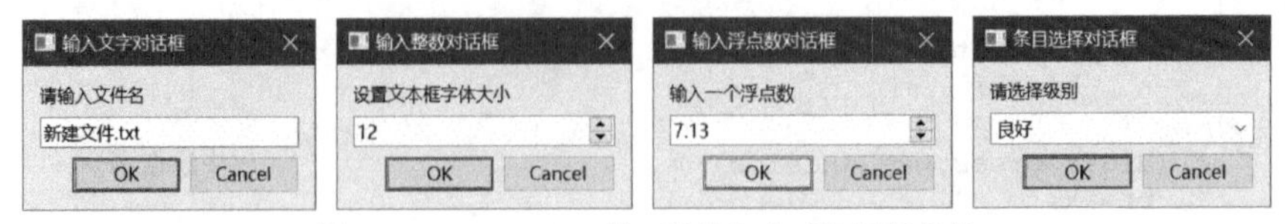

图 7-3　QInputDialog 的 4 种输入方式的运行效果

其中，parent 是父容器对象；title 是对话框标题；label 是对话框上的提示文字；mode 是编辑框的响应模式，它是枚举类型 QLineEdit::EchoMode，控制编辑框上文字的显示方式，正常情况下设置为 QLineEdit::Normal，如果是输入密码则设置为 QLineEdit::Password；text 是编辑框内的初始文字；ok 是返回参数，表示对话框是否确认选择。

函数的返回值是输入的文字，但是需要根据参数 ok 判断是否确认了输入。窗口上"输入字符串"按钮的槽函数代码如下：

```
void Dialog::on_btnInputString_clicked()
{ //输入字符串
    QString dlgTitle= "输入文字对话框";
    QString txtLabel= "请输入文件名";
    QString iniInput= "新建文件.txt";
    QLineEdit::EchoMode echoMode= QLineEdit::Normal;                    //正常文字输入
    bool ok= false;
    QString text = QInputDialog::getText(this, dlgTitle, txtLabel, echoMode, iniInput, &ok);
    if (ok && !text.isEmpty())
        ui->plainTextEdit->appendPlainText(text);
}
```

2. 输入整数

使用静态函数 QInputDialog::getInt()可以输入整数，对话框上会显示一个 QSpinBox 组件用于输入整数。其函数原型定义如下：

```
int  QInputDialog::getInt(QWidget *parent, const QString &title, const QString &label,
          int value = 0, int min = -2147483647, int max = 2147483647, int step = 1,
          bool *ok = nullptr, Qt::WindowFlags flags = Qt::WindowFlags())
```

其中，value 是在 SpinBox 上显示的初始值；min 和 max 分别是 SpinBox 的最小值和最大值；step 是 SpinBox 的步长；ok 是返回参数，表示对话框是否确认选择。

窗口上"输入整数"按钮的槽函数代码如下，它将输入的整数作为文本框字体的大小值。

```
void Dialog::on_btnInputInt_clicked()
{
    QString dlgTitle= "输入整数对话框";
    QString txtLabel= "设置文本框字体大小";
    int defaultValue= ui->plainTextEdit->font().pointSize();            //现有字体大小
    int minValue= 6, maxValue= 50, stepValue= 1;                        //范围、步长
    bool ok= false;
    int inputValue = QInputDialog::getInt(this, dlgTitle,txtLabel,
                              defaultValue, minValue,maxValue,stepValue,&ok);
    if (ok)
    {
        QString str= QString("文本框字体大小被设置为:%1").arg(inputValue);
```

```
        ui->plainTextEdit->appendPlainText(str);
        QFont   font= ui->plainTextEdit->font();
        font.setPointSize(inputValue);
        ui->plainTextEdit->setFont(font);
    }
}
```

3. 输入浮点数

使用静态函数 QInputDialog::getDouble()可以输入浮点数，对话框上会使用一个 QDoubleSpinBox 作为输入组件。其函数原型定义如下：

```
double  QInputDialog::getDouble(QWidget *parent, const QString &title, const QString &label,
                double value = 0, double min = -2147483647, double max = 2147483647,
                int decimals = 1, bool *ok = nullptr,
                Qt::WindowFlags flags = Qt::WindowFlags(), double step = 1)
```

参数 decimals 表示 DoubleSpinBox 显示数值的小数位数，其他参数的含义比较明显，不再赘述。

窗口上“输入浮点数”按钮的槽函数代码如下：

```
void Dialog::on_btnInputFloat_clicked()
{
    QString dlgTitle= "输入浮点数对话框";
    QString txtLabel= "输入一个浮点数";
    float defaultValue= 3.13;
    float minValue= 0, maxValue= 10000;             //范围
    int decimals= 2;                                //小数点位数
    bool ok= false;
    float inputValue = QInputDialog::getDouble(this, dlgTitle,txtLabel,
                        defaultValue, minValue,maxValue,decimals,&ok);
    if (ok)
    {
        QString str= QString::asprintf("输入了一个浮点数:%.2f",inputValue);
        ui->plainTextEdit->appendPlainText(str);
    }
}
```

4. 下拉列表框选择输入

使用静态函数 QInputDialog::getItem()可以从一个下拉列表框选择输入文字，其函数原型定义如下：

```
QString  QInputDialog::getItem(QWidget *parent, const QString &title, const QString &label,
                const QStringList &items, int current = 0, bool editable = true,
                bool *ok = nullptr, Qt::WindowFlags flags = Qt::WindowFlags(),
                Qt::InputMethodHints inputMethodHints = Qt::ImhNone)
```

其中，QStringList 类型的参数 items 是下拉列表框的列表初始化内容；current 是当前索引；editable 表示下拉列表框是否允许编辑。

窗口上“条目选择输入”按钮的槽函数代码如下：

```
void Dialog::on_btnInputItem_clicked()
{
    QStringList items;
    items<<"优秀"<<"良好"<<"合格"<<"不合格";
    QString dlgTitle= "条目选择对话框";
    QString txtLabel= "请选择级别";
    int     curIndex= 0;                          //初始选择项
    bool    editable= true;                       //是否可编辑
    bool    ok= false;
    QString text = QInputDialog::getItem(this, dlgTitle, txtLabel,
```

```
                                    items, curIndex, editable, &ok);
    if (ok && !text.isEmpty())
        ui->plainTextEdit->appendPlainText(text);
}
```

7.1.6 QMessageBox 消息对话框

1. 简单信息提示

消息对话框 QMessageBox 用于显示提示信息、警告信息、错误信息等，或进行确认选择，由几个静态函数来实现这些功能（见表 7-1）。其中 warning()、information()、critical()、about()这几个函数的输入参数和使用方法相同，只是信息提示的图标有区别。例如 warning()的函数原型定义如下：

```
QMessageBox::StandardButton  QMessageBox::warning(QWidget *parent, const QString &title,
                        const QString &text, QMessageBox::StandardButtons buttons = Ok,
                        QMessageBox::StandardButton defaultButton = NoButton)
```

其中，parent 是对话框的父窗口，指定父窗口之后，打开对话框时对话框将自动显示在父窗口的上方中间位置；title 是对话框标题；text 是对话框需要显示的信息；buttons 是对话框提供的按钮，默认只有一个 OK 按钮；defaultButton 是默认选择的按钮。

函数 warning()的返回值是枚举类型 QMessageBox::StandardButton，表示对话框上的各种按钮，如 OK、No、Cancel、Close 等按钮，此枚举类型中的枚举值与这些按钮对应，枚举值如 QMessageBox::Ok、QMessageBox::No、QMessageBox::Cancel 等。

函数 warning()、information()、critical()和 about()显示的对话框上一般只有一个 OK 按钮，且无须关心对话框的返回值，所以，使用默认的按钮设置即可。例如，下面是程序中调用 QMessageBox 对话框显示信息的代码，显示的几个对话框如图 7-4 所示。

```
void Dialog::on_btnMsgInformation_clicked()
{//information
    QString dlgTitle= "information 消息框";
    QString strInfo = "文件已经打开，请检查";
    QMessageBox::information(this, dlgTitle, strInfo,
                              QMessageBox::Ok, QMessageBox::NoButton);
}

void Dialog::on_btnMsgWarning_clicked()
{//warning
    QString dlgTitle= "warning 消息框";
    QString strInfo = "文件内容已经被修改";
    QMessageBox::warning(this, dlgTitle, strInfo);
}

void Dialog::on_btnMsgCritical_clicked()
{//critical
    QString dlgTitle= "critical 消息框";
    QString strInfo = "有不明程序访问网络";
    QMessageBox::critical(this, dlgTitle, strInfo);
}

void Dialog::on_btnMsgAbout_clicked()
{//about
    QString dlgTitle= "about 消息框";
    QString strInfo = "SEGY 文件查看软件 V1.0 \nDesigned by wwb";
    QMessageBox::about(this, dlgTitle, strInfo);
}
```

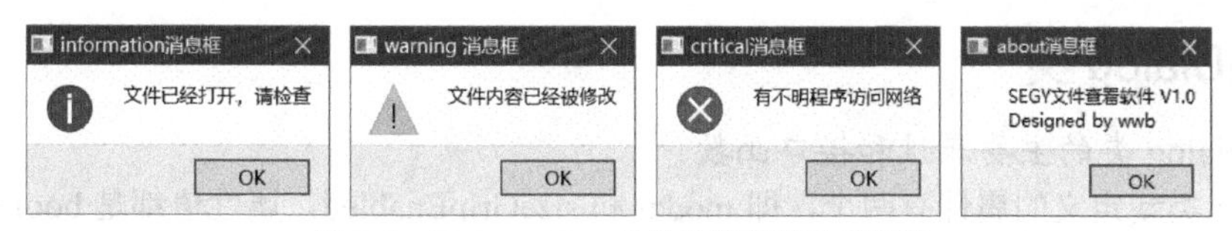

图 7-4 QMessageBox 的几种消息提示对话框

2. 确认选择对话框

使用静态函数 QMessageBox::question()可以打开一个选择对话框，其会显示提示信息，并提供 Yes、No、OK、Cancel 等按钮，用户点击某个按钮后返回选择，例如常见的文件保存确认对话框如图 7-5 所示。

静态函数 QMessageBox::question()的原型定义如下：

```
QMessageBox::StandardButton  QMessageBox::question(QWidget *parent,
                        const QString &title,  const QString &text,
                        QMessageBox::StandardButtons buttons = StandardButtons(Yes | No),
                        QMessageBox::StandardButton defaultButton = NoButton)
```

函数 question()显示对话框的关键是可以在对话框上设置显示多个按钮，例如同时显示 Yes、No、Cancel 按钮，或 OK、Cancel 按钮。其返回值是枚举类型 QMessageBox::StandardButton，表示哪个按钮被点击。下面是产生图 7-5 所示对话框的代码，下述代码还根据对话框选择结果进行了判断和显示。

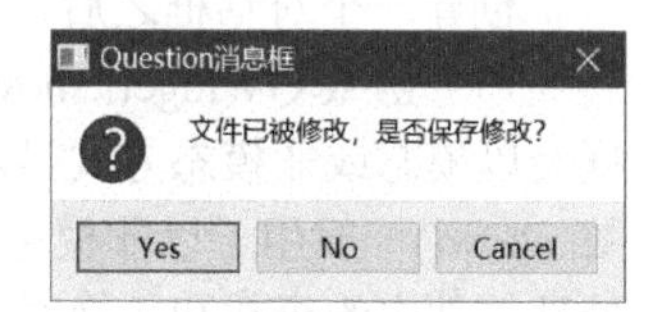

图 7-5 QMessageBox::question()显示的对话框

```
void Dialog::on_btnMsgQuestion_clicked()
{
    QString dlgTitle= "Question 消息框";
    QString strInfo = "文件已被修改，是否保存修改？";
    QMessageBox::StandardButton  defaultBtn= QMessageBox::NoButton;     //默认按钮
    QMessageBox::StandardButton result;                                 //返回选择的按钮内容
    result=QMessageBox::question(this, dlgTitle, strInfo,
                        QMessageBox::Yes|QMessageBox::No |QMessageBox::Cancel,
                        defaultBtn);

    if (result == QMessageBox::Yes)
        ui->plainTextEdit->appendPlainText("Question 消息框: Yes 被选择");
    else if(result == QMessageBox::No)
        ui->plainTextEdit->appendPlainText("Question 消息框: No 被选择");
    else if(result == QMessageBox::Cancel)
        ui->plainTextEdit->appendPlainText("Question 消息框: Cancel 被选择");
    else
        ui->plainTextEdit->appendPlainText("Question 消息框: 无选择");
}
```

7.2 设计和使用自定义对话框

在设计一个应用程序的时候，有时为了实现一些特定的功能，我们需要设计自定义对话框。自定义对话框一般从 QDialog 类继承，而且可以使用 Qt Designer 可视化设计对话框界面。对话框的使用一般包括创建对话框、传递数据给对话框、显示对话框获取输入、判断对话框的返回类型、获取对话框输入数据等步骤。本节就介绍自定义对话框的设计和使用方法。

7.2.1 QDialog 类

1. QDialog 类的主要属性和接口函数

QDialog 类新定义的属性有两个，即 modal 和 sizeGripEnabled，属性值都是 bool 类型的。

属性 modal 表示使用函数 QWidget::show()显示对话框的时候，对话框是否以模态（modal）方式显示。modal 属性值为 true 表示以模态方式显示对话框，函数 show()会阻塞运行，用户只能在对话框上进行操作，必须关闭对话框才能返回应用程序窗口继续操作。modal 属性值为 false 表示以非模态（modaless）方式显示对话框，函数 show()会立刻退出，对话框显示后用户仍然可以操作应用程序的其他窗口。

属性 sizeGripEnabled 表示在对话框的右下角是否显示一个用于调整窗口大小的标记，一般设置为 false。对话框默认是可以调整大小的，也可以通过函数 QWidget::setWindowFlag()设置对话框为不可调整大小。

2. 对话框的显示

创建一个对话框之后，有 3 个函数可以用于显示对话框，它们各自的作用不同。

（1）函数 QWidget::show()。使用函数 show()显示一个对话框时，根据 modal 属性的值，对话框会以模态或非模态方式显示。函数 show()没有返回值，无法获取对话框的操作结果。所以，函数 show()一般用于以非模态方式显示对话框，这种对话框可以与主窗口进行交互操作，例如文档处理软件中的查找和替换对话框。

（2）函数 QDialog::exec()。使用函数 exec()显示的对话框总以模态方式显示，并且这个函数有返回值，可以获取对话框操作结果。函数 exec()的原型定义如下：

```
int  QDialog::exec()
```

函数的返回值通常用枚举类型 QDialog::DialogCode 的枚举值表示，有两个枚举值。

- QDialog::Accepted：值为 1，通常是点击对话框上的 OK、Yes 等按钮时的返回值，表示接受对话框的设置。
- QDialog::Rejected：值为 0，通常是点击对话框上的 Cancel、No 等按钮时的返回值，表示取消对话框的设置。

函数 exec()适合以模态方式显示对话框并且需要获取对话框操作结果的情况。

（3）函数 QDialog::open()。使用函数 open()显示的对话框会以模态方式显示，然后这个函数会立刻退出。所以，函数 open()适合以模态方式显示对话框但是无须获取对话框操作结果的情况。

3. 对话框的返回值

QDialog 定义了 3 个公有槽，它们可以关闭对话框，并且设置函数 exec()的返回值，使其作为对话框的操作结果。这 3 个函数的原型定义如下：

```
void  QDialog::accept()          //使 exec()返回 QDialog::Accepted，触发 accepted()信号
void  QDialog::reject()          //使 exec()返回 QDialog::Rejected，触发 rejected()信号
void  QDialog::done(int r)       //使 exec()返回一个值 r，触发 finished()信号
```

其中，函数 done(int r)的参数 r 可以为 QDialog::Accepted 或 QDialog::Rejected，也可以是其他自定义的值。

一个对话框如果需要返回操作结果，对话框上一般有 OK、Cancel、“确定”和“取消”等按钮。OK 和“确定”等按钮的代码里一般最后要调用函数 accept()，这样，函数 exec()的返回值就

是 QDialog::Accepted。Cancel 和“取消”等按钮的代码里一般最后要调用函数 reject()，这样，函数 exec()的返回值就是 QDialog::Rejected。

4. QDialog 的信号

QDialog 类定义了 3 个信号，信号函数定义如下：

```
void  QDialog::accepted()                    //运行 accept()函数时触发此信号
void  QDialog::rejected()                    //运行 reject()函数时触发此信号
void  QDialog::finished(int result)          //运行 done()函数时触发此信号
```

7.2.2 示例功能概述

本节设计一个示例项目 samp7_2，演示自定义对话框的设计和使用方法，图 7-6 所示的是示例运行时主界面窗口，窗口的基类是 QMainWindow。主界面窗口使用一个 QTableView 组件创建了一个通用的数据表格编辑器。

提示 主界面窗口是应用程序创建并显示的主工作窗口，一般是应用程序创建的第一个窗口（除了 Splash 窗口）。主界面窗口的基类可以是 QMainWindow，也可以是 QWidget 或 QDialog。我们一般把主界面窗口简称为主窗口，要注意主界面窗口与 QMainWindow 类主窗口的区别。

这个示例程序设计了 3 个对话框，主窗口工具栏上的 3 个按钮分别用于调用这 3 个对话框，3 个对话框具有不同的调用方式。

1. 设置表格行数和列数的对话框

点击工具栏上的“设置行列数”按钮时，程序会创建一个对话框，并会通过 QDialog::exec()函数以模态方式显示此对话框（见图 7-7）。关闭对话框后，程序根据对话框的操作结果和界面上设置的数值，对应地设置表格的行数和列数，然后删除对话框，释放内存。

这种创建和调用对话框的方式的特点是：动态创建，以模态方式显示，需要获取对话框的返回值，用后删除对话框。

这种方式适用于对话框比较简单，并且无须在对话框和主窗口之间交换大量数据的应用场景。

2. 设置表头标题的对话框

图 7-8 所示的是设置表头标题的对话框。该对话框在父窗口（本示例中就是主窗口）存续期间只创建一次，创建时，主窗口将表格表头字符串列表传递给对话框，在对话框里编辑表头标题后，主窗口获取编辑之后的表头标题。程序通过 QDialog::exec()函数以模态方式显示对话框，对话框被关闭后只是隐藏，并没有被删除，主窗口下次再调用该对话框时只是打开已创建的对话框。

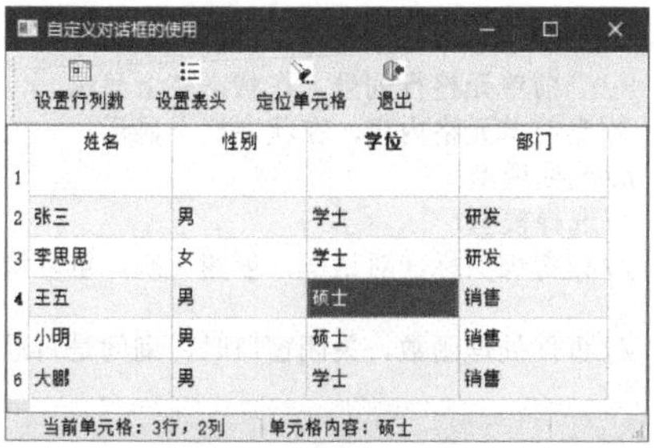

图 7-6 示例 samp7_2 运行时主窗口

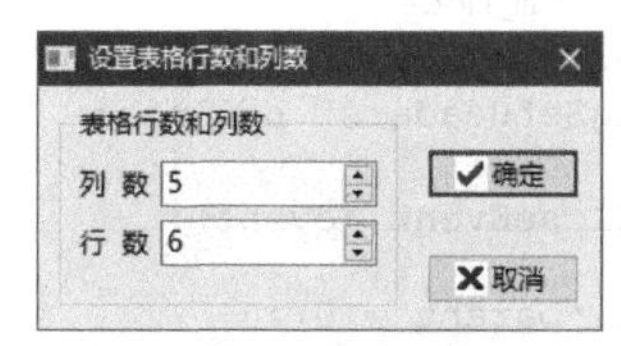

图 7-7 设置表格行数和列数的对话框

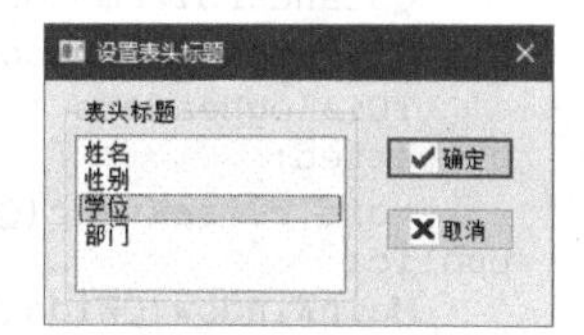

图 7-8 设置表头标题的对话框

这种方式的特点是：只创建一次，以模态方式显示，需要获取对话框的返回值，用后隐藏。

这种方式适用于对话框比较复杂，并且需要从父窗口传递大量数据进行对话框初始化的应用场景。对话框只创建和初始化一次，对话框关闭后只是隐藏。再次调用对话框时无须重复初始化，这样能提高调用对话框的速度，但是对话框会一直占用内存，直到父窗口被删除时对话框才会从内存中被删除。

3. 定位单元格并设置文字的对话框

图 7-9 所示的是定位单元格并设置文字的对话框。程序通过 QWidget::show()函数将这个对话框以非模态方式显示在主窗口上方，显示对话框时同时可以对主窗口进行操作。在对话框里可以定位到主窗口中表格的某个单元格并设置其文字内容，在主窗口的表格中点击一个单元格时，单元格的行号、列号会更新到对话框中。对话框关闭后将被自动删除，并会释放内存。

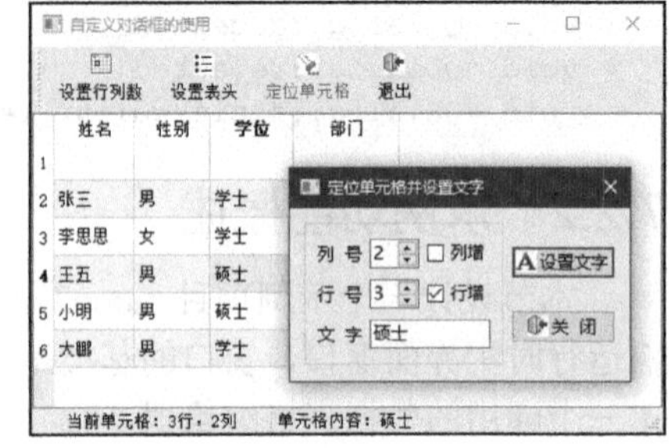

图 7-9 定位单元格并设置文字的对话框

这种方式的特点是：动态创建，以非模态方式置顶显示，对话框与主窗口可交互操作，对话框关闭后将自动被删除。

这种方式适用于对话框与主窗口需要进行交互操作的应用场景，例如用于查找和替换的对话框。

本示例采用可视化方法设计对话框，每个对话框有 3 个文件，即 UI 文件、头文件和源程序文件。3 个对话框的类名称和相关文件如表 7-2 所示。

表 7-2 示例中 3 个对话框的类名称和相关文件

对话框	类名称	头文件和 UI 文件
设置表格行数和列数的对话框	TDialogSize	tdialogsize.h 和 tdialogsize.ui
设置表头标题的对话框	TDialogHeaders	tdialogheaders.h 和 tdialogheaders.ui
定位单元格并设置文字的对话框	TDialogLocate	tdialoglocate.h 和 tdialoglocate.ui

7.2.3 主窗口类定义和初始化

使用向导创建本示例项目时，选择窗口基类为 QMainWindow。在可视化设计主窗口时，删除菜单栏，创建几个 Action 并用于设计工具栏。主窗口上用一个 QTableView 组件作为中心组件。

在主窗口类 MainWindow 中定义一些变量和函数，MainWindow 类的定义代码如下：

```
class MainWindow : public QMainWindow
{
    Q_OBJECT
private:
    QLabel  *labCellPos;                              //当前单元格行列号，在状态栏上显示
    QLabel  *labCellText;                             //当前单元格内容，在状态栏上显示
    QStandardItemModel  *m_model;                     //数据模型
    QItemSelectionModel *m_selection;                 //选择模型
    TDialogHeaders *dlgSetHeaders= nullptr;           //设置表头标题对话框，创建一次，重复调用
protected:
    void closeEvent(QCloseEvent *event);              //事件处理函数，关闭窗口时，询问是否退出
public:
    MainWindow(QWidget *parent = 0);
private slots:
    void do_model_currentChanged(const QModelIndex &current, const QModelIndex &previous);
```

```
public slots:                                        //自定义公有槽函数
    void    do_setCellText(int row, int column, QString &text); //设置一个单元格的内容
signals:                                             //自定义信号，在 tableView 上点击时发射此信号
    void    cellIndexChanged(int rowNo, int colNo);            //当前单元格发生变化
private:
    Ui::MainWindow *ui;
};
```

MainWindow 中定义数据模型和选择模型是为了与窗口上的 QTableView 组件构成模型/视图结构。dlgSetHeaders 表示设置表头标题的对话框，定义为 MainWindow 的私有变量是为了满足创建一次即可多次使用。其他一些槽函数和信号的作用在后面用到时会具体解释。

MainWindow 的构造函数、自定义槽函数 do_model_currentChanged()以及事件处理函数 closeEvent()的代码如下：

```
MainWindow::MainWindow(QWidget *parent):  QMainWindow(parent), ui(new Ui::MainWindow)
{
    ui->setupUi(this);
    m_model = new QStandardItemModel(6,4,this);                  //创建数据模型
    QStringList header;
    header<<"姓名"<<"性别"<<"学位"<<"部门";
    m_model->setHorizontalHeaderLabels(header);                  //设置表头标题
    m_selection = new QItemSelectionModel(m_model);              //创建选择模型
    connect(m_selection, &QItemSelectionModel::currentChanged,
            this, &MainWindow::do_model_currentChanged);

    ui->tableView->setModel(m_model);                            //设置数据模型
    ui->tableView->setSelectionModel(m_selection);               //设置选择模型
    setCentralWidget(ui->tableView);
    //创建状态栏组件
    labCellPos = new QLabel("当前单元格：",this);
    labCellPos->setMinimumWidth(180);
    labCellPos->setAlignment(Qt::AlignHCenter);
    ui->statusBar->addWidget(labCellPos);
    labCellText = new QLabel("单元格内容：",this);
    labCellText->setMinimumWidth(200);
    ui->statusBar->addWidget(labCellText);
}

void MainWindow::do_model_currentChanged(const QModelIndex &current,
const QModelIndex &previous)
{
    Q_UNUSED(previous)
    if (current.isValid())                                   //当前模型索引有效
    {
        labCellPos->setText(QString::asprintf("当前单元格：%d 行，%d 列",
                    current.row(),current.column()));        //显示模型索引的行号和列号
        QStandardItem  *aItem;
        aItem= m_model->itemFromIndex(current);              //从模型索引获得 Item
        this->labCellText->setText("单元格内容："+aItem->text());  //显示 Item 的文字内容
    }
}

void MainWindow::closeEvent(QCloseEvent *event)
{ //窗口关闭时询问是否退出
    QMessageBox::StandardButton result;
    result= QMessageBox::question(this, "确认", "确定要退出本程序吗？");
```

```
    if (result == QMessageBox::Yes)
        event->accept();                                         //退出
    else
        event->ignore();                                         //不退出
}
```

MainWindow 的构造函数里创建了数据模型 m_model 和选择模型 m_selection，它们与界面上的视图组件 tableView 构成模型/视图结构。选择模型 m_selection 的 currentChanged()信号与自定义槽函数 do_model_currentChanged()关联，该槽函数的功能是在状态栏上显示当前单元格的行号、列号和内容。关于 QTableView 组件的模型/视图结构的原理和示例见 5.3 节。

7.2.4　TDialogSize 对话框的设计和使用

1. 设计 TDialogSize 对话框

打开 New File or Project 对话框，选择 Qt 类别下的 Qt Designer Form Class 创建可视化设计的窗体类。在随后出现的向导界面里，选择窗体模板为 Dialog without Buttons，再设置创建的对话框类名称为 TDialogSize，则对话框对应的 3 个文件会被自动命名，如图 7-10 所示。

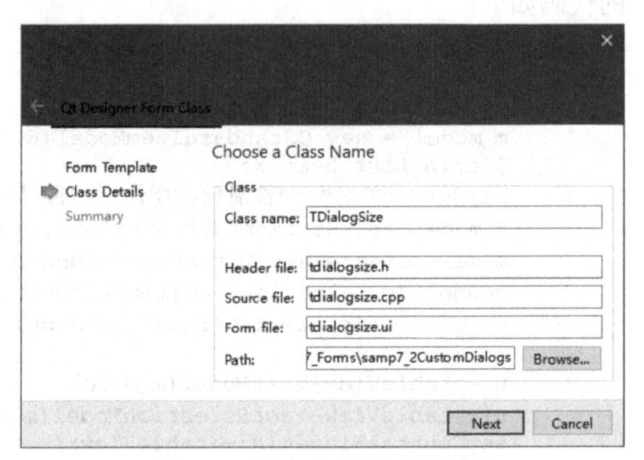

图 7-10　创建对话框的向导界面

双击打开 UI 文件 tdialogsize.ui，在 Qt Designer 里进行 UI 可视化设计。在对话框上放置两个 QPushButton 按钮，分别命名为 btnOK 和 btnCancel，用于获取对话框运行时用户的选择结果。在信号与槽编辑器里，将 btnOK 的 clicked()信号与对话框的 accept()槽关联，将 btnCancel 的 clicked()信号与对话框的 reject()槽关联，如图 7-11 所示。

在 TDialogSize 类中自定义了 3 个函数，设计完成后的 TDialogSize 类的完整定义如下：

Sender	Signal	Receiver	Slot
btnOK	clicked()	TDialogSize	accept()
btnCancel	clicked()	TDialogSize	reject()

Action Editor　Signals and Slots Editor

图 7-11　设置两个按钮的 clicked()信号与对话框的槽关联

```
class TDialogSize : public QDialog
{
    Q_OBJECT
public:
    TDialogSize(QWidget *parent = 0);
    ~TDialogSize();
    int  rowCount();                          //获取对话框输入的行数
    int  columnCount();                       //获取对话框输入的列数
    void  setRowColumn(int row, int column);     //设置对话框上两个 SpinBox 的值
private:
    Ui::TDialogSize *ui;
};
```

将 3 个自定义函数设置为公有的，因为对话框上的组件都是私有成员，外部不能直接访问界面组件，而只能通过接口函数访问。下面是 TDialogSize 类的实现代码。析构函数中弹出一个消息提示对话框是为了观察对话框是何时被删除的。

```
TDialogSize::TDialogSize(QWidget *parent) :  QDialog(parent),  ui(new Ui::TDialogSize)
{
    ui->setupUi(this);
}
```

```
TDialogSize::~TDialogSize()
{
    QMessageBox::information(this,"提示","TDialogSize 对话框被删除");
    delete ui;
}
int TDialogSize::rowCount()
{ //用于主窗口调用获得行数的输入值
    return  ui->spinBoxRow->value();
}
int TDialogSize::columnCount()
{//用于主窗口调用获得列数的输入值
    return  ui->spinBoxColumn->value();
}
void TDialogSize::setRowColumn(int row, int column)
{ //初始化数据显示
    ui->spinBoxRow->setValue(row);
    ui->spinBoxColumn->setValue(column);
}
```

2. 创建和使用 TDialogSize 对话框

下面是主窗口工具栏上“设置行列数”按钮的响应代码，用于创建并调用 TDialogSize 对话框。

```
void MainWindow::on_actTab_SetSize_triggered()
{ //动态创建，以模态方式显示，用后删除
    TDialogSize  *dlgTableSize= new TDialogSize(this);                        //创建对话框
    dlgTableSize->setWindowFlag(Qt::MSWindowsFixedSizeDialogHint);           //固定大小
    dlgTableSize->setRowColumn(m_model->rowCount(),m_model->columnCount());
    int ret= dlgTableSize->exec();                         //以模态方式显示对话框
    if (ret == QDialog::Accepted)                          //获取对话框上的输入，设置表格行数和列数
    {
        int cols= dlgTableSize->columnCount();
        m_model->setColumnCount(cols);
        int rows= dlgTableSize->rowCount();
        m_model->setRowCount(rows);
    }
    delete dlgTableSize;                                   //删除对话框
}
```

从上述代码可以看到，每次点击此按钮时，程序就会动态创建一个 TDialogSize 对话框。对话框被创建后，我们调用 TDialogSize 的自定义函数 setRowColumn()，将主窗口数据模型 m_model 现有的行数和列数显示到对话框上的两个 SpinBox 里。

程序运行对话框的 exec()函数，以模态方式显示对话框。对话框以模态方式显示时，用户只能在对话框上操作，而不能操作主窗口，程序也停留在对话框处等待函数 exec()的返回结果。

当用户点击对话框上的“确定”按钮关闭对话框后，函数 exec()返回结果为 QDialog::Accepted，程序获得此返回结果后，通过对话框的自定义函数 columnCount()和 rowCount()分别获得对话框上新输入的列数和行数，然后将其设置为数据模型的列数和行数。

程序最后使用 delete 删除创建的对话框对象，释放内存。所以，关闭对话框时会出现 TDialogSize 析构函数里的消息提示对话框。

提示　在默认设置下，关闭对话框时对话框只是隐藏，而不会从内存中被删除。可以通过 QWidget 的 setAttribute() 函数将对话框设置为关闭时自动删除，但是，如果对话框一关闭就自动被删除，则在后面调用对话框的自定义函数获取输入的行数和列数时会出现严重错误。

7.2.5 TDialogHeaders 对话框的设计和使用

1. 对话框的生存期

对话框的生存期是指对话框从创建到被删除的存续时间段。前面介绍的设置表格行数和列数的对话框的生存期只存在于调用它的按钮的槽函数内，因为对话框是动态创建的，调用结束后就被删除了。

而对于图 7-8 所示的设置表头标题的对话框，我们希望在主窗口里首次调用时创建它，对话框关闭时并不删除，而只是隐藏，下次调用时可以再次显示此对话框。只有在主窗口被删除时该对话框才被删除，所以这个对话框的生存期为主窗口存续期间。

2. TDialogHeaders 对话框的设计

打开 New File or Project 对话框，选择新建 Qt Designer Form Class，设置类名称为 TDialogHeaders。在可视化设计对话框的界面时，在界面上放置一个 QListView 组件，在 TDialogHeaders 类中定义一个 QStringListModel 模型变量，其与界面上的 QListView 组件构成模型/视图结构。对话框上同样有“确定”和“取消”两个按钮，设置它们的 clicked()信号分别与对话框的 accept()和 reject()槽关联。

在 TDialogHeaders 类中自定义一个变量和两个函数，TDialogHeaders 类的定义如下：

```
class TDialogHeaders : public QDialog
{
    Q_OBJECT
private:
    QStringListModel  *m_model;                           //数据模型，存储字符串列表数据
public:
    TDialogHeaders(QWidget *parent = 0);
    ~TDialogHeaders();
    void  setHeaderList(QStringList& headers);           //设置字符串列表
    QStringList  headerList();                           //返回字符串列表
private:
    Ui::TDialogHeaders *ui;
};
```

TDialogHeaders 类的实现代码如下：

```
TDialogHeaders::TDialogHeaders(QWidget *parent) :  QDialog(parent),
          ui(new Ui::TDialogHeaders)
{
    ui->setupUi(this);
    m_model= new QStringListModel(this);                 //创建模型
    ui->listView->setModel(m_model);                     //与 QListView 组件构成模型/视图结构
}
TDialogHeaders::~TDialogHeaders()
{
    QMessageBox::information(this,"提示","TDialogHeaders 对话框被删除");
    delete ui;
}
void TDialogHeaders::setHeaderList(QStringList &headers)
{//设置模型的字符串列表
    m_model->setStringList(headers);
}
QStringList TDialogHeaders::headerList()
{//返回模型的字符串列表
    return  m_model->stringList();
}
```

3. 创建和使用 TDialogHeaders 对话框

我们在 MainWindow 的 private 部分定义一个 TDialogHeaders 类型的指针变量 dlgSetHeaders，并且将此指针变量初始化设置为 nullptr，用于判断对话框是否已经被创建。下面是主窗口工具栏上的“设置表头”按钮的槽函数代码：

```
void MainWindow::on_actTab_SetHeader_triggered()
{//创建一次，多次调用，对话框关闭时只是隐藏
    if (dlgSetHeaders==nullptr)                          //如果对象没有被创建，就创建对象
        dlgSetHeaders = new TDialogHeaders(this);
    if (dlgSetHeaders->headerList().size() != m_model->columnCount())
    { //只需在创建时传递参数给对话框，由于对话框只是隐藏，界面内容保存
        QStringList strList;
        for (int i=0; i<m_model->columnCount(); i++)            //获取现有的表头标题
            strList.append(m_model->headerData(i, Qt::Horizontal,
                                            Qt::DisplayRole).toString());
        dlgSetHeaders->setHeaderList(strList);                  //用于对话框初始化显示
    }

    int ret= dlgSetHeaders->exec();    //以模态方式显示对话框
    if (ret == QDialog::Accepted)
    {
        QStringList strList= dlgSetHeaders->headerList();       //获取修改后的字符串列表
        m_model->setHorizontalHeaderLabels(strList);           //设置模型的表头标题
    }
}
```

在上述这段代码中，程序首先判断主窗口的成员变量 dlgSetHeaders 是否为 nullptr，如果为 nullptr，说明对话框 dlgSetHeaders 还没有被创建，因此创建此对话框。

初始化对话框的工作是获取主窗口数据模型现有的表头标题，将其保存到字符串列表 strList 里，然后调用 TDialogHeaders 的 setHeaderList()函数，将 strList 设置为对话框上模型/视图结构的数据源。

程序使用函数 exec()以模态方式显示对话框，对话框上的“确定”按钮被点击后，程序获取对话框上输入的字符串列表，并将其设置为主窗口数据模型的表头标题。

注意，关闭对话框时不会出现 TDialogHeaders 的析构函数里的消息提示对话框，说明对话框没有被删除。在创建此对话框时，我们传递主窗口作为对话框的父容器对象：

```
dlgSetHeaders = new TDialogHeaders(this);
```

所以，主窗口被删除时才会自动删除此对话框，也就是程序退出时才删除此对话框，这时才会出现 TDialogHeaders 析构函数里的消息提示对话框。

7.2.6 TDialogLocate 对话框的设计和使用

1. 非模态对话框

前面设计的两个对话框都是以模态方式显示的，也就是用函数 QDialog::exec()显示对话框。以模态方式显示的对话框不允许用户再点击其他窗口，直到对话框退出。

如果设置对话框的 modal 属性为 false，并且用函数 QWidget::show()显示对话框，则对话框以非模态方式显示。函数 show()显示非模态对话框后就立刻退出，系统继续运行后面的程序，可以继续操作主窗口界面。所以，非模态对话框一般用于与主窗口进行交互操作，典型的非模态对话

框如文字编辑软件里的用于查找和替换的对话框。

图 7-9 所示的定位单元格并设置文字的对话框以非模态方式显示，对话框类是 TDialogLocate，它有如下一些功能。

- 主窗口每次创建此对话框，并以非模态 StayOnTop 的方式显示，对话框关闭时自动删除。
- 在对话框中可以定位到主窗口上表格组件的单元格，并设置单元格的文字。
- 在主窗口的表格组件上点击时，如果对话框已创建，自动更新对话框上单元格的行号和列号 SpinBox 的值。
- 主窗口上的 actTab_Locate 是调用此对话框的 Action，对话框显示后 actTab_Locate 被设置为禁用，对话框关闭时自动使能 actTab_Locate。这样能避免在对话框显示时在主窗口上再次点击“定位单元格”按钮，而在对话框关闭后按钮又恢复为可用。

2. TDialogLocate 对话框的设计

打开 New File or Project 对话框，选择新建 Qt Designer Form Class，设置类名称为 TDialogLocate。在可视化设计对话框的界面时，将“关闭”按钮的 clicked()信号与对话框的 reject()槽关联。“设置文字”按钮无须与对话框的公有槽关联，我们将为其 clicked()信号编写槽函数。

在本示例中，TDialogLocate 对话框与主窗口主要通过信号与槽进行交互。为此，我们在 TDialogLocate 类中新增一些定义，TDialogLocate 类的定义如下：

```
class TDialogLocate : public QDialog
{
    Q_OBJECT
protected:
    void closeEvent(QCloseEvent *event);                    //对话框关闭事件处理函数
    void showEvent(QShowEvent *event);                      //对话框显示事件处理函数
public:
    TDialogLocate(QWidget *parent = 0);
    ~TDialogLocate();
    void    setSpinRange(int rowCount, int colCount);       //设置最大值，用于初始化
public slots:
    void    setSpinValue(int rowNo, int colNo);    //与主窗口的cellIndexChanged()信号关联
signals:
    void    changeCellText(int row, int column, QString &text);     //对话框发射的信号
    void    changeActionEnable(bool en);                            //对话框发射的信号
private:
    Ui::TDialogLocate *ui;
};
```

TDialogLocate 类的实现代码分为以下几个部分分别描述。

（1）构造函数和析构函数。TDialogLocate 类的构造函数里不需要进行初始化，析构函数里显示一个消息提示对话框，以便查看对话框是何时被删除的。

```
TDialogLocate::TDialogLocate(QWidget *parent) : QDialog(parent), ui(new Ui::TDialogLocate)
{
    ui->setupUi(this);
}
TDialogLocate::~TDialogLocate()
{
    QMessageBox::information(this,"提示","TDialogLocate 对话框被删除");
    delete ui;
}
```

（2）两个事件处理函数与 changeActionEnable()信号。TDialogLocate 类重新实现了两个事件处

理函数，对话框显示时会触发 showEvent()函数，对话框关闭时会触发 closeEvent()函数。在这两个函数的代码里发射了一个自定义信号 changeActionEnable()，可用于更新主窗口上的 actTab_Locate 的 enabled 属性的值。这两个事件处理函数的代码如下：

```
void TDialogLocate::closeEvent(QCloseEvent *event)
{ //对话框关闭时
    event->accept();
    emit changeActionEnable(true);                      //发射信号
}
void TDialogLocate::showEvent(QShowEvent *event)
{//对话框显示时
    event->accept();
    emit changeActionEnable(false);                     //发射信号
}
```

（3）“设置文字”按钮的槽函数与 changeCellText()信号。“设置文字”按钮的槽函数代码如下：

```
void TDialogLocate::on_btnSetText_clicked()
{//定位到单元格，并设置文字
    int row= ui->spinBoxRow->value();                   //行号
    int col= ui->spinBoxColumn->value();                //列号
    QString text= ui->edtCaption->text();               //文字
    emit  changeCellText(row,col,text);                 //发射信号
    if (ui->chkBoxRow->isChecked())                     //行增
        ui->spinBoxRow->setValue(1+ui->spinBoxRow->value());
    if (ui->chkBoxColumn->isChecked())                  //列增
        ui->spinBoxColumn->setValue(1+ui->spinBoxColumn->value());
}
```

这个函数里获取对话框上设置的行号、列号和文字后，发射了自定义信号 changeCellText()，并且以这 3 个数据作为参数：

```
emit  changeCellText(row,col,text);                     //发射信号
```

主窗口类 MainWindow 中定义了一个公有槽函数 do_setCellText()，其代码如下：

```
void MainWindow::do_setCellText(int row, int column, QString &text)
{//定位到单元格，并设置文字
    QModelIndex index= m_model->index(row,column);      //获取模型索引
    m_selection->clearSelection();                      //清除现有选择
    m_selection->setCurrentIndex(index,QItemSelectionModel::Select);    //定位到单元格
    m_model->setData(index,text,Qt::DisplayRole);       //设置单元格文字
}
```

主窗口在创建 TDialogLocate 对话框后，会将其自定义槽函数 do_setCellText()与对话框的 changeCellText()信号关联。这样，在对话框上点击“设置文字”按钮时会发射 changeCellText()信号，并自动运行关联的槽函数 do_setCellText()，实现了定位到单元格并设置单元格文字的功能。

（4）自定义的公有槽函数 setSpinValue()。这个公有槽函数的代码如下：

```
void TDialogLocate::setSpinValue(int rowNo, int colNo)
{
    ui->spinBoxRow->setValue(rowNo);
    ui->spinBoxColumn->setValue(colNo);
}
```

这个槽函数会与主窗口的 cellIndexChanged()信号关联，用于更新对话框上两个 SpinBox 的显示值。在主窗口上的组件 tableView 上点击时，主窗口会发射自定义信号 cellIndexChanged()。主窗

口上的组件 tableView 的 clicked()信号的槽函数代码如下：

```
void MainWindow::on_tableView_clicked(const QModelIndex &index)
{
    emit  cellIndexChanged(index.row(),index.column());
}
```

在主窗口里创建 TDialogLocate 对话框后，我们将主窗口的 cellIndexChanged()信号与对话框的槽函数 setSpinValue()关联，那么，在主窗口的组件 tableView 上点击时，对话框上的两个 SpinBox 就会显示所点击单元格的行号和列号。所以，使用信号与槽机制在两个窗口之间传递数据是很方便的。

（5）对话框初始化设置函数 setSpinRange()。这个函数的功能是根据传递来的表格行数和列数设置两个 SpinBox 的最大值，这个函数的代码如下：

```
void TDialogLocate::setSpinRange(int rowCount, int colCount)
{//设置 SpinBox 的最大值
    ui->spinBoxRow->setMaximum(rowCount-1);
    ui->spinBoxColumn->setMaximum(colCount-1);
}
```

3. 创建和使用 TDialogLocate 对话框

主窗口工具栏上的“定位单元格”按钮的槽函数代码如下：

```
void MainWindow::on_actTab_Locate_triggered()
{
    TDialogLocate *dlgLocate = new TDialogLocate(this);
    dlgLocate->setAttribute(Qt::WA_DeleteOnClose);           //对话框关闭时自动删除
    dlgLocate->setWindowFlag(Qt::WindowStaysOnTopHint);      //设置对话框特性 StayOnTop
    dlgLocate->setSpinRange(m_model->rowCount(),m_model->columnCount());
    QModelIndex curIndex= m_selection->currentIndex();
    if (curIndex.isValid())
        dlgLocate->setSpinValue(curIndex.row(),curIndex.column());

    //对话框发射 changeCellText()信号，用于定位单元格并设置文字
    connect(dlgLocate,&TDialogLocate::changeCellText,this,&MainWindow::do_setCellText);
    //对话框发射 changeActionEnable()信号，用于设置 action 的 enabled 属性
    connect(dlgLocate, &TDialogLocate::changeActionEnable,
              ui->actTab_Locate, &QAction::setEnabled);
    //主窗口发射 cellIndexChanged()信号，用于修改对话框上的 spinBox 的值
    connect(this,&MainWindow::cellIndexChanged,dlgLocate,&TDialogLocate::setSpinValue);

    dlgLocate->setModal(false);
    dlgLocate->show();                                       //以非模态方式显示对话框
}
```

对话框实例 dlgLocate 是局部变量，并且最后使用 show()函数以非模态方式显示此对话框，在显示对话框之前有如下的设置语句：

```
dlgLocate->setAttribute(Qt::WA_DeleteOnClose);
```

如此设置后，在关闭对话框时就会自动删除对话框对象，我们就会看到 TDialogLocate 的析构函数中显示的消息提示对话框。如果注释掉这条语句，在关闭对话框时，对话框只是隐藏而不会被删除，只有在关闭主窗口时，TDialogLocate 对话框实例才会被自动删除。

程序里设置了 3 个信号与槽函数关联，用于实现主窗口与对话框的交互。信号被发射后，系统会自动运行关联的槽函数，而且信号与槽之间可以传递数据。所以，使用信号与槽机制进行窗口之间的交互是非常方便的。

7.3　多窗口应用程序设计

常用的窗口基类是 QWidget、QDialog 和 QMainWindow，在创建 GUI 项目时选择窗口基类就是从这 3 个类中选择。QWidget 是 QDialog 和 QMainWindow 的父类，继承自 QWidget 的窗口类还有 QSplashScreen 和 QMdiSubWindow。QSplashScreen 一般用作软件启动时的无边框、无标题栏的 Splash 窗口，QMdiSubWindow 是 MDI 应用程序的子窗口。

一个多窗口应用程序有一个主界面窗口，还有一些其他窗口。主界面窗口一般基于 QMainWindow 类，其他窗口可以灵活使用 QMainWindow、QWidget、QDialog 等。其他窗口可以单独显示，也可以嵌入主界面窗口显示。本节先介绍影响窗口特性的一些函数的作用，再介绍设计一个多窗口示例程序，演示如何在一个应用程序中设计和使用多个窗口。

7.3.1　窗口类重要特性的设置

窗口显示或运行的一些特性可以通过 QWidget 的一些函数来设置，如 setAttribute()、setWindowFlag()、setWindowState()等函数。

1. 函数 setAttribute()

函数 setAttribute()用于设置窗口的一些属性，其函数原型定义如下：

```
void  QWidget::setAttribute(Qt::WidgetAttribute attribute, bool on = true)
```

枚举类型 Qt::WidgetAttribute 定义了窗口的一些属性，可以启用或取消启用这些属性。枚举类型 Qt::WidgetAttribute 有几十个枚举常量，常用的一些枚举常量如表 7-3 所示。

表 7-3　枚举类型 Qt::WidgetAttribute 常用的枚举常量

枚举常量	设置为 true 时的含义
Qt::WA_AcceptDrops	允许窗口接收拖动来的组件
Qt::WA_AlwaysShowToolTips	总是显示 toolTip 提示信息
Qt::WA_DeleteOnClose	窗口关闭时删除自己，释放内存
Qt::WA_Hover	允许鼠标光标移入或移出窗口时产生 paint 事件
Qt::WA_MouseTracking	开启鼠标跟踪功能
Qt::WA_AcceptTouchEvents	允许窗口接受触屏事件

2. 函数 setWindowFlag()

QWidget 的 windowFlags 属性表示窗口的特性，属性值是标志类型 Qt::WindowFlags，是枚举类型 Qt::WindowType 的枚举值的组合。QWidget 有一个函数 setWindowFlag()用于一次设置一个特性，可单独启用或取消启用某个特性，其函数原型定义如下：

```
void  QWidget::setWindowFlag(Qt::WindowType flag, bool on = true)
```

枚举类型 Qt::WindowType 的枚举值比较多，根据作用可以分为几个大类，其中用于表示窗口类型的枚举常量如表 7-4 所示。

表 7-4　枚举类型 Qt::WindowType 用于表示窗口类型的枚举常量

枚举常量	含义
Qt::Widget	这是 QWidget 组件的默认类型。如果有父容器，它就作为一个界面组件；如果没有父容器，它就是一个独立窗口
Qt::Window	表明这个组件（widget）是一个窗口，通常具有边框和标题栏，无论它是否有父容器组件

续表

枚举常量	含义
Qt::Dialog	表明这个组件是一个窗口，并且要显示为对话框，例如标题栏没有最小化和最大化按钮。这是 QDialog 类的默认类型
Qt::Popup	表明这个组件是用作弹出式菜单的窗口
Qt::Tool	表明这个组件是工具窗口，具有更小的标题栏和关闭按钮，通常作为工具栏的窗口
Qt::ToolTip	表明这是用于显示 toolTip 提示信息的组件
Qt::SplashScreen	表明这个组件是 Splash 窗口，这是 QSplashScreen 类的默认类型
Qt::SubWindow	表明这个组件是子窗口，例如 QMdiSubWindow 就是这种类型

Qt::Widget、Qt::Window 等表示窗口类型的枚举常量可以使窗口具有默认的外观设置，例如设置为 Qt::Dialog 类型的窗口具有对话框的默认外观，标题栏没有最小化和最大化按钮。

枚举类型 Qt::WindowType 中用于控制窗口显示效果和外观的枚举常量如表 7-5 所示。可以通过函数 setWindowFlag()设置窗口的特性，定制窗口外观，例如可以设置一个窗口只有最小化和最大化按钮，没有关闭按钮。要自定义窗口外观，需要先启用 Qt::CustomizeWindowHint 特性。

表 7-5　枚举类型 Qt::WindowType 中用于控制窗口显示效果和外观的枚举常量

枚举常量	含义
Qt::MSWindowsFixedSizeDialogHint	在 Windows 平台上，使窗口具有更窄的边框，用于固定大小的对话框
Qt::FramelessWindowHint	窗口没有边框
Qt::CustomizeWindowHint	关闭默认的窗口标题栏，使用户可以定制窗口的标题栏
Qt::WindowTitleHint	窗口有标题栏
Qt::WindowSystemMenuHint	窗口有系统菜单
Qt::WindowMinimizeButtonHint	窗口有最小化按钮
Qt::WindowMaximizeButtonHint	窗口有最大化按钮
Qt::WindowMinMaxButtonsHint	窗口有最小化和最大化按钮
Qt::WindowCloseButtonHint	窗口有关闭按钮
Qt::WindowContextHelpButtonHint	窗口有上下文帮助按钮
Qt::WindowStaysOnTopHint	窗口总是处于最上层
Qt::WindowStaysOnBottomHint	窗口总是处于最下层
Qt::WindowTransparentForInput	窗口只作为输出，不接受输入
Qt::WindowDoesNotAcceptFocus	窗口不接受输入焦点

3. 函数 setWindowState()

函数 setWindowState()可使窗口处于最小化、最大化等状态，其函数原型定义如下：

```
void  QWidget::setWindowState(Qt::WindowStates windowState)
```

参数 windowState 是标志类型 Qt::WindowStates，是枚举类型 Qt::WindowState 的枚举值的组合。枚举类型 Qt::WindowState 表示窗口的状态，其枚举常量如表 7-6 所示。

表 7-6　枚举类型 Qt::WindowState 的枚举常量

枚举常量	含义
Qt::WindowNoState	窗口是正常状态
Qt::WindowMinimized	窗口最小化
Qt::WindowMaximized	窗口最大化
Qt::WindowFullScreen	窗口填充整个屏幕，而且没有边框，没有标题栏
Qt::WindowActive	窗口变为活动窗口，例如可以接收键盘输入

4. 函数 setWindowModality()

属性 windowModality 表示窗口的模态类型，只对窗口有用。函数 setWindowModality()用于设置该属性的值，属性值是枚举类型 Qt::WindowModality，其枚举常量如表 7-7 所示。

表 7-7 枚举类型 Qt::WindowModality 的枚举常量

枚举常量	含义
Qt::NonModal	无模态，不会阻止其他窗口的输入
Qt::WindowModal	窗口对于其父窗口、所有的上级父窗口都是模态的
Qt::ApplicationModal	窗口对于整个应用程序是模态的，阻止所有窗口的输入

5. 函数 setWindowOpacity()

属性 windowOpacity 表示窗口的透明度，函数 setWindowOpacity()用于设置该属性的值。属性值是 qreal 类型的浮点数，数值范围是 0.0～1.0，0.0 表示完全透明，1.0 表示完全不透明。窗口透明度默认值是 1.0，即完全不透明。

7.3.2 多窗口应用程序设计示例

1. 示例功能概述

本节设计一个示例项目 samp7_3，演示多窗口应用程序的设计方法，运行时主窗口如图 7-12 所示。示例的主窗口类是 MainWindow，从 QMainWindow 继承而来。示例中还设计了两个窗口类：从 QWidget 继承的 TFormDoc，以及从 QMainWindow 继承的 TFormTable。其中 TFormTable 还使用了对话框类 TDialogSize 和 TDialogHeaders，这两个对话框类直接从示例项目 samp7_2 复制而来。

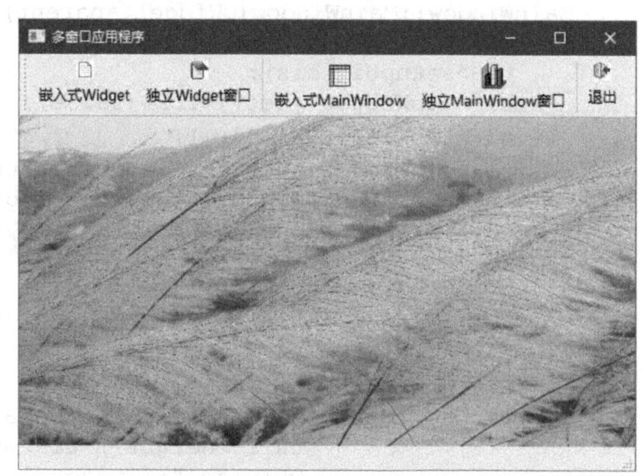

图 7-12 示例 samp7_3 运行时主窗口

主窗口上有一个工具栏，4 个工具按钮以不同方式创建和使用 TFormDoc 窗口和 TFormTable 窗口。主窗口工作区绘制了一张背景图片，还有一个 QTabWidget 组件作为嵌入式显示的窗口的父容器组件。没有任何嵌入式窗口时，QTabWidget 组件隐藏。

本示例中的窗口和对话框比较多，各窗口类的基类和功能如表 7-8 所示。

表 7-8 示例 samp7_3 的窗口类的基类和功能

窗口类	基类	功能
MainWindow	QMainWindow	作为应用程序主窗口
TFormDoc	QWidget	文本文件显示窗口，可作为独立窗口或嵌入式窗口
TFormTable	QMainWindow	表格数据编辑窗口，可作为独立窗口或嵌入式窗口
TDialogSize	QDialog	表格大小设置对话框，被 TFormTable 调用
TDialogHeaders	QDialog	表格表头设置对话框，被 TFormTable 调用

2. 主窗口设计

在使用 Qt Creator 的向导创建本示例项目时，选择窗口基类为 QMainWindow。在 UI 可视化设计时，删除主窗口上的菜单栏，设计几个 Action 创建工具按钮。主窗口工作区放置一个 QTabWidget 组件，命名为 tabWidget，作为嵌入式窗口的父容器。没有子窗口时，tabWidget 不显示。

主窗口工作区上绘制了一张背景图片，背景图片存储在项目的资源文件里。要绘制背景图片，需要在 MainWindow 类里重新定义和实现事件处理函数 paintEvent()。我们还在 MainWindow 中定义了一个槽函数 do_changeTabTitle()，用于设置 tabWidget 当前页的标题。MainWindow 类的定义如下：

```
class MainWindow : public QMainWindow
{
    Q_OBJECT
protected:
    void  paintEvent(QPaintEvent *event);                    //绘制主窗口背景图片
public:
    MainWindow(QWidget *parent = nullptr);
private slots:
    void  do_changeTabTitle(QString title);                  //用于设置 tabWidget 当前页的标题
private:
    Ui::MainWindow *ui;
};
```

MainWindow 类的构造函数以及其他两个函数的代码如下：

```
MainWindow::MainWindow(QWidget *parent): QMainWindow(parent), ui(new Ui::MainWindow)
{
    ui->setupUi(this);
    ui->tabWidget->setVisible(false);
    ui->tabWidget->clear();                                  //清除所有页面
    ui->tabWidget->setTabsClosable(true);                    //各页面有关闭按钮，可被关闭
    this->setCentralWidget(ui->tabWidget);
    this->setWindowState(Qt::WindowMaximized);               //窗口最大化显示
}

void MainWindow::paintEvent(QPaintEvent *event)
{
    QPainter  painter(this);                                 //获取窗口的画笔
    painter.drawPixmap(0,ui->mainToolBar->height(),this->width(),
                this->height()-ui->mainToolBar->height()-ui->statusBar->height(),
                QPixmap(":/images/images/back2.jpg"));
    event->accept();
}

void MainWindow::do_changeTabTitle(QString title)
{//自定义槽函数，用于设置 tabWidget 当前页的标题
    int index= ui->tabWidget->currentIndex();
    ui->tabWidget->setTabText(index, title);
}
```

我们在事件处理函数 paintEvent()里绘制窗口背景，获取窗口的画笔之后，将资源文件里的一张图片绘制在主窗口的工作区。第 10 章会详细介绍如何使用 QPainter 的画笔在界面上绘图。

自定义槽函数 do_changeTabTitle()用于设置 tabWidget 当前页的标题，在创建嵌入式 TFormDoc 窗口时，这个槽函数会与 TFormDoc 窗口的自定义信号 titleChanged()关联，在打开文件时用文件名作为 tabWidget 当前页的标题。

3. TFormDoc 窗口类的设计

打开 New File or Project 对话框，选择创建 Qt Designer Form Class，并且在向导中选择 QWidget 作为窗口基类，将创建的新类命名为 TFormDoc。

打开文件 tformdoc.ui 进行 UI 可视化设计。在窗体上放置一个 QPlainTextEdit 组件，设置其对象名称为 plainTextEdit。由于 TFormDoc 是从 QWidget 继承而来的，在 Qt Designer 里不能直接在窗体上设计工具栏，但是可以创建 Action，然后可以在 TFormDoc 的构造函数里用代码创建工具栏。图 7-13 所示的是设计好的 Action，除了 actOpen 和 actFont 需要编写槽函数代码，其他 Action 只需在信号与槽编辑器里设置连接。将用于编辑操作的 Action 和 plainTextEdit 相关槽函数设置关

联，具体方法见 4.10 节。

我们在 TFormDoc 类中定义了一个函数 loadFromFile()，还定义了一个信号 titleChanged()，只需为 actOpen 和 actFont 这两个 Action 编写槽函数代码。TFormDoc 类的定义如下：

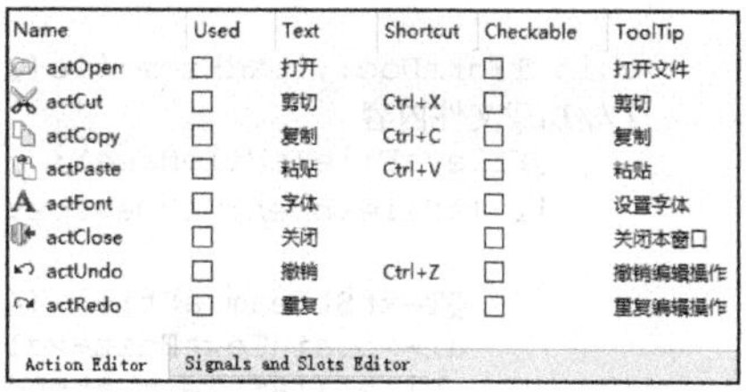

Name	Used	Text	Shortcut	Checkable	ToolTip
actOpen	☐	打开		☐	打开文件
actCut	☐	剪切	Ctrl+X	☐	剪切
actCopy	☐	复制	Ctrl+C	☐	复制
actPaste	☐	粘贴	Ctrl+V	☐	粘贴
actFont	☐	字体		☐	设置字体
actClose	☐	关闭		☐	关闭本窗口
actUndo	☐	撤销	Ctrl+Z	☐	撤销编辑操作
actRedo	☐	重复		☐	重复编辑操作

Action Editor　Signals and Slots Editor

图 7-13　TFormDoc 窗口设计的 Action

```
class TFormDoc : public QWidget
{
    Q_OBJECT
public:
    TFormDoc(QWidget *parent = nullptr);
    void  loadFromFile(QString& aFileName);     //自定义函数
signals:
    void  titleChanged(QString title);          //自定义信号
private:
    Ui::TFormDoc *ui;
};
```

TFormDoc 类的构造函数代码如下：

```
TFormDoc::TFormDoc(QWidget *parent) :  QWidget(parent),  ui(new Ui::TFormDoc)
{
    ui->setupUi(this);
    //使用设计好的 Action 创建工具栏
    QToolBar* locToolBar = new QToolBar("文档", this);        //创建工具栏
    locToolBar->addAction(ui->actOpen);
    locToolBar->addAction(ui->actFont);
    locToolBar->addSeparator();
    locToolBar->addAction(ui->actCut);
    locToolBar->addAction(ui->actCopy);
    locToolBar->addAction(ui->actPaste);
    locToolBar->addAction(ui->actUndo);
    locToolBar->addAction(ui->actRedo);
    locToolBar->addSeparator();
    locToolBar->addAction(ui->actClose);
    locToolBar->setToolButtonStyle(Qt::ToolButtonTextBesideIcon);
    //设计布局
    QVBoxLayout *Layout = new QVBoxLayout();
    Layout->addWidget(locToolBar);              //设置工具栏和 plainTextEdit 垂直布局
    Layout->addWidget(ui->plainTextEdit);
    Layout->setContentsMargins(2,2,2,2);        //减小边框的宽度
    Layout->setSpacing(2);
    this->setLayout(Layout);
}
```

构造函数里创建了一个工具栏，并且将可视化设计好的 Action 添加到工具栏上，以创建工具按钮。还创建了垂直布局，将创建的工具栏和界面上的 plainTextEdit 在窗口上垂直布局。

actOpen 是用于打开文件的 Action，actFont 是用于设置 plainTextEdit 字体的 Action，这两个 Action 的槽函数代码以及相关的自定义函数 loadFromFile()的代码如下：

```
void TFormDoc::on_actOpen_triggered()
{//打开文件
    QString curPath= QDir::currentPath();
    QString aFileName= QFileDialog::getOpenFileName(this,"打开一个文件",curPath,
                            "C 程序文件(*.h *cpp);;文本文件(*.txt);;所有文件(*.*)");
    if (aFileName.isEmpty())
        return;
    loadFromFile(aFileName);
}
```

```
void TFormDoc::loadFromFile(QString &aFileName)
{//加载文件内容
    QFile aFile(aFileName);
    if (aFile.open(QIODevice::ReadOnly | QIODevice::Text))  //以只读文本方式打开文件
    {
        QTextStream aStream(&aFile);                        //用文本流读取文件
        ui->plainTextEdit->clear();
        while (!aStream.atEnd())
        {
            QString str= aStream.readLine();                //读取文件的一行
            ui->plainTextEdit->appendPlainText(str);        //添加到文本框显示
        }
        aFile.close();

        QFileInfo  fileInfo(aFileName);                     //获取文件信息
        QString shortName= fileInfo.fileName();             //不带有路径的文件名
        this->setWindowTitle(shortName);
        emit titleChanged(shortName);                       //发射信号，以文件名作为参数
    }
}

void TFormDoc::on_actFont_triggered()
{//设置字体
    QFont  font= ui->plainTextEdit->font();
    bool  ok;
    font= QFontDialog::getFont(&ok,font);
    ui->plainTextEdit->setFont(font);
}
```

函数 loadFromFile()中用到了读取文件的操作，对于其相关的类 QFile 和 QTextStream 在第 8 章会详细介绍。程序里还使用 QFileInfo 获取文件信息，获取不带有路径的文件名并将其设置为窗口的标题，还发射了自定义信号 titleChanged()。发射信号是为了便于主窗口进行处理，修改 tabWidget 当前页的标题。

4. TFormDoc 类的使用

主窗口工具栏上有两个按钮可以使用 TFormDoc 类创建窗口。点击“嵌入式 Widget”按钮会创建一个 TFormDoc 类窗口，并将其作为主窗口工作区的组件 tabWidget 的一个页面。点击“独立 Widget 窗口”按钮会创建一个 TFormDoc 类窗口，但是其以独立窗口形式显示。

主窗口工具栏上的“嵌入式 Widget”按钮的槽函数代码如下：

```
void MainWindow::on_actWidgetInsite_triggered()
{
    TFormDoc *formDoc = new TFormDoc(this);               //指定主窗口为父容器
    formDoc->setAttribute(Qt::WA_DeleteOnClose);          //关闭时自动删除
    int cur= ui->tabWidget->addTab(formDoc,
                        QString::asprintf("Doc %d",ui->tabWidget->count()));
    ui->tabWidget->setCurrentIndex(cur);
    ui->tabWidget->setVisible(true);
    connect(formDoc, &TFormDoc::titleChanged, this, &MainWindow::do_changeTabTitle);
}
```

上述程序动态创建了一个 TFormDoc 类对象 formDoc，设置其关闭时自动删除，然后将 formDoc 添加为主窗口上 tabWidget 的一个页面，我们称这种窗口显示方式为“嵌入式”。程序还将 formDoc 的自定义信号 titleChanged()与主窗口的自定义槽函数 do_changeTabTitle()关联，这样，

在 tabWidget 的一个嵌入式 TFormDoc 类窗口中打开一个文件时，其文件名就会显示为 tabWidget 当前页的标题。

主窗口工具栏上的“独立 Widget 窗口”按钮的槽函数代码如下：

```
void MainWindow::on_actWidget_triggered()
{
    TFormDoc *formDoc = new TFormDoc();                    //不指定父窗口，用 show()显示
    formDoc->setAttribute(Qt::WA_DeleteOnClose);           //关闭时自动删除
    formDoc->setWindowTitle("基于 QWidget 的窗口，无父窗口，关闭时删除");
    formDoc->setWindowFlag(Qt::Window, true);              //设置 window 标志
    formDoc->setWindowOpacity(0.9);                        //设置透明度
    formDoc->show();                                       //显示为单独的窗口
}
```

注意，上述代码中创建 formDoc 时并没有指定父窗口。我们使用函数 setWindowFlag()设置该窗口为 Qt::Window 类型，并用函数 show()显示该窗口。这样创建和显示的是一个独立的窗口，在 Windows 的任务栏上会显示。如果在文档窗口处于打开状态时关闭主窗口，主窗口关闭了，而文档窗口依然存在，实际上这时候主窗口是隐藏了。若关闭所有文档窗口，主窗口会自动删除，这样才完全关闭了应用程序。

如果创建 formDoc 时指定主窗口为父窗口，即：

```
TFormDoc * formDoc = new TFormDoc(this);
```

那么 formDoc 显示时不会在 Windows 的任务栏上显示，关闭主窗口时，所有文档窗口自动删除。

图 7-14 所示的是嵌入式和独立的 TFormDoc 窗口的显示效果。在可视化设计 UI 文件 tformdoc.ui 时，我们为每个 Action 设置了 statusTip 属性值。对于嵌入式的 TFormDoc 窗口，鼠标光标移动到其工具按钮上时，主窗口的状态栏上会显示按钮的 statusTip 提示信息。但是对于独立的 TFormDoc 窗口，主窗口的状态栏上不会显示其工具按钮的 statusTip 提示信息。

5. TFormTable 窗口类的设计

表格窗口类 TFormTable 是基于 QMainWindow 的带有 UI 文件的窗口类，其功能与示例 samp7_2 的主窗口类似。它使用 QStandardItemModel 模型和 QTableView 组件构成模型/视图结构，并且可以调用 TDialogSize 和 TDialogHeaders 对话框分别进行表格大小设置和表头设置，可视化设计效果如图 7-15 所示。

在可视化设计时，我们删除了窗体上的菜单栏和状态栏，保留了工具栏，3 个工具按钮由设计好的 3 个 Action 创建。TFormTable 类的定义代码如下：

```
class TFormTable : public QMainWindow
{
    Q_OBJECT
private:
    TDialogHeaders *dlgSetHeaders= nullptr;                //设置表头的对话框
    QStandardItemModel   *m_model;                         //数据模型
    QItemSelectionModel *m_selection;                      //选择模型
public:
    TFormTable(QWidget *parent = 0);
private:
    Ui::TFormTable *ui;
};
```

TFormTable 类要调用两个对话框，其中 TDialogSize 用于设置表格行数和列数，TDialogHeaders

用于设置表格表头，这两个对话框的相关文件直接从示例项目 samp7_2 复制而来。以下是 TFormTable 类的构造函数以及两个 Action 的槽函数代码。代码的原理以及两个对话框的设计和实现就不具体解释了，详见 7.2 节的介绍。

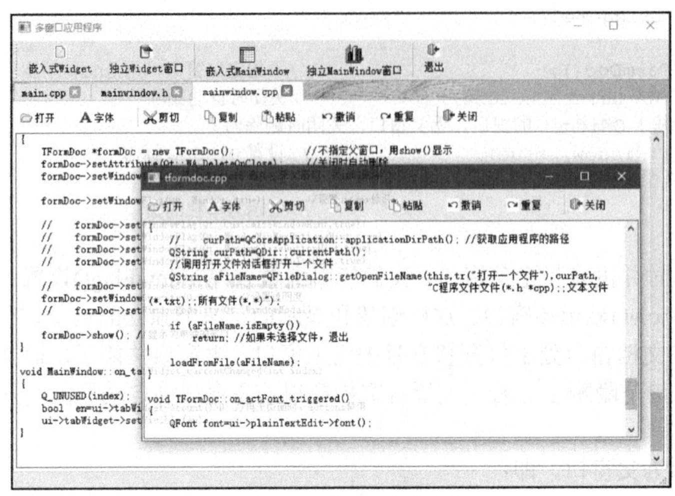

图 7-14 嵌入式和独立的 TFormDoc 窗口的显示效果

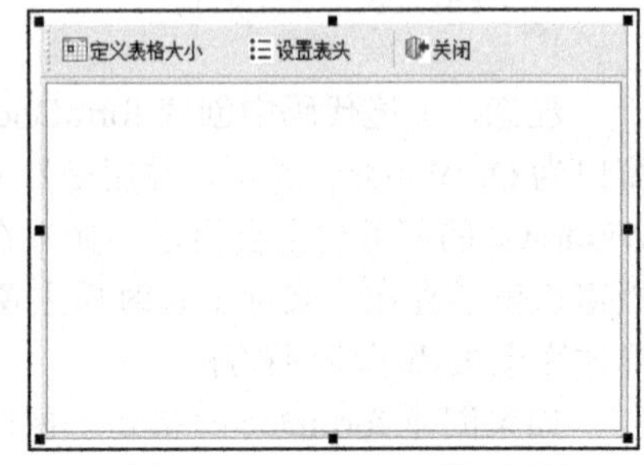

图 7-15 TFormTable 窗口界面可视化设计效果

```
TFormTable::TFormTable(QWidget *parent):  QMainWindow(parent), ui(new Ui::TFormTable)
{
    ui->setupUi(this);
    m_model = new QStandardItemModel(12,6,this);                  //数据模型
    m_selection = new QItemSelectionModel(m_model,this);          //选择模型
    ui->tableView->setModel(m_model);                             //设置数据模型
    ui->tableView->setSelectionModel(m_selection);                //设置选择模型
}

void TFormTable::on_actSize_triggered()
{//“定义表格大小”按钮
    TDialogSize  *dlgTableSize= new TDialogSize(this);
    dlgTableSize->setWindowFlag(Qt::MSWindowsFixedSizeDialogHint);
    dlgTableSize->setRowColumn(m_model->rowCount(),m_model->columnCount());
    int ret= dlgTableSize->exec();                                //以模态方式显示对话框
    if (ret == QDialog::Accepted)
    {
        int cols= dlgTableSize->columnCount();
        m_model->setColumnCount(cols);
        int rows= dlgTableSize->rowCount();
        m_model->setRowCount(rows);
    }
    delete dlgTableSize;                                          //删除对话框
}

void TFormTable::on_actSetHeader_triggered()
{//“设置表头”按钮
    if (dlgSetHeaders == nullptr)
        dlgSetHeaders = new TDialogHeaders(this);
    if (dlgSetHeaders->headerList().count() != m_model->columnCount())
    {
```

```
        QStringList strList;
        for (int i=0; i<m_model->columnCount(); i++)          //获取现有的表头标题
            strList.append(m_model->headerData(i, Qt::Horizontal,
                                Qt::DisplayRole).toString());
        dlgSetHeaders->setHeaderList(strList);                //用于对话框初始化显示
    }

    int ret= dlgSetHeaders->exec();                           //以模态方式显示对话框
    if (ret == QDialog::Accepted)
    {
        QStringList strList= dlgSetHeaders->headerList();
        m_model->setHorizontalHeaderLabels(strList);
    }
}
```

6. TFormTable 类的使用

主窗口工具栏上的“嵌入式 MainWindow”按钮的槽函数代码如下：

```
void MainWindow::on_actWindowInsite_triggered()
{
    TFormTable *formTable = new TFormTable(this);
    formTable->setAttribute(Qt::WA_DeleteOnClose);            //关闭时自动删除
    int cur= ui->tabWidget->addTab(formTable,
                      QString::asprintf("Table %d",ui->tabWidget->count()));
    ui->tabWidget->setCurrentIndex(cur);
    ui->tabWidget->setVisible(true);
}
```

这段代码的功能是动态创建一个 TFormTable 类对象 formTable，设置其关闭时自动删除，然后将 formTable 添加为主窗口上 tabWidget 的一个页面。所以，即使是从 QMainWindow 继承的窗口类，也是可以在其他界面组件里嵌入显示的。

主窗口工具栏上的“独立 MainWindow 窗口”按钮的槽函数代码如下：

```
void MainWindow::on_actWindow_triggered()
{
    TFormTable* formTable = new TFormTable(this);
    formTable->setAttribute(Qt::WA_DeleteOnClose);
    formTable->setWindowTitle("基于 QMainWindow 的窗口");
    formTable->statusBar();                                 //如果没有状态栏，就创建状态栏
    formTable->show();
}
```

这样创建的 formTable 以独立窗口形式显示，关闭时自动删除。程序中设置了主窗口作为 formTable 的父窗口，主窗口关闭时，所有 TFormTable 类窗口自动删除。注意，这段代码里有如下一条语句：

```
formTable->statusBar();                                 //如果没有状态栏，就创建状态栏
```

这条语句运行了 QMainWindow 类的 statusBar()函数，如果窗口已经有状态栏，就返回状态栏的指针；如果窗口没有状态栏，就创建一个空的状态栏。我们在可视化设计 TFormTable 的窗口界面时删除了其状态栏，所以这行代码会为独立的 TFormTable 窗口创建一个状态栏。

对于嵌入式的 TFormTable 窗口，它的工具按钮的 statusTip 信息显示在主窗口的状态栏上；对于独立的 TFormTable 窗口，它的工具按钮的 statusTip 信息显示在自己的状态栏上。无论是嵌入式的 TFormTable 窗口，还是独立的 TFormTable 窗口，都可以调用 TDialogSize 和 TDialogHeaders 对话框分

别进行表格大小和表头设置。嵌入式和独立的 TFormTable 窗口如图 7-16 所示。

7. QTabWidget 组件的控制

现在，点击主窗口的 tabWidget 中嵌入的 TFormDoc 或 TFormTable 窗口工具栏上的“关闭”按钮，都可以关闭窗口并且删除 tabWidget 的分页。但是点击 tabWidget 分页上的关闭图标按钮却不能关闭窗口。而且，关闭所有分页后，tabWidget 并没有隐藏，无法显示背景图片。

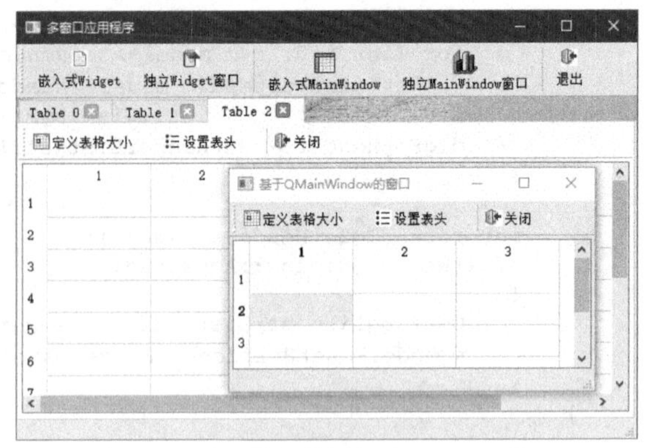

图 7-16　嵌入式和独立的 TFormTable 窗口

为此，需要为 tabWidget 的两个信号编写槽函数，tabCloseRequested()和 currentChanged()信号的槽函数代码如下：

```
void MainWindow::on_tabWidget_tabCloseRequested(int index)
{
    if (index<0)
        return;
    QWidget* aForm= ui->tabWidget->widget(index);                //获取分页上的 Widget
    aForm->close();                                              //关闭嵌入式窗口
}
void MainWindow::on_tabWidget_currentChanged(int index)
{
    Q_UNUSED(index);
    bool  en= ui->tabWidget->count()>0;                          //是否还有页面
    ui->tabWidget->setVisible(en);
}
```

在点击 QTabWidget 组件的一个分页的关闭按钮时，QTabWidget 组件会发射 tabCloseRequested()信号，传递的参数 index 表示页面的编号。函数 QTabWidget::widget(int)返回某个分页的界面组件，也就是添加到页面的嵌入式窗口对象，然后就可以调用函数 QWidget::close()关闭嵌入式窗口。

删除 QTabWidget 组件的一个分页或切换页面时，QTabWidget 组件会发射 currentChanged()信号，在此信号的槽函数里判断分页数是否为零，以控制 tabWidget 是否可见。

7.4　MDI 应用程序设计

多文档界面（multiple document interface，MDI）是一种应用程序结构，适合用来设计专门处理某种文件的应用软件。MDI 应用程序有一个主窗口和任意多个子窗口（subwindow）。当在 MDI 应用程序里打开了多个子窗口时，获得输入焦点的子窗口是活动的（active）子窗口。子窗口一般没有工具栏，它们共享主窗口上的工具栏和菜单，主窗口上的操作一般是针对当前的活动子窗口。

MDI 应用程序的设计主要是对 QMdiArea 和 QMdiSubWindow 类的使用。本节设计一个示例项目 samp7_4，演示 MDI 应用程序的设计方法，示例运行时界面如图 7-17 所示。示例的子窗口类是 TFormDoc，子窗口上只有一个 QPlainTextEdit 组件。主窗口工具栏上的“复制”“粘贴”“字体设置”等按钮针对当前子窗口进行操作。子窗口有两种显示模式，可以用 QMdiArea::setViewMode()函数设置显示模式，图 7-17 所示的是子窗口模式，图 7-18 所示的是多页模式。

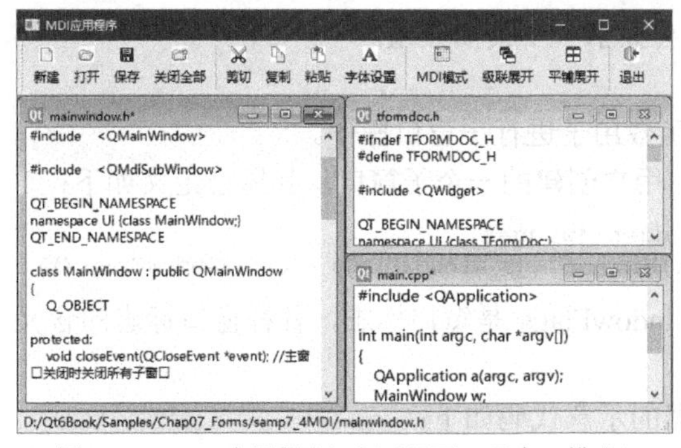

图 7-17　MDI 应用程序运行时界面（子窗口模式）

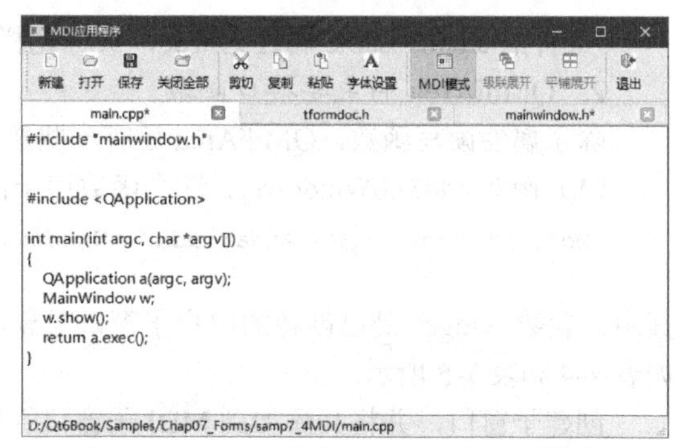

图 7-18　MDI 应用程序运行时界面（多页模式）

7.4.1　QMdiArea 类

MDI 应用程序的主窗口是基于 QMainWindow 的窗口类。在设计 MDI 应用程序时，需要在主窗口的工作区放置一个 QMdiArea 组件，并使用 QMainWindow 的 setCentralWidget()函数将其设置为主窗口的中心组件，也就是填充满主窗口的工作区。

QMdiArea 是管理 MDI 子窗口的类，主窗口上的 QMdiArea 组件是 MDI 子窗口管理器。通过 QMdiArea 的接口函数可以添加或移除子窗口，还可以获取子窗口列表和当前子窗口。

用户设计的子窗口一般是基于 QWidget 的窗口类，例如示例 samp7_4 的子窗口类是 TFormDoc。在创建一个 TFormDoc 窗口对象并用 QMdiArea 的 addSubWindow()函数添加这个 TFormDoc 窗口对象时，QMdiArea 实际上会创建一个 QMdiSubWindow 窗口，其作为 TFormDoc 窗口的父容器。

所以，QMdiArea 管理的子窗口实际上是 QMdiSubWindow 类。函数 QMdiArea::currentSubWindow()用于获取当前活动子窗口，这个函数的返回值就是 QMdiSubWindow 类型指针。

1. QMdiArea 的属性

在 UI 可视化设计时，在主窗口上放置一个 QMdiArea 组件，命名为 mdiArea。其属性如图 7-19 所示，这里只显示了 QMdiArea 中新定义的属性，未显示其父类的属性。QMdiArea 的间接父类是 QWidget，QMdiArea 的继承关系如图 4-8 所示。

QMdiArea 的这些属性主要用于控制显示效果，比较直观，属性的读写函数可查阅 Qt 帮助文档。图 7-19 中最后两个属性是灰色的，这并不是 QMdiArea 类中定义的属性，而是 QMdiArea 的接口函数的返回数据。

QMdiArea 显示子窗口有两种模式：子窗口模式和多页模式。多页模式就是用一个 QTabWidget 组件显示子窗口，与前面介绍的示例 samp7_3 显示嵌入式窗口类似。函数 setViewMode()用于设置子窗口显示模式，其原型定义如下：

```
void  QMdiArea::setViewMode(QMdiArea::ViewMode mode)
```

参数 mode 是枚举类型 QMdiArea::ViewMode，其有两个枚举常量。

- QMdiArea::SubWindowView：表示子窗口模式，显示效果如图 7-17 所示。
- QMdiArea::TabbedView：表示多页模式，显示效果如图 7-18 所示。在多页模式下，如果 QMdiArea 组

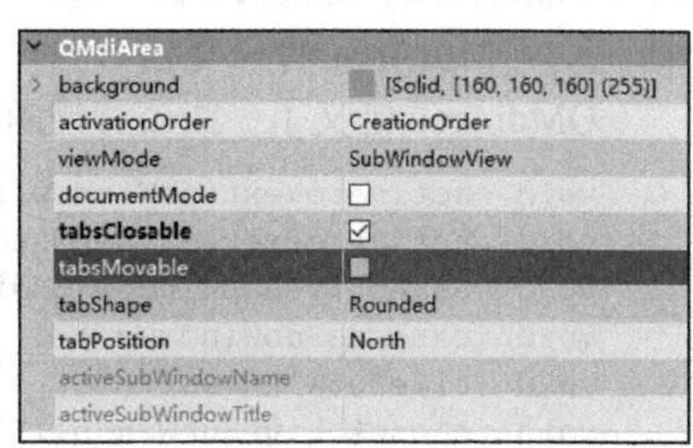

图 7-19　QMdiArea 组件的属性

件的 tabsClosable 属性为 true，页标题栏上会显示一个关闭按钮。

2. QMdiArea 的主要接口函数

除了属性读写函数，QMdiArea 还有一些接口函数用于进行子窗口操作。

（1）函数 addSubWindow()。这个函数用于添加用户创建的一个子窗口，其原型定义如下：

```
QMdiSubWindow  *QMdiArea::addSubWindow(QWidget *widget,
                                       Qt::WindowFlags windowFlags = Qt::WindowFlags())
```

其中，参数 widget 是已创建的用户子窗口对象，windowFlags 是窗口标志，各种窗口标志的含义如表 7-4 和表 7-5 所示。

创建子窗口，并将其添加到 MDI 子窗口管理器的示意代码如下：

```
formDoc = new TFormDoc(this);
ui->mdiArea->addSubWindow(formDoc);
```

在使用函数 addSubWindow()添加一个用户子窗口对象时，QMdiArea 实际上会创建一个 QMdiSubWindow 窗口，并将其作为用户子窗口的父容器。QMdiArea 管理的子窗口实际上是 QMdiSubWindow 类型的窗口，函数 QMdiSubWindow::widget()返回的才是用户的窗口对象。

（2）函数 activeSubWindow()。这个函数返回当前活动子窗口的指针，其函数原型定义如下：

```
QMdiSubWindow  *QMdiArea::activeSubWindow()
```

注意，这个函数返回的是 QMdiSubWindow 类型的对象，要想获得实际的用户子窗口对象，还需要使用函数 QMdiSubWindow::widget()返回用户窗口对象，并将其转换为用户窗口类型，示意代码如下：

```
TFormDoc *formDoc= static_cast<TFormDoc*>(ui->mdiArea->activeSubWindow()->widget());
```

（3）函数 removeSubWindow()。这个函数用于移除一个子窗口，该函数原型定义如下：

```
void  QMdiArea::removeSubWindow(QWidget *widget)
```

参数 widget 可以是 QMdiSubWindow 对象或其内部的用户子窗口。如果参数 widget 是 QMdiSubWindow 对象，MDI 子窗口管理器就会移除这个子窗口；如果参数 widget 是 QMdiSubWindow 对象内部的用户子窗口，MDI 子窗口管理器就会清除这个子窗口的界面。

注意，函数 removeSubWindow()只移除窗口，并不删除窗口对象，若要删除窗口对象需要再用 delete 进行删除。

（4）函数 subWindowList()。这个函数返回子窗口列表，其函数原型定义如下：

```
QList<QMdiSubWindow *> QMdiArea::subWindowList(QMdiArea::WindowOrder order= CreationOrder)
```

注意，这个函数返回的是 QMdiSubWindow 类型的子窗口列表，需要通过 QMdiSubWindow::widget()函数才能访问用户定义的子窗口对象。

3. QMdiArea 的公有槽

QMdiArea 定义了一些公有槽函数，这些公有槽函数原型定义如下：

```
void  activateNextSubWindow()                          //激活后一个子窗口
void  activatePreviousSubWindow()                      //激活前一个子窗口
void  setActiveSubWindow(QMdiSubWindow *window)        //激活一个子窗口
void  cascadeSubWindows()                              //所有子窗口级联展开，在子窗口模式下有效
void  tileSubWindows()                                 //所有子窗口平铺展开，在子窗口模式下有效
void  closeActiveSubWindow()                           //关闭当前活动窗口
void  closeAllSubWindows()                             //关闭所有子窗口
```

4. QMdiArea 的信号

QMdiArea 只新定义了一个信号 subWindowActivated()，在某个子窗口变成活动窗口时，QMdiArea 就会发射这个信号。函数原型定义如下：

```
void  subWindowActivated(QMdiSubWindow *window)
```

参数 window 是当前活动窗口的指针，注意这是 QMdiSubWindow 类型子窗口的指针。

7.4.2 QMdiSubWindow 类

QMdiArea 管理的子窗口实际上是 QMdiSubWindow 窗口，QMdiSubWindow 的内部组件才是用户窗口。QMdiSubWindow 有两个主要的函数，其函数原型定义如下：

```
QWidget  *QMdiSubWindow::widget()
void  QMdiSubWindow::setWidget(QWidget *widget)
```

函数 widget()返回用户窗口对象指针，如果要操作用户窗口，需要将用户窗口对象指针转换为用户窗口类型。

函数 setWidget()设置一个用户窗口作为 QMdiSubWindow 窗口的内部组件。一般不需要直接调用这个函数，因为使用函数 QMdiArea::addSubWindow()添加一个用户窗口时，会自动为这个用户窗口创建一个 QMdiSubWindow 窗口并将其作为父容器。

7.4.3 MDI 应用程序设计示例

1. 主窗口界面设计

示例 samp7_4 的主窗口基类是 QMainWindow。在可视化设计主窗口界面时，我们设计了一些 Action，用于创建工具按钮，如图 7-20 所示。在主窗口工作区放置一个 QMdiArea 组件，命名为 mdiArea。

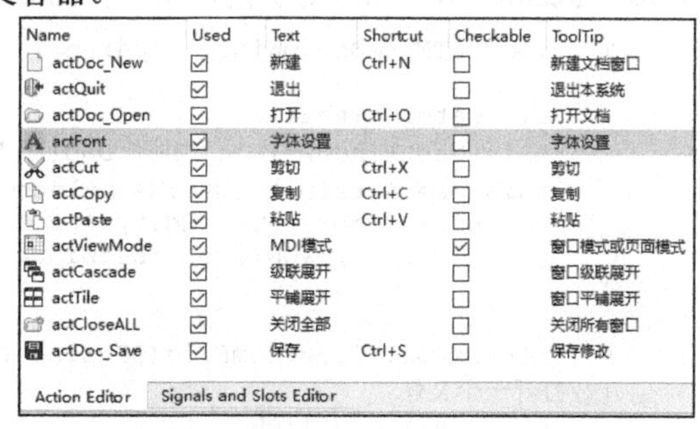

Name	Used	Text	Shortcut	Checkable	ToolTip
actDoc_New	☑	新建	Ctrl+N	☐	新建文档窗口
actQuit	☑	退出		☐	退出本系统
actDoc_Open	☑	打开	Ctrl+O	☐	打开文档
actFont	☑	字体设置		☐	字体设置
actCut	☑	剪切	Ctrl+X	☐	剪切
actCopy	☑	复制	Ctrl+C	☐	复制
actPaste	☑	粘贴	Ctrl+V	☐	粘贴
actViewMode	☑	MDI模式		☑	窗口模式或页面模式
actCascade	☑	级联展开		☐	窗口级联展开
actTile	☑	平铺展开		☐	窗口平铺展开
actCloseALL	☑	关闭全部		☐	关闭所有窗口
actDoc_Save	☑	保存	Ctrl+S	☐	保存修改

图 7-20 示例 samp7_4 主窗口中设计好的 Action

主窗口类 MainWindow 中无须自定义变量或函数，只需在 MainWindow 的构造函数里做一些设置。MainWindow 的构造函数代码如下：

```
MainWindow::MainWindow(QWidget *parent) : QMainWindow(parent), ui(new Ui::MainWindow)
{
    ui->setupUi(this);
    ui->mdiArea->setTabsClosable(true);             //页面可关闭
    ui->mdiArea->setTabsMovable(true);              //页面可移动
    setCentralWidget(ui->mdiArea);
    setWindowState(Qt::WindowMaximized);            //窗口最大化显示
    ui->mainToolBar->setToolButtonStyle(Qt::ToolButtonTextUnderIcon);
}
```

2. 用户子窗口类 TFormDoc 的设计

使用向导新建一个 Qt Designer Form Class，也就是带 UI 文件的窗口类。窗口类的名称设置为 TFormDoc，基类选择为 QWidget。在 UI 可视化设计时，只需在窗体上放置一个 QPlainTextEdit 组件，命名为 plainTextEdit，并使其以垂直布局方式占满整个窗口。

TFormDoc 窗口上不设计工具栏，而使用主窗口上的工具按钮对活动子窗口进行操作。TFormDoc

类中定义了一些接口函数，以便主窗口调用。TFormDoc 类的定义如下：

```
class TFormDoc : public QWidget
{
    Q_OBJECT
private:
    QString m_filename;                               //当前文件
    bool    m_fileOpened= false;                      //文件已打开
public:
    TFormDoc(QWidget *parent = nullptr);
    void    loadFromFile(QString& aFileName);         //打开一个文件
    void    saveToFile();                             //保存文件
    QString currentFileName();                        //返回当前文件名
    bool    isFileOpened();                           //是否打开了文件
    void    setEditFont();                            //设置字体
    void    textCut();                                //剪切
    void    textCopy();                               //复制
    void    textPaste();                              //粘贴
private:
    Ui::TFormDoc *ui;
};
```

文件 tformdoc.cpp 中的实现代码如下，程序中用到了文件相关的一些操作，关于 QFile、QTextStream、QFileInfo 等类的用法会在第 8 章详细介绍。

```
TFormDoc::TFormDoc(QWidget *parent) :    QWidget(parent),    ui(new Ui::TFormDoc)
{
    ui->setupUi(this);
    this->setWindowTitle("New Doc[*]");              //设置窗口标题，设置了修改标记占位符
    this->setAttribute(Qt::WA_DeleteOnClose);        //关闭时自动删除
    connect(ui->plainTextEdit, &QPlainTextEdit::modificationChanged,
            this, &QWidget::setWindowModified);
}

void TFormDoc::loadFromFile(QString &aFileName)
{//打开一个文件
    QFile aFile(aFileName);
    if (aFile.open(QIODevice::ReadOnly | QIODevice::Text))     //以只读文本方式打开文件
    {
        QTextStream aStream(&aFile);                 //用文本流读取文件
        ui->plainTextEdit->clear();
        ui->plainTextEdit->setPlainText(aStream.readAll());
        aFile.close();

        m_filename= aFileName;                       //保存当前文件名
        QFileInfo   fileInfo(aFileName);             //文件信息
        QString str= fileInfo.fileName();            //去除路径后的文件名
        this->setWindowTitle(str+"[*]");             //设置修改标记占位符
        m_fileOpened =true;                          //已打开文件
    }
}

void TFormDoc::saveToFile()
{//没有执行具体的保存操作
    this->setWindowModified(false);                  //设置 windowModified 属性为 false
}
QString TFormDoc::currentFileName()
{
```

```
    return  m_filename;                              //返回文件名
}
bool TFormDoc::isFileOpened()
{
    return m_fileOpened;                             //已打开文件
}
void TFormDoc::setEditFont()
{
    QFont font= ui->plainTextEdit->font();
    bool  ok;
    font= QFontDialog::getFont(&ok,font);
    ui->plainTextEdit->setFont(font);                //设置字体
}
void TFormDoc::textCut()
{
    ui->plainTextEdit->cut();                        //剪切
}
void TFormDoc::textCopy()
{
    ui->plainTextEdit->copy();                       //复制
}
void TFormDoc::textPaste()
{
    ui->plainTextEdit->paste();                      //粘贴
}
```

我们在构造函数中设置了一个信号与槽函数的连接：

```
connect(ui->plainTextEdit, &QPlainTextEdit::modificationChanged,
             this, &QWidget::setWindowModified);
```

这是将 plainTextEdit 的 modificationChanged(bool)信号与窗口的槽函数 setWindowModified(bool)连接。当 plainTextEdit 的内容被修改后，它会发射信号 modificationChanged(bool)。QWidget 的公有槽函数 setWindowModified(bool)会修改 windowModified 属性的值。如果窗口标题中有占位符“[*]”，那么当 windowModified 属性值为 true 时会显示星号，当 windowModified 属性值为 false 时不显示星号，这样就可以提醒用户窗口内的文档被修改了。

在函数 loadFromFile()中设置窗口标题的语句是：

```
this->setWindowTitle(str+"[*]");        //设置修改标记占位符
```

也就是以文件名作为窗口标题，并且使用占位符“[*]”。这样，当 plainTextEdit 的内容被修改后，窗口标题上就会显示星号，如图 7-17 和图 7-18 所示。

函数 saveToFile()并没有进行实际的文件操作，只是将窗口的 windowModified 属性值修改为 false：

```
this->setWindowModified(false);
```

当主窗口调用子窗口的函数 saveToFile()时，子窗口标题上的星号就会消失，表示文件被保存了。

3. 创建和添加 MDI 子窗口

主窗口工具栏上的“新建”按钮用于新建 MDI 子窗口，其槽函数代码如下：

```
void MainWindow::on_actDoc_New_triggered()
{
    TFormDoc *formDoc = new TFormDoc(this);
    ui->mdiArea->addSubWindow(formDoc);              //文档窗口添加到 MDI 子窗口管理器中
    formDoc->show();
    ui->actCut->setEnabled(true);
    ui->actCopy->setEnabled(true);
```

```
    ui->actPaste->setEnabled(true);
    ui->actFont->setEnabled(true);
}
```

上述代码的功能是新建一个TFormDoc类的窗口formDoc，然后使用QMdiArea的addSubWindow()函数将formDoc添加到mdiArea中。

主窗口工具栏上的“打开”按钮的槽函数代码如下：

```
void MainWindow::on_actDoc_Open_triggered()
{
    bool needNew= false;                        //是否需要新建子窗口
    TFormDoc  *formDoc;
    if (ui->mdiArea->subWindowList().size() >0)  //如果有子窗口，获取活动子窗口
    {
        formDoc= (TFormDoc*)ui->mdiArea->activeSubWindow()->widget();
        needNew= formDoc->isFileOpened();       //子窗口已打开文件，需要新建子窗口
    }
    else
        needNew= true;

    QString curPath= QDir::currentPath();
    QString aFileName= QFileDialog::getOpenFileName(this,tr("打开一个文件"),curPath,
                     "C程序文件(*.h *cpp);;文本文件(*.txt);;所有文件(*.*)");
    if (aFileName.isEmpty())
        return;
    if (needNew)                                //需要新建子窗口
    {
        formDoc = new TFormDoc(this);
        ui->mdiArea->addSubWindow(formDoc);
    }
    formDoc->loadFromFile(aFileName);           //打开文件
    formDoc->show();
    ui->actCut->setEnabled(true);
    ui->actCopy->setEnabled(true);
    ui->actPaste->setEnabled(true);
    ui->actFont->setEnabled(true);
}
```

通过函数QMdiArea::subWindowList()可以获得子窗口列表，从而可以判断子窗口的个数。如果没有MDI子窗口，就创建一个新的子窗口并打开文件。

若主窗口是当前窗口且有MDI子窗口，则总有一个活动子窗口，通过QMdiArea::activeSubWindow()函数可以获得此活动子窗口。注意，QMdiArea的子窗口是QMdiSubWindow类，还需要通过QMdiSubWindow::widget()函数才能获得用户窗口对象并将其转换为TFormDoc类型，即程序中的这行代码：

```
formDoc= (TFormDoc*)ui->mdiArea->activeSubWindow()->widget();
```

注意 一定要先获取MDI子窗口，再使用QFileDialog对话框打开文件。如果调换操作顺序，则无法获得正确的MDI活动子窗口。因为显示QFileDialog对话框后，主窗口就不是当前窗口了，即使有子窗口，也没有当前活动子窗口。

4. 子窗口管理器的功能

QMdiArea类是MDI子窗口管理器，主窗口工具栏上的“MDI模式”“关闭全部”等4个按钮的功能都是通过调用QMdiArea的接口函数实现的。下面是这几个按钮的槽函数代码。

```
void MainWindow::on_actCloseALL_triggered()
{// “关闭全部”按钮
    ui->mdiArea->closeAllSubWindows();
}
void MainWindow::on_actCascade_triggered()
{// “级联展开”按钮
    ui->mdiArea->cascadeSubWindows();
}
void MainWindow::on_actTile_triggered()
{// “平铺展开”按钮
    ui->mdiArea->tileSubWindows();
}
void MainWindow::on_actViewMode_triggered(bool checked)
{// “MDI 模式”按钮
    if (checked)
        ui->mdiArea->setViewMode(QMdiArea::TabbedView);     //多页模式
    else
        ui->mdiArea->setViewMode(QMdiArea::SubWindowView); //子窗口模式
    ui->mdiArea->setTabsClosable(checked);                  //切换到多页模式下需重新设置
    ui->actCascade->setEnabled(!checked);                   //子窗口模式下才有用
    ui->actTile->setEnabled(!checked);
}
```

5. 对活动子窗口的操作

主窗口工具栏上的“保存”“复制”“字体设置”等按钮用于对当前活动子窗口进行操作，这几个按钮的槽函数代码如下：

```
void MainWindow::on_actDoc_Save_triggered()
{// “保存”按钮
    TFormDoc *formDoc=(TFormDoc*)ui->mdiArea->activeSubWindow()->widget();
    formDoc->saveToFile();
}
void MainWindow::on_actCut_triggered()
{ // “剪切”按钮
    TFormDoc *formDoc=(TFormDoc*)ui->mdiArea->activeSubWindow()->widget();
    formDoc->textCut();
}
void MainWindow::on_actCopy_triggered()
{// “复制”按钮
    TFormDoc *formDoc=(TFormDoc*)ui->mdiArea->activeSubWindow()->widget();
    formDoc->textCopy();
}
void MainWindow::on_actPaste_triggered()
{// “粘贴”按钮
    TFormDoc *formDoc=(TFormDoc*)ui->mdiArea->activeSubWindow()->widget();
    formDoc->textPaste();
}
void MainWindow::on_actFont_triggered()
{// “字体设置”按钮
    TFormDoc *formDoc=(TFormDoc*)ui->mdiArea->activeSubWindow()->widget();
    formDoc->setEditFont();
}
```

这几个函数都需要先通过 QMdiArea::activeSubWindow()获取当前活动子窗口，活动子窗口是 QMdiSubWindow 类；再通过 QMdiSubWindow::widget()函数获得用户窗口对象，并将其转换为 TFormDoc 类型；然后就可以调用 TFormDoc 的接口函数进行操作了。

6. QMdiArea 的信号 subWindowActivated()的作用

QMdiArea 有一个信号 subWindowActivated()，在切换当前活动子窗口时，QMdiArea 会发射此信号。利用此信号可以在切换活动子窗口时进行一些处理，例如，在主窗口的状态栏上显示活动子窗口的文件名，在没有 MDI 子窗口时将工具栏上有关编辑功能的按钮设置为禁用。下面是该信号的槽函数代码：

```
void MainWindow::on_mdiArea_subWindowActivated(QMdiSubWindow *arg1)
{
    if (ui->mdiArea->subWindowList().size() == 0)                   //若子窗口个数为零
    {
        ui->actCut->setEnabled(false);
        ui->actCopy->setEnabled(false);
        ui->actPaste->setEnabled(false);
        ui->actFont->setEnabled(false);
        ui->statusBar->clearMessage();                               //清除状态栏信息
    }
    else
    {
        TFormDoc *formDoc= static_cast<TFormDoc*>(arg1->widget());
        ui->statusBar->showMessage(formDoc->currentFileName());   //显示子窗口的文件名
    }
}
```

7.5 Splash 与登录窗口

有一些软件在启动时会显示一个启动画面，即 Splash 窗口。Splash 窗口是一个无边框的窗口，一般显示一张图片来展示软件的信息。显示 Splash 窗口时，程序可以在后台做一些比较耗时的启动工作，并在 Splash 窗口上显示后台加载过程信息。Splash 窗口显示一段时间后会自动关闭，之后软件的主窗口才显示出来。有的软件还有登录界面，要求用户输入用户名和密码才可以进入。

Qt 中有一个 QSplashScreen 窗口类可以实现 Splash 窗口的功能，它提供了加载图片、显示消息、自动设置窗口无边框效果等功能。但是 QSplashScreen 没有提供登录功能，若要同时实现 Splash 窗口和登录界面，就需要自己设计一个新的对话框。

本节设计一个示例项目 samp7_5，它在项目 samp7_4 的基础上新设计一个 Splash 登录对话框类 TDialogLogin。这个对话框结合了 Splash 窗口和登录界面这两者的功能，示例 samp7_5 Splash 登录窗口如图 7-21 所示。这个示例中还用到了 QSettings 类读写注册表，以及用到了 QCryptographicHash 类进行字符串加密。

本示例是基于项目 samp7_4 的，也就是先将项目 samp7_4 整个复制，然后将项目 samp7_4 更名为 samp7_5。示例 samp7_5 设计了一个 Splash 登录对话框 TDialogLogin，用于控制程序的启动。对于主窗口类 MainWindow 和 MDI 子窗口类 TFormDoc 无须做任何修改，通过 Splash 登录对话框后，程序的运行过程就和示例 samp7_4 的是完全一样的了。

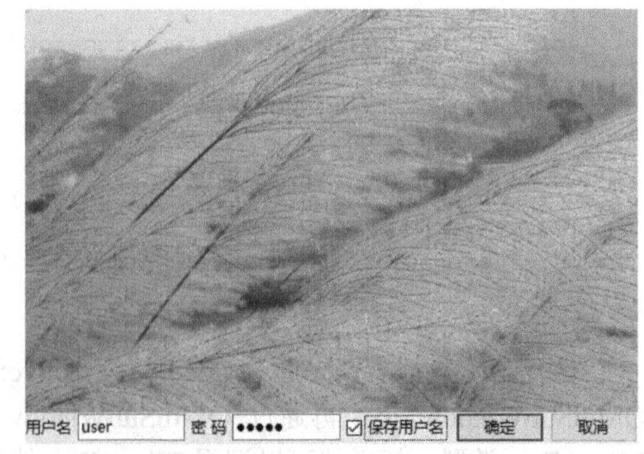

图 7-21 示例 samp7_5 的 Splash 登录窗口

7.5.1 Splash 登录对话框的界面设计和类定义

使用向导新建一个 Qt Designer Form Class，也就是带有 UI 文件的窗口类。窗口类的名称设置为 TDialogLogin，基类选择为 QDialog。

对 UI 文件 tdialoglogin.ui 进行窗口界面可视化设计，设计的结果可参考图 7-21。主要区域是一个用于显示图片的 QLabel 组件，将图片文件加载到项目的资源文件，再为 QLabel 组件的 pixmap 设置图片。

对话框下方有用于输入用户名和密码的 QLineEdit 编辑框，其中用于输入密码的编辑框的 echoMode 属性值要设置为 Password，也就是用于输入密码。有两个按钮用于选择用户输入，其中设置“取消”按钮的 clicked()信号与对话框的 reject()槽函数关联，对于“确定”按钮的 clicked()信号不要设置为与对话框的任何槽函数关联，因为我们需要对其编写自定义的槽函数代码，需要根据用户输入确定对话框返回结果。为对话框界面上的组件设置好布局，并且设置 maximumSize 属性，使对话框固定大小。

下面是文件 tdialoglogin.h 中 TDialogLogin 类的定义代码。

```
class TDialogLogin : public QDialog
{
    Q_OBJECT
private:
    bool    m_moving= false;                              //表示窗口是否在鼠标操作下移动
    QPoint  m_lastPos;                                    //上一次的鼠标光标位置
    QString m_user= "user";                               //初始化用户名
    QString m_pswd= "12345";                              //初始化密码，未加密的
    int m_tryCount=0;                                     //试错次数
    void    readSettings();                               //读取设置
    void    writeSettings();                              //写入设置
    QString encrypt(const QString& str);                  //字符串加密
protected:
//鼠标事件处理函数，用于拖动窗口
     void mousePressEvent(QMouseEvent *event);
     void mouseMoveEvent(QMouseEvent *event);
     void mouseReleaseEvent(QMouseEvent *event);
public:
    TDialogLogin(QWidget *parent = 0);
private:
    Ui::TDialogLogin *ui;
};
```

我们在 TDialogLogin 类中定义了一些成员变量和函数。

- m_moving 和 m_lastPos 用于拖动窗口时记录移动状态和上次的位置，由于 Splash 窗口没有标题栏，只能采用在图片上拖动的方式移动窗口，使用了 3 个鼠标事件来实现窗口拖动操作。
- m_user、m_pswd、m_tryCount 用于记录用户名、密码和试错次数。
- 函数 readSettings()用于读取存储的设置，函数 writeSettings()用于保存设置。在 Windows 系统上，这些信息是存储在注册表里的。
- 函数 encrypt()用于对字符串进行加密，存储到注册表中的密码是经过加密的。

TDialogLogin 类还重新实现了 3 个鼠标事件处理函数，以实现对窗口的拖动操作。

7.5.2 TDialogLogin 类的功能实现

1. 构造函数里的初始化

TDialogLogin 类的构造函数代码如下：

```
TDialogLogin::TDialogLogin(QWidget *parent): QDialog(parent), ui(new Ui::TDialogLogin)
{
    ui->setupUi(this);
    ui->editPSWD->setEchoMode(QLineEdit::Password);       //设置为密码输入模式
    this->setAttribute(Qt::WA_DeleteOnClose);             //对话框关闭时自动删除
    this->setWindowFlags(Qt::SplashScreen);               //窗口无边框，不在任务栏显示
    QApplication::setOrganizationName("WWB-Qt");          //设置组织名
    QApplication::setApplicationName("samp7_5");          //设置应用程序名
    readSettings();      //读取存储的用户名和密码
}
```

QLineEdit 的 setEchoMode()函数设置编辑框回显方式，参数为枚举类型 QLineEdit::EchoMode，其在这里设置为 QLineEdit::Password，用于输入密码时回显符号，而不显示真实字符。

程序里使用函数 setWindowFlags()设置了窗口标志 Qt::SplashScreen，这样的对话框就没有标题栏和边框，且不会在 Windows 任务栏上显示。另外一个类似的标志是 Qt::FramelessWindowHint，它会使对话框无边框，但是在任务栏上会显示对话框的标题。

构造函数里调用 QApplication 的静态函数设置了组织名和应用程序名，对应的这两个参数决定了创建 QSettings 对象时默认的注册表目录。然后调用函数 readSettings()读取存储的设置，根据存储的情况将用户名显示到窗口上的编辑框里。

2. 应用程序设置的存储

自定义函数 readSettings()用于读取应用程序设置，writeSettings()用于保存设置，实现代码如下：

```
void TDialogLogin::readSettings()
{//读取存储的用户名和密码，密码是经过加密的
    QSettings  settings;                                          //创建 QSettings 对象
    bool saved= settings.value("saved",false).toBool();           //读取 saved 键的值
    m_user= settings.value("Username", "user").toString();        //读取 Username 键的值
    QString defaultPSWD= encrypt("12345");                    //默认密码“12345”加密后的数据
    m_pswd= settings.value("PSWD",defaultPSWD).toString();        //读取 PSWD 键的值
    if (saved)
        ui->editUser->setText(m_user);
    ui->chkBoxSave->setChecked(saved);
}

void TDialogLogin::writeSettings()
{//保存用户名、密码等设置
    QSettings  settings;
    settings.setValue("Username",m_user);                       //用户名
    settings.setValue("PSWD",m_pswd);                           //密码，经过加密的
    settings.setValue("saved",ui->chkBoxSave->isChecked());
}
```

应用程序的设置就是应用程序需要保存的一些信息，在 Windows 系统里，这些信息一般保存在注册表里。使用 QSettings 类可以实现设置信息的读取和写入。

QSettings 有多种形式的构造函数，使用 Windows 注册表保存设置时，构造函数定义如下：

```
QSettings(const QString &organization, const QString &application = QString(),
          QObject *parent = nullptr)
```

它需要参数 organization 和 application，这两个参数确定了注册表中的一个目录。如果定义 QSettings 变量时没有传递任何参数，它默认使用静态函数 QApplication::organizationName()的值作为 organization，静态函数 QApplication::applicationName()的值作为 application。而我们在 TDialogLogin 的构造函数里有如下的设置：

```
QApplication::setOrganizationName("WWB-Qt");                 //设置组织名
QApplication::setApplicationName("samp7_5");                 //设置应用程序名
```

所以，如果使用下面的语句定义变量 settings：

```
QSettings  settings;
```

那么，settings 指向的注册表目录是 HKEY_CURRENT_USER/Software/WWB-Qt/samp7_5。

注册表里的参数是以“键-键值”的形式来保存的，键就是参数的名称，键值就是参数的值。QSettings 的函数 setValue()用于写入数据，其函数原型定义如下：

```
void  QSettings::setValue(const QString &key, const QVariant &value)
```

其中，key 是参数名称，value 是参数值。

QSettings 的函数 value()用于从注册表读取一个参数，其函数原型定义如下：

```
QVariant  QSettings::value(const QString &key, const QVariant &defaultValue = QVariant())
```

其中，key 是参数名称，defaultValue 是参数的默认值。如果注册表中没有这个参数，函数就使用 defaultValue 作为返回值，否则，函数的返回值是读取到的参数的值。注意，函数 value()的返回值是 QVariant 类型的，需要转换为所需的数据类型。

在 Windows 中，通过 regedit 指令可以打开注册表，查找到本示例用到的注册表目录，从中可以看到注册表里的参数存储情况。

3. 字符串加密

本示例中保存设置时，保存的密码是经过加密的字符串。Qt 提供的类 QCryptographicHash 可用于加密，TDialogLogin 类的自定义函数 encrypt()就是利用这个类进行字符串加密的，实现代码如下：

```
QString TDialogLogin::encrypt(const QString &str)
{
    QByteArray btArray= str.toLocal8Bit();                      //字符串转换为字节数组数据
    QCryptographicHash hash(QCryptographicHash::Md5);            //使用 Md5 加密算法
    hash.addData(btArray);                                      //添加数据到加密哈希值
    QByteArray resultArray= hash.result();                      //返回最终的哈希值
    QString md5= resultArray.toHex();                           //转换为十六进制字符串
    return  md5;
}
```

创建 QCryptographicHash 对象时需要指定一种加密算法，加密算法参数是枚举类型 QCryptographicHash::Algorithm，其常用的枚举常量有 QCryptographicHash::Md4、QCryptographicHash::Md5 等，关于各加密算法的完整描述可参考 Qt 的帮助文档。注意，QCryptographicHash 只提供了加密功能，没有提供解密功能。

4. 用户名和密码的判断

Splash 登录窗口运行后，点击“确定”按钮，程序会对输入内容进行判断，“确定”按钮的槽函数代码如下：

```
void TDialogLogin::on_btnOK_clicked()
{
    QString user= ui->editUser->text().trimmed();                    //输入的用户名
    QString pswd= ui->editPSWD->text().trimmed();                    //输入的密码
    QString encrptPSWD= encrypt(pswd);                               //对输入的密码进行加密
    if ((user == m_user)&&(encrptPSWD == m_pswd))                    //如果用户名和密码正确
    {
        writeSettings();                                             //保存设置
        this->accept();                                              //调用 accept(),关闭对话框
    }
    else
    {
        m_tryCount++;                                                //试错次数
        if (m_tryCount>3)
        {
            QMessageBox::critical(this, "错误", "输入错误次数太多,强行退出");
            this->reject();                                          //调用 reject(),关闭对话框
        }
        else
            QMessageBox::warning(this, "错误提示", "用户名或密码错误");
    }
}
```

由于 QCryptographicHash 只提供了加密功能，没有提供解密功能，因此，在读取应用程序保存的参数后，无法将加密后的密码解密并显示在窗口上。程序只能回显用户名，而不能回显密码。

这段程序会对输入的密码进行加密，因为从注册表读取的是加密后的密码，然后比对输入的用户名和密码与存储的用户名和密码是否匹配。

如果输入正确，调用 QDialog::accept()函数关闭对话框，对话框返回值为 QDialog::Accepted。否则试错次数加 1，如果试错次数大于 3，就调用 QDialog::reject()函数关闭对话框，对话框返回值为 QDialog::Rejected。

5. 窗口拖动功能的实现

由于 Splash 窗口没有标题栏和边框，不能像普通的窗口那样通过拖动标题栏来拖动窗口。为了实现窗口拖动功能，对窗口的 3 个鼠标事件进行处理，实现的代码如下：

```
void TDialogLogin::mousePressEvent(QMouseEvent *event)
{ //鼠标按键被按下
    if (event->button() == Qt::LeftButton)
    {
        m_moving = true;
        m_lastPos = event->globalPosition().toPoint() - this->pos();
    }
    return QDialog::mousePressEvent(event);
}

void TDialogLogin::mouseMoveEvent(QMouseEvent *event)
{ //按下鼠标左键进行移动
    QPoint eventPos =event->globalPosition().toPoint();
    if (m_moving && (event->buttons() & Qt::LeftButton)
        && (eventPos -m_lastPos).manhattanLength() > QApplication::startDragDistance())
    {
        move(eventPos -m_lastPos);
        m_lastPos = eventPos - this->pos();
    }
```

```
    return QDialog::mouseMoveEvent(event);
}

void TDialogLogin::mouseReleaseEvent(QMouseEvent *event)
{ //鼠标按键被释放
    m_moving = false;                                          //停止移动
    event->accept();
}
```

mousePressEvent()是鼠标按键按下时的事件处理函数，传递的参数 event 有鼠标按键信息和坐标信息。程序判断如果是鼠标左键按下，就设置变量 m_moving 值为 true，表示开始移动，并记录坐标信息。

mouseMoveEvent()是鼠标移动时的事件处理函数，程序里会判断是否已经开始移动并且鼠标左键按下，如果是，则调用窗口的 move()函数横向和纵向移动一定的距离，并再次记录坐标信息。

mouseReleaseEvent()是鼠标按键释放时的事件处理函数，鼠标左键释放时停止窗口移动。

关于事件处理的原理详见第 6 章的内容。注意，程序在运行时，图片是显示在 QLabel 组件上的，鼠标拖动的实际上是 QLabel 组件，所以鼠标事件都是发生在 QLabel 组件上的，只是 QLabel 组件没有对事件进行处理，事件传播给其父容器组件，也就是由 TDialogLogin 对话框来处理。

7.5.3 TDialogLogin 对话框的使用

设计好 Splash 登录窗口类 TDialogLogin 后，就可以在 main()函数里使用这个对话框类。main()函数的代码如下：

```
int main(int argc, char *argv[])
{
    QApplication  a(argc, argv);
    TDialogLogin  *dlgLogin= new TDialogLogin;                 //创建 Splash 登录对话框
    if (dlgLogin->exec() == QDialog::Accepted)
    {
        MainWindow w;
        w.show();                                              //显示主窗口
        return a.exec();                                       //应用程序正常运行
    }
    else
        return  0;                                             //退出应用程序
}
```

我们在创建主窗口之前要创建 Splash 登录对话框 dlgLogin，并以模态显示的方式调用此对话框。如果对话框运行的返回值是 QDialog::Accepted，说明通过了用户名和密码验证，就创建主窗口并显示，否则退出应用程序。

第8章

文件系统操作和文件读写

文件读写是很多应用程序具有的功能，有些软件就是围绕着某一种格式文件的处理而开发的。Qt提供了很多类，能进行文件系统操作和文件读写，例如获取文件信息、复制或重命名文件、读写文本文件和二进制文件、读写XML文件和JSON文件。熟悉这些文件操作和文件读写相关类的用法后，就可以根据某种文件的格式编写相应的文件读写程序，也可以自己设计特定格式的文件。

8.1 文件操作相关类概述

Qt提供了很多类用于文件操作，通过这些类可以实现获取文件信息、删除或复制文件、读写文件内容等功能。本节概要介绍Qt中与文件操作相关的类，主要介绍它们的类继承关系和基本功能。

8.1.1 输入输出设备类

Qt中进行文件读写的基本的类是QFile，在前面的一些示例中，我们就使用了QFile来读取文本文件的内容。QFile 的父类是 QFileDevice，QFileDevice 提供了文件交互操作的底层功能。QFileDevice的父类是QIODevice，它有两个父类：QObject和QIODeviceBase。

QIODevice是所有输入输出设备（input/output device，后文简称I/O设备）的基础类，I/O设备就是能进行数据输入和输出的设备，例如文件是一种I/O设备，网络通信中的socket是I/O设备，串口、蓝牙等通信接口也是I/O设备，所以它们也是从QIODevice继承来的。Qt中主要的一些I/O设备类的继承关系如图8-1所示。

- QFile是用于文件操作和文件数据读写的类，使用QFile可以读写任意格式的文件。
- QSaveFile是用于安全保存文件的类。使用QSaveFile保存文件时，它会先把数据写入一个临时文件，成功提交后才将数据写入最终的文件。如果保存过程中出现错误，临时文件里的数据不会被写入最终文件，这样就能确保最终文件中不会丢失数据或被写入部分数据。在保存比较大的文件或复杂格式的文件时可以使用这个类，例如从网络上下载文件时。
- QTemporaryFile是用于创建临时文件的类。使用函数QTemporaryFile::open()就能创建一个文件名唯一的临时文件，在QTemporaryFile对象被删除时，临时文件被自动删除。
- QTcpSocket和QUdpSocket是分别实现了TCP和UDP的类，第15章会详细介绍这两个类的使用方法。
- QSerialPort是实现了串口通信的类，通过这个类可以实现计算机与串口设备的通信，第17章会介绍这个类的使用方法。
- QBluetoothSocket是用于蓝牙通信的类。手机和平板计算机等移动设备有蓝牙通信模块，笔记本电脑一般也有蓝牙通信模块。通过 Qt Bluetooth 模块的一些类，我们可以编写蓝牙通信程序，例如编程实现笔记本电脑与手机的蓝牙通信。

- QProcess 类用于启动外部程序，并且可以给程序传递参数。
- QBuffer 以一个 QByteArray 对象作为数据缓冲区，将 QByteArray 对象当作一个 I/O 设备来读写。

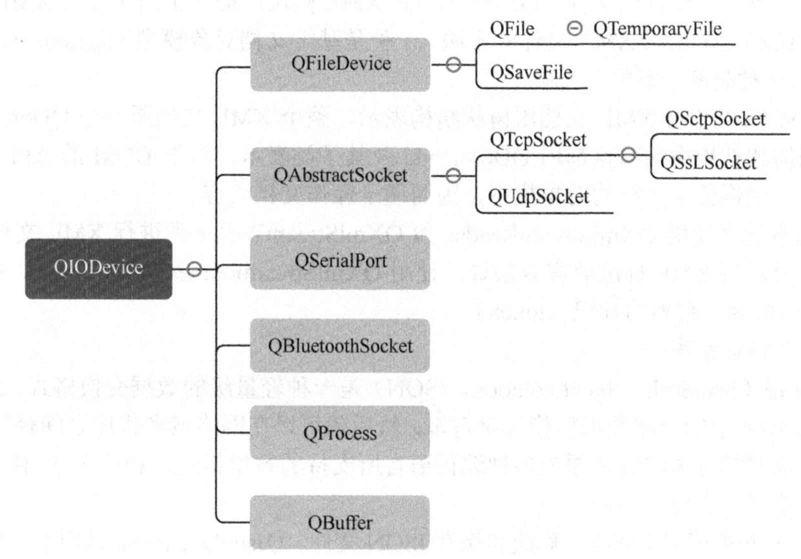

图 8-1 主要的 I/O 设备类的继承关系

8.1.2 文件读写操作类

QFile 是进行文件读写时必须用到的一个类，它提供了一些接口函数进行文件的读写操作，文件读写主要涉及以下一些操作。

- 打开文件：使用函数 open()以不同模式打开文件，如只读、只写、可读可写等模式。
- 读数据：QFile 有多个接口函数可读取文件内容，如 read()、readAll()等。
- 写数据：QFile 有多个接口函数可以向文件写入数据，如 write()、writeData()等。
- 关闭文件，文件使用结束后还必须用函数 close()关闭文件。

使用 QFile 就可以实现文本文件或二进制文件的读写，但是 QFile 只有一些基本的文件数据读写函数，使用起来不够方便。Qt 还提供了两个用于文件流操作的类，其中 QTextStream 能以流方式读写文本文件，QDataStream 能以流方式读写二进制文件，这两个类需要与 QFile 搭配使用。

QTextStream 和 QDataStream 使用流操作符“<<”和“>>”可以很方便地进行各种类型数据的读写，包括 Qt 的一些类的数据，如 QColor、QFont 等对象数据。QDataStream 也可以读写二进制原始数据。后面将详细介绍 QTextStream、QDataStream 分别与 QFile 结合使用进行文件读写的方法。

QTextStream 和 QDataStream 的父类是 QIODeviceBase。QIODeviceBase 类还有一个子类 QDebug，QDebug 是将调试信息输出到某种设备的类，可以输出到文件、字符串或 console 窗口。在使用函数 qDebug()输出调试信息时，实际上是创建了一个默认的 QDebug 对象，通过该对象将调试信息输出到 Qt Creator 的 Application Output 窗口。

8.1.3 特定格式文件的读写

Qt 还提供了一些类用于读写特定格式的文件，如 XML 文件、JSON 文件、图片文件等。

1. 读写 XML 文件

XML 是用于标记结构化数据的一种标记语言，基于 XML 标记的文件与平台无关，是互联网上广泛使用的一种交换数据的文件。Qt 有一个 Qt XML 模块，提供了用于读写 XML 文件的相关类。Qt 提供了两种用于读写 XML 文件的方法，一种是基于文档对象模型（document object model，DOM）的，另一种是基于流的。

基于 DOM 的 API 将 XML 文档用树状结构表示，整个 XML 文档用一个 QDomDocument 对象表示，文档树状结构中的节点都用 QDomNode 及其子类表示。基于 DOM 的 API 在解析 XML 文档后，在内存中保留了文档的对象模型，因而便于操作文档内容。

基于流的方法是使用 QXmlStreamReader 和 QXmlStreamWriter 类进行 XML 文件的读写，这两个类易于使用，与 XML 标准兼容效果好。使用 QXmlStreamReader 类读取 XML 文件时，就是将 XML 文件解析为一系列的标记（token）。

2. 读写 JSON 文件

JS 对象标记（JavaScript object notation，JSON）是一种轻量级的数据交换格式。JSON 可以将 JavaScript 对象中表示的一组数据转换为字符串，然后就可以在网络或者程序之间轻松地传递这个字符串，并在需要的时候将它还原为各种编程语言所支持的数据格式。相比于 XML 文件，JSON 文件编解码难度低，文件更小。

Qt 提供了一些类可用于解析、修改和保存 JSON 文件。QJsonDocument 是用于读写 JSON 文件的类，QJsonArray 是封装了 JSON 数组的类，QJsonObject 是封装了 JSON 对象的类，QJsonValue 是封装了 JSON 值的类。JSON 的数据有 6 种基本数据类型：bool、double、string、array、object、null。

3. 读写图片文件

使用 QImage 和 QPixmap 可以直接读取图片文件，这两个类都是从 QPaintDevice 继承来的，它们在读取图片文件时总是按图片原始大小读取整张图片。Qt 还提供了一个类 QImageReader 用于在读取图片文件时进行更多的控制，例如通过函数 setScaledSize()以指定大小读取图片，可以实现缩略图显示。

使用 QImage 和 QPixmap 的函数 save()可以直接将图片保存为文件。Qt 还提供了一个 QImageWriter 类，可以实现在保存图片时提供更多的选项，例如设置压缩级别和图片品质。

QImageReader 和 QImageWriter 主要用于读取和保存图片时需要进行一些特殊处理的场合。如果不需要进行特殊处理，使用 QImage 和 QPixmap 类自带的读取和保存图片文件的函数即可。

8.2 目录和文件操作

除了文件读写的类，Qt 还提供了一些类用于目录和文件操作，例如获取当前目录、新建目录、复制文件、分离文件的路径和基本文件名、判断文件是否存在等。目录和文件操作主要涉及如下一些类。

- QCoreApplication：可以提取应用程序路径、程序名等信息。
- QFile：可进行文件的复制、删除、重命名等操作。
- QFileInfo：用于获取文件的各种信息，如文件的路径、基本文件名、文件名后缀、文件大小等。

- QDir：用于目录信息获取和目录操作，包括新建目录、删除目录、获取目录下的文件或子目录等。
- QTemporaryDir：用于创建临时目录，临时目录可以在使用后自动删除。
- QTemporaryFile：用于创建临时文件，临时文件可以在使用后自动删除。
- QFileSystemWatcher：用于监视设定的目录和文件，当所监视的目录或文件出现复制、重命名、删除等操作时会发射相应的信号。

这些类基本涵盖了文件操作所需的主要功能，有些功能还可由多个类各自实现，例如 QFile 和 QDir 都具有删除文件、判断文件是否存在的功能。本节就详细介绍这些类的功能和使用方法。

8.2.1 示例设计概述

1. 窗口类设计

本节设计一个示例项目 samp8_1，演示各种目录与文件操作类的主要功能，图 8-2 所示的是示例运行时界面。窗口左侧是一个 QToolBox 组件，一个页面演示一个类的功能，每个页面里都有一些 QPushButton 按钮，一个按钮主要测试一个函数的功能，按钮的标题一般就是使用的函数名称。

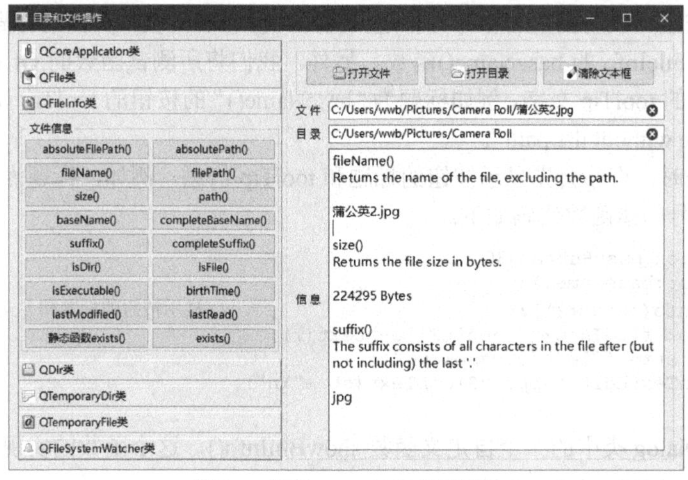

图 8-2 示例 samp8_1 运行时界面

窗口右侧是显示区，可以选择一个目录和一个文件，窗口左侧的功能按钮基本上都是对所选择的目录或文件进行操作。窗口右下方是一个 QPlainTextEdit 组件，用于显示信息。

使用向导创建本示例项目时，选择窗口基类为 QDialog。界面上的按钮较多，我们没有对每个按钮专门命名，而使用自动编号的对象名称。界面的可视化设计结果见 UI 文件 dialog.ui，不再赘述。

在 Dialog 类中增加了一些自定义变量和函数，Dialog 类的定义代码如下：

```
class Dialog : public QDialog
{
    Q_OBJECT
private:
    QFileSystemWatcher  fileWatcher;              //用于监视文件和目录
    void  showBtnInfo(QObject *btn);              //显示按钮的标题和 toolTip 提示信息
public:
    Dialog(QWidget *parent = 0);
```

```
public slots:
    void  do_directoryChanged(const QString &path);
    void  do_fileChanged(const QString &path);
private:
    Ui::Dialog *ui;
}
```

QFileSystemWatcher 类型的变量 fileWatcher 用于监视设定的文件和目录，两个自定义槽函数用于与 fileWatcher 的信号关联。函数 showBtnInfo()用于显示每个按钮的标题和 toolTip 提示信息，每个按钮的槽函数里都会调用这个函数。

Dialog 类的构造函数代码如下：

```
Dialog::Dialog(QWidget *parent) : QDialog(parent), ui(new Ui::Dialog)
{
    ui->setupUi(this);
    this->setWindowFlags(Qt::Window);                //使窗口具有最小化和最大化按钮
}
```

上述代码设置了窗口标志 Qt::Window，这样使得窗口标题栏上有最小化和最大化按钮，因为窗口基类是 QDialog，默认只有关闭按钮。

2. 信号发射者信息的获取

界面上每个按钮一般用函数名称作为标题，例如“QFileInfo 类”页面的标题为“baseName()”的按钮用于测试 QFileInfo 的 baseName()函数。另外，我们将所测试函数的 Qt 帮助文档里的基本描述文字作为按钮的 toolTip 文字，例如标题为“baseName()”的按钮的 toolTip 属性是“Returns the base name of the file without the path”。

在按钮被点击时，程序会先显示按钮的标题和 toolTip 信息。例如，标题为“baseName()”的按钮的 clicked()信号的槽函数代码如下：

```
void Dialog::on_pushButton_30_clicked()
{ //QFileInfo::basename()
    showBtnInfo(sender());                           //显示按钮的标题和 toolTip 信息
    QFileInfo  fileInfo(ui->editFile->text());
    QString  str= fileInfo.baseName();
    ui->plainTextEdit->appendPlainText(str+"\n");
}
```

这里调用了 Dialog 类中的一个自定义函数 showBtnInfo()，这个函数的实现代码如下：

```
void Dialog::showBtnInfo(QObject *btn)
{
    QPushButton *theBtn = static_cast<QPushButton*>(btn);
    ui->plainTextEdit->appendPlainText(theBtn->text());
    ui->plainTextEdit->appendPlainText(theBtn->toolTip()+"\n");
}
```

函数 showBtnInfo()的输入参数 btn 是一个 QObject 类型指针，程序中用函数 static_cast()将 btn 转换为 QPushButton 类型指针，这样就可以显示按钮的 text()和 toolTip()函数返回的内容。

按钮的 clicked()信号的槽函数里调用函数 showBtnInfo()的代码是：

```
showBtnInfo(sender());
```

这里用到了函数 QObject::sender()，该函数用于在槽函数里获取发射信号的对象。因为这个槽函数是 QPushButton 按钮的 clicked()信号的槽函数，所以，函数 sender()获取的信号发射对象就是这个按钮。这样编写代码的优点是没有出现按钮的对象名称，在每个按钮的 clicked()信号的槽函数里运行这一条语句均适用。

8.2.2 QCoreApplication 类

QCoreApplication 是为无 UI 的应用程序提供事件循环的类，是所有应用程序类的基类，其子类 QGuiApplication 是具有 GUI 的应用程序类，它具有主事件循环，能处理和派发来自操作系统的事件或其他来源的事件。QGuiApplication 的子类 QApplication 为基于 QWidget 的应用程序提供支持，包括界面的初始化等。使用 Qt Creator 的向导创建的 Qt Widget Application 项目都是基于 QApplication 类的应用程序，在 main()函数里可以看到应用了 QApplication 类。

QCoreApplication 提供了一些有用的静态函数，可以获取应用程序的名称、启动路径等信息。QCoreApplication 与应用程序信息相关的几个静态函数如表 8-1 所示，表中省略了函数参数中的 const 关键字。

表 8-1 QCoreApplication 与应用程序信息相关的几个静态函数

函数原型	功能
QString applicationDirPath()	返回应用程序可执行文件所在的路径
QString applicationFilePath()	返回应用程序的带有路径的完整文件名
QString applicationName()	返回应用程序名称，默认是无后缀的可执行文件名
void setApplicationName(QString &application)	设置应用程序名称，替代默认的应用程序名称
QStringList libraryPaths()	返回一个字符串列表，其是应用程序动态加载库文件时搜索的目录列表
void addLibraryPath(QString &path)	将一个路径添加到应用程序的库搜索目录列表中
void setOrganizationName(QString &orgName)	为应用程序设置一个组织名
QString organizationName()	返回应用程序的组织名
void exit()	退出应用程序

窗口上“QCoreApplication 类”页面的按钮会测试 QCoreApplication 类的这些函数，其中两个按钮的槽函数代码如下：

```
void Dialog::on_pushButton_62_clicked()
{//QCoreApplication::applicationName()
    showBtnInfo(sender());
    QCoreApplication::setApplicationName("MyApp");          //设置应用程序名称
    QString str= QCoreApplication::applicationName();       //返回应用程序名称
    ui->plainTextEdit->appendPlainText(str+"\n");
}

void Dialog::on_pushButton_61_clicked()
{//QCoreApplication::organizationName()
    showBtnInfo(sender());
    QCoreApplication::setOrganizationName("UPC");           //设置组织名
    QString str= QCoreApplication::organizationName();      //返回组织名
    ui->plainTextEdit->appendPlainText(str+"\n");
}
```

在创建 QSettings 对象时会默认使用 QCoreApplication 的 applicationName()和 organizationName()函数的返回值，用于设置读写的注册表目录，详见 7.5 节的示例。

8.2.3 QFile 类

QFile 除了能用于进行文件内容的读写，还有一些静态函数和接口函数可用于文件操作，例如复制文件、删除文件、重命名文件等。表8-2是QFile用于文件操作的一些静态函数，表中省略了函数参数中的const关键字。

表8-2 QFile用于文件操作的一些静态函数

函数原型	功能
bool copy(QString &fileName, QString &newName)	复制一个文件
bool rename(QString &oldName, QString &newName)	重命名一个文件
bool remove(QString &fileName)	删除一个文件
bool moveToTrash(QString &fileName, QString *pathInTrash = nullptr)	将一个文件移除到回收站
bool exists(QString &fileName)	判断一个文件是否存在
bool link(QString &fileName, QString &linkName)	创建文件链接，在Windows上就是创建快捷方式
QString symLinkTarget(QString &fileName)	返回一个链接指向的绝对文件名或路径
bool setPermissions(QString &fileName, QFileDevice::Permissions permissions)	设置一个文件的权限，权限是枚举类型QFileDevice::Permission的枚举值组合
QFileDevice::Permissions permissions(QString &fileName)	返回文件的权限

例如使用静态函数moveToTrash()将一个文件移除到回收站的代码如下：

```
void Dialog::on_pushButton_63_clicked()
{//QFile 的静态函数 exists()、moveToTrash()
    showBtnInfo(sender());
    QString sous= ui->editFile->text();                    //源文件
    if (QFile::exists(sous))                               //判断文件是否存在
    {
        QFile::moveToTrash(sous);                          //将文件移除到回收站
        ui->plainTextEdit->appendPlainText("文件移除到回收站: "+sous+"\n");
    }
    else
        ui->plainTextEdit->appendPlainText("文件不存在\n");
}
```

QFile还提供了一些接口函数，可以对QFile的当前文件进行操作。这些函数如表8-3所示，表中省略了函数参数中的const关键字。

表8-3 QFile的一些接口函数

函数原型	功能
void setFileName(QString &name)	设置文件名，文件已打开后不能再调用此函数
QString fileName()	返回当前所操作的文件名
bool copy(QString &newName)	当前文件复制为newName表示的文件
bool rename(QString &newName)	将当前文件重命名为newName
bool remove()	删除当前文件
bool moveToTrash()	将当前文件移除到回收站
bool exists()	判断当前文件是否存在
bool link(QString &linkName)	为当前文件创建一个链接，在Windows上就是创建快捷方式
QString symLinkTarget()	返回链接指向的绝对文件名或路径
bool setPermissions(QFileDevice::Permissions permissions)	为当前文件设置权限，权限是枚举类型QFileDevice::Permission的枚举值组合
QFileDevice::Permissions permissions()	返回当前文件的权限
qint64 size()	返回当前文件的大小，单位是字节

表8-3中的函数都是针对QFile对象设定的当前文件进行操作的，需要用QFile的setFileName()

函数指定当前文件，或者在创建 QFile 对象时指定文件。如果用 QFile 的函数 open()打开了一个文件，就不能再用 copy()、rename()等函数对一个打开的文件进行操作。

窗口上演示 QFile 的成员函数 exists()和 remove()的两个按钮的槽函数代码如下：

```
void Dialog::on_pushButton_54_clicked()
{//QFile::exists()
    showBtnInfo(sender());
    QString sous= ui->editFile->text();
    QFile   file;
    file.setFileName(sous);
    if(file.exists())       //判断文件是否存在
        ui->plainTextEdit->appendPlainText(+"true \n");
    else
        ui->plainTextEdit->appendPlainText(+"false \n");
}

void Dialog::on_pushButton_55_clicked()
{//QFile::remove()
    showBtnInfo(sender());
    QString sous= ui->editFile->text();                    //源文件
    QFile  file(sous);                                     //定义变量时就指定文件名
    file.remove();                                         //删除文件
    ui->plainTextEdit->appendPlainText("删除文件: "+sous+"\n");
}
```

8.2.4 QFileInfo 类

QFileInfo 类用于获取文件的各种信息。创建 QFileInfo 对象时可以指定一个文件名使该文件作为当前文件，也可以用函数 setFile()指定一个文件作为当前文件。常用的两种构造函数定义如下：

```
QFileInfo(const QFileInfo &fileinfo)        //指定文件名
QFileInfo()                                 //不指定文件名
```

QFileInfo 常用接口函数如表 8-4 所示，表中省略了函数参数中的 const 关键字。除了静态函数 exists()，其他都是公共接口函数，接口函数的操作都是针对 QFileInfo 对象的当前文件的。

表 8-4 QFileInfo 常用接口函数

函数原型	功能
void setFile(QString &*file*)	设置一个文件名，使该文件作为 QFileInfo 对象操作的当前文件
QString absoluteFilePath()	返回包含文件名的绝对路径
QString absolutePath()	返回绝对路径，不包含文件名
QDir absoluteDir()	返回绝对路径，返回值是 QDir 类型
QString fileName()	返回去除路径的文件名
QString filePath()	返回包含路径的文件名
QString path()	返回不含文件名的路径
qint64 size()	返回文件大小，单位是字节
QString baseName()	返回文件基名，第一个“.”之前的文件名
QString completeBaseName()	返回文件基名，最后一个“.”之前的文件名
QString suffix()	返回最后一个“.”之后的后缀
QString completeSuffix()	返回第一个“.”之后的后缀
bool isDir()	判断当前对象是不是一个目录或目录的快捷方式
bool isFile()	判断当前对象是不是一个文件或文件的快捷方式
bool isExecutable()	判断当前文件是不是可执行文件

续表

函数原型	功能
QDateTime fileTime(QFile::FileTime time)	返回文件的时间，参数 time 是枚举类型 QFile::FileTime，用于指定需要返回的时间数据类型，如文件创建时间、最后一次读写时间等
QDateTime birthTime()	返回文件创建的时间
QDateTime lastModified()	返回文件最后被修改的时间
QDateTime lastRead()	返回文件最后被读取的时间
QDateTime metadataChangeTime()	返回文件的元数据最后被修改的时间
void refresh()	刷新文件信息
bool exists()	判断文件是否存在
bool exists(QString &file)	静态函数，判断 file 表示的文件是否存在

函数 fileTime()可以返回文件的多种时间，参数 time 是枚举类型 QFile::FileTime，其各枚举常量的含义如下。

- QFileDevice::FileAccessTime：最后一次读或写文件的时间。
- QFileDevice::FileBirthTime：文件创建的时间。
- QFileDevice::FileMetadataChangeTime：文件的元数据被修改的时间，如文件的权限被修改。
- QFileDevice::FileModificationTime：文件最后被修改的时间。

函数 fileTime()返回的时间实际上可以用专门的函数获取，例如 fileTime(QFileDevice::FileBirthTime)返回的时间与函数 birthTime()返回的是等效的。

QFileInfo 的这些函数可用于提取文件的各种信息，包括目录名、不带后缀的文件名、文件后缀等。利用这些函数可以实现灵活的文件操作，例如，下面的代码利用静态函数 QFile::rename()和 QFileInfo 的一些函数实现文件重命名。

```
void Dialog::on_pushButton_50_clicked()
{//QFile::rename()
    showBtnInfo(sender());
    QString sous= ui->editFile->text();                                    //源文件
    QFileInfo  fileInfo(sous);                                              //源文件信息
    QString newFile= fileInfo.path()+"/"+fileInfo.baseName()+".XYZ";     //更改文件后缀
    QFile::rename(sous,newFile);    //重命名文件
    ui->plainTextEdit->appendPlainText("源文件: " +sous);
    ui->plainTextEdit->appendPlainText("重命名为: " +newFile+"\n");
}
```

表 8-4 中的函数的使用方法和运行效果不再详细列举和说明，请运行示例程序观察运行结果，并查看本示例的源程序。

8.2.5 QDir 类

QDir 是进行目录操作的类，可以在 QDir 的构造函数里传递一个目录字符串作为当前目录，或者在创建 QDir 对象后使用函数 setPath()设置当前目录。QDir 常用的构造函数定义如下：

```
QDir(const QString &path = QString())
```

QDir 的目录字符串以“/”作为目录分隔符，可以表示相对路径或绝对路径。绝对路径以“/”或盘符开始，例如下面表示的都是绝对路径。

```
QDir("/home/user/Documents")                    //Linux 上的绝对路径
QDir("C:/Users/wwb")                            //Windows 上的绝对路径
```

QDir 还可以操作 Qt 的资源文件，":/" 是资源文件的目录起始符，资源文件目录是绝对路径，如：

```
QDir(":/images/icons")                          //表示资源文件中的目录
```

QDir 表示的相对路径针对的是应用程序的当前路径，相对路径直接以目录名称开始，如：

```
QDir("sampleData/")                              //相对路径
```

QDir 有一些静态函数可以获取应用程序的当前目录、驱动器列表等信息。QDir 的主要静态函数如表 8-5 所示，表中省略了函数参数中的 const 关键字。

表 8-5 QDir 的主要静态函数

函数原型	功能
QString tempPath()	返回系统的临时目录，在 Windows 系统上就是系统环境变量 TEMP 所指向的目录
QDir temp()	返回系统的临时目录，返回值是 QDir 类型
QString rootPath()	返回系统根目录。在 Unix 系统上就是"/"，在 Windows 系统上通常是"C:/"
QDir root()	返回系统根目录，返回值是 QDir 类型
QString homePath()	返回用户主目录，在 Windows 系统上就是用户主目录，如"C:/Users/wwb"
QDir home()	返回用户主目录，返回值是 QDir 类型
QString currentPath()	返回应用程序的当前目录
QDir current()	返回应用程序的当前目录，返回值是 QDir 类型
bool setCurrent(QString &path)	设置 path 表示的目录作为应用程序的当前目录
QFileInfoList drives()	返回系统的根目录列表，在 Windows 系统上返回的是盘符列表
bool isAbsolutePath(QString &path)	判断 path 表示的目录是不是绝对路径
bool isRelativePath(QString &path)	判断 path 表示的目录是不是相对路径

在使用 QFileDialog 选择打开文件或目录时需要传递一个初始目录，可以用 QDir::currentPath() 获取应用程序的当前目录作为初始目录，前面一些示例的代码中已经用过这个功能。如果 QDir 对象的目录名称是相对路径，那么绝对路径就是基于 QDir::currentPath()的。

静态函数 QDir::drives()返回系统的根目录列表，在 Windows 系统上返回的就是盘符列表。该函数的返回值是 QFileInfo 的列表，通过函数 QFileInfo::path()可以返回驱动器路径名称，如"C:/""D:/"等。窗口上"QDir 类"页面的标题为"drives()"的按钮的槽函数代码如下：

```
void Dialog::on_pushButton_7_clicked()
{//QDir::drives()
    showBtnInfo(sender());
    QFileInfoList  driverList= QDir::drives();        //返回驱动器列表
    for(int i=0; i<driverList.size(); i++)
        ui->plainTextEdit->appendPlainText(driverList.at(i).path());
    ui->plainTextEdit->appendPlainText("\n");
}
```

表 8-6 所示的是 QDir 的一些公共接口函数，表中省略了函数参数中的 const 关键字。

表 8-6 QDir 的一些公共接口函数

函数原型	功能
void setPath(QString &path)	设置 QDir 对象的当前目录
QString path()	返回 QDir 对象的当前目录，即用 setPath()设置的目录
QString absoluteFilePath(QString &fileName)	返回当前目录下的文件 fileName 的含有绝对路径的文件名

续表

函数原型	功能
QString absolutePath()	返回当前目录的绝对路径。如果 QDir 对象的当前目录是相对路径，返回的是相对于应用程序当前路径的绝对路径。应用程序的当前路径是静态函数 QDir::currentPath()返回的路径
QString canonicalPath()	返回当前目录的标准路径
QString filePath(QString &fileName)	如果 fileName 是不带有路径的文件名，函数返回值是带有操作目录的完整文件名
QString dirName()	返回当前目录的最后一级目录名称
bool cd(QString &dirName)	切换当前目录到 dirName 表示的目录
bool cdUp()	切换当前目录到上一级目录
bool exists()	判断当前目录是否存在
bool exists(QString &name)	如果 name 是不带有路径的文件名，判断当前目录下是否存在这个文件
void refresh()	刷新目录信息
bool mkdir(QString &dirName)	在当前目录下创建 dirName 表示的子目录
bool mkpath(QString &dirPath)	创建绝对目录 dirPath，如有必要会创建所有上级目录
bool rmdir(QString &dirName)	删除指定的目录 dirName
bool rmpath(QString &dirPath)	删除 dirPath 表示的目录，包括上级目录，需要上级目录是空的
bool remove(QString &fileName)	删除当前目录下的文件 fileName
bool removeRecursively()	删除当前目录及其下所有目录和文件
bool rename(QString &oldName, QString &newName)	将文件或目录 oldName 更名为 newName
bool isEmpty(QDir::Filters filters = Filters(AllEntries | NoDotAndDotDot))	判断当前目录是否为空
void setFilter(QDir::Filters filters)	设置使用函数 entryList()和 entryInfoList()时的过滤器
void setSorting(QDir::SortFlags sort)	设置使用函数 entryList()和 entryInfoList()时的排序方式
QStringList entryList(QDir::Filters filters = NoFilter, QDir::SortFlags sort = NoSort)	返回当前目录下的所有文件名、子目录名等
QFileInfoList entryInfoList(QDir::Filters filters = NoFilter, QDir::SortFlags sort = NoSort)	返回当前目录下的所有文件、子目录等，返回值是 QFileInfo 对象列表

在创建 QDir 对象时，需要在构造函数里传递一个目录名称表示 QDir 对象的当前目录。如果创建 QDir 对象时不传递目录名称，QDir 对象会自动以应用程序的当前路径作为自己的当前目录。应用程序的当前路径就是静态函数 QDir::currentPath()返回的路径。

isEmpty()、setFilter()、entryList()等函数需要一个 QDir::Filters 类型的参数，参数是枚举类型 QDir::Filter 的枚举值的组合。枚举类型 QDir::Filter 表示目录下的过滤选项，其常用的枚举值含义如下。

- QDir::AllDirs：列出所有目录。
- QDir::Files：列出所有文件。
- QDir::Drives：列出所有驱动器（Unix 系统下无效）。
- QDir::NoDotAndDotDot：不列出特殊的项，如“.”和“..”。
- QDir::AllEntries：列出目录下的所有项。

窗口上标题为“entryList(dir)”的按钮的功能是使用函数 entryList()列出一个目录下的所有子目录，其槽函数代码如下：

```
void Dialog::on_pushButton_11_clicked()
{//列出子目录
    showBtnInfo(sender());
    QDir  dir(ui->editDir->text());
    QStringList strList= dir.entryList(QDir::Dirs | QDir::NoDotAndDotDot);
```

```
    ui->plainTextEdit->appendPlainText("所选目录下的所有目录:");
    for(int i=0; i<strList.size(); i++)
        ui->plainTextEdit->appendPlainText(strList.at(i));
    ui->plainTextEdit->appendPlainText("\n");
}
```

另外一个标题为“entryList(file)”的按钮的功能是使用函数 entryList()列出一个目录下的所有文件，其槽函数代码与上述这段代码相似，只是调用函数 entryList()时传递了不同的参数：

```
QStringList strList= dir.entryList(QDir::Files);
```

QDir 的其他接口函数的使用方法和运行效果不再详细列举和说明，请运行示例程序观察运行结果，并查看本示例的源程序。

8.2.6 QTemporaryDir 类

QTemporaryDir 用于创建临时目录，它有两种参数形式的构造函数，其函数原型定义如下：

```
QTemporaryDir()                                  //在系统的临时目录下创建临时目录
QTemporaryDir(const QString &templatePath)       //在指定目录下创建临时目录
```

如果在创建 QTemporaryDir 对象时不传递任何参数，就在静态函数 QDir::tempPath()表示的系统临时目录下创建一个临时文件夹。临时文件夹自动以“applicationName-××××××”的形式命名，其中的 applicationName 就是静态函数 QCoreApplication::applicationName()返回的应用程序名称，“××××××”表示 6 个随机字母。QTemporaryDir 创建的临时文件夹能确保是唯一的。

如果使用带有参数的构造函数，参数 templatePath 是临时目录模板。如果 templatePath 是相对目录，就在 QDir::currentPath()表示的当前目录下创建临时目录，否则就在指定的绝对路径下创建临时目录。templatePath 可以对临时文件夹使用命名模板，只需在最后用“××××××”表示 6 个随机字母。例如下面的代码：

```
QTemporaryDir  dir("SubDir_XXXXXX");
```

这样会在 QDir::currentPath()表示的当前目录下创建一个临时文件夹，文件夹的前缀是“SubDir_”。QTemporaryDir 的一些接口函数如表 8-7 所示，表中省略了函数中的 const 关键字。

表 8-7 QTemporaryDir 的一些接口函数

函数原型	功能
void setAutoRemove(bool b)	若设置为 true，QTemporaryDir 对象被删除时，其创建的临时目录也被自动删除
QString path()	返回创建的临时目录名称，如果临时目录未被成功创建，返回值是空字符串
bool isValid()	如果临时目录被成功创建，该函数返回值为 true
QString filePath(QString &fileName)	返回临时目录下的一个文件的带有路径的文件名，函数不会检查文件是否存在
bool remove()	删除此临时目录及其所有内容

窗口上“QTemporaryDir 类”页面上 3 个按钮的槽函数代码如下：

```
void Dialog::on_pushButton_21_clicked()
{//在系统临时目录下创建临时文件夹
    showBtnInfo(sender());
    ui->plainTextEdit->appendPlainText("QDir::tempPath()= " + QDir::tempPath());
    QTemporaryDir  dir;                         //不传递任何参数，在系统临时目录下创建临时目录
```

```
        dir.setAutoRemove(true);                    //自动删除临时目录
        ui->plainTextEdit->appendPlainText(dir.path()+"\n");
    }

    void Dialog::on_pushButton_67_clicked()
    {//在指定目录下创建临时文件夹
        showBtnInfo(sender());
        QString  specDir= ui->editDir->text();                  //界面上设置的目录
        ui->plainTextEdit->appendPlainText("指定目录= "+specDir);
        QTemporaryDir  dir(specDir+"/TempDir_XXXXXX");          //文件夹名称模板，绝对路径
        dir.setAutoRemove(false);                               //不自动删除
        ui->plainTextEdit->appendPlainText(dir.path()+"\n");
    }

    void Dialog::on_pushButton_68_clicked()
    {//在当前目录下创建临时文件夹
        showBtnInfo(sender());
        ui->plainTextEdit->appendPlainText("当前目录= " + QDir::currentPath()+'\n');
        QTemporaryDir  dir("SubDir_XXXXXX");                    //文件夹名称模板，相对路径
        dir.setAutoRemove(false);                               //不自动删除
        ui->plainTextEdit->appendPlainText(dir.path()+"\n");
    }
```

8.2.7 QTemporaryFile 类

QTemporaryFile 用于创建临时文件，临时文件可以保存在系统临时目录、指定目录或应用程序当前目录下。QTemporaryFile 的父类是 QFile，QTemporaryFile 有多种参数形式的构造函数，定义如下：

```
QTemporaryFile(const QString &templateName, QObject *parent)
QTemporaryFile(QObject *parent)
QTemporaryFile(const QString &templateName)                 //指定临时文件名模板
QTemporaryFile()                                            //在系统临时目录下创建临时文件
```

在这几个函数中，参数 parent 是父容器对象指针，一般指定为所在的窗口对象；参数 templateName 是文件名模板。

如果在创建 QTemporaryFile 对象时不设置文件名模板，就会在静态函数 QDir::tempPath()表示的系统临时目录下创建一个临时文件，文件名自动以“applicationName.××××××”的形式命名。其中的 applicationName 是静态函数 QCoreApplication::applicationName()返回的应用程序名称，“××××××”表示 6 个随机字母。

可以在创建 QTemporaryFile 对象时设置文件名模板 templateName。如果 templateName 是带有相对路径的文件名，就会在 QDir::currentPath()表示的当前目录下创建临时文件，否则就在指定的绝对路径下创建临时文件。templateName 可以设置临时文件的名称模板，用“××××××”表示 6 个随机字母，且其可以放在文件名中的任何位置。

创建 QTemporaryFile 对象时只是设置了临时文件的文件名，使用函数 QTemporaryFile::open()打开文件时才会实际创建文件，文件使用后需要用函数 QFile::close()关闭它。如果用函数 setAutoRemove()设置为自动删除，则 QTemporaryFile 对象被删除时其创建的临时文件会被自动删除。

QTemporaryFile 的一些接口函数如表 8-8 所示，表中省略了函数中的 const 关键字。

表 8-8 QTemporaryFile 的一些接口函数

函数原型	功能
void setAutoRemove(bool b)	若设置为 true，QTemporaryFile 对象被删除时，其创建的临时文件也会被自动删除
void setFileTemplate(QString &name)	设置临时文件的文件名模板
QString fileTemplate()	返回临时文件的文件名模板
bool open()	打开临时文件，且总是以 QIODevice::ReadWrite 模式打开

窗口上“QTemporaryFile 类”页面上 3 个按钮的槽函数代码如下：

```
void Dialog::on_pushButton_25_clicked()
{//在系统临时目录下创建临时文件
    showBtnInfo(sender());
    ui->plainTextEdit->appendPlainText("QDir::tempPath()= " + QDir::tempPath());
    QTemporaryFile  aFile;                                    //在系统临时目录下创建临时文件
    aFile.setAutoRemove(true);                                //自动删除
    aFile.open();
    ui->plainTextEdit->appendPlainText(aFile.fileName()+"\n");
    aFile.close();
}

void Dialog::on_pushButton_69_clicked()
{//在指定目录下创建临时文件
    showBtnInfo(sender());
    QString  specDir= ui->editDir->text();                        //界面上设置的目录
    ui->plainTextEdit->appendPlainText("指定目录= " + specDir);
    QTemporaryFile  aFile(specDir+"/我的文件_XXXXXX.tmp");    //文件名模板，带有绝对路径
    aFile.setAutoRemove(false);                                 //不自动删除
    aFile.open();
    ui->plainTextEdit->appendPlainText(aFile.fileName()+"\n");
    aFile.close();
}

void Dialog::on_pushButton_70_clicked()
{//在当前目录下创建临时文件
    showBtnInfo(sender());
    ui->plainTextEdit->appendPlainText("QDir::currentPath()= " + QDir::currentPath());
    QTemporaryFile  aFile("图片 XXXXXX.tmp");                 //文件名模板，当前目录下
    aFile.setAutoRemove(false);                               //不自动删除
    aFile.open();
    ui->plainTextEdit->appendPlainText(aFile.fileName()+"\n");
    aFile.close();
}
```

8.2.8 QFileSystemWatcher 类

QFileSystemWatcher 是对目录和文件进行监视的类，其父类是 QObject。把某些目录或文件添加到 QFileSystemWatcher 对象的监视列表后，当目录下发生新建、删除文件等操作时，QFileSystemWatcher 会发射 directoryChanged()信号；当所监视的文件发生修改、重命名等操作时，QFileSystemWatcher 会发射 fileChanged()信号。

QFileSystemWatcher 的主要接口函数如表 8-9 所示，表中省略了函数参数中的 const 关键字。

表 8-9 QFileSystemWatcher 的主要接口函数

函数原型	功能
bool addPath(QString &path)	添加一个监视的目录或文件
QStringList addPaths(QStringList &paths)	添加需要监视的目录或文件列表
QStringList directories()	返回监视的目录列表
QStringList files()	返回监视的文件列表
bool removePath(QString &path)	移除监视的目录或文件
QStringList removePaths(QStringList &paths)	移除监视的目录或文件列表

QFileSystemWatcher 有两个信号，这两个信号在目录变化或文件变化时分别被发射。

```
void QFileSystemWatcher::directoryChanged(const QString &path)    //目录发生了变化
void QFileSystemWatcher::fileChanged(const QString &path)         //文件发生了变化
```

图 8-3 所示的是示例中测试 QFileSystemWatcher 的界面。首先打开一个目录和一个文件，点击“addPath()并开始监视”按钮将目录和文件都添加到监视列表中，并且将信号与槽函数关联起来。然后在目录下复制某个文件，这会触发 directoryChanged()信号，重命名所监视的文件后会触发 fileChanged()信号，运行结果如图 8-3 所示。

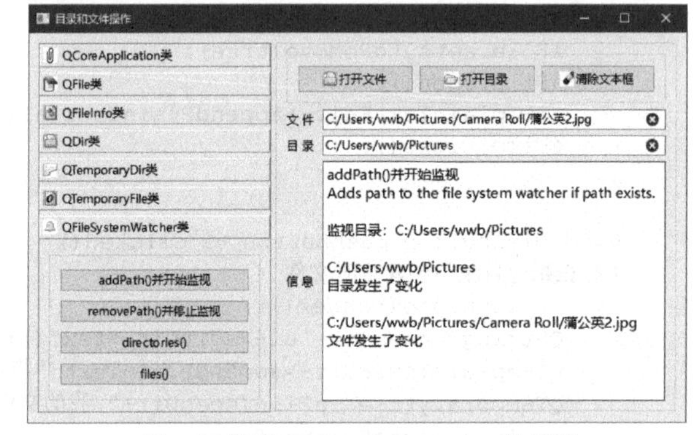

图 8-3 测试 QFileSystemWatcher 的界面

为了测试 QFileSystemWatcher 的功能，我们在窗口类中定义了 QFileSystemWatcher 类型的变量 fileWatcher 和两个槽函数。两个自定义槽函数的代码如下：

```
void Dialog::do_directoryChanged(const QString &path)
{ //directoryChanged()信号的槽函数
    ui->plainTextEdit->appendPlainText(path);
    ui->plainTextEdit->appendPlainText("目录发生了变化\n");
}
void Dialog::do_fileChanged(const QString &path)
{//fileChanged()信号的槽函数
    ui->plainTextEdit->appendPlainText(path);
    ui->plainTextEdit->appendPlainText("文件发生了变化\n");
}
```

图 8-3 中 QFileSystemWatcher 分组里“addPath()并开始监视”和“removePath()并停止监视”两个按钮的槽函数代码如下：

```
void Dialog::on_pushButton_46_clicked()
{//开始监视，addPath()
    showBtnInfo(sender());
    ui->plainTextEdit->appendPlainText("监视目录：" + ui->editDir->text()+"\n");
    fileWatcher.addPath(ui->editDir->text());            //添加监视目录
    fileWatcher.addPath(ui->editFile->text());           //添加监视文件
    connect(&fileWatcher,&QFileSystemWatcher::directoryChanged,
            this,&Dialog::do_directoryChanged);          //directoryChanged()信号
    connect(&fileWatcher,&QFileSystemWatcher::fileChanged,
            this,&Dialog::do_fileChanged);               //fileChanged()信号
}
```

```
void Dialog::on_pushButton_47_clicked()
{//停止监视，removePath()
    showBtnInfo(sender());
    ui->plainTextEdit->appendPlainText("停止监视目录：" + ui->editDir->text()+"\n");
    fileWatcher.removePath(ui->editDir->text());      //移除监视的目录
    fileWatcher.removePath(ui->editFile->text());      //移除监视的文件
    disconnect(&fileWatcher);                          //解除 fileWatcher 所有信号的连接
}
```

用函数 addPath()添加多个监视的目录和文件后，fileWatcher 自动开始监视。程序中将 fileWatcher 的两个信号与自定义槽函数关联，当监视的目录或文件发生变化时就会显示信息。

用函数 removePath()移除监视的目录和文件，就可以停止对这些目录或文件的监视。

8.3 读写文本文件

文本文件是指以纯文本格式存储的文件，例如 C++程序的头文件和源程序文件就是文本文件。XML 文件和 JSON 文件也是文本文件，只是它们使用了特定的标记符号定义文本的含义，读取这种文本文件时需要先对内容进行解析再显示。

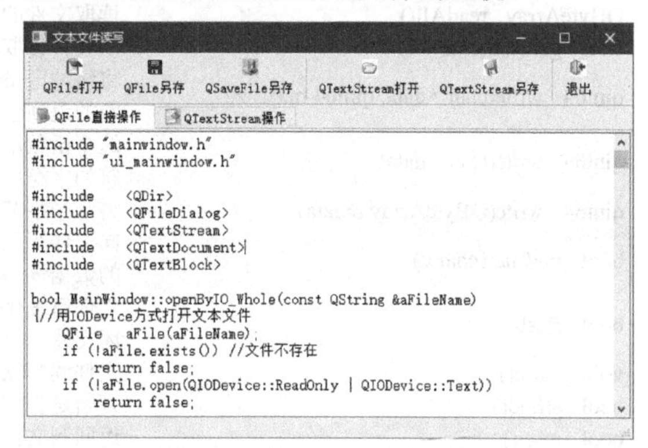

图 8-4 示例 samp8_2 运行时界面

Qt 提供了两种读写文本文件的方法，一种是用 QFile 类直接读写文本文件，另一种是将 QFile 和 QTextStream 结合起来，用流（stream）方法进行文本文件读写。本节介绍编写示例 samp8_2，演示如何使用这两种方法读写文本文件，示例运行时界面如图 8-4 所示。

示例窗口类是基于 QMainWindow 的窗口类 MainWindow。在 UI 可视化设计时，我们删除了主窗口上的菜单栏，创建几个 Action 用于设计工具栏。主窗口工作区放置了一个 QTabWidget 组件，设计了两个页面，每个页面上放置一个 QPlainTextEdit 组件。

我们在 MainWindow 类中定义了几个私有函数用于文本文件读写，后面介绍具体内容时再介绍这几个私有函数。MainWindow 类的构造函数代码如下：

```
MainWindow::MainWindow(QWidget *parent) : QMainWindow(parent), ui(new Ui::MainWindow)
{
    ui->setupUi(this);
    ui->tabWidget->setTabsClosable(false);              //不允许关闭分页
    ui->tabWidget->setDocumentMode(true);               //文档模式，无边框
    this->setCentralWidget(ui->tabWidget);
}
```

界面组件 tabWidget 中只有两个页面，且不允许关闭，所以不显示分页的关闭按钮。组件 tabWidget 的每个页面上只有一个 QPlainTextEdit 组件填充满页面，所以将 tabWidget 设置为文档模式。

8.3.1 用 QFile 读写文本文件

1. QFile 类

QFile 主要的功能是进行文件读写，它可以读写文本文件或二进制文件。QFile 读写文件相关的接口函数如表 8-10 所示，这些函数中有的是 QFile 里定义的，有的是其上层父类里定义的。表

中省略了函数参数中的 const 关键字。

表 8-10 QFile 读写文件相关的接口函数

函数原型	功能
void setFileName(QString &name)	设置文件名，在调用 open()函数打开文件后不能再设置文件名
bool open(QIODeviceBase::OpenMode mode)	打开文件，以只读、只写、可读可写等模式打开文件
qint64 read(char *data, qint64 maxSize)	读取最多 maxSize 字节的数据，存入缓冲区 data，函数返回值是实际读取的字节数
QByteArray read(qint64 maxSize)	读取最多 maxSize 字节的数据，返回为字节数组
QByteArray readLine(qint64 maxSize = 0)	读取一行文本，以换行符“\n”判断一行的结束。读取的内容返回为字节数组，在数组末尾会自动添加一个结束符“\0”
QByteArray readAll()	读取文件的全部内容，返回为字节数组
bool getChar(char *c)	从文件读取一个字符，存入 char*指针指向的变量里
qint64 write(char *data, qint64 maxSize)	将缓冲区 data 里的数据写入文件，最多写入 maxSize 字节的数据，函数的返回值为实际写入的字节数。这个函数用于写入任意类型的数据
qint64 write(char *data)	这个函数用于写入 char*类型的字符串数据。data 是以“\0”作为结束符的字符串的首地址，函数返回值是实际写入文件的字节数
qint64 write(QByteArray &data)	将一个字节数组的数据写入文件，函数返回值是实际写入的字节数
bool putChar(char c)	向文件写入一个 char 类型字符。getChar()和 putChar()一般用于 I/O 设备的数据读写，例如串口数据读写
bool flush()	将任何缓存的数据保存到文件里，其作用相当于函数 close()，但是不关闭文件。调用此函数可以防止未正常调用 close()函数而导致的数据丢失
void close()	文件读写操作完成后关闭文件
bool atEnd()	判断是否到达文件末尾，返回 true 表示已经到达文件末尾
bool reset()	返回到文件的起始位置，可以从头开始读写

QFile 有多种参数形式的构造函数，常用的几种构造函数定义如下：

```
QFile(const QString &name, QObject *parent)        //指定文件名和父容器对象
QFile(QObject *parent)                             //指定父容器对象
QFile(const QString &name)                         //指定文件名
QFile()                                            //不做任何初始设置
```

如果在创建 QFile 对象时没有指定文件名，可以用函数 setFileName()设置文件名。注意，在调用函数 open()打开文件后，就不能再调用 setFileName()设置文件名。

用 QFile 进行文件内容读写的基本操作步骤是：（1）调用函数 open()打开或创建文件；（2）用读写函数读写文件内容；（3）调用函数 close()关闭文件。调用 close()会将缓存的数据写入文件，如果不能正常调用 close()，可能会导致文件数据丢失。

QFile 的函数 open()的原型定义如下：

```
bool  QFile::open(QIODeviceBase::OpenMode mode)
```

参数 mode 决定了文件以什么模式打开，mode 是标志类型 QIODeviceBase::OpenMode，它是枚举类型 QIODeviceBase::OpenModeFlag 的枚举值的组合，其各主要枚举值的含义如下。

- QIODevice::ReadOnly：以只读模式打开文件，加载文件时使用此模式。
- QIODevice::WriteOnly：以只写模式打开文件，保存文件时使用此模式。
- QIODevice::ReadWrite：以读写模式打开文件。
- QIODevice::Append：以添加模式打开文件，新写入文件的数据添加到文件尾部。
- QIODevice::Truncate：以截取模式打开文件，文件原有的内容全部被删除。
- QIODevice::Text：以文本模式打开文件，读取时“\n”被自动翻译为一行的结束符，写入

时字符串结束符会被自动翻译为系统平台的编码，如 Windows 平台上是“\r\n”。

提示 QIODeviceBase 是 QIODevice 的父类，枚举值 QIODeviceBase::ReadOnly 和 QIODevice::ReadOnly 是完全一样的。在 QFile 的函数中，一般使用前缀为“QIODevice::”的枚举常量。

在给函数 open()传递参数时，可以使用枚举值的组合，例如 QIODevice::ReadOnly | QIODevice::Text 表示以只读和文本模式打开文件。

2. 读取文本文件

从文本文件读取数据可以使用函数 readLine()或 readAll()，这两个函数的返回值都是 QByteArray 类型，而 QByteArray 类型数据可以转换为 QString 字符串。函数 readLine()读取一行文字，它以“\n”判断一行的结束。

示例窗口工具栏上“QFile 打开”按钮的槽函数以及相关的两个自定义函数代码如下：

```
void MainWindow::on_actOpen_IODevice_triggered()
{//“QFile 打开”按钮
    QString curPath= QDir::currentPath();                    //获取应用程序当前目录
    QString dlgTitle= "打开一个文件";
    QString filter= "程序文件(*.h *.cpp);;文本文件(*.txt);;所有文件(*.*)";
    QString aFileName= QFileDialog::getOpenFileName(this,dlgTitle,curPath,filter);
    if (aFileName.isEmpty())
        return;

    QFileInfo  fileInfo(aFileName);
    QDir::setCurrent(fileInfo.absolutePath());               //设置应用程序当前目录
    openByIO_Whole(aFileName);                               //整体读取
//  openByIO_Lines(aFileName);                               //逐行读取
}

bool MainWindow::openByIO_Whole(const QString &aFileName)
{//整体读取
    QFile  aFile(aFileName);
    if (!aFile.exists())     //文件不存在
        return false;
    if (!aFile.open(QIODevice::ReadOnly | QIODevice::Text))
        return false;

    QByteArray all_Lines = aFile.readAll();                  //读取全部内容
    QString  text(all_Lines);                                //将字节数组转换为字符串
    ui->textEditDevice->setPlainText(text);
    aFile.close();
    ui->tabWidget->setCurrentIndex(0);
    return  true;
}

bool MainWindow::openByIO_Lines(const QString &aFileName)
{//逐行读取
    QFile  aFile;
    aFile.setFileName(aFileName);
    if (!aFile.exists())                                     //文件不存在
        return false;
    if (!aFile.open(QIODevice::ReadOnly | QIODevice::Text))
        return false;

    ui->textEditDevice->clear();
```

```
    while (!aFile.atEnd())
    {
        QByteArray line = aFile.readLine();  //读取一行文字，自动添加“\0”
        QString str= QString::fromUtf8(line);  //从字节数组转换为字符串，文件必须采用 UTF-8 编码
        str.truncate(str.length()-1);     //去除增加的空行
        ui->textEditDevice->appendPlainText(str);
    }
    aFile.close();
    ui->tabWidget->setCurrentIndex(0);
    return  true;
}
```

按钮的槽函数里调用 MainWindow 类里自定义的函数 openByIO_Whole()或 openByIO_Lines()，必须注释掉其中一个函数对应的代码。

函数 openByIO_Whole()里使用函数 QFile::readAll()将文本文件的全部内容一次性读出，并将其保存到一个 QByteArray 类型的变量 all_Lines 里，然后将其转换为 QString 字符串。

函数 openByIO_Lines()里用函数 QFile::readLine()一次读取一行文字，这种读取方式适用于需要对每行文字进行解析的情况。注意，函数 readLine()读出的数据会自动在最后添加一个结束符“\0”，如果不去除这个字符，显示到文本框里时会自动在每一行文字后增加一个空行。函数 QString::fromUtf8()用于将 UTF-8 编码字节数组数据转换为 QString 字符串。所以，使用函数 openByIO_Lines()打开文本文件时，文件必须采用 UTF-8 编码。如果文本文件采用其他编码，需要使用 QString 相应的转换函数进行转换，例如对于采用 Latin1 编码的文件，就应该用函数 QString::fromLatin1()将其转换为 QString 字符串。

3. 写入文本文件

要将一个 QString 字符串写入文本文件，一般是先将 QString 字符串转换为 QByteArray 字节数组，再用函数 QFile::write(QByteArray &data)将字节数组数据写入文件。

示例窗口工具栏上“QFile 另存”按钮的槽函数以及相关的一个自定义函数代码如下：

```
void MainWindow::on_actSave_IODevice_triggered()
{// “QFile 另存” 按钮
    QString curPath= QDir::currentPath();                   //获取应用程序当前目录
    QString dlgTitle= "另存为一个文件";
    QString filter= "h 文件(*.h);;C++文件(*.cpp);;文本文件(*.txt);;所有文件(*.*)";
    QString aFileName= QFileDialog::getSaveFileName(this,dlgTitle,curPath,filter);
    if (aFileName.isEmpty())
        return;

    QFileInfo  fileInfo(aFileName);
    QDir::setCurrent(fileInfo.absolutePath());              //设置应用程序当前目录
    saveByIO_Whole(aFileName);                              //整体保存
}

bool MainWindow::saveByIO_Whole(const QString &aFileName)
{
    QFile  aFile(aFileName);
    if (!aFile.open(QIODevice::WriteOnly | QIODevice::Text))
        return false;
    QString str= ui->textEditDevice->toPlainText();         //整个内容作为字符串
    QByteArray  strBytes= str.toUtf8();                     //转换为字节数组，UTF-8 编码
    aFile.write(strBytes,strBytes.length());                //写入文件
    aFile.close();
```

```
    ui->tabWidget->setCurrentIndex(0);
    return  true;
}
```

8.3.2 用 QSaveFile 保存文件

Qt 中还有一个与 QFile 并列的类 QSaveFile（见图 8-1）。QSaveFile 专门用于保存文件，可以保存文本文件或二进制文件。在保存文件时，QSaveFile 会在目标文件所在的目录下创建一个临时文件，向文件写入数据是先写入临时文件，如果写入操作没有错误，调用 QSaveFile 的函数 commit()提交修改时临时文件里的内容才被移入目标文件，然后临时文件会被删除。在调用函数 commit()之前，如果写入操作出现异常导致程序异常结束，目标文件不会有任何损失，这样可以避免目标文件里只保存了部分数据而破坏文件结构的情况。

QSaveFile 类新定义的接口函数如表 8-11 所示，向文件写入数据的函数是在其父类中定义的。在 QSaveFile 中，函数 close()变成了一个私有函数，不能再调用 close()。

表 8-11　QSaveFile 类新定义的接口函数

函数原型	功能
void setFileName(QString &name)	设置文件名，在调用 open()函数打开文件后不能再设置文件名
bool commit()	提交写入文件的修改，返回值为 true 表示提交修改成功
void cancelWriting()	取消写入操作，取消后就不能再调用 commit()函数
void setDirectWriteFallback(bool enabled)	如果设置为 true，则不使用临时文件，而直接向目标文件写入
bool directWriteFallback()	返回值表示是否直接向目标文件写入

函数 setDirectWriteFallback(bool)用于设置是否直接向目标文件写入数据，如果设置为 true，就表示直接向目标文件写入数据，那么 QSaveFile 的功能就与 QFile 的是相同的。有时目录的操作权限不允许创建临时文件，这时就需要调用此函数设置为直接写入目标文件。

QSaveFile 一般用于保存数据结构比较复杂的文件的数据，可以避免写入部分数据时出错而导致文件出现错误的情况。例如从网络上下载文件或压缩文件时都使用了类似的技术。示例窗口工具栏上的“QSaveFile 另存”按钮的槽函数和一个自定义函数的代码如下：

```
void MainWindow::on_actSave_TextSafe_triggered()
{//“QSaveFile 另存”按钮
    QString curPath= QDir::currentPath();
    QString dlgTitle= "另存为一个文件";
    QString filter= "h 文件(*.h);;C++文件(*.cpp);;文本文件(*.txt);;所有文件(*.*)";
    QString aFileName= QFileDialog::getSaveFileName(this,dlgTitle,curPath,filter);
    if (aFileName.isEmpty())
        return;
    QFileInfo  fileInfo(aFileName);
    QDir::setCurrent(fileInfo.absolutePath());
    saveByIO_Safe(aFileName);                                   //使用 QSaveFile 保存文件
}

bool MainWindow::saveByIO_Safe(const QString &aFileName)
{//使用 QSaveFile 保存文件
    QSaveFile  aFile(aFileName);
    if (!aFile.open(QIODevice::WriteOnly | QIODevice::Text))
        return false;

    aFile.setDirectWriteFallback(false);                        //使用临时文件
```

```
    try
    {
        QString str= ui->textEditDevice->toPlainText();     //整个内容作为字符串
        QByteArray  strBytes= str.toUtf8();                 //转换为字节数组，UTF-8 编码
        aFile.write(strBytes,strBytes.length());            //写入文件
        aFile.commit();                                     //提交对文件的修改
        ui->tabWidget->setCurrentIndex(0);
        return  true;
    }
    catch (QException &e)
    {
        qDebug("保存文件的过程发生了错误");
        aFile.cancelWriting();                              //出现异常时取消写入
        return false;
    }
}
```

自定义函数 saveByIO_Safe()中使用 QSaveFile 类保存文件，并且在程序中进行了异常处理。如果向文件写入的过程正常，在运行 aFile.commit()后会正式将写入的内容移入目标文件；如果出现异常，就会运行 aFile.cancelWriting()取消写入。

函数 saveByIO_Safe()中写入文件的过程非常简单，不可能出现异常。QSaveFile 适合在写入复杂格式的二进制文件时使用，可避免写入部分数据而异常退出时导致的文件格式错误。

8.3.3 结合使用 QFile 和 QTextStream 读写文本文件

1. QTextStream 类

QTextStream 是能与 I/O 设备类结合来为读写文本数据提供一些简便接口函数的类。QTextStream 可以和 QIODevice 的各种子类结合使用，如 QFile、QSaveFile、QTcpSocket、QUdpSocket 等 I/O 设备类。

QTextStream 有多种参数形式的构造函数，与 QIODevice 类型的设备结合使用时，可以使用如下两种形式的构造函数：

```
QTextStream(QIODevice *device)          //指定关联的 QIODevice 对象
QTextStream()                           //不指定任何关联对象
```

在构造 QTextStream 对象时，如果未指定任何关联对象，可以后面再调用 QTextStream 的 setDevice()函数指定关联的 QIODevice 对象。

QTextStream 的主要接口函数如表 8-12 所示，表中省略了函数参数中的 const 关键字。如果设置函数有对应的读取函数，我们一般只列出设置函数，不列出读取函数。

表 8-12 QTextStream 的主要接口函数

函数原型	功能
void setDevice(QIODevice *device)	设置关联的 QIODevice 设备
void setAutoDetectUnicode(bool enabled)	设置是否自动检测 Unicode 编码
void setEncoding(QStringConverter::Encoding encoding)	设置读写文本文件时的编码方式，默认是 UTF-8 编码方式
void setGenerateByteOrderMark(bool generate)	设置是否产生字节序标记（byte order mark，BOM）。如果设置为 true，且使用了某种 UTF 编码，那么 QTextStream 在向设备写入数据之前会插入 BOM，否则不会插入 BOM
void setIntegerBase(int base)	读写整数时使用的进制，默认是十进制。在文本文件中，整数是以字符串形式保存的

续表

函数原型	功能
void setRealNumberPrecision(int precision)	设置浮点数精度，即小数位数
QString read(qint64 maxlen)	读取最多 maxlen 个字符，返回值为 QString 字符串
QString readAll()	读取文件的全部内容，返回值为 QString 字符串
QString readLine(qint64 maxlen = 0)	读取一行文字，遇到“\n”时将其作为一行的结束
QTextStream &operator>>(QString &str)	流读取操作符，将一个单词读取到 QString 字符串里，遇空格结束
QTextStream &operator>>(int &i)	流读取操作符，将一个整数字符串读取到 int 类型变量里，遇空格结束
QTextStream &operator>>(double &f)	流读取操作符，将一个双精度浮点数字符串读取到 double 类型变量里，遇空格结束
QTextStream &operator<<(QString &string)	流写入操作符，将一个 QString 字符串写入流
QTextStream &operator<<(int i)	流写入操作符，将一个 int 类型整数转换为字符串并将其写入流，字符串使用的整数进制由函数 integerBase()的值确定
QTextStream &operator<<(double f)	流写入操作符，将一个 double 类型浮点数转换为字符串并将其写入流，字符串的小数位数由函数 realNumberPrecision()的值确定
bool atEnd()	返回值为 true 时，表示流里没有任何数据可读写了
qint64 pos()	读写操作在流里的当前位置
bool seek(qint64 pos)	读写位置定位到流的某个位置，如 seek(0)就表示定位到流的开始位置
void flush()	将任何缓存的数据保存到文件里

QTextStream 的流操作符“>>”和“<<”对应的参数形式有很多，表 8-12 中列出了其中的几种，全部的参数形式请查阅 Qt 帮助文档。QTextStream 的 read()、readAll()、readLine()等函数读取的内容的返回值就是 QString，便于直接操作。

QTextStream 读写的是文本文件。使用流操作符写入一个整数时，QTextStream 会自动将整数转换为字符串，然后将其写入文件。写入其他各种类型的数据时也是类似的，QTextStream 会自动将它们转换为字符串，然后将其写入文件。

2. 读取文本文件

示例窗口工具栏上“QTextStream 打开”按钮的槽函数以及相关的两个自定义函数代码如下：

```
void MainWindow::on_actOpen_TextStream_triggered()
{ //“QTextStream 打开”按钮
    QString curPath= QDir::currentPath();
    QString aFileName= QFileDialog::getOpenFileName(this,"打开一个文件",curPath,
                   "程序文件(*.h *cpp);;文本文件(*.txt);;所有文件(*.*)");
    if (aFileName.isEmpty())
        return;
    QFileInfo  fileInfo(aFileName);
    QDir::setCurrent(fileInfo.absolutePath());
//    openByStream_Whole(aFileName);                              //打开文件，整体读取
    openByStream_Lines(aFileName);                              //打开文件，逐行读取
}

bool MainWindow::openByStream_Whole(const QString &aFileName)
{
    QFile  aFile(aFileName);
    if (!aFile.exists())
        return false;
    if (!aFile.open(QIODevice::ReadOnly | QIODevice::Text))
        return false;

    QTextStream aStream(&aFile);                                //用文本流读取文件内容
    aStream.setAutoDetectUnicode(true);                         //自动检测 Unicode
```

```
    QString  str= aStream.readAll();                                  //读取全部内容
    ui->textEditStream->setPlainText(str);
    aFile.close();
    ui->tabWidget->setCurrentIndex(1);
    return  true;
}

bool MainWindow::openByStream_Lines(const QString &aFileName)
{
    QFile  aFile(aFileName);
    if (!aFile.exists())
        return false;
    if (!aFile.open(QIODevice::ReadOnly | QIODevice::Text))
        return false;

    QTextStream aStream(&aFile);                                      //使用文本流
    aStream.setAutoDetectUnicode(true);                               //自动检测 Unicode
    ui->textEditStream->clear();
    while (!aStream.atEnd())
    {
        QString str= aStream.readLine();                              //读取一行文字
        ui->textEditStream->appendPlainText(str);
    }
    aFile.close();
    ui->tabWidget->setCurrentIndex(1);
    return  true;
}
```

函数 openByStream_Whole()里使用 QTextStream::readAll()将文本文件的内容一次性全部读取出来，函数 openByStream_Lines()里则使用 QTextStream::readLine()逐行读取文件的内容。QTextStream 的这两个函数的返回值都是 QString 类型的，使用其相比于用 QFile 直接读取文本文件要简便一些，因为无须进行 QByteArray 到 QString 的转换。

3. 写入文本文件

示例窗口工具栏上“QTextStream 另存”按钮的槽函数以及相关的两个自定义函数代码如下：

```
void MainWindow::on_actSave_TextStream_triggered()
{//“QTextStream 另存”按钮
    QString curPath= QDir::currentPath();
    QString dlgTitle= "另存为一个文件";
    QString filter= "h 文件(*.h);;C++文件(*.cpp);;文本文件(*.txt);;所有文件(*.*)";
    QString aFileName= QFileDialog::getSaveFileName(this,dlgTitle,curPath,filter);
    if (aFileName.isEmpty())
        return;
    QFileInfo  fileInfo(aFileName);
    QDir::setCurrent(fileInfo.absolutePath());
//     saveByStream_Whole(aFileName);                                 //整体保存
    saveByStream_Safe(aFileName);                                     //逐段读取后保存
}

bool MainWindow::saveByStream_Whole(const QString &aFileName)
{
    QFile  aFile(aFileName);
    if (!aFile.open(QIODevice::WriteOnly | QIODevice::Text))
        return false;
    QTextStream aStream(&aFile);                                      //使用文本流
    aStream.setAutoDetectUnicode(true);                               //自动检测 Unicode
    QString str= ui->textEditStream->toPlainText();
```

```
    aStream<<str;                                           //写入文本流
    aFile.close();
    return  true;
}

bool MainWindow::saveByStream_Safe(const QString &aFileName)
{
    QSaveFile  aFile(aFileName);
    if (!aFile.open(QIODevice::WriteOnly | QIODevice::Text))
        return false;

    try
    {   //逐段保存
        QTextStream  aStream(&aFile);                       //使用文本流
        aStream.setAutoDetectUnicode(true);                 //自动检测 Unicode
        QTextDocument *doc= ui->textEditStream->document(); //文本编辑器的全部内容
        int cnt= doc->blockCount();                         //硬回车符对应一个块
        for (int i=0; i<cnt; i++)                           //扫描所有块
        {
            QTextBlock textLine= doc->findBlockByNumber(i); //获取一段
            QString str= textLine.text();                   //提取文本，末尾无"\n"
            aStream<<str<<"\n";                             //写入时增加一个换行符
        }
        aFile.commit();                                     //提交修改
        return  true;
    }
    catch (QException &e)
    {
        qDebug("保存文件的过程发生了错误");
        aFile.cancelWriting();                              //出现异常时取消写入
        return false;
    }
}
```

函数 saveByStream_Safe()里使用了 QSaveFile 类，并且是逐段读取文本编辑器里的内容后将其写入文件。函数 QPlainTextEdit::document()返回一个 QTextDocument 对象，是文本编辑器里所有内容对应的文档。纯文本文档由块（block）组成，每个块就表示由回车符确定的一个段。每个块是 QTextBlock 对象，通过 QTextBlock::text()函数可以获得一个段的文字，但是没有换行符，所以在写入文本流的时候需要添加一个换行符。QTextDocument 和 QTextBlock 类的详细接口函数和原理就不具体介绍了，可查阅 Qt 帮助文档。

8.4 读写二进制文件

除了文本文件，其他文件都可以看作二进制文件。可以单独使用 QFile 读写二进制文件，但是一般结合使用 QFile 和 QDataStream 读写二进制文件，因为 QDataStream 提供了更丰富的接口函数。本节就介绍结合使用 QFile 和 QDataStream 读写二进制文件的编程方法。

8.4.1 基础知识和工具软件

1. 二进制文件

除了文本文件，其他需要按照一定的格式定义读写操作的文件都可以称为二进制文件，例如

JPG 图片文件、PDF 文件、SEGY 地震数据文件等。即使需要保存的数据全是文字，将其以二进制形式保存到文件也比使用文本文件少占用存储空间。例如，把一个整数 54321 保存为文本文件，需要将其转换为字符串“54321”再保存到文件，如果以 Latin1 编码字符串需要占用 5 字节，而如果以 quint16 数据类型保存这个数只需占用 2 字节。

每种格式的二进制文件都有自己的格式定义，写入文件时按照一定的顺序写入数据，读出时也按照相应的顺序从文件读出。例如对于地震勘探中常用的 SEGY 格式的地震数据文件，就必须按照其标准格式要求写入数据才符合这种文件的格式规范，读取数据时也需要符合格式定义。

2. 字节序

字节序是指一个多字节数据的各个字节码在内存或文件中的存储顺序，分为大端（big-endian）字节序和小端（little-endian）字节序。大端字节序是高位字节在前（低地址），低位字节在后（高地址）；小端字节序是低位字节在前（低地址），高位字节在后（高地址）。

内存中的数据字节序与 CPU 类型和操作系统有关，Intel x86、AMD64、ARM 处理器全采用小端字节序，而 MIPS 采用大端字节序。在将数据写入文件时可以根据需要设定字节序，一般使用与操作系统一致的字节序，但也可以不一致。例如 Windows 系统采用的是小端字节序，而保存数据到文件时也可以保存为大端字节序形式。

3. 以十六进制查看文件内容的工具软件

在编写关于文件读写操作的程序时，一个查看二进制文件内容的工具软件是必不可少的，这种软件能显示文件中每字节的十六进制内容。这样的软件比较多，其中一个完全免费且非常好用的软件是 HxD Hex Editor（后文统一用“HxD”），这是一个专门用于查看和编辑文件十六进制内容的软件。使用 HxD 查看文件的十六进制内容的界面如图 8-5 所示。本节后面的示例中通过编程向这个文件写入了一个 QString 类型的字符串“Hello”，图 8-5 显示了文件中的十六进制内容。

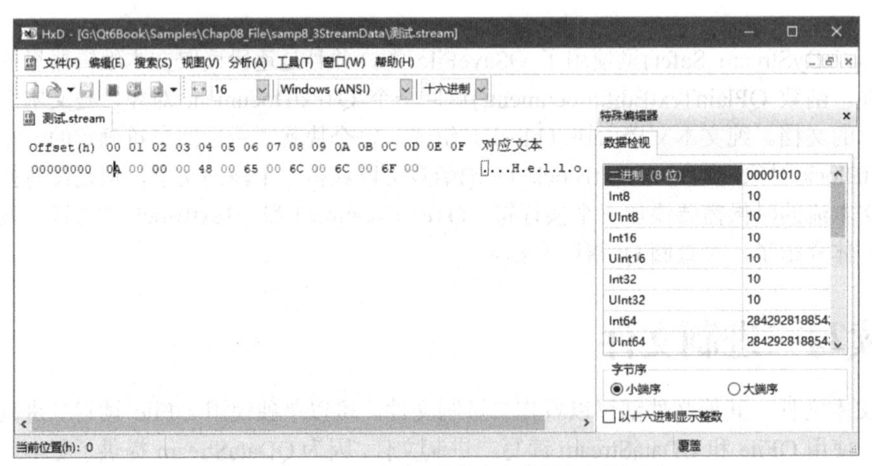

图 8-5 使用 HxD 查看文件的十六进制内容的界面

图 8-5 所示界面的文件内容区域的左侧部分显示了每个地址的十六进制字节码，右侧部分显示了这些字节码对应的文本，如果一个字节码正好对应一个 ASCII 字符就显示为该字符。窗口右侧的“数据检视”编辑器显示了文件内容区域中选中的数据对应的各种格式的数值，例如选中了连续的 2 字节，其对应的 Int16 和 UInt16 数值就会自动显示出来。

8.4.2 QDataStream 类

1. QDataStream 对象的创建

单独使用 QFile 可以读写二进制文件，也就是使用表 8-10 中的通用数据读写函数 read()和 write()进行读写，但是使用起来不方便。要读写二进制文件，一般可将 QFile 和 QDataStream 类结合使用，QDataStream 类为读写二进制文件提供了丰富的接口函数。

QDataStream 是对 I/O 设备进行二进制流数据读写操作的类，其流数据格式与 CPU 类型、操作系统无关，是完全独立的。QDataStream 不仅可以用于二进制文件的读写操作，还可以用于网络通信、串口通信等 I/O 设备的数据读写操作。如果用于二进制文件读写操作，创建 QDataStream 对象时需要传递一个 QFile 对象作为参数，从而实现与物理文件关联，也就是使用如下的构造函数：

```
QDataStream(QIODevice *dev)
```

2. QDataStream 流化数据的两种方式

QDataStream 以数据流的方式读写文件，数据流编码有两种方式：一种是使用 Qt 的预定义编码方式，另一种是使用原始二进制数据方式。

使用 Qt 的预定义编码方式就是将一些基本类型的数据和简单的 Qt 类序列化（serialization）为二进制数据，这种预定义编码与操作系统、CPU 类型和字节序无关。QDataStream 主要使用流写入操作符“<<”和流读取操作符“>>”分别进行数据的序列化写入和读取。例如，QDataStream 类中定义的流写入操作符“<<”有如下一些参数形式。

```
QDataStream &operator<<(qint8 i)           //将一个 qint8 类型的数序列化后写入流
QDataStream &operator<<(quint8 i)
QDataStream &operator<<(qint16 i)
QDataStream &operator<<(quint16 i)
QDataStream &operator<<(qint32 i)
QDataStream &operator<<(quint32 i)
QDataStream &operator<<(qint64 i)
QDataStream &operator<<(quint64 i)
QDataStream &operator<<(std::nullptr_t ptr)
QDataStream &operator<<(bool i)
QDataStream &operator<<(qfloat16 f)        //将一个 qfloat16 类型的数序列化后写入流
QDataStream &operator<<(float f)           //将一个 float 类型的数序列化后写入流
QDataStream &operator<<(double f)          //将一个 double 类型的数序列化后写入流
QDataStream &operator<<(const char *s)     //将一个 char 字符串写入流，以"\0"判断字符串的末尾
QDataStream &operator<<(char16_t c)
QDataStream &operator<<(char32_t c)
```

QDataStream 类中的流读取操作符“>>”也有与流写入操作符类似的定义，所以，QDataStream 可以使用流操作符直接读写这些基本类型的数据。

此外，Qt 类库中一些简单的类的对象也可以使用 QDataStream 的流操作符进行读写，这些类如 QString、QFont、QColor 等，序列化就是使用 Qt 的预定义编码将这些类的对象数据编码为二进制数据流。支持序列化的类在其“related non-members”部分会定义流操作符，例如 QColor 类中有如下的定义：

```
QDataStream &operator<<(QDataStream &stream, const QColor &color)      //写入
QDataStream &operator>>(QDataStream &stream, QColor &color)            //读取
```

所以，使用序列化方式读写文件时可以读写一些复杂类型的数据，而我们并不用关注这些数据是如何具体编码和解析的。

另一种数据流编码方式是直接使用原始二进制数据，所用的主要函数是 readRawData()和 writeRawData()。用这种方式向文件写入数据时，需要用户将数据转换为二进制数据然后将其写入文件，从文件读取的二进制数据需要解析为所需的类型的数据。这种方式适合完全自定义文件格式并需要掌控文件的每字节的数据含义的应用场景。

3. QDataStream 的主要接口函数

除了数据流化读写操作符，QDataStream 还有如下一些主要的接口函数。

（1）设置数据序列化格式版本。在使用 QDataStream 进行文件数据读写之前，需要设置数据序列化格式版本，函数定义如下：

```
void  setVersion(int v)                                //设置数据序列化格式版本
```

Qt 对各种类型数据的预定义编码会随着 Qt 的版本不同而变化，在使用 QDataStream 对象读写文件时，需要先设置数据序列化格式版本，Qt 中定义了版本号常数，部分定义如下：

```
QDataStream::Qt_5_12   18                          //Version 18 (Qt 5.12)
QDataStream::Qt_5_13   19                          //Version 19 (Qt 5.13)
QDataStream::Qt_5_14   Qt_5_13                     //等同于 Qt_5_13
QDataStream::Qt_5_15   Qt_5_14                     //等同于 Qt_5_13
QDataStream::Qt_6_0      20                        //Version 20 (Qt 6.0)
QDataStream::Qt_6_1      Qt_6_0                    //等同于 Qt_6_0
QDataStream::Qt_6_2      Qt_6_0                    //等同于 Qt_6_0
```

每个 Qt 版本都有一个序列化格式版本，例如，对于 Qt 6.0，其序列化格式版本是 QDataStream::Qt_6_0，某些 Qt 版本的序列化格式版本等同于先前的版本，例如 Qt 6.2 的流化版本等同于 Qt 6.0 版本。

在使用预定义编码读写文件时，读取文件和写入文件时用的序列化格式版本应该兼容，例如如果写入数据时用的序列化格式版本是 Qt_6_0，那么读取数据时要使用与其相同、等效的版本或更高的版本，而不能使用比其低的版本，否则可能会导致某些类型的数据不能被正常读取和解析。

（2）设置字节序。在使用预定义编码读写数据时，可以设置所使用的字节序，函数定义如下：

```
void  setByteOrder(QDataStream::ByteOrder bo)          //设置字节序
```

字节序是枚举类型 QDataStream::ByteOrder，其有两种枚举值，其中 QDataStream::BigEndian 表示大端字节序，QDataStream::LittleEndian 表示小端字节序。

（3）设置浮点数精度。使用流操作符读写的浮点数有 3 种类型，即 qfloat16、float 和 double，它们都是 IEEE 754 格式的浮点数类型。qfloat16 是 2 字节表示的浮点数类型，float 和 double 是 4 字节或 8 字节表示的浮点数类型，受设置的浮点数精度的影响。函数 setFloatingPointPrecision()用于设置浮点数精度，定义如下：

```
void setFloatingPointPrecision(QDataStream::FloatingPointPrecision precision)
```

浮点数精度是枚举类型 QDataStream::FloatingPointPrecision，其两种枚举值的含义如下。

- QDataStream::SinglePrecision：单精度，数据流中的 float 和 double 都用 4 字节表示。
- QDataStream::DoublePrecision：双精度，数据流中的 float 和 double 都用 8 字节表示。

（4）事务处理。使用 QDataStream 读取数据流时，可以使用事务处理，相关的 4 个函数定义如下：

```
void  startTransaction()          //开始一个读取操作的事务
bool  commitTransaction()         //提交当前的读取操作事务，返回值为 true 表示读取过程没有错误
```

```
void  rollbackTransaction()        //回滚当前的读取操作事务，一般在检测到错误时回滚
void  abortTransaction()           //取消当前的读取操作事务
```

在开始一个读取操作事务时，QDataStream 会记住当前的文件读取点，如果在读取过程中出现错误，在使用回滚或取消事务操作后，可以回到开始读取操作事务时的文件读取点。

8.4.3 使用预定义编码方式读写文件

1. 示例功能概述

本节介绍编写一个示例项目 samp8_3，演示使用 QDataStream 的预定义编码方式读写二进制文件。示例运行时界面如图 8-6 所示。首先需要点击“测试用文件”按钮，选择一个文件作为读写测试用的文件，然后可以进行如下一些操作。

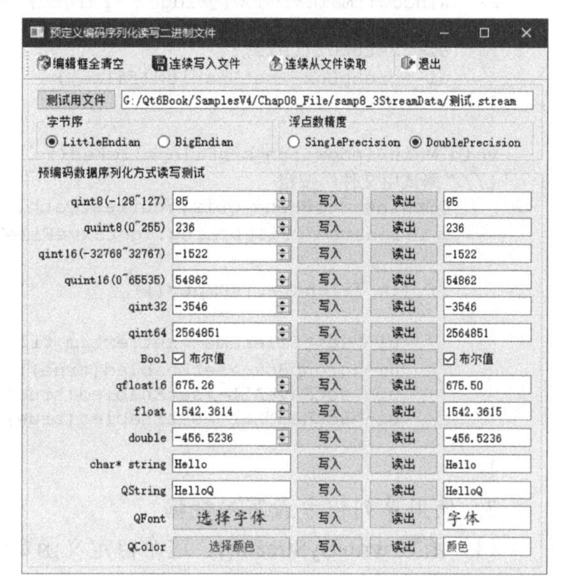

图 8-6　示例 samp8_3 运行时界面

- 界面上“字节序”和“浮点数精度”两个分组框中的单选按钮用于设置 QDataStream 读写数据的字节序和浮点数精度。
- 工作区左侧是一些输入组件，例如输入整数、浮点数、字符串等的组件。点击某一行的“写入”按钮时，程序会用只写模式打开测试文件，并将按钮左侧输入编辑框内的数据用流写入操作符“<<”写入文件，然后关闭文件。
- 点击右侧的“读出”按钮时，程序会以只读模式打开测试文件，用流读取操作符“>>”读取文件中的数据，并在右侧输出编辑框内显示，然后关闭文件。
- 点击工具栏上的“连续写入文件”按钮，程序会将左侧各个输入编辑框内的数据按顺序连续写入测试文件。
- 点击工具栏上的“连续从文件读取”按钮，程序会将测试文件内的数据按写入的顺序依次读出，并将其显示在右侧的输出编辑框里。

在运行此程序的过程中，我们可以用 HxD 软件打开测试文件，以查看数据实际写入结果，例如观察改变字节序后数据在文件中的存储顺序是否变化了，设置浮点数精度后浮点数的存储长度是否变化了，char*字符串和 QString 字符串保存方式有何差别等。

2. 窗口类基础功能

本示例窗口基类是 QMainWindow，窗口界面可视化设计结果见 UI 文件 mainwindow.ui。我们在窗口类 MainWindow 的 private 部分增加了一些自定义内容，代码如下：

```
private:
    QString   m_filename;                                //用于测试的文件
    template<class T> void writeByStream(T Value);      //将某种数据写入流
    template<class T> void readByStream(T &Value);
```

模板函数 writeByStream()用于将某种类型的数据写入流，模板类型 T 可以是 QDataStream 的

流写入操作符所支持的各种类型。模板函数 readByStream()使用流读取操作符读取出模板类型 T 的数据，再将其存入变量 Value。

窗口类 MainWindow 的构造函数以及“测试用文件”按钮的槽函数代码如下：

```
MainWindow::MainWindow(QWidget *parent) : QMainWindow(parent), ui(new Ui::MainWindow)
{
    ui->setupUi(this);
    ui->groupBox->setEnabled(false);                           //禁用数据读写分组框
}

void MainWindow::on_btnFile_clicked()
{// “测试用文件” 按钮
    QString curPath= QDir::currentPath();
    m_filename= QFileDialog::getSaveFileName(this,"选择一个文件",curPath,
                                            "流数据文件(*.stream)");
    if (!m_filename.isEmpty())
    {
        ui->editFilename->setText(m_filename);
        ui->groupBox->setEnabled(true);                        //数据读写分组框可用
        ui->actSaveALL->setEnabled(true);
        ui->actReadALL->setEnabled(true);
    }
}
```

3. 使用序列化方式写入数据

（1）函数 writeByStream()。这个自定义函数的实现代码如下：

```
template<class T>  void MainWindow::writeByStream(T Value)
{
    QFile fileDevice(m_filename);                              //定义 QFile 对象，设置文件名
    if (!fileDevice.open(QIODevice::WriteOnly))                //以只写模式打开
        return;

    QDataStream fileStream(&fileDevice);                       //创建 QDataStream 对象
    fileStream.setVersion(QDataStream::Qt_6_2);  //设置版本号，写入和读取时使用的版本要兼容
    if (ui->radio_BigEndian->isChecked())                      //设置字节序
        fileStream.setByteOrder(QDataStream::BigEndian);
    else
        fileStream.setByteOrder(QDataStream::LittleEndian);

    if (ui->radio_Single->isChecked())                         //设置 float 和 double 的精度
        fileStream.setFloatingPointPrecision(QDataStream::SinglePrecision);
    else
        fileStream.setFloatingPointPrecision(QDataStream::DoublePrecision);
    fileStream<<Value;                                         //用流写入操作符写入
    fileDevice.close();
}
```

函数 writeByStream()以只写模式打开测试文件，如果文件不存在就会自动创建文件。创建 QFile 对象时设置了文件名，创建 QDataStream 对象时传递了 QFile 对象。程序里还设置了 QDataStream 对象当前所使用的字节序和浮点数精度。

writeByStream()是一个模板函数，其输入参数 Value 是模板类型 T，T 可以是 QDataStream 的流写入操作符所支持的各种数据类型。

（2）使用序列化方式写入基础类型数据。界面上标题为“写入”的按钮的功能是将左侧输入的数据写入文件，写入整数、bool 类型数据、浮点数的按钮的槽函数代码如下：

```
void MainWindow::on_btnUInt16_Write_clicked()
{//quint16类型数据，写入
    quint16 Value= ui->spin_UInt16->value();
    writeByStream(Value);
}
void MainWindow::on_btnBool_Write_clicked()
{//bool类型数据，写入
    bool Value= ui->chkBox_In->isChecked();
    writeByStream(Value);
}
void MainWindow::on_btnInt_Write_clicked()
{//qfloat16类型数据，写入
    qfloat16  Value= ui->spin_Float16->value();
    writeByStream(Value);
}
void MainWindow::on_btnFloat_Write_clicked()
{//float类型数据，写入
    float Value= ui->spin_Float->value();
    writeByStream(Value);
}
void MainWindow::on_btnDouble_Write_clicked()
{//double类型数据，写入
    double Value= ui->spin_Double->value();
    writeByStream(Value);
}
```

使用函数 writeByStream()可以写入各种基础类型的数据，QDataStream 会自动将它们序列化为二进制数据，并且使用设置的字节序和浮点数精度。注意，QDataStream 设置了浮点数精度后，float 和 double 类型的浮点数序列化时都用相同的精度表示，也就是都是 32 位浮点数或 64 位浮点数。

（3）使用序列化方式写入字符串。程序可以写入两种类型的字符串，即 char*字符串和 QString 字符串，两个“写入”按钮的槽函数代码如下：

```
void MainWindow::on_btnStr_Write_clicked()
{//char*字符串，写入
    QString str= ui->editStr_In->text();
    char* Value=str.toLocal8Bit().data();
    writeByStream(Value);
}
void MainWindow::on_btnQStr_Write_clicked()
{//QString字符串，写入
    QString Value= ui->editQStr_In->text();
    writeByStream(Value);
}
```

QDataStream 的流写入操作符支持 char*字符串，它会根据结束符“\0”判断一个字符串的末尾。char*字符串采用 Latin1 编码，一个字符占用 1 字节，所以不支持汉字。例如，将 char*字符串“Hello”写入文件后，文件的存储内容如图 8-7 所示。前 4 字节是一个 32 位整数，数值为 6（示例中设置了使用小端字节序），表示字符串长度，每个字符占用 1 字节，最后还有一个结束符“\0”。

Offset(h)	00	01	02	03	04	05	06	07	08	09	0A	0B	0C	0D	0E	0F	对应文本
00000000	06	00	00	00	48	65	6C	6C	6F	00							....Hello.

图 8-7 将 char*字符串“Hello”序列化写入文件后的存储内容

如果通过 QDataStream 的流写入操作符将一个 QString 字符串“Hello”写入文件，文件的存储内容如图 8-8 所示。前 4 字节是一个 32 位整数，数值为 10，表示字符串占用 10 字节的存储空间，每个字符占用 2 字节，因为 QString 类型的每个字符采用 UTF-16 编码。

Offset(h)	00	01	02	03	04	05	06	07	08	09	0A	0B	0C	0D	0E	0F	对应文本
00000000	0A	00	00	00	48	00	65	00	6C	00	6C	00	6F	00			..[].H.e.l.l.o.

图 8-8 将 QString 字符串“Hello”序列化写入文件后的存储内容

（4）使用序列化方式写入复杂类型数据。图 8-6 所示的界面上最后两行用于测试 QFont 和 QColor 类型数据的读写。点击“选择字体”按钮可以选择一种字体作为该按钮对应文字的字体，点击“选择颜色”按钮可以选择一种颜色作为该按钮对应文字的颜色。这两个按钮以及对应的两个“写入”按钮的槽函数代码如下：

```
void MainWindow::on_btnFont_In_clicked()
{//“选择字体”按钮
    QFont  font= ui->btnFont_In->font();
    bool  OK= false;
    font= QFontDialog::getFont(&OK,font,this);
    if(OK)
        ui->btnFont_In->setFont(font);
}
void MainWindow::on_btnFont_Write_clicked()
{// QFont 类型数据，写入
    QFont  font= ui->btnFont_In->font();
    writeByStream(font);                                    //向文件写入 QFont 类型数据
}

void MainWindow::on_btnColor_In_clicked()
{//“选择颜色”按钮
    QPalette  plet= ui->btnColor_In->palette();
    QColor  color= plet.buttonText().color();
    color= QColorDialog::getColor(color);
    if (color.isValid())
    {
        plet.setColor(QPalette::ButtonText,color);
        ui->btnColor_In->setPalette(plet);
    }
}
void MainWindow::on_btnColor_Write_clicked()
{//QColor 类型数据，写入
    QPalette  plet= ui->btnColor_In->palette();
    QColor  color= plet.buttonText().color();
    writeByStream(color);       //向文件写入 QColor 类型数据
}
```

在向文件写入 QFont 和 QColor 类型的数据时，我们依然使用了函数 writeByStream()，因为这两个类都定义了流写入操作符，能够被 QDataStream 序列化为预定义编码的二进制数据。QFont 和 QColor 对象序列化后的二进制数据比较复杂，我们没必要搞清楚它们序列化后二进制数据的具体格式，用流读取操作符读出数据时，QDataStream 可以自动解析出相应的数据。

4. 使用序列化方式读取数据

（1）函数 readByStream()。这个自定义函数的实现代码如下：

```
template<class T>  void MainWindow::readByStream(T &Value)
{
    if (!QFile::exists(m_filename))
```

```
    {
        QMessageBox::critical(this,"错误","文件不存在,文件名: \n"+m_filename);
        return;
    }
    QFile fileDevice(m_filename);
    if (!fileDevice.open(QIODevice::ReadOnly))
        return;

    QDataStream fileStream(&fileDevice);                    //创建 QDataStream 对象
    fileStream.setVersion(QDataStream::Qt_6_2);             //设置版本号
    if (ui->radio_BigEndian->isChecked())                   //设置字节序
        fileStream.setByteOrder(QDataStream::BigEndian);
    else
        fileStream.setByteOrder(QDataStream::LittleEndian);

    if (ui->radio_Single->isChecked())                      //设置浮点数精度
        fileStream.setFloatingPointPrecision(QDataStream::SinglePrecision);
    else
        fileStream.setFloatingPointPrecision(QDataStream::DoublePrecision);
    fileStream>>Value;                                      //使用流读取操作符读出数据
    fileDevice.close();
}
```

readByStream()是一个模板函数，输入参数是模板类型 T，T 可以是 QDataStream 的流操作符所支持的各种数据类型。函数 readByStream()以只读模式打开文件，创建 QFile 和 QDataStream 对象，设置序列化格式版本，并设置字节序和浮点数精度，这些设置应该与写入数据时的设置相同。测试读取时假设文件中只写入了某种类型的一个数据，用 QDataStream 的流读取操作符“>>”读出数据，QDataStream 会根据各种类型的预定义编码将二进制数据解析为相应类型的数据。

（2）读取基本类型数据。界面上标题为“读出”的按钮的功能是从测试文件中读取出某种类型的一个数据，读取整数、bool 类型数据、浮点数的按钮的槽函数代码如下：

```
void MainWindow::on_btnInt64_Read_clicked()
{//qint64 类型数据，读出
    qint64 Value= 0;
    readByStream(Value);
    ui->edit_Int64->setText(QString("%1").arg(Value));
}
void MainWindow::on_btnBool_Read_clicked()
{//bool 类型数据，读出
    bool Value= false;
    readByStream(Value);
    ui->chkBox_Out->setChecked(Value);
}
void MainWindow::on_btnInt_Read_clicked()
{//qfloat16 类型数据，读出
    qfloat16 Value= 0;
    readByStream(Value);
    float val= Value;    //转换为 float 类型，因为 QString::asprintf()不支持 qfloat16 类型
    ui->edit_Float16->setText(QString::asprintf("%.2f",val));
}
void MainWindow::on_btnFloat_Read_clicked()
{//float 类型数据，读出
    float Value= 0;
    readByStream(Value);
    ui->edit_Float->setText(QString::asprintf("%.4f",Value));
}
```

```
void MainWindow::on_btnDouble_Read_clicked()
{//double 类型数据，读出
    double Value= 0;
    readByStream(Value);
    ui->edit_Double->setText(QString::asprintf("%.4f",Value));
}
```

这几个函数在读取不同类型的数据时都调用了函数 readByStream()，也就是都使用了 QDataStream 的流读取操作符读出数据。

提示 qfloat16 类型用 2 字节表示浮点数，它所表示浮点数的范围有限，精度不高。例如，以 qfloat16 类型写入一个浮点数 675.26，读取出来显示的是 675.50，这并不是程序的问题，而是 qfloat16 的精度导致的。

（3）读取字符串。程序可以读取两种类型的字符串，即 char*字符串和 QString 字符串，两个“读出”按钮的槽函数代码如下：

```
void MainWindow::on_btnStr_Read_clicked()
{//char* 字符串，读出
    char *Value;
    readByStream(Value);
    QString str(Value);      //转换为 QString 类型之后才能在界面上显示
    ui->editStr_Out->setText(str);
}
void MainWindow::on_btnQStr_Read_clicked()
{//QString 字符串，读出
    QString Value ="";
    readByStream(Value);
    ui->editQStr_Out->setText(Value);
}
```

QDataStream 的流读取操作符支持读取 char*字符串。QString 定义了流操作符，QDataStream 按照 QString 的序列化格式读出二进制数据，并将其解析为 QString 字符串。

（4）读取复杂类型数据。以序列化方式写入 QFont 和 QColor 等复杂类型数据后，也可以用流读取操作符将其读出。界面上最后两行上的“读出”按钮的槽函数代码如下：

```
void MainWindow::on_btnFont_Read_clicked()
{//QFont 类型数据，读出
    QFont font;
    readByStream(font);
    ui->editFont_Out->setFont(font);                        //设置为编辑框的文字字体
}
void MainWindow::on_btnColor_Read_clicked()
{//QColor 类型数据，读出
    QColor  color= Qt::black;
    readByStream(color);
    QPalette  plet= ui->editColor_Out->palette();
    plet.setColor(QPalette::Text,color);
    ui->editColor_Out->setPalette(plet);                    //设置为编辑框的文字颜色
}
```

对于用 QDataStream 以序列化方式写入文件的 QFont 和 QColor 类型数据，我们就可以用流读取操作符读出数据，QDataStream 会自动根据类型的预定义编码解析出数据。

从程序可以看到，使用 QDataStream 的流数据读写操作符可以很方便地读写 Qt 中一些类的数据，如 QFont、QColor、QDateTime、QIcon、QBrush 等，在 Qt 帮助文档中查找“Serializing Qt Data

Types”可以看到所有支持序列化的 Qt 类。

5. 文件格式与文件读写

前面介绍的读写测试只是向文件里写入某种类型的一个数据，然后将其读取出来。一个自定义格式的文件通常是按照一定的顺序写入各种数据，读取文件时也按照规定的格式读出并解析数据。

工具栏上的“连续写入文件”按钮可实现将窗口上所有用于测试的输入数据按顺序连续写入文件，模拟了一个完整的二进制数据文件写入功能。“连续写入文件”按钮关联的槽函数代码如下：

```
void MainWindow::on_actSaveALL_triggered()
{//“连续写入文件”按钮
    QFile fileDevice(m_filename);
    if (!fileDevice.open(QIODevice::WriteOnly))
        return;
    QDataStream fileStream(&fileDevice);
    fileStream.setVersion(QDataStream::Qt_6_2);          //设置版本号
    if (ui->radio_BigEndian->isChecked())                //设置字节序
        fileStream.setByteOrder(QDataStream::BigEndian);
    else
        fileStream.setByteOrder(QDataStream::LittleEndian);

    if (ui->radio_Single->isChecked())                   //设置浮点数精度
        fileStream.setFloatingPointPrecision(QDataStream::SinglePrecision);
    else
        fileStream.setFloatingPointPrecision(QDataStream::DoublePrecision);

    //按顺序写入各种数据
    qint8 int8_Value= ui->spin_Int8->value();
    fileStream<<int8_Value;

    quint8 uint8_Value= ui->spin_UInt8->value();
    fileStream<<uint8_Value;

    qint16 int16_Value= ui->spin_Int16->value();
    fileStream<<int16_Value;

    quint16 uint16_Value= ui->spin_UInt16->value();
    fileStream<<uint16_Value;

    qint32 int32_Value= ui->spin_Int32->value();
    fileStream<<int32_Value;

    qint64 int64_Value= ui->spin_Int64->value();
    fileStream<<int64_Value;

    bool bool_Value= ui->chkBox_In->isChecked();
    fileStream<<bool_Value;

    qfloat16 float16_Value= ui->spin_Float16->value();
    fileStream<<float16_Value;

    float float_Value= ui->spin_Float->value();
    fileStream<<float_Value;

    double double_Value= ui->spin_Double->value();
```

```
    fileStream<<double_Value;

    QString str= ui->editStr_In->text();
    char* charStr=str.toLocal8Bit().data();
    fileStream<<charStr;

    QString str_Value= ui->editQStr_In->text();
    fileStream<<str_Value;

    QFont font= ui->btnFont_In->font();
    fileStream<<font;

    QPalette  plet= ui->btnColor_In->palette();
    QColor color= plet.buttonText().color();
    fileStream<<color;

    fileDevice.close();
    QMessageBox::information(this,"消息","数据连续写入文件完成.");
}
```

从界面组件上获取的数据被 QDataStream 序列化后写入文件，各种数据写入的顺序确定了文件的格式，根据这个格式就可以从文件中读出各个数据。

窗口工具栏上的“连续从文件读取”按钮关联的槽函数代码如下：

```
void MainWindow::on_actReadALL_triggered()
{//“连续从文件读取”按钮
    if (!QFile::exists(m_filename))
    {
        QMessageBox::critical(this,"错误","文件不存在,文件名：\n"+m_filename);
        return;
    }
    QFile fileDevice(m_filename);
    if (!fileDevice.open(QIODevice::ReadOnly))            //以只读模式打开文件
        return;
    QDataStream fileStream(&fileDevice);
    fileStream.setVersion(QDataStream::Qt_6_2);           //设置版本号
    if (ui->radio_BigEndian->isChecked())                 //设置字节序
        fileStream.setByteOrder(QDataStream::BigEndian);
    else
        fileStream.setByteOrder(QDataStream::LittleEndian);

    if (ui->radio_Single->isChecked())                    //设置浮点数精度
        fileStream.setFloatingPointPrecision(QDataStream::SinglePrecision);
    else
        fileStream.setFloatingPointPrecision(QDataStream::DoublePrecision);

    fileStream.startTransaction();                        //开始读取操作事务
    qint8 int8_Value= 0;
    fileStream>>int8_Value;      //qint8
    ui->edit_Int8->setText(QString("%1").arg(int8_Value));

    quint8 uint8_Value= 0;
    fileStream>>uint8_Value;     //quint8
    ui->edit_UInt8->setText(QString("%1").arg(uint8_Value));

    qint16 int16_Value= 0;
    fileStream>>int16_Value;     //qint16
```

```
    ui->edit_Int16->setText(QString("%1").arg(int16_Value));

    quint16 uint16_Value;
    fileStream>>uint16_Value;      //quint16
    ui->edit_UInt16->setText(QString("%1").arg(uint16_Value));

    qint32 int32_Value= 0;
    fileStream>>int32_Value;       //qint32
    ui->edit_Int32->setText(QString("%1").arg(int32_Value));

    qint64 int64_Value= 0;
    fileStream>>int64_Value;       //qint64
    ui->edit_Int64->setText(QString("%1").arg(int64_Value));

    bool bool_Value;
    fileStream>>bool_Value;        //bool
    ui->chkBox_Out->setChecked(bool_Value);

    qfloat16 float16_Value= 0;
    fileStream>>float16_Value;     //qfloat16
    float val= float16_Value;
    ui->edit_Float16->setText(QString::asprintf("%.2f",val));

    float float_Value= 0;
    fileStream>>float_Value;       //float
    ui->edit_Float->setText(QString::asprintf("%.4f",float_Value));

    double double_Value= 0;
    fileStream>>double_Value;      //double
    ui->edit_Double->setText(QString::asprintf("%.4f",double_Value));

    char* charStr;
    fileStream>>charStr;           //char* 字符串
    QString str(charStr);          //转换为QString字符串
    ui->editStr_Out->setText(str);

    QString str_Value= "";
    fileStream>>str_Value;         //QString
    ui->editQStr_Out->setText(str_Value);

    QFont font;
    fileStream>>font;              //QFont
    ui->editFont_Out->setFont(font);

    QColor color;
    fileStream>>color;             //QColor
    QPalette   plet= ui->editColor_Out->palette();
    plet.setColor(QPalette::Text,color);
    ui->editColor_Out->setPalette(plet);

    if (fileStream.commitTransaction())                    //提交读取操作事务
        QMessageBox::information(this,"消息","从文件连续读取数据完成.");
    else
        QMessageBox::critical(this,"错误","文件读取过程出错，请检查文件格式");
    fileDevice.close();
}
```

这段程序按照连续写入文件时的顺序依次读出各个数据，然后将其在界面上显示。程序中使用了 QDataStream 的读取操作事务处理功能，如果测试文件里的数据是通过点击“连续写入文件”按钮实现保存的，那么函数 commitTransaction()的返回值为 true。如果测试文件是通过点击某个“写入”按钮实现写入数据的，在运行这段程序时程序不会抛出异常，但是函数 commitTransaction()的返回值为 false。

所以，在使用预定义编码的序列化方式读写二进制数据文件时，写入与读取的顺序和数据格式需要一致，写入与读取所使用的字节序和浮点数精度也要一致，此外，还需要确保序列化格式版本兼容。

使用序列化方式读写文件比较方便，但是不便于文件“交流”。例如，用 QDataStream 序列化操作创建了一种自定义格式的文件，文件中写入了一些复杂类型数据，例如 QFont、QColor 等数据。如果其他用户要编写一个程序按照此文件格式读取文件内容，就只能用 Qt 编写程序，因为 QFont、QColor 等数据的编码是未知的，用其他语言编程很难解析这些复杂类型数据。

8.4.4 使用原始二进制数据方式读写文件

1. QDataStream 读写原始二进制数据的函数

QDataStream 还有另外一组函数用于直接读写原始二进制数据，使用这些函数可以完全控制文件内每字节数据的含义。这样，只要公开二进制文件的格式定义，任何用户就可以用任何编程语言编写程序读写这种格式的文件，例如地震勘探中常用的 SEGY 格式文件就是这样的文件。

（1）函数 writeRawData()和 readRawData()。函数 writeRawData()用于将原始数据写入数据流，其函数原型定义如下：

```
int  writeRawData(const char *s, int len)
```

其中，参数 s 是 char 类型的缓冲区指针，表示待写入流的原始数据；参数 len 是要写入的数据的字节数，len 值需要小于或等于 s 的长度值。函数的返回值是实际写入的字节数，如果返回值为-1，表示写入过程出现了错误。

函数 readRawData()用于从数据流读取原始数据，其函数原型定义如下：

```
int  readRawData(char *s, int len)
```

其中，参数 s 是用于存储读出数据的缓冲区指针，需要预先分配内存；参数 len 是要读取的数据的字节数。函数的返回值是实际读取的字节数，如果返回值为-1，表示读取过程出现了错误。s 需要预先分配内存，参数 len 值必须小于或等于 s 的实际长度值。

函数 writeRawData()和 readRawData()在写和读数据时，不会将数据中的“\0”自动作为结束符，数据的存储顺序也不受函数 QDataStream::setByteOrder()设置的字节序的影响，它们只是连续写入或读取相应字节数的数据。在将一些基本类型的数据转换为字节数据数组时，其存储顺序自动由操作系统的字节序决定，例如在 Windows 上将一个 quint32 类型的整数转换为 4 字节数据时，自动按小端字节序存储。

（2）函数 writeBytes()和 readBytes()。函数 writeBytes()用于将一个字节数组的数据写入流，其函数原型定义如下：

```
QDataStream  &writeBytes(const char *s, uint len)
```

其中，参数 s 是 char 类型的缓冲区指针，表示待写入流的原始数据；参数 len 是要写入的数据的字节数，len 值必须小于或等于 s 的长度值。函数的返回值是流的引用。

函数 writeBytes()在将 s 里的数据写入流时，会先将参数 len 按 uint（等效于 quint32）类型序列化为 4 字节数据写在前面，然后写入 s 里的数据，与图 8-8 的存储结构类似。而函数 writeRawData()不会做额外的工作，它直接将 s 里的数据写入流。

注意 函数 QDataStream::setByteOrder()设置的字节序会影响 writeBytes()写入的 4 字节整数的存储方式，即这个整数会根据字节序的设置相应按大端字节序或小端字节序存储。

函数 writeRawData()适合写入各种整数、浮点数等基本类型数据，因为这些类型数据的字节数是固定的，而函数 writeBytes()适合写入字符串数据，因为字符串数据的长度是不固定的，前面存储的 uint 类型整数正好表示字符串数据的字节数，便于用函数 readBytes()读出。

用函数 writeBytes()写入的数据应该用函数 readBytes()读出，readBytes()函数原型定义如下：

```
QDataStream  &readBytes(char *&s, uint &len)
```

其中，参数 s 是缓冲区指针，不需要为 s 预先分配内存，在函数 readBytes()里会用 new 创建 s，所以不再使用 s 时，需要用 delete 删除它。参数 len 是返回值，表示读出数据的实际字节数，也就是 s 的长度。

2. 示例功能概述

我们介绍编写一个示例项目 samp8_4，演示使用 QDataStream 读写原始数据的函数来读写二进制文件。示例运行时界面如图 8-9 所示，该示例的界面和功能与示例 samp8_3 的相似。需要先设置一个测试文件，才能开始文件读写测试，测试文件使用“.raw”后缀，以便与示例 samp8_3 的区分开。

字节序和浮点数精度的设置虽然不影响原始数据的读写，但是我们保留了界面组件和程序中的相关代码，以便观察到底是否有影响，以及有何影响。

在这个示例中，读写字符串分别使用函数 readBytes()和 writeBytes()，读写其他类型的数据分别使用函数 readRawData()和 writeRawData()。

图 8-9　示例 samp8_4 运行时界面

3. 窗口类的定义

在窗口类 MainWindow 的 private 部分增加了一些自定义内容，代码如下：

```
private:
    QString      m_filename;          //测试用的文件
    QFile        *fileDevice;         //QFile 对象
    QDataStream  *fileStream;         //QDataStream 对象
    bool   iniWrite();                //初始化写文件操作，创建 QFile 和 QDataStream 对象
    bool   iniRead();                 //初始化读文件操作，创建 QFile 和 QDataStream 对象
    void   delFileStream();           //删除 QFile 和 QDataStream 对象
```

在本示例中，每次写文件时需要调用函数 iniWrite()创建 QFile 和 QDataStream 对象，每次读

文件时需要调用函数 iniRead()创建 QFile 和 QDataStream 对象。完成文件读写操作并关闭文件后，需要调用函数 delFileStream()删除所创建的 QFile 和 QDataStream 对象。

4. 基本类型数据的读写

工作区的每一行测试一种类型数据的读写，除了字符串，其他类型的数据读写都分别使用 QDataStream 的 readRawData()和 writeRawData()函数。例如，写和读 qint32 类型数据的“写入”和“读出”按钮的槽函数代码如下：

```
void MainWindow::on_btnInt32_Write_clicked()
{//qint32，写入
    if (iniWrite())                          //初始化写文件操作，创建 QFile 和 QDataStream 对象
    {
        qint32 Value= ui->spin_Int32->value();
        fileStream->writeRawData((char *)&Value,sizeof(qint32));  //写 qint32 类型数据
        delFileStream();                     //关闭文件，删除 QFile 和 QDataStream 对象
    }
}

void MainWindow::on_btnInt32_Read_clicked()
{//qint32，读出
    if (iniRead())                            //初始化读文件操作，创建 QFile 和 QDataStream 对象
    {
        qint32 Value= 0;
        fileStream->readRawData((char *)&Value, sizeof(qint32));  //读 qint32 类型数据
        ui->edit_Int32->setText(QString("%1").arg(Value));
        delFileStream();                      //关闭文件，删除 QFile 和 QDataStream 对象
    }
}
```

向文件流写入数据时使用了 QDataStream 的 writeRawData()函数，读取数据时使用了 readRawData()函数。这两个槽函数里用到了 MainWindow 类中自定义的 3 个函数，这 3 个函数的代码如下：

```
bool MainWindow::iniWrite()
{//初始化写文件操作，创建 QFile 和 QDataStream 对象
    fileDevice= new QFile(m_filename);
    if (!fileDevice->open(QIODevice::WriteOnly))               //打开或创建文件
        return false;
    fileStream= new QDataStream(fileDevice);
    fileStream->setVersion(QDataStream::Qt_6_2);               //设置流版本号
    if (ui->radio_BigEndian->isChecked())                      //设置字节序
        fileStream->setByteOrder(QDataStream::BigEndian);
    else
        fileStream->setByteOrder(QDataStream::LittleEndian);

    if (ui->radio_Single->isChecked())                         //设置浮点数精度
        fileStream->setFloatingPointPrecision(QDataStream::SinglePrecision);
    else
        fileStream->setFloatingPointPrecision(QDataStream::DoublePrecision);
    return true;
}

bool MainWindow::iniRead()
{//初始化读文件操作，创建 QFile 和 QDataStream 对象
    if (!QFile::exists(m_filename))
    {
        QMessageBox::critical(this,"错误","文件不存在,文件名：\n"+m_filename);
        return false;
```

```
    }
    fileDevice= new QFile(m_filename);
    if (!fileDevice->open(QIODevice::ReadOnly))                 //打开文件
        return false;
    fileStream= new QDataStream(fileDevice);
    fileStream->setVersion(QDataStream::Qt_6_2);                //设置流版本号
    if (ui->radio_BigEndian->isChecked())                       //设置字节序
        fileStream->setByteOrder(QDataStream::BigEndian);
    else
        fileStream->setByteOrder(QDataStream::LittleEndian);

    if (ui->radio_Single->isChecked())                          //设置浮点数精度
        fileStream->setFloatingPointPrecision(QDataStream::SinglePrecision);
    else
        fileStream->setFloatingPointPrecision(QDataStream::DoublePrecision);
    return true;
}

void MainWindow::delFileStream()
{
    fileDevice->close();                                        //关闭文件
    delete fileStream;
    delete fileDevice;
}
```

函数 iniWrite()的功能是以写操作方式打开或创建文件，并创建 QFile 和 QDataStream 对象。函数 iniRead()的功能是以只读模式打开文件，并创建 QFile 和 QDataStream 对象。在使用 QDataStream 对象 fileStream 完成读或写操作后，需要调用函数 delFileStream()关闭文件，并删除所创建的 QFile 和 QDataStream 对象。

注意，我们在函数 iniWrite()中虽然根据界面上的设置字节序的单选按钮设置了流的字节序，但是在测试中会发现将一个 qint32 类型的整数写入文件的字节序是固定的，不受函数 setByteOrder()设置的字节序的影响。这是因为 writeRawData()函数在将基本类型的数据转换为二进制字节数据流时，会自动使用操作系统的字节序，在 Windows 操作系统上就是采用小端字节序。

界面上读写 float 和 double 两种类型浮点数的按钮的槽函数代码如下：

```
void MainWindow::on_btnFloat_Write_clicked()
{//float，写入
    if (iniWrite())
    {
        float Value= ui->spin_Float->value();
        fileStream->writeRawData((char *)&Value,sizeof(float));
        delFileStream();
    }
}

void MainWindow::on_btnFloat_Read_clicked()
{//float，读出
    if (iniRead())
    {
        float Value= 0;
        fileStream->readRawData((char *)&Value, sizeof(float));
        ui->edit_Float->setText(QString::asprintf("%.4f",Value));
        delFileStream();
    }
}
```

```
void MainWindow::on_btnDouble_Write_clicked()
{//double，写入
    if (iniWrite())
    {
        double Value= ui->spin_Double->value();
        fileStream->writeRawData((char *)&Value,sizeof(double));
        delFileStream();
    }
}

void MainWindow::on_btnDouble_Read_clicked()
{//double，读出
    if (iniRead())
    {
        double Value= 0;
        fileStream->readRawData((char *)&Value, sizeof(double));
        ui->edit_Double->setText(QString::asprintf("%.4f",Value));
        delFileStream();
    }
}
```

注意，使用函数 writeRawData()写入的 float 类型数据总是 4 字节的，写入的 double 类型数据总是 8 字节的，也就是不受函数 setFloatingPointPrecision()设置的浮点数精度的影响。写入浮点数时的字节序也不受 setByteOrder()设置的字节序的影响，自动使用操作系统的字节序。

5. 字符串数据的读写

读写字符串时应该分别使用 QDataStream 的 readBytes()和 writeBytes()函数，界面上最后两行用于读写字符串数据，使用了不同的编码方式。最后两行的读写按钮的槽函数代码如下：

```
void MainWindow::on_btnStr_Write_clicked()
{//写入字符串，UTF-8 编码
    if (iniWrite())
    {
        QString str= ui->editStr_In->text();
        QByteArray  btArray= str.toUtf8();                    //UTF-8 编码
        fileStream->writeBytes(btArray,btArray.length());
        delFileStream();
    }
}

void MainWindow::on_btnStr_Read_clicked()
{//读取字符串，UTF-8 编码
    if (iniRead())
    {
        char *buf;
        uint strLen;
        fileStream->readBytes(buf,strLen);                 //同时读取字符串长度和字符串内容
        QString str= QString::fromUtf8(buf,strLen);        //用 UTF-8 编码解码数据
        ui->editStr_Out->setText(str);
        delFileStream();
        delete buf;                                        //需要手动删除缓存区
        QString info= QString("读出数据缓冲区长度= %1 (字节)").arg(strLen);
        QMessageBox::information(this,"信息提示",info);
    }
}

void MainWindow::on_btnStr_Write2_clicked()
```

```
{//写入字符串，Latin1 编码
    if (iniWrite())
    {
        QString str= ui->editStr_In2->text();
        QByteArray  btArray=str.toLatin1();              //Latin1 编码
        fileStream->writeBytes(btArray,btArray.length());
        delFileStream();
    }
}

void MainWindow::on_btnStr_Read2_clicked()
{//读取字符串，Latin1 编码
    if (iniRead())
    {
        char *buf;
        uint strLen;
        fileStream->readBytes(buf,strLen);              //同时读取字符串长度和字符串内容
        QString str= QString::fromLatin1(buf,strLen);  //用 Latin1 编码解码数据
        ui->editStr_Out2->setText(str);
        delFileStream();
        delete buf;                                     //需要手动删除缓存区
        QString info= QString("读出数据缓冲区长度= %1 (字节)").arg(strLen);
        QMessageBox::information(this,"信息提示",info);
    }
}
```

从 QLineEdit 编辑框里读取的字符串是 QString 类型，要将 QString 类型数据转换为二进制原始数据，就需要指定编码方式。函数 QString::toUtf8()将字符串转换为采用 UTF-8 编码的字节数据数组，UTF-8 编码能正确编码汉字，测试中会发现一个汉字的编码占用 3 字节。函数 QString::toLatin1()将字符串转换为采用 Latin1 编码的字节数据数组，Latin1 编码的一个字符占用 1 字节，无法对汉字编码，如果在测试采用 Latin1 编码的数据的编辑框中输入了汉字，读出后显示的是乱码。

QDataStream 的 writeBytes()函数将一个字节数组的数据写入流时，会写入一个 uint 类型的整数来表示数据长度，文件中保存的这个 uint 类型数据的字节序由函数 setByteOrder()设置的字节序决定。

使用 QDataStream 的 readBytes()函数从流中读出数据后，需要用一种编码方式将数据解码为 QString 字符串。函数 QString::fromUtf8()是按照 UTF-8 编码来解码，函数 QString::fromLatin1()是按照 Latin1 编码来解码。

6. 完整格式文件读写

工具栏上的“连续写入文件”按钮用于将所有测试数据按顺序写入文件，“连续从文件读取”按钮用于从文件中读取数据然后将其显示在对应的编辑框里。这两个按钮关联的槽函数代码如下：

```
void MainWindow::on_actSaveALL_triggered()
{//“连续写入文件”按钮
    if (!iniWrite())
        return;
    //数据写入
    qint8 int8_Value= ui->spin_Int8->value();
    fileStream->writeRawData((char *)&int8_Value,sizeof(qint8));

    quint8 uint8_Value= ui->spin_UInt8->value();
    fileStream->writeRawData((char *)&uint8_Value,sizeof(quint8));
```

```
    qint16 int16_Value= ui->spin_Int16->value();
    fileStream->writeRawData((char *)&int16_Value,sizeof(qint16));

    quint16 uint16_Value= ui->spin_UInt16->value();
    fileStream->writeRawData((char *)&uint16_Value,sizeof(quint16));

    qint32 int32_Value= ui->spin_Int32->value();
    fileStream->writeRawData((char *)&int32_Value,sizeof(qint32));

    qint64 int64_Value= ui->spin_Int64->value();
    fileStream->writeRawData((char *)&int64_Value,sizeof(qint64));

    int int_Value= ui->spin_Int->value();
    fileStream->writeRawData((char *)&int_Value,sizeof(int));

    bool bool_Value= ui->chkBox_In->isChecked();
    fileStream->writeRawData((char *)&bool_Value,sizeof(bool));

    qfloat16 float16_Value= ui->spin_Float16->value();
    fileStream->writeRawData((char *)&float16_Value,sizeof(qfloat16));

    float float_Value= ui->spin_Float->value();
    fileStream->writeRawData((char *)&float_Value,sizeof(float));

    double double_Value= ui->spin_Double->value();
    fileStream->writeRawData((char *)&double_Value,sizeof(double));
    QString str= ui->editStr_In->text();
    QByteArray  btArray= str.toUtf8();                          //UTF-8 编码
    fileStream->writeBytes(btArray,btArray.length());

    str=ui->editStr_In2->text();
    btArray= str.toLatin1();                                   //Latin1 编码
    fileStream->writeBytes(btArray,btArray.length());

    //数据写入完成
    delFileStream();
    QMessageBox::information(this,"消息","数据连续写入文件完成");
}

void MainWindow::on_actReadALL_triggered()
{// "连续从文件读取" 按钮
    if (!iniRead())
        return;
    //数据读取
    qint8 int8_Value= 0;
    fileStream->readRawData((char *)&int8_Value, sizeof(qint8));
    ui->edit_Int8->setText(QString("%1").arg(int8_Value));

    quint8 uint8_Value= 0;
    fileStream->readRawData((char *)&uint8_Value, sizeof(quint8));
    ui->edit_UInt8->setText(QString("%1").arg(uint8_Value));

    qint16 int16_Value= 0;
    fileStream->readRawData((char *)&int16_Value, sizeof(qint16));
    ui->edit_Int16->setText(QString("%1").arg(int16_Value));
```

```
    quint16 uint16_Value;
    fileStream->readRawData((char *)&uint16_Value, sizeof(quint16));
    ui->edit_UInt16->setText(QString("%1").arg(uint16_Value));

    qint32 int32_Value= 0;
    fileStream->readRawData((char *)&int32_Value, sizeof(qint32));
    ui->edit_Int32->setText(QString("%1").arg(int32_Value));

    qint64 int64_Value= 0;
    fileStream->readRawData((char *)&int64_Value, sizeof(qint64));
    ui->edit_Int64->setText(QString("%1").arg(int64_Value));

    int int_Value= 0;
    fileStream->readRawData((char *)&int_Value, sizeof(int));
    ui->edit_Int->setText(QString("%1").arg(int_Value));

    bool bool_Value;
    fileStream->readRawData((char *)&bool_Value, sizeof(bool));
    ui->chkBox_Out->setChecked(bool_Value);

    qfloat16 float16_Value= 0;
    fileStream->readRawData((char *)&float16_Value, sizeof(qfloat16));
    float val= float16_Value;     //asprintf()不支持qfloat16类型参数
    ui->edit_Float16->setText(QString::asprintf("%.2f",val));

    float float_Value= 0;
    fileStream->readRawData((char *)&float_Value, sizeof(float));
    ui->edit_Float->setText(QString::asprintf("%.4f",float_Value));

    double double_Value= 0;
    fileStream->readRawData((char *)&double_Value, sizeof(double));
    ui->edit_Double->setText(QString::asprintf("%.4f",double_Value));

    char *buf;
    uint strLen;
    fileStream->readBytes(buf,strLen);                    //读取字符串
    QString str_Value= QString::fromUtf8(buf,strLen);     //用UTF-8解码
    ui->editStr_Out->setText(str_Value);

    fileStream->readBytes(buf,strLen);                    //读下一个字符串
    str_Value= QString::fromLatin1(buf,strLen);           //用Latin1解码
    ui->editStr_Out2->setText(str_Value);

    //读取完成
    delFileStream();
    QMessageBox::information(this,"消息","从文件连续读取数据完成.");
}
```

从函数原理和测试程序可以看到，用 QDataStream 写原始数据的函数可以控制文件内每字节的数据的含义，这样可以定义可交换的文件格式。但是使用 QDataStream 读写原始数据的函数不能像流数据读写操作符那样用于读写复杂类型的数据，例如不能直接读写 QFont、QColor 等类型的数据。

第9章

数据库

Qt SQL 模块提供关于数据库编程的支持，它支持多种常见的数据库，如 MySQL、Oracle、MS SQL Server、SQLite、Access 等。Qt SQL 模块包含一系列的类，可以实现数据库的连接、SQL 语句运行、数据获取、数据显示与编辑等操作功能。本章介绍 Qt SQL 模块中一些主要类的使用方法，并以 SQLite 数据库为例介绍数据库的数据查询、显示、编辑修改等常见编程功能的实现。

9.1 Qt 数据库编程概述

要在 Qt 项目中进行数据库编程，就需要使用 Qt SQL 模块。本节介绍 Qt SQL 模块的基本功能，包括其支持的数据库和包含的主要的类。本章以 SQLite 数据库为例介绍数据库编程，所以本节还会简单介绍 SQLite 数据库，并介绍本章用到的一个 SQLite 示例数据库中几个数据表的字段结构。

9.1.1 Qt SQL 模块

1. 在项目中使用 Qt SQL 模块

如果要在 Qt 项目中使用数据库编程功能，需要将 Qt SQL 模块添加到项目中，也就是需要在项目配置文件（.pro 文件）中增加下面一条语句：

```
QT += sql
```

如果要在头文件或源程序文件中用到 Qt SQL 模块中的类，可以使用如下的包含语句：

```
#include <QtSql>
```

这样会将 Qt SQL 模块中常用的类包含进去。但是使用这条语句并不能包含 Qt SQL 模块中所有的类，例如，不能包含 QDataWidgetMapper 类。

2. Qt SQL 支持的数据库

Qt SQL 模块提供了一些常见数据库的驱动，驱动及对应数据库如表 9-1 所示。通过使用 Qt SQL 模块提供的功能，我们就可以编程实现对这些数据库的连接和操作。

表 9-1 Qt SQL 模块提供的常见驱动及对应数据库

驱动名	数据库
QDB2	IBM DB2 数据库，7.1 及以上版本
QMYSQL	MySQL 或 MariaDB 数据库，5.6 及以上版本
QOCI	Oracle Call Interface（OCI），12.1 及以上版本
QODBC	支持开放式数据库互连（open database connectivity，ODBC）的数据库，如 MS SQL Server、Access
QPSQL	PostgreSQL 数据库，7.3 及以上版本
QSQLITE	SQLite 3 数据库

常见的数据库可以分为网络数据库和单机数据库。网络数据库就是支持网络化连接的大型数据库，如 Oracle、MS SQL Server、MySQL 等。单机数据库是一些小型数据库，如 SQLite 和 Access。单机数据库和使用数据库的应用程序一般部署在同一台计算机上，对于 SQLite 和 Access，一个数据库就是一个文件，应用程序可以把这种数据库当作文件使用。

3. Qt SQL 模块中主要的类

Qt SQL 模块提供了数据库编程所需的各种类，其中一些主要类如表 9-2 所示，本章后续各节会详细介绍其中一些类的功能和编程使用方法。

表 9-2 Qt SQL 模块中主要的类

类别	类名称	功能描述
数据库连接	QSqlDatabase	用于建立与数据库的连接
数据库中的对象	QSqlRecord	表示数据表中一条记录的类
	QSqlField	表示数据表或视图的字段的类
	QSqlIndex	表示数据库中的索引的类
模型类	QSqlTableModel	表示单个数据表的模型类
	QSqlQueryModel	表示 SQL 查询结果数据的只读模型类
其他功能类	QSqlQuery	运行各种 SQL 语句的类
	QDataWidgetMapper	用于建立界面组件与字段的映射关系的类
	QSqlError	用于表示数据库错误信息的类，可用于访问上一次出错的信息
关系模型	QSqlRelationalTableModel	表示关系数据表的模型类
	QSqlRelationalDelegate	用于 QSqlRelationalTableModel 模型的一个编码字段的代理类，这个代理类提供一个 QComboBox 组件作为编辑器
	QSqlRelation	用于表示数据表外键信息的类

4. 数据库编程的模型/视图结构

Qt 数据库编程中会用到模型/视图结构，也就是用模型表示数据库中的一些数据，然后用视图组件在界面上显示和编辑模型的数据。例如用一个 QSqlTableModel 模型表示一个数据表的数据，然后用一个 QTableView 组件显示这个 QSqlTableModel 模型的数据。模型/视图结构的基本原理见 5.1 节的介绍。

Qt SQL 模块中的模型类主要有 3 个，这几个模型类的继承关系如图 9-1 所示。QAbstractTableModel 是一个抽象类，不能用于创建对象。QAbstractTableModel 的父类是 QAbstractItemModel，所以，这些用于表示数据库数据的模型类也是基于项数据模型的。

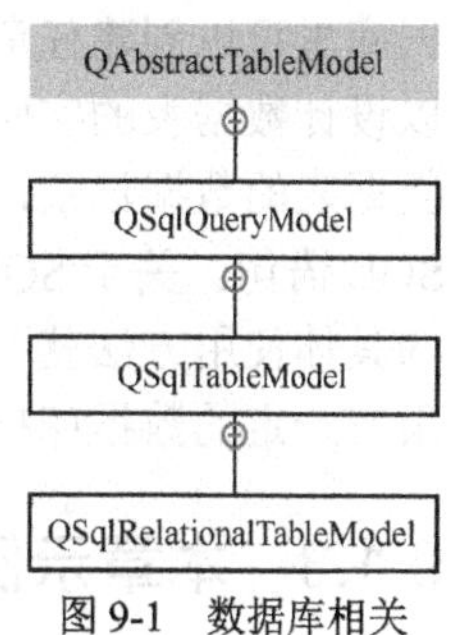

图 9-1 数据库相关模型类的继承关系

- QSqlQueryModel 是表示 SQL 查询结果数据的模型类。它通过设置 SELECT 语句查询数据库的数据，QSqlQueryModel 模型的数据是只读的，不可进行编辑。
- QSqlTableModel 是表示单个数据表的模型类。直接设置一个数据表的名称，它就可以获取数据表的全部记录，其数据是可编辑的。
- QSqlRelationalTableModel 是表示关系数据表的模型类。它的数据是可编辑的，并且可以通过关系将编码字段与编码表关联，从而将编码字段的编辑转换为直观的列表选择。

Qt SQL 模块支持的数据库都是关系数据库，关系数据库支持 SQL。SQL 功能强大，数据库的所有操作几乎都可以通过 SQL 语句实现。QSqlTableModel 对象作为一个数据表的模型，它的数据是可编辑的，实际上是 QSqlTableModel 内部实现了针对数据表的 SELECT、INSERT、UPDATE

等 SQL 语句。而 QSqlQueryModel 模型的数据是不可编辑的，因为它只使用了 SELECT 语句，而没有实现 INSERT 或 UPDATE 语句，所以无法将记录更新到数据库。

提示 本书假设读者了解数据库的基础知识和常用 SQL 语句的用法，所以不再讲解这些基础知识。本书在介绍编写 SQL 语句时，会将 SQL 语句中的关键字用全大写形式表示，但是 SQL 语句本身是不区分大小写的。

9.1.2 SQLite 数据库简介

为了实现用实例研究 Qt 的数据库编程功能，本章采用 SQLite 数据库作为数据库实例。

SQLite 是一种单机数据库，所有的数据表、索引等数据库元素全都存储在一个文件里，在应用程序里可以将 SQLite 数据库当作文件使用，使用起来非常方便。SQLite 是跨平台的数据库，在不同平台之间可以随意复制数据库。

SQLite 是一个开源、免费的数据库，可以从其官网下载最新版本的数据库驱动文件。SQLite 的数据库驱动程序很简单，只有一个 sqlite3.dll 文件，本书使用的驱动程序的版本是 3.3.6。另外，Qt 6 只支持 SQLite 3，不支持 SQLite 2。

SQLite Expert 是 SQLite 数据库可视化管理工具，可以从其官网下载最新的免费版的安装文件，SQLite Expert 安装文件带有 SQLite 数据库驱动。本书使用的 SQLite Expert 版本是 5.4.5，使用 SQLite Expert 进行数据表字段设计的界面如图 9-2 所示。

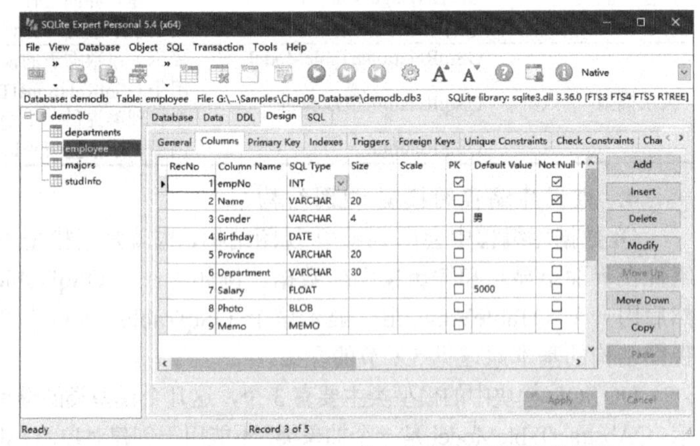

图 9-2 使用 SQLite Expert 进行数据表字段设计的界面

使用 SQLite Expert 可以创建和管理 SQLite 数据库，一个数据库就是一个后缀为.db3 的文件。在一个数据库里可以创建任意多个数据表，可以设计数据表的字段结构，可以管理数据表的数据记录，还可以运行任意 SQL 语句。关于 SQLite Expert 软件的具体使用方法就不介绍了，读者如果有一定的数据库技术基础，学习如何使用这个软件是比较简单的。

9.1.3 本章示例数据库

我们用 SQLite Expert 创建一个数据库 demodb.db3，在此数据库里建立 4 个数据表，本章的编程示例都采用这个数据库文件作为数据库实例。

（1）employee 数据表是员工信息表，employee 数据表的字段定义如表 9-3 所示。在数据表 employee 中，我们定义了各种类型的字段，特别是定义了 BLOB 类型的 Photo 字段用于存储照片，还定义了 MEMO 类型的字段 Memo 用于存储任意长度的备注文字。employee 数据表与数据库内其他数据表没有关系，主要用于演示 QSqlTableModel、QSqlQueryModel、QSqlQuery 等类的使用方法。

表 9-3 employee 数据表的字段定义

序号	字段名	类型	描述	说明
1	empNo	INT	工号	主键，非空
2	Name	VARCHAR(20)	姓名	非空
3	Gender	VARCHAR(4)	性别	默认值为“男”
4	Birthday	DATE	出生日期	
5	Province	VARCHAR(20)	省份	
6	Department	VARCHAR(30)	部门	
7	Salary	FLOAT	工资	默认值为 5000
8	Photo	BLOB	照片	BLOB 类型字段可存储任意二进制内容
9	Memo	MEMO	备注	MEMO 类型字段可存储任意长度普通文本

（2）departments 数据表是学院信息表（见表 9-4），记录了学院编号和学院名称。

表 9-4 departments 数据表的字段定义

序号	字段名	类型	描述	说明
1	departID	INT	学院编号	主键，非空
2	department	VARCHAR(40)	学院名称	非空

（3）majors 数据表是专业信息表（见表 9-5），记录了专业编号和专业名称等。

表 9-5 majors 数据表的字段定义

序号	字段名	类型	描述	说明
1	majorID	INT	专业编号	主键，非空
2	major	VARCHAR(40)	专业名称	非空
3	departID	INT	学院编号	外键，与 departments 数据表的 departID 字段关联

majors 数据表中有一个字段 departID，记录了专业所对应学院的学院编号，这种字段称为编码字段。我们可以为 majors 数据表的 departID 字段创建一个外键，使其与 departments 数据表的 departID 字段关联。departments 数据表和 majors 数据表具有主从（master/detail）关系，通过 departID 字段的值，departments 数据表里的一条记录关联 majors 数据表中的多条记录。

（4）studInfo 是记录学生信息的数据表，如表 9-6 所示。

表 9-6 studInfo 数据表的字段定义

序号	字段名	类型	描述	说明
1	studID	INT	学号	主键，非空
2	name	VARCHAR(10)	姓名	非空
3	gender	VARCHAR(4)	性别	
4	departID	INT	学院编号	外键，与 departments 数据表的 departID 字段关联
5	majorID	INT	专业编号	外键，与 majors 数据表的 majorID 字段关联

studInfo 数据表中有两个编码字段，departID 表示学院编号，要获取具体的学院名称需要通过查询 departments 数据表中的记录；majorID 表示专业编号，要获取具体的专业名称需要查找 majors 数据表中的记录。我们同样可以为这两个字段设计外键，使之与相应的数据表的对应字段关联。

studInfo、departments 和 majors 这 3 个数据表之间有关系，9.5 节将介绍关系数据表的操作。

9.2 QSqlTableModel 的使用

QSqlTableModel 是一个模型类，它的实例可以作为一个数据表的模型。通过使用 QSqlTableModel

模型和 QTableView 组件构成模型/视图结构，就可以实现数据表的数据显示和编辑。

本节设计一个示例项目 samp9_1，对示例数据库 demodb 中的数据表 employee 进行操作，包括添加、插入、删除记录，遍历数据表中的所有记录，对数据表中的记录进行排序和过滤等操作。示例 samp9_1 运行时界面如图 9-3 所示。窗口左侧是一个 QTableView 组件，它会显示 employee 数据表中的全部或部分记录。在 QTableView 组件中点击某一行时，该行记录就是当前记录。右侧的编辑框、下拉列表框等界面组件中的每一个与一个字段关联，这些组件自动显示当前记录相应字段的内容。

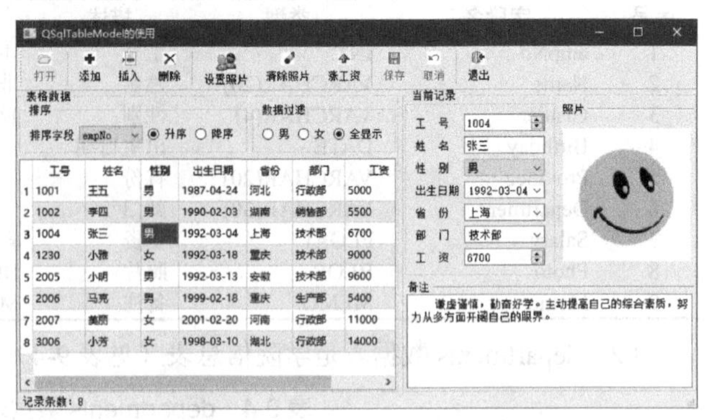

图 9-3　示例 samp9_1 运行时界面

本节介绍这个示例的实现原理，以及所涉及的一些类的编程使用方法。

9.2.1　主要的类和基本工作原理

示例 samp9_1 的功能虽然比较简单，但是它涉及数据库连接、数据模型的建立、数据与界面显示的模型/视图结构等内容，编程中用到了 Qt SQL 模块中一些主要的类，这些类及其相互关系如图 9-4 所示。图中几个主要类的功能和用法描述如下。

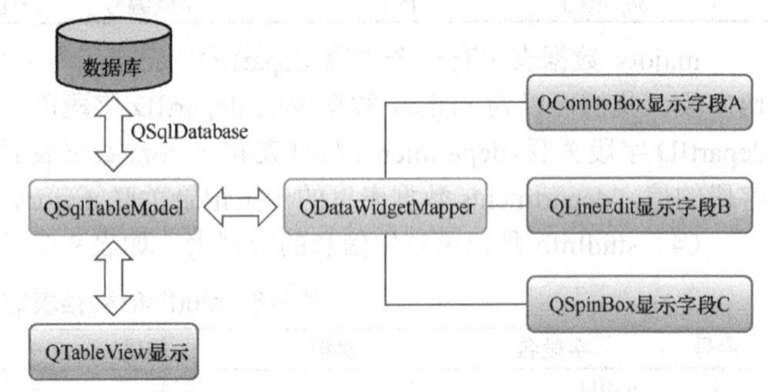

图 9-4　数据库连接、数据模型与界面组件所涉及的类之间的关系

1. QSqlDatabase 类

QSqlDatabase 类用于建立与数据库的连接，QSqlDatabase 对象就表示这种连接。其他操作数据库的对象都需要用到数据库连接，例如在创建 QSqlTableModel 和 QSqlQuery 类对象时，都需要设置所属的数据库连接。QSqlDatabase 类的功能主要分为三大部分。

- 创建数据库连接，即创建 QSqlDatabase 对象，加载指定类型的数据库驱动。
- 打开数据库，设置需要连接的数据库具体参数，例如数据库名称、用户名、用户密码等，然后打开数据库。只有打开数据库之后，才可以进行数据查询和修改等操作。
- 对数据库进行事务（transaction）操作，获取数据库的一些信息。

下面分别对这三大部分的功能进行具体介绍。

（1）创建数据库连接。一般用静态函数 QSqlDatabase::addDatabase()创建 QSqlDatabase 对象，其函数原型定义如下：

```
QSqlDatabase  QSqlDatabase::addDatabase(const QString &type,
                                  const QString &connectionName = QLatin1String(defaultConnection))
```

其中，参数 type 是要连接的数据库类型，各种数据库的类型字符串对应表 9-1 中的“驱动名”，例如“QSQLITE”就是指 SQLite 数据库；参数 connectionName 是所创建的数据库连接的名称，如果不设置这个参数，就采用应用程序默认的数据库连接。

例如，使用如下的代码创建一个与 SQLite 数据库连接的 QSqlDatabase 对象。

```
QSqlDatabase  DB= QSqlDatabase::addDatabase("QSQLITE");     //添加 SQLITE 数据库驱动
```

使用函数 addDatabase()创建 QSqlDatabase 对象时只是设置了驱动程序名称，设置的 connectionName 会被自动添加到应用程序的数据库连接名称列表。如果成功创建 QSqlDatabase 对象，QSqlDatabase 的函数 isValid()会返回 true。

一个 QSqlDatabase 对象用于表示一个数据库连接，一个应用程序里可以创建多个 QSqlDatabase 对象，它们可分别连接一个数据库。静态函数 QSqlDatabase::connectionNames()返回应用程序里所有已创建的数据库连接名称列表，其函数原型定义如下：

```
QStringList  QSqlDatabase::connectionNames()                    //返回数据库连接名称列表
```

如果一个应用程序里有多个数据库连接，可以使用静态函数 QSqlDatabase::database()通过 connectionName 来引用其中的某个数据库连接，这个函数定义如下：

```
QSqlDatabase  QSqlDatabase::database(const QString &connectionName =
                                QLatin1String(defaultConnection), bool open = true)
```

其中，参数 connectionName 是指定的数据库连接，其必须是用函数 addDatabase()已创建的数据库连接；参数 open 表示是否要打开数据库。

如果应用程序里有一个默认的数据库连接，也就是使用 addDatabase()创建 QSqlDatabase 对象时未设置 connectionName 参数，那么不带有任何参数的 QSqlDatabase::database()就可以返回这个默认数据库连接。当应用程序里只有一个数据库连接时，就可以使用这种返回默认数据库连接的方式。

（2）打开数据库。运行函数 QSqlDatabase::addDatabase()只是加载了数据库驱动，创建了数据库连接，还需要用 QSqlDatabase 的函数 open()打开一个具体的数据库。

打开数据库之前，需要设置连接数据库的参数，例如数据库名称、用户名、用户密码等。QSqlDatabase 类用于读取和设置数据库连接参数的接口函数如表 9-7 所示，表中的设置函数只列出了函数名，读取函数只列出了函数返回值类型。QSqlDatabase 没有父类，所以没有属性，只有成对的设置函数和读取函数。

表 9-7 QSqlDatabase 类用于读取和设置数据库连接参数的接口函数

读取函数	设置函数	设置函数的功能
QString databaseName()	setDatabaseName()	设置需要连接的数据库名称
QString userName()	setUserName()	设置登录数据库的用户名
QString password()	setPassword()	设置登录数据库的用户密码
QString hostName()	setHostName()	设置数据库服务器的主机名或 IP 地址
int port()	setPort()	设置数据库服务器的端口号
QString connectOptions()	setConnectOptions()	设置数据库连接的其他选项，一般是某种类型数据库需要的一些专用选项

网络数据库一般部署在服务器上，连接网络数据库需要设置主机地址、登录用户名和用户密码。对于 SQLite 数据库，如果没有设置用户名和用户密码，只需用函数 setDatabaseName()设置数据库文件。

设置好连接数据库参数后，用函数 open()打开数据库，如果 open()的返回值为 true，表示成功打开数据库。若要关闭数据库，则要使用函数 close()。这两个函数的原型定义如下：

```
bool  QSqlDatabase::open()
bool  QSqlDatabase::open(const QString &user, const QString &password)
void  QSqlDatabase::close()
```

（3）数据库信息获取和事务操作。QSqlDatabase 还有一些接口函数可以用于获取数据库的一些信息，例如获取数据库内所有数据表的名称。QSqlDatabase 还有 3 个函数用于数据库的事务操作。这些函数如表 9-8 所示，表中只列出了函数的返回值类型，在示例中用到其中一些函数时再详细介绍。

表 9-8　QSqlDatabase 用于获取数据库信息和进行事务操作的函数

功能分组	函数名	功能描述
获取数据库的信息	QString driverName()	返回数据库连接的驱动名称
	QString connectionName()	返回数据库连接的连接名称
	QStringList tables()	返回数据库中的数据表、系统表、视图的名称列表
	QSqlIndex primaryIndex()	返回某个数据表的主索引
	QSqlRecord record()	返回某个数据表的所有字段名称
获取状态信息	bool isValid()	如果创建的 QSqlDatabase 对象成功加载了数据库驱动，此函数返回 true
	bool isOpen()	如果运行函数 open()成功打开了数据库，此函数返回 true，否则返回 false
	bool isOpenError()	如果运行函数 open()打开数据库时出现了错误，此函数返回 true
	QSqlError lastError()	返回数据库操作的上一条错误信息
事务操作	bool transaction()	开始一个事务，若此函数返回 true，表示成功开始事务
	bool commit()	提交事务，若此函数返回值为 true，表示成功提交了事务
	bool rollback()	事务回滚，若此函数返回值为 true，表示事务回滚操作成功

函数 tables()是一个比较有用的函数，它可以返回当前数据库里用户权限范围内的数据表、系统表、视图的名称列表，该函数原型定义如下：

```
QStringList  QSqlDatabase::tables(QSql::TableType type = QSql::Tables)
```

参数 type 是需要返回的数据的类型，其各枚举值的含义如下。

- QSql::Tables：用户可访问的所有数据表。
- QSql::SystemTables：数据库内部使用的数据表。
- QSql::Views：用户可以访问的视图，数据库中的视图就是用 SQL 语句查询得到的结果数据集。
- QSql::AllTables：用户可以访问的所有数据表和视图。

2. QSqlTableModel 类

QSqlTableModel 是一个模型类，它与数据库中的一个数据表关联后就作为该数据表的模型。QSqlTableModel 类的构造函数定义如下：

```
QSqlTableModel(QObject *parent = nullptr, const QSqlDatabase &db = QSqlDatabase())
```

创建 QSqlTableModel 对象时需要指定数据库连接，也就是设置一个 QSqlDatabase 对象。如果不指定数据库连接，就使用应用程序的默认数据库连接。

还需要使用 QSqlTableModel 的 setTable()函数设置需要连接的数据表。创建 QSqlTableModel 对象和设置数据表的示例代码如下：

```
QSqlTableModel  *tabModel= new QSqlTableModel(this);     //使用应用程序默认的数据库连接
tabModel->setTable("employee");                         //设置数据表
```

在表示数据表的数据时，还常用到表示记录的类 QSqlRecord 和表示字段的类 QSqlField，我们在后面的示例中会结合代码说明这些类的作用。

3. QTableView 类

为一个 QTableView 组件设置一个 QSqlTableModel 模型后，它们就组成模型/视图结构，可以显示和编辑数据表的数据。还可以为 QSqlTableModel 模型设置一个 QItemSelectionModel 对象作为选择模型。在 QTableView 组件中可以使用自定义代理，例如，本示例中对“性别”和“部门”两个字段使用了自定义代理类 TComboBoxDelegate。

4. QDataWidgetMapper 类

QDataWidgetMapper 类对象要设置一个 QSqlTableModel 模型，然后将数据表的某个字段与界面上某个组件建立映射，界面组件就可以自动显示这个字段的数据，成为数据感知（data-aware）组件。

一般的数值、字符串、备注等类型的字段可以用 QSpinBox、QLineEdit、QPlainTextEdit 等界面组件作为数据感知组件，但是 BLOB 类型的字段不能直接与某个界面组件建立映射。本示例中 employee 数据表的 Photo 字段存储的是图片，界面上使用一个 QLabel 组件显示图片，但是需要单独编写代码实现图片的显示、导入和清除等操作。

本示例涉及的类比较多，我们会结合示例程序代码详细介绍这些类的接口和使用方法。

9.2.2 示例窗口界面设计和类定义

1. 主窗口界面设计

示例 samp9_1 的窗口基类是 QMainWindow，UI 可视化设计结果见文件 mainwindow.ui。为主窗口设计的 Action 如图 9-5 所示，这些 Action 用于创建工具按钮。主窗口工作区有“表格数据”和“当前记录”两个分组框，它们采用水平分割布局。“表格数据”分组框里有一个 QTableView 组件，命名为 tableView，它用于与 QSqlTableModel 模型构成模型/视图结构。

Name	Used	Text	ToolTip	Shortcut	Checkable
actOpenDB	☑	打开	打开数据库		☐
actQuit	☑	退出	退出		☐
actRecAppend	☑	添加	添加记录		☐
actRecInsert	☑	插入	插入记录		☐
actSubmit	☑	保存	保存修改		☐
actRevert	☑	取消	取消修改		☐
actRecDelete	☑	删除	删除记录		☐
actPhoto	☑	设置照片	设置照片		☐
actPhotoClear	☑	清除照片	清除照片		☐
actScan	☑	涨工资	涨工资		☐

图 9-5 为主窗口设计的 Action

2. 添加自定义代理类文件

本示例要用到自定义代理类 TComboBoxDelegate，这个类在示例 samp5_3 中创建过，直接将项目 samp5_3 中的文件 tcomboboxdelegate.h/.cpp 复制到本项目根目录下，然后将其添加到项目即可。

3. 主窗口类定义

我们在主窗口类 MainWindow 中添加了一些变量和函数。MainWindow 类的定义代码如下：

```
class MainWindow : public QMainWindow
{
    Q_OBJECT
private:
    QSqlDatabase  DB;                        //数据库连接
    QSqlTableModel  *tabModel;               //数据模型
    QItemSelectionModel  *selModel;          //选择模型
    QDataWidgetMapper   *dataMapper;         //数据映射
    TComboBoxDelegate   delegateSex;         //自定义代理，性别
    TComboBoxDelegate   delegateDepart;      //自定义代理，部门
    void  openTable();                       //打开数据表
    void  getFieldNames();                   //获取字段名称，填充“排序字段”下拉列表框
    void  showRecordCount();                 //在状态栏上显示记录条数
public:
    MainWindow(QWidget *parent = nullptr);
private slots:
```

```
    void  do_currentChanged(const QModelIndex &current, const QModelIndex &previous);
    void  do_currentRowChanged(const QModelIndex &current, const QModelIndex &previous);
private:
    Ui::MainWindow *ui;
};
```

MainWindow 类中定义了一些变量，这些变量的作用见注释。MainWindow 类中有两个自定义槽函数，它们会与选择模型的相关信号关联。

- do_currentChanged()与选择模型的 currentChanged()信号关联，在视图组件 tableView 中选择的当前单元格变化时会触发运行这个槽函数。
- do_currentRowChanged()与选择模型的 currentRowChanged()信号关联，当选择模型的当前记录变化时会触发运行这个槽函数。

MainWindow 的构造函数代码如下，主要是对 tableView 的一些显示属性进行设置。

```
MainWindow::MainWindow(QWidget *parent) :QMainWindow(parent),ui(new Ui::MainWindow)
{
    ui->setupUi(this);
    this->setCentralWidget(ui->splitter);
    ui->tableView->setSelectionBehavior(QAbstractItemView::SelectItems);  //项选择
    ui->tableView->setSelectionMode(QAbstractItemView::SingleSelection);  //单项选择
    ui->tableView->setAlternatingRowColors(true);
}
```

9.2.3 打开数据库

1. 打开数据库和数据表

点击主窗口工具栏上的“打开”按钮时，程序将添加 SQLite 数据库驱动、打开数据库文件、连接 employee 数据表并设置显示属性，还会为 tableView 的两个列创建自定义代理组件，设置模型的字段与界面组件的映射等。这个按钮关联的槽函数代码如下：

```
void MainWindow::on_actOpenDB_triggered()
{//“打开”按钮
    QString aFile= QFileDialog::getOpenFileName(this,"选择文件","","SQLite 数据库(*.db3)");
    if (aFile.isEmpty())
        return;
    //打开 SQLite 数据库
    DB= QSqlDatabase::addDatabase("QSQLITE");  //添加 SQLITE 数据库驱动
    DB.setDatabaseName(aFile);                 //设置数据库名称
    //  DB.setHostName();
    //  DB.setUserName();
    //  DB.setPassword();
    if (!DB.open())                            //打开数据库失败
        QMessageBox::warning(this, "错误", "打开数据库失败");
    else
        openTable();                           //打开数据表
}
```

本示例需要打开数据库文件 demodb.db3，此文件位于本章示例程序根目录下。

程序首先使用静态函数 QSqlDatabase::addDatabase()添加 SQLite 数据库的驱动：

```
DB= QSqlDatabase::addDatabase("QSQLITE");
```

然后用 QSqlDatabase 的几个函数设置数据库登录参数。函数 setDatabaseName()设置数据库名称，对于 SQLite 数据库就设置为数据库文件名称。如果是网络数据库，如 MySQL、MS SQL Server 等，还需要设置数据库主机名、用户名、登录密码等。

设置数据库连接与登录参数后，再调用函数 QSqlDatabase::open()打开数据库。如果成功打开数据库，再调用自定义函数 openTable()打开数据表 employee。函数 openTable()的代码如下：

```
void MainWindow::openTable()
{
//1. 创建数据模型，打开数据表
    tabModel= new QSqlTableModel(this,DB);                          //数据模型
    tabModel->setTable("employee");                                 //设置数据表
    tabModel->setEditStrategy(QSqlTableModel::OnManualSubmit);      //数据保存方式
    tabModel->setSort(tabModel->fieldIndex("empNo"),Qt::AscendingOrder);  //排序
    if (!(tabModel->select()))                                      //查询数据失败
    {
        QMessageBox::critical(this, "错误信息",
                         打开数据表错误,错误信息:\n"+tabModel->lastError().text());
        return;
    }
    showRecordCount();                                              //显示记录条数

//2. 设置字段显示标题
    tabModel->setHeaderData(tabModel->fieldIndex("empNo"),  Qt::Horizontal, "工号");
    tabModel->setHeaderData(tabModel->fieldIndex("Name"),   Qt::Horizontal, "姓名");
    tabModel->setHeaderData(tabModel->fieldIndex("Gender"), Qt::Horizontal, "性别");
    tabModel->setHeaderData(tabModel->fieldIndex("Birthday"),   Qt::Horizontal,
                                                                  "出生日期");
    tabModel->setHeaderData(tabModel->fieldIndex("Province"),   Qt::Horizontal, "省份");
    tabModel->setHeaderData(tabModel->fieldIndex("Department"), Qt::Horizontal, "部门");
    tabModel->setHeaderData(tabModel->fieldIndex("Salary"), Qt::Horizontal, "工资");
    //这两个字段不在 tableView 中显示
    tabModel->setHeaderData(tabModel->fieldIndex("Memo"), Qt::Horizontal,"备注");
    tabModel->setHeaderData(tabModel->fieldIndex("Photo"),Qt::Horizontal,"照片");

//3. 创建选择模型
    selModel= new QItemSelectionModel(tabModel,this);
    //当前行或列变化时， selModel 发射 currentChanged()信号
    connect(selModel,&QItemSelectionModel::currentChanged,
            this,&MainWindow::do_currentChanged);
    //当前行变化时， selModel 发射 currentRowChanged()信号
    connect(selModel,&QItemSelectionModel::currentRowChanged,
          this,&MainWindow::do_currentRowChanged);

//4. 模型/视图结构
    ui->tableView->setModel(tabModel);    //设置数据模型
    ui->tableView->setSelectionModel(selModel);    //设置选择模型
    ui->tableView->setColumnHidden(tabModel->fieldIndex("Memo"),true);    //隐藏列
    ui->tableView->setColumnHidden(tabModel->fieldIndex("Photo"),true);   //隐藏列

//5. 为 tableView 中的“性别”和“部门”两个字段设置自定义代理
    QStringList strList;
    strList<<"男"<<"女";
    bool isEditable= false;
    delegateSex.setItems(strList,isEditable);
    ui->tableView->setItemDelegateForColumn(
```

```
                tabModel->fieldIndex("Gender"),&delegateSex);          //设置代理

        strList.clear();
        strList<<"销售部"<<"技术部"<<"生产部"<<"行政部";
        isEditable= true;
        delegateDepart.setItems(strList,isEditable);
        ui->tableView->setItemDelegateForColumn(
                tabModel->fieldIndex("Department"),&delegateDepart); //设置代理

    //6. 创建界面组件与模型的字段的数据映射
        dataMapper= new QDataWidgetMapper(this);
        dataMapper->setModel(tabModel);                                //设置数据模型
        dataMapper->setSubmitPolicy(QDataWidgetMapper::AutoSubmit);
        //界面组件与模型的具体字段的映射
        dataMapper->addMapping(ui->dbSpinEmpNo,tabModel->fieldIndex("empNo"));
        dataMapper->addMapping(ui->dbEditName,tabModel->fieldIndex("Name"));
        dataMapper->addMapping(ui->dbComboSex,tabModel->fieldIndex("Gender"));
        dataMapper->addMapping(ui->dbEditBirth,tabModel->fieldIndex("Birthday"));
        dataMapper->addMapping(ui->dbComboProvince,tabModel->fieldIndex("Province"));
        dataMapper->addMapping(ui->dbComboDep,tabModel->fieldIndex("Department"));
        dataMapper->addMapping(ui->dbSpinSalary,tabModel->fieldIndex("Salary"));
        dataMapper->addMapping(ui->dbEditMemo,tabModel->fieldIndex("Memo"));
        dataMapper->toFirst();                                         //移动到首记录

    //7. 获取字段名称列表，填充“排序字段”下拉列表框
        getFieldNames();
    //8.更新 action 和界面组件的使能状态
        ui->actOpenDB->setEnabled(false);                              //不能再打开数据库
        ui->actRecAppend->setEnabled(true);
        ui->actRecInsert->setEnabled(true);
        ui->actRecDelete->setEnabled(true);
        ui->actScan->setEnabled(true);
        ui->groupBoxSort->setEnabled(true);                            //“排序”分组框
        ui->groupBoxFilter->setEnabled(true);                          //“数据过滤”分组框
    }

    void MainWindow::showRecordCount()
    {//在状态栏上显示数据模型的记录条数
        ui->statusBar->showMessage(QString("记录条数: %1").arg(tabModel->rowCount()));
    }
```

函数 openTable()里首先创建 QSqlTableModel 类型的变量 tabModel，指定需要打开的数据表为 employee。另外为数据模型 tabModel 关联了一个 QItemSelectionModel 类型的选择模型。

将 tabModel 设置为界面上的 QTableView 类型组件 tableView 的数据模型后，就能构成模型/视图结构，tableView 就可以显示和编辑数据表 employee 的数据。

函数 openTable()里调用了一个自定义函数 showRecordCount()，用于在状态栏上显示数据模型 tabModel 的记录条数。在添加、删除或过滤记录后都要调用这个函数进行刷新显示。

函数 openTable()里还调用了一个自定义函数 getFieldNames()，用于在获取数据表 employee 的所有字段名称后填充“排序字段”下拉列表框。函数 getFieldNames()里要用到 QSqlRecord 类，我们在后面再展示这个函数的代码。

2. QSqlTableModel 类的主要接口函数

QSqlTableModel 是用于访问数据库中一个数据表的模型类，它的主要接口函数如表 9-9 所示。表中包含少数从父类继承或重定义的函数，列出了函数的返回值类型，未列出函数输入参数。

表 9-9 QSqlTableModel 类的主要接口函数

功能分组	函数	功能描述
模型属性	QSqlDatabase database()	返回模型的数据库连接
	void setTable()	设置一个数据表作为数据源，不会立即刷新数据记录，但会提取字段信息
	QString tableName()	返回设置的数据表名称
	bool setHeaderData()	设置表头数据，一般用于设置字段的显示标题。这是父类中定义的函数
	void setEditStrategy()	设置编辑策略，也就是数据内容被修改后如何将修改提交到数据库
数据表信息	int fieldIndex()	根据字段名称返回其在模型中的字段序号，若字段不存在则返回-1
	QSqlIndex primaryKey()	返回数据表的主索引
	int rowCount()	返回数据表的记录条数
	QSqlError lastError()	返回最后一次错误信息。这是父类中定义的函数
过滤和排序	void setFilter()	设置记录过滤条件，会立即刷新数据
	QString filter()	返回当前的过滤条件
	void setSort()	设置排序字段和排序规则，需调用 select()函数才能刷新数据
	void sort()	按某个字段和某种排序规则进行排序，并立即刷新数据
数据刷新	bool select()	使用设置的排序和过滤规则查询数据表的数据，并将其刷新到模型
	bool selectRow()	获取数据表中指定行号的一条记录，并将其刷新到模型
记录操作	QSqlRecord record()	返回模型中的某一条记录的数据。若不指定行号，则返回的 QSqlRecord 对象只有字段名，可用来获取字段信息
	bool setRecord()	更新一条 QSqlRecord 类型的记录到模型的某一行，源和目标记录通过字段名称匹配，而不是按位置匹配
	bool setData()	用模型索引定位记录和字段，为字段设置数据
	bool insertRecord()	在指定行之前插入一条 QSqlRecord 类型的记录
	bool insertRow()	在某一行之前插入一个空行。这是父类中定义的函数
	bool removeRow()	删除指定行号的某一行。这是父类中定义的函数
	bool insertRows()	在某一行之前插入指定数量的空行，编辑策略为 OnFieldChange 或 OnRowChange 时只能插入一行
	bool removeRows()	从某一行开始，删除指定数量的行。若编辑策略为 OnManualSubmit，需调用 submitAll()才能从数据表里删除行
	void clear()	清除模型的所有记录和字段定义信息
取消或提交修改	bool isDirty()	若有未更新到数据库的修改，则返回 true，否则返回 false
	void revertRow()	取消对某一行记录的修改
	void revert()	编辑策略为 OnRowChange 或 OnFieldChange 时取消对当前行的修改，对 OnManualSubmit 编辑策略无效
	void revertAll()	取消所有未提交的修改
	bool submit()	提交对当前行的修改到数据库，对 OnManualSubmit 编辑策略无效
	bool submitAll()	提交所有未更新的修改到数据库，若提交成功则返回 true，否则返回 false

这里先介绍几个主要的通用功能函数，其他一些函数后面结合功能实现代码进行介绍。

（1）函数 setEditStrategy()。这个函数用于设置编辑策略，也就是模型的数据被修改后如何将修改提交到数据库。该函数的原型定义如下：

```
void QSqlTableModel::setEditStrategy(QSqlTableModel::EditStrategy strategy)
```

参数 strategy 是枚举类型 QSqlTableModel::EditStrategy，其各枚举值的含义如下。

- QSqlTableModel::OnFieldChange：字段的值变化时立即更新到数据库。
- QSqlTableModel::OnRowChange：当前行变化时，对前一记录所进行的修改自动更新到数据库。
- QSqlTableModel::OnManualSubmit：所有修改暂时缓存，调用函数 submitAll()保存所有修改，或调用函数 revertAll()取消所有未保存修改。

如果编辑策略设置为 OnManualSubmit，当模型有未提交的修改时，函数 isDirty()的返回值为

true，否则返回 false。示例程序里设置编辑策略为 OnManualSubmit，在修改数据后并不直接提交更新，而只是使工具栏上的“保存”和“取消”按钮可用，需要用户手动提交或取消修改。

（2）函数 fieldIndex()。这个函数根据字段名称返回字段的序号。若字段不存在，则返回-1。该函数原型定义如下：

```
int  QSqlTableModel::fieldIndex(const QString &fieldName)
```

QSqlTableModel 的某些函数需要将字段的序号作为输入参数，这些函数如 setHeaderData()和 setSort()，通过字段名称获取字段序号可以使程序的通用性和可读性更好。

（3）函数 setHeaderData()。这个函数用于设置一个字段的表头数据，一般用于设置字段的显示标题。它是 QSqlTableModel 的父类 QSqlQueryModel 中重新实现的一个函数，其原型定义如下：

```
bool  QSqlQueryModel::setHeaderData(int section, Qt::Orientation orientation,
                                    const QVariant &value, int role = Qt::EditRole)
```

其中，section 是字段序号；orientation 是方向，对于字段就是 Qt::Horizontal；value 是需要设置的数据；role 是数据的角色，默认为 Qt::EditRole。

如果不进行表头设置，在 QTableView 组件里显示表格数据时，会将字段名作为表头。程序中为每个字段设置了相应的中文标题，例如，设置 Name 字段的显示标题为“姓名”的代码如下：

```
tabModel->setHeaderData(tabModel->fieldIndex("Name"), Qt::Horizontal, "姓名");
```

（4）函数 select()。这个函数的作用是根据当前设置的排序和过滤规则从数据表查询数据并将其刷新到数据模型。在使用函数 setTable()设置数据表之后，还需要运行函数 select()才能将数据刷新到模型。函数 select()的返回值若为 true，则表示数据查询操作成功；若为 false，则表示操作失败，可以通过函数 lastError()获取错误信息。

3．选择模型及其信号的作用

程序中还为数据模型 tabModel 创建了一个选择模型：

```
selModel= new QItemSelectionModel(tabModel,this);
```

当用户在 QTableView 视图组件上选择行或列时，选择模型可以获取当前选择的行、列信息，并且在当前单元格发生变化时发射 currentChanged()信号，在当前行发生变化时发射 currentRowChanged()信号。

程序中为选择模型的 currentChanged()信号关联了自定义槽函数 do_currentChanged()，该槽函数的代码如下：

```
void MainWindow::do_currentChanged(const QModelIndex &current, const
                                   QModelIndex &previous)
{
    Q_UNUSED(current);
    Q_UNUSED(previous);
    ui->actSubmit->setEnabled(tabModel->isDirty());      //有未更新到数据库的修改时可用
    ui->actRevert->setEnabled(tabModel->isDirty());
}
```

QSqlTableModel 的 isDirty()函数表示模型是否有未更新到数据库的修改。本示例中将模型的编辑策略设置为 OnManualSubmit，当修改了某个字段的数据内容后，所进行的修改并不会自动更新到数据库，但是函数 isDirty()会返回 true。利用选择模型的 currentChanged()信号，在当前项发生变化时，就可以更新界面上“保存”和“取消”两个按钮的使能状态。

为选择模型的 currentRowChanged()关联了自定义槽函数 do_currentRowChanged()，其主要功

能是从当前记录里提取 Photo 字段的内容，再将图片显示出来。该槽函数代码如下：

```
void MainWindow::do_currentRowChanged(const QModelIndex &current, const
                                       QModelIndex &previous)
{
    Q_UNUSED(previous);
    //行切换时的状态控制
    ui->actRecDelete->setEnabled(current.isValid());
    ui->actPhoto->setEnabled(current.isValid());
    ui->actPhotoClear->setEnabled(current.isValid());
    if (!current.isValid())
    {
        ui->dbLabPhoto->clear();                         //清除图片
        return;
    }

    dataMapper->setCurrentIndex(current.row());          //更新数据映射的行号
    int curRecNo= current.row();                         //获取行号
    QSqlRecord  curRec= tabModel->record(curRecNo);      //获取当前记录
    if (curRec.isNull("Photo"))                          //Photo 字段内容为空
        ui->dbLabPhoto->clear();
    else
    {
        QByteArray data= curRec.value("Photo").toByteArray();
        QPixmap pic;
        pic.loadFromData(data);
        ui->dbLabPhoto->setPixmap(pic.scaledToWidth(ui->dbLabPhoto->size().width()));
    }
}
```

槽函数 do_currentRowChanged()传递的参数 current 是行切换后当前行的模型索引。若 current 是有效的，则更新数据映射 dataMapper 的行号：

```
dataMapper->setCurrentIndex(current.row());
```

这将使界面上的编辑框、下拉列表框等与字段关联的界面组件显示当前记录的内容。

由于没有现成的界面组件可以通过数据映射显示 BLOB 类型字段的图片，我们在此槽函数里通过代码获取 Photo 字段的数据，再显示为 QLabel 组件 dbLabPhoto 的图片。下面的代码用于获取当前行的记录：

```
int curRecNo= current.row();                         //获取行号
QSqlRecord  curRec= tabModel->record(curRecNo);      //获取当前记录
```

QSqlRecord 类型的变量 curRec 是数据表当前记录的数据，包含当前记录的每个字段的内容。Photo 字段存储的是图片，是二进制数据，程序中会将 Photo 字段的数据读出为 QByteArray 类型的字节数据数组，再将其转换为 QPixmap 类型的图片，然后作为 QLabel 组件的显示图片。

4. 表示一条记录的类 QSqlRecord

QSqlRecord 类记录了数据表的字段信息和一条记录的数据内容，QSqlTableModel 有两种参数形式的函数 record()可以返回一条记录，这两种参数形式的 record()函数的定义如下：

```
QSqlRecord  QSqlTableModel::record()              //返回字段定义
QSqlRecord  QSqlTableModel::record(int row)       //返回字段定义和数据
```

不带有参数的函数 record()返回的一个 QSqlRecord 对象只有记录的字段定义，没有各字段的数据，一般用于获取一个数据表的字段定义。带有参数的函数 record()返回行号为 row 的记录，包括记录的字段定义和数据。

QSqlRecord 类封装了对记录的字段定义和数据的操作，其常用函数如表 9-10 所示，表中省略了函数参数中的 const 关键字，对于具有不同参数的同名函数，表中只列出一种参数形式的函数。

表 9-10 QSqlRecord 类的常用函数

函数原型	功能描述
void clear()	清除记录的所有字段定义和数据
void clearValues()	清除所有字段的数据，将字段数据内容设置为 null
bool contains(QString &name)	判断记录是否含有名称为 name 的字段
bool isEmpty()	若记录里没有字段，返回 true，否则返回 false
int count()	返回记录的字段个数
QString fieldName(int index)	返回序号为 index 的字段的名称
int indexOf(QString &name)	返回字段名称为 name 的字段的序号，如果字段不存在，返回-1
QSqlField field(QString &name)	返回字段名称为 name 的字段对象
QVariant value(QString &name)	返回字段名称为 name 的字段的值
void setValue(QString &name, QVariant &val)	设置字段名称为 name 的字段的值为 val
bool isNull(const QString &name)	判断字段名称为 name 的字段数据是否为 null
void setNull(const QString &name)	设置名称为 name 的字段的值为 null

QSqlRecord 用于字段操作的函数一般有两种参数形式的同名函数，用字段序号或字段名表示一个字段，例如函数 value()返回一个字段的值，有两种参数形式的函数。

```
QVariant  QSqlRecord::value(int index)                //返回序号为 index 的字段的值
QVariant  QSqlRecord::value(const QString &name)      //返回字段名称为 name 的字段的值
```

通过 QSqlRecord 的 indexOf(QString &name)函数可以获取名称为 name 的字段对应的字段序号。

5. 表示一个字段的类 QSqlField

函数 QSqlRecord::field()返回一条记录中某个字段的数据，返回值是 QSqlField 对象。QSqlField 类封装了访问字段定义信息和字段数据的一些函数。QSqlField 类的常用函数如表 9-11 所示，表中省略了函数参数中的 const 关键字。

表 9-11 QSqlField 类的常用函数

分组	函数原型	功能描述
字段定义信息	QString name()	返回字段名称
	QString tableName()	返回字段所在的数据表名称
	QMetaType metaType()	返回字段的类型
	bool isValid()	若返回值为 true，表示字段数据类型是有效的
	int length()	返回字段的长度
	int precision()	返回字段的精度，只对数值类型有意义
	QVariant defaultValue()	返回字段的默认值，默认值可能是 null
	bool isAutoValue()	若返回值为 true，表示该字段是数据库自动生成数值的字段，例如自动增加的主键字段
	bool isGenerated()	若返回值为 false，表示模型不会为该字段生成 SQL 语句
	bool isReadOnly()	若返回值为 true，表示字段数据是只读的
	bool setReadOnly(bool *readOnly*)	设置一个字段为只读的，只读的字段不能用函数 setValue()设置值，也不能用函数 clear()清除值
	bool requiredStatus()	字段是否为必填字段，返回 true 表示字段是必填字段
字段数据	void clear()	清除字段数据，字段数据设置为 null。如果字段是只读的，则不清除
	bool isNull()	若返回值为 true，表示字段数据为 null
	QVariant value()	返回字段的值
	void setValue(QVariant &*value*)	设置字段的值

6. QTableView 组件的设置

界面上用一个 QTableView 组件 tableView 显示数据模型 tabModel 的表格数据。程序中为 tableView 设置了数据模型和选择模型，并且将 Memo 和 Photo 这两个字段的列设置为隐藏，因为在表格里难以显示备注文字和图片。

我们还为 tableView 中的“性别”和“部门”两个列创建了 TComboBoxDelegate 类型的自定义代理，使之可以使用下拉列表框进行数据的选择输入。TComboBoxDelegate 类是在 5.4 节介绍的示例中创建的，具体原理和代码见 5.4 节的介绍。

7. 数据映射类 QDataWidgetMapper

QDataWidgetMapper 用于建立界面组件与模型字段的映射关系，可以将界面上的 QLineEdit、QComboBox 等组件与模型中的字段关联起来，这样这些界面组件就会自动显示关联字段的数据，并且在组件中修改数据后可以提交到模型。QDataWidgetMapper 类的常用函数如表 9-12 所示，表中的函数只给出了返回值类型。一些设置函数有对应的读取函数，例如与 setModel()对应的读取函数是 model()，表中未列出这些读取函数。

表 9-12 QDataWidgetMapper 类的常用函数

分组	函数	功能描述
特性设置	void setModel()	设置数据模型，可以使用 QSqlTableModel 或 QSqlQueryModel 对象作为数据模型
	void setSubmitPolicy()	设置数据提交方式，指界面组件上的数据更新到模型的方式
	void setOrientation()	设置模型的方向，默认值为 Qt::Horizontal，即水平方向
映射关系管理	void addMapping()	添加一个映射，将某个界面组件与模型的某个字段建立映射
	void removeMapping()	移除某个界面组件的映射
	void clearMapping()	清除与模型有关的所有映射
	int mappedSection()	返回某个界面组件映射的字段的序号
	QWidget *mappedWidgetAt()	返回某个序号的字段映射的界面组件
记录移动	void toFirst()	移动到模型的首条记录，并刷新界面数据
	void toPrevious()	移动到模型的前一条记录，并刷新界面数据
	void toNext()	移动到模型的后一条记录，并刷新界面数据
	void toLast()	移动到模型的最后一条记录，并刷新界面数据
	void setCurrentIndex()	移动到指定行号的记录，并刷新界面数据
	int currentIndex()	返回当前行号
	void setCurrentModelIndex()	以模型索引作为参数设置当前行，并刷新界面数据
数据保存	bool submit()	将界面组件上修改后的数据提交到模型
	void revert()	重新从模型获取数据并刷新到界面组件上，所有未提交的修改丢失
信号	void currentIndexChanged()	当前行变化时发射此信号

创建 QDataWidgetMapper 对象后，需要为其设置一个数据模型，还应该设置数据提交方式，例如本示例中的代码如下：

```
dataMapper= new QDataWidgetMapper(this);
dataMapper->setModel(tabModel);                              //设置数据模型
dataMapper->setSubmitPolicy(QDataWidgetMapper::AutoSubmit);  //数据提交方式
```

数据提交方式指的是在界面组件上修改数据后，数据提交到模型的方式。函数 setSubmitPolicy()的参数可以使用两种枚举值。

- QDataWidgetMapper::AutoSubmit：自动提交。当一个界面组件失去输入焦点时，所进行的修改自动提交到模型。在这种方式下，如果在图 9-3 所示界面工作区右侧的一些编辑框里修改了数据，再移动输入焦点时，左侧表格中当前记录的字段数据会立刻更新显示。

- QDataWidgetMapper::ManualSubmit：手动提交。需要调用函数 submit()才能将修改提交到模型。

函数 addMapping()用于建立一个界面组件与一个字段的映射关系，该函数原型定义如下：

```
void  QDataWidgetMapper::addMapping(QWidget *widget, int section)
```

其中，widget 是界面组件，section 是模型中的字段序号。例如，为 Name 字段设置映射关系的语句如下，这里使用了 QSqlTableModel::fieldIndex()函数通过字段名称获取字段序号。

```
dataMapper->addMapping(ui->dbEditName, tabModel->fieldIndex("Name"));
```

QDataWidgetMapper 对象指向数据模型的某一行记录并将其作为当前行，函数 currentIndex()返回当前行号，函数 setCurrentIndex()可以设置当前行号，toFirst()、toPrevious()、toNext()和 toLast()函数可以移动当前行。QDataWidgetMapper 对象的当前行变化时，设置了映射字段的界面组件会自动更新显示当前记录的数据。QDataWidgetMapper 的 setCurrentIndex()函数可以直接设置当前行，该函数定义如下：

```
void  QDataWidgetMapper::setCurrentIndex(int index)
```

其中，参数 index 是记录在数据模型中的行号。

注意，QDataWidgetMapper 没有选择模型，所以，当我们在图 9-3 所示界面的数据表格上点击单元格，使数据模型 tabModel 的当前记录发生变化时，dataMapper 的当前行并不会自动变化。所以，在自定义槽函数 do_currentRowChanged()中，有下面的一行语句用于更新 dataMapper 的当前行。

```
dataMapper->setCurrentIndex(current.row());                    //更新数据映射的行号
```

这样才能确保视图组件 tableView 中的当前行和数据映射对象 dataMapper 的当前行是一致的。

QDataWidgetMapper 只有一个信号 currentIndexChanged()，在当前行变化时会发射此信号，其函数原型定义如下，其中的参数 index 是当前行的行号。

```
void  QDataWidgetMapper::currentIndexChanged(int index)
```

8. 获取数据表的所有字段名称

函数 openTable()中调用了另外一个自定义函数 getFieldNames()，用于获取数据表的所有字段名称，并将其填充到界面上的“排序字段”下拉列表框里。函数 getFieldNames()的代码如下：

```
void MainWindow::getFieldNames()
{
    QSqlRecord  emptyRec= tabModel->record();      //获取空记录，只有字段名
    for (int i=0; i<emptyRec.count(); i++)
        ui->comboFields->addItem(emptyRec.fieldName(i));
}
```

这里使用了 QSqlTableModel::record()函数获取一条空记录，空记录包括数据表的所有字段的信息。

9.2.4 其他功能的实现

1. 添加、插入与删除记录

工具栏上有“添加”“插入”“删除” 3 个按钮用于记录操作。这 3 个按钮关联的槽函数代码分别如下：

```
void MainWindow::on_actRecAppend_triggered()
{//添加一条记录
    QSqlRecord rec= tabModel->record();                    //获取一条空记录，只有字段定义
```

```
    rec.setValue(tabModel->fieldIndex("empNo"),2000+tabModel->rowCount());
    rec.setValue(tabModel->fieldIndex("Gender"),"男");  //设置数据
    tabModel->insertRecord(tabModel->rowCount(),rec);    //插入数据模型的最后

    selModel->clearSelection();
    QModelIndex curIndex= tabModel->index(tabModel->rowCount()-1,1);
    selModel->setCurrentIndex(curIndex,QItemSelectionModel::Select);    //设置当前行
    showRecordCount();
}

void MainWindow::on_actRecInsert_triggered()
{//插入一条记录
    QModelIndex curIndex= ui->tableView->currentIndex();  //当前行的模型索引
    QSqlRecord rec= tabModel->record();                   //获取一条空记录，只有字段定义
    tabModel->insertRecord(curIndex.row(),rec);           //在当前行前面插入一条记录
    selModel->clearSelection();
    selModel->setCurrentIndex(curIndex,QItemSelectionModel::Select);    //设置当前行
    showRecordCount();
}

void MainWindow::on_actRecDelete_triggered()
{//删除当前记录
    QModelIndex curIndex= selModel->currentIndex();    //获取当前选择单元格的模型索引
    tabModel->removeRow(curIndex.row());               //删除当前行
    showRecordCount();
}
```

QSqlTableModel 类中定义了两个基于 QSqlRecord 类的操作记录的函数，其中函数 insertRecord()用于添加或插入记录，函数 setRecord()用于修改记录。这两个函数定义分别如下：

```
bool  QSqlTableModel::insertRecord(int row, const QSqlRecord &record)
bool  QSqlTableModel::setRecord(int row, const QSqlRecord &values)
```

函数 insertRecord()在行号 row 的行之前插入一条记录，这条记录的数据就在变量 record 里。函数 setRecord()则修改行号为 row 的行的记录数据，记录的更新数据在变量 values 里。

程序中删除记录使用的是函数 removeRow()，这是 QSqlTableModel 的间接父类 QAbstractItemModel 中定义的函数，其函数原型定义如下，其中 row 是要删除记录的行号。

```
bool  QAbstractItemModel::removeRow(int row, const QModelIndex &parent = QModelIndex())
```

在插入记录时，即使是必填字段（例如 Name 字段）没有被赋值，程序也不会出错，因为我们设置的数据模型 tabModel 的编辑策略是 OnManualSubmit。但是在保存修改到数据库时，如果必填字段没有设置数据，则会出现错误。

2. 保存或取消修改

在函数 openTable()里，我们设置数据模型 tabModel 的编辑策略为 OnManualSubmit，即手动提交修改。当数据模型的数据被修改后，不管是直接修改字段值，还是插入或删除记录，在未提交修改前，tabModel->isDirty()函数都返回 true。我们就是利用这个函数在自定义槽函数 do_currentChanged()里修改 actSubmit 和 actRevert 这两个 Action 的使能状态的。

工具栏上的“保存”和“取消”两个按钮关联的槽函数的代码如下：

```
void MainWindow::on_actSubmit_triggered()
{//保存修改
    bool res= tabModel->submitAll();
    if (!res)
```

```
        QMessageBox::information(this, "消息",
                     "数据保存错误,错误信息\n"  +tabModel->lastError().text());
    else
    {
        ui->actSubmit->setEnabled(false);
        ui->actRevert->setEnabled(false);
    }
    showRecordCount();
}

void MainWindow::on_actRevert_triggered()
{//取消修改
    tabModel->revertAll();
    ui->actSubmit->setEnabled(false);
    ui->actRevert->setEnabled(false);
    showRecordCount();
}
```

函数 submitAll()用于将数据模型所有未提交的修改保存到数据库，函数 revertAll()取消所有修改。调用 submitAll()保存数据时如果失败，可以通过函数 lastError()获取错误的具体信息。例如，Name 是必填字段，若添加记录时没有填写 Name 字段的内容就提交，则会出现错误信息提示对话框。

3. 设置和清除照片

数据表 employee 的 Photo 字段是 BLOB 类型字段，用于存储图片文件。Photo 字段内容的显示已经在自定义槽函数 do_currentRowChanged()里实现了，即在当前记录变化时提取 Photo 字段的内容，并将其作为一个 QLabel 组件的 pixmap 进行显示。

工具栏上的“设置照片”和“清除照片”按钮关联的槽函数代码分别如下：

```
void MainWindow::on_actPhoto_triggered()
{//设置照片
    QString aFile= QFileDialog::getOpenFileName(this,"选择图片文件","","照片(*.jpg)");
    if (aFile.isEmpty())
        return;
    QByteArray data;
    QFile *file= new QFile(aFile);
    file->open(QIODevice::ReadOnly);
    data = file->readAll();                                   //读取图片数据为字节数据数组
    file->close();

    int curRecNo= selModel->currentIndex().row();
    QSqlRecord  curRec= tabModel->record(curRecNo);          //获取当前记录
    curRec.setValue("Photo",data);                           //设置字段数据
    tabModel->setRecord(curRecNo,curRec);                    //修改记录
    QPixmap pic;
    pic.load(aFile);
    ui->dbLabPhoto->setPixmap(pic.scaledToWidth(ui->dbLabPhoto->width()));
}

void MainWindow::on_actPhotoClear_triggered()
{//清除照片
    int curRecNo= selModel->currentIndex().row();
    QSqlRecord  curRec= tabModel->record(curRecNo);          //获取当前记录
    curRec.setNull("Photo");                                 //设置为空值
    tabModel->setRecord(curRecNo,curRec);                    //修改当前记录
    ui->dbLabPhoto->clear();
}
```

要设置照片，就是要将图片的数据存到 Photo 字段里。打开一个 JPG 文件后，程序读取文件内容到 QByteArray 类型的变量 data 里。获取当前记录到变量 curRec 后，用 QSqlRecord 的 setValue()函数对 Photo 字段设置数据为 data，然后用 QSqlTableModel 的 setRecord()函数更新当前记录。

要清除照片，就是要将 Photo 字段的数据清空。程序获取当前记录到变量 curRec 后，调用 QSqlRecord 的 setNull()函数将 Photo 字段设置为空值，这样就清除了字段的数据，然后更新记录到数据模型。

4. 遍历数据记录

工具栏上的“涨工资”按钮用于将数据表内所有记录的 Salary 字段的数值增加 10%，能演示遍历记录的功能。该按钮关联的槽函数代码如下：

```
void MainWindow::on_actScan_triggered()
{//涨工资，记录遍历
    if (tabModel->rowCount()==0)
        return;
    for (int i=0; i<tabModel->rowCount(); i++)
    {
        QSqlRecord aRec= tabModel->record(i);      //获取一条记录
        float salary= aRec.value("Salary").toFloat();
        salary= salary*1.1;
        aRec.setValue("Salary",salary);            //更新字段数据
        tabModel->setRecord(i,aRec);               //更新记录
    }
    if (tabModel->submitAll())
        QMessageBox::information(this, "消息", "涨工资数据计算完毕");
}
```

5. 记录排序

QSqlTableModel 模型里的记录可以按某个字段排序，对应 SQL 语句中的 ORDER BY 子句。QSqlTableModel 有 setSort()和 sort()两个函数用于排序，其原型定义分别如下：

```
void  QSqlTableModel::setSort(int column, Qt::SortOrder order)     //设置排序条件
void  QSqlTableModel::sort(int column, Qt::SortOrder order)        //立刻排序
```

参数 column 表示排序字段的字段序号；参数 order 表示排序方式，可设置为升序（Qt::AscendingOrder）或降序（Qt::DescendingOrder）。

这两个函数稍有差别，函数 setSort()只是用于设置排序条件，需要再运行 select()函数才会刷新数据模型的数据；函数 sort()则是用于根据设置的字段和排序方式直接排序并刷新数据模型，无须调用 select()函数。

界面上“排序字段”下拉列表框以及“升序”和“降序”两个单选按钮用于实现排序操作，相应信号的槽函数代码如下：

```
void MainWindow::on_comboFields_currentIndexChanged(int index)
{//在下拉列表框里选择字段进行排序
    if (ui->radioBtnAscend->isChecked())
        tabModel->setSort(index, Qt::AscendingOrder);
    else
        tabModel->setSort(index, Qt::DescendingOrder);
    tabModel->select();
}
void MainWindow::on_radioBtnAscend_clicked()
{//升序排序
    tabModel->setSort(ui->comboFields->currentIndex(),Qt::AscendingOrder);
```

```
    tabModel->select();      //使用setSort()之后需要运行select()才会刷新数据
}
void MainWindow::on_radioBtnDescend_clicked()
{//降序排序
    tabModel->sort(ui->comboFields->currentIndex(),Qt::DescendingOrder);
}
```

6. 记录过滤

QSqlTableModel 的 setFilter()函数可设置记录过滤条件，该函数原型定义如下：

```
void  QSqlTableModel::setFilter(const QString &filter)
```

字符串类型的参数 filter 是过滤条件，实际上就是 SELECT 语句里 WHERE 子句的条件。

从参数的形式可以看到，使用函数 setFilter()不仅可以对某个字段设置过滤条件，还可以设置比较复杂的组合条件。本示例演示针对 Gender 字段设置过滤条件，界面上“数据过滤”分组框里有 3 个单选按钮，分别为“男”“女”和“全显示”按钮，3 个按钮的 clicked()信号的槽函数代码如下：

```
void MainWindow::on_radioBtnMan_clicked()
{
    tabModel->setFilter(" Gender='男' ");
    showRecordCount();      //显示记录条数
}
void MainWindow::on_radioBtnWoman_clicked()
{
    tabModel->setFilter(" Gender='女' ");
    showRecordCount();
}
void MainWindow::on_radioBtnBoth_clicked()
{
    tabModel->setFilter("");
    showRecordCount();
}
```

运行 setFilter()函数后无须调用 select()函数就可以立即刷新记录，若要取消过滤，只需在 setFilter()函数里传递一个空字符串。

9.3 QSqlQueryModel 的使用

QSqlQueryModel 是一个模型类，它是 QSqlTableModel 的父类（见图 9-1）。QSqlQueryModel 可以设置任意的 SELECT 语句来从数据库中查询数据，可以查询一个数据表部分字段的数据，也可以是多个数据表组合的数据。因为只设置了 SELECT 语句，所以 QSqlQueryModel 模型的数据是只读的，即使在界面上修改了 QSqlQueryModel 模型的数据，也不能将所做的修改提交到数据库。

9.3.1 QSqlQueryModel 类

QSqlQueryModel 类的常用接口函数如表 9-13 所示，表中列出了函数名和返回值类型等。

表 9-13 QSqlQueryModel 类的常用接口函数

分组	函数	功能描述
查询数据	void setQuery()	设置一个 QSqlQuery 对象，或直接设置 SELECT 语句以从数据库查询数据
	QSqlQuery query()	返回当前关联的 QSqlQuery 对象
	QSqlError lastError()	返回上次的错误信息，可获取错误的类型和文本信息

续表

分组	函数	功能描述
访问数据	QSqlRecord record()	返回模型中的某一条记录的数据。若不指定行号，则返回的 QSqlRecord 对象只有字段名，可用于获取字段信息
	int rowCount()	返回查询到的记录条数
	int columnCount()	返回查询到的字段个数
	void clear()	清除模型的所有数据
	QVariant data()	通过模型索引获取某行某列的数据
	void setHeaderData()	设置表头数据，一般用于设置字段的表头标题

要从数据库查询数据并将其作为 QSqlQueryModel 的数据源，需要运行函数 setQuery()。有两种参数形式的函数 setQuery()，其中一种的函数原型定义如下：

```
void QSqlQueryModel::setQuery(const QString &query, const QSqlDatabase
                              &db = QSqlDatabase())
```

其中，参数 query 是一条完整的 SELECT 查询语句；参数 db 是数据库连接，若不指定数据库连接，就用程序默认的数据库连接。运行这个 setQuery()函数就会运行该 SELECT 语句从数据库获取数据，并将其作为 QSqlQueryModel 模型的数据。

另一种参数形式的 setQuery()函数原型定义如下，它使用一个 QSqlQuery 对象作为参数。

```
void  QSqlQueryModel::setQuery(QSqlQuery &&query)
```

QSqlQuery 是可以运行任何 SQL 语句的类，当然也能运行 SELECT 语句从数据库获取数据。

查询出数据后，我们就可以用 QSqlQueryModel 的函数 record()访问数据记录。QSqlQueryModel 模型获得的数据是只读的，即使修改了数据，也无法提交到数据库。

9.3.2 使用 QSqlQueryModel 实现数据查询

1. 示例功能

使用 QSqlQueryModel 可以从一个或多个数据表里查询数据，只需设计好 SELECT 语句。本节设计一个示例项目 samp9_2，使用 QSqlQueryModel 对象从 employee 数据表里查询记录，并使其在界面上显示。

示例 samp9_2 运行时界面如图 9-6 所示，界面设计与示例 samp9_1 的类似。工作区左侧的一个 QTableView 组件显示模型的数据记录，但是不允许编辑，所以设置为单行选择。工作区右侧用一些编辑组件与字段建立映射，显示当前记录的各字段数据。

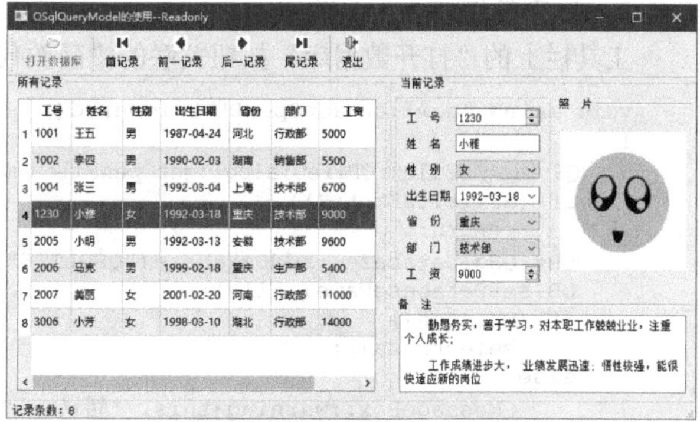

图 9-6 示例 samp9_2 运行时界面

工具栏上的按钮通过 Action 设计，记录移动通过调用 QDataWidgetMapper 类的记录移动函数实现。因为 QSqlQueryModel 模型的数据是只读的，即使在界面组件里修改了数据也无法提交到数据库，所以界面上没有保存或取消修改的按钮。

2. 主窗口类定义和初始化

主窗口类 MainWindow 的定义如下：

```
class MainWindow : public QMainWindow
{
    Q_OBJECT
private:
    QSqlDatabase  DB;                       //数据库连接
    QSqlQueryModel  *qryModel;              //数据模型
    QItemSelectionModel *selModel;          //选择模型
    QDataWidgetMapper   *dataMapper;        //数据界面映射
    void    selectData();                   //查询数据
    void    refreshTableView();             //移动记录后刷新 tableView 上的当前行
public:
    MainWindow(QWidget *parent = nullptr);
private slots:
    //与选择模型的 currentRowChanged()信号关联
    void  do_currentRowChanged(const QModelIndex &current, const QModelIndex &previous);
private:
    Ui::MainWindow *ui;
};
```

这里定义了一个 QSqlQueryModel 类型变量 qryModel 作为数据模型。函数 selectData()用于打开数据库时查询数据，函数 refreshTableView()用于移动记录后刷新 tableView 上的当前行。自定义槽函数 do_currentRowChanged()与选择模型的 currentRowChanged()信号关联，用于在当前行变化时处理 Photo 字段的查询与照片显示。

MainWindow 的构造函数代码如下，主要是设置了组件 tableView 的属性。因为数据模型是只读的，所以设置 tableView 为不可编辑和单行选择。

```
MainWindow::MainWindow(QWidget *parent) : QMainWindow(parent), ui(new Ui::MainWindow)
{
    ui->setupUi(this);
    this->setCentralWidget(ui->splitter);
    ui->tableView->setEditTriggers(QAbstractItemView::NoEditTriggers);         //不可编辑
    ui->tableView->setSelectionBehavior(QAbstractItemView::SelectRows);       //行选择
    ui->tableView->setSelectionMode(QAbstractItemView::SingleSelection);      //单行选择
    ui->tableView->setAlternatingRowColors(true);
}
```

3. 打开数据库

工具栏上的“打开数据库”按钮关联的槽函数代码如下：

```
void MainWindow::on_actOpenDB_triggered()
{
    QString aFile= QFileDialog::getOpenFileName(this,"选择文件","","SQLite 数据库(*.db3)");
    if (aFile.isEmpty())
        return;
    DB= QSqlDatabase::addDatabase("QSQLITE");        //添加 SQLITE 数据库驱动
    DB.setDatabaseName(aFile);
    if (DB.open())
        selectData();
    else
        QMessageBox::warning(this, "错误", "打开数据库失败");
}
```

在打开数据库时，依然要选择本章的 SQLite 示例数据库文件 demodb.db3。程序里调用自定义函数 selectData()查询数据，函数 selectData()的代码如下：

```
void MainWindow::selectData()
{
```

```
    //1. 创建数据模型，查询数据
    qryModel= new QSqlQueryModel(this);
    qryModel->setQuery("SELECT empNo, Name, Gender,  Birthday,  Province,  Department, "
                   " Salary FROM employee ORDER BY empNo");
    if (qryModel->lastError().isValid())
    {
        QMessageBox::critical(this, "错误", "数据表查询错误,错误信息\n"
                          +qryModel->lastError().text());
        return;
    }
    ui->statusBar->showMessage(QString("记录条数：%1").arg(qryModel->rowCount()));

    //2. 设置字段显示标题
    QSqlRecord rec= qryModel->record();     //获取一条空记录，为了获取字段序号
    qryModel->setHeaderData(rec.indexOf("empNo"),  Qt::Horizontal, "工号");
    qryModel->setHeaderData(rec.indexOf("Name"),   Qt::Horizontal, "姓名");
    qryModel->setHeaderData(rec.indexOf("Gender"), Qt::Horizontal, "性别");
    qryModel->setHeaderData(rec.indexOf("Birthday"),   Qt::Horizontal, "出生日期");
    qryModel->setHeaderData(rec.indexOf("Province"),   Qt::Horizontal, "省份");
    qryModel->setHeaderData(rec.indexOf("Department"), Qt::Horizontal, "部门");
    qryModel->setHeaderData(rec.indexOf("Salary"),      Qt::Horizontal, "工资");

    //3. 创建选择模型
    selModel= new QItemSelectionModel(qryModel,this);
    connect(selModel,&QItemSelectionModel::currentRowChanged,
            this, &MainWindow::do_currentRowChanged);
    ui->tableView->setModel(qryModel);
    ui->tableView->setSelectionModel(selModel);

    //4. 创建数据组件映射
    dataMapper= new QDataWidgetMapper(this);
    dataMapper->setSubmitPolicy(QDataWidgetMapper::AutoSubmit);
    dataMapper->setModel(qryModel);
    //界面组件与模型的具体字段的映射
    dataMapper->addMapping(ui->dbSpinEmpNo, rec.indexOf("empNo"));
    dataMapper->addMapping(ui->dbEditName,  rec.indexOf("Name"));
    dataMapper->addMapping(ui->dbComboSex,  rec.indexOf("Gender"));
    dataMapper->addMapping(ui->dbEditBirth, rec.indexOf("Birthday"));
    dataMapper->addMapping(ui->dbComboProvince, rec.indexOf("Province"));
    dataMapper->addMapping(ui->dbComboDep,       rec.indexOf("Department"));
    dataMapper->addMapping(ui->dbSpinSalary,     rec.indexOf("Salary"));
    dataMapper->toFirst();    //移动到首记录
    ui->actOpenDB->setEnabled(false);
}
```

程序首先创建了 QSqlQueryModel 类型的数据模型 qryModel，然后调用函数 setQuery()设置了 SELECT 语句，SELECT 语句从 employee 数据表里查询除 Memo 和 Photo 之外的其他字段。

因为 QSqlQueryModel 没有类似于 QSqlTableModel::fieldIndex()的函数，为了便于根据字段名获取字段序号，我们从数据模型 qryModel 获取一条空记录：

```
QSqlRecord rec= qryModel->record();     //获取一条空记录，为了便于获取字段序号
```

空记录包含字段信息，我们可以使用函数 QSqlRecord::indexOf()通过字段名获取字段序号。

程序里为数据模型创建了选择模型 selModel 和数据组件映射对象 dataMapper。选择模型的 currentRowChanged()信号与自定义槽函数 do_currentRowChanged()关联，在视图组件 tableView 改变当前行时会触发这个槽函数，其功能是查询出当前记录的 Memo 和 Photo 字段的内容，并将其

在界面上显示出来。槽函数 do_currentRowChanged()的代码如下：

```
void MainWindow::do_currentRowChanged(const QModelIndex &current, const
                                        QModelIndex &previous)
{
    Q_UNUSED(previous);
    if (!current.isValid())
    {
        ui->dbLabPhoto->clear();
        ui->dbEditMemo->clear();
        return;
    }
    dataMapper->setCurrentModelIndex(current);                     //设置当前行

    bool first= (current.row() == 0);                              //是否为首记录
    bool last= (current.row() == qryModel->rowCount()-1);          //是否为尾记录
    ui->actRecFirst->setEnabled(!first);                           //更新使能状态
    ui->actRecPrevious->setEnabled(!first);
    ui->actRecNext->setEnabled(!last);
    ui->actRecLast->setEnabled(!last);

    int curRecNo= selModel->currentIndex().row();
    QSqlRecord  curRec= qryModel->record(curRecNo);                //获取当前记录
    int empNo= curRec.value("EmpNo").toInt();                      //主键字段
    QSqlQuery query;      //根据 EmpNo 查询 Memo 和 Photo 字段的数据
    query.prepare("SELECT EmpNo, Memo, Photo FROM employee WHERE EmpNo = :ID");
    query.bindValue(":ID",empNo);
    query.exec();
    query.first();

    QVariant  va= query.value("Photo");
    if (!va.isValid())
        ui->dbLabPhoto->clear();
    else
    {
        QByteArray data= va.toByteArray();
        QPixmap pic;
        pic.loadFromData(data);
        ui->dbLabPhoto->setPixmap(pic.scaledToWidth(ui->dbLabPhoto->size().width()));
    }
    QVariant  va2= query.value("Memo");
    ui->dbEditMemo->setPlainText(va2.toString());
}
```

这个槽函数主要实现以下 3 个功能。

第一个功能是更新 dataMapper 的当前行号：

```
dataMapper->setCurrentModelIndex(current);
```

这样可以使窗口上的数据感知组件刷新并显示当前记录的内容。

第二个功能是根据当前行号判断是不是首记录或尾记录，以此更新界面上 4 个记录移动的 Action 的使能状态。

第三个功能是获取当前记录的 EmpNo 字段的值（即工号），然后用一个 QSqlQuery 变量 query 运行查询语句，只查询出这个员工的 Memo 和 Photo 字段的数据，然后在界面组件上显示。这里使用了 QSqlQuery 类，它可以运行任意的 SQL 语句，下一节会详细介绍其用法。

在为 qryModel 设置 SELECT 语句时，我们并没有查询所有字段，因为 Photo 是 BLOB 类型字段，全部查询出来会占用较多内存，而且在遍历记录时如果存在 BLOB 类型字段数据，运行速度会变慢。

所以，这个示例里将普通字段用 QSqlQueryModel 模型查询出来并在 QTableView 组件中显示，而 Memo 和 Photo 字段的数据采用按需查询的方式，这样可以减少内存消耗，提高遍历记录时的运行速度。

4. 记录移动

QDataWidgetMapper 有 4 个函数用于进行当前行的移动，分别是 toFirst()、toLast()、toNext()和 toPrevious()。通过这几个函数移动 QDataWidgetMapper 对象的当前行时，数据模型的当前记录并不会自动变化，需要根据 QDataWidgetMapper 对象的当前行设置选择模型的当前行，这样才能使 QTableView 组件和数据感知组件的当前行是同步的，这是自定义函数 refreshTableView()实现的功能。

函数 refreshTableView()以及界面上 4 个记录移动按钮关联的槽函数代码如下：

```
void MainWindow::refreshTableView()
{//刷新 tableView 的当前行
    int index= dataMapper->currentIndex();     //dataMapper 的当前行号
    QModelIndex curIndex= qryModel->index(index,1);        //为当前行创建模型索引
    selModel->clearSelection();
    selModel->setCurrentIndex(curIndex,QItemSelectionModel::Select);     //设置当前行
}

void MainWindow::on_actRecFirst_triggered()
{ //首记录
    dataMapper->toFirst();
    refreshTableView();
}
void MainWindow::on_actRecPrevious_triggered()
{ //前一记录
    dataMapper->toPrevious();
    refreshTableView();
}
void MainWindow::on_actRecNext_triggered()
{//后一记录
    dataMapper->toNext();
    refreshTableView();
}
void MainWindow::on_actRecLast_triggered()
{//尾记录
    dataMapper->toLast();
    refreshTableView();
}
```

9.4 QSqlQuery 的使用

QSqlQuery 是能运行任何 SQL 语句的类，如 SELECT、INSERT、UPDATE、DELETE 等 SQL 语句。QSqlQuery 类没有父类，如果运行的是 SELECT 语句，它查询出的数据可以作为一个数据集，但是并不能作为模型/视图结构中的数据模型。

因为 QSqlQuery 能运行任何 SQL 语句，所以使用 QSqlQuery 几乎能进行任何操作，例如创建数据表、修改数据表的字段定义、进行数据统计等。QSqlTableModel 和 QSqlQueryModel 一般用于基于记录的操作，如数据浏览和修改，而 QSqlQuery 能通过运行 SQL 语句实现对数据进行批量修改。如果对 SQL 语句非常熟悉，一般使用 QSqlQuery 类就可以实现任何想要的操作。

本节介绍 QSqlQuery 的接口函数和部分接口函数的使用方法，并设计一个示例项目 samp9_3，将 QSqlQueryModel 和 QSqlQuery 结合起来使用，实现数据表的记录浏览和编辑修改。

9.4.1 QSqlQuery 类

1. 常用接口函数

QSqlQuery 类的常用接口函数如表 9-14 所示，表中列出了函数名和返回值类型。

表 9-14 QSqlQuery 类的常用接口函数

分组	函数	功能描述
SQL 语句的设置和运行	bool prepare()	设置准备运行的 SQL 语句，一般用于设置带有参数的 SQL 语句
	void bindValue()	为函数 prepare()中设置的 SQL 语句中的某个参数绑定数值，也就是设置 SQL 语句中某个参数的值
	void addBindValue()	当函数 prepare()中设置的 SQL 语句中使用问号占位符时，可使用此函数添加参数值
	QVariant boundValue()	返回 SQL 语句中已绑定的某个参数的值
	QVariantList boundValues()	返回 SQL 语句中已绑定的参数值的列表
	void exec()	该函数有两种参数形式。若不带有任何参数，则运行由 prepare()和 bindValue()设置的 SQL 语句；若设置的参数是一条 SQL 语句，则直接运行这条 SQL 语句
	QString executedQuery()	返回上一次成功运行过的 SQL 语句
	QString lastQuery()	返回当前使用的 SQL 语句
	QSqlError lastError()	返回上一次出现错误的信息
	bool isActive()	如果成功运行了函数 exec()，就返回 true
	bool isSelect()	如果运行的 SQL 语句是 SELECT 语句，就返回 true
	void clear()	清除结果数据集，并释放所占的资源
数据集	QSqlRecord record()	若函数 isValid()返回 true，该函数返回当前记录的结构和数据，否则返回一条空记录
	QVariant value()	返回当前记录中某个字段的值，可使用字段名称或字段序号作为输入参数
	bool isNull()	判断一个字段是否为空，当 isActive()的返回值为 false、isValid()的返回值为 false、字段名称不存在或字段数据为空时都返回 true
	int size()	返回值为 SELECT 语句查询到的记录条数。若返回值为-1，说明运行的可能是非 SELECT 语句，或者数据库不支持返回记录条数信息。对于 SQLite 数据库，即使运行的是 SELECT 语句，size()的返回值也为-1
	int numRowsAffected()	返回 SQL 语句影响的记录条数，如果返回值为-1，表示无法确定影响的记录条数。如果运行的是 SELECT 语句，该函数的返回值无意义，应该用函数 size()确定查询结果的记录条数
记录移动	bool first()	定位到第一条记录，isActive()和 isSelect()都为 true 时才有效
	bool previous()	定位到上一条记录，isActive()和 isSelect()都为 true 时才有效
	bool next()	定位到下一条记录，isActive()和 isSelect()都为 true 时才有效
	bool last()	定位到最后一条记录，isActive()和 isSelect()都为 true 时才有效
	bool seek()	定位到指定序号的记录，可采用相对位置或绝对位置
	int at()	返回当前记录的序号，首记录序号为 0。若当前位置不是有效记录，返回值为-1（QSql::BeforeFirstRow）或-2（QSql::AfterLastRow）
	bool isValid()	当前记录是不是一个有效的记录，若为 false 就表示不是有效的。在遍历数据集时，一般用这个函数判断是否遍历到了数据集的结束位置
	bool isForwardOnly()	数据集是否仅能前向移动，若此函数返回值为 true，则只能用 next()函数或参数值为正数的 seek()函数移动当前记录。默认状态下，该函数返回值为 false
	void setForwardOnly()	设置数据集是否仅能前向移动，必须在运行函数 prepare()或 exec()之前运行这个函数。若设置为仅能前向移动，可提高内存使用效率和记录移动速度

2. QSqlQuery 对象的创建

QSqlQuery 有 4 种参数形式的构造函数，其中两种的原型定义如下：

```
QSqlQuery(const QSqlDatabase &db)
QSqlQuery(const QString &query = QString(), const QSqlDatabase &db = QSqlDatabase())
```

创建 QSqlQuery 对象时可以传递 SQL 语句和数据库连接，如果不传递任何参数，就表示不设置 SQL 语句，并使用默认的数据库连接。

3. SQL 语句的设置和运行

如果要使用 QSqlQuery 运行不带有参数的 SQL 语句，可直接使用函数 exec(QString)，例如：

```
QSqlQuery  query;
query.exec("SELECT * FROM employee");                          //查询数据
query.exec("UPDATE employee SET Salary=6000 where Gender='女'");    //更新数据
```

有时为了动态生成 SQL 语句，可以使用函数 prepare()设置带有参数的 SQL 语句，然后用函数 bindValue()设置 SQL 语句中的各参数值，再用函数 exec()运行 SQL 语句。例如：

```
QSqlQuery  query;
query.prepare("SELECT empNo, Name, Gender, Salary FROM employee "
        " WHERE Gender =:sex AND Salary >=:salary");
query.bindValue(":sex", "男");
query.bindValue(":salary", 5000);
query.exec();
```

在函数 prepare()中设置 SQL 语句的参数有两种形式，上面的示例中使用的是“:参数名”的形式。这种情况下，一般使用 bindValue()通过参数名绑定参数值，相应的 bindValue()函数的原型定义如下：

```
void QSqlQuery::bindValue(const QString &placeholder, const QVariant &val,
                         QSql::ParamType paramType = QSql::In)
```

其中，placeholder 是 SQL 语句中用于占位的参数名；val 是参数的值；paramType 是参数类型，默认值为 QSql::In，表示传递给数据库的值。若 paramType 设置为 QSql::Out，表示该参数是一个返回值，在运行函数 exec()后，这个参数会被数据库返回的值覆盖。

在函数 prepare()中设置 SQL 语句参数的另一种方式是使用问号作为占位符，例如：

```
QSqlQuery  query;
query.prepare("UPDATE employee SET Department=?, Salary=? WHERE EmpNo =?");
query.bindValue(0,  "技术部");
query.bindValue(1,  5000);
query.bindValue(2,  2006);
query.exec();
```

这里使用了另一种参数形式的 bindValue()函数，其原型定义如下：

```
void QSqlQuery::bindValue(int pos, const QVariant &val, QSql::ParamType
                         paramType = QSql::In)
```

其中，参数 pos 是占位符位置序号，第一个参数位置序号为 0；val 是参数值；paramType 是参数类型，默认值为 QSql::In。

当函数 prepare()中使用的是问号占位符时，还可以使用 addBindValue()添加参数值，例如：

```
QSqlQuery  query;
query.prepare("UPDATE employee SET Department=?, Salary=? WHERE EmpNo =?");
query.addBindValue("技术部");
query.addBindValue(6000);
query.addBindValue(1007);
query.exec();
```

使用函数 addBindValue()设置参数值时无须给出占位符序号，其函数原型定义如下：

```
void  QSqlQuery::addBindValue(const QVariant &val, QSql::ParamType
                              paramType = QSql::In)
```

在函数 prepare()中使用参数名作为占位符时，也可以使用占位符序号形式的函数 bindValue()来设置参数值，例如：

```
QSqlQuery  query;
query.prepare("SELECT empNo, Name, Gender, Salary FROM employee "
              " WHERE Gender =:sex AND Salary >=:salary");
query.bindValue(0 "男");
query.bindValue(1, 5000);
query.exec();
```

在使用函数 prepare()设置带有参数的 SQL 语句时，推荐使用参数名占位符形式，在使用函数 bindValue()设置参数值时也推荐使用参数名占位符形式，因为这样程序的可读性更好。

4. 记录移动

如果 QSqlQuery 运行的是 SELECT 语句，会返回一个数据集，并且有一个当前行。first()、previous()、next()、last()等函数可用于进行当前行的移动。如果当前行是有效记录，函数 isValid()的返回值为 true。函数 record()返回当前行的记录，其函数原型定义如下：

```
QSqlRecord  QSqlQuery::record()
```

函数 record()没有任何参数，它只能返回当前行的记录，不能指定行号。如果当前行是有效的，返回的 QSqlRecord 对象包含当前记录的数据，否则返回的是一条空记录。

如果 QSqlQuery 运行的是 SELECT 语句，函数 size()返回的是数据集的记录条数，但是需要数据库支持返回记录条数信息。我们在测试中可以发现，使用 SQLite 数据库时，这个函数总是返回-1，所以不要用这个函数来确定记录条数。

使用函数 seek()可以定位到指定序号的记录，这个函数原型定义如下：

```
bool  QSqlQuery::seek(int index, bool relative = false)
```

其中，参数 relative 表示绝对位置（false）或相对位置（true）。若 relative 为 false，参数 index 表示需要移动到的绝对位置，数据集的首记录位置为 0。若 relative 为 true，参数 index 表示相对于当前位置移动的行数，index 为正数表示向尾记录方向移动，index 为负数表示向首记录方向移动。

函数 at()用于获取数据集的当前行号，利用 at()和 seek()可以实现相对移动。

函数 isForwardOnly()的返回值若为 true，表示数据集仅能前向移动，也就是只能向尾记录方向移动。这时只能使用 next()函数，或实现向尾记录方向移动的 seek()函数。如果只是为了遍历数据集进行一些处理，用函数 setForwardOnly()设置为仅能前向移动可以提高内存使用效率和记录移动速度。但是要注意，必须在运行函数 prepare()或 exec()之前运行函数 setForwardOnly()。

9.4.2 QSqlQuery 使用示例

1. 示例功能概述

QSqlQueryModel 可以查询数据并作为数据模型，但是通过它获得的数据集是只读的，即使修改了也不能提交到数据库。QSqlQuery 可以运行 UPDATE、INSERT、DELETE 等 SQL 语句实现数据的编辑修改。本节设计一个示例项目 samp9_3，结合使用 QSqlQueryModel 和 QSqlQuery 实现数据的显示和编辑修改，示例运行时主窗口界面如图 9-7 所示。

点击主窗口工具栏上的“打开数据库”按钮，选择本章示例数据库文件 demodb.db3 之后，程序会创建一个 QSqlQueryModel 模型，查询出 employee 数据表的部分字段数据，与界面上的 QTableView 组件组成模型/视图结构，显示查询出的数据。

对于主窗口 QTableView 组件里的数据不能直接编辑修改，但是通过工具栏上的按钮可以插入、编辑或删除当前记录，这是用 QSqlQuery 类对象运行 INSERT、UPDATE 或 DELETE 语句来实现的。插入和编辑记录都会打开一个对话框，图 9-8 是编辑记录的对话框。在对话框上设置各字段的数据，点击“确定”按钮后，程序会用 QSqlQuery 对象运行 UPDATE 语句，这样就可以更新记录。在图 9-7 所示的表格上双击一条记录，也可以打开图 9-8 所示的对话框。

	工号	姓名	性别	出生日期	省份	部门	工资
1	1001	王五	男	1987-04-24	河北	行政部	5000
2	1002	李四	男	1990-02-03	湖南	销售部	5500
3	1004	张三	男	1992-03-04	上海	技术部	6700
4	1230	小雅	女	1992-03-18	重庆	技术部	9000
5	2005	小明	男	1992-03-13	安徽	技术部	9600
6	2006	马克	男	1999-02-18	重庆	生产部	5400
7	2007	美丽	女	2001-02-20	河南	行政部	11000

图 9-7 示例 samp9_3 运行时主窗口界面

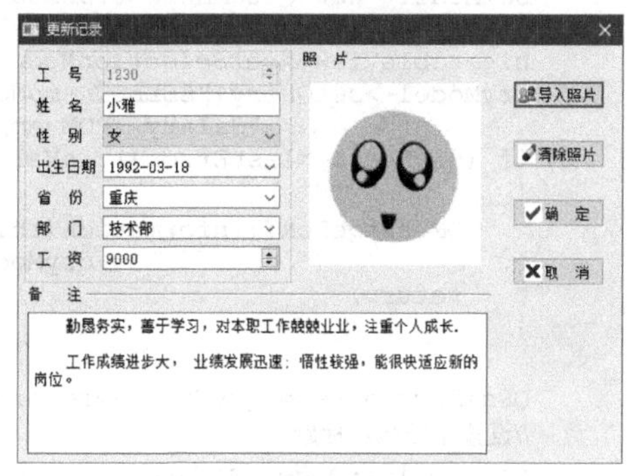

图 9-8 编辑记录的对话框

2. 主窗口数据显示

主窗口界面设计比较简单，就是设计几个 Action 然后创建工具按钮，工作区只有一个 QTableView 组件。主窗口类 MainWindow 的定义如下：

```
class MainWindow : public QMainWindow
{
    Q_OBJECT
private:
    QSqlDatabase  DB;                    //数据库连接
    QSqlQueryModel  *qryModel;           //数据模型
    QItemSelectionModel  *selModel;      //选择模型
    void    selectData();                //查询数据
    void    updateRecord(int recNo);     //更新一条记录
public:
    MainWindow(QWidget *parent = nullptr);
private:
    Ui::MainWindow *ui;
};
```

MainWindow 里定义了数据模型和选择模型，函数 selectData()用于打开数据库时查询数据，函数 updateRecord()用于更新一条记录。MainWindow 类构造函数的代码与示例 samp9_2 的一样，主要是设置视图组件 tableView 的一些属性，这里就不再展示了。

主窗口上“打开数据库”按钮的槽函数代码以及自定义函数 selectData()的代码如下：

```
void MainWindow::on_actOpenDB_triggered()
{//“打开数据库”按钮
    QString aFile= QFileDialog::getOpenFileName(this,"选择文件","","
                                            SQLite 数据库(*.db3)");
    if (aFile.isEmpty())
```

```
        return;
    DB=QSqlDatabase::addDatabase("QSQLITE");    //添加 SQLITE 数据库驱动
    DB.setDatabaseName(aFile);                  //设置数据库文件
    if (DB.open())
        selectData();
    else
        QMessageBox::warning(this, "错误", "打开数据库失败");
}

void MainWindow::selectData()
{
    qryModel= new QSqlQueryModel(this);
    selModel= new QItemSelectionModel(qryModel,this);
    ui->tableView->setModel(qryModel);
    ui->tableView->setSelectionModel(selModel);
    qryModel->setQuery("SELECT empNo,Name, Gender, Birthday, Province, Department,"
                    "Salary FROM employee ORDER BY empNo");
    if (qryModel->lastError().isValid())
    {
        QMessageBox::information(this, "错误", "数据表查询错误,错误信息\n"
                            +qryModel->lastError().text());
        return;
    }

    QSqlRecord rec= qryModel->record();    //获取空记录，用于获取字段序号
    //设置字段显示标题
    qryModel->setHeaderData(rec.indexOf("empNo"),    Qt::Horizontal, "工号");
    qryModel->setHeaderData(rec.indexOf("Name"),     Qt::Horizontal, "姓名");
    qryModel->setHeaderData(rec.indexOf("Gender"),   Qt::Horizontal, "性别");
    qryModel->setHeaderData(rec.indexOf("Birthday"), Qt::Horizontal, "出生日期");
    qryModel->setHeaderData(rec.indexOf("Province"), Qt::Horizontal, "省份");
    qryModel->setHeaderData(rec.indexOf("Department"),     Qt::Horizontal, "部门");
    qryModel->setHeaderData(rec.indexOf("Salary"),         Qt::Horizontal, "工资");

    ui->actOpenDB->setEnabled(false);
    ui->actRecInsert->setEnabled(true);
    ui->actRecDelete->setEnabled(true);
    ui->actRecEdit->setEnabled(true);
    ui->actScan->setEnabled(true);
}
```

函数 selectData()创建了 QSqlQueryModel 类对象 qryModel，它从数据表 employee 里查询除 Memo 和 Photo 之外的字段的数据，并作为界面上的视图组件 tableView 的数据模型。程序还创建了选择模型 selModel，但是没有为选择模型的 currentRowChanged()信号关联槽函数，因为不需要在记录移动时做处理。由于 qryModel 查询出的数据是只读的，tableView 只能用于浏览数据。

3. 记录编辑对话框设计

点击主窗口工具栏上的“插入记录”按钮和“编辑记录”按钮，都会出现图 9-8 所示的对话框，该对话框用于插入一条新的记录或编辑一条记录。

使用新建向导创建一个带窗体的对话框类，设置类名称为 TDialogData。对话框界面设计结果见项目中的 UI 文件 tdialogdata.ui。TDialogData 类的定义如下：

```
class TDialogData : public QDialog
{
    Q_OBJECT
private:
```

```
    QSqlRecord  m_record;                                    //保存一条记录的数据
public:
    TDialogData(QWidget *parent = nullptr);
    void   setUpdateRecord(QSqlRecord &recData);             //更新记录
    void   setInsertRecord(QSqlRecord &recData);             //插入记录
    QSqlRecord  getRecordData();                             //获取界面中输入的数据
private slots:
    void  on_btnClearPhoto_clicked();                        //清除照片
    void  on_btnSetPhoto_clicked();                          //导入照片
private:
    Ui::TDialogData *ui;
};
```

QSqlRecord 类型的私有变量 m_record 用于保存一条记录的数据。

插入一条记录时，程序创建对话框后要调用函数 setInsertRecord()初始化对话框的数据。编辑一条记录时，程序创建对话框后要调用函数 setUpdateRecord()初始化对话框的数据。

函数 getRecordData()会将对话框界面上的数据存入变量 m_record，并将 m_record 作为函数的返回值。调用对话框的程序可以在对话框的"确定"按钮被点击后，调用函数 getRecordData()获得对话框中输入的记录数据。

TDialogData 的所有自定义函数以及对话框上的"导入照片"按钮和"清除照片"按钮的代码如下。QSqlRecord 类的使用、照片的导入与显示等在前面的示例中都介绍过，这部分的程序代码容易看懂，不再过多解释。

```
void TDialogData::setUpdateRecord(QSqlRecord &recData)
{//编辑记录，将更新记录数据到界面
    m_record= recData;                          //记录存入私有变量
    ui->spinEmpNo->setEnabled(false);     //工号不允许编辑
    setWindowTitle("更新记录");
    //根据 recData 的数据更新界面显示内容
    ui->spinEmpNo->setValue(recData.value("empNo").toInt());
    ui->editName->setText(recData.value("Name").toString());
    ui->comboSex->setCurrentText(recData.value("Gender").toString());
    ui->editBirth->setDate(recData.value("Birthday").toDate());
    ui->comboProvince->setCurrentText(recData.value("Province").toString());
    ui->comboDep->setCurrentText(recData.value("Department").toString());
    ui->spinSalary->setValue(recData.value("Salary").toInt());
    ui->editMemo->setPlainText(recData.value("Memo").toString());

    QVariant  va= recData.value("Photo");
    if (!va.isValid())                          //Photo 字段内容为空
        ui->LabPhoto->clear();
    else
    {
        QByteArray data= va.toByteArray();
        QPixmap pic;
        pic.loadFromData(data);
        ui->LabPhoto->setPixmap(pic.scaledToWidth(ui->LabPhoto->size().width()));
    }
}

void TDialogData::setInsertRecord(QSqlRecord &recData)
{//插入记录，无须更新界面显示内容，但是要存储 recData 的字段结构
    m_record= recData;                          //recData 保存到私有变量中
    ui->spinEmpNo->setEnabled(true);      //插入的记录，允许编辑工号
    setWindowTitle("插入新记录");
```

```
    ui->spinEmpNo->setValue(recData.value("empNo").toInt());
}

QSqlRecord TDialogData::getRecordData()
{//点击“确定”按钮后，界面数据保存到变量 m_record 中
    m_record.setValue("empNo",    ui->spinEmpNo->value());
    m_record.setValue("Name",     ui->editName->text());
    m_record.setValue("Gender",   ui->comboSex->currentText());
    m_record.setValue("Birthday",ui->editBirth->date());
    m_record.setValue("Province",    ui->comboProvince->currentText());
    m_record.setValue("Department",  ui->comboDep->currentText());
    m_record.setValue("Salary",   ui->spinSalary->value());
    m_record.setValue("Memo",     ui->editMemo->toPlainText());
    //编辑照片时已经修改了 m_record 的 Photo 字段的值
    return  m_record;   //以记录作为返回值
}

void TDialogData::on_btnClearPhoto_clicked()
{ //“清除照片”按钮
    ui->LabPhoto->clear();
    m_record.setNull("Photo");   //Photo 字段清空
}

void TDialogData::on_btnSetPhoto_clicked()
{//“导入照片”按钮
    QString aFile= QFileDialog::getOpenFileName(this,"选择图片文件","", "照片(*.jpg)");
    if (aFile.isEmpty())
        return;
    QByteArray data;
    QFile* file= new QFile(aFile);
    file->open(QIODevice::ReadOnly);
    data = file->readAll();
    file->close();
    delete file;

    m_record.setValue("Photo",data);   //图片保存到 Photo 字段中
    QPixmap pic;
    pic.loadFromData(data);
    ui->LabPhoto->setPixmap(pic.scaledToWidth(ui->LabPhoto->size().width()));
}
```

4. 编辑记录

通过点击主窗口工具栏上的“编辑记录”按钮或在视图组件 tableView 上双击某条记录，即可编辑当前记录，代码如下：

```
void MainWindow::on_actRecEdit_triggered()
{//编辑当前记录
    int curRecNo= selModel->currentIndex().row();
    updateRecord(curRecNo);
}
void MainWindow::on_tableView_doubleClicked(const QModelIndex &index)
{//在 tableView 上双击某条记录， 编辑当前记录
    int curRecNo=index.row();
    updateRecord(curRecNo);
}
```

上面两个槽函数中都调用了函数 updateRecord()，并且以当前记录的序号作为参数。函数

updateRecord()会实现对当前记录的编辑，代码如下：

```
void MainWindow::updateRecord(int recNo)
{//更新一条记录
    QSqlRecord  curRec= qryModel->record(recNo);                    //获取数据模型的一条记录
    int empNo= curRec.value("EmpNo").toInt();                       //获取 EmpNo 字段的值
    QSqlQuery query;
    query.prepare("SELECT * FROM employee WHERE EmpNo = :ID");
    query.bindValue(":ID",empNo);
    query.exec();
    query.first();
    if (!query.isValid())                                           //无有效记录
        return;

    curRec= query.record();                                         //获取当前记录
    TDialogData  *dataDialog= new TDialogData(this);                //创建对话框
    Qt::WindowFlags  flags= dataDialog->windowFlags();
    dataDialog->setWindowFlags(flags | Qt::
                            MSWindowsFixedSizeDialogHint);          //对话框固定大小
    dataDialog->setUpdateRecord(curRec);                            //更新对话框的数据和界面

    int ret= dataDialog->exec();
    if (ret == QDialog::Accepted)
    {
        QSqlRecord  recData= dataDialog->getRecordData();           //获取对话框返回的记录
        query.prepare("UPDATE employee SET Name=:Name, Gender=:Gender,"
                      " Birthday=:Birthday,  Province=:Province,"
                      " Department=:Department, Salary=:Salary,"
                      " Memo=:Memo, Photo=:Photo "
                      " WHERE EmpNo = :ID");
        query.bindValue(":Name",     recData.value("Name"));
        query.bindValue(":Gender",   recData.value("Gender"));
        query.bindValue(":Birthday",recData.value("Birthday"));
        query.bindValue(":Province",recData.value("Province"));
        query.bindValue(":Department",   recData.value("Department"));
        query.bindValue(":Salary",   recData.value("Salary"));
        query.bindValue(":Memo",     recData.value("Memo"));
        query.bindValue(":Photo",    recData.value("Photo"));
        query.bindValue(":ID",       empNo);
        if (!query.exec())
            QMessageBox::critical(this, "错误",
                            "记录更新错误\n"+query.lastError().text());
        else
            qryModel->query().exec();    //数据模型重新查询数据，更新 tableView 显示内容
    }
    delete dataDialog;
}
```

函数 updateRecord()的输入参数 recNo 是数据模型 qryModel 当前记录的行号。程序先获取当前记录的 EmpNo 字段的值，即工号，然后使用一个 QSqlQuery 对象从数据表里查询出关于这个员工的所有字段的一条记录。由于 EmpNo 是数据表 employee 的主键字段，不允许出现重复，因此只会查询出一条记录，查询出的这条完整记录被保存到变量 curRec 中。

程序创建对话框 dataDialog，调用函数 setUpdateRecord()将保存完整记录的 curRec 传递给对话框：

```
dataDialog->setUpdateRecord(curRec);     //更新对话框的数据和界面
```

对话框 dataDialog 以模态方式显示。如果点击“确定”按钮，程序再通过函数 getRecordData()获取对话框编辑后的记录数据，即：

```
QSqlRecord  recData= dataDialog->getRecordData();
```

然后，程序里使用 QSqlQuery 对象运行带有参数的 UPDATE 语句更新一条记录。更新成功后，需要将数据模型 qryModel 的 SQL 语句重新运行一次，这样才可以更新 tableView 的显示内容。

5. 插入记录

点击工具栏上的“插入记录”按钮可以插入一条新记录，其关联的槽函数代码如下：

```
void MainWindow::on_actRecInsert_triggered()
{
    QSqlQuery query;
    query.exec("SELECT * FROM employee WHERE EmpNo = -1"); //查不出实际记录，只查询出字段信息
    QSqlRecord curRec= query.record();         //获取当前记录，实际为空记录
    curRec.setValue("EmpNo",qryModel->rowCount()+3000);

    TDialogData  *dataDialog= new TDialogData(this);
    Qt::WindowFlags  flags= dataDialog->windowFlags();
    dataDialog->setWindowFlags(flags | Qt::MSWindowsFixedSizeDialogHint); //对话框固定大小
    dataDialog->setInsertRecord(curRec);      //插入记录

    int ret= dataDialog->exec();
    if (ret == QDialog::Accepted)
    {
        QSqlRecord  recData= dataDialog->getRecordData();
        query.prepare("INSERT INTO employee (EmpNo,Name,Gender,Birthday,Province,"
                      " Department,Salary,Memo,Photo) "
                      " VALUES(:EmpNo,:Name, :Gender,:Birthday,:Province,"
                      " :Department,:Salary,:Memo,:Photo)");
        query.bindValue(":EmpNo",    recData.value("EmpNo"));
        query.bindValue(":Name",     recData.value("Name"));
        query.bindValue(":Gender",   recData.value("Gender"));
        query.bindValue(":Birthday",    recData.value("Birthday"));
        query.bindValue(":Province",    recData.value("Province"));
        query.bindValue(":Department",  recData.value("Department"));
        query.bindValue(":Salary", recData.value("Salary"));
        query.bindValue(":Memo",     recData.value("Memo"));
        query.bindValue(":Photo",    recData.value("Photo"));
        if (!query.exec())
            QMessageBox::critical(this, "错误",
                            "插入记录错误\n"+query.lastError().text());
        else
        {
            QString sqlStr= qryModel->query().executedQuery();    //运行过的 SELECT 语句
            qryModel->setQuery(sqlStr);     //重新查询数据
        }
    }
    delete dataDialog;
}
```

程序首先用 QSqlQuery 对象 query 运行一条 SQL 语句“select * from employee where EmpNo = -1”，这样不会查询到记录，其目的是得到一条空记录 curRec。

创建对话框 dataDialog 后，我们调用对话框的函数 setInsertRecord()初始化对话框的数据。

对话框 dataDialog 以模态方式显示，点击“确定”按钮后，程序使用 query 运行 INSERT 语句插入一条新记录。若插入记录成功，需要重新运行数据模型 qryModel 的 SQL 语句查询数据，这

样才会更新界面上 tableView 的显示内容。

6. 删除记录

点击工具栏上的"删除记录"按钮可以删除 tableView 上的当前记录，其关联的槽函数代码如下：

```
void MainWindow::on_actRecDelete_triggered()
{
    int curRecNo= selModel->currentIndex().row();
    QSqlRecord  curRec= qryModel->record(curRecNo);            //获取当前记录
    if (curRec.isEmpty())                                      //当前为空记录
        return;

    int empNo= curRec.value("EmpNo").toInt();                  //获取工号
    QSqlQuery query;
    query.prepare("DELETE  FROM employee WHERE EmpNo = :ID");
    query.bindValue(":ID",empNo);
    if (!query.exec())
        QMessageBox::critical(this, "错误",
                        "删除记录出现错误\n"+query.lastError().text());
    else
    {
        QString sqlStr= qryModel->query().executedQuery();    // 运行过的 SELECT 语句
        qryModel->setQuery(sqlStr);                            //重新查询数据
    }
}
```

从数据模型 qryModel 的当前记录获取工号，然后用一个 QSqlQuery 对象运行一条 DELETE 语句删除这条记录。删除记录后需要重新设置数据模型 qryModel 的 SQL 语句并查询数据，以更新数据集和 tableView 的显示内容。

7. 遍历记录

点击工具栏上的"涨工资"按钮，可以修改所有记录的 Salary 字段的值，其关联的槽函数代码如下：

```
void MainWindow::on_actScan_triggered()
{
    QSqlQuery qryUpdate;                      //用于临时运行 SQL 语句
    qryUpdate.prepare("UPDATE employee SET Salary=:Salary WHERE EmpNo = :ID");
    QSqlQuery qryEmpList;
    qryEmpList.setForwardOnly(true);    //设置为仅能前向移动，提高查询性能
    qryEmpList.exec("SELECT empNo,Salary FROM employee ORDER BY empNo");
    qryEmpList.first();
    while (qryEmpList.isValid())          //当前记录有效
    {
        int empID= qryEmpList.value("empNo").toInt();
        float salary= 1000 + qryEmpList.value("Salary").toFloat();
        qryUpdate.bindValue(":ID",empID);
        qryUpdate.bindValue(":Salary",salary);
        qryUpdate.exec();
        qryEmpList.next();                    //移动到下一条记录
    }
    qryModel->query().exec();                 //数据模型重新查询数据，更新 tableView 的显示内容
    QMessageBox::information(this, "提示", "涨工资数据计算完毕");
}
```

程序里使用了两个 QSqlQuery 变量，其中 qryEmpList 用于查询 EmpNo 和 Salary 这两个字段的全部记录，qryUpdate 用于运行一条带有参数的 UPDATE 语句，每次更新一条记录的 Salary 字段数据。

qryEmpList 被设置为仅能前向移动，这样可以提高程序运行效率。

这段程序采用的是遍历数据集的所有记录并逐条更新记录数据的方法。其实，要实现这段程序的功能，只需运行一条 SQL 语句。对这个关联的槽函数代码进行改写，改写后的代码如下：

```
void MainWindow::on_actScan_triggered()
{
    QSqlQuery qryUpdate;
    qryUpdate.exec("UPDATE employee SET Salary=Salary+1000");
    qryModel->query().exec();
    QMessageBox::information(this, "提示", "涨工资数据计算完毕");
}
```

这段程序可以实现与前面程序完全相同的功能，而代码大大简化，这是因为使用了合适的 SQL 语句。SQL 功能非常丰富，要进行数据库编程，应熟悉 SQL，并能灵活运用 SQL 语句。

9.5 QSqlRelationalTableModel 的使用

QSqlRelationalTableModel 是 QSqlTableModel 的子类，它可以作为关系数据表的模型类。本章的示例数据库 demodb 中，studInfo 就是一个具有外键关系的数据表。本节介绍关系数据表的原理，并介绍设计一个示例项目，用 QSqlRelationalTableModel 作为模型类，来实现编辑数据表 studInfo 的数据。

9.5.1 数据表之间的关系

本章的示例数据库 demodb 中有 4 个数据表，其中 employee 是一个独立的数据表，与其他数据表没有关系，departments、majors、studInfo 这 3 个数据表之间存在关系。这 3 个数据表的字段结构见 9.1 节的介绍，它们之间的关系如图 9-9 所示。

在图 9-9 中，标记“**”的是主键字段，标记“*”的是外键字段。主键字段是一个数据表中表示记录唯一性的字段，例如 studInfo 数据表中的 studID 字段。外键字段是与其他数据表的主键存在关系的字段，例如 studInfo 数据表中的 departID 字段就是外键字段，它与 departments 数据表中的 departID 字段存在关系。studInfo 数据表中的 departID 存储的是编码，编码的含义需要查询 departments 数据表中具有相同 departID 值的一条记录中的 department 字段才可知道。

studInfo 数据表中的 departID 和 majorID 字段一般称为编码字段，departments 数据表和 majors 数据表一般称为编码表。编码表的一条记录有编码字段和编码含义字段，例如 departments 数据表中，departID 是编码字段，department 是编码含义字段。

在数据库设计中经常采用编码字段和编码表，一是可以减少数据表存储的数据量，例如在 studInfo 数据表中不用存储每个学院的全名，而只需存储学院的编码；二是便于修改，例如如果某个学院的名称改变了，那么只需修改 departments 数据表中的一条记录。

具有外键关联的两个数据表构成主从关系，主表中的一条记录关联从表中的多条记录。例如，departments 数据表是主表，studInfo 数据表是从表，通过 departments 数据表中一条记录的 departID 值可以查询出 studInfo 数据表中的多条记录。

在维护具有主从关系的数据表时，从表中一般不应该存在孤立的记录。在删除主表中的一条记录时，应该自动删除从表中的关联记录；在更新主表中主键字段的值时，应该自动更新从表中关联记录的外键的值。在创建外键时就可以做这样的设置，使数据库自动维护主从数据表的这些操作。

例如，SQLite Expert 中为 studInfo 数据表的 departID 字段设计外键的对话框如图 9-10 所示。On Delete 表示主表删除一条记录时从表的操作，如果设置为 CASCADE 就表示从表自动删除关联的记录；On Update 表示主表更新 departID 字段值时从表的操作，如果设置为 CASCADE 就表示从表自动更新 departID 字段的值。SQLite 数据库可以自动进行这样的级联操作，当然这两项也可以设置为 SET NULL（设置为空值）或 NO ACTION（无动作）等。

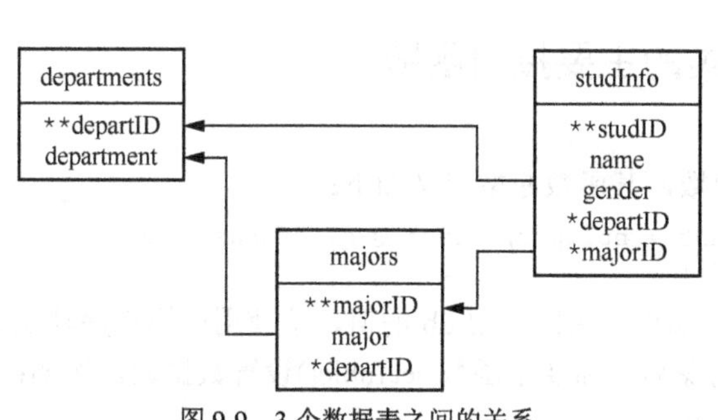

图 9-9　3 个数据表之间的关系

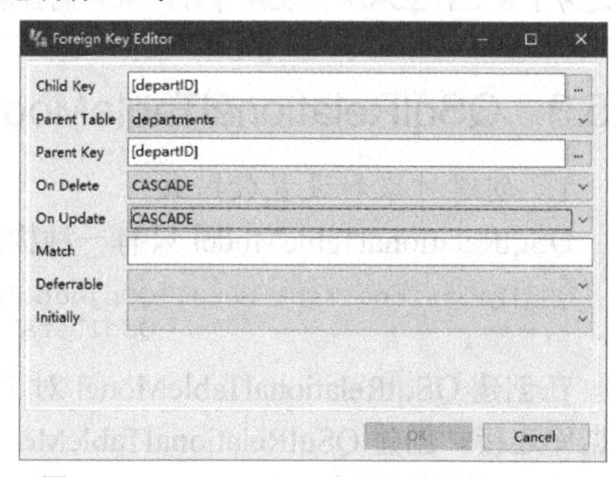

图 9-10　SQLite Expert 中设计外键的对话框

9.5.2　QSqlRelationalTableModel 类的作用

QSqlRelationalTableModel 是 QSqlTableModel 的子类，它可以作为具有编码字段的数据表的模型类，例如可以作为示例数据库中的数据表 studInfo 的数据模型。

数据表 studInfo 中有两个编码字段，即 departID 和 majorID，它们存放的数据是编码。如果我们在设计 GUI 程序时使用 QSqlTableModel 对象作为 studInfo 数据表的模型，在一个 QTableView 组件上显示 studInfo 数据表的内容，那么界面上显示的 departID 和 majorID 字段的数据是编码，很不直观。

如果使用 QSqlRelationalTableModel 对象作为 studInfo 数据表的模型，并且为 departID 和 majorID 字段设置好其与关联编码表的关系，那么编码字段会被自动转换成代码含义字段并进行显示。图 9-11 所示的是本节示例 samp9_4 运行时主窗口界面，显示的是 studInfo 数据表的数据，departID 和 majorID 字段被自动替换为相应的编码含义字段进行显示。编辑这两个字段的数据时，会自动出现一个下拉列表框供选择输入，下拉列表的内容就是编码表中编码含义字段的所有记录。

QSqlRelationalTableModel 的使用

打开　添加　插入　删除　保存　取消　字段列表　退出

	学号	姓名	性别	学院	专业
1	2017200102	张三	男	化工学院	生物工程
2	2017200103	李四	男	生物科学学院	生物遗传工程
3	2017200211	王五	男	生物科学学院	天体物理学
4	2017300212	小明	男		自动化
5	2017400102	小雅	女		自动化
6	2018020111	莉莉	女		固体地球物理学
7	2018020112	隋欣	女		计算机网络
8	2018020215	王大鹏	男		天体物理学
9	2018023023	孔辉	女	信息科学学院	量子物理学

生物科学学院
数理学院
化工学院
地球科学学院
信息科学学院
工程技术学院
商学院

图 9-11　示例 samp9_4 运行时主窗口界面

QSqlRelationalTableModel类的这种功能使得显示和编辑具有编码字段的数据表的数据变得非常直观和方便，在数据库应用程序设计中非常有用。

提示 要实现图9-11体现的这种功能，数据表studInfo中departID和majorID字段的外键不是必需的，即使删除了数据表studInfo中为departID和majorID字段设计的外键，程序也会正常运行。为数据表设计外键主要是为了在进行主从数据表操作时，从表能自动进行级联操作，例如级联删除记录或更新记录。

9.5.3 QSqlRelationalTableModel 类的主要接口函数

1．创建对象和设置数据表

QSqlRelationalTableModel只有一种构造函数，其函数原型定义如下：

```
QSqlRelationalTableModel(QObject *parent = nullptr, const QSqlDatabase &db =
                          QSqlDatabase())
```

在创建QSqlRelationalTableModel对象时，如果不指定参数db的值，就使用应用程序默认的数据库连接。创建QSqlRelationalTableModel对象后，需要用函数setTable()设置数据表，例如：

```
tabModel= new QSqlRelationalTableModel(this);
tabModel->setTable("studInfo");     //设置数据表
```

2．设置外键关系

QSqlRelationalTableModel类的一个主要函数是setRelation()，该函数原型定义如下：

```
void  QSqlRelationalTableModel::setRelation(int column, const QSqlRelation &relation)
```

其中，参数column是外键字段的字段序号，例如studInfo数据表中departID字段的序号是3；参数relation是一个QSqlRelation类型的变量，用于表示外键字段关联的编码表、编码字段、编码含义字段等信息。

QSqlRelation类的构造函数原型定义如下：

```
QSqlRelation(const QString &tableName, const QString &indexColumn,
             const QString &displayColumn)
```

其中，tableName是编码表名称，indexColumn是外键字段名称，displayColumn是编码表中代码含义字段的名称。例如，要为studInfo数据表中的departID字段设置关系，代码如下：

```
tabModel= new QSqlRelationalTableModel(this);
tabModel->setTable("studInfo");      //设置数据表
tabModel->setRelation(3,QSqlRelation("departments","departID","department"));
```

QSqlRelationalTableModel的函数relation()返回为某个字段设置的QSqlRelation对象，其函数原型定义如下，参数column是外键字段序号。

```
QSqlRelation  QSqlRelationalTableModel::relation(int column)
```

QSqlRelation有tableName()、indexColumn()、displayColumn()这3个函数用于返回在其构造函数中设置的3个参数的值。

3．其他函数

函数setJoinMode()用于设置SQL语句中的连接模式，也就是设置是否显示外键字段值在编码表中不存在的记录（例如外键字段值为null时），即是否显示从表中的孤立记录。其函数原型定义如下：

```
void  QSqlRelationalTableModel::setJoinMode(QSqlRelationalTableModel::
                                             JoinMode joinMode)
```

参数 joinMode 有两种可设置的枚举值。

- QSqlRelationalTableModel::InnerJoin：不显示从表中的孤立记录，这是默认值。
- QSqlRelationalTableModel::LeftJoin：显示从表中的孤立记录。

函数 relationModel()用于返回某个外键字段关联的编码表的 QSqlTableModel 类型数据模型，该函数原型定义如下，参数 column 是外键字段序号。

```
QSqlTableModel  *QSqlRelationalTableModel::relationModel(int column)
```

当使用函数 setRelation()为一个外键字段设置关系时，QSqlRelationalTableModel 内部实际上会创建一个 QSqlTableModel 对象作为编码表的数据模型。

9.5.4 示例程序设计

1. 主窗口类定义

本节设计一个示例项目 samp9_4，演示 QSqlRelationalTableModel 类的使用方法。主窗口界面设计比较简单，工作区只有一个 QTableView 组件。主窗口类 MainWindow 的定义如下：

```
class MainWindow : public QMainWindow
{
    Q_OBJECT
private:
    QSqlDatabase  DB;                              //数据库连接
    QSqlRelationalTableModel  *tabModel;           //数据模型
    QItemSelectionModel  *selModel;                //选择模型
    void  openTable();                             //打开数据表
public:
    MainWindow(QWidget *parent = nullptr);
private slots:
    void  do_currentChanged(const QModelIndex &current, const QModelIndex &previous);
private:
    Ui::MainWindow *ui;
};
```

MainWindow 类中定义的数据模型 tabModel 是 QSqlRelationalTableModel 类型的。代码中还定义了选择模型，自定义槽函数 do_currentChanged()会与选择模型的 currentChanged()信号关联。

MainWindow 类的构造函数代码如下，主要设置了界面上的视图组件 tableView 的一些属性。

```
MainWindow::MainWindow(QWidget *parent) : QMainWindow(parent), ui(new Ui::MainWindow)
{
    ui->setupUi(this);
    this->setCentralWidget(ui->tableView);
    ui->tableView->setSelectionBehavior(QAbstractItemView::SelectItems);
    ui->tableView->setSelectionMode(QAbstractItemView::SingleSelection);
    ui->tableView->setAlternatingRowColors(true);
}
```

2. 打开数据表

主窗口工具栏上的“打开”按钮用于选择示例数据库文件 demodb.db3，然后调用自定义函数 openTable()打开数据表。“打开”按钮的槽函数代码与示例 samp9_1 的完全相同，这里就不展示了。函数 openTable()和自定义槽函数 do_currentChanged()的代码如下：

```
void MainWindow::openTable()
{
    tabModel= new QSqlRelationalTableModel(this,DB);
    tabModel->setTable("studInfo");                                    //设置数据表
    tabModel->setEditStrategy(QSqlTableModel::OnManualSubmit);   //编辑策略
    tabModel->setSort(tabModel->fieldIndex("studID"),Qt::AscendingOrder);
    selModel= new QItemSelectionModel(tabModel,this);              //创建选择模型
    connect(selModel,&QItemSelectionModel::currentChanged,
            this, &MainWindow::do_currentChanged);
    ui->tableView->setModel(tabModel);
    ui->tableView->setSelectionModel(selModel);
    //设置字段显示标题
    tabModel->setHeaderData(tabModel->fieldIndex("studID"),   Qt::Horizontal, "学号");
    tabModel->setHeaderData(tabModel->fieldIndex("name"),     Qt::Horizontal, "姓名");
    tabModel->setHeaderData(tabModel->fieldIndex("gender"),   Qt::Horizontal, "性别");
    tabModel->setHeaderData(tabModel->fieldIndex("departID"),Qt::Horizontal, "学院");
    tabModel->setHeaderData(tabModel->fieldIndex("majorID"), Qt::Horizontal, "专业");
    //设置编码字段的关系
    tabModel->setRelation(tabModel->fieldIndex("departID"),
                    QSqlRelation("departments","departID","department"));  //学院
    tabModel->setRelation(tabModel->fieldIndex("majorID"),
                    QSqlRelation("majors","majorID","major"));              //专业
    //为外键字段设置默认代理组件
    ui->tableView->setItemDelegate(new QSqlRelationalDelegate(ui->tableView));
    tabModel->select();     //查询数据表的数据
    ui->actOpenDB->setEnabled(false);
    ui->actRecAppend->setEnabled(true);
    ui->actRecInsert->setEnabled(true);
    ui->actRecDelete->setEnabled(true);
    ui->actFields->setEnabled(true);
}

void MainWindow::do_currentChanged(const QModelIndex &current, const
                                   QModelIndex &previous)
{
    Q_UNUSED(current);
    Q_UNUSED(previous);
    ui->actSubmit->setEnabled(tabModel->isDirty());    //有未保存的修改时可用
    ui->actRevert->setEnabled(tabModel->isDirty());
}
```

程序中首先创建了数据模型 tabModel，并且设置数据表 studInfo 作为其数据源。tabModel 的编辑策略被设置为 OnManualSubmit。程序中还创建了选择模型，为视图组件 tableView 设置数据模型和选择模型，从而构成模型/视图结构。

数据表 studInfo 中有两个外键字段，我们用函数 setRelation()分别为它们设置了关系。我们还为 tableView 设置了 QSqlRelationalDelegate 类型的代理：

```
ui->tableView->setItemDelegate(new QSqlRelationalDelegate(ui->tableView));
```

这样，在 tableView 中编辑“学院”和“专业”两个字段的数据时，就会出现一个下拉列表框，下拉列表内容就是编码表中编码含义字段的所有记录的数据。

3. 实际字段列表

为数据模型 tabModel 设置两个编码字段的关系后，tableView 中以编码含义显示编码字段的内

容，那么 tabModel 的实际字段是什么呢？点击工具栏上的“字段列表”按钮，程序会列出 tabModel 的所有字段的名称，代码如下：

```
void MainWindow::on_actFields_triggered()
{//获取字段列表
    QSqlRecord  emptyRec= tabModel->record();     //获取空记录，只有字段名
    QString  str;
    for (int i=0; i<emptyRec.count(); i++)
        str= str + emptyRec.fieldName(i)+'\n';
    QMessageBox::information(this, "所有字段名", str);
}
```

运行这段代码后显示的对话框如图 9-12 所示，可以看到两个外键字段 departID 和 majorID 分别被编码表中的编码含义字段 department 和 major 替换了。但是在界面上修改数据后，数据还是以编码的形式保存到数据表 studInfo 里。

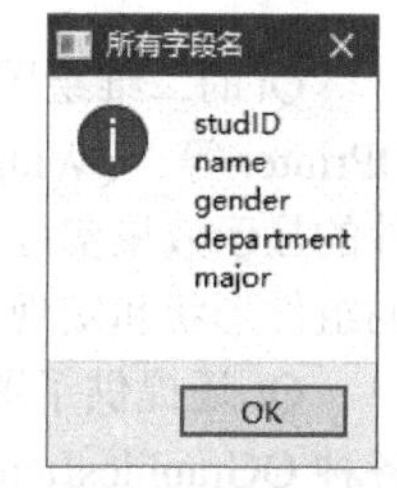

图 9-12 数据模型 tabModel 的字段列表

4. 其他功能的实现

数据模型 tabModel 的编辑策略被设置为 OnManualSubmit。工具栏上的其他几个按钮可实现添加、插入和删除记录，以及保存或取消修改的功能，它们的实现代码与示例 samp9_1 中的类似，这里就不展示了，可查看本示例的源程序文件。

第 10 章

绘图

Qt 的二维绘图基本功能是使用 QPainter 在绘图设备上绘图，绘图设备包括 QWidget、QPixmap、QPrinter 等。QWidget 是最常见的绘图设备，所有的界面组件都是从 QWidget 继承而来的，界面组件的显示效果实际上是 QPainter 在 QWidget 上实现的。QPainter 可以在 QWidget 上绘制出自定义的组件形状和实现特定的显示效果，这也是设计自定义界面组件的基础。

Qt 还提供了图形/视图（graphics/view）架构。通过使用 QGraphicsView、QGraphicsScene 和各种 QGraphicsItem 类，我们可以在一个场景中绘制大量的图形项，且每个图形项是可选择、可交互操作的。

10.1 QPainter 绘图

QPainter 是能实现在各种绘图设备上绘制基本图形的类，例如基于 QWidget 的各种界面组件的显示效果就是由 QPainter 实现的。QPainter 能绘制点、直线、圆、矩形等各种基本图形，还可以绘制文字和位图，用这些基本图形可以组成任何想要的图形。

10.1.1 QPainter 绘图系统

1. 绘图设备

绘图设备就是能用 QPainter 绘图的二维空间，绘图设备的基类是 QPaintDevice，它没有父类。QPaintDevice 及其各级子类的继承关系如图 10-1 所示。

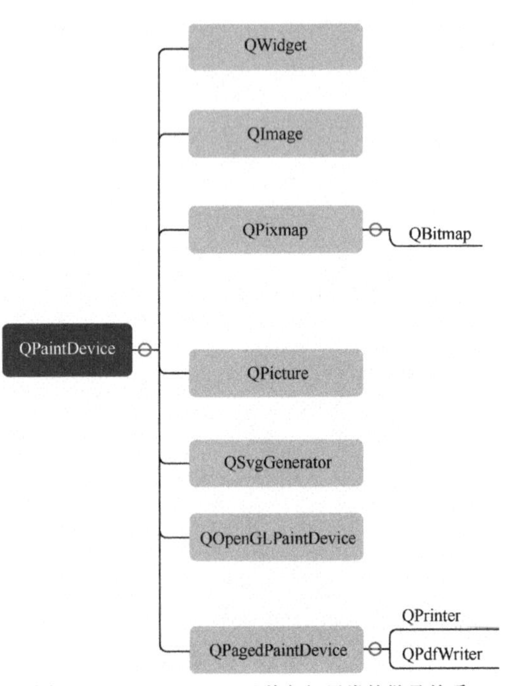

图 10-1 QPaintDevice 及其各级子类的继承关系

- QWidget 是所有界面组件的基类，是最常见的绘图设备类，它有 QPaintDevice 和 QObject 两个父类，所以支持 Qt 的元对象系统。
- QImage、QPixmap、QBitmap 和 QPicture 是 4 个用于处理图片的类。QImage 是与硬件无关的表示图片的类，是为设备输入输出而优化设计的类，它可以直接进行图片像素数据的访问和操作。QPixmap 是为在屏幕上显示图片而优化设计的类。QBitmap 是 QPixmap 的子类，用于表示 1 位色深的单色位图。QPicture 是用于记录和回放 QPainter 指令的类。

- QSvgGenerator 是用于创建 SVG 图形的绘图设备类，可缩放矢量图形（scalable vector graphics，SVG）是一种图片文件格式。使用 QPainter 可以在一个 QSvgGenerator 对象上绘图，并能将其直接保存为 SVG 文件。Qt 还提供了显示 SVG 图片文件的组件类 QSvgWidget。
- QOpenGLPaintDevice 是能用 OpenGL 渲染 QPainter 绘图指令的绘图设备类，它需要系统支持 2.0 以上版本的 OpenGL 或 OpenGL ES。
- QPagedPaintDevice 是支持多个页面的绘图设备类，通常用于生成打印输出或 PDF 文件。QPrinter 是用于打印输出的类，打印输出实际上就是在 QPrinter 设备上绘图，可以生成一系列用于打印输出的页面。QPdfWriter 是用于生成 PDF 文件的绘图设备类，使用 QPainter 在 QPdfWriter 设备上绘图就可以将绘图内容直接保存为 PDF 文件。

2. QWidget 的绘图事件和绘图区

QWidget 类有一个事件处理函数 paintEvent()，在组件界面需要重绘时，系统会自动运行这个函数。要在界面上绘图，我们需要在此事件处理函数里创建一个 QPainter 对象来获取绘图设备的接口，然后用这个 QPainter 对象在绘图设备上绘图。在事件处理函数 paintEvent()里绘图的基本程序结构如下：

```
void Widget::paintEvent(QPaintEvent *event)
{
    QPainter  painter(this);
   //创建与绘图设备关联的 QPainter 对象
...//使用 painter 在设备的界面上绘图
}
```

程序首先创建一个属于绘图设备的 QPainter 对象 painter，然后使用 painter 在绘图设备的界面上绘图，绘图区就像画布。

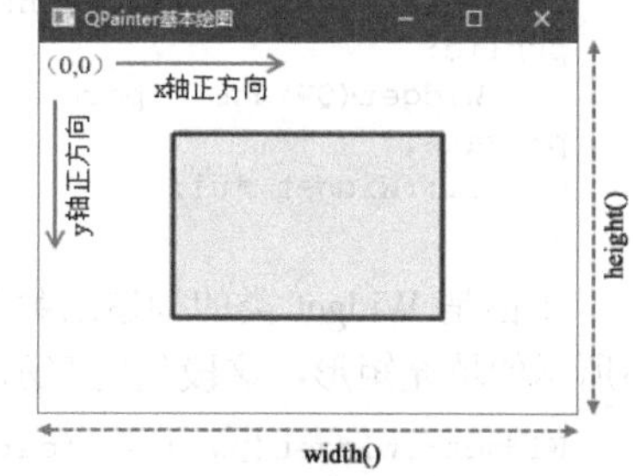

图 10-2 在 QWidget 界面上绘图

QWidget 的绘图区就是其窗口内部区域。图 10-2 所示为在一个 QWidget 窗口上绘制一个填充矩形，整个窗口内部的矩形区域就是 QPainter 可以绘图的区域。图 10-2 中的实心矩形及其边框是程序绘制的，其他箭头和文字是为说明而添加的。

QWidget 的内部绘图区的坐标系如图 10-2 所示，坐标系的单位是像素。左上角坐标为(0, 0)，向右是 x 轴正方向，向下是 y 轴正方向，绘图区不含边框的宽度由 QWidget::width()函数确定，不含边框的高度由 QWidget::height()函数确定。这个坐标系是 QWidget 的绘图区的局部物理坐标系，称为视口（viewport）坐标系。相应还有逻辑坐标系，称为窗口（window）坐标系，后面会详细介绍。使用 QPainter 在 QWidget 上绘图就是在这样的一个矩形区域里绘图。

3. QPainter 绘图的特性控制

用 QPainter 在绘图设备上绘图主要是指用 QPainter 的接口函数绘制各种基本图形，包括点、直线、圆、矩形、多边形、文字等。图形的线条特性、颜色特性、文字特性由 3 个类的特性决定。

- QPen 类：用于控制线条的颜色、宽度、线型等。
- QBrush 类：用于设置一个区域的填充特性，包括填充颜色、填充样式、渐变特性等，还可以采用图片进行材质填充。
- QFont 类：用于设置文字的字体、样式、大小等属性。

QPainter 有接口函数用于设置和返回当前使用的工具类对象，这些函数原型定义如下：

```
QPen  &QPainter::pen()
void  QPainter::setPen(const QPen &pen)              //设置画笔
QBrush  &QPainter::brush()
void    QPainter::setBrush(const QBrush &brush)      //设置画刷
QFont  &QPainter::font()
void    QPainter::setFont(const QFont &font)         //设置字体
```

10.1.2 创建示例

为了演示 QPainter 绘图的基本功能，我们创建一个示例项目 samp10_1，选择窗口基类为 QWidget。创建后的窗口类是 Widget。为了简化代码，在 Widget 窗口界面上不放置任何其他组件。

下面是 Widget 类的定义。我们只是重定义了事件处理函数 paintEvent()，需要在此函数里编写绘图的代码。

```
class Widget : public QWidget
{
    Q_OBJECT
protected:
    void  paintEvent(QPaintEvent *event);
public:
    Widget(QWidget *parent = nullptr);
private:
    Ui::Widget *ui;
};
```

下面是 Widget 类的构造函数和 paintEvent()函数的代码。程序运行时会在界面上绘制图 10-2 中所示的填充矩形，这段代码演示了 QPainter 绘图的基本过程。

```
Widget::Widget(QWidget *parent) :  QWidget(parent),  ui(new Ui::Widget)
{
    ui->setupUi(this);
    setPalette(QPalette(Qt::white));      //设置窗口为白色背景
    setAutoFillBackground(true);
    this->resize(400,300);
}

void Widget::paintEvent(QPaintEvent *event)
{
    QPainter  painter(this);                  //创建 QPainter 对象
    painter.setRenderHint(QPainter::Antialiasing);
    painter.setRenderHint(QPainter::TextAntialiasing);
    int W= this->width();                     //绘图区宽度
    int H= this->height();                    //绘图区高度
    QRect  rect(W/4,H/4,W/2,H/2);             //中间区域矩形
//设置画笔
    QPen  pen;
    pen.setWidth(3);                          //线宽
    pen.setColor(Qt::red);                    //线条颜色
    pen.setStyle(Qt::SolidLine);              //线条样式
    pen.setCapStyle(Qt::FlatCap);             //线条端点样式
    pen.setJoinStyle(Qt::BevelJoin);          //线条的连接样式
    painter.setPen(pen);
```

```
//设置画刷
    QBrush  brush;
    brush.setColor(Qt::yellow);             //画刷颜色
    brush.setStyle(Qt::SolidPattern);       //画刷填充样式
    painter.setBrush(brush);
//绘图
    painter.drawRect(rect);                 //绘制矩形
    event->accept();
}
```

QPainter 类的构造函数原型定义如下：

```
QPainter(QPaintDevice *device)
```

函数 paintEvent()中创建 QPainter 对象 painter 时，使用 this 作为其构造函数的参数，所以，painter 以 Widget 作为绘图设备，这样就可以用 painter 在 Widget 上绘图。

下面的代码会获取窗口的宽度和高度，并会定义位于中间区域的矩形 rect，这个矩形的大小随窗口大小变化而相应变化。

```
int W= this->width();              //绘图区宽度
int H= this->height();             //绘图区高度
QRect  rect(W/4,H/4,W/2,H/2);      //中间区域矩形
```

程序定义了一个 QPen 类的对象 pen，设置其线宽、颜色、线型等，然后将其设置为 painter 的画笔。

程序定义了一个 QBrush 类的对象 brush，设置其颜色和填充样式，然后将其设置为 painter 的画刷。

这样设置好 painter 的画笔和画刷后，调用 QPainter 类的 drawRect()函数就可以绘制前面定义的矩形，矩形的线条特性由画笔决定，填充特性由画刷决定。运行程序就可以得到图 10-2 所示的居于界面中间的填充矩形。

为了不使程序结构过于复杂，我们在 paintEvent()函数里直接设置 QPainter 的各种属性，而不是设计界面来修改这些设置。要实现不同的绘图效果，在 paintEvent()函数里直接修改代码即可。

10.1.3 QPen 的主要功能

QPen 用于设置绘图时线条的特性，主要包括线宽、颜色、线型等，表 10-1 所示的是 QPen 类的主要设置函数。通常一个设置函数有一个对应的读取函数，例如 setColor()用于设置画笔颜色，对应的读取画笔颜色的函数为 color()。表 10-1 仅列出了设置函数，表中省略了函数参数中的 const 关键字。

表 10-1 QPen 类的主要设置函数

函数原型	功能
void setColor(QColor &color)	设置画笔颜色，即线条颜色
void setWidth(int width)	设置线条宽度，单位是像素
void setStyle(Qt::PenStyle style)	设置线条样式，参数为枚举类型 Qt::PenStyle
void setCapStyle(Qt::PenCapStyle style)	设置线条端点样式，参数为枚举类型 Qt::PenCapStyle
void setJoinStyle(Qt::PenJoinStyle style)	设置线条连接样式，参数为枚举类型 Qt::PenJoinStyle

线条颜色和宽度的设置无须解释，线条的另外 3 个主要特性是线条样式（style）、线条端点样式（cap style）和线条连接样式（join style）。

1. 线条样式

函数 setStyle()用于设置线条样式，参数是枚举类型 Qt::PenStyle，其枚举值有 Qt::SolidLine（实线）、Qt::DashLine（虚线）、Qt::DotLine（点划线）等，还有一个常量 Qt::NoPen 表示不绘制线条。

除了几种基本的线条样式，用户还可以自定义线条样式，自定义线条样式时需要用到函数 setDashOffset()和 setDashPattern()。

2. 线条端点样式

函数 setCapStyle()用于设置线条端点样式，参数是枚举类型 Qt::PenCapStyle，该枚举类型的 3 种枚举值及其对应的绘图效果如图 10-3 所示。只有当线条比较粗时，线条端点的效果才能显现出来。

- Qt::FlatCap：方形的线条端，不覆盖线条的端点。
- Qt::SquareCap：方形的线条端，覆盖线条的端点并延伸 1/2 线宽的长度。
- Qt::RoundCap：圆角的线条端。

3. 线条连接样式

函数 setJoinStyle()用于设置线条连接样式，参数是枚举类型 Qt::PenJoinStyle，该枚举类型的枚举值及其对应的绘图效果如图 10-4 所示。

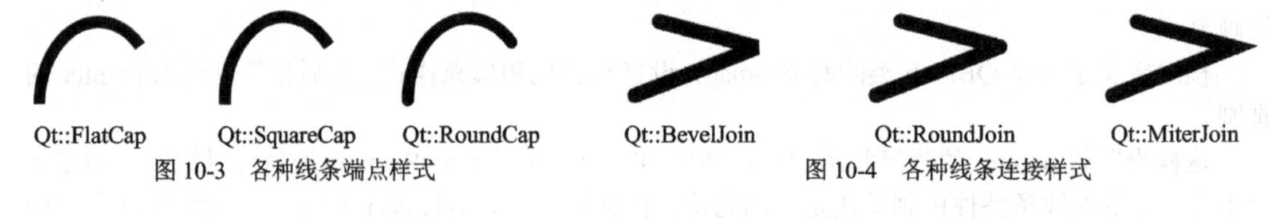

图 10-3 各种线条端点样式

图 10-4 各种线条连接样式

10.1.4 QBrush 的主要功能

QBrush 定义了 QPainter 绘图时的填充特性，包括填充颜色、填充样式、材质填充时的材质图片等，QBrush 类的主要设置函数如表 10-2 所示，表中省略了函数参数中的 const 关键字。

表 10-2 QBrush 类的主要设置函数

函数原型	功能
void setColor(QColor &color)	设置画刷颜色，实体填充时即填充颜色
void setStyle(Qt::BrushStyle style)	设置画刷填充样式，参数为枚举类型 Qt::BrushStyle
void setTexture(QPixmap &pixmap)	设置一个 QPixmap 类型的图片作为画刷的图片，画刷样式自动设置为 Qt::TexturePattern
void setTextureImage(QImage &image)	设置一个 QImage 类型的图片作为画刷的图片，画刷样式自动设置为 Qt::TexturePattern

函数 setStyle()能设置画刷填充样式，参数是枚举类型 Qt::BrushStyle，该枚举类型的几种典型枚举值如表 10-3 所示，几种典型枚举值的填充效果如图 10-5 所示。

表 10-3 枚举类型 Qt::BrushStyle 的几种典型枚举值

枚举值	描述
Qt:: NoBrush	不填充
Qt:: SolidPattern	单一颜色填充

续表

枚举值	描述
Qt:: HorPattern	水平线填充
Qt:: VerPattern	垂直线填充
Qt:: LinearGradientPattern	线性渐变填充，需要使用 QLinearGradient 类对象作为画刷
Qt:: RadialGradientPattern	辐射渐变填充，需要使用 QRadialGradient 类对象作为画刷
Qt:: ConicalGradientPattern	圆锥形渐变填充，需要使用 QConicalGradient 类对象作为画刷
Qt::TexturePattern	材质填充，需要指定 texture 或 textureImage 图片

渐变填充需要使用专门的对象作为 QPainter 的画刷，后面会详细介绍。对于其他各种线型填充只需对应设置类型参数，使用材质填充需要设置材质图片。

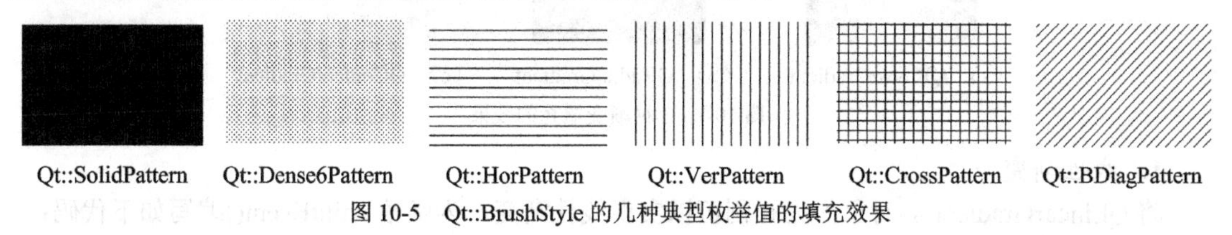

图 10-5 Qt::BrushStyle 的几种典型枚举值的填充效果

下面是使用资源文件里的一张图片进行材质填充的示例程序，用材质图片填充一个矩形，程序运行效果如图 10-6 所示。

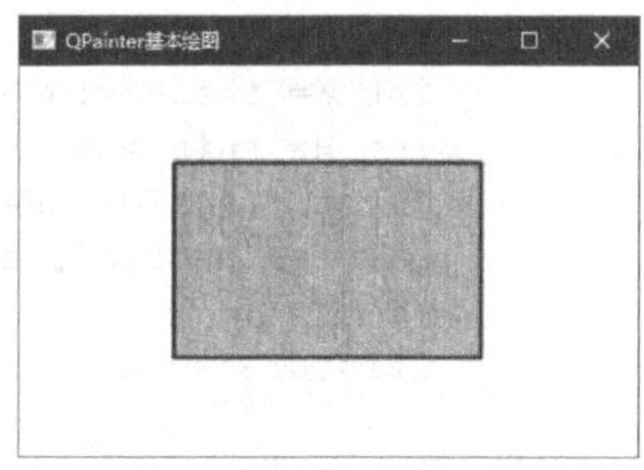

图 10-6 材质填充绘图效果

```
void Widget::paintEvent(QPaintEvent *event)
{
    QPainter  painter(this);       //创建 QPainter 对象
    painter.setRenderHint(QPainter::Antialiasing);
    int W= this->width();           //绘图区宽度
    int H= this->height();          //绘图区高度
    QRect  rect(W/4,H/4,W/2,H/2);  //中间区域矩形
    //设置画笔
    QPen  pen;
    pen.setWidth(3);
    pen.setColor(Qt::red);
    pen.setStyle(Qt::SolidLine);
    pen.setCapStyle(Qt::FlatCap);              //端点样式
    pen.setJoinStyle(Qt::BevelJoin);           //连接样式
    painter.setPen(pen);
    //设置画刷
    QPixmap texturePixmap(":images/images/texture.jpg");
    QBrush  brush;
    brush.setStyle(Qt::TexturePattern);        //画刷填充样式
    brush.setTexture(texturePixmap);           //设置材质图片
    painter.setBrush(brush);
    //绘图
    painter.drawRect(rect);                    //绘制矩形
    event->accept();
}
```

10.1.5 渐变填充

使用渐变填充需要将渐变类的对象作为 Painter 的画刷，有 3 个实现渐变填充的类。

- QLinearGradient：线性渐变。指定一个起点及其颜色，一个终点及其颜色，还可以指定中间某个点的颜色，起点至终点的颜色会按照线性插值计算确定，得到线性渐变的填充颜色。

- QRadialGradient：辐射渐变。有简单辐射渐变和扩展辐射渐变两种方式，其中简单辐射渐变是在一个圆内的一个焦点和一个端点之间生成渐变色，扩展辐射渐变是在一个焦点圆和一个中心圆之间生成渐变色。
- QConicalGradient：圆锥形渐变。围绕一个中心点逆时针生成渐变色。

这 3 个渐变类都继承自 QGradient 类，3 种渐变填充的示例效果如图 10-7 所示。

（a） QLinearGradient　（b） QRadialGradient　（c） QConicalGradient

图 10-7 3 种渐变填充的效果

1. 线性渐变

将 QLinearGradient 类对象作为画刷可以实现线性渐变，为函数 paintEvent()编写如下代码：

```
void Widget::paintEvent(QPaintEvent *event)
{
    QPainter  painter(this);
    int W= this->width();
    int H= this->height();
    QRect  rect(W/4,H/4,W/2,H/2);
    painter.setPen(QPen(Qt::NoPen));        //设置画笔，不显示线条
    //线性渐变
    QLinearGradient  linearGrad(rect.left(),rect.top(),
                               rect.right(),rect.top());        //从左到右
    linearGrad.setColorAt(0,Qt::blue);                           //起点颜色
    linearGrad.setColorAt(0.5,Qt::white);                        //中间点颜色
    linearGrad.setColorAt(1,Qt::blue);                           //终点颜色
    painter.setBrush(linearGrad);
    painter.drawRect(rect);                                      //只填充定义的渐变区域
    event->accept();
}
```

程序运行时填充了窗口中间的矩形区域，填充效果如图 10-7（a）所示。

创建 QLinearGradient 对象时需要传递两个坐标点的数据，一种参数形式的构造函数原型定义如下：

```
QLinearGradient(qreal x1, qreal y1, qreal x2, qreal y2)
```

这表示在点(x1, y1)与(x2, y2)之间线性插值生成渐变色。在这段代码中创建 QLinearGradient 对象的代码是：

```
QLinearGradient  linearGrad(rect.left(),rect.top(),rect.right(),rect.top());
```

使用的两个坐标点是矩形 rect 的左上角坐标点和右上角坐标点，所以是水平方向的渐变填充。如果要沿着矩形的对角线进行渐变填充，可以使用左上角坐标点和右下角坐标点：

```
QLinearGradient  linearGrad(rect.left(),rect.top(),rect.right(),rect.bottom());
```

在指定渐变填充的区域后，还需要用函数 setColorAt()设置起点、终点和中间任意多个点的颜

色。setColorAt()是 QGradient 类的函数，其原型定义如下：

```
void  QGradient::setColorAt(qreal position, const QColor &color)
```

其功能是在 position 位置设置颜色 color。参数 position 是 0～1 的浮点数，表示起点到终点的相对位置。在示例代码中设置了 0、0.5、1 这 3 个位置的颜色，所以会得到图 10-7（a）所示的效果。

2. 辐射渐变

要生成图 10-7（b）所示的辐射渐变填充效果，函数 paintEvent()的代码如下：

```
void Widget::paintEvent(QPaintEvent *event)
{
    QPainter  painter(this);
    int W= this->width();
    int H= this->height();
    QRect  rect(W/4,H/4,W/2,H/2);
    painter.setPen(QPen(Qt::NoPen));     //设置画笔，不显示线条
    //辐射渐变
    QRadialGradient  radialGrad(W/2,H/2,qMax(W/3,H/3),W/2,H/2);
    radialGrad.setColorAt(0,Qt::white);
    radialGrad.setColorAt(1,Qt::blue);
    painter.setBrush(radialGrad);
    painter.drawRect(rect);              //只填充定义的渐变区域
    event->accept();
}
```

QRadialGradient 的一种构造函数的原型定义如下：

```
QRadialGradient(qreal cx, qreal cy, qreal radius, qreal fx, qreal fy)
```

其功能是实现圆心为(cx, cy)，半径为 radius 的辐射渐变，焦点为(fx, fy)。用 setColorAt()函数设置的位置 0 处的颜色是焦点处的颜色，位置 1 处的是半径为 radius 的圆周上的颜色。在这段代码中，圆心和焦点的坐标相同，所以会得到图 10-7（b）所示的效果。

也可以设置圆心和焦点的坐标不同。当焦点在圆心(cx, cy)和半径 radius 定义的圆的外部时，颜色的起点位置在(fx, fy)和(cx, cy)两点确定的直线与圆周的交点处。例如下面的代码运行后可以得到图 10-8 所示的结果。

```
void Widget::paintEvent(QPaintEvent *event)
{
    QPainter  painter(this);
    int W= this->width();
    int H= this->height();
    QRect  rect(W/4,H/4,W/2,H/2);
    painter.setPen(QPen(Qt::NoPen));     //设置画笔，不显示线条
    //径向渐变，焦点不同
    QRadialGradient  radialGrad(W/2,H/2,W/2,3*H/4,H/2);
    radialGrad.setColorAt(0,Qt::yellow);
    radialGrad.setColorAt(0.8,Qt::blue);
    painter.setBrush(radialGrad);
    painter.drawEllipse(rect);
    event->accept();
}
```

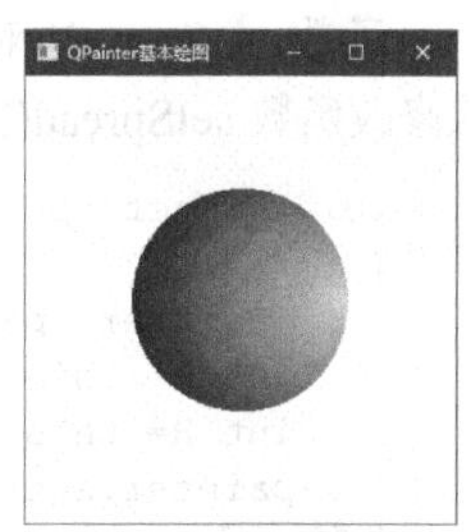

图 10-8　圆心与焦点不同的辐射渐变填充效果

在这段程序里，圆心和焦点不是重合的，焦点在右侧圆周上。定义的圆的半径为 W/2，正好等于

矩形 rect 的内切圆的直径。可以测试修改圆的半径或第二个颜色的位置，以观察不同的填充效果。

3. 圆锥形渐变

图 10-7(c)所示的是使用 QConicalGradient 类进行渐变填充的效果，实现此效果的代码如下：

```
void Widget::paintEvent(QPaintEvent *event)
{
    QPainter  painter(this);
    int W= this->width();
    int H= this->height();
    QRect  rect(W/4,H/4,W/2,H/2);
    painter.setPen(QPen(Qt::NoPen));      //设置画笔，不显示线条
    //圆锥形渐变
    QConicalGradient  coniGrad(W/2,H/2,45);
    coniGrad.setColorAt(0,Qt::blue);
    coniGrad.setColorAt(1,Qt::white);
    painter.setBrush(coniGrad);
    painter.drawRect(rect);               //只填充定义的渐变区域
    event->accept();
}
```

QConicalGradient 的一种构造函数的原型定义如下：

```
QConicalGradient(qreal cx, qreal cy, qreal angle)
```

它表示圆心为(cx, cy)，从角度 angle 开始的圆锥形渐变。参数 angle 的取值范围是 0～360。

4. 延展填充

前面介绍的渐变填充的例子都是在渐变色的定义范围内填充，如果填充区域超出定义区域，QGradient 的函数 setSpread()设置的参数会影响延展区域的填充效果。该函数原型定义如下：

```
void  QGradient::setSpread(QGradient::Spread method)
```

参数 method 是枚举类型 QGradient::Spread，其有 3 种枚举值。

- QGradient::PadSpread：用结束点的颜色填充外部区域，这是默认的方式。
- QGradient::RepeatSpread：重复使用渐变方式填充外部区域。
- QGradient::ReflectSpread：反射式重复使用渐变方式填充外部区域。

函数 setSpread()对圆锥形渐变不起作用。下面的代码使用辐射渐变测试延展填充的效果，只需修改函数 setSpread()设置的参数，就可以得到不同的效果，效果如图 10-9 所示。

```
void Widget::paintEvent(QPaintEvent *event)
{
    QPainter  painter(this);
    int W= this->width();
    int H= this->height();
    painter.setPen(QPen(Qt::NoPen));            //设置画笔，不显示线条
//辐射渐变
    QRadialGradient  radialGrad(W/2,H/2,qMax(W/8,H/8),W/2,H/2);
    radialGrad.setColorAt(0,Qt::yellow);
    radialGrad.setColorAt(1,Qt::blue);
    radialGrad.setSpread(QGradient::PadSpread); //延展方式还有 RepeatSpread、ReflectSpread
    painter.setBrush(radialGrad);
    painter.drawRect(this->rect());             //填充更大区域，会有延展效果
    event->accept();
```

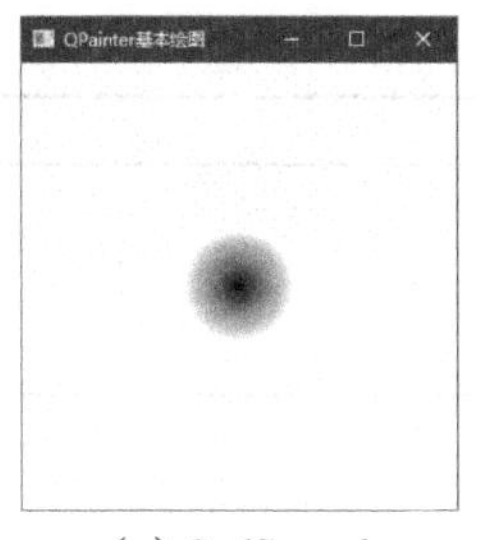

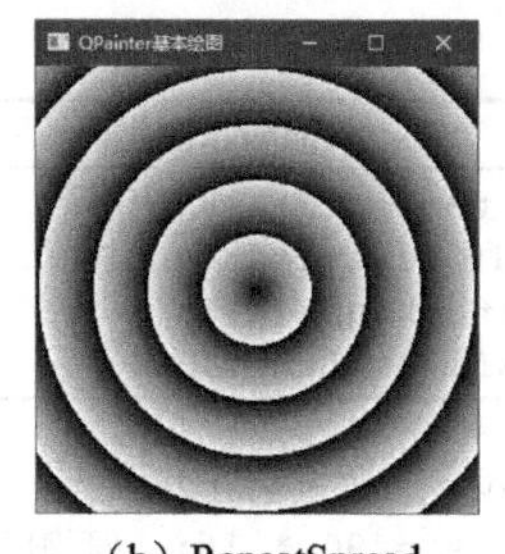
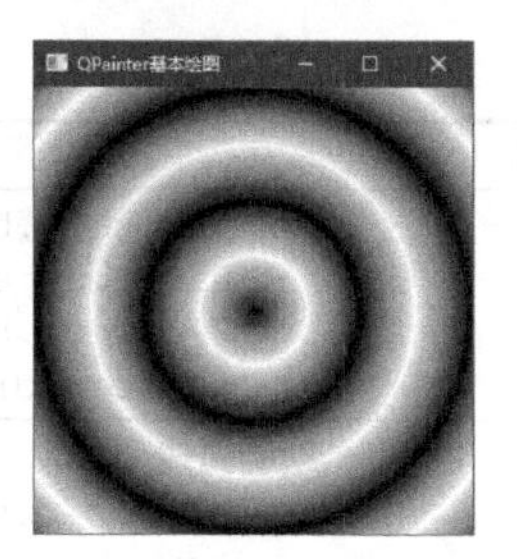

（a）PadSpread （b）RepeatSpread （c）ReflectSpread

图 10-9 3 种渐变延展效果

程序中定义辐射渐变的圆心是(W/2, H/2)，半径是 W/8 或 H/8，绘制矩形的语句是：

```
painter.drawRect(this->rect());
```

注意，这里的参数是 this->rect()，它表示窗口的整个矩形工作区域，超出了渐变色的定义区域，所以会有延展效果。

10.1.6 QPainter 绘制基本图形

1. 基本图形

QPainter 提供了很多接口函数用于绘制基本图形，包括点、直线、椭圆、矩形等，这些基本图形可以构成复杂的图形。QPainter 提供的绘制基本图形的函数如表 10-4 所示。每个函数基本上都有多种参数形式，这里列出函数名，给出其中一种参数形式的示例代码，并且假设已经通过以下的代码获取了绘图窗口的 painter、窗口宽度 W 和高度 H。

```
QPainter painter(this);
int W= this->width();        //绘图区宽度
int H= this->height();       //绘图区高度
```

表 10-4 QPainter 提供的绘制基本图形的函数

函数名	功能和示例代码	示例图形
drawPoint()	绘制一个点 `painter.drawPoint(QPoint(W/2,H/2));`	

drawPoints()	绘制一批点
	`QPoint points[]={`
	`QPoint(5*W/12,H/4),`
	`QPoint(3*W/4,5*H/12),`
	`QPoint(2*W/4,5*H/12) };`
	`painter.drawPoints(points, 3);`	

drawLine()	绘制直线
	`QLine Line(W/4,H/4,W/2,H/2);`
	`painter.drawLine(Line);`	

drawLines()	绘制一批直线
	`QRect rect(W/4,H/4,W/2,H/2);`
	`QList<QLine> Lines;`
	`Lines.append(QLine(rect.topLeft(),`
	`rect.bottomRight()));`
	`Lines.append(QLine(rect.topRight(),`
	`rect.bottomLeft()));`
	`Lines.append(QLine(rect.topLeft(),`	

续表

函数名	功能和示例代码	示例图形

drawLines()	rect.bottomLeft()));
	Lines.append(QLine(rect.topRight(),
	rect.bottomRight()));
	painter.drawLines(Lines);	

drawArc()	绘制弧线
	QRect rect(W/4,H/4,W/2,H/2);
	int startAngle = 90 * 16; //起始 90°
	int spanAngle = 90 * 16; //旋转 90°
	painter.drawArc(rect, startAngle, spanAngle);	

drawChord()	绘制一段弦
	QRect rect(W/4,H/4,W/2,H/2);
	int startAngle = 90 * 16; //起始 90°
	int spanAngle = 90 * 16; //旋转 90°
	painter. drawChord(rect, startAngle, spanAngle);	

drawPie()	绘制扇形
	QRect rect(W/4,H/4,W/2,H/2);
	int startAngle = 40 * 16; //起始 40°
	int spanAngle = 120 * 16; //旋转 120°
	painter.drawPie(rect, startAngle, spanAngle);	

drawConvexPolygon()	根据给定的点绘制凸多边形
	QPoint points[4]={
	QPoint(5*W/12,H/4),
	QPoint(3*W/4,5*H/12),
	QPoint(5*W/12,3*H/4),
	QPoint(W/4,5*H/12), };
	painter.drawConvexPolygon(points, 4);	

drawPolygon()	绘制多边形，最后一个点会和第一个点重合
	QPoint points[]={
	QPoint(5*W/12,H/4),
	QPoint(3*W/4,5*H/12),
	QPoint(5*W/12,3*H/4),
	QPoint(2*W/4,5*H/12) };
	painter.drawPolygon(points, 4);	

drawPolyline()	绘制多点连接的线，最后一个点不会和第一个点连接
	QPoint points[]={
	QPoint(5*W/12,H/4),
	QPoint(3*W/4,5*H/12),
	QPoint(5*W/12,3*H/4),
	QPoint(2*W/4,5*H/12), };
	painter.drawPolyline(points, 4);	

drawImage()	将 QImage 对象存储的图片绘制在指定的矩形区域内 QRect rect(W/4,H/4,W/2,H/2); QImage image(":images/images/qt.jpg"); painter.drawImage(rect, image);	
drawPixmap()	将 QPixmap 对象存储的图片绘制在指定的矩形区域内 QRect rect(W/4,H/4,W/2,H/2); QPixmap image(":images/images/qt.jpg"); painter.drawPixmap(rect, image);	

续表

函数名	功能和示例代码	示例图形

drawText()	绘制文本，只能绘制单行文字，字体属性由 QPainter::font()决定
	`QRect  rect(W/4,H/4,W/2,H/2);`
	`QFont  font;`
	`font.setPointSize(30);`
	`font.setBold(true);`
	`painter.setFont(font);`
	`painter.drawText (rect,"Hello,Qt");`	

drawEllipse()	绘制椭圆
	`QRect  rect(W/4,H/4,W/2,H/2);`
	`painter.drawEllipse(rect);`	

drawRect()	绘制矩形
	`QRect  rect(W/4,H/4,W/2,H/2);`
	`painter.drawRect(rect);`	

drawRoundedRect()	绘制圆角矩形
	`QRect rect(W/4,H/4,W/2,H/2);`
	`painter.drawRoundedRect(rect,20,20);`	

fillRect()	填充矩形，无边框线
	`QRect  rect(W/4,H/4,W/2,H/2);`
	`painter.fillRect (rect,Qt::green);`	

eraseRect()	擦除某个矩形区域，等效于用背景色填充该区域
	`QRect  rect(W/4,H/4,W/2,H/2);`
	`painter.eraseRect(rect);`	

drawPath()	绘制由 QPainterPath 对象定义的路径
	`QRect  rect(W/4,H/4,W/2,H/2);`
	`QPainterPath  path;`
	`path.addEllipse(rect);`
	`path.addRect(rect);`
	`painter.drawPath(path);`	

fillPath()	填充某个 QPainterPath 对象定义的绘图路径，但是不显示轮廓线
	`QRect  rect(W/4,H/4,W/2,H/2);`
	`QPainterPath  path;`
	`path.addEllipse(rect);`
	`path.addRect(rect);`
	`painter.fillPath(path,Qt::red);`	

通过修改示例中 paintEvent()函数的代码，我们可以测试表 10-4 中绘制相应基本图形的代码，这里就不再详细举例和说明了。

2. QPainterPath 的使用

表 10-4 中列举的函数绘制的图形一般都比较简单和直观，函数 drawPath()绘制的是一个复合的图形，它使用一个 QPainterPath 类型的参数作为绘图对象。函数 drawPath()的原型定义如下：

```
void  QPainter::drawPath(const QPainterPath &path)
```

QPainterPath 类用于记录绘图操作序列。一个 PainterPath 由许多基本的绘图操作组成，如绘图点移动、画线、画圆、画矩形等，一个闭合的 PainterPath 是起点和终点连接起来的绘图路径。使用 QPainterPath 的优点是绘制某些复杂图形时只需创建一个 PainterPath，然后调用 QPainter::drawPath()就可以重复使用这个 PainterPath 来绘图。例如绘制一个五角星需要多次调用函数 lineto()，我们可以定义一个 QPainterPath 类型的变量 path 记录绘制五角星的操作过程，然后调用函数 drawPath(path)就可以完成五角星的绘制。

QPainterPath 类提供了很多函数用于进行各种基本图形的绘制，这些函数与 QPainter 提供的绘制基本图形的函数功能类似。也有一些用于 PainterPath 的专用函数，如 closeSubpath()、connectPath() 等。在 10.2 节的示例 samp10_2 中，我们将结合 QPainter 的坐标变换功能演示用 QPainterPath 绘制多个五角星的实现方法。

10.2 坐标系统和坐标变换

QPainter 在绘图设备上绘图时默认使用设备的物理坐标。QPainter 提供了一些接口函数可以进行平移、旋转、缩放等坐标变换，还可以在绘图设备上定义视口坐标和窗口坐标。窗口坐标是逻辑坐标，使用 QPainter 在逻辑坐标系中绘图，可以自动适应绘图区大小的变化。

10.2.1 坐标变换

QPainter 在绘图设备上绘图的默认坐标系如图 10-2 所示，这确定的是绘图设备的物理坐标。为了绘图方便，QPainter 提供了一些坐标变换功能，通过平移、旋转等坐标变换得到逻辑坐标，使用逻辑坐标在某些时候绘图会更方便。QPainter 有关坐标变换操作的函数如表 10-5 所示。

表 10-5 QPainter 有关坐标变换操作的函数

分组	函数原型	功能
坐标变换	void translate(qreal dx, qreal dy)	坐标系平移一定的偏移量，坐标原点平移到新的位置
	void rotate(qreal angle)	坐标系旋转一定角度，角度单位是度
	void scale(qreal sx, qreal sy)	坐标系缩放
	void shear(qreal sh, qreal sv)	坐标系做扭转
状态保存与恢复	void save()	保存当前坐标状态，就是将当前状态压入栈
	void restore()	恢复上一次保存的坐标状态，就是从栈中弹出上次的坐标状态
	void resetTransform()	复位所有的坐标变换

常用的坐标变换功能为平移、旋转和缩放，使用世界坐标变换矩阵也可以实现这些变换功能，但是需要单独定义一个 QTransform 类型的变量，对 QPainter 来说，要实现简单的坐标变换，使用 QPainter 自有的坐标变换函数就足够了。

1. 平移

坐标平移函数是 translate()，某一种参数形式的函数原型定义如下：

```
void  QPainter::translate(qreal dx, qreal dy)
```

这表示将坐标系在水平方向上平移 dx 单位，在垂直方向上平移 dy 单位，在默认的坐标系中，单位是像素。如果从原始状态平移，那么平移后的坐标原点就是(dx, dy)。

假设一个绘图区宽度为 300 像素，高度为 200 像素，则其原始坐标系如图 10-10（a）所示。若运行平移函数 translate(150,100)，则坐标系向右平移 150 像素，向下平移 100 像素，平移后的坐标系如图 10-10（b）所示，坐标原点在窗口的中心，而左上角的坐标变为(−150,−100)，右下角的坐标变为(150,100)。如此将坐标原点变换到窗口中心在绘制某些图形时是非常方便的。

2. 旋转

坐标旋转函数是 rotate()，其函数原型定义如下：

```
void  QPainter::rotate(qreal angle)
```

这表示将坐标系统绕坐标原点旋转 angle 角度，单位是度。angle 为正数表示顺时针旋转，为负数表示逆时针旋转。

在图 10-10（b）的基础上，若运行函数 rotate(90)，则会得到图 10-11 所示的坐标系统。

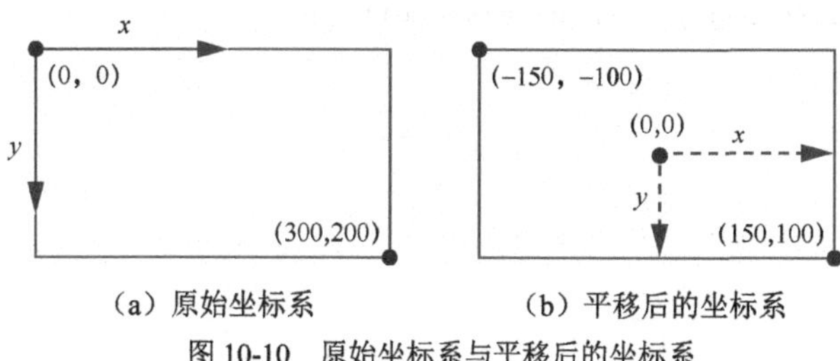

（a）原始坐标系　　（b）平移后的坐标系

图 10-10　原始坐标系与平移后的坐标系

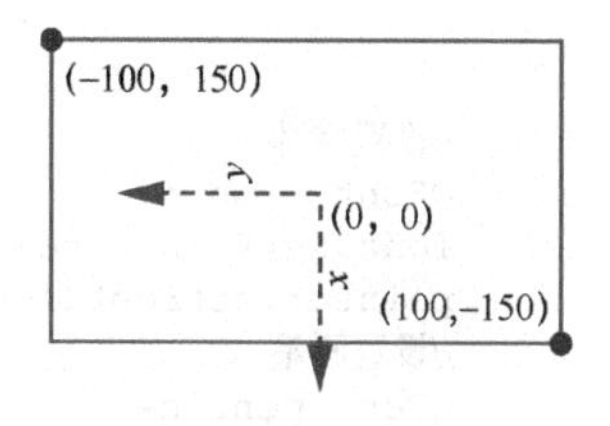

图 10-11　在图 10-10（b）的基础上旋转 90°后的坐标系

注意，旋转之后并不改变窗口矩形的实际大小，而只是改变了坐标轴的方向。在图 10-11 所示的新坐标系下，窗口左上角的坐标变成了(-100,150)，而右下角的坐标变成了(100,-150)。

3. 缩放

坐标缩放函数是 scale()，其函数原型为：

```
void  QPainter::scale(qreal sx, qreal sy)
```

其中，sx、sy 分别为横向、纵向缩放比例，大于 1 表示放大，小于 1 表示缩小。

4. 状态保存与恢复

进行坐标变换时，QPainter 内部实际上有一个坐标变换矩阵。我们可以用函数 save()保存当前坐标状态，用函数 restore()恢复上次保存的坐标状态，这两个函数必须成对使用，因为它们操作的对象是一个栈。用函数 resetTransform()则会复位所有坐标变换，恢复原始的坐标系。

10.2.2 坐标变换绘图实例

1. 绘制 3 个五角星的程序

创建一个基于 QWidget 的窗口应用程序 samp10_2，在进行窗口界面可视化设计时，窗体上不放置任何组件。在 Widget 类的构造函数和事件处理函数 paintEvent()中编写代码，代码如下：

```
Widget::Widget(QWidget *parent) :  QWidget(parent),  ui(new Ui::Widget)
{
    ui->setupUi(this);
    setPalette(QPalette(Qt::white));     //设置窗口背景色
    setAutoFillBackground(true);
    resize(600,300);
}

void Widget::paintEvent(QPaintEvent *event)
{
    QPainter  painter(this);
    painter.setRenderHint(QPainter::Antialiasing);
    painter.setRenderHint(QPainter::TextAntialiasing);
    //生成五角星的 5 个顶点，假设原点在五角星中心
    qreal  R=100;      //半径
    const  qreal Pi=3.14159;
```

```
qreal  deg=Pi*72/180;
QPoint points[5]={  QPoint(R,0),
                    QPoint(R*qCos(deg),     -R*qSin(deg)),
                    QPoint(R*qCos(2*deg),   -R*qSin(2*deg)),
                    QPoint(R*qCos(3*deg),   -R*qSin(3*deg)),
                    QPoint(R*qCos(4*deg),   -R*qSin(4*deg))  };

//设置字体
QFont  font;
font.setPointSize(14);
painter.setFont(font);
//设置画笔
QPen  penLine;
penLine.setWidth(2);
penLine.setColor(Qt::blue);
penLine.setStyle(Qt::SolidLine);
penLine.setCapStyle(Qt::FlatCap);
penLine.setJoinStyle(Qt::BevelJoin);
painter.setPen(penLine);
//设置画刷
QBrush  brush;
brush.setColor(Qt::yellow);
brush.setStyle(Qt::SolidPattern);               //画刷填充样式
painter.setBrush(brush);

//设计绘制五角星的 PainterPath，以便重复使用
QPainterPath  starPath;
starPath.moveTo(points[0]);
starPath.lineTo(points[2]);
starPath.lineTo(points[4]);
starPath.lineTo(points[1]);
starPath.lineTo(points[3]);
starPath.closeSubpath();                        //闭合路径，最后一个点与第一个点相连
starPath.addText(points[0],font,"1");           //显示顶点编号
starPath.addText(points[1],font,"2");
starPath.addText(points[2],font,"3");
starPath.addText(points[3],font,"4");
starPath.addText(points[4],font,"5");

//绘图，第一个五角星
painter.save();                                 //保存坐标状态
painter.translate(100,120);
painter.drawPath(starPath);                     //画五角星
painter.drawText(0,0,"S1");
painter.restore();                              //恢复坐标状态
//第二个五角星
painter.translate(300,120);                     //平移
painter.scale(0.8,0.8);                         //缩放
painter.rotate(90);                             //顺时针旋转
painter.drawPath(starPath);                     //画五角星
painter.drawText(0,0,"S2");
//第三个五角星
painter.resetTransform();                       //复位所有坐标变换
painter.translate(500,120);                     //平移
painter.rotate(-145);                           //逆时针旋转
painter.drawPath(starPath);                     //画五角星
```

```
    painter.drawText(0,0,"S3");
    event->accept();
}
```

该示例运行时界面如图 10-12 所示，窗口上绘制了 3 个五角星。

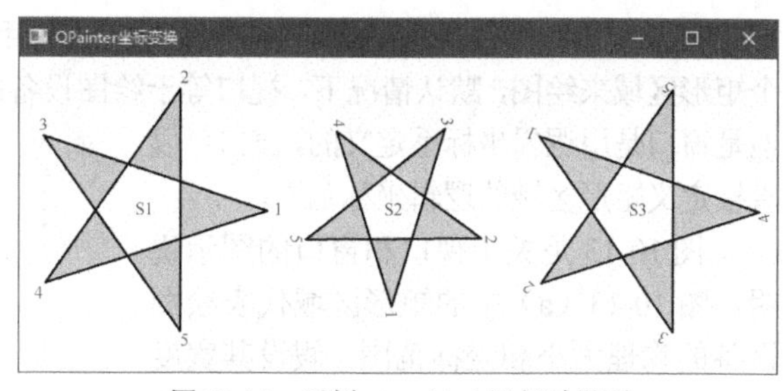

图 10-12　示例 samp10_2 运行时界面

图 10-12 中第一个是原始的五角星；第二个是缩小为原始大小的 0.8 倍并顺时针旋转 90°的五角星；第三个是逆时针旋转 145°的五角星。这个程序中用到了 QPainterPath 和 QPainter 的坐标变换功能。

2. 绘制五角星的 PainterPath 的定义

首先假设一个五角星的中心是原点，第一个点在 x 轴上，五角星外接圆半径为 100，计算出五角星的 5 个顶点的坐标，并将其保存在数组 points 中。

然后程序定义了一个 QPainterPath 类型的变量 starPath，用于记录绘制五角星的操作过程，即几个顶点的连线过程，并且标注顶点的编号。使用 QPainterPath 的好处是，定义一个 QPainterPath 类型的变量来记录一个复杂图形的绘制过程后可以重复使用。因为数组 points 中的各顶点的坐标是在假设五角星的中心是原点的情况下计算出来的，所以在绘制不同的五角星时，只需将坐标平移到新的原点位置，就可以绘制不同的五角星。

绘制第一个五角星的代码如下：

```
painter.save();                    //保存坐标状态
painter.translate(100,120);
painter.drawPath(starPath);        //画五角星
painter.drawText(0,0,"S1");
painter.restore();                 //恢复坐标状态
```

上述代码中，函数 save()保存当前坐标状态（也就是坐标的原始状态），然后将坐标原点平移到(100,120)，调用函数 drawPath(starPath)绘制五角星，在五角星的中心标注“S1”，最后调用函数 restore()恢复到上次保存的坐标状态。这样就实现了以(100,120)为中心绘制第一个五角星。

绘制第二个五角星时，程序首先调用了坐标平移函数 translate(300,120)。由于上次运行函数 restore()之后会恢复到坐标原始状态，因此这次平移后，坐标原点平移到了物理坐标(300,120)。绘图之前调用了缩放函数 scale(0.8,0.8)，坐标系缩小为原始大小的 0.8 倍，再顺时针旋转 90°，然后调用函数 drawPath(starPath)绘制五角星，这样就得到了第二个五角星。

绘制第三个五角星时首先使坐标变换复位：

```
painter.resetTransform();      //复位所有坐标变换
```

这样会复位所有坐标变换，又恢复回原始的坐标，然后平移和旋转后绘制第三个五角星。

10.2.3 视口和窗口

1. 视口和窗口的定义

绘图设备的物理坐标系是基本的坐标系，通过 QPainter 的平移、旋转等坐标变换可以得到更容易操作的逻辑坐标系。物理坐标系也称为视口（viewport）坐标系，逻辑坐标系也称为窗口（window）坐标系，通过内部的坐标变换矩阵，QPainter 能自动将逻辑坐标变换为绘图设备的物理坐标。

视口是指绘图设备的任意一个矩形区域，它使用物理坐标系。我们可以只选取物理坐标系中的一个矩形区域来绘图，默认情况下，视口等于绘图设备的整个矩形区域。窗口与视口是同一个矩形区域，但是窗口是用逻辑坐标系定义的，窗口可以直接定义矩形区域的逻辑坐标范围。

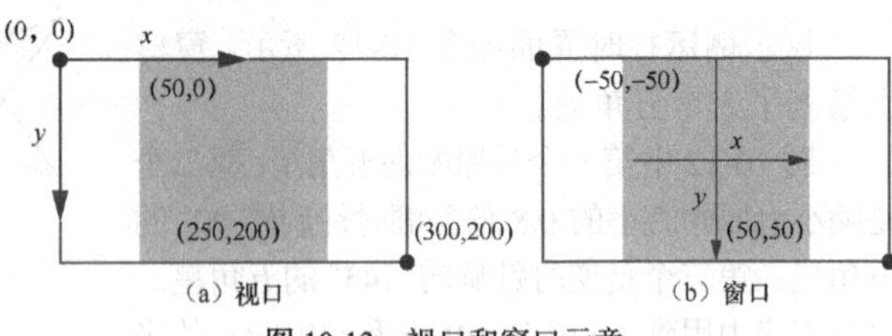

图 10-13 视口和窗口示意

图 10-13 是关于视口和窗口的图示说明。图 10-13（a）中的矩形区域代表绘图设备的物理大小和坐标范围，假设其宽度为 300 像素，高度为 200 像素。现在要取其中间的一个正方形区域作为视口，灰色的正方形区域就是视口。在绘图设备的物理坐标系中，视口的左上角坐标为(50,0)，右下角坐标为(250,200)。QPainter 的函数 setViewport()用于定义视口，它有两种参数形式，其函数原型定义如下：

```
void  QPainter::setViewport(const QRect &rectangle)
void  QPainter::setViewport(int x, int y, int width, int height)
```

其中，(x, y)是视口左上角在物理坐标系中的坐标，width 是视口宽度，height 是视口高度。

要定义图 10-13（a）中的视口，需使用下面的语句：

```
painter.setViewport(50,0,200,200);
```

这表示从绘图设备的物理坐标系中的一个点(50, 0)开始，取宽度为 200 像素、高度为 200 像素的一个正方形区域作为视口。

对于图 10-13（a）中视口所表示的正方形区域，我们定义图 10-13（b）所示的一个窗口，窗口坐标系的原点在正方形中心，并设置正方形的逻辑边长为 100。QPainter 的函数 setWindow()用于定义窗口，它有两种参数形式，其函数原型定义如下：

```
void  QPainter::setWindow(const QRect &rectangle)
void  QPainter::setWindow(int x, int y, int width, int height)
```

其中，(x, y)是窗口左上角的坐标，width 是窗口的逻辑宽度，height 是窗口的逻辑高度。定义图 10-13（b）所示窗口的语句是：

```
painter.setWindow(-50,-50,100,100);
```

它表示对应于视口的正方形区域，其窗口左上角的逻辑坐标是(−50,−50)，窗口宽度为 100，高度为 100。这里设置的窗口仍为一个正方形，使得从视口变换到窗口时，长和宽的比例是相同的。实际可以任意指定窗口的逻辑坐标范围，长和宽的比例不相同也是可以的。

2. 视口和窗口的使用示例

使用窗口坐标系的优点是：在绘图时只需按照窗口坐标系定义来绘图，而不用关注实际的物理坐标范围。例如在一个固定边长为 100 的正方形窗口内绘图，当实际绘图设备大小变化时，绘制的图形会自动相应改变大小。这样，绘图功能与绘图设备是分离的，绘图功能可适用于不同大小、不同类型的绘图设备。

示例 samp10_3 演示视口和窗口的使用方法。示例的窗口基类是 QWidget，在窗口类 Widget 的构造函数和事件处理函数 paintEvent()里添加代码。

```
Widget::Widget(QWidget *parent) :  QWidget(parent), ui(new Ui::Widget)
{
    ui->setupUi(this);
    setPalette(QPalette(Qt::white));
```

```
    setAutoFillBackground(true);
    this->resize(300,300);
}

void Widget::paintEvent(QPaintEvent *event)
{
    QPainter  painter(this);
    painter.setRenderHint(QPainter::Antialiasing);
    int W= width();
    int H= height();
    int side= qMin(W,H);
    QRect  rect((W-side)/2, (H-side)/2,side,side);       //视口矩形区
    painter.drawRect(rect);                              //绘制视口边界
    painter.setViewport(rect);                           //设置视口
    painter.setWindow(-100,-100,200,200);                //设置窗口坐标系
    //设置画笔
    QPen  pen;
    pen.setWidth(1);
    pen.setColor(Qt::red);
    pen.setStyle(Qt::SolidLine);
    pen.setCapStyle(Qt::FlatCap);
    pen.setJoinStyle(Qt::BevelJoin);
    painter.setPen(pen);

    for(int i=0; i<36; i++)
    {
        painter.drawEllipse(QPoint(50,0),50,50);
        painter.rotate(10);
    }
    event->accept();
}
```

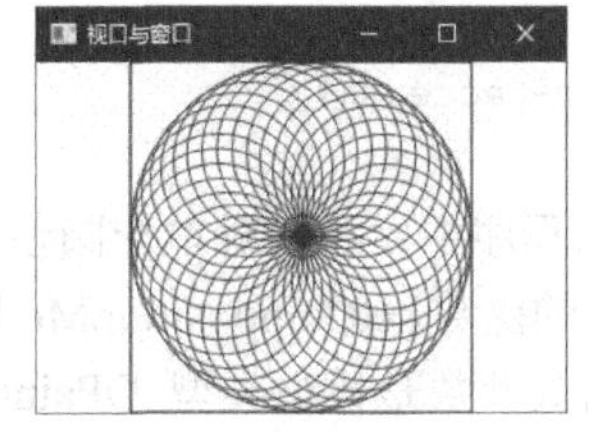

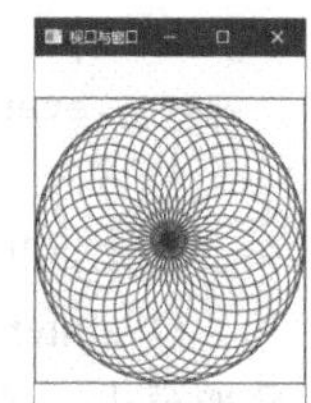

图 10-14　示例 samp10_3 使用窗口坐标系的绘图效果

运行该示例程序，可以得到图 10-14 所示的绘图效果。当窗口的宽度大于高度时，以高度为正方形边长，当高度大于宽度时，以宽度为正方形边长，且图形是自动缩放的。

程序首先定义了一个正方形视口，正方形以绘图设备的长、宽中的较小者为边长。然后定义了窗口，定义的窗口是中心在原点，边长为 200 的正方形。

图 10-14 所示的绘图效果是通过画 36 个圆得到的。每个圆的圆心在 x 轴上的(50, 0)，半径为 50。画完一个圆之后坐标系顺时针旋转 10°，再画相同的圆，所以是巧妙应用了坐标系的旋转。

10.2.4　绘图叠加的效果

对示例 samp10_3 的程序稍做修改，增加渐变填充和叠加效果的设置。

```
void Widget::paintEvent(QPaintEvent *event)
{
    QPainter  painter(this);
    painter.setRenderHint(QPainter::Antialiasing);
    int W= width();
    int H= height();
```

```
    int side= qMin(W,H);
    QRect rect((W-side)/2, (H-side)/2,side,side);          //视口矩形区
    painter.drawRect(rect);                                 //绘制视口边界
    painter.setViewport(rect);                              //设置视口
    painter.setWindow(-100,-100,200,200);                   //设置窗口坐标系
    //设置画笔
    QPen  pen;
    pen.setWidth(1);
    pen.setColor(Qt::red);
    pen.setStyle(Qt::SolidLine);
    pen.setCapStyle(Qt::FlatCap);
    pen.setJoinStyle(Qt::BevelJoin);
    painter.setPen(pen);

    //线性渐变
    QLinearGradient  linearGrad(0,0,100,0);                 //从左到右
    linearGrad.setColorAt(0,Qt::yellow);                    //起点颜色
    linearGrad.setColorAt(1,Qt::green);                     //终点颜色
    linearGrad.setSpread(QGradient::PadSpread);             //展布模式
    painter.setBrush(linearGrad);

    //设置组合模式
    painter.setCompositionMode(QPainter::CompositionMode_Difference);
//   painter.setCompositionMode(QPainter::RasterOp_NotSourceXorDestination);
//   painter.setCompositionMode(QPainter::CompositionMode_Exclusion);
    for(int i=0; i<36; i++)
    {
        painter.drawEllipse(QPoint(50,0),50,50);
        painter.rotate(10);
    }
    event->accept();
}
```

在上面的程序中，我们对单个圆使用了线性渐变填充，从左到右由黄色渐变为绿色。

QPainter 的函数 setCompositionMode()用于设置组合模式，即后面绘制的图与前面绘制的图的叠加模式。函数参数是枚举类型 QPainter::CompositionMode，这个枚举类型有近 40 种枚举值，表示后面绘制的图与前面绘制的图的不同叠加运算方式，关于这些枚举值的详细描述可以查看 Qt 帮助文档，在此就不列举了。

图 10-15 所示的是叠加模式设置为 CompositionMode_Difference 的绘图效果。采用不同的叠加模式，可以得到不同的绘图效果，甚至会得到意想不到的绚丽效果。

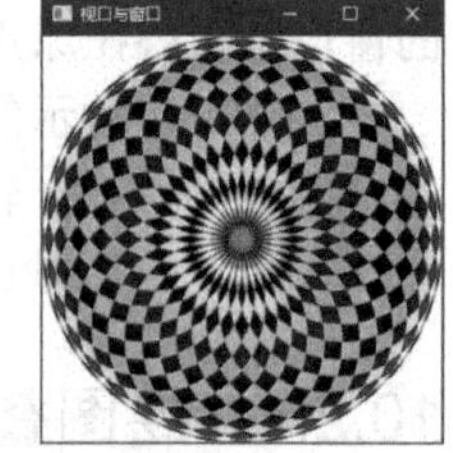

图 10-15　渐变填充和叠加效果

10.3 图形/视图架构

采用 QPainter 绘图时需要在绘图设备的事件处理函数 paintEvent()里编写代码来实现绘图。用这种方法绘图如同使用 Windows 的画图软件绘图，绘制的图是位图。

Qt 为绘制复杂的可交互的图形提供了图形/视图（graphics/view）架构，这是一种基于图形项

（graphics item）的模型/视图结构。使用图形/视图架构，我们可以绘制复杂的由成千上万个基本图形组件组成的图形，并且每个图形组件是可选择、可拖放和可修改的，类似于矢量绘图软件的绘图功能。

10.3.1 场景、视图与图形项

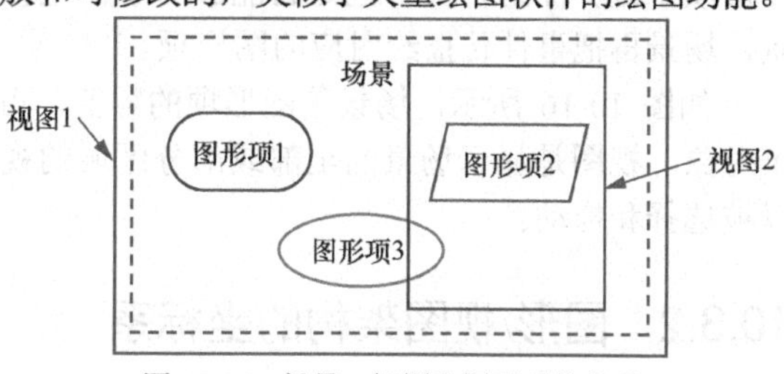

图 10-16 场景、视图和图形项的关系

图形/视图架构主要由 3 个部分组成，即场景、视图和图形项，三者的关系如图 10-16 所示。

1. 场景

QGraphicsScene 类提供绘图场景（scene），它的父类是 QObject。场景不是界面组件，它是不可见的。场景是一个抽象的管理图形项的容器，我们可以向场景添加图形项，可以获取场景中的某个图形项。场景主要具有如下一些功能。

- 提供管理大量图形项的快速接口。
- 将事件传播给每个图形项。
- 管理每个图形项的状态，例如选择状态、焦点状态等。
- 管理未经变换的渲染功能，主要用于打印。

除了图形项，场景还有背景层和前景层。函数 setBackgroundBrush()用于设置 QBrush 对象为背景层的画刷，函数 setForegroundBrush()用于设置 QBrush 对象为前景层的画刷。如果从 QGraphicsScene 类继承，我们可以重新实现受保护函数 drawBackground()和 drawForeground()来自定义背景和前景，以实现一些特殊效果。

2. 视图

QGraphicsView 是图形/视图架构中的视图组件。QGraphicsView 的间接父类是 QWidget，所以它是一个界面组件，用于显示场景中的内容。可以为一个场景设置多个视图，用于对同一个场景提供不同的显示界面。

在图 10-16 中，虚线框部分是一个场景，视图 1（场景外部的实线矩形框）比场景大，显示场景的全部内容。默认情况下，当视图大于场景时，场景在视图的中央位置显示，也可以通过设置视图的 Alignment 属性来控制场景在视图中的显示位置。图 10-16 中的视图 2（场景内部的实线矩形框）比场景小，视图 2 只能显示场景的部分内容，但是会自动提供卷滚条实现在整个场景内移动。

视图接收键盘和鼠标输入并转换为场景的事件，进行坐标变换后这些事件被传送给可视场景。

3. 图形项

图形项就是一些基本图形组件，所有图形项类都是从 QGraphicsItem 继承而来的，而 QGraphicsItem 没有父类。图形项相当于模型中的数据，一个图形项存储了绘制这个图形项的各种参数，场景管理所有图形项，而视图组件则负责绘制这些图形项。

Qt 提供了一些基本的图形项类，例如 QGraphicsEllipseItem 用于绘制椭圆，QGraphicsRectItem 用于绘制矩形，QGraphicsTextItem 用于绘制文字。QGraphicsItem 支持如下一些操作。

- 鼠标事件响应。
- 键盘输入，以及按键事件。
- 拖放操作。
- 支持组合，可以是父子图形项关系组合，也可以通过 QGraphicsItemGroup 类进行组合。

一个图形项还可以包含子图形项，图形项还支持碰撞检测，即检测是否与其他图形项碰撞。图形项不是界面组件类，但是它能够对事件进行处理，这是因为视图会把接收到的事件传送给场景，场景再把事件传播给对应的图形项。

如图 10-16 所示，场景是图形项的容器，可以在场景中添加很多图形项，每个图形项就是一个对象。视图是显示场景的全部或部分区域的视口，也就是显示场景中的图形项，这些图形项可以被选择和拖动。

10.3.2 图形/视图架构的坐标系

图形/视图架构有 3 个有效的坐标系：场景坐标系、视图坐标系、图形项坐标系。3 个坐标系的示意如图 10-17 所示。绘图的时候，场景坐标系等价于 QPainter 的逻辑坐标系，一般以场景的中心为原点；视图坐标系与绘图设备坐标系相同，是物理坐标系，默认以左上角为原点；图形项坐标系是局部逻辑坐标系，一般以图形项的中心为原点。

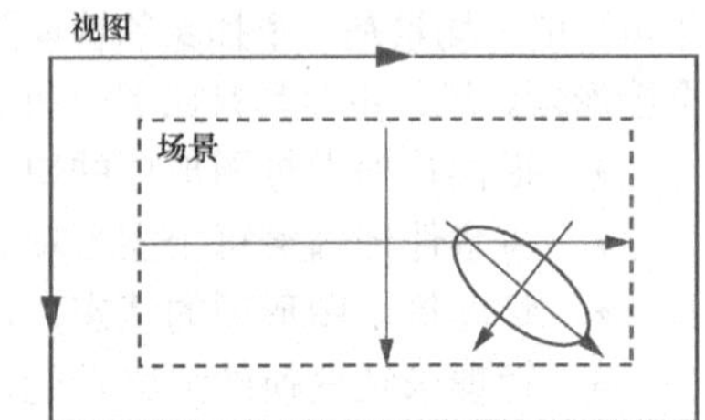

图 10-17 场景、视图、图形项 3 个坐标系的示意

1. 图形项坐标系

图形项使用自己的局部坐标系，通常以其中心为原点(0, 0)，这也是各种坐标变换的中心。图形项的鼠标事件的坐标是用局部坐标系表示的，若创建自定义图形项类，绘制图形项时只需考虑其局部坐标系，QGraphicsScene 和 QGraphicsView 会自动进行坐标变换。

图形项的位置是指其中心在父对象坐标系中的坐标。对于没有父图形项的图形项，其父对象就是场景，图形项的位置就是指在场景中的坐标。如果一个图形项是其他图形项的父图形项，父图形项进行坐标变换时，子图形项也进行同样的坐标变换。

QGraphicsItem 的大多数函数都在其局部坐标系上操作，QGraphicsItem::pos()是仅有的几个例外之一，它返回的是图形项在父图形项坐标系中的坐标，如果是顶层图形项，则返回的是在场景中的坐标。

2. 视图坐标系

视图坐标系就是视图组件的物理坐标系，单位是像素。视图坐标系只与视图组件或视口有关，而与观察的场景无关。QGraphicsView 视口的左上角坐标总是(0,0)。

所有的鼠标事件、拖放事件的坐标首先是由视图坐标系定义的，然后用户需要将这些坐标映射为场景坐标，以便和图形项交互。

3. 场景坐标系

场景坐标系定义了所有图形项的基础坐标，场景坐标系描述了每个顶层图形项的位置。创建场景时可以定义场景矩形区域的坐标范围，例如

```
scene= new QGraphicsScene(-400,-300,800,600);
```

这样定义的 scene 是左上角坐标为(−400,−300)、宽度为 800 像素、高度为 600 像素的矩形区域，单位是像素。

每个图形项在场景里有一个位置坐标，由函数 QGraphicsItem::scenePos()给出，还有一个图形项边界矩形，由函数 QGraphicsItem::sceneBoundingRect()给出。边界矩形可以使场景知道场景中的哪个区域发生了变化。场景发生变化时会发射 QGraphicsScene::changed()信号，参数是场景内的矩

形区域列表，表示发生变化的矩形区域。

4. 坐标映射

在场景中操作图形项时，进行场景到图形项、图形项到图形项或视图到场景的坐标变换是比较有用的。例如，在 QGraphicsView 的视口上点击鼠标时，通过函数 QGraphicsView::mapToScene()可以将视图坐标映射为场景坐标，然后用 QGraphicsScene::itemAt()函数可以获取场景中鼠标光标处的图形项。

10.3.3 图形/视图架构相关的类

图形/视图架构主要的类包括视图类 QGraphicsView、场景类 QGraphicsScene，以及各种图形项类，图形项类的基类是 QGraphicsItem。

1. QGraphicsView 类的主要接口函数

QGraphicsView 是用于观察场景的物理窗口，当场景小于视图时，整个场景在视图中可见，当场景大于视图时，视图自动提供卷滚条。QGraphicsView 的视口坐标系等同于显示设备的物理坐标系，也可以对 QGraphicsView 的坐标系进行平移、旋转、缩放等变换。

表 10-6 所示为 QGraphicsView 的主要接口函数。一般设置函数有一个对应的读取函数，如函数 setScene()对应的读取函数是 scene()。这里只列出设置函数，并且仅列出函数的返回值类型，省略了输入参数，函数的详细定义见 Qt 帮助文档。

表 10-6 QGraphicsView 的主要接口函数

分组	函数	功能
场景	void setScene()	设置关联显示的场景
	void setSceneRect()	设置场景在视图中可视部分的矩形区域
外观	void setAlignment()	设置场景在视图中的对齐方式，默认是上下都居中
	void setBackgroundBrush()	设置关联场景的背景画刷
	void setForegroundBrush()	设置关联场景的前景画刷
	void setRenderHints()	设置视图的绘图选项
交互	void setInteractive()	设置是否允许场景交互，若禁止交互，则任何键盘或鼠标操作都被忽略
	QRect rubberBandRect()	返回选择的矩形框
	void setRubberBandSelectionMode()	选择模式，参数为枚举类型 Qt::ItemSelectionMode
	QGraphicsItem* itemAt()	获取视图坐标系中某个位置的图形项
	QList<QGraphicsItem*> items()	获取场景中的所有图形项或者某个选择区域内图形项的列表
场景显示	void centerOn()	移动视口中的内容，使得场景中的某个坐标点位于视图的中央
	void ensureVisible()	移动视口中的内容，确保场景中的某个矩形区域可见
	void fitInView()	视图缩放并移动卷滚条，确保场景中的某个矩形区域显示在视口中
坐标变换	void translate()	视图坐标系平移
	void scale()	视图坐标系缩放
	void rotate()	视图坐标系旋转
	void shear()	视图坐标系扭转
坐标映射	QPoint mapFromScene()	将场景中的一个坐标映射为视图中的坐标
	QPointF mapToScene()	将视图中的一个坐标映射为场景中的坐标

2. QGraphicsScene 类的主要接口函数

QGraphicsScene 是用于管理图形项的场景，是图形项的容器。表 10-7 所示为 QGraphicsScene 的主要接口函数，表中仅列出函数的返回值类型，省略了输入参数，函数的详细定义见 Qt 帮助文档。

表 10-7 QGraphicsScene 的主要接口函数

分组	函数	功能
场景	void setSceneRect()	设置场景的矩形区域
	void setBackgroundBrush()	设置场景的背景画刷
	void setForegroundBrush()	设置场景的前景画刷
	void update()	刷新场景显示内容
分组	QGraphicsItemGroup* createItemGroup()	创建图形项组
	void destroyItemGroup()	解除一个图形项组
输入焦点	QGraphicsItem* focusItem()	返回当前获得焦点的图形项
	void clearFocus()	清除选择的焦点
	bool hasFocus()	场景是否有焦点
图形项操作	void addItem()	添加或移动一个图形项到场景里
	void removeItem()	删除一个图形项
	void clear()	清除场景中的所有图形项
	QGraphicsItem* mouseGrabberItem()	返回用鼠标抓取的图形项
	QList<QGraphicsItem *> selectedItems()	返回选择的图形项列表
	void clearSelection()	清除所有选择
	QGraphicsItem * itemAt()	获取某个位置的顶层图形项
	QList<QGraphicsItem *> items()	返回某个矩形区域、多边形等选择区域内的图形项列表
添加图形项	QGraphicsEllipseItem * addEllipse()	创建并添加一个椭圆到场景里
	QGraphicsLineItem * addLine()	创建并添加一条直线到场景里
	QGraphicsPathItem * addPath()	创建并添加一条绘图路径（QPainterPath 对象）到场景里
	QGraphicsPixmapItem * addPixmap()	创建并添加一个 pixmap 图片到场景里
	QGraphicsPolygonItem * addPolygon()	创建并添加一个多边形到场景里
	QGraphicsRectItem * addRect()	创建并添加一个矩形到场景里
	QGraphicsSimpleTextItem * addSimpleText()	创建并添加一个 QGraphicsSimpleTextItem 对象到场景里
	QGraphicsTextItem * addText()	创建并添加一个字符串到场景里
	QGraphicsProxyWidget * addWidget()	创建并添加一个 QGraphicsProxyWidget 对象到场景里

3. 图形项类

QGraphicsItem 是所有图形项类的基类，我们可以从 QGraphicsItem 继承定义自己的图形项。Qt 定义了一些常见的图形项，这些常见的图形项类的继承关系如图 10-18 所示。其中，QChart、QPolarChart 和 QLegend 是二维图表模块 Qt Charts 中用到的类，第 12 章会具体介绍。

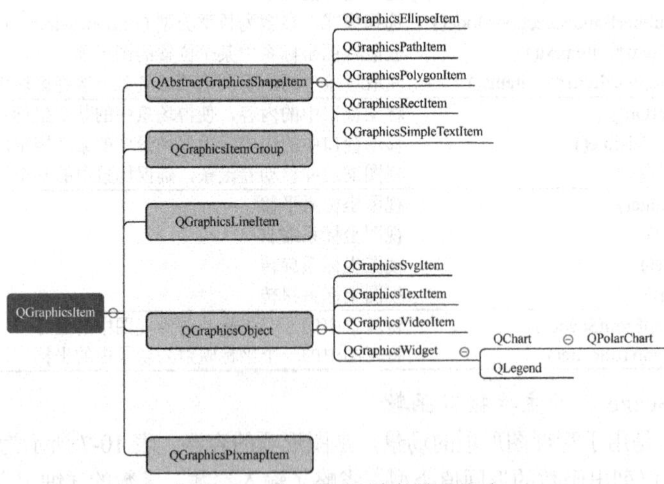

图 10-18 常见图形项类的继承关系

QGraphicsItem 类提供了有关图形项操作的函数，主要的接口函数如表 10-8 所示，表中仅列出函数的返回值类型，省略了输入参数，函数的详细定义见 Qt 帮助文档。

表 10-8　QGraphicsItem 的主要接口函数

分组	函数	功能
图形项属性	void setFlags()	设置图形项的操作标志，例如可选择、可移动等
	void setFlag()	启用或禁用图形项的某个标志
	void setOpacity()	设置透明度
	qreal opacity()	返回图形项的透明度，0 表示透明，1 表示完全不透明
	void setGraphicsEffect()	设置图形效果
	void setSelected()	设置图形项是否被选中
	bool isSelected()	图形项是否被选中
	void setData()	设置用户自定义数据
	void setEnabled()	启用或禁用图形项。禁用的图形项是可见的，但是不能接收任何事件
	bool isEnabled()	返回图形项的使能状态
	void show()	显示图形项
	void hide()	隐藏图形项
	bool isVisible()	图形项是否可见
坐标	void setX()	设置图形项的 *x* 坐标
	void setY()	设置图形项的 *y* 坐标
	void setZValue()	设置图形项的 Z 值，Z 值控制图形项的叠放次序
	void setPos()	设置图形项在父图形项中的位置
	QPointF scenePos()	返回图形项在场景中的坐标，相当于调用函数 mapToScene(0, 0)
坐标变换	void resetTransform()	复位坐标系，取消所有坐标变换
	void setRotation()	旋转一定角度，参数为正数时表示顺时针旋转
	void setScale()	按比例缩放，默认值为 1
坐标映射	QPointF mapFromItem()	将另一个图形项的一个点映射到本图形项的坐标系中
	QPointF mapFromParent()	将父图形项的一个点映射到本图形项的坐标系中
	QPointF mapFromScene()	将场景中的一个点映射到本图形项的坐标系中
	QPointF mapToItem()	将本图形项的一个点映射到另一个图形项的坐标系中
	QPointF mapToParent()	将本图形项的一个点映射到父图形项的坐标系中
	QPointF mapToScene()	将本图形项的一个点映射到场景坐标系中

函数 setFlags()用于设置图形项的操作标志，包括可选择、可移动、可获取焦点等，如：

```
item->setFlags(QGraphicsItem::ItemIsMovable
                | QGraphicsItem::ItemIsSelectable
                | QGraphicsItem::ItemIsFocusable);
```

函数 setFlag()用于单独启用或禁用图形项的某个标志，如：

```
item->setFlag(QGraphicsItem::ItemIsMovable, false);
item->setFlag(QGraphicsItem::ItemIsSelectable, true);
```

函数 setPos()用于设置图形项在父图形项中的坐标，如果没有父图形项，则是在场景中的坐标。

函数 setZValue()用于控制图形项的叠放次序，当多个图形项重叠时，zValue 值越大的越显示在前面。

10.3.4　图形/视图架构示例程序

1. 示例程序功能

本节通过示例 samp10_4 介绍图形/视图架构编程的基本方法。主窗口基类是 QMainWindow，在进行窗口界面可视化设计时，我们删除了主窗口上的菜单栏和工具栏。我们在项目中还设计了一个自定义类 TGraphicsView，它从 QGraphicsView 类继承而来。示例运行时界面如图 10-19 所示，主要有如下一些功能。

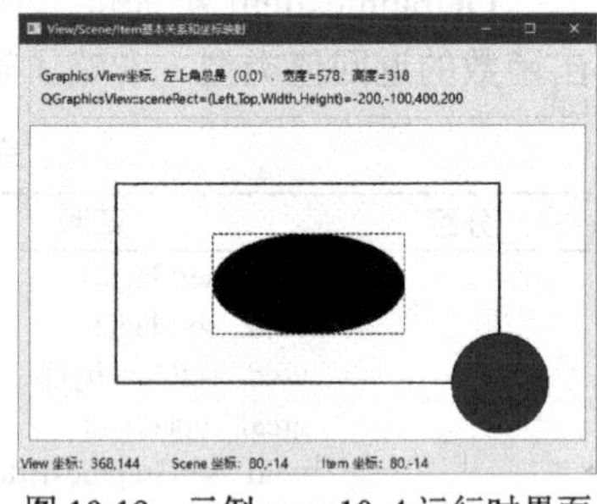

图 10-19　示例 samp10_4 运行时界面

- 工作区是一个 TGraphicsView 组件，其作为绘图的视图组件。
- 程序中创建了一个 QGraphicsScene 场景，场景的大小就是图 10-19 中的实线矩形框的大小。
- 若改变窗口大小，当视图大于场景时，矩形框总是居于视图的中央；当视图小于场景时，在视图窗口中会自动出现卷滚条。
- 椭圆正好处于场景的中央，圆位于场景的右下角。当图形项位置不在场景的矩形框中时，图形项也是可以显示的。
- 当鼠标光标在窗口上移动时，状态栏上会显示当前光标位置在视图中的坐标和在场景中的坐标。在某个图形项上点击鼠标时，状态栏上还会显示图形项中的局部坐标。

这个示例演示了图形/视图架构中几个类的基本使用方法，演示了视图、场景、图形项这 3 个坐标系的关系，以及它们之间的坐标映射。

2. 自定义图形视图组件类

QGraphicsView 是 Qt 的图形视图组件类，从 Qt Designer 组件面板的 Display Widgets 分组里可以拖动一个 QGraphicsView 组件到窗体上。本示例中需要实现鼠标光标在视图组件上移动时显示光标处的坐标，这需要重新实现组件的事件处理函数 mouseMoveEvent()。

我们从 QGraphicsView 继承定义了一个类 TGraphicsView，重新实现事件处理函数 mouseMoveEvent()和 mousePressEvent()，把鼠标事件转换为自定义信号，这样就可以在使用 TGraphicsView 组件的主窗口里设计槽函数响应这些鼠标事件。

使用向导新建一个类 TGraphicsView，其基类选择为 QGraphicsView。TGraphicsView 的定义如下：

```
class TGraphicsView : public QGraphicsView
{
    Q_OBJECT
protected:
    void  mouseMoveEvent(QMouseEvent *event);
    void  mousePressEvent(QMouseEvent *event);
public:
    TGraphicsView(QWidget *parent = nullptr);
signals:
    void  mouseMovePoint(QPoint point);
    void  mouseClicked(QPoint point);
};
```

在 TGraphicsView 类中重新实现了事件处理函数 mouseMoveEvent()和 mousePressEvent()，并定义了两个信号 mouseMovePoint()和 mouseClicked()。两个事件处理函数的实现代码如下：

```
void TGraphicsView::mouseMoveEvent(QMouseEvent *event)
{//鼠标移动事件
    QPoint  point= event->pos();          //视图中的坐标
    emit mouseMovePoint(point);           //发射信号
    QGraphicsView::mouseMoveEvent(event);
}
void TGraphicsView::mousePressEvent(QMouseEvent *event)
{
    if (event->button() == Qt::LeftButton)
```

```
    {
        QPoint point= event->pos();      //视图中的坐标
        emit mouseClicked(point);        //发射信号
    }
    QGraphicsView::mousePressEvent(event);
}
```

这两个函数的参数 event 都是 QMouseEvent 类型，通过 event->pos()可以获取鼠标光标在视图中的坐标 point，在发射自定义信号 mouseMovePoint()和 mouseClicked()时将 point 作为信号的参数。这样，若在其他地方编写槽函数与这两个信号关联，就可以对鼠标移动或点击事件进行响应。

3. 主窗口定义和界面设计

在主窗口类 MainWindow 中增加了一些定义，MainWindow 类的定义代码如下：

```
class MainWindow : public QMainWindow
{
    Q_OBJECT
private:
    QGraphicsScene  *scene;                         //场景对象
    QLabel  *labViewCord;                           //用于在状态栏上显示坐标信息
    QLabel  *labSceneCord;
    QLabel  *labItemCord;
    void  iniGraphicsSystem();                      //图形/视图架构初始化
protected:
    void  resizeEvent(QResizeEvent *event);         //窗口改变大小的事件处理函数
public:
    MainWindow(QWidget *parent = nullptr);
private slots:
    void  do_mouseMovePoint(QPoint point);          //鼠标移动时处理
    void  do_mouseClicked(QPoint point);            //点击鼠标时处理
private:
    Ui::MainWindow *ui;
};
```

MainWindow 类重定义了事件处理函数 resizeEvent()，用于对窗口改变大小的事件进行处理。函数 iniGraphicsSystem()用于创建示例中图形/视图架构中的各个对象。两个自定义槽函数用于与界面上的 TGraphicsView 组件的两个信号关联，在鼠标移动时显示视图中的坐标和场景中的坐标，在点击鼠标时显示图形项的局部坐标。

在对主窗口进行 UI 可视化设计时，先从组件面板拖动一个 QGraphicsView 组件到窗体上。我们要用的是从 QGraphicsView 继承的自定义类 TGraphicsView，因此需要将视图组件升级为 TGraphicsView 类。

在窗体上选中放置的 QGraphicsView 组件，在其快捷菜单中点击 Promote to 菜单项，会出现图 10-20 所示的对话框。在 Promoted class name（升级类名称）编辑框中输入 TGraphicsView，然后点击 Promote 按钮，就可以将窗体上的 QGraphicsView 组件升级为 TGraphicsView 类。这是使用自定义界面组件的一种方法。

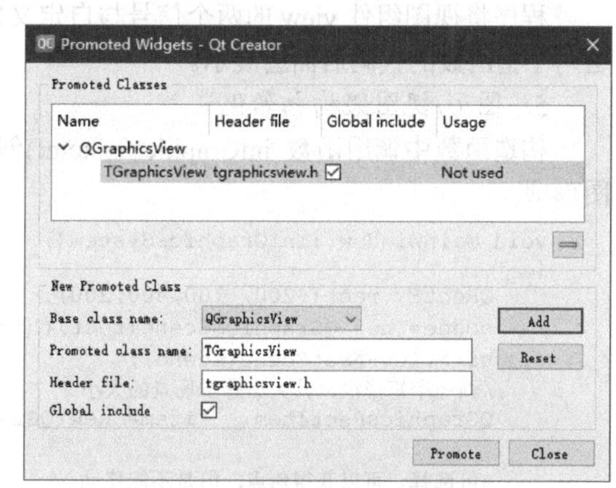

图 10-20 将 QGraphicsView 组件升级为 TGraphicsView 类

4. 主窗口初始化

窗口类 MainWindow 的构造函数代码如下：

```
MainWindow::MainWindow(QWidget *parent) :QMainWindow(parent),  ui(new Ui::MainWindow)
{
    ui->setupUi(this);
    labViewCord= new QLabel("View 坐标: ", this);
    labViewCord->setMinimumWidth(150);
    ui->statusBar->addWidget(labViewCord);
    labSceneCord= new QLabel("Scene 坐标: ", this);
    labSceneCord->setMinimumWidth(150);
    ui->statusBar->addWidget(labSceneCord);
    labItemCord= new QLabel("Item 坐标: ", this);
    labItemCord->setMinimumWidth(150);
    ui->statusBar->addWidget(labItemCord);
    //TGraphicsView 组件 view 的设置
    ui->view->setCursor(Qt::CrossCursor);                        //十字形光标
    ui->view->setMouseTracking(true);                            //开启鼠标跟踪
    ui->view->setDragMode(QGraphicsView::RubberBandDrag);        //矩形选择框
    connect(ui->view,SIGNAL(mouseMovePoint(QPoint)),
            this, SLOT(do_mouseMovePoint(QPoint)));
    connect(ui->view,SIGNAL(mouseClicked(QPoint)),
            this, SLOT(do_mouseClicked(QPoint)));
    iniGraphicsSystem();                                         //图形/视图架构初始化
}
```

程序中创建了3个QLabel组件并将其添加到状态栏上，用于显示3个坐标。界面上TGraphicsView组件的objectName是view，设置了它的一些属性。

- setCursor(Qt::CrossCursor)：将鼠标光标设置为十字形。
- setMouseTracking(true)：开启鼠标跟踪，在鼠标移动时就会产生mouseMove事件。默认是不开启鼠标跟踪的，那么只有在按下鼠标某个键时才会产生mouseMove事件。
- setDragMode(QGraphicsView::RubberBandDrag)：在场景的背景上点击并拖动鼠标时，显示一个矩形框。默认是不响应（QGraphicsView::NoDrag），其值还可以设置为QGraphicsView::ScrollHandDrag，拖动鼠标时鼠标光标变成手形，拖动鼠标就会使卷滚条移动。

程序将视图组件view的两个信号与自定义槽函数关联，用于在鼠标移动和点击时显示坐标，这两个槽函数的代码后面会展示。

5. 图形/视图架构初始化

构造函数中调用函数 iniGraphicsSystem()创建图形/视图架构中的其他组件，包括场景和多个图形项。

```
void MainWindow::iniGraphicsSystem()
{
    QRectF  rect(-200,-100,400,200);
    scene= new QGraphicsScene(rect,this);                   //场景坐标系定义
    ui->view->setScene(scene);                              //为视图设置场景
    //画一个矩形框，其大小等于场景的大小
    QGraphicsRectItem   *item= new QGraphicsRectItem(rect);
                                                            //矩形框的大小正好等于场景的大小
    //可选择，可以获得焦点，但是不能移动
    item->setFlags(QGraphicsItem::ItemIsSelectable | QGraphicsItem::ItemIsFocusable);
    QPen  pen;
    pen.setWidth(2);
```

```
    item->setPen(pen);
    scene->addItem(item);

    //一个位于场景中心的椭圆，测试局部坐标
    QGraphicsEllipseItem   *item2=new QGraphicsEllipseItem(-100,-50,200,100);
    //矩形框内创建椭圆，图形项的局部坐标，左上角坐标为(-100,-50)，宽 200，高 100
    item2->setPos(0,0);//图形项在场景中的坐标
    item2->setBrush(QBrush(Qt::blue));
    item2->setFlag(QGraphicsItem::ItemIsMovable);       //能移动
    item2->setFlag(QGraphicsItem::ItemIsSelectable);    //可选择
    item2->setFlag(QGraphicsItem::ItemIsFocusable);     //可以获得焦点
    scene->addItem(item2);

    //一个圆，中心位于场景的边缘
    QGraphicsEllipseItem   *item3=new QGraphicsEllipseItem(-50,-50,100,100);
    //矩形框内创建圆，图形项的局部坐标，左上角坐标为(-50,-50)，宽 100，高 100
    item3->setPos(rect.right(),rect.bottom());          //图形项在场景中的坐标
    item3->setBrush(QBrush(Qt::red));
    item3->setFlag(QGraphicsItem::ItemIsMovable);       //能移动
    item3->setFlag(QGraphicsItem::ItemIsSelectable);    //可选择
    item3->setFlag(QGraphicsItem::ItemIsFocusable);     //可以获得焦点
    scene->addItem(item3);
    scene->clearSelection();
}
```

程序首先创建了 QGraphicsScene 对象 scene，并将其与界面上的视图组件 view 关联起来。用一个矩形 QRectF(−200, −100, 400, 200)定义了创建的场景坐标系，场景的左上角坐标是(−200, −100)，场景宽度为 400 像素，高度为 200 像素。这样，场景的中心是(0, 0)，这是场景的坐标系。

还创建了第一个矩形框图形项 item，矩形框的大小就等于创建的场景的大小，矩形框不能移动。

创建的第二个图形项 item2 是一个椭圆，椭圆的左上角坐标是(−100, −50)，宽度为 200 像素，高度为 100 像素，所以椭圆的中心是(0, 0)，这是图形项的局部坐标系。再调用函数 setPos(0, 0)设置椭圆在场景中的位置，若不调用函数 setPos()设置图形项在场景中的位置，默认位置为(0, 0)。椭圆设置为可移动、可选择、可以获得焦点。

创建的第三个图形项 item3 是一个圆，圆的左上角坐标是(−50, −50)，宽度为 100 像素，高度为 100 像素，所以圆的中心是(0, 0)，这是图形项的局部坐标系。再调用函数 setPos()设置圆在场景中的位置：

```
item3->setPos(rect.right(),rect.bottom());
```

item3 的中心位置在场景的右下角，圆的部分区域超出了场景的矩形区域范围，但是整个圆可以正常显示。

6. 视图/场景/图形项坐标的显示

在图形/视图架构中有 3 个坐标系，分别是视图坐标系、场景坐标系和图形项坐标系，这些坐标系可以相互转换。在 MainWindow 的构造函数中，我们将视图组件 view 的两个信号与两个自定义槽函数关联，这两个槽函数的代码如下：

```
void MainWindow::do_mouseMovePoint(QPoint point)
{
    labViewCord->setText(QString::asprintf("View 坐标：%d,%d",point.x(),point.y()));
    QPointF pointScene= ui->view->mapToScene(point);              //变换为场景坐标
    labSceneCord->setText(QString::asprintf("Scene 坐标：%.0f,%.0f",
```

```
                                pointScene.x(),pointScene.y()));
}

void MainWindow::do_mouseClicked(QPoint point)
{
    QPointF pointScene= ui->view->mapToScene(point);              //变换为场景坐标
    QGraphicsItem   *item= NULL;
    item= scene->itemAt(pointScene,ui->view->transform());        //获取光标处的图形项
    if (item != NULL)
    {
        QPointF pointItem= item->mapFromScene(pointScene);        //变换为图形项的局部坐标
        labItemCord->setText(QString::asprintf("Item 坐标：%.0f,%.0f",
                                 pointItem.x(),pointItem.y()));
    }
}
```

在函数 do_mouseMovePoint()中，参数 point 是鼠标在视图中的坐标，使用 QGraphicsView 的 mapToScene()函数可以将此坐标变换为场景中的坐标。

在函数 do_mouseClicked()中，参数 point 也是鼠标在视图中的坐标，先用 QGraphicsView 的 mapToScene()函数将此坐标变换为场景中的坐标 pointScene，然后用 QGraphicsScene 的 itemAt()函数获得光标处的图形项。如果鼠标光标处有图形项，就用图形项的 mapFromScene()函数将 pointScene 变换为图形项的局部坐标 pointItem。

在程序运行时可以做各种测试，例如在窗口上移动鼠标、拖动图形项、点击图形项，然后可以观察状态栏上的坐标数据，以理解这 3 个坐标系之间的关系。

另外主窗口还重定义了事件处理函数 resizeEvent()，以便在窗口大小变化时，显示视图区域和场景的大小信息。其代码如下：

```
void MainWindow::resizeEvent(QResizeEvent *event)
{
    QString str= QString::asprintf("Graphics View坐标,左上角总是(0,0),宽度=%d,高度=%d",
                            ui->view->width(),ui->view->height());
    ui->labViewSize->setText(str);

    QRectF  rectF= ui->view->sceneRect();       //场景的矩形区
    QString str2= QString::asprintf("QGraphicsView::sceneRect=(Left,Top,Width,Height)"
       "=%.0f,%.0f,%.0f,%.0f", rectF.left(), rectF.top(), rectF.width(), rectF.height());
    ui->labSceneRect->setText(str2);
    event->accept();
}
```

在窗口大小改变时，labViewSize 显示的视图宽度和高度是随窗口大小变化而变化的，而 labSceneRect 显示的场景的矩形区大小是固定的，总是(−200, −100, 400, 200)。

提示 本章还提供一个补充示例 samp10_5，这是一个基于图形/视图架构的简单绘图程序，通过这个示例可以发现图形/视图架构编程中更多功能的使用方法。本书提供这个示例的源程序，本章示例根目录下有这个示例的详细说明文档。

10.4 图像处理

QImage 和 QPixmap 是用于图像显示和处理的绘图设备类。在前面的一些示例中，我们介绍

了使用 QPixmap 加载图片文件或图片数据，然后在 QLabel 组件上显示图片。QImage 可以访问图像中每个像素的颜色数据，适用于需要对图像数据进行处理的应用，例如可用于旋转或翻转图像，改变图像亮度或对比度等。

本节介绍图像表示的一些基本原理以及 QImage 的功能和接口函数。我们介绍设计一个示例，使用 QImage 实现一些简单的图像处理功能。示例中还会实现打印预览和打印功能，实现打印功能用到的 QPrinter 类是一个绘图设备类（见图 10-1）。

10.4.1 图像表示和图像处理概述

1. 颜色数据的格式

图像（image）是在各种绘图设备上显示的二维的图，图像的数据可以看作二维数组，数组的每个元素就是 1 像素的颜色数据，在绘图设备上显示图像就是设置每个像素的颜色。任何颜色都是红色、绿色、蓝色三原色的组合，1 像素的颜色数据有多种表示格式，常见的有以下几种。

- RGB32：用 32 位无符号整数表示颜色，数据格式为 0xffRRGGBB，其中最高字节的 ff 是无意义的，实际是用 24 位有效数据表示颜色。因为 32 位无符号整数（quint32）是标准的整数格式，所以在计算机上存储的图片文件一般采用这种格式表示像素的颜色。
- RGB888：即红色、绿色、蓝色各用 1 字节表示，数据格式为 0xRRGGBB，1 像素的颜色占用 3 字节。RGB888 与 RGB32 一样也是用 24 位数据表示颜色，但是少占用 1 字节。在内存有限的嵌入式系统中可能会使用 RGB888 格式，因为可以少占用存储空间。但是 3 字节数据不是标准类型的整数，所以即使在内存中表示颜色使用了 RGB888 格式，在计算机上保存图片文件时也会使用 RGB32 格式。
- ARGB32：在 RGB32 的基础上用 1 字节表示 Alpha 值，数据格式为 0xAARRGGBB。Alpha 值一般作为不透明度参数，Alpha 为 0 表示完全透明，Alpha 为 100 表示完全不透明。
- RGBA32：与 ARGB32 类似，只是存储格式是 0xRRGGBBAA。
- RGB565：用 16 位无符号整数（quint16）表示 1 像素的颜色，其中红色占 5 位，绿色占 6 位，蓝色占 5 位，1 像素只需用 2 字节就可以表示，RGB565 的格式如表 10-9 所示。嵌入式设备的 TFT-LCD 一般用 RGB565 表示像素的颜色，这样可以节省存储空间，提高处理效率。
- Grayscale8：用 8 位无符号整数（quint8）表示 1 像素的灰度颜色。
- Grayscale16：用 16 位无符号整数（quint16）表示 1 像素的灰度颜色。

表 10-9 RGB565 的格式

Red 5 位					Green 6 位						Blue 5 位				
Bit15	Bit14	Bit13	Bit12	Bit11	Bit10	Bit9	Bit8	Bit7	Bit6	Bit5	Bit4	Bit3	Bit2	Bit1	Bit0
R4	R3	R2	R1	R0	G5	G4	G3	G2	G1	G0	B4	B3	B2	B1	B0

2. 图片文件格式

图像数据可以保存为不同格式的图片文件，常见的图片文件格式有 BMP、JPG、PNG、SVG 等。

- BMP 是位图文件格式，其文件头存储图像的一些信息，如图像宽度、高度、颜色数据格式等，图像中所有像素的颜色数据被无修改地保存在文件里，例如每个像素的颜色是一个 RGB32 的数据。BMP 是一种无损图片文件格式，保留了图像的原始颜色数据，文件格式比较简单，但是文件比较大。

- JPG 是使用了联合图像专家组（joint photographic experts group，JPEG）图像压缩算法的图片文件格式，是一种有损压缩格式，可以在保持较高图像质量的情况下使文件大小减小很多，从而节省存储空间。例如，一个 24 位 BMP 图片文件转换为 JPG 图片文件后，JPG 文件大小通常只有 BMP 文件大小的 10%左右。
- 便携式网络图形（portable network graphics，PNG）是一种无损压缩图片文件格式，它具有一定的压缩率，文件解压后就是真实的原图。PNG 图像的颜色数据可以有 Alpha 通道，例如颜色数据格式可以是 ARGB32。
- SVG 是基于 XML，描述图像绘制方法的图片文件格式。SVG 文件存储的是绘制图像的过程，而不是图像的像素颜色数据。

BMP、JPG 和 PNG 都是基于图像中所有像素颜色数据的文件格式，BMP 是无压缩的位图文件格式，JPG 是有损压缩文件格式，PNG 是无损压缩文件格式。使用 QImage 和 QPixmap 类可以直接加载这 3 种格式的文件。

SVG 是基于 XML 的矢量图文件格式，不能用 QImage 和 QPixmap 类处理。要读取和显示 SVG 图片文件，需要使用 QSvgRenderer 和 QSvgWidget 类。

3. QImage 类的作用

QImage 是一种绘图设备类（见图 10-1），它可以读取 BMP、JPG、PNG 等格式的图片文件，存储图像中所有像素的颜色数据。QImage 的接口函数可以实现图像的缩放、旋转、镜像翻转等简单处理，可以转换颜色数据格式。因为 QImage 可以读写图像中每个像素的颜色数据，所以结合图像处理算法，我们可以对图像进行各种处理，例如调整亮度、调整对比度、模糊化处理等。

在图 10-1 中还有一个绘图设备类 QPixmap，它是为实现在屏幕上显示图像而优化设计的类。QPixmap 可以加载 BMP、JPG、PNG 等格式的图片文件，然后在 QLabel 组件上显示图像。4.12 节的示例演示了如何用 QLabel 和 QPixmap 类显示图片文件的图像。QPixmap 主要用于在界面上显示图像，它可以对图像进行缩放，但是不能像 QImage 那样对图像进行像素级的处理。

4. 示例功能概述

本节设计一个示例项目 samp10_6，程序运行时界面如图 10-21 所示。这个示例主要用到 QImage、QPrintPreviewDialog、QPrinter 等类，演示了图像数据处理以及打印功能的实现。示例具有如下一些功能。

图 10-21 示例 samp10_6 运行时界面

- 能打开 BMP、JPG、PNG 等格式的图片文件，并显示图像。
- 打开图片文件后，能提取图像信息并显示，图像信息包括图像格式、图像宽度和图像高度等。
- 能进行图像格式的转换，可转换为 RGB888、RGB565、8 位灰度等多种格式。

- 能对图像进行简单的处理，包括旋转、上下翻转、左右翻转、缩放等。
- 能读取图像中所有像素的颜色数据，将颜色数据转换为RGB565格式的十六进制字符串，生成一个C语言的数组，并可以保存为C语言头文件，用于嵌入式设备中在LCD上显示图像。
- 能使用QPrintPreviewDialog和QPrinter类实现打印预览和打印功能。

10.4.2 QImage类

1. 加载和保存图像数据

QImage是访问和操作图像数据的类，图像数据就是图像中每个像素的颜色数据。QImage有多种参数形式的构造函数，下面是比较常用的3种构造函数。

```
QImage(const QString &fileName, const char *format = nullptr)      //指定图片文件名
QImage(int width, int height, QImage::Format format)               //设置图像大小
QImage()                                                           //不设置任何参数
```

第一种指定图片文件名，创建的QImage对象会加载图片文件内的图像数据。参数format是图片文件的格式，用“BMP”“JPG”等字符串表示。如果不设置参数format，程序会根据文件名的后缀自动判断图片文件格式。

第二种创建指定宽度和高度的图像，宽度和高度的单位是像素，参数format是像素的颜色数据的格式，是枚举类型QImage::Format。用这种方式创建图像，一般是为了使用QPainter对象在此图像上绘图。

第三种创建QImage对象，之后一般会用函数load()加载图片文件。

创建QImage对象后，可以从文件或其他I/O设备加载图像数据，也可以将图像数据保存为文件或保存到其他I/O设备中。相关的几个函数如表10-10所示，表中省略了函数的输入参数。

表10-10 QImage类用于加载和保存图像数据的接口函数

函数	功能
bool load()	从图片文件或其他I/O设备加载图像数据
bool loadFromData()	从字节数据数组中加载图像数据
bool save()	将图像数据保存为文件或保存到其他I/O设备中，例如保存到一个QBuffer对象里

函数load()可以从图片文件加载图像数据，函数save()可以将图像数据保存为文件，这两个函数的原型定义如下：

```
bool  QImage::load(const QString &fileName, const char *format = nullptr)
bool  QImage::save(const QString &fileName, const char *format =
                   nullptr, int quality = -1)
```

其中，参数fileName是图片文件名。参数format是图片文件格式，用“BMP”“JPG”等字符串表示，如果不设置参数format，函数会根据文件名的后缀自动判断图片文件格式。参数quality是保存为有损压缩图片文件（如JPG图片文件）时的品质参数，取值为0表示最低品质，压缩后文件最小；取值为100表示最高品质，图像无压缩；取值为-1表示使用默认的品质参数。

还有一组load()和save()函数可以从其他I/O设备加载数据和保存数据，其函数原型定义分别如下：

```
bool  QImage::load(QIODevice *device, const char *format)
bool  QImage::save(QIODevice *device, const char *format = nullptr, int quality = -1)
```

其中，参数 device 是 I/O 设备，参数 format 是图片文件格式，参数 quality 是保存图片的品质参数。device 可以使用 QBuffer 类对象，QBuffer 是为 QByteArray 数据提供读写接口的 I/O 设备类。例如，将图像数据保存到缓冲区的示意代码如下：

```
QImage image("Save_as.png");
QByteArray ba;                          //字节数组
QBuffer buffer(&ba);                    //缓冲区对象
buffer.open(QIODevice::WriteOnly);      //以只写模式打开缓冲区
image.save(&buffer, "PNG");             //将图像以 PNG 格式写入缓冲区，也就是写到字节数组 ba 里
```

函数 loadFromData()可以从字节数组中加载图像数据，它有多种参数形式，其中一种定义如下：

```
bool  QImage::loadFromData(const QByteArray &data, const char *format = nullptr)
```

其中，参数 data 是字节数组；format 是图片文件格式，用“BMP”“JPG”等字符串表示，如果不设置参数 format，函数会尝试从数据的文件头部分判断图片文件格式。这个函数中的参数 data 可以是用 QFile::readAll()函数读取的图片文件的全部内容，也可以是用 QImage::save()保存到缓冲区中的数据。如果是在内存中复制 QImage 对象的图像数据，使用缓冲区是最高效的。

2. 图像信息

从图片文件加载图像数据后，我们可以使用 QImage 的一些接口函数获取图像的一些信息，常用的函数如表 10-11 所示，表中省略了函数的输入参数。

表 10-11 QImage 类用于获取图像信息的接口函数

分组	函数	功能
基本信息	QImage::Format format()	返回图像的颜色格式信息
	int depth()	图像深度，就是指表示 1 像素颜色数据的位数，可能是 1、8、16、24、32 或 64
	int bitPlaneCount()	返回图像的位平面数。位平面数就是指表示 1 像素的颜色和透明度数据的位数，例如 32 位。它的值小于或等于图像深度值
	qsizetype sizeInBytes()	返回图像数据的字节数，字节数由图像宽度、图像高度和图像深度决定，不是原始图片文件的大小
几何信息	int width()	图像宽度，单位：像素
	int height()	图像高度，单位：像素
	QRect rect()	返回图像的矩形边框，即矩形 QRect(0, 0, width(),height())
	QSize size()	返回图像的大小，即 width()和 height()
	int dotsPerMeterX()	图像在水平方向上的 DPM（dots/meter）分辨率，若要转换为常用的 DPI（dots/inch）分辨率，需要将这个函数的返回值乘 0.0254
	void setDotsPerMeterX()	设置图像在水平方向上的 DPM 分辨率
	int dotsPerMeterY()	图像在垂直方向上的 DPM 分辨率
	void setDotsPerMeterY()	设置图像在垂直方向上的 DPM 分辨率

（1）图像格式。函数 format()返回图像的格式信息，返回值是枚举类型 QImage::Format。图像格式就是图像的每个像素的颜色数据在内存中的存储格式，而不是加载的图片文件的格式。枚举类型 QImage::Format 有很多枚举值，常见的几个枚举值含义如下。

- QImage::Format_RGB32：数据格式为 0xffRRGGBB，其中最高字节的 ff 是无意义的，实际是用 24 位有效数据表示颜色。1 像素占用 4 字节。
- QImage::Format_ARGB32：数据格式为 0xAARRGGBB。Alpha 值作为不透明度参数，Alpha

为 0 表示完全透明，Alpha 为 100 表示完全不透明。1 像素占用 4 字节。

- QImage::Format_RGB888：数据格式为 0xRRGGBB，1 像素占用 3 字节。
- QImage::Format_RGB16：即 RGB565 格式，1 像素占用 2 字节，数据格式如表 10-9 所示。
- QImage::Format_Grayscale8：8 位灰度格式，1 像素占用 1 字节。
- QImage::Format_Grayscale16：16 位灰度格式，1 像素占用 2 字节。
- QImage::Format_Indexed8：8 位颜色索引格式，1 像素占用 1 字节。
- QImage::Format_Mono：1 像素用 1 位表示，只有黑色或白色，组成字节数据时高位在前（MSB）。
- QImage::Format_MonoLSB：1 像素用 1 位表示，组成字节数据时低位在前（LSB）。

除了单色图，其他格式图像的像素颜色都用整数表示，有直接表示和间接表示两种方式。8 位颜色索引（Format_Indexed8）和 8 位灰度（Format_Grayscale8）是间接表示方式，间接表示的图像有一个 256 色的颜色表，颜色表是 QList<QRgb>，每个颜色都是 ARGB32 格式的。每个像素有一个 1 字节的索引值，可以通过索引值从颜色表里获取对应的颜色。

其他格式的图像采用的是直接表示方式，没有颜色表，每个像素的颜色用一个 QRgb 类型的数表示，各种图像格式的差别在于，颜色是否有 Alpha 通道以及红色、绿色、蓝色的有效位数不同。例如，RGB888 没有 Alpha 通道，红色、绿色、蓝色各用 1 字节表示；RGB565 没有 Alpha 通道，红色、绿色、蓝色分别用 5 位、6 位、5 位表示。

灰度图的颜色就是 QRgb(c,c,c)，也就是红色、绿色、蓝色的值相同。8 位灰度图有颜色表，是间接表示的，16 位灰度图是直接表示的。

（2）图像深度和位平面数。图像深度就是指 1 像素的颜色数据的位数，它与图像格式有关，例如 RGB32 格式是 32 位，RGB565 格式是 16 位。位平面数就是指 1 像素的颜色和透明度数据的有效位数，它的值小于或等于图像深度值。例如对于 RGB32 格式，数据是 0xffRRGGBB，其图像深度是 32 位，但是位平面数是 24 位，因为只有 24 位数据有效。

（3）图像的大小。QImage 的函数 width()和 height()分别返回图像的宽度和高度，单位是像素。函数 sizeInBytes()返回图像中所有像素的颜色数据所占用的字节数，它与图像的宽度、高度和深度有关，其值等于 width()×height()×depth()/8。

（4）图像的分辨率。函数 dotsPerMeterX()和 dotsPerMeterY()分别返回图像在水平和垂直方向上的 DPM 分辨率。常用的另一个分辨率单位是 DPI，DPI 和 DPM 的换算关系是：

1 DPI = 0.0254 DPM

因为 1 英寸等于 0.0254 米，所以如果要设置图像的水平分辨率为 200 DPI，示意代码如下：

```
int DPI= 200;
image.setDotsPerMeterX(DPI/0.0254);      //image 是一个 QImage 类型的变量
```

通过设置图像的水平和垂直方向上的分辨率，可以调整图像大小，也可以改变长宽比，一般的图形处理软件都有这样的功能。

3. *访问颜色数据*

通过 QImage 的接口函数可以读写图像中每个像素的颜色数据，这样我们就可以进行像素级的图像处理。像素颜色数据表示有直接和间接两种方式：8 位格式图像有颜色表，是间接方式；其他格式图像中每个像素直接用一个 QRgb 数据表示颜色。QImage 访问颜色数据的接口函数如表 10-12 所示，表中省略了函数的输入参数。

表 10-12 QImage 类访问像素颜色数据的接口函数

分组	函数	功能
直接方式，不带颜色表	QRgb pixel()	返回某一像素的颜色数据，返回值类型 QRgb 是无符号 32 位整数
	void setPixel()	设置某一像素的颜色数据，颜色数据是 QRgb 类型
	QColor pixelColor()	返回某一像素的颜色数据，颜色数据是 QColor 类型
	void setPixelColor()	设置某一像素的颜色数据，颜色数据是 QColor 类型
间接方式，带颜色表	int colorCount()	返回颜色表的颜色数，只有 8 位图像有颜色表
	QList<QRgb> colorTable()	返回颜色表的颜色数据列表，若返回列表为空，表示图像没有颜色表
	int pixelIndex()	返回某一像素的颜色在颜色表中的索引
	QRgb color()	根据索引，返回颜色表中的一个颜色值
	void setPixel()	设置某一像素的颜色索引
颜色信息	bool hasAlphaChannel()	判断图像是否有 Alpha 通道，从 BMP 图片文件和 JPG 图片文件读入的图像无 Alpha 通道，从 PNG 图片文件读入的图像有 Alpha 通道
	bool allGray()	判断图像中所有像素的颜色是否都是灰度颜色，该函数的处理速度比较慢
	bool isGrayscale()	对于有颜色表的图像，判断颜色表中的颜色是否都是灰度颜色；对于无颜色表的图像，该函数的功能与 allGray()的功能相同

下面我们主要介绍不带颜色表的图像的颜色数据读取和设置方法。

（1）读取像素颜色。函数 pixel()返回图像中某一像素的颜色数据，其函数原型定义如下：

```
QRgb  QImage::pixel(int x, int y)     //返回像素(x, y)的颜色数据
```

返回的颜色数据是 QRgb 类型的，QRgb 就是无符号 32 位整数，它以 0xAARRGGBB 的格式表示颜色的 Alpha 通道以及红色、绿色、蓝色对应的数值，我们用(a, r, g, b)表示这 4 种成分的数值。Qt 中定义了一些独立函数用于 QRgb 类型数据的处理，这些函数如表 10-13 所示。

表 10-13 用于 QRgb 类型数据处理的一些独立函数

函数原型	功能
int qRed(QRgb rgb)	返回 QRgb 类型变量 rgb 中红色成分的值
int qGreen(QRgb rgb)	返回 QRgb 类型变量 rgb 中绿色成分的值
int qBlue(QRgb rgb)	返回 QRgb 类型变量 rgb 中蓝色成分的值
int qAlpha(QRgb rgba)	返回 QRgb 类型变量 rgba 中 Alpha 成分的值
QRgb qRgb(int r, int g, int b)	用(255, r, g, b)合成 QRgb 数值
QRgb qRgba(int r, int g, int b, int a)	用(r, g, b, a)合成 QRgb 数值
int qGray(int r, int g, int b)	从(r, g, b)计算出灰度值，灰度值范围是 0～255

还可以使用函数 pixelColor()返回一个像素的颜色数据，返回数据类型是 QColor，其函数原型定义如下：

```
QColor  QImage::pixelColor(int x, int y)     //返回像素(x, y)的颜色数据
```

QColor 是表示颜色的类，它有一些接口函数可以获取颜色成分数值，也可以将 QColor 表示的颜色转换为 QRgb 类型的颜色。这些函数的原型定义如下：

```
QRgb   QColor::rgb()          //返回颜色的 QRgb 类型数据，Alpha 成分值是 255
QRgb   QColor::rgba()         //返回颜色的 QRgb 类型数据，包括 Alpha 通道的值
int    QColor::red()          //返回颜色中红色成分的数值
int    QColor::green()        //返回颜色中绿色成分的数值
int    QColor::blue()         //返回颜色中蓝色成分的数值
int    QColor::alpha()        //返回颜色中 Alpha 通道的数值
```

QColor 有丰富的接口函数用于颜色数据处理，它可以用 RGB、HSV、CMYK 等模式表示颜色数

据，可以修改颜色的饱和度和亮度。从一个图像读取出像素颜色数据后，可以通过 QColor 的功能函数进行处理，然后将数据写回图像，这样就可以实现图像的像素级数据处理，例如调整图像的亮度。

（2）设置像素颜色。使用函数 setPixel()和 setPixelColor()可以设置某个像素的颜色，它们的函数原型定义如下：

```
void  QImage::setPixel(int x, int y, uint index_or_rgb)
void  QImage::setPixelColor(int x, int y, const QColor &color)
```

函数 setPixel()设置像素(x, y)的颜色索引或 QRgb 颜色数据。对于带颜色表的图像，参数 index_or_rgb 是颜色索引；对于不带颜色表的图像，参数 index_or_rgb 是 QRgb 颜色数据值。

函数 setPixelColor()设置的颜色是 QColor 类型的，所以这个函数不适用于 8 位图像。

4. 图像处理

QImage 提供了一些接口函数来对图像进行处理，例如镜像翻转、缩放、图像格式转换等，这些接口函数如表 10-14 所示，表中省略了函数的输入参数。部分函数在本节的示例程序中会用到，我们在后面会结合代码解释其中一些函数的使用方法。

表 10-14 QImage 进行图像处理的一些接口函数

函数	功能
void invertPixels()	对像素颜色值取反
void mirror()	对图像进行水平或垂直翻转
QImage mirrored()	返回原图像水平或垂直翻转后的图像，原图像不变
void rgbSwap()	互换所有像素颜色数据的红色和蓝色成分，可以有效地将 RGB 格式转换为 BGR 格式
QImage rgbSwapped()	返回一个 QImage 对象，它表示原图像中所有像素颜色的红色和蓝色互换后的结果，例如 RGB 格式转换为 BGR 格式
QImage transformed()	使用一个变换矩阵对原图像进行变换，返回变换后的图像副本
QImage scaled()	对图像进行缩放，返回缩放后的图像副本
QImage scaledToHeight()	对图像进行缩放，使其适应某个高度，返回缩放后的图像副本
QImage scaledToWidth()	对图像进行缩放，使其适应某个宽度，返回缩放后的图像副本
QImage copy()	复制图像的一个矩形区域，将其作为一个新的 QImage 对象返回
void convertTo()	图像格式转换，覆盖原图像数据
QImage convertedTo()	图像格式转换，返回转换后的图像副本，原图像不变
QImage convertToFormat()	图像格式转换，返回转换后的图像副本，原图像不变

10.4.3 图像处理示例程序

1. 主窗口设计和初始化

本节设计一个示例项目 samp10_6，选择 QMainWindow 作为窗口基类。在 UI 可视化设计时，删除主窗口的菜单栏，工作区采用水平分割布局，界面设计结果见文件 mainwindow.ui。主窗口上的工具按钮都用 Action 生成，设计好的 Action 如图 10-22 所示。

Name	Used	Text	ToolTip	Shortcut	Checkable
actFile_Open	☑	打开	打开文件	Ctrl+O	☐
actFile_Quit	☑	退出	退出本系统		☐
actFile_Save	☑	保存	保存到当前文件	Ctrl+S	☐
actImg_RotateLeft	☑	左旋	逆时针旋转90°		☐
actImg_RotateRight	☑	右旋	顺时针旋转90°		☐
actImg_FlipUD	☑	上下翻转	上下翻转		☐
actImg_FlipLR	☑	左右翻转	左右翻转		☐
actFile_Reload	☑	重新载入	重新载入图片		☐
actFile_SaveAs	☑	另存	另存图片文件		☐
actFile_Print	☑	打印	打印图片		☐
actFile_Preview	☑	打印预览	打印预览	Ctrl+P	☐
actImg_ZoomIn	☑	放大	放大图片	Ctrl+Up	☐
actImg_ZoomOut	☑	缩小	缩小图片	Ctrl+Down	☐

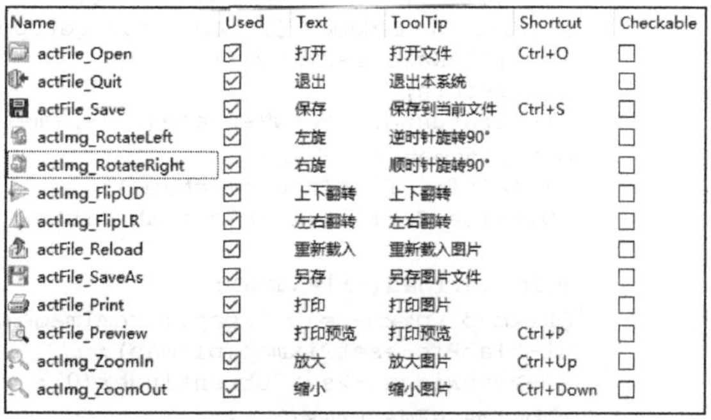

图 10-22 主窗口中设计好的 Action

本项目中要用到打印功能，需要在项目配置文件（.pro 文件）中加入下面的一行语句：

```
QT  +=  printsupport
```

我们在主窗口类 MainWindow 中增加了一些变量和函数定义，MainWindow 类的定义如下：

```
class MainWindow : public QMainWindow
{
    Q_OBJECT
private:
    QString m_filename;                                              //当前图片文件名
    QImage  m_image;                                                 //当前图像
    void  showImageFeatures(bool formatChanged=true);               //显示图像属性
    void  imageModified(bool modified=true);          //图像被修改了，改变 Action 状态
    void  printImage(QPainter *painter, QPrinter *printer);         //打印图像
    void  printRGB565Data(QPainter *painter, QPrinter *printer);  //打印 RGB565 格式的数据
public:
    MainWindow(QWidget *parent = nullptr);
private slots:
    void  do_paintRequestedImage(QPrinter *printer);                 //用于打印图片
    void  do_paintRequestedText(QPrinter *printer);                  //用于打印文本
private:
    Ui::MainWindow *ui;
};
```

变量 m_filename 用于保存当前打开的图片文件名，变量 m_image 是当前图像对象。

函数 showImageFeatures()用于在界面上显示变量 m_image 的一些属性，函数 imageModified()用于设置两个 Action 的 enabled 属性。

函数 printImage()用于打印图片，函数 printRGB565Data()用于打印文本数据。两个自定义槽函数与打印有关，后面介绍打印功能实现的部分时会详细介绍。

MainWindow 的构造函数代码如下，只需设置工作区组件。

```
MainWindow::MainWindow(QWidget *parent) : QMainWindow(parent) , ui(new Ui::MainWindow)
{
    ui->setupUi(this);
    this->setCentralWidget(ui->splitter);
}
```

2. 打开和保存图片文件

工具栏上“打开”按钮关联的槽函数代码如下：

```
void MainWindow::on_actFile_Open_triggered()
{//“打开”按钮
    QString  curPath= QDir::currentPath();                    //应用程序当前目录
    QString  filter= "图片文件(*.bmp *.jpg *.png);;"
                     "BMP 文件(*.bmp);;JPG 文件(*.jpg);;PNG 文件(*.png)";
    QString  fileName= QFileDialog::getOpenFileName(this,"选择图片文件",curPath,filter);
    if (fileName.isEmpty())
        return;
    ui->statusbar->showMessage(fileName);
    m_filename= fileName;                                      //保存当前图片文件名
    QFileInfo  fileInfo(fileName);
    QDir::setCurrent(fileInfo.absolutePath());

    m_image.load(fileName);                                     //加载图片文件
    QPixmap  pixmap= QPixmap::fromImage(m_image);              //创建 QPixmap 对象用于界面显示
    ui->labPic->setPixmap(pixmap);
    ui->tabWidget->setCurrentIndex(0);
    showImageFeatures();                                        //显示图片属性
}
```

程序支持打开常见的 BMP、JPG、PNG 等格式的图片文件，通过对话框选择一个图片文件后，使用 QImage::load()函数加载图片文件。QImage 会自动解析图片文件格式，读取文件内的数据，在内存中存储图像中所有像素的颜色数据。为了在界面上的 QLabel 组件上显示图像，程序还创建了一个 QPixmap 对象。QPixmap 是适合在界面上显示图片的绘图设备类。

从图片文件加载图像数据后，程序调用自定义函数 showImageFeatures()显示图像的一些属性，这个函数的代码如下：

```
void MainWindow::showImageFeatures(bool formatChanged)
{
    if (formatChanged)      //格式转换后需要显示全部信息
    {
        QImage::Format  fmt= m_image.format();     //图像格式
        if (fmt == QImage::Format_RGB32)
            ui->editImg_Format->setText("32-bit RGB(0xffRRGGBB)");
        else if (fmt == QImage::Format_RGB16)
            ui->editImg_Format->setText("16-bit RGB565");
        else if (fmt == QImage::Format_RGB888)
            ui->editImg_Format->setText("24-bit RGB888");
        else if (fmt == QImage::Format_Grayscale8)
            ui->editImg_Format->setText("8-bit grayscale");
        else if (fmt == QImage::Format_Grayscale16)
            ui->editImg_Format->setText("16-bit grayscale");
        else if (fmt == QImage::Format_ARGB32)
            ui->editImg_Format->setText("32-bit ARGB(0xAARRGGBB)");
        else if (fmt == QImage::Format_Indexed8)
            ui->editImg_Format->setText("8-bit indexes into a colormap");
        else
            ui->editImg_Format->setText(QString("Format= %1,其他格式").arg(fmt));

        ui->editImg_Depth->setText(QString("%1 bits/pixel").arg(m_image.depth()));
        ui->editImg_BitPlane->setText(QString("%1 bits").arg(m_image.bitPlaneCount()));
        ui->chkBox_Alpha->setChecked(m_image.hasAlphaChannel());
        ui->chkBox_GrayScale->setChecked(m_image.isGrayscale());
    }
    //缩放或旋转之后显示大小信息
    ui->editImg_Height->setText(QString("%1 像素").arg(m_image.height()));
    ui->editImg_Width->setText(QString("%1 像素").arg(m_image.width()));
    qsizetype sz= m_image.sizeInBytes();         //图像数据字节数
    if (sz< 1024*9)
        ui->editImg_SizeByte->setText(QString("%1 Bytes").arg(sz));
    else
        ui->editImg_SizeByte->setText(QString("%1 KB").arg(sz/1024));
    QString dpi= QString::asprintf("DPI_X=%.0f, DPI_Y=%.0f",
                m_image.dotsPerMeterX()*0.0254, m_image.dotsPerMeterY()*0.0254);
    ui->editImg_DPM->setText(dpi);     //DPI 分辨率
}
```

程序使用 QImage 的一些接口函数获取图像信息，包括图像格式、图像宽度和高度、分辨率等，这些接口函数及其他内容见 10.4.2 节的介绍，此处不再赘述。

函数 showImageFeatures()有一个输入参数 formatChanged，其默认值为 true。当这个参数值为 true 时，表示需要获取与图像格式相关的信息，包括图像格式、图像深度、是不是灰度图等信息，在图像格式变化后才需要获取这些信息。当参数 formatChanged 值为 false 时，只获取图像的宽度、高度、数据字节数等信息，在对图像进行翻转、缩放等处理后只需刷新显示这些信息。

在图像被修改后，可以将图像保存到当前的文件，也就是私有变量m_filename所表示的文件，也可以将图像另存为其他文件，还可以从当前文件重新加载它。工具栏上“保存”按钮、“另存”按钮和“重新载入”按钮关联的槽函数以及自定义函数imageModified()的代码如下：

```
void MainWindow::on_actFile_Save_triggered()
{//“保存”按钮，保存到当前文件
    m_image.save(m_filename);     //保存到当前文件
    imageModified(false);
}

void MainWindow::on_actFile_SaveAs_triggered()
{//“另存”按钮，另存为其他文件
    QString  filter= "图片文件(*.bmp *.jpg *.png);;"
                     "BMP 文件(*.bmp);;JPG 文件(*.jpg);;PNG 文件(*.png)";
    QString  fileName= QFileDialog::getSaveFileName(this,"保存文件",m_filename,filter);
    if (fileName.isEmpty())
        return;
    m_image.save(fileName);          //保存为新的文件
    m_filename= fileName;            //重新设置当前文件名
    ui->statusbar->showMessage(fileName);
    imageModified(false);
}

void MainWindow::on_actFile_Reload_triggered()
{//“重新载入”按钮
    QString fileName= m_filename;
    m_image.load(fileName);          //从当前文件重新加载
    QPixmap  pixmap= QPixmap::fromImage(m_image);
    ui->labPic->setPixmap(pixmap);
    ui->tabWidget->setCurrentIndex(0);
    showImageFeatures(true);         //显示全部属性
    imageModified(false);
}

void MainWindow::imageModified(bool modified)
{//修改“保存”按钮和“重新载入”按钮的 enabled 属性
    ui->actFile_Reload->setEnabled(modified);
    ui->actFile_Save->setEnabled(modified);
}
```

在另存为文件时，我们可以设置与原文件名后缀不同的文件名，例如原来是BMP文件，可以另存为JPG文件，QImage::save()函数会自动进行文件格式转换。

另外要注意，在内存中处理的图像格式并不一定会被保存到文件中。例如，打开一个32位的BMP图片文件，它的图像格式是RGB32。我们可以将其转换为RGB888或RGB565格式，但是在保存到文件时，文件中仍然是按RGB32格式保存图像。将RGB32格式转换为8位灰度或8位颜色索引格式后，这两种8位的格式是可以保存到文件的。

3. 图像格式转换

可以对图像进行图像格式转换，也就是改变像素颜色数据的表示格式。在图10-21所示界面工作区左侧的操作面板中有一个“图像格式转换”分组框，从下拉列表框中选择目标格式，然后点击“图像格式转换”按钮就可以进行图像格式转换。该按钮的槽函数代码如下：

```
void MainWindow::on_btnFormatConvert_clicked()
{//“图像格式转换”按钮
    int index= ui->comboFormat->currentIndex();
    if (index == 0)
        m_image.convertTo(QImage::Format_RGB16);              //RGB565
    else if (index == 1)
        m_image.convertTo(QImage::Format_RGB888);             //RGB888
    else if (index == 2)
        m_image.convertTo(QImage::Format_RGB32);              //RGBx888
    else if (index == 3)
        m_image.convertTo(QImage::Format_Grayscale8);         //8 位灰度
    else if (index == 4)
        m_image.convertTo(QImage::Format_Grayscale16);        //16 位灰度
    else if (index == 5)
        m_image.convertTo(QImage::Format_Indexed8);           //8 位颜色索引
    else
        return;

    QPixmap  pixmap= QPixmap::fromImage(m_image);
    ui->labPic->setPixmap(pixmap);
    showImageFeatures(true);                                   //显示全部信息
    imageModified(true);
}
```

界面上的下拉列表框中列出了几种常用的图像格式，程序里使用 QImage::convertTo()函数进行图像格式转换，这个函数的原型定义如下：

```
void  QImage::convertTo(QImage::Format format,
                        Qt::ImageConversionFlags flags = Qt::AutoColor)
```

其中，参数 format 是需要转换的目标格式，参数 flags 控制格式转换的处理方法，一般使用默认值即可。函数 convertTo()没有返回值，转换后的图像会覆盖原来的图像。

进行格式转换后会改变图像的深度、位平面数、数据字节数等属性。例如 RGB32 格式转换为 RGB565 格式后，图像深度由 32 位变为 16 位。

注意，程序中是使用 QImage::convertTo()函数进行格式转换的，转换后的图像会覆盖原来的图像。所以，如果将一个 RGB32 图像转换为 8 位灰度图，再转换为 RGB565 格式是无法恢复彩色的。另外，在内存中进行图像处理时可以使用所有的格式，但是图像保存到文件后，文件内一般会自动以 32 位或 8 位格式存储图像数据。

4. 图像处理

工具栏上有一些按钮可以对图像进行缩放、旋转或翻转处理，部分按钮关联的槽函数代码如下：

```
void MainWindow::on_actImg_ZoomIn_triggered()
{//“放大”按钮
    int W= m_image.width();
    int H= m_image.height();
    m_image= m_image.scaled(1.1*W, 1.1*H,Qt::KeepAspectRatio);     //放大
    QPixmap  pixmap=QPixmap::fromImage(m_image);
    ui->labPic->setPixmap(pixmap);                    //重新设置 pixmap
    showImageFeatures(false);                         //只刷新显示图像尺寸相关信息
    imageModified(true);
}

void MainWindow::on_actImg_RotateLeft_triggered()
```

```
{//“左旋”按钮，左旋 90°
    QTransform matrix;
    matrix.reset();                                   //单位矩阵
    matrix.rotate(-90);                               //默认 Qt::ZAxis
    m_image= m_image.transformed(matrix);            //使用变换矩阵 matrix 进行图像变换
    QPixmap  pixmap= QPixmap::fromImage(m_image);
    ui->labPic->setPixmap(pixmap);
    showImageFeatures(false);                        //只刷新显示图像尺寸相关信息
    imageModified(true);
}

void MainWindow::on_actImg_FlipUD_triggered()
{//“上下翻转”按钮
    bool horizontal= false;
    bool vertical= true;
    m_image.mirror(horizontal,vertical);         //图像镜像处理
    QPixmap  pixmap= QPixmap::fromImage(m_image);
    ui->labPic->setPixmap(pixmap);
    imageModified(true);
}

void MainWindow::on_actImg_FlipLR_triggered()
{//“左右翻转”按钮
    bool horizontal= true;
    bool vertical= false;
    m_image.mirror(horizontal,vertical);         //图像镜像处理
    QPixmap  pixmap= QPixmap::fromImage(m_image);
    ui->labPic->setPixmap(pixmap);
    imageModified(true);
}
```

（1）图像缩放。图像缩放可以使用函数 scaled()来实现，该函数原型定义如下：

```
QImage  QImage::scaled(int width, int height,
                       Qt::AspectRatioMode aspectRatioMode = Qt::IgnoreAspectRatio,
                       Qt::TransformationMode transformMode = Qt::FastTransformation)
```

其中，参数 width 和 height 分别是缩放后的新图像的宽度和高度，单位是像素；参数 aspectRatioMode 控制是否保持图像的长宽比，默认值 Qt::IgnoreAspectRatio 表示忽略长宽比，也可以设置为保持长宽比，也就是设置值为 Qt::KeepAspectRatio；参数 transformMode 表示变换模式，默认值 Qt::FastTransformation 表示快速转换，不做平滑处理，也可以设置值为 Qt::SmoothTransformation，表示进行平滑处理。

函数 scaled()返回缩放后的图像副本，原图像不变。示例程序中将缩放后的图像又保存到原图像，所以会改变图像的物理尺寸，需要调用函数 showImageFeatures(false)显示图像尺寸信息。

图像缩放还可以使用函数 scaledToHeight()和 scaledToWidth()来实现，它们分别用于指定高度或宽度进行缩放，函数原型定义如下：

```
QImage  QImage::scaledToHeight(int height,
                               Qt::TransformationMode mode = Qt::FastTransformation)
QImage  QImage::scaledToWidth(int width,
                              Qt::TransformationMode mode = Qt::FastTransformation)
```

（2）图像旋转。函数 transformed()可以通过一个变换矩阵对图像进行任意的变换，其函数原型定义如下：

```
QImage  QImage::transformed(const QTransform &matrix,
                            Qt::TransformationMode mode = Qt::FastTransformation)
```

参数 matrix 是 QTransform 类型的变换矩阵。变换矩阵是一个 3×3 的矩阵，可以表示坐标系的平移、缩放、旋转等坐标变换运算关系。变换矩阵的具体原理和用法可以查看 QTransform 的帮助文档。

（3）图像镜像。函数 mirror()可以对图像进行镜像处理，该函数定义如下：

```
void  QImage::mirror(bool horizontal = false, bool vertical = true)
```

其中，参数 horizontal 表示是否进行水平镜像，参数 vertical 表示是否进行垂直镜像。函数没有返回值，直接修改原图像。

还有一个函数 mirrored()可以对图像进行镜像处理，它返回处理后的图像副本，不修改原图像。

```
QImage  QImage::mirrored(bool horizontal = false, bool vertical = true)
```

5. 生成 RGB565 数据

在基于单片机的嵌入式系统开发中，为了在 LCD 上显示图像，有时需要将图像转换为 RGB565 数据数组。本示例程序可以将图像转换为这样的数组定义文本，并将其保存为 C 语言头文件，图 10-23 所示的是针对一个 64 像素×64 像素的 BMP 图片生成的 RGB565 数据数组定义的一部分。

```
图像 | RGB565数据
const unsigned char RGB565_save[8192] = {
0xFF,0xFF,0xFF,0xFF,0xFF,0xFF,0xFF,0xFF,0xFF,0xFF,0xFF,0xFF,0xFF,0xFF,0xFF,0xFF,
0xFF,0xFF,0xFF,0xFF,0xFF,0xFF,0xFF,0xFF,0xFF,0xFF,0xFF,0xFF,0xFF,0xFF,0xFF,0xFF,
0xFF,0xFF,0xFF,0xFF,0xFF,0xFF,0xFF,0xFF,0xFF,0xFF,0xFF,0xFF,0xFF,0xFF,0xFF,0xFF,
0xFF,0xFF,0xFF,0xFF,0xFF,0xFF,0xFF,0xFF,0xFF,0xFF,0xFF,0xFF,0xFF,0xFF,0xFF,0xFF,
0xFF,0xFF,0xFF,0xFF,0xFF,0xFF,0xFF,0xFF,0xFF,0xFF,0xFF,0xFF,0xFF,0xFF,0xFF,0xFF,
0xFF,0xFF,0xFF,0xFF,0xFF,0xFF,0xFF,0xFF,0xFF,0xFF,0xFF,0xFF,0xFF,0xFF,0xFF,0xFF,
0xDF,0xFF,0xBE,0xF7,0x9E,0xF7,0x7E,0xEF,0x5D,0xEF,0x5D,0xEF,0x5D,0xEF,0xDF,0xFF,
0xFF,0xFF,0xFF,0xFF,0xFF,0xFF,0xFF,0xFF,0xFF,0xFF,0xFF,0xFF,0xFF,0xFF,0xFF,0xFF,
0xFF,0xFF,0xFF,0xFF,0xFF,0xFF,0xFF,0xFF,0xFF,0xFF,0xFF,0xFF,0xFF,0xFF,0xFF,0xFF,
0xFF,0xFF,0xFF,0xFF,0xFF,0xFF,0xFF,0xFF,0xFF,0xFF,0xFF,0xFF,0xFF,0xFF,0xFF,0xFF,
0xFF,0xFF,0xFF,0xFF,0xFF,0xFF,0xFF,0xFF,0xFF,0xFF,0xFF,0xFF,0xFF,0xFF,0xFF,0xFF,
```

图 10-23 针对一个 64 像素×64 像素的 BMP 图片生成的 RGB565 数据数组定义（部分）

不管当前的图像是什么格式，点击操作面板上的“生成 RGB565 数据”按钮就可以针对当前图像生成 RGB565 数据数组定义文本，该按钮的槽函数代码如下：

```
void MainWindow::on_btnGetRGB565_clicked()
{
    ui->plainText->clear();
    int W= m_image.width();
    int H= m_image.height();
    int total= 2*W*H;                                   //总数据字节数
    QFileInfo  fileInfo(m_filename);
    QString arrayName= fileInfo.baseName();             //不带后缀的文件名
    QString aLine=QString("const unsigned char RGB565_%1[%2] = {").
                      arg(arrayName).arg(total);
    ui->plainText->appendPlainText(aLine);

    QString   onePixel;                                 //1 像素的 2 字节十六进制数据字符串
    QChar   ch0('0');                                   //用于填充的字符
    int base= 16;                                       //十六进制
    int count= 0;                                       //单行像素数计数
    for (int y=0; y<H; y++)                             //从上到下逐行处理
    {
        QApplication::processEvents();
        for (int x=0; x<W; x++)                         //从左到右逐像素处理
        {
            QRgb rgb= m_image.pixel(x,y);               //1 像素的 RGB 颜色，格式为 0xAARRGGBB
            quint16 red   = qRed(rgb)     & 0x00F8;     //取高 5 位
            quint16 green= qGreen(rgb)  & 0x00FC;       //取高 6 位
```

```
            quint16 blue = qBlue(rgb)  & 0x00F8;        //取高5位
            quint16 rgb565 = (red<<8) | (green <<3) | (blue>>3);    //RGB565数据
            quint8 byteLSB = rgb565 & 0x00FF;           //低字节
            quint8 byteMSB = rgb565>>8;                 //高字节
            if (ui->radioLSB->isChecked())              //低字节在前
                onePixel += QString("0x%1,0x%2,").arg(byteLSB,
                                2, base,ch0).arg(byteMSB, 2, base,ch0);
            else
                onePixel += QString("0x%1,0x%2,").arg(byteMSB,
                                2, base,ch0).arg(byteLSB, 2, base,ch0);
            count++;
            if (count==8)                               //每行只填8像素的数据
            {
                onePixel = onePixel.toUpper();
                onePixel = onePixel.replace(QChar('X'),"x");
                ui->plainText->appendPlainText(onePixel);
                onePixel="";
                count=0;
            }
        }
    }

    if (count>0)     //最后不足8像素的数据
    {
        onePixel = onePixel.toUpper();
        onePixel = onePixel.replace(QChar('X'),"x");
        ui->plainText->appendPlainText(onePixel);
    }
    ui->plainText->appendPlainText("};");                //数组结尾字符
    ui->tabWidget->setCurrentIndex(1);
    ui->btnSaveDataFile->setEnabled(true);
    QMessageBox::information(this,"提示","RGB565数据生成已完成");
}
```

程序会根据图片文件名自动生成数组名称，例如图片文件名为 save.bmp，数组名称就是 RGB565_save。数组元素类型是 unsigned char，用 RGB565 格式表示 1 像素的颜色，那么 1 像素占用 2 字节。文件 save.bmp 是 64×64 像素的图片，所以数组大小是 64×64×2=8192 字节。

程序对图像从上到下、从左到右进行处理，读取每个像素的颜色数据，然后将其转换成十六进制字符串。通过 QImage::pixel()函数获取某个像素的颜色，无论图像是什么格式，函数 pixel()返回的数据类型 QRgb 的格式都是 0xAARRGGBB。通过 qRed()、qGreen()和 qBlue()函数分别获取 QRgb 数据中的红色、绿色和蓝色成分，并分别取其有效的高 5 位、高 6 位、高 5 位，然后按照表 10-9 所示的格式组合成 RGB565 数据，最后提取 RGB565 数据的低字节和高字节数据。

在将 byteLSB 和 byteMSB 组合成字符串时，还会根据界面上单选按钮的选择，设置为低字节在前或高字节在前。为了做到单行文字不至于太长，每 8 像素组合的字符串为一行。

这样就可以为一个图像生成 RGB565 数据数组定义文本，并将其显示在界面上的文本编辑器里。点击操作面板上的“保存数据文件”按钮可以将文本编辑器里的内容保存为 C 语言头文件。该按钮槽函数代码如下：

```
void MainWindow::on_btnSaveDataFile_clicked()
{// “保存数据文件”按钮
    QFileInfo fileInfo(m_filename);
    QString  newName= fileInfo.baseName()+".h";          //更改文件名后缀
    QString  filter= "C语言头文件(*.h);;C语言程序文件(*.c);;文本文件(*.txt)";
```

```
    QString  fileName= QFileDialog::getSaveFileName(this,"保存文件",newName,filter);
    if (fileName.isEmpty())
        return;

    QFile  aFile(fileName);
    if (aFile.open(QIODevice::WriteOnly | QIODevice::Text))
    {
        QString str= ui->plainText->toPlainText();
        QByteArray  strBytes= str.toUtf8();                  //转换为字节数组，UTF-8 编码
        aFile.write(strBytes,strBytes.length());             //写入文件
        aFile.close();
    }
}
```

至于如何使用生成的 RGB565 数据数组定义文本在嵌入式设备的 LCD 上显示图像，是嵌入式系统编程的问题，不属于本书的主题范围。感兴趣的读者可以参考《STM32Cube 高效开发教程（高级篇）》[①]第 18 章的内容。

10.4.4　打印功能的实现

1．打印相关的类

QPrinter 是实现打印功能的绘图设备类，打印输出实际上就是在 QPrinter 上用 QPainter 绘制各种图形和文字。从图 10-1 可以看到，QPrinter 的父类是 QPagedPaintDevice，它是支持多个页面的绘图设备类，例如打印文档时可能需要打印多页。QPagedPaintDevice 还有另一个子类 QPdfWriter，使用 QPdfWriter 类可以创建 PDF 文件，将内容打印到 PDF 文件里。

QPrintDialog 是打印设置对话框类，使用这个对话框类可以对 QPrinter 对象的各种主要属性进行设置，包括选择打印机，设置纸张大小、纸张方向、打印页面范围、打印份数、是否双面打印等。还有一个打印预览对话框类 QPrintPreviewDialog，它可以实现打印预览功能。

QPagedPaintDevice 类定义了多页打印输出的一些基本函数，QPagedPaintDevice 类的接口函数如表 10-15 所示，表中省略了函数的输入参数。

表 10-15　QPagedPaintDevice 类的接口函数

函数	功能
bool　setPageSize()	设置纸张大小，如 A4、B5 等
void　setPageOrientation()	设置纸张方向，有纵向和横向两种
void　setPageMargins()	设置纸张的边距，即上、下、左、右不可打印的范围
void　setPageRanges()	设置打印的页面范围，例如只打印某几页
QPageRanges　pageRanges()	返回当前的打印页面范围，打印页面范围用 QPageRanges 类表示
void　setPageLayout()	设置页面布局，包括纸张大小、纸张方向、页边距等
QPageLayout　pageLayout()	返回当前的页面布局设置，页面布局用 QPageLayout 类表示
bool　newPage()	新建一个打印页面，在新建页面之前需要设置好页面布局

QPagedPaintDevice 类的接口函数用于设置页面布局，包括纸张大小、纸张方向、页边距等，还可以设置打印页面范围。函数 newPage()用于新建一个打印页面，在新建页面之前需要设置好页面布局。

QPrinter 类的主要接口函数如表 10-16 所示。如果一个设置函数有对应的读取函数，我们列出设置函数。表中省略了函数的输入参数，这些函数的具体参数和含义见 Qt 帮助文档。

① 王维波等编著，人民邮电出版社 2022 年 3 月出版。

表 10-16 QPrinter 类的主要接口函数

函数	功能
void setPrinterName()	设置打印机名称。若设置的名称为空，则打印输出到 PDF 文件；若设置的是有效的打印机名称，则打印输出到打印机
bool isValid()	若返回值为 true，表示选择的是有效的打印机或 PDF 输出设备，否则表示选择的是无效的打印设备
void setOutputFileName()	设置输出文件名。若设置的输出文件名为空，表示禁止打印到文件；若设置的输出文件名后缀是.pdf，表示打印输出到 PDF 文件
void setOutputFormat()	设置打印输出格式，有两种打印输出格式，其中 PdfFormat 表示输出到 PDF 文件，NativeFormat 表示输出到打印机
void setDocName()	设置打印文档名称
void setColorMode()	设置打印颜色模式，即彩色或灰度
void setResolution()	设置打印机的 DPI 分辨率
void setPdfVersion()	当打印输出到 PDF 文件时，设置 PDF 版本
void setFullPage()	设置是否全页面打印，若设置为 true，打印机坐标系的起点在纸张的左上角，否则在可打印区域的左上角
QRectF paperRect()	返回纸张的矩形区
QRectF pageRect()	返回可打印页面的矩形区，pageRect()的值通常小于 paperRect()的值，因为有页边距
void setCopyCount()	设置打印份数
void setPageOrder()	设置页面打印顺序，FirstPageFirst 表示顺序打印，LastPageFirst 表示倒序打印
void setFromTo()	设置打印页面范围，从某页到某页。按照习惯，打印页面从 1 开始编号
void setDuplex()	设置双面打印

使用 QPrintDialog 对话框类可以对一个 QPrinter 对象进行设置，包括打印机和打印页面的设置。在打印对话框确认后，就可以为 QPrinter 对象设置 QPainter 画笔，实际上打印就是在页面上用 QPainter 输出文字或绘制图像。实现打印功能的示意代码如下：

```
QPrinter  printer;
QPrintDialog  printDialog(&printer,this);          //设置打印对话框
if (printDialog.exec() == QDialog::Accepted)
{
    QPainter  painter(&printer);                    //打印机的画笔
    painter.drawText(20,30,"第 1 页输出");
    //使用 painter 的各种函数在页面上绘图或输出文字
    printer.newPage();                              //新建打印页面
    painter.drawText(40,200,"第 2 页输出");
}
```

在打印对话框确认返回后，对于打印输出的内容需要根据 printer 的各种设置进行处理，例如根据纸张大小调整输出内容，根据打印页面范围设置打印输出内容等。打印输出实际上是比较复杂的内容，要做到完美打印输出需要考虑许多内容。

2. 打印预览

Qt 中有一个打印预览对话框类 QPrintPreviewDialog，它可以实现打印预览功能。它的父类是 QDialog，所以它是一个独立的对话框。要实现打印预览，关键是要为 QPrintPreviewDialog 的 paintRequested()信号关联一个槽函数，在槽函数里输出打印内容，该信号定义如下：

```
void  QPrintPreviewDialog::paintRequested(QPrinter *printer)
```

信号函数的输入参数 printer 是当前使用的打印机。在实现槽函数时，可以为这个 printer 创建 QPainter 对象，然后在 printer 上输出打印内容。

示例主窗口工具栏上的“打印预览”按钮关联的槽函数代码如下：

```
void MainWindow::on_actFile_Preview_triggered()
{//"打印预览"按钮
    QPrintPreviewDialog  previewDlg(this);                          //打印预览对话框
    previewDlg.setWindowFlag(Qt::WindowMaximizeButtonHint);         //具有最大化按钮
    if (ui->tabWidget->currentIndex() == 0)
        connect(&previewDlg, SIGNAL(paintRequested(QPrinter *)),
                this, SLOT(do_paintRequestedImage(QPrinter *)));
    else
        connect(&previewDlg, SIGNAL(paintRequested(QPrinter *)),
                this, SLOT(do_paintRequestedText(QPrinter *)));
    previewDlg.exec();                                              //以模态方式显示对话框
}
```

程序里创建了一个打印预览对话框 previewDlg。如果界面上的多页组件 tabWidget 当前页序号是 0，那么 previewDlg 的 paintRequested()信号关联的槽函数是 do_paintRequestedImage()，这个自定义槽函数以及其调用的自定义函数代码如下：

```
void MainWindow::do_paintRequestedImage(QPrinter *printer)
{
    QPainter  painter(printer);                           //打印机的画笔
    printImage(&painter, printer);
}

void MainWindow::printImage(QPainter *painter, QPrinter *printer)
{//打印图像
    QMargins margin(20,40,20,40);                         //上、下、左、右 4 个边距，单位：像素
    QRectF pageRect= printer->pageRect(QPrinter::DevicePixel);    //单位：像素
    int pageW= pageRect.width();                          //打印页面的宽度，单位：像素
    int pageH= pageRect.height();

    const int lineInc= 20;                                //一行文字所占的行高度，单位：像素
    int curX= margin.left();                              //当前 X 坐标
    int curY= margin.top();                               //当前 Y 坐标
    painter->drawText(curX,curY,m_filename);              //打印图片文件名
    curY += lineInc;                                      //移到下一行

    painter->drawText(curX,curY,QString("Page width =%1 像素").arg(pageW));
    painter->drawText(200,curY,QString("Image width =%1 像素").arg(m_image.width()));
    curY += lineInc;
    painter->drawText(curX,curY,QString("Page height=%1 像素").arg(pageH));
    painter->drawText(200,curY,QString("Image height=%1 像素").arg(m_image.height()));
    curY += lineInc;

    int spaceH= pageH - curY;  //页面剩余的高度
    //图像未超出页面范围，居中显示实际大小的图片
    if ((pageW >m_image.width()) && (spaceH >m_image.height()))
    {
        curX= (pageW-m_image.width())/2;                  //水平居中
        painter->drawImage(curX,curY,m_image);            //打印图像
        return;
    }
    //图像高度或宽度超出页面剩余空间，缩放后打印
    QImage newImg;
    if (m_image.height() > m_image.width())
        newImg= m_image.scaledToHeight(spaceH);           //按高度缩放
    else
        newImg= m_image.scaledToWidth(pageW);             //按宽度缩放
```

```
        curX= (pageW-newImg.width())/2;                          //水平居中
        painter->drawImage(curX,curY,newImg);                     //打印图像
    }
```

槽函数 do_paintRequestedImage()中为打印机 printer 创建了画笔 painter，然后调用自定义函数 printImage()进行具体的打印输出。函数 printImage()中就是用画笔 painter 在绘图设备 printer 上输出内容，程序里设置了页边距，用 QPainter::drawText()输出了几个字符串，用 QPainter::drawImage()输出图像。

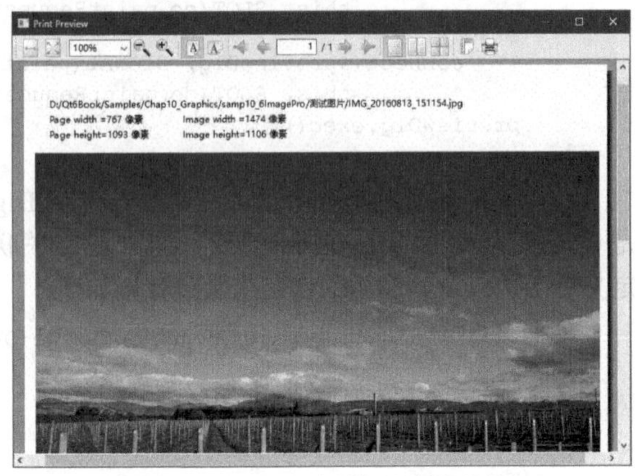

图 10-24　输出图片的打印预览对话框

打印输出内容并不难，主要是要计算好输出位置。输出一个较大的图片时的打印预览对话框如图 10-24 所示，它对图像应用了 QImage::scaledToWidth()函数来进行缩放。在这个打印预览对话框里设置纸张方向和纸张大小时，打印的内容会自动相应变化，因为代码里根据页面的宽度和高度数据自动调整打印的图像大小。

如果界面上的多页组件 tabWidget 当前页序号是 1，那么 previewDlg 的 paintRequested()信号关联的槽函数是 do_paintRequestedText()，这个自定义槽函数以及其调用的自定义函数代码如下：

```
void MainWindow::do_paintRequestedText(QPrinter *printer)
{
    QPainter  painter(printer);                   //打印机的画笔
    printRGB565Data(&painter, printer);
}

void MainWindow::printRGB565Data(QPainter *painter, QPrinter *printer)
{//打印文档
    QMargins margin(20,40,20,40);               //上、下、左、右 4 个边距，单位：像素
    QRectF pageRect= printer->pageRect(QPrinter::DevicePixel);    //单位：像素
    int pageW= pageRect.width();                 //打印页面的宽度，单位：像素
    int pageH= pageRect.height();

    const int lineInc= 25;                       //一行文字所占的行高度，单位：像素
    int curX= margin.left();                     //当前 X 坐标
    int curY= margin.top();                      //当前 Y 坐标
    QFont font= ui->plainText->font();
    painter->setFont(font);
    int pageNum= 1;                              //打印页面编号
    painter->drawLine(margin.left(), pageH- margin.bottom()+1,         //页脚画线
                 pageW-margin.right(), pageH- margin.bottom()+1);
    painter->drawText(pageW-5*margin.right(),pageH-margin.bottom()+20,  //页脚页面编号
                 QString("第 %1 页").arg(pageNum));

    QTextDocument *doc= ui->plainText->document();                      //文本对象
    int cnt= doc->blockCount();                       //回车符是一个块
    for (int i=0; i<cnt; i++)
    {
        QTextBlock  textLine= doc->findBlockByNumber(i);
        QString str= textLine.text();
        painter->drawText(curX,curY,str);
```

```
        curY += lineInc;                    //换到下一行
        if (curY >= (pageH-margin.bottom()))     //需要换页
        {
            printer->newPage();       //新建一个打印页面
            curY= margin.top();
            pageNum++;
            painter->drawLine(margin.left(), pageH- margin.bottom()+1,    //页脚画线
                       pageW-margin.right(), pageH- margin.bottom()+1);
            painter->drawText(pageW-5*margin.right(),pageH-margin.bottom()+20,
                       QString("第 %1 页").arg(pageNum));         //页脚页面编号
        }
    }
}
```

这段程序将界面组件 plainText 里的内容全部打印出来。这需要逐行读取 plainText 里的字符串，然后将其逐行打印出来。文本比较长，需要打印到多个页面，使用 QPrinter::newPage()函数可以新建一个打印页面。程序中还演示了在页脚画线、输出页面编号等功能的实现。为一个 64 像素×64 像素的图像生成 RGB565 数据后，打印预览对话框如图 10-25 所示。

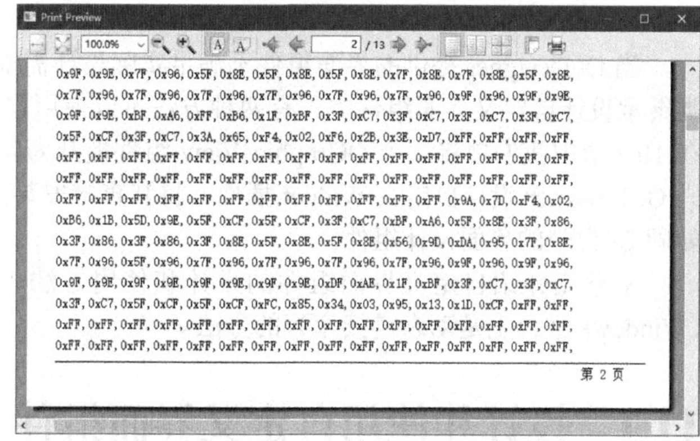

图 10-25 输出 RGB565 数据的打印预览对话框

3. 打印

示例窗口工具栏上的“打印”按钮关联的槽函数代码如下：

```
void MainWindow::on_actFile_Print_triggered()
{// “打印”按钮
    QPrinter  printer;
    QPrintDialog  printDialog(&printer,this);         //设置打印对话框，设置对象是 printer
    if (printDialog.exec() == QDialog::Accepted)
    {
        QPainter  painter(&printer);        //打印机的画笔
        if (ui->tabWidget->currentIndex() == 0)
            printImage(&painter, &printer);            //打印图像
        else
            printRGB565Data(&painter, &printer);       //打印文本
    }
}
```

这里定义了一个 QPrinter 对象 printer，并且在定义打印对话框 printDialog 时将其作为参数传递给了它。当在打印对话框上确认选择时，对话框就会根据界面选择设置 printer 的各种属性。打印对话框确认返回后，程序创建了一个与 printer 关联的画笔 painter，然后调用函数 printImage()打印图像，或调用函数 printRGB565Data()打印 RGB565 数据。这两个打印函数与打印预览部分是共用的。

需要注意的是，这段程序没有根据打印对话框的设置结果做相应的处理，例如在打印对话框中设置打印页面范围是 2～5，但是函数 printRGB565Data()还是打印输出全部页面，因为我们没有对 QPrinter 的 fromPage()和 toPage()函数的返回值进行处理，对 QPrinter::copyCount()函数返回的打印份数也没有进行判断处理。对 QPrinter 的全部设置进行处理是比较复杂的，只有专业的应用软件才需要进行完整的处理，作为示例我们就不介绍了。

第11章

自定义插件和库

当 Qt Designer 提供的界面组件不满足实际设计需求时，我们可以从 QWidget 或某个界面组件类继承设计自定义界面组件类。有两种方法可以使用自定义界面组件，一种方法是提升法，例如在 10.3 节中我们曾将一个 QGraphicsView 组件提升为自定义的 TGraphicsView 类。另一种方法是为 Qt Designer 设计自定义 Widget 插件，将其直接安装到 Qt Designer 的组件面板里，其使用方法如同 Qt 自带的界面设计组件。

本章先介绍自定义界面组件的设计和使用方法，再介绍创建和使用静态链接库和共享库（Windows 平台上是动态链接库）的方法。

11.1 设计和使用自定义界面组件

所有的界面组件都是 QWidget 的子类，在使用 Qt Designer 进行 UI 可视化设计时，组件面板上有 Qt 提供的各种界面组件。但是在实际的应用开发中，我们在设计界面时可能需要一些具有特殊显示效果和功能的界面组件，而这样的组件在 Qt Designer 的组件面板里没有现成的，这时我们就可以从 QWidget 或某个界面组件类继承，以创建自定义界面组件类。

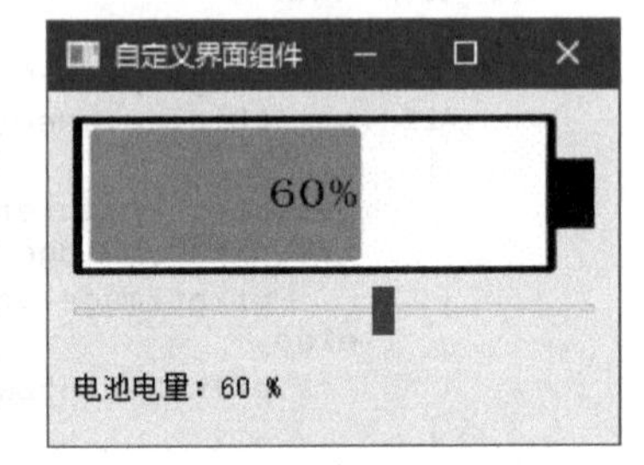

图 11-1 示例 samp11_1 运行时界面

如果自定义界面组件需要有其自身特殊的界面显示效果，就需要重新实现其事件处理函数 paintEvent()，将界面组件的显示效果展现出来。本节设计一个示例项目 samp11_1，演示如何从 QWidget 类继承创建一个自定义界面组件类 TBattery，并在程序里使用它。示例 samp11_1 运行时界面如图 11-1 所示，窗口上方是一个从 QWidget 继承的自定义类 TBattery，它会在 paintEvent() 函数里实现绘制电池图形。在程序运行时，拖动中间的滑动条可以设置电池电量，电池图形也会更新显示。

11.1.1 设计自定义界面组件类 TBattery

1. TBattery 类的定义

先创建项目 samp11_1，选择窗口基类为 QWidget。创建项目后，再创建一个类 TBattery，即打开 New File or Project 对话框，在对话框上选择 C/C++组里的 C++ Class，在出现的向导中设置类的名称为 TBattery，选择基类为 QWidget，如图 11-2 所示。

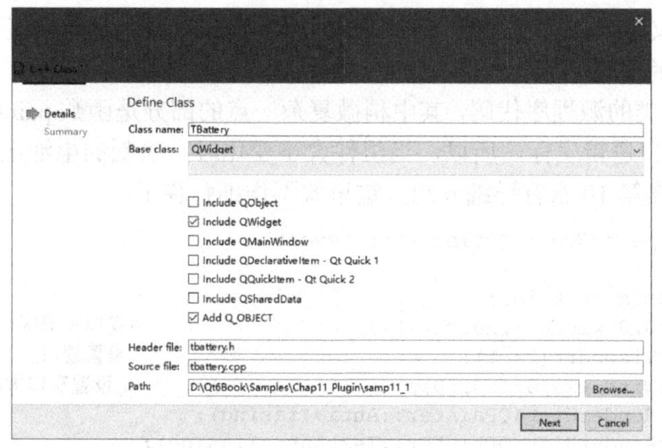

图 11-2 创建 C++类的向导

在文件 tbattery.h 中为 TBattery 类增加各种定义，TBattery 的定义代码如下：

```
#include  <QWidget>
class TBattery : public QWidget
{
    Q_OBJECT
//自定义属性
    Q_PROPERTY(int  powerLevel READ powerLevel WRITE setPowerLevel
               NOTIFY powerLevelChanged)
    Q_PROPERTY(int  warnLevel READ warnLevel WRITE setWarnLevel)
private:
    QColor  colorBack   = Qt::white;         //背景色
    QColor  colorBorder= Qt::black;          //电池边框颜色
    QColor  colorPower = Qt::green;          //电量柱颜色
    QColor  colorWarning=Qt::red;            //电量短缺时的颜色
    int m_powerLevel= 60;                    //电量值为 0～100，属性 powerLevel 的存储变量
    int m_warnLevel = 20;                    //电量低阈值，属性 warnLevel 的存储变量
protected:
    void    paintEvent(QPaintEvent *event); //绘制组件并显示效果
public:
    explicit TBattery(QWidget *parent = 0);
    void    setPowerLevel(int pow);           //设置当前电量值
    int     powerLevel();                     //返回当前电量值
    void    setWarnLevel(int warn);           //设置电量低阈值
    int     warnLevel();                      //返回电量低阈值
    QSize   sizeHint();                       //重定义的函数，设置组件的合适大小
signals:
    void   powerLevelChanged(int);            //自定义信号
};
```

TBattery 类定义了两个属性：powerLevel 和 warnLevel，自定义属性的设计方法见 3.3 节。

private 部分定义了几个变量，主要是存储各种颜色数据的变量以及存储两个属性值的变量。

protected 部分重定义了事件处理函数 paintEvent()。QWidget 类的 paintEvent()函数用于绘制界面，在此事件里，我们可以使用 QPainter 的各种绘图功能实现自己需要的界面效果。

public 部分定义了属性 powerLevel 和 warnLevel 的读写函数。函数 sizeHint()是重定义的 QWidget 的一个函数，其作用是在未使用布局时自动设置组件的合适大小。

TBattery类还定义了一个信号powerLevelChanged(),在powerLevel属性值变化时此信号被发射。

2. TBattery 类的实现代码

下面是 TBattery 类的源程序代码，其中稍微复杂一点的部分是函数 paintEvent()中绘制界面的代码，这里设置了窗口逻辑坐标，所以，当组件大小变化时，绘制的电池图形大小会自动变化。QPainter 绘图的功能在第 10 章有详细介绍，这里就不详细解释了。

```
void TBattery::paintEvent(QPaintEvent *event)
{   //绘制界面组件
    QPainter  painter(this);
    QRect rect(0,0,width(),height());                       //视口矩形区
    painter.setViewport(rect);                              //设置视口
    painter.setWindow(0,0,120,50);                          // 设置窗口大小，逻辑坐标
    painter.setRenderHint(QPainter::Antialiasing);
    painter.setRenderHint(QPainter::TextAntialiasing);

//绘制电池边框
    QPen  pen(colorBorder);                                 //边框线条颜色
    pen.setWidth(2);
    pen.setStyle(Qt::SolidLine);
    pen.setCapStyle(Qt::FlatCap);
    pen.setJoinStyle(Qt::BevelJoin);
    painter.setPen(pen);
    QBrush  brush(colorBack);                               //画刷颜色
    brush.setStyle(Qt::SolidPattern);
    painter.setBrush(brush);
    rect.setRect(1,1,109,48);
    painter.drawRect(rect);                                 //绘制电池边框
    brush.setColor(colorBorder);
    painter.setBrush(brush);
    rect.setRect(110,15,10,20);
    painter.drawRect(rect);                                 //画电池正极头

//画电量柱
    if (m_powerLevel > m_warnLevel)                         //正常颜色的电量柱
    {
        brush.setColor(colorPower);
        pen.setColor(colorPower);
    }
    else                                                    //电量低的电量柱
    {
        brush.setColor(colorWarning);
        pen.setColor(colorWarning);
    }
    painter.setBrush(brush);
    painter.setPen(pen);
    if (m_powerLevel > 0)
    {
        rect.setRect(5,5,m_powerLevel,40);
        painter.drawRect(rect);                             //画电量柱
    }

//绘制电量百分比文字
    QFontMetrics  textSize(this->font());
    QString powStr= QString::asprintf("%d%%",m_powerLevel);
```

```
    QRect textRect= textSize.boundingRect(powStr);        //得到字符串的矩形区
    painter.setFont(this->font());
    pen.setColor(colorBorder);
    painter.setPen(pen);
    painter.drawText(55-textRect.width()/2, 23+textRect.height()/2,  powStr);
    event->accept();                                      //表示事件已处理
}

void TBattery::setPowerLevel(int pow)
{//设置当前电量值
    m_powerLevel= pow;
    emit powerLevelChanged(pow);                          //发射信号
    repaint();
}
int TBattery::powerLevel()
{ //返回当前电量值
    return m_powerLevel;
}
void TBattery::setWarnLevel(int warn)
{ //设置电量低阈值
    m_warnLevel= warn;
    repaint();
}
int TBattery::warnLevel()
{ //返回电量低阈值
    return  m_warnLevel;
}
QSize TBattery::sizeHint()
{ //设置组件的合适大小
    int H= this->height();
    int W= H*12/5;
    QSize   size(W,H);
    return size;
}
```

11.1.2 使用自定义界面组件

设计好 TBattery 类之后，若是用代码创建 TBattery 类对象，其编程方法与一般的组件类的是一样的，若是在 Qt Designer 中使用 TBattery 类，则需要采用提升法。

示例 samp11_1 的窗体在可视化设计时的界面如图 11-3 所示。在窗体上先放置一个 QWidget 组件，也就是图 11-3 中被选中的组件，然后点击鼠标右键调出其快捷菜单，点击 Promote to 菜单项，会出现图 11-4 所示的对话框。

在图 11-4 所示的对话框中，Base class name 下拉列表框里设置的是 QWidget，也就是最初放置的组件的类名称。将 Promoted class name 设置为 TBattery，Header file 会自动生成。可以点击 Add 按钮将此设置添加到已提升类的列表里，以便重复使用。点击 Promote 按钮，就可以将此 QWidget 组件提升为 TBattery 类。提升后，在属性编辑器里会看到这个组件的类名称变成了 TBattery。我们再将其对象名称改为 battery。

虽然界面上放置的 QWidget 组件被提升为 TBattery 类，但是在 UI 可视化设计时，界面依然是图 11-3 所示的样子，不会立即绘制出图 11-1 中的电池图形，在属性编辑器中也不会出现 TBattery

类中新定义的属性。在这个组件的 Go to slot 对话框里也没有 TBattery 类中定义的 powerLevel Changed()信号，无法采用可视化方法生成该信号的槽函数。

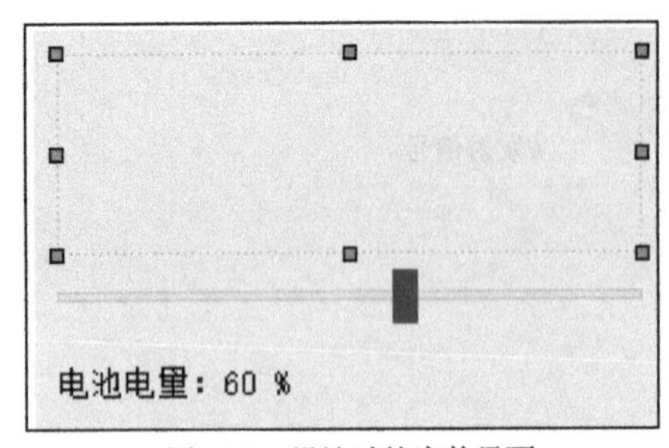

图 11-3 设计时的窗体界面

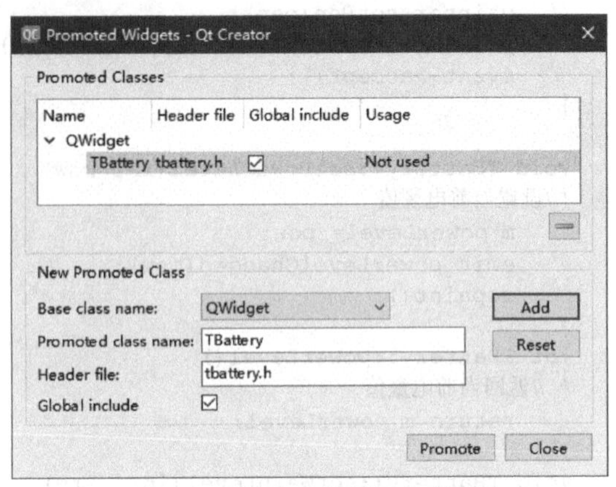

图 11-4 Widget 组件提升对话框

图 11-3 所示的窗体上还有一个 QSlider 组件和一个 QLabel 组件，为 QSlider 组件的 valueChanged()信号编写槽函数，代码如下：

```
void Widget::on_horizontalSlider_valueChanged(int value)
{
    ui->battery->setPowerLevel(value);      //设置电池电量
    QString  str= QString::asprintf("当前电量：%d %%",value);
    ui->labInfo->setText(str);
}
```

除了这个槽函数，窗口类 Widget 中不再编写其他代码，组件 battery 的 powerLevelChanged()信号没有被处理。程序运行时界面如图 11-1 所示，TBattery 组件绘制了电池图形，拖动滑动条改变电池电量时，电池图形会被重新绘制，电量柱的长度和颜色会根据电量值自动变化。

我们可以通过 QWidget 或其他界面组件类设计自定义界面组件。很多界面组件都有一个抽象父类，例如 QSpinBox 和 QDoubleSpinBox 的父类是 QAbstractSpinBox，如果我们要设计一个类似于 QSpinBox 的自定义组件，就可以从 QAbstractSpinBox 类继承自定义一个类。

在 UI 可视化设计时，通过提升法使用自定义组件类比较方便，但是界面上不能即刻显示自定义组件的界面效果，在属性编辑器中不会出现新定义的属性，在 Go to slot 对话框中不会出现新定义的信号，这是使用提升法不够方便的地方。

11.2 设计和使用 Qt Designer Widget 插件

11.1 节介绍了设计和使用自定义界面组件的方法，在 UI 可视化设计时，可以通过提升法使用自定义组件类。但是在 Qt Designer 中，自定义组件类中新增的属性不会出现在属性编辑器里，新增的信号也不会出现在 Go to slot 对话框里，使用起来不够直观和方便。

我们可以将自定义界面组件设计为 Qt Designer 的 Widget 插件，将自定义组件安装到 Qt Designer 的组件面板里，这样就可以像使用 Qt 自带的界面组件一样使用自定义界面组件。

11.2.1 创建 Qt Designer Widget 插件项目

Qt 提供了两套用于设计插件的 API。高级（high-level）API 用于设计插件以扩展 Qt 的功能，例如定制数据库驱动、图像格式、文本编码、定制样式等，Qt 自带的这类插件安装在 Qt Creator 的插件目录下，其根目录如下：

```
D:\Qt\Tools\QtCreator\bin\plugins
```

这个目录下有一些文件夹，例如 imageformats 文件夹里是各种格式图片文件的插件，sqldrivers 文件夹里是几个数据库驱动的插件。在 Windows 平台上，这些插件是动态链接库文件。

低级（low-level）API 用于创建插件以扩展自行编写应用程序的功能，较常见的就是创建 Qt Designer Widget 插件。这样创建的插件也是自定义界面组件，可以安装到 Qt Designer 的组件面板里，在可视化设计界面时可以像使用 Qt 自带的界面组件一样使用它。

本节介绍创建一个与 11.1 节的 TBattery 功能一样的类 TPBattery，但是采用创建 Qt Designer Widget 插件的方式创建这个类，并将其安装到 Qt Designer 的组件面板里。

本节的示例包含两个项目，在本章示例目录下先创建一个文件夹 samp11_2Plugin，然后创建两个项目的文件夹。先创建一个 Qt Designer Widget 项目。打开 New File or Project 对话框，选择 Other Project 分组里的 Qt Custom Designer Widget 项目，然后会出现一个向导。使用这个向导逐步完成项目创建。

第一步是设置插件项目的名称和保存路径。设置项目名称为 BatteryPlugin，保存路径设置为文件夹\samp11_2Plugin，那么 Qt Creator 就会创建一个项目文件夹\samp11_2Plugin\BatteryPlugin。

第二步是选择开发套件。可以选择多个套件，但是对本示例来说，只有 Qt 6.2.3 MSVC 2019 64-bit 开发套件是有用的。注意，创建的 Qt Designer Widget 插件若要安装到 Qt Designer 的组件面板里，并且要在设计时正常显示，编译插件的编译器必须和编译 Qt Creator 的编译器相同。

这里使用的 Qt Creator 版本是 6.0.2，是基于 Qt 6.2.2 和 MSVC 2019 64-bit 编译的。点击 Qt Creator 的 Help→About Qt Creator 菜单项，在出现的对话框里可以看到这些信息。所以，为了实现在 Qt Designer 里设计界面时正常显示插件，就必须使用 MSVC 2019 64-bit 编译器。

第三步是设置自定义 Widget 类的名称，如图 11-5 所示。在左侧的 Widget Classes 列表里设置类名称，右侧就会自动设置默认的文件名。这里设置类名称为 TPBattery，设置基类为 QWidget。还可以选择一个图标文件，该文件对应的图标会作为自定义组件在 Qt Designer 组件面板里的显示图标，这个图标文件会被自动复制到项目的根目录下。

在图 11-5 的 Description 页面还可以设置 Group、Tooltip 和 What's this 等信息。Group 是自定义组件在 Qt Designer 组件面板里的分组名称，这里设置为“My Widgets”，其他两项设置说明文字即可。

第四步是设置插件名称和资源文件名称。本示例默认设置的插件名称是 tpbatteryplugin，资源文件名称默认为 icons.qrc，一般采用默认设置即可。

第五步是完成设置，生成项目。

完成设置后，Qt Creator 会生成一个项目 BatteryPlugin，该项目的文件组织结构如图 11-6 所示，说明如下。

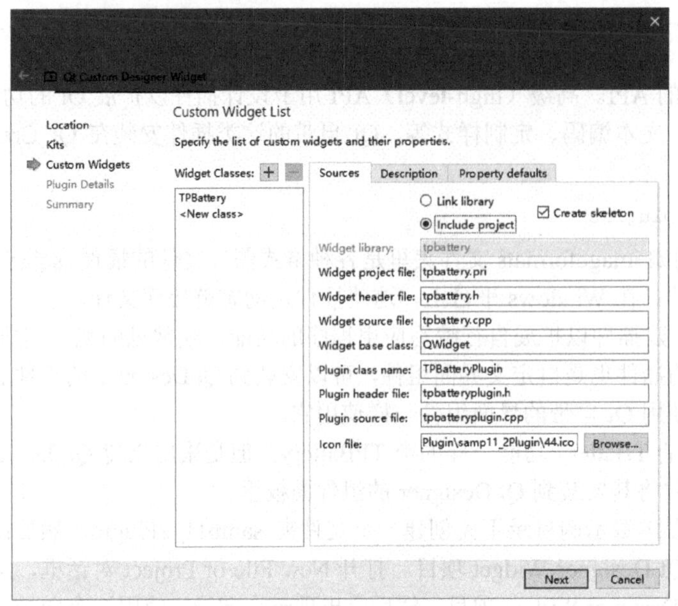

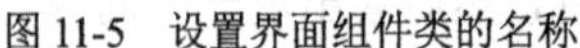

图 11-5 设置界面组件类的名称

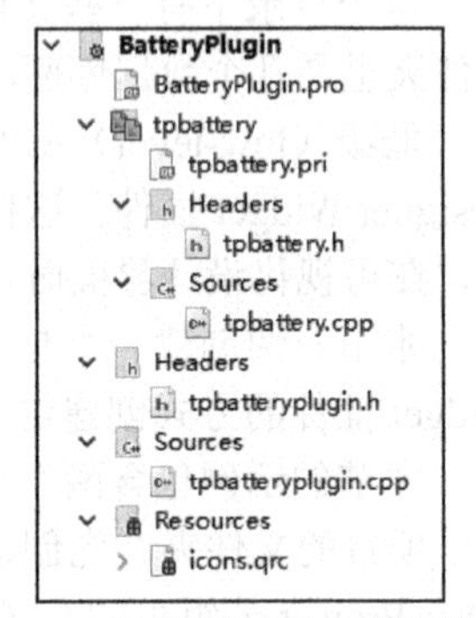

图 11-6 插件项目的文件组织结构

- BatteryPlugin.pro 是插件项目的项目文件，用于实现插件接口。
- tpbatteryplugin.h 和 tpbatteryplugin.cpp 是插件的头文件和源程序文件。
- icons.qrc 是插件项目的资源文件，存储了图标。
- tpbattery.pri 是包含在 BatteryPlugin.pro 项目中的一个项目文件，因为我们在图 11-5 所示的界面中选中了 Include project 单选按钮。这个项目用于管理自定义组件类 TPBattery。
- tpbattery.h 和 tpbattery.cpp 分别是自定义类 TPBattery 的头文件和源程序文件。

11.2.2 插件项目中各文件的功能实现

1. TPBatteryPlugin 类

文件 tpbatteryplugin.h 中是插件类 TPBatteryPlugin 的定义，类定义完整代码如下：

```
#include <QDesignerCustomWidgetInterface>
class TPBatteryPlugin : public QObject, public QDesignerCustomWidgetInterface
{
    Q_OBJECT
    Q_INTERFACES(QDesignerCustomWidgetInterface)
#if QT_VERSION >= 0x050000
    Q_PLUGIN_METADATA(IID "org.qt-project.Qt.QDesignerCustomWidgetInterface")
#endif // QT_VERSION >= 0x050000

public:
    TPBatteryPlugin(QObject *parent = 0);

    bool isContainer() const;
    bool isInitialized() const;
    QIcon icon() const;
    QString domXml() const;
    QString group() const;
```

```
    QString includeFile() const;
    QString name() const;
    QString toolTip() const;
    QString whatsThis() const;
    QWidget *createWidget(QWidget *parent);
    void initialize(QDesignerFormEditorInterface *core);
private:
    bool m_initialized;
};
```

TPBatteryPlugin 类实现了 QDesignerCustomWidgetInterface 接口，这是专门为 Qt Designer 设计自定义 Widget 插件的接口。在这个类的定义里，除 Q_OBJECT 宏之外，还用 Q_INTERFACES 宏声明了实现的接口，用 Q_PLUGIN_METADATA 声明了元数据名称，这些是向导自动生成的，无须改动。

public 部分的函数都是有关插件信息或功能的一些函数，通过其实现代码可以看出这些函数的作用。下面是文件 tpbatteryplugin.cpp 里的实现代码。

```
#include "tpbattery.h"
#include "tpbatteryplugin.h"
#include <QtPlugin>

TPBatteryPlugin::TPBatteryPlugin(QObject *parent) : QObject(parent)
{
    m_initialized = false;
}
void TPBatteryPlugin::initialize(QDesignerFormEditorInterface * /* core */)
{
    if (m_initialized)
        return;
    // Add extension registrations, etc. here
    m_initialized = true;
}
bool TPBatteryPlugin::isInitialized() const
{//是否初始化
    return m_initialized;
}
QWidget *TPBatteryPlugin::createWidget(QWidget *parent)
{//返回自定义 Widget 组件的实例
    return new TPBattery(parent);
}
QString TPBatteryPlugin::name() const
{//自定义 Widget 组件类的名称
    return QLatin1String("TPBattery");
}
QString TPBatteryPlugin::group() const
{//组件面板中所属分组名称
    return QLatin1String("My Widgets");
}
QIcon TPBatteryPlugin::icon() const
{//图标文件名
    return QIcon(QLatin1String(":/44.ico"));
}
QString TPBatteryPlugin::toolTip() const
{//toolTip 信息
    return QLatin1String("Battery indicator");
}
```

```
QString TPBatteryPlugin::whatsThis() const
{//what's this 信息
    return QLatin1String("A battery indicator");
}
bool TPBatteryPlugin::isContainer() const
{//是否作为容器，false 表示该组件上不允许再放其他组件
    return false;
}
QString TPBatteryPlugin::domXml() const
{//XML 文件描述信息
   return QLatin1String("<widget class=\"TPBattery\" name=\"tPBattery\">\n</widget>\n");
}
QString TPBatteryPlugin::includeFile() const
{//包含文件名
    return QLatin1String("tpbattery.h");
}
```

TPBatteryPlugin 类实现了 QDesignerCustomWidgetInterface 接口，为 Qt Designer 提供自定义组件的实例和所需的信息。TPBatteryPlugin 类的这些函数的代码是根据向导里的设置自动生成的。函数 createWidget()创建一个 TPBattery 类的实例，用于在 Qt Designer 里作为设计时的实例；函数 name()返回组件的类名称；函数 group()返回组件安装在组件面板里的分组名称；函数 icon()返回组件的图标；函数 isContainer()表示组件是否作为容器，false 表示不作为容器，不能在这个组件上放置其他组件；函数 domXml()用 XML 格式返回组件的一些属性，默认的只有类名称和实例名。

2. BatteryPlugin.pro 的内容

文件 BatteryPlugin.pro 是插件项目的项目管理文件，其内容如下：

```
CONFIG      += plugin debug_and_release
TARGET      = $$qtLibraryTarget(tpbatteryplugin)
TEMPLATE    = lib

HEADERS     = tpbatteryplugin.h
SOURCES     = tpbatteryplugin.cpp
RESOURCES   = icons.qrc
LIBS        += -L.

greaterThan(QT_MAJOR_VERSION, 4) {
    QT += designer
} else {
    CONFIG += designer
}

target.path = $$[QT_INSTALL_PLUGINS]/designer
INSTALLS    += target
include(tpbattery.pri)
```

CONFIG 是用于 qmake 编译设置的，这里配置为：

```
CONFIG      += plugin debug_and_release
```

其中，plugin 表示项目要作为插件，编译后只会产生.lib 和.dll（或.so）文件，debug_and_release 表示项目可以用 Debug 和 Release 模式编译。

TEMPLATE 定义项目的类型，这里设置为：

```
TEMPLATE    = lib
```

这表示项目是一个库，而一般的应用程序模板类型是 app。

3. tpbattery.pri

tpbattery.pri 是内置于 BatteryPlugin.pro 中的项目配置文件，文件 tpbattery.pri 只有两行代码，即表示对应内置项目中包含的头文件和源程序文件名称。

```
HEADERS += tpbattery.h
SOURCES += tpbattery.cpp
```

4. 组件类 TPBattery 的定义

文件 tpbattery.h 中是组件类 TPBattery 的类定义，其功能与 11.1 节介绍的 TBattery 类的完全一样。这两个类的名称之所以不同，是为了实现在编译两个项目时不产生冲突。

TPBattery 类的定义与示例 samp11_1 中的 TBattery 类的定义基本一样，区别是在声明类的时候需要加一个宏 QDESIGNER_WIDGET_EXPORT，TPBattery 类的完整定义如下：

```
#include  <QWidget>
#include  <QtUiPlugin/QDesignerExportWidget>
class QDESIGNER_WIDGET_EXPORT TPBattery : public QWidget
{
    Q_OBJECT
    //自定义属性
    Q_PROPERTY(int  powerLevel READ powerLevel WRITE setPowerLevel
               NOTIFY powerLevelChanged)
    Q_PROPERTY(int  warnLevel READ warnLevel WRITE setWarnLevel)
private:
    QColor  colorBack  = Qt::white;    //背景色
    QColor  colorBorder= Qt::black;    //电池边框颜色
    QColor  colorPower = Qt::green;    //电量柱颜色
    QColor  colorWarning=Qt::red;      //电量短缺时的颜色
    int m_powerLevel= 60;              //电量值为 0～100，属性 powerLevel 的存储变量
    int m_warnLevel = 20;              //电量低阈值，属性 warnLevel 的存储变量
protected:
    void    paintEvent(QPaintEvent *event);
public:
    explicit TPBattery(QWidget *parent = 0);
    void    setPowerLevel(int pow);    //设置当前电量值
    int     powerLevel();              //返回当前电量值
    void    setWarnLevel(int warn);    //设置电量低阈值
    int     warnLevel();               //返回电量低阈值
    QSize  sizeHint();                 //重定义的函数，设置组件的合适大小
signals:
    void   powerLevelChanged(int ); //自定义信号
};
```

QDESIGNER_WIDGET_EXPORT 宏用于将自定义组件类从插件导出给 Qt Designer 使用，必须在类名称前使用此宏。

TPBattery 类的各函数的实现代码与示例 samp11_1 中的 TBattery 的实现代码完全相同，不再列出。

11.2.3 插件的编译与安装

使用 MSVC 2019 64-bit 编译器，将插件项目在 Release 模式下编译，编译后会生成 tpbatteryplugin.dll 和 tpbatteryplugin.lib 两个文件。若在 Debug 模式下编译，会生成文件 tpbatteryplugind.dll 和

tpbatteryplugind.lib，注意文件名后面多了一个字母“d”。

文件 tpbatteryplugin.dll 和 tpbatteryplugind.dll 是不同编译模式下的插件动态链接库文件，需要将这两个文件复制到 Qt Creator 的插件目录和 Qt 6.2.3 MSVC 2019 64-bit 套件的插件目录下。如果 Qt 安装的根目录是“D:\Qt”，就要将它们复制到如下两个目录下。

```
D:\Qt\Tools\QtCreator\bin\plugins\designer
D:\Qt\6.2.3\msvc2019_64\plugins\designer
```

重启 Qt Creator，在使用 Qt Designer 设计界面时，在左侧的组件面板里会看到增加了一个标题为“My Widgets”的分组，里面有一个组件 TPBattery。

注意 在编译本节的两个项目时，最好在 Projects 设置界面勾选 Shadow build 复选框，编译后的结果会存储在与项目文件夹并列的一个文件夹里，且文件夹名称中含有项目名称、套件名称和编译模式信息，以便于区分 Release 和 Debug 模式下的编译结果。

编译和安装 Qt Designer Widget 插件必须注意以下事项。

- 要让插件在 Qt Designer 里正常显示，编译插件项目的编译器必须与编译 Qt Creator 的编译器一致，否则，即使将编译后生成的.dll 文件复制到 Qt 的目录下，Qt Designer 的组件面板里也不会出现自定义组件。
- 用 Debug 和 Release 模式编译的插件分别只适用于用 Debug 和 Release 模式编译的应用程序。在 Debug 模式下编译的插件项目生成的.lib 和.dll 文件会在文件名最后自动增加一个字母“d”。

11.2.4 使用自定义 Widget 插件

在 Qt Designer 的组件面板里出现自定义分组 My Widgets 和自定义组件 TPBattery 后，就可以在窗体设计时直接使用 TPBattery 组件了。

再新建一个窗口基于 QWidget 的 GUI 项目 BatteryUser。在 UI 可视化设计时，从组件面板拖动一个 TPBattery 组件到窗体上，命名为 battery，再放置一个 QSlider 和一个 QLabel 组件到窗体上，设计时的界面如图 11-7 所示。在 UI 可视化设计时，窗体上就会显示组件 battery 绘制的电池图形，在属性编辑器里可以编辑 battery 的两个新属性，在其 Go to slot 对话框里会出现 powerLevelChanged()信号，可以为此信号生成槽函数框架。

为滑动条和 battery 各自的一个信号生成槽函数框架并编写代码，代码如下：

```
void Widget::on_horizontalSlider_valueChanged(int value)
{
    ui->battery->setPowerLevel(value);      //设置电池电量
}
void Widget::on_battery_powerLevelChanged(int arg1)
{
    QString  str= QString::asprintf("当前电量：%d %%",arg1);
    ui->labInfo->setText(str);
}
```

拖动滑动条时会设置 battery 的当前电量值，battery 的 powerLevel 属性值变化时会触发运行槽函数 on_battery_powerLevelChanged()，在这个槽函数里再修改标签的显示内容。

注意 项目 BatteryUser 只能用 MSVC 2019 64-bit 编译器进行编译，因为使用的 Widget 插件类 TPBattery 是用 MSVC 2019 64-bit 编译器编译的。

要正确构建项目 BatteryUser，还需要做以下设置。

- 在项目的源文件目录下创建一个文件夹 include（名称可自由设置），将 TPBattery 类定义的头文件 tpbattery.h 以及 Debug 和 Release 两种模式下编译生成的库文件 tpbatteryplugin.lib 和 tpbatteryplugind.lib 复制到此文件夹里，项目在编译链接时需要使用此头文件和库文件。
- 在项目管理目录树中，选中 BatteryUser 项目节点并点击鼠标右键，在快捷菜单中点击 Add Library，在出现的向导第一步选择库类型时，选择 External Library（外部库），因为本项目需要使用的是已经编译好的库文件。
- 向导的第二步如图 11-8 所示。点击 Library file 编辑框后面的按钮，选择 include 文件夹里的库文件 tpbatteryplugin.lib，软件会自动填充 Include path 编辑框。Platform（平台）只选择 Windows 平台，Linkage（链接方式）选择 Dynamic。下方的 Add"d" suffix for debug version 复选框表示 Debug 版本的库名称后面是否自动添加一个字母“d”，勾选此复选框，使编译器自动区分 Release 和 Debug 版本的库文件。

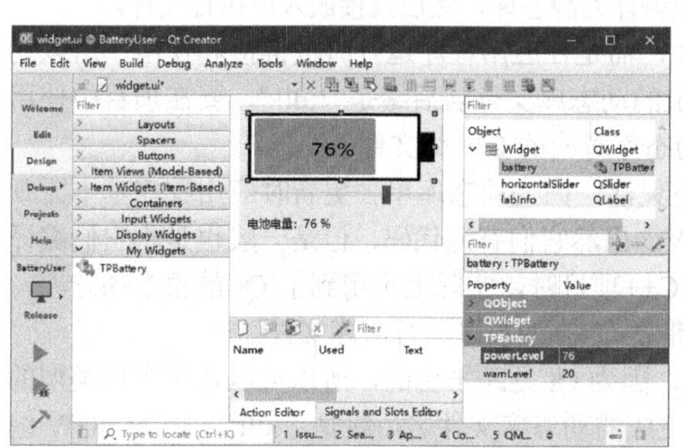

图 11-7 使用 TPBattery 组件进行界面设计的界面

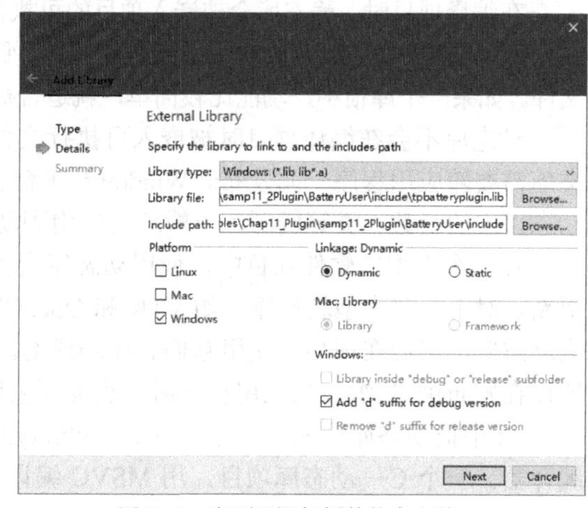

图 11-8 向项目添加插件的库文件

完成 Add Library 对话框的设置后，Qt Creator 会自动修改项目文件 BatteryUser.pro 的内容，在其中添加了以下几行代码：

```
win32:CONFIG(release, debug|release): LIBS += -L$$PWD/include/ -ltpbatteryplugin
else:win32:CONFIG(debug, debug|release): LIBS += -L$$PWD/include/ -ltpbatteryplugind

INCLUDEPATH += $$PWD/include
DEPENDPATH  += $$PWD/include
```

LIBS 用于设置添加的库文件，根据项目当前的编译模式（Release 或 Debug），项目会自动加入库文件 tpbatteryplugin.lib 或 tpbatteryplugind.lib。

INCLUDEPATH 和 DEPENDPATH 分别用于设置头文件目录和项目依赖文件目录，它们都指向项目路径下的 include 文件夹，这个文件夹里有头文件 tpbattery.h 和两个.lib 文件。

这样设置后，项目就可以在 Release 或 Debug 模式下编译了，同样只能使用 MSVC 2019 64-bit 编译器。另外要注意，如果要运行项目，还需要将插件在不同编译模式下生成的.dll 文件复制到项目编译后的可执行文件目录下，在本示例中就是文件 tpbatteryplugin.dll 或 tpbatteryplugind.dll，因为程序运行时需要相应的.dll 文件。

自定义 Qt Designer Widget 插件的功能使得我们可以扩展 Qt Designer 的界面组件种类，设计自己需要的界面组件，但是各种设置稍微麻烦一点，且必须使用特定的编译套件。

11.3 创建和使用静态库

在开发一个实际的 C++项目时，我们有时要利用第三方的代码实现一些功能，以减少自己的工作量或进行功能整合。第三方代码就是不是自己编写，也不是 Qt 提供的代码，例如项目团队内其他人员编写的代码或实现某个功能的专业库，例如 VTK 和 OpenCV。

如果第三方代码有 C++源程序文件，那么可以直接将源程序文件加入项目进行编译，这是比较简单的处理方式，例如将项目组中其他人员负责编写的程序文件整合到项目中进行编译。如果第三方代码没有源程序文件，通常就是以库（library）的形式提供的，C++的库分为两种：静态库和动态库。

在编译项目时，静态库会被嵌入项目的可执行文件，程序运行时就不再需要单独的静态库文件。Windows 平台上的静态库文件名后缀是“.lib”，要在项目中编译链接静态库，还需要静态库的 C++头文件。如果一个库很小，功能比较简单，就适合被编译为静态库，然后直接嵌入可执行文件。

动态库不会在编译项目时被嵌入可执行文件，而是在应用程序运行时被链接和使用，所以动态库需要随应用程序一同发布。Windows 平台上的动态库文件名后缀是“.dll”，要在项目中使用动态库中的函数、类等资源，一般还需要用到动态库对应的 C++头文件。

在一个大型的软件项目中，使用动态库会更灵活，因为动态库单独更新时应用程序基本无须更新。对于一些大型软件库，如 VTK 和 OpenCV，虽然它们有源代码，但是一般也是将它们编译为动态库，然后在项目中使用它们。在编译 Qt C++项目时，实际上也用到了 Qt 的很多动态库，所以在发布用 Qt 编写的应用程序时，也需要附带发布 Qt 的很多运行时库文件。

Qt 中把动态库称为共享库（shared library），因为 Qt 是跨平台的，所以可以使用多种类型的编译器。一个 C++动态库项目，用 MSVC 编译生成的动态库文件名后缀是“.dll”，用 MinGW 编译生成的动态库文件名后缀是“.so”。

在 Qt Creator 中，我们可以创建静态库和共享库，也可以在一个项目中使用静态库和共享库。本节先介绍如何创建和使用静态库，11.4 节介绍如何创建和使用共享库。

11.3.1 创建静态库

本节要创建一个静态库项目 MyStaticLib，还要创建一个使用静态库的 GUI 项目 StaticLibUser，所以先在本章示例根目录下创建文件夹 samp11_3StaticLib。我们准备将 12.2 节设计的一个 TPenDialog 对话框作为静态库 MyStaticLib 的导出内容，然后在 GUI 项目 StaticLibUser 中使用静态库 MyStaticLib 里的 TPenDialog 类。

首先创建一个静态链接库项目。打开 New File or Project 对话框，选择 Library 组里的 C++ Library，点击 Choose 按钮后会出现一个向导，有以下几步关键的操作。

- 设置项目名称和保存路径。将项目名称设置为MyStaticLib，保存路径设置为本章示例的根目录，即\samp11_3StaticLib。项目创建后Qt Creator会自动创建文件夹\samp11_3StaticLib\MyStaticLib。
- 库的细节设置，设置界面如图11-9所示。库的类型设置为Statically Linked Library（静态链接库，也就是静态库），类名称设置为TPenDialog，Qt模块设置为Widgets，因为TPenDialog是一个对话框，属于界面组件。
- 选择开发套件。在选择开发套件的界面，可以选择MSVC或MinGW套件，没有具体要求。但是如果一个项目用到这个库，项目的开发套件应该与库的开发套件相同。

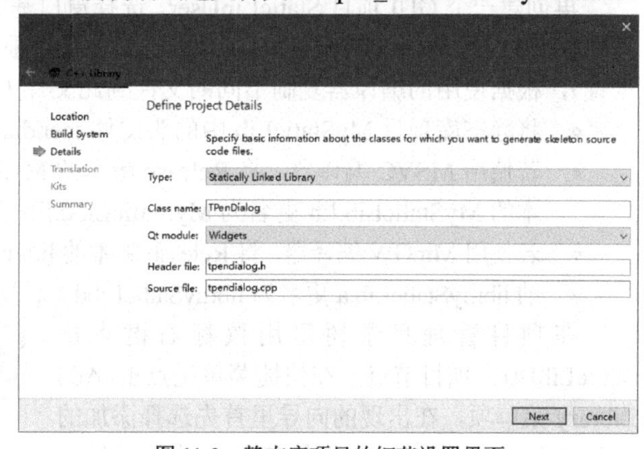

图11-9 静态库项目的细节设置界面

这样生成的静态库项目MyStaticLib包含3个文件：MyStaticLib.pro、tpendialog.h和tpendialog.cpp。初始的文件tpendialog.h中定义了一个TPenDialog类，没有特殊的处理，向导没有生成UI文件。

将示例项目samp12_2中与TPenDialog类相关的3个文件复制到本项目中，以覆盖原有的文件，并将文件tpendialog.ui添加到本项目中，添加的TPenDialog相关的3个文件无须做任何修改。TPenDialog相关的3个文件在12.2节有详细介绍，可查看12.2节的内容。

文件MyStaticLib.pro是对本项目的设置，其内容如下：

```
QT += widgets
TEMPLATE = lib
CONFIG += staticlib
CONFIG += c++11

SOURCES +=   tpendialog.cpp
HEADERS +=   tpendialog.h
FORMS   +=   tpendialog.ui
# Default rules for deployment.
unix {
    target.path = $$[QT_INSTALL_PLUGINS]/generic
}
!isEmpty(target.path): INSTALLS += target
```

TEMPLATE定义项目使用的模板类型，TEMPLATE = lib表示本项目是一个库，而一般的GUI项目定义为TEMPLATE = app。

CONFIG用于定义项目的一些通用配置，CONFIG += staticlib表示配置项目为静态库。

静态库可以使用MinGW或MSVC编译器编译，生成的库文件与使用的编译器有关。若使用MSVC编译，生成的库文件是MyStaticLib.lib；若使用MinGW编译，生成的库文件是libMyStaticLib.a。同一个编译器在Release和Debug模式下编译生成的静态库文件名称是相同的，并不会为Debug版本库文件名自动添加一个字母“d”。

如果GUI项目中会用到静态库，必须使用与GUI项目相同编译器和编译模式的库文件。所以，在编译本节的两个项目时，最好在Projects设置界面勾选Shadow build复选框，以便区分不同版本。

11.3.2 使用静态库

再创建一个 GUI 项目 StaticLibUser，选择窗口基类为 QMainWindow。我们要在这个项目中使用静态库 StaticLib 中的 TPenDialog 类。首先在项目根目录下新建一个文件夹 include（名称可自己设置），根据使用的编译器复制不同的文件到此文件夹里。

- 将静态库项目 MyStaticLib 中的头文件 tpendialog.h 复制到此文件夹里。
- 若使用 MSVC 编译器，将 Release 版本的 MyStaticLib.lib 复制到此文件夹里，将 Debug 版本的 MyStaticLib.lib 更名为 MyStaticLibd.lib 后复制到此文件夹里。
- 若使用 MinGW 编译器，将 Release 版本的 libmyStaticLib.a 复制到此文件夹里，将 Debug 版本的 libmyStaticLib.a 更名为 libmyStaticLibd.a 后复制到此文件夹里。

在项目管理目录树里用鼠标右键点击 StaticLibUser 项目节点，在快捷菜单里点击 Add Library 菜单项，在出现的向导里首先选择添加的库类型为 External Library（外部库），在向导第二步设置需要导入的静态库文件，如图 11-10 所示。

首先选择需要导入的库文件 MyStaticLib.lib。Platform 只选择 Windows；Linkage 必须选择 Static，因为这是静态库；勾选 Add"d"suffix for debug version 复选框，使得在 Debug 模式下编译项目时将自动调用 Debug 版本的库文件 MyStaticLibd.lib。

设置完成后，Qt Creator 将自动修改项目配置文件 StaticLibUser.pro。文件中增加了以下内容：

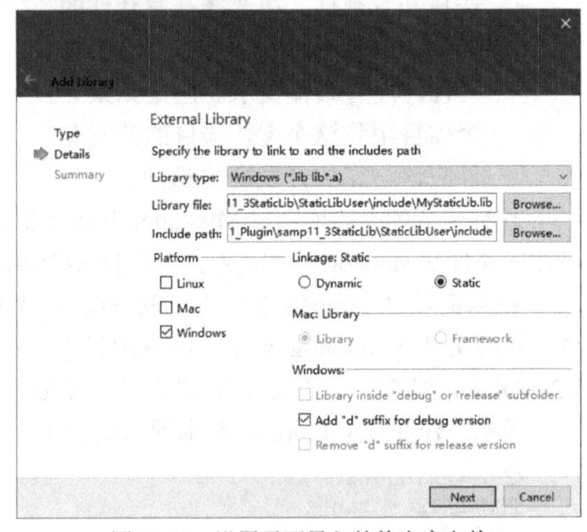

图 11-10 设置需要导入的静态库文件

```
win32:CONFIG(release, debug|release): LIBS += -L$$PWD/include/ -lMyStaticLib
else:win32:CONFIG(debug, debug|release): LIBS += -L$$PWD/include/ -lMyStaticLibd

INCLUDEPATH += $$PWD/include
DEPENDPATH  += $$PWD/include

win32-g++:CONFIG(release, debug|release): PRE_TARGETDEPS +=
                                          $$PWD/include/libMyStaticLib.a
else:win32-g++:CONFIG(debug, debug|release): PRE_TARGETDEPS +=
                                          $$PWD/include/libMyStaticLibd.a
else:win32:!win32-g++:CONFIG(release, debug|release): PRE_TARGETDEPS +=
                                          $$PWD/include/MyStaticLib.lib
else:win32:!win32-g++:CONFIG(debug, debug|release): PRE_TARGETDEPS +=
                                          $$PWD/include/MyStaticLibd.lib
```

第一部分的两行语句用 LIBS 设置了添加到项目中的静态库文件，因为在图 11-10 所示的界面中只选择了 Windows 平台（对应于配置文件中的 win32），所以在 Release 模式下添加 MyStaticLib.lib，在 debug 模式下添加 MyStaticLibd.lib。

第二部分的两行语句设置了包含文件目录（INCLUDEPATH）和依赖文件目录（DEPENDPATH），它们都指向项目目录下的 include 文件夹。

第三部分是设置编译目标的依赖文件，根据 Win32 平台上使用的编译器和编译模式指向 4 个文件。

使用 MinGW 编译器时就是文件 libMyStaticLib.a（Release 模式）和 libMyStaticLibd.a（Debug 模式），使用 MSVC 编译器时就是文件 MyStaticLib.lib（Release 模式）和 MyStaticLibd.lib（Debug 模式）。

本示例主窗口界面的设计很简单，就是在工具栏上创建一个按钮。在 MainWindow 类中新增如下定义：

```
private:
    QPen  m_Pen;
protected:
    void    paintEvent(QPaintEvent *event);
```

在事件处理函数 paintEvent()里，我们实现在窗口上绘制一个矩形区，使用私有变量 m_Pen 作为绘图的画笔。在工具按钮的槽函数里调用静态库里的静态函数 TPenDialog::getPen 设置画笔属性。

```
void MainWindow::paintEvent(QPaintEvent *event)
{//窗口的绘图事件处理函数
    QPainter  painter(this);
    QRect rect(0,0,width(),height());      //视口矩形区
    painter.setViewport(rect);             //设置视口
    painter.setWindow(0,0,100,50);         //设置窗口大小，逻辑坐标
    painter.setPen(m_Pen);
    painter.drawRect(10,10,80,30);
    event->accept();
}

void MainWindow::on_action_Pen_triggered()
{//“设置 Pen”按钮
    bool  ok= false;
    QPen  pen= TPenDialog::getPen(m_Pen,&ok);
    if (ok)
    {
        m_Pen= pen;
        this->repaint();
    }
}
```

项目编译后就可以运行，无须将库文件复制到可执行文件目录下。程序运行效果如图 11-11 所示，浮动在上层的窗口是 TPenDialog 对话框。

本示例将一个可视化设计的对话框 TPenDialog 封装到一个静态库里，也可以将任何 C++类、函数、结构体定义、变量等封装到静态库里，实现方法是一样的。

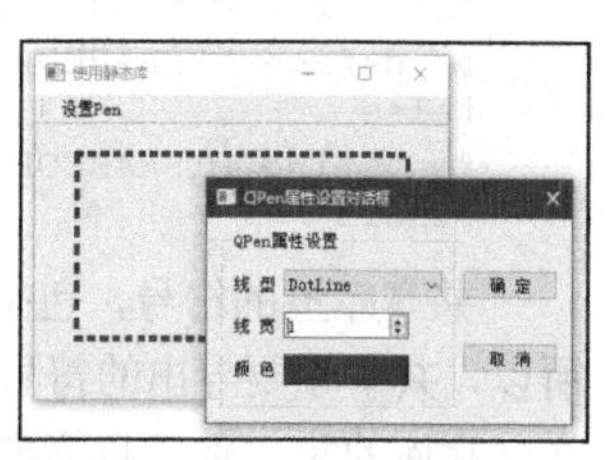

图 11-11 程序运行效果

11.4 创建和使用共享库

在 Qt 中，动态库被称为共享库，在 Windows 平台上就是动态链接库。共享库项目编译后生成后缀为“.dll”的动态链接库文件，.dll 文件是在应用程序运行时才被加载和调用的，不像静态库那样在编译期间就被嵌入可执行文件。若更新了.dll 文件版本，只要接口未变，应用程序就可以正常调用动态链接库。

11.4.1 创建共享库

本节介绍创建一个共享库项目 MySharedLib，将 TPenDialog 类封装到这个共享库中，然后创

建一个 GUI 项目 SharedLibUser，使用共享库中的 TPenDialog 类。本节有两个项目，所以先在本章示例根目录下创建一个文件夹 samp11_4SharedLib。

首先创建一个共享库项目。打开 New File or Project 对话框，选择 Library 组里的 C++ Library，点击 Choose 按钮后会出现一个向导，有以下几步关键的操作。

- 设置项目名称和保存路径。将项目名称设置为 MySharedLib，保存路径设置为本节示例的根目录，即\samp11_4SharedLib。然后 Qt Creator 会自动创建目录\samp11_4SharedLib\MySharedLib。
- 库的细节设置，设置界面如图 11-12 所示。Type 设置为 Shared Library（共享库），Class name 设置为 TPenDialog，Qt module 设置为 Widgets。

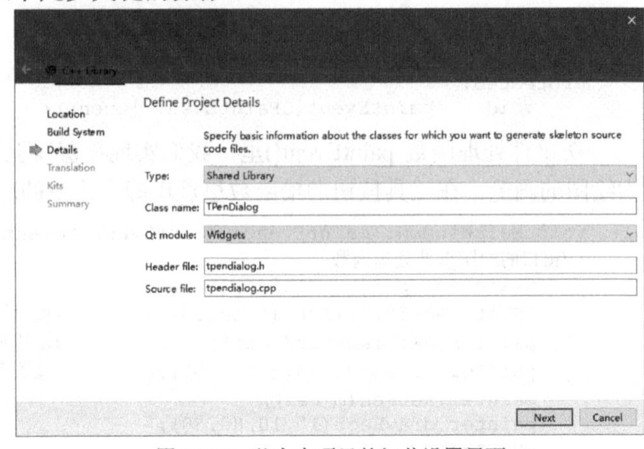

图 11-12 共享库项目的细节设置界面

- 选择开发套件。在选择开发套件的界面，选择 MSVC 或 MinGW 套件都可以。如果一个项目用到这个库，项目的开发套件应该与库的开发套件相同。

结束向导操作后，生成的项目 MySharedLib 中包含 4 个文件：MySharedLib.pro、MySharedLib_global.h、tpendialog.h 和 tpendialog.cpp。其中，文件 MySharedLib_global.h 的代码如下：

```
#include <QtCore/qglobal.h>

#if defined(MYSHAREDLIB_LIBRARY)
#  define MYSHAREDLIB_EXPORT Q_DECL_EXPORT        //声明为导出，共享库中有效
#else
#  define MYSHAREDLIB_EXPORT Q_DECL_IMPORT        //声明为导入，使用库的项目中有效
#endif
```

共享库里的符号，包括变量、类和函数等，需要声明为导出的公共符号才可以被应用程序使用。所以，共享库要导出的符号前面需要加 Q_DECL_EXPORT 宏。而在使用共享库的应用程序中，需要在共享库的头文件里将需要用到的符号声明为导入的，也就是在符号前加 Q_DECL_IMPORT 宏。

文件 MySharedLib_global.h 中定义了一个宏 MYSHAREDLIB_EXPORT。如果定义了宏 MYSHAREDLIB_ LIBRARY，它就等效于 Q_DECL_EXPORT，否则等效于 Q_DECL_IMPORT。而共享库的项目配置文件 MySharedLib.pro 定义了宏 MYSHAREDLIB_LIBRARY。

初始的文件 tpendialog.h 中 TPenDialog 类的定义如下：

```
#include "MySharedLib_global.h"
class MYSHAREDLIB_EXPORT TPenDialog
{
public:
    TPenDialog();
};
```

类名称 TPenDialog 前面有 MYSHAREDLIB_EXPORT 宏，它等效于 Q_DECL_EXPORT，所以是将 TPenDialog 类声明为共享库的导出符号。除此之外，TPenDialog 类的其他定义和实现代码

与常规编程的无差别。所以，我们将示例项目 samp12_2 中与 TPenDialog 类相关的 3 个文件复制到本项目中，以覆盖原有的文件，并将文件 tpendialog.ui 添加到本项目中。稍微修改文件 tpendialog.h 中的代码，包含头文件 MySharedLib_global.h，并在 TPenDialog 类名称前插入宏 MYSHAREDLIB_EXPORT。所以，修改后的 TPenDialog 定义的开头部分代码如下：

```
#include "MySharedLib_global.h"
class MYSHAREDLIB_EXPORT TPenDialog : public QDialog
{
    Q_OBJECT
//  省略了其他代码
}
```

项目配置文件 MySharedLib.pro 的内容如下：

```
QT += widgets
TEMPLATE = lib
DEFINES += MYSHAREDLIB_LIBRARY
CONFIG  += c++11

SOURCES +=    tpendialog.cpp
HEADERS +=  MySharedLib_global.h \
            tpendialog.h
FORMS +=   tpendialog.ui
# Default rules for deployment.
unix {
    target.path = /usr/lib
}
!isEmpty(target.path): INSTALLS += target
```

TEMPLATE 定义项目使用的模板类型，TEMPLATE = lib 表示这个项目是一个库。

DEFINES 定义项目中的全局宏，这里增加了宏定义 MYSHAREDLIB_LIBRARY。所以，在文件 MySharedLib_global.h 中的宏 MYSHAREDLIB_EXPORT 就等效于 Q_DECL_EXPORT。

项目的文件准备好之后就可以编译生成共享库文件，使用的编译器不同，生成的文件会有些区别。

- 若使用 MSVC 编译，编译后会生成文件 MySharedLib.dll 和 MySharedLib.lib。
- 若使用 MinGW 编译，编译后会生成文件 MySharedLib.dll 和 libMySharedLib.a。

在 Debug 和 Release 模式下生成的.dll、.lib 或.a 文件的文件名是相同的，不会自动在文件名最后加一个字母“d”。但是，若在项目中使用共享库，编译共享库和项目的编译器和编译模式必须相同。

11.4.2 使用共享库

1. 共享库的调用方式

调用共享库有两种方式：隐式链接（implicit linking）调用和显式链接（explicit linking）调用。

隐式链接调用是指在编译项目时有共享库的.lib 文件（或.a 文件）和.h 文件，知道.dll 文件中有哪些类或函数，编译时就隐式地生成必要的链接信息，使用.dll 文件中的类或函数时根据头文件中的定义使用即可，应用程序运行时将自动加载.dll 文件。

显式链接调用时只有.dll 文件，没有.h 文件和.lib 文件，因为这个.dll 文件可能是用其他编程语言生成的。虽然没有.h 文件，但是我们知道.dll 文件里的函数原型，那么可以使用 QLibrary 类在应用程序里动态加载.dll 文件，声明函数原型，并使用.dll 文件里的函数。这种方式需要在应用程序里声明函数原型，并需要解析.dll 文件里的函数，一般只用于调用用非 C++语言编写和生成的比较简单的.dll 文件。显式链接调用.dll 文件的应用场景很少，本章就不介绍具体应用示例了。

2. 隐式链接调用共享库

创建一个 GUI 项目 SharedLibUser，选择 QMainWindow 作为窗口基类。程序要实现的功能与 11.3 节介绍的 StaticLibUser 项目的一样，所以将 StaticLibUser 项目中与 MainWindow 类相关的 3 个文件复制到本项目中，替换自动生成的 3 个文件。

在 SharedLibUser 项目根目录下创建一个文件夹 include，将一些文件复制到此文件夹里。

- 将 MySharedLib 项目中的两个头文件 tpendialog.h 和 MySharedLib_global.h 复制到此文件夹里。
- 若使用 MSVC 编译器，将 Release 版本的 MySharedLib.lib 复制到此文件夹里，并将 Debug 版本的 MySharedLib.lib 更名为 MySharedLibd.lib 后复制到此文件夹里。
- 若使用 MinGW 编译器，将 Release 版本的 libMySharedLib.a 复制到此文件夹里，并将 Debug 版本的 libMySharedLib.a 更名为 libMySharedLibd.a 后复制到此文件夹里。

然后为项目添加动态链接库。用鼠标右键点击 SharedLibUser 项目节点，在快捷菜单里点击 Add Library 菜单项，在出现的向导里首先选择添加的库类型为 External Library（外部库），在向导第二步设置需要添加的动态库文件，如图 11-13 所示。

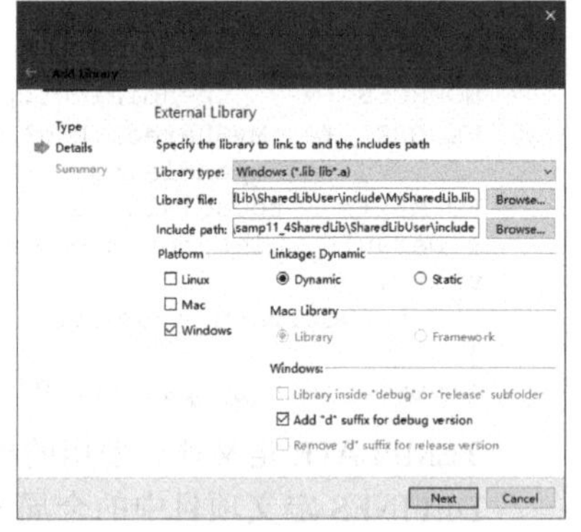

图 11-13 设置项目需要添加的动态库文件

如果项目使用 MSVC 编译器，就选择 include 目录下的 MySharedLib.lib 作为库文件；如果项目使用 MinGW 编译器，就选择 include 目录下的 libMySharedLib.a 作为库文件。本项目使用 MSVC 编译器，所以选择 MySharedLib.lib 作为库文件，其他设置如图 11-13 所示，Linkage 要选择 Dynamic。

完成设置后，项目配置文件 SharedLibUser.pro 中会自动增加如下的语句：

```
win32:CONFIG(release, debug|release): LIBS += -L$$PWD/include/ -lMySharedLib
else:win32:CONFIG(debug, debug|release): LIBS += -L$$PWD/include/ -lMySharedLibd

INCLUDEPATH += $$PWD/include
DEPENDPATH  += $$PWD/include
```

在构建项目时，编译器会根据编译模式自动添加相应的库文件。这里添加库文件只是使用了动态库的导出定义，而不是将库的实现代码嵌入应用程序的可执行文件。

主窗口类 MainWindow 的功能和代码与示例项目 StaticLibUser 的完全一致，调用动态链接库里的 TPenDialog 类也无须特别说明，只需包含头文件 tpendialog.h。项目 SharedLibUser 可以用 MSVC 或 MinGW 编译器编译，运行效果与图 11-11 的完全一样。

注意 必须将动态链接库文件 MySharedLib.dll 复制到可执行文件所在的目录下，程序才可以正常运行。而且 Debug 和 Release 版本的应用程序必须使用对应版本的动态链接库文件，否则程序运行时会出错。

使用动态链接库可以很方便地扩展应用程序的功能，但是.dll 文件需要随应用程序一起发布，并且编译.dll 文件和应用程序的 Qt 版本最好保持一致，否则需要考虑二进制兼容问题。

第12章

Qt Charts

Qt Charts 是一个二维图表模块，可用于绘制各种常见的二维图表，如折线图、柱状图、饼图、散点图、极坐标图等。本章首先介绍 Qt Charts 模块的基本特点和功能，以画折线图为例介绍绘制二维图表的程序基本结构以及图表的各组成部分的程序控制方法。然后介绍柱状图、饼图等典型图表的绘制，以及图表框选缩放、坐标显示等交互操作功能的实现。

12.1 Qt Charts 模块概述

Qt Charts 模块包含一组易于使用的图表组件，它基于图形/视图架构，其核心组件是 QChartView 和 QChart。QChartView 的父类是 QGraphicsView，而 QGraphicsView 是图形/视图架构中的视图组件，所以，QChartView 是用于显示图表的视图组件。

QChart 的继承关系如图 10-18 所示。QChart 是从 QGraphicsItem 继承而来的，所以 QChart 实际上是一种图形项类。QPolarChart 是用于绘制极坐标图的图表类，它从 QChart 继承而来。

要在项目中使用 Qt Charts 模块，必须在项目的配置文件（.pro 文件）中增加下面的一行语句：

```
QT  += charts
```

在需要使用 Qt Charts 模块中的类的头文件或源程序文件中可以使用如下的包含语句：

```
#include    <QtCharts>
```

12.1.1 一个简单的 QChart 绘图程序

我们先用一个简单的示例程序说明 QChart 绘图的基本原理。创建一个 GUI 项目 samp12_1，窗口基类选择 QMainWindow。在进行 UI 可视化设计时，删除主窗口上的菜单栏和状态栏，不要在主窗口上放置任何组件。在窗口类 MainWindow 中定义一个私有函数 createChart()，在 MainWindow 类的构造函数中调用此函数，其代码如下：

```
MainWindow::MainWindow(QWidget *parent) : QMainWindow(parent) , ui(new Ui::MainWindow)
{
    ui->setupUi(this);
    createChart();
}
```

函数 createChart()用于创建图表，其代码如下：

```
void MainWindow::createChart()
{
    QChartView *chartView= new QChartView(this);       //图表视图
    QChart *chart = new QChart();                      //图表，类似于图形项
```

```
    chart->setTitle("简单函数曲线");
    chartView->setChart(chart);                          //chart 添加到 chartView 中
    this->setCentralWidget(chartView);

//创建曲线序列
    QLineSeries *series0 = new QLineSeries();            //折线序列
    QLineSeries *series1 = new QLineSeries();
    series0->setName("Sin 曲线");
    series1->setName("Cos 曲线");
    chart->addSeries(series0);                           //序列添加到图表中
    chart->addSeries(series1);
//序列添加数值
    qreal  t=0, y1, y2, intv=0.1;
    int cnt= 100;
    for(int i=0; i<cnt; i++)
    {
        y1= qSin(t);
        series0->append(t,y1);
        y2= qSin(t+20);
        series1->append(t,y2);
        t += intv;
    }

//创建坐标轴
    QValueAxis *axisX = new QValueAxis;                  //X 轴
    axisX->setRange(0, 10);                              //设置坐标轴范围
    axisX->setTitleText("时间(秒)");                     //标题
    QValueAxis *axisY = new QValueAxis;//Y 轴
    axisY->setRange(-2, 2);
    axisY->setTitleText("数值");
//坐标轴添加到图表和序列中
    chart->addAxis(axisX, Qt::AlignBottom);              //添加作为底边坐标轴
    chart->addAxis(axisY, Qt::AlignLeft);                //添加作为左边坐标轴
    series0->attachAxis(axisX);                          //为序列附加坐标轴
    series0->attachAxis(axisY);
    series1->attachAxis(axisX);                          //为序列附加坐标轴
    series1->attachAxis(axisY);
}
```

示例运行时界面如图 12-1 所示。程序绘制了一个简单但是包含各种基本元素的图表，图表中有两条曲线。分析代码可以看出一个图表的主要组成部分和它们相互的关联。

（1）程序首先创建一个 QChart 对象 chart 和一个 QChartView 对象 chartView，将 chart 在 chartView 里显示，使用下面一行语句：

```
chartView->setChart(chart);      //chart 添加到 chartView 中
```

（2）图表上用于图形化表示数据的对象称为序列（series），这个图表中使用了序列类 QLineSeries。程序里创建了两个 QLineSeries 类型的序列 series0 和 series1，并将序列添加到 chart 中。

序列存储用于图形化显示的数据，所以需要为两个序列添加平面数据点的坐标数据。程序中用正弦函数和余弦函数生成数据作为序列的数据。

（3）图表还需要有坐标轴。程序中创建了两个 QValueAxis 类型的坐标轴对象 axisX 和 axisY，使用 QChart::addAxis()函数将它们添加到 chart 中，分别作为 x 轴和 y 轴的坐标轴。然后为序列 series0

和 series1 设置了坐标轴。

图表被创建后还会自动创建图例（legend），图例是与序列对应的，如图 12-1 所示。

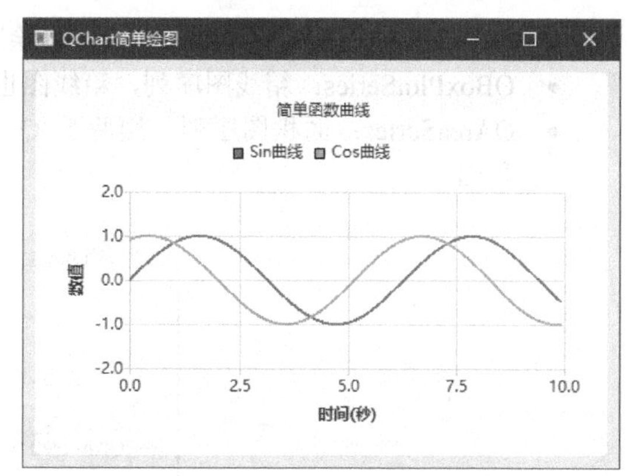

图 12-1 示例 samp12_1 运行时界面

12.1.2 图表的主要组成部分

观察示例 samp12_1 的程序和运行时界面可知，QChartView 是 QChart 的视图组件，而一个 QChart 图表一般包括序列、坐标轴、图例、图表标题等部分。

1. QChartView

QChartView 是 QChart 的视图组件，类似于图形/视图架构中的 QGraphicsView。实际上，在可视化设计窗口界面时，我们就是先放置一个 QGraphicsView 组件，然后将其提升为 QChartView 类。QChartView 类新定义的函数很少，用于设置和获取 QChart 对象的两个函数定义如下：

```
void  QChartView::setChart(QChart *chart)        //设置一个 QChart 对象作为显示的图表
QChart  *QChartView::chart()                     //返回当前显示的 QChart 对象
```

2. QChart

QChart 从 QGraphicsItem 继承而来，它管理在 QChartView 视图组件里绘制图表所需的各种元素，包括序列、坐标轴、图例等。QChart 可以被看作图形/视图架构中的图形项。

QChart 用于绘制一般的笛卡儿坐标系的图表，如折线图、柱状图、散点图等，QChart 的子类 QPolarChart 用于绘制极坐标图。

3. 序列

序列是数据的展现形式，图 12-1 中的两条曲线就表示两个 QLineSeries 类型的序列。

图表的类型主要是由序列的类型决定的，常见的图表类型有折线图、柱状图、饼图、散点图等。Qt Charts 模块中的序列类的继承关系如图 12-2 所示。QAbstractSeries 类是所有序列类的上层类，QAbstractSeries 的父类是 QObject，所以这些序列类并不是可视组件，而是用于存储序列的数据和属性。这些序列类可以分为几组。

（1）从 QXYSeries 继承的曲线序列和散点序列。

- QLineSeries：折线序列，两个数据点之间直接用直线连接的序列，用于一般的曲线显示，图 12-1 中的两条曲线就是 QLineSeries 序列。
- QSplineSeries：曲线序列，数据点的连线会进行平滑处理。
- QScatterSeries：散点序列，只显示数据点的序列。

（2）从 QAbstractBarSeries 继承的各种柱状图序列。

- QBarSeries 和 QHorizontalBarSeries：常见的柱状图序列。
- QStackedBarSeries 和 QHorizontalStackedBarSeries：堆叠柱状图序列。
- QPercentBarSeries 和 QHorizontalPercentBarSeries：百分比柱状图序列。

（3）从 QAbstractSeries 直接继承的特殊序列。

- QPieSeries：饼图序列。

- QCandlestickSeries：蜡烛图序列，可绘制常用于金融数据分析的蜡烛图。
- QBoxPlotSeries：箱线图序列，箱线图也是用于金融数据分析的一种图形。
- QAreaSeries：面积图序列，用两个 QLineSeries 序列曲线作为上界和下界绘制填充的面积图。

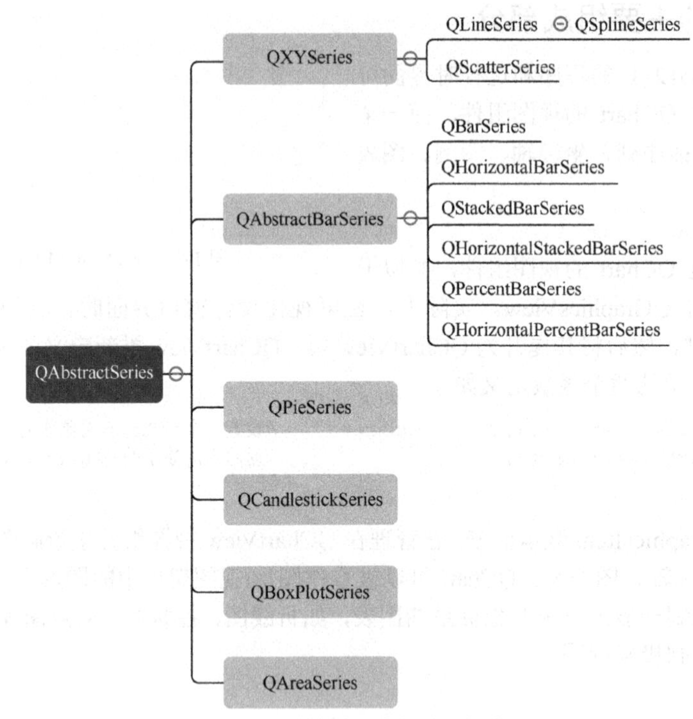

图 12-2 数据序列类的继承关系

4. 坐标轴

一般的图表都有横轴和纵轴。折线图一般表示数据，其坐标轴用 QValueAxis 类的数值坐标轴，如果需要用对数坐标轴，可以使用 QLogValueAxis 类的坐标轴。柱状图的横坐标经常是文字，可以用 QBarCategoryAxis 作为横轴。饼图没有坐标轴。

各种坐标轴类的特点和用途如表 12-1 所示。

表 12-1 各种坐标轴类

坐标轴类	特点	用途
QValueAxis	数值坐标轴	作为数值型数据的坐标轴
QCategoryAxis	分组数值坐标轴	可以为数值范围设置文字标签
QLogValueAxis	对数坐标轴	作为数值型数据的对数坐标轴，可以设置对数的底数
QBarCategoryAxis	类别坐标轴	用字符串表示坐标轴的刻度，用于图表的非数值坐标轴
QDateTimeAxis	日期时间坐标轴	作为日期时间数据的坐标轴
QColorAxis	颜色坐标轴	可以用渐变色表示坐标轴的刻度，还可以添加文字标签

坐标轴类的继承关系如图 12-3 所示。QAbstractAxis 类的父类是 QObject，所以坐标轴类不是可见的组件类，而是封装了坐标轴相关的各种数据和属性，如坐标轴的刻度、标签、网格线、标题等。

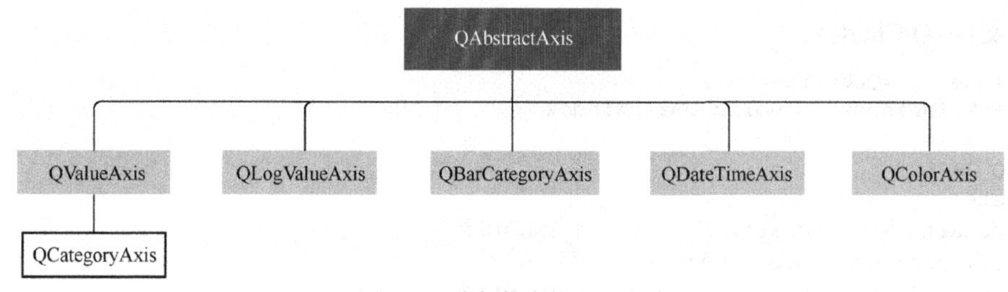

图 12-3 坐标轴类的继承关系

5. 图例

图例是对图表上展示的序列的示例说明，例如图 12-1 中有两条曲线的图例，显示了线条颜色和文字说明。QLegend 是封装了图例功能的类，在 QChart 对象中添加序列后会自动生成图例，可以为每个序列设置图例中的文字，可以控制图例显示在图表的上、下、左、右不同位置。

本章后面将通过示例详细介绍各种图表的绘制方法，以及图表的一些典型功能的实现方法。Qt Charts 模块包含的二维绘图功能比较完善，绘图效果比较美观，可满足一般的二维数据可视化需求。

12.2 通过 QChart 绘制折线图

本节介绍创建一个示例项目 samp12_2，以绘制折线图为例详细介绍一个图表各个部分的设置，包括图表的标题、图例、边距等属性设置，QLineSeries 序列的属性设置，QValueAxis 坐标轴的属性设置。示例运行时界面如图 12-4 所示。

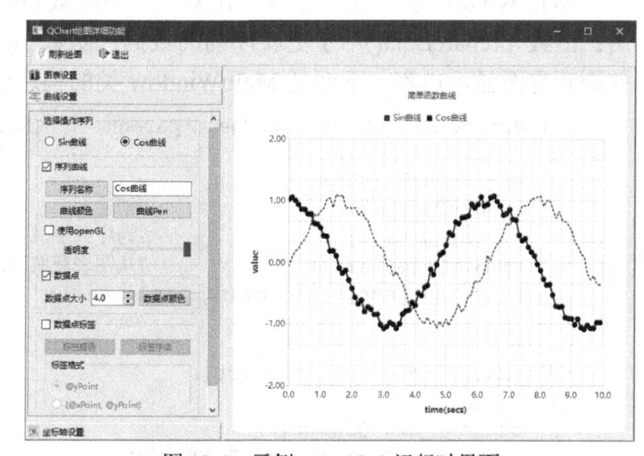

图 12-4 示例 samp12_2 运行时界面

示例 samp12_2 的主窗口类继承自 QMainWindow。在可视化设计主窗口界面时，我们删除了主窗口的菜单栏和状态栏，主窗口的界面设计主要包括以下几个部分。

- 工具栏：设计 Ation 之后创建工具按钮，工具栏上的“刷新绘图”按钮用于重新绘制曲线。
- 图表属性设置面板：窗口左侧是一个 QToolBox 组件，有 3 个页面，用于进行图表设置、曲线设置和坐标轴设置。
- 图表视图：在窗口右侧先放置一个 QFrame 组件，然后在 QFrame 组件上放置一个 QGraphicsView 组件并进行垂直布局，用提升法将其提升为 QChartView 类，组件命名为 chartView。

工作区的 QToolBox 组件和 QFrame 组件采用水平分割布局。本示例主窗口界面上的组件比较多，这些组件的布局和命名详见示例项目中的 UI 文件 mainwindow.ui。

12.2.1 主窗口类定义和初始化

下面是主窗口类 MainWindow 的定义代码。注意，要在程序中使用 Qt Charts 模块中的类，需要包含头文件<QtCharts>。

```
#include    <QtCharts>
class MainWindow : public QMainWindow
{
    Q_OBJECT
private:
    QChart      *chart;             //当前的图表
    QLineSeries *curSeries;         //当前序列
    QValueAxis  *curAxis;           //当前坐标轴
    void    createChart();          //创建图表
    void    prepareData();          //更新数据
    void    updateFromChart();      //从图表更新到界面
public:
    MainWindow(QWidget *parent = nullptr);
private:
    Ui::MainWindow *ui;
};
```

我们在 MainWindow 类中定义了 3 个变量，其中 chart 指向创建的图表对象；curSeries 指向当前的 QLineSeries 序列，界面上对序列的设置操作都是针对选择的当前序列的；curAxis 指向当前的 QValueAxis 坐标轴，对坐标轴进行设置就是针对当前坐标轴进行设置。

MainWindow 类中定义了 3 个函数，其中函数 createChart()用于创建图表，在构造函数里被调用；函数 prepareData()用于更新序列的数据；函数 updateFromChart()用于读取图表的一些属性，并刷新界面显示内容。下面是 MainWindow 类的构造函数以及这 3 个自定义函数的代码。

```
MainWindow::MainWindow(QWidget *parent) :  QMainWindow(parent),  ui(new Ui::MainWindow)
{
    ui->setupUi(this);
    createChart();                  //创建图表
    prepareData();                  //为序列生成数据
    updateFromChart();              //从图表获取属性值，刷新界面显示内容
    this->setCentralWidget(ui->splitter);
}

void MainWindow::createChart()
{//创建图表
    chart = new QChart();
    chart->setTitle(tr("简单函数曲线"));
    ui->chartView->setChart(chart);
    ui->chartView->setRenderHint(QPainter::Antialiasing);

    QLineSeries *series0 = new QLineSeries();
    QLineSeries *series1 = new QLineSeries();
    series0->setName("Sin 曲线");
    series1->setName("Cos 曲线");
    curSeries=series0;              //当前序列

    QPen  pen;
    pen.setStyle(Qt::DotLine);
    pen.setWidth(2);
    pen.setColor(Qt::red);
    series0->setPen(pen);           //序列 series0 的线条设置

    pen.setStyle(Qt::SolidLine);
```

```
    pen.setColor(Qt::blue);
    series1->setPen(pen);          //序列 series1 的线条设置
    chart->addSeries(series0);     //将序列添加到图表中
    chart->addSeries(series1);

    QValueAxis *axisX = new QValueAxis;
    curAxis=axisX;                              //当前坐标轴
    axisX->setRange(0, 10);
    axisX->setLabelFormat("%.1f");              //标签格式
    axisX->setTickCount(11);                    //主刻度个数
    axisX->setMinorTickCount(2);                //次刻度个数
    axisX->setTitleText("time(secs)");          //轴标题

    QValueAxis *axisY = new QValueAxis;
    axisY->setRange(-2, 2);
    axisY->setLabelFormat("%.2f");              //标签格式
    axisY->setTickCount(5);
    axisY->setMinorTickCount(2);
    axisY->setTitleText("value");

    //为 chart 和序列设置坐标轴
    chart->addAxis(axisX,Qt::AlignBottom);      //将坐标轴添加到图表中，并指定方向
    chart->addAxis(axisY,Qt::AlignLeft);
    series0->attachAxis(axisX);                 //序列 series0，附加坐标轴
    series0->attachAxis(axisY);
    series1->attachAxis(axisX);                 //序列 series1，附加坐标轴
    series1->attachAxis(axisY);
}

void MainWindow::prepareData()
{//为序列生成数据
    QLineSeries *series0= static_cast<QLineSeries *>(chart->series().at(0));
    QLineSeries *series1= static_cast<QLineSeries *>(chart->series().at(1));
    series0->clear();                           //清除数据
    series1->clear();
    qreal  t=0, y1, y2, intv=0.1;
    int cnt= 100;
    for(int i=0; i<cnt; i++)
    {
        int rd= QRandomGenerator::global()->bounded(-5,6);    //随机整数，[-5,5]
        y1= qSin(t)+rd/50.0;
        series0->append(t,y1);                                  //序列添加数据点
        rd= QRandomGenerator::global()->bounded(-5,6);          //随机整数，[-5,5]
        y2= qCos(t)+rd/50.0;
        series1->append(t,y2);                                  //序列添加数据点
        t += intv;
    }
}

void MainWindow::updateFromChart()
{
    QChart *curChart= ui->chartView->chart();                 //获取视图组件关联的 chart
    ui->editTitle->setText(curChart->title());                 //图表标题
    QMargins  mg= curChart->margins();                         //图表的边距
    ui->spinMarginLeft->setValue(mg.left());
    ui->spinMarginRight->setValue(mg.right());
```

```
    ui->spinMarginTop->setValue(mg.top());
    ui->spinMarginBottom->setValue(mg.bottom());
}
```

函数 createChart()用于创建 QChart 对象以及创建数据序列和坐标轴，并会将它们组合以实现一个完整的图表，但是没有为序列添加数据点。

函数 prepareData()用于为图表中的两个序列分别生成正弦曲线和余弦曲线的数据，并用随机数产生小幅干扰。

使用 QChartView::chart()函数可以获取视图组件关联的 QChart 对象的指针，在 updateFromChart()函数中有如下的语句：

```
QChart *curChart = ui->chartView->chart();      //获取视图组件关联的 chart
```

这里的 curChart 与 MainWindow 中的指针变量 chart 指向的是同一个 QChart 对象。如果没有定义类的成员变量 chart，就需要用这种方式动态获取 QChartView 组件关联的 QChart 对象。

这几个函数的代码中用到了 QChart、QLineSeries、QValueAxis 类的大量接口函数，后面会具体介绍这些接口函数的意义。

12.2.2　QPen 属性设置对话框设计

在本示例中，我们经常需要设置一些对象的 pen 属性，例如折线序列的 pen 属性、网格线的 pen 属性等。pen 属性值是 QPen 对象，设置内容主要包括线型、线宽和线条颜色。为了使用方便，我们设计了一个自定义对话框 TPenDialog，专门用于 QPen 对象的属性设置。

使用向导创建一个 Qt Designer Form Class，也就是带窗体的类。选择基类为 QDialog，设置创建的类名称为 TPenDialog。该对话框如图 12-5 所示。

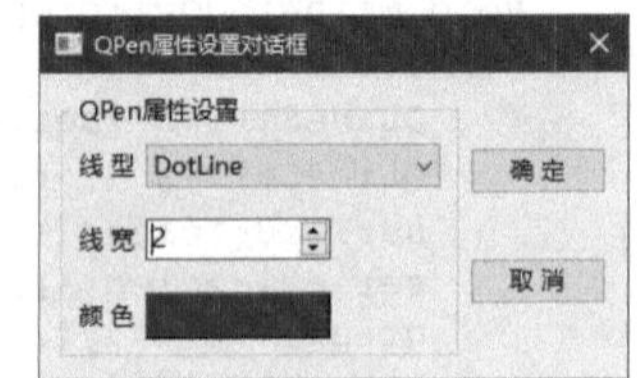

图 12-5　QPen 属性设置对话框

TPenDialog 类的完整定义代码如下：

```
class TPenDialog : public QDialog
{
    Q_OBJECT
private:
    QPen  m_pen;
public:
    TPenDialog(QWidget *parent = nullptr);
    ~TPenDialog();
    void  setPen(QPen &pen);                                //设置 QPen 对象
    QPen  getPen();                                         //获取对话框设置的 QPen 的属性
    static  QPen  getPen(QPen  &iniPen, bool *ok);          //静态函数
private slots:
    void  on_btnColor_clicked();                            //设置颜色按钮的槽函数
private:
    Ui::TPenDialog *ui;
};
```

第 7 章已经介绍过如何设计和使用自定义对话框。这个 TPenDialog 的特别之处在于它定义了一个静态函数 getPen()，在类中的定义代码是：

```
static  QPen  getPen(QPen  &iniPen, bool *ok);      //静态函数
```

Qt 的标准对话框一般都有静态函数，使用静态函数时无须管理对话框的创建与删除，使用起来比较方便。TPenDialog 类的静态函数 getPen()以及相关的两个函数 getPen()和 setPen()的代码如下：

```
QPen TPenDialog::getPen(QPen &iniPen, bool *ok)
{//静态函数，获取 QPen 对象
    TPenDialog *dlg= new TPenDialog;                                   //创建对话框
    dlg->setPen(iniPen);                                               //设置初始化 pen
    QPen  pen;
    int ret= dlg->exec();                                              //以模态方式显示对话框
    if (ret== QDialog::Accepted)
    {
        pen= dlg->getPen();                                            //获取设置的结果
        *ok= true;
    }
    else
    {
        pen= iniPen;
        *ok= false;
    }
    delete  dlg;                                                       //删除对话框
    return  pen;
}

void TPenDialog::setPen(QPen &pen)
{//初始化 pen，并刷新显示界面
    m_pen= pen;
    ui->spinWidth->setValue(pen.width());                             //线宽
    int i= static_cast<int>(pen.style());                             //枚举类型转换为整型
    ui->comboPenStyle->setCurrentIndex(i);

    QColor  color= pen.color();
    ui->btnColor->setAutoFillBackground(true);
    QString str= QString::asprintf("background-color: rgb(%d, %d, %d);",
                                   color.red(),color.green(),color.blue());
    ui->btnColor->setStyleSheet(str);
}

QPen TPenDialog::getPen()
{//获得设置的 QPen 对象
    m_pen.setStyle(Qt::PenStyle(ui->comboPenStyle->currentIndex()));  //线型
    m_pen.setWidth(ui->spinWidth->value());                           //线宽
    QColor  color= ui->btnColor->palette().color(QPalette::Button);
    m_pen.setColor(color);                                            //线条颜色
    return  m_pen;
}
```

静态函数 getPen()里创建了一个 TPenDialog 类的实例 dlg，然后调用 dlg->setPen(iniPen)进行初始化设置，运行对话框并获取返回状态。若对话框返回值为 QDialog::Accepted，就调用 dlg->getPen()获取设置属性后的 QPen 对象，最后删除对话框对象并返回设置的 QPen 对象。所以，静态函数 getPen()就是集成了普通方法调用对话框的整个过程，包括创建对话框、设置初始值、获取运行对话框后的返回状态、获取返回值、删除对话框。

在设置颜色按钮的背景色时用到了 Qt 样式表功能，18.2 节会详细介绍 Qt 样式表。

在可视化设计 TPenDialog 对话框的界面时，将“确定”按钮的 clicked()信号与 TPenDialog 的槽函数 accept()关联，“取消”按钮的 clicked()信号与 TPenDialog 的槽函数 reject()关联，无须再为这两个按钮编写槽函数代码。TPenDialog 类的构造函数以及设置颜色的按钮 btnColor 的槽函数代码如下：

```
TPenDialog::TPenDialog(QWidget *parent) :  QDialog(parent),  ui(new Ui::TPenDialog)
{
```

```
    ui->setupUi(this);
    //"线型"下拉列表框的选择项设置
    ui->comboPenStyle->clear();
    ui->comboPenStyle->addItem("NoPen");           //添加字符串
    ui->comboPenStyle->addItem("SolidLine");       //序号正好与 Qt::PenStyle 的枚举值对应
    ui->comboPenStyle->addItem("DashLine");
    ui->comboPenStyle->addItem("DotLine");
    ui->comboPenStyle->addItem("DashDotLine");
    ui->comboPenStyle->addItem("DashDotDotLine");
    ui->comboPenStyle->setCurrentIndex(1);
}

void TPenDialog::on_btnColor_clicked()
{//设置颜色
    QColor  color= QColorDialog::getColor();
    if (color.isValid())
    { //用样式表设置按钮的背景色
        QString str= QString::asprintf("background-color: rgb(%d, %d, %d);",
                                color.red(),color.green(),color.blue());
        ui->btnColor->setStyleSheet(str);
    }
}
```

12.2.3 图表各组成部件的属性设置

1. QChart 的设置

QChart 类的接口函数较多，其主要接口函数如表 12-2 所示。QChart 的上层父类是 QObject，所以它有属性。一个属性通常有一个设置函数和一个读取函数，例如设置图表标题的函数是 setTitle()，读取图表标题的函数是 title()。表 12-2 仅列出设置函数或单独的读取函数，且仅列出函数的返回数据类型，省略了输入参数，关于函数的详细定义请参考 Qt 帮助文档。

表 12-2 QChart 类的主要接口函数

分组	函数	功能
图表外观	void setTitle()	设置图表标题，其显示在图表上方，支持 HTML 格式
	void setTitleFont()	设置图表标题字体
	void setTitleBrush()	设置图表标题画刷
	void setTheme()	设置主题，主题为内置的 UI 设置，定义了图表的配色
	void setMargins()	设置绘图区与图表边界的 4 个边距
	void setPlotArea()	设置绘图区矩形
	QLegend *legend()	返回图表的图例，其是一个 QLegend 类的对象
	void setAnimationOptions()	设置序列或坐标轴的动画效果
	void setAnimationDuration()	设置动画持续时长
图表和绘图区的背景	void setBackgroundBrush()	设置图表背景的画刷
	void setBackgroundPen()	设置图表背景的画笔
	void setBackgroundRoundness()	设置图表背景圆角的直径
	void setBackgroundVisible()	设置图表背景是否可见
	void setPlotAreaBackgroundBrush()	设置绘图区背景画刷
	void setPlotAreaBackgroundPen()	设置绘图区背景画笔
	void setPlotAreaBackgroundVisible()	设置绘图区背景是否可见
数据序列	void addSeries()	添加序列
	QList<QAbstractSeries *> series()	返回图表拥有的序列的列表
	void removeSeries()	移除一个序列，但并不删除序列对象
	void removeAllSeries()	移除图表的所有序列并删除序列对象

续表

分组	函数	功能
坐标轴	void addAxis()	为图表的某个方向添加坐标轴
	QList<QAbstractAxis *> axes()	返回某个方向的坐标轴列表
	void removeAxis()	移除一个坐标轴
	void createDefaultAxes()	根据已添加的序列的类型创建默认的坐标轴，已有坐标轴会被删除

图 12-6 所示的是图表设置界面，我们可以设置图表的标题、图例的属性、4 个边距值、动画效果和主题等。这个界面上部分组件的槽函数代码如下，关于完整代码请查看示例源程序文件。

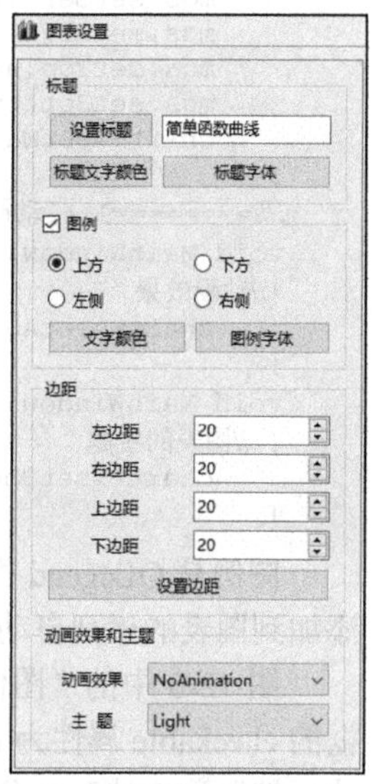

图 12-6 图表设置界面

```
////=======1.1 图表标题========
void MainWindow::on_btnTitleSetText_clicked()
{//设置图表标题文字
    QString str= ui->editTitle->text();
    chart->setTitle(str);
}
void MainWindow::on_btnTitleColor_clicked()
{//设置图表标题文字颜色
    QColor  color= chart->titleBrush().color();
    color= QColorDialog::getColor(color);
    if (color.isValid())
        chart->setTitleBrush(QBrush(color));
}
void MainWindow::on_btnTitleFont_clicked()
{//设置图表标题文字的字体
    QFont font= chart->titleFont();
    bool  ok= false;
    font= QFontDialog::getFont(&ok,font);
    if (ok)
        chart->setTitleFont(font);
}

////=======1.2 图例========
void MainWindow::on_groupBox_Legend_clicked(bool checked)
{//图例是否可见
    chart->legend()->setVisible(checked);
}
void MainWindow::on_radioButton_clicked()
{//图例的位置，上方
    chart->legend()->setAlignment(Qt::AlignTop);
}
void MainWindow::on_btnLegendlabelColor_clicked()
{//图例的文字颜色
    QColor  color= chart->legend()->labelColor();
    color= QColorDialog::getColor(color);
    if (color.isValid())
        chart->legend()->setLabelColor(color);
}
void MainWindow::on_btnLegendFont_clicked()
{ //图例的字体设置
    QFont font= chart->legend()->font();
    bool  ok= false;
    font= QFontDialog::getFont(&ok,font);
    if (ok)
```

```
        chart->legend()->setFont(font);
}

////=======1.3 边距========
void MainWindow::on_btnSetMargin_clicked()
{//设置图表的 4 个边距值
    QMargins  mgs;
    mgs.setLeft(ui->spinMarginLeft->value());
    mgs.setRight(ui->spinMarginRight->value());
    mgs.setTop(ui->spinMarginTop->value());
    mgs.setBottom(ui->spinMarginBottom->value());
    chart->setMargins(mgs);
}
////========1.4 动画效果和主题========
void MainWindow::on_comboAnimation_currentIndexChanged(int index)
{//动画效果
    chart->setAnimationOptions(QChart::AnimationOptions(index));
}
void MainWindow::on_comboTheme_currentIndexChanged(int index)
{ //图表的主题
    chart->setTheme(QChart::ChartTheme(index));
}
```

图例是 QLegend 类的对象，通过 QChart::legend()函数可以获取图表的图例对象。图例是根据添加到图表的序列自动生成的，可以通过编程修改图例的一些属性。

图 12-6 中的“图例”分组框的标题带有一个复选框，这是在 UI 可视化设计时设置这个分组框的 checkable 属性为 true 所致的。当这个复选框被勾选时，分组框里的所有组件可用，当这个复选框被取消勾选时，分组框里的所有组件被禁用。这样，分组框既可以当作一个复选框使用，又可以控制其内部组件的使能状态，本示例中大量使用了这种形式的分组框。

QChart 的函数 setAnimationOptions()用于设置图表的动画效果，这个函数原型定义如下：

```
void  QChart::setAnimationOptions(QChart::AnimationOptions options)
```

输入参数 options 是枚举类型 QChart::AnimationOption，其有以下几种枚举值。

- QChart::NoAnimation：数值等于 0，无动画效果。
- QChart::GridAxisAnimations：数值等于 1，背景网格有动画效果。
- QChart::SeriesAnimations：数值等于 2，序列有动画效果。
- QChart::AllAnimations：数值等于 3，背景网格和序列都有动画效果。

图 12-6 所示界面中“动画效果”下拉列表框的 4 个选项与这 4 个枚举值是对应的。

主题就是指预定义的图表配色样式，QChart 的函数 setTheme()用于设置主题，其函数原型定义如下：

```
void  QChart::setTheme(QChart::ChartTheme theme)
```

参数 theme 是枚举类型 QChart::ChartTheme，其有 8 种枚举值。图 12-6 所示界面中“主题”下拉列表框的 8 个选项与这 8 个枚举值是对应的。

2. QLineSeries 序列的设置

本示例图表的序列所使用的是 QLineSeries 类，它用于绘制二维数据点的折线图。QLineSeries 类的主要接口函数如表 12-3 所示，这些函数主要是其直接父类 QXYSeries 和间接父类 QAbstractSeries 中定义的函数。表中仅列出函数的返回数据类型，省略了输入参数。

表 12-3 QLineSeries 类的主要接口函数

分组	函数	功能
序列整体	void setName()	设置序列的名称，这个名称会显示在图例里，支持 HTML 格式
	QAbstractSeries::SeriesType type()	返回序列的类型，返回值是枚举类型 QAbstractSeries::SeriesType
	void setUseOpenGL()	设置是否使用 OpenGL 加速
	QChart* chart()	返回序列所属的图表对象
序列外观	void setVisible()	设置序列是否可见
	bool isVisible()	判断序列是否可见
	void show()	显示序列，使序列可见
	void hide()	隐藏序列，使序列不可见
	void setColor()	设置序列线条的颜色
	void setPen()	设置绘制线条的画笔
	void setOpacity()	设置序列的透明度，0 表示完全透明，1 表示完全不透明
数据点	void setBrush()	设置绘制数据点的画刷，主要用于设置数据点的填充颜色
	void setMarkerSize()	设置数据点的大小，默认为 15 像素
	void setLightMarker()	用一个 QImage 对象作为数据点的显示标记，便于自定义数据点的形状
	void setPointsVisible()	设置数据点是否可见
	bool pointsVisible()	数据点是否可见
	void append()	添加一个数据点到序列中
	void insert()	在某个位置插入一个数据点
	void replace()	替换某个数据点
	void clear()	清除所有数据点
	void remove()	移除某个数据点
	void removePoints()	从某个位置开始，移除指定个数的数据点
	int count()	数据点的个数
	QPointF& at()	返回某个位置的数据点
	QList<QPointF> points()	返回数据点的列表
数据点选择	void setPointSelected()	设置某个序号的数据点的选中状态，即被选中或不被选中
	bool isPointSelected()	判断某个数据点是否被选中
	void toggleSelection()	切换某些数据点的选中状态
	void selectAllPoints()	选中所有数据点
	void selectPoint()	选中某个数据点，如果设置了数据点可见，处于选中状态的数据点会以 setSelectedColor()设置的颜色显示
	void selectPoints()	选中某些数据点
	void deselectAllPoints()	取消选中所有的数据点
	void deselectPoint()	取消选中某个数据点
	void deselectPoints()	取消选中某些数据点
	void setSelectedColor()	设置被选中的数据点的显示颜色，默认为与序列的颜色相同
	void setSelectedLightMarker()	设置一个 QImage 对象为被选中数据点的显示标记
数据点标签	void setPointLabelsVisible()	设置数据点标签的可见性
	void setPointLabelsColor()	设置数据点标签的文字颜色
	void setPointLabelsFont()	设置数据点标签的字体
	void setPointLabelsFormat()	设置数据点标签的格式
	void setPointLabelsClipping()	设置数据点标签的裁剪属性，默认值为 true，即绘图区外的标签被裁剪掉
坐标轴	bool attachAxis()	为序列附加一个坐标轴，通常需要一个 x 轴和一个 y 轴
	bool detachAxis()	解除一个附加的坐标轴
	QList<QAbstractAxis *> attachedAxes()	返回附加的坐标轴的列表

QLineSeries 类的接口函数很多，通过这些接口函数，我们可以控制序列的显示效果，还可以对数据点进行各种操作。Qt 6.2 中增加了很多用于数据点选择和操作的函数，为设计交互式的曲线操作提供了基础。

示例中对曲线序列进行设置的界面如图 12-7 所示。首先需要通过上方的“选择操作序列”分组框里的两个单选按钮来选择当前操作序列，两个单选按钮的槽函数代码如下：

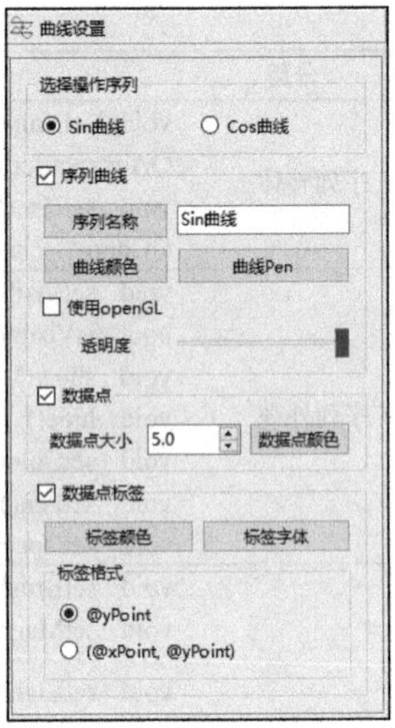

图 12-7　曲线序列设置界面

```
void MainWindow::on_radioSeries0_clicked()
{//选择操作序列，Sin 曲线
    if (ui->radioSeries0->isChecked())
        curSeries= static_cast<QLineSeries *>
                                (chart->series().at(0));
    else
        curSeries= static_cast<QLineSeries *>
                                (chart->series().at(1));
    //获取序列的属性值，并显示到界面上
    ui->editSeriesName->setText(curSeries->name());
    //序列名称
    ui->groupBox_Series->setChecked(curSeries->isVisible());
    //序列可见
    ui->groupBox_Points->setChecked(curSeries->pointsVisible());    //数据点可见
    ui->chkkBoxUseOpenGL->setChecked(curSeries->useOpenGL());     //使用 OpenGL
    ui->sliderOpacity->setValue(curSeries->opacity()*10);        //透明度
    ui->groupBox_PointLabel->setChecked(curSeries->pointLabelsVisible());
                                                                  //数据点标签可见
}
void MainWindow::on_radioSeries1_clicked()
{//选择操作序列，Cos 曲线
    on_radioSeries0_clicked();
}
```

curSeries 是在 MainWindow 类里定义的私有变量，用于指向当前操作的序列。选择序列后，会将当前序列的一些属性值显示到界面上，如序列名称、序列可见性、序列数据点可见性等的值。

序列的一些常规属性的设置都很简单，例如设置序列名称、序列颜色、序列数据点可见性等，都只需调用相应的函数。图 12-7 所示界面上部分组件的槽函数代码如下，关于完整代码见示例源程序文件。

```
////=======2.1 序列曲线设置=========
void MainWindow::on_groupBox_Series_clicked(bool checked)
{//设置序列是否可见
    this->curSeries->setVisible(checked);
}
void MainWindow::on_btnSeriesColor_clicked()
{//设置序列的曲线颜色
    QColor  color= curSeries->color();
    color= QColorDialog::getColor(color);
    if (color.isValid())
        curSeries->setColor(color);
}
void MainWindow::on_btnSeriesPen_clicked()
{//设置序列线条的 pen 属性
    QPen  pen= curSeries->pen();
    bool  ok= false;
    pen= TPenDialog::getPen(pen, &ok);//使用静态函数设置 pen 属性
```

```
    if (ok)
        curSeries->setPen(pen);
}
void MainWindow::on_chkkBoxUseOpenGL_clicked(bool checked)
{//设置是否使用 OpenGL 加速
    curSeries->setUseOpenGL(checked);
}

////=======2.2 数据点=========
void MainWindow::on_groupBox_Points_clicked(bool checked)
{//序列的数据点是否可见
    curSeries->setPointsVisible(checked);
}
void MainWindow::on_doubleSpinBox_valueChanged(double arg1)
{//设置数据点大小
    curSeries->setMarkerSize(arg1);
}
void MainWindow::on_btnPointColor_clicked()
{//设置数据点填充颜色
    QColor color= QColorDialog::getColor();
    if (color.isValid())
        curSeries->setBrush(QBrush(color));
}

////======2.3 数据点标签 ========
void MainWindow::on_groupBox_PointLabel_clicked(bool checked)
{//是否显示数据点标签
    curSeries->setPointLabelsVisible(checked);
}
void MainWindow::on_radioSeriesLabFormat0_clicked()
{//序列数据点标签的显示格式
    curSeries->setPointLabelsFormat("@yPoint");
}
void MainWindow::on_radioSeriesLabFormat1_clicked()
{//序列数据点标签的显示格式
    curSeries->setPointLabelsFormat("(@xPoint,@yPoint)");
}
```

“曲线 Pen”按钮用于设置序列的 pen 属性，其槽函数代码里使用了自定义对话框类 TPenDialog，并且使用其静态函数 getPen()设置 pen 属性，调用对话框的过程得以简化。

函数 setUseOpenGL(bool)是 QAbstractSeries 类中定义的，用于设置绘制序列时是否使用 OpenGL 加速。这个函数只对 QLineSeries 和 QScatterSeries 序列有效。使用 OpenGL 加速后，会在图表的绘图区自动创建一个透明的 QOpenGLWidget 组件，序列是在这个 QOpenGLWidget 组件上绘制，而不是在 QChartView 上绘制。

使用 OpenGL 加速可以大大提高绘制曲线的速度，所以，对于数据点非常多的序列，可以考虑开启 OpenGL 加速。但是开启 OpenGL 加速后，序列的某些设置是无效的。例如对于 QLineSeries 序列，开启 OpenGL 加速后不能设置线型（只能是实线），不能显示数据点，不能设置透明度，不能显示数据点标签，但是仍可以设置线条的颜色和线宽。

函数 setPointLabelsFormat()用于设置数据点标签的格式，有两种数据可以在数据点标签中显示，它们有固定的标签。

- @xPoint：表示数据点的 x 值。

- @yPoint：表示数据点的 y 值。

例如，使数据点标签只显示 y 值，设置语句为：

```
curSeries->setPointLabelsFormat("@yPoint");
```

如果使数据点标签显示(x,y)值，设置语句为：

```
curSeries->setPointLabelsFormat("(@xPoint,@yPoint)");
```

3. QValueAxis 坐标轴的设置

本示例中使用 QValueAxis 类型的坐标轴，这是数值型坐标轴，其与 QLineSeries 序列配合使用就可以绘制一般的数据曲线。QValueAxis 类的主要接口函数如表 12-4 所示，其中包括从 QAbstractAxis 类继承的函数。表中仅列出函数的返回数据类型，省略了输入参数。

表 12-4 QValueAxis 类的主要接口函数

分组	函数	功能
坐标轴整体	void setVisible()	设置坐标轴可见性
	Qt::Orientation orientation()	返回坐标轴方向值，有 Qt::Horizontal 和 Qt::Vertical 两种方向值
	void setMin()	设置坐标轴最小值
	void setMax()	设置坐标轴最大值
	void setRange()	设置坐标轴最小值、最大值表示的范围
	void setReverse()	设置坐标轴是否反向
	void applyNiceNumbers()	自动设置坐标轴范围和刻度个数
轴标题	void setTitleVisible()	设置轴标题的可见性
	void setTitleText()	设置轴标题的文字
	void setTitleFont()	设置轴标题的字体
	void setTitleBrush()	设置轴标题的画刷
轴刻度标签	void setLabelFormat()	设置轴刻度标签格式，例如可以设置显示的小数点后位数
	void setLabelsAngle()	设置轴刻度标签的角度，单位为度
	void setLabelsBrush()	设置轴刻度标签的画刷
	void setLabelsColor()	设置轴刻度标签的文字颜色
	void setLabelsFont()	设置轴刻度标签的文字字体
	void setLabelsVisible()	设置轴刻度标签文字是否可见
	void setLabelsEditable()	设置轴刻度标签文字是否可以被编辑，如果可以被编辑，用户可以很方便地修改坐标轴的范围。这个函数只适用于 QValueAxis 和 QDateTimeAxis
轴线和主刻度	void setTickType()	设置主刻度和标签的定位类型，有固定刻度和动态刻度两种模式
	void setTickAnchor()	设置动态刻度的锚点，即动态刻度的起点值
	void setTickInterval()	设置动态刻度的间隔值
	void setTickCount()	设置坐标轴主刻度的个数，固定刻度模式下有效
	void setLineVisible()	设置轴线和主刻度的可见性
	void setLinePen()	设置轴线和主刻度的画笔
	void setLinePenColor()	设置轴线和主刻度的颜色
主网格线	void setGridLineColor()	设置网格线的颜色
	void setGridLinePen()	设置网格线的画笔
	void setGridLineVisible()	设置网格线的可见性
次刻度和次网格线	void setMinorTickCount()	设置两个主刻度之间的次刻度的个数
	void setMinorGridLineColor()	设置次网格线的颜色
	void setMinorGridLinePen()	设置次网格线的画笔
	void setMinorGridLineVisible()	设置次网格线的可见性

参见图 12-4 中图表的 x 轴，可知 QValueAxis 坐标轴主要包含以下几个组成部分。

- 坐标轴标题：在坐标轴下方显示的文字，表示坐标轴的名称，图中 x 轴的标题是“time(secs)”。坐标轴标题除了可以设置文字内容，还可以设置字体、画刷和可见性。
- 轴线和刻度线：轴线是图 12-4 中从左到右的表示坐标轴的直线，刻度线是垂直于轴线的短线，包括主刻度线和次刻度线。如果是固定刻度，那么主刻度个数是 tickCount()的值，每两个主刻度之间的次刻度的个数是 minorTickCount()的值。
- 轴标签：在主刻度处显示的数值标签文字，可以控制其数值格式、文字颜色和字体等。
- 主网格线：在绘图区与主刻度对应的网格线，可以设置其颜色、线条的 pen 属性、可见性等。
- 次网格线：在绘图区与次刻度对应的网格线，可以设置其颜色、线条的 pen 属性、可见性等。

搞清楚 QValueAxis 坐标轴的这些组成部分后，要对其进行属性读取或设置只需调用相应的函数。图 12-8 所示的是图 12-4 所示界面左侧的“坐标轴设置”页面，可以对坐标轴的各种属性进行设置。

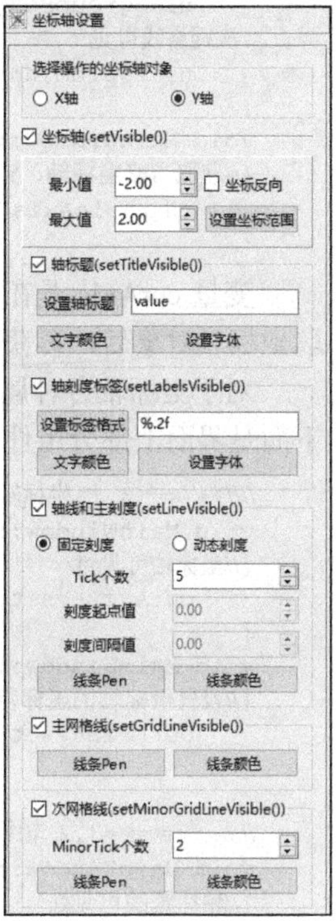

图 12-8 坐标轴设置页面

在图 12-8 所示的界面上，首先选择需要操作的坐标轴对象，即选择 x 轴或 y 轴。“X 轴”和“Y 轴”两个单选按钮的槽函数代码如下：

```
void MainWindow::on_radioAxisX_clicked()
{//获取当前坐标轴，X 轴
    if (ui->radioAxisX->isChecked())   //获取 X 轴对象
        curAxis= static_cast<QValueAxis*>(chart->axes(Qt::Horizontal).at(0));
    else                               //获取 Y 轴对象
        curAxis= static_cast<QValueAxis*>(chart->axes(Qt::Vertical).at(0));
//获取坐标轴的各种属性值，并显示到界面上
    ui->groupBox_Axis->setChecked(curAxis->isVisible());              //坐标轴可见
    ui->chkBoxAxisReverse->setChecked(curAxis->isReverse());          //坐标轴反向
    ui->spinAxisMin->setValue(curAxis->min());                        //坐标轴最小值
    ui->spinAxisMax->setValue(curAxis->max());                        //坐标轴最大值
//轴标题和轴刻度标签
    ui->groupBox_AxisTitle->setChecked(curAxis->isTitleVisible());    //轴标题可见
    ui->editAxisTitle->setText(curAxis->titleText());                 //轴标题文字
    ui->groupBox_AxisLabel->setChecked(curAxis->labelsVisible());     //轴刻度标签可见
    ui->editAxisLabelFormat->setText(curAxis->labelFormat());         //标签格式
//主刻度和次刻度
    ui->groupBox_Ticks->setChecked(curAxis->isLineVisible());         //主刻度线可见
    if (curAxis->tickType() == QValueAxis::TicksFixed)               //主刻度类型
        ui->radioTick_Fixed->setChecked(true);                        //固定刻度
    else
        ui->radioTick_Dynamic->setChecked(true);                      //动态刻度
    ui->spinTick_Anchor->setValue(curAxis->tickAnchor());             //动态刻度起点值
    ui->spinTick_Intv->setValue(curAxis->tickInterval());             //动态刻度间隔值
    ui->spinTick_Count->setValue(curAxis->tickCount());               //主刻度个数
//主网格线和次网格线
```

```
    ui->groupBox_GridLine->setChecked(curAxis->isGridLineVisible());  //主网格线可见
    ui->groupBox_MinorGrid->setChecked(curAxis->isMinorGridLineVisible());
//次网格线可见
    ui->spinMinorTickCount->setValue(curAxis->minorTickCount());      //次刻度个数
}
void MainWindow::on_radioAxisY_clicked()
{//获取当前坐标轴，Y轴
    on_radioAxisX_clicked();
}
```

变量 curAxis 是在 MainWindow 类中定义的私有变量，用于表示当前操作的坐标轴对象。获取坐标轴对象后，再获取坐标轴对象的各种属性值并显示在界面上。

对于坐标轴各种属性的设置调用 QValueAxis 的相应函数即可，各种接口函数如表 12-4 所示。下面是界面上部分组件的槽函数代码，完整代码见示例源程序。

```
////======3.1 坐标轴可见性和范围========
void MainWindow::on_groupBox_Axis_clicked(bool checked)
{//坐标轴可见性
    curAxis->setVisible(checked);
}
void MainWindow::on_btnSetAxisRange_clicked()
{//设置坐标轴的坐标范围
    curAxis->setRange(ui->spinAxisMin->value(),ui->spinAxisMax->value());
}

////========3.2 轴标题========
void MainWindow::on_groupBox_AxisTitle_clicked(bool checked)
{//轴标题的可见性
    curAxis->setTitleVisible(checked);
}
void MainWindow::on_btnAxisSetTitle_clicked()
{//设置坐标轴的标题文字
    curAxis->setTitleText(ui->editAxisTitle->text());
}

////======3.3 轴刻度标签========
void MainWindow::on_groupBox_AxisLabel_clicked(bool checked)
{//轴刻度标签可见性
    curAxis->setLabelsVisible(checked);
}
void MainWindow::on_btnAxisLabelFormat_clicked()
{//设置轴刻度标签的文字格式
    curAxis->setLabelFormat(ui->editAxisLabelFormat->text());//如"%.2f"
}

////======3.4 轴线和主刻度=========
void MainWindow::on_groupBox_Ticks_clicked(bool checked)
{//轴线和主刻度的可见性
    curAxis->setLineVisible(checked);
}
void MainWindow::on_radioTick_Fixed_clicked()
{//"固定刻度"单选按钮
    curAxis->setTickType(QValueAxis::TicksFixed);
}
void MainWindow::on_radioTick_Dynamic_clicked()
```

```
{//“动态刻度”单选按钮
    curAxis->setTickType(QValueAxis::TicksDynamic);
}
void MainWindow::on_radioTick_Fixed_toggled(bool checked)
{//“固定刻度”单选按钮复选状态变化，更新组件的 enabled 属性
    if (checked)
    {
        ui->spinTick_Count->setEnabled(true);
        ui->spinTick_Anchor->setEnabled(false);
        ui->spinTick_Intv->setEnabled(false);
    }
    else
    {
        ui->spinTick_Count->setEnabled(false);
        ui->spinTick_Anchor->setEnabled(true);
        ui->spinTick_Intv->setEnabled(true);
    }
}
void MainWindow::on_spinTick_Count_valueChanged(int arg1)
{//设置主刻度个数，固定刻度模式下有效
    curAxis->setTickCount(arg1);
}
void MainWindow::on_spinTick_Anchor_valueChanged(double arg1)
{//设置动态刻度的起点值
    curAxis->setTickAnchor(arg1);
}
void MainWindow::on_spinTick_Intv_valueChanged(double arg1)
{//设置动态刻度的间隔值
    curAxis->setTickInterval(arg1);
}

////======3.5 主网格线=========
void MainWindow::on_groupBox_GridLine_clicked(bool checked)
{//主网格线可见性
    curAxis->setGridLineVisible(checked);
}
void MainWindow::on_btnGridLinePen_clicked()
{ //主网格线的线条 pen 设置
    QPen  pen= curAxis->gridLinePen();
    bool  ok= false;
    pen= TPenDialog::getPen(pen, &ok);
    if (ok)
        curAxis->setGridLinePen(pen);
}

////======3.6 次网格线========
void MainWindow::on_groupBox_MinorGrid_clicked(bool checked)
{//次网格线可见性
    curAxis->setMinorGridLineVisible(checked);
}
void MainWindow::on_spinMinorTickCount_valueChanged(int arg1)
{//次刻度个数
    curAxis->setMinorTickCount(arg1);
}
```

QValueAxis 坐标轴的数值范围由 min()和 max()两个成员函数的值决定。坐标轴的主刻度有两种类型，用函数 setTickType()进行设置。刻度类型用枚举类型 QValueAxis::TickType 表示，有两种枚举值。

- QValueAxis::TicksFixed：固定刻度。主刻度的个数由tickCount()函数值决定，包括坐标轴两端的刻度，在坐标轴的数值范围内自动平均划分刻度。
- QValueAxis::TicksDynamic：动态刻度。tickAnchor()函数值确定动态刻度的起点值，tickInterval()函数值确定动态刻度的间隔值。tickAnchor()值可以大于min()值，表示从tickAnchor()值处才开始设置动态刻度。

这些代码都比较直接和简单，不过多解释。本章后面的示例中涉及QChart、序列和坐标轴的一些基本设置时一般不再列出代码，参考本节示例代码即可。

12.3 图表交互操作

在绘制图表时，我们有时需要实现一些交互式操作，例如图表缩放、显示鼠标光标处的数据坐标、选择曲线上的数据点、显示或隐藏序列等。我们介绍设计一个示例项目samp12_3，演示QChart绘制曲线的一些交互式操作功能的实现。示例运行时界面如图12-9所示，它具有如下的一些功能。

- 图表中包含一个QLineSeries序列和一个QSplineSeries序列，且显示了数据点。
- 在图表上拖动鼠标时可以放大图表，或拖动曲线移动。使用鼠标滚轮可以放大或缩小图表。
- 鼠标光标在图表上移动时，会在状态栏上实时显示鼠标光标处的数据坐标。
- 鼠标光标移动到一个序列上时，序列颜色会变为红色，并显示曲线上的坐标；鼠标光标移出序列，时序列颜色恢复为黑色。

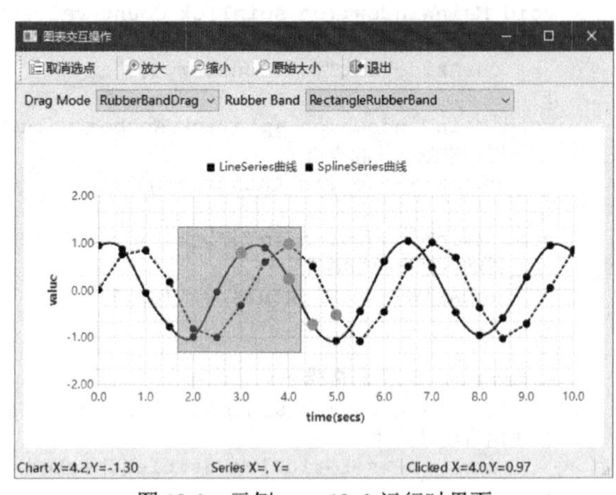

图12-9 示例samp12_3运行时界面

- 点击序列上的数据点，数据点的选中状态就会改变。选中的数据点会用专门的颜色显示，并且数据点标记要大于正常数据点的标记，如图12-9中所示的几个大一些的数据点。
- 图例具有类似于复选框的功能，点击图例某一项就可以显示或隐藏对应的序列。

12.3.1 图表交互操作概述

要实现图表的交互式操作，我们需要设置QChartView组件的一些属性，并对其一些事件进行处理，还需要利用序列的一些接口函数和信号。

1. QChart类的功能函数

QChart的上层父类是QGraphicsItem，其功能类似于图形/视图架构中的图形项的功能。QChart有一些接口函数可实现图表的移动、缩放等操作，还可以实现和QChartView视图进行坐标变换。下面是QChart的几个相关接口函数的定义：

```
QPointF  mapToPosition(const QPointF &value, QAbstractSeries *series = nullptr)
QPointF  mapToValue(const QPointF &position, QAbstractSeries *series = nullptr)
```

```
void  zoom(qreal factor)     //缩放图表，factor 值大于 1 表示放大，factor 值为 0～1 表示缩小
void  zoomIn()               //放大 2 倍
void  zoomIn(const QRectF &rect)     //放大到最大，使得 rect 表示的矩形范围依然能被显示
void  zoomOut()                      //缩小到原来的一半
void  zoomReset()                    //恢复原始大小
void  scroll(qreal dx, qreal dy)     //移动图表的可视区域，参数单位是像素
```

函数 mapToValue()用于将屏幕坐标 position 变换为序列的数据点坐标。屏幕坐标是以像素为单位的物理坐标，序列的数据点坐标是根据其关联的 *x* 轴和 *y* 轴范围确定的笛卡儿平面坐标。

为了使用函数 mapToValue()进行坐标变换，我们需要重新实现 QChartView 组件的事件处理函数 mouseMoveEvent()，实时获取屏幕坐标，再通过 QChart::mapToValue()函数将其变换为序列数据点坐标。

2. QChartView 的自动放大功能

QChartView 有一个函数 setRubberBand()可以设置在视图上用鼠标框选时的放大模式：

```
void  QChartView::setRubberBand(const QChartView::RubberBands &rubberBand)
```

参数 rubberBand 是 QFlags<QChartView::RubberBand>类型，且是以引用方式传递的参数。枚举类型 QChartView::RubberBand 有以下几种枚举值。

- QChartView::NoRubberBand：无任何动作，不自动放大。
- QChartView::VerticalRubberBand：拖动鼠标时，自动绘制一个矩形框，宽度等于整个图的宽度，高度等于鼠标拖动的范围的高度。释放鼠标后，放大显示此矩形框内的内容。
- QChartView::HorizontalRubberBand：拖动鼠标时，自动绘制一个矩形框，高度等于整个图的高度，宽度等于鼠标拖动的范围的宽度。释放鼠标后，放大显示此矩形框内的内容。
- QChartView::RectangleRubberBand：拖动鼠标时，自动绘制一个矩形框，宽度和高度分别等于鼠标拖动的范围的宽度和高度。释放鼠标后，显示效果与 VerticalRubberBand 模式的基本相同，只是垂直方向放大，没有放大显示框选的矩形框的内容。这应该是 Qt 6.2 的一个 bug。
- QChartView::ClickThroughRubberBand：这是一个额外的选项，需要与其他选项进行或运算，再作为函数 setRubberBand()的参数。使用这个选项后，鼠标的 clicked()信号才会被传递给图表中的序列对象，否则，在自动框选放大模式下，序列接收不到 clicked()信号。

在 QChartView 的父类 QGraphicsView 中有一个函数 setDragMode()，用于设置鼠标拖动模式，它的函数原型定义如下：

```
void  QGraphicsView::setDragMode(QGraphicsView::DragMode mode)
```

参数 mode 是枚举类型 QGraphicsView::DragMode，其各种枚举值的作用如下。

- QGraphicsView::NoDrag：无动作。
- QGraphicsView::ScrollHandDrag：鼠标光标变成手形，拖动鼠标时会拖动图中的曲线。
- QGraphicsView::RubberBandDrag：鼠标光标变成十字形，拖动鼠标时会自动绘制一个矩形框。

函数 setDragMode()设置的值不会影响 QChartView 的自动放大功能，即不管 setDragMode()设置的是什么鼠标拖动模式，只要函数 setRubberBand()设置的是某种自动放大模式，在拖动鼠标时图表就会放大。

3. QXYSeries 类的信号

对序列的操作主要是通过序列的一些接口函数和信号实现的。QLineSeries 类的主要接口函数如表 12-3 所示。QLineSeries 的父类 QXYSeries 中定义了很多信号，其中对于交互式操作比较有用的是如下几个信号。

```
void  clicked(const QPointF &point)                       //点击了曲线
void  doubleClicked(const QPointF &point)                 //双击了曲线
void  hovered(const QPointF &point, bool state)           //鼠标光标移入或移出了曲线
void  pressed(const QPointF &point)                       //鼠标光标在曲线上，按下了某个鼠标键
void  released(const QPointF &point)                      //鼠标光标在曲线上，释放了某个鼠标键
```

这些信号都有一个 QPointF 类型的参数 point，它表示信号被发射时曲线上的数据点坐标。这个数据点不一定是构成曲线的原始数据点，而可以是曲线上的任意点。

信号 hovered()在鼠标光标移入曲线上或从曲线上移出时被发射。参数 state 为 true 表示鼠标光标移入，为 false 表示鼠标光标移出。

12.3.2 自定义图表视图类 TChartView

1. TChartView 类定义

QChart 和 QChartView 是基于图形/视图架构的绘图类，要对一个 QChart 图表进行鼠标操作和按键操作，需要在 QChartView 组件里对鼠标事件和按键事件进行处理，这就需要自定义一个从 QChartView 继承的类。这与示例 samp10_4 中从 QGraphicsView 继承一个自定义图形视图类 TGraphicsView 来实现鼠标操作和按键操作的原理类似。

创建本节的示例项目 samp12_3 时，我们选择窗口基类为 QMainWindow。创建项目后先使用向导创建一个自定义图表视图类 TChartView，设置基类为 QChartView。TChartView 类的定义如下：

```
class TChartView : public QChartView
{
    Q_OBJECT
private:
    QPoint  beginPoint;              //选择矩形区域的起点
    QPoint  endPoint;                //选择矩形区域的终点
    bool    m_customZoom= false;     //是否使用自定义矩形放大模式
protected:
    void mousePressEvent(QMouseEvent *event);      //鼠标左键被按下
    void mouseReleaseEvent(QMouseEvent *event);    //鼠标左键被释放
    void mouseMoveEvent(QMouseEvent *event);       //鼠标移动
    void keyPressEvent(QKeyEvent *event);          //按键事件
    void wheelEvent(QWheelEvent *event);           //鼠标滚轮事件，缩放
public:
    TChartView(QWidget *parent = nullptr);
    ~TChartView();
    void  setCustomZoomRect(bool custom);          //设置是否使用自定义矩形放大模式
signals:
    void mouseMovePoint(QPoint point);             //鼠标移动信号
};
```

TChartView 类中定义了两个私有变量 beginPoint 和 endPoint，用于在鼠标框选矩形区域时分别记录起点和终点。TChartView 重定义了几个关于鼠标和按键的事件处理函数，还定义了一个信号 mouseMovePoint()，事件处理函数 mouseMoveEvent()里会发射此信号并传递鼠标光标处的屏幕坐标数据。

下面是 TChartView 类构造函数和公有函数 setCustomZoomRect()的代码：

```
TChartView::TChartView(QWidget *parent):QChartView(parent)
{
    this->setMouseTracking(true);   //必须设置为 true，这样才会实时产生 mouseMoveEvent 事件
    this->setDragMode(QGraphicsView::NoDrag);           //设置拖动模式
```

```
    this->setRubberBand(QChartView::NoRubberBand);      //设置自动放大模式
}
void TChartView::setCustomZoomRect(bool custom)
{
    m_customZoom= custom;
}
```

为了在鼠标移动时产生 mouseMoveEvent 事件，需要将 mouseTracking 属性设置为 true。

2. 对鼠标框选的处理

拖动鼠标框选范围时，会触发 mousePressEvent()和 mouseReleaseEvent()事件处理函数，这两个函数的代码如下：

```
void TChartView::mousePressEvent(QMouseEvent *event)
{//鼠标左键被按下，记录 beginPoint
    if (event->button() == Qt::LeftButton)
        beginPoint= event->pos();
    QChartView::mousePressEvent(event);         //父类继续处理事件，必须如此调用
}

void TChartView::mouseReleaseEvent(QMouseEvent *event)
{
    if (event->button() == Qt::LeftButton)
    {
        endPoint= event->pos();
        if ((this->dragMode() == QGraphicsView::ScrollHandDrag)
            &&(this->rubberBand() == QChartView::NoRubberBand))      //移动
           chart()->scroll(beginPoint.x()-endPoint.x(), endPoint.y() - beginPoint.y());
        else if (m_customZoom && this->dragMode() == QGraphicsView::RubberBandDrag)
        {//放大
            QRectF  rectF;
            rectF.setTopLeft(beginPoint);
            rectF.setBottomRight(endPoint);
            this->chart()->zoomIn(rectF);       //按矩形区域放大
        }
    }
    QChartView::mouseReleaseEvent(event);       //父类继续处理事件，必须如此调用
}
```

mousePressEvent()是鼠标左键或右键被按下时触发的事件处理函数，如果是鼠标左键被按下，就用变量 beginPoint 记录鼠标在视图组件中的位置坐标。

mouseReleaseEvent()是鼠标左键或右键被释放时的事件处理函数，如果是鼠标左键被释放，就用变量 endPoint 记录鼠标位置坐标。此函数会进行如下两种处理。

- 如果 dragMode()函数值是 QGraphicsView::ScrollHandDrag，且 rubberBand()函数值是 QChartView::NoRubberBand，即图表没有处于自动放大的模式，就根据 beginPoint 和 endPoint 的值用函数 QChart::scroll()对图表进行移动操作。
- 如果 dragMode()函数值是 QGraphicsView::RubberBandDrag，即框选矩形区域，且 m_customZoom 为 true，就用 QChart::zoomIn()函数对 beginPoint 和 endPoint 确定的矩形区域进行放大显示。

3. 其他事件的处理

鼠标移动事件、按键事件、鼠标滚轮事件处理的函数代码如下：

```
void TChartView::mouseMoveEvent(QMouseEvent *event)
{//鼠标移动事件
    QPoint point= event->pos();
    emit mouseMovePoint(point);              //发射信号
    QChartView::mouseMoveEvent(event);       //父类继续处理事件
}

void TChartView::keyPressEvent(QKeyEvent *event)
{//按键控制
    switch (event->key())
    {
    case Qt::Key_Left:
        chart()->scroll(10, 0);      break;
    case Qt::Key_Right:
        chart()->scroll(-10, 0);     break;
    case Qt::Key_Up:
        chart()->scroll(0, -10);     break;
    case Qt::Key_Down:
        chart()->scroll(0, 10);      break;
    case Qt::Key_PageUp:
        chart()->scroll(0, -50);     break;
    case Qt::Key_PageDown:
        chart()->scroll(0, 50);      break;
    case Qt::Key_Escape:
        chart()->zoomReset();        break;
    default:
        QGraphicsView::keyPressEvent(event);
    }
}

void TChartView::wheelEvent(QWheelEvent *event)
{//鼠标滚轮事件处理，缩放
    QPoint numDegrees = event->angleDelta()/8;
    if (!numDegrees.isNull())
    {
        QPoint numSteps = numDegrees/15;      //步数
        int stepY=numSteps.y();               //垂直方向上滚轮的滚动步数
        if (stepY >0)                         //大于 0，前向滚动，放大
            chart()->zoom(1.1*stepY);
        else
            chart()->zoom(-0.9*stepY);
    }
    event->accept();
}
```

mouseMoveEvent()是鼠标在图表上移动时的事件处理函数，通过 event->pos()获取鼠标在视图组件中的坐标 point，然后发射信号 mouseMovePoint(point)。

keyPressEvent()是键盘按键被按下时的事件处理函数，通过 event->key()可以获取被按下按键的名称，判断按键然后调用 QChart::scroll()对图表进行移动操作，或调用 QChart::zoomReset()恢复图表原始大小。

wheelEvent()是鼠标滚轮的事件处理函数。event->angleDelta()是滚轮的相对滚动量，除以 8

表示角度，再除以15表示步数。步数为正值表示前向滚动，使图表放大，否则使图表缩小。

12.3.3 主窗口设计和初始化

采用可视化方法设计主窗口界面，在工作区放置一个QGraphicsView组件，然后将其提升为TChartView类，将其对象名称设置为chartView。主窗口类MainWindow的定义如下：

```
class MainWindow : public QMainWindow
{
    Q_OBJECT
private:
    QChart  *chart;                                         //图表对象
    QLabel  *lab_chartXY;                                   //状态栏上的标签
    QLabel  *lab_hoverXY;
    QLabel  *lab_clickXY;
    void  createChart();                                    //创建图表
    void  prepareData();                                    //准备数据
    int   getIndexFromX(QXYSeries *series, qreal xValue, qreal tol=0.05);
          //返回数据点的序号
public:
    MainWindow(QWidget *parent = nullptr);
private slots:
    void do_legendMarkerClicked();                          //图例被点击
    void do_mouseMovePoint(QPoint point);                   //鼠标移动
    void do_series_clicked(const QPointF &point);           //序列被点击
    void do_series_hovered(const QPointF &point, bool state);   //移入或移出序列
private:
    Ui::MainWindow *ui;
};
```

MainWindow类中有几个自定义槽函数，用于与一些信号关联并进行处理。函数getIndexFromX()用于在一个序列中根据参数xValue的值确定数据点的序号，在用鼠标选择数据点时会用到这个函数。

MainWindow类的构造函数代码如下：

```
MainWindow::MainWindow(QWidget *parent) : QMainWindow(parent), ui(new Ui::MainWindow)
{
    ui->setupUi(this);
    this->setCentralWidget(ui->chartView);
    lab_chartXY = new QLabel("Chart X=,  Y=  ");        //用于添加到状态栏的QLabel组件
    lab_chartXY->setMinimumWidth(200);
    ui->statusBar->addWidget(lab_chartXY);
    lab_hoverXY = new QLabel("Hovered X=,  Y=  ");
    lab_hoverXY->setMinimumWidth(200);
    ui->statusBar->addWidget(lab_hoverXY);
    lab_clickXY = new QLabel("Clicked X=,  Y=  ");
    lab_clickXY->setMinimumWidth(200);
    ui->statusBar->addWidget(lab_clickXY);
    createChart();                                      //创建图表
    prepareData();                                      //生成数据
    connect(ui->chartView,SIGNAL(mouseMovePoint(QPoint)),
            this, SLOT(do_mouseMovePoint(QPoint)));     //鼠标移动事件
}
```

构造函数里创建了图表，还将chartView的mouseMovePoint()信号与槽函数do_mouseMovePoint()关联。创建图表的代码如下：

```
void MainWindow::createChart()
{ //创建图表
    chart = new QChart();
    ui->chartView->setChart(chart);
    ui->chartView->setRenderHint(QPainter::Antialiasing);
    ui->chartView->setCursor(Qt::CrossCursor);      //设置鼠标光标为十字形

    QLineSeries *series0 = new QLineSeries();
    series0->setName("LineSeries 曲线");
    series0->setPointsVisible(true);                //显示数据点
    series0->setMarkerSize(5);                      //数据点大小
    series0->setSelectedColor(Qt::blue);            //选中点的颜色
    connect(series0,&QLineSeries::clicked, this, &MainWindow::do_series_clicked);
    connect(series0,&QLineSeries::hovered, this, &MainWindow::do_series_hovered);

    QSplineSeries *series1 = new QSplineSeries();
    series1->setName("SplineSeries 曲线");
    series1->setPointsVisible(true);
    series1->setMarkerSize(5);
    series1->setSelectedColor(Qt::blue);            //选中点的颜色
    connect(series1,&QSplineSeries::clicked, this, &MainWindow::do_series_clicked);
    connect(series1,&QSplineSeries::hovered, this, &MainWindow::do_series_hovered);

    QPen pen(Qt::black);
    pen.setStyle(Qt::DotLine);                      //虚线
    pen.setWidth(2);
    series0->setPen(pen);
    pen.setStyle(Qt::SolidLine);                    //实线
    series1->setPen(pen);
    chart->addSeries(series0);
    chart->addSeries(series1);

    QValueAxis *axisX = new QValueAxis;
    axisX->setRange(0, 10);
    axisX->setLabelFormat("%.1f");                  //标签格式
    axisX->setTickCount(11);                        //主刻度个数
    axisX->setMinorTickCount(2);
    axisX->setTitleText("time(secs)");

    QValueAxis *axisY = new QValueAxis;
    axisY->setRange(-2, 2);
    axisY->setLabelFormat("%.2f");                  //标签格式
    axisY->setTickCount(5);
    axisY->setMinorTickCount(2);
    axisY->setTitleText("value");

    chart->addAxis(axisX,Qt::AlignBottom);          //坐标轴添加到图表中，并指定方向
    chart->addAxis(axisY,Qt::AlignLeft);
    series0->attachAxis(axisX);                     //序列 series0 附加坐标轴
    series0->attachAxis(axisY);
    series1->attachAxis(axisX);                     //序列 series1 附加坐标轴
    series1->attachAxis(axisY);
    foreach (QLegendMarker* marker, chart->legend()->markers())
       connect(marker, SIGNAL(clicked()), this, SLOT(do_legendMarkerClicked()));
}

void MainWindow::prepareData()
```

```
{//为序列生成数据
    QLineSeries *series0= (QLineSeries *)chart->series().at(0);
    QSplineSeries *series1= (QSplineSeries *)chart->series().at(1);
    qreal  t=0, y1,y2, intv=0.5;
    int cnt= 21;
    for(int i=0; i<cnt; i++)
    {
        int rd= QRandomGenerator::global()->bounded(-5,6);     //随机整数，[-5,5]
        y1= qSin(2*t)+rd/50;
        series0->append(t,y1);
        rd= QRandomGenerator::global()->bounded(-5,6);         //随机整数，[-5,5]
        y2= qSin(2*t+20)+rd/50;
        series1->append(t,y2);
        t += intv;
    }
}
```

程序里创建了两个序列，一个是 QLineSeries 类型的曲线，另一个是 QSplineSeries 类型的平滑曲线。QSplineSeries 的父类是 QLineSeries，其接口函数与 QLineSeries 的完全相同，只是绘制曲线的方式不同。QLineSeries 将相邻数据点用直线连接，而 QSplineSeries 根据数据点做了插值，使曲线变得平滑。程序中为两个序列生成的数据点比较少，这样更能看出 QLineSeries 和 QSplineSeries 绘制曲线的区别。

函数 createChart()中将创建的两个序列的 clicked()信号和 hovered()信号与自定义槽函数关联，还将图例标记的 clicked()信号与自定义槽函数 do_legendMarkerClicked()关联。

12.3.4 交互操作功能的实现

1. 鼠标移动时显示光标处的坐标

自定义槽函数 do_mouseMovePoint()与界面组件 chartView 的 mouseMovePoint()信号关联，该函数代码如下：

```
void MainWindow::do_mouseMovePoint(QPoint point)
{
    QPointF pt= chart->mapToValue(point);      //变换为图表的坐标
    QString str= QString::asprintf("Chart X=%.1f,Y=%.2f",pt.x(),pt.y());
    lab_chartXY->setText(str);                 //状态栏上显示
}
```

参数 point 是 chartView 的坐标，可以用 QChart::mapToValue()函数将视图的坐标变换为图表的坐标。变换后得到的坐标 pt 是图表的数值坐标，即两个坐标轴定义下的绘图区的坐标。

2. QLegendMarker 的使用

图表创建序列后会自动创建图例。QLegend 有一个函数 markers()，返回值是列表类型，存储了每个序列的 QLegendMarker 对象。函数 markers()的原型定义如下：

```
QList<QLegendMarker *>  QLegend::markers(QAbstractSeries *series = nullptr)
```

如果不指定序列，则返回图表所有序列的 QLegendMarker 对象列表。

QLegendMarker 是直接继承自 QObject 的类，用于在图例中对关联的序列进行操作。QLegendMarker 的显示分为两部分，一部分为反映序列颜色的颜色框，另一部分为反映序列名称的标签。QLegendMarker 类的主要函数如表 12-5 所示，表中省略了函数参数中的 const 关键字。

表 12-5 QLegendMarker 类的主要函数

函数原型	功能
void setVisible(bool visible)	设置图例标记的可见性
void setLabel(QString &label)	设置标签，即图例中的序列的名称
void setFont(QFont &font)	设置标签的字体
QAbstractSeries * series()	返回关联的序列
QLegendMarker::LegendMarkerType type()	返回图例标记的类型

函数 type()返回图例标记的类型，其返回值是枚举类型 QLegendMarker::LegendMarkerType，此枚举类型的取值与序列类的对应关系如表 12-6 所示，表中表示枚举类型取值时省略了前缀 QLegendMarker。

表 12-6 枚举类型 LegendMarkerType 的取值与序列类的对应关系

LegendMarkerType 枚举类型取值	对应的序列类
LegendMarkerTypeArea	QAreaSeries
LegendMarkerTypeBar	QBarSeries 和 QHorizontalBarSeries QStackedBarSeries 和 QHorizontalStackedBarSeries QPercentBarSeries 和 QHorizontalPercentBarSeries
LegendMarkerTypePie	QPieSeries
LegendMarkerTypeXY	QLineSeries、QSplineSeries、QScatterSeries
LegendMarkerTypeBoxPlot	QBoxPlotSeries
LegendMarkerTypeCandlestick	QCandlestickSeries

QLegendMarker 有一个 clicked()信号，函数 createChart()的最后部分有如下代码：

```
foreach (QLegendMarker* marker, chart->legend()->markers())
    connect(marker, SIGNAL(clicked()), this, SLOT(do_legendMarkerClicked()));
```

上述代码通过图例的函数 markers()获取其 QLegendMarker 对象列表，然后为每个 marker 的 clicked()信号关联自定义槽函数 do_legendMarkerClicked()。下面是这个自定义槽函数的代码：

```
void MainWindow::do_legendMarkerClicked()
{
    QLegendMarker* marker= qobject_cast<QLegendMarker*> (sender());
    marker->series()->setVisible(!marker->series()->isVisible()); //序列的可见性
    marker->setVisible(true);                                    //图例标记总是可见的
    qreal alpha= 1.0;
    if (!marker->series()->isVisible())
        alpha= 0.5;                                              //设置为半透明表示序列不可见

    QBrush brush= marker->labelBrush();
    QColor color= brush.color();
    color.setAlphaF(alpha);
    brush.setColor(color);
    marker->setLabelBrush(brush);                                //设置文字的 brush

    brush= marker->brush();
    color= brush.color();
    color.setAlphaF(alpha);
    brush.setColor(color);
    marker->setBrush(brush);                                     //设置图例标记的 brush
}
```

程序通过 QObject::sender()函数获得信号发射者 marker，也就是图例上被点击的 QLegendMarker 对象。程序的功能是将 marker 关联的序列显示或隐藏，但是 marker 总是被设置为可见。这样，图例上的 QLegendMarker 对象就可以被当作一个复选框使用，以控制序列的可见或隐藏。

3. 序列的 hovered()和 clicked()信号的处理

两个序列的 hovered()信号关联同一个槽函数 do_series_hovered()，这个函数的代码如下：

```
void MainWindow::do_series_hovered(const QPointF &point, bool state)
{
    QString str= "Series X=, Y=";
    if (state)
        str= QString::asprintf("Hovered X=%.1f,Y=%.2f",point.x(),point.y());
    lab_hoverXY->setText(str);                          //状态栏显示
    QLineSeries *series= qobject_cast<QLineSeries*> (sender());  //获取信号发射者
    QPen pen= series->pen();
    if (state)
        pen.setColor(Qt::red);                          //鼠标光标移入序列，序列变成红色
    else
        pen.setColor(Qt::black);                        //鼠标光标移出序列，序列恢复为黑色
    series->setPen(pen);
}
```

鼠标光标移入序列或从序列移出时会触发这个槽函数。参数 state 表示鼠标光标移入或移出，移入时使序列变成红色，移出时使序列恢复为黑色。

两个序列的 clicked()信号关联同一个槽函数 do_series_clicked()，这个槽函数和相关函数代码如下：

```
void MainWindow::do_series_clicked(const QPointF &point)
{
    QString str= QString::asprintf("Clicked X=%.1f,Y=%.2f",point.x(),point.y());
    lab_clickXY->setText(str);                                    //状态栏显示
    QLineSeries *series= qobject_cast<QLineSeries*> (sender()); //获取信号发射者
    int index= getIndexFromX(series, point.x());           //获取数据点序号
    if (index<0)
        return;
    bool isSelected= series->isPointSelected(index);       //数据点是否被选中
    series->setPointSelected(index,!isSelected);           //设置状态，选中或取消选中
}

int MainWindow::getIndexFromX(QXYSeries *series, qreal xValue, qreal tol)
{
    QList<QPointF> points= series->points();               //返回数据点的列表
    int index= -1;
    for (int i=0; i<points.count(); i++)
    {
        qreal dx= xValue - points.at(i).x();
        if (qAbs(dx) <= tol)
        {
            index= i;
            break;
        }
    }
    return index;     //-1 表示没有找到
}
```

函数 getIndexFromX()用于根据数据点的 x 坐标值获取数据点的序号。QXYSeries 的很多函数都需要数据点序号作为参数，例如判断数据点是否被选中的函数 isPointSelected()、设置数据点选

中状态的函数 setPointSelected()等。

在序列上点击一个数据点后，可以将数据点设置为选中状态。处于选中状态的数据点会以专门的颜色显示，颜色由 QXYSeries::setSelectedColor()函数设置。Qt 6.2 中新增了很多对序列的数据点进行选择操作的函数（见表 12-3），可便于直接在曲线上选择数据点，然后进行一些操作。

窗口工具栏上的“取消选点”按钮可以取消选中两个序列上所有选中的数据点，其代码如下：

```
void MainWindow::on_actDeselectAll_triggered()
{//取消选点
    QXYSeries *series0= qobject_cast<QXYSeries*> (chart->series().at(0));
    QXYSeries *series1= qobject_cast<QXYSeries*> (chart->series().at(1));
    series0->deselectAllPoints();                              //取消选择所有数据点
    series1->deselectAllPoints();
}
```

4. 图表的缩放和移动

TChartView 类里对鼠标事件和按键事件进行了处理，通过鼠标操作和按键操作就可以进行图表的缩放和移动，操作方式还与 QChartView 的 dragMode()和 rubberBand()函数的值有关。窗口上方有两个下拉列表框用于设置拖动模式和框选模式，其代码如下：

```
void MainWindow::on_comboDragMode_currentIndexChanged(int index)
{// 设置拖动模式，dragMode，有 3 种模式：NoDrag、ScrollHandDrag、RubberBandDrag
    ui->chartView->setDragMode(QGraphicsView::DragMode(index));
}

void MainWindow::on_comboRubberBand_currentIndexChanged(int index)
{//设置框选模式， rubberBand
    ui->chartView->setCustomZoomRect(index == 4);      //是否自定义模式
//必须有 ClickThroughRubberBand，才能将 clicked()信号传递给序列
    QFlags<QChartView::RubberBand> flags= QChartView::ClickThroughRubberBand;
    switch(index)
    {
    case 0:
        ui->chartView->setRubberBand(QChartView::NoRubberBand);
        return;
    case 1:
        flags |= QChartView::VerticalRubberBand;       //垂直方向选择
        break;
    case 2:
        flags |= QChartView::HorizontalRubberBand;     //水平方向选择
        break;
    case 3:
    case 4:
        flags |= QChartView::RectangleRubberBand;      //矩形框选
    }
    ui->chartView->setRubberBand(flags);
}
```

在 Rubber Band 下拉列表框中，我们增加了一个项 RectangleRubberBand_Custom。选择这一项时，程序会将 TChartView 的内部变量 m_customZoom 设置为 true，那么在矩形框选模式下，就会放大所框选的矩形区域。如果选择的是 RectangleRubberBand，就由 Qt 自动处理，效果与 VerticalRubberBand 模式的处理效果相同。

主窗口工具栏上还有 3 个用于缩放的按钮，它们对应的代码会调用 QChart 的 zoom()或 zoomReset()函数，就不展示其代码了。

12.4 饼图和各种柱状图

饼图和柱状图是常用的数据分析和统计图表，Qt Charts 模块提供了绘制这些图表的序列类。

- QBarSeries 和 QHorizontalBarSeries：用于绘制柱状图和水平柱状图。
- QStackedBarSeries 和 QHorizontalStackedBarSeries：用于绘制堆叠柱状图和水平堆叠柱状图。
- QPercentBarSeries 和 QHorizontalPercentBarSeries：用于绘制百分比柱状图和水平百分比柱状图。
- QPieSeries：用于绘制饼图。

本节通过示例 samp12_4 介绍这些图表的绘制方法，图 12-10 所示的是示例 samp12_4 运行时界面。左上方展示了随机生成的若干学生的数学、语文、英语分数，平均分是自动计算得到的；左下方展示了按分数段统计的人数；右侧是各种图表的页面。

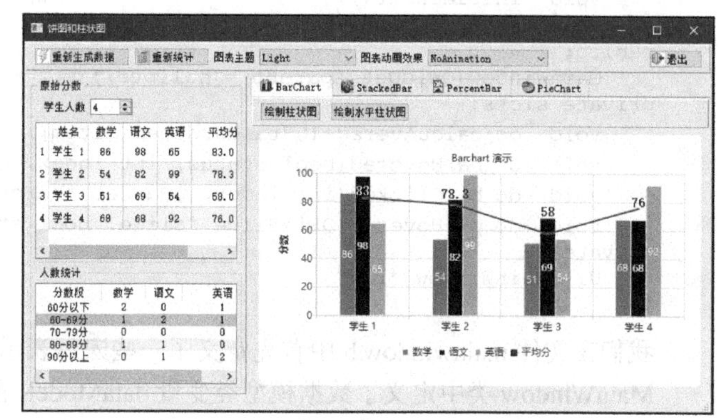

图 12-10 示例 samp12_4 运行时界面

窗口左上方“原始分数”分组框里有一个 QTableView 组件，我们使用模型/视图结构实现数据显示和编辑功能。修改学生人数后点击工具栏上的“重新生成数据”按钮，程序会重新随机生成学生分数并进行统计，在分数表格里修改某个分数后，程序会自动计算学生的平均分。窗口左下方是一个 QTreeWidget 组件，固定为 5 行，用于显示各分数段统计结果。

窗口右边是一个 QTabWidget 组件，共有 4 个页面，分别显示柱状图、堆叠柱状图、百分比柱状图和饼图。将示例 samp12_3 中的文件 tchartview.h 和 tchartview.cpp 复制到本项目中，在 UI 可视化设计时，我们在 QTabWidget 组件的每个页面放置一个 QGraphicsView 组件，然后将其提升为 TChartView 类。

12.4.1 主窗口设计和数据准备

1. 窗口类定义和初始化

图 12-10 所示界面左上方的数据表格是一个 QTableView 组件，用于构成模型/视图结构。我们在窗口类 MainWindow 里定义了数据模型，并在窗口的构造函数里初始化数据。下面是 MainWindow 类的定义。

```
#define     COL_NAME        0                     //姓名列的编号
#define     COL_MATH        1                     //数学列的编号
#define     COL_CHINESE     2                     //语文列的编号
#define     COL_ENGLISH     3                     //英语列的编号
#define     COL_AVERAGE     4                     //平均分列的编号
class MainWindow : public QMainWindow
{
    Q_OBJECT
private:
    int   studCount= 10;                        //学生人数
    QStandardItemModel  *dataModel;             //数据模型
```

```
    void  generateData();                          //初始化数据
    void  countData();                             //统计数据
    void  removeAllAxis(QChart *chart);            //删除某个 chart 的所有坐标轴

    void  iniBarChart();                          //柱状图初始化
    void  drawBarChart(bool isVertical=true);
    void  iniStackedBar();                        //堆叠柱状图初始化
    void  drawStackedBar(bool isVertical=true);
    void  iniPercentBar();                        //百分比柱状图初始化
    void  drawPercentBar(bool isVertical=true);
    void  iniPieChart();                          //饼图初始化
    void  drawPieChart();
public:
    MainWindow(QWidget *parent = nullptr);
private slots:
    void  do_calcuAverage(QStandardItem *item);  //3 个分数列的数据发生变化，重新计算平均分
    void  do_barHovered(bool status, int index, QBarSet *barset);
    void  do_barClicked(int index, QBarSet *barset);
    void  do_pieHovered(QPieSlice *slice, bool state);
private:
    Ui::MainWindow *ui;
};
```

我们在文件 mainwindow.h 中首先定义了一些宏，表示数据模型中 5 个列的编号。

MainWindow 类中定义了数据模型类变量 dataModel，函数 generateData()用于随机生成初始化数据，函数 countData()用于按分数段进行人数统计。

每个图表有两个相关函数，一个用于初始化，如 iniBarChart()用于初始化柱状图；另一个用于根据数据构建图表，如 drawBarChart()用于绘制柱状图或水平柱状图。

数据模型中每名学生的平均分是根据 3 门课的分数自动计算的，而且在图 12-10 所示界面的原始分数表中修改一个分数后，程序能自动计算平均分。这是利用了 QStandardItemModel 的 itemChanged()信号，在某个数据项被修改后此信号被发射。我们定义了一个槽函数 do_calcuAverage()与此信号关联，实现平均分的自动计算。其他几个自定义槽函数与图表序列的操作有关，介绍具体图表时再介绍。

下面是 MainWindow 类的构造函数代码：

```
MainWindow::MainWindow(QWidget *parent) : QMainWindow(parent), ui(new Ui::MainWindow)
{
    ui->setupUi(this);
    ui->tableView->setAlternatingRowColors(true);
    ui->treeWidget->setAlternatingRowColors(true);
    studCount= ui->spinCount->value();                  //学生人数
    dataModel= new QStandardItemModel(this);            //数据模型
    generateData();                                     //初始化数据
    countData();                                        //数据统计
    //数据模型的 itemChanged()信号与自定义的槽函数关联，用于在修改数据后自动计算平均分
    connect(dataModel,SIGNAL(itemChanged(QStandardItem *)),
            this,SLOT(do_calcuAverage(QStandardItem *)));
    ui->tableView->setModel(dataModel);                 //设置数据模型
    iniBarChart();                                      //柱状图初始化
    iniStackedBar();                                    //堆叠柱状图初始化
    iniPercentBar();                                    //百分比柱状图初始化
    iniPieChart();                                      //饼图初始化
}
```

构造函数中创建了数据模型 dataModel，然后初始化和统计数据，再将数据模型的itemChanged()信号与自定义槽函数 do_calcuAverage()关联起来，最后对 4 个图表进行初始化。

2. 数据准备

函数 generateData()用于生成学生的分数并将其存入数据模型，其实现代码如下：

```
void MainWindow::generateData()
{ //数据初始化
    QStringList  headerList;
    headerList<<"姓名"<<"数学"<<"语文"<<"英语"<<"平均分";
    dataModel->setHorizontalHeaderLabels(headerList);     //设置表头文字
    QList<QStandardItem*>    itemList;                     //一行的 item 列表
    QStandardItem   *item;

    for (int i=0; i<studCount; i++)
    {
        itemList.clear();
        QString studName= QString::asprintf("学生%2d",i+1);
        item= new QStandardItem(studName);                  //创建 item
        item->setTextAlignment(Qt::AlignHCenter | Qt::AlignVCenter);
        itemList<<item;                                     //添加到列表
        qreal avgScore= 0;
        for (int j=COL_MATH; j<=COL_ENGLISH; j++)           //数学，语文，英语
        { //不包含最后一列
            qreal score= 50.0+QRandomGenerator::global()->bounded(0,50);  //随机数[0,50)
            avgScore += score;
            item= new QStandardItem(QString::asprintf("%.0f",score));  //创建 item
            item->setTextAlignment(Qt::AlignHCenter | Qt::AlignVCenter);
            itemList<<item;                                            //添加到列表
        }
        item= new QStandardItem(QString::asprintf("%.1f",avgScore/3)); //创建平均分 item
        item->setTextAlignment(Qt::AlignHCenter | Qt::AlignVCenter);
        item->setFlags(item->flags() & (~Qt::ItemIsEditable));       //平均分不允许编辑
        itemList<<item;                                               //添加到列表
        dataModel->appendRow(itemList);                               //添加一行
    }
}
```

程序为数据模型 dataModel 设置了表头文字，用 QRandomGenerator 类随机生成了数学、语文、英语分数，然后计算平均分。其中，平均分一列是不允许编辑的。

函数 countData()用于对数据模型里的原始分数按照分数段进行统计，然后将数据显示在 QTreeWidget 组件里。数据统计是简单的数学计算，对于 QTreeWidget 的操作在 4.12 节有详细介绍，所以函数 countData()的代码不具体展示了，可查看本示例源程序。

自定义槽函数 do_calcuAverage()与数据模型的 itemChanged()信号关联，用户在界面上修改某个分数后会触发运行这个槽函数，这个函数的功能是重新计算一行的平均分，下面是该函数的代码。

```
void MainWindow::do_calcuAverage(QStandardItem *item)
{//自动计算平均分
    if ((item->column()<COL_MATH) || (item->column()>COL_ENGLISH))
        return;                    //如果被修改的 item 不是数学、语文、英语数据就退出
    int rowNo= item->row();
    qreal  avg= 0;
    QStandardItem  *aItem;
```

```
    for (int i=COL_MATH; i<=COL_ENGLISH; i++)
    {
        aItem= dataModel->item(rowNo,i);
        avg += aItem->text().toDouble();
    }
    avg= avg/3;                                          //计算平均分
    aItem= dataModel->item(rowNo,COL_AVERAGE);           //获取平均分数据的 item
    aItem->setText(QString::asprintf("%.1f",avg));       //更新平均分数据
}
```

函数的输入参数 item 是被修改的数据项，通过 item->row()获取当前数据的行号，然后提取 3 个原始分数计算平均分，再更新数据模型中的平均分数据项。这样，用户在界面上修改某个分数后，程序就会自动计算相应学生的平均分。

3. 图表初始化

MainWindow 类的构造函数调用了 4 个函数对 4 个图表分别进行初始化，这 4 个函数的代码如下：

```
void MainWindow::iniBarChart()
{//柱状图初始化
    QChart *chart = new QChart();               //创建 chart
    chart->setTitle("Barchart 演示");
    chart->setAnimationOptions(QChart::SeriesAnimations);
    ui->chartViewBar->setChart(chart);          //为 ChartView 设置 chart
    ui->chartViewBar->setRenderHint(QPainter::Antialiasing);
}

void MainWindow::iniStackedBar()
{//堆叠柱状图初始化
    QChart *chart = new QChart();
    chart->setTitle("StackedBar 演示");
    chart->setAnimationOptions(QChart::SeriesAnimations);
    ui->chartViewStackedBar->setChart(chart);
    ui->chartViewStackedBar->setRenderHint(QPainter::Antialiasing);
}

void MainWindow::iniPercentBar()
{//百分比柱状图初始化
    QChart *chart = new QChart();
    chart->setTitle("PercentBar 演示");
    chart->setAnimationOptions(QChart::SeriesAnimations);
    ui->chartViewPercentBar->setChart(chart);
    ui->chartViewPercentBar->setRenderHint(QPainter::Antialiasing);
}

void MainWindow::iniPieChart()
{//饼图初始化
    QChart *chart = new QChart();
    chart->setTitle("Piechart 演示");
    chart->setAnimationOptions(QChart::SeriesAnimations);
    ui->chartViewPie->setChart(chart);
    ui->chartViewPie->setRenderHint(QPainter::Antialiasing);
}
```

这 4 个函数的代码相似，都是创建 QChart 图表对象，然后将其添加到界面上相应的 TChartView 组件里，不创建序列或坐标轴。

12.4.2 柱状图

1. 绘制柱状图

柱状图的绘图效果如图 12-10 所示。在图 12-10 中，学生的 3 门课的分数被绘制成柱状图，每个学生的平均分被绘制为折线。界面上“绘制柱状图”按钮和“绘制水平柱状图”按钮的槽函数代码如下：

```
void MainWindow::on_btnBuildBarChart_clicked()
{
    drawBarChart(true);          //绘制柱状图
}
void MainWindow::on_btnBuildBarChartH_clicked()
{
    drawBarChart(false);         //绘制水平柱状图
}
```

这两个槽函数都调用了自定义函数 drawBarChart()，区别是传递了不同的参数，分别绘制柱状图和水平柱状图。函数 drawBarChart()的代码如下：

```
void MainWindow::drawBarChart(bool isVertical)
{
    QChart *chart = ui->chartViewBar->chart();                  //获取 ChartView 关联的 chart
    if (isVertical)
        chart->setTitle("Barchart 演示");
    else
        chart->setTitle("Horizontal BarChart 演示");
    chart->removeAllSeries();                                   //删除所有序列
    removeAllAxis(chart);                                       //删除左右坐标轴

    //创建一个 QLineSeries 序列用于显示平均分
    QLineSeries *seriesLine = new QLineSeries();
    seriesLine->setName("平均分");
    QPen  pen(Qt::red);
    pen.setWidth(2);
    seriesLine->setPen(pen);
    QFont font= seriesLine->pointLabelsFont();
    font.setPointSize(12);
    font.setBold(true);
    seriesLine->setPointLabelsFont(font);                       //显示数据点的标签
    seriesLine->setPointLabelsVisible(true);
    if (isVertical)
        seriesLine->setPointLabelsFormat("@yPoint");            //标签显示的是 Y 坐标值
    else
        seriesLine->setPointLabelsFormat("@xPoint");            //标签显示的是 X 坐标值

    //创建 3 个 QBarSet 数据集，从数据模型获取数据
    QBarSet *setMath = new QBarSet("数学");
    QBarSet *setChinese = new QBarSet("语文");
    QBarSet *setEnglish = new QBarSet("英语");
    for(int i=0;i<dataModel->rowCount();i++)
    {
        setMath->append(dataModel->item(i,COL_MATH)->text().toInt());          //数学
        setChinese->append(dataModel->item(i,COL_CHINESE)->text().toInt());    //语文
        setEnglish->append(dataModel->item(i,COL_ENGLISH)->text().toInt());    //英语
        if (isVertical)
            seriesLine->append(i,dataModel->item(i,COL_AVERAGE)->text().toDouble());
        else
            seriesLine->append(dataModel->item(i,COL_AVERAGE)->text().toDouble(),i);
    }
```

```
    //创建一个柱状图序列 QBarSeries，并添加 3 个数据集
    QAbstractBarSeries *seriesBar;
    if (isVertical)
        seriesBar = new QBarSeries();
    else
        seriesBar = new QHorizontalBarSeries();
    seriesBar->setLabelsVisible(true);                          //显示棒柱的标签
    seriesBar->setLabelsFormat("@value 分");                    //棒柱标签格式
    seriesBar->append(setMath);                                 //添加数据集
    seriesBar->append(setChinese);
    seriesBar->append(setEnglish);
    connect(seriesBar,&QBarSeries::hovered, this,&MainWindow::do_barHovered);
    connect(seriesBar,&QBarSeries::clicked, this,&MainWindow::do_barClicked);
    chart->addSeries(seriesBar);                                //添加柱状图序列
    chart->addSeries(seriesLine);                               //添加折线图序列

    //QBarCategoryAxis 坐标轴
    QStringList categories;
    for (int i=0; i<dataModel->rowCount(); i++)
        categories <<dataModel->item(i,COL_NAME)->text();
    QBarCategoryAxis *axisStud = new QBarCategoryAxis();        //用于柱状图的坐标轴
    axisStud->append(categories);                               //添加字符串列表作为坐标值
    //坐标范围
    axisStud->setRange(categories.at(0), categories.at(categories.count()-1));

    //QValueAxis 坐标轴
    QValueAxis *axisValue = new QValueAxis();
    axisValue->setRange(0, 100);
    axisValue->setTitleText("分数");
    axisValue->setTickCount(6);
    axisValue->setLabelFormat("%.0f");                          //标签格式
    axisValue->applyNiceNumbers();

    //为 chart 和序列添加坐标轴
    if (isVertical)
    {
        chart->addAxis(axisStud, Qt::AlignBottom);
        chart->addAxis(axisValue, Qt::AlignLeft);
    }
    else
    {
        chart->addAxis(axisStud, Qt::AlignLeft);
        chart->addAxis(axisValue, Qt::AlignBottom);
    }
    seriesBar->attachAxis(axisStud);
    seriesBar->attachAxis(axisValue);
    seriesLine->attachAxis(axisStud);
    seriesLine->attachAxis(axisValue);
    chart->legend()->setAlignment(Qt::AlignBottom);             //图例显示在下方
}
```

此函数的输入参数 isVertical 的取值可确定要绘制的图表类型，当 isVertical 为 true 时绘制柱状图，为 false 时绘制水平柱状图。用一个函数 drawBarChart()实现两种柱状图的绘制，这样既可以重用部分代码，也可以看出绘制两种图表的差别。

这段程序首先获取图表对象 chart，然后运行 chart->removeAllSeries()删除图表的所有序列，再运行自定义函数 removeAllAxis(chart)删除图表所有的坐标轴对象。自定义函数 removeAllAxis()代码如下：

```
void MainWindow::removeAllAxis(QChart *chart)
{//删除一个 chart 的所有坐标轴
    QList<QAbstractAxis *> axisList=chart->axes();      //获取坐标轴列表
```

```
        int count=axisList.count();
        for(int i=0; i<count; i++ )
        {
            QAbstractAxis *one=axisList.at(0);
            chart->removeAxis(one);                             //从图表中移除坐标轴,
            axisList.removeFirst();                             //从列表中移除坐标轴
            delete one;                                         //删除坐标轴对象，释放内存
        }
}
```

QChart 的 removeAxis()函数只能移除一个坐标轴，并不会删除坐标轴对象。removeAllAxis()函数移除图表的所有坐标轴，并删除坐标轴对象，避免内存泄漏。

绘制柱状图或水平柱状图时主要涉及以下几个类的使用。

- QBarSet：用于创建柱状图的数据集。
- QBarSeries：柱状图序列，一个柱状图序列一般包含多个 QBarSet 数据集。
- QHorizontalBarSeries：水平柱状图序列，一个水平柱状图序列一般包含多个 QBarSet 数据集。
- QBarCategoryAxis：柱状图分类坐标轴，以文字标签形式表示坐标。

2. 数据集类 QBarSet

一个柱状图序列有多个 QBarSet 数据集，在图 12-10 所示界面中只有一个柱状图，这个柱状图有 3 个数据集，分别表示数学、语文、英语 3 门课的分数。

QBarSet 是直接从 QObject 继承而来的，其主要功能是管理数据点，设置数据集对应棒柱的线条颜色、填充颜色和标签字体等属性。QBarSet 类的主要函数如表 12-7 所示，表中列出了函数的输入参数和返回值类型，省略了参数中的 const 关键字。

表 12-7 QBarSet 类的主要函数

分组	函数原型	功能
标签	void setLabel(QString label)	设置数据集的标签，用作图例显示的文字
	void setLabelBrush(QBrush &brush)	设置标签的画刷
	void setLabelColor(QColor color)	设置标签的文字颜色
	void setLabelFont(QFont &font)	设置标签的字体
棒柱的显示	void setBorderColor(QColor color)	设置数据集的棒柱的边框颜色
	void setBrush(QBrush &brush)	设置数据集的棒柱的画刷
	void setColor(QColor color)	设置数据集的棒柱的填充颜色
	void setPen(QPen &pen)	设置数据集的棒柱的边框画笔
数据点	void append(qreal value)	添加一个数据点到数据集中
	void insert(int index, qreal value)	在序号 index 处插入一个数据点到数据集中
	void remove(int index, int count = 1)	从序号 index 处开始移除 count 个数据点
	void replace(int index, qreal value)	将序号 index 处的数据点替换为 value
	qreal at(int index)	返回序号为 index 的数据点
	int count()	返回数据点的个数
	qreal sum()	返回数据集内所有数据点的和
棒柱选择	void selectAllBars()	设置数据集的所有棒柱为选中状态
	void selectBar(int index)	将序号为 index 的棒柱设置为选中状态
	void setBarSelected(int index, bool selected)	设置序号为 index 的棒柱的选中状态
	void toggleSelection(QList<int> &indexes)	将序号列表 indexes 中的棒柱的选中状态“反转”
	void selectBars(QList<int> &indexes)	根据序号列表 indexes 选中多个棒柱
	QList<int> selectedBars()	返回被选中的棒柱的序号列表
	void setSelectedColor(QColor &color)	设置选中状态棒柱的颜色
	QColor selectedColor()	返回函数 setSelectedColor()设置的颜色

用于棒柱选择的一些函数是 Qt 6.2 中新增的。QBarSet 还有如下几个信号，可用于交互操作。

```
void  QBarSet::clicked(int index)
void  QBarSet::doubleClicked(int index)
void  QBarSet::hovered(bool status, int index)
```

函数 drawBarChart()中创建了 3 个数据集，对应 3 门课：

```
    QBarSet *setMath = new QBarSet("数学");
    QBarSet *setChinese = new QBarSet("语文");
    QBarSet *setEnglish = new QBarSet("英语");
```

3. 序列类 QBarSeries 和 QHorizontalBarSeries

柱状图序列类是 QBarSeries，水平柱状图序列类是 QHorizontalBarSeries，这两个类的接口函数完全相同。程序中定义了 QAbstractBarSeries 类型的指针变量 seriesBar，然后根据参数 isVertical 的值使用相应具体的类来创建对象 seriesBar，代码如下：

```
QAbstractBarSeries *seriesBar;
if (isVertical)
    seriesBar = new QBarSeries();
else
    seriesBar = new QHorizontalBarSeries();
```

然后将 3 个 QBarSet 数据集添加到序列 seriesBar 中：

```
seriesBar->append(setMath);          //添加数据集
seriesBar->append(setChinese);
seriesBar->append(setEnglish);
```

所以，虽然有 3 个数据集，但是只有一个柱状图序列。

QBarSeries 和 QHorizontalBarSeries 类的接口函数完全相同，它们的接口函数都是在父类 QAbstractBarSeries 中定义的。从 QAbstractBarSeries 继承的类都具有相同的接口函数，后面要介绍的堆叠柱状图和百分比柱状图序列类也是这样。QAbstractBarSeries 类的接口函数都是对柱状图整体进行设置，其主要接口函数如表 12-8 所示。表中列出了函数原型，省略了参数中的 const 关键字。

表 12-8 QAbstractBarSeries 类的主要接口函数

分组	函数原型	功能
外观	void setBarWidth(qreal width)	设置棒柱的宽度
	void setLabelsVisible(bool visible = true)	设置是否显示棒柱的标签
	void setLabelsFormat(QString &format)	设置棒柱的标签的格式，只支持一种格式：@value
	void setLabelsPosition (QAbstractBarSeries::LabelsPosition position)	设置棒柱标签的显示位置，可在棒柱的中间、顶端、底端和顶端的外部显示
	void setLabelsAngle(qreal angle)	设置标签显示的角度
	void setLabelsPrecision(int precision)	设置标签显示数字的有效位数
数据集	bool append(QBarSet *set)	添加一个 QBarSet 数据集到序列中
	bool insert(int index, QBarSet *set)	在序号 index 处插入一个 QBarSet 数据集到序列中
	bool remove(QBarSet *set)	移除一个数据集，解除所属关系，并删除数据集对象
	bool take(QBarSet *set)	移除一个数据集，但是不删除数据集对象
	void clear()	清除全部数据集，并删除数据集对象
	QList<QBarSet *> barSets()	返回数据集对象的列表
	int count()	返回数据集的个数

函数 setLabelsFormat()设置棒柱上显示的标签的格式，格式字符串中可以通过“@value”获取棒柱对应的数值，且只有这一个可用变量，格式中可以带有文字，如：

```
seriesBar->setLabelsFormat("@value 分");      //棒柱标签格式
```

函数 setLabelsPosition()设置标签在棒柱中的显示位置，参数 position 是枚举类型 QAbstractBarSeries::LabelsPosition，其有以下几种枚举值。

- QAbstractBarSeries::LabelsCenter：标签显示在棒柱中间。
- QAbstractBarSeries::LabelsInsideEnd：标签显示在棒柱的顶端。
- QAbstractBarSeries::LabelsInsideBase：标签显示在棒柱的底端。
- QAbstractBarSeries::LabelsOutsideEnd：标签显示在棒柱顶端的外部。

QAbstractBarSeries 类有较多的信号，程序中用到了 hovered()和 clicked()这两个信号，它们分别与自定义槽函数 do_barHovered()和 do_barClicked()连接，这两个槽函数代码如下：

```
void MainWindow::do_barHovered(bool status, int index, QBarSet *barset)
{
    QString str= "hovered barSet="+barset->label();
    if (status)
        str +=  QString::asprintf(", index=%d, value=%.2f",index, barset->at(index));
    else
        str="";
    ui->statusBar->showMessage(str);
}

void MainWindow::do_barClicked(int index, QBarSet *barset)
{
    QString str= "clicked barSet="+barset->label();
    str += QString::asprintf(", index=%d, count=%d",index, barset->count());
    ui->statusBar->showMessage(str);
}
```

hovered()信号在鼠标光标移入或移出一个棒柱时被发射。参数 status 用于表示移入（true）或移出（false），参数 index 是棒柱的序号，参数 barset 是鼠标光标处棒柱所关联的 QBarSet 对象。通过这些参数，我们就可以访问棒柱关联的 QBarSet 对象，获取棒柱的原始数值。

clicked()信号在点击一个棒柱时被发射。参数 index 是棒柱的序号，参数 barset 是点击的棒柱所关联的 QBarSet 对象。

4. 坐标轴类 QBarCategoryAxis

本示例中柱状图的横坐标是学生的姓名，QBarCategoryAxis 类用于创建这种文字类别的坐标轴。QBarCategoryAxis 类的主要接口函数如表 12-9 所示，表中列出了函数原型，省略了参数中的 const 关键字。

表 12-9 QBarCategoryAxis 类的主要接口函数

分组	函数原型	功能
类别管理	void append(QString &category)	添加一个类别（category）到坐标轴中
	void append(QStringList &categories)	添加一个字符串列表到坐标轴中
	void setCategories(QStringList &categories)	设置一个字符串列表作为坐标轴的类别文字
	void insert(int index, QString &category)	在序号 index 处插入一个类别到坐标轴中
	void replace(QString &oldCategory, QString &newCategory)	将旧类别 oldCategory 替换为新类别 newCategory
	void remove(QString &category)	移除某个类别
	void clear()	清除所有类别
	QString at(int index)	返回序号为 index 的类别文字
	int count()	返回类别的个数
坐标轴范围	void setMin(QString &min)	设置坐标轴最小类别文字
	QString min()	返回坐标轴最小类别文字
	void setMax(QString &max)	设置坐标轴最大类别文字
	QString max()	返回轴最大类别文字
	void setRange(QString &minCategory, QString &maxCategory	设置坐标轴范围，范围上下限都用类别文字表示

QBarCategoryAxis 坐标轴的数据是字符串列表，每个字符串称为一个类别。程序中使用学生的姓名作为类别坐标轴的内容。

12.4.3 堆叠柱状图

窗口上多页组件的StackedBar页面里是绘制堆叠柱状图或水平堆叠柱状图的界面。图 12-11 展示的是水平堆叠柱状图，图中展现了数学、语文、英语 3 个数据集，堆叠柱状图将这 3 个数据集叠加成一个棒柱来展示，一个棒柱中的每个小段表示一门课的分数，棒柱的长度体现了总分的大小。

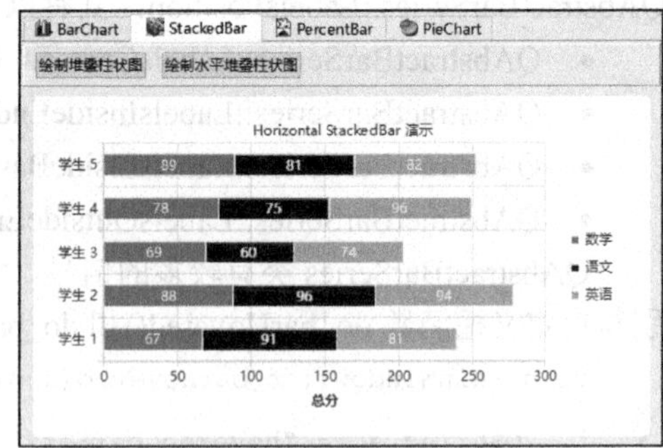

图 12-11 水平堆叠柱状图

界面上“绘制堆叠柱状图”按钮和“绘制水平堆叠柱状图”按钮的槽函数以及相关函数代码如下：

```
void MainWindow::on_btnBuildStackedBar_clicked()
{
    drawStackedBar(true);                                   //绘制堆叠柱状图
}
void MainWindow::on_btnBuildStackedBarH_clicked()
{
    drawStackedBar(false);                                  //绘制水平堆叠柱状图
}

void MainWindow::drawStackedBar(bool isVertical)
{
    QChart *chart = ui->chartViewStackedBar->chart();     //获取 QChart 对象
    if (isVertical)
        chart->setTitle("StackedBar 演示");
    else
        chart->setTitle("Horizontal StackedBar 演示");
    chart->removeAllSeries();                               //移除所有序列
    removeAllAxis(chart);                                   //移除所有坐标轴

    //创建 3 门课的数据集，从数据模型获取数据
    QBarSet *setMath = new QBarSet("数学");
    QBarSet *setChinese = new QBarSet("语文");
    QBarSet *setEnglish = new QBarSet("英语");
    for(int i=0; i<dataModel->rowCount(); i++)
    {
        setMath->append(dataModel->item(i,COL_MATH)->text().toInt());
        setChinese->append(dataModel->item(i,COL_CHINESE)->text().toInt());
        setEnglish->append(dataModel->item(i,COL_ENGLISH)->text().toInt());
    }

    //创建序列，添加数据集
    QAbstractBarSeries *seriesBar;
    if (isVertical)
        seriesBar = new QStackedBarSeries();
    else
        seriesBar = new QHorizontalStackedBarSeries();
    seriesBar->append(setMath);                             //添加数据集
    seriesBar->append(setChinese);
    seriesBar->append(setEnglish);
```

```
    seriesBar->setLabelsVisible(true);                    //显示每小段的标签
    connect(seriesBar,&QBarSeries::hovered, this,&MainWindow::do_barHovered);
    connect(seriesBar,&QBarSeries::clicked, this,&MainWindow::do_barClicked);
    chart->addSeries(seriesBar);                          //添加序列到图表中

    //创建 QBarCategoryAxis 坐标轴
    QStringList categories;
    for (int i=0; i<dataModel->rowCount(); i++)
        categories <<dataModel->item(i,COL_NAME)->text();
    QBarCategoryAxis *axisStud = new QBarCategoryAxis();//类别坐标轴
    axisStud->append(categories);
    axisStud->setRange(categories.at(0), categories.at(categories.count()-1));

    //创建 QValueAxis 坐标轴
    QValueAxis *axisValue = new QValueAxis();             //数值坐标轴
    axisValue->setRange(0, 300);
    axisValue->setTitleText("总分");
    axisValue->setTickCount(7);
    axisValue->setLabelFormat("%.0f");                    //标签格式
    //为 chart 和序列添加坐标轴
    if (isVertical)
    {
        chart->addAxis(axisStud, Qt::AlignBottom);
        chart->addAxis(axisValue, Qt::AlignLeft);
    }
    else
    {
        chart->addAxis(axisStud, Qt::AlignLeft);
        chart->addAxis(axisValue, Qt::AlignBottom);
    }
    seriesBar->attachAxis(axisStud);
    seriesBar->attachAxis(axisValue);
    chart->legend()->setAlignment(Qt::AlignRight);
}
```

QStackedBarSeries 是堆叠柱状图序列，QHorizontalStackedBarSeries 是水平堆叠柱状图序列。绘制堆叠柱状图所用到的数据集、坐标轴等与绘制柱状图的相同，函数 drawStackedBar()的代码就不解释了。

12.4.4 百分比柱状图

窗口上多页组件的 PercentBar 页面里是绘制百分比柱状图或水平百分比柱状图的界面。图 12-12 展示的是水平百分比柱状图，这个水平百分比柱状图是根据主窗口左下方的人数统计表格里的数据绘制的。

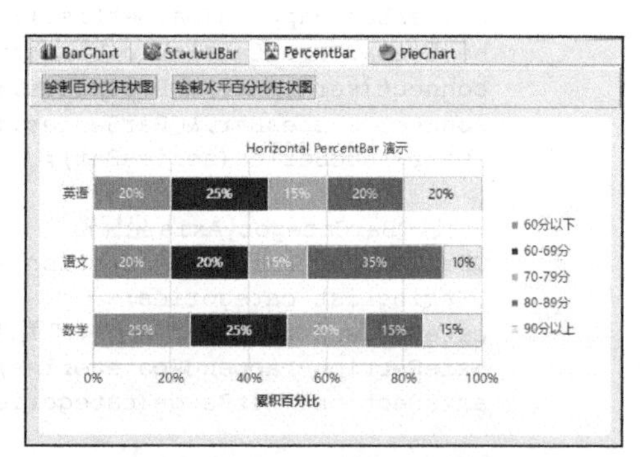

图 12-12 水平百分比柱状图

在图 12-12 中，图表左侧的坐标轴用的是 QBarCategoryAxis 类型的坐标轴，类别文本是 3 门课的名称。一门课对应一个棒柱，一个棒柱有 5 小段，分别对应 5 个分数段的统计人数。为 QBarSet 对象添加数据时直接添加人数数据，棒柱中会自动显示百分比。横坐标表示累积百分比，每门课各分数段的累积百分比总是 100%。为了避免某个分数段统计人数为 0，可将学生人数设置为 50 后重新生成数据。

下面是界面上两个绘图按钮的槽函数和相关函数的代码：

```
void MainWindow::on_btnPercentBar_clicked()
{
    drawPercentBar(true);    //绘制百分比柱状图
}
void MainWindow::on_btnPercentBarH_clicked()
{
    drawPercentBar(false); //绘制水平百分比柱状图
}

void MainWindow::drawPercentBar(bool isVertical)
{
    QChart *chart = ui->chartViewPercentBar->chart();
    if(isVertical)
        chart->setTitle("PercentBar 演示");
    else
        chart->setTitle("Horizontal PercentBar 演示");
    chart->removeAllSeries();          //移除所有序列
    removeAllAxis(chart);              //移除所有坐标轴

    //创建数据集，从 treeWidget 获取数据，一行是一个 QBarSet
    QList<QBarSet*> barSetList;        //QBarSet 对象列表
    for (int i=0; i<=4; i++)           //共 5 行，5 个分数段
    {
        QTreeWidgetItem *item = ui->treeWidget->topLevelItem(i);
        QBarSet *barSet = new QBarSet(item->text(0));    //分数段文本作为序列名称
        barSetList.append(barSet);
        barSet->append(item->text(1).toDouble());        //数学人数
        barSet->append(item->text(2).toDouble());        //语文人数
        barSet->append(item->text(3).toDouble());        //英语人数
    }

    //创建序列
    QAbstractBarSeries *seriesBar;
    if (isVertical)
        seriesBar = new QPercentBarSeries();
    else
        seriesBar = new QHorizontalPercentBarSeries();
    seriesBar->append(barSetList);                       //直接添加 QBarSet 对象列表
    seriesBar->setLabelsVisible(true);                   //显示标签
    connect(seriesBar,&QBarSeries::hovered, this,&MainWindow::do_barHovered);
    connect(seriesBar,&QBarSeries::clicked, this,&MainWindow::do_barClicked);
    chart->addSeries(seriesBar);

    //创建 QBarCategoryAxis 坐标轴
    QBarCategoryAxis *axisSection = new QBarCategoryAxis();
    QStringList categories;
    categories<<"数学"<<"语文"<<"英语";
    axisSection->append(categories);
    axisSection->setRange(categories.at(0), categories.at(categories.count()-1));

    //创建 QValueAxis 坐标轴
    QValueAxis *axisValue = new QValueAxis();
```

```
    axisValue->setRange(0, 100);
    axisValue->setTitleText("累积百分比");
    axisValue->setTickCount(6);
    axisValue->setLabelFormat("%.0f%%");                        //标签格式

    //为图表和序列设置坐标轴
    if (isVertical)
    {
        chart->addAxis(axisSection, Qt::AlignBottom);
        chart->addAxis(axisValue, Qt::AlignLeft);
    }
    else
    {
        chart->addAxis(axisSection, Qt::AlignLeft);
        chart->addAxis(axisValue, Qt::AlignBottom);
    }
    seriesBar->attachAxis(axisSection);
    seriesBar->attachAxis(axisValue);
    chart->legend()->setAlignment(Qt::AlignRight);
}
```

QPercentBarSeries 用于绘制百分比柱状图，QHorizontalPercentBarSeries 用于绘制水平百分比柱状图。用 QBarSet 作为数据集，而且使用了一个 QBarSet 对象的列表 barSetList，每个 QBarSet 对象存储 3 门课的同一分数段的人数，所以有 5 个 QBarSet 对象。对于这个 QBarSet 对象的列表 barSetList，可以直接用序列的 append()函数将其添加到序列里，而不用像前面的示例代码那样逐个添加。

12.4.5 饼图

绘制的饼图如图 12-13 所示，饼图是根据窗口左下方的人数统计表格里的数据绘制的。饼图只能表示一门课的各个分数段的人数和百分比，所以需要在界面上选择课程。界面上方的 HoleSize 编辑框用于设置饼图中心空心圆的相对大小，数值范围是 0～1；PieSize 编辑框用于设置饼图与图表视图的相对大小，数值范围是 0～1。

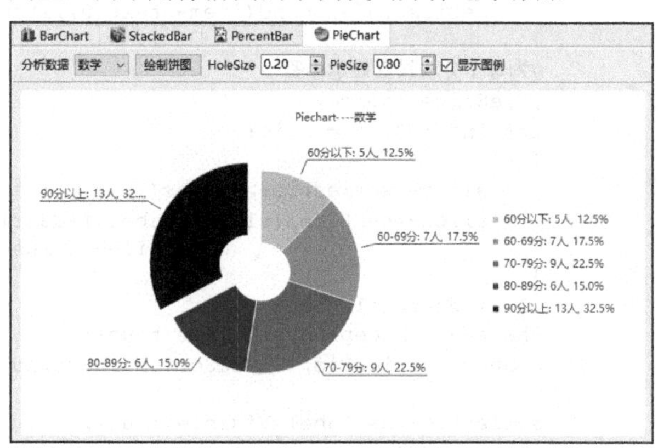

图 12-13 饼图

图 12-13 中上方面板上的几个组件的槽函数以及相关函数的代码如下：

```
void MainWindow::on_comboCourse_currentIndexChanged(int index)
{ // “分析数据”下拉列表框
    Q_UNUSED(index);
    drawPieChart();
}
void MainWindow::on_btnDrawPieChart_clicked()
{//“绘制饼图”按钮
    drawPieChart();
}
void MainWindow::on_spinHoleSize_valueChanged(double arg1)
{//设置 holeSize 的 SpinBox
```

```
    QPieSeries  *series;
    series= static_cast<QPieSeries*>(ui->chartViewPie->chart()->series().at(0));
    series->setHoleSize(arg1);
}
void MainWindow::on_spinPieSize_valueChanged(double arg1)
{//设置 pieSize 的 SpinBox
    QPieSeries  *series;
    series= static_cast<QPieSeries*>(ui->chartViewPie->chart()->series().at(0));
    series->setPieSize(arg1);
}
void MainWindow::on_chkBox_PieLegend_clicked(bool checked)
{//显示图例 CheckBox
    ui->chartViewPie->chart()->legend()->setVisible(checked);
}

void MainWindow::drawPieChart()
{
    QChart *chart = ui->chartViewPie->chart();
    chart->removeAllSeries();                                   //移除所有序列

    int colNo= 1+ui->comboCourse->currentIndex();           //获取分析对象，数学、英语、语文
    QPieSeries *seriesPie = new QPieSeries();               //创建饼图序列
    seriesPie->setHoleSize(ui->spinHoleSize->value());     //饼图中心空心圆的大小
    for (int i=0; i<=4; i++)                                //添加分块数据，5 个分数段
    {
        QTreeWidgetItem  *item= ui->treeWidget->topLevelItem(i);
        seriesPie->append(item->text(0),item->text(colNo).toDouble());  //标签，数值
    }
    //为每个分块设置显示标签
    QPieSlice *slice;                                       //饼图分块
    for(int i=0; i<=4; i++)                                 //设置每个分块的标签文字
    {
        slice= seriesPie->slices().at(i);                   //获取分块
        slice->setLabel(slice->label()+QString::asprintf(": %.0f人, %.1f%%",
                        slice->value(),slice->percentage()*100));
    }
    slice->setExploded(true);                               //最后一个设置为 exploded
    chart->setAcceptHoverEvents(true);
    connect(seriesPie, &QPieSeries::hovered,this, &MainWindow::do_pieHovered);

    seriesPie->setLabelsVisible(true);         //只影响已创建的分块，必须在添加完分块之后设置
    chart->addSeries(seriesPie);                            //添加饼图序列
    chart->setTitle("Piechart----"+ui->comboCourse->currentText());
    chart->legend()->setAlignment(Qt::AlignRight);
}

void MainWindow::do_pieHovered(QPieSlice *slice, bool state)
{// 自定义槽函数，与饼图序列的 hovered()信号关联
    slice->setExploded(state);
}
```

绘制饼图的函数是 drawPieChart()，绘制饼图时无须设置坐标轴。饼图的序列类是 QPieSeries，一个饼图由多个分块（slice）组成，每个分块是一个 QPieSlice 类对象。

QPieSeries 类的主要功能是管理饼图的分块数据和饼图外观，其主要接口函数如表 12-10 所示，表中列出了函数的输入参数和返回值类型，省略了参数中的 const 关键字。

表 12-10 QPieSeries 类的主要接口函数

分组	函数原型	功能
管理分块	bool append(QPieSlice *slice)	添加一个分块到饼图中
	QPieSlice *append(QString &label, qreal value)	根据设置的标签和数值自动创建一个分块，并添加到饼图中
	bool insert(int index, QPieSlice *slice)	在序号 index 处插入一个分块
	bool remove(QPieSlice *slice)	移除并删除一个分块
	bool take(QPieSlice *slice)	移除一个分块，但是不删除对象
	void clear()	清除序列的所有分块
	QList<QPieSlice *> slices()	返回序列的所有分块的列表
	int count()	返回序列的分块个数
	bool isEmpty()	如果序列是空的，返回 true，否则返回 false
	qreal sum()	返回序列各分块的数值的和
外观	void setHoleSize(qreal holeSize)	设置饼图中心的空心圆的大小，数值范围是 0～1
	void setPieSize(qreal relativeSize)	设置饼图占图表矩形区的相对大小，0 表示最小，1 表示最大
	void setLabelsVisible(bool visible = true)	设置分块的标签的可见性

QPieSlice 类对应饼图上的一个分块，用于存储分块的数据，并决定分块的显示效果。QPieSlice 类的主要接口函数如表 12-11 所示，表中列出了函数原型，但省略了参数中的 const 关键字。

表 12-11 QPieSlice 类的主要接口函数

分组	函数原型	功能
数据	QPieSeries * series()	返回分块所属的 QPieSeries 序列对象
	void setValue(qreal value)	设置分块的数值，必须是正数
	qreal percentage()	返回分块的值在饼图中所占的百分比，数值范围是 0～1
标签	void setLabelsVisible(bool visible = true)	设置标签的可见性
	void setLabel(QString label)	设置分块的标签文字
	void setLabelColor(QColor color)	设置标签的文字颜色
	void setLabelFont(QFont &font)	设置标签的字体
	void setLabelPosition(QPieSlice::LabelPosition position)	设置标签的位置
外观	void setExploded(bool exploded = true)	如果设置为 true，分块具有弹出效果
	void setPen(QPen &pen)	设置绘制分块的边框的画笔
	void setBorderColor(QColor color)	设置分块边框的颜色，是画笔颜色的便捷调用方式
	void setBorderWidth(int width)	设置分块边框的线宽，是画笔线宽的便捷调用方式
	void setBrush(const QBrush &brush)	设置填充分块的画刷
	void setColor(QColor color)	设置分块的填充颜色，是画刷颜色的便捷调用方式

QPieSeries::setLabelsVisible()函数用于设置饼图里所有分块的标签是否可见，它只影响已经创建的分块，所以必须在添加完数据后再调用这个函数。

QPieSeries 有多个信号，程序中为 hovered()信号关联了自定义槽函数 do_pieHovered()。这个槽函数实现的功能是，当鼠标移入某个分块时分块从饼图中弹出；当鼠标移出时分块又退回到饼图里。

第 13 章

Qt Data Visualization

Data Visualization 是 Qt 中的一个三维数据可视化模块，可用于绘制三维柱状图、三维散点图和三维曲面。与 Charts 模块类似，Data Visualization 模块也是基于图形/视图架构的。Data Visualization 的功能虽然不能和一些专业的三维图形类库（如 VTK）的相提并论，但是它操作简单、易用，对于简单的三维数据显示是比较实用的。本章首先介绍 Data Visualization 模块的基本组成和主要类的功能，然后介绍三维柱状图、三维散点图、三维曲面的绘制方法。

13.1 Data Visualization 模块概述

要在项目中使用 Data Visualization 模块，需要在项目配置文件（.pro 文件）中添加下面一行语句：

```
QT  +=  datavisualization
```

在需要使用 Data Visualization 模块中的类的文件中，还需要加入下面的包含语句，这样可以包含 Data Visualization 模块中绝大部分常用的类。如果编译时提示某个类找不到，就再单独写包含语句。

```
#include   <QtDataVisualization>
```

使用 Data Visualization 模块可以绘制三维柱状图、三维散点图和三维曲面，还可以根据图片的色深显示三维地形图。这些三维显示功能由 3 种三维图形类来实现，分别是三维柱状图类 Q3DBars、三维散点图类 Q3DScatter、三维曲面类 Q3DSurface。这 3 个类是从 QWindow 继承而来的，继承关系如图 13-1 所示。QWindow 有 QObject 和 QSurface 两个父类，QWindow 也是一种窗口界面类，但是其与 QWidget 不同。所以，Data Visualization 的三维图形不能在一般的 QWidget 组件上显示。

与 Charts 模块类似，Data Visualization 模块也是基于图形/视图架构的。Q3DBars、Q3DScatter、Q3DSurface 等三维图形类相当于 Charts 模块中的 QChart，每一种三维图形类对应一种三维序列，Data Visualization 中的 3 种序列类的继承关系如图 13-2 所示。

一种序列类只能用作某种三维图形类的序列，例如 QBar3DSeries 只能用作三维柱状图 Q3DBars 的序列，而不能用作三维散点图 Q3DScatter 的序列。在一个图中可以有多个同类型的序列，例如三维曲面图 Q3DSurface 中可以有多个 QSurface3DSeries 序列，用于显示不同的曲面。

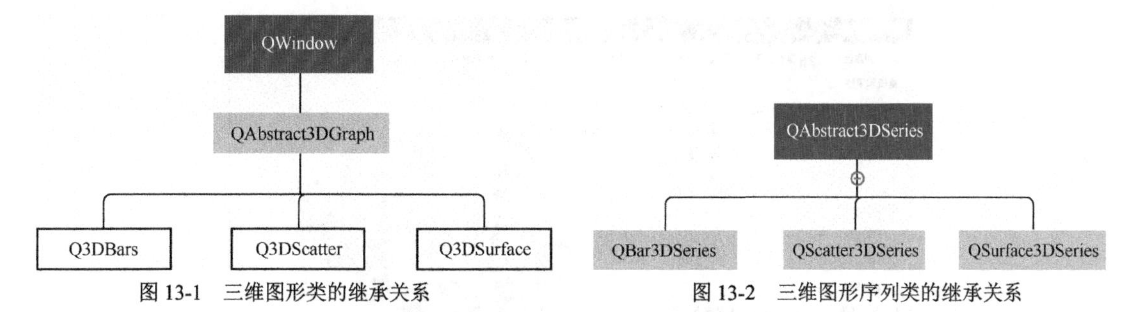

图 13-1 三维图形类的继承关系

图 13-2 三维图形序列类的继承关系

Data Visualization 模块中有两种三维坐标轴类，其中 QValue3DAxis 用于数值型坐标轴，QCategory3DAxis 用于文字型坐标轴，它们都继承自 QAbstract3DAxis。

Data Visualization 模块中有数据代理（data proxy）类，数据代理类就是与序列对应并用于存储序列数据的类。三维图形类不一样，存储数据的结构也不一样，例如三维散点图序列 QScatter3DSeries 存储的是一些三维数据点的坐标，只需要用一维数组或列表就可以存储这些数据，而 QSurface3DSeries 序列存储的数据对应的数据点在水平面上是呈网格状均匀分布的，需要用二维数组才可以存储相应的数据。所以，每一种序列都有一个数据代理类，它们都继承自 QAbstractDataProxy，每个数据代理类还有一个基于项数据模型的数据代理子类，数据代理类的继承关系如图 13-3 所示。

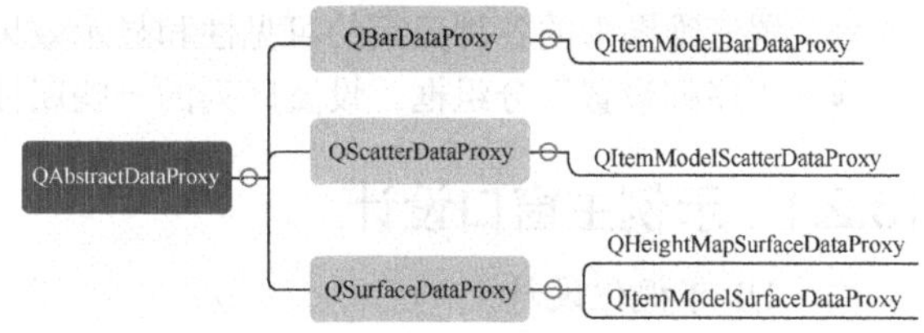

图 13-3 数据代理类的继承关系

对于三维曲面序列 QSurface3DSeries，还有一个专门用于显示地图高程数据的数据代理类 QHeightMapSurfaceDataProxy，它可以将图片表示的高程数据显示为三维曲面。

13.2 三维柱状图

使用 Q3DBars 图形类和 QBar3DSeries 序列类可以绘制三维柱状图。我们介绍设计一个示例 samp13_1 演示如何绘制三维柱状图，并在界面上对三维柱状图的一些常用属性进行控制，示例 samp13_1 运行时界面如图 13-4 所示。

如图 13-4 所示，窗口右侧是用 Q3DBars 和 QBar3DSeries 绘制的三维柱状图，这个图只有一个 QBar3DSeries 序列，数据是按行存储的，可以有多行。水平方向是行坐标轴和列坐标轴，使用 QCategory3DAxis 坐标轴类；垂直方向是数值坐标轴，使用 QValue3DAxis 坐标轴类。在图上点击一个棒柱时，可以在图上显示其行标签、列标签和数值，状态栏上还会显示其行编号、列编号和数值。

无须额外编程或设置，在图上按住鼠标右键并上下左右拖动鼠标可以进行水平和垂直方向的旋转，滚动鼠标滚轮可以进行缩放。窗口工具栏上的按钮用于修改棒柱的基本颜色，修改选中棒柱的数值，添加、插入或删除行等。窗口左侧是操作面板，分为多个分组框。

- “旋转和平移”分组框。可以选择预设的三维图观察视角，可以通过 QSlider 组件进行水平旋转、垂直旋转和缩放。分组框里的 4 个方向按钮用于使三维柱状图在 4 个方向上平移，中间的按钮用于复位视角。

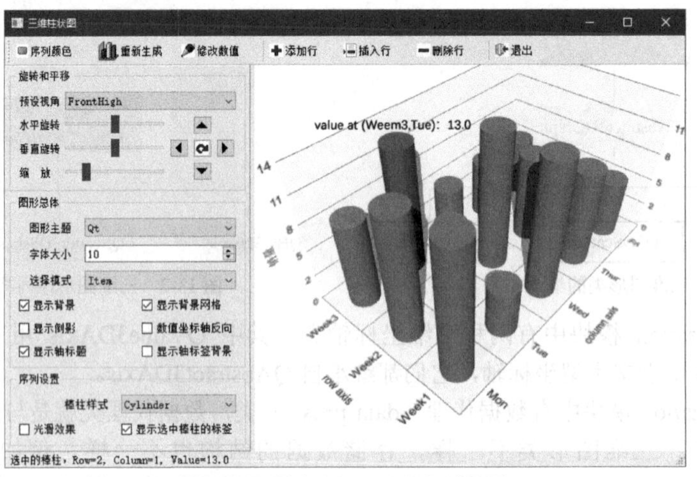

图 13-4　示例 samp13_1 运行时界面

- “图形总体”分组框。用于设置三维图形的主题、标签字体大小、棒柱选择模式，以及设置三维图形的各种元素的可见性和显示效果等。
- “序列设置”分组框。设置序列的一些属性，如棒柱的样式、光滑效果等。

13.2.1　示例主窗口设计

1. UI 可视化设计

创建示例项目 samp13_1 时选择窗口基类为 QMainWindow，可视化设计时的主窗口界面如图 13-5 所示。可视化设计时只设计了工具栏、左侧面板等部分，窗体右侧的区域不放置任何组件，用于在 MainWindow 的构造函数里创建三维图。

由于三维图形类 Q3DBars、Q3DScatter 和 Q3DSurface 都是从 QWindow 继承而来的（见图 13-1），因此不能简单使用 QWidget 组件作为 Q3DBars 图形的容器，而是需要用 QWidget 的静态函数 createWindowContainer()创建一个能容纳 QWindow 类对象的 QWidget 组件来作为 Q3DBars 图形的容器。

窗体左侧的控制面板是一个 QFrame 对象，命名为 frameSetup。

“旋转和平移”分组框里用于平移的 5 个 QToolButton 按钮在一个 QFrame 组件里进行网格布局。4 个方向按钮上的图标使用的不是资源文件里的图标，QToolButton 有一个 arrowType 属性，在可视化设计时修改此属性就可以出现相应的方向图标。

界面上“选择模式”下拉列表框的列表内容是在可视化设计时直接输入的，图 13-5 中显示了其列表内容。“棒柱样式”下拉列表框用于选择棒柱的样式，也是在可视化设计时直接输入其列表内容的。

图 13-5　可视化设计时的主窗口界面

窗体上其他组件的命名、布局和属性设置内容请打开示例 UI 文件 mainwindow.ui 查看。

2. MainWindow 类定义

主窗口类 MainWindow 的定义代码如下：

```
#include    <QtDataVisualization>          //需要包含此头文件
class MainWindow : public QMainWindow
{
    Q_OBJECT
private:
    QWidget  *graphContainer;              //三维图的容器
    Q3DBars  *graph3D;                     //三维图
    QBar3DSeries  *series;                 //序列
    void  iniGraph3D();                    //初始化创建三维图
public:
    MainWindow(QWidget *parent = nullptr);
private slots:
    void  do_barSelected(const QPoint &position);
};
```

MainWindow 类中定义了 3 个私有变量，其中 graphContainer 是三维图的容器，graph3D 是三维柱状图对象，series 是序列对象，这些对象定义为私有变量是为了便于在程序中引用。

函数 iniGraph3D()用于初始化创建三维柱状图，它在 MainWindow 的构造函数里被调用。

自定义槽函数 do_barSelected()用于与 QBar3DSeries 对象 series 的 selectedBarChanged()信号关联，在三维柱状图上点击一个棒柱时会触发这个槽函数。

13.2.2 初始化创建三维柱状图

我们在 MainWindow 的构造函数中调用函数 iniGraph3D()初始化创建三维柱状图，MainWindow 类的构造函数代码如下：

```
MainWindow::MainWindow(QWidget *parent) :  QMainWindow(parent), ui(new Ui::MainWindow)
{
    ui->setupUi(this);
    ui->sliderZoom->setRange(10,500);           //设置数据范围
    ui->sliderH->setRange(-180,180);            //水平旋转角度范围
    ui->sliderV->setRange(-180,180);            //垂直旋转角度范围
    iniGraph3D();      //创建三维柱状图，并会创建一个容器对象 graphContainer
    QSplitter   *splitter= new QSplitter(Qt::Horizontal);
    splitter->addWidget(ui->frameSetup);        //左侧控制面板
    splitter->addWidget(graphContainer);        //右侧三维图
    this->setCentralWidget(splitter);           //设置主窗口中心组件
}
```

构造函数里首先调用函数 iniGraph3D()创建三维柱状图及其容器 graphContainer，然后创建一个分割条 splitter，将可视化设计的控制面板 frameSetup 与动态创建的三维图容器 graphContainer 添加到分割条里，再将分割条 splitter 作为主窗口的中心组件。这样，程序在运行时就会具有图 13-4 所示的界面。

函数 iniGraph3D()以及相关的自定义槽函数 do_barSelected()的代码如下：

```
void MainWindow::iniGraph3D()
{
    graph3D = new Q3DBars();
    graphContainer = QWidget::createWindowContainer(graph3D, this);
```

```
    graph3D->scene()->activeCamera()->setCameraPreset(Q3DCamera::CameraPresetFrontHigh);

    //创建坐标轴
    QValue3DAxis *axisV= new QValue3DAxis;      //数值坐标
    axisV->setTitle("销量");
    axisV->setTitleVisible(true);
    axisV->setLabelFormat("%d");
    graph3D->setValueAxis(axisV);               //设置数值坐标轴

    QCategory3DAxis *axisRow= new QCategory3DAxis;
    axisRow->setTitle("row axis");
    axisRow->setTitleVisible(true);
    graph3D->setRowAxis(axisRow);               //设置行坐标轴

    QCategory3DAxis *axisCol= new QCategory3DAxis;
    axisCol->setTitle("column axis");
    axisCol->setTitleVisible(true);
    graph3D->setColumnAxis(axisCol);            //设置列坐标轴

    //创建序列
    series= new QBar3DSeries;
    series->setMesh(QAbstract3DSeries::MeshCylinder);                //棒柱形状
    series->setItemLabelFormat("(@rowLabel,@colLabel): %d");         //标签显示格式
    graph3D->addSeries(series);
    //设置数据代理的数据
    QBarDataArray *dataArray = new QBarDataArray;                    //棒柱数据数组
    for (int i=0; i<3; i++)                                          //行
    {
        QBarDataRow *dataRow= new QBarDataRow;                       //棒柱数据行
        for(int j=1; j<=5; j++)                                      //列
        {
            quint32 value= QRandomGenerator::global()->bounded(5,15); //随机整数，[5,15)
            QBarDataItem *dataItem= new QBarDataItem;
            dataItem->setValue(value);
            dataRow->append(*dataItem);                              //添加到棒柱数据行
        }
        dataArray->append(dataRow);                                  //添加一个棒柱数据行
    }

    QStringList rowLabs;                                             //行坐标标签
    rowLabs << "Week1" << "Week2"<<"Week3";
    series->dataProxy()->setRowLabels(rowLabs);                      //设置数据代理的行标签
    QStringList colLabs;                                             //列坐标标签
    colLabs << "Mon" << "Tue" << "Wed" << "Thur"<<"Fri";
    series->dataProxy()->setColumnLabels(colLabs);                   //设置数据代理的列标签
    series->dataProxy()->resetArray(dataArray);                      //重设数据代理的数据
    connect(series,&QBar3DSeries::selectedBarChanged,
            this,&MainWindow::do_barSelected);
}

void MainWindow::do_barSelected(const QPoint &position)
{
    if (position.x()<0 || position.y()<0)                            //必须进行此判断
    {
        ui->actBar_ChangeValue->setEnabled(false);
```

```
        return;
    }
    ui->actBar_ChangeValue->setEnabled(true);
    const QBarDataItem *bar= series->dataProxy()->itemAt(position);
    QString info= QString::asprintf("选中的棒柱, Row=%d, Column=%d, Value=%.1f",
                                    position.x(),position.y(),bar->value());
    ui->statusBar->showMessage(info);
}
```

这段程序展现了创建三维柱状图的完整过程，可从以下几个方面来理解这段程序。

（1）三维图的创建。创建 Q3DBars 对象后，必须为其创建一个 QWidget 对象作为容器，程序中的代码是：

```
graph3D = new Q3DBars();
graphContainer = QWidget::createWindowContainer(graph3D, this);    //创建三维图的容器
```

这里使用了 QWidget 的静态函数 createWindowContainer()，这个函数的原型定义如下：

```
QWidget  *QWidget::createWindowContainer(QWindow *window, QWidget *parent = nullptr,
                                         Qt::WindowFlags flags = Qt::WindowFlags())
```

其中，window 是一个 QWindow 类对象，parent 是父容器对象，flags 是窗口标志。函数的返回值是一个 QWidget 对象指针。

这个函数的功能是为 QWindow 类型的对象创建特殊的 QWidget 对象来作为容器，因为 QWindow 类型的对象不能直接放在普通的 QWidget 对象上。Q3DBars 的上层父类是 QWindow，所以必须用这个静态函数为其创建一个容器。

（2）场景和相机。Q3DBars 的父类 QAbstract3DGraph 定义了三维图的一些基本元素和属性，包括场景、主题、选择模式等。QAbstract3DGraph 的函数 scene()返回一个 Q3DScene 对象，它是三维图的场景对象。在一个三维场景里必须有相机（camera）和光源（light），创建三维图时会自动创建默认的相机和光源。

- 函数 Q3DScene::activeCamera()返回场景当前的相机对象，是 Q3DCamera 类型。相机类似于人的眼睛，通过对相机位置的控制可以实现图形的旋转、缩放和平移。
- 函数 Q3DScene::activeLight()返回场景当前的光源对象，是 Q3DLight 类型。

三维场景里的相机和光源属于计算机三维图形学的基本内容，关于其基本原理请查阅相关专业书籍。Q3DScene、Q3DCamera 和 Q3DLight 类的接口函数和用法就不具体介绍了，后面的程序中会用到它们的部分功能。

（3）坐标轴。Q3DBars 用 3 个函数分别设置 3 个坐标轴，这 3 个函数原型定义如下：

```
void  Q3DBars::setValueAxis(QValue3DAxis *axis)              //设置数值坐标轴
void  Q3DBars::setRowAxis(QCategory3DAxis *axis)             //设置行坐标轴
void  Q3DBars::setColumnAxis(QCategory3DAxis *axis)          //设置列坐标轴
```

函数 setValueAxis()设置一个 QValue3DAxis 类型的对象作为数值坐标轴，也就是垂直方向的坐标轴。

函数 setRowAxis()和 setColumnAxis()分别设置一个 QCategory3DAxis 类型的对象作为行坐标轴和列坐标轴，也就是水平方向的两个坐标轴。

（4）QBar3DSeries 序列。与 Q3DBars 结合使用的序列类是 QBar3DSeries，程序创建了序列对象 series，设置棒柱形状和标签格式后添加到三维图中。QBar3DSeries 的函数 setItemLabelFormat()

用于设置棒柱被点击后标签显示的格式，程序中的设置语句为：

```
series->setItemLabelFormat("(@rowLabel,@colLabel): %d");
```

格式字符串中可以使用一些标记符号，这些符号如表 13-1 所示。

表 13-1 函数 setItemLabelFormat()可用的标记符号

标记符号	含义
@rowTitle	行坐标轴的标题
@colTitle	列坐标轴的标题
@valueTitle	数值坐标轴的标题
@rowIdx	可见的行索引号
@colIdx	可见的列索引号
@rowLabel	项所在的行坐标的文字标签
@colLabel	项所在的列坐标的文字标签
@valueLabel	项的数值，显示格式由 QValue3DAxis::labelFormat()返回的格式决定
@seriesName	序列名称
%<format spec>	指定的数值显示格式，格式规则与标准 C++中的 printf()函数的相同

（5）数据代理。与 QBar3DSeries 配套的数据代理类是 QBarDataProxy，它用于存储和管理在 QBar3DSeries 序列中显示的数据。在三维柱状图中，每一个棒柱都要用一个 QBarDataItem 对象表示。

QBarDataProxy 在添加、插入或删除棒柱时是以行为单位管理的。一行的棒柱数据用一个 QBarDataRow 类型管理，所有行的棒柱数据用 QBarDataArray 类型管理。这两个类型其实不是类，而是列表类型，在 Qt C++的源代码中，它们的定义如下：

```
typedef  QList<QBarDataItem>  QBarDataRow;
typedef  QList<QBarDataRow *>  QBarDataArray;
```

所以，QBarDataRow 就是 QBarDataItem 对象的列表，QBarDataArray 就是 QBarDataRow 对象指针列表。程序中每创建一个 QBarDataItem 类型的棒柱数据项 dataItem，就将 dataItem 先添加到棒柱数据行 dataRow 里；创建完一行棒柱数据后，再将 dataRow 添加到棒柱数据数组 dataArray 里。

QBar3DSeries 序列被创建后，就会自动创建数据代理，QBar3DSeries::dataProxy()返回当前的 QBarDataProxy 数据代理对象。QBarDataProxy 有接口函数用于设置行坐标标签、列坐标标签和棒柱数据数组，这 3 个函数的原型定义如下：

```
void  QBarDataProxy::setRowLabels(const QStringList &labels)         //设置行坐标标签
void  QBarDataProxy::setColumnLabels(const QStringList &labels)      //设置列坐标标签
void  QBarDataProxy::resetArray(QBarDataArray *newArray)             //设置棒柱数据数组
```

在数据代理里设置的行坐标标签与每一行数据是对应的，如果删除了某一行的数据，这个行坐标标签也会被删除。在 QBarDataProxy 里无法删除一列棒柱数据项或单独删除某个棒柱数据项。

（6）QBar3DSeries 的 selectedBarChanged()信号。在三维柱状图上选择的当前棒柱变化时，序列对象会发射 selectedBarChanged()信号，其函数原型定义如下：

```
void  QBar3DSeries::selectedBarChanged(const QPoint &position)
```

参数 position 表示当前选中棒柱的坐标，position.x()表示棒柱的行号，position.y()表示列号。

为此信号关联自定义槽函数 do_barSelected()后，当点击一个棒柱时会在状态栏里显示其信息。有棒柱被选中时，通过 QBarDataProxy 的 itemAt()函数可以获取这个棒柱关联的 QBarDataItem 对象，再通过函数 QBarDataItem::value()可以获取棒柱的数值。

13.2.3 其他功能的实现

1. 数据管理

QBarDataProxy 类存储和管理三维柱状图关联的数据、行标签和列标签。在三维柱状图中，每个棒柱对应于一个 QBarDataItem 对象，我们称之为棒柱数据项，一行的棒柱数据项列表是 QBarDataRow 类型。QBarDataProxy 在添加、插入或删除数据时都是以 QBarDataRow 类型数据为参数，也就是以一行的棒柱数据项作为操作对象。QBarDataProxy 类的主要接口函数如表 13-2 所示，表中列出了函数的返回值类型，省略了输入参数，关于函数的具体定义见 Qt 帮助文档。

表 13-2 QBarDataProxy 类的主要接口函数

函数	功能
int addRow()	添加一行数据，一行数据是 QBarDataRow 类型对象
void insertRow()	在某行之前插入一行数据
void removeRows()	从某行开始，移除指定行数的数据
void setRow()	为某一行重新设置一行数据
QBarDataRow *rowAt()	返回某一行的数据
void setItem()	根据行号和列号，设置某个棒柱数据项
QBarDataItem *itemAt()	根据行号和列号，返回单个棒柱数据项
void resetArray()	若不带任何参数，就清除数据代理所有的数据和标签；若使用一个 QBarDataArray 类型的对象作为输入参数，就重新设置棒柱数据数组
int rowCount()	返回数据代理的行数
void setRowLabels()	用一个字符串列表设置行坐标轴的标签
QStringList rowLabels()	返回行坐标轴的所有标签
void setColumnLabels()	用一个字符串列表设置列坐标轴的标签
QStringList columnLabels()	返回列坐标轴的所有标签

工具栏上的“重新生成”按钮用于为数据代理重新生成一批随机数据，其槽函数代码如下：

```
void MainWindow::on_actRedraw_triggered()
{
    QBarDataProxy  *dataProxy= new QBarDataProxy;         //新建数据代理
    int rowCount= series->dataProxy()->rowCount();        //数据代理的行数
    for (int i=0; i<rowCount; i++)
    {
        QBarDataRow *dataRow= new QBarDataRow;            //棒柱数据行
        for(int j=1; j<=5; j++)                           //固定 5 列
        {
            quint32 value= QRandomGenerator::global()->bounded(5,15);
            QBarDataItem *dataItem= new QBarDataItem;     //棒柱数据项
            dataItem->setValue(value);
            dataRow->append(*dataItem);
        }
        QString rowStr= QString("第%1 周").arg(i+1);      //行标签文字
        dataProxy->addRow(dataRow, rowStr);               //添加棒柱数据行和标签
    }
    QStringList colLabs= series->dataProxy()->columnLabels();  //原来的列坐标轴标签
    dataProxy->setColumnLabels(colLabs);                       //设置列标签
    series->dataProxy()->resetArray();                         //清除数据代理和所有标签
    series->setDataProxy(dataProxy);                           //重新设置数据代理
}
```

这段程序在设置数据代理的数据时，使用了与函数 iniGraph3D()中的不一样的方法。这段程序

里创建了一个 QBarDataProxy 数据代理对象 dataProxy，然后用函数 QBarDataProxy::addRow()添加棒柱数据行。最后将序列 series 的默认数据代理完全清除，再重新设置数据代理。注意，如果修改了行或列的标签，必须清除序列的默认数据代理，否则新设置的标签不能更新显示到图表里。

通过 QBarDataProxy 的函数 itemAt()可以获取某个棒柱数据项，而函数 setItem()可以重新设置这个棒柱数据项，这两个函数的原型定义如下：

```
QBarDataItem  *QBarDataProxy::itemAt(int rowIndex, int columnIndex)
void  QBarDataProxy::setItem(int rowIndex, int columnIndex, const QBarDataItem &item)
```

工具栏上的“修改数值”按钮用于修改当前选中棒柱的数值，其槽函数代码如下：

```
void MainWindow::on_actBar_ChangeValue_triggered()
{
    QPoint position= series->selectedBar();                            //当前选择棒柱的坐标
    if (position.x()<0 || position.y()<0)
        return;
    QBarDataItem bar= *(series->dataProxy()->itemAt(position));   //棒柱对象
    qreal value= bar.value();                                          //原来的值
    bool ok;
    value= QInputDialog::getInt(this, "输入数值","更改棒柱数值" , value, 0, 50, 1, &ok);
    if (ok)
    {
        bar.setValue(value);
        series->dataProxy()->setItem(position, bar);
    }
}
```

工具栏上“添加行”按钮和“删除行”按钮的槽函数代码如下：

```
void MainWindow::on_actData_Add_triggered()
{//添加行
    QString rowLabel = QInputDialog::getText(this, "输入字符串", "请输入行标签");
    if (rowLabel.isEmpty())
        return;
    QBarDataRow *dataRow= new QBarDataRow;                  //棒柱数据行
    for(int j=1; j<=5; j++)                                  //固定 5 列
    {
        quint32 value= QRandomGenerator::global()->bounded(15,25);
        QBarDataItem *dataItem= new QBarDataItem;
        dataItem->setValue(value);
        dataRow->append(*dataItem);
    }
    series->dataProxy()->addRow(dataRow, rowLabel);      //添加棒柱数据行和标签
}

void MainWindow::on_actData_Delete_triggered()
{//删除行
    QPoint position= series->selectedBar();
    if (position.x()<0 || position.y()<0)
        return;
    int rowIndex= position.x();                              //当前行号
    int removeCount= 1;                                      //删除的行数
    int removeLabels= true;                                  //是否删除行标签
    series->dataProxy()->removeRows(rowIndex, removeCount, removeLabels);
}
```

“插入行”按钮的代码与“添加行”按钮的代码相似，所以没有展示出来。这 3 个按钮的代码

主要用到了 QBarDataProxy 的 3 个函数，这 3 个函数原型定义如下：

```
int   QBarDataProxy::addRow(QBarDataRow *row)
void  QBarDataProxy::insertRow(int rowIndex, QBarDataRow *row)
void  QBarDataProxy::removeRows(int rowIndex, int removeCount, bool removeLabels = true)
```

2. 视角设置

3 种三维图类的父类 QAbstract3DGraph 中有一个函数 scene()，它返回一个 Q3DScene 对象，这是自动创建的三维场景对象。三维场景里有相机、光源等基本对象。

场景的相机位置就表示我们看三维物体的视角，相机有一些预设的视角，控制面板的“预设视角”下拉列表框中列出了所有预设视角选项，选择某一项就可以改变相机位置，从而得到不同的图像显示效果。此下拉列表框的槽函数代码如下：

```
void MainWindow::on_comboCamera_currentIndexChanged(int index)
{ //预设视角
    Q3DCamera::CameraPreset  cameraPos= Q3DCamera::CameraPreset(index);
    graph3D->scene()->activeCamera()->setCameraPreset(cameraPos);
}
```

通过 graph3D->scene()->activeCamera()获取三维场景当前的相机，相机是一个 Q3DCamera 类型的对象。Q3DCamera 的函数 setCameraPreset()用于设置视角，参数是枚举类型 Q3DCamera::CameraPreset，它有 20 多种枚举值，“预设视角”下拉列表框中列出了前面的几种。

3. 旋转和缩放

当鼠标光标在三维图上时，滚动鼠标滚轮就可以进行缩放，按住鼠标右键并上下左右拖动可以进行旋转。三维图的旋转和缩放是通过改变场景的相机位置和缩放系数来实现的。控制面板上有 3 个 QSlider 组件分别用于实现水平旋转、垂直旋转和缩放。3 个 QSlider 组件的槽函数代码如下：

```
void MainWindow::on_sliderH_valueChanged(int value)
{//水平旋转
    graph3D->scene()->activeCamera()->setXRotation(value);
}
void MainWindow::on_sliderV_valueChanged(int value)
{//垂直旋转
    graph3D->scene()->activeCamera()->setYRotation(value);
}
void MainWindow::on_sliderZoom_valueChanged(int value)
{//缩放
    graph3D->scene()->activeCamera()->setZoomLevel(value);
}
```

Q3DCamera 有几个接口函数用于实现旋转和缩放操作。

- 函数 setXRotation()用于设置绕 x 轴旋转的角度，旋转角度取值范围是-180°～180°。
- 函数 setYRotation()用于设置绕 y 轴旋转的角度，旋转角度实际有效范围是 0°～90°。
- 函数 setZoomLevel()用于设置缩放系数，缩放系数为 100 时表示无缩放，缩放系数不能小于 1，默认的缩放系数范围是 10～500。

另外还有一个函数 setCameraPosition()可同时设置这 3 个参数，其原型定义如下：

```
void  Q3DCamera::setCameraPosition(float horizontal, float vertical, float zoom = 100.0f)
```

4. 平移

旋转和缩放是通过改变相机的位置和缩放系数来实现的，还可以改变目标的位置来实现上下左右平移，Q3DCamera有两个相关函数，其函数原型定义如下：

```
void  Q3DCamera::setTarget(const QVector3D &target)        //设置目标的坐标
QVector3D  Q3DCamera::target()                             //返回场景中目标的位置数据
```

目标在场景中的坐标用QVector3D类型的数据表示，场景被创建时，默认的目标坐标是(0, 0, 0)。目标每个方向的坐标值可变化范围是−1.0～1.0，坐标值是相对值。对三维柱状图来说，*y*轴（垂直方向）的坐标是被忽略的，目标点总是平面上的一个点。

通过这两个函数获取目标点，修改坐标后再将其设置为目标点，这样就可以实现三维图在场景中的平移。“旋转和平移”分组框右下方有4个方向按钮用于实现上下左右平移，中间的按钮用于复位视角。其中3个按钮的槽函数代码如下：

```
void MainWindow::on_btnResetCamera_clicked()
{//复位到FrontHigh视角
    graph3D->scene()->activeCamera()->setCameraPreset(Q3DCamera::CameraPresetFrontHigh);
}
void MainWindow::on_btnMoveLeft_clicked()
{//左移
    QVector3D target3D= graph3D->scene()->activeCamera()->target();
    qreal x= target3D.x();
    target3D.setX(x+0.1);
    graph3D->scene()->activeCamera()->setTarget(target3D);
}
void MainWindow::on_btnMoveUp_clicked()
{//上移
    QVector3D target3D= graph3D->scene()->activeCamera()->target();
    qreal z= target3D.z();
    target3D.setZ(z-0.1);
    graph3D->scene()->activeCamera()->setTarget(target3D);
}
```

平移是通过修改QVector3D类型坐标的x值和z值实现的，在FrontHigh视角下对应的是左右平移和上下平移，所以应该先复位到FrontHigh视角下。如果是在其他视角下，平移操作不一定正好是上下平移或左右平移。

5. 三维图总体设置

对三维图的设置就是对Q3DBars对象的一些属性进行设置，这些属性包括主题、棒柱选择模式、坐标轴的显示效果等。控制面板上“图形总体”分组框里各组件的槽函数代码如下：

```
void MainWindow::on_cBoxTheme_currentIndexChanged(int index)
{//图形主题，下拉列表框
    Q3DTheme *currentTheme = graph3D->activeTheme();
    currentTheme->setType(Q3DTheme::Theme(index));
}
void MainWindow::on_spinFontSize_valueChanged(int arg1)
{//字体大小，SpinBox
    QFont font = graph3D->activeTheme()->font();
    font.setPointSize(arg1);
    graph3D->activeTheme()->setFont(font);
}
void MainWindow::on_cBoxSelectionMode_currentIndexChanged(int index)
{//选择模式，下拉列表框
    graph3D->setSelectionMode(QAbstract3DGraph::SelectionFlags(index));
}
```

```
void MainWindow::on_chkBoxBackground_clicked(bool checked)
{//显示背景
    graph3D->activeTheme()->setBackgroundEnabled(checked);
}
void MainWindow::on_chkBoxGrid_clicked(bool checked)
{//显示背景网格
    graph3D->activeTheme()->setGridEnabled(checked);
}
void MainWindow::on_chkBoxReflection_clicked(bool checked)
{//显示倒影
    graph3D->setReflection(checked);
}
void MainWindow::on_chkBoxReverse_clicked(bool checked)
{//数值坐标轴反向
    graph3D->valueAxis()->setReversed(checked);
}
void MainWindow::on_chkBoxAxisTitle_clicked(bool checked)
{//显示轴标题
    graph3D->valueAxis()->setTitleVisible(checked);
    graph3D->rowAxis()->setTitleVisible(checked);
    graph3D->columnAxis()->setTitleVisible(checked);
}
void MainWindow::on_chkBoxAxisBackground_clicked(bool checked)
{//显示轴标签背景
    graph3D->activeTheme()->setLabelBackgroundEnabled(checked);
}
```

QAbstract3DGraph 的函数 activeTheme()返回一个 Q3DTheme 对象，它是三维图的当前主题对象。Q3DTheme 定义了三维图显示的外观效果，例如序列的基本颜色、背景颜色、字体、网格线颜色、是否显示网格线、标签颜色、标签背景色、环境光源强度等。这里的代码只演示了 Q3DTheme 的部分功能，关于其他更多接口函数可查阅 Qt 帮助文档。

QAbstract3DGraph 的函数 setReflection()仅对三维柱状图有效，对三维散点图和三维曲面无效，当设置为 true 时，棒柱在平面上有倒影效果。

"选择模式"是指在三维图上点击时三维图的棒柱或散点被选择的模式。QAbstract3DGraph 的函数 setSelectionMode()用于设置选择模式，参数是枚举类型 QAbstract3DGraph::SelectionFlag，其各枚举值如表 13-3 所示，表中的枚举常量前省略了前缀"QAbstract3DGraph::"。

表 13-3 枚举类型 QAbstract3DGraph::SelectionFlag 的各枚举值

枚举值	含义
SelectionNone	不允许选择
SelectionItem	选择并且高亮显示一个项
SelectionRow	选择并且高亮显示一行
SelectionItemAndRow	选择一个项和一行，用不同颜色高亮显示
SelectionColumn	选择并且高亮显示一列
SelectionItemAndColumn	选择一个项和一列，用不同颜色高亮显示
SelectionRowAndColumn	选择交叉的一行和一列
SelectionItemRowAndColumn	选择交叉的一行和一列，用不同颜色高亮显示
SelectionSlice	切片选择，需要与 SelectionRow 或 SelectionColumn 结合使用
SelectionMultiSeries	选中同一个位置处的多个序列的项

这些选择模式并不是对所有的三维图都有效，例如，对于三维散点图只有 SelectionNone 和

SelectionItem 对应的两种模式是有效的。要实现切片选择，需要将 SelectionSlice 与 SelectionItemAndRow（或 SelectionItemAndColumn）结合使用。在可视化设计窗口界面时，“选择模式”下拉列表框中直接输入的可选条目如图 13-5 所示。

6. 序列设置

QBar3DSeries 是三维柱状图序列，它定义的接口函数主要是 setDataProxy()和 dataProxy()，这两个函数在前面的代码中已经使用过。QBar3DSeries 的父类是 QAbstract3DSeries，它是所有三维序列类的父类（见图 13-2），它定义了三维序列类一些共同的接口函数，QAbstract3DSeries 类常用的几个函数的原型定义如下：

```
void  setMesh(QAbstract3DSeries::Mesh mesh)                    //设置序列的 mesh 形状
void  setBaseColor(const QColor &color)                        //设置序列的基本颜色
void  setBaseGradient(const QLinearGradient &gradient)         //设置序列的基本渐变色
void  setItemLabelFormat(const QString &format)                //设置选中 mesh 时显示标签的格式
void  setItemLabelVisible(bool visible)                  //设置点击一个 mesh 时是否显示其标签
void  setMeshSmooth(bool enable)                         //设置序列的 mesh 是否有更平滑的显示效果
```

函数 setMesh()用于设置序列的 mesh 形状。对于三维柱状图 mesh 就是棒柱，对于三维散点图 mesh 就是单个的散点，对于三维曲面，只有点击的网格点才以 mesh 形状显示。参数 meshType 是枚举类型 QAbstract3DSeries::Mesh，它有十多种枚举值，用于表示棱柱、圆柱、球等形状。

函数 setItemLabelFormat()用于设置选中 mesh 时显示标签的格式，格式中能使用一些特殊的标记符号，这些符号的介绍如表 13-1 所示。

控制面板上“序列设置”分组框里的几个组件的槽函数代码如下：

```
void MainWindow::on_cBoxBarStyle_currentIndexChanged(int index)
{//棒柱样式，下拉列表框
    QAbstract3DSeries::Mesh aMesh;
    aMesh=QAbstract3DSeries::Mesh(index+1);        //0=MeshUserDefined
    series->setMesh(aMesh);
}
void MainWindow::on_chkBoxSmooth_clicked(bool checked)
{//光滑效果
    series->setMeshSmooth(checked);
}
void MainWindow::on_chkBoxItemLabel_clicked(bool checked)
{//显示选中棒柱的标签
    series->setItemLabelFormat("value at (@rowLabel,@colLabel): %.1f");
    series->setItemLabelVisible(checked);
}
```

工具栏上“序列颜色”按钮的槽函数代码如下：

```
void MainWindow::on_actSeries_BaseColor_triggered()
{//设置序列的基本颜色
    QColor  color= series->baseColor();
    color= QColorDialog::getColor(color);
    if (color.isValid())
        series->setBaseColor(color);
}
```

绘制三维柱状图所用到的类比较多，这些类还有其他的接口函数和功能，在这个示例里无法全部介绍，需要使用时查看 Qt 帮助文档即可。

13.3　三维散点图

要绘制三维散点图，需要用到三维图形类 Q3DScatter、序列类 QScatter3DSeries 和数据代理类 QScatterDataProxy。示例 samp13_2 使用这些类演示了绘制三维散点图的基本方法，示例 samp13_2 运行时界面如图 13-6 所示，其中绘制了一个“墨西哥草帽”散点图。在程序运行时，我们可以修改散点的坐标，还可以添加新的散点或删除散点。

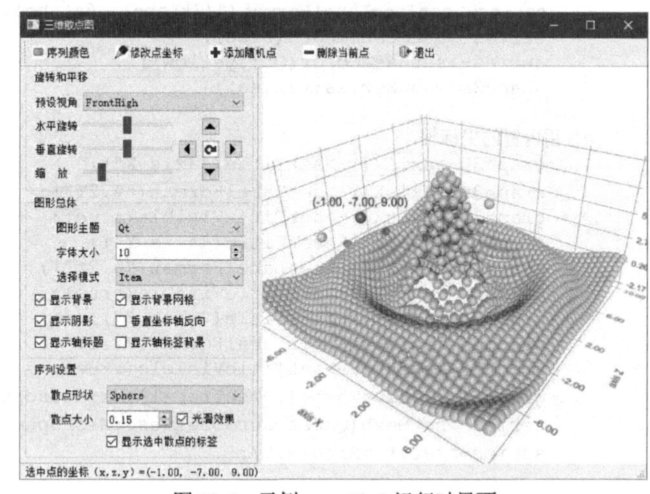

图 13-6　示例 samp13_2 运行时界面

示例 samp13_2 与示例 samp13_1 的界面组成内容基本相同，控制面板上的组件的功能和代码与示例 samp13_1 的也基本相同。工具栏上的按钮根据数据代理类 QScatterDataProxy 的功能而设计，可以修改某个散点的坐标，还可以添加或删除散点。关于主窗口上的组件布局、命名和属性设置等内容请打开示例的 UI 文件 mainwindow.ui 查看，此处不再赘述。

13.3.1　绘制三维散点图

1. 初始化绘制三维散点图

主窗口类 MainWindow 的定义如下：

```
class MainWindow : public QMainWindow
{
    Q_OBJECT
private:
    QWidget       *graphContainer;      //图表的容器
    Q3DScatter    *graph3D;             //散点图
    QScatter3DSeries  *series;          //散点图序列
    void  iniGraph3D();                 //初始化绘图
public:
    MainWindow(QWidget *parent = nullptr);
private slots:
    void  do_itemSelected(int index);     //与 series 的 selectedItemChanged()信号关联
private:
    Ui::MainWindow *ui;
 };
```

其中，graph3D 是三维散点图对象，scries 是三维散点图序列对象，函数 iniGraph3D()初始化绘制一个三维散点图，自定义槽函数 do_itemSelected()会与 series 的 selectedItemChanged()信号关联。

MainWindow 类的构造函数的代码与示例 samp13_1 的完全相同，故不再展示。构造函数里调用函数 iniGraph3D()初始化绘制三维散点图，函数 iniGraph3D()和槽函数 do_itemSelected()的代码如下：

```
void MainWindow::iniGraph3D()
{
    graph3D = new Q3DScatter();
    graphContainer = QWidget::createWindowContainer(graph3D,this);
    QScatterDataProxy *proxy = new QScatterDataProxy();          //创建数据代理
    series = new QScatter3DSeries(proxy);                        //创建序列
    series->setItemLabelFormat("(@xLabel, @zLabel, @yLabel)");   //散点标签的格式(x,z,y)
    series->setMeshSmooth(true);
    series->setBaseColor(Qt::yellow);
    graph3D->addSeries(series);

//使用内置的坐标轴
    graph3D->axisX()->setTitle("axis X");
    graph3D->axisX()->setLabelFormat("%.2f");                    //设置轴标签格式
    graph3D->axisX()->setTitleVisible(true);
    graph3D->axisY()->setTitle("axis Y");
    graph3D->axisY()->setLabelFormat("%.2f");
    graph3D->axisY()->setTitleVisible(true);
    graph3D->axisZ()->setTitle("axis Z");
    graph3D->axisZ()->setLabelFormat("%.2f");
    graph3D->axisZ()->setTitleVisible(true);
    graph3D->activeTheme()->setLabelBackgroundEnabled(false);    //不显示轴标签背景
    series->setMesh(QAbstract3DSeries::MeshSphere);              //设置散点形状
    series->setItemSize(0.2);                     //设置散点大小，取值范围是 0～1，默认值是 0

    int N= 41;
    int itemCount= N*N;                                          //数据点总数
    QScatterDataArray *dataArray = new QScatterDataArray();      //散点对象数组
    dataArray->resize(itemCount);                                //设置数组大小
    QScatterDataItem *ptrToDataArray = &dataArray->first();      //首地址
//“墨西哥草帽”图，-10:0.5:10，N=41
    float x,y,z;
    x= -10;
    for (int i=1; i<=N; i++)
    {
        y= -10;
        for ( int j=1; j<=N; j++)
        {
            z=qSqrt(x*x + y*y);
            if (z != 0)
                z= 10*qSin(z)/z;
            else
                z= 10;
            ptrToDataArray->setPosition(QVector3D(x,z,y));       //设置坐标
            ptrToDataArray++;                                    //指向下一个元素
            y += 0.5;
        }
        x += 0.5;
    }
    series->dataProxy()->resetArray(dataArray);                  //设置数据数组
    connect(series, &QScatter3DSeries::selectedItemChanged,
            this, &MainWindow::do_itemSelected);
}

void MainWindow::do_itemSelected(int index)
{
    ui->actPoint_ChangeValue->setEnabled(index>=0);
```

```
    ui->actData_Delete->setEnabled(index>=0);
    if(index>=0)                                               //index 是散点数据序号
    {
        QScatterDataItem item= *(series->dataProxy()->itemAt(index)); //当前选中的散点
        QString str= QString::asprintf("选中点的坐标(x,z,y)=(%.2f, %.2f, %.2f)",
                                       item.x(), item.z(), item.y());
        ui->statusBar->showMessage(str);
    }
}
```

函数 iniGraph3D()用于初始化创建三维图，这段程序展现了创建三维散点图的完整过程，与创建三维柱状图的过程类似，但有以下几点需要说明。

（1）数据代理类 QScatterDataProxy。与三维散点图序列 QScatter3DSeries 配套的数据代理类是 QScatterDataProxy，它存储和管理的基本元素是 QScatterDataItem 对象。序列中每个散点是一个 QScatterDataItem 对象，它存储了空间点的三维坐标和旋转角度。

QScatterDataProxy 的函数 resetArray()用于重设数据内容，其函数原型定义如下：

```
void  QScatterDataProxy::resetArray(QScatterDataArray *newArray)
```

参数 newArray 是 QScatterDataArray 类型指针，而 QScatterDataArray 就是 QScatterDataItem 对象的列表，Qt 源程序中对其的定义如下：

```
typedef  QList<QScatterDataItem>  QScatterDataArray;
```

所以，QScatterDataProxy 存储的就是一系列 QScatterDataItem 散点对象。在本示例中，“墨西哥草帽”图的数据点在水平面上是均匀分布的，相当于在水平面上做了网格划分，每个网格里面都有一个数据点。但是散点图并不要求数据点规则分布，它只是根据每个散点的三维坐标和旋转方向绘图。

（2）坐标轴及其方向。Q3DScatter 类对应的三维图的 3 个坐标轴都是 QValue3DAxis 类型，可以通过其接口函数 setAxisX()、setAxisY()、setAxisZ()设置 QValue3DAxis 类对象作为某个坐标轴。在创建三维散点图时，Q3DScatter 会自动创建坐标轴对象，通过函数 axisX()、axisY()、axisZ()就可以访问 3 个坐标轴对象，程序中就用了 3 个自动创建的坐标轴对象。

在函数 iniGraph3D()中，我们为 3 个坐标轴标注了轴标题。从绘制出来的三维图可发现，从正前方观察所绘制的三维图时，3 个坐标轴的正方向如图 13-7 所示。

图 13-7 三维图默认的坐标轴正方向

在此三维坐标系中，若将 x-z 平面看作水平面，则东西方向为 x 轴，南北方向为 z 轴，且向北方向为正。垂直方向为 y 轴，向上为正。在函数 iniGraph3D()中，计算“墨西哥草帽”图的散点坐标时采用的是常规三维坐标系，水平面上是 x 轴和 y 轴，垂直方向上是 z 轴，所以计算出的(x, y, z)坐标作为 QScatterDataItem 散点对象的坐标时使用的语句是：

```
ptrToDataArray->setPosition(QVector3D(x,z,y));
```

因为 QVector3D()的构造函数原型定义如下：

```
QVector3D(float xpos, float ypos, float zpos)
```

（3）散点大小。散点的大小由 QScatter3DSeries::setItemSize()函数设置，散点大小数据是 0～1 的浮点数，表示散点的相对大小，图表会根据数值自动调整散点的大小。

（4）QScatter3DSeries 的 selectedItemChanged()信号。在三维散点图上点击一个散点，使得当

前选中的散点变化时，序列会发射 selectedItemChanged()信号。程序中为此信号关联了自定义槽函数 do_itemSelected()，函数的输入参数 index 是选中散点在数据代理中的序号，通过 index 可以从数据代理中获取散点的 QScatterDataItem 对象。

2. 三维散点图显示效果设置

左侧控制面板上与示例 samp13_1 相同的组件的代码也完全相同，不再重复介绍。但有一点需要注意，对于三维散点图，设置数据点的选择模式时，只有 SelectionNone 和 SelectionItem 对应的两种模式有效，因为三维散点图序列的数据点是用一维数组管理的，没有行和列的概念。

控制面板上“图形总体”分组框里去除了“显示倒影”复选框，因为此功能只对三维柱状图有效。该分组框还增加了“显示阴影”复选框，其槽函数代码如下：

```
void MainWindow::on_chkBoxShadow_clicked(bool checked)
{//显示阴影
    if (checked)
       graph3D->setShadowQuality(QAbstract3DGraph::ShadowQualityMedium);
//中等品质阴影
    else
       graph3D->setShadowQuality(QAbstract3DGraph::ShadowQualityNone);    //无阴影
}
```

QAbstract3DGraph 的函数 setShadowQuality()用于设置三维物体的阴影的品质，函数参数是枚举类型 QAbstract3DGraph::ShadowQuality，它有 ShadowQualityNone、ShadowQualityMedium 等 6 级枚举值。

控制面板上的“序列设置”分组框里增加了一个设置散点大小的输入框，其槽函数代码如下：

```
void MainWindow::on_spinItemSize_valueChanged(double arg1)
{//散点大小，SpinBox
    series->setItemSize(arg1);     //设置散点大小，取值范围是 0～1，默认值是 0
}
```

13.3.2 散点数据管理

QScatterDataProxy 是三维散点图的数据代理类，它存储和管理三维散点图的数据。三维散点图中的每个散点是一个 QScatterDataItem 对象，我们称之为散点数据项，QScatterDataProxy 以列表的方式存储 QScatterDataItem 对象。QScatterDataProxy 类的主要接口函数如表 13-4 所示，表中列出了函数原型定义，但是省略了输入参数中的 const 关键字。

表 13-4 QScatterDataProxy 类的主要接口函数

函数原型	功能
int addItem(QScatterDataItem &item)	添加一个散点数据项
void InsertItem(int index, QScatterDataItem &item)	在序号 index 处之前插入一个散点数据项
void setItem(int index, QScatterDataItem &item)	替换序号为 index 的散点数据项
void removeItems(int index, int removeCount)	从序号 index 处开始，移除 removeCount 个散点数据项
QScatterDataItem *itemAt(int index)	返回序号为 index 的散点数据项
void resetArray(QScatterDataArray *newArray)	使用一个散点数据数组 newArray 重新设置数据代理的数据
QScatterDataArray *array()	返回数据代理管理的散点数据项数组
int itemCount()	返回散点的总数

工具栏上“修改点坐标”按钮用于修改当前选中散点的坐标，其槽函数代码如下：

```
void MainWindow::on_actPoint_ChangeValue_triggered()
{//修改当前选中散点的坐标
```

```
    int index= series->selectedItem();                                    //当前选中散点的序号
    if (index<0)
        return;

    QScatterDataItem item = *(series->dataProxy()->itemAt(index));
    QString coord= QString::asprintf("%.2f, %.2f, %.2f",item.x(),item.z(),item.y());
    bool ok= false;
    QString newText = QInputDialog::getText(this,"修改点坐标",
                          "按格式输入点的坐标(x,z,y)",QLineEdit::Normal,coord,&ok);
    if (!ok)
        return;
    newText= newText.simplified();    //去除前后和中间的空格
    QStringList xzy= newText.split(QLatin1Char(','),Qt::SkipEmptyParts);  //用逗号分割
    if(xzy.size() != 3)
    {
        QMessageBox::critical(this,"错误","输入坐标数据格式错误");
        return;
    }

    item.setX(xzy[0].toFloat());                                          //设置散点坐标
    item.setZ(xzy[1].toFloat());
    item.setY(xzy[2].toFloat());
    series->dataProxy()->setItem(index,item);                             //重新设置散点数据项
}
```

QScatter3DSeries 的函数 selectedItem()返回当前选中散点的序号，如果返回的序号小于 0 表示没有散点被选中。程序中使用 QInputDialog 对话框显示和获取散点的三维坐标，用到了 QString 字符串处理的一些方法。

工具栏上“添加随机点”按钮和“删除当前点”按钮的槽函数代码如下：

```
void MainWindow::on_actData_Add_triggered()
{//添加随机点
    int x= QRandomGenerator::global()->bounded(-10,10);
    int z= QRandomGenerator::global()->bounded(-10,10);
    int y= QRandomGenerator::global()->bounded(5,10);
    QScatterDataItem item;
    item.setX(x);
    item.setY(y);
    item.setZ(z);
    series->dataProxy()->addItem(item);
}

void MainWindow::on_actData_Delete_triggered()
{//删除当前点
    int index= series->selectedItem();       //当前选中散点的序号
    if (index<0)
        return;
    int removeCount= 1;                      //删除点个数
    series->dataProxy()->removeItems(index,removeCount);
}
```

13.4 三维曲面图

绘制三维曲面图需要使用 Q3DSurface 图形类和 QSurface3DSeries 序列类，根据使用的数据代理类不同，可以绘制两种三维曲面图。

- QSurfaceDataProxy 数据代理类，根据空间点的三维坐标绘制曲面，例如一般的三维函数

曲面。示例 samp13_3 演示这种三维曲面图的绘制。

- QHeightMapSurfaceDataProxy 数据代理类，根据一张图片的数据绘制三维曲面，典型的如三维地形图。示例 samp13_4 演示这种三维曲面图的绘制。

13.4.1 一般的三维曲面图

1. 初始化绘制三维曲面

图 13-8 所示的是示例 samp13_3 运行时界面，其中绘制了一个三维曲面，使用到了 QSurfaceDataProxy 数据代理类。示例 samp13_3 的界面与示例 samp13_2 的基本相同，只是"序列设置"分组框里增加了"曲面样式"下拉列表框和"平面着色"复选框等，工具栏上的按钮功能有所不同。

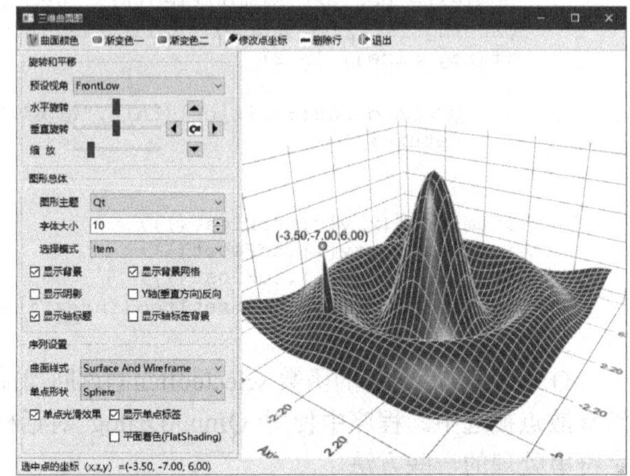

图 13-8 示例 samp13_3 运行时界面

示例 samp13_3 绘制了一个"墨西哥草帽"曲面，程序运行时可以修改某个点的坐标，可以删除某一行的数据点，还可以使用渐变色绘制曲面。下面是主窗口类 MainWindow 的定义代码。

```
class MainWindow : public QMainWindow
{
    Q_OBJECT
private:
    QWidget         *graphContainer;     //三维图的容器
    Q3DSurface      *graph3D;            //三维图
    QSurface3DSeries  *series;           //序列
    void  iniGraph3D();                  //初始化绘制三维图
public:
    MainWindow(QWidget *parent = nullptr);
private slots:
    void  do_pointSelected(const QPoint &position);
private:
    Ui::MainWindow *ui;
 };
```

本示例的 MainWindow 类的构造函数代码与示例 samp13_1 的完全相同，故不再展示。构造函数里会调用函数 iniGraph3D()绘制三维曲面图，该函数和自定义槽函数 do_pointSelected()的代码如下：

```
void MainWindow::iniGraph3D()
{
    graph3D = new Q3DSurface();
    graphContainer = QWidget::createWindowContainer(graph3D,this);
    //创建坐标轴
    QValue3DAxis *axisX= new QValue3DAxis;
    axisX->setTitle("Axis X");
    axisX->setTitleVisible(true);
    axisX->setLabelFormat("%.2f");
    axisX->setRange(-11,11);
    graph3D->setAxisX(axisX);

    QValue3DAxis *axisY= new QValue3DAxis;
```

```
    axisY->setTitle("Axis Y");
    axisY->setTitleVisible(true);
    axisY->setLabelFormat("%.2f");
    axisY->setAutoAdjustRange(true);     //自动调整范围
    graph3D->setAxisY(axisY);

    QValue3DAxis *axisZ= new QValue3DAxis;
    axisZ->setTitle("Axis Z");
    axisZ->setTitleVisible(true);
    axisZ->setLabelFormat("%.2f");
    axisZ->setRange(-11,11);
    graph3D->setAxisZ(axisZ);

    //创建数据代理
    QSurfaceDataProxy *dataProxy= new QSurfaceDataProxy();
    series= new QSurface3DSeries(dataProxy);
    series->setItemLabelFormat("(@xLabel,@zLabel,@yLabel)");
    series->setMeshSmooth(true);
    series->setBaseColor(Qt::cyan);
    series->setDrawMode(QSurface3DSeries::DrawSurfaceAndWireframe);
    series->setFlatShadingEnabled(false);
    graph3D->addSeries(series);
    graph3D->activeTheme()->setLabelBackgroundEnabled(false);
    //创建数据，“墨西哥草帽”图
    int N= 41;    //-10:0.5:10，N个数据点
    QSurfaceDataArray *dataArray= new QSurfaceDataArray;     //数组
    dataArray->reserve(N);
    float x=-10, y, z;
    for (int i=1; i<=N; i++)
    {
        QSurfaceDataRow *newRow= new QSurfaceDataRow(N);     //一行的数据
        y= -10;
        int index= 0;
        for (int j=1; j<=N; j++)
        {
            z= qSqrt(x*x+y*y);
            if (z!=0)
                z= 10*qSin(z)/z;
            else
                z= 10;
            (*newRow)[index++].setPosition(QVector3D(x, z, y));
            y += 0.5;
        }
        x += 0.5;
        dataArray->append(newRow);     //添加一行数据
    }
    dataProxy->resetArray(dataArray);
    connect(series, &QSurface3DSeries::selectedPointChanged,
            this, &MainWindow::do_pointSelected);
}

void MainWindow::do_pointSelected(const QPoint &position)
{
    if((position.x()<0) || (position.y()<0))
    {
        ui->actPoint_Modify->setEnabled(false);
        ui->actPoint_DeleteRow->setEnabled(false);
        return;
    }
    ui->actPoint_Modify->setEnabled(true);
```

```
    ui->actPoint_DeleteRow->setEnabled(true);
    QSurfaceDataItem item= *(series->dataProxy()->itemAt(position));  //获取点数据项
    QString str= QString::asprintf("选中点的坐标(x,z,y)=(%.2f, %.2f, %.2f)",
                          item.x(), item.z(), item.y());
    ui->statusBar->showMessage(str);
}
```

三维曲面实际上是由三维空间中的点确定的，曲面的基本数据是空间中的点坐标数据，然后由图形类的底层将这些点连线、划分为基本的三角形，再渲染成曲面。在确定三维曲面的数据点时，一般有两个轴的坐标是均匀划分的。

与三维曲面序列 QSurface3DSeries 配套的数据代理类是 QSurfaceDataProxy，它用二维索引管理数据，与三维柱状图的数据代理类 QBarDataProxy 的管理方式类似。

空间中每个点是一个 QSurfaceDataItem 对象，我们称之为点数据项，它存储了点的空间坐标。QSurfaceDataRow 是 QSurfaceDataItem 对象的列表，它存储了一行点的数据；QSurfaceDataArray 是 QSurfaceDataRow 对象指针的列表，它按行存储了所有点的数据。它们在 Qt 源代码中的定义如下：

```
typedef  QList<QSurfaceDataItem>   QSurfaceDataRow;
typedef  QList<QSurfaceDataRow *>  QSurfaceDataArray;
```

绘制的三维曲面只显示曲面，不显示点，通常只有点击某个点时才显示这个点（是否显示还与选择模式有关）。选中的点变化时，QSurface3DSeries 序列会发射 selectedPointChanged()信号，自定义槽函数 do_pointSelected()与这个信号关联。槽函数中的参数 position 是选中点的行列坐标，通过 position 可以从数据代理中获取点的 QSurfaceDataItem 对象。

2. 数据管理

QSurfaceDataProxy 存储和管理三维曲面上点的数据。每个点对应一个 QSurfaceDataItem 对象，所以，QSurfaceDataProxy 管理数据的基本单元是 QSurfaceDataItem 对象，它以行为单位添加、插入或删除点数据项，这与三维柱状图的数据代理管理数据点的方式类似。

QSurfaceDataProxy 类的主要接口函数如表 13-5 所示，表中列出了函数原型定义，但是省略了输入参数中的 const 关键字。

表 13-5 QSurfaceDataProxy 类的主要接口函数

函数原型	功能
int addRow(QSurfaceDataRow *row)	添加一行的数据点
void insertRow(int rowIndex, QSurfaceDataRow *row)	在行号 rowIndex 处之前插入一行数据点
void removeRows(int rowIndex, int removeCount)	从行号 rowIndex 处开始，移除 removeCount 行的数据点
void setRow(int rowIndex, QSurfaceDataRow *row)	重新设置某一行的数据点
void setItem(int rowIndex, int columnIndex, QSurfaceDataItem &item)	按行列号直接设置某个点数据项
void resetArray(QSurfaceDataArray *newArray)	重新设置点数据数组
QSurfaceDataArray *array()	返回数据代理的点数据数组
int rowCount()	返回点数据数组的行数
int columnCount()	返回点数据数组的列数
QSurfaceDataItem *itemAt(int rowIndex, int columnIndex)	根据行号和列号返回点数据项
QSurfaceDataItem *itemAt(QPoint &position)	根据点的位置返回点数据项

工具栏上“修改点坐标”按钮和“删除行”按钮的槽函数代码如下：

```
void MainWindow::on_actPoint_Modify_triggered()
{//修改点坐标
    QPoint point= series->selectedPoint();
```

```
    if ((point.x()<0) || point.y()<0)
        return;

    QSurfaceDataItem item = *(series->dataProxy()->itemAt(point));    //获取点数据项
    QString coord= QString::asprintf("%.2f, %.2f, %.2f",item.x(),item.z(),item.y());
    bool ok= false;
    QString newText= QInputDialog::getText(this,"修改点坐标",
                         "按格式输入点的坐标(x,z,y)",QLineEdit::Normal,coord,&ok);
    if (!ok)
        return;
    newText= newText.simplified();    //去除前后和中间的空格
    QStringList xzy= newText.split(QLatin1Char(','),Qt::SkipEmptyParts);
                                     //用逗号分割
    if(xzy.size() != 3)
    {
        QMessageBox::critical(this, "错误", "输入坐标数据格式错误");
        return;
    }
    item.setX(xzy[0].toFloat());
    item.setZ(xzy[1].toFloat());
    item.setY(xzy[2].toFloat());
    series->dataProxy()->setItem(point, item);
}

void MainWindow::on_actPoint_DeleteRow_triggered()
{//删除行
    QPoint point= series->selectedPoint();
    if ((point.x()<0) || point.y()<0)
        return;
    int removeCount= 1;                   //删除行的数量
    series->dataProxy()->removeRows(point.x(),removeCount);
}
```

3. 其他设置

对于三维曲面图和后面要介绍的三维地形图，其“选择模式”下拉列表框中只有前两项和最后两项有效，也就是不能选择行数据点或列数据点，但是可以进行切片显示。

控制面板上的“曲面样式”下拉列表框用于设置绘制曲面的样式，其槽函数代码如下：

```
void MainWindow::on_comboDrawMode_currentIndexChanged(int index)
{//曲面样式
    if (index == 0)
        series->setDrawMode(QSurface3DSeries::DrawWireframe);
    else if (index == 1)
        series->setDrawMode(QSurface3DSeries::DrawSurface);
    else
        series->setDrawMode(QSurface3DSeries::DrawSurfaceAndWireframe);
}
```

QSurface3DSeries 的函数 setDrawMode()用于设置曲面样式，其函数原型定义如下：

```
void  QSurface3DSeries::setDrawMode(QSurface3DSeries::DrawFlags mode)
```

参数 mode 是枚举类型 QSurface3DSeries::DrawFlags，其有以下几种枚举值。

- QSurface3DSeries::DrawWireframe：只绘制线网。
- QSurface3DSeries::DrawSurface：只绘制曲面。
- QSurface3DSeries::DrawSurfaceAndWireframe：绘制线网和曲面。

图 13-8 展示的是设置为 QSurface3DSeries::DrawSurfaceAndWireframe 时的绘图效果。

控制面板上的“平面着色(FlatShading)”复选框设置曲面是否使用平面着色，其槽函数代码如下：

```
void MainWindow::on_chkBoxFlatShading_clicked(bool checked)
{//平面着色
    series->setFlatShadingEnabled(checked);
}
```

若使用平面着色，曲面的每个基本三角形使用同一颜色，曲面总体上显得不够平滑。若不使用平面着色，基本三角形内部会使用插值颜色，曲面总体显得更平滑。

选择图形主题后会自动改变曲面的颜色，曲面会使用单一颜色，只是不同的区域呈现不同的亮度和阴影效果。曲面也可以使用渐变色填充。窗口工具栏上“曲面颜色”“渐变色一”“渐变色二”这 3 个按钮的槽函数代码如下：

```
void MainWindow::on_actSurf_Color_triggered()
{//设置曲面颜色
    QColor  color= series->baseColor();
    color= QColorDialog::getColor(color);
    if (color.isValid())
    {
        series->setBaseColor(color);
        series->setColorStyle(Q3DTheme::ColorStyleUniform);      //单一颜色
    }
}

void MainWindow::on_actSurf_GradColor1_triggered()
{//渐变色一
    QLinearGradient gr;
    gr.setColorAt(0.0,  Qt::blue);
    gr.setColorAt(1.0,  Qt::yellow);
    series->setBaseGradient(gr);
    series->setColorStyle(Q3DTheme::ColorStyleRangeGradient);     //渐变色
}

void MainWindow::on_actSurf_GradColor2_triggered()
{//渐变色二
    QLinearGradient grGtoR;
    grGtoR.setColorAt(0.0, Qt::cyan);
    grGtoR.setColorAt(1.0, Qt::red);
    series->setBaseGradient(grGtoR);
    series->setColorStyle(Q3DTheme::ColorStyleRangeGradient);     //渐变色
}
```

其中用到的序列的几个函数都是在 QSurface3DSeries 的父类 QAbstract3DSeries 中定义的，其函数原型定义如下：

```
void  QAbstract3DSeries::setColorStyle(Q3DTheme::ColorStyle style)     //设置颜色样式
void  QAbstract3DSeries::setBaseColor(const QColor &color)             //设置基本颜色
void  QAbstract3DSeries::setBaseGradient(const QLinearGradient &gradient)//设置渐变色
```

函数 setColorStyle()用于设置序列的颜色样式，参数 style 是枚举类型 Q3DTheme::ColorStyle，其有以下 3 种枚举值。

- Q3DTheme::ColorStyleUniform：用单一颜色渲染序列的对象。
- Q3DTheme::ColorStyleObjectGradient：对序列的每个对象用完整的渐变色渲染，不考虑对象的高度。
- Q3DTheme::ColorStyleRangeGradient：对序列的每个对象用部分渐变色渲染，考虑对象的高度及其在 y 轴的位置。

一个三维曲面只有一个对象，所以，设置为 ColorStyleObjectGradient 和 ColorStyleRangeGradient 的效果是一样的，但是对于三维柱状图，效果就不一样。

函数 setBaseGradient()用于设置序列的基本渐变色对象，参数 gradient 是 QLinearGradient 类对象。要使用渐变色渲染，需要设置颜色样式值为 ColorStyleObjectGradient 或 ColorStyleRangeGradient。

13.4.2 三维地形图

当 QSurface3DSeries 序列使用 QHeightMapSurfaceDataProxy 类作为数据代理时，可以读取图片文件，将图片像素的颜色值作为高程数据来绘制三维地形图。图 13-9 所示的是示例 samp13_4 运行时界面，右侧的三维曲面是一个三维地形图。

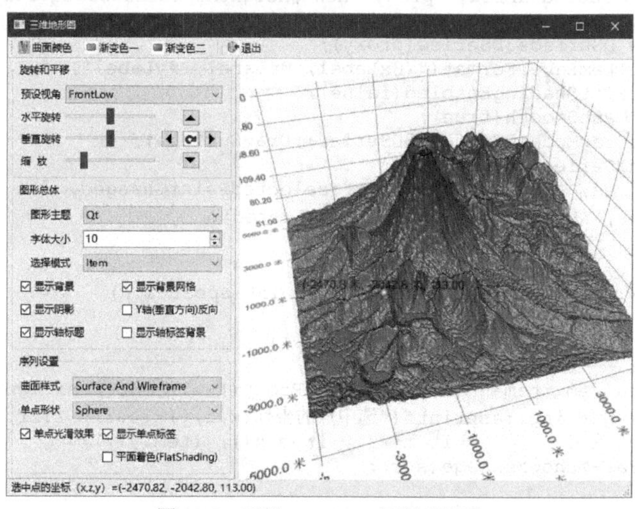

图 13-9 示例 samp13_4 运行时界面

与图 13-8 相比，图 13-9 所示的界面上除了工具栏上缺少两个用于数据点管理的按钮，其他的界面组件都相同，因为 QHeightMapSurfaceDataProxy 是从图片读取数据，无法修改数据。

本示例的主窗口类 MainWindow 的定义与示例 samp13_3 的完全一样，MainWindow 类的构造函数代码也完全一样，不再展示。两个示例程序的差别主要在于函数 iniGraph3D()和 do_pointSelected()的代码不同，这两个函数的代码如下：

```
void MainWindow::iniGraph3D()
{
    graph3D= new Q3DSurface();
    graphContainer= QWidget::createWindowContainer(graph3D);
    graph3D->activeTheme()->setLabelBackgroundEnabled(false);
//创建坐标轴
    QValue3DAxis *axisX= new QValue3DAxis;    //X，东西
    axisX->setTitle("AxisX:西--东");
    axisX->setTitleVisible(true);
    axisX->setLabelFormat("%.1f 米");
    axisX->setRange(-5000,5000);
    graph3D->setAxisX(axisX);
```

```
    QValue3DAxis *axisY= new QValue3DAxis;    //Y，高度
    axisY->setTitle("axisY:高度");
    axisY->setTitleVisible(true);
    axisY->setAutoAdjustRange(true);
    graph3D->setAxisY(axisY);

    QValue3DAxis *axisZ= new QValue3DAxis;    //Z，南北
    axisZ->setTitle("axisZ:南--北");
    axisZ->setLabelFormat("%.1f 米");
    axisZ->setTitleVisible(true);
    axisZ->setRange(-5000,5000);
    graph3D->setAxisZ(axisZ);

//创建数据代理
    QImage heightMapImage(":/map/mountain.png");
    QHeightMapSurfaceDataProxy *proxy= new QHeightMapSurfaceDataProxy(heightMapImage);
    proxy->setValueRanges(-5000, 5000, -5000, 5000);
    series= new QSurface3DSeries(proxy);
    series->setItemLabelFormat("(@xLabel, @zLabel, @yLabel");
    series->setFlatShadingEnabled(false);
    series->setMeshSmooth(true);
    series->setDrawMode(QSurface3DSeries::DrawSurface);
    graph3D->addSeries(series);
    connect(series, &QSurface3DSeries::selectedPointChanged,
            this, &MainWindow::do_pointSelected);
}

void MainWindow::do_pointSelected(const QPoint &position)
{
    if((position.x()<0) || (position.y()<0))
        return;
    QSurfaceDataItem item= *(series->dataProxy()->itemAt(position));
    QString str=QString::asprintf("选中点的坐标(x,z,y)=(%.2f, %.2f, %.2f)",
                                  item.x(), item.z(), item.y());
    ui->statusBar->showMessage(str);
}
```

项目的资源文件中有一个灰度图片文件 mountain.png，在创建 QHeightMapSurfaceDataProxy 数据代理对象时加载这个图片文件，并指定平面坐标范围，代码如下：

```
QImage heightMapImage(":/map/mountain.png");
QHeightMapSurfaceDataProxy *proxy= new QHeightMapSurfaceDataProxy(heightMapImage);
proxy->setValueRanges(-5000, 5000, -5000, 5000);
```

QHeightMapSurfaceDataProxy 支持多种图片文件格式，可以是彩色图片或灰度图片。由于图片信息不包含平面坐标范围信息，因此需要使用函数 setValueRanges()设置图片数据在平面上的 z 轴和 x 轴的坐标范围，其函数原型定义如下：

```
void  setValueRanges(float minX, float maxX, float minZ, float maxZ)
```

高程数据从图片中获取。如果是灰度图片，就将像素的红色成分的值作为高度值；如果是彩色图片，就以红、绿、蓝 3 种颜色的平均值作为高度值。所以这里的“高程”只是相对意义上的“高程”，其数据并不是严格、真实的高程数据，所绘制的三维地形图只是通过高程数据展现出地形的基本形态。

第 14 章

多线程

Qt 为多线程编程提供了完整的支持。QThread 是实现多线程的核心类，我们一般从 QThread 继承定义自己的线程类。线程之间的同步是线程交互的主要问题，Qt 提供了 QMutex、QWaitCondition、QSemaphore 等多个类用于实现线程同步。Qt 还有一个 Qt Concurrent 模块，其提供一些高级的 API 来实现多线程编程，而无须使用互斥量和信号量等基础操作。

14.1 使用 QThread 创建多线程程序

QThread 类提供不依赖平台的管理线程的方法，如果要设计多线程程序，一般是从 QThread 继承定义一个线程类，在自定义线程类里进行任务处理。本节介绍 QThread 的功能和接口函数，并通过示例介绍设计多线程程序的基本原理。

14.1.1 QThread 类简介

一个 QThread 类的对象管理一个线程。在设计多线程程序的时候，需要从 QThread 继承定义线程类，并重定义 QThread 的虚函数 run()，在函数 run()里处理线程的事件循环。

我们把应用程序的线程称为主线程，创建的其他线程称为工作线程。一般会在主线程里创建工作线程，并调用函数 start()开始执行工作线程的任务。函数 start()会在其内部调用函数 run()进入工作线程的事件循环，函数 run()的程序体一般是一个无限循环，可以在函数 run()里调用函数 exit()或 quit()结束线程的事件循环，或在主线程里调用函数 terminate()强制结束线程。

QThread 类的主要接口函数如表 14-1 所示，表中列出了函数参数，但是省略了 const 关键字。

表 14-1　QThread 类的主要接口函数

类型	函数原型	功能
公有函数	bool isFinished()	判断线程是否已结束，也就是是否从函数 run()退出
	bool isRunning()	判断线程是否正在运行
	QThread::Priority priority()	返回线程的优先级，优先级用枚举类型 QThread::Priority 表示
	void setPriority(QThread::Priority priority)	设置线程的优先级
	bool wait(unsigned long time)	阻塞线程运行，直到线程结束，也就是从函数 run()退出，或等待时间超过 time 毫秒后此函数返回 false
公有槽函数	void exit(int returnCode = 0)	退出线程的事件循环，设置退出码为 returnCode，其设置为 0 表示成功退出，设置为其他值表示有错误
	void quit()	退出线程的事件循环，并设置退出码为 0，quit()等效于 exit(0)
	void start(QThread::Priority priority = InheritPriority)	设置线程优先级为 priority，其内部调用 run()开始运行线程，操作系统根据 priority 参数进行调度

续表

类型	函数原型	功能
公有槽函数	void terminate()	终止线程的运行，但不是立即结束线程，而是等待操作系统结束线程。使用 terminate()之后应调用 wait()
信号	void finished()	在线程要结束时此信号被发射
	void started()	在线程开始运行之前，即函数 run()被调用之前此信号被发射
静态函数	int idealThreadCount()	返回系统上能运行的线程的理想个数
	void yieldCurrentThread()	当前线程让出 CPU，使其他可运行的线程占用 CPU 运行
	void msleep(unsigned long msecs)	强制当前线程休眠 msecs 毫秒
	void sleep(unsigned long secs)	强制当前线程休眠 secs 秒
	void usleep(unsigned long usecs)	强制当前线程休眠 usecs 微秒
受保护函数	virtual void run()	start()调用 run()开始线程任务的执行，所以在 run()函数里实现线程的事件循环
	int exec()	进入线程的事件循环，直到运行 exit()退出线程

QThread 的父类是 QObject，所以可以使用信号与槽机制。QThread 自身定义了 started()和 finished()两个信号，started()信号在线程开始运行之前，也就是在函数 run()被调用之前被发射；finished()信号在线程即将结束时被发射。

14.1.2 掷骰子的多线程应用程序

1．示例功能概述

本节设计一个示例项目 samp14_1，演示基于 QThread 进行多线程编程的基本方法。主窗口基类是 QMainWindow，示例 samp14_1 运行时界面如图 14-1 所示。

工具栏上的按钮主要用于控制线程的启动与结束，即控制开始与结束掷骰子。左侧的文本框显示掷骰子的次数和点数，右侧根据点数显示资源文件里的一张图片。

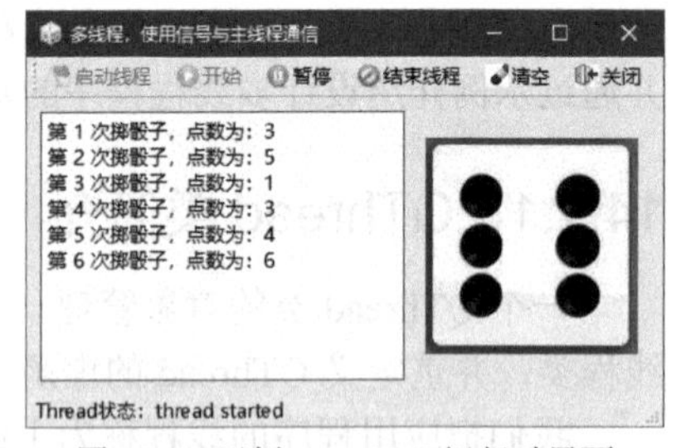

图 14-1 示例 samp14_1 运行时界面

项目里定义了一个从 QThread 继承而来的类 TDiceThread，TDiceThread 里实现了通过随机数生成器生成骰子点数，并发射一个信号传递骰子点数。应用程序的主线程里创建一个 TDiceThread 线程，通过槽函数与 TDiceThread 线程的信号关联，并且控制线程的启动与结束。

2．掷骰子的线程 TDiceThread

创建项目后，再通过 New File or Project 对话框新建一个 C++类，设置类名称为 TDiceThread，并设置其基类为 QThread，需要勾选 Add Q_OBJECT 复选框。结束向导后会生成文件 tdicethread.h 和 tdicethread.cpp。为 TDiceThread 类添加定义代码，完整的定义代码如下：

```
class TDiceThread : public QThread
{
    Q_OBJECT
private:
    int     m_seq=0;                    //掷骰子次数的序号
    int     m_diceValue;                //骰子点数
    bool    m_paused= true;             //暂停掷骰子
    bool    m_stop= false;              //停止线程，也就是退出 run()函数的运行
protected:
    void    run();                      //线程的任务
```

```
public:
    explicit TDiceThread(QObject *parent = nullptr);
    void   diceBegin();                          //开始掷骰子
    void   dicePause();                          //暂停
    void   stopThread();                         //结束线程
signals:
    void   newValue(int seq,int diceValue);      //产生新点数的信号
};
```

必须重定义函数 run()，线程的任务就在这个函数里实现。TDiceThread 类定义了一个信号 newValue()，在掷一次骰子之后此信号会被发射。TDiceThread 类的实现代码如下：

```
TDiceThread::TDiceThread(QObject *parent) : QThread{parent}
{
}
void TDiceThread::diceBegin()
{//开始掷骰子
    m_paused= false;
}
void TDiceThread::dicePause()
{//暂停掷骰子
    m_paused= true;
}
void TDiceThread::stopThread()
{//停止线程
    m_stop= true;
}

void TDiceThread::run()
{//线程的任务
    m_stop= false;
    m_paused= true;                              //启动线程后暂时不掷骰子
    m_seq= 0;
    while(!m_stop)                               //循环体
    {
        if (!m_paused)
        {
            m_diceValue= QRandomGenerator::global()->bounded(1,7);
                                                 //生成随机整数，范围为[1,6]
            m_seq++;
            emit newValue(m_seq, m_diceValue);   //发射信号
        }
        msleep(500);                             //线程休眠 500ms
    }
//  在 m_stop==true 时结束线程任务
    quit();                                      //相当于 exit(0)，退出线程的事件循环
}
```

函数 run()是线程任务的实现部分。调用函数 QThread::start()开始运行线程后，线程内部就会运行函数 run()。函数 run()的程序体一般是一个无限循环，根据各种条件或事件进行相应的处理。当函数 run()退出时，线程的事件循环就结束了。

在函数 run()里，我们初始化了 3 个变量。函数 run()的主体是一个 while 循环，在主线程里调用 TDiceThread::stopThread()函数使 m_stop 变为 true 后，while 循环结束，运行 quit()结束线程的运行。

在 while 循环体内，程序又根据 m_paused 判断当前是否需要掷骰子，如果需要掷骰子，则用随机数生成器生成一次骰子的点数 m_diceValue，然后发射信号 newValue()，将 m_seq 和 m_diceValue 作为信号参数传递出去。主线程可以设计槽函数与此信号关联，获取这两个值并显示。

3. 主线程功能实现

项目的主窗口类 MainWindow 的定义代码如下。

```
class MainWindow : public QMainWindow
{
    Q_OBJECT
private:
    TDiceThread   *threadA;     //工作线程
protected:
    void    closeEvent(QCloseEvent *event);
public:
    MainWindow(QWidget *parent = nullptr);
private slots:
    void    do_threadA_started();
    void    do_threadA_finished();
    void    do_threadA_newValue(int seq, int diceValue);
private:
    Ui::MainWindow *ui;
};
```

MainWindow 类里定义了一个 TDiceThread 类型的指针变量 threadA，重定义了事件处理函数 closeEvent()，还定义了 3 个槽函数。MainWindow 类的构造函数代码如下：

```
MainWindow::MainWindow(QWidget *parent): QMainWindow(parent), ui(new Ui::MainWindow)
{
    ui->setupUi(this);
    threadA= new TDiceThread(this);     //创建工作线程
    connect(threadA,&TDiceThread::started, this, &MainWindow::do_threadA_started);
    connect(threadA,&TDiceThread::finished,this, &MainWindow::do_threadA_finished);
    connect(threadA,&TDiceThread::newValue,this, &MainWindow::do_threadA_newValue);
}
```

构造函数里创建了线程对象 threadA，并且以主窗口作为其父对象，所以程序退出时 threadA 会被自动删除。threadA 的 3 个信号与 3 个自定义槽函数关联，这 3 个槽函数的代码如下：

```
void MainWindow::do_threadA_started()
{//与线程的 started()信号关联
    ui->statusbar->showMessage("Thread状态: thread started");
    ui->actThread_Run->setEnabled(false);      //"启动线程"按钮
    ui->actThread_Quit->setEnabled(true);      //"结束线程"按钮
    ui->actDice_Run->setEnabled(true);         //"开始"按钮
}

void MainWindow::do_threadA_finished()
{//与线程的 finished()信号关联
    ui->statusbar->showMessage("Thread状态: thread finished");
    ui->actThread_Run->setEnabled(true);
    ui->actThread_Quit->setEnabled(false);
    ui->actDice_Run->setEnabled(false);        //"开始"按钮
    ui->actDice_Pause->setEnabled(false);      //"暂停"按钮
}

void MainWindow::do_threadA_newValue(int seq, int diceValue)
```

```
{//与线程的 newValue()信号关联
    QString  str= QString::asprintf("第 %d 次掷骰子，点数为：%d",seq,diceValue);
    ui->plainTextEdit->appendPlainText(str);
    QString filename= QString::asprintf(":/dice/images/d%d.jpg",diceValue);
    QPixmap pic(filename);                          //加载图片
    ui->labPic->setPixmap(pic);                     //显示骰子图片
}
```

started()信号被发射表示线程开始运行，程序在状态栏里显示状态信息。

finished()信号被发射表示线程结束运行，程序在状态栏里显示状态信息。

newValue()信号是 TDiceThread 类定义的信号，在掷一次骰子获得新的点数后被发射，并且以掷骰子的次数和点数作为函数参数，槽函数 do_threadA_newValue()会获取这两个值并将其显示在文本框里，再根据点数从资源文件里获取相应的图片并显示。

窗口上其他几个 Action 的槽函数代码如下：

```
void MainWindow::on_actThread_Run_triggered()
{// “启动线程” 按钮
    threadA->start();
}
void MainWindow::on_actThread_Quit_triggered()
{// “结束线程” 按钮
    threadA->stopThread();
}
void MainWindow::on_actDice_Run_triggered()
{// “开始” 按钮，开始掷骰子
    threadA->diceBegin();
    ui->actDice_Run->setEnabled(false);
    ui->actDice_Pause->setEnabled(true);
}
void MainWindow::on_actDice_Pause_triggered()
{// “暂停” 按钮，暂停掷骰子
    threadA->dicePause();
    ui->actDice_Run->setEnabled(true);
    ui->actDice_Pause->setEnabled(false);
}
```

“启动线程” 按钮调用线程的 start()函数，函数 start()内部会调用函数 run()开始线程任务的执行。函数 run()将内部变量 m_paused 初始化为 true，所以，启动线程后并不会立即开始掷骰子。

“开始”按钮调用 TDiceThread::diceBegin()函数，使 threadA 线程内部变量 m_paused 变为 false，因此函数 run()就每隔 500 毫秒生成一次骰子点数，并发射信号 newValue()。

“暂停”按钮调用 TDiceThread::dicePause()函数，使 threadA 线程内部变量 m_paused 变为 true，因此函数 run()里不再实现掷骰子，但是函数 run()并没有退出，也就是线程并没有结束运行。

“结束线程” 按钮调用 TDiceThread::stopThread()函数，使 threadA 线程内部变量 m_stop 变为 true，因此函数 run()内的 while 循环结束，运行 quit()后线程结束运行。所以，线程结束就是指函数 run()退出。

MainWindow 类还重定义了事件处理函数 closeEvent()，以确保在窗口关闭时线程被停止，代码如下：

```
void MainWindow::closeEvent(QCloseEvent *event)
{
    if (threadA->isRunning())
```

```
    {
        threadA->terminate();       //强制终止线程
        threadA->wait();            //等待线程结束
    }
    event->accept();
}
```

14.2 线程同步

在多线程程序中，线程之间的通信和同步是重要的问题，Qt 提供了 QMutex、QWaitCondition、QSemaphore 等多个类用于实现线程同步。本节介绍线程同步的概念，并介绍几个用于实现线程同步的类的特点及其编程使用方法。

14.2.1 线程同步的概念

在多线程程序中，由于存在多个线程，线程之间可能需要访问同一个变量，或一个线程需要等待另一个线程完成某个操作后才产生相应的动作。例如，在 14.1 节介绍的示例 samp14_1 中，工作线程生成随机的骰子点数，主线程读取骰子点数并显示，主线程需要等待工作线程生成一个新的骰子点数后再读取数据。示例 samp14_1 中使用了信号与槽的机制，在生成新的点数之后通过信号通知主线程读取新的数据。

如果不使用信号与槽且改变了计算变量 m_diceValue 的值的方法，TDiceThread 的函数 run() 的代码变为如下的内容：

```
void TDiceThread::run()
{
    m_stop= false;
    m_paused= true;
    m_seq= 0;
    while(!m_stop)
    {
        if (!m_paused)
        {
            m_diceValue= 0;
            for(int i=0; i<5; i++)              //对多个随机数求平均值
                m_diceValue += QRandomGenerator::global()->bounded(1,7);
            m_diceValue= m_diceValue/5;
            m_seq++;
        }
        msleep(500);                            //线程休眠 500ms
    }
    quit();                                     //结束线程任务
}
```

TDiceThread 类需要定义一个公有函数返回 m_diceValue 的值，以便在主线程中调用此函数读取骰子的点数，如：

```
int  TDiceThread::diceValue() { return m_diceValue;}
```

由于没有使用信号与槽的关联机制，主线程只能采用不断查询的方式主动查询是否有新数据，并在有新数据时读取新数据。但是在主线程调用函数 diceValue()读取骰子点数时，工作线程可能正在运行 run()函数中修改 m_diceValue 值的语句，即可能在运行下面这段关键代码：

```
m_diceValue= 0;
for(int i=0; i<5; i++)                          //对多个随机数求平均值
    m_diceValue += QRandomGenerator::global()->bounded(1,7);
m_diceValue= m_diceValue/5;
m_seq++;
```

这段代码可能需要运行较长的时间，且会不断修改变量 m_diceValue 的值。运行这段代码时不能被主线程调用的 diceValue()函数打断，因为如果被打断，函数 diceValue()返回的值可能是错误的。

因此，这段代码是需要被保护起来的，其在运行过程中不能被其他线程打断，以确保计算结果的完整性，这就涉及线程同步的问题。注意，线程 TDiceThread 的任务是在函数 run()里执行的，TDiceThread 的成员函数 diceValue()实际上是在主线程里运行的。

在 Qt 中，有多个类可以实现线程同步的功能，这些类包括 QMutex、QMutexLocker、QReadWriteLock、QReadLocker、QWriteLocker、QWaitCondition、QSemaphore 等。下面分别介绍这些类的用法。

14.2.2 基于互斥量的线程同步

1. 互斥量的原理和功能

QMutex 和 QMutexLocker 是基于互斥量（mutex）的线程同步类，QMutex 定义的实例是互斥量，QMutex 主要有以下几个函数。

```
void  QMutex::lock()                          //锁定互斥量，一直等待
void  QMutex::unlock()                        //解锁互斥量
bool  QMutex::tryLock()                       //尝试锁定互斥量，不等待
bool  QMutex::tryLock(int timeout)            //尝试锁定互斥量，最多等待 timeout 毫秒
```

函数 lock()锁定互斥量，如果另一个线程锁定了这个互斥量，它将被阻塞运行直到其他线程解锁这个互斥量。函数 unlock()解锁互斥量，需要与 lock()配对使用。互斥量的作用示意如图 14-2 所示。

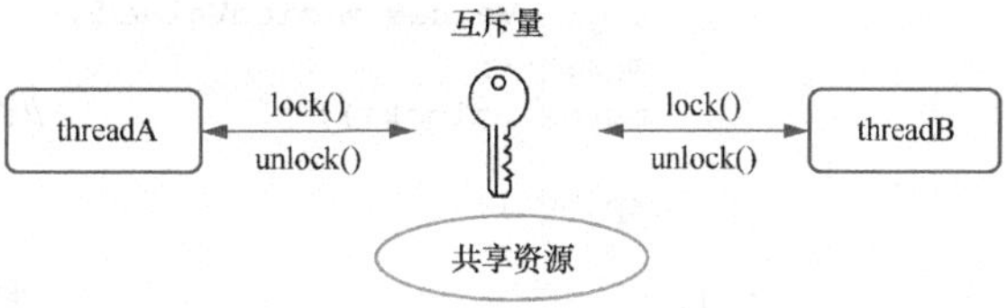

图 14-2 互斥量的作用示意

函数 tryLock()尝试锁定一个互斥量，如果成功锁定就返回 true，如果其他线程已经锁定了这个互斥量就返回 false，不等待。函数 tryLock(int timeout)尝试锁定一个互斥量，如果这个互斥量被其他线程锁定，最多等待 timeout 毫秒。

互斥量相当于一把钥匙，如果两个线程要访问同一个共享资源，例如本示例中的变量 m_diceValue，就需要通过 lock()或 tryLock()拿到这把钥匙，然后才可以访问该共享资源，访问完之后还要通过 unlock()还回钥匙，这样别的线程才有机会拿到钥匙。

2. 使用 QMutex 的 TDiceThread 类

将示例项目 samp14_1 复制为项目 samp14_2。改写 TDiceThread 的定义，定义一个 QMutex 变量，删除自定义信号 newValue()，增加一个函数 readValue()。改写后的 TDiceThread 类定义代码如下：

```
class TDiceThread : public QThread
{
    Q_OBJECT
private:
```

```
    QMutex  mutex;                                  //互斥量
    int     m_seq= 0;                               //掷骰子次数的序号
    int     m_diceValue;                            //骰子点数
    bool    m_paused= true;                         //暂停掷骰子
    bool    m_stop= false;                          //停止线程
protected:
    void    run();                                  //线程的事件循环
public:
    explicit TDiceThread(QObject *parent = nullptr);
    void    diceBegin();                            //开始掷骰子
    void    dicePause();                            //暂停
    void    stopThread();                           //结束线程
    bool    readValue(int *seq, int *diceValue);    //供主线程读取数据的函数
};
```

下面是 TDiceThread 类中关键的 run()和 readValue()函数的实现代码，其他函数的代码与示例 samp14_1 中的相同，不再展示。

```
void TDiceThread::run()
{//线程的事件循环
    m_stop= false;
    m_paused= true;
    m_seq= 0;
    while(!m_stop)
    {
        if (!m_paused)
        {
            mutex.lock();                 //锁定互斥量
            m_diceValue= 0;
            for(int i=0; i<5; i++)
                m_diceValue += QRandomGenerator::global()->bounded(1,7);
            m_diceValue= m_diceValue/5;
            m_seq++;
            mutex.unlock();               //解锁互斥量
        }
        msleep(500);
    }
    quit();                               //结束线程任务
}

bool TDiceThread::readValue(int *seq, int *diceValue)
{
    if (mutex.tryLock(100))               //尝试锁定互斥量，等待 100ms
    {
        *seq= m_seq;
        *diceValue= m_diceValue;
        mutex.unlock();                   //解锁互斥量
        return true;
    }
    else
        return false;
}
```

在函数 run()中，我们对重新计算变量 m_diceValue 和 m_seq 值的代码片段用互斥量 mutex 进行了保护。TDiceThread 线程在运行这段代码时，其他线程通过锁定 mutex 访问变量 m_diceValue 是不可能的。注意，QMutex 的函数 lock()与 unlock()必须配对使用。

在函数 readValue()中，我们用互斥量 mutex 对访问变量 m_diceValue 和 m_seq 的代码片段进行了保护。如果 tryLock()成功锁定互斥量，读取变量 m_diceValue 和 m_seq 的值时，函数 run()里修改这两个变量的代码片段是不可能运行的，这样就可确保数据的完整性。

注意，虽然这里的函数 run()和 readValue()都是 TDiceThread 类里定义的函数，但是它们是在两个不同的线程里运行的。工作线程运行后，其内部的函数 run()一直在运行。主线程里调用工作线程的 readValue()函数，其实际是在主线程里运行的。

3. QMutexLocker 类

QMutex 需要函数 lock()和 unlock()配对使用来实现代码片段的保护，在一些逻辑复杂的代码片段或可能发生异常的代码中，配对有可能出错。

QMutexLocker 是另一个简化了互斥量处理的类。QMutexLocker 的构造函数接受互斥量作为参数并将其锁定，QMutexLocker 的析构函数则将此互斥量解锁，所以在 QMutexLocker 实例变量的生存期内的代码片段会得到保护，自动进行互斥量的锁定和解锁。例如，TDiceThread 的函数 run()可以改写为如下的代码：

```
void TDiceThread::run()
{//线程的事件循环
    m_stop= false;
    m_paused= true;
    m_seq= 0;
    while(!m_stop)
    {
        if (!m_paused)
        {
            QMutexLocker locker(&mutex);      //锁定 mutex，超出 if 语句范围就解锁
            m_diceValue= 0;
            for(int i=0; i<5; i++)
                m_diceValue += QRandomGenerator::global()->bounded(1,7);
            m_diceValue= m_diceValue/5;
            m_seq++;
        }
        msleep(500);
    }
    quit();                                   //结束线程任务
}
```

这段代码中定义的变量 locker 用于锁定 mutex，超出 if 语句的范围就自动解锁。

4. 主窗口程序实现

示例 samp14_2 的窗口类 MainWindow 中新定义了一个定时器和一个槽函数，其他定义代码与示例 samp14_1 中 MainWindow 类的相同，不再展示。新增定义如下：

```
private:
    QTimer  *timer;              //定时器
private slots:
    void    do_timeOut();        //定时器的槽函数
```

MainWindow 类的构造函数里创建了定时器，并设置信号与槽函数连接，代码如下：

```
MainWindow::MainWindow(QWidget *parent) : QMainWindow(parent), ui(new Ui::MainWindow)
{
    ui->setupUi(this);
    threadA= new TDiceThread(this);
```

```
    connect(threadA,&TDiceThread::started, this, &MainWindow::do_threadA_started);
    connect(threadA,&TDiceThread::finished,this, &MainWindow::do_threadA_finished);
    timer= new QTimer(this);          //创建定时器
    timer->setInterval(200);          //定时周期为 200ms
    timer->stop();
    connect(timer,&QTimer::timeout, this, &MainWindow::do_timeOut);
}

void MainWindow::do_timeOut()
{//与定时器的 timeout()信号连接
    int tmpSeq=0, tmpValue=0;
    bool valid= threadA->readValue(&tmpSeq,&tmpValue);     //读取数值
    if (valid && (tmpSeq != m_seq))                        //有效，并且是新数据
    {
        m_seq= tmpSeq;
        m_diceValue= tmpValue;
        QString str= QString::asprintf("第 %d 次掷骰子，点数为：%d",m_seq,m_diceValue);
        ui->plainTextEdit->appendPlainText(str);
        QString filename= QString::asprintf(":/dice/images/d%d.jpg",m_diceValue);
        QPixmap pic(filename);
        ui->labPic->setPixmap(pic);
    }
}
```

槽函数 do_timeOut()的主要功能是调用 threadA 的 readValue()函数读取数值。定时器的定时周期被设置为 200ms，其小于 threadA 生成一次新数据所需的周期（500ms），所以可能读出旧的数据，通过比较存储的掷骰子的次数 m_seq 与读取的掷骰子次数 tmpSeq 是否不同可以判断数据是否为新数据。

只有“开始”按钮和“暂停”按钮的槽函数代码稍微有变化，它们的代码如下：

```
void MainWindow::on_actDice_Run_triggered()
{//“开始”按钮，开始掷骰子
    threadA->diceBegin();
    timer->start();       //重启定时器
    ui->actDice_Run->setEnabled(false);
    ui->actDice_Pause->setEnabled(true);
}
void MainWindow::on_actDice_Pause_triggered()
{//“暂停”按钮，暂停掷骰子
    threadA->dicePause();
    timer->stop();        //停止定时器
    ui->actDice_Run->setEnabled(true);
    ui->actDice_Pause->setEnabled(false);
}
```

本示例运行时界面和操作方法与示例 samp14_1 的基本相同，只是因为采用了多次求平均值，骰子的点数一般是 3 或 4。

14.2.3 基于读写锁的线程同步

使用互斥量时存在一个问题，即每次只能有一个线程获得互斥量的使用权限。如果在一个程序中有多个线程读取某个变量，使用互斥量时必须排队。而实际上若只是读取一个变量，可以让多个线程同时访问，这种情况下使用互斥量就会降低程序的性能。

例如，假设有一个数据采集程序，一个线程负责采集数据到缓冲区，一个线程负责读取缓冲区的数据并显示，还有一个线程负责读取缓冲区的数据并保存到文件，示意代码如下：

```
int  buffer[100];
QMutex  mutex;
void  ThreadDAQ::run()                     //负责采集数据的线程
{   ...
    mutex.lock();
    get_data_and_write_in_buffer();        //数据写入 buffer
    mutex.unlock();
    ...
}
void  ThreadShow::run()                    //负责显示数据的线程
{   ...
    mutex.lock();
    show_buffer();                         //读取 buffer 里的数据并显示
    mutex.unlock();
    ...
}
void  ThreadSaveFile::run()                //负责保存数据的线程
{   ...
    mutex.lock();
    save_buffer_toFile();                  //读取 buffer 里的数据并保存到文件
    mutex.unlock();
    ...
}
```

数据缓冲区 buffer 和互斥量 mutex 都是全局变量，ThreadDAQ 线程将数据写入 buffer，ThreadShow 和 ThreadSaveFile 线程只是读取 buffer 的数据，但是由于使用了互斥量，这 3 个线程在任何时候都只能有一个线程可以访问 buffer。而实际上，ThreadShow 和 ThreadSaveFile 都只是读取 buffer 的数据，它们同时访问 buffer 时是不会发生冲突的。

Qt 提供了读写锁类 QReadWriteLock，它是基于读或写的方式进行代码片段锁定的，在多个线程读写一个共享数据时，使用它可以解决使用互斥量存在的上面所提到的问题。QReadWriteLock 以读或写锁定的同步方法允许以读或写的方式保护一段代码，它可以允许多个线程以只读方式同步访问资源，但是只要有一个线程在以写入方式访问资源，其他线程就必须等待，直到写操作结束。

QReadWriteLock 提供以下几个主要的函数，函数功能见注释。

```
void  lockForRead()      //以只读方式锁定资源，如果有其他线程以写入方式锁定资源，这个函数会被阻塞
void  lockForWrite()     //以写入方式锁定资源，如果其他线程以读或写方式锁定资源，这个函数会被阻塞
void  unlock()                             //解锁
bool  tryLockForRead()                     //尝试以只读方式锁定资源，不等待
bool  tryLockForRead(int timeout)          //尝试以只读方式锁定资源，最多等待 timeout 毫秒
bool  tryLockForWrite()                    //尝试以写入方式锁定资源，不等待
bool  tryLockForWrite(int timeout)         //尝试以写入方式锁定资源，最多等待 timeout 毫秒
```

若使用 QReadWriteLock，前面的三线程代码可以改写为如下的形式：

```
int  buffer[100];
QReadWriteLock  Lock;                      //定义读写锁变量
void  ThreadDAQ::run()                     //负责采集数据的线程
{   ...
    Lock.lockForWrite();                   //以写入方式锁定
    get_data_and_write_in_buffer();        //数据写入 buffer
    Lock.unlock();
```

```
    ...
}
void  ThreadShow::run()              //负责显示数据的线程
{   ...
    Lock.lockForRead();              //以读取方式锁定
    show_buffer();                   //读取 buffer 里的数据并显示
    Lock.unlock();
    ...
}
void  ThreadSaveFile::run()          //负责保存数据的线程
{   ...
    Lock.lockForRead();              //以读取方式锁定
    save_buffer_toFile();            //读取 buffer 里的数据并保存到文件
    Lock.unlock();
    ...
}
```

如果 ThreadDAQ 没有用 lockForWrite()锁定变量 Lock，那么 ThreadShow 和 ThreadSaveFile 可以同时访问 buffer，否则 ThreadShow 和 ThreadSaveFile 都被阻塞；如果 ThreadShow 和 ThreadSaveFile 都没有锁定，那么 ThreadDAQ 能以写入方式锁定变量 Lock，否则 ThreadDAQ 被阻塞。

QReadLocker 和 QWriteLocker 是 QReadWriteLock 的简便形式，如同 QMutexLocker 是 QMutex 的简便形式一样，无须与 unlock()配对使用。使用 QReadLocker 和 QWriteLocker，则上面的代码可改写为：

```
int  buffer[100];
QReadWriteLock  Lock;                          //定义读写锁变量
void  ThreadDAQ::run()                         //负责采集数据的线程
{   ...
    QWriteLocker  Locker(&Lock);               //以写入方式锁定
    get_data_and_write_in_buffer();            //数据写入 buffer
    ...
}
void  ThreadShow::run()                        //负责显示数据的线程
{   ...
    QReadLocker Locker(&Lock);                 //以读取方式锁定
    show_buffer();                             //读取 buffer 里的数据并显示
    ...
}
void  ThreadSaveFile::run()                    //负责保存数据的线程
{   ...
    QReadLocker Locker(&Lock);                 //以读取方式锁定
    save_buffer_toFile();                      //读取 buffer 里的数据并保存到文件
    ...
}
```

14.2.4 基于条件等待的线程同步

1. QWaitCondition 原理和功能

在多线程的程序中，多个线程之间的同步问题实际上就是多个线程之间的协调问题。例如 14.2.3 节讲到的三线程的例子中，只有等 ThreadDAQ 写满一个缓冲区之后，ThreadShow 和 ThreadSaveFile 才能读取缓冲区的数据。前面介绍的采用互斥量和读写锁的方法都是对资源的锁定和解锁，避免同时访问资源时产生冲突。但是一个线程解锁资源后，不能及时通知其他线程。

QWaitCondition 提供了一种改进的线程同步方法，QWaitCondition 通过与 QMutex 或

QReadWriteLock 结合使用，可以使一个线程在满足一定条件时通知其他多个线程，使其他多个线程及时进行响应，这样比只使用互斥量或读写锁效率要高一些。例如，ThreadDAQ 在写满一个缓冲区之后及时通知 ThreadShow 和 ThreadSaveFile，使它们可以及时读取缓冲区的数据。

QWaitCondition 提供如下一些函数，函数功能见注释。

```
bool   wait(QMutex *lockedMutex, unsigned long time)    //释放互斥量，并等待唤醒
bool   wait(QReadWriteLock *lockedReadWriteLock, unsigned long time)
                          //释放读写锁，并等待唤醒
void   wakeAll()     //唤醒所有处于等待状态的线程，唤醒线程的顺序不确定，由操作系统的调度策略决定
void   wakeOne()     //唤醒一个处于等待状态的线程，唤醒哪个线程不确定，由操作系统的调度策略决定
```

QWaitCondition 一般用于生产者/消费者（producer/consumer）模型。生产者产生数据，消费者使用数据，前面讲述的数据采集、显示与存储的三线程例子就适用于这种模型。

2. 线程类设计

本节设计一个示例项目 samp14_3，使用 QReadWriteLock 和 QWaitCondition 类将掷骰子程序按生产者/消费者模型进行修改。先将示例项目 samp14_1 复制为项目 samp14_3。修改 TDiceThread 类的代码，并直接在文件 tdicethread.h 里设计两个新的类 TValueThread 和 TPictureThread。操作完成后文件 tdicethread.h 里的代码如下：

```
//TDiceThread 是生成骰子点数的线程
class TDiceThread : public QThread
{
    Q_OBJECT
protected:
    void  run();        //线程的任务函数
public:
    explicit TDiceThread(QObject *parent = nullptr);
};

//TValueThread 获取骰子点数
class TValueThread : public QThread
{
    Q_OBJECT
protected:
    void  run();        //线程的任务函数
public:
    explicit TValueThread(QObject *parent = nullptr);
signals:
    void  newValue(int seq, int diceValue);
};

//TPictureThread 获取骰子点数，生成对应的图片文件名
class TPictureThread : public QThread
{
    Q_OBJECT
protected:
    void  run();        //线程的任务函数
public:
    explicit TPictureThread(QObject *parent = nullptr);
signals:
    void  newPicture(QString &picName);
};
```

文件 tdicethread.cpp 中的代码如下，我们省略了 3 个类的构造函数代码，因为 3 个构造函数都只是运行了 QThread 的构造函数而已。

```
#include  <QRandomGenerator>
#include  <QReadWriteLock>
#include  <QWaitCondition>
//文件内的全局变量
QReadWriteLock  rwLocker;                //读写锁
QWaitCondition  waiter;                  //等待条件
int seq=0, diceValue=0;

void TDiceThread::run()
{
    seq= 0;
    while(1)
    {
        rwLocker.lockForWrite();     //以写入方式锁定
        diceValue = QRandomGenerator::global()->bounded(1,7);
        seq++;
        rwLocker.unlock();           //解锁
        waiter.wakeAll();            //唤醒其他等待的线程
        msleep(500);
    }
}

void TValueThread::run()
{
    while(1)
    {
        rwLocker.lockForRead();      //以只读方式锁定
        waiter.wait(&rwLocker);      //等待被唤醒
        emit  newValue(seq,diceValue);
        rwLocker.unlock();           //解锁
    }
}

void TPictureThread::run()
{
    while(1)
    {
        rwLocker.lockForRead();      //以只读方式锁定
        waiter.wait(&rwLocker);      //等待被唤醒
        QString filename= QString::asprintf(":/dice/images/d%d.jpg",diceValue);
        emit  newPicture(filename);
        rwLocker.unlock();           //解锁
    }
}
```

TDiceThread 线程负责生成骰子点数；TValueThread 线程读取最新的骰子点数，并用信号 newValue()将其发射出去；TPictureThread 线程读取最新的骰子点数，转换为图片文件名，并用信号 newPicture()将其发射出去。在生产者/消费者模型中，TDiceThread 是生产者，TValueThread 和 TPictureThread 是消费者。

TDiceThread::run()函数每隔 500 毫秒生成一次数据，新数据生成后唤醒所有等待的线程：

```
waiter.wakeAll();                        //唤醒所有等待的线程
```

TValueThread::run()函数中，在 while 循环体内，线程先用 rwLocker.lockForRead()以只读方式锁定读写锁，再运行下面的一条语句：

```
waiter.wait(&rwLocker);                  //等待被唤醒
```

这条语句以 rwLocker 作为输入参数，内部会首先释放 rwLocker，使其他线程可以锁定 rwLocker，TValueThread 线程进入等待状态。当 TDiceThread 线程生成新数据，并使用 waiter.wakeAll()唤醒所有等待的线程后，TValueThread 线程会再次锁定 rwLocker，然后退出阻塞状态，运行后面的代码。TValueThread 线程发射信号 newValue()后，再运行 rwLocker.unlock()正式解锁 rwLocker。

TPictureThread::run()函数的工作原理也是类似的。

3. 主窗口程序设计

本示例运行时界面如图 14-3 所示。

图 14-3 示例 samp14_3 运行时界面

主窗口类 MainWindow 的定义代码如下：

```
class MainWindow : public QMainWindow
{
    Q_OBJECT
private:
    TDiceThread     *threadA;        //producer
    TValueThread    *threadValue;    //consumer 1
    TPictureThread  *threadPic;      //consumer 2
public:
    MainWindow(QWidget *parent = nullptr);
private slots:
    void do_threadA_started();
    void do_threadA_finished();
    void do_newValue(int seq, int diceValue);   //与 threadValue 的 newValue()信号连接
    void do_newPicture(QString &picName);       //与 threadPic 的 newPicture()信号连接
};
```

MainWindow 类的构造函数代码如下。程序创建了 3 个线程，并且将它们的信号与槽函数关联。

```
MainWindow::MainWindow(QWidget *parent): QMainWindow(parent) , ui(new Ui::MainWindow)
{
    ui->setupUi(this);
    threadA= new TDiceThread(this);          //producer
    threadValue= new TValueThread(this);     //consumer 1
    threadPic= new TPictureThread(this);     //consumer 2
    connect(threadA,&TDiceThread::started, this, &MainWindow::do_threadA_started);
    connect(threadA,&TDiceThread::finished,this, &MainWindow::do_threadA_finished);
    connect(threadValue,&TValueThread::newValue,this, &MainWindow::do_newValue);
    connect(threadPic,&TPictureThread::newPicture,this, &MainWindow::do_newPicture);
}
```

两个新定义的槽函数代码如下，其中 do_newValue()在文本框中显示数据，do_newPicture()显示图片。

```
void MainWindow::do_newValue(int seq, int diceValue)
{
    QString  str= QString::asprintf("第 %d 次掷骰子，点数为：%d",seq,diceValue);
    ui->plainTextEdit->appendPlainText(str);
}
void MainWindow::do_newPicture(QString &picName)
{
    QPixmap pic(picName);
    ui->labPic->setPixmap(pic);
}
```

窗口上“启动线程”按钮和“结束线程”按钮关联的槽函数代码如下：

```
void MainWindow::on_actThread_Run_triggered()
{//“启动线程”按钮
    threadValue->start();
    if (! threadPic->isRunning())
```

```
        threadPic->start();
    if(! threadA->isRunning())
        threadA->start();
}
void MainWindow::on_actThread_Quit_triggered()
{//"结束线程" 按钮
    threadA->terminate();
    threadA->wait();
}
```

几个线程启动的先后顺序不能调换，应先启动 threadValue 和 threadPic，使它们先进入等待状态，最后启动 threadA。这样在 threadA 里调用 wakeAll()时 threadValue 和 threadPic 就可以及时响应，否则会丢失第一次掷骰子的数据。

在"结束线程"按钮对应的代码里，我们只是终止了线程 threadA，而没有终止线程 threadValue 和 threadPic，但是因为它们不会被唤醒了，所以不会再发射信号。所以，点击"结束线程"按钮后，界面上不会出现新的数据和图片。

本示例的线程比较多，线程间通信示意如图 14-4 所示。互斥量、读写锁等都是线程间通信（inter-thread communication，ITC）底层技术，创建的 rwLocker 和 waiter 就是 ITC 对象。在本示例中，threadA、threadValue 和 threadPic 在访问共享变量 diceValue 时使用了读写锁和条件等待，threadValue 和 threadPic 与主线程通过信号与槽机制通信。

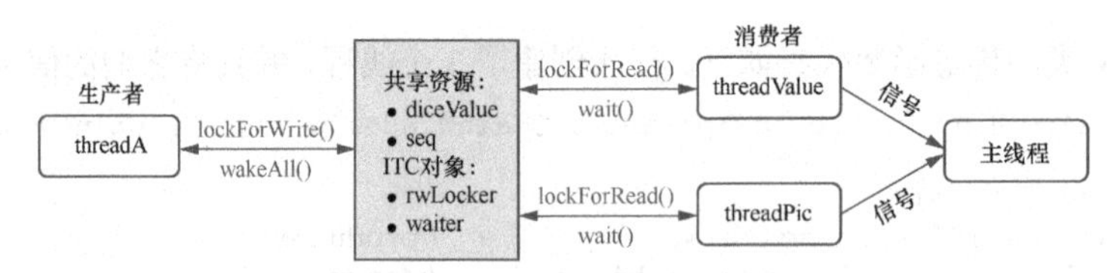

图 14-4 示例 samp14_3 的线程间通信示意

Qt 的信号与槽是一种对象间通信（inter-object communication）技术，这些对象可以在同一个线程内，也可以在不同的线程内，所以信号与槽也可以用于 ITC。在设计多线程应用程序时，建议尽量使用信号与槽进行通信，无法用信号与槽解决时再用专门的 ITC 技术。

14.2.5 基于信号量的线程同步

1. 信号量的原理

信号量（semaphore）是另一种限制对共享资源进行访问的 ITC 技术，它与互斥量相似，但二者有区别。一个互斥量只能被锁定一次，而信号量可以被多次使用。信号量通常用来保护一定数量的相同资源，如数据采集时的双缓冲区。

QSemaphore 是实现信号量功能的类，它提供以下几个基本的函数，函数功能见注释。

```
QSemaphore(int n = 0)                   //构造函数，设置资源数为 n，默认情况下 n=0
void  acquire(int n = 1)                //尝试获得 n 个资源，阻塞等待
int   available()                       //返回当前信号量可用资源的个数
void  release(int n = 1)                //释放 n 个资源
bool  tryAcquire(int n = 1)             //尝试获取 n 个资源，不等待
bool  tryAcquire(int n, int timeout)    //尝试获取 n 个资源，最多等待 timeout 毫秒
```

创建一个 QSemaphore 对象时可以设置一个初始值，表示可用资源的个数。函数 acquire()以阻塞等待方式获取一个资源，信号量的资源数减 1；函数 release()释放一个资源，信号量的资源数加

1；函数 available()返回信号量当前可用的资源个数。

下面的一段示意代码说明了 QSemaphore 的几个函数的作用。

```
QSemaphore  WC(5);          // WC.available() == 5，初始资源个数为 5
WC.acquire(4);              // WC.available() == 1，用了 4 个资源，剩余 1 个可用
WC.release(2);              // WC.available() == 3，释放了 2 个资源，剩余 3 个可用
WC.acquire(3);              // WC.available() == 0，又用了 3 个资源，剩余 0 个可用
WC.tryAcquire(1);           //因为 WC.available() == 0，返回 false
WC.tryAcquire(1, 30000);    //因为 WC.available() == 0，等待 30000ms 无果，返回 false
WC.acquire();               //因为 WC.available() == 0，没有资源可用，阻塞等待
```

为了理解信号量及上面这段代码的含义，可以假想变量 WC 是一个公共卫生间，初始化时定义 WC 有 5 个位置可用。

- WC.acquire(4)，成功进去 4 个人，占用了 4 个位置，剩余 1 个位置可用。
- WC.release (2)，出来 2 个人，剩余 3 个位置可用。
- WC.acquire(3)，又进去 3 个人，剩余 0 个位置可用。
- WC.tryAcquire(1)，有一个人尝试进去，但是没有位置了，他不等待，走了，tryAcquire()返回 false。
- WC.tryAcquire(1, 30000)，有一个人尝试进去，因为没有位置，他等待了 30000ms 无果，走了，tryAcquire()返回 false。
- WC.acquire()，有一个人必须进去，但目前没有位置了，他就一直在外面等待，直到有其他人出来而空出位置。

互斥量相当于列车上的卫生间，一次只允许一个人使用，信号量则相当于多人公共卫生间，允许多人使用。n 个资源就是信号量需要保护的共享资源，至于资源如何分配，就是内部处理的问题了。

2. 双缓冲区数据采集和处理线程类设计

信号量通常用来控制对一定数量资源的访问，如数据采集时的双缓冲区。本节设计一个示例项目 samp14_4，演示 QSemaphore 的使用方法。

将示例项目 samp14_3 复制为项目 samp14_4，将文件 tdicethread.h 和 tdicethread.cpp 分别重命名为 mythread.h 和 mythread.cpp。在文件 mythread.h 中设计两个线程类 TDaqThread 和 TProcessThread。文件 mythread.h 中这两个类的定义代码如下：

```
class TDaqThread : public QThread                   //TDaqThread 数据采集线程
{
    Q_OBJECT
protected:
    bool  m_stop= false;
    void  run();                                    //线程的任务函数
public:
    explicit TDaqThread(QObject *parent = nullptr);
    void  stopThread();                             //结束线程 run()函数的运行
};

class TProcessThread : public QThread               //TProcessThread 数据处理线程
{
    Q_OBJECT
protected:
    bool  m_stop= false;
    void  run();                                    //线程的任务函数
public:
```

```
    explicit TProcessThread(QObject *parent = nullptr);
    void  stopThread();                              //结束线程 run()函数的运行
signals:
    void  dataAvailable(int bufferSeq, int* bufferData, int pointCount);
};
```

TDaqThread是数据采集线程，例如在使用数据采集卡进行连续数据采集时，需要一个单独的线程将采集的数据存储到缓冲区。TProcessThread是数据处理线程，会及时处理已写满数据的缓冲区。

文件mythread.cpp中的主要代码如下，省略了两个类的构造函数代码。

```
#include  <QSemaphore>
#define  BUF_SIZE  10                        //缓冲区数据点个数
int  buffer1[BUF_SIZE];
int  buffer2[BUF_SIZE];
int  curBufNum= 1;                           //当前正在写入的缓冲区编号
int  bufSeq= 0;                              //缓冲区序号
QSemaphore  emptyBufs(2);                    //信号量，空的缓冲区个数，初始资源个数为 2
QSemaphore  fullBufs;                        //信号量，满的缓冲区个数，初始资源个数为 0

void TDaqThread::stopThread()
{
    m_stop= true;
}
void TDaqThread::run()
{
    curBufNum= 1;                                   //当前正在写入的缓冲区编号
    bufSeq= 0;                                      //缓冲区序号
    int counter= 0;                                 //模拟数据
    int n= emptyBufs.available();
    if (n<2)                                 //确保线程启动时 emptyBufs.available()==2
        emptyBufs.release(2-n);
    m_stop= false;
    while(!m_stop)
    {
        emptyBufs.acquire();                        //获取一个空的缓冲区
        int *buf = curBufNum==1? buffer1:buffer2;   //设置当前工作缓冲区指针
        for(int i=0; i<BUF_SIZE; i++)               //产生一个缓冲区的数据
        {
            *buf= counter;
            buf++;
            counter++;
            msleep(10);
        }
        bufSeq++;                                   //缓冲区序号
        curBufNum = curBufNum==1? 2:1;              //切换当前写入的缓冲区编号
        fullBufs.release();              //fullBufs 释放一个资源，有了一个满的缓冲区
    }
}

void TProcessThread::stopThread()
{
    m_stop= true;
}
void TProcessThread::run()
{
    int n= fullBufs.available();
    if (n>0)
```

```
        fullBufs.acquire(n);                          //将 fullBufs 可用资源个数初始化为 0
    int bufData[BUF_SIZE];
    m_stop= false;
    while(!m_stop)
        if (fullBufs.tryAcquire(1,50))                //尝试获取一个资源，最多等待 50ms
        {
            int  *bufferFull= curBufNum==1? buffer2:buffer1; //获取已写满的缓冲区的指针
            for(int i=0; i<BUF_SIZE; i++, bufferFull++)      //模拟数据处理
                bufData[i]= *bufferFull;
            emptyBufs.release();              //emptyBufs 释放一个资源，可用空缓冲区个数加 1
            int  pointCount= BUF_SIZE;
            emit dataAvailable(bufSeq, bufData,pointCount);  //发射信号
        }
}
```

程序中定义了几个全局变量。buffer1 和 buffer2 是两个数据缓冲区；变量 curBufNum 记录当前写入的缓冲区编号，其值只能是 1 或 2，分别表示 buffer1 或 buffer2；bufSeq 是累积的缓冲区序号。

信号量 emptyBufs 初始资源个数为 2，表示有两个空的缓冲区可用。信号量 fullBufs 初始化资源个数为 0，表示写满数据的缓冲区个数为 0。

函数 TDaqThread::run()采用双缓冲区方式模拟数据采集，它的代码的工作原理如下。

- 线程启动时初始化全局变量，使信号量 emptyBufs 的可用资源个数初始化为 2。
- 在 while 循环体里，emptyBufs.acquire()获取一个资源，即获取一个空的缓冲区。有两个缓冲区用于数据缓存，只要有一个空的缓冲区，就可以向这个缓冲区写入数据。
- while 循环体里的 for 循环每隔 10 毫秒生成一个数据，然后将其写入当前工作缓冲区。counter 是模拟采集的数据，连续增加可以判断采集的数据是否连续。完成 for 循环后正好写满一个缓冲区，这时改变 curBufNum 的值，切换当前写入的缓冲区。
- 写满一个缓冲区之后，使用 fullBufs.release()释放一个资源，这时 fullBufs.available()的值会大于 0，表示有缓冲区被写满了。这样，TProcessThread 线程里使用 fullBufs.tryAcquire()就可以获得一个资源，可以处理已写满的缓冲区。

函数 TProcessThread::run()里监测是否有已写满的缓冲区，然后进行处理，其代码原理如下。

- 函数的初始化部分确保 fullBufs.available()的值为 0，即线程刚启动时没有已写满的缓冲区。
- while 循环体里通过 fullBufs.tryAcquire(1, 50)尝试获取一个资源，并最多等待 50ms。只有当 TDaqThread 线程里写满一个缓冲区，执行一次 fullBufs.release()后，if 语句的条件才成立。
- 当获取 fullBufs 的一个资源后，程序根据 curBufNum 的值获取当前已写满的缓冲区的指针，然后将已写满的缓冲区的数据复制到数组 bufData 里，再调用 emptyBufs.release()释放一个资源，使可用空缓冲区个数加 1。后面再发射信号 dataAvailable()，由主线程去读取和显示数据。

这里使用了双缓冲区和两个信号量实现数据采集和处理两个线程的协调操作。实际使用数据采集卡进行连续数据采集时，数据采集线程是不能停下来的，数据处理的速度要足够快，以确保数据采集线程有可用的空缓冲区。

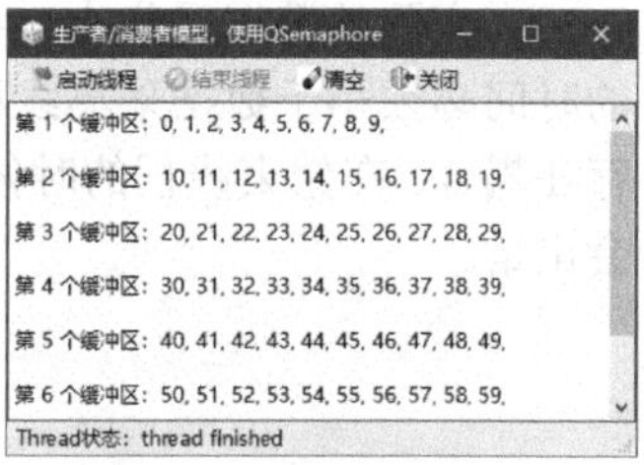

3. 主窗口程序设计

本示例运行时界面如图 14-5 所示，主窗口工作区只有一个文

图 14-5 示例 samp14_4 运行时界面

本框。在主窗口类MainWindow中新增的定义代码如下，就是定义了两个线程和一个槽函数。

```
private:
    TDaqThread       *threadDAQ;              //数据采集线程
    TProcessThread   *threadShow;             //数据处理线程
private slots:
    void  do_readBuffer(int bufferSeq, int* bufferData, int pointCount);
```

MainWindow类的构造函数代码如下：

```
MainWindow::MainWindow(QWidget *parent) : QMainWindow(parent) , ui(new Ui::MainWindow)
{
    ui->setupUi(this);
    this->setCentralWidget(ui->plainTextEdit);
    threadDAQ= new TDaqThread(this);                  //数据采集线程
    threadShow= new TProcessThread(this);             //数据处理线程
    connect(threadDAQ,&TDaqThread::started, this, &MainWindow::do_threadA_started);
    connect(threadDAQ,&TDaqThread::finished,this, &MainWindow::do_threadA_finished);
    connect(threadShow,&TProcessThread::dataAvailable, this, &MainWindow::do_readBuffer);
}
```

自定义槽函数do_readBuffer()与线程threadShow的dataAvailable()信号连接，该槽函数代码如下：

```
void MainWindow::do_readBuffer(int bufferSeq, int *bufferData, int pointCount)
{
    QString  str= QString::asprintf("第 %d 个缓冲区: ",bufferSeq);
    for (int i=0; i<pointCount; i++)
    {
        str= str+QString::asprintf("%d, ",*bufferData);
        bufferData++;
    }
    str=str+'\n';
    ui->plainTextEdit->appendPlainText(str);
}
```

界面上“启动线程”按钮和“结束线程”按钮的槽函数代码如下：

```
void MainWindow::on_actThread_Run_triggered()
{// “启动线程”按钮
    threadShow->start();
    threadDAQ->start();
}
void MainWindow::on_actThread_Quit_triggered()
{// “结束线程”按钮
    threadShow->stopThread();
    threadDAQ->stopThread();
}
```

从图14-5可以看出，程序没有出现丢失缓冲区或数据点的情况，两个线程之间协调得很好。

在实际的数据采集中，要确保不丢失缓冲区或数据点，数据处理线程处理一个缓冲区数据的时间必须小于数据采集线程写满一个缓冲区的时间。另外，这两个线程之间因为两个信号量存在耦合，在结束线程的时候不要使用QThread::terminate()函数强制结束，否则重新启动线程时会出错。

第 15 章

网络

Qt Network 模块提供了用于编写 TCP/IP 网络应用程序的各种类，如用于 TCP 通信的 QTcpSocket 和 QTcpServer，用于 UDP 通信的 QUdpSocket，还有用于网络承载管理的类，以及基于 SSL 协议的用于网络安全通信的类。本章主要介绍基本的 TCP 和 UDP 网络通信类的使用方法，以及基于 HTTP 的网络下载功能的实现。

15.1 主机信息查询

使用 QHostInfo 类和 QNetworkInterface 类可以获取主机的一些网络信息，如 IP 地址和 MAC 地址，这是网络通信应用需要获取的基本信息，本节就介绍这两个类的使用方法。

15.1.1 QHostInfo 类和 QNetworkInterface 类

QHostInfo 类可以根据主机名获取主机的 IP 地址，或者通过 IP 地址获取主机名。QHostInfo 类的静态函数 localHostName()可获取本机的主机名，静态函数 fromName()可以通过主机名获取 IP 地址，静态函数 lookupHost()可以通过一个主机名以异步方式查找这个主机的 IP 地址。QHostInfo 类的主要接口函数如表 15-1 所示，表中列出了函数原型，但是省略了参数中的 const 关键字。

表 15-1 QHostInfo 类的主要接口函数

类别	函数原型	作用
公共函数	QList<QHostAddress> addresses()	返回与 hostName()对应主机关联的 IP 地址列表
	HostInfoError error()	如果主机查找失败，返回失败类型
	QString errorString()	如果主机查找失败，返回错误描述字符串
	QString hostName()	返回通过 IP 地址查找到的主机名
	int lookupId()	返回本次查找到的 ID
静态函数	void abortHostLookup(int id)	中断主机查找
	QHostInfo fromName(QString &name)	返回指定主机名的 IP 地址
	QString localDomainName()	返回本机域名系统（domain name system，DNS）域名
	QString localHostName()	返回本机主机名
	int lookupHost(QString &name, QObject *receiver, char *member)	以异步方式根据主机名查找主机的 IP 地址，并返回一个表示本次查找的 ID，可用作 abortHostLookup()函数的参数

QNetworkInterfac 类可以获得运行程序的主机的所有 IP 地址和网络接口列表。静态函数 allInterfaces()返回主机上所有的网络接口列表，一个网络接口可能包含多个 IP 地址，每个 IP 地址与掩码或广播地址关联。如果无须知道子网掩码和广播地址，使用静态函数 allAddresses()可以获得主机上所有 IP 地址的列表。表 15-2 展示了 QNetworkInterface 类的主要接口函数，表中列出了

函数原型，但是省略了参数中的 const 关键字。

表 15-2 QNetworkInterface 类的主要接口函数

类别	函数原型	作用
公共函数	QList<QNetworkAddressEntry> addressEntries()	返回网络接口的 IP 地址列表，包括子网掩码和广播地址
	QString hardwareAddress()	返回接口的低级硬件地址，以太网里就是 MAC 地址
	QString humanReadableName()	返回可以读懂的接口名称，如果名称不确定，得到的就是 name()函数的返回值
	bool isValid()	如果接口信息有效就返回 true
	QString name()	返回网络接口名称
	QNetworkInterface::InterfaceType type()	返回网络接口的类型
静态函数	QList<QHostAddress> allAddresses()	返回主机上所有 IP 地址的列表
	QList<QNetworkInterface> allInterfaces()	返回主机上所有网络接口的列表

为演示这两个类的主要功能，我们设计一个示例项目 samp15_1，示例运行时界面如图 15-1 所示，窗口基类是 QMainWindow。注意，要在项目中使用 Qt Network 模块，需要在项目配置文件（.pro 文件）中增加如下一条配置语句：

```
QT += network
```

图 15-1 中显示信息的文本框是一个 QPlainTextEdit 组件，“只显示 IPv4 地址”复选框对所有按钮都有用，主要代码是各按钮的 clicked()信号的槽函数代码。

图 15-1 示例 samp15_1 运行时界面

15.1.2 QHostInfo 类的使用

1. 显示本机地址信息

图 15-1 所示窗口上的“获取本机主机名和 IP 地址”按钮的槽函数代码如下：

```
void MainWindow::on_btnGetHostInfo_clicked()
{// "获取本机主机名和 IP 地址" 按钮
    ui->textEdit->clear();
    QString hostName= QHostInfo::localHostName();              //本机主机名
    ui->textEdit->appendPlainText("本机主机名: "+hostName+"\n");
    QHostInfo hostInfo= QHostInfo::fromName(hostName);         //本机 IP 地址
    QList<QHostAddress> addrList= hostInfo.addresses();        //IP 地址列表
    if (addrList.isEmpty())
        return;
    foreach (QHostAddress host, addrList)
    {
        bool show= ui->chkBox_OnlyIPv4->isChecked();           //只显示 IPv4
        show= show? (host.protocol()==QAbstractSocket::IPv4Protocol):true;
        if (show)
        {
            ui->textEdit->appendPlainText("协 议: "+protocolName(host.protocol()));  //协议
            ui->textEdit->appendPlainText("本机 IP 地址: "+host.toString());   //IP 地址
            ui->textEdit->appendPlainText(QString("isGlobal()=
                                          %1\n").arg(host.isGlobal()));
        }
    }
}
```

程序先通过静态函数 QHostInfo::localHostName()获取本机主机名 hostName，然后运行静态函数 QHostInfo::fromName(hostName)获取主机的信息 hostInfo。变量 hostInfo 是 QHostInfo 类型的，

通过其函数 addresses()可以获取主机的 IP 地址列表，即：

```
QList<QHostAddress> addrList= hostInfo.addresses();            //IP 地址列表
```

返回的 addrList 是 QHostAddress 类型的列表。QHostAddress 类提供 IP 地址的信息，包括 IPv4 地址和 IPv6 地址。QHostAddress 有一些函数可用于判断 IP 地址的类型，如 isGlobal()、isLoopback()等。QHostAddress 有两个主要的函数：

```
int  QHostAddress::protocol()                                  //返回 IP 地址的协议类型
QString  QHostAddress::toString()                              //返回 IP 地址的字符串
```

函数 protocol()的返回值是 int 类型的，与枚举类型 QAbstractSocket::NetworkLayerProtocol 的值是对应的。为了根据 protocol()的返回值显示协议名称字符串，我们在 MainWindow 类中定义了一个私有函数 protocolName()，其代码如下：

```
QString MainWindow::protocolName(QAbstractSocket::NetworkLayerProtocol protocol)
{//通过协议类型返回协议名称字符串
    switch(protocol)
    {
    case QAbstractSocket::IPv4Protocol:
        return "IPv4";
    case QAbstractSocket::IPv6Protocol:
        return "IPv6";
    case QAbstractSocket::AnyIPProtocol:
        return "Any Internet Protocol";
    default:
        return "Unknown Network Layer Protocol";
    }
}
```

如果勾选了界面上的“只显示 IPv4 地址”复选框，就只显示本机的 IPv4 地址，否则显示所有 IP 地址信息。

2. 查找主机地址信息

QHostInfo 的静态函数 lookupHost()可以根据主机名查找主机的地址信息。它有多种参数形式，其中一种参数形式的函数原型定义如下：

```
int  QHostInfo::lookupHost(const QString &name, QObject *receiver, const char *member)
```

参数 name 是表示主机名的字符串，可以是主机名、域名或 IP 地址。参数 receiver 和 member 指定接收者和槽函数名称。函数返回值是一个表示本次查找的 ID。

函数 lookupHost()以异步方式查找主机地址，运行 lookupHost()函数后，程序可能需要花一定时间来查找主机地址，但运行该函数不会阻塞程序的运行。当查找到主机地址后，通过发射信号通知设定的槽函数，在槽函数里读取查找的结果。

我们在 MainWindow 类中定义了一个槽函数 do_lookedUpHostInfo()，其作为 lookupHost()设置的槽函数。界面上“查找域名的 IP 地址”按钮的槽函数，以及 do_lookedUpHostInfo()函数的代码如下：

```
void MainWindow::on_btnLookup_clicked()
{//“查找域名的 IP 地址”按钮
    ui->textEdit->clear();
    QString hostname= ui->comboBox->currentText();           //读取主机名
    ui->textEdit->appendPlainText("正在查找主机信息："+hostname);
```

```
    QHostInfo::lookupHost(hostname, this, SLOT(do_lookedUpHostInfo(QHostInfo)));
}

void MainWindow::do_lookedUpHostInfo(const QHostInfo &host)
{//查找主机信息的槽函数
    QList<QHostAddress> addrList= host.addresses();     //获取主机的地址列表
    if (addrList.isEmpty())
        return;
    foreach(QHostAddress host, addrList)
    {
        bool show= ui->chkBox_OnlyIPv4->isChecked();     //只显示 IPv4
        show= show? (host.protocol()==QAbstractSocket::IPv4Protocol):true;
        if (show)
        {
            ui->textEdit->appendPlainText("协 议: "+protocolName(host.protocol()));
            ui->textEdit->appendPlainText(host.toString());
            ui->textEdit->appendPlainText(QString("isGlobal()=
                                    %1\n").arg(host.isGlobal()));
        }
    }
}
```

15.1.3 QNetworkInterface 类的使用

QNetworkInterface 类可以获得应用程序所在主机的所有网络接口的信息，包括子网掩码和广播地址。其静态函数 allInterfaces()获取所有网络接口的列表，返回结果是一个 QNetworkInterface 类型的列表。

界面上“allInterfaces()”按钮的槽函数代码，以及相关的一个自定义函数的代码如下：

```
void MainWindow::on_btnAllInterface_clicked()
{//“allInterfaces()”按钮
    ui->textEdit->clear();
    QList<QNetworkInterface> list= QNetworkInterface::allInterfaces();  //网络接口列表
    foreach(QNetworkInterface interface,list)
    {
        if (!interface.isValid())
           continue;
        ui->textEdit->appendPlainText("设备名称: "+interface.humanReadableName());
        ui->textEdit->appendPlainText("硬件地址: "+interface.hardwareAddress());
        ui->textEdit->appendPlainText("接口类型: "+interfaceType(interface.type()));
        QList<QNetworkAddressEntry> entryList= interface.addressEntries(); //地址列表
        foreach(QNetworkAddressEntry entry, entryList)
        {
            ui->textEdit->appendPlainText("  IP 地址: "+entry.ip().toString());
            ui->textEdit->appendPlainText("  子网掩码: "+entry.netmask().toString());
            ui->textEdit->appendPlainText("  广播地址: "+entry.broadcast().
                                                  toString()+"\n");
        }
    }
}

QString MainWindow::interfaceType(QNetworkInterface::InterfaceType type)
{//根据枚举值返回字符串
    switch(type)
```

```
    {
    case QNetworkInterface::Unknown:
        return "Unknown";
    case QNetworkInterface::Loopback:
        return "Loopback";
    case QNetworkInterface::Ethernet:
        return "Ethernet";
    case QNetworkInterface::Wifi:
        return "Wifi";
    default:
        return "Other type";
    }
}
```

程序通过静态函数 allInterfaces()获取网络接口列表 list 之后，显示每个接口的设备名称、硬件地址和接口类型。其中 QNetworkInterface 的函数 type()的返回值是枚举类型 QNetworkInterface::InterfaceType，我们自定义了一个函数 interfaceType()，根据枚举值返回字符串。

每个接口有一个 QNetworkAddressEntry 类型的地址列表，通过函数 addressEntries()可获得这个列表。QNetworkAddressEntry 类包含网络接口的 IP 地址、子网掩码和广播地址，可分别用 ip()、netmask()和 broadcast()函数获取。

函数 QNetworkInterface::allInterfaces()返回的网络接口的信息比较多，如果无须知道子网掩码和广播地址等信息，可以使用静态函数 QNetworkInterface::allAddresses()只获取 IP 地址。界面上“allAddresses()”按钮的槽函数代码如下：

```
void MainWindow::on_btnAllAddress_clicked()
{//“allAddresses()”按钮
    ui->textEdit->clear();
    QList<QHostAddress> addrList= QNetworkInterface::allAddresses();  //IP 地址列表
    if (addrList.isEmpty())
        return;
    foreach (QHostAddress host, addrList)
    {
        bool show= ui->chkBox_OnlyIPv4->isChecked();    //只显示 IPv4
        show= show? (host.protocol()==QAbstractSocket::IPv4Protocol):true;
        if (show)
        {
            ui->textEdit->appendPlainText("协  议: "+protocolName(host.protocol()));
            ui->textEdit->appendPlainText("IP 地址: "+host.toString());
            ui->textEdit->appendPlainText(QString("isGlobal()=
                                                   %1\n").arg(host.isGlobal()));
        }
    }
}
```

QNetworkInterface::allAddresses()的功能与 QHostInfo::addresses()的功能相似，都是返回一个 QHostAddress 类型的列表。只是 QNetworkInterface 会返回更多地址，包括表示本机的 IP 地址 127.0.0.1，而 QHostInfo 不会返回这个 IP 地址。

15.2 TCP 通信

传输控制协议（transmission control protocol，TCP）是一种被大多数 Internet 网络协议用

于数据传输的底层网络协议，它是可靠的、面向流和连接的传输协议，特别适合用于连续数据传输。

TCP 通信必须先建立 TCP 连接，通信端分为客户端和服务器端（见图 15-2）。Qt 提供 QTcpSocket 类和 QTcpServer 类，用于设计 TCP 通信应用程序。服务器端程序必须使用 QTcpServer 进行端口监听，建立服务器；使用 QTcpSocket 建立连接，然后使用套接字（socket）进行通信。

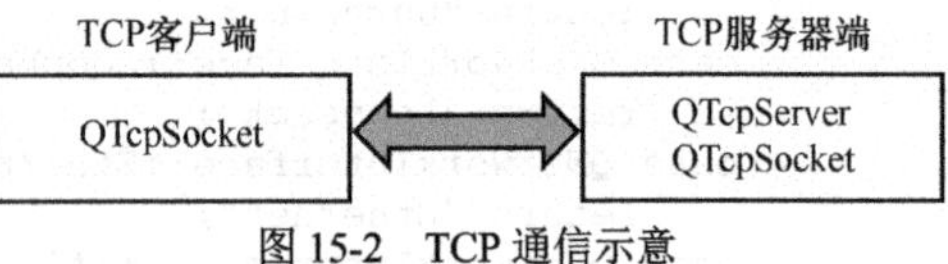

图 15-2 TCP 通信示意

15.2.1 TCP 通信相关的类

QTcpServer 主要用于在服务器端进行网络监听，创建网络 socket 连接。QTcpServer 的父类是 QObject，它的主要接口函数如表 15-3 所示，表中列出了函数的返回值，省略了函数的输入参数。

表 15-3 QTcpServer 类的主要接口函数

类型	函数	功能
公共函数	void close()	关闭服务器，停止网络监听
	bool listen()	在设置的 IP 地址和端口上开始监听，若成功就返回 true
	bool isListening()	返回 true 表示服务器处于监听状态
	QTcpSocket *nextPendingConnection()	返回下一个等待接入的连接
	QHostAddress serverAddress()	如果服务器处于监听状态，就返回服务器地址
	quint16 serverPort()	如果服务器处于监听状态，就返回服务器监听端口
	bool waitForNewConnection()	以阻塞方式等待新的连接
信号	void acceptError()	当接收一个新的连接发生错误时，此信号被发射
	void newConnection()	当有新的连接时，此信号被发射
保护函数	void incomingConnection()	当有一个新的连接可用时，QTcpServer 内部调用此函数，创建一个 QTcpSocket 对象，将其添加到内部可用新连接列表，然后发射 newConnection()信号
	void addPendingConnection()	由 incomingConnection()调用，将创建的 QTcpSocket 添加到内部可用新连接列表

服务器端程序首先需要用函数 listen()开始服务器端监听，可以设置监听的 IP 地址和端口，一般一个服务器端程序只监听某个端口的网络连接。

当有新的客户端接入时，QTcpServer 内部的函数 incomingConnection()会创建一个与客户端连接的 QTcpSocket 对象，然后发射 newConnection()信号。在与 newConnection()信号关联的槽函数中，我们可以用 nextPendingConnection()接受客户端的连接，然后使用 QTcpSocket 对象与客户端通信。

因此，在客户端与服务器端建立 TCP 连接后，具体的数据通信是通过 QTcpSocket 对象完成的。QTcpSocket 类提供了 TCP 的接口，可以用 QTcpSocket 类实现标准的网络通信协议，如 POP3、SMTP 和 NNTP 等，也可以设计自定义协议。

由于 QTcpSocket 是从 QIODevice 间接继承的类，因此 QTcpSocket 是一种 I/O 设备类，它具有流数据读写功能。除了构造函数和析构函数，QTcpSocket 类的其他函数都是从其父类 QAbstractSocket 继承或重定义的。QAbstractSocket 类用于 TCP 通信的主要接口函数如表 15-4 所示，表中省略了函数的输入参数。

表 15-4 QAbstractSocket 类用于 TCP 通信的主要接口函数

类型	函数	功能
公共函数	void connectToHost()	以异步方式连接到指定 IP 地址和端口的 TCP 服务器，连接成功后会发射 connected()信号
	void disconnectFromHost()	断开 socket 连接，成功断开后发射 disconnected()信号
	void close()	关闭 socket 的 I/O 设备，会自动调用 disconnectFromHost()
	bool waitForConnected()	等待建立 socket 连接，可设置等待时间，默认等待 30 秒
	bool waitForDisconnected()	等待断开 socket 连接，可设置等待时间，默认等待 30 秒
	QHostAddress localAddress()	返回本 socket 的地址
	quint16 localPort()	返回本 socket 的端口
	QHostAddress peerAddress()	在已连接状态下，返回对方 socket 的地址
	QString peerName()	返回 connectToHost()连接到的对方的主机名
	quint16 peerPort()	在已连接状态下，返回对方 socket 的端口
	qint64 readBufferSize()	返回内部读取缓冲区的大小，这个值决定了 read()和 readAll()函数能读出的数据的大小
	void setReadBufferSize()	设置内部读取缓冲区的大小
	qint64 bytesAvailable()	返回需要读取的缓冲区的数据的字节数
	bool canReadLine()	如果有一行数据要从 socket 缓冲区读取，返回 true
	QAbstractSocket::SocketState state()	返回 socket 当前的状态
信号	void connected()	connectToHost()成功连接到服务器后此信号被发射
	void disconnected()	socket 断开连接后此信号被发射
	void errorOccurred()	当 socket 发生错误时此信号被发射
	void hostFound()	调用 connectToHost()找到主机后此信号被发射
	void stateChanged()	当 socket 的状态变化时此信号被发射，有参数则其表示 socket 当前的状态
	void readyRead()	当缓冲区有新数据需要读取时此信号被发射，在此信号的槽函数里读取缓冲区的数据。这是父类 QIODevice 中定义的一个信号

TCP 客户端使用 QTcpSocket 对象与 TCP 服务器端建立连接并通信。客户端的 QTcpSocket 对象首先通过 connectToHost()尝试连接到服务器，该函数需要指定服务器的 IP 地址和端口。函数 connectToHost()以异步方式连接到服务器，不会阻塞程序运行，成功连接后 QTcpSocket 对象会发射 connected()信号。

如果需要使用阻塞方式连接到服务器端，则使用函数 waitForConnected()阻塞程序运行，直到连接成功或失败。例如：

```
socket->connectToHost("192.168.1.100", 1340);      //连接到 TCP 服务器
if (socket->waitForConnected(1000))                //阻塞等待连接，最多等待 1000ms
   qDebug("Connected!");
```

客户端和服务器端建立 socket 连接后，各自的 QTcpSocket 对象就可以向缓冲区写数据或从接收缓冲区读取数据，实现数据通信。当缓冲区有新数据进入时，QTcpSocket 对象会发射 readyRead()信号，我们一般在此信号的槽函数里读取缓冲区数据。

QTcpSocket 是从 QIODevice 间接继承的，所以可以使用流数据读写功能。一个 QTcpSocket 实例既可以接收数据也可以发送数据，且接收与发送是异步工作的，有各自的缓冲区。

为演示 TCP 通信，本节创建两个示例项目。示例 TCP Server 是 TCP 服务器端程序，示例 TCP Client 是 TCP 客户端程序。两个程序运行时界面如图 15-3 和图 15-4 所示。

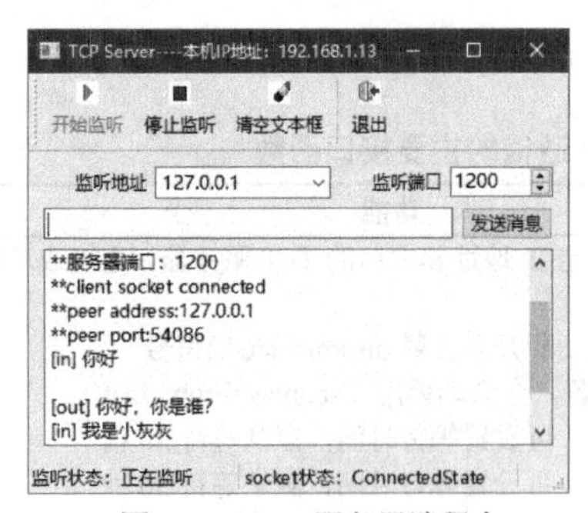

图 15-3 TCP 服务器端程序（samp15_2 TCPServer）运行时界面

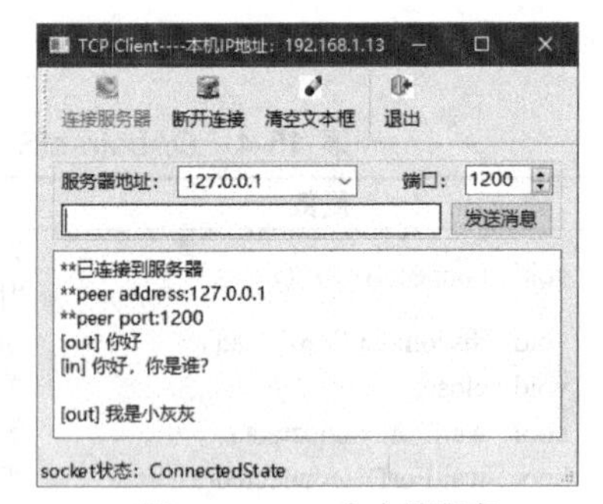

图 15-4 TCP 客户端程序（samp15_2 TCPClient）运行时界面

TCP Server 程序具有如下功能。

- 根据指定 IP 地址（本机地址）和端口开始网络监听，有客户端连接时创建 socket 连接。
- 采用基于行的数据通信协议，可以接收客户端发来的消息，也可以向客户端发送消息。
- 在状态栏上显示服务器监听状态和 socket 状态。

TCP Client 程序具有如下功能。

- 通过 IP 地址和端口连接到服务器端。
- 采用基于行的数据通信协议，与服务器端进行消息的收发。
- 处理 QTcpSocket 的 stateChange()信号，在状态栏上显示 socket 状态。

15.2.2 TCP 服务器端程序设计

1. 主窗口类定义和初始化

创建项目 TCP Server 时选择窗口基类为 QMainWindow，主窗口类 MainWindow 的定义如下。

```
class MainWindow : public QMainWindow
{
    Q_OBJECT
private:
    QLabel  *labListen;                         //状态栏标签
    QLabel  *labSocketState;                    //状态栏标签
    QTcpServer  *tcpServer;                     //TCP 服务器
    QTcpSocket  *tcpSocket= nullptr;            //TCP 通信的 socket
    QString  getLocalIP();                      //获取本机 IP 地址
public:
    MainWindow(QWidget *parent = nullptr);
    ~MainWindow();        //析构函数里需要做一些处理，以保证断开与客户端的连接，并停止网络监听
private slots:
    void  do_newConnection();                   //关联 QTcpServer 的 newConnection()信号
    void  do_socketStateChange(QAbstractSocket::SocketState socketState);
    void  do_clientConnected();                 //客户端 socket 已连接
    void  do_clientDisconnected();              //客户端 socket 已断开
    void  do_socketReadyRead();                 //读取 socket 传入的数据
private:
    Ui::MainWindow *ui;
};
```

MainWindow 类中定义了变量 tcpServer 用于建立 TCP 服务器，定义了 tcpSocket 用于与客户

端进行 socket 连接和通信。MainWindow 类还定义了几个槽函数，用于与 tcpServer 和 tcpSocket 的相关信号连接。MainWindow 构造函数以及相关的一个自定义函数 getLocalIP()的代码如下：

```
MainWindow::MainWindow(QWidget *parent) : QMainWindow(parent), ui(new Ui::MainWindow)
{
    ui->setupUi(this);
    labListen= new QLabel("监听状态:");
    labListen->setMinimumWidth(150);
    ui->statusBar->addWidget(labListen);
    labSocketState= new QLabel("socket 状态: ");
    labSocketState->setMinimumWidth(200);
    ui->statusBar->addWidget(labSocketState);

    QString localIP= getLocalIP();      //获取本机 IP 地址
    this->setWindowTitle(this->windowTitle()+"----本机 IP 地址: "+localIP);
    ui->comboIP->addItem(localIP);
    tcpServer= new QTcpServer(this);
    connect(tcpServer,SIGNAL(newConnection()),this,SLOT(do_newConnection()));
}

QString MainWindow::getLocalIP()
{//获取本机 IPv4 地址
    QString hostName= QHostInfo::localHostName();           //本机主机名
    QHostInfo hostInfo= QHostInfo::fromName(hostName);
    QString  localIP= "";
    QList<QHostAddress> addrList= hostInfo.addresses();     //本机 IP 地址列表
    if (addrList.isEmpty())
        return localIP;
    foreach(QHostAddress aHost, addrList)
        if (QAbstractSocket::IPv4Protocol == aHost.protocol())
        {
            localIP= aHost.toString();
            break;
        }
    return localIP;
}
```

构造函数里调用自定义函数 getLocalIP()获取本机 IP 地址，将其显示到窗口标题栏上，并添加到下拉列表框 comboIP 里。程序还创建了 QTcpServer 对象 tcpServer，并将其 newConnection()信号与自定义槽函数 do_newConnection()关联。

我们还在 MainWindow 类的析构函数里添加了代码，确保窗口关闭时断开与 TCP 客户端的 socket 连接，停止 TCP 服务器的网络监听。

```
MainWindow::~MainWindow()
{//析构函数
    if (tcpSocket != nullptr)
    {
        if (tcpSocket->state() == QAbstractSocket::ConnectedState)
            tcpSocket->disconnectFromHost();      //断开与客户端的连接
    }
    if (tcpServer->isListening())
        tcpServer->close();                       //停止网络监听
    delete ui;
}
```

2. 网络监听与 socket 连接的建立

作为 TCP 服务器，QTcpServer 对象需要调用函数 listen()在本机某个 IP 地址和端口上开始 TCP

监听，以等待TCP客户端的接入。点击窗口上的“开始监听”按钮可以开始网络监听，其代码如下：

```
void MainWindow::on_actStart_triggered()
{//“开始监听”按钮
    QString  IP= ui->comboIP->currentText();     //IP地址字符串，如"127.0.0.1"
    quint16  port= ui->spinPort->value();        //端口
    QHostAddress  address(IP);                   //通过IP地址字符串创建QHostAddress对象
    tcpServer->listen(address,port);             //开始监听
    ui->textEdit->appendPlainText("**开始监听...");
    ui->textEdit->appendPlainText("**服务器地址："+tcpServer->serverAddress().toString());
    ui->textEdit->appendPlainText("**服务器端口："
                        +QString::number(tcpServer->serverPort()));
    ui->actStart->setEnabled(false);
    ui->actStop->setEnabled(true);
    labListen->setText("监听状态：正在监听");
}
```

程序读取窗口上设置的监听地址和监听端口，然后调用QTcpServer::listen()函数开始监听。函数listen()的原型定义如下：

```
bool  QTcpServer::listen(const QHostAddress &address = QHostAddress::Any,
                                                  quint16 port = 0)
```

参数address是QHostAddress类型的主机地址，可以像程序中那样通过IP地址字符串创建QHostAddress对象。参数port是监听的端口号。

TCP服务器在本机上监听，所以IP地址可以是表示本机地址的127.0.0.1，可以是本机的实际IP地址，也可以是常量QHostAddress::LocalHost。因此，在本机上监听某个端口的对应代码也可以写成下面的形式：

```
tcpServer->listen(QHostAddress::LocalHost, port);
```

tcpServer开始监听后，TCP客户端程序就可以通过IP地址和端口连接到此服务器。当有客户端接入时，tcpServer会发射newConnection()信号，此信号关联的槽函数do_newConnection()的代码如下：

```
void MainWindow::do_newConnection()
{
    tcpSocket= tcpServer->nextPendingConnection();        //创建socket
    connect(tcpSocket, SIGNAL(connected()), this, SLOT(do_clientConnected()));
    do_clientConnected();                                 //运行一次槽函数，显示状态
    connect(tcpSocket, SIGNAL(disconnected()),this, SLOT(do_clientDisconnected()));
    connect(tcpSocket,&QTcpSocket::stateChanged,this,&MainWindow::do_socketStateChange);
    do_socketStateChange(tcpSocket->state());             //运行一次槽函数，显示状态
    connect(tcpSocket,SIGNAL(readyRead()),  this,SLOT(do_socketReadyRead()));
}
```

程序首先通过QTcpServer::nextPendingConnection()函数获取与连接的客户端进行通信的QTcpSocket对象tcpSocket，然后将tcpSocket的几个信号与相应的槽函数连接起来。与前面3个信号关联的槽函数代码如下：

```
void MainWindow::do_clientConnected()
{//客户端接入时
    ui->textEdit->appendPlainText("**client socket connected");
    ui->textEdit->appendPlainText("**peer address:"+
                            tcpSocket->peerAddress().toString());
    ui->textEdit->appendPlainText("**peer port:"+
                            QString::number(tcpSocket->peerPort()));
```

```
}

void MainWindow::do_clientDisconnected()
{//客户端断开连接时
    ui->textEdit->appendPlainText("**client socket disconnected");
    tcpSocket->deleteLater();
}

void MainWindow::do_socketStateChange(QAbstractSocket::SocketState socketState)
{//socket 状态变化时
    switch(socketState)
    {
    case QAbstractSocket::UnconnectedState:
        labSocketState->setText("socket 状态：UnconnectedState");    break;
    case QAbstractSocket::HostLookupState:
        labSocketState->setText("socket 状态：HostLookupState");     break;
    case QAbstractSocket::ConnectingState:
        labSocketState->setText("socket 状态：ConnectingState");     break;
    case QAbstractSocket::ConnectedState:
        labSocketState->setText("socket 状态：ConnectedState");      break;
    case QAbstractSocket::BoundState:
        labSocketState->setText("socket 状态：BoundState");          break;
    case QAbstractSocket::ClosingState:
        labSocketState->setText("socket 状态：ClosingState");        break;
    case QAbstractSocket::ListeningState:
        labSocketState->setText("socket 状态：ListeningState");
    }
}
```

TCP 服务器要停止监听，运行 QTcpServer::close()函数即可。窗口上的“停止监听”按钮的槽函数代码如下，程序里还强制断开了与 TCP 客户端的 socket 连接。

```
void MainWindow::on_actStop_triggered()
{// “停止监听”按钮
    if (tcpServer->isListening())      //tcpServer 正在监听
    {
        if (tcpSocket != nullptr)
            if (tcpSocket->state() == QAbstractSocket::ConnectedState)
               tcpSocket->disconnectFromHost();

        tcpServer->close();             //停止监听
        ui->actStart->setEnabled(true);
        ui->actStop->setEnabled(false);
        labListen->setText("监听状态：已停止监听");
    }
}
```

3. 与 TCP Client 的数据通信

TCP 服务器端和客户端通过 QTcpSocket 对象通信时，需要规定两者的通信协议，即传输的数据内容如何解析。QTcpSocket 间接继承自 QIODevice，因此支持流数据读写功能。

socket 之间的数据通信协议一般有两种——基于行的或基于块的。基于行的数据通信协议一般用于纯文本数据的通信，每一行数据以一个换行符结束。函数 canReadLine()判断是否有新的一行数据需要读取，如果有就可以用函数 readLine()读取一行数据。基于块的数据通信协议一般用于二进制数据的传输，需要自定义具体的格式。

示例程序 TCP Server 和 TCP Client 之间只传输字符串信息，类似于简单的聊天程序，程序采用基于行的数据通信协议。点击窗口上的“发送消息”按钮即可发送一条消息，其实现代码如下：

```
void MainWindow::on_btnSend_clicked()
{// “发送消息”按钮，发送一行字符串，以换行符结束
    QString  msg= ui->editMsg->text();
    ui->textEdit->appendPlainText("[out] "+msg);
    ui->editMsg->clear();
    ui->editMsg->setFocus();
    QByteArray  str= msg.toUtf8();
    str.append('\n');                      //添加一个换行符
    tcpSocket->write(str);
}
```

程序将QString类型的字符串转换为QByteArray类型的字节数组str，然后在str最后面添加一个换行符，用QIODevice::write()函数将str写入缓冲区，这样就能向客户端发送一行文字。

QTcpSocket对象接收到数据后会发射readyRead()信号，在槽函数do_newConnection()中已经将这个信号与槽函数do_socketReadyRead()连接。槽函数do_socketReadyRead()的代码如下：

```
void MainWindow::do_socketReadyRead()
{//读取缓冲区的行文本
    while(tcpSocket->canReadLine())
        ui->textEdit->appendPlainText("[in] "+tcpSocket->readLine());
}
```

这样，TCP Server就可以与TCP Client进行双向通信了，且这个连接一直存在，直到某一方的QTcpSocket对象调用函数disconnectFromHost()断开socket连接。

15.2.3 TCP客户端程序设计

1. 主窗口类定义和初始化

客户端程序TCP Client只需要使用一个QTcpSocket对象，就可以和服务器端程序TCP Server进行通信。客户端程序TCP Client也是一个窗口基于QMainWindow的应用程序，MainWindow类的定义如下：

```
class MainWindow : public QMainWindow
{
    Q_OBJECT
private:
    QTcpSocket  *tcpClient;          //socket
    QLabel  *labSocketState;         //状态栏显示标签
    QString  getLocalIP();           //获取本机 IP 地址
public:
    MainWindow(QWidget *parent = nullptr);
private slots:
    void  do_connected();
    void  do_disconnected();
    void  do_socketStateChange(QAbstractSocket::SocketState socketState);
    void  do_socketReadyRead();      //读取 socket 传入的数据
private:
    Ui::MainWindow *ui;
};
```

MainWindow类中定义了一个用于socket连接和通信的QTcpSocket变量tcpClient，还定义了几个槽函数，用于与tcpClient的相关信号关联。

下面是 MainWindow 的构造函数代码，主要功能是创建 tcpClient，并建立信号与槽函数的关联。

```
MainWindow::MainWindow(QWidget *parent) : QMainWindow(parent), ui(new Ui::MainWindow)
{
    ui->setupUi(this);
    tcpClient= new QTcpSocket(this);                          //创建 socket 变量
    labSocketState= new QLabel("socket 状态: ");               //状态栏标签
    labSocketState->setMinimumWidth(250);
    ui->statusBar->addWidget(labSocketState);
    QString localIP= getLocalIP();                            //获取本机 IP 地址
    this->setWindowTitle(this->windowTitle()+"----本机 IP 地址: "+localIP);
    ui->comboServer->addItem(localIP);
    connect(tcpClient,SIGNAL(connected()),    this,SLOT(do_connected()));
    connect(tcpClient,SIGNAL(disconnected()),this,SLOT(do_disconnected()));
    connect(tcpClient,&QTcpSocket::stateChanged,this,&MainWindow::do_socketStateChange);
    connect(tcpClient,SIGNAL(readyRead()),    this,SLOT(do_socketReadyRead()));
}
```

自定义函数 getLocalIP()的代码与 TCP Server 项目中的完全一样，不再展示。

2. 与服务器端建立 socket 连接

下面是窗口上“连接服务器”按钮和“断开连接”按钮的槽函数，以及两个自定义槽函数的代码：

```
void MainWindow::on_actConnect_triggered()
{//“连接服务器”按钮
    QString  addr= ui->comboServer->currentText();
    quint16  port= ui->spinPort->value();
    tcpClient->connectToHost(addr,port);
}

void MainWindow::on_actDisconnect_triggered()
{//“断开连接”按钮
    if (tcpClient->state() == QAbstractSocket::ConnectedState)
        tcpClient->disconnectFromHost();
}

void MainWindow::do_connected()
{ //connected()信号的槽函数
    ui->textEdit->appendPlainText("**已连接到服务器");
    ui->textEdit->appendPlainText("**peer address:"+
                                  tcpClient->peerAddress().toString());
    ui->textEdit->appendPlainText("**peer port:"+
                                  QString::number(tcpClient->peerPort()));
    ui->actConnect->setEnabled(false);
    ui->actDisconnect->setEnabled(true);
}

void MainWindow::do_disconnected()
{//disconnected()信号的槽函数
    ui->textEdit->appendPlainText("**已断开与服务器的连接");
    ui->actConnect->setEnabled(true);
    ui->actDisconnect->setEnabled(false);
}
```

槽函数 do_socketStateChange()的功能和代码与 TCP Server 项目中的完全一样，不再展示。

3. 与 TCP Server 的数据通信

TCP Client 与 TCP Server 两个程序采用基于行的数据通信协议，点击“发送消息”按钮将发送一行字符串，在 tcpClient 的 readyRead()信号的槽函数里读取行字符串，相关代码如下：

```
void MainWindow::on_btnSend_clicked()
{//“发送消息”按钮
    QString  msg= ui->editMsg->text();
    ui->textEdit->appendPlainText("[out] "+msg);
    ui->editMsg->clear();
    ui->editMsg->setFocus();
    QByteArray  str= msg.toUtf8();
    str.append('\n');
    tcpClient->write(str);
}

void MainWindow::do_socketReadyRead()
{//readyRead()信号的槽函数
   while(tcpClient->canReadLine())
      ui->textEdit->appendPlainText("[in] "+tcpClient->readLine());
}
```

示例 TCP Server 和 TCP Client 只是简单演示了 TCP 通信的基本原理。TCP Server 只允许一个 TCP Client 接入，而一般的 TCP 服务器端程序允许多个客户端接入，为了使每个 socket 连接独立通信、互不影响，一般采用多线程，即为一个 socket 连接创建一个线程。

示例 TCP Server 和 TCP Client 的数据通信采用基于行的数据通信协议，只能传输字符串数据。QTcpSocket 间接继承自 QIODevice，可以使用流数据读写的方式传输二进制数据流，例如图片、任意格式文件等，但是这涉及服务器端和客户端通信协议的定义，本书不具体介绍。

15.3 UDP 通信

用户数据报协议（User Datagram Protocol，UDP）是轻量的、不可靠的、面向数据报（datagram）的、无连接的协议，它可以用于对可靠性要求不高的场合。与 TCP 通信不同，UDP 通信不区分客户端和服务器端，UDP 程序都是客户端程序，UDP 通信示意如图 15-5 所示。两个 UDP 客户端之间进行 UDP 通信时，无须预先建立持久的 socket 连接，UDP 客户端每次发送数据报都需要指定目标地址和端口。

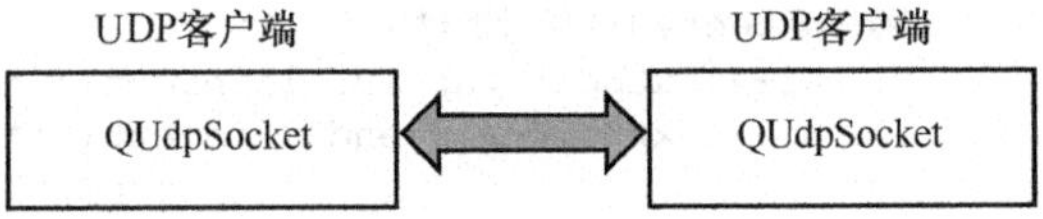

UDP客户端 UDP客户端

QUdpSocket ⟷ QUdpSocket

图 15-5 UDP 通信示意

15.3.1 QUdpSocket 类

QUdpSocket 类用于实现 UDP 通信，它与 QTcpSocket 具有相同的父类 QAbstractSocket，因而这两个类共享大部分的接口函数（见表 15-4）。这两个类的主要区别是 QUdpSocket 以数据报传输数据，而不是以连续的数据流传输数据。QUdpSocket::writeDatagram()函数用于发送数据报，数据报一般少于 512 字节，每个数据报包含发送者和接收者的 IP 地址和端口等信息。

程序若要实现 UDP 数据接收，要先用 QUdpSocket::bind()函数绑定一个端口，用于接收传入的数据报。当有数据报传入时 QUdpSocket 会发射 readyRead()信号，使用 QUdpSocket::readDatagram()函数可以读取接收到的数据报。

UDP 消息传送有单播、广播、组播 3 种模式，如图 15-6 所示。

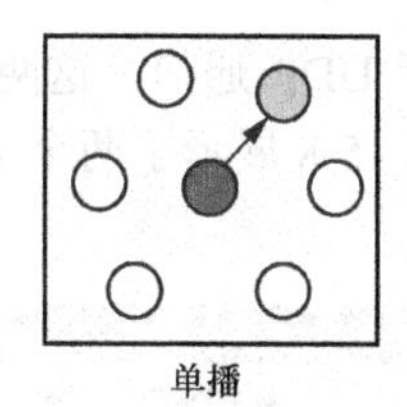
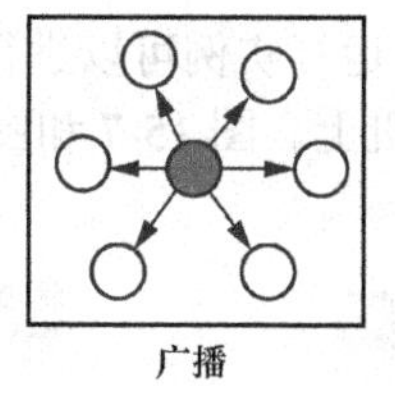
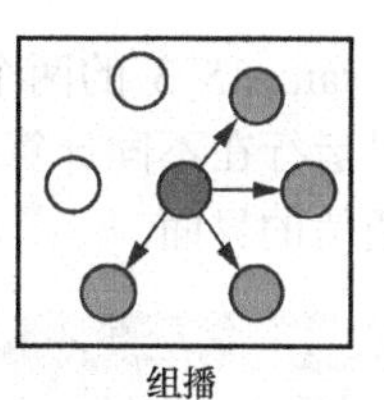

单播　　　　广播　　　　组播

图 15-6 UDP 客户端之间通信的 3 种模式

- 单播（unicast）：一个 UDP 客户端发出的数据报只发送到一个指定地址和端口的 UDP 客户端，是一对一的数据传输。
- 广播（broadcast）：一个 UDP 客户端发出的数据报，在同一网络范围内所有的 UDP 客户端都可以收到。QUdpSocket 支持 IPv4 广播，广播经常用于实现网络发现的协议。要广播数据，只需在数据报中指定接收端地址为 QHostAddress::Broadcast，一般的广播地址是 255.255.255.255。
- 组播（multicast）：也称为多播。UDP 客户端加入一个由组播 IP 地址指定的多播组（用同一个组播 IP 地址接收组播数据报的所有主机构成一个组，称为多播组或组播组），成员向组播地址发送的数据报组内成员都可以接收到，类似于 QQ 群的功能。

QUdpSocket::joinMulticastGroup()函数可实现加入多播组的功能，加入多播组后，UDP 数据的收发与正常的 UDP 数据的收发方法一样。

使用广播和组播模式，UDP 可以实现一些比较灵活的通信功能，而 TCP 通信只有单播模式，没有广播和组播模式。UDP 通信虽然不能保证数据传输的准确性，但是它具有灵活性，一般的即时通信软件都是基于 UDP 通信的。

QUdpSocket 类定义了较多新的函数来实现 UDP 特有的一些功能，如数据报读写和组播通信功能。QUdpSocket 类没有定义新的信号，其主要接口函数如表 15-5 所示，表中省略了函数的输入参数。

表 15-5 QUdpSocket 类的主要接口函数

函数	功能
bool bind( )	为 UDP 通信绑定一个端口
qint64 writeDatagram()	向目标地址和端口的 UDP 客户端发送数据报，返回成功发送的字节数
bool hasPendingDatagrams()	当至少有一个数据报需要读取时，返回 true
qint64 pendingDatagramSize()	返回第一个待读取的数据报的大小
qint64 readDatagram()	读取一个数据报，返回成功读取的数据报的字节数
bool joinMulticastGroup()	加入一个多播组
bool leaveMulticastGroup()	离开一个多播组

在单播、广播和组播模式下，UDP 程序都是对等的。组播和广播的实现方式基本相同，只是数据报的目标 IP 地址设置不同。组播模式需要加入多播组，实现方式有较大差异。

为分别演示这 3 种 UDP 通信模式，本节设计了两个示例项目。示例 samp15_3 演示 UDP 单播和广播通信，示例 samp15_4 演示 UDP 组播通信。

15.3.2 UDP 单播和广播

1. UDP 通信程序功能

项目 samp15_3 实现 UDP 单播和广播，其主窗口基类是 QMainWindow。程序可以进行 UDP

数据报的发送和接收，samp15_3 的两个运行实例可以进行 UDP 通信，这两个实例可以运行在同一台计算机上，也可以运行在不同计算机上。图 15-7 和图 15-8 展示了两个 samp15_3 实例在一台计算机上运行时进行通信的界面。

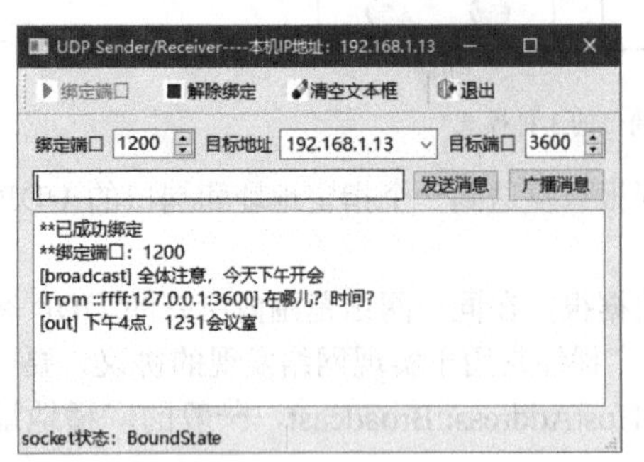

图 15-7　samp15_3 运行实例 A（绑定端口 1200）

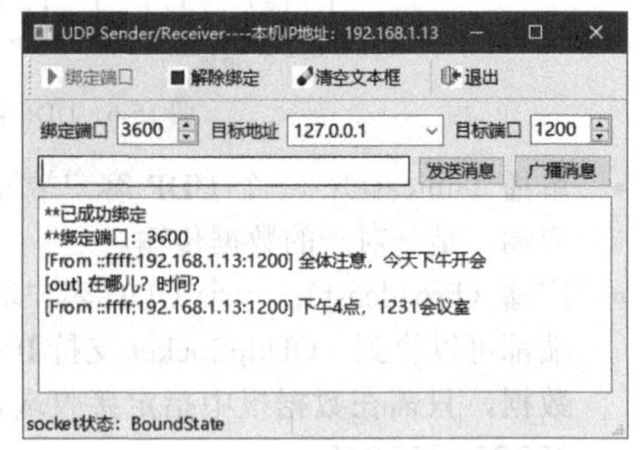

图 15-8　samp15_3 运行实例 B（绑定端口 3600）

在同一台计算机上运行时，两个运行实例需要绑定不同的端口，例如实例 A 绑定端口 1200，实例 B 绑定端口 3600。实例 A 向实例 B 发送数据报时，需要指定实例 B 所在主机的 IP 地址和绑定端口作为目标地址和目标端口，这样实例 B 才能接收到数据报。

如果两个实例在不同计算机上运行，则可以绑定相同的端口，因为 IP 地址不同了，不会导致绑定时发生冲突。一般的 UDP 通信程序都是在不同计算机上运行的，约定一个固定的端口作为通信端口。

2. 主窗口类定义和初始化

项目 samp15_3 的窗口类 MainWindow 的定义如下：

```
class MainWindow : public QMainWindow
{
    Q_OBJECT
private:
    QLabel   *labSocketState;                    //状态栏上的标签
    QUdpSocket  *udpSocket;                      //用于 UDP 通信的 socket
    QString  getLocalIP();                       //获取本机 IP 地址
public:
    MainWindow(QWidget *parent = nullptr);
private slots:
    void  do_socketStateChange(QAbstractSocket::SocketState socketState);
    void  do_socketReadyRead();                  //读取 socket 传入的数据
private:
    Ui::MainWindow *ui;
};
```

MainWindow 类的构造函数代码如下：

```
MainWindow::MainWindow(QWidget *parent) : QMainWindow(parent), ui(new Ui::MainWindow)
{
    ui->setupUi(this);
    labSocketState= new QLabel("socket 状态：");
    labSocketState->setMinimumWidth(200);
    ui->statusBar->addWidget(labSocketState);
    QString localIP= getLocalIP();               //获取本机 IP 地址
    this->setWindowTitle(this->windowTitle()+"----本机 IP 地址："+localIP);
    ui->comboTargetIP->addItem(localIP);
```

```
    udpSocket= new QUdpSocket(this);                //创建 socket

    connect(udpSocket,&QUdpSocket::stateChanged,this,&MainWindow::do_socketStateChange);
    do_socketStateChange(udpSocket->state());       //运行一次，显示当前状态
    connect(udpSocket,SIGNAL(readyRead()), this,SLOT(do_socketReadyRead()));
}
```

构造函数里创建了 udpSocket，并将其 stateChanged()信号与自定义槽函数 do_socketStateChange()关联，将其 readyRead()信号与自定义槽函数 do_socketReadyRead()关联。

getLocalIP()和 do_socketStateChange()这两个函数的功能和代码与 15.2 节介绍的 TCP 通信示例程序里的完全一样，不再展示其代码。

3. UDP 通信的实现

要实现 UDP 通信，必须先用函数 bind()绑定一个端口，用于监听传入的数据报，解除绑定则用函数 abort()。界面上的“绑定端口”按钮和“解除绑定”按钮的槽函数代码如下：

```
void MainWindow::on_actStart_triggered()
{//“绑定端口”按钮
    quint16 port= ui->spinBindPort->value();     //本机 UDP 端口
    if (udpSocket->bind(port))                    //绑定端口成功
    {
        ui->textEdit->appendPlainText("**已成功绑定");
        ui->textEdit->appendPlainText("**绑定端口："
                    +QString::number(udpSocket->localPort()));
        ui->actStart->setEnabled(false);
        ui->actStop->setEnabled(true);
        ui->btnSend->setEnabled(true);
        ui->btnBroadcast->setEnabled(true);
    }
    else
        ui->textEdit->appendPlainText("**绑定失败");
}

void MainWindow::on_actStop_triggered()
{//“解除绑定”按钮
    udpSocket->abort();                           //解除绑定，复位 socket
    ui->actStart->setEnabled(true);
    ui->actStop->setEnabled(false);
    ui->btnSend->setEnabled(false);
    ui->btnBroadcast->setEnabled(false);
    ui->textEdit->appendPlainText("**已解除绑定");
}
```

绑定端口后，socket 的状态变为 QAbstractSocket::BoundState（已绑定），解除绑定后状态变为 QAbstractSocket::UnconnectedState（未连接）。

发送点对点消息和广播消息都使用 QUdpSocket::writeDatagram()函数，界面上“发送消息”按钮和“广播消息”按钮的槽函数代码如下：

```
void MainWindow::on_btnSend_clicked()
{//"发送消息" 按钮
    QString  targetIP= ui->comboTargetIP->currentText();    //目标 IP 地址
    QHostAddress  targetAddr(targetIP);                     //目标主机
    quint16  targetPort= ui->spinTargetPort->value();       //目标端口
    QString  msg= ui->editMsg->text();               //发送的消息内容
```

```
    QByteArray  str= msg.toUtf8();
    udpSocket->writeDatagram(str,targetAddr,targetPort);    //发出数据报
    ui->textEdit->appendPlainText("[out] "+msg);
    ui->editMsg->clear();
    ui->editMsg->setFocus();
}

void MainWindow::on_btnBroadcast_clicked()
{ //"广播消息"按钮
    quint16  targetPort= ui->spinTargetPort->value();        //目标端口
    QString  msg= ui->editMsg->text();
    QByteArray  str= msg.toUtf8();
    udpSocket->writeDatagram(str,QHostAddress::Broadcast,targetPort);
    ui->textEdit->appendPlainText("[broadcast] "+msg);
    ui->editMsg->clear();
    ui->editMsg->setFocus();
}
```

函数 writeDatagram()用于向目标用户发送消息，该函数原型定义如下：

```
qint64  QUdpSocket::writeDatagram(const QByteArray &datagram,
                                  const QHostAddress &host, quint16 port)
```

其中，datagram 是要发出的数据报，host 是目标主机，port 是目标端口。

向一个目标用户发送消息时，需要指定目标 IP 地址和目标端口。在广播消息时，只需将目标地址更换为一个特殊地址，即广播地址 QHostAddress::Broadcast，这个地址一般是 255.255.255.255。

QUdpSocket 发送的数据报是 QByteArray 类型的字节数据数组，数据报一般不超过 512 字节。数据报的内容可以是字符串，也可以是自定义格式的二进制数据，字符串无须以换行符结束。

QUdpSocket 接收到数据报后发射 readyRead()信号，在关联的槽函数 do_socketReadyRead()里读取缓冲区的数据报，这个槽函数代码如下：

```
void MainWindow::do_socketReadyRead()
{//读取收到的数据报
    while(udpSocket->hasPendingDatagrams())                    //是否有待读取的数据报
    {
        QByteArray  datagram;
        datagram.resize(udpSocket->pendingDatagramSize());    //待读取的数据报的字节数
        QHostAddress  peerAddr;    //对方地址
        quint16  peerPort;         //对方端口
        udpSocket->readDatagram(datagram.data(),datagram.size(),&peerAddr,&peerPort);
        QString str= datagram.data();
        QString peer= "[From "+peerAddr.toString()+":"+QString::number(peerPort)+"] ";
        ui->textEdit->appendPlainText(peer+str);
    }
}
```

函数 hasPendingDatagrams()返回 true，表示有待读取的数据报。函数 pendingDatagramSize()返回待读取数据报的字节数。函数 readDatagram()用于读取数据报的内容，其函数原型为：

```
qint64  QUdpSocket::readDatagram(char *data, qint64 maxSize,
                    QHostAddress *address = nullptr, quint16 *port = nullptr)
```

参数 data 和 maxSize 是必需的，表示最多读取 maxSize 字节的数据到缓冲区 data 里。address 和 port 变量是可选的，用于获取数据报来源的地址和端口。上面的代码中使用了完整的参数形式，

从而可以获得数据报来源的地址 peerAddr 和端口 peerPort。如果无须获取来源地址和端口，可以采用简略形式，即：

```
udpSocket->readDatagram(datagram.data(),datagram.size());
```

上述代码读取的数据报内容是 QByteArray 字节数据数组。因为本程序只是传输字符串，所以简单地将其转换为字符串即可。如果传输的是自定义格式的字符串或二进制数据，需要对接收到的数据进行解析。

15.3.3 UDP 组播

1. UDP 组播的特性

图 15-6 简单表示了组播的原理。UDP 组播是主机之间“一对一组”的通信模式，当多个客户端加入由一个组播地址定义的多播组之后，客户端向组播地址和端口发送的 UDP 数据报，组内成员都可以接收到，其功能类似于 QQ 群。

组播报文的目标地址使用 D 类 IP 地址，D 类地址不能出现在 IP 报文的源 IP 地址字段中。所有的信息接收者都加入一个组，并且加入之后，流向组播地址的数据报立即开始向接收者传输，组内的所有成员都能接收到数据报。组内的成员是动态变化的，主机可以在任何时刻加入和离开组。

因此，使用 UDP 组播必须使用一个组播地址。组播地址是 D 类 IP 地址，有特定的地址段。多播组可以是永久的也可以是临时的。多播组地址中，有一部分由官方分配，对应的多播组称为永久多播组。永久多播组保持不变的是它的 IP 地址，组内的成员可以发生变化。永久多播组中成员的数量可以是任意的，甚至可以为零。那些没有被永久多播组使用的组播 IP 地址，可以被临时多播组利用。关于组播 IP 地址，有如下一些约定。

- 224.0.0.0～224.0.0.255 为预留的组播地址（永久组地址），地址 224.0.0.0 保留不分配，其他地址供路由协议使用。
- 224.0.1.0～224.0.1.255 是公用组播地址，可以用于 Internet。
- 224.0.2.0～238.255.255.255 为用户可用的组播地址（临时组地址），全网范围内有效。
- 239.0.0.0～239.255.255.255 为本地管理组播地址，仅在特定的本地范围内有效。

因此，若是在家庭或办公室局域网内测试 UDP 组播功能，可以使用的组播地址范围是 239.0.0.0～239.255.255.255。

QUdpSocket 支持 UDP 组播，joinMulticastGroup()函数使主机加入多播组，leaveMulticastGroup()函数使主机离开多播组。UDP 组播的特点是使用组播地址，其他的端口绑定、数据报收发等功能的实现与 UDP 单播的完全相同。

2. UDP 组播示例程序的功能

本节设计一个 UDP 组播示例程序 samp15_4，在局域网内两台计算机上分别运行程序，进行组播通信。图 15-9 所示的是运行在主机 192.168.1.48 上的程序，图 15-10 所示的是运行在主机 192.168.1.47 上的程序。两个主机上的程序都加入地址为 239.255.43.21 的多播组，绑定端口 35320 进行通信。

从图 15-9 和图 15-10 可以看到，两个主机上的程序都可以发送和接收组播数据报，且其在自己主机上发出的数据报自己也可以接收到。

图 15-9 UDP 组播程序（主机 A）的运行时界面

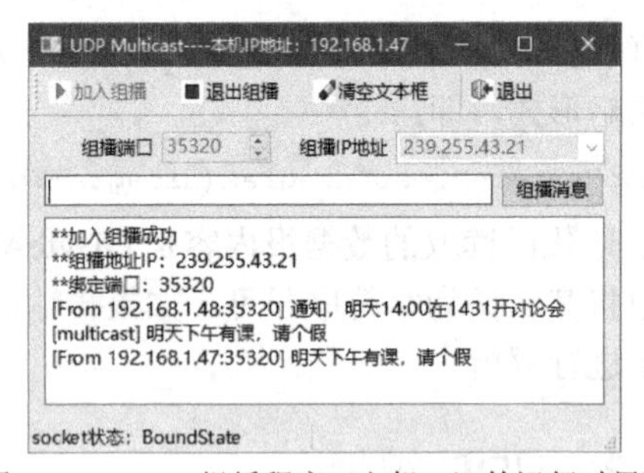

图 15-10 UDP 组播程序（主机 B）的运行时界面

3. 组播功能的实现

示例 samp15_4 的主窗口类 MainWindow 的定义如下：

```
class MainWindow : public QMainWindow
{
    Q_OBJECT
private:
    QLabel  *labSocketState;
    QUdpSocket  *udpSocket;                 //socket 连接
    QHostAddress  groupAddress;             //组播地址
    QString  getLocalIP();                  //获取本机 IP 地址
public:
    MainWindow(QWidget *parent = nullptr);
private slots:
    void  do_socketStateChange(QAbstractSocket::SocketState socketState);
    void  do_socketReadyRead();             //读取 socket 传入的数据
private:
    Ui::MainWindow *ui;
};
```

MainWindow 类中定义了一个 QHostAddress 类型变量 groupAddress，用于记录组播地址。MainWindow 类的构造函数代码如下：

```
MainWindow::MainWindow(QWidget *parent) : QMainWindow(parent), ui(new Ui::MainWindow)
{
    ui->setupUi(this);
    labSocketState= new QLabel("socket 状态：");
    labSocketState->setMinimumWidth(200);
    ui->statusBar->addWidget(labSocketState);
    QString localIP= getLocalIP();                      //本机主机名
    this->setWindowTitle(this->windowTitle()+"----本机 IP 地址："+localIP);
    udpSocket= new QUdpSocket(this);
    udpSocket->setSocketOption(QAbstractSocket::MulticastTtlOption,1);
    connect(udpSocket,&QUdpSocket::stateChanged,this,&MainWindow::do_socketStateChange);
    do_socketStateChange(udpSocket->state());           //立即刷新一次
    connect(udpSocket,SIGNAL(readyRead()),this,SLOT(do_socketReadyRead()));
}
```

上述代码中使用了函数 setSocketOption()对 udpSocket 进行参数设置，该函数原型定义如下：

```
void  QAbstractSocket::setSocketOption(QAbstractSocket::SocketOption option,
                                       const QVariant &value)
```

参数 option 是要设置的选项名称，属于枚举类型 QAbstractSocket::SocketOption；参数 value 是要设置的选项的值。枚举类型 QAbstractSocket::SocketOption 有多种枚举值，程序中的设置代码是：

```
udpSocket->setSocketOption(QAbstractSocket::MulticastTtlOption, 1);
```

上述代码将udpSocket的QAbstractSocket::MulticastTtlOption选项的值设置为1。MulticastTtlOption是UDP组播的数据报的生存期，数据报每跨一个路由该值会减1。MulticastTtlOption的默认值为1，表示组播数据报只能在同一路由下的局域网内传播。

要进行UDP组播通信，UDP客户端必须先加入UDP多播组，也可以随时退出多播组。主窗口上的“加入组播”按钮和“退出组播”按钮的槽函数代码如下：

```
void MainWindow::on_actStart_triggered()
{//“加入组播”按钮
    QString  IP= ui->comboIP->currentText();
    groupAddress= QHostAddress(IP);                          //多播组地址
    quint16  groupPort= ui->spinPort->value();               //端口
    if (udpSocket->bind(QHostAddress::AnyIPv4, groupPort, QUdpSocket::ShareAddress))
    {
        udpSocket->joinMulticastGroup(groupAddress);         //加入多播组
        ui->textEdit->appendPlainText("**加入组播成功");
        ui->textEdit->appendPlainText("**组播 IP 地址: "+IP);
        ui->textEdit->appendPlainText("**绑定端口: "+QString::number(groupPort));
        ui->actStart->setEnabled(false);
        ui->actStop->setEnabled(true);
        ui->comboIP->setEnabled(false);                       //组播地址和端口不能再修改
        ui->spinPort->setEnabled(false);
        ui->btnMulticast->setEnabled(true);                   //发送消息的按钮可用
    }
    else
        ui->textEdit->appendPlainText("**绑定端口失败");
}

void MainWindow::on_actStop_triggered()
{//“退出组播”按钮
    udpSocket->leaveMulticastGroup(groupAddress);            //退出组播
    udpSocket->abort();      //解除绑定
    ui->actStart->setEnabled(true);
    ui->actStop->setEnabled(false);
    ui->comboIP->setEnabled(true);                            //组播地址和端口可以修改
    ui->spinPort->setEnabled(true);
    ui->btnMulticast->setEnabled(false);                      //发送消息的按钮不可用
    ui->textEdit->appendPlainText("**已退出组播,解除端口绑定");
}
```

加入组播之前，必须先绑定端口，程序中绑定端口的语句是：

```
udpSocket->bind(QHostAddress::AnyIPv4, groupPort, QUdpSocket::ShareAddress)
```

这里用到的函数bind()的原型定义如下：

```
bool  QAbstractSocket::bind(QHostAddress::SpecialAddress addr, quint16 port = 0,
                            QAbstractSocket::BindMode mode = DefaultForPlatform)
```

参数addr是枚举类型QHostAddress::SpecialAddress，表示一些特殊的主机地址，程序中设置为QHostAddress::AnyIPv4，表示任何IPv4地址。参数port是要绑定的端口，程序中设置为多播组统一的一个端口groupPort。参数mode表示绑定模式，程序中设置为QUdpSocket::ShareAddress，表示允许其他服务使用这个地址和端口，组播模式时参数mode必须设置为这个值。

UDP 客户端需要使用 QUdpSocket:: joinMulticastGroup()函数加入多播组，程序中的代码是：

```
udpSocket->joinMulticastGroup(groupAddress);
```

多播组地址 groupAddress 从界面上的组合框里输入。注意，局域网内的组播地址的范围是239.0.0.0～239.255.255.255，绝对不能使用本机地址作为组播地址。

UDP 客户端需要使用 QUdpSocket::leaveMulticastGroup()函数退出多播组，程序中的代码是：

```
udpSocket->leaveMulticastGroup(groupAddress);
```

加入多播组后，发送组播数据报也使用函数 writeDatagram()，只是目标地址使用的是组播地址。下面是发送和读取数据报的代码，与 UDP 单播时发送和接收数据的代码相似，就不解释了。

```
void MainWindow::on_btnMulticast_clicked()
{//“组播消息”按钮，发送组播消息
    quint16  groupPort= ui->spinPort->value();      //组播端口
    QString  msg= ui->editMsg->text();
    QByteArray  datagram= msg.toUtf8();
    udpSocket->writeDatagram(datagram, groupAddress, groupPort);
    ui->textEdit->appendPlainText("[multicast] "+msg);
    ui->editMsg->clear();
    ui->editMsg->setFocus();
}

void MainWindow::do_socketReadyRead()
{//读取数据报
    while(udpSocket->hasPendingDatagrams())
    {
        QByteArray  datagram;
        datagram.resize(udpSocket->pendingDatagramSize());
        QHostAddress  peerAddr;
        quint16  peerPort;
        udpSocket->readDatagram(datagram.data(),datagram.size(),&peerAddr,&peerPort);
        QString str= datagram.data();
        QString peer= "[From "+peerAddr.toString()+":"+QString::number(peerPort)+"]";
        ui->textEdit->appendPlainText(peer+str);
    }
}
```

15.4 基于 HTTP 的网络应用程序

Qt 网络模块提供一些类来实现 OSI 七层网络模型中高层的网络协议，如 HTTP、FTP、SNMP 等，这些类主要是 QNetworkRequest、QNetworkAccessManager 和 QNetworkReply。

QNetworkRequest 类通过 URL 发起网络协议请求，其也保存网络请求的信息，目前支持 HTTP、FTP 和本地文件 URL 的下载或上传。

QNetworkAccessManager 类用于协调网络操作，在 QNetworkRequest 发起网络请求后，QNetworkAccessManager 负责发送网络请求，以及创建网络响应。

QNetworkReply 类表示网络请求的响应，由 QNetworkAccessManager 在发送网络请求后创建网络响应。QNetworkReply 提供的信号 finished()、readyRead()、downloadProgress()可用于监测网络响应的执行情况，从而进行相应的操作。QNetworkReply 是 QIODevice 的子类，所以 QNetworkReply

支持流数据读写功能，也支持异步或同步工作模式。

基于上述 3 个类，本节设计一个基于 HTTP 的网络文件下载程序，示例项目名称为 samp15_5，图 15-11 是程序运行下载文件时的界面。

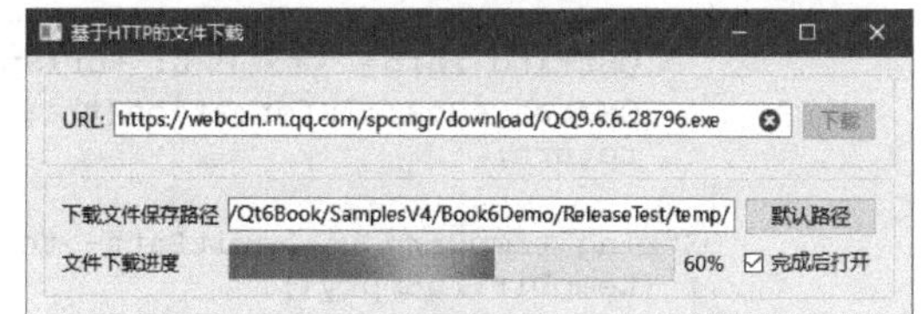

图 15-11　程序运行下载文件时的界面

在 URL 编辑框里输入一个网络文件 URL，设置下载文件保存路径后，点击“下载”按钮就可以下载文件到设置的目录下。进度条可以显示文件下载进度，下载完成后还可以用默认的软件打开下载的文件。URL 里的 HTTP 地址可以表示为任何类型的文件，如 html 文件、pdf 文件、doc 文件、exe 文件等。

示例 samp15_5 的窗口类是基于 QMainWindow 的 MainWindow 类，可视化设计界面时，我们删除了主窗口上的菜单栏和状态栏。MainWindow 类的定义如下：

```
class MainWindow : public QMainWindow
{
    Q_OBJECT
private:
    QNetworkAccessManager  networkManager;     //网络管理
    QNetworkReply  *reply;                     //网络响应
    QFile  *downloadedFile;                    //下载保存的临时文件
public:
    MainWindow(QWidget *parent = nullptr);
private slots:
    void  do_finished();
    void  do_readyRead();
    void  do_downloadProgress(qint64 bytesRead, qint64 totalBytes);
private:
    Ui::MainWindow *ui;
};
```

MainWindow 类的构造函数里无须做初始化设置。要下载文件，应先在窗口上的 URL 编辑框里输入下载地址（可以粘贴 URL），再设置下载文件保存路径。“默认路径”按钮可用于实现在程序的当前目录下创建一个临时文件夹 temp，其槽函数代码如下：

```
void MainWindow::on_btnDefaultPath_clicked()
{// “默认路径”按钮
    QString  curPath= QDir::currentPath();
    QDir  dir(curPath);
    QString  sub= "temp";
    dir.mkdir(sub);
    ui->editPath->setText(curPath+"/"+sub+"/");
}
```

输入 URL 和下载文件保存路径后，点击“下载”按钮开始下载，“下载”按钮的槽函数代码如下：

```
void MainWindow::on_btnDownload_clicked()
{// “下载”按钮，开始下载
    QString  urlSpec= ui->editURL->text().trimmed();
    if (urlSpec.isEmpty())
    {
        QMessageBox::information(this, "错误","请指定需要下载的 URL");
        return;
```

```
    }
    QUrl newUrl= QUrl::fromUserInput(urlSpec);          //URL
    if (!newUrl.isValid())
    {
        QString info= "无效URL:"+urlSpec+"\n错误信息:"+newUrl.errorString();
        QMessageBox::information(this, "错误",info);
        return;
    }
    QString tempDir= ui->editPath->text().trimmed();     //临时目录
    if (tempDir.isEmpty())
    {
        QMessageBox::information(this, "错误", "请指定保存下载文件的目录");
        return;
    }

    QString fullFileName= tempDir+newUrl.fileName();     //文件名
    if (QFile::exists(fullFileName))
        QFile::remove(fullFileName);
    downloadedFile= new QFile(fullFileName);            //创建临时文件
    if (!downloadedFile->open(QIODevice::WriteOnly))
    {
        QMessageBox::information(this, "错误","临时文件打开错误");
        return;
    }
    ui->btnDownload->setEnabled(false);
    //发送网络请求，创建网络响应
    reply= networkManager.get(QNetworkRequest(newUrl));
    connect(reply, SIGNAL(readyRead()), this, SLOT(do_readyRead()));
    connect(reply, SIGNAL(downloadProgress(qint64,qint64)),
            this, SLOT(do_downloadProgress(qint64,qint64)));
    connect(reply, SIGNAL(finished()), this, SLOT(do_finished()));
}
```

读取URL字符串后，我们将其转换为一个QUrl类型变量newUrl，并检查其有效性，再检查临时目录，创建临时文件downloadedFile。

这些做好之后，用QNetworkAccessManager对象发布网络请求，请求下载URL表示的文件，并创建网络响应，关键代码如下：

```
reply= networkManager.get(QNetworkRequest(newUrl));
```

reply是QNetworkReply对象，表示网络响应，将其3个信号与相关的自定义槽函数关联，实现相应的操作。这3个槽函数的代码如下：

```
void MainWindow::do_readyRead()
{//读取下载的数据
    downloadedFile->write(reply->readAll());
}

void MainWindow::do_downloadProgress(qint64 bytesRead, qint64 totalBytes)
{//下载进度
    ui->progressBar->setMaximum(totalBytes);
    ui->progressBar->setValue(bytesRead);
}

void MainWindow::do_finished()
{//网络响应结束
    QFileInfo  fileInfo(downloadedFile->fileName());      //获取下载的文件的文件名
    downloadedFile->close();
```

```
    delete  downloadedFile;                                       //删除临时文件对象
    reply->deleteLater();                                         //由主事件循环删除此对象
    if (ui->chkBoxOpen->isChecked())                              //打开下载的文件
        QDesktopServices::openUrl(QUrl::fromLocalFile(fileInfo.absoluteFilePath()));
    ui->btnDownload->setEnabled(true);
}
```

在缓冲区有新下载的数据等待读取时，QNetworkReply 会发射 readyRead()信号，我们在其关联的槽函数 do_readyRead()里读取下载缓冲区中的数据并将其写入临时文件。

信号 downloadProgress()表示网络操作进度，传递 bytesRead 和 totalBytes 两个参数，表示已读取字节数和总的字节数，我们在其关联的槽函数 do_downloadProgress()里用这两个参数显示下载进度。

信号 finished()在下载结束后被发射，槽函数 do_finished()的功能是关闭临时文件，删除文件对象 downloadedFile 和网络响应对象 reply。然后用静态函数 QDesktopServices::openUrl()调用默认的应用软件打开下载的文件，例如下载的是一个 PDF 文件，会自动用系统的默认软件打开此文件。

第 16 章

多媒体

Qt Multimedia 模块为多媒体编程提供支持。多媒体编程实现的功能主要包括播放音频和视频文件，通过麦克风录制音频，通过摄像头拍照和录像等。相比 Qt 5，Qt 6 的多媒体模块几乎完全改写了，舍弃了一些类，也引入了一些新的类。所以，在 Qt 6 中编译用 Qt 5 编写的多媒体程序基本上是无法成功的。本章主要介绍 Qt 6 全新的多媒体模块的功能和使用方法。

16.1 多媒体模块功能概述

Qt 6 多媒体模块是在 Qt 6.2 中才正式发布的。相比 Qt 5，Qt 6 多媒体模块做了很大的修改，几乎是一个全新的模块。Qt 5 多媒体模块使用的是基于插件的结构，不同的前端（frontend）使用不同的插件，要实现一个完整的多媒体后端（backend）需要至少 4 个插件，而且后端的 API 对用户开放。Qt 5 多媒体模块的这种基础结构导致很难维护和升级模块的功能，且难以做到完全跨平台。

Qt 6 多媒体模块完全放弃了基于插件的基础结构，它只有一个后端，后端只与操作系统有关，且后端对用户是隐藏的，这样便于对后端进行修改和扩展。用户通过统一的前端 API 编程，在编译时就确定使用的后端，实现了真正的跨平台。Qt 6 多媒体模块在不同的平台上使用不同的后端，Linux 上是 GStreamer，Windows 上是 WMF，macOS 和 iOS 上是 AVFoundation，Android 上是 Android 多媒体 API。

使用 Qt 6 多媒体模块可以实现如下功能。

- 访问原始音频设备并进行输入或输出。
- 播放低延迟的音效文件，如 WAV 音效文件。
- 播放压缩的音频和视频文件，如 MP3、MP4、WMV 等格式的文件。
- 录制音频并进行压缩，生成 MP3、WMA 等格式的文件。
- 使用摄像头进行预览、拍照和录像。
- 将音频文件解压到内存中用于处理。

Qt 6 多媒体模块包含两个子模块：Qt Multimedia 模块提供了多媒体编程用到的大部分类；Qt Multimedia Widgets 模块提供了多媒体编程中用到的界面组件类，如播放视频时用于显示视频的界面组件类 QVideoWidget。要在项目中使用这两个模块，需要在项目配置文件（.pro 文件）中加入如下语句：

```
QT += multimedia
QT += multimediawidgets
```

在程序文件中，如果需要用到这两个模块中的类，使用下面的包含（include）语句可以包含模块中的大部分类。

```
#include <QtMultimedia>
#include <QtMultimediaWidgets>
```

Qt 6 多媒体模块中一些主要的 C++类的功能如表 16-1 所示。

表 16-1 Qt 6 多媒体模块中一些主要的 C++类的功能

类名称	功能描述
QMediaPlayer	播放音频或视频文件，可以是本地文件或网络上的文件
QVideoWidget	界面组件类，用于显示视频
QMediaCaptureSession	抓取音频或视频的管理器
QCamera	访问连接到系统上的摄像头
QAudioInput	访问连接到系统上的音频输入设备，如麦克风
QAudioOutput	访问连接到系统上的音频输出设备，如音箱或耳机
QImageCapture	使用摄像头抓取静态图片
QMediaRecorder	在抓取过程中录制音频或视频
QMediaDevices	提供系统中可用的音频输入设备（麦克风）、音频输出设备（音箱，耳机）、视频输入设备（摄像头）的信息
QMediaFormat	描述音频、视频的编码格式，以及音频、视频的文件格式
QVideoSink	访问和修改视频中的单帧数据
QAudioSource	通过音频输入设备采集原始音频数据
QAudioSink	将原始的音频数据发送到音频输出设备

使用 Qt 多媒体模块提供的这些类可以实现各种应用。表 16-2 所示的是多媒体典型应用功能和用到的类。

表 16-2 多媒体典型应用功能和用到的类

应用功能	用到的类
播放音效文件（WAV 文件）	QSoundEffect
播放编码的 MP3、WMA 等格式音频文件	QMediaPlayer
录制音频并保存为 MP3、WMA 等格式文件	QMediaCaptureSession、QAudioInput、QMediaRecorder、QMediaFormat
采集原始音频输入数据	QAudioSource、QAudioFormat
播放原始音频	QAudioSink、QAudioFormat
播放视频	QMediaPlayer、QVideoWidget、QGraphicsVideoItem
发现音频和视频设备	QMediaDevices、QAudioDevice、QCameraDevice
抓取音频和视频	QMediaCaptureSession、QCamera、QAudioInput、QVideoWidget
摄像头拍照	QMediaCaptureSession、QCamera、QImageCapture
摄像头录像	QMediaCaptureSession、QCamera、QMediaRecorder

利用 Qt 多媒体模块提供的各种类，可以实现一般的音频、视频的输入和输出，这在一些实际应用中是很实用的，例如，语音识别需要录制音频并对原始音频数据进行处理，车牌自动识别需要先拍照然后进行图像处理。本章将结合示例，介绍常见的多媒体应用的编程实现方法。

16.2 播放音频

QMediaPlayer 可以用于播放经过压缩的音频文件，如 MP3 文件和 WMA 文件。QSoundEffect 可以用于播放低延迟音效文件，例如无压缩的 WAV 文件。这两个类都可以用于播放本地文件和网络文件。

16.2.1 QMediaPlayer 功能概述

QMediaPlayer 的父类是 QObject，QMediaPlayer 与播放音频相关的接口函数如下：

```
void  setAudioOutput(QAudioOutput *output)          //设置一个音频输出设备
QAudioOutput  *audioOutput()                        //返回播放器关联的音频输出设备信息
void  setSource(const QUrl &source)                 //设置播放媒介来源，本地文件或网络文件
QUrl  source()                                      //当前播放的媒介来源
void  setActiveAudioTrack(int index)                //设置当前的音频轨道
void  setPlaybackRate(qreal rate)                   //设置播放速度，1.0表示正常速度
void  setLoops(int loops)                           //设置播放的循环次数
QMediaPlayer::PlaybackState  playbackState()        //返回当前播放器状态
QMediaMetaData  metaData()                          //返回当前媒介的元数据
QMediaPlayer::MediaStatus  mediaStatus()  //媒介状态（正在缓冲、已下载等），对于网络媒介比较有用
bool  hasAudio()                                    //当前媒介是否有音频
bool  hasVideo()                                    //当前媒介是否有视频
qint64  duration()                                  //媒介的持续时间，单位为ms
void  setPosition(qint64 position)                  //设置当前的播放位置，单位为ms
qint64  position()                                  //返回当前的播放位置，单位为ms
void  play()                                        //开始播放
void  pause()                                       //暂停播放
void  stop()                                        //停止播放
```

在创建一个QMediaPlayer对象后，必须先用函数setAudioOutput()设置一个音频输出设备，再用函数setSource()设置播放媒介来源（可以是本地文件或网络文件），然后就可以用函数play()开始播放了。使用pause()和stop()函数可以暂停和停止播放。

QMediaPlayer有很多信号，常用的一些信号定义如下：

```
void  durationChanged(qint64 duration)              //媒介的持续时间发生变化
void  mediaStatusChanged(QMediaPlayer::MediaStatus status)  //媒介状态发生变化
void  metaDataChanged()                             //媒介的元数据发生变化
void  playbackStateChanged(QMediaPlayer::PlaybackState newState)  //播放器状态发生变化
void  positionChanged(qint64 position)              //播放位置发生变化
void  sourceChanged(const QUrl &media)              //媒介来源发生变化
```

QMediaPlayer在开始、暂停或停止播放时，播放器状态发生变化，会发射playbackStateChanged()信号，函数playbackState()会返回当前播放器状态。播放器状态用枚举类型QMediaPlayer::PlaybackState表示，有如下几种取值。

- QMediaPlayer::PlayingState，正在播放。
- QMediaPlayer::PausedState，暂停播放。
- QMediaPlayer::StoppedState，已停止播放。

媒介有元数据，函数metaData()可以返回当前媒介的元数据，重新设置媒介时会发射metaDataChanged()信号。媒介的元数据是QMediaMetaData类型数据，元数据用“key-value”形式的键值对表示，QMediaMetaData主要有以下几个函数：

```
QList<QMediaMetaData::Key>  keys()                      //返回键名称列表
QString  stringValue(QMediaMetaData::Key key)           //以字符串形式返回一个键的数据
QVariant  value(QMediaMetaData::Key key)                //以QVariant类型返回一个键的数据
```

媒介元数据的键用枚举类型QMediaMetaData::Key的常量表示，常见枚举常量表示的元数据的类型和意义如表16-3所示，表中的枚举常量省略了前缀“QMediaMetaData::”。

表 16-3 枚举类型 QMediaMetaData::Key 常见枚举常量表示的元数据的类型和意义

枚举常量	类型	意义
Title	QString	媒介的标题
Author	QStringList	媒介的作者
Description	QString	对媒介的描述
FileFormat	QMediaFormat::FileFormat 枚举类型	媒介的文件格式
Duration	qint64	媒介的持续时间，单位为 ms
AudioBitRate	int	音频流的比特率
AudioCodec	QMediaFormat::AudioCodec 枚举类型	音频流的编码格式
VideoFrameRate	qreal	视频的帧率
VideoBitRate	int	视频的比特率
VideoCodec	QMediaFormat::VideoCodec 枚举类型	视频流的编码格式
AlbumTitle	QString	专辑标题
ThumbnailImage	QImage	嵌入的专辑缩略图

利用媒介的元数据，我们可以提取媒介的一些信息，例如对于 MP3 和 WMA 格式的音乐文件，可以提取歌手（Author）和专辑图片（ThumbnailImage）等信息。

16.2.2 基于 QMediaPlayer 的音乐播放器

1. 播放器功能概述

本节设计一个示例项目 samp16_1，这是一个基于 QMediaPlayer 的音乐播放器，其界面如图 16-1 所示。该播放器可以打开多个文件后连续播放，可以显示播放进度、歌曲对应的图片，还可以设置静音、调节音量。文件列表里的项可以被拖动，从而改变其在列表里的位置。

图 16-1 基于 QMediaPlayer 设计的音乐播放器界面

注意，Qt 6 中没有 QMediaPlaylist 类，QMediaPlayer 一次只能设置一个播放文件。我们需要通过一些处理，实现文件列表的自动循环播放。

2. 主窗口设计和初始化

示例主窗口基类是 QMainWindow。显示图 16-1 所示歌曲文件列表的是 QListWidget 组件，显示右侧图片的是 QLabel 组件，界面设计结果见 UI 文件 mainwindow.ui。MainWindow 类的定义如下：

```
#include <QtMultimedia>
class MainWindow : public QMainWindow
{
    Q_OBJECT
private:
    QMediaPlayer  *player;                                          //播放器
    bool     loopPlay= true;                                        //是否循环播放
    QString  durationTime;                                          //总时长，mm:ss 字符串
    QString  positionTime;                                          //当前播放到的位置，mm:ss 字符串
    QUrl getUrlFromItem(QListWidgetItem *item);                     //获取 item 的用户数据
    bool eventFilter(QObject *watched, QEvent *event);              //事件过滤处理
public:
    MainWindow(QWidget *parent = nullptr);
private slots:
    void do_stateChanged(QMediaPlayer::PlaybackState state);        //播放器状态发生变化
```

```
    void do_sourceChanged(const QUrl &media);                    //播放源发生变化
    void do_durationChanged(qint64 duration);                    //播放时长发生变化
    void do_positionChanged(qint64 position);                    //播放位置发生变化
    void do_metaDataChanged();                                   //元数据发生变化
private:
    Ui::MainWindow *ui;
};
```

MainWindow 类中定义了一个播放器 player，以及几个自定义槽函数，它们将与 player 的相应信号关联，实现各种控制和显示功能。

MainWindow 类的构造函数，以及事件过滤处理函数 eventFilter()的代码如下：

```
MainWindow::MainWindow(QWidget *parent) : QMainWindow(parent), ui(new Ui::MainWindow)
{
    ui->setupUi(this);
    ui->listWidget->installEventFilter(this);                   //安装事件过滤器
    ui->listWidget->setDragEnabled(true);                       //允许拖放操作
    ui->listWidget->setDragDropMode(QAbstractItemView::InternalMove);
                                                                //列表项可在组件内部被拖放

    player= new QMediaPlayer(this);
    QAudioOutput *audioOutput= new QAudioOutput(this); //音频输出，指向默认的音频输出设备
    player->setAudioOutput(audioOutput);                        //设置音频输出
    connect(player,&QMediaPlayer::positionChanged,              //播放位置发生变化
            this, &MainWindow::do_positionChanged);
    connect(player,&QMediaPlayer::durationChanged,              //播放时长发生变化
            this, &MainWindow::do_durationChanged);
    connect(player, &QMediaPlayer::sourceChanged,               //播放源发生变化
            this, &MainWindow::do_sourceChanged);
    connect(player, &QMediaPlayer::playbackStateChanged,        //播放器状态发生变化
            this,  &MainWindow::do_stateChanged);
    connect(player, &QMediaPlayer::metaDataChanged,             //元数据发生变化
            this,  &MainWindow::do_metaDataChanged);
}

bool MainWindow::eventFilter(QObject *watched, QEvent *event)
{
    if (event->type() != QEvent::KeyPress)                      //不是 KeyPress 事件，退出
        return QWidget::eventFilter(watched,event);
    QKeyEvent *keyEvent= static_cast<QKeyEvent *>(event);
    if (keyEvent->key() != Qt::Key_Delete)                      //按下的不是 Delete 键，退出
        return QWidget::eventFilter(watched,event);
    if (watched == ui->listWidget)
    {
        QListWidgetItem *item= ui->listWidget->takeItem(ui->listWidget->currentRow());
        delete  item;
    }
    return true;
}
```

构造函数里设置了界面组件 listWidget 的拖放操作属性，使其列表项可以在组件内部被拖放。对 QListWidget 组件的拖放操作的详细介绍见 6.5 节。构造函数里还为 listWidget 安装了事件过滤器，在按下 Delete 键时，就可以删除 listWidget 的当前项。事件过滤器的处理原理详见 6.3 节。

创建一个 QMediaPlayer 对象后，必须创建一个 QAudioOutput 对象，然后用 setAudioOutput()函数设置播放器的音频输出设备。QAudioOutput 是指向音频输出设备的类，它有如下几个函数：

```
void  setDevice(const QAudioDevice &device)          //设置一个 QAudioDevice 设备
QAudioDevice  device()                               //返回当前的 QAudioDevice 设备
void  setMuted(bool muted)                           //设置是否静音
bool  isMuted()                                      //是否静音了
void  setVolume(float volume)                        //设置音量
float  volume()                                      //返回当前音量
```

在创建 QAudioOutput 对象时，它就指向了系统默认的音频输出设备。其 device()函数返回的值就等于静态函数 QMediaDevices::defaultAudioOutput()返回的值。QMediaDevices 类提供系统内的多媒体设备信息，它有以下几个静态函数，用于返回系统中的默认多媒体设备。

```
QAudioDevice  QMediaDevices::defaultAudioInput()  //返回默认的音频输入设备（如麦克风）信息
QAudioDevice  QMediaDevices::defaultAudioOutput() //返回默认的音频输出设备（如音箱）信息
QCameraDevice QMediaDevices::defaultVideoInput()  //返回默认的视频输入设备（如摄像头）信息
```

3. 文件控制

程序启动后，先点击“添加”按钮打开要播放的文件。这个按钮的槽函数，以及相关的一个自定义函数 getUrlFromItem()的代码如下：

```
void MainWindow::on_btnAdd_clicked()
{//“添加”按钮，添加文件
    QString curPath= QDir::homePath();                                  //获取系统当前目录
    QString dlgTitle= "选择音频文件";
    QString filter= "音频文件(*.mp3 *.wav *.wma);;所有文件(*.*)";   //文件过滤器
    QStringList fileList= QFileDialog::getOpenFileNames(this,dlgTitle,curPath,filter);
    if (fileList.count()<1)
        return;
    for (int i=0; i<fileList.size(); i++)
    {
        QString  aFile= fileList.at(i);
        QFileInfo  fileInfo(aFile);
        QListWidgetItem *aItem= new QListWidgetItem(fileInfo.fileName());
        aItem->setIcon(QIcon(":/images/images/musicFile.png"));
        aItem->setData(Qt::UserRole, QUrl::fromLocalFile(aFile)); //设置用户数据
        ui->listWidget->addItem(aItem);                            //添加到界面上的列表
    }

    if (player->playbackState() != QMediaPlayer::PlayingState)
    {  //当前没有播放则播放第一个文件
        ui->listWidget->setCurrentRow(0);
        QUrl source= getUrlFromItem(ui->listWidget->currentItem()); //获取播放媒介
        player->setSource(source);                                  //设置播放媒介
    }
    player->play();
}

QUrl MainWindow::getUrlFromItem(QListWidgetItem *item)
{//返回 item 的用户数据
    QVariant itemData= item->data(Qt::UserRole);                    //获取用户数据
    QUrl source= itemData.value<QUrl>();                    //QVariant 转换为 QUrl 类型
    return source;
}
```

可以一次打开多个文件，文件被添加到界面上的列表组件 listWidget 里。我们为每个列表项设置了用户数据，用户数据是 QUrl 类型的变量，存储包含路径的完整文件名，代码如下：

```
aItem->setData(Qt::UserRole, QUrl::fromLocalFile(aFile));          //设置用户数据
```

使用 QMediaPlayer 的 setSource()函数设置播放媒介时，需要用一个 QUrl 类型的变量表示播放文件。我们从 listWidget 当前项的用户数据中就可以提取这个 QUrl 类型的数据，例如程序中的代码：

```
QUrl source= getUrlFromItem(ui->listWidget->currentItem());     //从当前项获取用户数据
player->setSource(source);                                      //设置播放媒介
```

自定义函数 getUrlFromItem()的功能就是获取一个列表项存储的 QUrl 类型的用户数据。

组件 listWidget 相当于存储了一个 QUrl 对象列表，且 listWidget 支持列表项的拖动操作，可以任意调整列表项顺序。窗口上"移除"按钮和"清空"按钮可对 listWidget 进行操作，槽函数代码如下：

```
void MainWindow::on_btnRemove_clicked()
{// "移除" 按钮，移除列表中的当前项
    int index= ui->listWidget->currentRow();
    if (index >=0)
    {
        QListWidgetItem *item= ui->listWidget->takeItem(index);
        delete item;
    }
}

void MainWindow::on_btnClear_clicked()
{// "清空" 按钮，清空播放列表
    loopPlay= false;                        //防止 do_stateChanged()里切换曲目
    ui->listWidget->clear();
    player->stop();
}
```

在 listWidget 上双击，或点击"前一曲"按钮（⏮）和"后一曲"按钮（⏭）可以重新设置播放的曲目，两个槽函数的代码如下：

```
void MainWindow::on_listWidget_doubleClicked(const QModelIndex &index)
{//双击 listWidget 时切换曲目
    Q_UNUSED(index);
    loopPlay= false;                        //暂时设置为 false，防止 do_stateChanged()切换曲目
    player->setSource(getUrlFromItem(ui->listWidget->currentItem()));
    player->play();
    loopPlay= ui->btnLoop->isChecked();
}

void MainWindow::on_btnPrevious_clicked()
{//前一曲
    int curRow= ui->listWidget->currentRow();
    curRow--;
    curRow = curRow<0? 0:curRow;
    ui->listWidget->setCurrentRow(curRow);    //设置当前行
    loopPlay= false;                        //暂时设置为 false，防止 do_stateChanged()切换曲目
    player->setSource(getUrlFromItem(ui->listWidget->currentItem()));
    player->play();
    loopPlay= ui->btnLoop->isChecked();
}
```

切换曲目时要注意循环播放的问题。如果界面上的"循环"按钮是被选中的，那么 loopPlay 值为 true。如果直接重新设置播放源，播放器的状态会变为停止状态，那么 do_stateChanged()函数

就会自动切换曲目，导致混乱。因此，程序里先把变量 loopPlay 设置为 false，避免 do_stateChanged() 函数切换曲目，重新设置曲目并开始播放后，再重新设置变量 loopPlay 的值。

4. QMediaPlayer 各信号的处理

MainWindow 类的构造函数将 player 的几个信号与自定义槽函数关联，切换播放文件时 player 会发射 sourceChanged()和 metaDataChanged()信号，与这两个信号关联的槽函数的代码如下：

```
void MainWindow::do_sourceChanged(const QUrl &media)
{//播放的文件发生变化时运行
    ui->labCurMedia->setText(media.fileName());      //显示当前播放的曲目名称，不带路径
}

void MainWindow::do_metaDataChanged()
{//元数据变化时运行，显示歌曲对应的图片
    QMediaMetaData metaData= player->metaData();                        //元数据对象
    QVariant  metaImg= metaData.value(QMediaMetaData::ThumbnailImage);  //图片数据
    if (metaImg.isValid())
    {
        QImage img= metaImg.value<QImage>();           //QVariant 转换为 QImage
        QPixmap musicPixmp= QPixmap::fromImage(img);
        if (ui->scrollArea->width() < musicPixmp.width())
            ui->labPic->setPixmap(musicPixmp.scaledToWidth(ui->scrollArea->width()-30));
        else
            ui->labPic->setPixmap(musicPixmp);
    }
    else
        ui->labPic->clear();
}
```

在槽函数 do_metaDataChanged()中，我们读取了媒介元数据中的 QMediaMetaData::ThumbnailImage 键的数据，这是歌曲的内嵌图片，是 QImage 类型的（见表 16-3）。如果这个元数据有效，就将其转换为 QPixmap 图片，然后在界面上的 QLabel 组件中显示出来。

播放源时长和播放位置发生变化时，player 会发射 durationChanged()和 positionChanged()信号，与这两个信号关联的槽函数的代码如下：

```
void MainWindow::do_durationChanged(qint64 duration)
{//播放源时长发生变化时运行，更新进度显示
    ui->sliderPosition->setMaximum(duration);
    int  secs= duration/1000;                    //秒
    int  mins= secs/60;                          //分钟
    secs= secs % 60;                             //取余数秒
    durationTime= QString::asprintf("%d:%d",mins,secs);
    ui->labRatio->setText(positionTime+"/"+durationTime);
}

void MainWindow::do_positionChanged(qint64 position)
{//播放位置发生变化时运行，更新进度显示
    if (ui->sliderPosition->isSliderDown())      //滑条正在被鼠标拖动
        return;
    ui->sliderPosition->setSliderPosition(position);
    int  secs= position/1000;                    //秒
    int  mins= secs/60;                          //分钟
    secs= secs % 60;                             //取余数秒
    positionTime= QString::asprintf("%d:%d",mins,secs);
    ui->labRatio->setText(positionTime+"/"+durationTime);
}
```

这两个槽函数的功能是更新界面上的标签 labRatio 显示的内容，更新滑动条 sliderPosition 的最大值和当前值，以显示播放进度。

播放器开始播放、暂停播放和停止播放时会发射 playbackStateChanged()信号，与这个信号关联的槽函数的代码如下：

```
void MainWindow::do_stateChanged(QMediaPlayer::PlaybackState state)
{//播放器状态变化时运行，更新按钮状态，或播放下一曲
    ui->btnPlay->setEnabled(state != QMediaPlayer::PlayingState);
    ui->btnPause->setEnabled(state== QMediaPlayer::PlayingState);
    ui->btnStop->setEnabled(state == QMediaPlayer::PlayingState);
    //播放完一曲后停止，如果 loopPlay 为 true，自动播放下一曲
    if (loopPlay && (state == QMediaPlayer::StoppedState))
    {
        int count= ui->listWidget->count();
        int curRow= ui->listWidget->currentRow();
        curRow++;
        curRow= curRow>=count? 0:curRow;
        ui->listWidget->setCurrentRow(curRow);
        player->setSource(getUrlFromItem(ui->listWidget->currentItem()));
        player->play();
    }
}
```

MainWindow 类的私有变量 loopPlay 表示是否要循环播放，使用界面上的“循环”按钮可以对应设置这个变量的值。QMediaPlayer 播放完当前曲目后就进入停止状态，不会自动播放下一曲。为了实现循环播放，我们将界面组件 listWidget 的当前行下移或重设为 0，然后重新设置播放器的播放媒介并开始播放。

5. 播放控制

界面下方的一些按钮和组件用于进行播放控制和设置，包括控制播放器开始播放、暂停播放和停止播放，设置播放倍速，设置是否循环播放，设置静音和音量，拖动播放进度条的滑块直接改变播放位置。这些组件的相关槽函数代码如下，这些代码比较简单，就不解释了。

```
void MainWindow::on_btnPlay_clicked()
{//开始播放
    if (ui->listWidget->currentRow() < 0)          //没有选择曲目则播放第一个
        ui->listWidget->setCurrentRow(0);
    player->setSource(getUrlFromItem(ui->listWidget->currentItem()));
    loopPlay= ui->btnLoop->isChecked();            //是否循环播放
    player->play();
}
void MainWindow::on_btnPause_clicked()
{//暂停播放
    player->pause();
}
void MainWindow::on_btnStop_clicked()
{//停止播放
    loopPlay= false;
    player->stop();
}

void MainWindow::on_doubleSpinBox_valueChanged(double arg1)
{//“倍速”
```

```
    player->setPlaybackRate(arg1);
}
void MainWindow::on_btnLoop_clicked(bool checked)
{//“循环”播放
    loopPlay=checked;
}
void MainWindow::on_sliderPosition_valueChanged(int value)
{//播放进度控制
   player->setPosition(value);
}

void MainWindow::on_btnSound_clicked()
{//静音控制
    bool mute= player->audioOutput()->isMuted();
    player->audioOutput()->setMuted(!mute);
    if (mute)
        ui->btnSound->setIcon(QIcon(":/images/images/volumn.bmp"));
    else
        ui->btnSound->setIcon(QIcon(":/images/images/mute.bmp"));
}
void MainWindow::on_sliderVolumn_valueChanged(int value)
{//调整音量
    player->audioOutput()->setVolume(value/100.0);       //0～1
}
```

16.2.3 使用 QSoundEffect 播放音效文件

QSoundEffect 用于播放低延迟音效文件，例如无压缩的 WAV 文件，从而实现一些音效，例如按键音、提示音，游戏中的爆炸音、开枪音等。QSoundEffect 不仅可以播放本地文件，还可以播放网络文件。使用 QSoundEffect 播放音效文件的示例代码如下：

```
QSoundEffect effect;
effect.setSource(QUrl::fromLocalFile("engine.wav"));        //设置播放源
effect.setLoopCount(3);                                      //设置播放的循环次数
effect.setVolume(1);                                         //音量大小值范围为 0.0～1.0
effect.play();                                               //开始播放
```

本节设计一个简单的示例项目 samp16_2，将一些 WAV 音效文件放置在\release\sound 目录下。在 Projects 设置界面取消勾选 Shadow build 复选框，然后以 Release 模式编译，运行时就可以正常播放这些音效文件。这个示例项目的代码很简单，就不介绍了，感兴趣的读者查看项目的源代码即可。

16.3 录制音频

QMediaCaptureSession 是负责抓取音频和视频的类，它与 QMediaRecorder 类结合使用就可以通过麦克风等音频输入设备录制音频，并且可以使用各种音频编码算法进行数据压缩，将数据保存为 MP3、WMA 等格式的音频文件。

16.3.1 QMediaRecorder 类功能概述

本节设计一个示例项目 samp16_3，使用 QMediaCaptureSession 和 QMediaRecorder 录制音频，

示例运行时界面如图 16-2 所示。

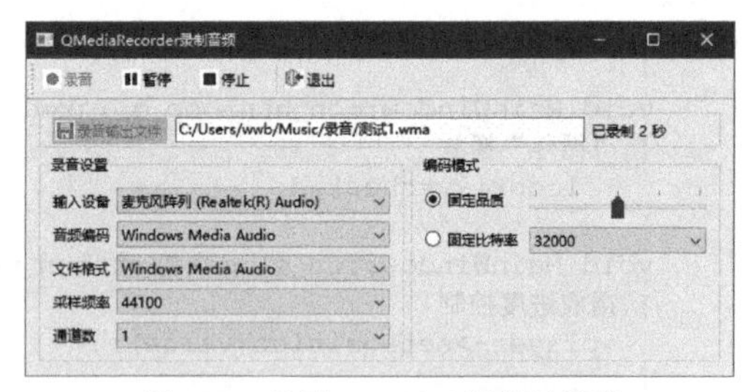

图 16-2　示例 samp16_3 运行时界面

使用 QMediaRecorder 录音前，需要先设置一些参数，包括音频编码、文件格式、采样频率、通道数、编码模式等，然后指定一个音频数据文件，就可以将录制的音频编码压缩后保存到文件里。

QMediaRecorder 类与录制音频相关的设置函数如下，各函数功能见注释，这些函数的功能在示例中再具体解释。

```
void  setAudioBitRate(int bitRate)                                    //设置比特率
void  setAudioChannelCount(int channels)                              //设置通道数
void  setAudioSampleRate(int sampleRate)                              //设置采样频率
void  setEncodingMode(QMediaRecorder::EncodingMode mode)              //设置编码模式
void  setMediaFormat(const QMediaFormat &format)                       //设置媒介格式
void  setMetaData(const QMediaMetaData &metaData)                     //设置元数据
void  setOutputLocation(const QUrl &location)               //设置输出文件，可以是本地文件
void  setQuality(QMediaRecorder::Quality quality)                      //设置录制品质
QMediaRecorder::RecorderState  recorderState()              //返回 recorder 的当前状态
qint64  duration()                                          //返回录制已持续的时间
void  pause()                                                         //暂停录制
void  record()                                                        //开始录制
void  stop()                                                          //停止录制
```

QMediaRecorder 有几个信号，下面是比较常用的两个，它们的发射时机见注释：

```
void  durationChanged(qint64 duration)                                //录制时间变化时
void  recorderStateChanged(QMediaRecorder::RecorderState state)//recorder 状态变化时
```

QMediaCaptureSession 是用于管理音频录制和视频录制的类，录制音频时主要用到下面两个函数：

```
void  setAudioInput(QAudioInput *input)                               //设置音频输入设备
void  setRecorder(QMediaRecorder *recorder)                           //设置 recorder
```

16.3.2　示例功能实现

1. 窗口类定义和初始化

本示例的主窗口基类是 QMainWindow，窗口类 MainWindow 的定义如下：

```
class MainWindow : public QMainWindow
{
    Q_OBJECT
private:
    QMediaCaptureSession  *session;                                //管理器
    QMediaRecorder  *recorder;                                     //用于录音
    void closeEvent(QCloseEvent *event);                           //事件处理函数
public:
    MainWindow(QWidget *parent = nullptr);
private slots:
    void do_stateChanged(QMediaRecorder::RecorderState state);     //状态变化
    void do_durationChanged(qint64 duration);                      //录制时间变化
private:
    Ui::MainWindow *ui;
};
```

MainWindow 类的构造函数代码如下：

```
MainWindow::MainWindow(QWidget *parent) : QMainWindow(parent), ui(new Ui::MainWindow)
{
    ui->setupUi(this);
    session= new QMediaCaptureSession(this);                    //管理器
    QAudioInput *audioInput= new QAudioInput(this);
    session->setAudioInput(audioInput);                 //为 session 设置音频输入设备
    recorder= new QMediaRecorder(this);
    session->setRecorder(recorder);                     //为 session 设置 recorder
    connect(recorder,&QMediaRecorder::recorderStateChanged,
            this,&MainWindow::do_stateChanged);
    connect(recorder, &QMediaRecorder::durationChanged,
            this, &MainWindow::do_durationChanged);

    if (QMediaDevices::defaultAudioInput().isNull())    //如果没有默认的音频输入设备
    {
        ui->groupBoxDevice->setTitle("录音设置（无设备）");
        ui->actRecord->setEnabled(false);
        QMessageBox::information(this,"提示", "无音频输入设备");
        return;                                     //无音频输入设备，下面的数据就都没有
    }
    foreach (QAudioDevice device, QMediaDevices::audioInputs())  //音频输入设备列表
        ui->comboDevices->addItem(device.description(), QVariant::fromValue(device));

    QMediaFormat format;                                //默认的格式对象
    foreach (QMediaFormat::AudioCodec encoder,
            format.supportedAudioCodecs(QMediaFormat::Encode))  //支持的编码格式
        ui->comboCodec->addItem(QMediaFormat::audioCodecDescription(encoder),
                QVariant::fromValue(encoder));                  //添加用户数据
    foreach (QMediaFormat::FileFormat fileFormat,
            format.supportedFileFormats(QMediaFormat::Encode))  //支持的文件格式
        ui->comboFileFormat->addItem(QMediaFormat::fileFormatDescription(fileFormat),
                QVariant::fromValue(fileFormat));               //添加用户数据
    //采样频率
    int minSampRate= audioInput->device().minimumSampleRate();//输入设备支持的最低采样频率
    ui->comboSampleRate->addItem(QString("Minimum %1").arg(minSampRate), minSampRate);
    int maxSampRate= audioInput->device().maximumSampleRate();//输入设备支持的最高采样频率
    ui->comboSampleRate->addItem(QString("Maximum %1").arg(maxSampRate), maxSampRate);
    ui->comboSampleRate->addItem("16000", 16000);                //添加了用户数据
    ui->comboSampleRate->addItem("44100", 44100);
    ui->comboSampleRate->addItem("48000", 48000);
    ui->comboSampleRate->addItem("88200", 88200);
    //通道数
    int minChan= audioInput->device().minimumChannelCount();     //最少通道数
    ui->comboChannels->addItem(QString("Minimum %1").arg(minChan), minChan);
    int maxChan= audioInput->device().maximumChannelCount();     //最多通道数
    ui->comboChannels->addItem(QString("Maximum %1").arg(maxChan), maxChan);
    ui->comboChannels->addItem("1", 1);
    ui->comboChannels->addItem("2", 2);
    //固定品质
    ui->sliderQuality->setRange(0, int(QImageCapture::VeryHighQuality));
    ui->sliderQuality->setValue(int(QImageCapture::NormalQuality));
    //固定比特率
    ui->comboBitrate->addItem("32000");
```

```
    ui->comboBitrate->addItem("64000");
    ui->comboBitrate->addItem("96000");
    ui->comboBitrate->addItem("128000");
}
```

创建 QMediaCaptureSession 对象 session 后，还需要为其设置一个音频输入通道和一个 recorder。

静态函数 QMediaDevices::defaultAudioInput()返回系统默认的音频输入设备（一般是麦克风）信息。如果计算机上有音频输入设备，就可以获取音频输入设备各种参数的支持范围。

静态函数 QMediaDevices::audioInputs()返回系统的音频输入设备列表，我们将这些设备的描述添加到了界面上的“输入设备”下拉列表框中。

程序里定义了一个 QMediaFormat 类型的变量 format，QMediaFormat 的 supportedAudioCodecs()函数返回系统支持的音频编码算法列表，我们将这些编码的描述添加到界面上的“音频编码”下拉列表框中。同样，“文件格式”下拉列表框中是支持的文件格式的描述的列表，文件格式包括视频文件格式。

注意，我们在使用 QComboBox::addItem()函数时，除了添加字符串，还添加了一个 QVariant 类型的用户数据，例如：

```
ui->comboCodec->addItem(QMediaFormat::audioCodecDescription(encoder),
                        QVariant::fromValue(encoder));
```

这样，我们就可以通过 QComboBox::itemData()函数获取这个 QVariant 类型的用户数据，再将其转换为需要的类型。

QAudioInput 类有函数用于表示音频输入设备支持的最低和最高采样频率，以及最少和最多通道数。我们将这些信息显示在下拉列表框中，并且设置了与之关联的用户数据。

2. 录音控制

在开始录音之前，需要先设置参数和保存的文件，参数设置主要包括音频编码和文件格式，在 Windows 平台上一般选择 MP3 和 WMA 格式。“录音”按钮的槽函数代码如下：

```
void MainWindow::on_actRecord_triggered()
{//开始录音
    if (recorder->recorderState() == QMediaRecorder::PausedState)
    {//若是暂停状态，就继续录音
        recorder->record();
        return;
    }
    QString selectedFile= ui->editOutputFile->text().trimmed();
    if (selectedFile.isEmpty())      //检查文件
    {
        QMessageBox::critical(this,"错误","请先设置录音输出文件");
        return;
    }
    if (QFile::exists(selectedFile))
        QFile::remove(selectedFile);
    recorder->setOutputLocation(QUrl::fromLocalFile(selectedFile));   //设置输出文件
    //设置 session 的音频输入设备
    session->audioInput()->setDevice(QMediaDevices::defaultAudioInput());

    //设置 recorder 的 mediaFormat 参数，包括音频编码和文件格式
    QMediaFormat mediaFormat;
    QVariant var= ui->comboCodec->itemData(ui->comboCodec->currentIndex());
    QMediaFormat::FileFormat fileFormat= var.value<QMediaFormat::FileFormat>();
```

```
    mediaFormat.setFileFormat(fileFormat);                              //设置文件格式

    var= ui->comboFileFormat->itemData(ui->comboFileFormat->currentIndex());
    QMediaFormat::AudioCodec audioCodec= var.value<QMediaFormat::AudioCodec>();
    mediaFormat.setAudioCodec(audioCodec);                              //设置音频编码
    recorder->setMediaFormat(mediaFormat);                              //设置媒介格式

    //设置 recorder 的其他参数
    var= ui->comboSampleRate->itemData(ui->comboSampleRate->currentIndex());
    recorder->setAudioSampleRate(var.toInt());                          //设置采样频率
    var= ui->comboChannels->itemData(ui->comboChannels->currentIndex());
    recorder->setAudioChannelCount(var.toInt());                        //设置通道数
    recorder->setAudioBitRate(ui->comboBitrate->currentText().toInt()); //设置比特率
    recorder->setQuality(QMediaRecorder::Quality(ui->sliderQuality->value()));
                                                                        //设置录制品质
    if (ui->radioQuality->isChecked())                      //设置编码模式，固定品质
        recorder->setEncodingMode(QMediaRecorder::ConstantQualityEncoding);
    else    //固定比特率
        recorder->setEncodingMode(QMediaRecorder::ConstantBitRateEncoding);
    recorder->record();
}
```

程序首先检查设置的录音输出文件，然后用函数 setOutputLocation()为 recorder 设置录音输出文件。

构造函数里只为 session 设置了一个音频输入通道，这个输入通道还需要设置一个具体的音频输入设备，程序里的设置代码如下：

```
session->audioInput()->setDevice(QMediaDevices::defaultAudioInput());
```

静态函数 QMediaDevices::defaultAudioInput()返回的是系统中默认的音频输入设备信息。

recorder 需要使用函数 setMediaFormat()设置媒介格式，包括音频编码和文件格式，这两个参数都从下拉列表框选择项的用户数据中获取，也就是将存储的 QVariant 类型用户数据转换为具体类型的数据。

为 recorder 设置的其他参数还包括采样频率、通道数、比特率等。编码模式有两种：固定品质和固定比特率。如果是固定品质，setQuality()设置的参数起作用；如果是固定比特率，setAudioBitRate()设置的参数起作用。

设置好参数后，运行 recorder->record()就可以开始录音，数据会自动被编码压缩后保存到设置的输出文件里，例如自动保存为 MP3 文件或 WMA 文件。

“暂停”按钮和“停止”按钮的槽函数，以及两个自定义槽函数代码如下：

```
void MainWindow::on_actPause_triggered()
{//暂停
    recorder->pause();
}
void MainWindow::on_actStop_triggered()
{//停止
    recorder->stop();
}
void MainWindow::do_stateChanged(QMediaRecorder::RecorderState state)
{//录音状态变化
    bool isRecording= state==QMediaRecorder::RecordingState;      //正在录制
```

```
    ui->actRecord->setEnabled(!isRecording);                          //“录音”按钮
    ui->actPause->setEnabled(isRecording);                            //“暂停”按钮
    ui->actStop->setEnabled(isRecording);                             //“停止”按钮
    ui->btnGetFile->setEnabled(state==QMediaRecorder::StoppedState);
    //“录音输出文件”按钮
}
void MainWindow::do_durationChanged(qint64 duration)
{//录音持续时间变化
    ui->labPassTime->setText(QString("已录制 %1 秒").arg(duration / 1000));
}
```

16.4 采集和播放原始音频数据

Qt 多媒体模块提供了两种方法来实现音频录制：高层次方法和低层次方法。16.3 节介绍的使用 QMediaCaptureSession 类和 QMediaRecorder 类录制音频的方法是高层次方法，这种方法能将录制的音频编码压缩后保存为常见的音乐格式文件，但是无法探测音频采集过程中的原始数据。使用 QAudioSource 类录制音频是低层次方法。

使用 QAudioSource 类录制音频时，设置采样频率和采样点格式后就可以通过麦克风采集原始音频数据，不会进行编码压缩，类似于用 ADC 芯片进行模拟信号到数字信号的转换。使用 QAudioSource 类采集的原始音频数据一般保存为后缀为“.raw”的文件。使用 QAudioSink 类可以将这种原始音频数据文件发送到音频输出设备上，能实现这种原始音频数据文件的播放，类似于通过 DAC 芯片输出信号。

使用 QAudioSource 类和 QAudioSink 类录制和播放音频时，我们可以直接操作原始音频数据，这在某些场景中是比较有用的，例如要进行语音识别就需要对采集的原始语音数据进行处理。

16.4.1 QAudioSource 类和 QAudioSink 类功能概述

1. QAudioSource 类

QAudioSource 类有两种构造函数，其中一种的函数原型定义如下：

```
QAudioSource(const QAudioDevice &audioDevice, const QAudioFormat &format =
            QAudioFormat(),QObject *parent = nullptr)
```

参数 audioDevice 表示音频输入设备，可以通过静态函数 QMediaDevices::defaultAudioInput() 获取系统默认的音频输入设备来作为此参数的值；参数 format 是 QAudioFormat 类型的变量，表示采集音频的格式设置，包括采样频率、通道数、采样点数据格式等的设置；parent 表示父容器对象，QAudioSource 的父类是 QObject，所以可以加入 QObject 对象的对象树。

另外一种形式的构造函数定义如下：

```
QAudioSource(const QAudioFormat &format = QAudioFormat(), QObject *parent = nullptr)
```

这里缺少了参数 audioDevice，就表示使用系统默认的音频输入设备作为录音设备。

在 QAudioSource 的构造函数里设置音频格式后，就不能再通过 QAudioSource 的接口函数修改这些设置。QAudioFormat 表示采集音频的格式设置，其主要的设置函数有以下几个：

```
void  QAudioFormat::setSampleRate(int samplerate)      //设置采样频率，单位为 Hz
void  QAudioFormat::setChannelCount(int channels)      //设置音频通道数，一般是 1 或 2
void  QAudioFormat::setChannelConfig(QAudioFormat::ChannelConfig config)
```

```
                                                       //设置通道配置模式
void  QAudioFormat::setSampleFormat(QAudioFormat::SampleFormat format)//设置采样格式
```

其中，函数 setSampleFormat()用于设置采样格式，也就是每个采样点的数据类型，其取值是枚举类型 QAudioFormat::SampleFormat，有以下几种格式。

- QAudioFormat::Unknown，对应数值 0，表示未设置格式。
- QAudioFormat::UInt8，对应数值 1，一个采样点是一个 quint8 类型的数，长度为 1 字节。
- QAudioFormat::Int16，对应数值 2，一个采样点是一个 qint16 类型的数，长度为 2 字节。
- QAudioFormat::Int32，对应数值 3，一个采样点是一个 qint32 类型的数，长度为 4 字节。
- QAudioFormat::Float，对应数值 4，一个采样点是一个 float 类型的数，长度为 4 字节。

QAudioSource 类其他主要接口函数的定义如下，功能见注释。

```
void  setBufferSize(qsizetype value)      //设置采集缓冲区大小，单位是字节
void  setVolume(qreal volume)             //设置输入音量，值范围为 0～1
QAudioFormat  format()                    //返回在构造函数里设置的音频格式，不能再修改
void  start(QIODevice *device)            //开始采集音频数据，数据自动写入 I/O 设备 device
void  stop()                              //停止采集
void  suspend()                           //挂起采集，挂起后可用 resume()函数恢复
void  resume()                            //恢复采集
void  reset()                             //清空缓冲区内的数据，缓冲区内的数据全部变为 0
QAudio::State  state()                    //返回采集器的状态
qint64  elapsedUSecs()   //返回上次调用 start()函数后流逝的时间，包括空闲和挂起的时间，单位为 μs
qint64  processedUSecs()  //返回上次调用 start()函数后处理数据的时间，单位为 μs
```

调用函数 start()开始采集音频数据，函数 start()需要设置一个 QIODevice 类型的对象 device 作为参数，采集的数据将被自动写入这个 I/O 设备。常用的 I/O 设备是文件，例如使用 QAudioSource 采集原始音频数据并将其保存到一个文件里的示意代码如下：

```
QFile destinationFile("testfile.raw");                //创建文件 I/O 设备
destinationFile.open(QIODevice::WriteOnly);           //以只写方式打开文件
QAudioFormat format;                                  //音频格式
format.setSampleRate(16000);                          //设置采样频率
format.setChannelCount(1);                            //设置通道数
format.setSampleFormat(QAudioFormat::UInt8);          //设置采样点格式
audio= new QAudioSource(format, this);          //创建 QAudioSource 对象，使用默认的音频输入设备
audio->start(&destinationFile);                       //开始采集音频数据
```

注意，停止音频数据采集后，还需要关闭关联的 I/O 设备。

QAudioSource 有一个信号 stateChanged()用于表示采集器的状态变化，其定义如下：

```
void  QAudioSource::stateChanged(QAudio::State state)
```

2. QAudioSink 类

QAudioSink 是与 QAudioSource 对应的输出音频的类，它可以将 QAudioSource 采集的原始音频数据文件发送到音频输出设备上，从而播放这些音频。QAudioSink 的两种构造函数定义如下：

```
QAudioSink(const QAudioDevice &audioDevice, const QAudioFormat &format = QAudioFormat(),
      QObject *parent = nullptr)
QAudioSink(const QAudioFormat &format = QAudioFormat(), QObject *parent = nullptr)
```

在构造函数里需要设置输出音频的格式，且设置格式后就不能再修改。还可以指定一个音频输出设备，如果不指定就使用系统默认的音频输出设备。静态函数 QMediaDevices::defaultAudioOutput()可

以获取系统默认的音频输出设备信息。

QAudioSink 的 start()函数用于开始输出音频数据，其函数原型定义如下：

```
void  QAudioSink::start(QIODevice *device)
```

参数 device 表示一个 I/O 设备，常用的就是文件。使用 QAudioSink 类播放一个原始音频数据文件的示意代码如下：

```
QFile sourceFile("testfile.raw");                       //创建文件 I/O 设备
sourceFile.open(QIODevice::ReadOnly);                   //以只读方式打开文件
QAudioFormat format;                                    //音频格式
format.setSampleRate(16000);                            //设置采样频率
format.setChannelCount(1);                              //设置通道数
format.setSampleFormat(QAudioFormat::UInt8);            //设置采样点格式
audio= new QAudioSink(format, this);                    //使用默认的音频输出设备
audio->start(&sourceFile);                              //开始播放音频
```

16.4.2 示例程序功能概述

本节设计一个示例项目 samp16_4，演示使用 QAudioSource 类和 QAudioSink 类采集并播放原始音频，示例运行时界面如图 16-3 所示。这个示例的功能和操作方法如下。

- 程序启动后会在左侧面板显示系统默认的音频输入设备的音频格式，还会显示采样频率和通道数的设置范围。
- 在左侧面板上可以设置音频格式参数，包括采样点格式、采样频率和通道数，点击工具栏上的“测试音频格式”按钮可以测试音频输入设备是否支持这种格式。
- 可以设置一个音频数据保存文件。在采样点格式为 UInt8 且通道数为 1 时，还可以实时显示音频数据曲线。我们在项目中设计了一个自定义的 I/O 设备类 TMyDevice，用作 QAudioSource 对象的数据输出设备，实现文件存储和数据实时显示。
- 使用 QAudioSource 对象采集音频数据并将其保存为文件后，点击工具栏上的“播放文件”按钮可以使用 QAudioSink 对象播放刚刚保存的文件。

本示例的主窗口基类是 QMainWindow，采用可视化方法设计界面，UI 设计结果见示例源文件 mainwindow.ui。图 16-3 所示窗口右侧是一个 TChart 图表，它使用自定义的图表视图类 TChartView，通过鼠标框选和滚轮操作就可以进行图表缩放，且不用添加任何代码。这个 TChartView 类就是在 12.3 节示例中设计的 TChartView 类，所以要将示例 samp12_3 中的文件 tchartview.h 和 tchartview.cpp 复制到本示例中。

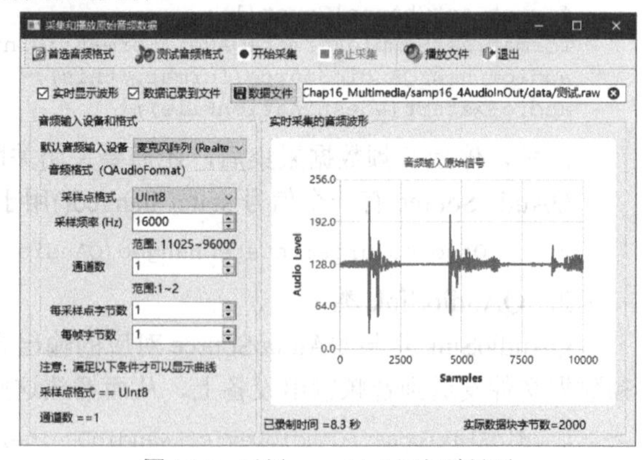

图 16-3 示例 samp16_4 运行时界面

这个示例中要用到 Multimedia 和 Charts 两个模块，所以在项目配置文件中要加入如下两行语句：

```
QT  += multimedia
QT  += charts
```

16.4.3 采集原始音频数据

1. 主窗口类定义和初始化

示例的主窗口类 MainWindow 的定义如下：

```
class MainWindow : public QMainWindow
{
    Q_OBJECT
private:
    const qint64  m_bufferSize= 10000;        //缓冲区大小，字节数
    bool  m_isWorking= false;                 //是否正在采集或播放
    QLineSeries  *lineSeries;                 //曲线序列
    QAudioSource *audioSource;                //用于采集原始音频
    TMyDevice    *myDevice;                   //用于显示的 I/O 设备

    QAudioSink   *audioSink;                  //用于播放原始音频
    QFile  sinkFileDevice;                    //用于 audioSink 播放音频时的 I/O 设备
    void  iniChart();                         //初始化图表
    void  closeEvent(QCloseEvent *event);     //事件处理函数
public:
    MainWindow(QWidget *parent = nullptr);
private slots:
    void  do_IODevice_update(qint64 blockSize);
    void  do_sink_stateChanged(QAudio::State state);
private:
    Ui::MainWindow *ui;
};
```

MainWindow 类中定义了一些变量和函数。采集音频时需要用到 audioSource 和 myDevice，TMyDevice 是一个自定义的 I/O 设备类，myDevice 是 audioSource 采集音频时的 I/O 设备。播放音频时需要用到 audioSink 和 sinkFileDevice，sinkFileDevice 用于打开一个文件，并将其作为 audioSink 播放音频时的 I/O 设备。

MainWindow 类的构造函数代码如下：

```
MainWindow::MainWindow(QWidget *parent): QMainWindow(parent), ui(new Ui::MainWindow)
{
    ui->setupUi(this);
    iniChart();                                                   //创建图表
    QAudioDevice device= QMediaDevices::defaultAudioInput();      //默认音频输入设备
    if (device.isNull())
    {
        ui->actStart->setEnabled(false);
        ui->groupBoxDevice->setTitle("音频输入设置(无设备)");
        QMessageBox::information(this,"提示","无音频输入设备");
        return;
    }
    ui->comboDevices->addItem(device.description());          //只添加默认音频输入设备
    //首选音频格式
    QAudioFormat audioFormat= device.preferredFormat();       //音频输入设备的首选音频格式
    ui->comboSampFormat->setCurrentIndex(audioFormat.sampleFormat());   //采样点格式
    ui->spinSampRate->setValue(audioFormat.sampleRate());                //采样频率
    int minRate= device.minimumSampleRate();
    int maxRate= device.maximumSampleRate();
    ui->labSampRateRange->setText(QString::asprintf("范围: %d～%d",minRate,maxRate));
    ui->spinSampRate->setRange(minSampRate, maxSampRate);
```

```
    ui->spinChanCount->setValue(audioFormat.channelCount());        //通道数
    int minChan= device.minimumChannelCount();
    int maxChan= device.maximumChannelCount();
    ui->labChanCountRange->setText(QString::asprintf("范围:%d～%d",minChan,maxChan));
    ui->spinChanCount->setRange(minChan, maxChan);

    ui->spinBytesPerSamp->setValue(audioFormat.bytesPerSample());   //每个采样点的字节数
    ui->spinBytesPerFrame->setValue(audioFormat.bytesPerFrame()); //每帧字节数
}
```

构造函数里调用静态函数 QMediaDevices::defaultAudioInput()来获取系统默认的音频输入设备 device，如果 device 有效，就获取它的首选音频格式：

```
QAudioFormat audioFormat= device.preferredFormat();
```

然后将 audioFormat 所表示的音频格式的采样点格式、采样频率、通道数等参数显示到界面组件上，还要显示音频格式支持的采样频率范围和通道数范围。

构造函数里调用函数 iniChart()创建图表，这个函数的代码如下：

```
void MainWindow::iniChart()
{//创建图表
    QChart *chart= new QChart;
    chart->setTitle("音频输入原始信号");
    ui->chartView->setChart(chart);
    lineSeries= new QLineSeries();              //创建序列
    chart->addSeries(lineSeries);
    lineSeries->setUseOpenGL(true);             //使用 OpenGL 加速

    QValueAxis *axisX= new QValueAxis;          //X 轴
    axisX->setRange(0, m_bufferSize);           //X 轴数据范围
    axisX->setLabelFormat("%g");
    axisX->setTitleText("Samples");
    QValueAxis *axisY= new QValueAxis;          //Y 轴
    axisY->setRange(0, 256);                    //UInt8 采样，数据范围为 0～255
    axisY->setTitleText("Audio Level");

    chart->addAxis(axisX,Qt::AlignBottom);
    chart->addAxis(axisY,Qt::AlignLeft);
    lineSeries->attachAxis(axisX);
    lineSeries->attachAxis(axisY);
    chart->legend()->hide();                    //隐藏图例
}
```

这里对序列开启了 OpenGL 加速，使用 OpenGL 加速后在显示大量数据时可以明显加速。函数 iniChart()的其他代码不再解释，可参考第 12 章的介绍。

2. 自定义 I/O 设备类 TMyDevice

为了将 QAudioSource 采集的数据保存为文件，并实时显示数据曲线，我们自定义了一个类 TMyDevice。使用新建 C++类的向导创建这个类，选择 QIODevice 作为基类。TMyDevice 类的定义如下：

```
class TMyDevice : public QIODevice
{
    Q_OBJECT
private:
    qint64  m_range= 4000;          //图表序列最多的数据点个数
    bool    m_drawChart= true;      //是否需要绘制曲线
    QLineSeries *m_series;          //图表序列
    bool    m_saveToFile= false;    //是否要保存到文件
```

```
    QString m_fileName;             //保存的文件名
    QFile   m_file;                 //QFile 对象
public:
    TMyDevice(QObject *parent = nullptr);
    void  openDAQ(qint64 pointsCount, bool drawChart, QLineSeries *series,
                  bool saveToFile, QString filename);           //代替 open()函数
    void  closeDAQ();                                           //代替 close()函数
protected:
    qint64  readData(char * data, qint64 maxSize);              //从设备读取数据到缓冲区
    qint64  writeData(const char * data, qint64 maxSize);       //缓冲区数据写入设备
signals:
    void  updateBlockSize(qint64 blockSize);          //在 writeData()里发射的一个信号
};
```

变量 m_drawChart 表示是否需要绘制曲线，变量 m_saveToFile 表示是否需要保存到文件。openDAQ()函数用于替代 QIODevice::open()函数，在运行 QAudioSource::start()函数之前，需要调用这个函数对设备进行设置。closeDAQ()函数用于替代 QIODevice::close()函数，在结束采集后要调用这个函数关闭设备。

从 QIODevice 继承的类必须重新实现 readData()和 writeData()这两个函数，实现数据的读写操作。

TMyDevice 类的构造函数、openDAQ()函数和 closeDAQ()函数的代码如下：

```
TMyDevice::TMyDevice(QObject *parent) : QIODevice(parent)
{
}

void TMyDevice::openDAQ(qint64 pointsCount, bool drawChart, QLineSeries *series, bool
                        saveToFile, QString filename)
{
    m_range= pointsCount;                           //序列最多的数据点个数
    m_drawChart= drawChart;                         //是否绘制曲线
    m_series= series;                               //序列
    m_saveToFile= saveToFile;                       //是否保存到文件
    m_fileName= filename;                           //保存的文件名
    this->open(QIODeviceBase::WriteOnly);           //打开本设备
    //如果需要保存到文件，就需要打开文件设备，以便写入数据
    if (!m_saveToFile)
        return;
    if (QFile::exists(m_fileName))
        QFile::remove(m_fileName);                  //删除原有文件
    m_file.setFileName(m_fileName);
    m_file.open(QIODeviceBase::WriteOnly);          //打开文件设备
}

void TMyDevice::closeDAQ()
{
    if (m_saveToFile)
        m_file.close();                             //关闭文件设备
    this->close();                                  //关闭本 I/O 设备
}
```

函数 openDAQ()传递的参数比较多，这些参数的值都用对应的私有变量存储。函数 openDAQ()替代 QIODevice::open()函数，所以用只写方式打开本设备：

```
this->open(QIODeviceBase::WriteOnly);               //打开本设备
```

如果同时还需要将数据保存到文件，就再以只写方式打开内部的文件设备：

```
m_file.open(QIODeviceBase::WriteOnly);              //打开文件设备
```

函数 closeDAQ()替代 QIODevice::close()函数，所以要关闭文件设备和本 I/O 设备。

函数 readData()和 writeData()的代码如下：

```
qint64 TMyDevice::readData(char * data, qint64 maxSize)
{//读数据，不做处理
    Q_UNUSED(data)
    Q_UNUSED(maxSize)
    return -1;
}

qint64 TMyDevice::writeData(const char * data, qint64 maxSize)
{//写缓冲区的数据
    if (m_saveToFile)                                       //需要保存到文件
        m_file.write(data, maxSize);                        //将缓冲区的数据写入文件设备

    if(m_drawChart)                                         //需要绘制曲线
    {
        QList<QPointF> points;
        points.reserve(m_range);                            //预分配空间,可加快处理速度
        int oldCount= m_series->points().size();            //现在序列的数据点数
        if (oldCount < m_range)                             //序列的数据未满
            points= m_series->points();
        else
        {
            for (int i= maxSize; i<oldCount; i++)
                points.append(QPointF(i - maxSize, m_series->points().at(i).y()));
        }
        int curCount= points.size();
        for (int k= 0; k<maxSize; k++)                      //数据块内的数据填充序列的尾部
            points.append(QPointF(k + curCount, (quint8)(data[k])));
        m_series->replace(points);
    }
    emit updateBlockSize(maxSize);                          //发射信号
    return maxSize;
}
```

由于本设备不需要处理读数据操作，所以在函数 readData()里无须进行处理。

函数 writeData()的输入参数是缓冲区的数据，data 是缓冲区指针，maxSize 是缓冲区数据的字节数。函数 writeData()的代码分为两大部分，如果需要写入文件，就将缓冲区的数据写入内部创建的文件设备：

```
m_file.write(data, maxSize);                                //将缓冲区的数据写入文件设备
```

如果需要实时绘制曲线，就用缓冲区的数据更新序列 m_series 的数据点。为了使程序不过于复杂，我们只处理了采样点格式为 UInt8 且通道数为 1 的情况，这样，缓冲区里的每个字节就是一个采样点的 quint8 类型数据。

3. 音频格式

我们可以在图 16-3 所示窗口左侧设置音频格式的各种参数，然后将其应用于 QAudioSource 进行音频数据采集。但是，音频输入设备并不能支持所有的参数组合，例如设置采样点格式为 Int32，设置采样频率为最高时，音频输入设备是不支持的。如果对 ADC 稍有了解，会知道采样精度越高，最高采样频率会越低。图 16-3 所示工具栏上有“首选音频格式”按钮和“测试音频格式”按钮，这两个按钮的槽函数代码如下：

```
void MainWindow::on_actPreferFormat_triggered()
{//“首选音频格式”按钮，显示默认音频输入设备的首选音频格式
    QAudioFormat audioFormat= QMediaDevices::defaultAudioInput().preferredFormat();
    ui->spinSampRate->setValue(audioFormat.sampleRate());                //采样频率
    ui->comboSampFormat->setCurrentIndex(audioFormat.sampleFormat());  //采样点格式
    ui->spinChanCount->setValue(audioFormat.channelCount());            //通道数
    ui->spinBytesPerSamp->setValue(audioFormat.bytesPerSample());
    //每个采样点的字节数
    ui->spinBytesPerFrame->setValue(audioFormat.bytesPerFrame());       //每帧字节数
}
void MainWindow::on_actTest_triggered()
{//“测试音频格式”按钮
    QAudioFormat daqFormat;
    daqFormat.setSampleRate(ui->spinSampRate->value());                 //采样频率
    daqFormat.setChannelCount(ui->spinChanCount->value());              //通道数
    int index= ui->comboSampFormat->currentIndex();
    daqFormat.setSampleFormat(QAudioFormat::SampleFormat(index));       //采样点格式
    QAudioDevice device= QMediaDevices::defaultAudioInput();        //默认音频输入设备
    if (device.isFormatSupported(daqFormat))
        QMessageBox::information(this,"提示","默认设备支持所选格式 ");
    else
        QMessageBox::critical(this,"提示","默认设备不支持所选格式 ");
}
```

QAudioDevice::preferredFormat()函数可以返回音频设备的首选音频格式。“首选音频格式”按钮的槽函数获取了默认音频输入设备的首选音频格式：

```
QAudioFormat audioFormat =QMediaDevices::defaultAudioInput().preferredFormat();
```

程序将 audioFormat 的各种参数显示在界面组件上。

QAudioDevice 类有一个函数 isFormatSupported()，它可以测试设备是否支持某种音频格式。“测试音频格式”按钮的功能是从界面上获取音频格式的设置，然后使用默认音频输入设备，判断设备是否支持所设置的音频格式。只有被支持的音频格式才能用于 QAudioSource 进行音频数据采集。

在显示音频格式参数的几个界面组件中，我们为“采样点格式”下拉列表框和“通道数”SpinBox 组件的信号编写了槽函数，代码如下：

```
void MainWindow::on_comboSampFormat_currentIndexChanged(int index)
{//“采样点格式”下拉列表框
    switch(index)    //采样点格式，更新“每采样点字节数”SpinBox 的显示值
    {
    case 0:          //Unknow
    case 1:          //UInt8
        ui->spinBytesPerSamp->setValue(1); break;
    case 2:          //Int16
        ui->spinBytesPerSamp->setValue(2); break;
    case 3:          //Int32
    case 4:          //Float
        ui->spinBytesPerSamp->setValue(4);
    }
    int bytes= ui->spinChanCount->value() * ui->spinBytesPerSamp->value();
    ui->spinBytesPerFrame->setValue(bytes);     //更新每帧字节数

    bool canShowWave= (index==1) && (ui->spinChanCount->value() ==1);
                                        //是否可以显示曲线
    ui->chkBoxShowWave->setEnabled(canShowWave);
                                //只有采样点格式为 UInt8 且通道数为 1 时才能显示曲线
```

```
    if (!canShowWave)                       //如果不能显示曲线
        ui->chkBoxShowWave->setChecked(false);
}

void MainWindow::on_spinChanCount_valueChanged(int arg1)
{//“通道数”SpinBox
    ui->spinBytesPerFrame->setValue( arg1 * (ui->spinBytesPerSamp->value()));
                                            //每帧字节数
    bool canShowWave= (arg1==1) && (ui->comboSampFormat->currentIndex() ==1);
    ui->chkBoxShowWave->setEnabled(canShowWave);
                                            //只有采样点格式为UInt8 且通道数为1 时才能显示曲线
    if (!canShowWave)                       //如果不能显示曲线
        ui->chkBoxShowWave->setChecked(false);
}
```

编写这两个槽函数是为了更新计算每采样点字节数和每帧字节数，每采样点字节数由采样点格式决定，每帧字节数等于通道数乘每采样点字节数。此外，我们还在程序里确定了是否能实时显示曲线，只有当采样点格式为 UInt8 且通道数为 1 时，才可以显示波形曲线。

4. 开始和停止采集

QAudioSource 有 start()、suspend()、resume()和 stop()这几个控制采集过程的函数，简单起见，我们只使用 start()和 stop()这两个函数。工具栏上“开始采集”按钮和“停止采集”按钮的槽函数，以及一个关联的自定义槽函数的代码如下：

```
void MainWindow::on_actStart_triggered()
{//“开始采集”按钮
    if(ui->comboSampFormat->currentIndex()==0)                        //检查采样点格式
    {
        QMessageBox::critical(this,"错误","请设置采样点格式");
        return;
    }
    bool saveToFile= ui->chkBoxSaveToFile->isChecked();               //是否保存到文件
    QString fileName= ui->editFileName->text().trimmed();
    if ((saveToFile) && (fileName.isEmpty()))                        //检查数据记录文件
    {
        QMessageBox::critical(this,"错误","请设置要保存的文件");
        return;
    }
    //设置音频格式
    QAudioFormat daqFormat;
    daqFormat.setSampleRate(ui->spinSampRate->value());               //采样频率
    daqFormat.setChannelCount(ui->spinChanCount->value());            //通道数
    int index= ui->comboSampFormat->currentIndex();
    daqFormat.setSampleFormat(QAudioFormat::SampleFormat(index));     //采样点格式

    //创建 audioSource 和 myDevice，开始采集音频数据
    audioSource= new QAudioSource(daqFormat, this);
    audioSource->setBufferSize(m_bufferSize);                 //设置缓冲区大小，如 10000
    audioSource->setVolume(1);                                //设置录音音量，范围为 0~1
    myDevice= new TMyDevice(this);                            //创建 myDevice
    connect(myDevice,&TMyDevice::updateBlockSize,this,
            &MainWindow::do_IODevice_update);

    bool showWave= ui->chkBoxShowWave->isChecked();           //是否实时显示曲线
    myDevice->openDAQ(m_bufferSize,showWave,lineSeries,saveToFile, fileName);
                                                              //打开 I/O 设备
```

```
    audioSource->start(myDevice);                          //开始采集音频数据
    m_isWorking= true;                    //表示有设备在工作，不允许关闭窗口
    ui->actStart->setEnabled(false);
    ui->actStop->setEnabled(true);
    ui->actPlayFile->setEnabled(false);                    //“播放文件”按钮
}

void MainWindow::on_actStop_triggered()
{//“停止采集”按钮
    audioSource->stop();                                   //停止采集
    myDevice->closeDAQ();                                  //I/O 设备停止记录
    delete myDevice;
    delete audioSource;
    m_isWorking= false;                                    //表示没有设备在工作
    ui->actStart->setEnabled(true);
    ui->actStop->setEnabled(false);
    ui->actPlayFile->setEnabled(ui->chkBoxSaveToFile->isChecked());  //“播放文件”按钮
}

void MainWindow::do_IODevice_update(qint64 blockSize)
{
    float time= audioSource->processedUSecs()/1000;        //单位：ms
    QString str= QString::asprintf("已录制时间 =%.1f 秒", time/1000);
    ui->labBufferSize->setText(str);
    ui->labBlockSize->setText(QString("实际数据块字节数=%1").arg(blockSize));
}
```

在槽函数 on_actStart_triggered()里，我们创建了 QAudioSource 类对象 audioSource，使用了界面上设置的音频格式参数。创建 TMyDevice 对象 myDevice 之后，要运行其函数 openDAQ()设置各种参数，这样会以只写方式打开 I/O 设备和内部的文件 I/O 设备。最后运行下面的语句开始采集音频数据。

```
audioSource->start(myDevice);                              //开始采集音频数据
```

开始采集数据后，当有新的缓冲区数据时，TMyDevice 类的函数 writeData()就会被自动运行，从而将数据写入文件，或刷新显示曲线。

点击“停止采集”按钮会停止采集并关闭 I/O 设备，还会删除 myDevice 和 audioSource，因为下次再点击“开始采集”按钮时会重新创建这两个对象。停止采集时，如果采集的数据被保存到了文件，那么工具栏上的“播放文件”按钮将变得可用，它可以用来播放刚刚保存的原始音频数据文件。

自定义槽函数 do_IODevice_update()与 myDevice 的 updateBlockSize()信号关联，这个信号在 myDevice 每次内部运行函数 writeData()时被发射。这个槽函数里显示了采集音频数据持续的时间，以及缓冲区的大小。

16.4.4 播放原始音频数据

如果设置了将采集的数据保存到文件，在停止采集后，工具栏上的“播放文件”按钮将变得可用，点击这个按钮就可以直接用 QAudioSink 类对象播放刚刚保存的文件。“播放文件”按钮的槽函数，以及相关的一个自定义槽函数的代码如下：

```
void MainWindow::on_actPlayFile_triggered()
{//“播放文件”按钮
    QString filename= ui->editFileName->text().trimmed();
    if (filename.isEmpty() ||   !QFile::exists(filename))     //检查文件
```

```
    {
        QMessageBox::critical(this,"错误","文件名为空，或文件不存在");
        return;
    }
    sinkFileDevice.setFileName(filename);                          //文件 I/O 设备设置文件
    if ( !sinkFileDevice.open(QIODeviceBase::ReadOnly))            //以只读方式打开
    {
        QMessageBox::critical(this,"错误","打开文件时出现错误，无法播放");
        return;
    }
    //使用界面上的音频格式参数
    QAudioFormat format;
    format.setSampleRate(ui->spinSampRate->value());
    format.setChannelCount(ui->spinChanCount->value());
    int index= ui->comboSampFormat->currentIndex();
    format.setSampleFormat(QAudioFormat::SampleFormat(index));
    //使用默认的音频输出设备，检查是否支持音频格式
    QAudioDevice audioDevice= QMediaDevices::defaultAudioOutput();
    if (!audioDevice.isFormatSupported(format))                    //是否支持此音频格式参数
    {
        QMessageBox::critical(this,"错误","播放设备不支持此音频格式设置，无法播放");
        return;
    }
   //创建 QAudioSink 对象，然后开始播放
    audioSink= new QAudioSink(format, this);                       //创建 audioSink
    connect(audioSink, &QAudioSink::stateChanged,this,
            &MainWindow::do_sink_stateChanged);
    audioSink->start(&sinkFileDevice);                             //开始播放
    m_isWorking= true;                                  //表示有设备在工作，不能关闭窗口
    ui->actPlayFile->setEnabled(false);
}

void MainWindow::do_sink_stateChanged(QAudio::State state)
{
    if (state == QAudio::IdleState)                                //播放结束后为空闲状态
    {
        sinkFileDevice.close();                                    //关闭文件
        audioSink->stop();                                         //停止播放
        audioSink->deleteLater();                                  //在主事件循环里删除对象
        ui->actPlayFile->setEnabled(true);
        m_isWorking= false;                                        //表示没有设备在工作了
    }
}
```

在函数 on_actPlayFile_triggered()里，首先为 QFile 类型的变量 sinkFileDevice 设置文件名，也就是刚刚采集并保存的音频数据文件，然后用界面上的音频格式和默认音频输出设备创建 QAudioSink 类对象 audioSink。开始播放音频文件的代码如下：

```
audioSink->start(&sinkFileDevice);    //开始播放
```

这样，audioSink 会读取 sinkFileDevice 所设置的音频数据文件的内容，然后将其发送到默认的音频输出设备上，也就是实现了原始音频数据文件的播放。

audioSink 的 stateChanged()信号与自定义槽函数 do_sink_stateChanged()关联。在文件播放结束后，audioSink 会进入空闲状态（QAudio::IdleState）。此时，我们要关闭文件，停止播放，并删除

audioSink。注意，删除 audioSink 的代码如下：

```
audioSink->deleteLater();
```

这是要在进入应用程序的主事件循环后再删除对象 audioSink。因为在运行这个槽函数时，可能还在使用 audioSink，所以不能直接删除 audioSink。

MainWindow 类还重新实现了事件处理函数 closeEvent()，该函数的代码如下：

```
void MainWindow::closeEvent(QCloseEvent *event)
{
    if (m_isWorking)
    {
        QMessageBox::information(this,"提示","正在采集或播放音频，不允许退出");
        event->ignore();
    }
    else
        event->accept();
}
```

变量 m_isWorking 表示是否正在采集或播放音频，如果音频设备正在工作就不允许退出。

16.5 播放视频文件

QMediaPlayer 类不仅能播放音频文件，也可以播放各种常见的视频文件，如 MP4 文件和 WMV 文件。QMediaPlayer 能对视频文件进行解码，并在某个界面组件上显示视频帧。

我们在 16.2 节介绍过 QMediaPlayer 的一些接口函数，有些函数对于播放视频也同样适用，例如函数 setSource()也可用于设置视频文件。QMediaPlayer 类与播放视频相关的几个接口函数的定义如下：

```
void  setVideoOutput(QObject *)                  //设置用于显示视频的界面组件
QObject  *videoOutput()                          //返回显示视频的界面组件
void  setActiveSubtitleTrack(int index)          //设置当前的字幕轨道
int  activeSubtitleTrack()                       //当前的字幕轨道
```

要使用 QMediaPlayer 播放视频，必须用函数 setVideoOutput()设置用于显示视频的界面组件，有 QVideoWidget 和 QGraphicsVideoItem 两种显示视频的组件：QVideoWidget 是 QWidget 的子类，是普通的界面组件；QGraphicsVideoItem 是适用于图形/视图架构的图形项。本节将设计两个示例项目，分别使用这两种视频输出界面组件。

还需要用函数 setAudioOutput()设置音频输出通道，否则播放视频时会没有声音。

16.5.1 在 QVideoWidget 上播放视频文件

本节设计一个示例项目 samp16_5，实现使用 QMediaPlayer 播放视频文件，并且在 QVideoWidget 组件上显示视频，示例运行时界面如图 16-4 所示。

这个项目中要用到多媒体模块和视频输出组件，需要在项目配置文件中加入如下语句：

```
QT  += multimedia   multimediawidgets
```

1. 主窗口类定义和初始化

示例主窗口基类是 QMainWindow。图 16-4 中显示视频的是一个 QVideoWidget 组件，在可视化设计界面时，需要先放置一个 QWidget 组件，然后将其提升为 QVideoWidget 类，再设置其对象名称为 videoWidget。界面上其他组件的布局和命名参见 UI 文件 mainwindow.ui。

窗口类 MainWindow 的定义如下：

```
class MainWindow : public QMainWindow
{
    Q_OBJECT
private:
    QMediaPlayer  *player;        //播放器
    QString  durationTime;
    QString  positionTime;
public:
    MainWindow(QWidget *parent = nullptr);
private slots:
    void  do_stateChanged(QMediaPlayer::PlaybackState state);
    void  do_durationChanged(qint64 duration);
    void  do_positionChanged(qint64 position);
private:
    Ui::MainWindow *ui;
};
```

图 16-4 示例 samp16_5 运行时界面

MainWindow 类的构造函数如下：

```
MainWindow::MainWindow(QWidget *parent) : QMainWindow(parent), ui(new Ui::MainWindow)
{
    ui->setupUi(this);
    player= new QMediaPlayer(this);                    //创建播放器
    QAudioOutput *audioOutput= new QAudioOutput(this);
    player->setAudioOutput(audioOutput);               //设置音频输出通道
    player->setVideoOutput(ui->videoWidget);           //设置视频输出组件
//     ui->videoWidget->setMediaPlayer(player);
    //使用 TMyVideoWidget 视频输出组件时解除注释
    connect(player,&QMediaPlayer::playbackStateChanged,this,
            &MainWindow::do_stateChanged);
    connect(player,&QMediaPlayer::positionChanged,this,
            &MainWindow::do_positionChanged);
    connect(player,&QMediaPlayer::durationChanged,this,
            &MainWindow::do_durationChanged);
}
```

构造函数里创建了播放器 player，并且为其设置了音频输出通道和视频输出组件。

为了简化程序，这个示例一次只能打开一个文件进行播放，界面上其他按钮等组件的槽函数，以及 3 个自定义槽函数的代码如下：

```
void MainWindow::on_btnAdd_clicked()
{//打开文件
    QString curPath= QDir::homePath();
    QString dlgTitle= "选择视频文件";
    QString filter= "视频文件(*.wmv, *.mp4);;所有文件(*.*)";
    QString aFile= QFileDialog::getOpenFileName(this,dlgTitle,curPath,filter);
    if (aFile.isEmpty())
      return;
    QFileInfo  fileInfo(aFile);
    ui->labCurMedia->setText(fileInfo.fileName());
    player->setSource(QUrl::fromLocalFile(aFile));          //设置播放文件
```

```
    player->play();
}
void MainWindow::on_btnPlay_clicked()
{//播放
    player->play();
}
void MainWindow::on_btnPause_clicked()
{//暂停
    player->pause();
}
void MainWindow::on_btnStop_clicked()
{//停止
    player->stop();
}
void MainWindow::on_sliderVolumn_valueChanged(int value)
{//调节音量
    player->audioOutput()->setVolume(value/100.0);
}

void MainWindow::on_btnSound_clicked()
{//静音按钮
    bool mute= player->audioOutput()->isMuted();
    player->audioOutput()->setMuted(!mute);
    if (mute)
        ui->btnSound->setIcon(QIcon(":/images/images/volumn.bmp"));
    else
        ui->btnSound->setIcon(QIcon(":/images/images/mute.bmp"));
}

void MainWindow::on_sliderPosition_valueChanged(int value)
{//播放位置
   player->setPosition(value);
}
void MainWindow::on_pushButton_clicked()
{//“全屏”按钮
    ui->videoWidget->setFullScreen(true);
}

void MainWindow::do_stateChanged(QMediaPlayer::PlaybackState state)
{//播放器状态变化
    bool isPlaying= (state==QMediaPlayer::PlayingState);
    ui->btnPlay->setEnabled(!isPlaying);
    ui->btnPause->setEnabled(isPlaying);
    ui->btnStop->setEnabled(isPlaying);
}

void MainWindow::do_durationChanged(qint64 duration)
{//文件时长变化
    ui->sliderPosition->setMaximum(duration);
    int  secs= duration/1000;                                   //秒
    int  mins= secs/60;                                         //分钟
    secs= secs % 60;                                           //取余数秒
    durationTime= QString::asprintf("%d:%d",mins,secs);
    ui->LabRatio->setText(positionTime+"/"+durationTime);
}

void MainWindow::do_positionChanged(qint64 position)
```

```
{//文件播放位置变化
    if (ui->sliderPosition->isSliderDown())
        return;                                                    //如果正在拖动滑条，退出
    ui->sliderPosition->setSliderPosition(position);
    int  secs= position/1000;                                      //秒
    int  mins= secs/60;                                            //分钟
    secs= secs % 60;                                               //取余数秒
    positionTime= QString::asprintf("%d:%d",mins,secs);
    ui->LabRatio->setText(positionTime+"/"+durationTime);
}
```

这些代码与示例 samp16_1 中播放音频时实现类似功能的代码基本相同，所以不再解释。界面上有一个全屏显示的按钮，它运行如下代码，使视频输出组件全屏显示。

```
ui->videoWidget->setFullScreen(true);
```

QVideoWidget 类还有一个函数 isFullScreen()，用于表示当前是否全屏显示。使用 QVideoWidget 实现全屏显示有一个问题，程序无法退出全屏显示，按 ESC 键也不起作用。

2. 自定义视频输出组件类 TMyVideoWidget

为了解决使用 QVideoWidget 时在全屏状态下无法退出的问题，我们从 QVideoWidget 继承并自定义了一个类 TMyVideoWidget。使用新建 C++类的向导创建这个类，设置 QVideoWidget 作为基类。TMyVideoWidget 类的定义如下：

```
class TMyVideoWidget : public QVideoWidget
{
    Q_OBJECT
private:
    QMediaPlayer  *m_player;
protected:
    void  keyPressEvent(QKeyEvent *event);
    void  mousePressEvent(QMouseEvent *event);
public:
    TMyVideoWidget(QWidget *parent =nullptr);
    void  setMediaPlayer(QMediaPlayer *player);
};
```

TMyVideoWidget 类重新实现了按键事件处理函数和鼠标事件处理函数，其实现代码如下：

```
TMyVideoWidget::TMyVideoWidget(QWidget *parent):QVideoWidget(parent)
{
}
void TMyVideoWidget::setMediaPlayer(QMediaPlayer *player)
{//设置播放器
    m_player= player;
}

void TMyVideoWidget::keyPressEvent(QKeyEvent *event)
{//按键事件处理函数，按 ESC 键退出全屏状态
    if ((event->key() == Qt::Key_Escape)&&(isFullScreen()))
    {
        setFullScreen(false);                                      //退出全屏状态
        event->accept();
        QVideoWidget::keyPressEvent(event);
    }
}

void TMyVideoWidget::mousePressEvent(QMouseEvent *event)
{//鼠标事件处理函数，点击时暂停播放或继续播放
```

```
    if (event->button() == Qt::LeftButton)
    {
        if (m_player->playbackState() == QMediaPlayer::PlayingState)
          m_player->pause();
        else
          m_player->play();
    }
    QVideoWidget::mousePressEvent(event);
}
```

这两个事件处理函数实现的功能是：在全屏状态下按 ESC 键可以退出全屏状态，在组件上点击鼠标可以暂停播放或继续播放。要使用 TMyVideoWidget 组件作为视频播放组件，需要把界面上的视频播放组件提升为 TMyVideoWidget 类，在 MainWindow 类的构造函数里需要添加如下一条语句：

```
ui->videoWidget->setMediaPlayer(player);                        //设置显示组件的关联播放器
```

16.5.2 在 QGraphicsVideoItem 上播放视频文件

使用 QMediaPlayer 解码的视频还可以在 QGraphicsVideoItem 组件上显示。QGraphicsVideoItem 是继承自 QGraphicsItem 的类，是适用于图形/视图架构的视频输出组件。因此，使用 QGraphicsVideoItem 组件显示视频时，可以在显示场景中将其和其他图形项组合显示，可以使用 QGraphicsItem 类的放大、缩小、拖动、旋转等功能。

本节使用 QMediaPlayer 和 QGraphicsVideoItem 设计一个示例项目 samp16_6，图 16-5 所示的是其运行时界面。窗口主体部分是一个 QGraphicsView 组件，我们创建了一个 QGraphicsVideoItem 对象用于显示播放的视频，还创建了一个 QGraphicsSimpleTextItem 文字图形项，这两个图形项都可以被选择和拖动。图 16-5 中有两个实现缩放功能的按钮，可以对视频显示图形项进行缩放。

图 16-5 示例 samp16_6 运行时界面

示例项目 samp16_6 的主窗口类是 MainWindow，为了在程序中访问视频显示图形项，我们在 MainWindow 中定义了一个变量 videoItem：

```
QGraphicsVideoItem   *videoItem;                          //视频显示图形项
```

MainWindow 类中的其他定义与示例 samp16_5 的 MainWindow 类的定义相同，故不再展示。下面是 MainWindow 类的构造函数以及界面上两个实现缩放功能的按钮的槽函数的代码：

```
MainWindow::MainWindow(QWidget *parent) : QMainWindow(parent),  ui(new Ui::MainWindow)
{
    ui->setupUi(this);
    player= new QMediaPlayer(this);                          //创建播放器
    QAudioOutput *audioOutput= new QAudioOutput(this);
    player->setAudioOutput(audioOutput);                     //设置音频输出通道

    QGraphicsScene *scene= new QGraphicsScene(this);         //创建场景
    ui->graphicsView->setScene(scene);                       //为视图设置场景
    videoItem= new QGraphicsVideoItem;                       //创建视频显示图形项
    videoItem->setSize(QSizeF(360, 240));
    videoItem->setFlags(QGraphicsItem::ItemIsMovable
```

```
                        | QGraphicsItem::ItemIsSelectable);
    scene->addItem(videoItem);
    player->setVideoOutput(videoItem);                    //设置视频显示图形项
    connect(player,&QMediaPlayer::playbackStateChanged,this,
            &MainWindow::do_stateChanged);
    connect(player,&QMediaPlayer::positionChanged,this, &MainWindow::do_positionChanged);
    connect(player,&QMediaPlayer::durationChanged,this, &MainWindow::do_durationChanged);

    QGraphicsSimpleTextItem  *item2= new QGraphicsSimpleTextItem("海风吹，海浪涌");
    QFont font= item2->font();
    font.setPointSize(20);
    item2->setFont(font);
    item2->setPos(0,0);
    item2->setBrush(QBrush(Qt::blue));
    item2->setFlags(QGraphicsItem::ItemIsMovable | QGraphicsItem::ItemIsSelectable);
    scene->addItem(item2);
}

void MainWindow::on_btnZoomIn_clicked()
{//放大
    qreal factor= videoItem->scale();
    videoItem->setScale(factor+0.1);
}
void MainWindow::on_btnZoomOut_clicked()
{//缩小
    qreal factor= videoItem->scale();
    if (factor >= 0.2)
        videoItem->setScale(factor-0.1);
}
```

构造函数里初始化了图形/视图架构，创建了 QGraphicsVideoItem 图形项 videoItem 用于显示视频，还创建了一个 QGraphicsSimpleTextItem 类型的图形项来显示文字。这两个图形项都可以被选择和拖动。界面上两个缩放按钮对图形项 videoItem 进行放大或缩小。

窗口上其他组件的槽函数，以及 MainWindow 类中的 3 个自定义槽函数的代码与示例 samp16_5 中的相同，就不再展示了。

16.6 摄像头的使用

摄像头是视频输入设备，Qt 多媒体模块提供了与操作摄像头相关的类，可以实现视频预览、拍照和录像等功能。

16.6.1 摄像头控制概述

可以为 QMediaCaptureSession 类对象设置一个摄像头作为视频输入设备，然后就可以通过摄像头拍照和录像。摄像头的使用涉及多个类，几个主要的类的功能描述如下。

1. *表示摄像头设备的类 QCameraDevice*

摄像头属于视频输入设备，摄像头的信息用 QCameraDevice 类封装，QMediaDevices 类有如下两个静态函数可以返回系统里的摄像头的信息：

```
QCameraDevice  QMediaDevices::defaultVideoInput()          //返回系统默认摄像头的信息
QList<QCameraDevice>  QMediaDevices::videoInputs()          //返回系统里的摄像头列表
```

QCameraDevice 类主要有如下一些接口函数可用来表示摄像头的信息：

```
QString  description()                                   //摄像头的文字描述
QByteArray  id()                                          //表示摄像头唯一性的 ID
bool  isDefault()                                         //是不是系统默认摄像头
bool  isNull()                                            //设备是否有效
QCameraDevice::Position  position()  //摄像头的位置，如手机的前置摄像头位置和后置摄像头位置
QList<QSize>  photoResolutions()                          //支持的拍照分辨率列表
QList<QCameraFormat>  videoFormats()                      //支持的视频格式列表
```

其中，函数 photoResolutions()返回摄像头支持的拍照分辨率列表；函数 videoFormats()返回摄像头支持的视频格式列表，列表元素是 QCameraFormat 类，主要包含帧率范围、像素颜色格式和分辨率信息，其中 QCameraFormat::resolution()函数可以返回视频分辨率。

2. 摄像头控制接口类 QCamera

QCamera 是摄像头控制接口类，可控制摄像头的调焦、曝光补偿、色温调节等功能，前提是摄像头支持这些特性。需要为 QCamera 对象设置一个 QCameraDevice 对象作为具体的摄像头设备，可以在 QCamera 的构造函数里设置，也可以通过函数 setCameraDevice()设置，函数原型定义如下：

```
QCamera(const QCameraDevice &cameraDevice, QObject *parent = nullptr)     //构造函数
void  QCamera::setCameraDevice(const QCameraDevice &cameraDevice)
```

QCamera 提供一些函数来控制和设置摄像头，一般带云台的专业摄像头才支持调焦、曝光补偿、色温调节等功能，普通的摄像头不支持这些功能。函数 supportedFeatures()的返回值表示当前摄像头是否支持这些控制操作，函数原型定义如下：

```
QCamera::Features  QCamera::supportedFeatures()
```

函数返回值是 QCamera::Features 类型的，这是枚举类型 QCamera::Feature 的标志类型。要了解各枚举常量的意义，请查阅 Qt 帮助文档。

3. 通过摄像头拍照的类 QImageCapture

QImageCapture 用于通过摄像头拍照，它可以设置拍摄图片的分辨率、保存文件的格式、编码的质量等，拍摄的图片可以直接保存为 JPG 格式图片，它的常用接口函数定义如下：

```
void  setFileFormat(QImageCapture::FileFormat format)  //设置拍照保存文件格式，默认为 JPG
void  setQuality(QImageCapture::Quality quality)       //设置图片编码质量，分为 5 个等级
void  setResolution(const QSize &resolution)      //设置图片分辨率，不能超过摄像头的分辨率
bool  isReadyForCapture()                         //摄像头是否准备好可进行拍照
int  capture()                                    //拍摄图片
int  captureToFile(const QString &file = QString())  //拍摄图片，并将其保存到文件中
```

QImageCapture 有几个常用的信号，定义如下：

```
void  imageCaptured(int id, const QImage &preview)     //图片被抓取了
void  imageSaved(int id, const QString &fileName)      //图片被保存了
void  readyForCaptureChanged(bool ready)         //isReadyForCapture()的值变化了
```

当函数 isReadyForCapture()的返回值为 true 时表示摄像头可以拍照了，当 isReadyForCapture()的返回值发生变化时，QImageCapture 会发射 readyForCaptureChanged()信号。

运行 capture()函数，QImageCapture 完成一次拍照后会发射 imageCaptured()信号，其中的 QImage 类型参数 preview 表示抓取的图片。

运行 captureToFile()函数后，QImageCapture 会先后发射 imageCaptured()和 imageSaved()信号。如果运行 captureToFile()函数时不设置文件名，QImageCapture 会把文件自动保存到用户目录下，imageSaved()信号中的参数 fileName 表示保存的图片文件名。

QImageCapture 需要和 QMediaCaptureSession 结合使用，才能实现用摄像头拍照，示意代码如下：

```
QMediaCaptureSession  captureSession;
camera= new QCamera;
captureSession.setCamera(camera);                    //设置摄像头作为视频输入设备
imageCapture= new QImageCapture(camera);
captureSession.setImageCapture(imageCapture);        //设置 QImageCapture 对象
camera->start();                                     //打开摄像头
//......其他过程
imageCapture->capture();                             //拍照
```

4. 通过摄像头录像的类 QMediaRecorder

我们在 16.3 节介绍了如何使用 QMediaRecorder 录音，QMediaRecorder 也可以用于录像。录像时，QMediaRecorder 需要设置视频的分辨率、帧率、比特率、编码品质、媒介格式等。QMediaRecorder 用于录像的主要接口函数定义如下，其中很多函数也可以用于录制音频的操作。

```
void  setVideoResolution(const QSize &size)              //设置视频的分辨率
void  setVideoFrameRate(qreal frameRate)                 //设置视频的帧率
void  setVideoBitRate(int bitRate)                       //设置视频的比特率
void  setQuality(QMediaRecorder::Quality quality)        //设置编码品质，有 5 个等级
void  setMediaFormat(const QMediaFormat &format)         //设置媒介格式
void  setEncodingMode(QMediaRecorder::EncodingMode mode)
//设置编码模式：固定品质或固定比特率
QMediaRecorder::RecorderState  recorderState()           //返回 recorder 当前的状态
void  record()                                           //开始录制
void  pause()                                            //暂停录制
void  stop()                                             //停止录制
```

QMediaRecorder 有两个常用的信号，定义如下：

```
void  durationChanged(qint64 duration)                   //录制时间发生变化
void  recorderStateChanged(QMediaRecorder::RecorderState state)
                                                         //recorder 的状态发生变化
```

5. QMediaCaptureSession 类的作用

QMediaCaptureSession 是用于控制音频和视频抓取的类，它的一些接口函数用于设置音频输入设备和视频输入设备，还可以将摄像头预览视频输出到一个视频输出组件上。QMediaCaptureSession 类的主要接口函数定义如下：

```
void  setAudioInput(QAudioInput *input)                  //设置一个音频输入设备，用于录音
void  setAudioOutput(QAudioOutput *output)               //设置一个音频输出设备，用于回放音频
void  setCamera(QCamera *camera)                         //设置一个 QCamera 对象作为视频输入设备
void  setImageCapture(QImageCapture *imageCapture) //设置一个 QImageCapture 对象，用于拍照
void  setRecorder(QMediaRecorder *recorder)              //设置一个 recorder，用于录音或录像
void  setVideoOutput(QObject *output)          //设置一个视频输出组件，用于接收摄像头预览视频
```

使用 QMediaCaptureSession 管理麦克风和摄像头，设置 QImageCapture 对象和 QMediaRecorder 对象后，就可以拍照和录像。本节设计一个示例项目 samp16_7，演示如何通过摄像头拍照和录像，示例

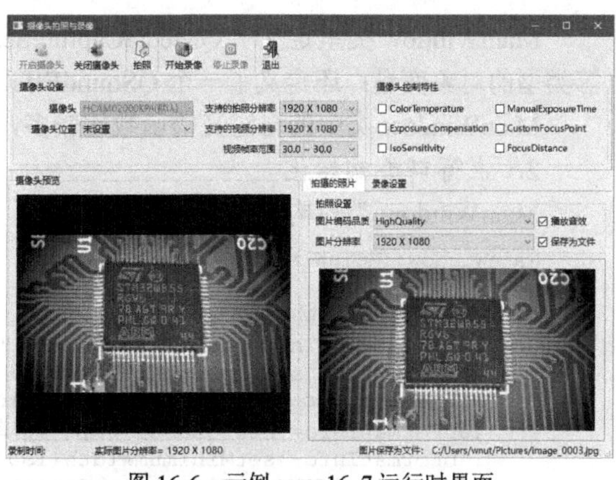

图 16-6 示例 samp16_7 运行时界面

运行时界面如图 16-6 所示。

程序在启动时会自动查找系统中的摄像头，如果系统中存在摄像头，就显示默认摄像头的一些参数，包括它支持的拍照分辨率和视频分辨率，以及是否支持摄像头控制的一些特性。开启摄像头后，就会在窗口左侧的一个 QVideoWidget 组件上显示摄像头的预览视频，然后就可以拍照和录像了。

16.6.2 示例主窗口类定义和初始化

1. 主窗口类定义

本示例的主窗口基类是 QMainWindow。在可视化设计界面时，图 16-6 中的“摄像头预览”分组框中先放置一个 QWidget 组件，然后将该组件提升为 QVideoWidget 类。MainWindow 类的定义如下：

```
class MainWindow : public QMainWindow
{
    Q_OBJECT
private:
    QMediaCaptureSession  *session;                              //抓取管理器
    QCamera    *camera;                                          //摄像头
    QImageCapture   *imageCapture;                               //抓图器
    QSoundEffect    *soundEffect;                                //用于在拍照时播放快门音效
    QMediaRecorder  *recorder;                                   //用于录像
    QLabel  *labDuration;                                        //用于在状态栏显示信息
    QLabel  *labInfo;
    QLabel  *labFormatInfo;
    bool  m_isWorking=false;                                     //是否已开启摄像头
    void  showCameraDeviceInfo(QCameraDevice *device);           //显示摄像头设备信息
    void  showCameraSupportFeatures(QCamera *aCamera);           //显示摄像头支持的特性
    void  closeEvent(QCloseEvent *event);
public:
    MainWindow(QWidget *parent = nullptr);
private slots:
    void  do_camera_changed(int index);                //与“摄像头”下拉列表框的信号关联
//与 QCamera 的信号关联
    void  do_camera_activeChanged(bool active);

//与 QImageCapture 的信号关联
    void  do_image_readyForCapture(bool ready);
    void  do_image_captured(int id, const QImage &preview);
    void  do_image_saved(int id, const QString &fileName);

//与 QMediaRecorder 的信号关联
    void  do_recorder_duration(qint64 duration);
    void  do_recorder_stateChanged(QMediaRecorder::RecorderState state);
    void  do_recorder_error(QMediaRecorder::Error error, const QString &errorString);
private:
    Ui::MainWindow *ui;
};
```

MainWindow类里定义了QMediaCaptureSession、QCamera、QImageCapture、QMediaRecorder等类型的对象变量；还定义了一个QSoundEffect对象soundEffect，用于在拍照时播放快门音效。

MainWindow类中的自定义槽函数比较多，我们在后面的代码中再介绍它们的功能。

2. 主窗口类初始化

MainWindow类的构造函数代码如下：

```
MainWindow::MainWindow(QWidget *parent) : QMainWindow(parent), ui(new Ui::MainWindow)
{
    ui->setupUi(this);
    labDuration= new QLabel("录制时间: ");
    labDuration->setMinimumWidth(120);
    ui->statusBar->addWidget(labDuration);
    labFormatInfo= new QLabel("图片分辨率: ");
    labFormatInfo->setMinimumWidth(150);
    ui->statusBar->addWidget(labFormatInfo);
    labInfo= new QLabel("信息");
    ui->statusBar->addPermanentWidget(labInfo);

    //1. 发现摄像头，若没有默认摄像头，就无法进行本示例的操作
    QCameraDevice  defaultCameraDevice= QMediaDevices::defaultVideoInput();
    //默认摄像头
    if (defaultCameraDevice.isNull())
    {
        QMessageBox::critical(this,"提示","没有发现摄像头");
        return;
    }
    QByteArray defaultCameraID= defaultCameraDevice.id();
    ui->actStartCamera->setEnabled(true);
    int index= 0;
    for(int i=0; i<QMediaDevices::videoInputs().size(); i++)
    {
        QCameraDevice device= QMediaDevices::videoInputs().at(i);
        if (device.id() == defaultCameraID)
        {
            ui->comboCam_List->addItem(device.description()+"(默认)",
                                QVariant::fromValue(device));
                                //添加QCameraDevice类型的用户数据
            index= i;
        }
        else
            ui->comboCam_List->addItem(device.description(),QVariant::fromValue(device));
    }
    if (ui->comboCam_List->currentIndex() != index)
        ui->comboCam_List->setCurrentIndex(index);     //用默认摄像头作为当前摄像头

    //2. 创建抓取管理器session和各个设备
    session= new QMediaCaptureSession(this);              //抓取管理器
    session->setVideoOutput(ui->videoPreview);            //设置视频输出组件，用于视频预览

    //2.1 创建QAudioInput对象，用于音频输入
    QAudioInput  *audioInput= new QAudioInput(this);
    audioInput->setDevice(QMediaDevices::defaultAudioInput());
    session->setAudioInput(audioInput);                   //设置音频输入设备，用于录音

    //2.2 创建QCamera对象，用于控制摄像头
    camera= new QCamera(this);                            //摄像头
    camera->setCameraDevice(defaultCameraDevice);         //设置使用默认摄像头设备
```

```
    session->setCamera(camera);                              //为 session 设置摄像头
    connect(camera, &QCamera::activeChanged,this,
            &MainWindow::do_camera_activeChanged);
    connect(ui->comboCam_List,&QComboBox::currentIndexChanged,
            this, &MainWindow::do_camera_changed);
    do_camera_changed(ui->comboCam_List->currentIndex());

    //2.3 创建 QImageCapture 对象，用于拍照
    imageCapture= new QImageCapture(this);                              //抓图器
    imageCapture->setQuality(QImageCapture::VeryHighQuality);  //抓图编码品质
    session->setImageCapture(imageCapture);       //为 session 设置抓图器
    connect(imageCapture,&QImageCapture::readyForCaptureChanged,
            this, &MainWindow::do_image_readyForCapture);
    connect(imageCapture,&QImageCapture::imageCaptured,
            this,&MainWindow::do_image_captured);
    connect(imageCapture, &QImageCapture::imageSaved,
            this, &MainWindow::do_image_saved);
    soundEffect= new QSoundEffect(this);                      //用于在拍照时播放快门音效
    QString filename= ":/sound/images/shutter.wav";         //资源文件中的文件
    soundEffect->setSource(QUrl::fromLocalFile(filename));

    //2.4 创建 QMediaRecorder 对象，用于录像
    recorder= new QMediaRecorder(this);                       //创建 recorder
    session->setRecorder(recorder);                           //为 session 设置 recorder
    connect(recorder, &QMediaRecorder::durationChanged,
            this, &MainWindow::do_recorder_duration);
    connect(recorder, &QMediaRecorder::recorderStateChanged,
            this, &MainWindow::do_recorder_stateChanged);
    connect(recorder, &QMediaRecorder::errorOccurred,
            this, &MainWindow::do_recorder_error);

    //3. 视频编码和文件格式，添加到"录像设置"分组框的下拉列表框里，用于选择
    QMediaFormat format;
    foreach(QMediaFormat::VideoCodec codec,                  //支持的视频编码
                        format.supportedVideoCodecs(QMediaFormat::Encode))
       ui->comboVideo_Codec->addItem(QMediaFormat::videoCodecDescription(codec),
                                       QVariant::fromValue(codec));
    foreach(QMediaFormat::FileFormat fileFormat,             //支持的文件格式
                        format.supportedFileFormats(QMediaFormat::Encode))
      ui->comboVideo_FileFormat->addItem(QMediaFormat::fileFormatDescription(fileFormat),
                                       QVariant::fromValue(fileFormat));
}
```

如果静态函数 QMediaDevices::defaultVideoInput()返回的系统默认摄像头是无效的，说明系统没有摄像头，无法进行后续操作。如果默认摄像头是有效的，构造函数就进行如下的一些初始化操作。

（1）添加摄像头列表。静态函数 QMediaDevices::videoInputs()返回系统的摄像头设备列表，我们将这些摄像头的文字描述添加到界面上的下拉列表框 comboCam_List 里，并且给每个项设置用户数据，也就是 QCameraDevice 类型变量表示的摄像头设备。这样，如果系统里有多个摄像头，在程序运行时，就可以通过这个下拉列表框选择要使用的摄像头。

（2）创建抓取管理器 session 和各个设备。程序里创建了 QMediaCaptureSession 对象 session，它负责管理音频和视频的抓取。然后程序为其设置视频输出组件、音频输入设备、摄像头等对象，涉及的设置代码如下：

```
session->setVideoOutput(ui->videoPreview);          //设置视频输出组件，用于视频预览
session->setAudioInput(audioInput);                 //设置音频输入设备，用于录音
session->setCamera(camera);                         //为 session 设置摄像头
session->setImageCapture(imageCapture);             //为 session 设置抓图器
session->setRecorder(recorder);                     //为 session 设置 recorder
```

程序中为 camera、imageCapture、recorder 等对象的信号设置了关联的槽函数，这些信号的作用和槽函数实现的功能后面会具体介绍。

对于界面上的“摄像头”下拉列表框，我们设计了一个自定义槽函数 do_camera_changed()与其 currentIndexChanged()信号关联，而不是直接通过 Go to slot 对话框生成槽函数框架，因为要在窗口类初始化过程中控制这个函数的运行时机。

（3）获取系统支持的视频编码和文件格式列表。QMediaFormat 类有 3 个函数可以获取系统支持的音频编码、视频编码和文件格式列表，这 3 个函数定义如下：

```
QList<QMediaFormat::AudioCodec>  supportedAudioCodecs(QMediaFormat::ConversionMode m)
QList<QMediaFormat::VideoCodec>  supportedVideoCodecs(QMediaFormat::ConversionMode m)
QList<QMediaFormat::FileFormat>  supportedFileFormats(QMediaFormat::ConversionMode m)
```

其中，参数 m 表示转换方向，取值 QMediaFormat::Encode 表示编码，用于录制音频或视频；取值 QMediaFormat::Decode 表示解码，用于播放音频或视频。

MainWindow 构造函数的最后定义了一个 QMediaFormat 类型的临时变量 format，用于获取系统支持的视频编码和文件格式列表，并将其添加到界面上的下拉列表框里，用于设置视频的参数。在 Windows 10 系统中，视频编码有两种：H.264 编码对应 MP4 文件，Windows Media Video 对应 WMV 文件。

MainWindow 还重新实现了事件处理函数 closeEvent()，其代码如下。这是为了在关闭窗口时自动停止录像，关闭摄像头。

```
void MainWindow::closeEvent(QCloseEvent *event)
{
    if (m_isWorking)
    {
        if(recorder->recorderState() == QMediaRecorder::RecordingState)  //正在录像
           recorder->stop();                                              //停止录像
        camera->stop();                                                   //关闭摄像头
    }
    event->accept();
}
```

3. 选择摄像头

程序启动后，系统里的所有摄像头信息会被添加到界面上的“摄像头”下拉列表框里，我们可以选择当前使用的摄像头。下拉列表框 comboCam_List 的 currentIndexChanged()信号关联的是自定义槽函数 do_camera_changed()，在 MainWindow 的构造函数里就运行了一次这个槽函数。

槽函数 do_camera_changed()以及相关的两个自定义函数的代码如下：

```
void MainWindow::do_camera_changed(int index)
{
    QVariant var= ui->comboCam_List->itemData(index); //获取用户数据
    QCameraDevice device= var.value<QCameraDevice>();   //用户数据转换为 QCameraDevice 类型
    showCameraDeviceInfo(&device);                      //显示摄像头设备信息
    camera->setCameraDevice(device);                    //重新设置摄像头设备
    showCameraSupportFeatures(camera);                  //显示摄像头支持的特性
}
```

```
void MainWindow::showCameraDeviceInfo(QCameraDevice *device)
{//显示摄像头设备信息
    ui->comboCam_Position->setCurrentIndex(device->position());  //摄像头位置
    //拍照时的图片分辨率
    ui->comboCam_PhotoRes->clear();                              //支持的图片分辨率
    ui->comboImage_Resolution->clear();                          //拍照使用的分辨率
    foreach(QSize size, device->photoResolutions())
    {
        QString str= QString::asprintf("%d X %d",size.width(),size.height());
        ui->comboCam_PhotoRes->addItem(str);                     //支持的图片分辨率
        ui->comboImage_Resolution->addItem(str,size);     //拍照使用的分辨率，添加用户数据
    }

    //视频分辨率
    ui->comboCam_VideoRes->clear();                              //支持的视频分辨率
    ui->comboCam_FrameRate->clear();                             //支持的帧率范围
    ui->comboVideo_Resolution->clear();                          //录像使用的分辨率
    foreach(QCameraFormat format, device->videoFormats())
    {
        QSize size= format.resolution();
        QString str= QString::asprintf("%d X %d",size.width(),size.height());
        ui->comboCam_VideoRes->addItem(str);                     //支持的视频分辨率
        ui->comboVideo_Resolution->addItem(str,size);      //录像用的分辨率，添加用户数据
        str= QString::asprintf("%.1f ～ %.1f",format.minFrameRate(),
                               format.maxFrameRate());
        ui->comboCam_FrameRate->addItem(str);                    //帧率范围
    }
}

void MainWindow::showCameraSupportFeatures(QCamera *aCamera)
{//显示摄像头支持的特性
    QCamera::Features features= aCamera->supportedFeatures();    //摄像头支持的特性
    bool  supported= features.testFlag(QCamera::Feature::ColorTemperature);
    ui->chkBoxCam_Color->setChecked(supported);
    supported= features.testFlag(QCamera::Feature::ExposureCompensation);
    ui->chkBoxCam_Exposure->setChecked(supported);
    supported= features.testFlag(QCamera::Feature::IsoSensitivity);
    ui->chkBoxCam_Iso->setChecked(supported);
    supported= features.testFlag(QCamera::Feature::CustomFocusPoint);
    ui->chkBoxCam_Custom->setChecked(supported);
    supported= features.testFlag(QCamera::Feature::ManualExposureTime);
    ui->chkBoxCam_Manual->setChecked(supported);
    supported= features.testFlag(QCamera::Feature::FocusDistance);
    ui->chkBoxCam_Focus->setChecked(supported);
}
```

下拉列表框 comboCam_List 的每个项有一个用户数据，函数 do_camera_changed()获取当前项的用户数据后，将其转换为 QCameraDevice 类型的变量 device，再运行 showCameraDeviceInfo(&device)显示变量 device 表示的摄像头设备的各种参数，包括摄像头位置参数、支持的图片分辨率列表、支持的视频分辨率列表等。

函数 showCameraSupportFeatures()用于显示 QCamera 对象的特性，也就是图 16-6 所示界面右上角的 6 个复选框表示的特性。QCamera 的 supportedFeatures()函数返回摄像头的特性，返回值是 QCamera::Features 类型的，这是枚举类型 QCamera::Feature 的标志类型。QCamera::Feature 各个枚

举值的意义见 Qt 帮助文档。

4. 开启和关闭摄像头

工具栏上开启和关闭摄像头的按钮，以及一个自定义槽函数的代码如下：

```
void MainWindow::on_actStartCamera_triggered()
{//开启摄像头
   camera->start();
}

void MainWindow::on_actStopCamera_triggered()
{//关闭摄像头
    if (recorder->recorderState() == QMediaRecorder::RecordingState)
        recorder->stop();                               //停止录像
    camera->stop();
}

void MainWindow::do_camera_activeChanged(bool active)
{//摄像头状态变化
    ui->actStartCamera->setEnabled(!active);       //“开启摄像头”按钮
    ui->actStopCamera->setEnabled(active);         //“关闭摄像头”按钮
    ui->actVideoRecord->setEnabled(active);        //“开始录像”按钮
    ui->comboCam_List->setEnabled(!active);        //“摄像头”下拉列表框
    m_isWorking= active;
}
```

运行 QCamera 的 start()和 stop()函数时，会导致 QCamera 发射 setActive()信号，我们在与此信号关联的槽函数里控制界面组件的使能状态。

16.6.3 拍照

点击工具栏上的“拍照”按钮就可以用摄像头拍照，该按钮的槽函数的代码如下：

```
void MainWindow::on_actCapture_triggered()
{// “拍照”按钮
    int index= ui->comboImage_Quality->currentIndex();
    imageCapture->setQuality(QImageCapture::Quality(index));      //图片文件编码品质
    index= ui->comboImage_Resolution->currentIndex();
    QVariant var= ui->comboImage_Resolution->itemData(index);    //用户数据
    imageCapture->setResolution(var.toSize());                   //设置分辨率

    if (ui->chkBox_SaveToFile->isChecked())
        imageCapture->captureToFile();                            //拍照并将图片保存到文件
    else
       imageCapture->capture();                                   //拍照
    soundEffect->play();                                          //播放快门音效
    ui->tabWidget->setCurrentIndex(0);
}
```

QImageCapture 对象 imageCapture 用于拍照，拍照前可以设置图片文件编码品质和图片的分辨率。若拍照后将图片保存为图片文件，默认会使用 JPG 格式，图片文件编码品质则是指 JPG 文件的编码品质。

可以使用 QImageCapture 的 capture()或 captureToFile()函数拍照。使用 captureToFile()拍照时可以设置一个保存图片的文件名称，如果不指定文件名，系统会自动在用户目录下创建文件，且文件名递增。

与 imageCapture 的 3 个信号关联的自定义槽函数的代码如下：

```
void MainWindow::do_image_readyForCapture(bool ready)
{//与 readyForCaptureChanged()信号关联
    ui->actCapture->setEnabled(ready);
}

void MainWindow::do_image_captured(int id, const QImage &preview)
{//与 imageCaptured()信号关联
    Q_UNUSED(id);
    QString str=QString::asprintf("实际图片分辨率= %d X %d",preview.width(),
                                  preview.height());
    labFormatInfo->setText(str);
    QImage scaledImage= preview.scaledToWidth(ui->scrollArea->width()-30);
    ui->labImage->setPixmap(QPixmap::fromImage(scaledImage));          //显示拍摄的图片
    if(! ui->chkBox_SaveToFile->isChecked())
       labInfo->setText("图片未保存为文件");
}

void MainWindow::do_image_saved(int id, const QString &fileName)
{//与 imageSaved()信号关联
    Q_UNUSED(id);
    labInfo->setText("图片保存为文件： "+fileName);
}
```

使用 capture()或 captureToFile()函数拍照都会导致 imageCaptured()信号被发射，与此信号关联的槽函数 do_image_captured()里的 QImage 类型参数 preview 表示拍摄的图片，我们将其显示在界面上的 QLabel 组件 labImage 里。QImage 包含一张图片所有像素点的原始颜色数据，可以用于图片处理。QImage 类的详细介绍见 10.4 节。

16.6.4 录像

QMediaRecorder 类对象 recorder 用于录像，开始录像之前可以设置录像参数，设置界面如图 16-7 所示。首先需要设置一个保存录像的文件，可以是 MP4 文件或 WMV 文件。视频编码和文件格式要对应，H.264 编码对应 MPEG-4 Video Container 文件格式，也就是 MP4 文件；Windows Media Video 编码对应 Windows Media Video 文件格式，也就是 WMV 文件。还可以设置视频编码品质和视频分辨率。

图 16-7 录像参数设置界面

工具栏上“开始录像”按钮和“停止录像”按钮的槽函数代码如下：

```
void MainWindow::on_actVideoRecord_triggered()
{// “开始录像”按钮
    QString selectedFile= ui->editVideo_OutputFile->text().trimmed();
    if (selectedFile.isEmpty())
    {
        QMessageBox::critical(this,"错误","请先设置录像输出文件");
        return;
    }
    if (QFile::exists(selectedFile))
        if (!QFile::remove(selectedFile))
        {
            QMessageBox::critical(this,"错误","所设置录像输出文件被占用，无法删除");
            return;
        }
```

```
    // 设置视频的参数
    recorder->setEncodingMode(QMediaRecorder::ConstantQualityEncoding); //固定品质编码
    int index= ui->comboViedo_Quality->currentIndex();
    recorder->setQuality(QMediaRecorder::Quality(index));      //设置编码品质

    //设置媒介格式
    QMediaFormat mediaFormat;
    index= ui->comboVideo_Codec->currentIndex();
    QVariant var= ui->comboVideo_Codec->itemData(index);       //获取用户数据
    QMediaFormat::VideoCodec codec=var.value<QMediaFormat::VideoCodec>();
    mediaFormat.setVideoCodec(codec);                          //设置视频编码
    index= ui->comboVideo_FileFormat->currentIndex();
    var= ui->comboVideo_FileFormat->itemData(index);
    QMediaFormat::FileFormat fileFormat=var.value<QMediaFormat::FileFormat>();
    mediaFormat.setFileFormat(fileFormat);                     //设置文件格式
    recorder->setMediaFormat(mediaFormat);                     //设置媒介格式

    //设置分辨率
    index= ui->comboVideo_Resolution->currentIndex();
    var= ui->comboVideo_Resolution->itemData(index);          //获取用户数据
    recorder->setVideoResolution(var.toSize());               //设置视频分辨率
    labInfo->clear();
    recorder->setOutputLocation(QUrl::fromLocalFile(selectedFile));  //设置输出文件
    recorder->record();
}

void MainWindow::on_actVideoStop_triggered()
{//停止录像
    recorder->stop();
}
```

在开始录像之前，我们根据界面上的输入设置了 recorder 的一些参数，主要包括视频编码、文件格式、编码品质和分辨率。如果视频编码和文件格式不对应，录像时会出错。

recorder 的 3 个信号与自定义槽函数连接，这 3 个槽函数代码如下：

```
void MainWindow::do_recorder_duration(qint64 duration)
{//与 durationChanged()信号关联
    labDuration->setText(QString::asprintf("录制时间:%.1f 秒 ",duration/1000.0));
}

void MainWindow::do_recorder_stateChanged(QMediaRecorder::RecorderState state)
{//与 recorderStateChanged()信号关联
    ui->actVideoRecord->setEnabled(state == QMediaRecorder::StoppedState);
    ui->actVideoStop->setEnabled(state == QMediaRecorder::RecordingState);
}

void MainWindow::do_recorder_error(QMediaRecorder::Error error, const
        QString &errorString)
{//与 errorOccurred()信号关联
    Q_UNUSED(error);
    labInfo->setText(errorString);
}
```

在录像的过程中，QMediaRecorder 会发射 durationChanged()信号，参数 duration 表示已录制的视频时长，单位是 ms，所以可以在槽函数 do_recorder_duration()中显示已录制时长。

第17章

串口编程

工控行业的开发者在编写上位机程序时经常要用到串口来与下位机通信。Qt Serial Port 模块提供了访问串口的基本功能，包括串口通信参数配置和数据读写，使用 Qt Serial Port 模块就可以很方便地编写具有串口通信功能的上位机程序。

17.1 Qt Serial Port 模块概述

Qt Serial Port 模块用于串口通信编程，要在一个项目中使用 Qt Serial Port 模块，需要在项目配置文件中加入如下一行语句：

```
QT += serialport
```

串口的通信协议比较简单，Qt Serial Port 模块中只有两个类：QSerialPortInfo 和 QSerialPort。

17.1.1 QSerialPortInfo 类

QSerialPortInfo 类有两个静态函数可以用于获取系统中可用的串口列表，以及系统支持的串口通信波特率列表，这两个静态函数定义如下：

```
QList<QSerialPortInfo>  QSerialPortInfo::availablePorts()    //获取系统中的串口列表
QList<qint32>  QSerialPortInfo::standardBaudRates()    //获取系统支持的串口通信波特率列表
```

其中，函数 availablePorts()返回的列表的元素类型是 QSerialPortInfo。QSerialPortInfo 包含串口的硬件信息，其主要接口函数如下。

```
QString  portName()              //串口名称，如 COM1、COM2
QString  description()           //串口的文字描述
bool  isNull()                   //串口是否为空，若返回值为 true，则这个串口无效
QString  manufacturer()          //制造商
quint16  productIdentifier()     //产品 ID
QString  serialNumber()          //序列号
```

其中，portName()表示串口名称，当系统中有多个串口时，就通过串口名称来区分。用 QSerialPort 类对象打开一个具体的串口时，需要设置串口名称来表示具体使用哪个串口。

17.1.2 QSerialPort 类

QSerialPort 是访问具体某个串口的类，它可以设置串口通信的参数，打开串口后就可以读写串口数据。QSerialPort 的父类是 QIODevice，所以它属于 I/O 设备类。

1. 设置串口通信参数

串口通信参数只有波特率、数据位个数、停止位个数和奇偶校验位，QSerialPort 有如下几个函数用于设置和返回串口通信参数。

```
bool  setBaudRate(qint32 baudRate, QSerialPort::Directions directions = AllDirections)
qint32  baudRate(QSerialPort::Directions directions = AllDirections) //返回波特率
bool  setDataBits(QSerialPort::DataBits dataBits)                   //设置数据位个数
QSerialPort::DataBits  dataBits()                                    //返回数据位个数
bool  setStopBits(QSerialPort::StopBits stopBits)                   //设置停止位个数
QSerialPort::StopBits  stopBits()                                    //返回停止位个数
bool  setParity(QSerialPort::Parity parity)      //设置奇偶校验模式
QSerialPort::Parity  parity()                    //返回奇偶校验模式
```

串口通信波特率的单位是位/秒，串口通信中有一些常用的波特率值，如 9600、19200、115200 等。

串口以数据帧为基本单位来传输数据，一个数据帧包含一个字符的数据和奇偶校验位，数据帧之后有停止位。函数 setDataBits()用于设置数据帧里一个字符的数据位个数，不包含奇偶校验位。数据位个数用枚举类型 QSerialPort::DataBits 表示，常用的是枚举常量 QSerialPort::Data8，其数值为 8。

数据帧可以包含奇偶校验位，函数 setParity()用于设置奇偶校验的位数，其参数值用枚举类型 QSerialPort::Parity 表示，常用的有以下几种枚举常量。

- QSerialPort::NoParity，对应数值 0，无校验位。
- QSerialPort::EvenParity，对应数值 2，偶校验。
- QSerialPort::OddParity，对应数值 3，奇校验。

每一个数据帧后面会有至少一个停止位，停止位个数用枚举类型 QSerialPort::StopBits 的常量表示，有以下几种枚举常量。

- QSerialPort::OneStop，对应数值 1，表示一个停止位。
- QSerialPort::TwoStop，对应数值 2，表示两个停止位。
- QSerialPort::OneAndHalfStop，对应数值 3，表示 1.5 个停止位。

计算机串口通信参数一般是 8 个数据位，1 个停止位，无奇偶校验位。需要在打开串口之前设置好这些串口通信参数。

2. 打开和关闭串口

设置串口通信参数后，还需要设置串口名称，然后就可以打开串口进行数据读写。不再需要进行串口通信时，要关闭串口。相关的几个函数定义如下：

```
void  setPort(const QSerialPortInfo &serialPortInfo)        //设置串口
void  setPortName(const QString &name)                      //设置串口名称
bool  open(QIODeviceBase::OpenMode mode)                     //打开串口
void  close()                                                //关闭串口
```

调用函数 open()打开串口之前，需要先调用函数 setPort()或 setPortName()设定要打开哪个串口。函数 setPort()以一个 QSerialPortInfo 类型变量作为参数。setPortName()以串口名称作为参数，串口名称来自 QSerialPortInfo::portName()函数的返回值。

函数 open()打开一个串口，参数 mode 设置打开的模式，只能设置为 QIODeviceBase::ReadOnly、QIODeviceBase::WriteOnly 或 QIODeviceBase::ReadWrite，不能设置为其他模式。注意，串口总是以独占方式打开的，也就是其他进程或线程无法访问一个已经被打开的串口。

串口使用结束后，不再需要使用串口通信时，要调用函数 close()关闭串口。

3. 数据读写

打开一个串口后，就可以使用 QSerialPort 的各种读写函数来读写串口的数据。串口数据读写有阻塞式和非阻塞式两种方式，非阻塞式又被称为异步方式。在 GUI 程序里一般使用异步方式，在非 GUI 程序或单独的线程里一般使用阻塞式。与使用异步方式读写数据相关的函数有如下这些。

```
qint64  bytesAvailable()                          //返回缓冲区中等待读取的数据字节数
QByteArray  read(qint64 maxSize)                  //读取 maxSize 个字节的数据
QByteArray  readAll()                             //读取缓冲区内的全部数据
bool  canReadLine()                               //是否有可以按行读取的数据
//读取一行数据，最多读取 maxSize 个字节，行数据以换行符结束
QByteArray  readLine(qint64 maxSize = 0)
//将缓冲区的数据写入串口，最多写入 maxSize 个字节
qint64  write(const char *data, qint64 maxSize)
//将缓冲区 data 的数据写入串口，以\0 结束，一般用于写字符串数据
qint64  write(const char *data)
qint64  write(const QByteArray &data)             //将字节数组 data 的内容写入串口
```

在使用异步方式读写数据时，QSerialPort 有两个信号可表示缓冲区的数据变化。

```
void  readyRead()                        //接收缓冲区有待读取的数据时，此信号被发射
void  bytesWritten(qint64 bytes)         //当发送缓冲区内的一批数据写入串口后，此信号被发射
```

当 QSerialPort 的接收缓冲区有数据待读取时，它会发射 readyRead()信号，我们可以在此信号关联的槽函数里读取串口接收的数据。注意，这里的接收缓冲区是 QSerialPort 的接收缓冲区，它一般在接收到一批数据，且一段时间内未再接收到新数据时才发射 readyRead()信号，而不是在每次接收到 1 字节数据时就发射 readyRead()信号。所以，在设计下位机的程序时也要注意，例如下位机通过 ADC 采集数据后将其向上位机发送，不要一个一个数据点地连续发送，而应该存储一个缓冲区之后将其一次性上传，这样便于上位机接收和处理。

使用函数 write()向串口写一个缓冲区的数据时，函数 write()会立刻返回，不会阻塞等待。串口将缓冲区的数据发送完之后，QSerialPort 会发射 bytesWritten()信号，这就是异步方式。这与单片机上的串口通信编程是类似的，以中断或 DMA 方式读写串口数据是异步方式。

QSerialPort 还有两个阻塞式的等待函数，定义如下：

```
bool  waitForBytesWritten(int msecs = 30000)  //最多等待 msecs ms，直到串口数据发送结束
bool  waitForReadyRead(int msecs = 30000)     //最多等待 msecs ms，直到串口接收到一批数据
```

例如，运行 waitForReadyRead()时将阻塞等待最多 30000ms，直到 QSerialPort 的接收缓冲区里有新的可以读取的数据且 readyRead()信号被发射后，函数 waitForReadyRead()才会退出，运行后续的代码。在运行 waitForReadyRead()时，应用程序的事件循环无法处理窗口事件，所以，可能会导致界面无响应的情况。所以，一般在非 GUI 程序，或独立的读写串口数据的线程里才使用这两个阻塞式函数。

17.2 串口编程示例：ESP8266 模块通信程序

ESP8266 是嵌入式系统开发中常用的一种 WiFi 模块，它使用 UART 通信接口。单片机通过 UART 接口连接 ESP8266 模块，就可以通过 WiFi 连接路由器，再连接远端的 TCP 服务器，实现

网络通信。

ESP8266 模块需要通过 AT 指令进行很多参数设置，例如设置模块连接路由器的网络名称和密码，设置远端 TCP 服务器的 IP 地址和端口等。如果是通过单片机程序进行这些设置则会比较麻烦，而且这些设置是可以保存在 ESP8266 的 EEPROM 中的，设置好一次后就无须再设置。

比较简单的一种处理方法是通过 USB 转 UART 线将 ESP8266 模块连接到计算机上，通过串口调试软件发送 AT 指令进行设置。设置好 ESP8266 模块的各种参数，并设置为复位后自动连接服务器且进入透传模式。ESP8266 模块被设置好之后再插到电路板上使用，这样单片机就无须再对 ESP8266 模块进行任何设置，在透传模式下直接通过 UART 接口收发数据即可。

ESP8266 的 AT 指令比较多，一般的串口调试软件是通用的，所以在使用时需要查阅 ESP8266 的数据手册，手动输入各种 AT 指令。过一段时间后再用 ESP8266 模块时，通常就忘了一些 AT 指令的意义，又要查阅手册。我们在一个实际的仪器设计项目中用到 ESP8266 模块，就曾遇到这样的问题。为了使用方便，我们设计一个上位机软件，可以通过 USB 转 UART 线连接 ESP8266 模块来设置模块参数（见图 17-1），也可以连接我们设计的仪器，设置仪器的一些参数。我们将这个上位机程序中用于仪器设置部分的功能去除，保留了 ESP8266 模块设置的功能，将其作为本节的示例项目 samp17_1，其运行时界面如图 17-2 所示。

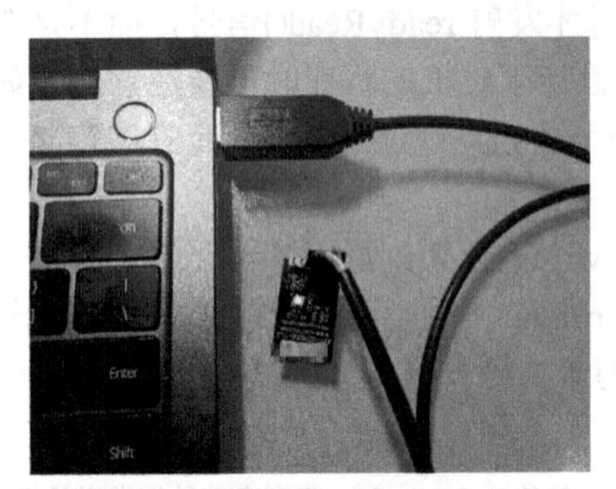

图 17-1 通过 USB 转 UART 线连接计算机和 ESP8266 模块

图 17-2 与 ESP8266 模块通信的上位机程序运行时界面

这个程序具有如下一些功能。

- 启动后自动发现计算机上的串口，连接串口后就可以进行串口通信。
- 通过左侧的操作面板可以对 ESP8266 常用参数进行查询和设置，如 UART 波特率查询和设置，连接路由器的查询和设置，远端 TCP 服务器 IP 地址和端口的查询与设置等。直接点击按钮就可以执行操作，程序会发送相应的 AT 指令。
- 工作区右下方还有一个“常用 AT 指令”页面，最多可记录 12 条 AT 指令，这些指令会被自动存入注册表，软件下次启动时会自动载入。“通用发送”页面可以输入任意的字符串内容，输入后会将其发送给串口。
- 串口发送和接收的数据都会显示在“串口数据记录”文本框里。

这个程序主要是针对 ESP8266 模块的，也可以作为一个通用的串口通信程序，只是它只发送字符串数据，接收到的数据也以字符串形式显示。

17.2.1 自定义标签类 TMyLabel 的设计和使用

在本示例中我们需要用到具有 clicked()信号的标签组件，但是 QLabel 类没有 clicked()信号。所以我们设计一个自定义标签类 TMyLabel。TMyLabel 类的定义如下：

```
class TMyLabel : public QLabel
{
    Q_OBJECT
protected:
    void  mousePressEvent(QMouseEvent *event);          //鼠标事件处理函数
public:
    TMyLabel(QWidget *parent = nullptr);
signals:
    void  clicked();                                    //自定义信号
};
```

TMyLabel 类的实现程序如下，主要是在鼠标事件处理函数里发射 clicked()信号。

```
void TMyLabel::mousePressEvent(QMouseEvent *event)
{
    if (event->button() == Qt::LeftButton)
        emit clicked();
    event->accept();
}
TMyLabel::TMyLabel(QWidget *parent):QLabel(parent)
{
}
```

在可视化设计主窗口界面时会用到 TMyLabel 类，图 17-2 所示界面右下方的闪电图标就是 TMyLabel 组件，先放置 QLabel 组件再将其提升为 TMyLabel 类。点击 Qt Designer 主工具栏上的 Edit Buddies 按钮进入伙伴关系编辑状态，为每个 TMyLabel 标签设置伙伴组件，也就是其左侧的 QLineEdit 组件。

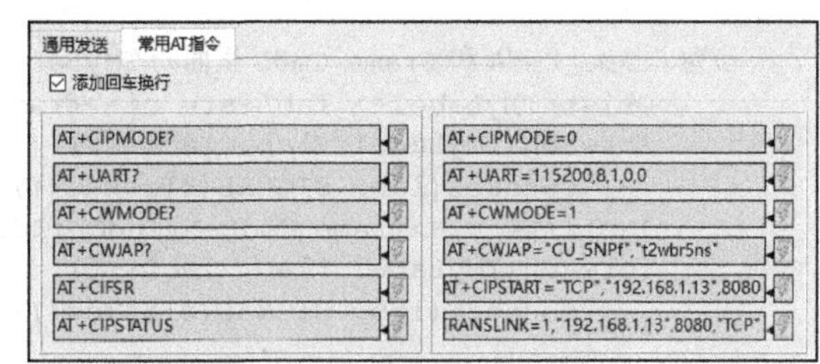

图 17-3 设置组件的伙伴关系

图 17-3 中的 TMyLabel 标签和 QLineEdit 组件的对象名称按照一定的规律设置。左侧一个 QFrame 组件的对象名称是 frame_CmdA，其内部的 QLineEdit 都命名为“editCmd_A%”，%代表数字 1～6。图 17-3 中右侧一个 QFrame 组件的对象名称是 frame_CmdB，其内部的 QLineEdit 组件命名的规律与 frame_CmdA 中的类似。这样设计和命名是为了利用 QObject 的一些特性来简化程序设计，使程序更灵活。主窗口上其他组件的布局和命名见 UI 文件 mainwindow.ui。

17.2.2 主窗口类定义和初始化

主窗口类 MainWindow 的定义如下：

```
class MainWindow : public QMainWindow
{
    Q_OBJECT
```

```
private:
    QSerialPort  comPort;                         //串口对象
    void  uartSend(QString cmd);                  //向串口发送字符串数据
    void  delayMs(int ms);                        //毫秒级延时
    void  loadFromReg();                          //从注册表载入界面数据
    void  saveToReg();                            //保存到注册表
    void  closeEvent(QCloseEvent *event);
public:
    MainWindow(QWidget *parent = nullptr);
private slots:
    void  do_com_readyRead();                     //串口有数据可读
    void  do_label_clicked();                     //与 TMyLabel 组件的 clicked()信号关联
private:
    Ui::MainWindow *ui;
};
```

MainWindow 类中定义了一个 QSerialPort 类变量 comPort，用于操作串口。MainWindow 类的构造函数代码如下：

```
MainWindow::MainWindow(QWidget *parent): QMainWindow(parent), ui(new Ui::MainWindow)
{
    ui->setupUi(this);
    ui->toolBox->setEnabled(false);               //先禁止操作
    ui->tabWidget->setEnabled(false);
//显示串口列表
    foreach(QSerialPortInfo portInfo, QSerialPortInfo::availablePorts())
        ui->comboCom_Port->addItem(portInfo.portName()+":"+portInfo.description());
    ui->actCom_Open->setEnabled(ui->comboCom_Port->count()>0);
    connect(&comPort,&QIODevice::readyRead,this, &MainWindow::do_com_readyRead);
//添加标准波特率
    ui->comboCom_Buad->clear();
    foreach(qint32 baud, QSerialPortInfo::standardBaudRates())
        ui->comboCom_Buad->addItem(QString::number(baud));
    ui->comboCom_Buad->setCurrentText("115200");  //默认使用 115200

//为 frame_CmdA 和 frame_CmdB 里面的 TMyLabel 标签的 clicked()信号关联槽函数
    QList<TMyLabel*> labList= ui->frame_CmdA->findChildren<TMyLabel*>();
    foreach(TMyLabel *lab, labList)
        connect(lab, SIGNAL(clicked()), this, SLOT(do_label_clicked()));
    labList= ui->frame_CmdB->findChildren<TMyLabel*>();
    foreach(TMyLabel *lab, labList)
        connect(lab, SIGNAL(clicked()), this, SLOT(do_label_clicked()));

    QApplication::setOrganizationName("WWB-Qt");  //设置应用程序参数，用于注册表
    QApplication::setApplicationName("ESP8266");
    loadFromReg();                                //从注册表载入数据
}
```

程序里通过静态函数 QSerialPortInfo::availablePorts()获取系统可用的串口列表，将串口名称和描述内容添加到界面上的一个下拉列表框里。

构造函数里为界面上 TMyLabel 组件的 clicked()信号都关联了自定义槽函数 do_label_clicked()。程序里利用了对象树和 QObject::findChildren()函数。对象树的原理和操作见 3.3 节。

构造函数里最后设置了组织名称和应用程序名，调用自定义函数 loadFromReg()从注册表中载入数据。根据程序设置，注册表中的目录是 HKEY_CURRENT_USER/Software/WWB-Qt/ESP8266。

函数 loadFromReg()的代码如下：

```
void MainWindow::loadFromReg()
{
    QSettings  setting;
    bool saved= setting.value("saved",false).toBool();
    if (!saved)
        return;
    //查找 frame_CmdA 中的 QLineEdit 对象，载入注册表里的数据
    QList<QLineEdit*> editList= ui->frame_CmdA->findChildren<QLineEdit*>();
    foreach(QLineEdit *edit, editList)
    {
        QString editName= edit->objectName();
        edit->setText(setting.value(editName).toString());
    }
    //查找 frame_CmdB 中的 QLineEdit 对象，载入注册表里的数据
    editList= ui->frame_CmdB->findChildren<QLineEdit*>();
    foreach(QLineEdit *edit, editList)
    {
        QString editName= edit->objectName();
        edit->setText(setting.value(editName).toString());
    }
    ui->comboWiFi_UartBuad->setCurrentText(setting.value("Uart_Rate").toString());
    ui->editAP_Name->setText(setting.value("AP_Name").toString());
    ui->editAP_PWD->setText(setting.value("AP_PWD").toString());
    ui->editServer_IP->setText(setting.value("TCP_IP").toString());
    ui->spinServer_Port->setValue(setting.value("TCP_Port").toInt());
}
```

函数 loadFromReg()的功能是从注册表中载入数据，填充界面上各种设置参数值的组件以及图 17-3 中的 AT 指令编辑框。在关闭窗口时，程序会运行自定义函数 saveToReg()将这些界面数据保存到注册表中。读写注册表的程序原理见 7.5 节，函数 saveToReg()的代码就不展示了。

17.2.3　通过串口读写数据

1．打开和关闭串口

工具栏上有两个按钮用于打开和关闭串口，它们的槽函数代码如下：

```
void MainWindow::on_actCom_Open_triggered()
{// "打开串口" 按钮
    if (comPort.isOpen())
    {
        QMessageBox::warning(this,"错误","打开串口时出现错误");
        return;
    }
    QList<QSerialPortInfo>  comList= QSerialPortInfo::availablePorts();
    QSerialPortInfo portInfo= comList.at(ui->comboCom_Port->currentIndex());
    comPort.setPort(portInfo);                    //设置使用哪个串口
//     comPort.setPortName(portInfo.portName());     //也可以设置串口名称

    //设置串口通信参数
    QString str= ui->comboCom_Buad->currentText();
    comPort.setBaudRate(str.toInt());                              //设置波特率
    int value= ui->comboCom_DataBit->currentText().toInt();
    comPort.setDataBits(QSerialPort::DataBits(value));             //数据位，默认为 8 位
```

```
    value= 1+ui->comboCom_StopBit->currentIndex();
    comPort.setStopBits(QSerialPort::StopBits(value));          //停止位，默认为1位
    if (ui->comboCom_Parity->currentIndex()==0)
        value= 0;
    else
        value= 1+ui->comboCom_Parity->currentIndex();
    comPort.setParity(QSerialPort::Parity(value));              //校验位，默认为无

    if (comPort.open(QIODeviceBase::ReadWrite))
    {
        ui->frame_Port->setEnabled(false);                      //串口设置面板
        ui->actCom_Open->setEnabled(false);
        ui->actCom_Close->setEnabled(true);
        ui->toolBox->setEnabled(true);                          //ESP8266设置操作面板
        ui->tabWidget->setEnabled(true);
        QMessageBox::information(this,"提示信息","串口已经被成功打开");
    }
}

void MainWindow::on_actCom_Close_triggered()
{//“关闭串口”按钮
    if (comPort.isOpen())
    {
        comPort.close();
        ui->frame_Port->setEnabled(true);
        ui->actCom_Open->setEnabled(true);
        ui->actCom_Close->setEnabled(false);
        ui->toolBox->setEnabled(false);
        ui->tabWidget->setEnabled(false);
    }
}
```

打开串口之前，要设置使用哪个串口，可以用 setPort()或 setPortName()函数来设置。打开串口之前，还要设置串口通信参数，如波特率、数据位个数、停止位个数等。

不再使用串口时，必须关闭串口。所以 MainWindow 类还重新实现了事件处理函数 closeEvent()，以确保串口被关闭，并且将界面上的各种设置和 AT 指令通过自定义函数 saveToReg()保存到注册表。

```
void MainWindow::closeEvent(QCloseEvent *event)
{
    if (comPort.isOpen())                          //确保串口被关闭
        comPort.close();
    saveToReg();                                   //保存到注册表
    event->accept();
}
```

2. 接收数据

打开串口后，串口就会自动接收数据并将其存入接收缓冲区。当接收缓冲区有数据时，QSerialPort 会发射 readyRead()信号，自定义槽函数 do_com_readyRead()与该信号关联，槽函数代码如下：

```
void MainWindow::do_com_readyRead()
{
    QByteArray all= comPort.readAll();
    QString str(all);
    ui->textCOM->appendPlainText(str);
}
```

这里使用 QSerialPort 的 readAll()函数读取接收缓冲区的全部数据，返回值是 QByteArray 类型的字节数据数组，再将其转换为 QString 字符串显示。

串口通信一般收发的数据都是 ASCII 字符串，具体的设备会设计具体的通信协议，需要对接收到的字符串数据解析并处理。本示例程序接收到字符串之后只是显示而已。

3. 发送数据

图 17-3 中的 TMyLabel 组件的 clicked()信号都与自定义槽函数 do_label_clicked()关联，这个槽函数和一个自定义函数 uartSend()的代码如下：

```
void MainWindow::do_label_clicked()
{
    TMyLabel   *lab= static_cast<TMyLabel*>(sender());          //获取信号发射者
    QLineEdit *edit=static_cast<QLineEdit*>(lab->buddy());      //获取伙伴组件
    QString cmd= edit->text().trimmed();                        //指令字符串
    if (ui->chkBox_NewLine2->isChecked())
        cmd = cmd+"\r\n";                                       //添加回车换行符
    uartSend(cmd);                                              //通过串口发送字符串
}

void MainWindow::uartSend(QString cmd)
{
    ui->textCOM->appendPlainText(cmd);
    const char *stdCmd= cmd.toLocal8Bit().data();               //转换为 char*类型字符串
    comPort.write(stdCmd);
}
```

在函数 do_label_clicked()里，我们通过 QObject::sender()函数获取信号发射者，也就是 TMyLabel 组件，再通过 QLabel::buddy()函数获取标签组件的伙伴组件，也就是输入 AT 指令的 QLineEdit 组件。获取 AT 指令字符串后，用函数 uartSend()发送指令字符串。

函数 uartSend()将 QString 字符串转换为 char*类型字符串，然后将其写入串口。QSerialPort::write()函数有多种参数形式，如果使用 QByteArray 类型的参数，函数 uartSend()可以写成如下形式：

```
void MainWindow::uartSend(QString cmd)
{
    ui->textCOM->appendPlainText(cmd);
    QByteArray bts= cmd.toLocal8Bit();                          //转换为 8 位字符数据数组
    comPort.write(bts);
}
```

在 GUI 应用程序里，串口数据读写是非阻塞式的，在用 QSerialPort::write()将数据写入发送缓冲区后，函数 write()就退出了，QSerialPort 会自动负责将缓冲区的数据发送完，然后发射信号 bytesWritten()。如果程序需要在缓冲区的数据发送完成后做一些处理，就需要设计槽函数与信号 bytesWritten()关联。我们的程序不需要响应这个信号，所以没有设计相应的槽函数。

ESP8266 的大部分指令就是一条语句，所以准备好指令字符串之后，调用一次 uartSend()函数即可。例如图 17-2 中的“设置路由器”按钮的功能是设置 ESP8266 模块连接的路由器的网络名称和密码，其槽函数代码如下：

```
void MainWindow::on_btnWF_SetAP_clicked()
{
    QString APname= ui->editAP_Name->text().trimmed();          //网络名称
    QString APpswd= ui->editAP_PWD->text().trimmed();           //密码
    QString cmd= "AT+CWJAP=\""+ APname+"\","+"\""+APpswd+"\"\r\n";
```

```
    uartSend(cmd);
}
```

要实现某些操作，需要先后发送两个指令，例如要使ESP8266模块进入数据透传模式，需要先发送指令"AT+CIPMODE=1"，间隔大约2秒后再发送"AT+CIPSEND"。界面上的"进入透传模式"按钮的槽函数代码如下：

```
void MainWindow::on_btnTrans_Enter_clicked()
{//"进入透传模式"按钮
    QString cmd= "AT+CIPMODE=1\r\n";
    uartSend(cmd);                                  //发送第一个指令
    delayMs(2000);                                  //延时 2000ms
    cmd= "AT+CIPSEND\r\n";
    uartSend(cmd);                                  //发送第二个指令
}

void MainWindow::delayMs(int ms)
{//延时数据的单位：ms
    QElapsedTimer timer;
    timer.start();
    while(timer.elapsed()<ms)
        QApplication::processEvents();
}
```

这里用到了一个自定义函数delayMs()，其功能是延时指定的时间。在此期间，程序不断地运行QApplication::processEvents()，使得应用程序能够处理事件，程序界面不至于被固定住。

示例中其他按钮的槽函数代码就不介绍了，主要涉及ESP8266的各种AT指令的发送，读者对照ESP8266的数据手册，查看程序源代码即可。

第18章

其他工具软件和技术

本章介绍Qt应用程序设计中用到的其他一些工具软件和技术，内容涉及设计多语言界面，使用样式表定制界面和组件的外观，应用程序发布和制作安装程序等。这些工具软件和技术不一定在每个项目里都用到，但是它们都是非常有用的。例如在大型的软件开发中一般要考虑设计多语言界面，完成应用开发后要考虑程序发布和制作安装程序的问题。

18.1 多语言界面

有些软件需要开发多语言界面版本，例如中文版和英文版，并且在软件里要方便地切换界面语言。Qt的元对象系统为开发多语言界面提供了很好的支持，使用Qt的一些规则和工具，我们可以很方便地开发具有多语言界面的应用程序。

18.1.1 多语言界面程序设计概述

1. 基本步骤

用Qt开发多语言界面应用程序，主要包括以下几个步骤。

（1）在设计程序时，代码中用户可见的字符串都用函数tr()封装，以便Qt提取界面字符串用于生成翻译资源文件。用Qt Designer可视化设计界面时用一种语言，例如汉语。

（2）在项目配置文件（.pro文件）中设置需要导出的翻译文件（.ts文件）名称，使用工具软件lupdate扫描项目所有文件中需要翻译的字符串，生成翻译文件。

（3）使用Qt的工具软件Linguist打开生成的翻译文件，将程序中的字符串翻译为需要的语言版本，例如将所有中文字符串翻译为英文字符串。

（4）使用工具软件lrelease编译翻译好的翻译文件，生成更为紧凑的.qm文件。

（5）在应用程序中用QTranslator加载不同的.qm文件，实现不同的语言界面。

2. 函数tr()的使用

为了让Qt能自动提取代码中用户可见的字符串，每个字符串都需要用函数tr()封装。tr()是QObject的一个静态函数，在插入了Q_OBJECT宏的类或QObject的子类中，可以直接使用tr()函数，否则需要使用静态函数QObject::tr()进行调用。如果一个类不是QObject的子类，可以在类定义的最上方位置插入宏Q_DECLARE_TR_FUNCTIONS，这样也可以在这个类中直接使用tr()函数。使用这个宏的示意代码如下：

```
class TMyClass
{
    Q_DECLARE_TR_FUNCTIONS(TMyClass)                    //为这个类提供tr()函数
```

```
public:
    TMyClass();
    ...
};
```

静态函数 QObject::tr()的原型定义如下：

```
QString QObject::tr(const char *sourceText, const char *disambiguation =
                    nullptr, int n = -1)
```

其中，sourceText 是源字符串；disambiguation 是为翻译者提供额外信息的字符串，用于对一些容易混淆的内容进行说明。例如：

```
labCellPos= new QLabel(tr("当前单元格："),this);
QMessageBox::information(this, tr("信息"), tr("信息提示"),QMessageBox::Yes);
QString  str1= tr("左右", "大约的意思");
QString  str2= tr("左右", "掌握、控制的意思");
```

使用函数 tr()时需要注意以下一些事项。

（1）尽量使用字符串常量，不要使用字符串变量。在 tr()中应直接传递字符串常量，而不是用变量传递字符串，例如下面的代码使用了字符串变量，使用工具软件 lupdate 提取项目中的字符串时，将不能提取“不能删除记录”这个字符串。

```
char *errorStr= "不能删除记录";
QString str2= tr(errorStr);
```

（2）使用字符串变量时需要用 QT_TR_NOOP 宏进行标记。若要在 tr()中使用字符串变量，需要在定义字符串的地方用 QT_TR_NOOP 宏进行标记，这在使用字符串数组时比较有用，例如：

```
const char *cities[4]={QT_TR_NOOP("北京"),
                       QT_TR_NOOP("上海"),
                       QT_TR_NOOP("青岛"),
                       QT_TR_NOOP("武汉")};
for (int i=0; i<4; i++)
    comboBox->addItem(tr(cities[i]));
```

但是 QStringList 的内容初始化时可以直接使用 tr()函数，如：

```
QStringList header;
header<<tr("姓名")<<tr("性别")<<tr("学位")<<tr("部门");
```

（3）函数 tr()中不能使用拼接的动态字符串。例如，下面的用法是错误的。

```
labCellPos->setText(tr("第"+ QString::number(current.row()) + "行"));
```

正确的用法是使用如下形式：

```
labCellPos->setText(tr("第 %1 行").arg(current.row()));
```

翻译的字符串是“第%1 行”，然后用 QString 的 arg()去替换占位符“%1”的内容。

（4）QT_NO_CAST_FROM_ASCII 的作用。在一个需要将字符串翻译为多语言字符串的应用程序中，如果编写程序时忘了对某个字符串使用 tr()函数，lupdate 生成的翻译资源文件就会遗漏这个字符串。要避免这种问题，可以在项目配置文件（.pro 文件）中添加如下的定义：

```
DEFINES += QT_NO_CAST_FROM_ASCII
```

这样在构建项目时，编译器会禁止从 const char*到 QString 的隐式转换，强制每个字符串都必须使用 tr()或 QLatin1String()封装，避免出现遗漏未翻译的字符串的情况。

18.1.2 多语言界面程序设计示例

1. 示例程序功能

下面通过一个完整示例说明多语言界面应用程序的设计过程，示例 samp18_1 运行时中文界面如图 18-1 所示。工具栏上有两个按钮可以切换中文界面和英文界面，点击 English 按钮可切换到英文界面，英文界面如图 18-2 所示。在程序运行时，点击工具栏上的两个界面切换按钮就可以在中文界面和英文界面之间切换，且当前设置的界面语言信息会被自动保存到注册表里，程序下次启动时自动使用上次设置的界面语言。

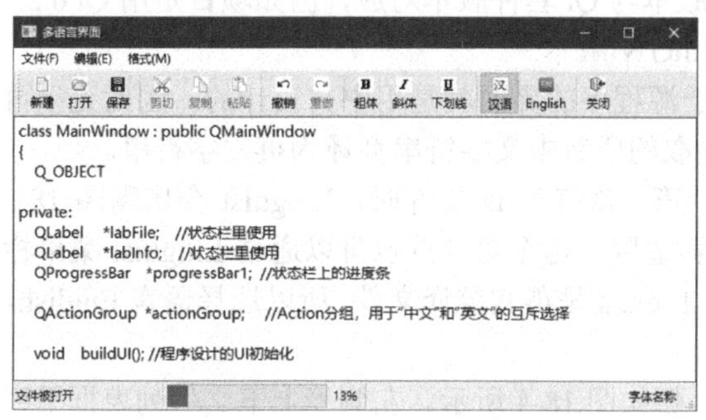

图 18-1 示例 samp18_1 运行时中文界面

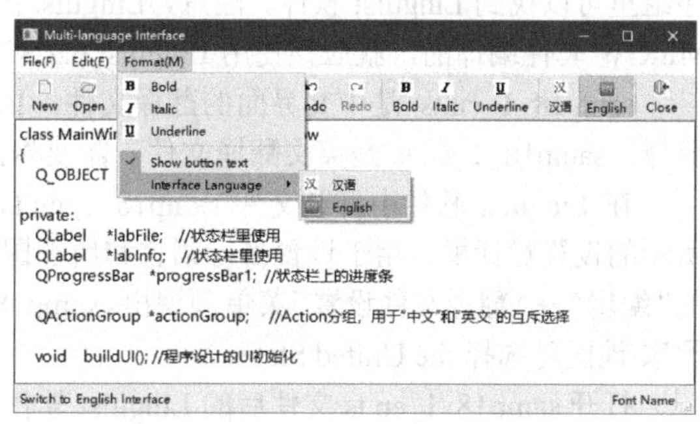

图 18-2 示例 samp18_1 运行时英文界面

2. 界面和程序中为翻译做的修改

示例 samp18_1 是从第 4 章的示例 samp4_10 复制过来的，主窗口 UI 文件里做了一处修改，就是将“关闭”按钮添加到工具栏上。程序文件 mainwindow.h 和 mainwindow.cpp 做了一些简化，不再动态创建工具栏上用于设置字体大小和字体名称的两个组件。示例 samp18_1 的程序原理见第 4 章对示例 samp4_10 的讲解，这里就不再列出文件 mainwindow.h 和 mainwindow.cpp 中的完整程序代码，只介绍与多语言界面设计相关的代码。

要生成与多语言界面相关的翻译文件，除了对程序中每个字符串都使用 tr()函数封装，还需要在项目配置文件(.pro 文件)中使用 TRANSLATIONS 定义语言翻译文件(.ts 文件)。在项目 samp18_1 的配置文件中增加如下的设置语句：

```
TRANSLATIONS  =samp18_1_cn.ts\
               samp18_1_en.ts
```

这里设置生成两个语言翻译文件 samp18_1_cn.ts 和 samp18_1_en.ts，分别是中文翻译文件和英文翻译文件。文件名称可以任意设计，只要有所区分即可。

为了让 lupdate 能提取代码中的字符串，对程序里的字符串全部使用 tr()函数封装，例如：

```
labInfo->setText(tr("字体名称"));
labFile->setText(tr("新建了一个文件"));
```

本示例源程序中的字符串比较少，修改量比较少。在实际项目中，如果一开始就考虑设计多语言界面，在设计程序时就要将所有字符串使用 tr()函数封装，并且要关注前面介绍的使用 tr()函数的注意事项。

3. 生成翻译文件

在程序设计期间，任何时候都可以使用 lupdate 工具生成或更新翻译文件。点击 Qt Creator 菜单栏的 Tools→External→Qt 语言家→Update Translations(lupdate)，若项目的源程序目录下没有

samp18_1_cn.ts 和 samp18_1_en.ts 这两个文件，lupdate 就会生成这两个文件；如果文件已经存在，就更新这两个文件的内容。

只需将.h 文件或.cpp 文件中的字符串使用 tr()函数封装，UI 文件的界面文字无须专门处理，lupdate 会自动提取 UI 文件里的字符串。

4. 使用 Linguist 翻译.ts 文件

使用 lupdate 生成的文件 samp18_1_cn.ts 和 samp18_1_en.ts 包含源程序文件和 UI 文件里的所有字符串，下一步就是使用 Linguist 软件将这些字符串翻译为需要的语言版本。在 Qt 安装后的程序组里可以找到 Linguist 软件。注意，Linguist 的版本与 Qt 套件版本对应，例如项目是用 Qt 6.2.3 MinGW 套件编译的，就应该使用 Linguist 6.2.3 MinGW 版本。

samp18_1_cn.ts 是中文界面的翻译文件，由于源程序的界面就是用中文设计的，因此无须再翻译。samp18_1_en.ts 是英文翻译文件，需要将提取的所有中文字符串翻译为英文字符串。

在 Linguist 软件中打开文件 samp18_1_en.ts。第一次打开 ts 文件时，Linguist 会出现图 18-3 所示的设置对话框，用于设置目标语言和所在国家/地区。这个对话框也可以通过 Linguist 菜单栏的“编辑”→“翻译文件设置”菜单项调出。samp18_1_en.ts 是英文翻译文件，所以选择语言 English，国家/地区可选择 the United States。

打开 samp18_1_en.ts 文件后的 Linguist 软件界面如图 18-4 所示。左侧“上下文”列表框里列出了项目中的所有窗口和类，本项目只有一个窗口。如果项目有多个窗口，会列出全部窗口。“字符串”列表框里列出了从项目的 UI 文件和源程序文件中提取的字符串，右侧“源文和窗体”会显示窗体界面的预览效果或字符串在源程序中出现的代码段。

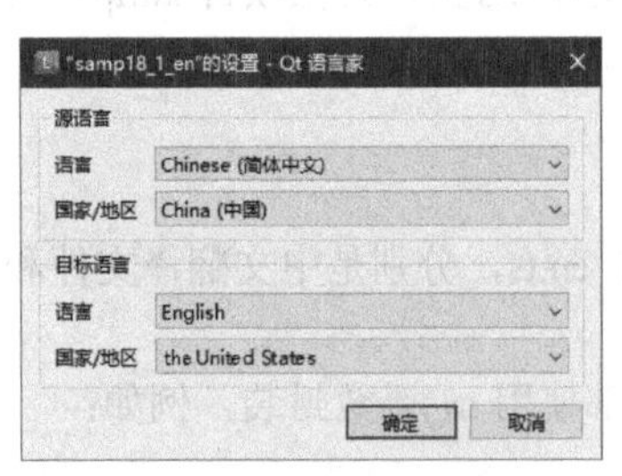

图 18-3 Linguist 软件设置语言和国家/地区的对话框

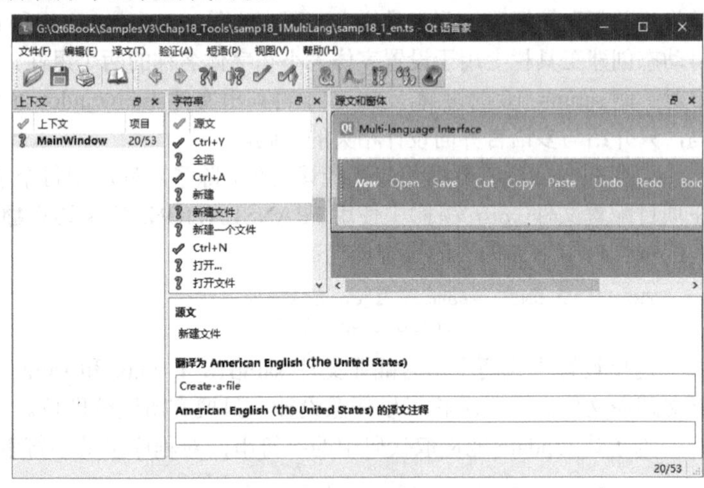

图 18-4 打开 ts 文件后的 Linguist 软件界面

在“字符串”列表框中选择一个源文后，在下方会出现译文编辑框，在此填写字符串对应的英文译文。Linguist 可以同时打开项目的多个 ts 文件，在选中一个源文后，在下方会出现对应的多种语言的译文编辑框，可以同时翻译成多个语言版本。

“字符串”列表框里的每个源文前面有图标，表示源文的状态。深绿色问号图标表示还没有翻译过的源文，黄色问号图标表示已经有译文的源文，亮绿色钩形图标表示已完成翻译的源文。一个源文被翻译后，需要点击工具栏上的按钮将其标记为已完成。点击源文前的图标可以改变其状态。

“字符串”列表框中可能会出现灰色的源文图标，这表示无效的源文。也就是之前的 ts 文件里有这个源文，但是修改窗体界面或源程序之后，这个源文没有了，变成了无效源文。Linguist 无法清理这些无效源文，对程序运行也没有影响，所以不用管这些无效源文。

提示 在进行 UI 可视化设计时，我们清除了界面上的 QPlainTextEdit 组件的内容。这是因为 QPlainTextEdit 组件的内容也会被 lupdate 提取作为源文，而这些编辑内容是不需要翻译的。

5. 生成 qm 文件

使用 Linguist 软件翻译完 ts 文件的内容后，在 Qt Creator 的菜单栏中点击 Tools→External→Qt 语言家→Release Translations(lrelease)，会在项目源程序目录下生成与 ts 文件对应的 qm 文件，这是更为紧凑的翻译文件。本项目生成的 qm 文件是 samp18_1_cn.qm 和 samp18_1_en.qm，将这两个 qm 文件复制到项目编译后的可执行文件所在的目录下，程序运行过程中设置界面语言时需要用到这两个 qm 文件。

6. 项目启动时设置界面语言

QTranslator 类用于加载 qm 文件，为程序设置界面语言版本。需要在程序中创建一个全局的 QTranslator 对象，这样对于程序中的所有窗口就可以使用一个翻译器。我们在 main()函数中创建这样一个全局的 QTranslator 对象，main.cpp 中的代码如下：

```
#include    "mainwindow.h"
#include    <QApplication>
#include    <QTranslator>
#include    <QSettings>
QTranslator  trans;    //全局变量
int main(int argc, char *argv[])
{
    QApplication app(argc, argv);
    QApplication::setOrganizationName("WWB-Qt");
    QApplication::setApplicationName("samp18_1");
    QSettings  settings;
    QString  curLang= settings.value("Language","CN").toString(); //读取注册表，EN 或 CN
    bool suss= false;
    if (curLang == "EN")
        suss= trans.load("samp18_1_en.qm");
    else
        suss= trans.load("samp18_1_cn.qm");
    if (suss)
        app.installTranslator(&trans);                              //加载翻译器
    MainWindow w;
    w.show();
    return app.exec();
}
```

程序里定义了一个 QTranslator 类型的全局变量 trans，它用于加载一个 qm 文件。本示例中有两个 qm 文件，通过读取注册表内的键值，确定加载文件 samp18_1_en.qm 或 samp18_1_cn.qm。QTranslator 的 load()函数在加载一个 qm 文件时，会抛弃原有的内容，所以一个 QTranslator 对象任何时刻都只能使用一个 qm 文件。

创建翻译器之后，还需要给应用程序安装翻译器：

```
app.installTranslator(&trans);          //加载翻译器
```

一个应用程序可以多次调用 installTranslator()函数安装多个翻译器，但是只有最后安装的翻译器是当前使用的翻译器。

这样编写代码后，程序运行时界面的语言就是所设置的语言。带有 UI 文件的窗口类的构造函数里都会运行 setupUi()函数，例如本示例中 MainWindow 类的构造函数里有如下的一行代码：

```
ui->setupUi(this);
```

而 setupUi()会调用 Ui_MainWindow 类定义的函数 retranslateUi()，跟踪这个函数的代码，会看到如下的代码（只展示了一部分代码）：

```
void retranslateUi(QMainWindow *MainWindow)
    {
    MainWindow->setWindowTitle(QCoreApplication::translate("MainWindow", "\345\244\
232\350\257\255\350\250\200\347\225\214\351\235\242", nullptr));
    actEdit_Cut->setText(QCoreApplication::translate("MainWindow", "\345\211\
                                                252\345\210\207", nullptr));
    menu_E->setTitle(QCoreApplication::translate("MainWindow", "\347\274\226\350\
                                                276\221(&E)", nullptr));
} // retranslateUi
```

函数 retranslateUi()的功能就是将 UI 文件中的所有字符串用 QCoreApplication::translate()函数进行翻译，凡是设置文字的操作都在这个函数里实现。静态函数 QCoreApplication::translate()的定义如下：

```
QString  QCoreApplication::translate(const char *context, const char *sourceText,
                                     const char *disambiguation = nullptr, int n = -1)
```

其中，context 是上下文，也就是对象名称；sourceText 是源文；disambiguation 是为了避免混淆而写的注释语句；n 用于表示复数规则。这个函数会查找 qm 文件中的源文，然后返回翻译后的文字。

例如，上面的 retranslateUi()函数中的第一条语句是：

```
MainWindow->setWindowTitle(QCoreApplication::translate("MainWindow", "\345\244\232\
350\257\255\350\250\200\347\225\214\351\235\242", nullptr));
```

第一个参数 MainWindow 表示 MainWindow 对象；第二个参数是一个字符串，是窗口的标题“多语言界面”的汉字 UTF-8 编码。

函数 QObject::tr()的功能与 QCoreApplication::translate()的一样，只是函数 tr()一般在自己写的代码里使用，更简洁一些。函数 tr()会从应用程序安装的 qm 文件里找源文的译文，然后将其作为函数的返回值。所以，在应用程序启动时就设置翻译器，可以使整个应用程序的界面语言保持一致。

7. 动态切换界面语言

在软件运行时可以动态切换界面语言，即无须重启软件也可以切换界面语言。samp18_1 的主窗口上有“汉”和“English”两个工具按钮，用于实现中文界面和英文界面的切换。下面是这两个按钮的槽函数代码：

```
extern QTranslator trans;                              //必须要声明此外部变量

void MainWindow::on_actLang_CN_triggered()
{//切换到中文界面
    if (trans.load("samp18_1_cn.qm"))
    {
        ui->retranslateUi(this);                       //重新翻译界面文字
        labInfo->setText(tr("字体名称"));              //labInfo 是动态创建的组件
        QSettings  settings;
        settings.setValue("Language","CN");
    }
}
```

```
void MainWindow::on_actLang_EN_triggered()
{//切换到英文界面
    if (trans.load("samp18_1_en.qm"))
    {
        ui->retranslateUi(this);                    //重新翻译界面文字
        labInfo->setText(tr("字体名称"));
        QSettings  settings;
        settings.setValue("Language","EN");
    }
}
```

需要在文件 mainwindow.cpp 中声明外部变量 trans，它是在文件 main.cpp 中定义的全局变量。

使用 QTranslator::load()载入一个 qm 文件时，翻译器中原有的 qm 文件会被舍弃。重新载入一个 qm 文件之后，程序运行了下面两行代码：

```
ui->retranslateUi(this);                    //重新翻译界面文字
labInfo->setText(tr("字体名称"));
```

第一行代码的作用是重新翻译界面文字。因为 retranslateUi()只在窗口的构造函数里自动运行过一次，翻译器重新加载 qm 文件并不会导致这个函数自动运行。

第二行代码的作用是再次设置 labInfo 的文字，它会被自动翻译。labInfo 是程序中动态创建的组件，且创建后就设置为文字"字体名称"，在程序中再未修改其显示文字。如果切换到英文界面，字符串只有被 tr()函数处理后才会被翻译，而如果一直不改变 labInfo 的文字，它就还是会显示之前的中文。所以，这里重新设置一下它的文字，用 tr()函数翻译。

因此，在程序运行过程中动态切换界面语言时容易产生遗漏，要注意重新翻译界面，其他动态显示的内容需要在运行了 tr()函数后才会被翻译。一般在切换语言后要求用户重启软件，就可以避免遗漏的问题。

18.2 Qt样式表

Qt 样式表（Qt Style Sheet，QSS）是用于定制 UI 显示效果的强有力的工具。使用 QSS 可以定义界面组件的样式，从而使应用程序的界面呈现特殊的显示效果，例如具有特殊的配色或特别的按钮形状。很多软件具有可选择不同界面主题的功能，使用 QSS 就可以实现这样的功能。

18.2.1 QSS的作用

QSS 的概念和术语是受到 HTML 中的串联样式表（Cascading Style Sheets，CSS）的启发而出现的，只是 QSS 是应用于窗口界面的。与 HTML 的 CSS 类似，QSS 是纯文本的样式定义，应用程序运行时可以载入和解析这些样式定义。使用 QSS 可以定义各种界面组件的样式，从而使应用程序的界面呈现不同的效果（见本节示例项目 samp18_2QSS）。

Qt Designer 中就集成了 QSS 的编辑功能。在 Qt Designer 中选中窗体或某个界面组件，点击鼠标右键，在弹出的快捷菜单中选择 Change styleSheet 菜单项就会出现样式表编辑对话框。图 18-5 展示了某个以 QWidget 为基类的窗体的样式表编辑对话框，已经对窗体和一些类设置了样式定义，例如：

```
QWidget{
    background-color: rgb(0, 85, 127);
```

```
    color: rgb(255, 255, 0);
    font: 14pt "黑体";
}
```

上述代码定义了 QWidget 类的背景色、前景色、字体大小和名称。该样式定义会应用于 QWidget 类及其子类。对 QLineEdit 类的样式定义如下：

```
QLineEdit{
    border: 2px groove gray;
    border-radius: 10px;
    padding: 2px 4px;
    color: rgb(255, 255, 0);
    border-color: rgb(0,255,0);
}
```

上述代码定义了 QLineEdit 类的显示效果，包括边框宽度、圆角边框的半径、边框颜色等。

在图 18-5 所示的对话框中，上方有几个具有下拉菜单的按钮，可以定义一些常用的样式属性，例如前景色 color、背景色 background-color、选中后颜色 selection-color、背景图片 background-image 等。

进行窗体可视化设计时，设置样式表后立刻就可以显示效果，图 18-6 是应用图 18-5 中设置的样式后窗体的显示效果。它改变了窗体的背景颜色，QLineEdit 组件定义了边框颜色、圆角大小等，具有圆角的效果。

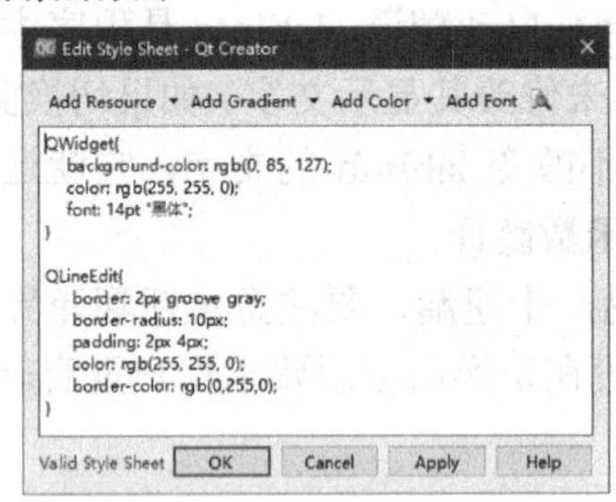

图 18-5　样式表编辑对话框

图 18-6　应用样式后的显示效果

18.2.2　QSS 的句法

1. 一般句法格式

QSS 的句法（syntax）与 HTML 的 CSS 句法几乎完全相同。QSS 包含一系列的样式规则，一条样式规则由一个选择器（selector）和一些声明（declaration）组成。例如：

```
QPlainTextEdit{
     font: 12pt "仿宋";
     color: rgb(255, 255, 0);
     background-color: rgb(0, 0, 0);
}
```

其中，QPlainTextEdit 就是选择器，表明后面花括号里的样式声明应用于 QPlainTextEdit 类及其子类。样式声明部分是样式规则列表，每条样式规则由属性和值组成，以分号结束。例如，其中的

```
font: 12pt "仿宋";
```

表示 font 属性，字体大小为 12pt，字体名称为“仿宋”。当一个属性有多个值时，用空格隔开。

2. 选择器

QSS 支持 CSS 2 中定义的所有选择器，表 18-1 展示了一些常用的选择器。

表 18-1 QSS 中常用的选择器

选择器	例子	用途
通用选择器	*	所有组件
类型选择器	QPushButton	所有 QPushButton 类及其子类的组件
属性选择器	QPushButton[flat="false"]	所有 flat 属性为 false 的 QPushButton 类及其子类的组件
非子类选择器	.QPushButton	所有 QPushButton 类的组件，但是不包括 QPushButton 的子类
ID 选择器	QPushButton#btnOK	对象名称为 btnOK 的 QPushButton 实例
从属对象选择器	QDialog QPushButton	所有从属于 QDialog 的 QPushButton 类的实例，即 QDialog 对话框里的所有 QPushButton 按钮
子对象选择器	QDialog > QPushButton	所有直接从属于 QDialog 的 QPushButton 类的实例

这些选择器的定义为选择界面组件提供了灵活性。选择器可以组合使用，一个样式声明可以应用于多个选择器，例如：

```
QPlainTextEdit,QLineEdit,QPushButton,QCheckBox{
     color: rgb(255, 255, 0);
     background-color: rgb(0, 0, 0);
}
```

这个样式将同时应用于 QPlainTextEdit、QLineEdit、QPushButton 和 QCheckBox 的实例。

下面的这个样式应用于 readOnly 属性为 true 的 QLineEdit 实例，以及应用于 checked 属性为 true 的 QCheckBox 实例，使其背景颜色为红色。

```
QLineEdit[readOnly="true"], QCheckBox[checked="true"]
{ background-color: rgb(255, 0, 0) }
```

在 Qt 中，可以使用 QObject::setProperty()为一个界面组件设置一个动态属性，例如，在数据表编辑界面上，一些字段是必填字段，就可以为这些字段的关联组件设置 required 属性为 true，如：

```
editName->setProperty("required", "true");
comboSex->setProperty("required", "true");
checkAgree->setProperty("required", "true");
```

这样设置了 3 个界面组件的动态属性 required 为 true。那么，可以应用下面的样式将这种组件的背景色设置为亮绿色。

```
*[required="true"] {background-color: lime}
```

3. 子控件

对于一些组合的界面组件，需要对其子控件（sub-control）进行选择，例如 QComboBox 的下拉按钮，或 QSpinBox 的向上、向下按钮。通过选择器的子控件可以对这些界面元素进行显示效果控制。例如：

```
QComboBox::drop-down{ image: url(:/images/images/down.bmp); }
```

选择器 QComboBox::drop-down 选择了 QComboBox 的 drop-down 子控件，定义的样式是设置其 image 属性为资源文件中的图片 down.bmp。

下面这两条样式定义语句分别定义了 QSpinBox 的向上、向下按钮的图片，用资源文件中的图片替代默认的图片。这样定义了样式的 QComboBox 和 QSpinBox 组件的显示效果，如图 18-7 所示。

图 18-7 QComboBox 和 QSpinBox 组件自定义了按钮图片

```
QSpinBox::up-button{ image: url(:/images/images/up.bmp); }
QSpinBox::down-button{ image: url(:/images/images/down.bmp); }
```

QSS 中常用的子控件如表 18-2 所示，所有子控件的详细描述可参见 Qt 的帮助文档。

表 18-2 QSS 中常用的子控件

子控件名称	说明
::branch	QTreeView 的分支指示器
::chunk	QProgressBar 的进度显示块
::close-button	QDockWidget 或 QTabBar 页面的关闭按钮
::down-arrow	QComboBox、QHeaderView（排序指示器）、QScrollBar 或 QSpinBox 的下拉箭头
::down-button	QScrollBar 或 QSpinBox 的向下按钮
::drop-down	QComboBox 的下拉按钮
::float-button	QDockWidget 的浮动按钮
::groove	QSlider 的凹槽
::indicator	QAbstractItemView、QCheckBox、QRadioButton、可勾选的 QMenu 菜单项，或可勾选的 QGroupBox 的指示器
::handle	QScrollBar、QSplitter 或 QSlider 的滑块
::icon	QAbstractItemView 或 QMenu 的图标
::item	QAbstractItemView、QMenuBar、QMenu 或 QStatusBar 的一个项
::left-arrow	QScrollBar 的向左箭头
::menu-arrow	具有下拉菜单的 QToolButton 的下拉箭头
::menu-button	QToolButton 的菜单按钮
::menu-indicator	QPushButton 的菜单指示器
::right-arrow	QMenu 或 QScrollBar 的向右箭头
::pane	QTabWidget 的面板
::scroller	QMenu 或 QTabBar 的卷轴
::section	QHeaderView 的分段
::separator	QMenu 或 QMainWindow 的分隔器
::tab	QTabBar 或 QToolBox 的分页
::tab-bar	QTabWidget 的分页条。这个子控件只用于控制 QTabBar 在 QTabWidget 中的位置，定义分页的样式使用::tab 子控件
::text	QAbstractItemView 的文字
::title	QGroupBox 或 QDockWidget 的标题
::up-arrow	QHeaderView（排序指示器）、QScrollBar 或 QSpinBox 的向上箭头
::up-button	QSpinBox 的向上按钮

4. 伪状态

选择器可以包含伪状态（pseudo-states），使得样式规则只能应用于界面组件的某个状态，这就是一种条件应用规则。伪状态出现在选择器的后面，用一个冒号（:）隔开。例如下面的样式规则：

```
QLineEdit:hover{
    background-color: black;
    color: yellow;
}
```

这表示当鼠标移动到 QLineEdit 上方（hover）时，改变 QLineEdit 的背景色和前景色。

可以对伪状态取反，方法是在伪状态前面加一个感叹号（!），如：

```
QLineEdit:!read-only{ background-color: rgb(235, 255, 251); }
```

这定义了 readOnly 属性为 false 的 QLineEdit 的背景色。

伪状态可以串联使用，相当于逻辑与运算，例如：

```
QCheckBox:hover:checked{ color: red; }
```

这表示当鼠标移动到一个被勾选了的 QCheckBox 组件上方时，其字体颜色变为红色。

伪状态可以并联使用，相当于逻辑或运算，例如：

```
QCheckBox:hover, QCheckBox:checked{ color: red; }
```

这表示当鼠标移动到 QCheckBox 组件上方，或 QCheckBox 组件被勾选时，字体颜色变为红色。

子控件也可以使用伪状态，如：

```
QCheckBox::indicator:checked{ image: url(:/images/images/checked.bmp);}
QCheckBox::indicator:unchecked{image: url(:/images/images/unchecked.bmp);}
```

这里定义了 QCheckBox 的 indicator 在 checked 和 unchecked 两种状态下的显示图片，可以得到图 18-8 所示的效果。

图 18-8 自定义图片作为 QCheckBox 的指示器

QSS 中常见的伪状态如表 18-3 所示，熟悉这些伪状态并灵活应用，可以定义自己想要的界面效果。

表 18-3 QSS 中常见的伪状态

伪状态	描述
:active	当组件处于一个活动的窗口中时，此状态为真
:adjoins-item	QTreeView::branch 与一个条目相邻时，此状态为真
:alternate	当 QAbstractItemView 的 alternatingRowColors 属性为 true，绘制交替的行时此状态为真
:bottom	组件处于底部，例如 QTabBar 的表头位于底部
:checked	组件被勾选，例如 QAbstractButton 的 checked 属性为 true
:closable	组件可以被关闭，例如当 QDockWidget 的 DockWidgetClosable 属性为 true 时
:closed	项（item）处于关闭状态，例如 QTreeView 的一个没有展开的节点
:default	项是默认的，例如一个默认的 QPushButton 按钮，或 QMenu 中一个默认的 Action
:disabled	项被禁用
:editable	QComboBox 是可编辑的
:edit-focus	项有编辑焦点
:enabled	项被使能
:exclusive	项是一个排他性组的一部分，例如一个排他性 QActionGroup 的一个菜单项
:first	第一个项，例如 QTabBar 中的第一页
:flat	项是 flat 的，例如当 QPushButton 的 flat 属性设置为 true 时
:focus	项具有输入焦点
:has-children	项有子项，例如 QTreeView 的一个节点具有子节点
:horizontal	项处于水平方向
:hover	鼠标移动到项上方时
:last	最后一个项，例如 QTabBar 中的最后一页
:left	项位于左侧，例如 QTabBar 的页头位于左侧
:maximized	项处于最大化状态，例如最大化的 QMdiSubWindow 窗口
:minimized	项处于最小化状态，例如最小化的 QMdiSubWindow 窗口
:movable	项是可移动的
:off	对于可以切换状态的项，其处于“off”状态
:on	对于可以切换状态的项，其处于“on”状态
:open	项处于打开状态，例如 QTreeView 的一个展开的节点
:pressed	在项上按下了鼠标
:read-only	项是只读或不可编辑的
:right	项位于右侧，例如 QTabBar 的页头位于右侧
:selected	项被选中，例如 QTabBar 中一个被选中的页，或 QMenu 中一个被选中的菜单项
:top	项位于顶端，例如 QTabBar 的页头位于顶端
:unchecked	项处于被选中状态
:vertical	项处于垂直方向

5. 属性

QSS 对每一个选择器可定义多条样式规则，每条规则是一个“属性:值”对，QSS 中可定义的属性很多，可以在Qt的帮助文档中通过查找“Qt Style Sheets Reference”来查看所有属性的详细说明。

在图18-5所示的样式表编辑对话框中，通过上方的几个按钮的下拉菜单可以设计常用的一些属性，例如Add Resource按钮下拉菜单中的3个菜单项可以设置从项目的资源文件中选择图片作为background-image、border-image或image属性的值；Add Color按钮的下拉菜单用于设置组件的各种颜色，包括前景色、背景色、边框颜色等，颜色的值可以用rgb()或rgba()函数表示，或用Qt能识别的颜色常量表示。

使用样式表可以定义组件复杂的显示效果。每个界面组件都可以用图18-9所示的盒子模型（box model）来表示，模型由4个同心矩形表示。

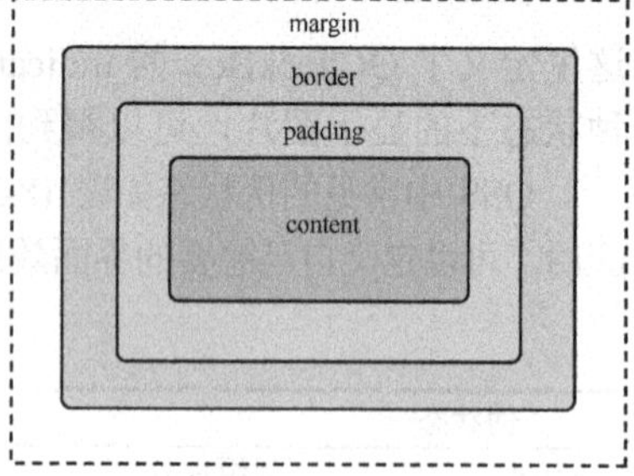

图18-9 盒子模型

（1）content是显示内容的矩形区域，例如QLineEdit用于显示文字的区域，min-width、max-width、min-height、max-height属性定义这个矩形区域的最小/最大宽度或高度，例如：

```
QLineEdit{
    min-width:50px;
    max-height:40px;
}
```

这表示定义QLineEdit最小宽度为50px，最大高度为40px，其中px是单位，表示像素。

（2）padding是包围content的矩形区域，通过padding属性可以定义padding的宽度，也可以用padding-top、padding-bottom、padding-left、padding-right分别定义padding的上、下、左、右宽度，例如：

```
QLineEdit{ padding: 0px 10px 0px 10px;}
```

这表示设定padding的上、右、下、左宽度，它等效于：

```
QLineEdit{
    padding-top:0px;
    padding-right:10px;
    padding-bottom: 0px;
    padding-left:10px;
}
```

（3）border是包围padding的边框，通过border属性（或border-width、border-style、border-color）可以定义边框的线宽、线型和颜色，也可以分别定义border的上、下、左、右的线宽和颜色。使用border-radius可以定义边框转角的圆弧半径，从而构造具有圆角效果的编辑框或按钮等组件，例如：

```
QLineEdit{
    border-width: 2px;
    border-style: solid;
    border-color: gray;
    border-radius: 10px;
    padding: 0px 10px;
}
```

这使得QLineEdit具有灰色边框线条、圆角效果。

通过border-radius、min-width、min-height等属性可以设计圆形的按钮，如：

```
QPushButton {
    border: 2px groove red;
    border-radius: 30px;
```

```
    min-width:60px;
    min-height:60px;
}
```

这使得边框转角的圆弧半径等于 content 宽度或长度的一半，若宽度和长度相等，就可以得到一个圆形的按钮。

使用 border-image 属性可以为组件设置背景图片，图片会填充 border 边框之内的区域，一般使用材质图片设置背景，以使界面具有统一的特色，例如：

```
QLineEdit, QPushButton{border-image: url(:/images/images/border.jpg);}
```

（4）margin 是 border 外与父组件之间的空白边距，可以分别定义上、下、左、右的边距大小。margin、border-width 和 padding 属性默认值为 0，此时 4 个同心矩形就是一个重合的矩形。

使用 QSS 可以为界面组件设计各种美观的显示效果，要实现美观而特殊的界面不仅需要编程能力，还需要美术设计能力。

18.2.3 样式表的使用

1．*在程序中使用样式表*

有多种方法可以使用样式表。第一种是在使用 Qt Designer 设计界面时，直接用样式表编辑器为窗口或窗口上的组件设计样式表，这样设计的样式表会保存在窗口的 UI 文件里，创建窗口时会被自动应用。这样设计的样式表对于应用程序是固定的，而且为每个窗口都设计样式表，重复性工作量大。

第二种是使用函数 setStyleSheet()设置样式表。使用 QApplication::setStyleSheet()函数可以为应用程序设置全局的样式表，使用 QWidget::setStyleSheet()可以为一个窗口或一个界面组件设置样式。例如：

```
qApp->setStyleSheet("QLineEdit { background-color: gray }");
```

这里使用应用程序全局变量 qApp 为 QLineEdit 组件设置样式，如果应用程序内的 QLineEdit 组件没有再被设置样式，则 QLineEdit 组件的背景色为灰色。

以下代码是为主窗口 MainWindow 内的 QLineEdit 组件设置样式，使背景色为亮绿色。

```
MainWindow->setStyleSheet("QLineEdit { background-color: lime }");
```

下述代码是设置一个对象名称为 editName 的 QLineEdit 组件的样式，注意这时在样式表中无须设置 selector 名称，所设置的样式是应用于 editName 这个组件的。

```
editName->setStyleSheet("color: blue;"
                        "background-color: yellow;"
                        "selection-color: yellow;"
                        "selection-background-color: blue;");
```

这样将样式表固定在程序中，很显然无法实现界面主题效果的切换。为了实现界面主题效果的切换，一般将样式表保存为后缀为“.qss”的纯文本文件，然后在程序中打开文件，读取文本内容，再调用函数 setStyleSheet()应用样式。示例代码如下：

```
QFile file(":/qss/mystyle.qss" );
file.open(QFile::ReadOnly);
QString styleSheet= QString::fromLatin1(file.readAll());
qApp->setStyleSheet(styleSheet);
```

2. 样式定义的明确性

当多条样式规则对一个属性定义了不同值时，就会出现冲突，例如：

```
QPushButton#btnSave { color: gray }
QPushButton { color: red }
```

这两条规则都可以应用于对象名称为 btnSave 的 QPushButton 组件，都定义了其前景色，这就会出现冲突。这时，选择器的明确性（specificity）决定组件适用的样式规则，即规则应用于更明确的组件。在上面的例子中，QPushButton#btnSave 被认为是比 QPushButton 更明确的选择器，因为它指向一个具体对象，而不是 QPushButton 的所有实例。因此，如果在一个窗口上应用上面的两条规则，则 btnSave 按钮的前景色值为 gray，而其他 QPushButton 按钮的前景色值为 red。

同样，具有伪状态的选择器被认为比没有伪状态的选择器更明确，如：

```
QPushButton:hover { color: white }
QPushButton { color: red }
```

这样，当鼠标在按钮上停留时颜色值为 white，否则颜色值为 red。

如果两个选择器具有相同的明确性，则以规则出现的先后顺序为依据，后出现的规则起作用，例如：

```
QPushButton:hover { color: white }
QPushButton:enabled { color: red }
```

这两个选择器具有相同的明确性，所以，当鼠标停留在一个使能的按钮上时，只有第二条规则起作用。这种情况下，如果不希望出现冲突，应该修改规则使其更明确，如下面这两条规则是不冲突的。

```
QPushButton:hover:enabled { color: white }
QPushButton:enabled { color: red }
```

具有父子关系的两个类作为选择器时，具有相同的明确性，例如：

```
QPushButton { color: red }
QAbstractButton { color: gray }
```

这两个选择器的明确性相同，所以只依赖于语句的先后顺序。

对于确定规则的明确性，QSS 遵循 CSS 2 的规定，在设计样式表时应尽量明确并避免冲突。

3. 样式定义的级联性

样式定义可以在 qApp、窗口或具体组件中进行，任何一个组件的样式是其父组件、父窗口和 qApp 的样式的融合。当出现冲突时，组件会使用离自己最近的样式定义，即按顺序使用组件自己的样式定义，或父组件的样式定义，或父窗口的样式定义，或 qApp 的样式定义，而不考虑样式选择器的明确性。

例如，在应用程序中设置全局样式：

```
qApp->setStyleSheet("QPushButton { color: red }");
```

那么应用程序中所有未再定义样式的 QPushButton 按钮的前景色值均为 red。

如果在 MainWindow 中再定义样式：

```
MainWindow->setStyleSheet("QPushButton { color: blue }");
```

则 MainWindow 上的 QPushButton 按钮的前景色值为 blue，而不是 red。

如果 MainWindow 上有一个名称为 btnSave 的 QPushButton 按钮，其样式定义如下：

```
btnSave->setStyleSheet("color: yelloe; background-color: black;");
```

则按钮 btnSave 按照自己的样式显示前景色和背景色。

QSS 功能强大，读者可以用它设计自己想要的界面效果，构成有特色的界面主题，但是这需要有较好的美术设计基础，需要在使用样式表的过程中不断尝试和总结经验。网络上也有一些别人设计好的界面主题文件，实际上就是 QSS 文件，可以下载来参考或使用。

18.3 Qt 应用程序的发布和安装

一个 Qt 项目被以 Release 模式构建后会生成可执行文件，如果我们在 Windows 的资源管理器里直接双击这个可执行文件，系统会提示找不到一些 DLL 文件，程序无法运行。这是因为用 Qt 开发的应用程序在运行时需要用到 Qt 运行库（run-time libraries），而这些库的路径并没有被添加到系统的搜索路径里。解决方式之一是将 Qt 运行库的路径添加到系统的 PATH 环境变量里，例如 Qt 6.2.3 MinGW 64-bit 的运行库的路径是：

```
D:\Qt\6.2.3\mingw_64\bin
```

但是如果系统里安装了 Qt 的多个开发套件，不建议使用这种方式。另一种方式是将可执行文件复制到 Qt 开发套件运行库所在目录里，这样双击可执行文件就可以直接运行程序，这种方式一般用于开发时测试程序。

如果要将使用 Qt 开发的应用程序发布给用户，在其他计算机上运行，就需要将 Qt 的运行库随应用程序一起发布给用户，因为用户计算机上不一定安装了 Qt。而且 Qt 的运行库与开发套件版本有关，用 Qt 6.2.3 MinGW 套件构建的应用程序不能使用 Qt 6.2.3 MSVC 2019 套件的运行库。所以发布应用程序的第一步就是提取应用程序需要的 Qt 运行库文件，Qt 提供了相关的工具软件来完成这个工作。

提取了 Qt 运行库文件后，将应用程序和运行库直接复制到用户计算机上就可以运行。如果要稍微正式一点，可以制作一个安装文件，有很多制作安装文件的工具软件。如果在安装 Qt 时选择了安装 Qt Installer Framework（见图 1-6），我们也可以使用 Qt 自带的这个工具软件制作应用程序的安装文件。

18.3.1 Windows 平台上的 Qt 应用程序发布

Qt 应用程序的发布就是提取应用程序相应开发套件的 Qt 运行库文件，使应用程序能直接在用户计算机上运行。下面以 Windows 平台为例介绍 Qt 应用程序的发布。

windeployqt.exe 是 Qt 自带的 Windows 平台发布工具，它可以为 Qt 应用程序复制其运行所需要的各种库文件、插件和翻译文件，生成可发布的文件和目录。windeployqt.exe 在 Qt 开发套件的 bin 目录下。Qt 的每一个开发套件有独立的目录，例如笔者使用的计算机上安装有 3 个开发套件，Qt 安装在 D:\Qt 目录下，3 个版本的 bin 目录如下。

```
D:\Qt\5.15.2\mingw81_64\bin
D:\Qt\6.2.3\mingw_64\bin
D:\Qt\6.2.3\msvc2019_64\bin
```

注意，应用程序由哪个开发套件构建、生成的，就应该用哪个版本的 windeployqt.exe 生成发布文件。

在 Windows 的命令提示符窗口中使用 windeployqt.exe 程序，其句法如下：

```
windeployqt [options] [files]
```

其中，options 是一些选项，files 是需要生成发布文件的应用程序文件名。options 常用的一些选项如表 18-4 所示，全部的选项可参见 Qt 帮助文档。

表 18-4 windeployqt 常用选项

选项	意义
--release	发布 Release 版本的二进制文件
--no-quick-import	忽略 Qt Quick 的相关库
--translations <languages>	需要发布的语言列表，用逗号分隔，如(en,fr)
--no-translations	忽略翻译相关的文件
--no-virtualkeyboard	忽略虚拟键盘相关的文件
--no-compiler-runtime	忽略编译器的运行时文件
--no-opengl-sw	忽略 OpenGL 软件渲染
--no-system-d3d-compiler	忽略 D3D 编译器

在本章示例目录下新建一个文件夹 samp18_3Deploy，将示例项目 samp16_1 以 Release 模式构建后生成的可执行文件 samp16_1.exe 复制到文件夹 samp18_3Deploy 里，并且更名为 MusicPlayer.exe，此时双击文件 MusicPlayer.exe，程序是无法运行的。在 Windows 资源管理器的地址栏里输入 cmd 并按 Enter 键，进入命令提示符窗口。确保 MusicPlayer.exe 所在的文件夹是当前文件夹，然后输入如下的命令：

```
D:\Qt\6.2.3\mingw_64\bin\windeployqt --release --no-quick-import --no-translations
--no-virtualkeyboard --no-compiler-runtime MusicPlayer.exe
```

我们没有将 windeployqt.exe 所在的路径添加到系统的 PATH 环境变量里，所以使用了其绝对路径。MusicPlayer.exe 是用 Qt 6.2.3 MinGW 64 位套件构建的，要使用对应版本的 windeployqt.exe。命令中间是一些选项，例如本程序不需要使用 Qt Quick，就加入--no-quick-import 选项；没有使用多语言界面，不需要使用翻译文件，所以加入--no-translations 选项。最后的 MusicPlayer.exe 是应用程序文件名称。

执行这条命令后，很多文件和目录会被复制到 samp18_3Deploy 文件夹里，双击 MusicPlayer.exe 仍然提示有 3 个 DLL 文件找不到。将 D:\Qt\6.2.3\mingw_64\bin\目录下的 libgcc_s_seh-1.dll、libstdc++-6.dll 和 libwinpthread-1.dll 这 3 个文件复制到 samp18_3Deploy 文件夹里，双击 MusicPlayer.exe 就可以运行程序了。

文件夹 samp18_3Deploy 里的文件和文件夹如图 18-10 所示。文件夹"示例音乐"是手动创建的，复制了几个 MP3 文件到此文件夹下，用于后面演示安装程序的制作。这些发布文件里有一些冗余文件，例如删除 D3Dcompiler_47.dll 和 opengl32sw.dll 这两个文件，MusicPlayer.exe 仍然可以运行，因为在执行 windeployqt 指令时，还有一些其他选项我们没有加入。

将整个 samp18_3Deploy 文件夹复制到其他没有安装 Qt 的计算机上也可以运行，如果不要求制作安装程序，这样就算完成了应用程序的发布。

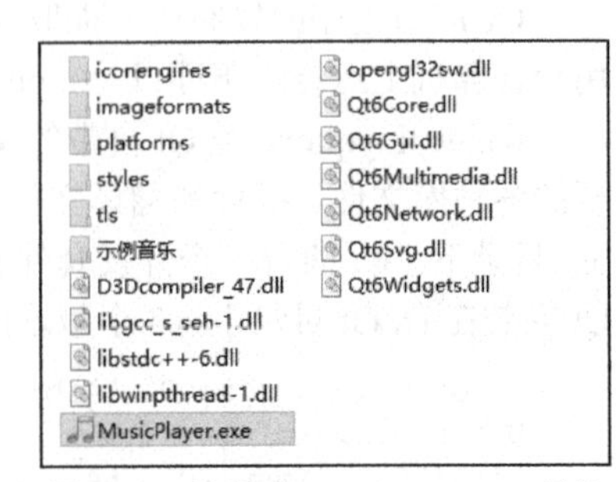

图 18-10 文件夹 samp18_3Deploy 里的文件和文件夹

18.3.2 制作安装文件

1. Qt Installer Framework 功能简介

Qt Installer Framework（以下简称 QIF）是 Qt 提供的一个制作安装文件的工具，在安装 Qt 时可以选择安装 QIF（见图 1-6）。QIF 提供了一些工具软件，这些工具软件存储在如下的目录里。

```
D:\Qt\Tools\QtInstallerFramework\4.2\bin
```

这些工具软件与 Qt 开发套件版本无关，所以，可以把这个路径添加到系统的 PATH 环境变量里，以方便使用存储在该目录中的工具软件。

QIF 可以为任何需要发布的内容制作安装文件，而不仅是为 Qt 开发的应用软件制作安装文件。QIF 具有和 Qt 一样的跨平台功能，使用 QIF 设计好一个安装项目后，可以在不同平台上编译生成安装文件。

QIF 具有如下功能和特点。

- 使用 QIF 可以制作离线安装文件，也可以制作在线安装文件。
- 安装的内容可以划分为多个模块和层级，并且可以设置依赖性，安装过程中可以选择安装模块。
- 安装向导的定制性很强，可以使用自定义 UI 文件，可以通过脚本程序添加交互操作功能。
- 可以用多语言开发工具 lupdate 和 lrelease 生成翻译文件，使安装向导具有本地化语言界面。
- 用 QIF 生成的安装文件在安装时，会自动安装一个工具软件 maintenancetool.exe，运行它可以添加、移除、更新或完全卸载软件。

QIF 的功能非常强大，使用 QIF 可以制作类似于 Qt 6 那样的安装程序。本节就通过一个示例，演示如何为一个 Qt 应用软件制作离线安装文件。

2. 示例功能和准备内容

我们已经为 MusicPlayer.exe 生成了发布文件，下一步就用 QIF 为图 18-10 中的文件生成一个离线安装文件。安装程序运行时界面如图 18-11 所示。这是一个典型的安装向导，在此向导中可以设置安装文件夹、选择组件，安装完成后会在开始菜单中创建文件夹，还会在桌面为 MusicPlayer.exe 创建快捷方式。

图 18-11 Music Player 的安装程序运行时界面

为了使用 QIF 制作安装项目，我们先在本章示例目录下创建一个文件夹 samp18_4Installer。在这个目录下创建一个 qmake 文件，文件名可以自由设置，例如 MusicInstaller.pro。然后在此目录下创建文件夹 config 和 packages，这两个文件夹的名称是固定的，不能修改。

config 文件夹里一般只有一个文件 config.xml，包含整个安装程序的一些配置内容。packages 文件夹里是需要安装的组件，组件就是可选的安装内容，每个组件是一个文件夹。例如，本示例中有 3 个组件，对应“MusicPlayer”“示例音乐”和“源代码”3 个文件夹，这 3 个文件夹下面各有两个固定名称的文件夹：data 和 meta（见图 18-12）。

本示例的安装项目有 3 个组件，安装过程中选择组件的界面如图 18-13 所示。其中，Music Player 组件是必须安装的，“示例音乐”组件和“源代码”组件是可选安装的，所以它们前面有复选框。

图 18-12 文件夹 samp18_4Installer 下的文件和文件夹

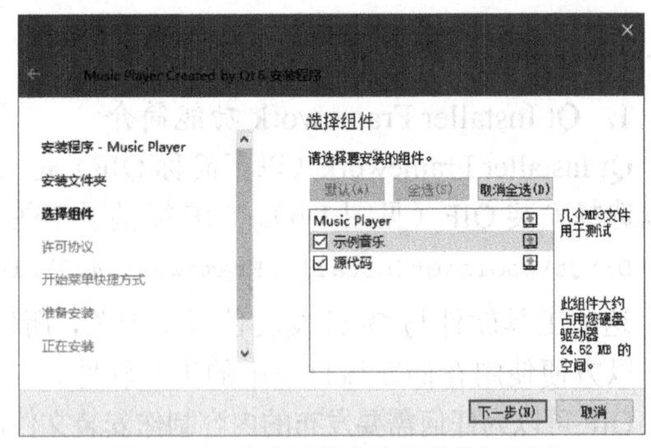

图 18-13 安装过程中选择组件的界面

3. 项目文件 MusicInstaller.pro

在目录 samp18_4Installer 下有一个 qmake 项目配置文件 MusicInstaller.pro，在 Qt Creator 中使用 New File or Project 对话框无法生成这种项目配置文件，需要手动编写或基于同类文件修改。文件 MusicInstaller.pro 的内容如下：

```
TEMPLATE = aux      #项目模板类型
INSTALLER = MusicPlayer_installer     #生成的安装文件名称，MusicPlayer_installer.exe

INPUT = $$PWD/config/config.xml $$PWD/packages
demo.input = INPUT
demo.output = $$INSTALLER
demo.commands =binarycreator -c $$PWD/config/config.xml -p $$PWD/
              packages ${QMAKE_FILE_OUT}
demo.CONFIG += target_predeps no_link combine
QMAKE_EXTRA_COMPILERS += demo
```

TEMPLATE 声明项目模板类型是 aux，而不是一般的应用程序（app）或库（lib）。

INSTALLER 定义生成的安装文件名称，在 Windows 平台上生成的文件就是 MusicPlayer_installer.exe。

最后一行定义了一个 qmake 额外的编译器 demo。demo.input 定义了编译器的输入，就是项目中的文件\config\config.xml，以及\packages 目录下的内容；demo.output 定义了编译输出的文件，就是 MusicPlayer_installer.exe；demo.commands 定义了编译输出的指令，其中 binarycreator 就是 QIF 中的一个工具软件，文件绝对路径是：

```
D:\Qt\Tools\QtInstallerFramework\4.2\bin\binarycreator.exe
```

因为 QIF 的工具软件所在的路径被添加到了系统 PATH 环境变量里，所以这里无须写出 binarycreator 的完整路径。

在 Qt Creator 中可以打开文件 MusicInstaller.pro，初次打开时会要求选择开发套件，但开发套件对编译安装文件其实并无影响。但是要注意勾选 Shadow build 复选框，使编译后的文件在与 samp18_4Installer 同级的单独文件夹里，以免和文件夹 samp18_4Installer 里的内容混淆。

4. 安装配置文件 config.xml

在\config 目录下有一个固定的文件 config.xml，这是安装项目的配置文件，其内容如下：

```
<?xml version="1.0" encoding="UTF-8"?>
<Installer>
```

```
    <Name>Music Player</Name>
    <Version>1.0.0</Version>
    <Title>Music Player Created by Qt 6</Title>
    <Publisher>WWB</Publisher>
    <StartMenuDir>Qt6 Samples</StartMenuDir>
    <TargetDir>@HomeDir@/Qt6Samples </TargetDir>
    <CreateLocalRepository>true</CreateLocalRepository>
    <WizardStyle>Aero</WizardStyle>
    <WizardShowPageList>true</WizardShowPageList>
    <WizardDefaultWidth> 650 </WizardDefaultWidth>
    <WizardDefaultHeight> 430 </WizardDefaultHeight>
</Installer>
```

这是一个 XML 文件，定义了各种元素的值。<Name>定义了应用程序的名称，<Title>定义了安装向导的标题，这两个元素在图 18-11 所示的界面上可以看到。<StartMenuDir>定义了在开始菜单中创建的文件夹名称。<TargetDir>定义了初始的安装文件夹，其中“@HomeDir@”表示使用 QIF 中的预定义变量 HomeDir，也就是用户主目录。QIF 中有一些预定义变量，在配置代码或脚本程序里可以用到，常用的一些预定义变量如表 18-5 所示。<CreateLocalRepository>设置是否要建立本地仓库，若设置为 true，则完成安装后，用户可以运行维护工具来添加或删除组件。<WizardStyle>设置安装向导的样式，有 Modern、Mac、Aero 和 Classic 几种样式，默认是 Aero 样式。<WizardShowPageList>设置是否显示窗口左侧的向导页面列表，默认是显示的。<WizardDefaultWidth>设置向导窗口默认宽度，<WizardDefaultHeight>设置向导窗口默认高度。

表 18-5 QIF 中常用的预定义变量

预定义变量名	意义
ProductName	产品名称，就是文件 config.xml 中定义的<Name>
Title	安装程序名称，就是文件 config.xml 中定义的<Title>
Publisher	安装文件的发布者，就是文件 config.xml 中定义的<Publisher>
StartMenuDir	开始菜单中的文件夹名称，只在 Windows 系统中有效
TargetDir	用户最终设置的安装目标目录
DesktopDir	用户桌面的目录名称，只在 Windows 系统中有效
HomeDir	当前用户的主目录
ApplicationsDir	系统的应用程序目录，例如 Windows 系统中是 C:\Program Files，Linux 系统中是/opt

在文件 config.xml 中还可以定义其他一些元素，对安装向导进行更多的设置，如<Background>可以定义界面的背景图片，<PageListPixmap>可以设置窗口左侧页面列表的背景图片，<TitleColor>可以设置标题文字颜色。文件 config.xml 中可设置的元素的全部定义可参见 QIF 的帮助文档。

5. 配置组件

目录\packages 下是需要安装的组件，每个组件是一个文件夹，本示例中有 3 个组件，如图 18-12 和图 18-13 所示。每个组件下有 data 和 meta 两个固定名称的文件夹，data 文件夹里是需要安装到用户计算机上的文件，meta 文件夹里是对组件进行配置的文件。

（1）MusicPlayer 组件。将图 18-10 中除“示例音乐”文件夹之外的所有文件和文件夹压缩为一个文件 player.7z，然后将其复制到\packages\MusicPlayer\data 目录下。注意，必须压缩为 7z 格式，不能使用 zip、rar 等其他格式。安装时，文件 player.7z 的内容会被自动解压到安装目录里。

\packages\MusicPlayer\meta 目录下的文件如图 18-14 所示。一个组件的 meta 目录下必须有一个文件 package.xml，这是组件的配置文件。另外两个文件是根据需要创建的，文件 license.txt 里是安装过程中显示的许可协议内容，文件 installscript.qs 是一个 Qt 脚本文件，用于为安装后的文件 MusicPlayer.exe 创建开始菜单快捷方式和桌面快捷方式。

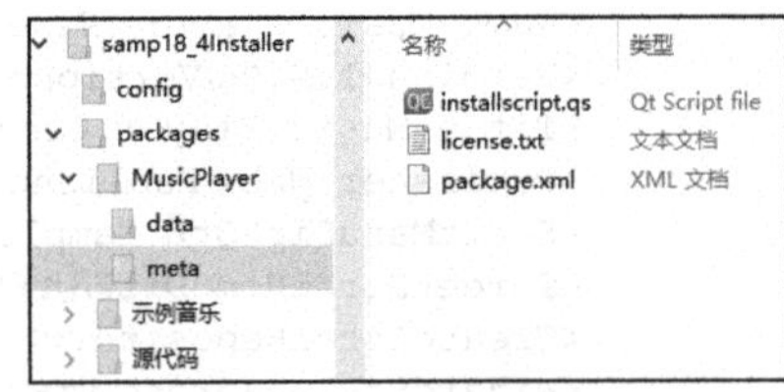

图 18-14 \MusicPlayer\meta 目录下的文件

文件 package.xml 的内容如下：

```
<?xml version="1.0"?>
<Package>
    <DisplayName>Music Player</DisplayName>
    <Description>Music Player 应用程序</Description>
    <Version>1.0.0</Version>
    <ReleaseDate>2022-02-16</ReleaseDate>
    <Licenses>
        <License name="GNU Public License Agreement" file="license.txt" />
    </Licenses>
    <ForcedInstallation>true</ForcedInstallation>
    <Script>installscript.qs</Script>
</Package>
```

整个文件定义了一个<Package>元素，其中<DisplayName>定义图 18-13 所示的组件列表框里组件的名称，点击一个组件后，在图 18-13 所示界面的右侧会显示<Description>定义的组件描述。<Licenses>定义了许可协议，文件 license.txt 中的内容就是许可协议。<ForcedInstallation>定义是否强制安装该组件，强制安装的组件前面不会出现复选框，如图 18-13 所示。<Script>定义组件要使用脚本文件 installscript.qs，通过脚本文件可以实现更多的功能。

脚本文件 installscript.qs 的内容如下：

```
function Component()
{
    // default constructor
}

Component.prototype.createOperations = function()
{
    component.createOperations();
    if (systemInfo.productType === "windows") {
        component.addOperation("CreateShortcut", "@TargetDir@\\MusicPlayer.exe",
       "@StartMenuDir@\\Music Player.lnk", "workingDirectory=@TargetDir@");

        component.addOperation("CreateShortcut", "@TargetDir@\\MusicPlayer.exe",
        "@DesktopDir@\\Music Player.lnk",  "workingDirectory=@TargetDir@");
    }
}
```

这个脚本程序为安装后的文件 MusicPlayer.exe 创建了开始菜单快捷方式和桌面快捷方式。在创建桌面快捷方式的代码中，第一个参数表示操作名称，“CreateShortcut”就表示创建快捷方式；第二个参数表示源文件，也就是表示安装之后的文件 MusicPlayer.exe；第三个参数表示快捷方式的名称，QIF 的预定义变量 DesktopDir 表示用户桌面目录；第四个参数表示程序工作路径。

组件的脚本程序中可以进行很多操作，如注册文件类型、自定义界面进行交互等。更多的功能可参见 QIF 的示例和帮助文档。

（2）“示例音乐”组件。将图 18-10 中的“示例音乐”文件夹压缩为文件 songs.7z，然后将其复制到\packages\示例音乐\data 目录下，在\packages\示例音乐\meta 目录下创建一个文件 package.xml，其内容如下：

```
<?xml version="1.0"?>
<Package>
    <DisplayName>示例音乐</DisplayName>
    <Description>几个 MP3 文件用于测试</Description>
    <Version>1.0.0</Version>
    <ReleaseDate>2022-02-16</ReleaseDate>
    <Default>true</Default>
</Package>
```

其中，<Default>定义这个组件是默认安装的，也就是图 18-13 中组件前面的复选框是默认勾选的。

（3）“源代码”组件。将示例项目 samp16_1 的源代码压缩为文件 SourceCode.7z，然后将其复制到\packages\源代码\data 目录下，在\packages\源代码\meta 目录下创建一个文件 package.xml，其内容如下：

```
<?xml version="1.0"?>
<Package>
    <DisplayName>源代码</DisplayName>
    <Description>Music Player 的 Qt 项目源代码</Description>
    <Version>1.0.0</Version>
    <ReleaseDate>2022-02-16</ReleaseDate>
    <Default>true</Default>
</Package>
```

6. 编译生成安装文件

准备好这些文件后，在 Qt Creator 中打开文件 MusicInstaller.pro，然后构建项目。项目构建成功后会生成文件 MusicPlayer_installer.exe，这就是制作好的安装文件。运行这个文件就可以开始安装，起始界面如图 18-11 所示，选择安装组件的界面如图 18-13 所示，按照向导提示完成安装即可。

安装完成后会在开始菜单中创建文件夹 Qt6 Samples，为文件 MusicPlayer.exe 创建开始菜单快捷方式和桌面快捷方式。安装后目标目录里的文件和文件夹如图 18-15 所示。根目录下有一个文件 maintenancetool.exe，这是 QIF 自动安装的一个文件，运行这个文件就可以打开安装向导，可以添加或删除组件，或完全卸载软件。

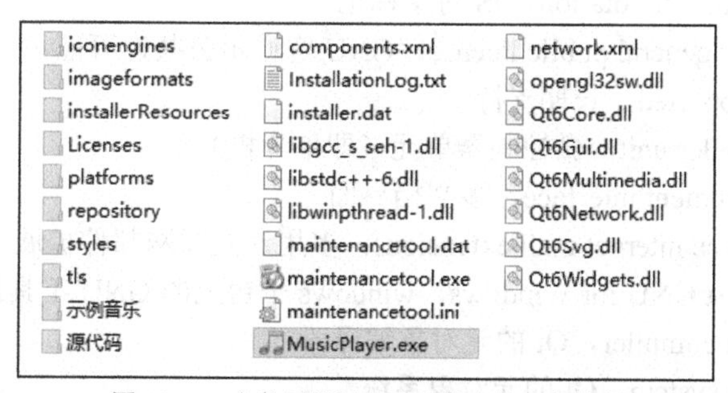

图 18-15　安装后目标目录里的文件和文件夹

附录

缩略词

ADC，analog to digital converter，模-数转换器
API，application programming interface，应用程序编程接口
BOM，byte order mark，字节序标记
CAN，controller area network，控制器局域网络
CDB，console debuger，控制台调试器
CSS，cascading style sheets，串联样式表
DAC，digital to analog converter，数-模转换器
DMA，direct memory access，直接存储器访问
DNS，domain name system，域名系统
DOM，document object model，文档对象模型
FTP，file transfer protocol，文件传输协议
GNU，GNU's not Unix，GNU 不是 Unix（GNU 是开源软件计划的名称）
GUI，graphical user interface，图形用户界面
GPL，GNU general public licensee，GNU 通用公共许可证
HTTP，hyper text transfer protocol，超文本传输协议
IDE，integrated development environment，集成开发环境
ITC，inter-thread communication，线程间通信
JPEG，joint photographic experts group，联合图像专家组
JSON，JavaScript object notation，JS 对象标记
LGPL，GNU lesser general public license，GNU 宽通用公共许可证
LTS，long term supported，长期支持
MCU，microcontroller unit，微控制器单元（即单片机）
MDI，multiple document interface，多文档界面
MIME，multipurpose internet mail extensions，多用途互联网邮件扩展
MinGW，minimalist GNU for Windows，windows 平台上的 GNU 工具最小集合
MOC，meta-object compiler，Qt 的元对象编译器
MOS，meta-object system，Qt 的元对象系统
MSVC，Microsoft Visual C++
NFC，near field communication，近场通信
NNTP，network news transfer protocol，网络新闻传输协议

ODBC，open database connectivity，开放式数据库互连
OSI，open system interconnect，开放式系统互联
P2P，peer-to-peer，点对点
PNG，portable network graphics，便携式网络图形
POP3，post office protocol - version 3，邮局协议版本 3
POSIX，portable operating system interface，可移植操作系统接口
QSS，Qt style sheet，Qt 样式表
RCC，resource compiler，资源编译器
RHI，rendering hardware interface，渲染硬件接口
RTTI，run-time type information，运行时类型信息
SMTP，simple mail transfer protocol，简单邮件传输协议
SNMP，simple network management protocol，简单网络管理协议
SQL，structured query language，结构化查询语言
SSL，secure sockets layer，安全套接字层（一种网络通信的安全协议）
STL，standard template library，标准模板库
SVG，scalable vector graphics，可缩放矢量图形
TCP，transmission control protocol，传输控制协议
TP，technology preview，技术预览
UART，universal asynchronous receiver/transmitter，通用异步接收/发送设备
UDP，user datagram protocol，用户数据报协议
UIC，user interface compiler，Qt 的用户界面编译器
UI，user interface，用户界面
URL，uniform resource locator，统一资源定位符
UTC，universal time coordinated，世界标准时间
VTK，the visualization toolkit，一个开源的三维图像处理和可视化库
XML，extensible markup language，可扩展标记语言